정오표

페이지	오	정
319 페이지 위에서 12번째줄	$\left(\frac{20}{5}\times\frac{1}{10{,}000}=\frac{1}{25{,}000}\right)$ 그러므로 이 지도의 축척은 1:25,000이다.	$\left(\frac{20}{5}\times\frac{1}{10{,}000}=\frac{1}{40{,}000}\right)$ 그러므로 이 지도의 축척은 1:40,000이다.
319 페이지 예제 1	1:25,000의 지도를 복사기로 40% 확대하였다면 그 도면의 축척은? $\frac{1}{25{,}000}\times\frac{1}{0.4}=\frac{1}{10{,}000}$이 되고 반대로 40% 축소하였다면 $\frac{1}{25{,}000}\times\frac{0.4}{1.0}=\frac{0.4}{25{,}000}=\frac{1}{x}$에서 $\frac{1}{62{,}500}$이 된다.	1:25,000의 지도를 복사기로 40% 확대하였다면 그 도면의 축척은? 40% 확대란 140%를 의미하므로, $\frac{1}{25{,}000}\times 1.4\fallingdotseq\frac{1}{17{,}857}$이 되고 반대로 40% 축소하였다면 $\frac{1}{25{,}000}\times 0.4\fallingdotseq\frac{1}{62{,}500}$이 된다.
319 페이지 예제 2	1:25,000의 지도를 1:40,000 축척으로 줄이려면 복사기에서 몇 %로 줄여야 할까? $\frac{1}{25{,}000}\times\frac{x}{1}=\frac{1}{40{,}000}$ 그러므로 $x=\frac{25{,}000}{40{,}000}=62.5\%$가 되고 반대로 1:25,000 지도를 1:10,000으로 확대한다면 몇 %일까? $\frac{1}{25{,}000}\times\frac{1}{x}=10{,}000$ 그러므로 $x=\frac{25{,}000}{10{,}000}=2.5$배가 된다	1:25,000의 지도를 1:40,000 축척으로 줄이려면 복사기에서 몇 %로 줄여야 할까? $\frac{1}{25{,}000}\times x\fallingdotseq\frac{1}{40{,}000}$, $x=\frac{25{,}000}{40{,}000}=$ 0.625가 되므로 62.5%이다. 반대로 1:25,000 지도를 1:10,000으로 확대한다면 몇 %일까? $\frac{1}{25{,}000}\times x\fallingdotseq\frac{1}{10{,}000}=2.5$가 되므로 250% 확대하면 된다.
320 페이지 예제 4	1:50,000 지도에서 두 점 간의 거리가 5cm이고, 축척을 모르는 지도상의 두 점 간의 거리가 10cm라면 이 지도의 축척은 얼마일까? $50{,}000 : 0.05 = x : 0.10$이면 $5000 = 0.05x$가 되고 $x=\frac{5{,}000}{0.05}=100{,}000$이다. 그러므로 이 지도의 축척은 1:100,000이다.	1:50,000 지도에서 두 점 간의 거리가 5cm이고, 같은 거리를 축척을 모르는 지도상의 두 점 간의 거리가 10cm라면 이 지도의 축척은 얼마일까? $\frac{1}{50{,}000}:0.05=\frac{1}{x}:0.10$이면 $\frac{0.10}{50{,}000}:\frac{0.05}{x}$가 되고 $\therefore x=\frac{0.05}{0.1}\times 50{,}000=25{,}000$이다. 그러므로 이 지도의 축척은 1:25,000이다.

Introduction to Cartography

지도학개론

윤 경 철 · 이 재 원
유 환 희 · 윤 희 천 지음

JINSAEM

머리말

본서는 지도에 관한 전반적인 이해를 돕고 지도에 나타나 있는 산, 강, 들, 건물, 길 등 수없이 많은 자연이나 인문 사상(事象)들을 쉽게 읽고 이해할 수 있도록 구성하였다. 물론 국내에서도 지도학에 관한 책이 다수 출간되어 있지만 지리나 지도에 처음 입문하는 전공예정자나 일반인들이 지도에 관한 내용을 보다 쉽게 접근할 수 있도록 수학적 이론은 되도록 탈피하고 지도와 관련하여 우리의 일상생활에서 쉽게 경험할 수 있는 사례들을 중심으로 본서를 집필하였다. 그래서 일반인들이 지도에 좀 더 가까이 다가설 수 있고, 초급자가 알기 쉽도록 책의 곳곳에 교재의 정통성을 벗어나서 수록했음도 인정한다. 뿐만 아니라 도시계획, 조경, 교통, 지적, 원격탐측, 환경, 해양, 토목, 건설 등 이웃하고 있는 유사 학문분야에서 공부하는 학생들에게도 기초적인 지침서가 되기를 기대하면서 출간하였다.

선진 외국의 경우는 순수한 지도학분야는 물론 측량관련학과(Geomatics, Surveying & Mapping, Geoinformatics)에서도 지도학 강좌가 많이 개설되어 있다. 그러나 국내에서는 지도에 관한 내용을 폭넓게 배울 수 있는 기회가 매우 부족한 실정이다. 대학과 전공분야에 따라 다소 차이는 있지만 보통 토목공학이나 측량공학에서 지도학에 관해서는 극히 일부분만 다루거나 전혀 강의가 이루어지지 않고 있다. 지도학의 가장 토대가 되는 이론들이 상당분야 측량학과 지형공간정보공학에서 출발하고 있음에도 이러한 실정이다. 따라서 본서는 지구의 표면과 해저, 우주공간을 측량하여 지형도(Topographic Map)를 만들고, 그 지형도를 바탕으로 만들어지는 각종 주제도와 일반도 분야까지 광범위한 내용으로 구성하였다.

본서는 총 10개 장으로 구성되어 있는데, 각 장은 독립적인 단원이 될 수 있게 구성하였다. 1장은 지도의 개념을 이해하고 지도의 발달사를 살펴봄으로써 지도의 과거와 오늘을 알 수 있게 하였으며, 2장과 3장은 지구의 성질과 운동, 투영법, 지도의 좌표, 영상지도 등 지도를 제작할 때 필요한 측량 기술을 파악하는 데 도움이 되게 구성하였다. 4장과 5장은 모든 지도의 기초가 되는 지형도를 전반적으로 이해할 수 있는 지형도의 개념과 지형도 도식, 지형도 읽기, 등고선의 특성과 활용에 관한 내용을 수록하였다. 6장과 7장은 지형도를 이용하여 실내에서 측정할 수 있는 기법과 지형도에 표현되어 있는 여러 가지 지형 특성을 알아보았으며, 8장과 9장은 각종 주제도의 분류별 특성과 주제도 제작에 따른 자료의 기호화에 대해 수록하였다. 10장에는 일상생활 속에서 부딪히는 지도의 이용과 허실에 대해 알아보았다.

자연과 인문분야에 걸쳐 수록해야 될 내용이 워낙 방대하기 때문에 당초 목표했던 내용을 전부 기록하지는 못하였으며, 평소 느낀 내용도 저자들의 역부족으로 만족스럽게 표현하지 못한 점은 인정한다. 본서를 집필하는데 관련학자들의 저서가 일부 참고되었으며, 혹시라도 인용이 잘못된 것이나 미비한 점은 앞으로 기회 있을 때마다 수정과 보완을 할 예정이다. 본서는 지도를 전반적으로 이해할 수 있도록 기획된 것이지만 짜임새나 내용면에서는 부족한 점이 없지 않다. 그래서 본서에서 미처 표현하지 못한 부분들은 지리학과 측량학의 저서를 참고하길 바란다. 아울러 독자들의 충언을 밑받침으로 보다 알찬 책으로 증보되길 기대하며, 어려운 여건인데도 불구하고 본서가 나오기까지 편집에 애써주신 진샘미디어 편집부에도 감사를 드린다.

2008년 4월
저자 일동

차 례

제3장 지도의 좌표와 영상지도

제 6 장 지형도에서의 측정

제9장 지적도와 기타 지도

부록

제 1 장
지도의 개념과 발달사

제 1 절 지도의 개념

1. 지도의 의의

지도는 이론적인 바탕에 근거하여 연구되는 학문이지만 의사소통이 주 목적이다. 공중에서 새의 눈으로 보는 조감도(鳥瞰圖)와 같은 느낌으로 사물을 그리며, 이때 위치가 정확해야만 상호관계나 분포가 정확해진다. 즉 넓은 지역의 공간적인 사물을 축소시켜 효과적으로 표현해야 하며 예술성이 가미되어 전달될 수 있도록 제작해야 한다. 그러므로 지도는 반드시 과학적인 기초 이론과 예술적인 감각이 혼재되어야 하며, 지도를 읽는 자와 충분한 의사소통이 될 수 있어야 한다.

1) 지도의 본질

인류가 처음 지도를 사용한 것은 원시시대부터이다. 눈으로 직접 볼 수 없는 곳의 현황을 단순하게 그린 그림의 형태로 사용한 것이 지도의 출발이라 할 수 있다. 그후 자기 소유 토지의 구획을 표시하면서부터 점점 발달되었으며 아울러 토지를 측량하는 도구의 개발로 근대지도의 형태로 진보되었다.

지구상에 나타난 지형의 현황을 종이 위에 표현한 지도는 다양하게 쓰이고 있다. 이러한 지도를 쉽게 이해하고 이용하는 데는 어려움이 따르겠지만 지도의 본질을 파악하면 지도만큼 편리한 것도 없다. 예를 들어, 동해의 고도(古島)인 독도(獨島)의 지도가 있다면 서울에 살면서도 독도의 지형이나 지물을 어느 정도 파악할 수 있다. 이처럼 지도는 사람이 직접 육안으로 볼 수 없는 어떤 장소에 대한 여러가지 정보를 자세하게 알려주는 도구이자 수단이다. 즉 지도는 지구상의 일부 또는 전부를 그린 한 폭의 그림이다. 그러나 다양한 사물들을 한 폭의 그림으로 나타내기 어려우므로 사용목적에 따라 지형 · 지물에서 필요한 요소들만 선택하여 표기하게 된다. 그래서 지도에는 당시에 필요로 하였던 요소들이 그려지게 되어 그 시대의 문화, 사회상황 등을 파악할 수 있는 훌륭한 고증자료로 이용되기도 한다.

지도가 표현하고자 하는 것은 지구표면에 있는 유 · 무형의 사물들이다. 유형의 사물은 우주공간의 관계, 지표의 상태, 지하의 구성물질, 해저의 상황을 말하고, 무형의 사물은 지명, 행정구획, 구조물의 명칭과 종류, 기능을 비롯하여 인구, 사회, 교육, 산업, 정치 등의 각종 인문적 현상까지 포함한다. 이러한 표현은 일정한 약속인 축척과 지도도식에 의거 종이 위에 그림의 형태로 나타내는데, 이것이 곧 지도이다. 따라서 사람들은 범위가 너무 넓어서 육안으로 직접 볼 수 없는 상황을 지도를 통해서 알 수 있게 된다. 지도에 표현되는 상황은 그 지도의 목적이나 용도에 따라 달라지며 측량 또는 조사에 의해 취사선택된다. 최근에는 항공사진이나 위성을 이용한 지형정보의 획득으로 지도로 표현될 수 있는 범위가 획기적으로 넓어지게 되었고 정확성도 매우 향상되었다. 그래서 오늘날에는 컴퓨터에 의해 지도를 제작하는 단계까지 발전하였다. 이와 같이 지도는 우리가 살고 있는 지구의 자세한 형상에 관한 정보를 제공해 주는 도구이므로 이 도구를 사용할 줄 아는 지혜를 터득해야 한다. 그러므로 ㉠ 지구표면상에 있는 장소(location)의 제공 및 확인, ㉡ 자연과 인공현상의 분포와 형태 판독, ㉢ 지도정보의 비교, 대조와 서로 다른 형상 간의 관계파악이 중요하다. 왜냐하면, 지도는 단순한 그림이 아니라 정보성이 있고 공공성이 뒷받침되기 때문이다.

이러한 지도는 정사영(正射影: orthograpy: 하늘에서 똑바로 내려다보는 것)된 지도를 말한다. 사진에 비해 실세계가 요약된 지도(cartography)는 목적에 따라 필요한 도식과 축척을 갖고 있으며 형태에 따라 점, 선, 면적, 패턴, 색과 더불어 기호를 사용하여 제작된다. 이렇게 제작된 지도는 오늘을 사는 우리에게 없어서는 안 될 중요한 정보매체이다. 정보의 보고인 지도를 이해하고 이용할 줄 안다면 미래를 남보다 먼저 내다볼 수 있다고 생각된다. 아무튼, 놀러갈 때 길을 찾기 위하여 지도로 확인하던 단순한 안내도의 역할에서 벗어나 방대한 정보가 숨어 있는 지도 속을 들여다볼 수 있는 능력을 길러야겠다.

2) 지도의 일반적인 특성

지도의 특성 중에 가장 중요한 것은 공간정보를 전달하는 것이다. 언어나 음악, 몸짓과 손짓도 정보를 전달하는 중요한 매체이지만 그것들은 사물을 정확히 이해시켜 주는 도구는 되지 못한다. 왜냐하면, 오감이나 육감을 통한 정보의 전달은 뜻한 바를 정확하게 인식시킬 수는 없기 때문이다. 그러므로 지리적인 현상과 분포형태를 상대방에게 인식시키는 경우는 지도보다 더 좋은 도구는 없다고 생각한다. 지표상에 고정된 물체나 움직이는 물체까지도 위치의 속성을 가지고 있다. 지도는 물체들의 여러 현상과 공간적인 개념을 도면 위에 표시해 주기 때문에 위치정보를 파악할 수 있는 특성을 가지고 있다. 그리고 지도는 위치와 더불어 장소라는 개념을 가지며 그 속에 살아가는 인간과의 상호관계를 파악할 수 있게 해준다. 뿐만 아니라 지도는 선형 시설물의 수송로를 따라 이동의 개념을 가지게 되며 광의적으로는 지역이라는 지표를 구분하게 해준다. 그러므로 지도의 기본 속성은 여러 요소 간의 상관관계를 나타내 준다고 할 수 있다. 오늘날에는 지역 간, 국가 간의 교류의 증진에 따라 공간적인 규모가 커지고 교통의 발달로 지역과, 국가 간에도 쉽게 접근할 수 있다. 그러므로 미지의 지역이나 국가 간에도 지도에 의해 유용한 정보가 신속 정확히 전달될 수 있게 되었다. 그러면 이러한 정보의 전달에 이용되는 지도(보통은 지형도를 일컬음)라는 매체는 어떻게 구성되어 있는가? 지도는 지형이 표시된 부분과 범례를 비롯한 난외 주기로 크게 나눌 수 있다.

지형이 표시된 부분에는 산, 강, 평야, 바다, 취락, 농경지 등 자연적인 부분과 지표상에서 나타낼 수 없는 경계, 산업분포, 인구밀도, 미래의 계획이나 잠재력 등 인문적인 현상이 표시되어 있다. 이러한 현상들 서로간에는 존재, 확산, 쇠퇴, 변천, 발생 등을 반복하기 때문에 지도에 표현된 자연, 인문현상 모두를 이해하기는 쉬운 일이 아니다. 또한 여러 가지 공간적 속성을 정확히 파악하기 위하여는 지도상에서 측정이 필요하다. 위치나, 장소, 지역 간의 상대적인 거리나 방위, 높이, 면 · 체적 등을 파악하여 자연현상의 특성을 알 수 있게 된다. 그러므로 지도를 통하여 단지의 설계, 도로의 선형, 주거지의 선정 등 국가 기간산업의 계획을 할 수 있게 된다. 그러므로 지도를 제작할 때는 지도자료의 수집과 분석 등을 면밀히 검토해야만 지도의 사용목적에 따른 특성이 나타나는 지도를 만들 수 있게 된다.

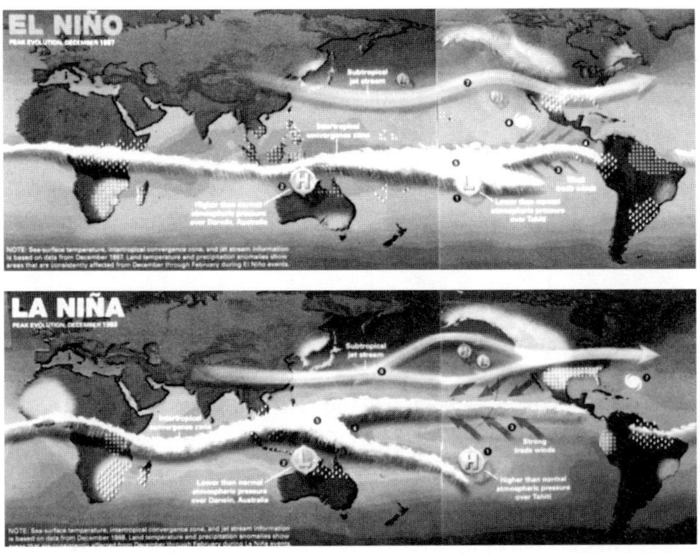

[그림 1-1] 그림지도 (1998, National Geographic)

구형의 지구를 펼쳐서 세계지도(그림?) 위에 언어로써는 설명할 수 없는 지구의 환경을 나타낸 것으로 어떤 종류의 전달매체보다 유용하게 쓰이는 특성이 나타나 있다.

3) 지리와 측량

고대의 사람들이 강가의 비옥한 토지에 안주하면서 홍수에 떠내려간 자기 토지의 경계를 확인하는 과정에서 지도(그림)가 만들어졌을 것이라고 추정한다. 또한 탐험시대를 거치면서 측량학과 지리학이 같은 범주에 속했지만 오늘날에는 서로가 타분야인 것처럼 취급되고 있다. 왜냐하면 지도를 만드는 기본법은 측량법에 있음에도 불구하고 지리학을 연구하거나 종사하는 사람들은 측량에 관해서는 무관심한 편이고, 반대로 측량학을 연구하거나 종사하는 사람들도 인문지리나 지리사상에 관해서는 별 관심을 가지지 않기 때문이다.

물론 공학적인 개념이 내포된 측량학 분야와 인문사회사상이 내포된 지리학 분야에서 바라보는 지도학은 차이가 날 수 있다. 그렇다고 지도와 측량이 완전히 다른 분야처럼 취급되어서는 곤란하다. 왜냐하면 측량(지상측량, 항공측량, 공간측량)에 의해 획득된 자료에 각종 지리사상을 추가하여 지도를 제작하기 때문이다. 다시 말하면 측량의 결과를 이용해서 그 위에 인문지리사상을 그려 넣어 지도나 각종 도면을 만들기 때문이다. 이와 같이 지리와 측량 간에는 촌수가 없으며 한배를 탄 형제와 같으며 단지 성격이 조금 다른 형제라고 생각해야 될 것이다. 대학에서 강의할 때도 지리과에서는 인문지리나 자연지리, 경제지리, 지지(地誌) 등에 관한 강의가 주로 편성되어 있으며, 토목과(측량학)에서는 지도의 투영이나 측정쭉에 비중을 더 두고 있기 때문에 다방면에 걸친 지도학을 배울 기회는 적다. 그래서 우리나라에도 대학에 지도학과가 개설되어 지도의 인문사상과 공학기법을 동시에 공부할 수 있게 된다면 명실공히 지도를 전문으로 하는 훌륭한 지도학자를 배출할 수 있다고 생

[그림 1-2] 측량과 지도와 지리의 관계

각한다. 또 지도를 연구하는 지리학회와 측량학회(구 측지학회)가 구성되어 있지만 서로의 관심분야가 다르기 때문에 지도학의 발전에는 큰 도움이 되지 못한다. 왜냐하면 지리와 측량을 포함하여 지도를 세밀히 연구하고 공부할 수 있는 여건이 제공되지 않기 때문이다. 지도를 좀더 깊이 이해하고 활용하기 위해서는 측량을 전혀 무시할 수만은 없으며 지리나 지지의 사항도 등한시되어서는 안 된다. 그러므로 지도와 밀접한 관계가 있는 측량은 지도를 만들기 위한 기초 도면을 제공할 뿐만 아니라 개발에 이용되는 토지나 향후 개발여지의 동향에 대한 정보를 수집하여 과학적인 방법(측량)에 의거 도면화하기 때문에 반드시 이해할 필요가 있다.

지도는 많은 지리적 사상을 내포하고 있을 뿐만 아니라 의사소통수단으로 자료들을 수집하여 처리하고 추상화하여 지도상에 기호로 나타나게 된다. 또, 측지학, 측량학, 지적학, 지형정보학, 지구물리학 등의 분야에서 제공되는 자료를 말한다. 즉 지구의 자연적 특징들에 대한 정보를 말한다. 또 지리사상은 사회과학자들에 의해서 제공되는데 지표상의 현상들인 사회, 인문, 자연, 경제, 지형 등의 정보를 말한다. 이들이 실질적인 지도제작 단계에 가서는 추상화 내지 일반화되며 지도사용자들은 이렇게 제작된 지도로부터 공간적인 정보들을 읽고 분석하고 추론해 내는 단계에 이르게 된다. 최근에는 이러한 여러 가지 정보나 자료들이 항공촬영이나 위성촬영에 의해 모집된 영상자료에 의해 획득이 되며 아울러 최신 측량기법(위치측정)인 GPS에 의해 정밀도와 신속성이 향상되어 가고 있는 실정이다. 그러므로 지리학과 측량학을 따로 공부할 것이 아니라 '지도학'에서 같이 공부할 수 있는 기회가 주어진다면 우리나라 지도학 발전에 큰 계기가 마련될 것으로 생각된다.

2. 지도의 개요

1) 지도의 제작

지도는 한 번 만들어 영원히 사용할 수 있는 것은 아니다. 고도의 산업사회에 들어선 오늘날에는 제한된 국토공간을 효율적으로 이용하기 위하여 국토를 개발하고 개발된 국토의 모습을 지도에 담아 적절하게 제작 또는 수정하고 있다. 이렇게 지도는 국토(지구상)에서 관측된 공간자료를 기록하고 저장할 목적으로 제작되며 이것을 다른 사람이 공간적인 지식으로 이용하고 미래를 예측하는 정보매체로 활용한다. 그러므로 지도는 "어떤 지도를 만들 것인가?"라는 목적에 의해 제작방향이 결정되며 또 "누구를 위하여 만들 것인가?"에 따라 구상도와 투영방법이 달라진다. 지도제작을 위한 자료 중 대부분은 국토지리정보원으로부터 얻어지는 지형도의 자료로 지모(등고선과 지형, 고도, 수계...)와 지물(건물, 도로, 목표물...)을 기본적으로 사용한다. 또 지도제작의 목적에 따라 정부의 통계자료, 항공사진 자료, 위성영상 자료, 기 제작된 지도, 지방자치단체의 개발현황 등을 수집하여 자료로 활용한다. 이들 자료는 다시 4가지의 일반화 과정, 즉 단순화, 분류화, 기호화, 추상화 과정을 거쳐서 지도를 만든다. 단순화는 여러 곳에서 취합한 자료들이 획일성이 없거나 산만하여 독자들이 혼동을 일으킬 우려가 있을 때 이를 방지하기 위하여 자료의 내용을 간결하게 정리하는 작업을 말한다. 이렇게 단순화된 자료를 지도에 표현하고자 할 때는 다음과 같은 형태로 분류화해야 되며, 분류된 자료는 크기, 모양, 색상, 채도 등에 따라 기호로 표시하고 패턴의 조직이나 방향, 배열, 초점에 따라 기호화하게 된다.

또 여러 경로로 통해 얻어진 자료를 다양한 그래픽에 의거 점 · 선 · 면자료로 표시하고 경우에 따라서는 과장이나 생략, 종합묘사, 전위 등의 작업을 거쳐 지도로 만들어진다. 지도를 제작할 때는 대부분 과거의 지도자료를 이용하는 경우가 많은데 비록 오래된 자료일지라도 이용가치가 있는 것은 새 지도를 만들 때 이용하는게 보통이다. 다만 저작자의 허락을 받지 않고 제작하여 판매를 목적으로 할 경우는 아무리 좋은 정보라 할지라도 삼가해야 된다.

2) 지도의 분류

지도를 분류하거나 구분하는 데는 일반도(지형도), 주제도, 특수도로 크게 나눠어지며, 지도의 기능과 제작기법에 따라 나누기도 하며, 오늘날에는 다양한 종류의 주제도가 제작되고 있다.

① 기능에 따른 구분

- 일반도(General Map) 또는 지형도

  전영토에 대해 통일된 축척으로 국가가 제작하는 지도로 국가기본도를 일컫는다. 이들은 축척에 따라 5종류로 구분되며 다른 주제도 및 특수도의 기본도로서 널리 이용된다.

  예: 1:250,000 지세도, 1:50,000 지형도, 1:25,000 지형도(국가기본도), 1:10,000 지형도, 1:5,000 지형도(항측도)

- 주제도(Thematic Map)

  어느 특별한 주제를 강조하여 표현한 지도로서 지형도를 기초로 하며 일정한 색채와 기호로 제작되며 일반적으로 관 주도하에 제작된 대민용(對民用) 주제도, 특수 주제도(specific map), 일반 주제도로 구분할 수 있다.

- 대민용 주제도는 주로 국토의 이용과 개발에 관한 내용을 표시한 지도로서 다음과 같다.

  예: 지적도, 도시계획도, 임상도, 지하시설물도, 토지이용현황도 및 도로망도, 국토종합개발계획도, 지번지형도 및 행정구역도, 토지특성도

- 한정된 사람들이 사용하기 위하여 특수한 목적으로 제작되는 특수주제도는 특수한 제작기법에 의해 제작된다.

  예: 해도(국립해양조사원), 지질도(한국자원연구소), 토양도(농업과학기술원), 군용 지도(육군지도창), 수맥도(농업기반공사), 맹인용 점자지도

- 그 외에 일반 주제도는 특정 현상의 분포나 형태 그리고 구조를 나타내주며 주로 통계를 목적으로 할 때 많이 이용하는 편이다. 즉 공간적 속성과 상관관계를 밝혀주는 주제도이다.

  예: 기온도, 강수량도, 인구분포도, 교통망도, 항공도, 관광여행도, 선거도, 산업분포도, 국세지도, 지진분포도, 항해도 등과 규제(規制)와 고시(告示)를 위한 구역도와 지정도, 각종 개발계획도, …

● 기타 지도류

예: 학습용 교재지도, 지적약도, 통계조사지도(통계청), 광구구획도
ATLAS(관광안내도, 도로교통도, 등산지도, 낚시지도, 골프지도…)
환경정리용 지도(대한전도, 세계지도, 도별지도, 시가지도, 행정구역도)
기타 지도(우표지도, 로고지도, 수첩지도, 버스노선도, 지하철안내도, 위치도, 안내도, 약도, 삽도…)

● 고지도와 지구의

17~18세기의 탐험시대에 만들어진 국지적인 지도와 세계지도를 고지도라고 말하며 현대의 감각에 맞게 재제작하여 상품화한 고전지도도 포함한다. 그리고 세계(지구)를 축소하여 만든 다양한 지구의도 지도의 범주에 포함한다.

② 제작기법에 따른 분류

● 실측지도

실제 측량한 성과를 이용하여 제작하는 지도 또는 항공사진 측량에 의해 작성된 지도를 말하며 공사용 현황실측평면도도 여기에 속한다.

(a) 지뢰매설현황도

(b) 스키 Slope 안내도

[그림 1-3] 기타 지도류

- 편집도

기존 지도를 이용하여 편집 · 제작하는 것으로 대축척(1:5,000)의 지도를 이용하여 소축척의 지도로 제작하는 것을 말한다.

- 집성도

기존의 지도와 도면, 사진 등 기타 자료를 이용하여 만드는(오려붙임) 것으로 항공사진을 이용한 사진집성도가 그 대표적인 예이다.

- 사진지도

정사사진이나 집성사진에 좌표선, 지명, 중요 고도, 난외 주기 등의 추가 제원을 수록한 지도를 말한다.

- 기복지도

지형의 기복을 입체적으로 나타낸 지도를 만한다.

- 입체영상지도

위성영상을 이용하여 지형 · 지물을 입체적으로 판독할 수 있도록 제작된 영상지도를 말한다.

- 수치지도

기존 지도, 항공사진지도, 위성영상지도 등에 의하여 지형 · 지물을 분석 · 편집하여 컴퓨터를 이용하여 3차원의 수치형태로 제작하는 지도를 말한다(digital map).

- 래스터형 수치지도

  기존의 종이지도를 독취(스캐닝)하여 래스터형태로 재현한 영상지도를 말한다.

3) 지도의 요소

하나의 지도에는 여러 가지 요소가 포함되어 있다. 지도의 사용목적이나 이용편의에 따라 갖추어야 할 기본적인 요소들이 있는데 그래야만 지도 본래의 기능을 발휘할 수 있다. 지도는 단순한 그림이 아니고 귀중한 자료가 숨어 있는 문서이기 때문에 연구나 사업 등에 필수적인 자료를 지도 속에서 구할 수 있다. 어떤 지도든지 반드시 그 지도의 제목이 있다. 제목은 지도를 찾는 수요자에게 지도의 내용을 알려주는 가장 일반적인 요소이다. 따라서 지도의 제목은 지도의 내용과 반드시 일치해야 한다. 왜냐하면 제목에 따라 지도의 표현방법이나 제작기법, 지도의 내용, 독자의 수준 등이 결정될 수 있기 때문이다. 그리고 제목은 너무 길어도 안 되지만 또 너무 짧으면 독자가 그 지도의 내용을 이해하는데 상당한 시간이 걸린다. 보통 지도의 제목은 눈에 쉽게 띄도록 지도의 상단에 표시하되 이때 중요한 내용이 가리지 않게 해야한다.

지도에는 반드시 축척이 있다. 지구의 표면을 줄여서 여러 가지 현상들을 나타내는데 이때 축척(scale)을 나타내지 않으면 상호간의 거리, 위치, 면적, 방위 등의 측정적인 요소를 파악할 수 없을 뿐만 아니라 지도로서의 기능을 할 수 없다. 지도의 축척은 지도를 축소하거나 확대를 할 때 또는 복사를 하여 다른 용도로 활용할 때 많이 쓰인다. 지도에는 축척과 더불어 그 지도를 읽기 위하여 지표의 현상을 나타낸 범례가 있다. 지도에 사용된 범례(legend)는 반드시 난외에 표시되는데 기호의 크기나 중요도에 따라 순서대로 표시하는 것이 좋다. 범례에 표시되는 기호의 색과 패턴은 지도의 내용에 있는 것과 반드시 동일해야 하며 종류별로 묶어서 나타내야 독도자들이 쉽게 찾아볼 수 있다.

또 방위는 지도에 꼭 필요한 요소이다. 모든 지도는 지도의 위쪽이 북(도북) 방향으로 제작된다. 그렇기 때문에 방위가 표시되지 않은 지도나 부분복사 되어 있을지라도 글자를 바로 놓았을 때 상단이 북쪽이 된다. 만약 지도를 제작하려고 하는 구역(땅)의 모양이 특이하여 위쪽이 아닌 다른 방향으로 북쪽을 표시한다면 반드시 방위표시를 하여 지도를 읽는 독자들이 혼동하지 않게 해야 한다. 또 지도에서 빼놓을 수 없이 중요한 것은 자료의 출처이다. 대부분의 주제도나 일반도는 국토지리정보원에서 발행하는 지형도를 기준으로 제작된다. 그러므로 일반 지도의 하단 난외에 "국토지리정보원 발행 1:25,000을 기도(基圖)를 사용했다"라고 표현하는 게 보통이다. 지도제작에 이용되는 자료는 다른 용도로 수집했다가 지도제작에 이용하는 경우도 있다. 자료수집의 과정에서 오차나 착오가 발생할 수 있기 때문에 반드시 자료의 출처를 명기하여 신빙성을 제고해야 한다.

아울러 지도의 제작자를 명기하여 어디서 누가 만든 지도인지를 밝혀 지도에 대한 의문이나 내용을 문의할 수 있어야 한다. 또 지도에 잘못 표기된 부분에 대한 지적을 받을 수 있고 구입이나 홍보를 위해 반드시 필요한 것이다. 옛날에 만든 고지도에는 대부분이 지도의 제작년대가 없다. 그래서 어느 시대에 만들어졌는지 알 수 없어 지도에 나오는 지명이나 행정구역에 의해 추정할 수밖에 없다. 그러므로 지도의 제작년월일은 과거와 현재, 미래를 비교 · 검토할 수 있는 중요한 역사성이 내포되어 있다. 아울러 지도를 인쇄한 인쇄소나 출판사의 상호와 전화번호, 주소를 명기해 두는 것도 그 지도의 신뢰성을 높이게 할 뿐만 아니라 저작권을 알리는 역할도 한다.

1권으로 된 지도첩은 상하좌우를 이어 볼 수 있는 것이 일반적인 책과 다르다. 뿐만 아니라 국가에서 만든 지형도도 상하좌우를 연결해 볼 수 있는 색인과 도엽번호가 있어 쉽게 찾아볼 수 있다. 이와 같이 지도는 단행본(책)이나 다른 인쇄물과 달리 이웃하는 다른 지역을 연결해 볼 수 있는 특징이 있다.

그 외에 그 지도의 투영기준, 등고선의 간격, 행정구역 색인, 편집 · 촬영 · 현지조사에 관한 자료, 경고문(지형도의 경우) 등이 나타나 있는 게 보통이다.

제 2 절 지도와 영토

1. 우리나라의 영토와 영역

1) 한반도의 영토

한반도의 형상은 중국 대륙에 붙은 반도로 일본이 태평양을 막고 있다. 그러나 동해를 지나 사할린과 일본 홋카이도 사이의 La Perouse 해협을 통하면 북태평양으로 향할 수 있으며 제주 남쪽의 동중국해를 거치면 동남아 및 남태평양으로 열려 있는 좋은 입지조건을 갖추고 있는 동북아의 중심에 위치하고 있다. 그리고 우리나라의 영토(국토)의 면적은 남북한 합해 223,097.88km²로 남한이 45%(99,959.88km²), 북한이 55%(123,138.00km²)를 점하고 있다.

① 한반도의 위치

우리나라의 위치는 한국측지계(Bessel)와 세계측지계(GRS80)에 따라 다르며, 본토와 섬포함의 경우도 다음 표에서 보는 바와 같이 다르다. 또한 반쪽으로 동강

〈표 1-1〉 우리나라의 영역

<table>
<tr><th colspan="2" rowspan="2">구분</th><th colspan="2">극동</th><th colspan="2">극서</th><th colspan="2">극남</th><th colspan="2">극북</th></tr>
<tr><th>한국
측지계
(Bessel)</th><th>세계
측지계
(GRS80)</th><th>한국
측지계
(Bessel)</th><th>세계
측지계
(GRS80)</th><th>한국
측지계
(Bessel)</th><th>세계
측지계
(GRS80)</th><th>한국
측지계
(Bessel)</th><th>세계
측지계
(GRS80)</th></tr>
<tr><td rowspan="4">섬
포함</td><td rowspan="2">N</td><td rowspan="2">37-14-13</td><td rowspan="2">37-14-23</td><td rowspan="2">39-48-05</td><td rowspan="2">39-48-14</td><td>33-06-32</td><td>33-06-43</td><td rowspan="2">43-00-35</td><td rowspan="2">43-00-42</td></tr>
<tr><td>32-07-09*</td><td>32-07-22*</td></tr>
<tr><td rowspan="2">E</td><td rowspan="2">131-52-31</td><td rowspan="2">131-52-21</td><td rowspan="2">124-11-11</td><td rowspan="2">124-11-04</td><td>126-16-15</td><td>126-16-07</td><td rowspan="2">129-56-55</td><td rowspan="2">129-56-46</td></tr>
<tr><td>125-11-04*</td><td>125-10-57*</td></tr>
<tr><td rowspan="2">섬
제외</td><td>N</td><td>42-17-10</td><td>42-17-18</td><td>39-54-03</td><td>39-54-12</td><td>34-17-21</td><td>34-17-32</td><td>43-00-35</td><td>43-00-42</td></tr>
<tr><td>E</td><td>130-41-19</td><td>130-41-09</td><td>124-18-36</td><td>124-18-29</td><td>126-31-36</td><td>126-31-28</td><td>129-56-55</td><td>129-56-46</td></tr>
<tr><td rowspan="3">행정
소재
지</td><td rowspan="2">섬
포함</td><td colspan="2" rowspan="2">경북 울릉군 울릉읍
독도 동도</td><td colspan="2" rowspan="2">평북 용천군 신도면
마안도</td><td colspan="2">제주 특별자치도
서귀포시 대정읍
마라도</td><td colspan="2" rowspan="3">함북 온성군 유포면
풍서동 유원진</td></tr>
<tr><td colspan="2">마라도에서 서남쪽
149km*</td></tr>
<tr><td>섬
제외</td><td colspan="2">함북 경흥군
노서면 토리동</td><td colspan="2">평북 용천군 용천면
신흥동 하촌</td><td colspan="2">전남 해남군 송지면
송호리 갈두마을 땅끝</td></tr>
</table>

(자료: 국토지리정보원)

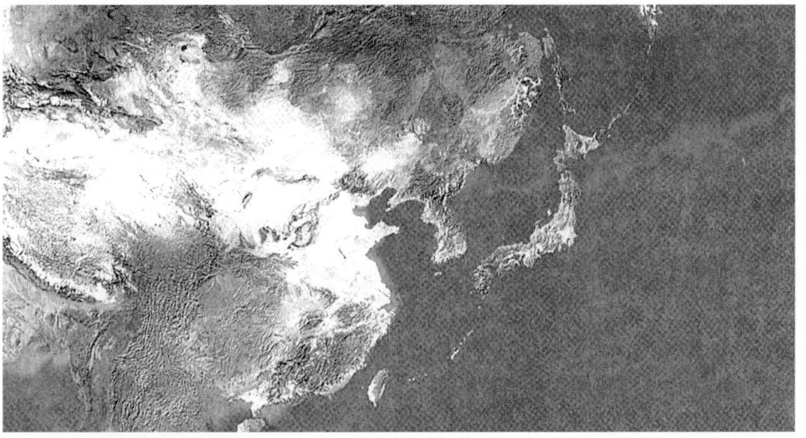

[그림 1-4] 우리나라 주변 위성지도(1998, Satellite Atlas of the World)

우리나라를 중심으로 일본, 중국이 촬영된 위성영상으로 해상도는 1km이며 위쪽에 러시아의 바이칼호가 보이며 왼쪽의 흰색부분은 고비(Gobi)사막이고 왼쪽 아래에는 티벳과 히말라야가 나타나 있다. 또 오른쪽 상부의 캄차카 반도와 일본 그리고 대만을 연결하는 작은 섬들이 보인다.

난 한반도의 남한지역의 극동 · 극서 · 극남은 〈표 1-1〉과 동일하나 극북은 휴전선으로 갈리어 강원도 고성의 통일전망대 부근이다.

② 땅끝마을

한반도의 남쪽 땅 끝이 자리하고 있는 곳은 전라남도 해남군 송지면(松旨面) 송호리(松湖里) 갈두마을로서 이곳은 '땅끝'이라는 지명으로 이미 널리 알려져 있다. 얼마 전까지만 해도 한적한 어촌에 불과하였지만 지금은 관광지로서 개발되어 있다. 이웃한 완도(莞島)가 연육교(連陸橋)로 육지와 이어진 관계로 완도군에서는 자기내 관내가 더 남쪽에 위치(땅끝)하고 있다고 주장하고 있다.

해남 땅끝마을에는 예로부터 전해 내려오는 이야기가 있다. 땅끝마을에서 오른쪽으로 돌아가면 '사재끝'이란 곳에 샘이 있는데 이 샘물은 우리나라 최북단의 백두산의 천지물이 정기(精氣)를 타고 스며들어 이곳 토말 사재끝 샘에서 다시 용솟음친다고 전한다. 또 자갈이 깔려 있는 목능개에서 사자봉(땅 끝 전망대)을 보고 소원을 빌면서, 자갈을 하나 집어들어 물 속에 던져넣으면 소원이 이루어진다고 한다. 뿐만 아니라 땅 끝이라는 의미는 다소 절망적인 정서가 내포되어 있기 때문에 많은 실연자들이 한적한 땅 끝의 바닷가를 배회하다가 세상을 비관하는 일이 자주 발생한다.

땅 끝은 원래 갈두(葛頭)부락이었는데, 이곳에 있는 뒷산을 갈두산이라 불렀다. 갈두를 우리말로 표현하면 '칡머리'라는 뜻으로, 칡이 많이 자생하고 있는 산이라

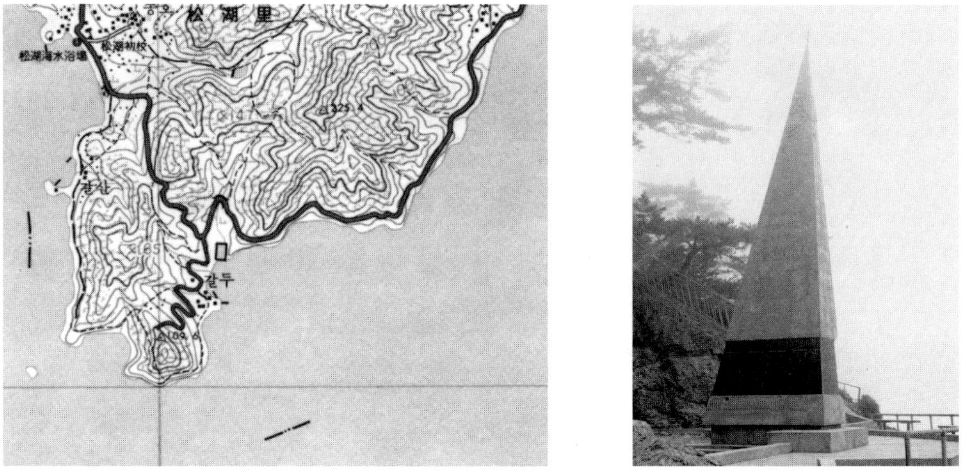

[그림 1-5] 땅끝지도(1:50,000 완도)와 땅끝탑(2001. 9 동화사진)

하여 유래된 듯하다. 1980년 보길도로 가는 항로가 개발되면서 한반도의 최남단 땅끝이 부각되기 시작하였다. 땅 끝을 한자로 표기하면 지말(地末) 또는 토말(土末)인데 '토말'의 어감이 '지말'보다 나았기 때문에 토말이라 불렀으며, '토말'이라는 명칭을 비석과 탑에 새겨 넣어 토말비와 토말탑이라 해왔다. 그러나 1994년 7월 10일 해남에서 지도를 제작한 전기철이 우리말 찾기의 일환으로 토말을 땅끝으로 부르기 시작하였으며, 1995년 해남군이 땅끝으로 정부에 건의하면서 지도에 땅끝탑과 땅끝비로 변경 표기하고 공식적으로 불려지게 되었다. 최근 들어 땅끝이 전국적으로 부각되자「땅 끝에서 백두」라는 표어를 걸고 많은 사람들이 국토순례의 시발점으로 이용하고 있다. 땅끝의 경위도 좌표를 지도에서 추출해 보면 경도가 126° 31′ 52″이고 위도는 34° 17′ 21″ 정도 된다.

③ 시도별 면적

우리나라의 영역이나 영토에는 남북한이 모두 포함되지만 실제는 남한의 면적자료가 통용되고 있다. 행정자치부의 통계자료에 의하면 남한의 국토 면적은 2007년 현재 99,678km²(국토지리정보원 자료는 99,960km²임)이며 경기도와 강원도 일대의 휴전선의 미복구 면적 391.80km²가 더 있다. 서울특별시와 6개 광역시가 차지하고 있는 면적은 전 국토의 5.36%인 5,354km²에 불과하나 이들 7개 대도시의 인구가 우리나라 전체인구의 약 절반인 2,200만명이나 되고 수도권인 경기도 인구까지 합친다면 3,300만명에 육박한다.

우리나라는 국토가 좁다. 사방 1km²의 면적에 약 474명이 살고 있으며 서울의 경우는 18.6평에 한 사람씩 옹기종기 모여 산다는 계산이 된다. 그러므로 서울에서

〈표 1-2〉 시도별 면적과 인구 (2004. 1. 1. 현재)

시 · 도명	면적(km²)	면적비율(%)	인구(명)	인구비율(%)
계	99,678	100.00	41,278,951	100.00
서 울	605	0.61	9,820,171	20.77
부 산	765	0.76	3,523,582	7.45
대 구	884	0.89	2,464,547	5.21
인 천	1,002	1.00	2,531,280	5.35
광 주	501	0.50	1,417,716	3.00
대 전	540	0.54	1,442,856	3.05
울 산	1,057	1.06	1,049,177	2.22
경 기	10,132	10.17	10,415,399	22.03
강 원	16,613	16.67	1,464,559	3.10
충 북	7,432	7.45	1,460,453	3.09
충 남	8,600	8.63	1,889,495	4.00
전 북	8,055	8.08	1,784,013	3.78
전 남	12,095	12.14	1,819,819	3.85
경 북	19,026	19.09	2,607,641	5.52
경 남	10,522	10.56	3,056,356	6.46
제 주	1,849	1.85	531,887	1.12

※ 시도별 면적은 지적통계연감(2007년 행정자치부)에서, 그리고 인구는 2005년 인구조사(통계청)자료임.

는 도로, 공원, 대지 할 것 없이 1가족(3인 기준)이 약 56평의 땅을 차지하고 있다고 생각하면 된다. 또 서울의 면적은 전국대비 0.61%에 불과하지만 지번의 필지수는 전국대비 3.3%나 되어 각 시도 중 유일하게 면적의 비율보다 필지수 비율이 초과하는 지역이다. 그러므로 대지, 전, 답, 도로, 임야를 통틀어 1필지당 면적이 약 160평 정도로 작게 나누어져 있다는 계산이다. 市 · 道 중에서 가장 토지의 면적이 넓은 곳은 경상북도로 전 국토 면적의 1/5 정도 되며 경상남 · 북도가 차지하는 면적은 우리국토 면적의 1/3이나 차지하고 있는 셈이다.

2) 영해와 영공

① 영해

한 나라가 영유하는 영토(territory)는 사람이 발을 딛고 살아가는 육지의 땅뿐만 아니라 하늘(영공)과 바다(영해)가 더 있다. 우리나라의 영토는 한반도(북한지역 포함)와 그 부속 도서로 한다. 이것은 전 국민이 다 알고 있는 사실이다. 그러나 영해의 범위는 어떻게 될까? 이것은 세계의 모든 나라가 똑같이 적용받으며 당초에는 나라의 방위를 위해서 3해리의 영해가 설정되었으나 최근에는 수산자원의 확보와 해저의 지하자원(석유, 가스)의 확보에 더 큰 의미를 두고 있다. 우리나라의 경우는 1952년 이승만 대통령이 평화선(인접 해양에 대한 주권에 관한 대통령 선언)을 어업자원 보호와 대륙붕의 광물보존과 개발을 목적으로 일방적으로 선포하였다. 그러나 이 평화선은 국제적으로 인정을 받지 못한 독자적인 규제조치였기 때문에 지속되지 않았지만 근대적인 해양관활권 제도를 제시한 것으로 판단된다.

그 후 1978년 영해가 결정되어 있었으나 인접국(일본, 중국)과 재조정을 거쳐 1996년 8월 1일 12해리 영해와 24해리 접속수역을 재선포하였다. 동해안에서의 영해(territorial waters)는 해안으로부터 12해리 선으로 결정되어 있고 남해와 서해에서는 가장 바깥쪽에 있는 섬을 연결한 선이 기준이다. 그러나 육지로부터 멀리 떨어져 있는 제주도, 울릉도, 독도의 경우는 각 섬의 해안으로부터 12해리로 하며 다만 대한해협의 경우는 선박의 왕래를 위해 공해(open sea: international waters)가 3해리로 결정되어 있다. 우리나라는 조수간만의 차이가 심하기 때문에 간척사업을 많이 한다. 만약 남서해안에 간척사업을 한다면 영해가 넓어질까? 그러나 결론은

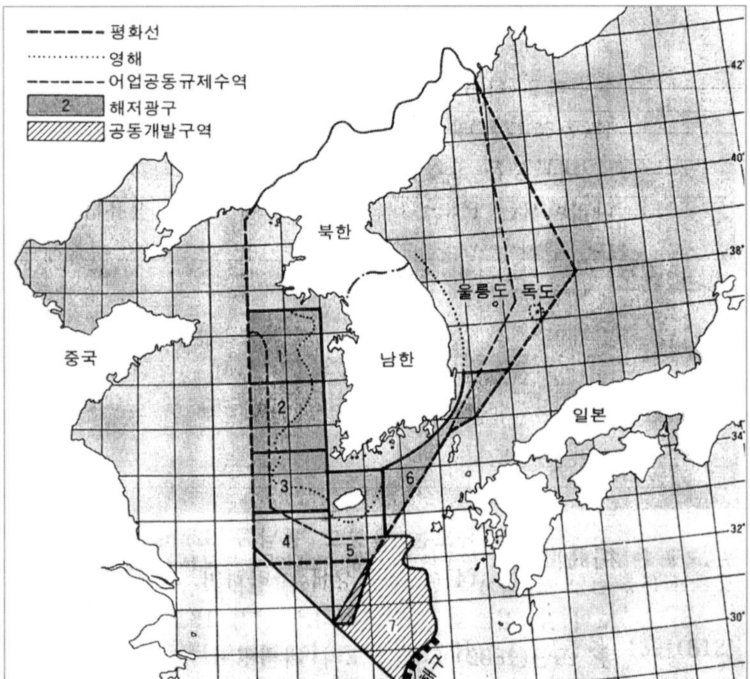

[그림 1-6] 우리나라의 해양규제선(1999, 권혁재, 한국지리)

〈표 1-3〉 영해기점 일람표

번호	기점명칭	경위도	번호	기점명칭	경위도
1	달만갑	B. 36-06-11.605 L. 129-26-09.211	13	절명서	B. 33-51-49.713 L. 126-18-50.273
2	장기갑	B. 36-05-18.163 L. 120-33-36.908	14	소흑산도	B. 34-02-38.331 L. 125-07-27.747
3	화암추	B. 35-28-07.48 L. 129-24-39.11	15	소국흘도	B. 34-06-56.213 L.125-04-141.239
4	범월갑	B. 35-25-44.138 L. 129-22-17.276	16	홍도	B. 34-40-17.805 L. 125-10-29.221
5	1.5m암	B. 35-09-58.144 L. 129-13-11.439	17	고서	B. 34-43-03.497 L. 125-11-24.185
6	생도	B. 35-02-00.931 L. 129-05-42.969	18	횡도	B. 30-20-02.887 L. 125-59-14.599
7	홍도	B. 34-31-53.528 L. 128-44-06.563	19	상황등도	B. 35-39-25.937 L. 126-06-07.571
8	간여암	B. 34-17-03.711 L. 127-51-26.314	20	직도	B. 35-53-07.541 L. 126-04-05.457
9	상백도	B. 34-01-31.522 L. 127-36-47.837	21	어청도	B. 36-07-05.353 L. 125-58-10.811
10	거문도	B. 34-00-05.540 L. 127-19-35.483	22	서격렬비도	B. 36-36-36.693 L. 125-32-35.534
11	여서도	B. 33-57-53.914 L. 126-55-31.732	23	소령도	B. 36-58-42.951 L. 125-45-03.655
12	장수도	B. 33-54-53.441 L. 126-38-27.099			

그렇지 않다. 왜냐하면 영해선의 결정은 가장 바깥 섬을 연결한 선이기 때문에 내륙해안에 아무리 간척사업을 광대하게 한다 해도 영해는 넓어지지 않는다. 만약 동해안에서 간척사업을 할 수 있다면 당연히 영해가 넓어진다. 그러나 동해는 수심이 깊어 현실적으로 간척사업이 불가능하다. 그러므로 서해안의 간척사업은 영해의 영역과는 아무런 관련이 없다.

② EEZ

바다에는 배타적 경제수역(Exclusive Economic Zone: EEZ)이 설정되어 있다. 이는 200해리 전관수역(專管水域)이라고 하며 영해 측정기선으로부터 200해리까지

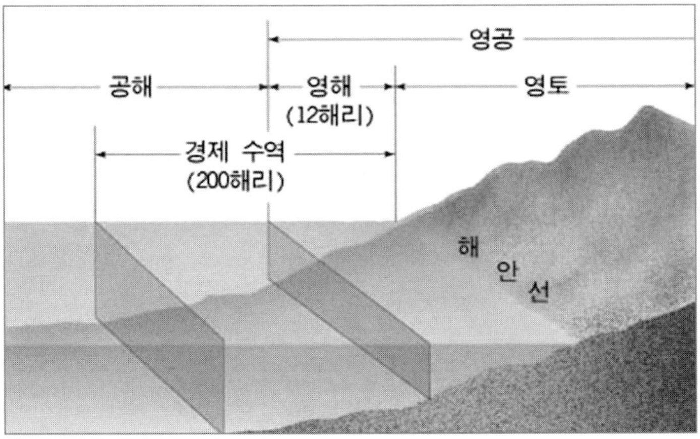

[그림 1-7] 영토 영역의 구분(자료: 황규덕)

연안국이 설정하며 역내에서의 모든 행위는 "국제해양법협약"을 준수해야 한다. 이것은 1945년 미국 트루먼 대통령의 200해리 대륙붕 선언으로 촉발되었으며 1958년 제네바에서 개최된 국제해양회의에서 「영해 및 접속수역에 관한 협약」, 「공해에 관한 협약」, 「어업 및 공해의 생물자원의 보존에 관한 협약」, 「대륙붕에 관한 협약」 등 해양법에 관한 4개 협약이 채택되었다. 그 후 여러 차례의 국제해양회의를 거쳐 1982년 12월에 유엔해양법협약이 채택되고 1994년 11월 16일에 동 협약이 효력을 발효함으로써 국제 해양질서가 바로잡히게 되었다. EEZ 내에서는 생물 · 무생물자원의 경제적 개발과 탐사에 관한 주권적 권리와 인공도서 · 시설 · 구조물의 설치 및 사용, 해양과학 조사, 해양환경 보호와 보존에 관한 관할권을 가지지만 상부수역에서는 외국선박이나 항공기는 자유왕래를 할 수 있다. 전세계 151개 연안국이 EEZ 200해리를 설정하면 해양의 36%가 연안국에 귀속되며 이것은 주요 어장의 90%, 대륙붕 석유매장량의 89%가 각 나라에 귀속된다는 얘기이다. 우리나라의 경우는 1996년 8월 8일에 EEZ 약 44만km²를 선포하였다.

③ 영공

우리나라의 영공은 영토(본토)와 영해의(12해리) 상공을 일컫는다. 각 나라마다 영공(territorial sky: airspace)도 당초에는 방어가 주 목적으로 설정되었지만 최근 들어 그 의미가 많이 변화되었다. 소련를 비롯한 공산주의 체제가 무너지기 전에는 민간항공기의 항로가 제한적이었다. 그러나 지금은 극히 일부를 제외하고는 세계 어느 나라의 영공으로도 민간항공기가 날아갈 수 있으며 이는 경제적으로 상당한 가치를 창출하고 있다. 동서해빙이 되기 전에는 우리나라 국적기가 유럽으로 갈 때는 알래스카를 거치는 북극항로를 이용했지만 지금은 중국항로나 러시아항로를 이용하고 있다. 또 러시아나 중국항공기도 일본이나 동남아로 갈 때 우리의 영공을 통과하기 때문에 영공은 항공협정에 중요한 요건이 된다. 우리나라와 미국이 맺고 있는 한미항공협정은 우리에게 매우 불리하게 되어 있다. 당초에는 우리나라의 영공이 중국과 러시아로의 이원권(以遠權)이 막혀 있었기 때문에 미국과의 항공협정이 불평등하게 체결되었다. 그러나 지금은 다르다. 우리의 영공을 내주고 러시아와 중국의 영공으로 비행할 수 있는 길도 열려 있다. 영공도 우리의 영토로써 이제는 경제적 가치를 따져볼 때다. 이제 마지막 남은 북한의 영공(하늘)이 하루 빨리 열리기를 기대한다.

영공은 영토처럼 철조망 같은 경계선이 있는 것도 아니고, 영공은 어떻게 경계선을 만들고 방어를 하는 걸까? 영공에는 눈에 보이는 경계선을 그을 수는 없지만 좌표에 의해 하늘에 보이지 않는 경계선을 그어놓는다. 그리고 레이더를 통해 다른 나라의 항공기가 들어오는지 감시를 하는 것이다. 영토나 영공 침범 등으로 일어날 수 있는 더 큰 군사적 분쟁이나 충돌을 막기 위해서 완충지역이 필요하다. 바로 이런 필요에 의해 만들어진 완충지역이 방공식별구역(ADIZ: Air Defense Identification Zone)이다. 이는 안보를 위하여 항공기의 식별, 위치, 통제가 필요한 지표면으로부터 연장되는 육지나 수면 위의 공역, 또는 다른 곳에서 날아온 비행기(飛行機)가 관제관(管制官)에게 그 뜻을 알리도록 설정(設定)된 공중(空中) 구역(區域)을 말한다.

[그림 1-8] 동남해안 방공식별구역

3) 한반도의 북쪽

북한의 지형이나 지도에 관한 자료는 분단된 이후 교류가 없었던 관계로 극히 미미하다. 특히 지도에 관한 자료는 군사적으로 중요하기 때문에 일반인들이 취득할 수 없으나, 일제시대에 제작된 1:50,000 지형도를 기초로 「구한말 한반도지형도」와 「최근 북한지형도」가 복제되어 시중에 판매되고 있다.

① 북한의 영역과 행정구역

우리나라 전체의 영역과 북한의 영역 중에 극북지역과 극서지역이 서로가 일치하며 극동지역은 독도가 남한에 소속된 관계로 서로 다르며 극남은 남북의 분단으로 휴전선에 위치한다. 북한지역은 육로를 이용하여 중국과 러시아로 연결되나 바다가 둘로 나뉘는 바람에 양쪽 바다(항구) 서로간에는 교류가 거의 없다. 북한의 극동지역은 함경북도 경흥군 노서면 동단인 동경 130° 41′ 22″이고 극서지역은 평안북도 용천군 마안도로 동경 124° 11′ 00″이다. 또 극남은 황해도 옹진군 봉강리 일대인 북위 38° 36′ 00″이고 극북지역은 함경북도 온성군 남양면의 북단으로 북위 43° 00′ 39″이다.

조선시대에는 8道인 함경도, 황해도, 평안도, 경기도, 강원도, 충청도, 전라도, 경상도로 나누어져 있었다. 그 후 인구가 팽창하고 지역 간의 교통이나 생활권을 감안하여 경상도, 전라도, 충청도, 함경도, 평안도가 남북으로 나누어져 전국이 13도였으나 해방과 더불어 남북이 갈라지고 6 · 25를 거치면서 지금은 다시 세분되었다. 북한의 도별 행정구역은 함경남도, 함경북도, 양강도, 자강도, 평안북도, 평안남도, 강원도, 황해북도, 황해남도, 평양특별시, 남포직할시, 개성직할시 등 12개(9도 3시 172개시군)의 행정단위로 나누어져 있다. 황해도는 재령강 부근을 경계로 하여 서남부는 황해남도, 동북부는 황해북도가 되게 하였으며 개성직할시는 휴전선까지 행정구역을 넓혔다. 평양특별시는 과거의 평양시를 주축으로 행정구역을 확장하였

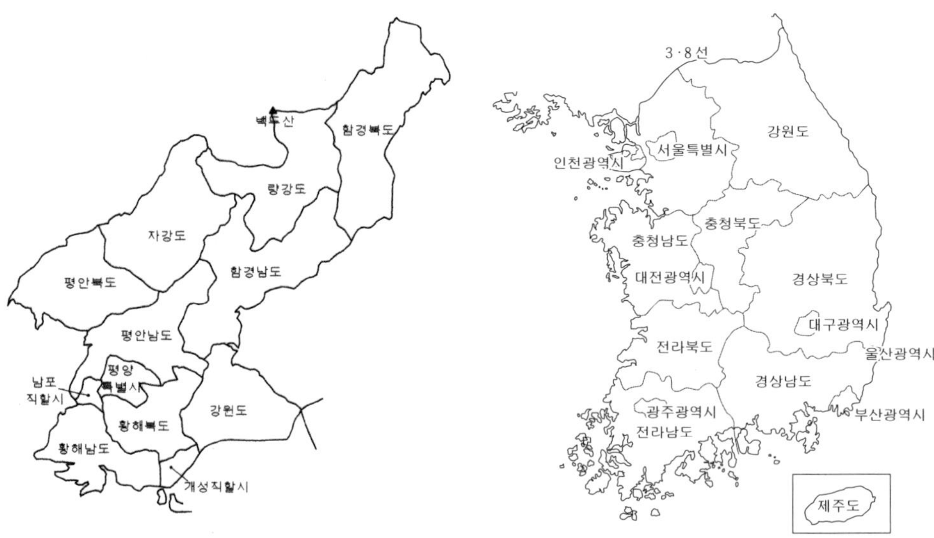

(a) 북한지역 (b) 남한지역

[그림 1-9] 도별 행정구역도

으며 평양시의 남측으로 남포직할시가 분리되었다. 함경남도의 북부지역인 개마고원 일대가 양강도로 나누어졌으며 평안북도는 동북지역 반을 분할하여 자강도로 명명하였다. 양강도는 함남 · 북 일부를 편입하여 신설된 道로 혜산이 중심 도시이며 전체적으로 해발고도가 높은 지대이다.

② 북한의 지형도

북한지역의 지형도는 해방 후 남북으로 갈리는 관계로 제3국을 통하여 부분적으로 구해볼 수 있을 정도였다. 그래서 북한의 지리적 정보가 필요할 때에는 1910년대에 만들어진 단색지도를 참고하여 왔는데, 1997년도에 경인문화사에서 러시아어로 된 북한지도를 변역 출판하였다. 이 지도의 원본은 일본 토지측량부가 1937~1942년까지 실측한 자료를 토대로 하여 만들어진 것으로 판단되는데, 1949년에 출판되었고, 1976~79년에 자료를 보완하여 1981년에 구소련군 참모본부에서 원색으로 제작한 것이다.

이 지형도는 일반용이 아니라 군사용 비밀지도로 제작된 것이기 때문에 군사작전에 유용한 정보들이 자세히 수록되어 있다. 예를 들면, 하천의 경우 주요 지점의 깊이는 물론 하천의 폭, 유속까지도 표시하였고, 교량은 통과 가능한 하중도 나타냈다. 산림지역과 논, 밭의 표기가 분명하여 토지이용현황을 일목요연하게 구별할

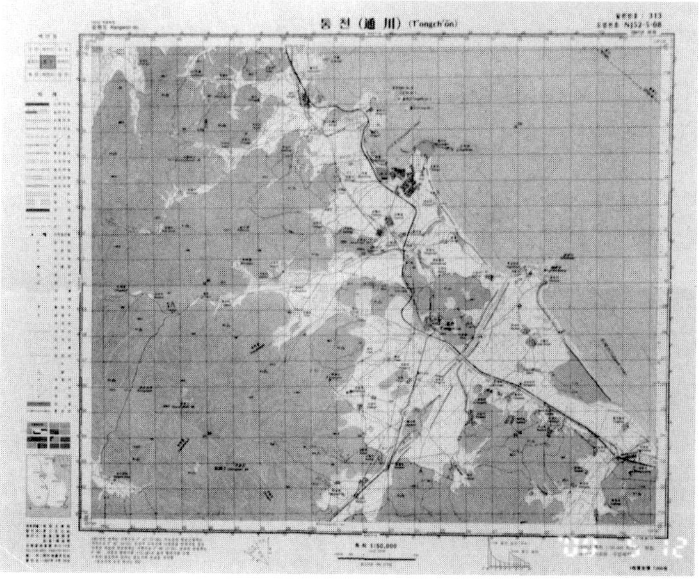

[그림 1-10] 1:50,000 북한지형도(1997, 경인문화사)

강원도 통천의 이 지형도는 군작전에 필요한 사항이 많이 수록된 것으로 보아 군사용으로 제작된 것으로 판단된다. 예를 들어 하천의 깊이 · 폭 · 유속, 교량의 통과하중, 논밭의 구분, 나무의 종류와 굵기 · 높이 · 밀도, 능선의 방향, 비행장의 활주로 규모, 중요 동력선, 철도의 특성, 전주(나무 · 시멘트)와 철탑의 구분을 비롯하여 전투시의 장비나 군사들의 이동에 관한 자료까지 상세히 수록되어 있다.

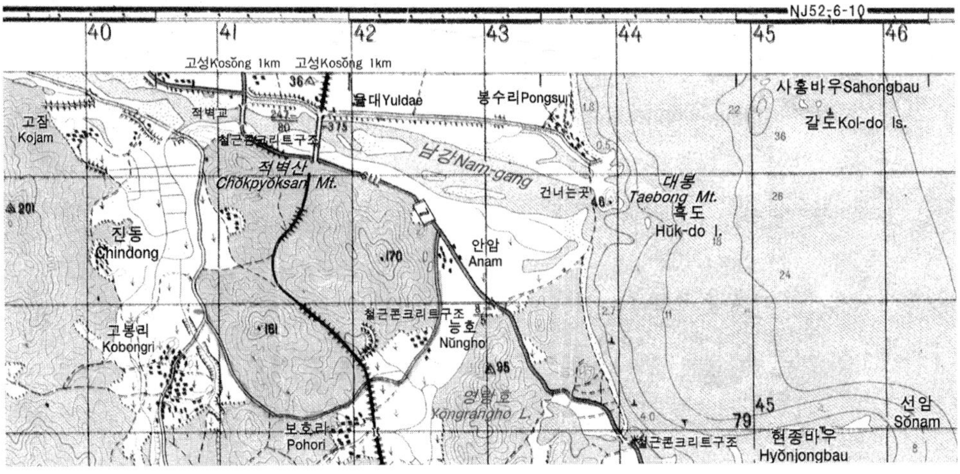

[그림 1-11] 북한지형도의 일부분(경인문화사)

북한 동해안 초구(NJ52-6-18, 일련번호 344호)도엽의 일부분으로 1965년 1:50,000 지도로 편집된 것을 1974, 1976년 자료로 수정·제작된 지도임.

수 있고, 산림은 나무의 종류와 굵기, 높이, 밀도 등이 표기되어 있고, 주요 봉우리마다 능선방향을 자세하게 기입하고 있다. 또한 전차를 비롯한 기갑, 도하장비의 기동작전과 보병의 산악전투시 병력의 은폐와 이동통로 선정까지 감안해 만든 지형도이다.

이 지형도는 러시아어로 표기되어 있었기 때문에 한국외대(러시아어과)의 지원을 받아 한글, 한자 및 영문으로 번역 표기하고, 색인표도 추가하였다. 지도 내에는 1km로 간격(grid)이 표기되어 있으며 지도의 좌측과 하단여백에 범례와 난외 주기가 표시되어 있다. 휴전선 이남의 10개 도엽을 제외한 총 400도엽인데, 북위40° 10′을 경계로 북쪽의 201도엽과 그 남쪽의 199도엽 합게 400도엽을 2책(권)으로 제본 출판하였다. 지도의 원본을 만든 구 소련이 어떤 목적을 가지고 북한과 합작하여 제작하였는지는 미지수이지만 시의적절한 때에 번역 출판된 것으로 판단된다.

2. 독도와 간도

동족간에 분쟁의 불씨를 안고 있는 북한 이외에 문제가 되어있는 우리의 영토는 독도와 만주의 간도지방을 들 수 있다. 독도는 우리나라와 일본의 분쟁으로 우리가 점유하고 있는 상태에서 일본이 자기네 땅이라고 우기고 있고, 간도지방은 중국이 점유하고 있지만 우리는 말한마디하지 못 하고 벙어리처럼 입을 다물고 있다.

나라의 영유권을 문제삼을 때 가장 중요한 건 지도인데, 이때 지도는 결정적인 역할을 하는 중요한 자료로 활용된다.

1) 독도의 영유권

① 독도의 위치

독도는 울릉도의 아들과 같은 섬으로 울릉도에서 동쪽으로 약 87.4km(간조시 해안선 기준: GPS 실측) 떨어진 동해의 한가운데 서있다. 독도는 동경 131° 51~52′ 사이와 북위 37° 14~15′ 사이에 위치하며 죽변 인근의 해안으로부터 216.8km(간조시 해안선 기준) 정도 된다. 그리고 일본의 오키제도의 도고(島後)섬에서는 157.5km이다. 독도(獨島)는 동도와 서도의 2개의 큰 바위섬으로 주변에 산재한 89개의 암초군을 거느리고 있으며 동 · 서도 간의 거리는 151.0m(간조시 해안선 최단거리)이다. 행정구역상으로는 경상북도 울릉군 도동리 산 42-76번지로 되어 있었는데 2000년 3월 독도리(里) 신설에 따른 조례가 의결되어 4월 7일 새 주소인 울릉군 울릉읍 독도리 산 1-37번지에 속한 한국영토로서 1982년 11월 16일 천연기념물 제336호로 지정되어 있다. 독도의 면적은 동도가 73,297m², 서도가 88,639m²이고 부속도서는 25.517m²로 합계 187,453m²(56,704평)이다. 높이는 동도가 98.6m, 서도가 168.5m이고 섬의 둘레는 동도가 2.8km, 서도가 2.6km이고 암초군까지 포함하면 약 5.4km 정도 된다. 각종 고지도나 옛 문헌에도 우리식 표기인 우산도(于山島), 천산도(千山島), 자산도(子山

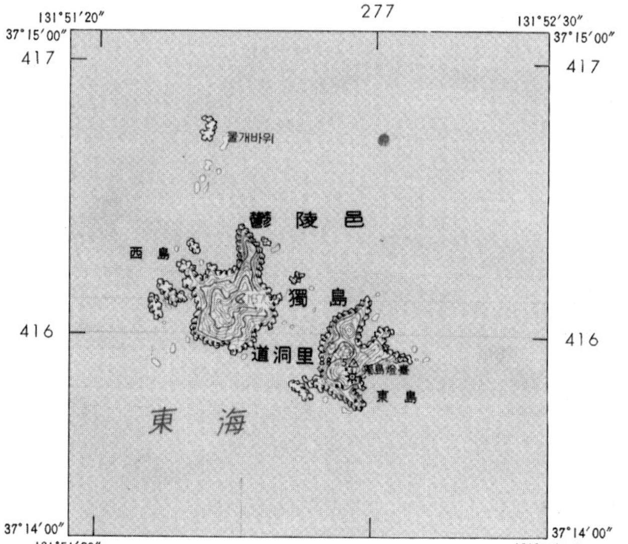

[그림 1-12] 독도의 위치(1:25,000 울릉)

島) 등으로 표기되어 있으나 일본에서는 마쓰시마(松島)로 알려져 있다. 대중가요의 노랫말에도 나오는 세종실록지리지(1432)를 비롯하여 고려사지리지(1451)와 신증동국여지승람(1531)에도 두 섬은 멀리 떨어져 있지 않아 날씨가 좋으면 서로 바라볼 수 있다고 기록되어 있다.

② 독도의 명칭

독도를 우리땅으로 인정한 문헌이나 자료는 국내뿐만 아니라 외국에도 수없이 많으며 최근에 프랑스의 리옹 3대학의 이진명 교수는 일본의 권위 있는 지도제작자인 이토세이조(伊藤政三)에 의해 1910년 10월에 만들어진 일본지도에 독도의 일본식 이름인 다케시마(竹島)나 마쓰시마(松島)가 아닌 우리식 이름인 우산(于山)으로 표기된 것을 확인하였다고 한다. 또 독도는 일찍이 서양함대나 탐험가에게 발견되어 서양이름이 다른 섬에 비해 많은 편이다. 1849년(헌종15년) 1월 27일 프랑스의 포경선 리앙쿠르가 이 섬을 발견하여 배의 명칭을 따라 리앙쿠르(Liancourt Rocks)라 불렀으며 그 외에 러시아명칭 올리부차(Olivutsa: 서도: 1854), 메넬라이(Menelai: 동도: 1854)와 영국명칭 호넷(Hornet: 1855) 등으로 일찍이 서양해도에 기록되어 있다. 당시 서양에서 만든 지도 중에는 한국과 일본 중 어느 나라의 국경표시도 하지 않았으며 지금도 외교적으로 입장이 곤란한 나라에서는 프랑스명칭인 '리앙쿠르'

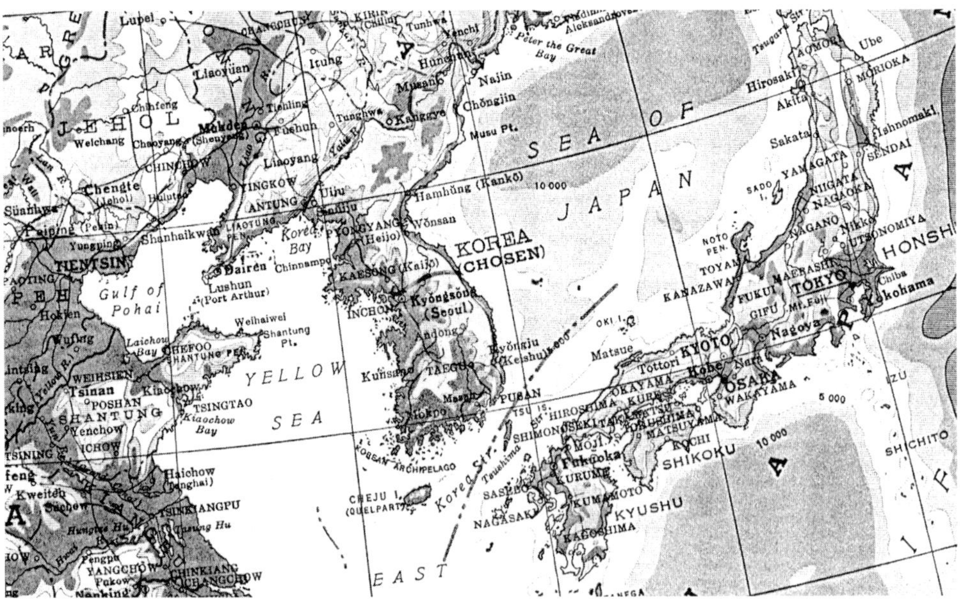

[그림 1-13] 독도와 오키섬 사이의 국경(1957, Rand Mc'Nally, Goode's world Atlas, p.143)

세계적인 지도제작회사인 Rand Mc'Nally에서 1922년에 초간한 뒤 여러 차례의 증보판이 출판되었는데 이 그림은 1957년에 증보된 동아시아 부분으로 독도와 일본의 오키제도 사이에 국경선이 그어져 있다.

라고 표기하고 있다. 1850년대부터 1920년대까지 서양에서 간행된 해도나 지도 등에는 한국이나 일본의 소속을 쓰지 않았으며 우리나라에서는 1946년경부터 일반에게 알려지기 시작하여 1952년에는 한일 간에 독도를 둘러싼 외교 마찰이 일면서 국민들에게 널리 알려지게 되었다. 한편 일본에서는 독도를 마쓰시마(松島), 울릉도를 다케시마(竹島)로 불렀으나, 1904년 2월 시마네현 고시 40호를 조작해서 독도를 일본으로 편입하고 이름을 다케시마(竹島)로 명명하였다. 이에 놀란 울릉군수 심흥택이 자기 소속의 섬이 일본영토에 편입되었다는 소식을 조정에 청하는 기록이 있으며(1906년 3월) 1947년경부터 한국에서 간행되는 서적이나 지도에도 독도라는 이름이 사용되어 일반에게 널리 알려지기 시작하였다.

③ 독도의 지도

우리나라는 1954년 해군의 수로국에서 측량을 실시하여 지형도 원도를 만들었고 1961년에는 국립건설연구소에서 1:3,000 지형도를 작성하였다. 그 후 1980년에 국토지리정보원에서 다시 항공사진에 의한 지도를 작성하였는데 이때 사용한 지도제작의 원점은 동경 131°, 북위 38°를 기준하였으며, TM 투영법으로 축척 1:5,000과 1:1,000의 대축척지도를 스크라이빙 제도에 의해 3색도로 인쇄하였다. 1998년 GPS에 의한 기준점측량(독도 삼각점)을 실시하였고, 2000년에는 1:1,000 및 1:5,000 수치지도를 항공사진측량에 의해 제작하였다. 2004년에는 울릉도 및 독도지역에 기준점측량을 완료하고 2005년에는 울릉도 및 독도지역의 수치지도를 수정 제작하였다.

독도(서도) 삼각점의 경위도: 동경 131° 51′ 54.6″
북위 37° 14′ 30.6″
독도(동도) 삼각점의 경위도: 동경 131° 52′ 10.4″
북위 37° 14′ 26.8″
평균해수면의 높이: 16cm

한편 국토지리정보원에서는 동해, 독도가 표기된 국영문 세계지도를 제작하여 배포하고 있다. 외국의 지도제작기관이나 민간업체에서 제작된 세계지도에는 아직까지도 독도와 동해가 일본의 영토로 잘못 표기되는 경우가 있어 국제사회에 독도가 대한민국 영토와 동해라는 명칭이 타당함을 다시한번 강조하고 인식시키는데 일익을 담당할 것으로 보인다.

국토지리정보원에서 제작한 국영문 세계지도는 우리나라를 정중앙에 배치하고, 축척을 1:28,000,000으로 하여 전지 2매(110cm×160cm)를 연결한 지면에 메카토르(Mercator)투영법을 사용하여 제작하였다. 또한 전문가의 자문을 받아 지도의 색상 표현을 좀더 섬세하고 미려하게 표현하고, 우리나라 항공사가 취항하고 있는 항공 노선의 표기와 선박 항로 및 세계 주요 항구간의 거리 등을 표기하고, 남극 세종과학기지와 북극 다산과학기지를 표기한 것이 특징이다.

④ 역사적 배경

독도의 역사는 울릉도와 함께하는데 512년(신라 지증왕 13년) 하슬라주(溟州)의 군주인 이사부(異斯夫)의 우산국(于山國) 정벌 후부터 기록에 나타나며, 여진국과 왜구의 침범을 거쳐 조선시대에는 수토정책(搜討政策)이 시행되었다. 그후 세 개의 섬(三峰島), 안용복의 활약, 시네마현 고시 40호, 일본이 제작한 수로지, 미국 포경선 Cherokee호의 독도발견(1948. 4. 17.), 종전 후 맥아더라인(1945. 9. 27.), 이승만 대통령의 평화선(1952. 1. 18.) 등으로 우리의 영토라는 것이 입증되었다.

정부에서는 1953년 7월 독도에 해양경비대를 설치하고 1954년 8월에 등대에 불을 밝혔다. 1997년 11월 6일에는 500톤급 선박이 정박할 수 있는 접안시설을 완

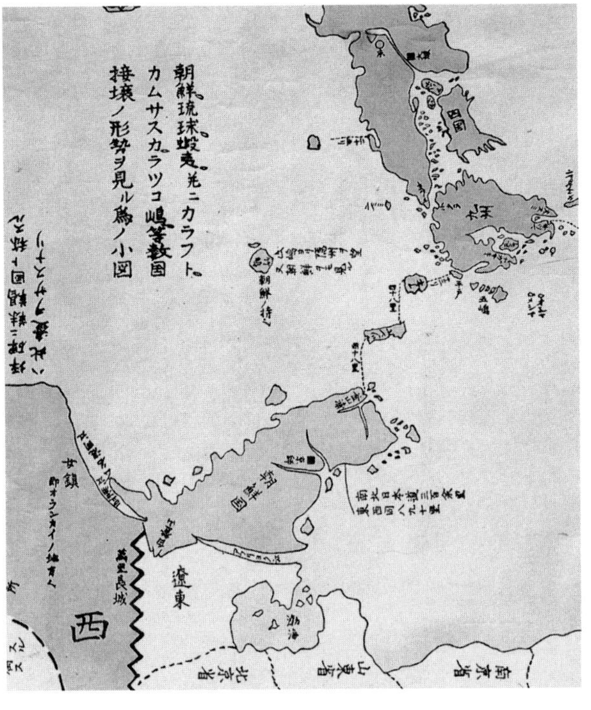

[그림 1-14] 하야시(林子平)지도(1997, 독도박물관)

일본의 지도제작자인 하야시가 1785년에 제작한 조선과 일본, 중국 동북지방을 그린 지도의 일부분으로 조선 해상에 죽도(竹圖: 울릉도)와 그 옆에 작은 섬 독도를 표기하고 〔조선의 것〕이라고 부기하였으며 조선의 영토와 같은 색깔인 노란색으로 표현하였다.

성하였으며 독도에 나무심기운동과 거주민등록을 통해 유인도로 만들어가고 있는데 독도로 본적을 옮긴 사람도 82가구 299명에 이른다.

독도는 서기 512년 이래 한번도 한국 영토로서의 분리나 타국의 지배를 받은 바도 없고 사람이 상주하고 있지 않다고 해서 주인 없는 땅으로 삼을 수 있는 아무런 이유도 없다. 또한 일본은 영토취득의 국정의사를 표명하였다고 하나 남의 영토를 우리 정부와는 한마디 상의도 없이 일개 지방관청의 고시(1905년, 시네마현)로 처리함은 상식 밖의 일로써 그 고시는 국가를 상대로 한 외교적 의사표시로서는 효력이 없다고 생각한다. 일본의 일부 극단주의자들은 독도를 무력탈취하기 위하여 침범한 일도 있었지만 1953년부터 활동한 독도 의용수비대가 방어하였으며 1956년부터 우리의 경찰이 조상이 물려준 마지막 한치의 땅을 지켜가고 있다.

2) 간도의 영유권

만주(滿洲)는 한민족의 생활터전이요 독립운동의 활동무대였다. 고구려가 멸망한 후 주인없는 땅이 된 간도에 우리민족이 이주하여 땅을 개간하고 정착해 살아왔다. 잃어버린 땅, 간도! 만약 통일이 수년 내에 이루어진다면 그 다음은 잃어버린 간도땅을 찾아야 한다. 백범 김구 선생은 그의 일기에서 나의 소원은 첫째도 통일이요, 둘째도 통일, 셋째도 통일이라고 하였다. 우리나라가 완전히 통일을 이룩하려면 만주벌의 간도땅을 찾아야만 진정한 통일이 되었다고 할 수 있다.

① 역사적 배경

간도를 포함한 만주벌은 5세기경 고구려 땅으로 편입되었으며 발해의 전성기에는 인근의 소련 영토까지 통치하였다. 그러나 15세기나 지난 지금 그 때의 땅이 우리 것이라고 고집하기는 곤란하다. 다만 최근까지도 우리나라의 통치력이 행사되던 간도땅은 일본의 침공으로 나라의 주권이 상실됐을 때(1909년 9월 4일) 일본과 청나라 간에 맺어진 간도협약으로 중국으로 넘어간 땅이다. 일본도 처음에는 간도를 우리나라 영토라고 여기고 용정촌에 조선통감부파출소를 설치하고 일본관리를 파견하여 간도의 행정을 보게 하였다. 간도에는 이미 조선인들이 대거 이주하여 살고 있었으며 우리나라의 행정력이 미치던 그곳을 청나라는 18세기 이후부터 자기네 땅이라고 우기고 있었는데 일본이 우리나라를 점거하자마자 간도협약을 체결하고 자기들의 영토로 만들어 버렸다. 조선 말에 간행된 책에서도 조선의 영토로 표기되어 있던 간도는 1909년 일제가 남만주철도 개설문제를 인정받는 대가로 청나라에 넘겨주는 협약을 체결한 후부터 문제가 발단되었다. 일제의 목표는 간도를 영원히 청나라에 넘겨주는 것이 아니라 남만주철도를 빌미로 군사력을 투입하고 나아가 만주전체를 장악하면 간도땅도 되돌아오리라 생각한 것이다. 실제로 일제는 1931년에 만주사변을 일으켜 만주를 식민지화하였다. 그러나 지금은 그 모든 것이 지나간 과거로서 대한민국의 외교권을 대리한 일제가 저지른 간도협약은 1945년 일본의 패망으로 그 자체가 무효라고 생각한다. 간도를 비롯한 지금의 만주지역인 하얼빈(Harbin), 치치하얼(Qiqihar), 하이라얼(Hailar)에는 수많은 우리의 동포들이 살고 있었으며, 특히 간도는 빼앗긴 나라를 되찾기 위하여 수십 군데에서 의병을 일으키고 독립운동을 하던 활동무대였다.

② 간도의 명칭과 지도

간도지방은 본래 두만강과 토문강 사이에 있는 넓은 지역을 가리키며 간도(間島)라는 지명은 '강물에 둘러싸인 섬'과 같다는 말에서 생긴 것이다. 청나라의 황제 강희제(康熙帝)의 명으로 중국(淸)이 숙종38년(1712년 5월 15일)에 백두산 정계비(定界碑)를 세웠는데 그 내용은 '동쪽으로는 토문(土們)강으로 서쪽으로는 압록(鴨綠)강을 경계로 분수령 위에 돌로 새겨 기록함'이라고 적혀 있는데 중국에서는 두만강과 토문강의 발음으로 보아서 동일강이라고 하는 반면에 우리나라 고지도인 「여지로정도」에는 분명히 다른 강으로 해석하고 있는 것이 문제이다.

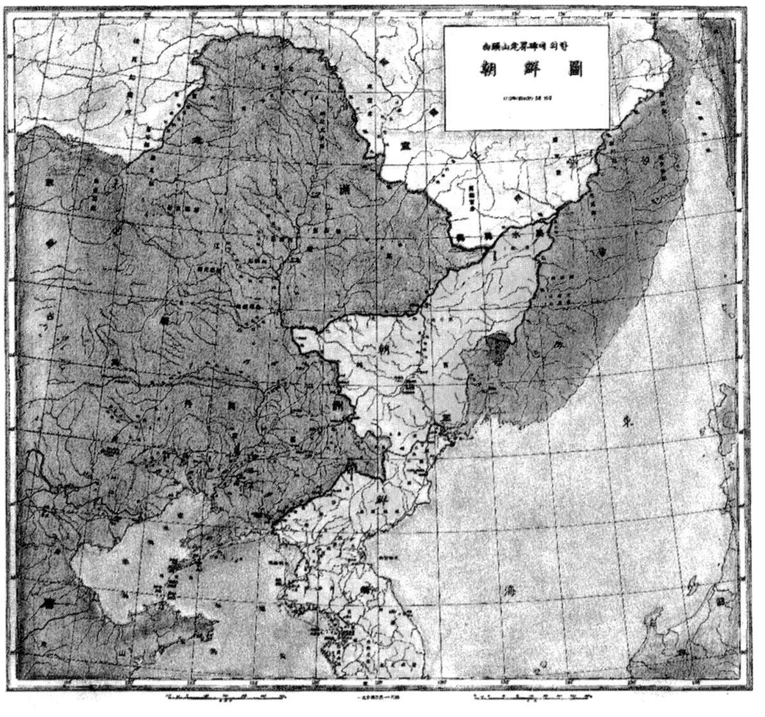

[그림 1-15] 定界碑文에 의한 朝鮮圖(1998, 백산자료원)

1910년 한일합방 후 식민지로 삼은 일본이 우리나라 전도를 만들었는데 이때 청나라에 넘겨준 사실을 은폐하기 위하여 지도에 간도를 표시하지 않았다. 이때부터 일본이 만든 조선전도는 지금과 같이 간도가 빠진 지도로 보급되었다. 지금도 우리나라에서 제작되는 대한민국전도에는 간도가 빠져 있으며 학교의 교실에나 정부의 청사 어디에도 간도가 표시된 조선전도는 걸려져 있지 않다.

③ 찾아야 할 땅

지금 우리의 당면과제는 남북통일이다. 연합군의 대표로서 행사한 중국 국민당 정부의 장개석 총통이 간도땅을 중국영토로 완전히 귀착시킨 장본인이지만 그를 미워할 수만은 없는 입장이다. 따라서 간도의 영유권문제는 중국과 통일대한민국 간에 다시 논의되어야 할 문제라고 판단되며 독도처럼 국민 모두의 관심이 뒷받침되어야 한다. 만약 수년 내에 통일이 된다면 그 때는 잃어버린 간도땅을 찾는데 국력을 모아야 할 것이다. 국제법상 영토문제의 시효만기는 100년이다. 따라서 1909년에 협약을 체결하였기 때문에 100년이 되는 2009년 이전에 간도영유권에 대한 우리의 의사를 천명하고 국제법사위원회에 상정해야 한다. 중국을 상대하여 땅을 돌려받기란 쉽지 않다. 그렇다고 전쟁을 치를 수도 없다. 그러나 지금의 조선족 자치주를 우리나라와 쉽게 왕래가 가능하도록 협상할 수 있을 것이다. 우리나라는 지구상에서 유일하게 반토막난 국가이자 이념대결의 장이다. 고작 220,000km^{2}의 작은 땅덩어리를 다시 반으로 쪼개어 옹기종기 살아가고 있다. 2000년 6월에는 김대중 대통령이 북한에 가서 통일의 기반을 조성하고 왔다. 아무튼 통일이 되고 넓은 만주땅의 일부라도 자유롭게 갈 수 있다면 우리도 어깨에 힘주고 살아갈 수 있을 것 같다. 잃어버린 땅 간도!

제 3 절 세계의 지도발달사

1. 초기의 지도역사

1) 고대의 지도

지도는 문자보다도 더 오랜 역사를 가지고 있다. 이러한 사실은 문자가 없었던 시대에 살았던 원시인들도 각각 자기 나름대로의 원시적인 지도(?)를 갖고 있었으며 조잡한 도구를 사용해서 지도를 그렸던 당시에는 예술적인 사고(思考)보다는 단순한 욕구가 지도를 만들게 했다. 당시의 사람들은 말이나 글자, 기호가 없었지만 사냥이나 채집, 어로생활에 지도(그림)가 필요했을 것이다. 당시에는 주거지가 일정치 않고 이동하면서 생활해야 했기 때문에 그들이 자주 가는 사냥터, 샘터 그리고 위험지대나 대피할 수 있는 안식처 등의 위치를 기록해야 할 필요성이 지도를 제작하였을 것으로 판단된다.

① 원시시대의 지도

원시시대에는 다른 곳에 무엇이 있는지 호기심 때문에 돌아다닌 사람들이 지도를 그렸을 것으로 판단되는데 원시적인 도구를 사용해서 동굴벽면이나 나무껍데기, 갈대잎, 동물의 뼈나 가죽같은 곳에 표현하였다고 전한다. 그렇기 때문에 그 상태는 조잡하고 해석이 불가능하며 촌락의 분포나 섬의 위치 등 농경생활에 필요한 자기 주변의 사물을 문자나 기호를 이용하여 그림(지도)으로 그렸다. 세계에서 가장 오래된 것은 기원전 6000년경에 만들어진 것으로 추정되는 터키 중서부지방에서 발견되었으며, Marshall 군도에서는 나무의 줄기나 돌, 조개껍질 등을 엮어서 만든 지도 같지 않은 지도(해도)도 발견되었다. 또 시베리아 북부의 유카기르인과 북미의 에스키모인들이 자작 나무 조각에 해안선의 모습을 새긴 것이나 동물의 가죽에다 나무조각을 붙여서 만든 것도 당시의 지형 · 지물

[그림 1-16] 우주형상을 나타낸 지도 (1994, Peter Whitfield, p.7)

이집트시대에 그려진 우주형상을 표현한 지도로 단단한 대리석 위에 각인되었으며 둥근 지구 주변에는 별들을 볼 수 있으며 하늘을 숭배하고 신은 곧 우주라고 생각하고 만든 지도이다.

을 사실적으로 표현하는 과정에서 생긴 그림적 요소를 가진 지도라고 생각된다.

② 문명의 발상시대

약 5천년 전인(B.C. 2500년경) 메소포타미아(Mesopotamia)인들도 점토 위에 강, 농경지, 취락 등을 표시하여 지도를 그렸는데, 이 지도가 현존(대영박물관에 소장)하는 지도로 가장 오래되었으며 바빌론이 세계의 중심에 위치한다고 표현하였다. 한편 이집트인들은 교역과 탐험 등을 통해 지리적인 지식을 많이 갖고 있었으나 지도제작 기술은 바빌로니아인들보다 뒤떨어진 것으로 추정된다. 당시에는 주로 갈대과에 속하는 풀(草)로 만든 종이 위에 그렸으며 오늘날의 지적도와 유사한 것으로 판단된다. 나일강의 잦은 범람으로 농경지의 경계 복원이나 부락의 설계도 또는 계획도의 성격으로 그린 지도가 대부분이다. B.C. 1300년경에 제작된 Nubia 지방의 금광산(金鑛山) 지도와 B.C. 6~7세기경에 아시리아와 페르시아 제국에서도 지도를 만들었다. 이와 같이 고대문명의 발상지에서 제작된 지도들은 그림이라고 할 수 있으며 각 문화권마다 특색 있게 제작되어 있다. 제대로 형태를 갖춘 지도로는 B.C. 1000년경에 이탈리아 북부의 Valcamonica 계곡에 있는 Bedolina인들이 그린 지도로서 청동기시대의 농경취락 모습을 상당히 사실적으로 바위(岩) 위에 표현한 것을 들 수 있다.

그리스시대의 시인인 Homer(B.C. 8세기경)는 그의 대서사시(大敍事詩)인 오디세이(Odyssey)에서 주인공이 전쟁에 참여한 후 귀환하면서 본 에게해(Aegean Sea) 주변의 지리적 특성을 남겼다. 그리고 그리스의 철학자이자 7현인의 한 사람인 탈레스(Thales: B.C. 640?~546?)는 지구가 평평하거나 물 위에 떠 있는 원판일 것이라고 지구의 모습을 상상하기 시작하였으며 이때부터 지구의 형상에 대해 과학적인 사고를 갖고 지도를 그리기 시작했다.

Anaximander, Hecataeus, Herodotus 등이 그린 세계지도는 지구 구체설(球體說)이 나오기 전에 제작되었으며 피타고라스를 중심으로 한 동료 과학자들은 둥근 지구에 대한 확신을 갖고 지도제작에 접근하였다. 그 후 플라톤(Plato: B.C. 427?~347?)과 철학자인 아리스토텔레스(독어명 Aristoteles: B.C. 380~322)는 태양의 고도나 낮의 길이에 따른 지구 구체설에 근거하여 지도를 그렸으며, Eodoxus와 Dicaearchus도 수학적인 근거에 의해 경위선을 설정하여 위치를 잡는 기법을 응용하기 시작하였다. Alexandria의 수학자인 Eratosthenes(B.C. 276~194, 알렉산드리아의 도서관장)는 실제 측정을 실시하여 지구의 규모를 계산하고 좌표 개념을 도입하여 지도를 제작하기 시작하였다. 또 지도학 발전에 공헌을 한 히파르코스(Hipparchus)는 지구를 360°로 구분하고 경위선 개념을 도입하였으며 고도계를 발명하였고 지도의 투영법인 정사도법과 평사도법을 고안하였다. 그는 투영상 왜곡도를 산술적으로 계산하는 등 지도학 발전에 큰 공헌을 하였으나 그가 직접 지도를 그리지는 않았다고 전해진다.

③ 그리스와 로마시대

지도학 발전에 획기적인 전기를 마련한 학자는 그리스인 Strabo(B.C. 64~A.D. 20, 지리학 17권을 책으로 정리)와 Ptolemy(A.D. 100~170, 한때는 알렉산드리아 도서관에서 일했음)이며 그들은 천문학자이자 지도학자로 세계지리학을 이끌고 간 대표적인 인물이다. 특히 Ptolemy가 만든 지리학(Geographic 8권) 중 제1권에는 지도제작 방법은 물론 지구의 크기와 형상 등 지도학 이론이 수록되어 있다. 특히 격자망 산출의 모순점을 발견하고 경위도로 나타내었으며 단원추도법을 이용하여 반구도를 만들기도 하였다. Ptolemy가 만든「지리학」8권은 12세기 동안 여러 사람의 손을 거치면서 번역되었기 때문에 각 번역판에 나타난 지도들은 다소 다른 모습으로 보여지고 있다. Ptolemy의 지도는 지금도 고고학적인 측면에서 다른 학자나 기술자들에 의해 번역 · 모사(模寫)되고 있으며 그가 그린 세계지도는 근대지도의 기초가 되었으며 만약 이 지도가 없었다면 세계의 탐험이나 대륙의 발견이 좀더 늦어졌을지도 모른다. 또 Ptolemy 지도에 나타난 지점들의 위도는 비교적 정확하나 경도는 부정확한 편이며 Ptolemy의 세계지도에 처음으로 중국과 인도네시아, 말레이반도가 그려졌으며 인도양은 내해로 표기되어 나타난다.

광대한 영토를 통치한 로마에서는 정치 · 군사적인 목적하에 지도가 발달하였는데 지도의 투영이나 경위선망을 이용한 접근보다도 실제 측량을 실시하여 지도를 제작하는 데 많은 관심을 가졌다.

로마시대의 지도제작은 토목기술과 측량술의 발달로 군사용 도로건설을 비롯한 각종 건설에 필요한 실용적인 측면에서 지도가 제작되었으며, 아우구스스 황제의 명을 받아 Marcus, Vipsanius,

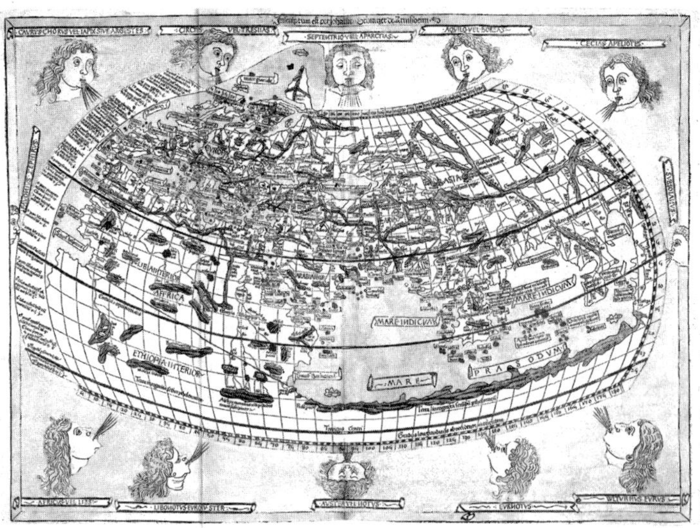

[그림 1-17] Ptolemy의 세계지도 (1994, Peter Whitfield, p.9)

A.D.150년경에 만들어진 포토레미의 지도를 근간으로 Leinhard Holle가 1482년에 출판한 것이다. 지도의 규격은 56×41cm이며 산맥과 지명이 많이 나타난다.

Agrippa가 로마를 중심으로 측량을 실시하여 정교하게 지도를 만들었다고 한다. B.C. 20년경에 만들어진 Agrippa 지도는 로마의 대도시에 보급되었으며 A.D. 250년경에는 이를 수정한 「Tabula Peutingeriana」라는 지도가 제작되어 현재 전해지고 있다. 이 지도는 독일인 지도수집가 'Konard Peutinger'의 이름을 따서 「포이팅어지도」라고 불렀으며 그 후 이 지도는 수세기를 거치면서 여러 사람에 의해 복제되었다. 그리고 당시의 지도제작은 주로 측량기술자들에 의해 이루어졌기 때문에 축척의 개념을 도입하여 격자망의 토지를 구획한 것으로 오늘날의 지적도와 유사한 지도이다.

2) 비유럽권의 지도

지도의 발달은 유럽에서 시작되었다고 해도 틀린 말이 아니다. 그리스와 로마시대를 거치면서 실용적인 지도가 급속하게 발전하였다. 그러나 중동을 중심으로 일어난 기독교적인 세계관과 사라센제국을 형성한 이슬람세계의 지도역사는 세계의 지도발달사에 또한번 중요한 획을 그었다고 할 수 있다. 또 동양에서는 중국이 서양문물을 접하면서 지도의 발달에 가장 앞서 있었으며 유럽을 제외한 나라 중 가장 많은 발전이 있었다.

① 기독교시대

4세기부터 약 7C 동안은 기독교가 모든 생활에 영향을 주던 시대로서 성서의 기록과 관련시키려는 의도 때문에 지리적 사고나 학문적으로는 퇴보한 시기라고 생각된다. 모든 지도의 제작을 성서에 바탕을 두고 종교적인 세계를 지도에 표현하려고 노력하였기 때문에 지도로서의 가치는 인정받지 못하였다. 기독교가 남겨놓은 대표적인 TO 지도는 원형 지도로서 3개의 대륙이 노아의 아들(셈은 아시아, 햄은 아프리카, 야벳은 유럽)에 해당된다고 표기하였으며 예루살렘이 세계의 중심이고 지상낙원인 에덴(동산)이 동쪽에 있었기 때문에 동쪽이 지도의 중심이 되게 제작된 것이 특징이다.

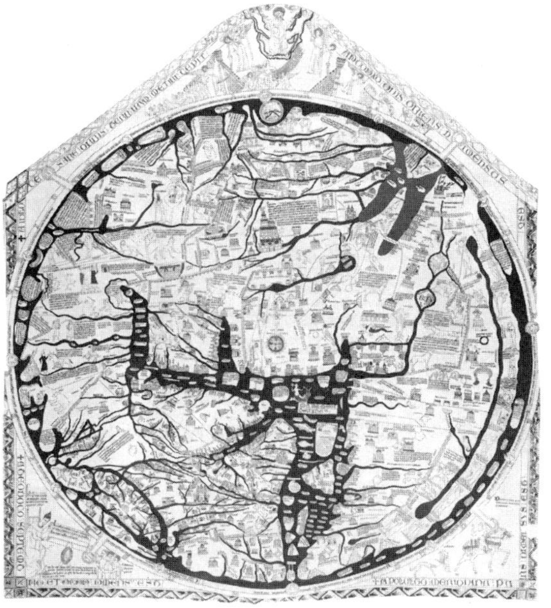

[그림 1-18] Hereford의 Mappa Mundi(p.21)

1300년 경에 만들어진 이 지도의 위쪽에 「최후의 심판」 그림이 그려져 있으며 규격은 1.34×1.65m(직경1.32m)의 원형 지도로 방위의 기준을 동쪽으로 하였기 때문에 인도가 지도의 윗부분에 나타나 있으며 지도의 중앙에는 예루살렘이 그려진 것이 특징이다.

【 TO지도 】T자와 O자의 알파벳을 조합한 형태의 지도로 중세 유럽에서 지구반원설(地球半圓設)에 근거하여 제작되었다. TO 지도는 동쪽을 지도의 위에 놓이게 하였으며, 대체적으로 지도로서의 기능이 떨어지며 일부 지도는 도시, 산맥, 강 등이 기록된 것도 있다. 당시에는 세계의 육지가 아시아, 아프리카, 유럽으로 3분된 것으로 판단하였으며 기독교 성지인 예루살렘을 지도의 중심에 배치한 것이 이들 지도의 특징이다.

이러한 TO 지도는 지도로서의 체계를 갖춘 것도 있지만 둥근 원반 위에 지명만 표시한 것이 많다. 중세 중반기에 들어와서 Psalter Map(1250년)과Mappa Mundi(1300년)라는 거대한 세계지도로 발전되었으며, 그 대표적인 지도가 Ebstorf 지도(A.D. 1235)와 Hereford 지도(A.D. 1290) 이다. Ebstorf 지도는 3.58×3.56m(직경 3.5m)로 비교적 규모가 큰 지도로 라틴어와 독일어로 쓰여졌으며 1830년에 재발간되었으나 불행하게도 2차대전중인 1945년에 Hanover로 옮겨진 후 소실되었다. 또 고전적인 원형 지구를 표현한 기독교지도는 지구의 기후를 띠 모양으로 구분한 것도 있으며 14C에 접어들면서 해도(海圖)의 제작이 활발해지면서 기독교적인 세계관으로 그리던 지도가 점차 사라지기 시작하였다.

【 연대의 표기 】연대를 표기할 때 사용하는 B.C.는 before Christ의 약자로 보통은 연대의 뒤에(426-347 B.C.)쓰고 한글로는 "기원전" 혹은 "전"이라고 연대의 앞에 표기한다.(기원전 426-347) A.D.는 Anno-Domini의 약자로 in the year of our Lord(그리스도 기원년 또는 서기)의 뜻으로 보통은 연대의 앞에(A.D. 347-426) 사용한다. 그러나 the 5th century A.D.와 같은 경우는 문장의 뒤에 오며, 영국에서는 A.D. 92와 같이 앞에 쓰며 미국에서는 92.A.D.와 같이 연대의 뒤에 쓰는 게 보통이다. 우리나라에서는 "기원전" "A.D." "B.C."을 모두 숫자 앞에 쓰는 것이 관례로 되어 있다.

② 이슬람 전성시대

아랍인들은 사라센제국을 통치하면서 도로교통체계를 활성화하여 여행과 지리에 관심을 가지게 되었다. 이들은 Ptolemy의 지리학을 아랍어로 번역하면서 알게 된 지리지식을 이슬람문화권에 통합하였으며 Ptolemy의 지도상에 나타난 오류를 발견하고 그들 나름대로 각도나 거리를 정확히 계산해 내는 기법을 연구하였다. 이때 만들어진 지도의 내용이나 형태는 그리스 학자들의 영향을 많이 받았으며, 지도학적으로 이슬람세계의 독특한 특징이 발견된다. 이슬람시대의 지도학은 9C초 Ptolemy의 저서들이 아랍어로 번역되면서 알-화리즈미(al-Khwarizmi)가 「지구의 형상에 관한 책」을 저술하였으며 이때 평면구형도를 제작하였는데 이것이 이슬람에서 가장 오래된 지도이다. 10C에 들어서는 알-마수디(al-Masudi)가 인도와 중동일대를 여행하고 「황금의 초원과 보석의 광산」을 썼는데 그는 지구가 구형임을 믿었고 인도양이 내해가 아님을 주장했다. 이 시기에는 「Atlas of Islam」과 「Book of Roads and Kingdom」이 저작되었으며 특히 「이슬람세계의 지도첩」에는 세계지도 1장, 해도 3장, 이슬람제국의 나라들 17장이 수록되어 있다. 알-이스타흐리(al-Istalchri)가 그린 세계지도는 남쪽을 지도의 위쪽으로 표현하였으며 이븐하갈(Ibn Hauqal)은 이 지도를 다시 수정하였다. 알-비루니(al-Biruni)는 역사, 지리, 철학 등 여러 분야가 포함된 백과사전에 지리적 좌표설정법을 기술하였으며 그는 「Map of the Seven Seas」도 제작하였다.

이슬람세계에서 가장 위대한 지도학자인 알-이드리시(al-Idrish: A.D. 1100~1166)는 북아프리카 모로코에서 출생하였지만 중앙아시아와 서유럽을 여행하고 스페인의 Cordova 대학에서 공부하면서 세계의 지도정보를 수집하였으며 그는 시실리의 Palermo에 정착하여 지도제작에 몰두하였다. 그는 여러 장의 지도를 만들었는데 특히 1161년에 제작한 70도엽으로 이루어진 지리학(Geographie) 책은 아랍인이 제작한 지도 중 최고로 인정받는다. 한편 노르만의 왕인 Roger 2세는 항해와 지리에 큰 관심을 갖고 알-이드리시에게 평면구형도와 주해서를 의뢰하였으나 로저는 이 '주해서'의 완성을 보지 못하고 사망하였다. 이 주해서가 오늘날 「로저의 책」 또는 「세계를 여행하고 있는 사람들의 즐거움」(Amusement for Him Who Desires to Travel around the World)이란 부제로 출판되었으며 이때 만들어진 평면구형도의 크기는 3.5×1.5m로 1장의 작고 둥근 세계지도가 수록되어 있다. 또 그가 만든 세계지도첩에 중국(Sin)과 우리나라(Sila)가 표기되어 있는데 이것이 우리나라가 서방세계에 처음으로 나타난 것으로 생각된다. 이 지도는 후에 포르투갈인들이 미지의 세계를 탐험하는 데 이용되었으며 알-이드리시는 중세를 통틀어 가장 높이 평가받는 지도학자로 알려져 있다.

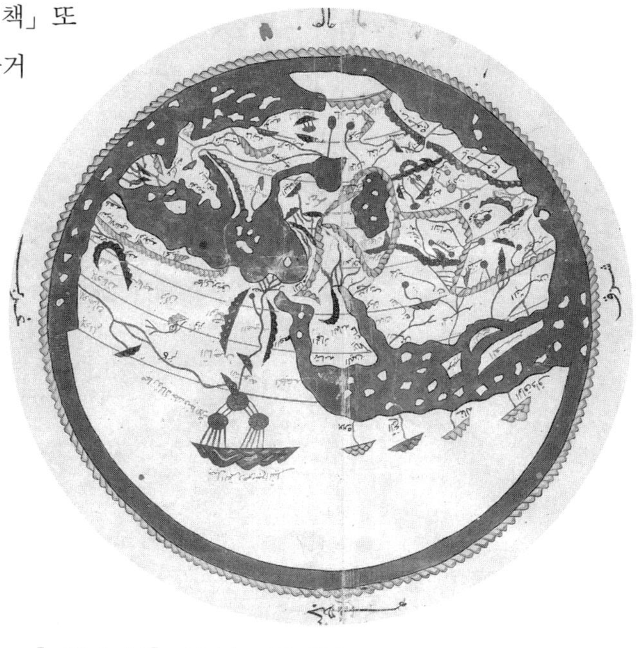

[그림 1-19] Al-Idrisi의 지도 (1994, Peter Whitfield, p.29)

알-이드리시가 1154년에 만든 원형 세계지도로 1456년에 복제한 것이다. 아랍의 지도제작 전통에 따라 지도의 상단이 남쪽이며 좌측이 인도양으로 동양과 접해 있다.

③ 중국의 지도

중국은 고대문명의 발상지로 동양의 지도발달을 주도하였으며 특히 인접국인 우리나라의 지도발전에 큰 영향을 끼쳤다. 기원전 4세기경부터 지도가 제작된 중국(한나라)은 지도제작 기구인 고도계, 나침반 등을 발명하였으며 당시는 서양세계보다 오히려 발달된 것으로 평가되고 있다. 고대 중국의 관료, 군인, 선비 등 지배계층에서는 땅의 경계표시, 토지대장, 관개도, 행정문서, 세수증대, 군인의 권력행사 등에 필수적으로 지도가 사용되었다. B.C. 13세기경 하(夏)나라 우왕(禹王) 때에는 중국과 그 주변(오늘날의 아시아지역)의 지도와 지지에 관한 지리서인 산해경(山海經)이 쓰였으며 유수(劉秀: B.C. 6세기경), 우공(禹貢: B.C. 5세기경), 배수(裴秀: A.D. 267) 등 여러 지도제작자들에 의해 지도가 만들어졌다. 특히 승려들이 불교성지를 방문하고 인도와 동남아 여행기를 기록했으며 중앙아시아와의 무역과 문물의 교류를 위해 장건이 개척한 실크로드를 따라 활발한 왕래가 있었다. 또 B.C. 168년경에 사망한 장군의 무덤에서 통치에 사용된 군사지도가 1973년에 발견되었으며 중국 지도제작의 아버지라고 불리는 Phei Hsiu(A.D. 223~271)의 격자망지도는 경위선이나 투영법을 고려하지 않았지만 당시의 제작기법으로는 서양의 기술보다 한 걸음 앞서 있는 것으로 알려졌다. 또 1137년에 돌 위에 그려진 지도가 발견되었으며 몽고 침입 때(원나라)인 1311년에 Chu Ssu-pôn는 주별 지도첩을 제작하였는데 이 지도는 1665년 네덜란드에서 만든 Sinensis 지도첩의 기초가 되었다. 해군제독인 정화(鄭

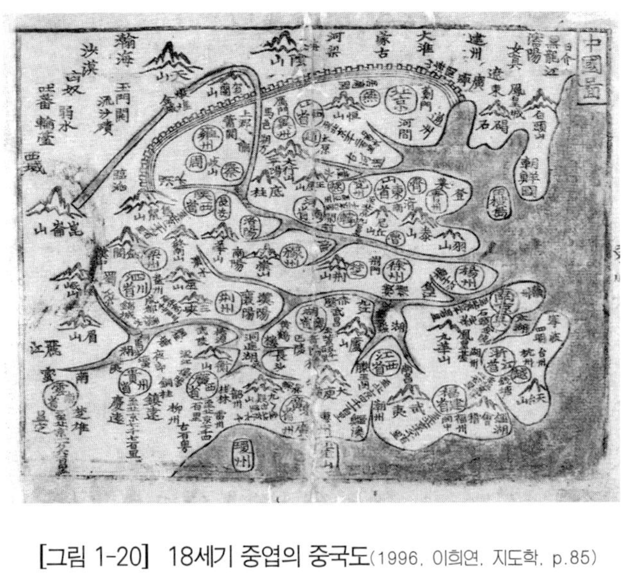

[그림 1-20] 18세기 중엽의 중국도(1996, 이희연, 지도학, p.85)

중국의 Chu Ssu-pôn에 의해 그려진 채색필사본으로 규격은 28×35cm의 지도로 중국 본토와 변방인 고비사막 등이 나타나 있으며 격자망으로 그려졌다.

和)는 해상무역로를 개척하기 위하여 1405~1433년까지 7차례에 걸쳐 동남아-인도-페르시아만-동아프리카 등지를 탐험하였으며 그가 제작한 해도는 족자형태의 두루마리 지도였으나 1628년에 무비지(武備志)라는 지도책으로 발행되었으며 동서 약 12,000km가 나타나는데 이 지도는 당시 중국 인근의 항해를 위한 지침서였다.

16세기에 중국에 선교사로 들어온 이탈리아인 마테오리치(Matteo Ricci)의 아버지는 Ortelius가 제작한 것으로 보이는 세계지도를 1582년에 마카오에 도착할 때 가져왔으며 이 지도를 중국어로 번역하여 곤여만국전도(坤輿萬國全圖)라는 세계지도를 만들었다. 그를 비롯한 많은 선교사들이 자국으로 돌아갈 때 가져간 동양(중국)의 지도들이 유럽인들이 아시아지도를 편집하는 데 토대가 되었다. 1644년 청나라가 세워진 후 1673년에 Huang Tsung-hsi에 의해 중국전도가 제작되었으며 18C에 들어와서는 실제 측량을 실시하여 지도가 제작되었는데 K' ang-hsi 통치시기에 제작된 231도엽은 20세기까지 지속적으로 사용되어 왔다. 이와 같이 중국에서는 도로망도, 지적도, 해도, 전략도, 관개도 등 다양한 지도가 제작되었으며 이러한 지도제작기술은 우리나라를 비롯한 주변 국가들에게 많은 영향을 끼쳤다.

한편 신라의 승려 혜초(704~A.D. 787)는 콜럼버스보다 800년 앞서 인도로 향했으며 723년에 지금의 감포항을 출발하여 (감포항-당나라광주-인도-불교성지순례-히말라야-당나라장안-신라) 신라로 돌아온 후 왕오천축국전(往五天竺國傳)이라는 귀한 지리서를 남겼다. 신라 원성왕(785~A.D. 798)시대의 장보고(798?~A.D. 846)는 청해진(지금의 완도)을 중심으로 일본-신라-당나라를 잇는 해상무역권을 18년간 장악하면서 지리적 시야를 크게 넓혔다. 이렇게 우리의 선조들도 약 1300년 전부터 미지의 세계를 탐험(비록 聖地 방문이나 장사일지라도)하여 지리적인 기록을 남겼다.

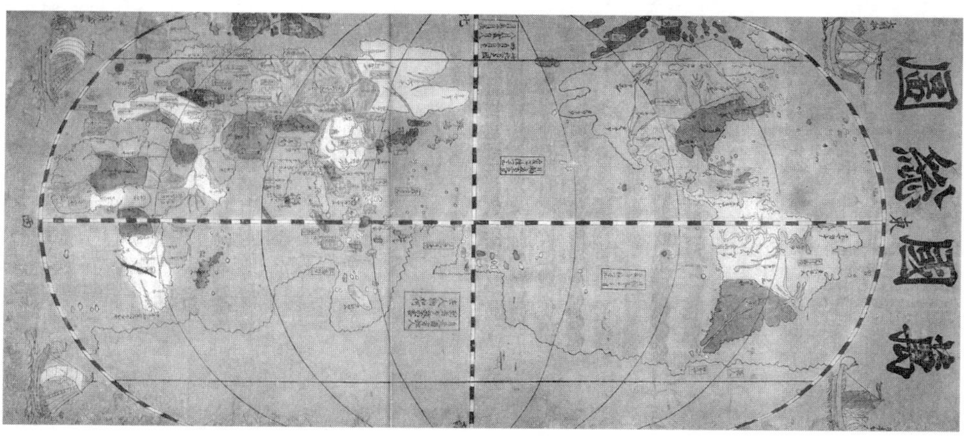

[그림 1-21] 1645년에 Bankoku-SozugI의 (일본) 만국총도(1994, Peter Whitfield, p.91)

2. 근세의 지도역사

1) 지도제작의 전성기

① Ptolemy 지도의 이용

1406년 Ptolemy의 지도 27장과 함께 수록된 Geographica가 라틴어로 출판되면서 새로운 지도들이 활발히 인쇄되었다. 1427년 프랑스의 Guillaume Fillastre는 그린랜드와 아이슬란드의 위치가 잘못된 Ptolemy의 지도를 고쳐 「근대지도」라는 이름으로 재발행하였으며 1466년 독일의 Donnus Nicolaus도 Ptolemy의 지도에 새로운 기호를 넣고 유럽 북부지방을 자세히 수정한 지도를 만들었다. 또 1486년에 독일의 Henticus Martellus는 Ptolemy의 지도 27매 외에 영국을 비롯한 12매의 새로운 지도를 제작하였는데 이로서 Ptolemy의 지도는 근대적인 지도로 바뀌어 유명 출판사에 의해 널리 보급되기 시작했다.

Ptolemy의 지도가 1490년 이후에 중단되었다가 1507년과 1508년에 로마에서 Johan Ruysch에 의해 수정된 증보판이 발행되었으며 독일의 Martin Waldseemüller (1470~1518)에 의해 아메리카라는 명칭이 처음 나타난 지도가 등장하였다. Waldseemüller은 1513년 Strassburg 판의 Geographia를 20도엽 출판하였고 1516년에도 12장으로 된 포르투갈의 해양지도를 제작하였다. 이후 독일의 유명한 지리학자인 Sebastian Münster에 의해 좀더 세밀한 세계지도가 제작된 이후로 Ptolemy에 대한

[그림 1-22] Martin Waldseemüller의 지도(1994, Peter Whitfield, p.49)

독일의 '마르틴 발트제뮐러'가 1507년에 그린 세계지도로 아메리카 대륙이 처음 그려진 중요한 지도이다. 이 지도는 심장모양의 투영법을 이용하여 만든 것이 특이하다.

관심이 차츰 사라지게 되었다.

② 탐험시대의 지도

15세기 말부터는 유럽인들의 미지에 대한 탐험열기가 지도분야를 급속히 발전시키는 계기가 되었다. 왜냐하면 새로운 대륙의 발견으로 지도에 새로운 정보를 수록하는 일이 많았으며 대륙이나 해양의 탐험을 위한 선박들의 안전한 항해를 위한 항해도(해도)가 급속히 발전되었고 또 새로운 투영법이 개발되어 지도를 여러 각도로 만들어 판매하는 지도제작 회사들이 생기면서 지도제작 분야가 가장 많이 발전한 시기였다.

십자군원정(1096~1270)의 실패와 르네상스(문예부흥)가 일어나기 시작하던 무렵에 아랍상인들에 의해 동방에서 들여오던 향신료(후추, 정향, 계피)와 귀금속류가 이슬람 세력에 의해 차단되자 유럽인들은 아시아(동방)로의 해상무역로를 개척하기 위하여 탐험에 나서게 되었다. 포르투갈의 엔리케(Henrique, 영어명 Henry) 왕자는 북아프리카 사그레스(Sagres)에 세계최초의 해양연구소를 설립하고 인도로 가는 항로를 개척하기 위하여 여러 차례 탐험을 시도하였다. 탐험대 선장의 한 사람인 Bartholomew Diaz가 지도상에서 미지의 세계로 남아있던 남아프리카의 희망봉(1488)을 발견했으며 포르투갈의 Vasco da Gama는 희망봉을 돌아 인도(1498)에 도착했다. 한편 사그레스 연구소에서 항해공부를 한 바 있는 이탈리아 제노바 출신의 콜럼버스(1451년 출생)는 아메리카(1492)를 발견하였으며 또 에스파냐인들은 중앙아메리카를 점령하고 포르투갈은 뉴펀들랜드와 남미(1500), 페르시아(1507), 중국과 인도네시아(1513) 등에 도착하였으며 마젤란이 세계일주(1519~1522)를 이룩하는 등 대발견(大發見)의 시대가 열렸다. 이후부터는 지도를 보다 더 정확하게 제작해야 할 필요성과 관심이 고조되어 학문적으로 많은 발전이 있었다. 이렇게 탐험으로 얻어진 자료를 이용하여 지도를 고치고 그동안 잘못 전해들은 정보를 확인하기 위하여 미지의 세계에 대한 궁금증이 날로 증가하게 되었다.

③ 해도의 제작

중세 말기에는 지중해를 중심으로 해상교통로가 열리면서 동서양의 교역이 활발하여 지도학이 크게 발전하는 계기가 되었다. 특히 마르코폴로의 동방견문록이 소개되면서 해도와 항해술이 발달하였으며 시실리 섬에 있는 Palermo에서는 해도를 이용한 항해술이 발전되었고 중국으로부터 나침반이 소개되고 고도계의 개선으로 장거리 항해를 할 수 있게 되었다. 13C부터 제작된 Portolano 해도(charts)는 방사상으로 그려진 32갈래의 방위선을 기준으로 항해에 필요한 방향을 읽을 수 있게 만들어졌다. 1375년에는 Abraham Crescas가 이끌던 지도제작팀이 목판 위에 양피를

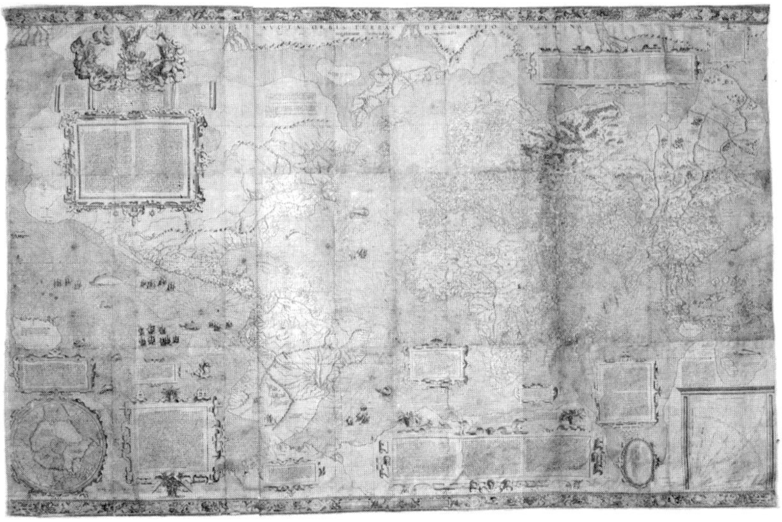

[그림 1-23] Mercator(1569년) 지도(1994, Peter Whitfield, p.67)

접착시키고 그 위에 그린 Catalan Atlas라는 세계지도에 해로를 표시하였는데 이는 실용적인 목적보다는 장식용도로 제작된 것으로 판단된다. 이 시기에 Cardinal Pierre d' Ailly는 남아프리카 주변에 대양이 있다고 주장하였다. 이러한 주장은 후에 포르투갈인들이 아랍 지배지역을 피해 인도로 가는 길을 개척하는 계기를 만들었으며 콜럼버스가 인도로 가는 항해계획을 수립하는 데도 결정적인 역할을 하였다고 한다.

15C 중반에 독일의 Gutenberg가 인쇄술을 발명한 이후 Ptolemy의 저서와 지도들이 라틴어로 다시 번역되면서 항해술, 인쇄술, 관측도구(측량기)가 발전하는 계기가 되었다. 당시 지도학자들은 항해의 출발지로 많은 정보를 얻을 수 있는 베니스, 제노바 등에 많이 살았으며 특히 이탈리아인, 네덜란드인(Dutch), 독일인 등에 의해 지도제작 기술이 많이 발전하였다. 지도제작 기법은 항해에 필요한 해도(海圖)와, 정확한 세계지도(世界地圖) 그리고 구형의 지구의(地球儀) 분야로 나뉘어 발전되었으며 미지의 세계가 알려지면서 각 지역을 연결하는 교통로(해로)가 개발되어 해도의 제작이 더욱 증폭되었다. 이러한 해도는 이탈리아의 해상도시에서 많이 제작되었으나 항해의 경험이 풍부한 포르투갈인들에 의해 보다 정확한 해도가 제작되기 시작했다. 1534년 포르투갈의 수학자이자 천문학자인 Pedro Nunes에 의해 항정선(rhumbline)의 이론이 제안되어 항해시 나침반의 방향을 직선으로 나타내 줄 수 있는 해도의 필요성이 요구되었으며 이때 Nunes에 의해 현대지도의 기틀이라고 할 수 있는 Mercator 투영법이 알려지기 시작하였다.

④ 메르카토르의 출현

지중해의 이탈리아는 해상교통의 요충지로서 베니스, 밀라노, 플로렌스 등에서 지도제작이 매우 활발하였으며, 16C초에는 독어를 사용하는 Nuremberg, Rheinland, Vienna의 세 도시가 지도학 발달에 주축을 이루었다. 이 중에 가장 오래된 지도학 발달의 도시인 Nuernberg는 Behaim이 지구의(地球儀)를 처음 제작한 곳이고, Rheinland는 독일인 Martin Waldseemüller가 1510년대에 지도제작 활동을 했던 곳이며, Vienna는 프랑스 출신 지도학자인 Dronce Fine이 활동하던 곳이다. 당시 지도학자인 Johann Werner와 교수였던 Johannes Stabious가 제안하고 예술가인 Dürer가 디자인한 하트형 투영법이 1515년에 개발되었다. 또 지도학자이자 수학자인 Peter Apian은 1530년에 하트형의 투영법으로 세계지도를 만들었으며 독일과 프랑스에 이어 네덜란드 출신의 과학자에 의해 지도학이 많이 연구되었다. 특히 네덜란드의 Antwerp와 암스테르담을 중심으로 활발한 교류가 이루어졌는데 German Frisius와 Gerard Mercator는 사제지간으로서 당대의 지도제작 분야에 큰 족적을 남긴 학자들이다. Frisius는 Louvain 대학의 교수로 수학, 지리학, 측량학 분야의 이론뿐만 아니라 항해도 및 세계지도의 제작에 뛰어났으며 특히 그는 과학적 측량을 중요시한 사람이다.

Gerard Mercator(1512~1594)는 1569년에 Nunes의 이론적 원리를 이용해서 그림 1-23과 같은 지도를 Mercator 투영법을 사용하여 그렸다. 그러나 Mercator보다 먼저 이 투영법을 적용한 사람은 독일의 Erhard Etzlaub로서 그는 북아프리카와 유럽지도를 그릴 때 고위도로 올라갈수록 위선의 거리가 실제보다 멀어지는 투영법을 이용하여 지도를 제작하였다.

한편 메르카토르는 스승의 지도제작을 도우면서 1538년에는 두 개로 나누어진 하트형 투영법으로 세계지도를 만들었으며, 1554년에는 15장의 유럽지도를 제작하였고, 1564년에는 8장으로 된 영국지도, 1569년에는 그의 대표작인 18장으로 된 세계지도를 완성하였다. 그의 가장 큰 업적은 항해에 필수적인 Mercator 도법을 정착시킨 점이며 이후부터 지리적 지식이 확산되어 벽걸이 지도부터 낱장의 지도까지 다양한 지도가 제작 · 보급되었다.

【 Dutch 】 원래 독일이란 뜻이었는데 17세기부터 네덜란드의 뜻으로 변하였음. 네덜란드는 Holland라고 부르기도 하지만 공식적으로는 Netherlands로 되어 있고 옛날 영국과 해외진출 및 지도제작을 경쟁하던 강대국이었기에 Dutch에는 영국인들에 의해 경멸적인 뜻이 내포되어 있기도 하다.

[그림 1-24] Peter Apian의 하트형 지도
(1994, Peter Whitfield, p.57)

1530년에 만들어진 이 지도는 개인의 내면 중심과 외면을 연결시켜 주는 논리적인 것으로 수학적인 개념에 의해 제작 되었다.

2) 근대의 지도

세계일주와 미지의 탐험으로 지구와 닮은 지구의을 만들었기 때문에 대륙의 규모나 해안의 형태 등은 이미 알고 있었다. 그러나 이 시기에는 좀더 과학적이고 다양한 지도의 제작이 요구되어 세밀한 지도첩과 주제도의 제작이 활발히 이루어진 시기이다. 지형의 모양(땅의 생김새)을 실제 측량을 실시하여 지도를 그리기 시작하였으며 영토의 경계 개념을 정확히 파악하여 지도로 나타내고자 하였다. 또 여러 가지 새로운 투영법이 제안되었으며 지구의 기준(자오선)을 정하여 국제적으로 통일하여 지도를 제작할 수 있도록 한 시기이다.

① 지도첩의 제작시대

지리상의 발견으로 육지의 윤곽이 드러났으며 지도의 출판도 목판에서 동판으로 변한 17C에는 지도첩의 제작이 활발하였다. 화란인 Mercator와 그의 친구인 Abrahan Ortelius의 지도제작 기술이 전수되면서 여러 종류의 지도첩이 발행되었는데 이것이 오늘날의 대형 지도제작 업체가 유럽에서 많이 성장하는 계기가 되었다. Ortelius는 네덜란드의 Antwerp 출신 지도학자로 1564년에 8장으로 된 세계지도를 만들었고 그 후 2장의 이집트지도와 아시아지도를 만들었다. Ortelius 이전에도 지도첩이 있었지만 똑같은 형식과 동일한 크기로 편집된 지도는 아니었다. 즉 각 나라에 대한 지도를 한 사람의 제작자에 의해 같은 크기와 같은 형식으로 만드는 지

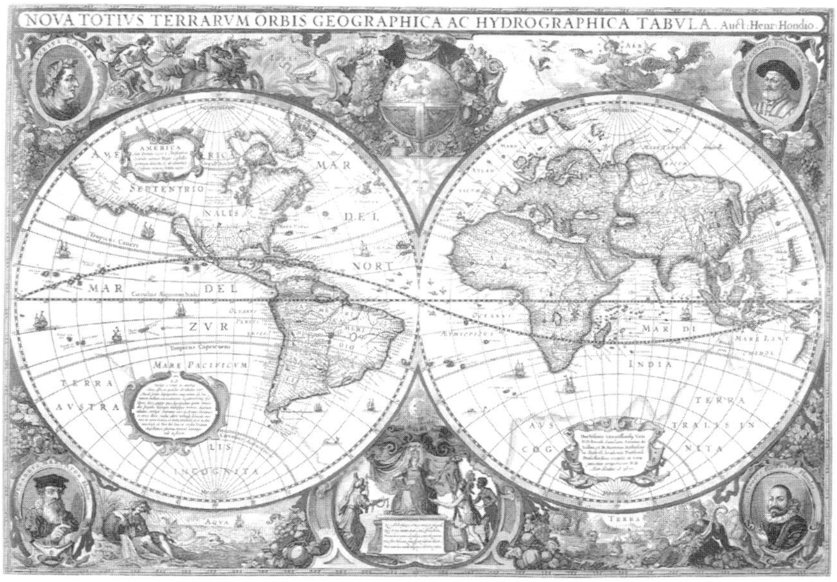

[그림 1-25] 혼디우스(1630년)의 지도(1994, Peter Whitfield, p.75)

1630년에 만들어진 이 지도는 4대륙, 태양, 달, 별들의 4요소와 프톨레마이어, 메르카토르, 카이사르 그리고 혼디우스의 초상화가 서로 균형을 이루고 있다.

도첩은 1570년에는「지구의 무대」라는 제목으로(53장; 70도엽) 처음 제작된 후 총 41판이 발행되었다. 또 1578년에는 Gerad de Jode가 65장(84도엽)의 지도첩을 만들었으며 1593년에 82장(101도엽)으로 증보발행하였다. 한편 Ortelius와는 별도로 Mercator도 지도첩을 제작하였는데 1585년에는 프랑스-벨기에-독일을 나타낸 51도엽을 만들었고 1589년에는 이탈리아-그리스 중심의 23도엽의 지도첩을 제작하였다. 영국과 북유럽, 극지방이 수록된 18도엽의 지도첩은 그가 사망한 후에 Jodocus Hondius에게 전수되어 1637년에 Mercator의 이름으로 발행되었다. 프랑스도 Nicolas Sanson d' Abbeille가 1645년에 지도첩을 발행한 후에 수많은 지도첩이 제작되었다.

② 지형도의 제작시대

18세기에 들어서는 실제로 측량된 자료에 의해 과학적인 지도를 만들었으며 이러한 일에 초석을 이룬 사람은 프랑스의 Giovanni Domenico Cassini(1625~1712)이다. 그는 삼각측량법을 이용하여 프랑스 전역의 지형도제작에 필요한 기초자료를 모집하였으며 그의 아들 Jacques Cassini(1677~1756)가 프랑스 전역의 영토측량을 실시하는 등 Cassini 가문의 4대에 걸친 노력으로 축척 1:86,400으로 된 184도엽의 지형도가 세계최초로 완성되었다. 이는 현대의 과학적 근거에 의한 지도제작 기술을 주도적으로 이끈 역할을 하였다고 할 수 있다. 영국은 William Roy 장군 휘하의 육지측량부에서 1783년부터 측량기준점인 삼각망을 구성하여 지도를 제작하였다.

이 시기에는 지형도나 해안도를 작성하기 위하여 경위도의 기준을 정하는 문제가 대두되었는데 위도는 적도를 기준으로 정확한 측정이 가능하였지만, 경도의 측정은 기준선이 각 나라마다 임의로 사용하게 됨에 따라 이를 통일하기 위한 회의에서 영국의 그리니치를 통과하는 선을 본초자오선으로 하기로 협약하였다.

한편 해양측량사인 James Cook 선장은 경도측정용 시계(진자시계)인 chronometer를 가지고 남태평양과 남극 대륙의 윤곽을 밝혔으며, Phillippe Buache는 1732년에 영국해협의 해도를 작성하였다. 1740년에 De List가 제작한 세계지도에 호주와 뉴질랜드 해안선의 윤곽이 처음으로 표현되었으며 Nicholas Cruquius는 1792년에 등심선이 나타나는 라인강 지류의 수로도를 제작하였다. 18C 후반에는 독일계의 스위스 수학자인 Johann H. Lambert에 의해 정적원추도법, 정각원추도법, 정적원통도법, 정적방위도법 등 여러 가지 투영법이 개발되었다.

③ 주제도의 제작시대

19C부터는 잘 알려지지 않은 대륙 내부와 여러 종류의 주제도들이 제작된 시대라고 할 수 있다. Alexander Von Humboldt는 남아메리카의 내륙을 답사하고 지도를 그렸으며 그의 이러한 지도제작은 당시 잘 알려지지 않았던 아프리카, 아시아, 남북아메리카, 오스트레일리아 등 다른 대륙의 내부에 대한 지도제작에 불을 당기

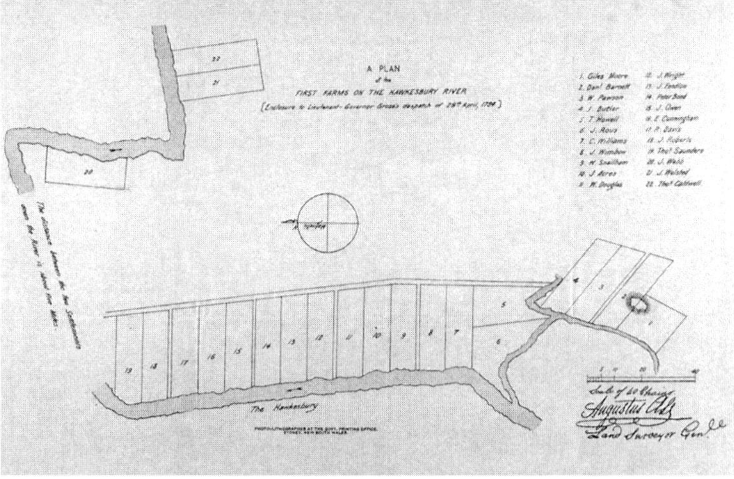

[그림 1-26] Augustus Alt
(1995, The Mapping Terra Australis, p.143)

1794년 호주의 혹스버리강 부근의 농장분할도(40×25cm)로서 처음에는 손으로 그린 것을 100년 후인 1893년에 인쇄하였음

는 계기가 되었다. Matthew Flinders는 오스트레일리아의 해안의 해안도를 그렸고 M.F. Maury 선장은 바다의 해류와 풍향이 표현된 항로도를 제작하였다. 그리고 1815년에 Williams Smith는「영국의 지층」이라는 지질도를 최초로 발표한 후 러시아와 미국에서도 지질도제작에 참여하였다. 18C 말까지는 주로 지명이나 지형의 위치를 나타내는 지형도나 해도가 제작되었으나 19C에 들어와서는 지리적 관계와 공간적 분포를 나타내는 주제도의 제작이 활기를 띈 시기라고 할 수 있다. 천문학자이자 지도제작자인 Edmond Halley(1701)는 진북과 자북의 차이를 등치선으로 표현하는 자기변화도를 필두로 기후도, 조석간만도, 남반구의 별자리지도 등을 제작하였으며, 왕실 천문학자로 임명된 후로는 지구의 물리학적인 현상에 대해 연구를 하였다. 1873년에 Henry Drury Harness는 인구밀도와 교통량이 나타난 주제도를 그렸으며, 1830년 프랑스의 De Montizon는 점묘도(dot)로 나타낸 인구분포도를 그렸으며, John Snow는 1855년에 콜레라 사망률 분포도가 그려진 주제도를 그렸다.

④ 오늘날의 지도제작

1930년대부터 항공사진 기술이 도입되었고 1960년대 말부터는 컴퓨터를 활용한 지도제작이 시작되었다. 또 원격탐측이 지도제작에 이용되어 항공사진, 인공위성, 컴퓨터 등 이들 3분야가 지도를 만드는 데 중요한 과학기술 분야로 이용되고 있다. 즉 사진에서 나온 수치정보를 컴퓨터에 의해 판독을 하고 관측특성을 알아내는 데 이용하고 있기 때문이다. 이러한 사진자료들은 계속해서 수정 · 보완할 수 있을 뿐만 아니라 지도제작의 시간을 단축시키고 오류를 찾아내는 데도 쉽게 이용된다. 최근에는 정밀한 scanning sensor의 개발로 짧은 시간에 정밀한 위성사진 자료의 획득이 가능하며 이러한 정보과학 기술은 오늘날의 지도제작 분야의 기술을 이끌어가고 있다.

컴퓨터를 이용한 지도제작은 1970년대부터 개발되기 시작하여 각종 지도정보들을 추가하거나 삭제하는데 유용하게 쓰이며, 목적에 맞는 다양한 주제도를 제작할 수 있게 되었다. 1980년대에 들어와서는 컴퓨터 기술의 진보로 지리정보 체계(GIS)에 의한 자료의 입력, 분석, 지도디자인 등 광범위한 공간체계를 파악하여 지도로 표현할 수 있게 되었다. 최근에는 GIS를 이용하여 각종 개발계획, 자원관리, 환경계획 등 공간분석의 도구로 이용되고 있으며 인접한 다른 과학기술 분야로부터 새로운 정보를 통합 · 분석하여 새로운 정보를 지속적으로 제공해 주는 역할을 하고 있다. 뿐만 아니라, 오늘날에는 제 4세대의 디지털사진 측량학의 발달로 지도제작에 필요한 자료취득이 더욱 진보되었다(1996년 이희연 재구성).

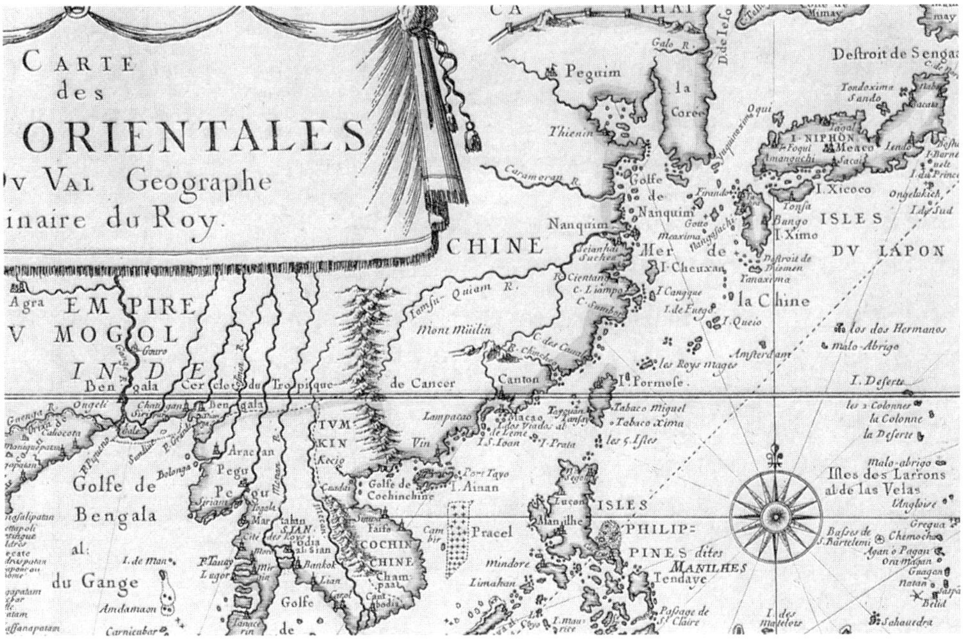

[그림 1-27] Pierre Duval(1677년)의 지도(1995, Robert Clancy, p.87)

이 지도는 인도양과 동양을 나타낸 지도(Indes Orientales)로 지도의 크기는 55×40cm이며 지도상의 우측 상단에 한국(coree)이 나타나 있다. 본서에 표현한 부분은 전체의 1/6 정도만 잘라서 나타내었다.

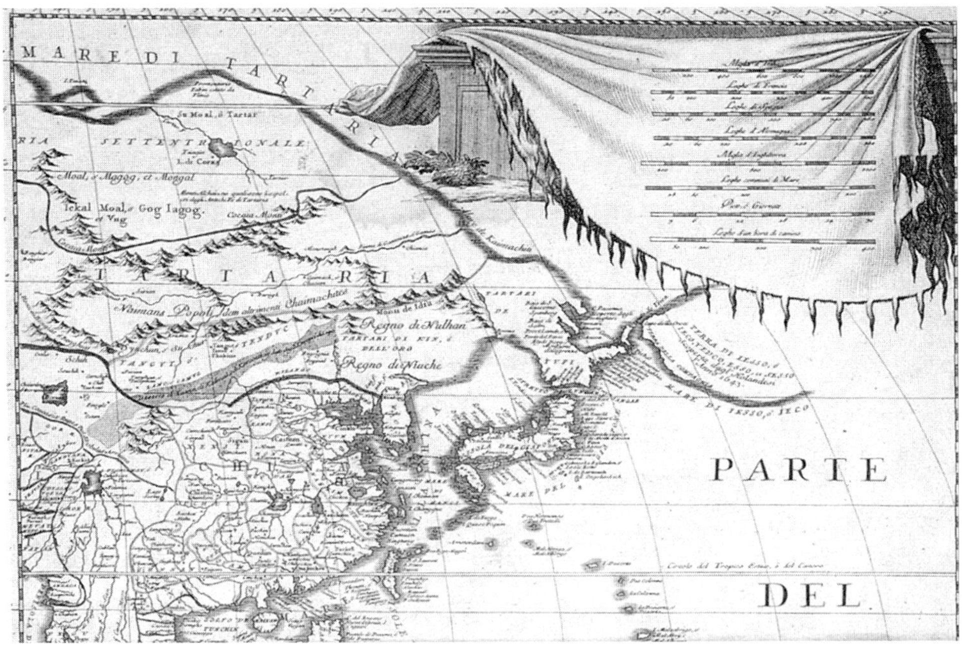

[그림 1-28] Vincenzo Coronelli(1696년)의 지도(1995, Robert Clancy, p.89)

이 지도(45×60cm)는 우리나라와 일본이 표기되어 있는 동북아지도로 날씨가 추운 시베리아에 큰 천막으로 덮은 것이 특징이며 본서에서는 상부 1/2만 게재하였다.

제 4 절 우리나라의 지도발달사

우리나라는 선사시대에 바위에 새겨진 암각화에 지도같은 요소들이 많이 나타난다. 옛 문헌을 보면 삼국시대에 세 나라가 지도를 제작하여 외국에 보내기도 하고 행정구역을 정비하는 데 이용했다는 기록이 보이며, 고려시대에는 한반도의 모양을 현재와 비슷하게 파악하여 지도를 만들었다고 전한다. 지리적으로 중국과의 교류가 빈번하였기 때문에 지도에 대한 기술도 중국으로부터 전수되었을 것으로 판단된다. 1953년 평남 순천군에서 발견된 4세기 경의 고구려 벽화인 요동성총(遼東城塚)에 그려진 「요동성도」가 가장 오래된 것으로 추정하고 있다. 「삼국사기」에는 고구려의 영류왕11년(628)에 견당사(遣唐使)를 통해 중국(당나라)에 봉역도(封域圖)라는 지도를 당태종에게 보냈다는 기록이 나오며 각종 지지서(地誌書)에도 지도제작 기록이 나타나지만 당시의 지도가 현재 전해지는 것은 없다.

1. 조선시대의 지도역사

1) 조선 전기의 지도

의종2년(1148)때 이심(李深)과 이지용(李之用) 등이 송나라 사람들과 오도양계주현총도(五道兩界州縣總圖)를 제작하였고, 1396년에 이담(李擔)이 삼국지도를, 윤보(尹輔: 1063~1154)가 오천축국도(五天竺國圖)라는 세계지도를 만들었다고 전한다. 또 중국의 明代에 출판된 라홍선(羅洪先)의 지도첩인 광여도(廣輿圖)에 나타나는 조선지도가 13C 이전에 만들어진 우리나라지도의 사본이라고 추정된다.

본격적인 지도제작사업은 세종대에 이르러 시작되었다. 각 지역의 행정기구를 동원하고 또 사람들을 각지에 파견하여 지도제작에 필요한 자료를 수집하였다. 세종19년(1437)에 천체를 관측하는 도구인 대간의(大簡儀)가 완성되어 위도측정에 사용되었으며, 천문용 시계인 혼천의(渾天儀)의 발명으로 경도측정도 가능해졌다. 세조 때는 일종의 삼각측량 기구인 인지의(印地儀)를 만들어 지도제작에 사용했고 세종23년(1441)에는 10리마다 자동적으로 북을 치도록 고안된 기리고차(記里鼓車)가 제작되었다. 이처럼 세종~세조 기간에 과학적인 지도제작을 위한 기초 작업이 완료되어 새로운 지도제작 방법을 도입하는 등 획기적인 개선이 있었다. 그 결과로 세조 9년(1463)에 정척(鄭陟)과 양성지(梁誠之)에 의해 동국지도(東國地圖)와 조선방역도가 만들어졌는데 특히 동국지도에는 교통, 일정, 이수, 항구 등이 비교적 상세히 표현되었으며 한강을 비롯한 큰 강들의 유로도 정확히 표현되어 있다. 동국지도의 제작에는 산수의 형세와 풍수적 특성을 읽는 상지관(相地官), 길이를 측량하는 산사(算士), 지지전문가인 관사(官士) 그리고 지도에 색칠을 하는 화원(畵員)이 협력하여 과학적인 근거에 의해 전국도, 도별도, 군현도가 합쳐진 지도첩으로 만들었다.

- 조선방역도

  정척과 양성지가 세조의 명을 받아 완성한 동국지도의 계통을 이은 조선방역도(국보 248호)는 전국의 공물진상을 파악하기 위하여 명종12년(1557)에 제용감(濟用監)에서 제작한 것으로 추정된다. 이 지도는 임진왜란 때 약탈되어 대마도 종가(宗家)에 소장된 것을 1930년대에 조선사를 편찬하기 위한 자료모집 중 덕혜옹주의 부군인 대마도의 종무지(宗武志)로부터 입수되어 지금은 국사편찬위원회에서 소장 · 관리하고 있다. 이 지도의 크기는 가로 63cm이고 세로가 138cm(지도부분은 63×98.5)이다.

그 외에 조선 전기에 만들어진 이회(李薈)의 팔도지도(八道地圖)는 태종2년에 정부에 바쳤다는 본국지도(本國地圖)와 유사한 것으로 추정되며 혼일강리역대국도지도의 한국부분을 크게 그린 것으로 판단된다. 또 조선 초기인 중종26년(1531)에 만들어진 지리지인 「동국여지승람」에는 조선 전체를 그린 팔도총도(八道總圖)와 도별 지도 8장이 포함되어 있는데 이 지도의 판심(板心)에 「동람도」라고 적혀 있어서 이런 유형의 지도를 동람도(東覽圖)라고 부른다.

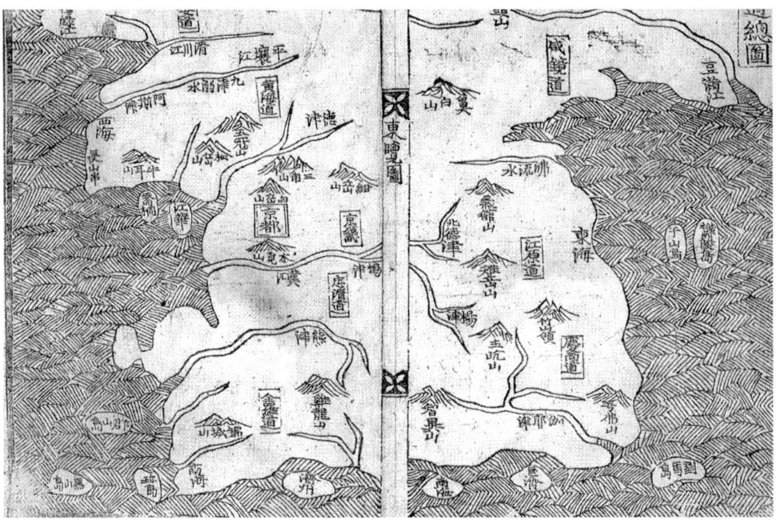

[그림 1-29] 팔도총도(동람도)

동람도는 지리지(地理誌)의 삽화로 그려졌기 때문에 내용이 간단하고 일부지역의 왜곡이 심하며 지도의 내용에는 산맥을 표시하지 않았고 주로 인문현상에 중점을 둔 지도이다. 이 지도는 동서가 남북의 길이에 비해 상대적으로 넓어 북부지방이 남북으로 줄어든 느낌으로 그려졌다. 지금까지 남아 있는 동람도는 대부분이 임진왜란 이후에 목판으로 제작된 것으로 조선 후기까지 널리 전달되어 일반 지식층에 많은 영향을 주었다. 그 외에 조선 전기에는 전국도(全國圖)와 함께 여러 지역의 지방도(地方圖)가 집중적으로 제작되었는데, 특히 지도전문가인 정척과 양성지가 북방 국경지대의 방어용 군사시설을 그린 지도가 많았다. 또 단종2년(1454)에 수양대군은 각 분야의 전문가들을 동원하여 경성도(京城圖)를 만들었는데 이 지도는 각 지방의 도성도 및 지방도의 기본이 되는 지도가 되었다.

2) 조선 후기의 지도

조선지도가 비약적 발전을 본 것은 조선 후기인 18세기였다. 18C 이전에 제작된 지도는 100만분의 1이하의 소축척지도인데 반하여 18C 이후부터는 좀더 자세한 대축척지도가 발달되었다. 조선 전기와는 달리 8도 분도, 군현도, 관방도, 산성도 등 통치와 관련된 지도가 주로 제작되었으며 다음과 같은 몇 가지 특징이 나타난다.

첫째, 대축척지도의 출현으로 지도의 내용이 정확하고 풍부해졌으며 특히 한반도의 윤곽(북부지형)이 현대지도에 가까워졌다.

둘째, 방안도법과 좌표기입법이 도입되어 해안선이 정확해지고 행정, 국방, 문화 등 다양한 요소들이 지도에 표현되기 시작했다.

셋째, 다양한 종류의 지도가 편찬되었는데 성곽지도, 해안지도, 봉수도, 궁궐도, 관아도, 목장지도 등 여러 유형의 지도가 제작되었다.

네째, 각 지방을 그린 군현도의 지도제작이 급증하였으며 아울러 회화(繪畵)식 지도가 발달하였다

다섯째, 목판본, 수진본(袖珍本) 지도의 발달로 민간에도 지도의 보급이 확대되었다.

여섯째, 서양지도와 서양의 지리지식이 유입되어 세계지도와 지구의제작에 관한 인식이 확대되었다.

조선 후기에 대축척지도의 발달에 가장 큰 공헌을 한 지도학자는 일문오대(一門五代)에 걸쳐 지도제작의 업적을 남긴 정상기(鄭尙驥: 1678~1752)로서, 그는 조선초기의 대학자인 정인지(鄭麟趾)의 후손으로 김정호보다 한 세기 앞선 시기의 인물

로 당시의 지도제작 수준을 한 단계 끌어올린 실학자이다. 정상기가 1740년에 만든 동국지도(東國地圖)의 原圖는 그의 아들 정항령(鄭恒齡), 손자 정원림(鄭元霖) 그리고 증손자인 정수영(鄭遂榮: 1743~1831), 정수상(鄭遂常) 등 4대에 걸쳐 수정이 계속되었다. 정상기의 지도는 여백에 일정한 축척(bar-scale)인 백리척(百里尺)을 표시하여 지도상에서 거리를 계산할 수 있도록 하였으며 각 도별도(道別圖)를 합하면 전국도가 되도록 고안된 점이 특징이다. 이 지도의 축척은 약 1:420,000이고 도로, 봉수, 지명 등 인문지리학적인 내용과 조선의 윤곽이 정확하게 표현되었다.

김정호가 순종34년(1834)에 만든 청구도는 청구선표도(青邱線表圖) 혹은 청구요람(青邱要覽) 등으로 불리는 대축척지도이다. 이 지도의 축척은 약 1:160,000 이고 현재의 지도모습과 같이 일정한 크기(도각)로 만들어졌다. 전국을 남북 29층(100리) 동서 22판(70리)으로 나누어 좌표방안(grid system)을 설정한 지도이며 上下를 연결하면 지형이 연속되게 고안되었다. 청구도에는 지형, 수계, 성곽, 창고, 봉수대, 교량, 도서, 시장, 호구, 군병, 풍속 등 지지에 관한 사항도 수록된 지도책으로 중국에서 사용되어온 격자체계에 따라 제작하였으며 각 지역의 특색을 지지적(地誌的)으로 엮은 지도책이다. 이 지도는 현재 10여 개의 필사본이 전해지고 있다.

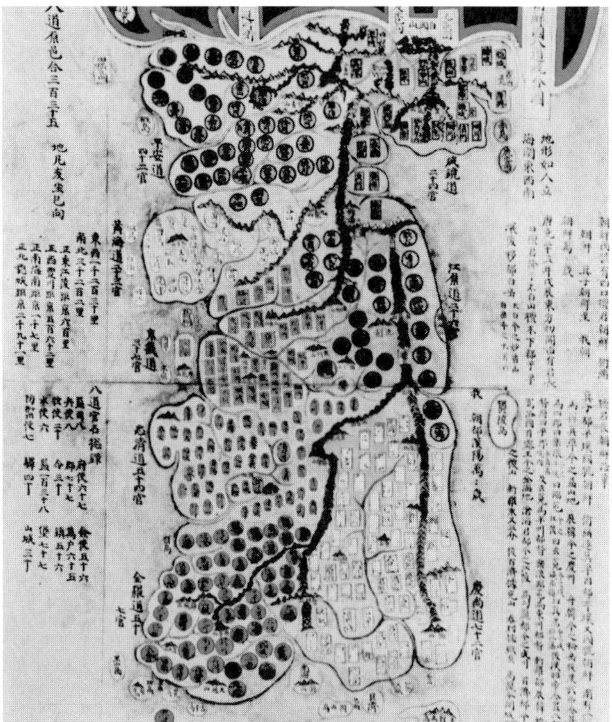

[그림 1-30] 조선지도

조선국 팔도통합도(19세기 초, 채색필사본, 50.0×40.8cm, 개인소장)

그 밖에 국토방위와 군사적인 목적으로 관방지도(關防地圖)가 많이 만들어졌는데 주로 북방(北防)이나 해방(海防)을 목적으로 진보(鎭堡), 영(營), 산성(山城) 등이 표현되어 있다. 이들 중 이명(李命)의 요계관방도(遼薊關防圖)는 숙종 때(1700년대 초기) 북방 방위목적으로 제작된 것으로 8폭 병풍으로 되어 있다. 또 고종32년(1895) 이전의 것으로 추측되는 영호남의 연해형편도(沿海形便圖)는 40폭의 큰 지도로 항로, 항구, 섬, 봉수대, 해저지형 등이 자세히 기록되어 있다. 그 외에 지방의 행정단위인 부(府), 목(牧), 군(郡), 현(懸)을 대상으로 그린 군현지도(郡縣地圖)의 제작이 급증하였으며 현재 2000여 점 이상 전해지고 있다. 또 진경산수화(眞景山水畵)의 발달은 사실감이 가득한 회화적인 아름다움을 지니면서 지역에 관한 풍부한 정보를 담고 있는 것이 특징이다. 즉 산과 하천, 도로, 고개, 성곽, 포구 등의 지리적 정보와 함께 시장, 역, 점포 등 경제적 정보뿐만 아니라 사찰, 서원, 향교, 누각 등 문화적 정보까지 자세히 수록되어 있다. 그 중에 특히 규장각에 소장되어 있는 해동지도(海東地圖)에는 390종의 지도가 수록되어 있고, 정조 때(1777~1800) 만들어진 도성도(都城圖)는 채색을 사용하였으며 철종 때(1850) 김정호가 만든 것으로 추정되는 수선전도(首善全圖)(현 서울)는 현재 복제가 되어 판매되고 있다. 이와 같이 18세기에는 지도의 대 변혁기였으며 특히 방안지도의 제작이 두드러졌다. 방안지도는 지도 안에 1里, 10里, 20里의 방안(격자망)이 그려져 있기 때문에 지역과 지역 간의 거리, 방위, 위치 등을 알 수 있다.

- 동국여지지도

  18세기 초 공재(恭齋) 윤두서(尹斗緖: 1668~1715)가 1710년에 그린 것으로 앞서 그린 다른 지도보다 압록강과 두만강이 제 모습을 갖춘 것을 발견할 수 있다. 또 이 지도에는 우산도(于山島)(현재의 독도)와 울릉도가 분명하게 표시되어 있지만 그 위치가 바뀌어 있다. 지도의 크기는 72.5×112cm로서 해남 녹우당에 소장되어 있고 1 : 1로 컬러복사를 하여 시중에서 판매되고 있는 고지도(古地圖)이다. 공재선생은 고산 윤선도의 증손자로 서예, 회화 등에 능하시고 천문지리, 금석학, 병서가에 식견이 넓으신 분으로 중국여도와 일본여도도 그렸지만 현재 중국여도는 전해지지 않고 있다.

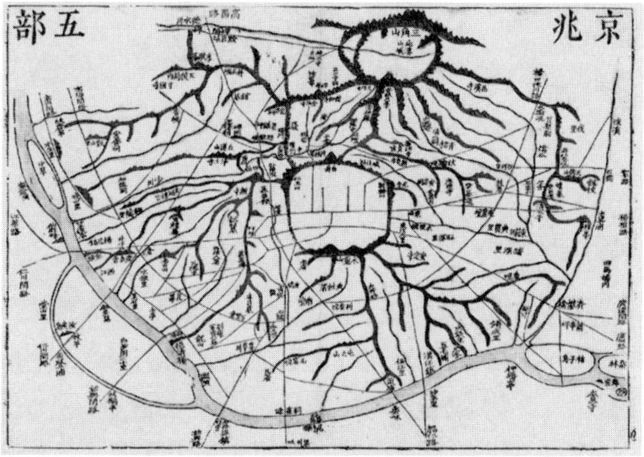

[그림 1-31] 경조오부도

한양의 행정범위인 삼각산부터 한강까지 그린 경조오부도(京兆五部圖)로서 1861년(철종12년)에 김정호가 제작한 목판본으로 규격은 30.2×39.7cm이다.

이조시대의 수도인 서울의 지도는 그 명칭만 약 20종이 된다. 수선전도(首善全圖), 한양도(漢陽圖), 한성도(漢城圖), 경조도(京兆圖), 경성도(京城圖), 경조오부도(京兆五部圖),

도성도(都城圖), 조선장안도(朝鮮長安圖), 한양경성도(漢陽京城圖), 성시전도(城市全圖) 등이다. 그러나 임진왜란 이전의 서울지도는 전해지는 것이 없으므로 지도제작 형식도 알 길이 없다. 지도제작의 대가인 정상기와 화가인 겸재 정선(鄭敾)은 생졸년대와 활동무대(서울)가 같기 때문에 정선이 그린 도성대지도(都城大地圖)는 정상기의 영향을 받았으리라 생각된다.

● 한성도

한성지도는 서울의 도성을 중심으로 한강이 나타나게 그린 지도로서 도성이 공간적으로 확대된 모습을 잘 보여주는 지도이다. 이 지도의 제작 시기는 영조36년(1760)에 창덕궁이 경희궁으로 개칭되었는데 여기서는 여전히 경희궁으로 표기된 것으로 보아 1760년 이전에 제작된 것으로 판단된다. 이 지도는 도성 안의 주요 궁궐과 종묘, 사직, 성균관 등의 건물이 보이며, 한강에는 배의 모습을 그려 당시의 수운의 모습을 사실적으로 표현하였다. 또한 한강의 주요 포구인 서강, 마포, 용산, 서빙고 등의 취락과 이태원, 청파역, 공덕촌 등에 형성된 취락의 모습도 그려져 있어 당시의 시대상황을 짐작할 수 있는 지도이다. 이 지도는 서울을 거시적으로 보고 하천과 산맥을 중점적으로 표시하였고 동서와 남북의 축척을 같은 비율로 그렸음을 알 수 있다.

[그림 1-32] 한성도(18세기 후반, 영남대박물관 소장)

- 연혁도

단군조선 이후 고려까지 각 왕조의 영역과 주요 도시를 그린 일종의 역사 지도인 연혁도는 역대 왕조의 위치와 지명의 고증과 변화에 관심을 가진 실학자들의 연구성과라고 할 수 있다. 지도의 윤곽은 동국지도를 바탕으로 그렸으며 자연적 · 인문적 요소들이 많이 생략되었다. 역대 왕조의 지명은 굵은 글씨로 나타내었고 지도를 그린 당시의 지명은 작은 글씨로 표기하고 수계는 청색으로 산계는 갈색으로 나타낸 지도이다.

- 그림지도

동양의 지도는 서양과는 달리 산천의 경관을 그리는 산수화와 밀접한 관련을 지니며 발달해 왔다. 18세기 전반에 정선(鄭敾)에 의해 완성된 진경산수화의 영향으로 군현도, 산도, 산성도, 관방도 등에서 그림지도가 나타난다. 특히 화원(畵員)들에 의해 지도제작이 활발하게 이루어져왔으며 이러한 전통은 19세기까지 계속 이어져왔다.

- 수진본지도

민간에서 옷소매에 넣고 다니면서 일상생활에 참고하였던 지도첩의 일종인 수진본지도는 지도와 지지가 결합된 양식의 지도이다. 팔도지도에는 산천을 간략하게 그리고 군현의 상대적인 위치를 표시했지만 지지에는 주요 지역에 대한 연혁과 역(驛), 진보(鎭堡), 산성(山城), 거민(居民), 각영(各營), 군정(軍丁)과 관련된 정보를 담고 있는 것이 특징이다. 이러한 수진본지도(袖珍本地圖)는 목판본과 동판본으로 제작되어 일반인들에게 널리 보급되었다.

지도도 다른 문화유산과 마찬가지로 영정조시대(18세기)에 비약적으로 발전되어 제작기법과 유형이 매우 다양해졌다. 나라 전체를 그린 전도(全圖), 각 지역을 그린 도별도(道別圖)와 군현도(郡縣圖), 국경과 국방상 요충지를 그린 관방도(關防圖), 거리를 표시한 이정표도(里程標圖), 역사지도인 연혁도(沿革圖), 명승지를 그린 역람도(歷覽圖), 관념으로 파악한 세계지도인 천하도(天下圖)를 비롯한 그 종류가 매우 다양하게 제작되었다. 또 일제강점하에서는 각종 건설에 필요한 지도제작이 활발하였는데 특히 철도나 도로의 개설에 필요한 인허가 서류에 첨부된 지도(지형현황도)가 다수 제작되었다.

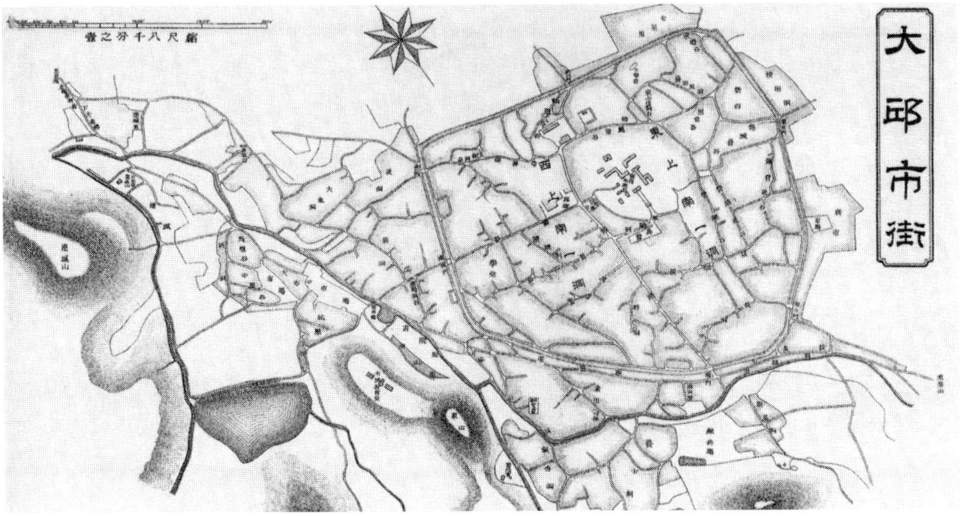

[그림 1-33] 대구시가도(영남대박물관 소장)

일본인들이 경부선철도를 가설하기 위하여 설립한 경부철도(주)에서 만든 지도로 축척은 1:8,000이고 북방향이 표시된 비교적 현대지도이다. 제작시기는 1903년이며, 지도(도면)의 크기는 97.8×68.4cm이다.

3) 대동여지도와 김정호

사람이 태어나서 언젠가는 돌아가는 땅! 그 땅에 살아가고 있는 사람들은 땅의 모양이나 생김새가 궁금하였을 것이다. 고산자 김정호도 국가로부터 부귀영화와 명예를 보장받은 것도 아닌데 산천을 돌아다니며 땅모양을 조사하여 지도를 만들었다. 나라가 어지러울 때는 적을 쳐부수고, 폭도들을 진압하는 데 도움이 되며 평시에는 정치를 하고 모든 일을 다스리는 데 이용하라는 대동여지도의 뜻과 같이 땅의 곳곳에 이름을 지어 붙이고 생긴 모양과 높고 낮음, 멀고 가까움을 재며 그것을 종이 위에 지도로 남긴 고산자는 우리나라 현대지도의 기초를 마련했다고 해도 과언이 아니다.

地圖學이나 測量學을 전공하지 않은 사람일지라도 大東輿地圖(철종12년: 1861)를 비롯한 수많은 지도와 지지를 남긴 김정호 선생을 모를 리 없다. 청구도를 완성한 후 27년 만에 木板本으로 대동여지도를 만들었는데, 전체를 연결하면 높이 6.6m, 폭 4.0m가 되는 거대한 지도로서 축척은 약 1:160,000(일설에는 1:216,000) 정도 된다. 조선 초기의 八道圖(이회), 중기의 東國大地圖(정상기), 신증동국여지승람, 청구도 등 기 제작된 여러 종류의 지도를 참고하여 일부만 현지를 조사하였다고 한다. 이 지도는 남북을 22층(120리)으로 나누었고 각 층을 다시 8折(80리)으로 구획하여 제작하였기 때문에 층(層)과 절(折)을 접으면 1권의 책(가로20cm, 세로30cm)이 되게 분첩절루식(分帖折疊式)으로 만들었다. 이 지도에는 방위, 거리 등 기하학적인 요소뿐만 아니라 관청, 성터, 능묘, 봉수, 온천, 창고, 군사, 인문, 사회, 지리 등을 상세히 기입하였고 특히 읍과 읍 사이의 도로에는 10리마다 눈금을 표시하여 거리를 알게 하였다.

산맥을 선과 면으로 표현하여 산의 모양, 크기, 분수령과 하천유역을 알 수 있게 하였으며 특히 독립된 산봉우리를 그리지 않고 산맥을 그린 것은 우리 조상들의 풍수적 관념이 내포된 것으로 판단된다. 또 백두산에서 이어지는 대간(大幹)을 가장 굵게 표현하는 방법으로 산줄기의 위계에 따라 그 굵기를 달리하였다. 지도의 내용도 기호화하여 현대지도와 유사하게 만들었으며 중강진 부근이 약간 치우쳐 있고 울릉도가 남쪽으로 내려온 것을 제외하면 요즈음 지도와 비교해도 손색이 없다. 지도에 표기된 지명의 수는 약 13,000곳으로 행정적 혹은 지리적인 중요 자료로써뿐만 아니라 역참, 진보, 봉수, 성터, 관읍 등의 지명은 군사적으로도 중요한 내용들이 많이 수록되어 있다.

조선시대에 가장 정밀한 지도를 남기신 김정호 선생(1804?~1866)의 字는 伯元이요, 號는 古山子라 칭하였으며, 황해도(봉산?, 토산?)의 미천한 가문에서 출생하여 30여 년 간 전국 각처를 3번(?)이나 두루 조사하였으며 백두산에도 7회(?)나 올라갔다고 전해진다. 그러나 일설에는 전국을 돌아다니면서 만든 것이 아니라 당시

[그림 1-34] 국토지리정보원에 세워진 고산자 김정호 선생의 동상

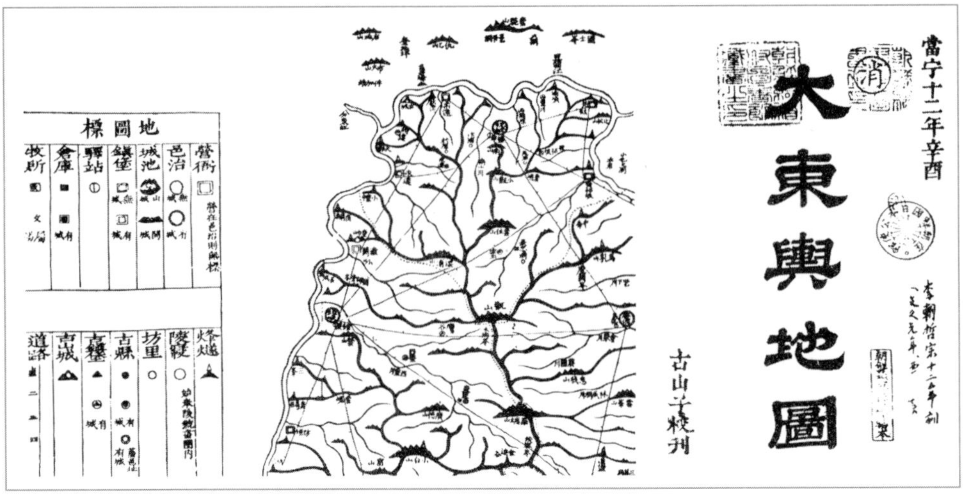

[그림 1-35] 대동여지도의 일부

까지 전해오던 대축척 기존지도를 편집 · 제작하였다고도 한다. 아무튼 순조, 헌종, 철종, 고종 등 4대에 걸쳐 생존하신 선생은 오직 자신의 학문과 기술에 필생의 정력을 기울였으며 남들이 알아주지도 않는 외롭고 험난한 길을 걸으며 전국지도를 제작한 것은 우리나라의 지도발달에 金字塔을 세웠다고 할 수 있다.

김정호는 그 외에 서울지도인 수선전도(1840년대)와 전국지도인 청구도(순종 34년: 1834), 동여도(1857)를 제작하였으며 전국적 지리지인 동여도지(1834~1844, 20책 중 17책이 영남대도서관에 소장), 여도비지(1853~1856, 20책, 국립중앙도서관 소장), 대동지지(1861~1866, 32책, 고려대도서관 소장)를 편찬하였다. 조선 후기에 발달했던 군현지도, 방안지도, 목판지도, 절첩식 지도, 휴대용 지도 등의 지도 성과 중 각각의 장점을 취하여 전국지도를 만들었으며 이때부터 대축척지도가 민간에서 활발하게 제작되는 계기가 되었다. 대동여지도가 만들어진 이후부터 1963년 네덜란드의 기술제공으로 1:50,000 지도가 만들어지기까지 약 100년 동안 우리는 무엇을 하였는가?

【 대동여지도의 축척 】 십리를 4km로 계산하면 대동여지도의 축척은 약 1:160,000 정도 된다. 그러나 조선시대에는 위도 1°의 길이를 200리로 계산하였기 때문에 10리는 약 5.6km가 된다. 또 조선시대의 主尺 단위는 6척이 1보이고 360보가 1리이고 3600보가 10리였으며 1보는 31.22cm, 20.83cm, 25.0cm 다양하였다. 그리고 대동여지도의 방안표를 百里尺이라 하는데 이때 1寸은 약 2.5cm이므로 백리척은 약 25cm가 된다. 그러므로 0.25×6×360×10리=5.4km가 되고 이를 근거로 대동여지도의 축척은 1:216,000이 되는 것이다(성남해).

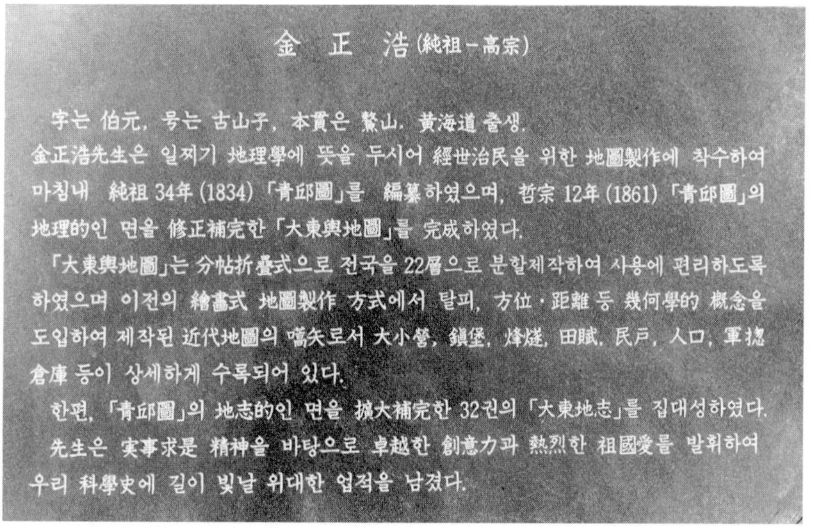

金 正 浩(純祖 - 高宗)

字는 伯元, 号는 古山子, 本貫은 鰲山, 黃海道 출생.
金正浩先生은 일찌기 地理學에 뜻을 두시어 經世治民을 위한 地圖製作에 착수하여
마침내 純祖 34年 (1834) 「青邱圖」를 編纂하였으며, 哲宗 12年 (1861) 「青邱圖」의
地理的인 면을 修正補完한 「大東輿地圖」를 完成하였다.
「大東輿地圖」는 分帖折疊式으로 전국을 22層으로 분할제작하여 사용에 편리하도록
하였으며 이전의 繪畫式 地圖製作 方式에서 탈피, 方位·距離 등 幾何學的 概念을
도입하여 제작된 近代地圖의 嚆矢로서 大小營, 鎭堡, 烽燧, 田賦, 民戶, 人口, 軍摠
倉庫 등이 상세하게 수록되어 있다.
한편, 「青邱圖」의 地志的인 면을 擴大補完한 32권의 「大東地志」를 집대성하였다.
先生은 実事求是 精神을 바탕으로 卓越한 創意力과 熱烈한 祖國愛를 발휘하여
우리 科學史에 길이 빛날 위대한 업적을 남겼다.

[그림 1-36] 김정호 선생 동상의 비문(국토지리정보원)

4) 조선시대의 세계지도

① 혼일강리역대국도지도

조선 전기에도 세계지도가 만들어졌다. 당시의 세계지도로는 혼일강리역대국도지도(混一疆理歷代國都地圖)와 중국중심의 동양지도인 천하도(天下圖)가 대표적이다. 긴 이름의 혼일강리역대국도지도는 태종2년(1402)에 좌정승 김사형(金士衡)과 우정승 이무(李茂)가 이회(李薈)에게 지시하여 만든 것으로 지도의 아래부분에 권근(權近)의 발문(跋文)이 기록되어 있다. 정부 주도하에 만든 이 지도는 중국인 이택민(李澤民)의 성교광피도(聲教廣被圖)와 천태승(天台僧) 청준(淸濬: 1328~1392)의 혼일강리도(混一疆理圖: 1360)를 바탕으로 하여 우리나라와 일본을 추가시킨 것으로 추정되며 한반도의 모양이 비교적 정확히 표현되어 있다. 동서와 남북의 길이 비율이 현재의 지도와 큰 차이가 없고 해안선의 굴곡도 비교적 정확하다. 이 지도는 하천과 산맥의 표시를 중시하였는데 한강과 낙동강의 하계망은 현재와 거의 비슷하고 대동강, 압록강, 두만강의 유로는 간략하고 부정확하게 그려져 있다. 이 지도는 1603년 이태리인 마테오리치(Matteo Ricci)에 의해 곤여만국전도(坤與萬國全圖)가 들어올 때까지 동양에서 가장 훌륭하고 오래된 세계지도로 알려져 있었으며 채색필사본이 京都의 용곡대학(류코쿠) 도서관에 소장되어 있다. 또 이 지도에 표기되어 있는 조선은 지금까지 전해오는 우리나라 모습 중 가장 오래된 것으로 알려져 있다.

② 양의 현람도

마테오리치와 페르비스트(Verbiest F) 등에 의해 세계지도가 들어오면서 서양세계에 대한 인식이 확대되었고 우리나라에도 정상기와 김정호에 의해 대축척지도가 발달되는 계기가 되었다. 마테오리치의 곤여만국전도는 경위선 사용은 물론 신대륙까지 표기된 지도로서 여러 번 개정판이 나왔는데 그 중에서 가장 훌륭한 「양의현람도」는 세계에서도 찾아보기 어려운 희귀본이라 할 수 있다. 1720년에는 페르비스트의 곤여전도가 도입되었는데, 이 지도는 동반구와 서반구를 각각 나누어 만들어진 세계지도로서 철종11년(1860)에 우리나라에서 다시 간행되어 보급되었다. 그 판본의 대부분이 현재 규장각에 소장되어 있다.

③ 천하도

원형으로 그려진 天下圖는 16C경에 주로 많이 그려진 것으로 추정되며 중국이나 일본에는 이런 종류의 지도가 없다. 천하도에 나타나는 지명의 70%가 중국의 산해경(山海經)에서 유래된 것으로 판단되며 세계에서도 찾아볼 수 없는 독특한 형태의 우리나라 지도라고 생각된다. 천하도는 중국을 중심 대륙으로 하고 그 바깥의 환 대륙과 영해가 그려져 있으며 대부분이 지도책의 앞이나 뒷면에 그려져 있는 것이 특징이다. 그렇기 때문에 천하도는 제작자나 제작년대가 불확실하며 정조13년(1789) 하남여온(河南呂溫)에 의해 편간된 동국여지도첩과 영조29년(1753) 順庵 안정복(安鼎福)에 의해 그려진 것은 연대가 확실하다.

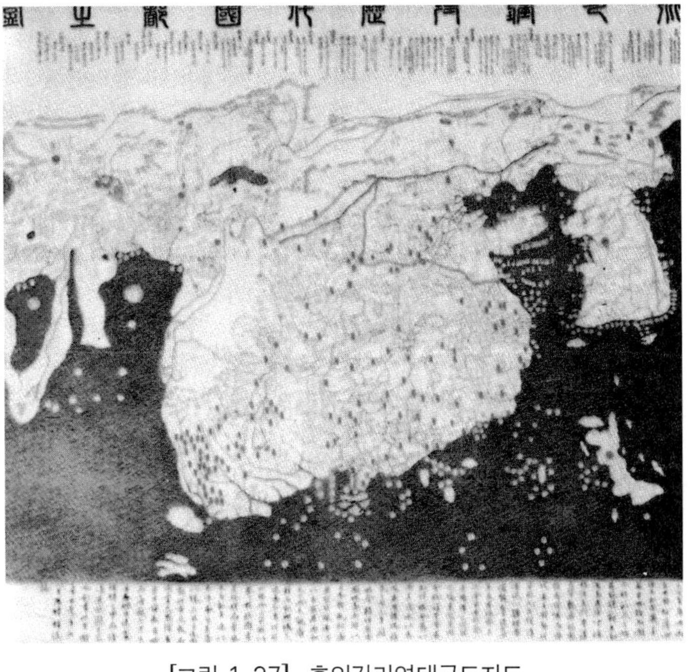

[그림 1-37] 혼일강리역대국도지도

(이회, 1402년, 168×158.5cm, 일본 류코쿠대학 소장, 모사본은 서울대학교 규장각 소장)

④ 기타 지도

천하도 외에 중국 중심의 동양지도, 만주와 조선북방 경계지도, 일본지도 등이 많이 만들어졌는데 그 중에 성종2년(1471) 신숙주의 해동제국기에 삽입된 해동제국총도, 유구국지도 등이 목판으로 간행되었다. 또 조선 후기인 정조15년경(1791)에 제작된 세계지도인 여지전도(輿地全圖)

는 서양에서 중국으로 들어온 세계지도와 혼일강리역대국도지도를 절충하여 만든 목판본인데 아시아, 유럽, 아프리카 등이 나와 있고 지도의 좌우측 상단 여백에 조선과 중국 각 지방의 위도와 경도가 적혀 있는 것이 특징이다. 그 외에 중국식 세계지도인 김수홍(金壽弘)의 천하고금대총편람도(天下古今大總便覽圖)는 1666년에 중국을 중심으로 주변국가를 간단히 표시하였는데 지도의 특성을 무시하고 역사, 고적 등을 기입한 일종의 역사지지의 성격이다. 이와 같이 서구와 중국에서 만든 세계지도들이 소개되면서 김정호(金正浩)와 최한기(崔漢綺)도 음각으로 만든 지구전후도(地球前後圖: 1834)를 만들었는데, 이 지도는 경위선을 사용한 서양지도를 모사하여 우리 나름대로의 세계상을 표현한 것으로서 당시에는 가장 널리 보급되었던 지도이다. 그 외에 양반구를 모사한 세계지도인 오주각국통속전도(五州各國統屬全圖)가 건양원년(1896)에 제작된 것으로 추정되고 있다.

[그림 1-38] 천하도(18세기 후반, 51.2×53.4cm, 영남대박물관 소장)

2. 오늘날의 지도역사

조선시대를 거치면서 지도제작 분야에도 많은 발전이 있었다. 이 시기는 중국에서 들어온 지도를 기초로 하여 제작한 지도와 새로운 기술을 앞세운 일본의 지도제작 기법이 어우러져 조세를 목적으로 하는 지적도의 제작이 시작되었다. 일본(한일합방)과 미국(미군정)에 의한 간섭으로 우리나라 스스로는 지도제작을 할 수도 없었으며 기술수준도 전무한 형편이었다. 그 후 광복과 더불어 6 · 25를 거치면서 최신 지도제작 기술인 항공사진 측량에 의한 제작기법이 전수되고 컴퓨터에 의한 지도제작이 이루어져 오늘날에는 급속한 발전이 있었다.

1) 구한말의 지도와 한일합방

① 탁지부와 양지아문

조선 말기에는 토지제도의 문란으로 소유권의 분쟁이 끊이지 않았으며 이를 제도적으로 관리하기 위하여 탁지부(度支部)를 비롯한 관청에 지적(토지)에 관한 사무를 보게 하였으나 개혁의 뜻을 이루지 못하였다. 그 후 1905년 정부기구에 양지과(量地課)를 설치하고 일본의 측량기술자를 초빙하여 우리 기술자를 양성하고 지적업무를 보게 하였으며, 1908년에는 임시 재산관리국에 측량과를 두어 토지와 건물에 관한 업무를 보게 하였다. 아울러 기술자를 양성하는 견습소를 설치하였는데 이들은 그 후 토지조사사업과 한일합방 후의 측량업무에 종사하였다.

일본은 청일전쟁에 사용할 목적으로 1:2,000,000의 한국전도를 제작하였는데 소축척지도로서 높이가 부정확하여 1895년에 임시 측량반을 동원하여 축척 1:50,000의 지도(54도엽)를 다시 만들었다. 그러나 이 작업도 주민들의 반대에 부딪혀 1896년에 사업을 중지하고 1900년까지 1:200,000지도를 다시 편집 · 제작하였다.

우리나라 최초의 현대식 지도인 大韓全圖는 1899년에 발간되었다. 이것은 현대식 측량을 담당하는 기관인 양지아문에서 제작한 것으로 우리나라에서 제작한 지도 중 최초로 경위선(좌표)을 사용한 것이다. 1909년 구 한국정부에서는 토지조사사업의 일환으로 지형도, 지적도와 같은 근대지도의 제작에 착수하였으나 1910년 일제의 강점으로 추진하던 토지조사사업이 중단되고 측량 및 지도제작사업이 조선총독부로 이관되었다.

② 일제가 제작한 지형도

한반도 전체를 망라하는 일제시대의 1:5만 지형도가 1981년 일본에서 간행되었다. 이것은 반가움보다는 어딘가 개운치 않는 느낌이 든다. 왜냐하면 일제시대의 우리나라 국토의 모습을 확인할 수 있는 중요한 자료로 활용가치가 높지만 우리나라가 아닌 일본에서 간행된 것이기 때문이다. 이 지형도는 한일합방 직후인 1910년부터 일본의 육지측량부가 8년여에 걸친 작업 끝에 1918년에 완성한 지도였다.

1910년대 이전에도 일제가 한반도에서 측량 사업을 벌여 지도를 만든 흔적이 있지만 확실한 실체는 알려지지 않고 있다. 1970년 초, 서울의 어느 헌책방에서 남영우 교수가 출처가 명확하지 않은 지형도를 찾아낸 일이 있었고, 20여년이 지난 후 일본 국회도서관에서는 「약도」 또는 「조선약도」 라고 불리는 한반도 지형도를 발견하였다고 한다. 이것은 20여년 전 서울의 헌책방에서 구입한 것과 동일한 지형도였다고 한다. 그 후 보스톤 인근의 클라크대학 지도도서관에서도 그 문제의 지형도를 확인했다고 한다. 그러므로 한일합방 후 일제가 정식으로 만든 지형도 이전에

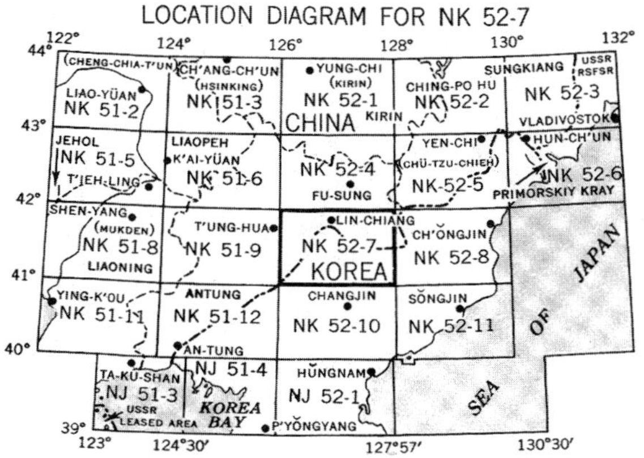

[그림 1-39] 1:250,000 지형도의 색인

이 색인은 북위 39°~40° 사이의 북한지역과 그 인접 만주지역을 나타낸 것으로 미 육군 측지부대의 1:50,000 한국도, 일본 육지측지부의 자료 등을 추가하여 1952년 2월에 발행한 지도의 색인 도엽이다.

도 어떤 형태로든 우리나라 전체의 지형도가 있었던 것이다.

일본에 의해 제작된 1:5만 지형도는 모두 3종류라고 추정한다. 제 1차로 만든 것이 약도로서 군사용으로 비밀리에 제작되어 군용비도라고도 불리운다. 제 2차로 간행된 것은 한일합방 직후에 만든 것으로 앞서의 군용비도를 수정한 것이며, 제 3차로 간행된 지형도는 정식 측량에 의해 만든 것인데 기본도라고 부른다. 1981년 일본에서 간행된 지도집이 바로 제 3차 지형도인 것이다. 한일합방 이전에 만들어진 제 1차 지형도와 그것에 약간 수정이 가해진 제 2차 지형도는 제 3차 지형도보

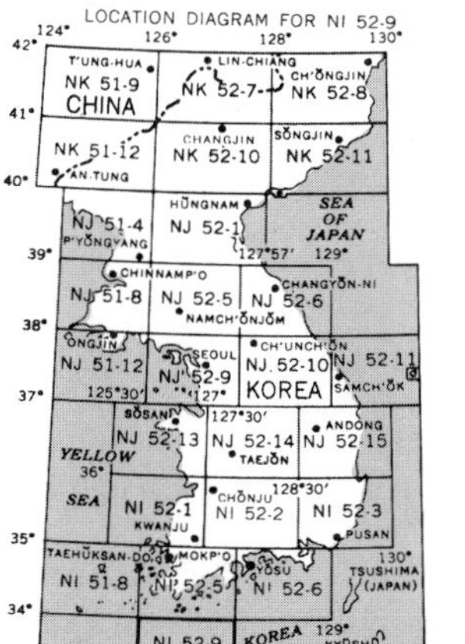

(a) 1:250,000(1950년)

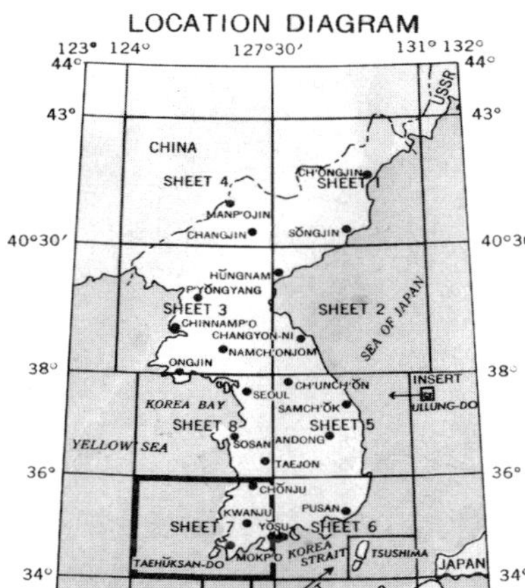

(b) 1:500,000(1951년)

[그림 1-40] 1950년대 지형도의 색인도

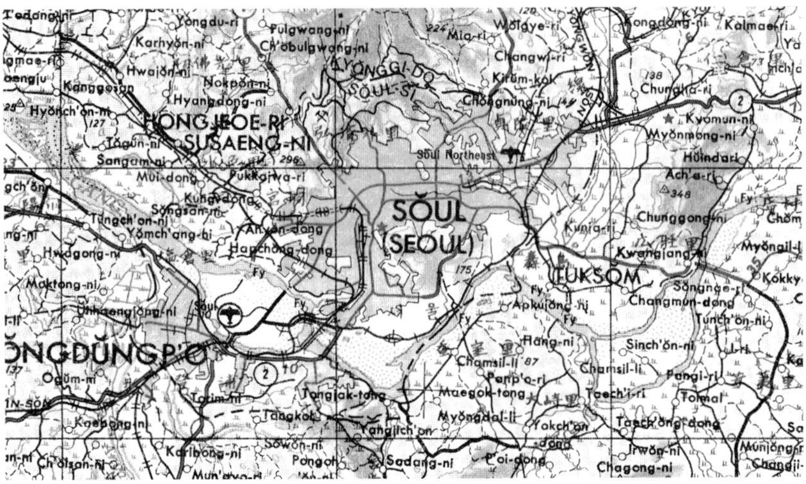

[그림 1-41] 옛 서울(자료: 동아대학교 측량연구실)

이 지도는 미 육군 측지부의 4288년판 한국도(1:250,000: NJ52-9)를 복제한 것으로 미 극동 64공병 측지대대 수로국 해도, 일본 육지측량부 등의 자료를 삽입하여 4294년 5월 3,000매를 인쇄한 「서울」지도의 일부분임

다 정교함에서는 많이 떨어지지만 우리나라 최초의 지형도로서 의의가 있을 뿐만 아니라 일제침략 이전 조선말 내지는 대한제국의 한반도 모습이 묘사되어 있어 한국지리 · 한국사 · 민속학 · 측량학 · 지도학 등의 연구에 큰 도움이 되고 있다.

일본은 대륙으로 진출하기 위한 길을 열고 또 우리나라를 점령하여 각종 물자를 수탈하기 위한 목적으로 빠른 시일 내에 우리의 지형판독을 위한 지형도와 지적도의 제작이 필요하였는데 이때 약 3,000명의 측량기술자가 동원되었다. 1914년부터 1918년까지 평판측량의 방법으로 우리나라 전 지역의 1:50,000 지형도(722매)와 1:25,000은 14개 도시지역(143매)을 완성하였고 1:10,000 지도(63매)도 제작하였다. 그러나 당시에 제작된 지도는 거의 대부분 자취를 감추었고 1:50,000 수매가 육군 지도창 자료실에 남아 있을 뿐이다.

③ 광복 직후의 지도제작

한일합방시대에 만들어진 각종 성과와 지도는 일본 육지측량부에 보관되어 있었기 때문에 해방 전까지 측량과 지도분야는 정체기였다고 볼 수 있다. 일본이 가지고 있던 지도와 측량자료는 주한미군이 회수하여 1948년 정부수립 후 내무부 토목국(측량계)에 이전되었다가 다시 국방부의 육군 공병대로 이관되었다. 네덜란드의 기술협조로 본격적인 항측사업이 이루어지기 전에 미군에 의해 한반도 전역에 걸쳐 지도제작용 항공사진을 촬영하여 1:50,000 지형도 및 1:12,500 시가도의 편집 · 제작을 하였다. 또 6 · 25의 발발로 군용 지도의 수요가 증가함에 따라 일제시대에

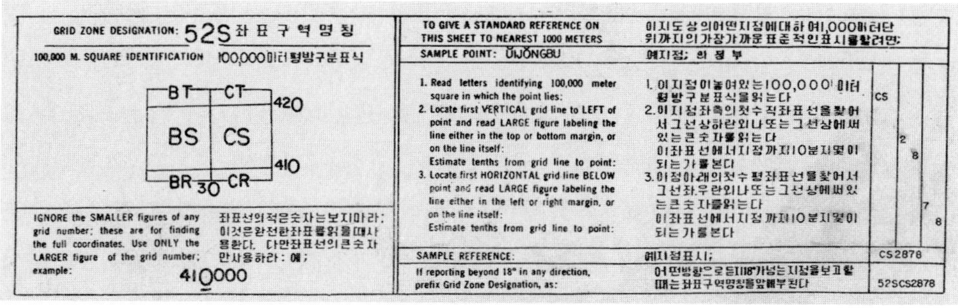

[그림 1-42] 좌표구역의 표시(1:250,000 서울, 1961년판)

L751
Edition 6-AMS (FE) (First Printing, 2/59)

Prepared under the direction of the Engineer, Hq USARJ, by the U.S. Army Map Service, Far East. Compiled in 1958 by photogrammetric (multiplex) methods. Horizontal and vertical control established by the Korean Government General's Office, 1911, 1917; partially recovered by the CE, U.S. Army, 1947. Korean script (Han'gŭl) furnished by the 1901st Engr Base Topo Bn, ROKA. Names romanized in accordance with the McCune-Reischauer System. Major roads are classified by reconnaissance by Eighth Army Engineer Units, 1954; other roads are classified from source maps and aerial photography and are not verified by reconnaissance. Map not field checked.

재일미육군사령부공병사령관의명령하에미육군극동지도국에서편찬한것임. 1958 년에말티플렉스방법으로서편집되였음. 수평및수직표준점은 1911, 1917 년에조선총독부에서설정한것이며그일부분은 1947 년에미군공병부대에의하여복구된것임. 한글문자와경계선에관한자료는대한민국육군체 1901 공병측지대대에서제공한것임. 로-마자체지명은매큐인레이슈법에의하여작성한것임. 주요도로는 1954 년에미제8군공병부대정찰에의하여분류되었음. 기타도로는원도및항공사진으로서분류하였으나정찰로서확인치않었음. 지도는실지조사치않었음.

[그림 1-43] 자료 출처에 관한 설명문(1:250,000 서울, 1961년판)

설치한 삼각점과 수준점을 이용하여 축척 1:40,000로 항공촬영을 실시하여 군용 지도를 만들어 한시적으로 사용하였다. 육군에서도 미군의 협조를 얻어 극히 제한된 일부지역의 항공사진지도를 만들어 군사의 정보수집에 이용하였다. 6 · 25동란이 끝난 후(1954) 육군 측지부대는 1:50,000 지형도를 미국과 협동하여 720도엽을 제작하였고 1956년부터는 동란 때 망실된(약 74%) 삼각점의 복구를 시작하였다. 또 한미 지도협정이 체결된 1956년에 양국은 지도제작의 상호지원, 중복사업의 배제, 항공사진, 측지자료, 기타 지도와 관련된 간행물의 제공과 원판의 교환 등 지도제작 부분에서 상호협력하여 측량과 지도제작의 획기적인 계기를 마련하였다.

④ 일본에서 그린 조선지도

우리나라의 땅모양은 우리만 그리는 것이 아니다. 우리가 외국지도를 그리듯이 외국인도 여러 목적에 따라 우리 국토를 그려왔다. 신숙주가 인쇄본으로 펴낸 일본지도는 우리나라 최초로 외국(일본)의 땅모양을 그린 것으로 추정된다. 백제계 왕인(王仁)의 자손인 교오키(行基)는 최초의 일본지도인 교오키식지도를 남겼는데 이 지도는 천년 가까운 세월 동안 모사되었고 신숙주도 이 지도를 바탕으로 일본지도를 그렸다. 그러나 일본인들이 그린 우리지도는 우리 역사상에 뼈아픈 상처를 남긴 것으로 생각된다. 일찍이 조선통신사를 통해 조선의 문화를 배우려는 일본의 지식인들은 조선에서 제작된 지도를 모사하여 삼한세표(三韓世表: 1747)와 같은 지도를 그렸다. 그리고 일제는 한반도를 식민지로 만들기 위한 준비작업을 치밀히 진행하여 강화도조약(1876)이 이루어지는 19세기 중엽에는 조선지도를 완벽하게 제작하여 군사적·경제적 침탈과 식민지 통치라는 목적에 맞게 지도를 제작하였다. 그리하여 일제에 강점되는 1910년 한일합방 때는 이미 우리보다 더 정확한 지도를 만들어 갖고 있었으며 그 중에는 그들 스스로 독도를 조선땅으로 표기한 것도 다수 발견되고 있으며, 1894년 갑오동학농민전쟁(동학혁명) 발발지역을 표시한 조선내란지도 까지 제작하였다.

그 외에 일본 해군 수로부에서는 러시아의 파라다호가 만든 지도를 모사하여 1876년 조선동해안도를 재발행하였으며 조선국세견지도(1873: 센자키), 참모국조선지도(1876: 육군참모국), 조선국전도(1882: 스스모토 作), 조선여지도(1894: 나카무라 作) 등 조선이 나타나는 지도를 많이 제작하였다. 또 군사지도를 이용하여 조선에 대한 지도를 만든 동경지학협회의 조선전도(1902)와 흑룡회의 만한신도(滿韓新圖: 1904)가 제작되었으며 일본은 수백 년에 걸쳐 우리나라의 지도를 제작해왔다.

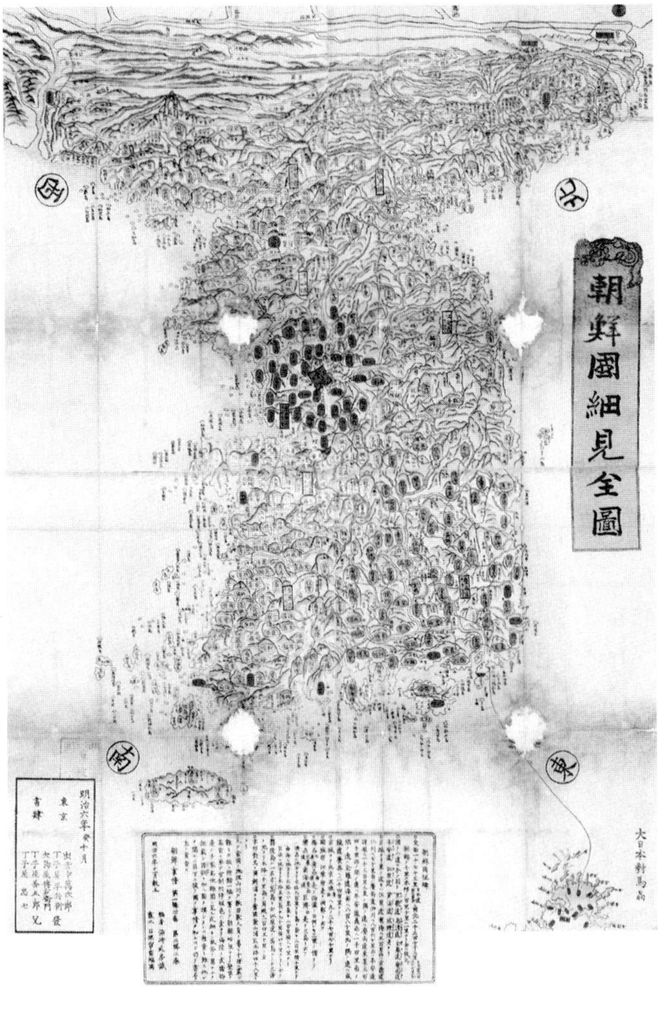

[그림 1-44] 조선국세견전도(100.5×71.5cm, 영남대박물관 소장)

2) 오늘날의 지도

① 한화협동 사진측량 사업

한국과 네덜란드의 항공사진 측량에 의한 지도제작사업은 1965년 9월 23일 우리나라의 친선 경제사절단과 네덜란드의 개발원조부 사이에 체결된 기술협력사업으로 건설부와 주한 네덜란드 대사 사이에 협정각서를 교환하고 1968년 5월 20일 주불한국대사와 네덜란드 외무성 조약국장 사이에 협정을 체결하였다. 이 사업은 국토 30,000km²에 대한 항공사진 측량사업을 한화 양국의 기술협력으로 실시하여 1:25,000 국가기본도를 제작하고 우리나라가 필요로 하는 장비의 원조와 기술자를 훈련 · 양성하여 사업이 완료된 후에라도 독자적으로 항공사진 측량에 의한 지도제작 기술의 기반을 조성하는 데 목적이 있었다.

한화협동 사진측량 사업의 기간은 1966년 8월 13일부터 1969년 12월 31일까지 3년간으로 네덜란드로부터 만능도화기 외 7종의 최신 장비를 제공받고 18명의 기술자를 네덜란드의 ITC(Intrenational Traning Center)에서 훈련받게 하였으며 사업비 30만불 등 총 56만불의 원조를 받았다. 이를 계기로 우리나라 국토에 대한 항공사진 측량과 국가기본도를 제작하게 되었으며 이 사업의 원활한 지원을 위해 1968년 8월에는 국토지리정보원 측지부에 항측과를 신설하였다. 네덜란드와의 항측사업으로 획득한 기술력을 바탕으로

㉠ 국토 30,000km²의 항공사진 측량과 1:25,000 기본도 제작업을 시행

㉡ 1968년 8월 건설연구소 직제개편과 아울러 측지부에 항측과 신설

㉢ 1971년 말 항공사진 촬영 84,000km²과 (전 국토의 80%) 1:25,000 지도제작

㉣ 보유장비와 기술자를 활용하여 연간 30,000km²의 지도제작 능력을 갖춤

㉤ 1972년까지 전 국토 100,000km²에 대한 1:25,000 기본도제작을 완료

㉥ 1973년부터는 1:50,000 기본도 정비에 착수하여 4대강 유역개발, 전국도로망 확장계획, 국토계획 등 국토건설에 효율적으로 지원할 수 있게 되었다.

② 현대의 지도제작

해방 후 1960년대에 이르러 제1차 경제계발 5개년계획(1962~1966)의 효과적인 추진을 위하여 군사용 지도를 부분적으로 수정하여 이용하였으나 정확도나 이용측면에서 시대적 요청에 부응할 수 없었기 때문에 최신의 대축척지도의 출현이 요청되었다. 미군 당국과 국방부의 건의에 따라 1954. 4. 19일 국방부 지리연구소가 발족되어 모든 지도 관련 서류가 이관되었다가 1961년 2월 다시 내무부 국립건설연

[그림 1-45] 항공사진 촬영 모습

구소(휘경동)로 이관되었다. 군 작전용 지도를 제작해 오던 육군 측지부대에서는 군사용 1:50,000 지형도를 기초로 하여 순수 민간용 지도를 만들기 위하여 좌표계의 변환과 표기내용의 수정작업을 착수하였으며, 민간지도를 만들던 내무부의 국립건설연구소는 1962년 건설부로 다시 이관되었고 1961~1963년까지 1:50,000 군용 지도(남한지역 350도엽)를 부분적으로 수정한 1:50,000 지도를 민간용으로 공급하기 시작하였다. 지금의 국토지리정보원은 1974년에 창설되었으며 정부의 표준지명 정비에 의거 1:50,000 기본도가 수정 · 편집되었고 북위 37° 이북과 부산, 대구 등 일부 대도시지역의 1:25,000 지형도가 이때 처음 간행되었다. 1962년 제1차 경제개발 5개년 계획과 더불어 울산공업단지 조성을 위한 기초자료로 이용하기 위하여 지형측량을 실시하여 1:3,000 및 1:10,000의 지형현황도를 제작한 것이 본격적인 대축척지도의 시초라고 할 수 있다. 1966년에는 한화(한국과 네덜란드)공동 항공사진 측량사업의 협정으로 항측기술이 본격적으로 도입되어 우리나라의 지도제작 능력을 현대화하는 계기가 되었다. 더불어 국토이용의 효율화 및 생활환경의 개선 등 각종 사업의 수립과 국토계획의 추진에 부응하기 위하여 1974년부터 1:5,000 대축척지도를 만들기 시작하였다.

1995년부터는 국가지리정보체계(NGIS)의 구축에 따라 1998년까지 78개 시의 1:1,000 수치지도 16,200도엽을 제작하였다. 지도제작사업 이외의 항공사진 측량을 이용하여 경부고속도로, 호남고속도로, 남해고속도로, 88올림픽 고속도로, 중부고속도로 등 각종 도로와 철도건설 사업의 실시 설계를 위한 대축척(1:500, 1:1,000, 1:1,200)지도를 만들어 활용하였으며 항만과 댐공사 등 국토개발 사업에도 지대한 공헌을 하고 있다. 그러므로 국토지리정보원에서 제작하는 지형도는 국토의 개발, 이용, 보전에 필요한 계획에 직접적으로 사용되어 주목할 만한 성과를 거두었으며 그 외에 연안해역기본도, 토지이용현황도, 위성영상지도, 사진지도 등 특수 목적의 지도를 연차적으로 수정 · 제작하고 있다.

20C에 들어서는 항공기의 발달과 관측기계의 현대화로 항공사진측량에 의한

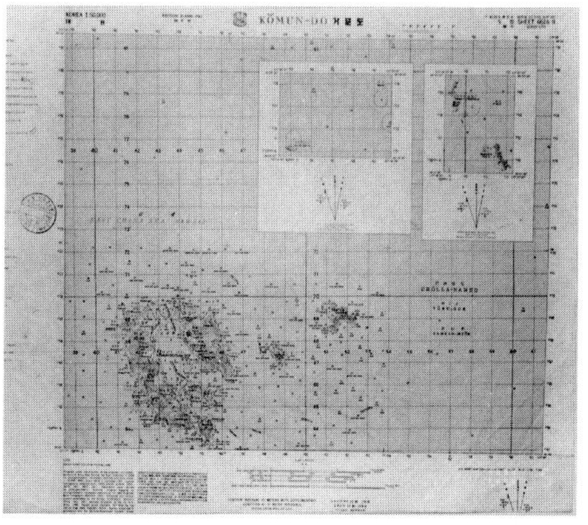

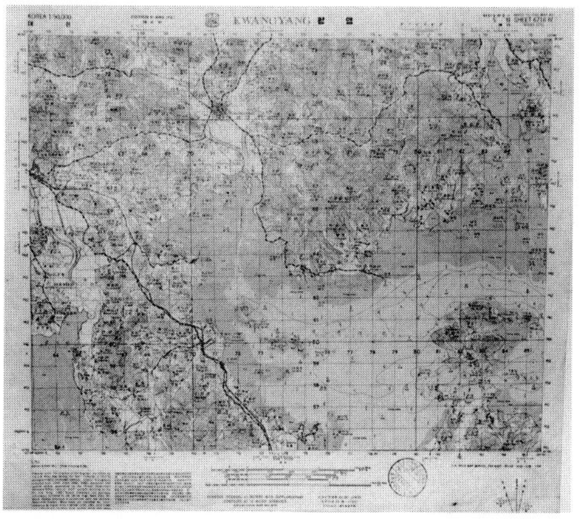

[그림 1-46] 1958년 지형도(1:50,000 거문도, 광양)

거문도(sheet 6616 Ⅱ)와 광양은 재일 미 육군 공병사령부의 명령으로 미 육군 극동지도국에서 과거의 도면을 기초로 1958년 1:50,000으로 편찬한 지도임. 한국어 지명과 경계는 제1901공병 측지부대에서 제공한 자료이고 도곽 내의 섬을 오늘날과 다르게 표기한 곳이 특이하다.

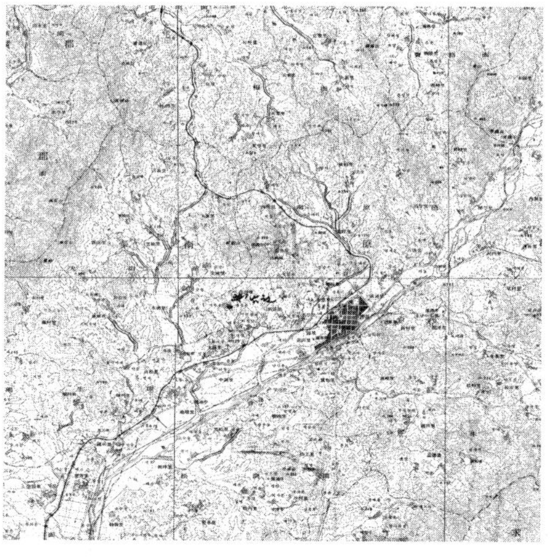

[그림 1- 47] 1974년 지형도
(1:50,000 남원)

지도의 기본자료는 1963년 육군 측지부대에서 제공되고 지명, 지물, 지형 및 행정구역은 1971년 4월 1일 현재 조사·수집된 자료에 의해 국립건설연구소(국토지리정보원 전신)에서 1974년 5월 발행한 지도임

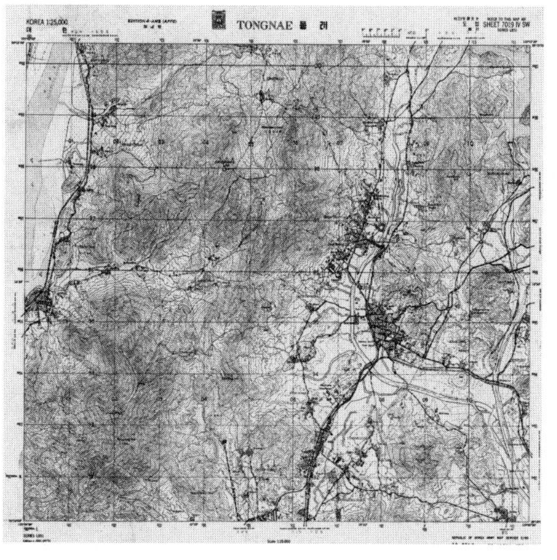

[그림 1-48] 1960년 지형도
(1:25,000 동래)

4290년에 미 극동 측지부대에서 제작한 1:25,000도엽을 복제하여 4293년(1960) 8월에 육군 측지부대에서 재발행한 지도임(자료: 동아대학교 측량연구실).

지도정보의 정확성이 확보되었고 1970년대부터 컴퓨터 시스템에 의한 정보처리 기술의 혁신으로 컴퓨터로 만든 지도가 종이지도를 앞지르고 있는 추세이다. 또한 우주과학의 발달로 위성사진을 이용한 영상데이터가 등장하였으며 특히 최근에는 IKONOS, KVR-1000 등 해상도가 1m급인 위성영상이 지도제작에 이용되고 있다.

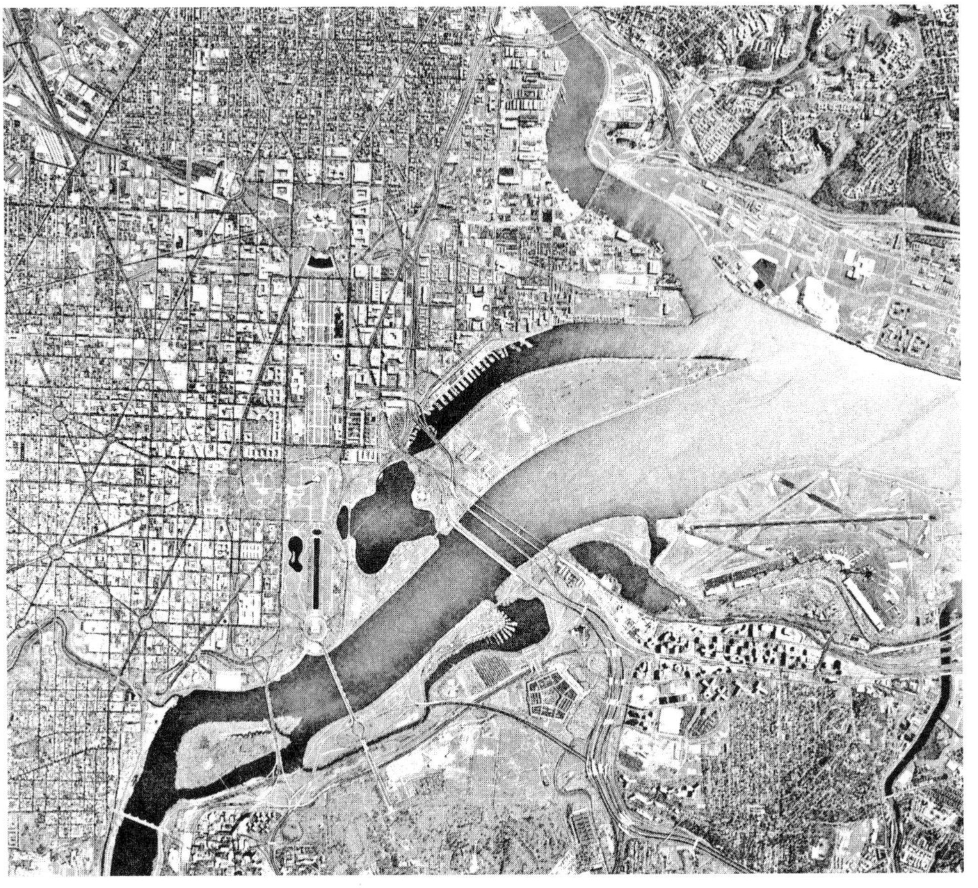

[그림 1-49] 워싱턴 DC의 위성사진지도(1998, Satellite Atlas of the World)

초대 대통령 George Washington의 제안에 따라 건설된 포토맥 강변에 위치한 워싱턴 DC의 이미지 영상이다. 프랑스 육군 기술자인 Pirre-Charles L' Enfant에 의해 계획되었으며 백악관과 정부청사를 기준으로 간선도로는 방사형으로 이루어졌고 street와 avenues는 격자형으로 구성되어 있는 것을 판독할 수 있다.

1980년대에 들어서는 지리정보체계(GIS)에 의한 일련의 과정이 이루어지고 있으며 지도는 공간분석에 필수적인 도구로서 뿐만 아니라 인접한 다른 과학분야와 정보를 통합하고 이들 정보를 정확히 전달해 주는 중요한 학문분야로 자리를 굳혀가고 있다. 현재 우리나라의 지도제작 수준은 세계적이지만 급격한 도시화에 따른 국토정보를 정확하게 신속히 나타낼 수 있도록 지도의 수정, 편집, 보완이 따라가지 못하고 있는 실정이다.

③ 주변도의 제작

지금까지의 지도사업은 경제개발과 국토건설에 따른 지형도의 제작이 우선적으로 이루어졌으며 세계지도나 동북아지도(우리나라 주변지도)와 같은 소축척의 지도는 어쩔 수 없이 등한시되어 왔다. 개인업체에서 제작한 세계지도나 교재용 대륙별

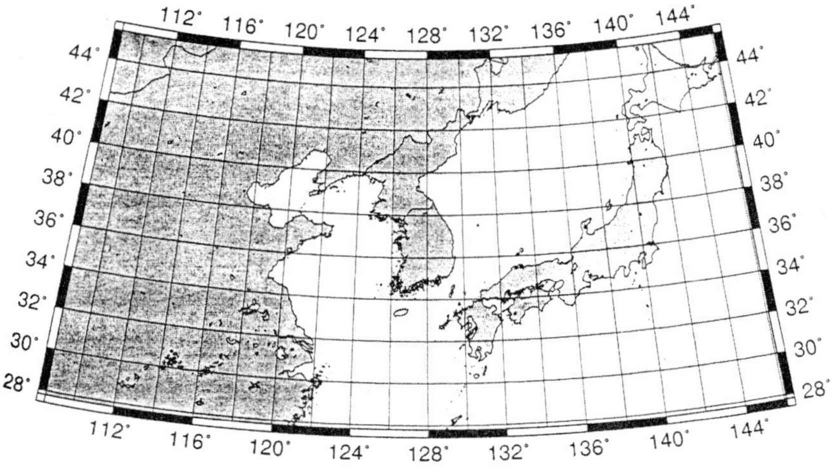

[그림 1-50] 대한민국주변도의 구성범위(1996, 국토지리정보원)

* 도면의 규격: 1.05m×0.73m * 도곽의 크기: 0.98m×0.66m(내도곽), 1. 00m×0.68m(외도곽)

〈표 1-3〉 우리나라 주변도의 경위도 위치

경계 모서리	경 도	위 도	비 고
A	108° 33′ 00″	45° 21′ 00″	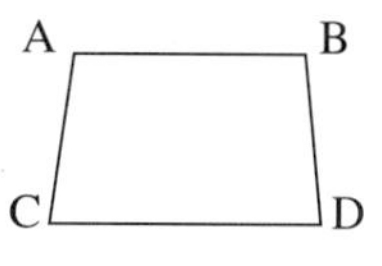
B	146° 06′ 00″	45° 21′ 00″	
C	112° 46′ 30″	27° 48′ 00″	
D	142° 24′ 00″	27° 48′ 00″	

소축척지도가 있지만, 이는 나라의 정확한 위치를 나타내거나 국가의 위상에 관한 내용이 충분치 못하기 때문에 대외적으로 공식화하기에는 미흡하였다. 그래서 국토지리정보원에서는 우리나라의 정확한 위치와 영역은 물론 그 주변 지역을 표시한 축척이 1:3,000,000의 우라나라 주변도를 제작하였다.

이 지도는 대한민국을 중심으로 만들어진 동북아시아 지도로 북으로는 중국의 헤이룽장 城 일부지역, 동으로는 일본의 홋카이도, 서쪽으로는 중국의 산시성과 허난성 일부지역 그리고 남으로는 중국의 장시성, 저장성 일부지역이 나타난다. 그리고 도곽 내의 네 모서리(A, B, C, D)의 경위도 좌표값은 다음과 같다.

이 지도의 투영은 람베르트 등각원추투영법을 채용하였으며 표준위선은 31° 21′ 과 44° 40′ 을 기준하였고, 중앙경선은 127° 를 기준하여 경도 · 위도로 각각 2° 간격으로 좌표를 계산하여 나타내었다.

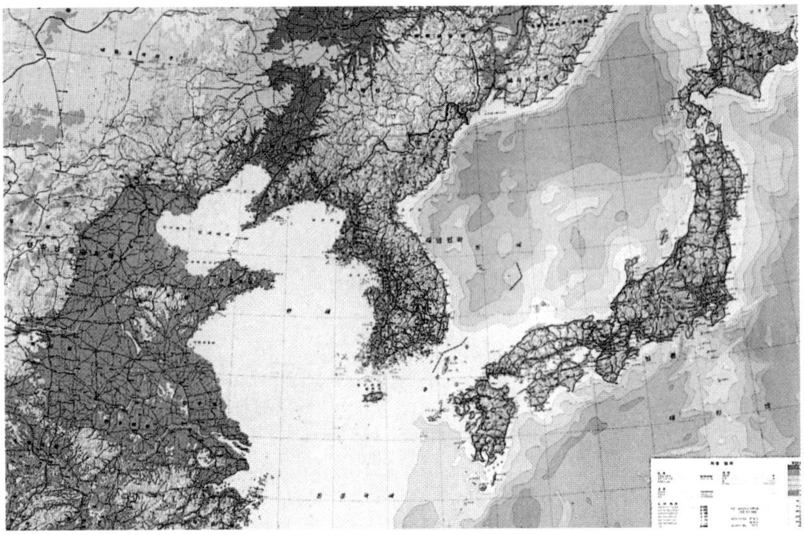

[그림 1-51] 대한민국주변도(국토지리정보원, 1997, 68.3×101.2cm)

3) 우리나라의 지지

지도에서 사용되고 있는 지명 중 市, 道, 區, 郡(邑, 面, 洞, 里) 등의 행정지명과 자연부락명, 고개, 산, 들, 하천 등은 역사적이고 전통적인 배경과 지역특성 등이 복합되어 생긴 것이기 때문에 시 · 공간적으로 다양한 모습을 지니는 게 보통이다. 또한 자연지명은 지도를 다루는 사람이나 지도가 만들어진 시대에 따라 서로 다르게 표현되고 있기 때문에 지도나 지지에 나타난 내용들은 역사성을 내포하고 있다. 특히 오늘날에는 고속도로, 대단위단지, 공항 등 중요시설이 많기 때문에 지지의 작성이나 지명의 정비에 각별히 주의를 하지 않으면 안된다. 왜냐하면 이들은 그 시대의 산업이나 발전상황을 한눈에 파악할 수 있는 중요한 정보로 이용되기 때문이다.

① 지지의 현황

조선 초기인 세종7년(1425)에 경상도지리지의 편찬을 시작으로 세종14년(1432)에 팔도지리지와 세종실록지리지, 예종1년(1469)에 경상도속찬지리지, 성종9년(1478)에는 양성지가 팔도지리지를 편찬하였다. 양성지는 단종2년(1454)에 경기도지를 편찬하였고 단종3년(1455)에는 평안도지를 편찬하는 등 지리지와 지도제작의 전문가였다. 그 후 성종12년(1481) 때는 조선전기 지리지(地理誌)의 완결편인 동국여지승람이 편찬되었으며 철종 때 김정호에 의해 대동지지가 편찬되어 귀중한 문화유산으로 남아 있다. 그러나 그 후 수백 년 동안 지지(地誌)라고 할 만한 책이 없다. 이를 안타깝게 생각한 각계의 여론에 힘입어 1980년부터 5년에 걸쳐 국토지리정보원의 주관으로 한국지지(韓國地誌) 5권이 완성되었고, 2003년부터 2006년까지 한국지리지 4권이 완성되었다.

뿐만 아니라 국토지리정보원에서는 지명과 지지 · 고지도에 관한 자료를 집대성하여 책으로 출간하여 보존하고 자료로 활용하고 있는데, 현재까지 간행된 고지도관련 책의 내용은 다음과 같다.

- 한국고지도

  1977년 6월 간행

- 한국고지도 목록

  지도분야의 소중한 문화유산에 대한 조사, 연구의 활성화와 그 이해를 깊게 하기 위하여 국내외의 도서관, 박물관을 비롯하여 개인 또는 단체가 소장하고 있는 각종 고지도의 목록을 수록한 것으로 1979년 1월 발간하였다. 총 669종에 이르는 책에는 연대, 제작자, 기법, 소장처 등을 조사 · 수록하였다.

- 지도와 지명

  지표의 상황을 표시하기 위한 인식수단으로 지도와 한 점 또는 특정 지점에 붙여진 지명과의 관계를 해설한 연구서로서 1981년 10월에 간행되었다. 口語와 지명, 지명연구, 문헌, 지명정비, 지지편찬에 관한 사항이 수록되어 있다

- 한국지명 요람

  1981년에 법정지명과 자연지명에 대한 역사, 지리, 언어, 민속 등에 대한 지역 특성을 조사하여 종합적으로 체계화한 한국지명 요람을 1982년 5월에 발간하였다. 지명 요람에는 우리나라의 위치, 지리, 역사, 문화 등을 지명과 관련시켜 풀이하여 설명하였다

- 지명유래집

  우리나라의 자연지명의 역사적 연원과 그 변천과정을 종합정리한 지명유래집을 1987년 1월에 발간하였다. 이 책을 지명의 개요와 자연, 민족정신, 국방, 경제생활, 행정제도 등에 관계되는 지명의 유래와 전설 등 지명에 대한 전통문화의 계승 및 보존을 목적으로 만들어진 책이다.

- 표본지명 조사

  1981년 12월 간행

● 자연지리 조사법

1988년 12월 간행

● 한국지지 5권

국토지리정보원에서는 국토의 자연과 인문현상이 결합된 지역적 실태를 종합하여 체계화하고 오늘날 민족문화의 단면을 정립한 기록인 한국지지(地誌)를 1980년부터 편찬 발간하였다. 총람편을 필두로 지방편 4권까지 1986년에 마무리하였다. 이는 지리문화의 창달과 우리 국토의 과거와 현재를 새롭게 하는 계기를 만들기 위하여 지역적 실태를 종합, 집대성하여 체계화하였다. 한국지지 전5권에는 각 지역별로 역사, 자연, 지리, 인구, 산업, 종교, 경제 등 17개 분야에 걸쳐 그 생생한 모습과 발전상이 수록되어 있다. 한국지지는 오늘과 내일에 걸쳐 국토에 관한 각종 계획의 자료로 활용될 것이며 총론, 지방편Ⅰ(서울, 인천, 경기), 지방편Ⅱ(강원, 충북, 충남), 지방편 Ⅲ(부산, 대구 경북, 경남), 지방편Ⅳ(전주, 전북, 광주, 전남, 제주)로 이루어져 있다.

② 지명의 정비와 보존

지명은 역사적 · 전통적 배경과 지역적인 특성 등이 복합되어 시 · 공간적으로 다양한 변화를 나타내므로 지도상에 기재되는 자연지명은 통일적이고 정확한 표기가 요망된다.

구 중앙지명위원회는 1958년 7월 25일 국방부 일반명령 제103호에 의거 국방부 지리연구소에 설치되어 최현배 외 24명의 위원을 위촉하였고(1958. 8. 7.), 1958년 12월 9일 지방 지명위원회가 구성되어, 현지조사지명 137,000건을 검토하여 124,000건을 1961년 4월 22일 고시하였다(총 194권의 조사철). 그 후 1980년 1월 4일 측량법에 근거하여 건설교통부 국토지리정보원에 중앙지명위원회를 설치 · 운영하였다. 국토지리정보원은 2005년 말까지 중앙지명위원회의 심의를 거쳐 통일 정비된 자연지명 총 151,523건을 고시한 바 있으며, 아직 고시되지 않은 지명에 대하여도 지속적으로 정비를 추진중이다.

국토지리정보원에서는 지명의 체계적 보존을 위하여 수기로 작성한 전국 지명대장의 내용을 1998년 지명 DB로 구축, 입력하여 12만여 개의 지명정보를 관리하고 있다. 본 지명 DB에는 지명의 행정구역 소재지, 지명종류, 도엽, 고시여부, 유래, 연혁 등의 정보가 수록되어 있어 다양한 지명정보를 검색해 볼 수 있다. 아울러 지명문화의 국민적 보급을 위하여 상기 지명정보를 2000년 9월부터 인터넷을 통해 서비스를 실시하고 있다. 중앙지명위원회는 측량법 제58조 및 동법 시행령 제34조에 의하여 건설교통부(훈령 제64호 1995. 4. 24.)에 설치되었으며 그 기능은 다음과 같다.

㉠ 지명의 조사 및 정비를 위한 중요한 계획의 수립에 관한 사항
㉡. 지명의 제정, 변경과 조정, 결정 및 그 고시에 관한 사항
㉢ 지명표기의 국제협력에 관한 사항
㉣ 국내 및 국제지명 사전발간을 위한 연구 및 자문
㉤ 지명자료의 연구수집 및 분석, 기타 위원장이 심의요청한 사항

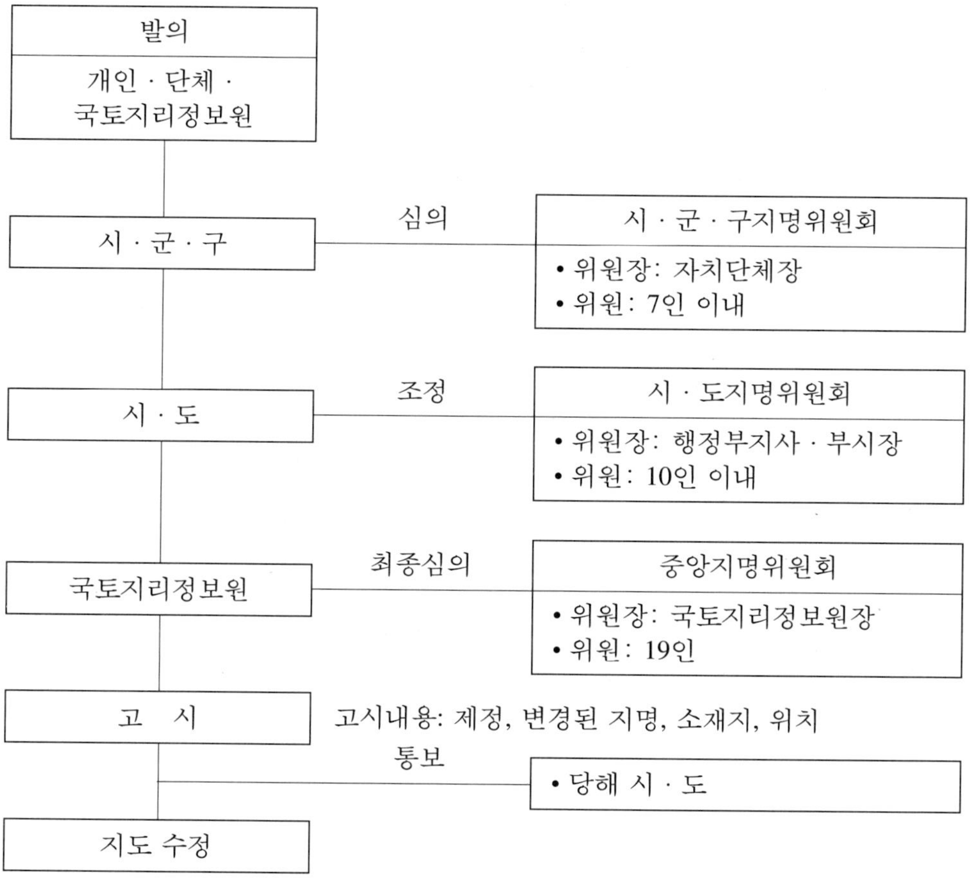

[그림 1-51] 지명고시 흐름도

제 2 장

지구의 특성과 지도투영

제 1 절 지구의 특성과 운동

1. 지구의 크기

지구상에 존재하는 것은 무엇이든지 어떤 양으로 존재한다는 말이 있다. 어느 사물의 존재나 그 존재의 변화는 모두 물리량으로 표현될 수 있고 이 물리량의 변화작용을 파악하면 상호관계를 유추할 수 있다. 존재를 나타내는 것 중의 하나인 '길이'는 공간을 표현하는 가장 기본적인 물리량으로서 2차원이면 면적이요, 3차원이면 부피와 형태이고, 길이의 비율로 방향이 설정되고 좌표체계가 구성된다. 이러한 길이와 면적과 부피를 비롯한 공간의 규모를 알 수 있는 측정의 기준은 눈 깜짝할 사이에 지나가는 지극히 짧은 순간인 찰나(刹那)와 셀 수 없을 정도로 기나긴 세월을 일컫는 억겁(億劫) 내에 존재한다.

1) 측정의 기준

① 미터

길이를 측정할 때 사용되어 온 피트(feet)나 척(尺)은 사람들의 발바닥이나 보폭(步幅)을 기준으로 하여 발달되었는데, 오늘날 대부분의 국가에서는 길이의 단위를 미터(meter)로 기준하고 있다. 1795년 프랑스에서 처음 제정된 1미터는 지구의 4분원으로 북극과 적도 사이에 낀 자오선 호길이의 1/10,000,000과 같은 길이로 정의되었다. 1792~1798년 사이에는 파리를 통과하는 자오선상에 있는 Dunkerque(52° 02′ N)와 바르셀로나(41° 22′ N) 사이의 약 1,070km를 정밀 삼각측량을 실시하여 확정된 것을 1m로 기준해오다가 1880년부터는 백금(Platinum)과 이리듐(Iridium)의 합금으로 만든 미터원기(눈금자)로 확정하였다.

이렇게 확정된 미터원기는 극히 미세하지만 온도변화와 경년변화를 일으키므로 길이의 실용성과 변동성에 관한 정확한 표준이 필요하게 되었다. 1960년 제11차 국제도량형총회(CGPM)에서 1미터를 파장이 가장 안정된 크립톤(Krypton) 원자의 등황색선 스펙트럼의 진공 중 파장으로 정의하였다. 즉, [1m는 Kr_{86} 원자 스펙트럼의 진공 중 파장의 1,650,763.73배와 같은 길이]라고 정의되어 이 값은 1975년 제16회 국제측지학 및 지구물리학총회에서 길이의 기준으로 채택되었다.

그 후 1973년 가스레이저를 이용한 광속도로 정확하게 관측한 값이 발표된 후 광속도의 값과 시간 1초의 관계를 재정의하려는 안(案)이 많은 지지를 받아오다가

1983년 10월 제17차 국제도량형총회(파리)에서 다음과 같이 채택되었다. 1미터는 '무한히 확산하는 평면전자파(plane electromagnetic wave)가 1/299,792,458초 동안 진공 중을 진행하는 길이' 라고 수정정의하였다.

② 초와 해리

1956년까지 1초를 지구가 자전축에 대하여 1회전하는 평균주기(하루: 1/86,400초)로 정의하였으나 지구자전의 점진적인 지체현상이나 미세한 불규칙성 때문에 절대적 기준으로 사용하기는 어려웠으며 기준년도를 1900년으로 하고 지구가 태양을 한 바퀴 도는 데 걸리는 시간(일년: 31,556,926초)으로 변경하였다. 그 후 1950년대부터 원자의 연구성과로 세슘(Cesium)의 초미세 전이(hyperfine transition)가 규칙적임을 알게 되어 1967년 10월 31일에 세슘($^{133}C_S$) 원자를 이용하여 1초를 정하였는데 이것이 오늘날의 원자시계(atomic clock 혹은 cesium clock)이다.

바다에서 사용하는 길이의 단위는 1해리(海里)라고 한다. 즉 항해마일(nautical mile) 혹은 노트(knot: 배의 속도)라고 하는데 이것은 배가 1시간 동안 1해리를 가는 것을 말한다. 해리는 1959년 이후 미국의 주도로 1,852m로 결정되어 전세계의 통일된 값으로 사용되고 있다. 둥근 지구는 360°이기 때문에 1°의 길이는 111.12km가 되며 이것을 다시 60′으로 나눈 값, 즉 1분의 값이 1,852m이다. 이 수치는 지구 탐험시대에 항해하는 배의 위치를 별과 항해 시간으로 측정한 데서 유래되었다.

탐험시대의 선박들이 망망대해에서 거리를 측정할 수 있는 기준이 없었기 때문에 위도 1°의 길이를 계산해서 이용하였다. 요즈음 같이 GPS를 비롯한 고성능 항법장치가 있는 경우에는 별로 도움이 되지 않지만 넓은 바다에서 속도감이나 운행거리를 짐작으로 측정하던 시대에는 중요한 기준이 되었다.

③ 길이와 거리

길이(length) 또는 거리(distance)는 두 점 간의 위치 차이를 나타내는 가장 기초적인 양으로서 평면길이(plane length), 곡면길이(curved surface length), 공간길이(space length) 등으로 구분할 수 있다.

'길이' 또는 '거리'는 공간상에 위치한 두 점(또는 물체) 간의 상관성을 나타내는 가장 기초적인 양(두 점 간의 1차원 좌표의 차이)으로서 두 점을 잇는 어떤 경로로 관측된다. 일반적으로 길이는 물체의 크기를, 거리는 두 장소가 서로 멀리 떨어진 정도를 나타내는 데 사용되는 것으로 인식되어 왔으나 두 용어 사이에 엄밀한 구분을 주기란 쉽지 않은 일이다. 또한 일반적인 통념에서 탈피하여 되도록 순수한 우리말을 사용하려는 의도와 함께 학문적 차원에서 볼 때 '길이' 쪽이 보다 포괄적이며 순수한 의미에서 사용될 수 있다고 생각된다. 그러므로 달까지의 거리(384,400km)측정은 미국 휴스턴에서 발사하는 레이저광선이 달표면에 설치된 거울에 반사되어 되돌아오는 시간으로 산출하는데 이러한 우주공간의 거리 측정단위로는 빛이 1년간 통과하는 거리인 1광년이 사용되기 때문에 길이라는 표현보다는 거리로 이해하는 편이 나을 것이다.

거리를 측정할 때 사용되는 미터의 정의(측정원기로부터 눈금을 따옴)가 파장이 일정한 파동 또는 광속을 이용한 빛의 주행시간으로 발전한 것은 미세한 오차라도 없애기 위하여 노력한 과학자들의 땀의 결과라고 생각된다. 물질이 아닌 광파장인 현재의 미터원기와 원자시계는 영원불변할 것으로 생각된다. 이러한 측정의 단위에는 각 나라마다 조금씩 다르지만 세계적으로 통일된 단위로 육지에는「m, km」, 하늘에는「km, mile」, 바다에는「해리」, 우주에는「광년」이 사용되고 있으며 시간에는「초」가 이용되고 있다. 이들 모두는 찰나와 억겁사이에 존재한다.

2) 지오이드와 준거타원체

지구의 정확한 형상을 나타내는 지구형(地球型)이 평균해수면과 연이어 일치하는 면으로 둘러싸인 지구타원체를 지오이드(geoid)라고 하며 이는 중력의 방향에 수직을 이루는 면으로 지구내부 질량분포 및 밀도가 장소에 따라 다르기 때문에 회전하는 지구타원체보다 낮은 해양도 있고 높은 곳인 대륙도 있을 수 있다.

그러므로 지오이드는 각 지역마다 다르기 때문에 측량시 오차가 발생하여 지도제작에 영향을 미치기도 한다. 이러한 오차를 줄이기 위하여 지구타원체가 측량의 토대가 되고 지오이드 결정의 기준이 되는 출발기준(datum)을 정하여 지오이드면과 지구타원체를 일치시켜 놓은 타원체를 준거타원체라고 한다. 그리고 지역이

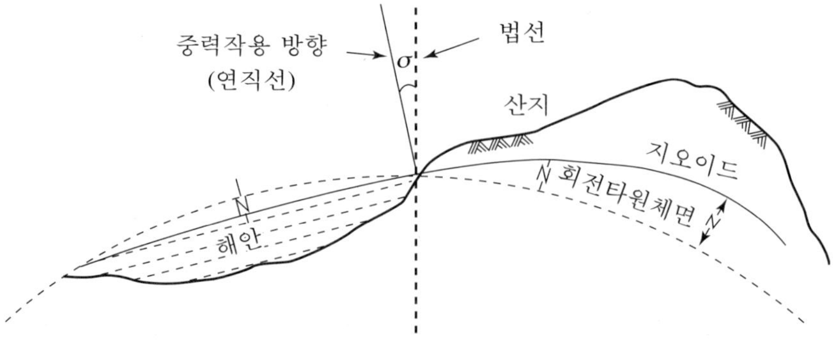

[그림 2-1] 지오이드와 회전타원체

좁은 곳에서는 지구의 형상에 가장 근접된 타원체인 클라크(Clarke: 1866), 베셀(Bessel: 1841) 등의 지역적 타원체와 지구의 질량중심(지심)을 원점으로 하는 WGS 84 타원체가 있다.

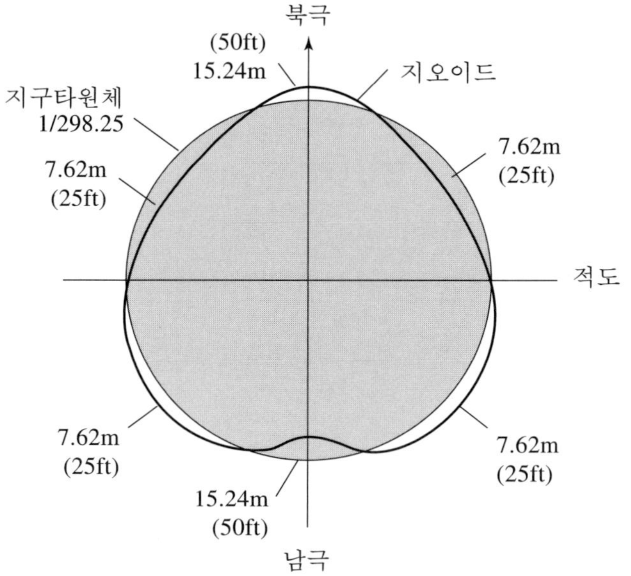

[그림 2-2] 준거타원체

3) 지구타원체의 값

지구의 크기와 형상은 제시한 학자에 따라 조금씩 차이가 나기 때문에 1924년 국제측지학 및 지구물리학 총연합회(IUGG)에서 통일된 지구타원체값을 사용하기로 의결하였다. 그 후 1979년 IUGG 총회에서 국제 지구타원체(international ellipsoid)값을 권장하여 사용하고 있으나 우리나라에는 1900년대부터 베셀 値(1841)를 사용하고 있는데 이는 국제적으로 빈번히 사용되는 장반경 값보다 약 0.7km가 적다. 이 값은 각 나라마다 다른 값을 사용하고 있는데 점차적으로 국제적으로 권위 있는 단체나 연구소 등에서 발표한 값으로 변해가고 있는 추세이다.

지구의 둘레는 이집트의 천문학자 에라토스테네스(Erathosthenes: B.C. 276~195)에 의해 처음 결정되었다. 그는 하지(夏止)날 정오의 태양고도가 시에네와 알렉산드리아 사이에 7.2° 차이가 남을 알고 알렉산드리아(Alexadria)가 시에네(Syene: 현재의 아스완)의 정북으로 약 5,000stadia(1stadium≒0.185km)의 거리에 있다고 가정하여 다음과 같이 계산하였다.

〈표 2-1〉 지구 타원체의 값

발표단체	연 도	장반경(a)	편평률
Bessel	1841	6,377.397	1/298.15
Clarke	1866	6,378.206	1/294.98
Hayford	1909	6,378.388	1/297.00
국제천문학연합(IAU-64), (IAG-67)	1964	6,378.160	1/298.25
GRS-67	1967	6,377.160	1/298.25
세계측지학시스템(WGS-72)	1972	6,378.135	1/298.26
해군 핵무기연구소(NWL-9D)	1973	6,378.145	1/298.25
국제측지학 지구물리학 총연합회(IUGG)	1979	6,378.137	1/298.26
SAO-SE Ⅲ	1973	6,378.140	1/298.256
IAU-76	1976	6,378.140	1/298.257
GRS-80	1980	6,378.137	1/298.257222
GRS-80(개정)	1983	6,378.136	1/298.257
WGS-84	1986	6,378.137	1/298.257223

$(360^\circ/7.2^\circ)\times 5{,}000 = 250{,}000\text{stadia}\times 0.185 = 46{,}250\text{km}$

이러한 계산 결과는 현재의 40,075km보다 약 15% 크게 측정된 값이다.

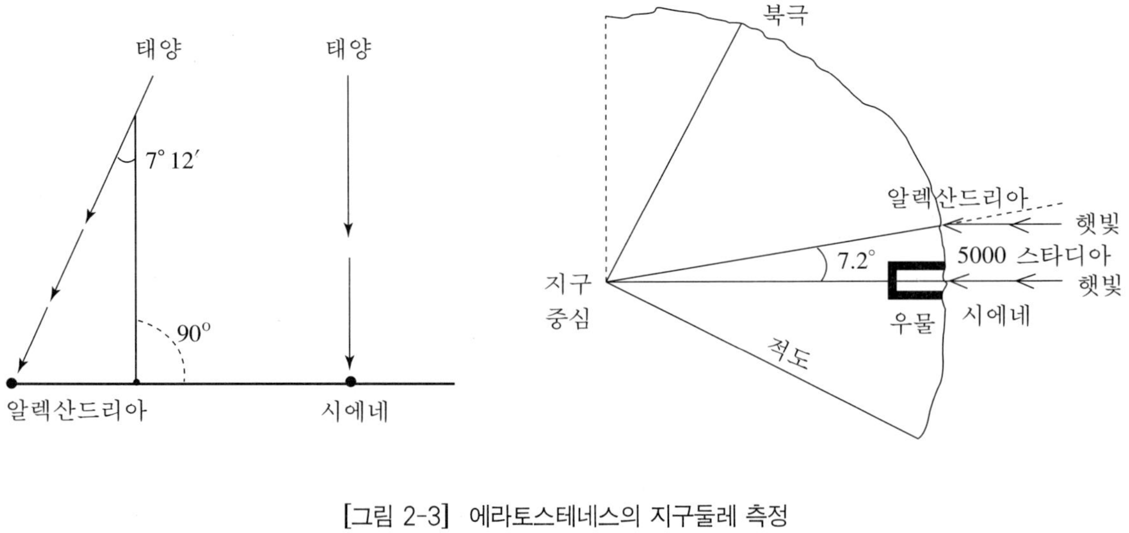

[그림 2-3] 에라토스테네스의 지구둘레 측정

지구는 극쪽이 평평하고 적도쪽이 약간 불룩하기 때문에 완벽한 구(球)가 아니다. 지구 중심에서 양극까지의 반경(b)이 적도까지의 반경(a)에 비해 약 1/300가량 짧은 형상이다. 이것을 편평도(flattening) 또는 편평률이라고 하며 남북의 거리인 위거의 길이(간격)가 적도에서부터 고위도로 올라갈수록 1°의 값이 약간씩 커지는 현상은 이것 때문이다.

편평도 $f = (a - b)/a$에서

$= (6{,}378.137 - 6{,}356.752)/6{,}378.137$

$= 0.0033528 = 1/x = 1/298.258$ (IUGG의 값)

편평률도 지금까지 각 국가마다 다르게 사용되어 오다가 인공위성을 이용하여 정확한 값이 측정되면서 국제적인 통일값(1/298.257)인 GRS 80(Geodetic Reference System 1980)으로 채택되었다.

4) 지구표면의 길이

지구상에서 위치를 결정하는 것은 지리좌표체계에 의한다. 프랑스의 수학자 데카르트는 지구표면상에 전개되는 좌표체계를 만드는 데 많은 도움을 준 사람이다. X, Y축에 의해 경위도를 결정하고 구형(球形)인 지구표면상에 경위선망을 구성하여 경위거를 알 수 있게 했다. 지구는 타원체이므로 적도에서 극으로 갈수록 감소되기 때문에 위도 1°의 길이는 양극으로 갈수록 길어진다. 반면에 경도 1°의 길이는 적도에서는 최대가 되고 극에서는 0이 되는데, 지구의 표면을 호도법을 이용하여 1″의 값을 구해 보면 약 31m 정도 되며 1°의 값은 약 111km 정도 된다.

〈표 2-2〉 지구표면의 길이

각도	길이	각도	길이	각도	길이	각도	길이
1초	30.918m	10초	309.185m	100초	3091.849	25분	46.378km
2초	61.837m	20초	618.370m	110초	3401.035	30분	55.653km
3초	92.755m	30초	927.555m	120초	3710.220	35분	64.929km
4초	123.674m	40초	1236.740	3분	5565.330	40분	74.204km
5초	154.592m	50초	1545.925	4분	7420.440	45분	83.480km
6초	185.511m	60초	1855.110	5분	9.276km	50분	92.755km
7초	216.429m	70초	2164.295	10분	18.551km	55분	102.031
8초	247.348m	80초	2473.480	15분	27.827km	1도	111.307
9초	278.266m	90초	2782.664	20분	37.102km	IUGG	111.319

※ 지구반경을 베셀치인 6,377.397m를 이용하여 호도법에 의거 산정한 값임

뿐만 아니라 지구에는 위도에 따라 호의 길이가 다르다. 경도 1°에 대한 호의 길이($l_1 l_2$), 적도로부터 각 위선까지의 자오선길이(l_3), 위도 1°에 대한 호의 길이(l_4), 메르카토르도법에 대한 각 위도까지의 거리(l_5), 정거원추도법에 의한 표준위선의 원반경(l_6)을 알아보면 다음 표와 같다.

〈표 2-4〉 지구의 크기 (2000년 이과연표)

위도 (φ) °	경도1°에 대한 호의 길이 (l_1) km	경도1″에 대한 호의 길이 (l_2) m	적도로부터 각 위선까지의 자오선길이 (l_3) km	위도1″에 대한 호의 길이 (l_4) m	메르카토르도법에 대한 각위도까지의 거리 (l_5) km	정거원추도법에 의한 표준위선면의 원반경 (l_6) km
0	111.319	30.92	0.00	30.72	0.0	∞
5	110.899	30.81	552.89	30.72	553.6	72904.3
10	109.639	30.46	1105.85	.72	1111.5	36175.9
15	107.550	29.88	1658.99	.74	1678.1	23808.9
20	104.647	29.07	2212.37	.75	2258.4	17530.7
25	100.950	28.04	2766.05	.77	2857.7	13686.1
30	96.486	26.80	3320.11	30.79	3482.2	11056.5
35	91.288	25.36	3874.59	30.82	4139.4	9119.0
40	85.394	23.72	4429.53	.84	4838.5	7611.7
45	78.847	21.90	4984.94	.87	5591.3	6388.8
50	71.696	19.92	5540.85	.90	6413.5	5362.4
55	63.994	17.78	6097.23	.92	7326.8	4476.1
60	55.800	15.50	6654.07	30.95	8362.7	3691.7
65	47.176	13.10	7211.34	30.97	9569.6	2982.4
70	38.187	10.61	7768.98	.99	11028.5	2328.3
75	28.902	8.03	8326.94	31.01	12890.9	1714.4
80	19.393	5.39	8885.14	.02	19929.2	559.9
85	9.735	2.70	9443.51	.02	19929.2	559.9
90	0.000	0.00	10001.96	31.03	∞	0.0

※ 이심률 $e^2=0.006694470$, 편평률 $1/f=298.2532$

● 지구타원체와 관련된 계산식

적도반경 a, 이심률 e, 위도 φ로 하면

$$\ell_1=\frac{\pi}{180}\times\frac{a\cos\varphi}{\sqrt{1-e^2\sin^2\varphi}}$$

$$\ell_2=\frac{l_1}{3,600}$$

$$\ell_3=a(1-e^2)\Big[\Big(1+\frac{3}{4}e^2+\frac{45}{64}e^4+\frac{175}{256}e^6+\frac{11{,}025}{16{,}384}e^8+\frac{3}{4}e^2\Big)\varphi$$

$$-\frac{1}{2}\Big(\frac{3}{4}e^2+\frac{15}{16}e^4+\frac{525}{512}e^6+\frac{2{,}205}{2{,}048}e^8\Big)\sin 2\varphi$$

$$+\frac{1}{4}\Big(\frac{15}{64}e^4+\frac{105}{256}e^6+\frac{2{,}205}{4{,}096}e^8\Big)\sin 4\varphi$$

$$-\frac{1}{6}\Big(\frac{35}{512}e^6+\frac{315}{2{,}048}e^8\Big)\sin 6\varphi$$

$$+\frac{1}{8}\Big(\frac{315}{16{,}384}e^8\Big)\sin 8\varphi\Big]$$

$$\ell_4=\frac{\pi}{648{,}000}\times\frac{a(1-e^2)}{(1-e^2\sin^2\varphi)^{3/2}}$$

$$\ell_5=a\ 1\mathrm{n}\Big\{\tan\Big(\frac{\pi}{4}+\frac{\varphi}{4}\Big)\Big\}$$

$$-ae^2\sin\varphi\Big(1+\frac{1}{3}e^2\sin^2\varphi+\frac{1}{5}e^4\sin^4\varphi+\frac{1}{7}e^6\sin^6\varphi\Big)$$

$$\ell_6=\frac{a}{\tan\varphi\sqrt{1-e^2\sin^2\varphi}}$$ 가 된다.

2. 지구의 운동

지구에서 보면 태양과 별은 동쪽에서 떠서 서쪽으로 지며 하늘의 별자리도 계절에 따라 다르게 나타난다. 또한 지구상에는 낮과 밤이 생기고 계절의 변화도 일어난다. 이들은 모두 지구가 자전과 공전을 하기 때문에 일어나는 현상으로 특히 밤하늘의 천체를 정밀관측하기 위하여 지구와 천체와의 정확한 시간과 위치를 알아야 한다. 그렇지만 둥근 지구는 항상 움직이고 있기 때문에 관측기회를 잡는다는 것이 여간 힘든 일이 아닐 수 없다. 지구는 책을 읽고 있는 이 순간에도 움직이고 있으며 태양의 주위를 돌면서 1시간에 경도 15° 씩 자전을 하고 있다. 지구는 시간당 약 1,670km를 회전하는 비행물체와 같다. 한국과 외국을 오가는 비행기의 속도가 시속 900~1,000km인 것에 비하면 1,670km(1,000마일/시간당)라는 속도가 어느 정도인지 판단될 것이다. 또 지구는 149,600,000km 떨어진 태양의 주위를 시간당 약 107,320km(초속 30km: 근일점 30.3, 원일점 29.3)의 속도로 움직이고 있다. 여름철에 태풍이 불 때 초속 30~40m의 바람을 경험했을 것이다. 태풍의 1,000배의 속도로 지구가 태양의 주위를 하루에 한 번씩 돌고 있다는 것이 바로 지구가 살아있다는 증거이다.

1) 지구의 자전과 공전

① 자전

지구는 하루에 한 번씩 지축을 중심으로 회전하고 있으며 이에 따라 밤과 낮이 생기고 천구의 일주운동이 생기게 된다. 또 지구의 자전 때문에 지구상 물체에 원심력이 생기고 그에 따라 지구상 각 점의 중력의 방향과 크기가 위도에 따라 변하게 된다. 그 밖에도 푸코진자(Foucault' s pendulum)가 회전하고, 운동하는 물체에 전향력이 생기며 조석이 하루에 두 번씩 일어나는 현상도 지구자전(달의 공전)이 원인이다.

지구가 한 번 자전하는 데 걸리는 시간은 기준을 잡는 데 따라 약간 차이가 난다. 태양을 기준으로 한 번 자전하는 시간을 1태양일(solar day)이라 하며 24시간으로 정한다. 지구가 항성을 기준으로 한 번 자전하는 시간을 1항성일(sidereal day)이라 하며 23시간 56분 4초이다. 이와 같이 차이가 나는 이유는 지구의 공전 때문이다. 또 로켓이나 인공위성의 시운동에서 알 수 있는 바와 같이 북반구에서 직선방향으로 적도를 향하여 발사된 물체는 지표에 대하여 오른쪽으로 편향되어 날아간다. 이것은 지구자전으로 인하여 적도의 표적 자체가 동쪽으로 움직이기 때문인데(적도상에서 0.46km/sec), 이러한 효과를 코리올리 효과라고 하며, 지구가 자전하기 때문에 생기는 가상적인 힘을 전향력 또는 코리올리의 힘이라고 한다.

② 공전

지구는 태양을 중심으로 지축이 궤도면에 대하여 기울어져서 회전운동을 하며 그 결과 계절의 변화, 일조시간의 변화, 태양의 남중고도의 변화 등과 같은 현상이 생긴다. 태양은 천구의 일주운동으로 그 고도가 변화하여 일출과 일몰 때 고도가 0이고 남중할 때(태양이 관측자의 자오선을 지날 때) 최대가 되며 이것은 하루 중 기온변화의 원인이 된다. 한편 태양은 적도에 대하여 기울어진 황도를 따라 1년을 주기로 이동하기 때문에 태양의 적위는 +23.5°(하지)에서 −23.5°(동지) 사이를 날마다 조금씩 변화한다.

또 지구의 공전운동은 이 밖에도 1항성일과 1태양일의 차이, 1항성월과 1삭망월의 차이, 계절에 따라 별자리가 바뀌는 현상 등이 원인이 되기도 한다. 태양이 천구상 한 점에서 출발하여 다시 그 지점에 돌아오는 데 걸리는 시간을 1항성년(sidereal year)이라 하며 365.2564일이다. 태양이 춘분점을 출발하여 다시 춘분점으로 돌아오는 데 걸리는 시간을 回歸年(tropical year)이라 하며 365.2422일이다. 1회귀년이 1항성년보다 짧은 까닭은 춘분점이 동에서 서로 약 50° 이동하기 때문이다. 이러한 현상은 지구의 공전 때문에 생긴다. 이러한 지구의 자전과 공전은 극지방인 남극과 북극을 추운 동토의 땅으로 만들고 있다.

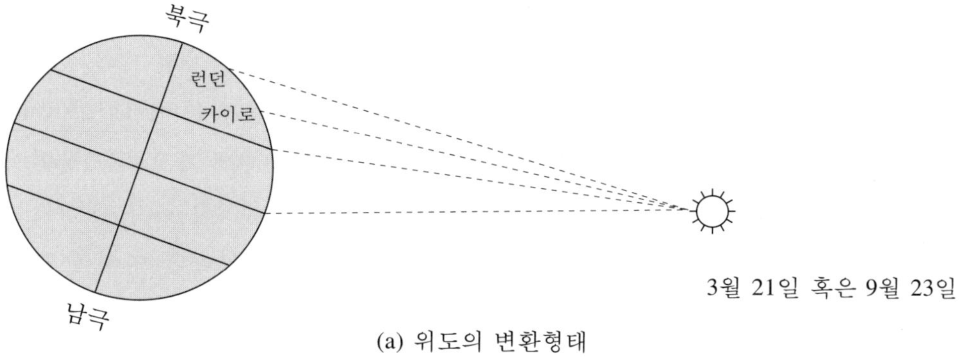

(a) 위도의 변환형태

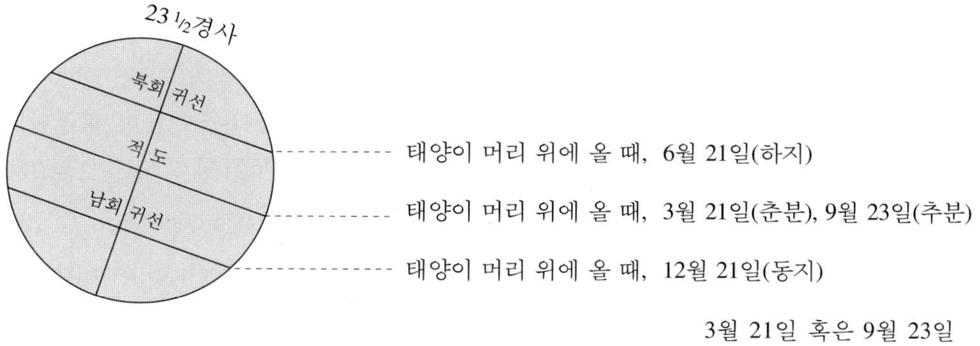

(b) 연중 변환형태

[그림 2-4] 지구의 운동(1987, Vicyor Selwyn)

태양주위를 타원형으로 돌아가는 지구는 외관상으로는 일정하나 일년 중 미세한 차이로 빠르거나 늦게 회전한다.

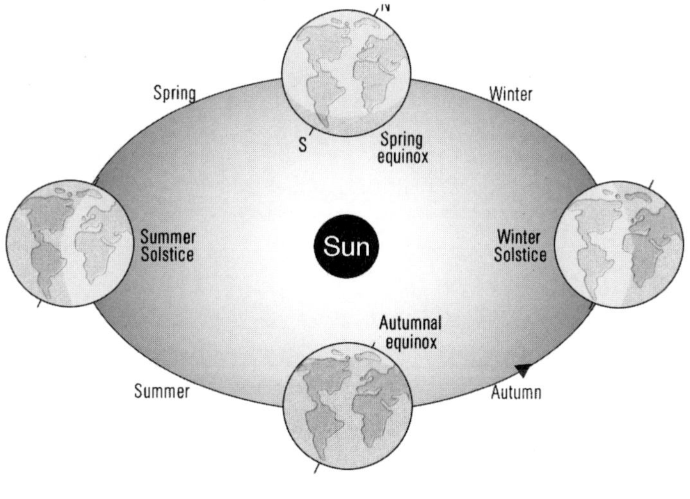

[그림 2-5] 지구의 계절변화(1996, Geographic Atlas)

③ 밤낮 6개월

북극과 남극에는 일반 대륙의 낮과 밤과 같이 해가 뜨면 밝아지고 해가 지면 어두워지는 정상적인 낮과 밤이 아니며 약 6개월 동안 낮처럼 밝은 백야현상(white night)과 6개월 동안 캄캄한 밤의 연속일 때가 있다. 그것은 지구가 23.5° 기울어져 있고 자전과 공전을 하기 때문이다. 즉 지구의 자전축이 기울어져 있기 때문에 12월 21일 정오에 태양이 아주 큰 고도로 남반구를 비추게 되는데 이때를 동지(winter solstice)라고 하며 북반구에는 기나긴 밤의 연속이 되고 반대로 남반구는 밤에도 신문을 읽을 수 있을 정도로 밝아진다. 반대로 태양이 높은 고도로 북반구를 비추는 6월 21일을 하지(summer solstice)라고 하며 이때 북반구는 낮의 연속(백야현상)이고 남반구의 극점 부근에는 어두운 밤이 6개월씩이나 계속된다.

또 3월 21일은 춘분(spring equinox)으로 태양이 적도 위치에 머물며 지구상의 전 지역에서 낮과 밤의 길이가 12시간씩 똑같아지며 9월 21일도 추분으로(fall equinox) 낮과 밤의 길이가 같아진다. 태양의 연주운동(annual motion)으로 적도면을 통과할 때는 춘분과 추분이 되고, 남쪽 23° 30′ 인 남회귀선(tropic of capricorn)을 지나갈 때는 동지이고 북위 23° 30′ 지점인 북회귀선(tropic of cancer)을 지나갈 때는 하지가 된다.

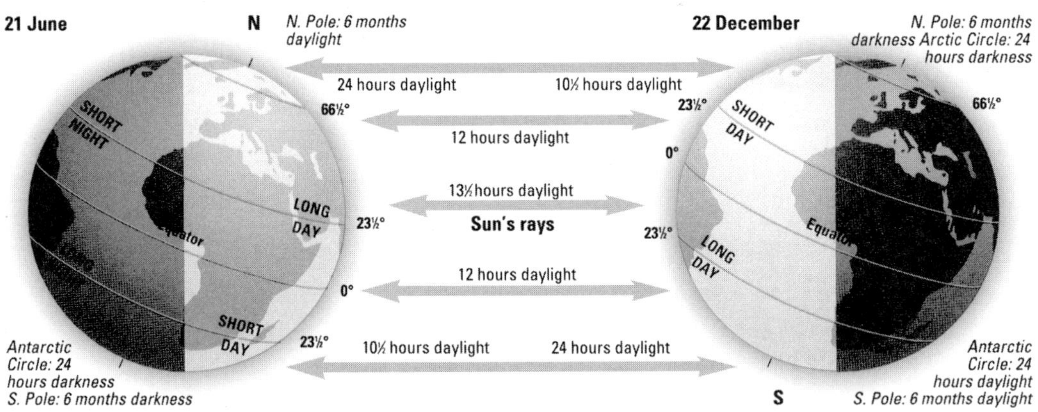

[그림 2-6] 태양광선의 방향(1999, Atlas of the World, George Philip Ltd)

2) 자오선 결정과 표준경선

① 지구자오선의 결정

지구에는 경도, 위도, 적도, 남극, 북극이란 용어를 자주 사용한다. 둥근 축구공에서 아래와 위를 구분한다거나 좌우를 구분하기란 어렵다. 지구에도 마찬가지로 어떤 기준을 설정해야만 되기 때문에 동경, 서경, 남위, 북위와 같이 지구를 나누는 기준을 정해 놓았다. 다행히 지구는 남북축을 기준으로 해서 회전하기 때문에 회전축의 맨 꼭대기를 북극점으로 하고 그 반대가 남극점이 되게 자연스럽게 설정되어 있다. 그러나 동서의 구분을 주어 표준자오선을 결정하기란 여간 쉬운 일이 아니다. 표준자오선의 결정은 1884년 워싱턴에서 열린 국제자오선회의(International Meridian Conference)에 출석한 25개국 중 22개국이 영국의 그리니치 왕립천문대(royal observatory; 1675년 설립)를 지나는 선을 본초자오선(prime meridian)으로 인정하였다. 그래서 그때부터 경도의 기준을 영국의 그리니치 천문대를 지나는 선의 동쪽으로는 동반구(동경), 서쪽으로는 서반구(서경)라고 설정하였다. 당시만 해도 유럽 열강들은 저마다 자오선을 정하여 세계지도와 해도를 만들어 사용하고 있었는데 이때부터 Cadiz, 코펜하겐, Christiania, Ferro, 리스본, 나폴리, 파리, Pulkowa, 리우데자네이로, 스톡홀롬 등을 지나는 자오선이 종말을 고하게 되었다.

② 지구의 시간과 표준경선

지구가 360° 회전하는 데는 24시간이 필요하다. 이에 따라 각 나라는 경도 15° 마다 1시간씩 변화하는 지방시를 쓰고 있으며 경도와 시간과의 관계는 표 2-5와 같다. 지구의 둘레각(360°)을 하루(24시간)로 나누어 계산하면 우리나라는 경도 120°와 135° 사이가 된다.

실제로 우리나라는 동경 124~132° 사이에 위치하여 시간대가 135°를 지나는 표준경선을 사용하지만 우리나라의 어느 곳도 135°가 지나지 않는다. 언제부터 우리나라의 표준경선이 135°로 결정되었는지 알 수 없지만 일제시대에 일본과 같은 시간대를 사용한 데서 유래된 것으로 생각된다. 불행하게도 우리나라는 1시간의 시차가 있는 120°와 135° 중간지점에 위치하고 있기 때문에 120°나 135° 중에 하나를 선택해야 한다. 그렇지 않으면 30분 지점인 127.5°로 표준경선을 사용해야 한다. 만약 127.5°로 표준경선을 재조정한다면 국제적으로 시간대별로 정해놓은 시차계산이 혼란스러우며 30분 늦게 일을 시작하는 꼴이 된다. 지금와서 한반도의 가운데로 지나는 127.5°를 새로 정할 수도 없는 노릇이다. 그렇다고 중국을 지나는

〈표 2-5〉 시간과 경도의 관계

시간 간격	경도 간격	경 거	시간 간격	경도 간격	경 거
1시간	15°	1670km	4′	1°	111.319km
1분	15′	27.83km	4″	1′	1.855m
1초	15″	464m	0.067″	1″	31m

120°를 사용한다면 지금보다 1시간 늦게 아침이 시작되어 여러 분야에서 혼란이 야기될 것이기 때문에 기왕 정해진 135°를 표준경선으로 사용할 수밖에 없다. 그렇지 않다면 예전처럼 서머타임(일광 절약 시간)을 활용해야 한다.

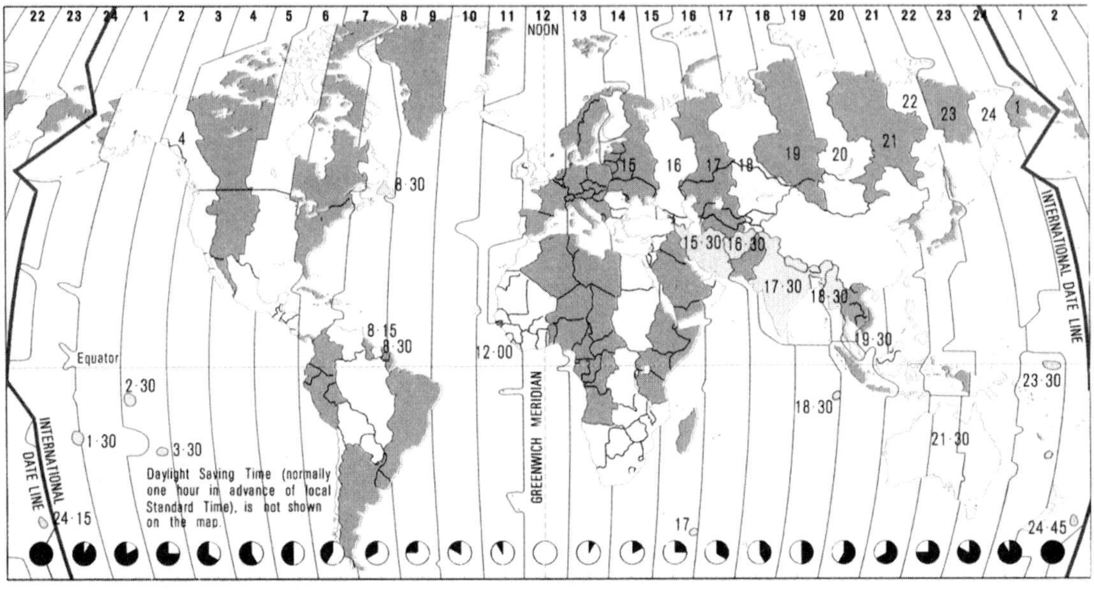

[그림 2-7] 세계 시차표(1996, Geographic Atlas)

국토가 넓은 미국의 경우, 동부에서 알래스카까지는 7시간의 시차가 생기며, 러시아는 10시간의 시차가 있다. 일부 국가에서는 계절에 따라 서머타임(daylight saving time)을 1시간씩 정하여 낮시간을 활용하기도 한다. 또 영국 그리니치에서부터 180° 지점인 태평양상에 날짜변경선(international date line)이 정해져 있다. 지구상에서 하루가 가장 먼저 시작하는 곳은 날짜변경선의 왼쪽에 있는 뉴질랜드를 비롯한 태평양상의 조그마한 섬들이다.

3) 북쪽과 북극

① 3개의 북쪽

지구상에는 북(北)이 하나뿐인 것 같지만 실은 3개의 북이 있다. 일반인들은 지구의 꼭대기(즉 북극점)에 북이 하나 있는 것으로 알고 있지만 측량, 지도, 지구물리, 지질, 우주, 군사 등에 관한 일에 종사하는 학자나 기술자들에게는 아주 중요한 자북과 도북이 더 있다. 지구의 자전축이 가리키는 것이 지구의 실제 북으로서 북극성이 그 지표인 진북(true north) 방향이고 우리가 흔히 쓰는 지도가 가리키는 도북

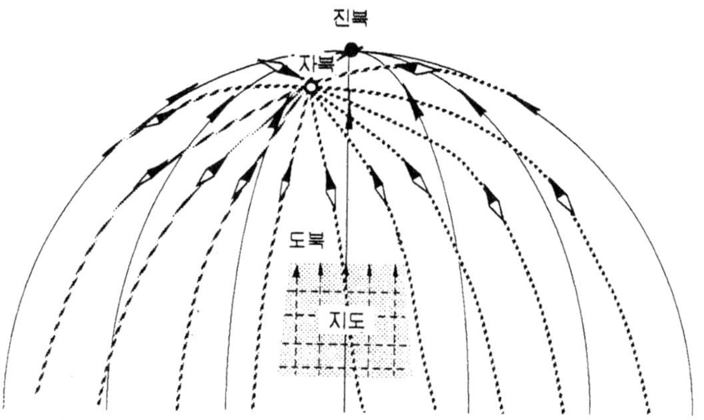

[그림 2-8] 진북, 도북, 자북의 편차각 발생 방향(1996, 이희연, 지도학)

(grid north)이 있고, 나침반의 자침(지남철)이 가리키는 자북(magnetic north)이 있다. 이들 북은 자오선(子午線: meridian)을 기준하기 때문에 진북자오선, 도북자오선, 자북자오선으로 표기한다.

진북, 도북, 자북의 3개의 북은 항상 일치하지 않고 편차를 나타내는데 진북과 도북의 차이를 도편각(grid declination) 또는 자오선수차(子午線收差: meridian convergence)라고 하며 진북과 자북의 차이를 자편각 혹은 자침편차(磁針偏差:

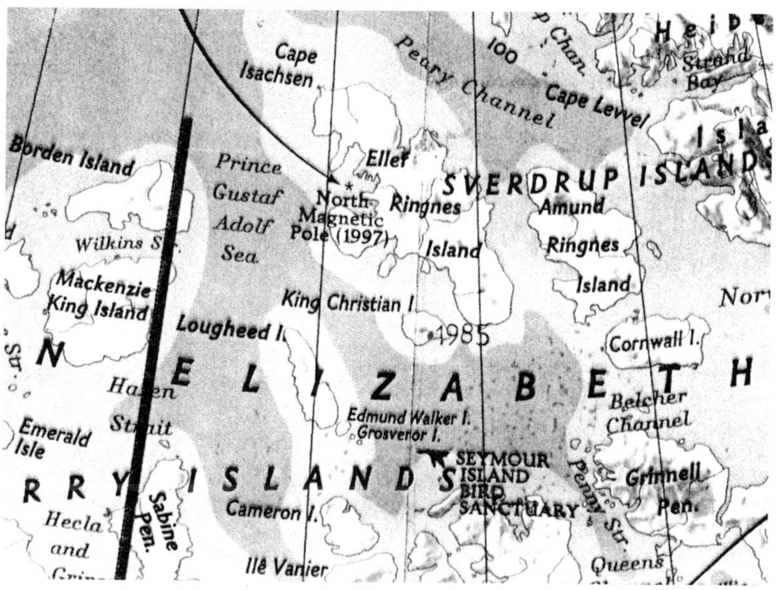

[그림 2-9] 자북점의 위치

북극의 자북점 위치는 James Clark Ross 경 이후로 1931년에는 Boothia Peninsula에 위치하였으나 그 후 Prince of wales Is, King Christian Is(1985년)를 거쳐 지금은(1997년) Ellef Ringnes Is의 서쪽 바다에 위치해 있다.

magnetic declination)라 부르며 자북과 도북의 차이를 도자각이라고 한다. 우리나라에서 제작된 지형도뿐만 아니라 세계 모든 나라의 지형도에는 자침편차와 자오선수차가 기록되어 있다. 자북점은 북극점에서 아래쪽(남쪽)으로 약 1,300km 떨어진 캐나다의 Ellef Ringnes(그림 2-9 참조) 섬 부근인 북위 75°, 서경 100°쯤에 위치한다.

② 북극(북극해, 북극지방)

북극은 남극과 달리 대륙이 아니며 북극해(북빙양)의 바다가 얼어붙은 얼음덩어리(pack ice)로서 남극과는 달리 바닷물 위에 얼음이 떠있는 모습이라고 생각하면 된다. 북극해를 둘러싸고 있는 러시아, 알래스카, 캐나다의 북쪽에는 영구동토층(permafrost)이 형성되어 있으며 북극권은 북위 66°32′을 기준한다. 북극해의 바다는 극점(north pole) 인근에서 해저 1,863m이고 가장 깊은 곳은 북위 85°와 동경 20°~30° 사이의 해저로 5,449m나 된다. 또 극점에서 대서양 방향의 해저에도 3,000m대의 깊은 골짜기가 형성되어 있다.

최근 북극에는 관광차 방문하는 인파가 날로 늘어나고 있다. 매년 4월에서 9월까지는 북극행을 위하여 캐나다의 레졸루트에 400명/일 이상의 인원이 집결한다. 또 지구온난화 현상 때문에 100년 전보다 무려 130km2에 이르는 면적이 녹아내리고 길이도 10~12km나 줄어들었으며 핵연료 재처리시설 때문에 방사능오염이 우려

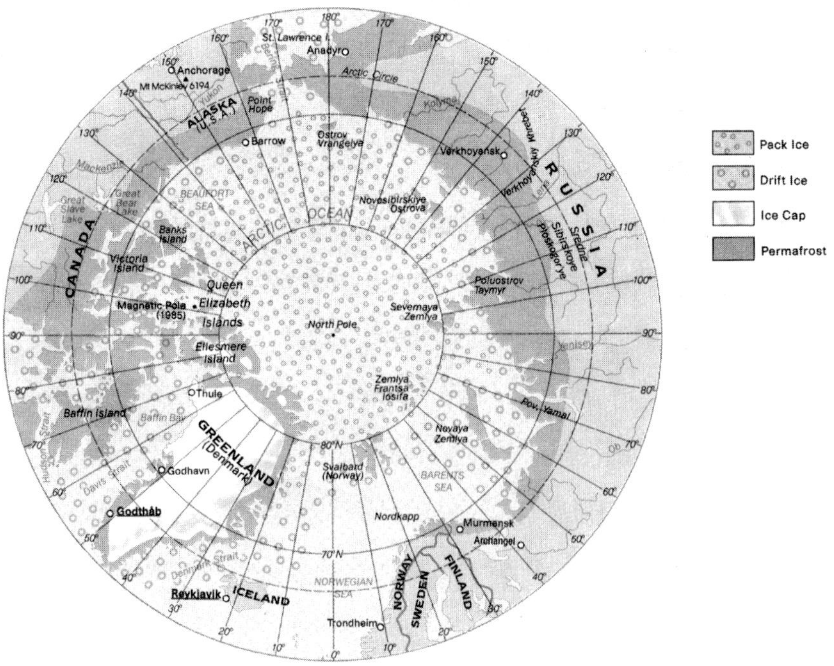

[그림 2-10] 북극해의 영구동토층(permafrost)

되고 있는 등 인간에 의해 훼손되고 있다.

북극지방에는 사람이 살아가기 곤란한 땅이 많다. 그린랜드와 알래스카는 말할 것도 없이 러시아의 시베리아에도 극지방의 추위 때문에 땅덩이가 얼어있다. 시베리아 중에서도 가장 추운 곳은 오이마콘(Oymyakon)으로 영하 65℃까지 내려가고 인근의 베르호얀스크(Verkhoyansk), 야쿠츠크(Yakutsk)의 1월 평균기온이 영하 40~50℃ 정도 된다. 이들 지역에는 겨울철의 추위 때문에 1년 내내 지하 250~300m까지 땅이 얼어 있는데 이를 영구동토층(永久凍土層)이라고 한다. 지역에 따라 여름(7월)에는 영구동토층(Permafrost)이 약간 녹는데 숲속에는 약 50cm, 도로 등 햇볕이 많이 내려쬐는 지역에는 약 2m까지 녹기도 한다. 이러한 영구동토층(permafrost)은 시베리아뿐만 아니라 그린랜드, 알래스카, 캐나다의 북부, 중국의 오지 등에 분포되어 있으며 그 면적은 육지면적의 약 14%나 된다. 영구동토층의 두께는 북극연안에 약 500m, 시베리아철도 연변에는 약 15m 정도 된다. 또 땅이 얼어있는 동토대(凍土帶)를 툰드라(tundra) 라고 하는데 대부분이 북위 60° 이북에 있으며 극지방툰드라(arctic tundra), 고산툰드라(alpine tundra)로 구분된다. 이곳에도 추위 때문에 여름 동안에는 많은 영양물이 얼어있는 상태로 존재하기 때문에 식물이나 동물의 생존에 있어서 불리하며 비교적 단순한 생태계를 조성하고 있는 것이 특징이다.

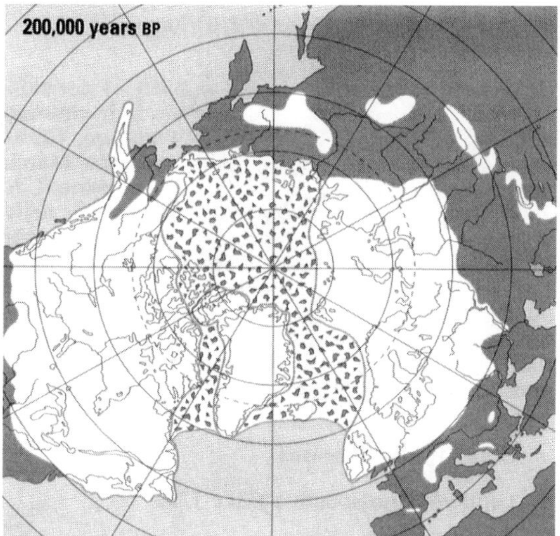

[그림 2-11] 20만년 전의 북극해(1999, Atlas of the World, George Philip Ltd)

③ 북극의 기상현상

북극지방의 기상현상 중에 인간의 힘으로는 도저히 흉내낼 수 없는 기상현상이 있다. 남극에는 사람이 살고 있지 않으므로 특이한 기상현상을 경험하기가 힘들다. 그러나 북극에서는 그린랜드와 알래스카를 비롯한 북극지방 원주민들이 거주하며 또 관광객이 드나들면서 알려지기 시작한 '오로라'와 '백야'를 자주 경험하게 된다. 특히 '북극광'이라 불리는 오로라(aurora)는 북극지방인 그린랜드에서 빼놓을 수 없는 기상현상으로 이곳의 원주민들은 오로라를 '공놀이'라는 뜻의 단어와 함께 쓴다. 이러한 어원은 아마도 이곳의 전설에서 비롯된 것 같다. 내용인 즉, 오로라를 보면서 휘파람을 불면 '오로라'가 가까이 다가오고, 개처럼 마구 짖으면 '오로라'가 사라진다는 것이 그 줄거리다. 오로라는 일년 내내 발생하는데, 특히 맑고 캄캄한 밤하늘에서 가장 잘 볼 수 있다. 그 중에서도 가을하늘에서 가장 선명하게 관찰되며 초여름만 되어도 이 오로라는 잘 나타나지 않는다. 또 북극에는 강추위와 어두움이 있지만 이를 기상현상이라고 부를 수는 없다. 그러나 탐험가들은 강추위와 어두움이란 기상현상 때문에 탐험을 성공하지 못하고 최후를 맞은 경우도 허다하다. 이런 악조건 속에서도 가장 큰 족적을 남긴 인물은 노르웨이의 난센(Nansen)

[그림 2-12] 여러 종류의 북방위표시

과 미국의 피어리이다.

또 알래스카의 훼어뱅크스(Frirbanks)에서도 언제나 '오로라(aurora: 북극광)'를 볼 수 있다. 별이 빛나는 밤에 하늘 위에서 빨간색, 초록색 그리고 노란색 등으로 빛나는 오로라는 이를 본 경험이 많은 알래스카 사람들에게도 자연에 대한 경이로움을 새삼 느끼게 한다. 어느 이누이(Inuit) 에스키모의 전설에 따르면, 오로라는 저승에 영혼이 있다는 증거로써 사람들은 '오로라'가 횃불을 들고서 방황하는 여행자들을 최종 여행지까지 안내하는 영혼으로부터 나온다고 믿고 있다. 또 사금채취꾼들은 오로라가 금광맥에서 나온 빛이 반사된 것이라고 믿고 있었다. '오로라'는 통상 8월 말부터 다음 해 4월까지 볼 수 있는데, 신비하면서도 예측할 수 없는 이들 빛의 무리인 오로라는 알래스카인들의 기억에 지속적으로 영감을 불러일으킬 것이다.

④ 항정선과 대권

항정선(航程線: rhumb line)은 일명 등방위선이라고도 한다. 선박은 나침반의 방향을 따라 일정하게 항해하는 것이 가장 간편한 방법이다. 그러나 나침반의 침로(針路)를 일정하게 유지했을 경우 항적(航跡)은 그 선(線) 내의 어느 곳에서나 항상 자오선에 대하여 일정한 방위각을 가진다. 즉 나침반 침로의 지시대로 항해하면 자북방향으로 진행되고 만다. 따라서 항정선을 따라 항해할 경우 매번 나침반의 방향을 조정하면서 뱃머리를 움직일 필요는 없다. 적도를 따라 동서방향으로 항해하거나 경선을 따라 남북방향으로 항해할 때는 최단거리가 대권항로이지만 그 이외의 경우는 항정선이 곡선으로 나타난다. 그러므로 두 지점 간에 나침반의 방향을 일정하게 유지할 수 있는 항정선이 직선으로 나타나는 메르카토르도법은 고위도상에서 항정선이 직선으로 표현된다.

둥근 지표면에서 두 지점 간의 최단거리는 지구중심을 지나며 이 선이 대권이다. 그러므로 장거리를 운항하는 선박이나 비행기는 정방위를 나타내 주는 대권항로가 표시된 지도가 필수적이다. 그러나 전세계지역의 대권을 한 장의 지도에 표현할 수는 없다. 다만 지도상에 직선으로 나타낼 수 있는 투영법인 심사도법(gnomonic projection)도 지구의 반 이상은 나타낼 수 없으며 이런 경우 가장 문제가 되는 것은 나침반의 방위이다. 왜냐하면 두 점을 이은 대권상의 선을 따라가면서 계속적으로 나침반의 방향을 바꾸면서 항해를 해야 되기 때문이다. 항해자들은 항정선을 따라가면서 나침반의 방향을 바꾸지 않고 장거리를 항해해야 할지 아니면 거리가 짧은 대권을 따라가면서 나침반의 방향을 수시로 바꿔야 할지를 결정해야 한다. 이 문제를 해결할 수 있는 방안은 대권과 항정선이 동시에 나타난 지도를

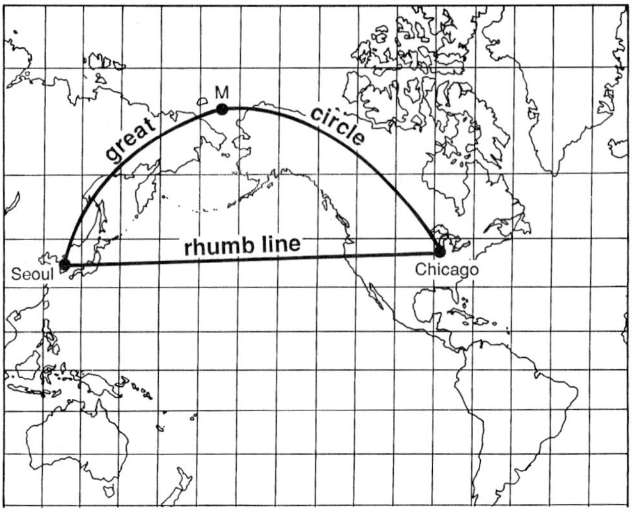

[그림 2-13] 메르카토르도법에서 대권과 항정선

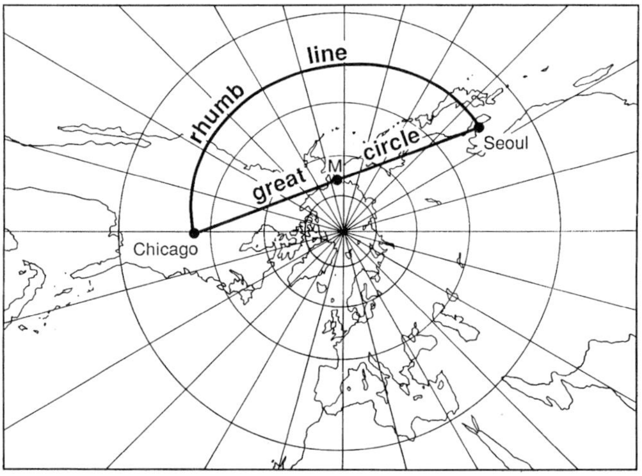

[그림 2-14] 극중심 심사도법에서 대권과 항정선(1988, Monmonier Mark, Map Appreciation, p.23)

이용해야 한다.

위의 그림에서 항정선(rhumb line)과 대권(great circle)은 길이의 측면에서는 엄청나게 많은 차이가 남을 알 수 있다. 그림 2-13과 같이 평면의 지도 위에서는 가까워보이는 rhumb line이 실제는 great line보다 멀다. 그림 2-14와 같이 실제 지구 위에서 rhumb line과 great line을 비교해 보면 알 수 있다.

제 2 절 지도의 투영

1. 투영의 특성

지구는 투영방법에 따라 투시도법(透視圖法)과 비(非)투시도법으로 나눌 수 있으며 투시도법은 다시 정사(正射), 외사(外射), 평사(平射), 심사(心射)도법으로 구분된다. 또 투영식에 따라 직교좌표와 극좌표로 나뉘며 형태에 따라 원통도법, 원추도법, 방위도법으로 구분되고 투영축에 따라 정축법(正軸法:極心法, normal case), 사축법(斜軸法:斜向法, oblique case), 횡축법(橫軸法:赤道法, transverse case)으로 나눌 수 있다. 또 투영의 성질(속성)에 따라 등각도법(等角圖法), 등적도법(等積圖法), 등거리도법(等距離圖法), 대원도법(大圓圖法)으로 분류된다.

1) 투영의 개요

지도투영(map projection)이란 지구를 대응하는 다른 평면으로 전개하는 것으로 도법 또는 투영법(投影法)이라고 한다. 예를 들어 둥근 축구공을 무리한 힘을

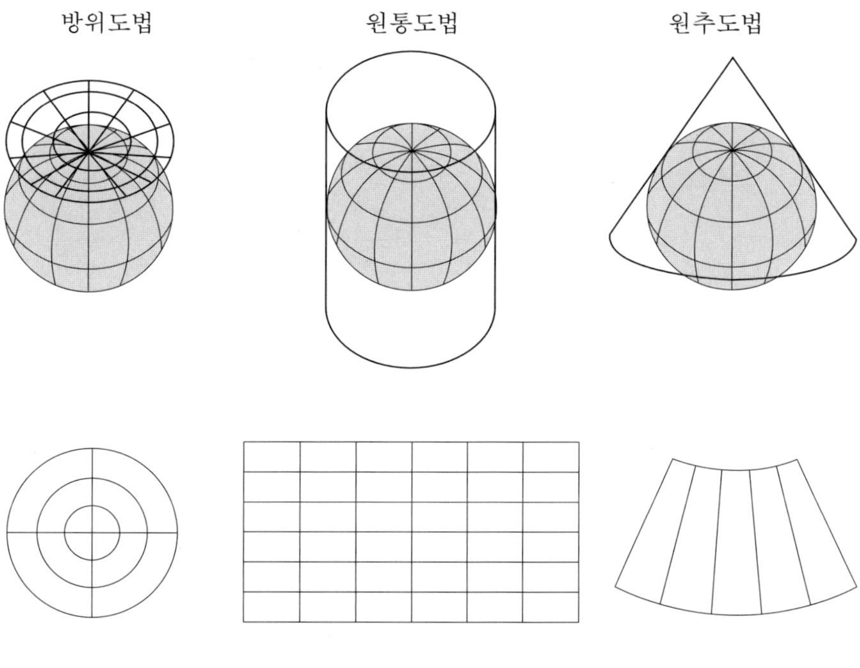

[그림 2-15] 투영면에 따른 투영법(1988, Monmonier Mark, p.17)

가해서 평탄하게 펼치려면 여러 군데가 찢겨져 형체를 알아볼 수 없게 되기 때문에 둥근 지구를 평면에 변형없이 전개(펀다)한다는 것은 불가능한 일이다. 둥근 지구표면을 평면상에 왜곡(歪曲) 없이 정사(正射)투영한다는 것은 매우 힘든 일이다. 각 나라마다 국가기본도(지형도)를 제작할 때 가장 중요한 기본요소를 꼽는 것이 투영방법에 대한 결정이다. 왜냐하면 지형도의 투영방법이 각종 주제도나 일반도를 제작할 때 기준이 되기 때문이다. 천문학적으로 관측된 지구의 지표를 투영하기 위한 제1단계는 장소(location), 크기(size), 모양(shape) 등을 결정하는 것이다. 열대지역 내의 국가는 원통투영법(cylindrical projection)이 바람직하고, 온대지역 내의 국가는 원추투영법(conical projection)이 적합하며, 극지방은 방위투영법(azimuthal projection)을 사용하는 게 적절하다.

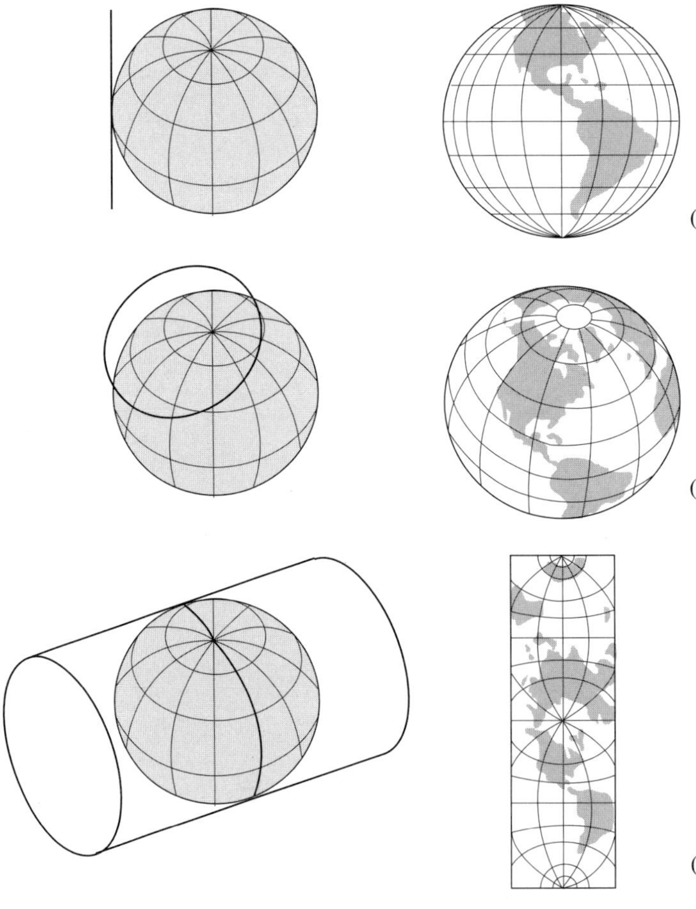

(a) 임의의 축 방위도법

(b) 적도축의 방위도법

(c) 횡축 원통도법

[그림 2-16] 투영축에 따른 분류(1998, Monmonier Mark, p.18)

우리가 흔히 보는 세계지도에서 소련, 캐나다, 그린랜드의 땅이 굉장히 크게 나타난 것을 보았을 것이다. 실제로도 소련은 세계에서 가장 넓은 영토의 소유 국가이다. 또 그린랜드는 실제로 호주의 1/3밖에 되지 않지만 투영방법상 지표면이 왜곡되어 면적이 크게 보일 뿐이다. 이렇게 크게 나타나는 것은 지도의 투영법상 땅이 과장(확대)되어 보이기 때문이다.

2) 투영의 속성

지구를 투영할 때 왜곡 없이 그대로 표현할 수 있는 것은 지구의밖에 없다. 즉 투영의 속성 4가지를 그대로 나타낼 수 있는 것이 지구모양을 나타낸 지구의뿐이라는 말이다. 그렇기 때문에 둥근 지구를 전개하여 평면의 지도로 나타내는 과정에서 그 속성을 그대로 유지하기란 쉽지 않다. 왜냐하면 3차원인 구(球)를 2차원의 평면의 지도로 변환하는 투영과정을 거쳐야 하는데 이러한 지도투영 방식은 평면상에 지구의 표면을 표시할 때 모양, 거리, 방향, 축척과 면적에 얼마간의 왜곡이 있기 때문이다. 그러므로 지구의 속성을 고스란히 지도투영에 반영하기는 어려우며 한 가지의 속성을 유지하기 위해서는 다른 속성(성질)을 포기해야 하는 애로가 있다. 따라서 지도를 투영할 때나 투영된 지도의 왜곡성을 조사하기 위해서는 먼저 지구의가 가지고 있는 특성을 이해해야 한다.

① 등각성(모양)

지도상에 나타난 경위선의 교차각도가 실제 지구상에서와 같이 등각성으로 나타나는 것을 말하는데 정형성(正形性) 또는 정각성(正角性)이라고도 한다. 이렇게 등각성이 나타나는 도법을 등각도법(conformal projection)이라고 한다. 등각성을

[그림 2-17] 등각성을 표현한 지도(1996, 교학사 지리부도)

유지하기 위해서는 경선과 위선이 정각(正角)으로 교차하여야 되며 모든 방향으로 축척이 동일해야 한다. 그러나 대륙과 같이 넓은 지역을 투영할 때는 등각성을 유지하기 어려우며 좁은 지역을 투영할 때만 등각성이 유지된다. 등각도법의 대표적인 것은 메르카토르도법을 들 수 있으며 람베르트 정형원뿔도법, 정사도법, 횡축메르카토르도법 등이 있다. 이 도법은 고위도로 올라갈수록 지구의상보다 간격이 넓어지기 때문에 왜곡도가 커지는 특징(단점)이 있다.

② 등적성(면적)

지구상의 실제 면적이 축소된 비율만큼 같은 비례로 나타나는 경우를 말하며 정적성(正積性), 동적성(同積性: equivalence) 또는 동치성(同値性)이라고 한다. 등적성을 유지하기 위하여 모양은 다르지만 면적이 동일하게 나타나야 되며 어느 한 쪽이 2배로 늘어났다면 다른 방향으로 1/2이 줄어야 한다. 따라서 등적도법(equal area projection)은 면적을 중요시하는 지도를 제작할 때 적합하며 등각성이나 등거리성이 유지되는 도법보다 다방면으로 이용되고 있다. 등적도법의 대표적인 것은 시누소이달(sinusoidal)도법이며 알베르트(Alber)의 등적원추도법, 몰와이데(Mollweide)의 등적원추도법, 구드(Goode)의 호모로싸인(homolosine)도법, 본느(Bonne)도법 등을 들 수 있다. 따라서 경선과 위선이 정각으로 교차되지 않으며 지도의 중심부는 등적성이 좋은 반면에 지도의 외곽으로 갈수록 교차각이 예각화되어 왜곡도가 심해진다.

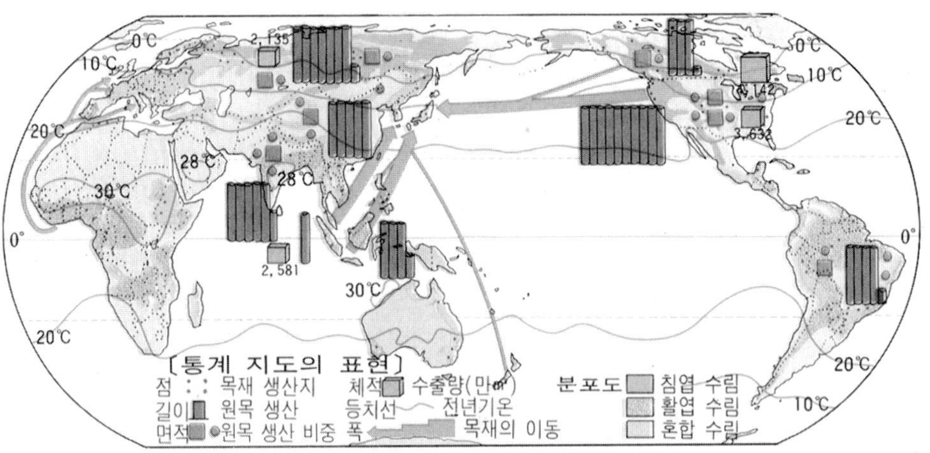

[그림 2-18] 등적성을 표현한 지도(1996. 교학사 지리부도)

③ 등거리성(거리)

모든 점들이 지구상에서와 같은 거리로 유지되는 도법을 말하며 등거리도법(equidistance projection)이라고도 한다. 두 지점 간의 거리는 대권상의 거리가 유지되도록 해야 하며 이를 위하여 두 지점 간의 직선길이가 두 지점 간을 연결하는 대권상의 길이가 되어야 한다. 등거리성의 속성은 지도상에 나타난 모든 지점들을 충족시키는 것이 아니다. 그러므로 등각성이나 등적성보다 등거리성을 유지하기 위한 방법으로 투영하더라도 모든 지점에서 등거리성을 유지할 수는 없다. 등거리성을 유지하는 도법으로 등거리 방위도법을 들 수 있는데 이 도법은 모든 지점의 투영중심에서 등거리성을 유지하며 중심으로부터 모든 지점까지의 방향도 정방위를 나타낸다.

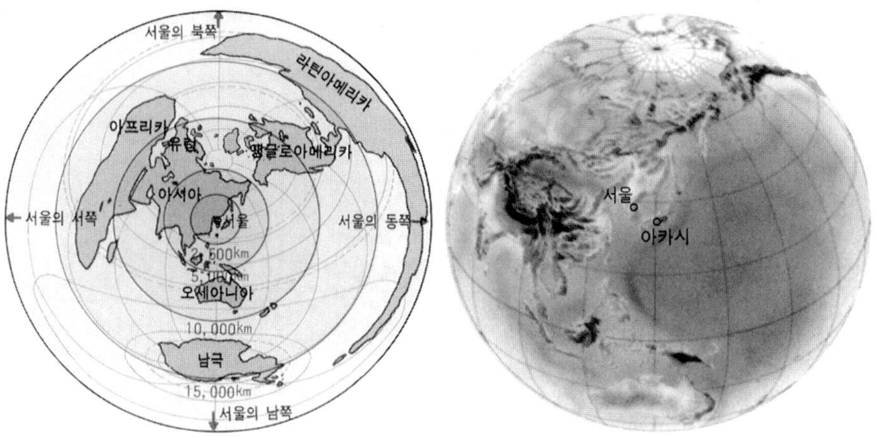

[그림 2-19] 등거리성과 정방위성이 표현된 지도(1996, 교학사 지리부도)

④ 정방위성(방향)

지표면상에 나타난 방위와 실제 지구상의 방위가 같이 나타날 수 있도록 경선(자오선)이 북극을 향하는 방향이어야 한다. 즉 두 지점을 연결한 직선의 방향이 진방위가 되도록 투영한 도법으로 방위도법(azimuthal projection)이라고 한다. 다른 도법과 달리 방위도법에서는 등적성이나 등각성 또는 등거리성이 함께 유지되도록 투영할 수 있다. 심사도법에서 정방위성을 유지하기 위하여 두 지점을 연결한 직선이 '대권'일 수 있지만 세계 전체를 투영한 지도에서는 정방위가 될 수 없으며 이것은 지구의에서만 가능하다. 이상에서 살펴본 바와 같이 등각성, 등적성, 등거리성, 정방위성의 4가지 속성을 동시에 만족하는 투영방법은 없다.

2. 투영법의 분류

지구의 투영방법에는 수백 가지가 있는데 이중 가장 보편적인 것은 지구의가 투명하다고 가정하고 비춰진 그림자를 이용하는 투영방법이다. 이때 그림자가 비추는 면을 투영면이라 한다. 그림 2-30에서 보는 바와 같이 광원의 위치가 지구의 중심에 있으면 심사적 위치(gnomonic position), 투영면과 정반대 위치이면 평사적 위치(stereographic position), 광원의 위치가 무한대 지점에 있으면 정사적 위치(orthographic position)라고 한다. 또 투영면에 접하는 접점에 따라 다른데 극과 접할 경우는 극중심 방위도법에 이용되며, 적도에 위치한 어떤 지점에 중심을 둘 경우는 적도중심 원통도법이 된다. 그리고 지구의의 임의의 지점에 접하면 임의의 점중심(oblique aspect) 원추도법이고 원통도법의 경우 만약 90° 회전한 경선이 투영면의 중심이 되면 횡축중심(transverse aspect) 투영법으로 이용되고 있다.

〈표 2-6〉 지도 투영법의 분류

구 분	등(정)적도법	등(정)각도법	등(정)거리도법	기타도법(절충도법)
원통도법	· 람베르트 등적원통도법 · 상송도법 (시누소이달) · 몰와이데도법 · 구드도법(호모로싸인) · 에케르트도법 · 함메르 및 빈켈도법	· 메르카토르도법 (정축) · 국제 횡축 메르카토르도법(UTM) · 가우스-쉬라이버도법 · 가우스-크뤼거도법(TM) · 등각 횡 원통도법	· 등거리원통도법 · 카시니-솔드너도법 (등거리 횡 원통도법)	· 심사원통도법 · Gall도법 · 밀러도법 · 로빈슨도법
원뿔도법 (원추도법)	· 알베르트 등적원추도법 · 본느도법 · 다면체도법	· 등각원추도법 · 람베르트 등각원추도법 · 메르카토르도법	· 등거리원추도법 · 프톨레미도법 (정축) · 정규 다원추도법	· 단원추도법 · 다원추도법 · 심사원추도법 (정축)
방위도법 (평면도법)	· 람베르트 등적방위도법	· 평사도법	· 등거리방위도법 · 정사도법	· 심사도법 · 외사도법

1) 원통도법

지구의를 원통으로 둘러싼 후에 광원을 지구의의 중심에 두고 투영 · 전개하는 법으로 가장 보편적인 방법이다. 이런 유형은 투영면의 중심이 적도와 접하는 적도중심 투영법이 보편적인데 등각원통도법, 등거리원통도법, 등적원통도법으로 크게 나눌 수 있으며 등각성과 등적성이 유지되지 않는 절충식 도법도 이용되고 있다.

① 중앙원통도법

원통도법 중 가장 기본적인 도법인 중앙원통도법(central cylindrical projection)은 광원이 지구의 중심에 있으며 메르카토르도법의 기초가 된다. 위선의 간격은 고위도로 올라갈수록 급격하게 증가하여 적도에서부터 남북방향으로 축척이 과장될 뿐만 아니라 동서방향도 과장되어 있다.

● 원통도법 지도의 특징

* 위도와 경도는 직선으로 평행이며 90° 로 교차한다.
* 자오선은 등간격이다.
* 직사각형의 지도를 이룬다.
* 적도 또는 기준평행선에 대한 축척은 1이다.
* 간단하게 구성된다.
* 등거리, 상사형 또는 등적의 특징을 가진다.

② 메르카토르도법

국제적으로 세계지도를 제작할 때 가장 많이 사용되는 메르카토르도법은 원통도법(cylindrical projection)의 한 종류로 등각원통도법으로 분류할 수 있으며 이 등각원통도법을 보통 메르카토르도법(Mercator projection)이라고 부른다. 경선과 위선은 직선이고 등각항로가 직선으로 표시되며 두 지점 간의 최단거리인 대권항로가 곡선으로 표시되고 고위도지역의 거리와 면적이 확대되어 있다. 항정선(loxodromic:

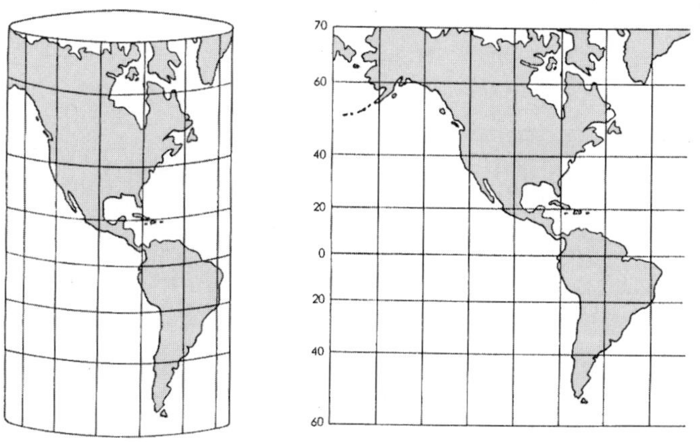

(a) (b)

[그림 2-20] (a) 원통도법 (b) 메르카토르도법(자료: Rand Mc'Nally Atlas)

경선을 일정각으로 통과하는 선)을 이용하여 선박을 운항할 때 많이 쓰인다.

1569년 화란인 메르카토르(Gerard Mercator)에 의해 고안된 메르카토르도법은 원통으로 지구를 둘러싸고 지구의 각 지점을 원통상에 투영하는 방법인데 모든 경위도와 서로 직교하는 사각형 지도가 된다. 이때 적도지방에는 원통과 내접하기 때문에 지표의 모양까지 정확히 나타나지만 그 이외의 지역은 실제보다 과장되어 나타난다. 특히 위도 60° 선 부근은 실제의 땅모양보다 2배나 길게 나타나며 80° 선은 6배, 극지방은 무한대로 확대되어 나타난다.

메르카토르도법의 원리는 지구의 중심에 전구를 놓고 지구의 주위를 종이로 둘러싸 원통을 만들었다고 가정을 하면 평행선을 원통에 투영하고 이 원통을 풀면 위도와 경도가 평행인 직선의 격자형태를 이루며 자오선은 동일한 간격이며 위도는 평행이지만 등간격을 이루지 않는다. 자오선은 극점에서 만나지 않으며 이들 지도들은 극을 향하여 늘어난 상태로 왜곡이 이루어져 있다.

③ 등거리 횡 원통도법

일반적인 원통도법은 경선에 연해 남북으로 긴 지역의 투영에는 부적합하다. 그러므로 긴 지역의 중앙을 통과하는 경선 또는 대권에 접해 투영하면 그 대권에 연해길이가 정확히 투영된다. 이렇게 경선에 연하여 투영하는 방법을 횡 원통도법(橫圓筒圖法: transverse cylindrical projection)이라고 한다. 횡 원통도법은 지형도의 제작과 측량좌표계용으로 널리 쓰인다. 횡 원통도법은 등거리 횡 원통도법과 등각 횡 원통도법(람베르트 등각원통도법)으로 나눌 수 있으며 등거리 횡 원통도법은 카시니(Cassini)에 의해 1744년부터 시작된 프랑스의 지형측량을 위한 도법으로 적용되었으며, 1809년에는 솔드너(Soldner)가 바이에른의 지적측량 때 사용한 이후부터 「카시니-솔드너도법」이라고 부른다.

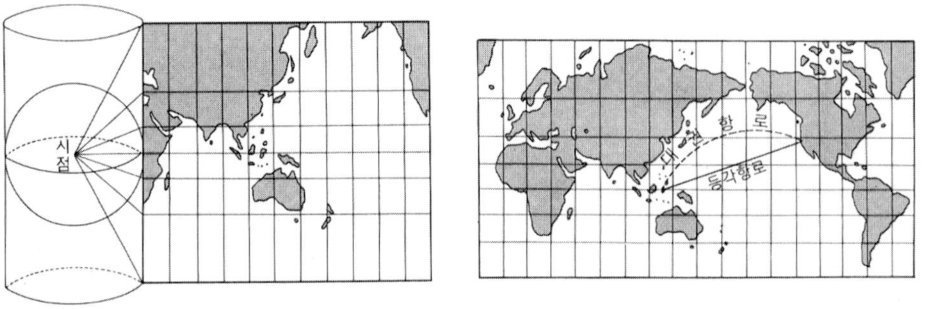

(a) 원통도법　　(b) 메르카토르도법(정각)

[그림 2-21] 원통도법

④ 횡축 메르카토르도법

원통과 접하는 부분이 적도가 아니라 적도에서 90° 회전한 경선과 접하도록 투영시켜 전개한 것으로 등각성을 유지하지만 대부분의 경선은 직선인 반면 위선은 곡선으로 나타난다. 횡축 메르카토르(Transverse Mercator: TM)도법을 상사원통도법(相似圓筒圖法) 또는 가우스-크뤼거(Gauss-Krüger)도법이라고 부르는데 이는 가우스(Gauss)의 이론을 크뤼거(Krüger)가 보완했기 때문이다. 이 도법은 1772년에 람베르트(J. H. Lamvert)가 처음 개발하여 1825년에 가우스(C. F. Gauss)에 의하여 해석적으로 유도되었으며 1912년에 크뤼거(L.Krüger)가 보다 합리적으로 개선하였다. 이러한 연유로 횡축 메르카토르도법은 가우스-쉬라이버도법을 의미하다가 최근에는 가우스-크뤼거도법을 의미하기도 한다. 이 도법은 남북 90° 이상의 극지방을 제외하고는 가장 많이 쓰이는 도법이다. 축척의 과장이 표준경선에서 멀어질수록 커지게 되는 반면에 표준이 되는 중앙경선을 따라서 펼쳐지는 좁은 구역에서는 왜곡도가 매우 적게 나타난다. 또 동서로 3° 내를 투영하며 경도 간격은 국제적으로 6° 폭을 기준으로 하고 있다. UTM 좌표체계가 바로 횡축(橫軸) 메르카토르도법을 기본으로 하고 있으며 실제 지구상에서의 면적 관계를 보다 잘 유지하면서도 등각성을 지닌 지도를 제작할 수 있기 때문에 각 나라에서 지형도제작에 널리 쓰이는 도법이다.

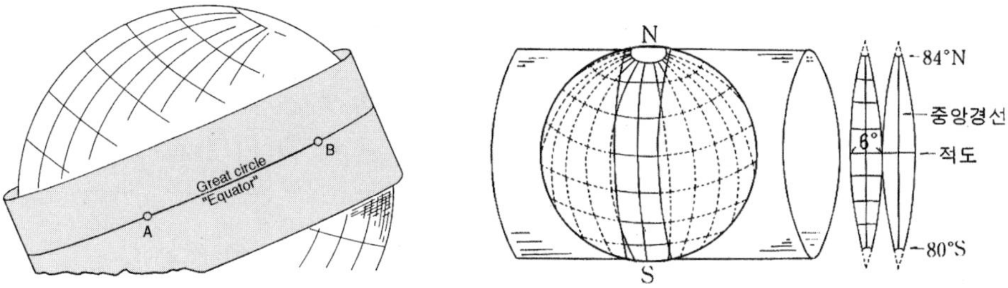

[그림 2-22] 횡축 메르카토르도법(자료: Rand Mc' Nally Atlas)

● 가우스-쉬라이버도법

우리나라에서는 가우스 이중투영 또는 가우스 상사이중투영(Gauss double projection 또는 Gauss conformal double projection)으로 알려져 있는 가우스-쉬라이버도법(Gauss-Schreiber map projection)은 가우스가 1820년에 처음 고안한 것을 1866년에 쉬라이버(O. Schreiber)가 투영법 이론으로 발표한 것이다.

이는 이중도법(double map projection)의 일종으로서, 회전타원체면에서 보조구면에 등각투영한 후, 그 구면에서 평면에 다시 등각투영하는 방법이다.

우리나라에서는 가우스-크뤼거도법이 발표되기 이전인 1910년에 조선총독부가 시행한 삼각점의 대지측량좌표 계산에 이 도법이 사용되기 시작했다.

- 가우스-크뤼거도법

가우스-크뤼거도법(Gauss-Krüger map projection)은 크뤼거가 1912년에 '타원체면의 평면 등각투영법'을 발표하고, 이를 1919년에 개량한 것으로서, 이는 회전타원체면에서 평면에 직접 등각투영하는 방법이다.

이 도법은 가우스-쉬라이버도법이 지구의 형상과는 다른 보조구면을 이용함으로써 발생시키는 투영오차를 제거할 수 있을 뿐만 아니라 투영식을 더욱 간단하게 개선하였다. 따라서, 이 도법은 1927년에 독일 전역의 측지좌표를 정하여 채용되었으며, 이때부터 전세계에서 널리 사용되기 시작했다. 이 도법은 원통이 중앙자오선을 접하므로 중앙자오선에는 왜곡이 나타나지 않으나, 중앙자오선에서 멀어질수록 왜곡의 정도가 급격히 늘어난다. 따라서, 우리나라와 같이 동서에 비해 남북으로 큰 폭을 갖는 지역에 적당한 도법이다.

우리나라와 같이 적도에서 멀리 떨어져 있고 남북이 긴 지역을 투영할 때는 메르카토르도법을 개량한 횡축(橫軸) 메르카토르도법을 많이 이용한다. 즉 기준선을 적도 대신에 어떤 특정한 경도(경선)를 따라 외접한 원통상에 지표를 투영하는 변형된 방법이라 할 수 있다. 이렇게 여러 가지 투영법을 이용하여 지구를 투영할 때 지구의 실제 모양과 비슷하게 생긴 지구모델(지구의)을 만들어 이용한다.

⑤ 상송도법

이 도법은 1650년 프랑스의 지도학자인 Nichols Sanson이 먼저 사용한 후 1729년에 영국의 천문학자인 Flamsteed에 의해 이용되어 Sanson-Flamsteed도법이라 부른다. 또 중앙경선이 Sine곡선으로 나타나기 때문에 일명 정현곡선도법(正弦曲線圖法) 또는 시누소이달(sinusoidal)도법이라고 부른다. 이 도법은 중앙경선과 위선을 1:2의 비율로 하며 저위도가 정확하지만 양극의 왜곡은 심한 편이다. 그리고 정적도법으로 적도와 중앙경선을 따라서만이 진축척이다.

⑥ 몰와이데도법

몰와이데(Mollweide)도법은 시누소이달도법이 고위도로 올라갈수록 축소되는 것을 개량한 도법으로 고위도는 정확하지만 저위도는 부정확하다. 몰와이데도법은 독일의 몰와이데(C. Mollweide)가 1805년에 개발한 도법으로 경선은 타원곡선이고 위선은 직선으로 되어 있다. 적도 근처에서는 실제 지표상에서 보다 더 간격이 넓으며 극으로 갈수록 실제 지표상에서 보다 간격이 좁도록 고안되었다. 중앙경선은 직선이며 동경 90° 와 서경 90° 의 경선은 원이지만 나머지 경선들은 반타원을 이루며 남 · 북위 40°40′ 에서만 위선의 길이가 지표상에서와 같고 40°40′ 에서 극까지의 위선 간격이 점진적으로 줄어든다.

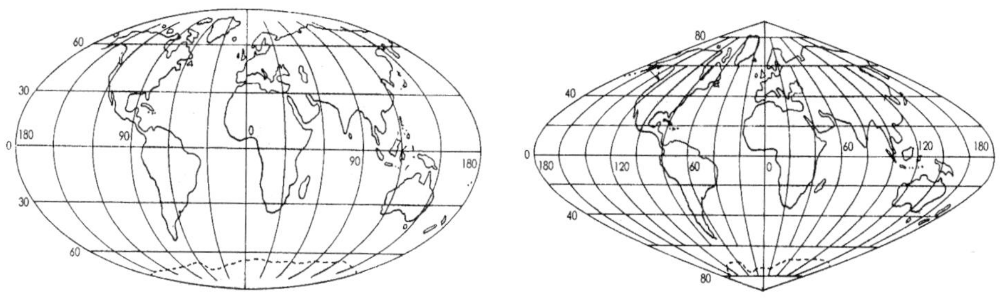

(a) (b)

[그림 2-23] (a) 몰와이데도법 (b) 상송도법(Rand Mc' NAlly Atlas)

⑦ 구드도법

구드(Goode's)의 호모로싸인(homolosine)도법은 상송도법(저위도)과 몰와이데도법(고위도)을 보완하기 위하여 고안된 도법이다. 이 도법은 적도가 등분되고 위도의 간격은 몰와이데도법과 같으며 각 대륙에 임의의 중앙경선(6개)을 두었기 때문에 그 선을 따라 적도 근처까지 단절시킴으로써 왜곡도를 줄일 수 있었다. 경선은 싸인곡선과 타원곡선으로 이루어져 있고 위선은 직선으로 고안되었다. 이 도법은 1923년 시

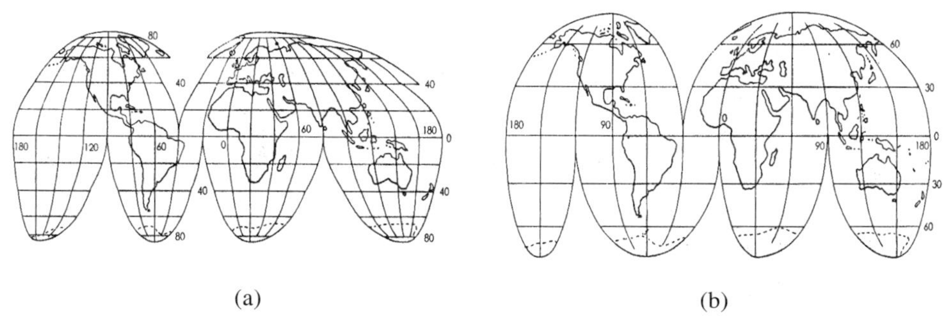

(a) (b)

[그림 2-24] (a) 구드도법 (b) 호모로싸인도법(Rand Mc' NAlly Atlas)

카고 대학의 구드가 몰와이데(또는 호모로그래픽)도법과 상송도법을 병합하여 만들었기 때문에 호모로싸인도법이라고 부른다. 또 저위도 지방에서 40°까지는 상송도법을, 40°에서 극까지는 몰와이데도법을 사용한 것이 특징이다.

⑧ 기타 도법

밀러(Miller)의 원통도법은 메르카토르도법과 유사하나 극으로 갈수록 위선 간격의 증가폭이 적은 편이며 이 도법의 장점은 고위도(남북방향)에서 축척변화와 면적확대가 심하지 않는 특징이 있다. 밀러의 스트레오투영법(Miller oblated stereographic projection) 또는 밀러의 평사(平射)투영법이라 불리는 투영법이 가끔 부분적인 대륙지도나 나라지도 등에 이용된다.

Gall 도법은 원통의 투영면이 45°N과 45°S를 접하면서 지구의를 교차하며 광원이 투영면의 중심과 정반대되는 지점에 위치한 평사적 위치에 있으므로 극으로 갈수록 심해지는 축척의 과장도가 메르카토르도법보다 훨씬 적다.

세계적인 지도 제작사인 Rand Mc'Nally사의 요청으로 만든 로빈슨도법은 위스콘신 대학의 지도학자인 로빈슨(A. H. Robinson)에 의해 고안되었으며 등적성도 등각성도 갖고 있지 않는 절충도법이다. 위에 열거한 여러 가지 도법에서 발견된 왜곡도를 많이 줄였으며 중앙경선의 길이는 적도길이의 0.51배, 극의 길이는 적도의 0.53배로 하였으며 38°N, 38°S 사이의 위선은 등간격 직선으로 하였다. 경선은 등간격의 타원으로 나타나며 남 · 북위 38°에서 진축척이다.

에케르트도법은 극이 적도의 1/2길이의 직선으로 나타나는 비투시도법으로 극지방의 왜곡이 심하고 경선은 곡선이며 위선은 직선으로 이루어져 있다. 독일의 맥스 에케르트(Max Eckert)는 경선의 모양과 위선 간의 간격의 차이에 따라 6종류의 도법을 고안하였는데 그 중 가장 유명한 에케르트 4도법(Eckert Ⅳ)은 북반구를 표시하는 경우에는 몰와이데도법보다 변형이 작게 고안되었다. 위선은 평행한 직선이며 적도에서의 거리는 등적조건을 만족시키며 경선은 극을 포함한 각 위선을 경도차에 대응하게 나누며 같은 경도의 점을 연결한 곡선으로 나타난다.

빈켈도법은 등거리원추도법과 등거리방위도법의 횡축법을 2배로 확대한 도법을 혼합한 것으로 면적과 모양은 정확치 않으나 비교적 왜곡이 적은 도법이다. 이 도법은 경선과 위선이 둘 다 곡선으로 이루어져 있다.

함메르도법(Hammer's projection)은 람베르트 등적방위도법 횡축투영(橫軸法)하고 지구의 장축과 단축의 비를 2:1로 표시한 타원이란 점은 몰와이데도법과 비슷하다. 위선이 극방향에서 곡선으로 되기 때문에 몰와이데도법보다 극지방의 변형이 작은 투영법이이고 중앙경선을 중심으로 적도를 2배로 확대한 등적성도법으로 경선과 위선이 곡선이다. 즉 람베르트 등적방위도법에 있어서 남북방향은 그대로 두고 동서방향을 2배로 늘려서 작도한 것이다.

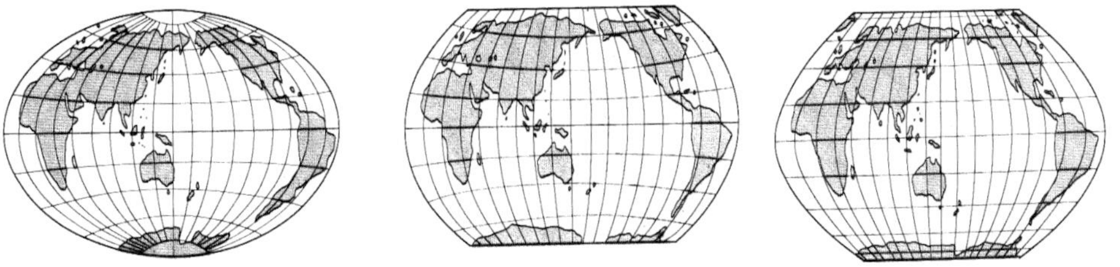

(a) 함메르도법(정적)　　(b) 빈켈도법(정적)　　(c) 에케르트도법(정적)

[그림 2-25] 기타 도법(1997, 금성교과서, 지리부도)

2) 원추도법

지구의를 원추모양으로 투영시켜 전개한 원추도법은 투영면이 극중심일 때 극에서 발산되는 등간격의 직선(경선)으로 나타난다. 이때 위선은 극에 중심을 둔 동심원의 호로 나타나며 등거리원추(ptolemy)도법, 등적원추도법, 등각원추도법 등으로 구분된다.

① 단원추도법

지구의 중심에 광원을 두고 표준위선과 접하도록 원뿔모양을 씌워서 만든 가장 간편한 단원추도법(simple conic projection)은 등각성도 등적성도 없기 때문에 크게 유용하게 쓰이지 않지만 극이 표준선이 될 경우에는 극중심 방위도법으로 이용된다. 어느 작은 원(보통 중위도 평행선)을 따라서 구(球)에 접한 원뿔면에 지구의 표면을 투영하는 평행선은 동심원의 호로 투영되고 자오선은 평평해진 원뿔의 꼭지점으로부터 균일한 간격으로 방사되는 직선으로 투영된다. 상대적으로 좁은 지역

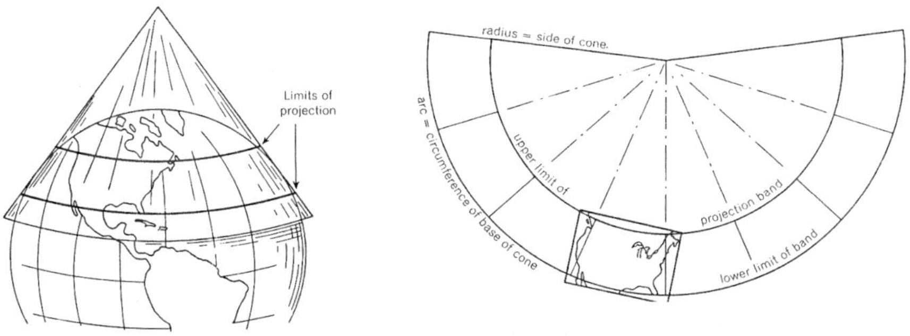

[그림 2-26] 단원추도법(Rand Mc'Nally Atlas)

에서 정확하며, 넓은 지역에서는 두 개의 기준평행선이 사용되는 할선(secant)을 사용하는 경우가 종종 있다. 지도의 축척은 기준평행선으로부터 거리가 증가할수록 급격하게 왜곡된다.

② 등각원추도법

이 도법은 한 장의 지도 위에 두 개의 표준위선을 설정하여 축척의 왜곡도를 줄일 수 있는 도법이다. 이 도법은 독일의 수학자인 람베르트(Lambert)가 1772년에 고안하였으며 등각성을 유지하는 특징이 있다. 경선은 극으로 수렴되는 등간격의 직선으로 나타나며 위선은 동심원의 호로 나타난다. 또 두 개의 표준위선을 따라 진축척이 되고 표준위선 사이에서는 축척이 작아지지만 표준위선 바깥으로 갈수록 축척은 커진다. 또 등각도법의 특성을 가지고 있기 때문에 미국과 같이 동서로 넓게 펼쳐진 지역의 지도를 제작할 때 유용하게 쓰인다.

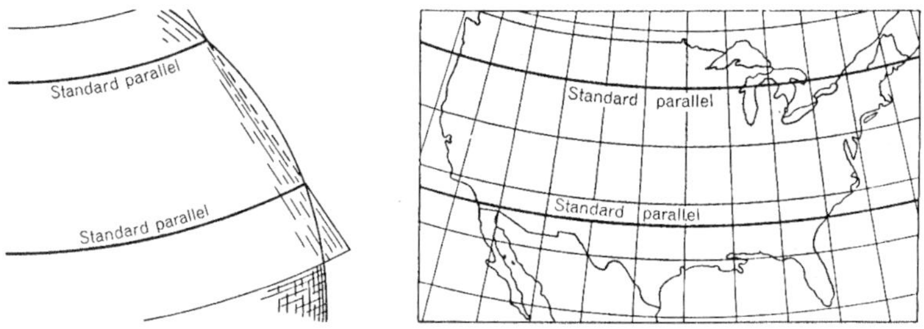

(a) 두 개의 위선

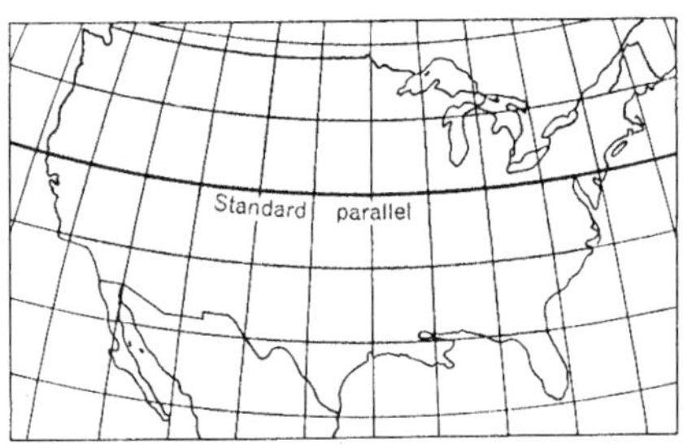

(b) 한 개의 위선

[그림 2-27] 등각원추도법(Rand Mc' NAlly Atlas)

③ 본느도법

1752년 프랑스의 지도학자인 본느(R. Bonne)가 고안한 이 도법은 단원추도법으로 분류되지만 중앙경선은 지표상에서와 같은 간격으로 나누어지며 위선은 경선으로부터 동심원의 호로 나타나는 도법이다. 이 도법은 중앙경선상에서는 경위도 관계가 정확하나 기타 경선은 실제보다 크게 변형되어 나타난다. 본느도법은 중앙경선과 각 위선을 따라서만 진축척이 되고 중위도지역을 나타낼 때 적합하다.

④ 등적원추도법

등적원추도법(equal area conic projection)은 독일의 알베르트(H. C. Alberts)가 1805년에 고안한 도법으로 등각원추도법과 마찬가지로 두 개의 표준위선을 설정하고 위선들 간의 간격을 조절함으로 등적성을 지닌 지도를 제작할 수 있는 도법이다. 위선은 동심원의 호로 나타나고 경선은 등간격으로 극에 수렴하는 방사상의 직선이다. 이 도법도 두 개의 표준위선 사이에서는 동서축척이 작으므로 남북축척을 확대하여 상쇄하며 표준위선 외곽부에는 동서축척이 크므로 남북축척을 줄여서 상쇄시킨다. 이 도법도 미국과 같이 동서로 넓은 지역을 지도화 할 때 유용하다. 람베르트 등적도법으로 세계지도를 그릴 때 표준위선 중 하나가 극에 수렴하므로 한 극은 점으로 나타나고 다른 한 극은 동심원의 호로 나타난다.

⑤ 다원추도법

모든 위선에 여러 개의 원추를 접하게 하고 이것을 평면에 전개한다고 가정하고 투영한 것을 다원추도법(多圓錐圖法: polyconic projection)이라고 한다. 즉 각 구역마다 원추가 접한다고 가정하면 적도와 접하는 원추는 실제로는 원통과 같으며 극과 접하는 원추는 평면과 같은 이치이다. 다른 원추도법과 달리 다원추도법에서는 경선이 직선이 아니고 곡선으로 나타난다. 이 도법은 중앙경선과 각각의 위선을 따라서만 진축척이 되고 중앙경선에서 멀어질수록 축척의 오차는 커진다. 이 도법은 우리나라의 각 도별로 제판한 1:500,000, 1:1,500,000, 1:2,500,000 등 지도의 경위도선 결정에 이용되기도 하였다.

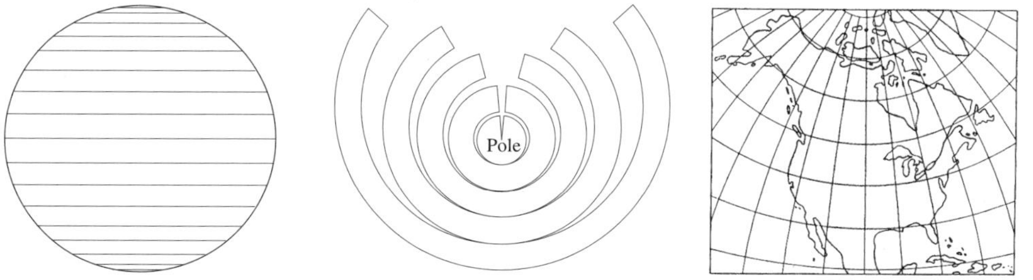

[그림 2-28] 다원추도법(Rand Mc' NAlly Atlas)

⑥ 다면체도법

다면체도법(polyhedric projection)은 지구를 일정한 경위선으로 구분하고 각각의 구획된 사변형을 평면상에 중심투영하여 지도를 작성한다. 이 도법은 투영된 경위선의 형(形)은 부채꼴 또는 등변사다리꼴로 되고 지구의 표면에 가까운 다면체가 되므로 다면체도법(多面體圖法)이라고 한다. 또 다수의 도엽을 평면상에 접합하면 단(端)쪽에서 균열이 생기며 계산에 이용되는 것은 축척이 크고 높은 정도가 요구되므로 회전타원체가 이용된다.

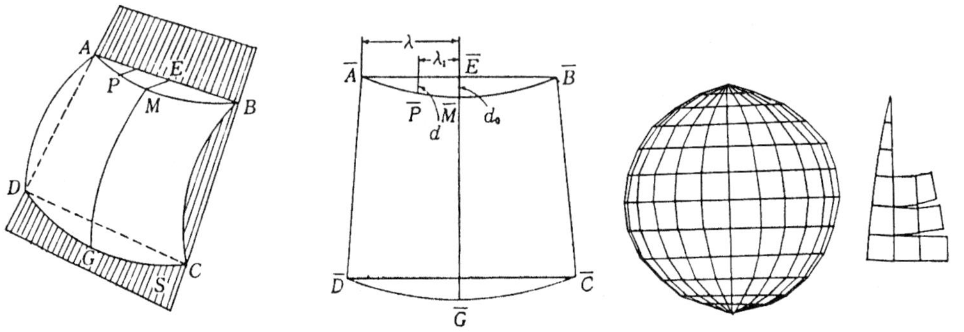

[그림 2-29] 다면체도법의 투영방법

3) 방위도법

지구를 평면 위에 올려놓고 투영하는 도법을 방위도법(또는 天頂圖法)이라 하며 이것은 전구가 지구의 중심에서 지구의 표면을 비춘다고 가정하면 알기 쉽다. 그렇게 되면 평면(plannar)이나 방위(azimuthal)에 의한 투시지도가 작성되는데, 이를 투시도법(prespective projection)이라고도 한다. 이러한 방위도법은 광원의 위치에 따라 정사도법(正射圖法), 평사도법(平射), 심사도법(心射), 외사도법(外射)으로 분

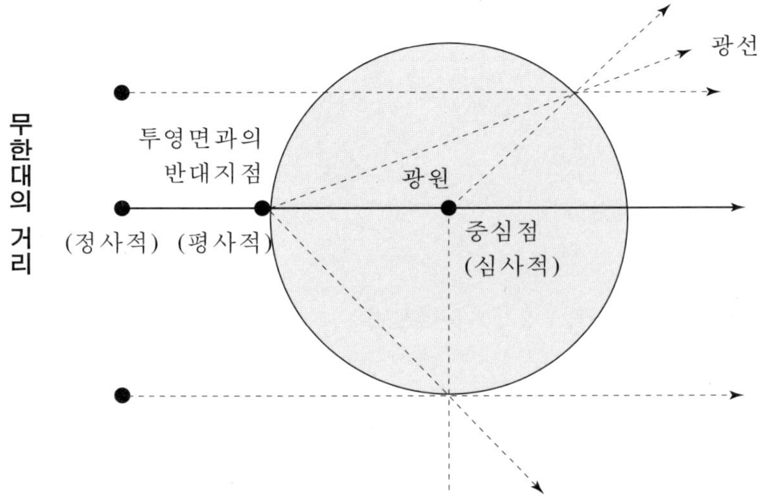

[그림 2-30] 광원의 위치에 따른 투영구조

류되며 투영의 속성에 따라 등거리방위도법, 등적방위도법, 등각방위도법으로 구분된다.

① 심사도법

전형적인 방위도법으로는 심사도법(gnomonic projection)을 들 수 있다. 심사도법은 광원의 위치가 지구의 중심에 있기 때문에 반구 이상은 나타낼 수 없으며 중심점에서 멀어질수록 축척이 과장되므로 지표면의 1/4 이상은 표현하기 곤란하다. 중앙경선과 중앙위선이 교차하는 지점에서만 진축척이며 항상 대권이 직선으로 나타나는 특징이 있다. 또 투영면과 접하는 지점에 따라 극중심, 적도중심, 임의의 점중심으로 나눌 수 있으며 북극중심의 도법에서는 적도 이후부터 남반구까지를 나타낼 수 없으며 적도중심의 도법에서는 중앙경선이 적도와 수직으로 접하기 때문에 중앙경선에서 멀리 떨어질수록 경선의 간격이 좁아져서 정확도가 떨어진다. 이 도법은 주로 항공도를 그릴 때 많이 이용된다.

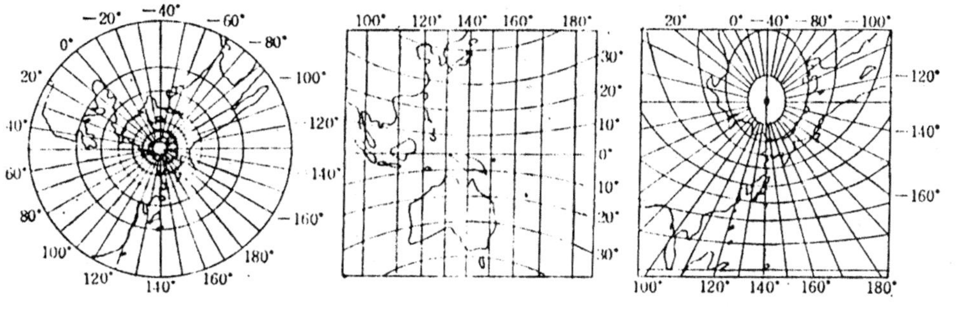

[그림 2-31] 심사도법

② 평사도법

광원을 지구의과 접하는 투영면의 정반대되는 지점에 두고 투영하는 평사도법(stereographic projection)은 지구의상에서 원호로 나타나는 것은 어느 지점이든지 관계없이 지도상에서도 그대로 원호로 나타나는 것이 특징이다. 그러므로 모든 경선과 위선이 원의 호로 그려지며 단지 극중심 평사도법에서만 경선이 직선으로 표현된다. 경선과 위선이 서로 교차하기 때문에 등각성을 갖춘 지도이며 극중심 평사도법의 경우 경선은 극에서 발산하는 등간격의 직선이며 위선은 극에 중심을 둔 동심원으로 나타나는데 위선 간의 간격은 극에서 멀어질수록 점진적으로 증가한다.

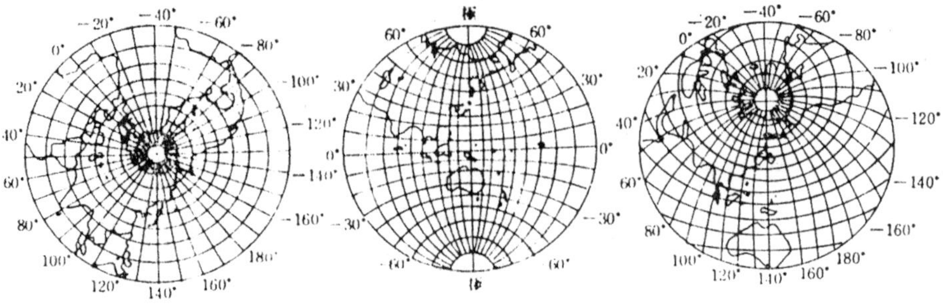

[그림 2-32] 평사도법

③ 정사도법

광원을 무한대의 거리에 두었다고 가정하여 투영면에 비추게 한 정사도법(orthographic projection)은 투영면이 접하는 점이 임의의 점중심으로 투영을 해도 마치 지구의를 보는 듯한 입체감을 느낄 수 있다는 것이다. 이런 이유로 이 도법으로 만들어진 지도는 일반 광고용으로 자주 사용되며 등적성과 등각성을 갖지 못하고 주변부로 갈수록 왜곡이 매우 심한 편이다. 임의의 점중심의 정사도법에서 중앙경선은 직선이나 다른 경선들은 반타원형이며 경선의 간격은 중앙경선에서부터 멀어질수록 줄어든다. 위선은 중앙경선을 따라 타원형으로 나타나며 그 간격은 투영중심점으로부터 멀어질수록 감소하며 반구도를 그릴 때 주로 이용된다.

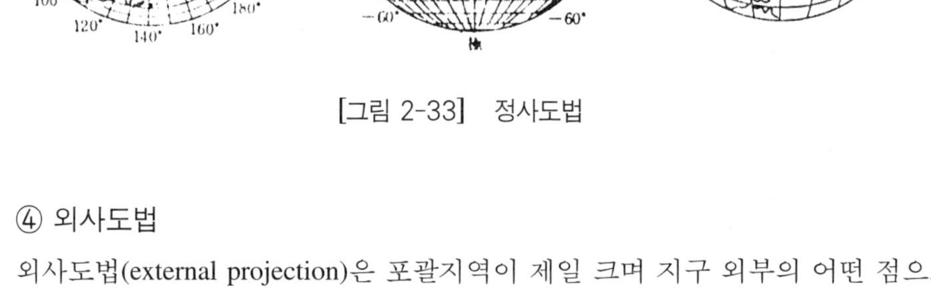

[그림 2-33] 정사도법

④ 외사도법

외사도법(external projection)은 포괄지역이 제일 크며 지구 외부의 어떤 점으로부터 지구와의 거리를 적당히 조절하면 왜곡도를 많이 줄일 수 있으며 지구중심에서부터 1.65~1.35배가 적당하다. 경선과 위선은 곡선으로 이루어져 있고 일반 지리

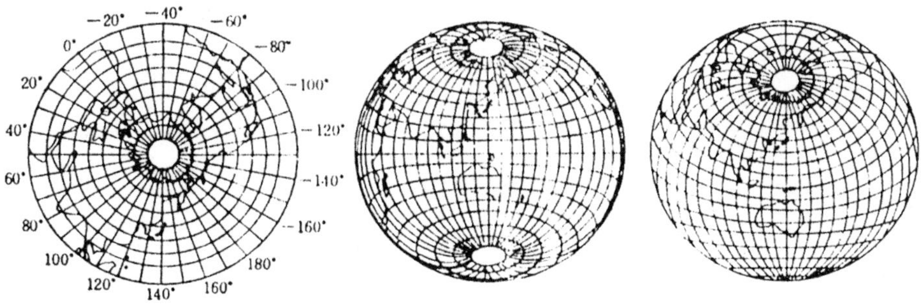

[그림 2-34] 외사도법

도를 제작할 때 많이 이용된다.

⑤ 등거리방위도법(정거방위도법)

기하학적인 투영방법에 의해 구축된 것이 아니며 투영중심에서 정방위이고 거리도 지표면상의 거리와 같도록 고안되었다. 등거리방위도법(azimuthal equidistant projection)은 투영의 중심점을 통과하는 직선상의 두 지점의 거리가 진축척이다. 이 도법은 평사도법과 람베르트의 정적방위도법을 절충한 것으로 투영중심이 아닌 두 지점의 방위나 거리는 실제와 다르다. 극중심 등거리방위도법은 양극지방의 지도제작에 널리 쓰이며 경선은 극중심에서 방사상으로 뻗어나가는 등간격의 직선이며 위선은 극에 중심을 둔 동심원으로 표현된다. 이와 같이 극중심 도법에서는 지구 전체의 모습을 볼 수 있으며 남극의 경우는 적도반경의 2배에 달하는 크기로 지도의 최외곽에 표현되지만 대륙의 실제 모습을 알아볼 수는 없다. 이 도법은 주로 항공로를 표현하는 데 많이 이용된다.

⑥ 등적방위도법(정적방위도법)

1772년에 람베르트가 고안한 등적방위도법(azimuthal equal: area projection)은 등적성을 유지할 수 있도록 반경의 축척을 조정한 것이다. 이 도법은 지구상에서와 같이 각 구역의 넓이가 유지되며 특히 극중심과 적도중심의 등적방위도법의 활용성을 위하여 경위선의 좌표체계를 제시하였다. 극중심 등적방위도법은 전세계지역을 나타낼 수 있으며 등간격의 경선은 극에서 방사상으로 뻗어나가고 위선은 극에 중심을 둔 동심원이다. 중심점에서는 모든 방향으로 진(眞)축척이지만 거리가 멀어질수록 축척이 감소되어 주변부의 왜곡이 심해진다.

⑦ 등각방위도법(정각방위도법)

이 도법은 일종의 투시도법으로 평사도법과 흡사하다. 대항해시대에는 표준적

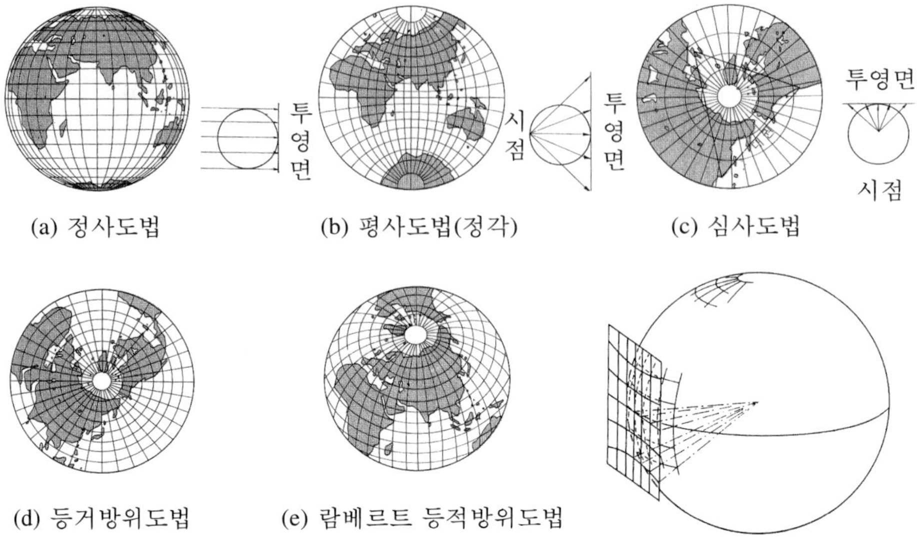

(a) 정사도법 (b) 평사도법(정각) (c) 심사도법

(d) 등거방위도법 (e) 람베르트 등적방위도법

[그림 2-35] 방위도법의 종류(1997, 금성교과서 지리부도)

인 도법으로 쓰였으나 현재는 지리학 분야에서 사용되고 있다. 지금까지 다양한 투영법에 대해서 알아보았지만 지구의가 갖고 있는 4가지 속성을 다 갖춘 지도는 없다. 그러므로 한 가지 속성을 유지하기 위해서는 다른 속성들을 포기해야 하며 지도의 용도나 목적에 맞게 투영법을 선택해야 한다. 기타 투영식이나 공학적인 투영기법의 해석은 측량학 관련서적을 참고 바란다.

4) 지구의도법

① 지구의의 유래

지리상의 대발견시대인 15C말부터 둥근 지구에 대한 관심이 고조되고 있었다. 당시 사람들도 과학적인 증명은 되지 않았지만 지구가 둥글다는 사실을 간접적으로 알 수 있었으며 유럽의 여러 학자와 지도제작자에 의해 지구의(地球儀)가 제작되기 시작했다. 콜럼버스가 신대륙을 발견한 해인 1492년 독일의 마르틴 비하임(Martin Behaim)은 세계최초의 지구의를 만들었는데 직경이 약 51cm이고 황갈색으로 나무요람(搖籃) 받침대 위에 지구공을 얹어 놓은 형상이었다. 이것이 세계에서 가장 오래된 지구의이다. 현재 이 지구의를 당시 제작장소인 독일의 뉴렘버그(Nuremberg) 박물관에 보관되어 있는데 이는 세계적인 귀한 보물이다. 16C초 부터 둥근 지구에 대한 상상으로 지구의를 만들어 왔으나 1519~1522년 사이에 마젤란(Magellan)이 세계일주를 마친 후부터 지구가 둥글다는 확신을 갖고 지구의를 본격적으로 만들기 시작하였다. 또 당시 사람들은 현재와 같이 위성으로 촬영하여 확인할 수는 없었지만 지구가 둥글다는 사실이 입증될 수 있는 다음과 같은 몇 가지 근거를 알고 있었다.

㉠ 월식 때 달 표면에 생긴 지구의 그림자가 원형이란 점
㉡ 북극성의 고도가 북반구로 올라갈수록 높게 나타난다는 점
㉢ 배가 입항할 때 돛대부터 먼저 보이고 반대로 출항할 때는 돛대가 마지막으로 사라진다는 점
㉣ 비행기가 지구 대기권을 각각 다른 방향과 같은 속도로 돌았는데 같은 시간에 같은 거리를 간다는 점을 들 수 있다.

또 뉴렘버그의 교수인 요한 쇼너(Johann schöner)도 1523년에 지구의를 만들었는데 그는 가설적으로 대서양과 태평양 사이에 남북아메리카를 길게 표시하고 남아메리카를 통과할 때 주의해야 될 해협 등을 지구의에 처음 그렸다. 이 지구의는 신대륙의 발견과 마젤란의 세계일주가 이루어진 후에 제작되었기 때문에 비교적 육지의 윤곽이 정확히 나타나 있다. 네덜란드의 유명한 지도학자인 프리시우스(German Frisius)와 메르카토르(Gerard Mercator)는 사제지간으로서 그들은 수학적인 근거를 바탕으로 당시의 측량분야와 지도제작을 선도한 학자들이다. 1537년 Frisius도 제자인 Mercator의 도움을 받아 하트모양의 투영법을 기초로 한 세계지도와 지구의를 제작하였다. 또 메르카토르의 제자인 혼디우스(Hondius)를 비롯하여 덴마크의 브라헤(Tycho Brahe), 이탈리아의 코로넬리(P.Bincenzo Coronelli) 등이 지구의제작에 기여한 학자들이다.

[그림 2-36] 요한 쇼너의 지구의

② 지구의도법

지구의는 지구표면을 실제 지구모양 그대로 지도화한 것이며 다만 크기만 줄였을 뿐 거리, 방위, 면적 등은 실제 지구상에서와 같은 특성을 그대로 유지하고 있다. 이 도법을 좀더 사실적으로 설명하면 오렌지를 여러 조각(8~16등분)으로 나누어 껍질을 벗겨 평면상의 지도처럼 길게 나열한 것과 같

은 이치이다. 이를 좀더 많은 조각으로 나눌수록 왜곡의 정도가 줄어들어 평면상의 지도와 같이 실제의 지표면모습에 접근한다. 그러므로 지구의는 왜곡을 일으키지 않고 다만 지구를 축소시켜 지도화한 것이기 때문에 지구의 크기만 줄어들었을 뿐 상대적인 거리나, 방위, 항정선, 대권 등은 실제 지구상에서와 같은 특성을 유지하고 있다.

또 지구의에서는 지도에서 나타나지 않는 다음과 같은 중요한 성질이 있다. 즉 ㉠ 실제 지구상에서와 같이 정각(正角)을 유지하는 성질 ㉡ 어떤 지역의 면적도 실제의 면적과 같은 비례로 나타나는 정적(正籍)을 유지하는 성질 ㉢ 각 지점들 간의 거리가 지구상에서와 같이 정거(正距)를 유지하는 성질 ㉣ 각 지점들 간의 방위가 지표면상에서와 같이 동일한 정방위(正方位)로 나타나는 성질 등을 말한다.

이와 같은 성질을 평면으로 인쇄된 종이지도 위에 아무리 잘 본뜬다고 해도 완벽하게 하는 것은 불가능하다. 그래서 그림 2-37과 같이 여러 개의 경도(經度)로 나누어 지구공 위에 밀착시키는 게 보통이다. 이때 적도면(경선)이 실제의 지구구면과 같은 길이이기 때문에 위선의 길이도 구면상에서의 길이와 같아질 수 있도록 다원추(多圓錐)도법을 이용해서 투영하는 게 보통이다. 그리고 지구는 타원체로서 남북의 직경이 동서의 직경보다 약 21.3km가 짧다. 그러나 1:40,000,000로 축소하여 지구의를 만든다고 가정하면 반경이 똑같이 15.9cm로 계산되기 때문에 축소된 지구의상에서는 완전한 원으로 생각해도 무리가 없다.

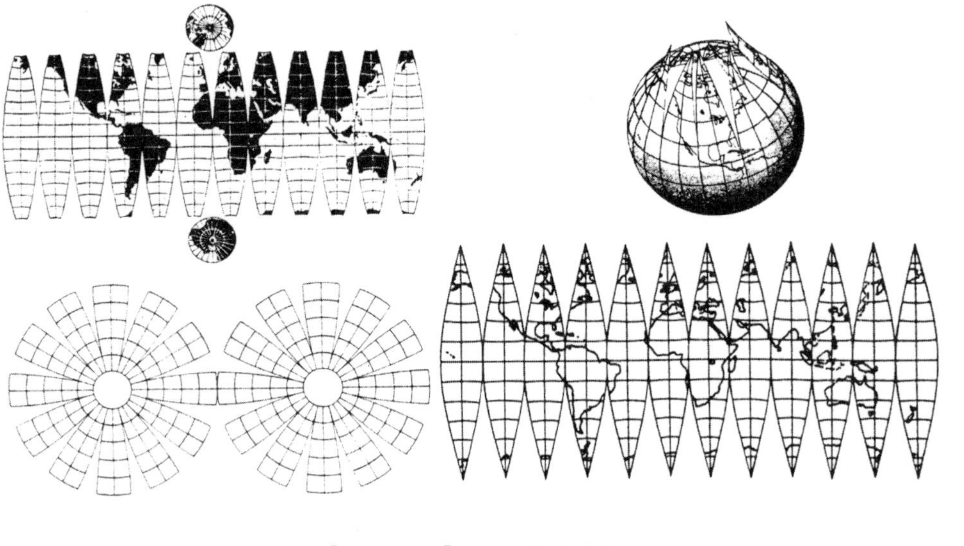

[그림 2-37] 지구의 전개법

〈표 2-7〉 축척별 지구의의 규격 (단위 : cm)

지구의의 축척	장반경을 줄였을 때	단반경을 줄였을 때	지구의의 직경
1:10,000,000	63.8	63.6	127
1:20,000,000	31.9	31.8	64
1:30,000,000	21.3	21.2	42
1:40,000,000	15.9	15.9	32
1:50,000,000	12.8	12.7	25

③ 지구의 읽기

지구의는 실제의 지구가 태양을 바라보는 각도만큼인 23.5°가 기울어진 상태로 제작되어 있다. 초등학생이나 노인에 이르기까지 넓은 세계를 익히는 데는 지구의만큼 똑똑한 선생은 없다고 생각한다. 지구의는 실제의 지구크기에 비해 워낙 축척이 작게 제작되기 때문에 각 나라마다 세부적인 시설은 표기할 수 없다. 국경이나 수도, 대도시, 간선철도와 간선도로, 큰 강 정도가 표현되며 대륙에는 분지, 사막, 산맥 등이 표시되고 대양에는 해류의 흐름을 화살표로 표시하며 선박이나 항공기의 항로도가 km로 표기되는 게 보통이다.

지구의를 제작할 때 남극과 북극을 잇는 자오선의 간격을 보통 10°~20° 정도로 조각을 내어 붙이는데 이때 붙인 조각수가 많으면 많을수록 정확하다. 영국의 그리니치 천문대를 0°로 기준하여 동서로 180° 지점에 날짜변경선(international date line)이 표시되어 있는데 이를 기준으로 동반구(아프리카, 아시아, 유럽)가 월요일이면 서반구(북미, 남미)는 하루가 늦은 일요일로 읽으면 된다.

180° 날짜변경선 위에 위치한 소련의 추코트(Chukot) 반도와 남태평양의 통가제도(Tonga Is), 케르마데크제도(Kermadec Is), 채텀제도(Chatham Is)는 180°~190° 사이에 위치하기 때문에 날짜변경선을 조정하여 동반구(월요일)에 속하게 하였고, 알래스카 반도의 알류산(Aleutian) 열도는 반대로 서반구(일요일)에 속하게 조정하였다. 그러므로 180° 선의 바로 좌측에 위치한 피지제도(Fiji Is)와 뉴질랜드가 세계에서 가장 해가 먼저 뜨는 나라이다. 지구의는 제작되는 회사에 따라 색깔이나 크기가 다르지만 국가별로 색을 칠한 정치구분도와 땅의 높고 낮음을 표시한 지세구분도가 대표적이며 최근에는 바탕이 검은색, 노란색, 붉은색 등 다양한 색깔로 제작되고 있으며 지구표면의 기복을 나타낸 지구의도 있다.

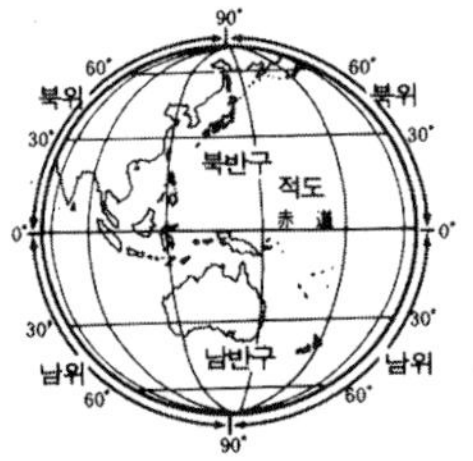

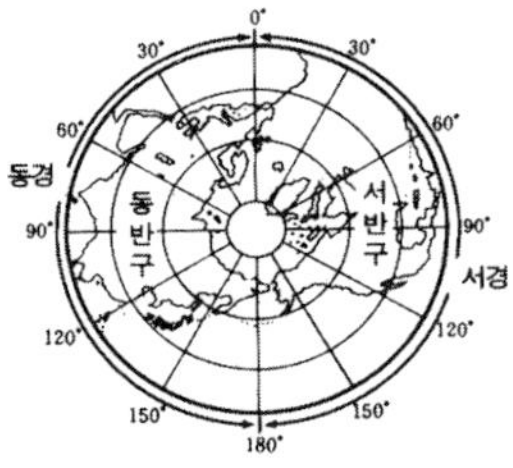

북위(北緯)와 남위(南緯): 적도로부터 북극(90도)까지를 북위라고 하며, 이 반구를 북반구(北半球)라고 한다. 한국은 이 지역에 포함된다. 마찬가지로 남극까지를 남위라고 하며, 이 반구를 남반구(南半球)라고 한다.

동경(東經)과 서경(西經): 경도 0도로부터 동쪽으로 180도까지를 동경이라고하며, 이 반구를 동반구(東半球)라고 한다. 한국은 이 지역에 포함된다. 경도 0도로부터 서쪽으로 180도까지를 서경이라 하며, 이 반구를 서반구(西半球)라고 한다.

[그림 2-38] 지구의 읽기(서전지구의)

④ 지구의와 세계지도

㉠ 방향과 거리

우리나라에서 유럽으로 가려고 할 때 평면으로 된 세계지도에서 서울과 유럽 도시 간의 코스를 확인해 보자. 이때 중국과 아랍 상공을 통과하여 날아갈 것 같지만 지구의 위에서 확인해보면 북극에 가까운 소련쪽으로 날아가게 됨을 발견하게 된다. 그러면 실제로 그런지 지구의 위에서 확인을 해보자. ① 실을 준비하여 실의 한쪽 끝을 서울의 위치에 스카치테이프로 붙이고 다른 한쪽 끝을 영국의 런던의 위치에 놓자. ② 서울을 출발한 실(비행기)은 몽고 상공을 통과하여 러시아의 북쪽과 스웨덴, 북해를 거쳐서 영국에 도착하게 됨을 알 수 있다. ③ 다시 세계지도를 펴놓고 지구의에서 한 것과 같이 비교해 보자. 이때 실(비행로선)은 처음 상상한 대로 중국과 아랍 상공을 거쳐 영국의 런던으로 가게 됨을 알게 될 것이다. 그러므로 지구의 실제 모습을 똑같이 줄여 놓은 것이 지구의이기 때문에 비행기가 실제로 날아갈 때는 지구의 위에서 본 것과 같은 실의 방향대로 날아갈 것은 뻔한 이치이다.

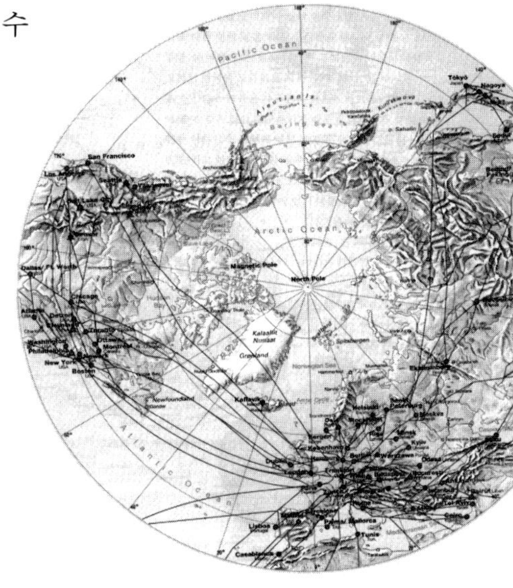

[그림 2-39] 지구의에서의 거리관계

㉡ 위치

종이로 된 세계지도를 보면 미국과 러시아(CIS)가 태평양과 베링해협을 사이에 두고 서로 마주보거나 이웃하고 있음을 알 수 있다. 그러나 실제도 그런지 지구의에서 살펴보면, 이들 두 나라는 위쪽의 북극해를 마주보고 정반대의 위치에 있음을 알게 된다. 또 태평양을 가운데 두고 그린 세계지도를 보면 남북아메리카와 서쪽의 유럽 및 아프리카는 서로 멀리 떨어져 있는 것같이 보이지만 지구의에서 보면 바로 이웃하고 있음을 깨닫게 된다. 이렇게 세계지도에서는 투영방법상 표현할 수 없는 위치관계가 지구의에서는 바르게 표현이 가능하다.

㉢ 면적

평면으로 된 세계지도에서 호주와 그린랜드를 비교해 보면 보통은 그린랜드가 크게 그려져 있다. 이것은 종이지도에서는 고위도로 갈수록 면적이 넓어 보이는 투영법상의 표현 때문이며 실제로는 그렇지 않다. 그림 2-40의

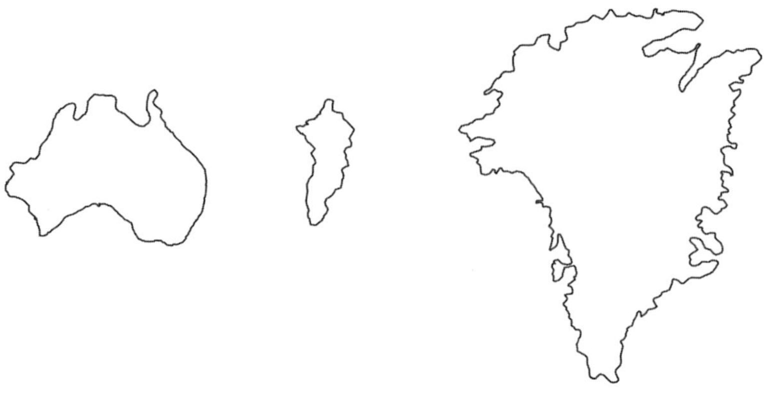

(a) (b) (c)

[그림 2-40] 세계지도에서의 면적관계

(a) (b)는 직경 12.5cm의 지구의에서 호주와 그린랜드의 생긴 모양이다. 그리고 (c)는 횡 메카르토르투영법에 의해 과장된 그린랜드로서 실제의 호주보다는 약 3배 크게 보임을 알 수 있다.

(a), (b)는 지구의상에 나타난 두 지역의 실제 모습으로 호주(a)가 그린랜드(b) 보다 3배나 크게 보인다. 그린랜드 면적이 2,175.600km^{2}이고, 호주의 면적이 7,713,000km^{2}로서 면적상 호주가 3.5배나 크다. 그러나 동일 축척의 세계지도 위에서 판단해 보면 그린랜드(c)가 호주(a)보다 3배 정도 과장되어 제작되어 있음을 알 수 있다.

⑤ 여러 가지 지구의

지구를 둥근 공모양으로 만든 지구의는 규격, 색깔, 축척 등이 다양하게 제작되어 있으며 지구모양을 흉내내어 만든 상품도 여러 가지가 있다. 지구의는 주로 학생들을 위한 학습용 지구의가 가장 많으며 그 대부분이 구분하기 쉽게 나라별로 색깔을 표시한 정치구분도와 땅의 높고 낮음을 표시한 지세구분도이다. 또 교재용으로 흑판용 지구의가 있는데 경위도선과 국가의 경계와 해안선만 표시되어 있다. 사무용으로는 규격이 큰(직경 50cm) 지구의를 비롯하여 오래된 지구의를 모방하여 만든 고전 지구의도 있다. 그 외에 펜꽂이 지구의, 시계부착 지구의, 온도계부착 지구의, 저금통 지구의, 연필깎기 지구의 등 각종 액세서리가 부착된 지구의도 상당수 개발되어 있다.

또 뚜껑을 열면 양초를 꽂을 수 있도록 만든 촛대 지구의도 있으며 바람을 불어 부풀어 오르는 고무풍선 지구의, 술병모양으로 만든 지구의에 양주를 넣어 판매하는 것도 있으며 도자기로 만든 주전자모양의 지구의 등 다양하게 지구의를 이용하고 있다. (그림 2-41에 나타난 여러 가지 지구의는 국토지리정보원 지도박물관에 전시되어 있다.)

[그림 2-41] 여러 가지 지구의(계속)

[그림 2-41] 여러 가지 지구의(계속)

제 3 장

지도의 좌표와 영상지도

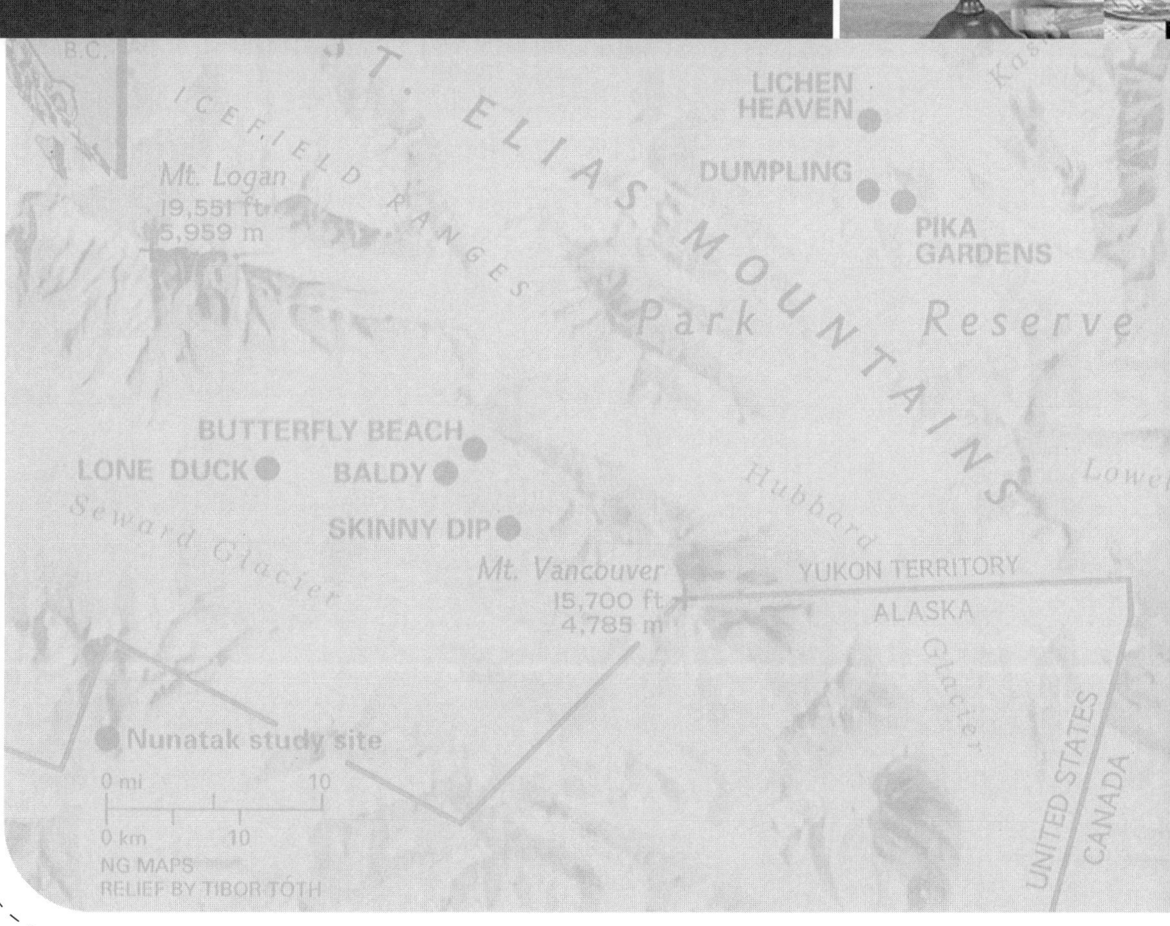

제 1 절 지도의 좌표

공간상의 한 물체 또는 한 점의 위치는 일반적으로 좌표로 표시한다. 17C 프랑스의 수학자인 데카르트는 기하학적인 해석체계인 평면상의 X축, Y축을 사용하여 등간격으로 교차하는 좌표체계를 처음 고안하였다. 다시 말하면 평면상의 X, Y축을 주축으로 하여 서로 등간격으로 직교하는 좌표계를 말한다.

1. 좌표의 기준

1) 세계의 좌표기준

① 지구 위의 눈금

지구 속에서 내가 서 있는 곳의 위치는 어디일까? 좌표 값은 얼마일까? 등 어떤 값(상대값, 절대값)을 알기 위하여 그 값을 정하는 기준을 알아야 한다. 지구 위에는 값을 알려 줄만한 기준(눈금)이 그어져 있지 않기 때문에 인간들이 임의로 지구 위에 가로세로 줄을 그어 놓고 거기에 일정한 값을 부여하여 사용하고 있다. 기원전 2세기 니케아출신 히파르코스(Hipparchus)는 1,000여개의 별을 관측하는 등 가장 위대한 고대 그리스의 천문학자이다. 그는 각도 측정법(삼각법)의 기초를 세운 사람으로 지도 위에 360개의 눈금으로 쪼갤 수 있는 좌표기법을 고안하였다. 바빌

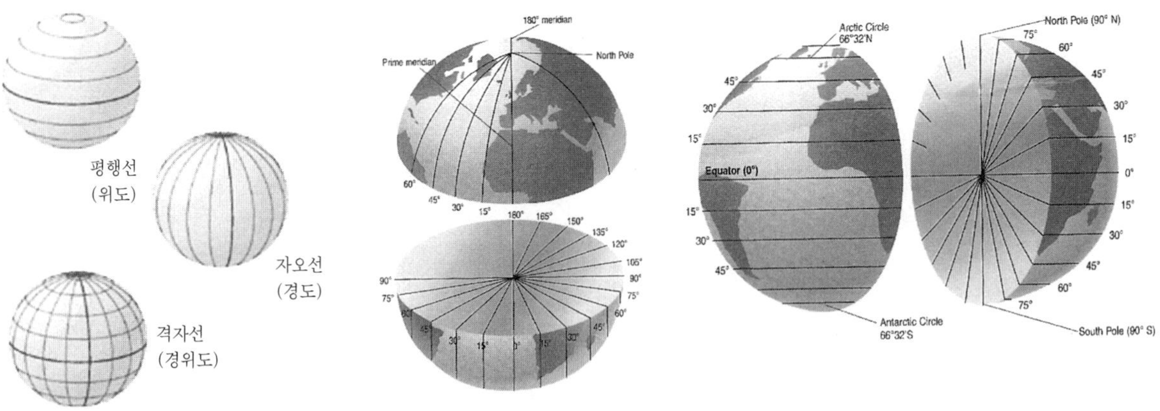

(a) 자오선과 평행선 (b) 경도선 (c) 위도선

[그림 3-1] 지구의 선

로니아 사람들은 1년을 360일로 생각하여 원을 360개 눈금으로 나누었으며 이어 세계를 동서로 연결하는 3개의 큰 선(북회귀선, 적도, 남회귀선)을 그었다. 히파르코스는 이러한 사실에 근거하여 적도와 평행하여 달리는 동-서선을 그리고 각줄마다 남극과 북극으로 향하는 직각선을 그렸는데, 이때의 중심(본초자오선)을 알렉산드리아로 설정하였다. 당시에는 지구가 둥근지조차 몰랐기 때문에 학문적으로나 기술적인 개념으로는 상상할 수도 없는 지구 위에 눈금을 그은 일은 오늘날 지도제작의 기초를 다진 계기가 되었다고 판단된다.

② 경위선의 기준

경선과 위선의 기준은 어디일까? 위선의 기준은 적도이다. 그러나 경선은 16세기 후반부터 서구 열강들은 자기네 나라의 도시를 지나는 기준선(자오선)을 사용해 왔는데, 1884년 영국의 그리니치 왕립천문대를 지나는 선을 기준선으로 정한 바 있다(87페이지 참조). 그러나 지금은 인근의 서섹스(Sussex)로 옮기고 그리니치 일대는 공원으로 조성하여 건물은 박물관으로 사용하고 있다. 그리고 적도면(00° 00′ 00″)과 그리니치자오선(0° 00′ 00″)과 만나는 가상점은 아프리카 가봉에서 서쪽으로 약 1,000km 바다에 위치한다. 이렇게 결정된 경위도의 기준을 이용하여 각 나라의 정확한 위치(극동, 극서, 극남, 극북)를 결정하며 바다의 200해리(EEZ선)와 어업수역, 국가 간의 영토경계 그리고 측량의 기준을 정하고 있다.

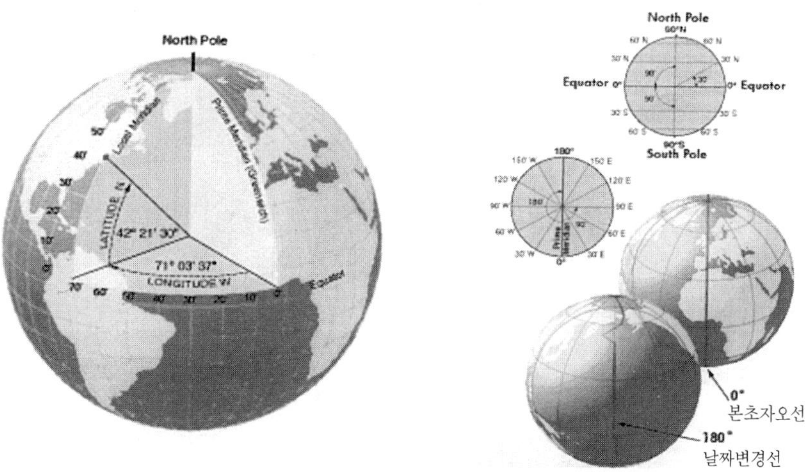

[그림 3-2] 경위도선의 기준

③ 좌표의 종류

지구상의 제점(諸點)의 수평위치는 대지측량, 천문측량, 위성측량으로 구하는

데 지구의 좌표(Earth Coordinates)는 주로 다음과 같이 나눌 수 있다.

- 경위도 좌표계
  지구상의 절대적 위치를 표시하는 데 가장 널리 쓰인다.
- 평면직교 좌표계
  지도의 범위가 넓지 않을 때 X, Y를 이용하여 사용한다.
- UTM 좌표계
  적도를 횡축으로 하고 자오선을 종축으로 하는 국제 평면직각좌표이다.
- UPS 좌표계
  양극을 원점으로 하는 평면직교좌표이다.
- WGS 좌표계
  3차원 지심좌표계로서 주로 위성측량에서 사용된다.

또 지구좌표계는 평면좌표(평면직교좌표, 평면극좌표, UTM좌표), 곡면좌표(경위도좌표, 구면극좌표), 3차원 좌표로 구분되는데, 이때 지표면의 위치결정을 위해서는 우선 측량을 실시하여 원점을 정하고 원점의 좌표값(위도, 경도, 방위각)을 정확하게 관측해야 한다. 지구상의 3차원 위치를 표시하는 데는 경도(λ), 위도(φ), 표고(h)가 주로 사용되어 왔지만 근래에는 타원체와 관계 없이 독립적으로 계산할 수 있는 3차원 직교좌표(X, Y, Z)가 이용된다.

그 외에 군사 좌표체계(military grid), 세계지리 좌표체계(GEOREF: World Geographical Reference)가 있지만 흔히 사용되는 좌표체계가 아니며 이들은 UTM 좌표와 비슷하게 영문과 아라비아 숫자로 나누어 군사작전시 위치확인이나 라디오 통신으로 위치를 전달할 때 이용하고 있다. 또 천구를 기준으로 하는 여러 종류의 천문 좌표계(celestial coordinates)가 있는데 지평좌표(地平座標), 적도좌표(赤道座標), 황도좌표(黃道座標), 은하좌표(銀河座標)로 나눌 수 있다.

2) 우리나라의 좌표기준

지도를 만들기 위해서는 정부에서 정해 놓은 기준점(삼각점, 수준점)을 이용해야 한다. 이러한 기준점에 의하여 좌표체계가 구성되는데 주로 국토지리정보원에서 만드는 지형도에 많이 적용된다.

① 평면위치

세계 속에서 우리나라의 위치를 대강 알았다면 우리나라 내에서 기준점은 어디일까? 우리나라 내에서 어떤 한 지점의 경위도를 알기 위하여 영국의 본초자오선과 적도선에서부터 측량을 해 온다는 것은 불가능한 일이다. 그래서 우리나라 자체의 경위도 기준점을 국토지리정보원이 정해 놓았다. 그러나 수원에 있는 경위도 원점은 수원이나 인근에 사는 사람이나 기술자들은 이용하기에 편리할지 모르나 광주나 부산에 사는 사람들은 정확한 위치를 파악하기 위하여 수원까지 올라와야 하는 번거로움이 있다. 이를 해소하기 위하여 만들어 놓은 것이 삼각점이다. 수원의 경위도 원점을 기준하여 전국에다 3~4km마다 배치하여 굳이 수원까지 올라올 필요없이 가까운 지역의 삼각점에서 측량을 할 수 있게 만들어 놓은 것이다. 그러나 불행하게도 우리나라는 한일합방으로 일제시대에 일본의 동경(東京)원점에 의해 전국의 삼각점이 결정되었기 때문에 국토지리정보원 내에 있는 지금의 경위도 원점은 그 후에 결정한 것이다.

② 수직위치

높이의 기준점은 어디일까? 우리나라의 해발고도를 나타내는 높이의 기준점(수준원점)은 인천의 인하공업전문대학 구내에 설치되어 있다. 해발고도는 바다를 0.00m를 기준한 것인데 바다의 표면은 항상 변하기(오르락, 내리락) 때문에 어느 때를 기준할지가 매우 어렵다. 그러므로 해수면이 가장 많이 올라갔을 때(만조선)와 가장 많이 내려갔을 때(간조선)가 아닌 평균해수면을 측정하여 기준을 정하고 있다. 그러나 이러한 평균해수면(0.00m)은 수위측정소에서 얻은 값(실존하지 않음)이기 때문에 육지에다 옮겨 놓아야 실제의 위치결정이나 측량에 이용할 수 있다. 이 또한 인천 부근에 사는 사람들은 사용이 용이할지 모르나 산간지방이나 남해안 등 먼 지역에서는 사용이 불편하기 때문에 전국의 도로를 따라 2~4km마다 수준점을 만들어 놓았다.

2. 평면직교 좌표

3차원 형상의 지구를 2차원 형상의 종이 위에 표현한 것이 지도이다. 그러므로 지구를 2차원으로 변환하려고 할 때 그 값이 통일되게 변환되어야 한다. 이때 이용되는 좌표체계를 평면직교 좌표계(plane coordinate system)라 하는데 UTM 좌표계와 같이 범세계적으로 사용되는 경우가 있는가 하면 우리나라의 가상투영 원점과 같이 국지적으로 사용되는 경우도 있다.

1910년대에 조선총독부가 토지조사사업의 일환으로 시행한 삼각측량의 계산에 가우스 상사이중투영법에 의해 평면직교 좌표체계를 처음 사용하였으며 1960년 후반부터 제작된 우리나라의 국가기본도도 가우스-크뤼거도법에 의한 직교좌표계를 사용하고 있다. 뿐만 아니라 1975년에 시작된 정밀 1차 기준점 측량과 1986년에 시작된 정밀 2차 기준점 측량에서도 가우스-크뤼거도법이 채용되고 있다.

1) 직교 좌표계의 구조

우리나라의 평면직교 좌표(실용 좌표)의 원점은 가상투영점으로서 다음 그림과 같이 지도상의 위도 38° 선을 X축으로 하고 경도는 125°, 127°, 129°, 131° 지점에 교차하는 Y축을 가상원점으로 설정하여 활용하고 있다.

이 좌표는 X, Y의 원점이 각각 0.00m이며 각 원점으로부터 동쪽으로 가면 좌표가 증가(+)하고 서쪽으로는 감소(−)하고 38° 선의 북쪽은(+) 남쪽은(−)가 된다. 이때 동서방향의 좌표가 (−)부호일 때는 200,000m를 더해주며, 남북방향(위거)의 좌표가 (−)부호일 때는 500,000m(제주는 550,000m)를 가산하여 계산한다. 그러므로 38° 선 이북으로 올라갈수록 500,000m보다 많아지고 부산지역으로 내려갈수록 숫자가 작아진다. 울릉도와 독도의 경우 중앙자오선이 131° E, 38° N의 동해원점을 사용하고 있다.

지도상에 표기된 1km 간격의 경위거를 이용하여 임의의 점에 대한 직각 좌표

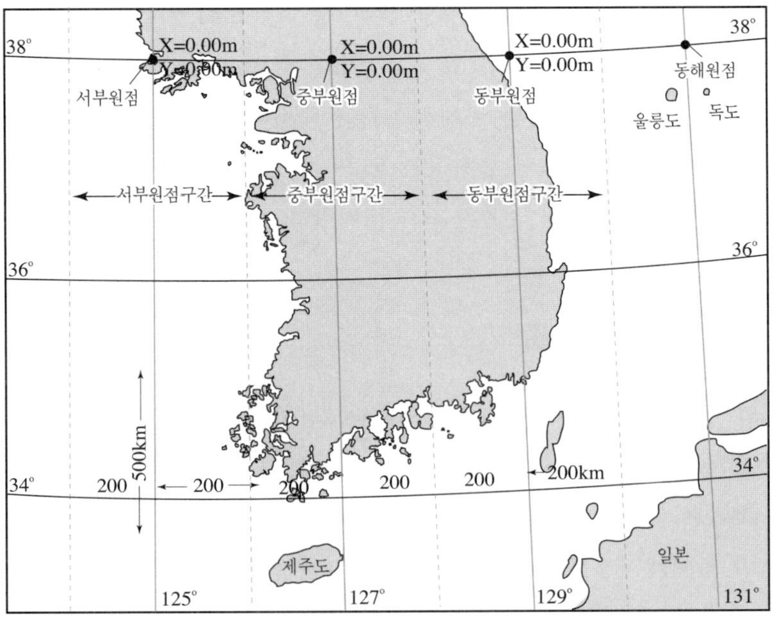

[그림 3-3] 평면직교 좌표의 배치

를 획득하려고 할 때 복잡한 수학공식보다는 비례법으로 간단히 구할 수 있다. 상하좌우의 내도곽에 표시되어 있는 직각좌표의 숫자(256.255.254.155.156.157)의 좌우상하끼리 연결하면 지도 내에는 1km 간격의 격자가 생기며, 이를 이용하여 삼각스케일과 계산기에 의해 간단히 구할 수 있다.

그림 3-4에서 AB=BC=CD=DE=1km이기 때문에 스케일을 이용하여 P점의 Δx, Δy를 구할 수 있다. Δx가 0.235이면 X의 좌표는 255,235m이고 Δy가 0.348이면 Y의 좌표는 156,348m가 된다. X좌표는 38° 선으로부터 남쪽으로 내려가기 때문에 이때 (−)부호를 없애 주기 위하여 500,000m에서 구한 좌표(255,235m)를 빼주면 +244,765m가 되고 Y좌표는 (+)부호이기 때문에 그냥 사용해도 된다.

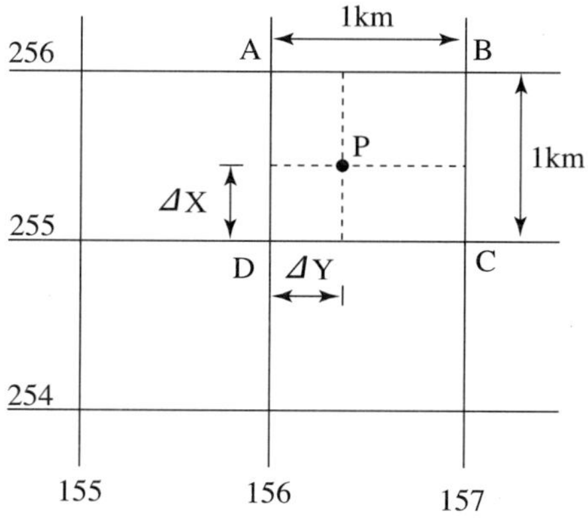

[그림 3-4] 점 P의 직교좌표

2) 삼각점의 현황

삼각점은 모든 측량과 지도에 기본이 되는 기준점으로서 지형도에는 삼각형 모양과 높이(소수1위)가 표기되어 있다. 국토지리정보원에 있는 삼각점 성과표(그림 3-5)에는 점의 등급 및 종류, 점의 부호 및 명칭, 성과표 번호, 1:50,000 도엽번호와 지도명칭, 점의 소재지, 약도, 경로, 경위도 좌표, 직각좌표, UTM 좌표, 표고, 조사년월일, 조사자, 표석의 상태, 진북방향각, 점의 평균방향각과 거리대수, 관할경찰서 등 점의 탄생부터 사후관리를 위한 내용이 자세하게 표시되어 있다.

① 구소삼각점(舊小三角點)

구 한국정부에서 토지조사 이전에 당시의 형편상 대삼각 측량을 실시하지 않고 독립적으로 일부 지역에 한해 소삼각 측량을 실시하여 얻은 삼각점 성과를 말하는데 경인지역 19개소와 대구 인근 8개소 등 27개 지역에 11개의 원점이 있다. 지금도 지

국립건설연구소　　기 준 점 성 과 표　　No.

등급 및 점의 종류 Order and Kinds of Station	점의부호 및 명칭 Mark & Name of Station	성과표 번호 Volume of List	약 도 Sketch
2 등 삼각점	~~22~~ 25 掘 21 加波島	6 - 6 몽금포	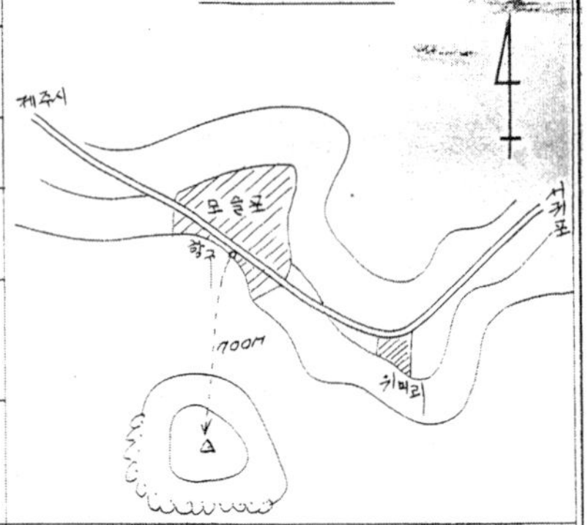
수준점경선 및 점번호 Name of Route & B. M.	1 : 50,000 도엽번호 및 명칭 Sheet no. & Name	미성과표명 Name of TL. / 점번호 TL#	
	NI52-9-23 慕瑟浦 ~~5413~~	NI52-9(12)	
점의 소재지 Location of st.	제주도남제주군대정면가파동		
토지 소유자 주소 및 성명 Address & Name of Land Possessed			
관할경찰서, 지서 Competent Police st.	북제주경찰서 대정지서	경로 Course	몽금포에서 남동쪽으로 7 ㎞지점인 가파도 해안에서 약600 m 남방에 삼각점이 있음
비고 Remarks	위 측량성과 등의 사본은 원본과 상위없음을 증명함. 1999. 06.23. 국립지리원장		

관측년월일	
관측자	
매설년월일	
매설자	
조제년월일	
조제자	
점검년월일	66. 9 21
점검자	

경위도 Lat. & Lon.	B	33° 10′ 01″.546	직각좌표 Grid Coor.	X	(−) 535,924m.92
	L	126° 16′ 16″.824		Y	(−) 67,959m.47
UTM 직각좌표	N	3 672,757m.14(52) ~~3 674,224.01(51)~~	표고 Height	20.49 m	좌표원점 Origin: 中
	E	245,842m.47(52) ~~205,217.97(51)~~			

시준점명칭 Name of Object	평균방향각 Mean Direction Angle	관측소 Observed D. A.	거리의 대수 Logarithm of Distance
진북방향각 Meridian Convergence α	+0° 23′ 55″.4		
掘43 리	22° 27′ 48″.	″.	3.563,091
〃 14 郡 山	45° 21′ 16″.7	″.	4.113,2207
〃 13 高空山	64° 50′ 32″.01	″.	4.395,4468
〃 49 도	327° 12′ 4″.	″.	4.023,051
〃 19 唐山峰	329° 10′ 30″.4	″.	4.251,0356
〃 16 摹瑟峰	350° 40′ 12″.2	″.	3.885,1826

기록 및 평가 Description & Decision

1. 調査年月日 1960.7.11 補修
2. 調 査 者 김기성
3. 標石実態
   上部標石은 절단파괴되었으며
   下部盤石은 完全함

전산입력 확인

[그림 3-5] 삼각점 성과표

우리나라에서 가장 남쪽에 위치한 제주도의 남쪽 외딴 섬인 가파도의 삼각점 성과이다.

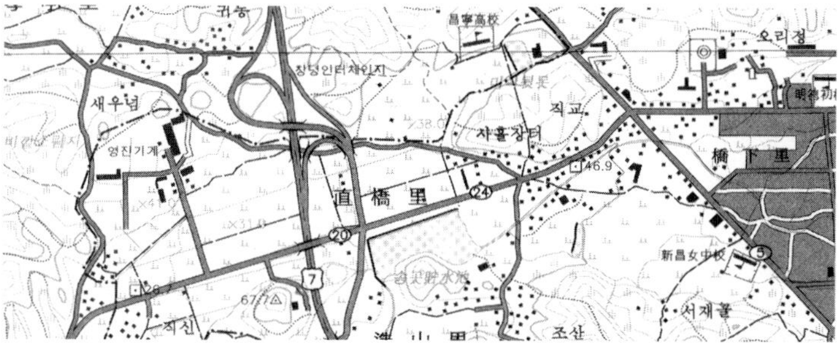

[그림 3-6] 삼각점과 수준점의 표시(1:25,000 대합)

지도상에서 삼각점은 삼각형으로 된 형상의 가운데에 작은 점으로 표시되어 있는데 이 도면에서는 7번 고속국도 하단의 왼쪽 산(H=67.7)에 표시되어 있다. 또 수준점은 사각형 형상의 가운데에 작은 점으로 표시되어 있는데 여기서는 20(24)번 국도변 2개소(H=26.7, H=46.9)에 표기되어 있다.

적이 포함되는 현황측량을 할 때는 이들 삼각점을 이용하고 있다. 만약 구소삼각점의 성과를 이용하지 않고 가상원점인 실용 좌표를 이용했을 때는 지적도와 현황도를 Overlap할 때 별도의 지적삼각 측량을 실시하든지 경위도 좌표를 구소삼각 좌표로 변환하여야 한다.

- 경인지역: 시흥, 교동, 김포, 양천, 강화, 진위, 안산, 양성, 수원, 용인, 남양, 통진, 안성, 죽산, 광주, 인천, 양지, 과천, 부평(19개 지역, 821점)
- 대구지역: 대구, 고령, 청도, 영천, 현풍, 자인, 하양, 경산(8개 지역, 798점)

〈표 3-1〉 구소삼각 지역의 좌표 원점

원점명	위 도	경 도	지 역(점수)
望山원점	북위 37° 43′ 07″.060	동경 126° 22′ 24″.596	강 화(77)
桂楊원점	북위 37° 33′ 01″.124	동경 126° 42′ 49″.685	김 포(99)
鳥本원점	북위 37° 26′ 35″.262	동경 127° 14′ 07″.397	안 양(169)
加里원점	북위 37° 25′ 30″.532	동경 126° 51′ 59″.430	수 원(85)
登擎원점	북위 37° 11′ 52″.885	동경 126° 51′ 32″.845	남 양(220)
枯草원점	북위 37° 09′ 03″.530	동경 127° 14′ 41″.585	조 산(171)
栗谷원점	북위 35° 57′ 21″.322	동경 128° 57′ 30″.916	영 천(193)
賢倉원점	북위 35° 51′ 46″.967	동경 128° 46′ 03″.947	경 산(121)
龜岩원점	북위 35° 51′ 30″.878	동경 128° 35′ 46″.186	대 구(171)
禁山원점	북위 35° 43′ 46″.532	동경 128° 17′ 26″.070	고 령(126)
所羅원점	북위 35° 39′ 58″.199	동경 128° 43′ 36″.841	청 도(196)

※ 각 원점의 평면직교 좌표 X=0, Y=0 총 1,619점.

이들 지역의 원점은 X=0, Y=0이며 단위는 간(間)이고 이 중 경기지역 40점과 대구지역 63점은 실용 좌표와 성과가 병기되어 있다.

[그림 3-7] 구 한국정부 度支部에서 설치한 구소삼각점(대구시 남구 대명동 산106번지: 구 달성군청 옆)

● 특별소삼각점(特別小三角點)

1912년 시가지세를 조급하게 징수할 목적으로 대삼각 측량(미처 끝마치지 못하였음)을 생략하고 독립된 특별소삼각 측량을 실시하였으며 나중에 일반삼각점과 연결하는 방식을 취하였다. 시행지역은 평양, 신의주, 진남포, 전주, 강경, 원산, 함흥, 청진, 경성, 나남, 회령, 마산, 진주, 나주, 광주, 목포, 군산 등 18개 도시와 울릉도에 독립된 원점을 설치하였다.

② 일제시대의 삼각점

1910년대 토지조사사업의 일환으로 전국의 13개소에 기선측량(2.0~4.6km)을 실시하여 일본 대마도의 오따께(御岳)와 아리아께야마(有明山)로부터 부산 절영도(지금의 영도)의 고갈산과 거제도의 옥녀봉을 연결하는 대삼각본점망(大三角本點網)을 형성하여 한반도의 서북방향을 시작으로 한반도 전역에 대한 대삼각망을 구성하였다. 이때 대삼각점(현재의 1등 삼각점) 400점을 비롯하여 대삼각본점(2등)을 2,401점, 보통소삼각점(3등, 4등) 등 합계 29,542점을 설치하였다. 그리고 구소삼각점 1,904점, 특별소삼각점 200점을 합하여 이때 만들어진 삼각점의 총수량은 34,447점에 이른다.

〈표 3-2〉 대삼각 본점의 성과

점의 위치	경도	위도
부산 절영도 고갈산	129° 03′ 16″.2455E	35° 04′ 46″.0656N
거제도 옥녀봉	128° 41′ 34″.1968E	34° 50′ 56″.7849N

※ 두 점 간의 거리는 41,758.98m

③ 현재의 삼각점

구 한국정부와 일제시대에 만들어진 삼각점은 6 · 25동란으로 24%(남한지역)만

남고 망실되었다. 정부에서는 응급복구를 실시하였는데, 이때 너무 조급하고 신중하지 못한 작업과 성과관리의 혼란으로 삼각점 간의 성과가 서로 맞지 않았으며 그 여파는 지금까지 이어져오고 있다.

현재는 정밀 1차(1등 193점, 2등 1,118점) 기준점과 정밀 2차(3등 3,138점, 4등 11,907점) 기준점으로 분류되어 있다. 삼각점이 가장 많이 분포된 지역은 경남(3.4km²/점)이며 국토면적 99,678km²(행정자치부지적과 자료)에 평균 6.1km²마다 삼각점이 1점씩 배치되어 있는 꼴이다. 또 행정자치부에서 관리하는 지적삼각점은 2007년 현재 4,500점, 지적보조삼각점이 11,451점으로 도합 15,951점과 토지의 경계설정을 위한 지적도근점이 별도로 관리되고 있다. 그러므로 우리나라에는 국토지리정보원의 삼각점과 지적삼각점이 이원화되어 있어 기준점체계를 통합 내지는 공동관리할 수 있는 방안이 모색되어야겠다.

[그림 3-8] 삼각점의 실제 모습(국토지리정보원 소재)

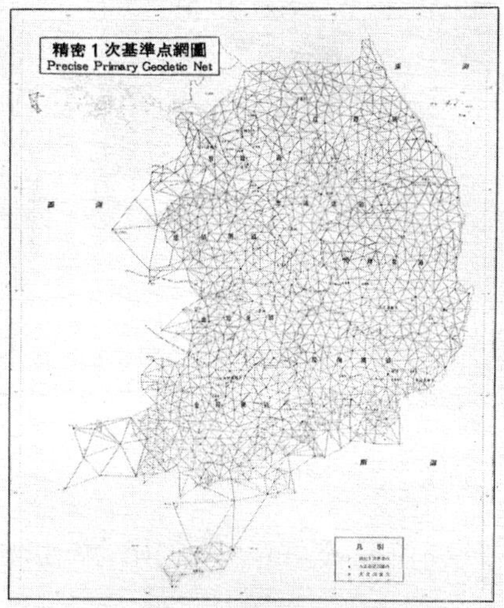

[그림 3-9] 대한민국 삼각망도

〈표 3-3〉 삼각점 현황

구 분	합 계(km²/점)	1등 삼각점	2등 삼각점	3등 삼각점	4등 삼각점
서 울	134(4.5)	5	7	32	90
부 산	124(6.2)	1	12	24	87
대 구	219(4.0)	1	4	73	141
인 천	216(4.6)	6	19	58	133
광 주	86(5.8)	1	6	14	65
대 전	87(6.2)	6	0	13	68
울 산	170(6.2)	1	13	31	125
경 기	1,789(5.7)	15	91	367	1,316
강 원	2,736(6.1)	26	181	552	1,977
충 북	1,174(6.3)	8	80	224	862
충 남	1,373(6.3)	15	114	253	991
경 남	3,104(3.4)	29	163	626	2,286
경 북	1,700(11.2)	18	114	327	1,241
전 남	1,219(9.9)	16	89	203	911
전 북	2,142(3.8)	41	201	321	1,579
제 주	83(22.2)	4	24	20	35
합 계	16,356(6.1)	193	1,118	3,138	11,907

3) 직교좌표의 해석

① 1차원 좌표(one-dimension)

주로 직선과 같은 1차원 선형에 있어서 점의 위치를 표시하는 데 쓰이며 기준이 되는 원점(origin)에서 (+), (−)방향으로 결정되고, 이때 어느 점까지의 거리를 하나의 수치로 나타낼 수 있으며, 이를 점의 1차원 좌표라고 한다.

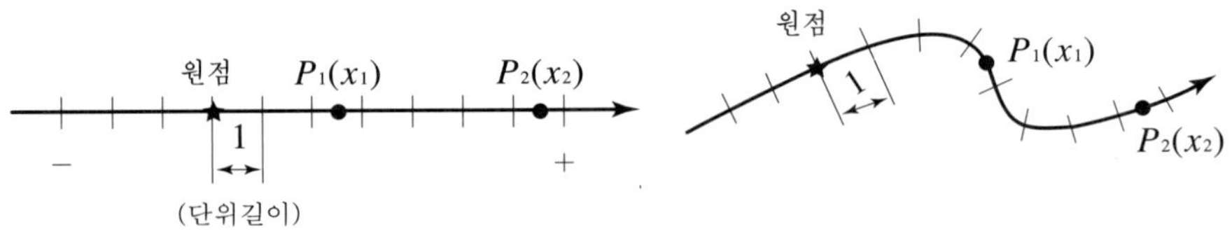

(a) 수치직선　　(b) 수치곡선

[그림 3-10] 1차원 좌표

② 2차원 직교좌표

평면상 1점의 위치를 표시하는 데 있어서 가장 대표적인 좌표계이다. 평면 위의 한 점 O를 원점으로 정하고 O를 지나고 서로 직교하는 두 수치직선 XX′, YY′를 좌표축으로 삼는 좌표계이다.

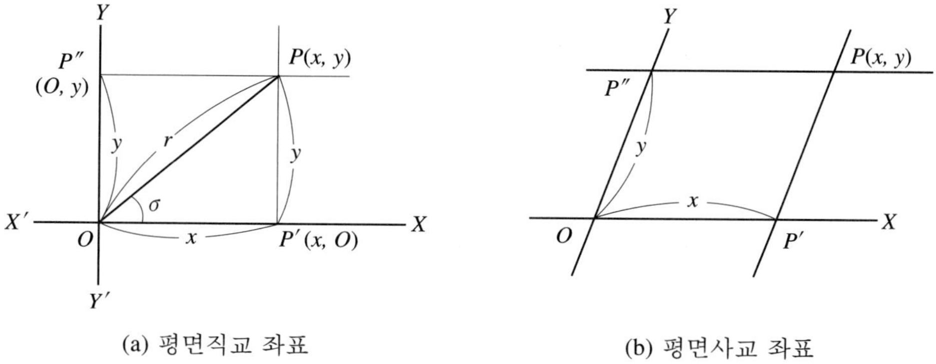

[그림 3-11] 2차원 직교좌표

③ 3차원 직교좌표

공간의 위치를 나타내는 데 가장 기본적인 좌표계로서 서로 직교하는 세 축 OX, OY, OZ로 이루어진다.

또한 OP의 길이 ρ는 세 좌표로부터 다음 식으로 계산된다.

$$\rho = \sqrt{x^2 + y^2 + z^2}$$

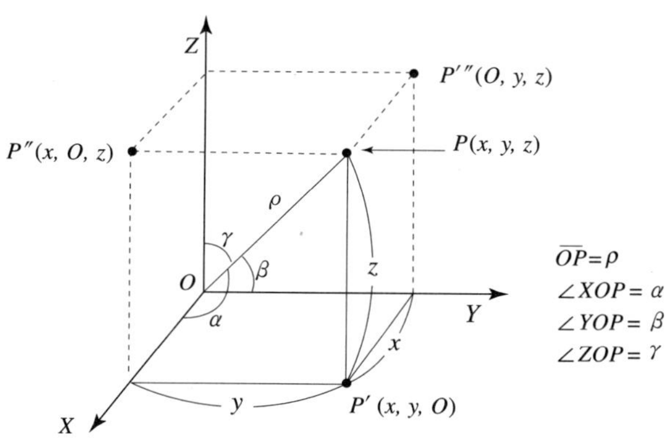

[그림 3-12] 3차원 직교좌표

3. 수직좌표

1) 수준원점

국토의 높이(height)기준이 되는 수준원점의 근원은 1914~1916년 사이에 전국의 5개 검조장(인천, 진남포, 청진, 목포, 원산)을 세우고 매일 조위곡선을 측정하여 수준기점으로 이용한 후부터이다. 해방 후 1963년 12월 2일에 인천시 남구 용현동 253번지에 소재하는 인하공업전문대학 교정에 대한민국 수준원점을 설치하였는데 이는 舊 토지조사국이 설치한 인천 수준기점으로부터 정밀 수준측량을 실시(1964. 2. 28~3. 11)하여 구한 성과(26.6871m)를 원점으로 사용하고 있다. 이 원점을 기준으로 전국의 국지방도로를 따라 2~4km 간격으로 5,194점(1등 1,142점, 2등 4,052점)이 설치되어 있으며 지속적으로 복구 및 재설을 하고 있다. 제주도는 본토와는 달리 인천만의 평균해수면(mean sea level)을 기준으로 하지 않고 제주시 서부두에 설치되어 있는 검조장의 성과를 높이의 기준으로 삼고 있다.

[그림 3-13] 수준원점

[그림 3-14] 제주도의 검조소(99. 10. 동화사진)

수준원점은 바다의 해수면과 밀접한 관계가 있기 때문에 수준원점의 성과는 어느 기준점보다 측정이 정확해야 한다. 그림 3-15는 평균해수면과 바다의 간조면과의 관계를 표시한 것으로 우리나라의 서해안같이 간만의 차이가 큰 지역에서는 두 기준면 사이가 많이 벌어진다.

육지의 높이를 알기 위하여 바다의 조위를 관측해야 되는데, 이때 조위관측소를 검조소(檢潮所) 또는 험조장이라고 한다. 전국의 검조소에서 매일 조위(수위)의 변화치를 측정하고 있으며 변화의 폭은 연평균 ±5cm 범위 내로 측정되고 있다.

동해안(6) : 속초, 묵호, 울릉도, 후포, 울산, 포항

남해안(15) : 부산, 마산, 가덕도, 통영, 거제도, 여수, 고흥, 거문도, 제주, 서귀

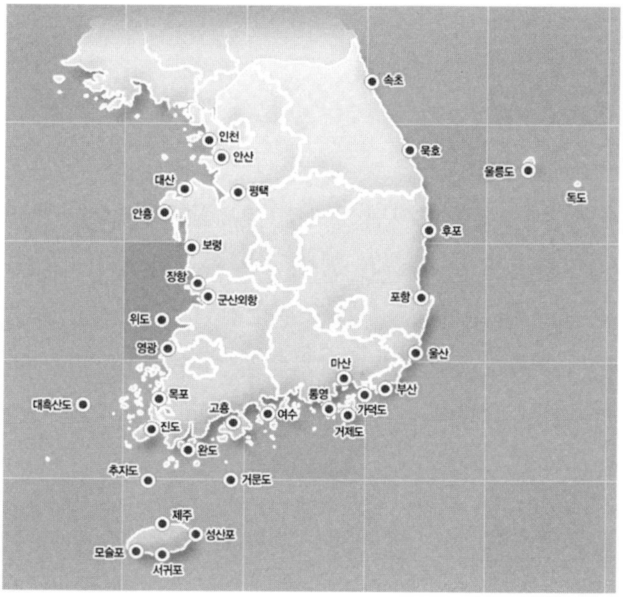

[그림 3-16] 조위관측소 현황

포, 성산포, 모슬포, 추자도, 진도, 완도

서해안(12) : 대흑산도, 목포, 영광, 위도, 군산 내 · 외항, 장항, 보령, 안흥, 대산, 평택, 안산, 인천

[그림 3-15] 해발높이와 수심의 관계(1998. 권동희)

2) 수준점

수준점(水準點: Bench Mark: BM)은 수준원점에서 인조된 측량 기준점으로 지도의 등고선을 그릴 때 이용된다. 1:25,000~1:50,000 지도에서 보면 도로변에 있는 조그마한 사각형 안에 점을 찍은 기호로 표시하고 기호 밑에 높이(소수 1위)를 기록

해 두었다. 수준점도 국토지리정보원에서 관리하며 그 점의 원부(성과)에는 점의 등급과 종류, 점의 부호 및 명칭, 점번호, 도엽번호 및 명칭, 점의 소재지와 토지소유자, 1:50,000 도엽번호, 관할경찰서, 약도 및 경로, 관측자와 일자, 표고(소수 4위), 고시일자 등이 기록되어 있다.

또 지도상에 ×字 기호로 표기된 표고점(標高點: height)은 삼각점이 없는 중요 산정이나 능선의 변곡점 또는 독립된 산봉우리, 평탄한 들판, 학교의 운동장 등 등고선으로 높이를 판독할 수 없는 지점에 등고선과 같은 색깔로 높이를 기록하여 지도를 읽는 데 참고되게 하였다. 측지기준점인 수준점은 1등이 1,142점 2등이 4,052점 도합 5,194점이 전국에 고루 분포되어 있다.

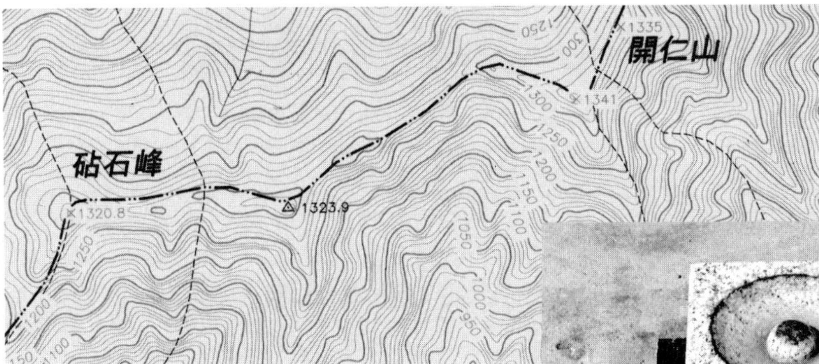

[그림 3-17] 표고점과 삼각점의 비교
(1:25,000 창촌)

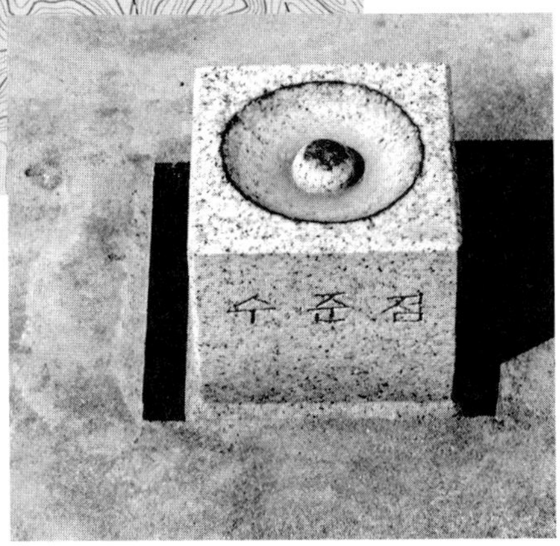

[그림 3-18] 수준점의 실제 모습
(국토지리정보원 소재)

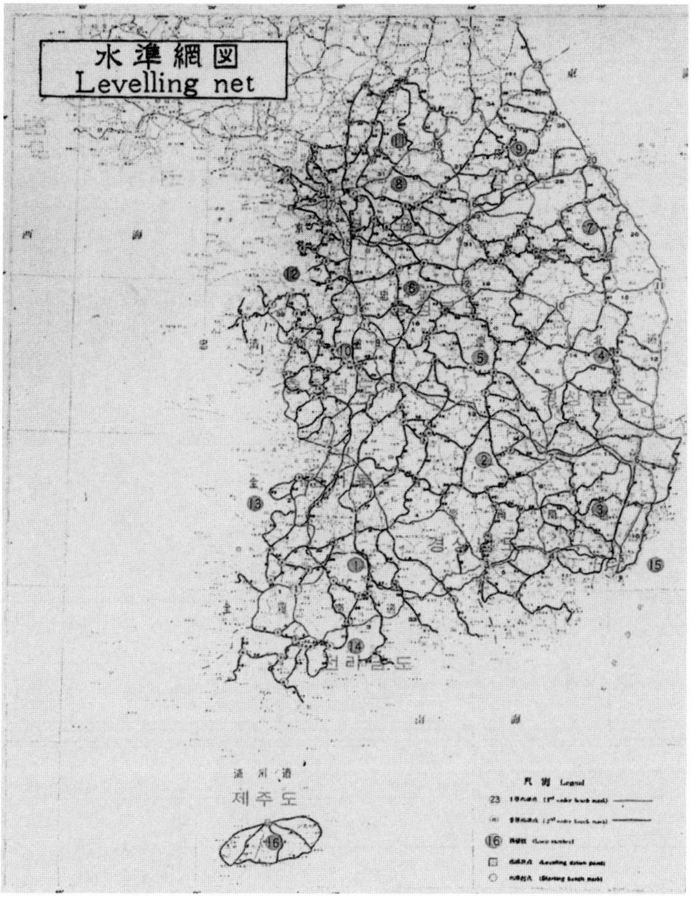

[그림 3-19] 대한민국 수준망도(국토지리정보원)

〈표 3-4〉 수준점 현황

구 분	합 계	1등 수준점	2등 수준점	구 분	합 계	1등 수준점	2등 수준점
서 울	59	18	41	강 원	616	200	416
부 산	64	27	37	충 북	373	85	288
대 구	50	33	17	충 남	529	110	419
인 천	42	15	27	경 남	915	193	722
광 주	31	6	25	경 북	581	145	436
대 전	41	20	21	전 남	471	98	373
울 산	71	19	52	전 북	590	78	512
경 기	608	94	514	제 주	153	1	152
				합 계	5,194	1,142	4,052

국립지리원

기 준 점 성 과 표

No.

등급 및 점의 종류 Order and Kinds of Station	점의부호및명칭 Mark & Name of Station	성과표 번호 Volume of List	
2등 수준점			
수준점경선 및 점번호 Name of Route & B. M.	**1 : 50,000 도엽번호 및 명칭 Sheet no. & Name**	**미성과표명 Name of TL.**	**점번호 TL #**
7-14-23-6	태백 NJ52-10-26		
점 의 소 재 지 Location of st.	경북 봉화군 춘양면 우구산리 외촌		
토 지 소 유 자 주 소 및 성 명 Address & Name of Land Possessed			
관 할 경 찰 서, 지 서 Competent Police st.			
비 고 Remarks	위 측량성과 등의 사본은 원본과 상위없음을 증명함. 1999. 06.23. 국립지리원장		

약 도 Sketch

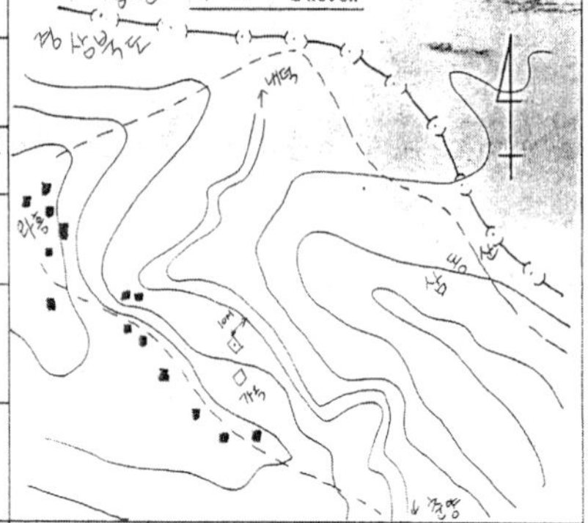

경 로 Course	도 경계점에서 약 1.71km지점 좌측 지경지점 도로우측 산에 매설.		
관측년월일		관측자	
매설년월일		매설자	
조제년월일		조제자	
점검년월일		점검자	

경 위 도 Lat. & Lon.	B	° ′ ″	직각좌표 Grid Coor.	X ( )	m	기 록 및 평 가 Description & Decision
	L	° ′ ″		Y ( )	m	
U T M 직 각 좌 표	N	m	표 고 Height	962.6616 m	좌표원점 Origin	경신고시 90년 1월 11일 제 154호 표고 962.7200 m
	E	m				

시준점명칭 Name of Object	평 균 방 향 각 Mean Direction Angle	관 측 초 Observed D.A.	거 리 의 대 수 Logarithm of Distance
진북방향각 Meridian Convergence α	° ′ ″		
	° ′ ″	″	.
	° ′ ″	″	.
	° ′ ″	″	.
	° ′ ″	″	.
	° ′ ″	″	.
	° ′ ″	″	.
	° ′ ″	″	.
	° ′ ″	″	.
	° ′ ″	″	.
	° ′ ″	″	.
	° ′ ″	″	.
	° ′ ″	″	.
	° ′ ″	″	.
	° ′ ″	″	.

[그림 3-20] 수준점 성과표

국토지리정보원으로부터 발급받은 수준점 성과표로 우리나라에서 가장 높은 지대에 위치한 수준점으로 경북 봉화군 춘양면과 강원도의 접경지대에 있는 수준점으로 표고는 962.720m이다.

3) 중력점과 지자기점

중력측량이란 지구를 완전한 타원체로 가정한 이론적인 값과 실측한 값의 차이(밀도변화에 의한 중력차이)를 구함으로써 지구의 형태를 연구하는 측지학 분야, 지하구조 및 자원탐사 분야, 지질학 분야, 정밀측량에 의한 태양계의 역학적 관계를 규명하는 천문학 분야 등 기록적인 자료를 얻기 위하여 시행하는 특수측량이다.

중력기준점은 서울산업대학 구내에 설치되어 있고 표 3-4와 같이 전국에 보조점이 배치되어 있다. 우리나라의 중력측정은 1930년대부터 일본에 의해 시도되었

〈표 3-5〉 중력점의 현황 (자료: 2005. 국토지리정보원)

구 분	소재지	위도 경도	표고(m) 설치년도	관측년도 성과(mgal)
수원보조점	국토지리정보원	37-16-24 127-03-24	55.66 1990.10	1990.10 979,919.016
서울보조점	서울산업대학교	37-37-42.8 127-04-51.7	33.66 1998.06	1998.06 979,940.219
서울보조점	서울대학교	37-27-48 126-57-18	70 1981.11	1981.11 979,916.481
대전보조점	한국표준연구소	36-23-06 127-22-24	76.54 1981.11	1981.11 979,832.444
대구보조점	경북대학교	35-53-12 128-36-54	43 1981.11	1992 979,815.957
부산보조점	부산대학교	35-13-00 129-05-00	52.57 1981.11	1981.11 979,759.944
광주보조점	전남대학교	35-10-18 126-54-42	38.69 1990.10	1990.10 979,746.796
강릉보조점	관동대학교	37-44-02.9 128-52-12.3	- 1992.03	1992.03 979,977.053
절대중력점 (FG-5 절대중력측량)	국토지리정보원	37-16-21.6 127-03-22	55.544 1999.11	1999.11 979,918.775
수원보조점 (절대중력점에서 상대관측)	국토지리정보원	37-16-24 127-03-24	55.66 1990.10	1999.11 979,918.990
인천보조점	국립해양조사원	37-27-24 126-36-24	15 1998.02	1998.02 979,957.034
서울산업대보조점 (휘경동에서 이전)	서울산업대학교	37-34-48 127-04-05	12.210 -	- 979,943.000

으나 그 기록은 남아있지 않으며 1970년대에 구 지질연구소에 의해 미국의 오하이오 주립대학의 W. Uotila 교수 등에 의해 세계중력망 설치를 위한 국제협동사업으로 시도된 바 있다. 국토지리정보원은 지리원 내규 제68호(94.11.26)에 의거 1, 2등 중력점에 대한 측정을 시행하며 점의 유지 · 관리를 하고 있다.

[그림 3-21] 중력점과 자기점의 실제 모습(국토지리정보원 소재)

지자기측량이라 함은 지자기점에서 지자기의 구성성분인 편각, 복각, 전자력 등을 절대측정하여 지구자장의 분포와 그 경년변화를 조사 · 파악하여 지자기도를 작성하는 측량으로서 국토지리정보원 내규 제67호(94.11.26.)에 의거 1, 2등 지자기점의 측량과 유지 · 관리를 하고 있다. 국토지리정보원은 지자기의 수평적 분포, 경년변화 그리고 지역적인 자기이상을 조사할 목적으로 1975년부터 시작하였다. 처음에는 Proton 자력계를 도입하여 1975년부터 1978년까지 전자력 측정이 실시되었으며 1978년에는 GSI형 2등 자기의와 1981년에 GSI형 1등 자기의를 도입하여 지자기의 3성분을 측정하였다. 1등 지자기 측정은 약 3,500km^{2}에 1점씩 총 30점을 5년마다 1회(17시간) 측정을 원칙으로 하고 그 평균값에 일정한 보정을 한 다음 기준년의 값으로 환산하였고 편각관측에는 북극성을 이용하였다. 2등 지자기 측정은 1:25,000도엽에 약 1점씩 전국에 800점을 선점하여 16~17시 사이에 4회 등간격으로

(a) 천문 측량

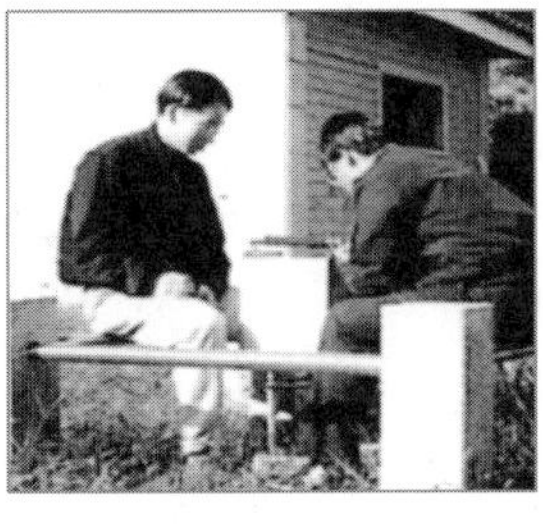
(b) 중력 측량

(c) 지자기 측량

[그림 3-22] 특수 측량(국토지리정보원)

실시하고 일변화, 경년변화의 보정을 한 다음 기준년값으로 환산한 것을 성과로 이용하고 있다. 이들 지자기점은 전국에 672점(1등 30점, 2등 642점)이 분포되어 있다.

4. 경위도 좌표

1) 경위도 좌표의 요소

지도상에 있는 또 하나의 중요한 좌표는 세계 속에서 우리나라가 어디쯤 있는지를 알 수 있는 경위도 좌표이다. 영국의 그리니치(Greenwich)를 지나는 본초자오선(00° 00′ 00″)을 기준으로 지구를 동서방향으로 180° 씩 돌아가면서 경위도좌표가 설정되어 있는데 우리나라는 동경 125° 와 132° 사이에 위치한다. 위도는 적도로부터 남쪽(남극)으로 90°, 북쪽(북극)으로 90° 로 나누어져 있는데 남한은 적도의 북쪽인 북위 34° ~38° 사이에 위치한다. 참고로 동반구쪽의 경도를 나타내는 '동경(東經)'과 일본의 '동경원점' 이라고 할 때의 '동경(東京)' 은 서로 아무런 관계가 없으며 전혀 의미가 다르다.

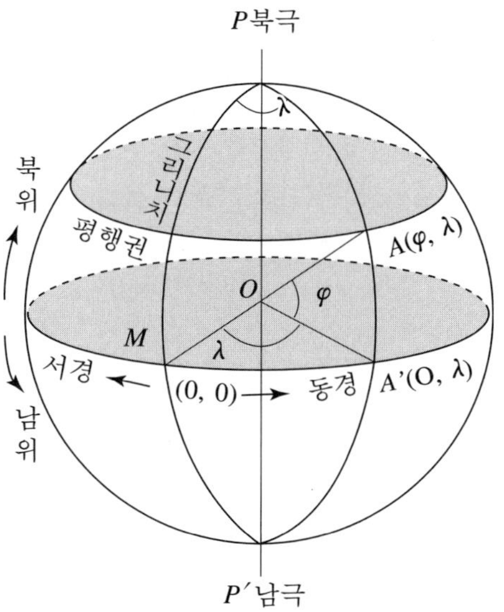

[그림 3-23] 경위도 좌표의 구조

① 경도(經度: longitude: λ 또는 L)

경도를 나타내는 선을 자오선(meridian)이라고 하며 북극에서 남극으로 이어지는 선이다. 그러므로 본초자오선(prime meridian)으로부터 동쪽 또는 서쪽으로 측

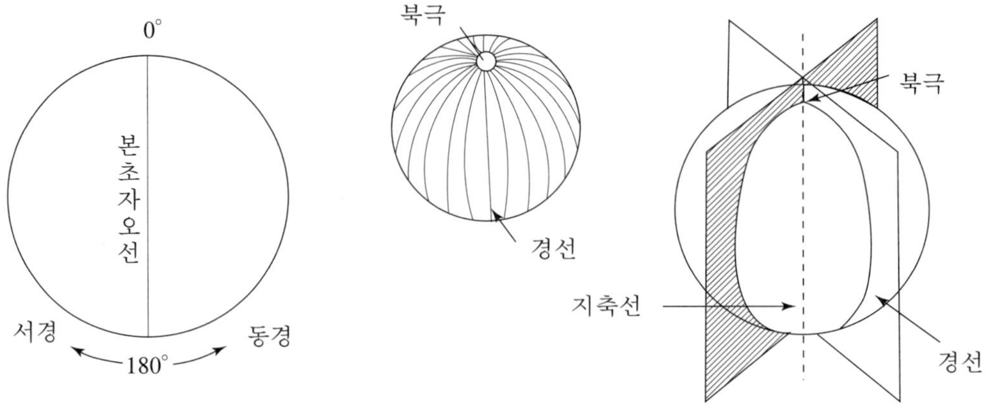

[그림 3-24] 경선의 결정

정되는 각이다. 그러므로 경도는 본초자오면과 지표상 한 점을 지나는 자오면이 만드는 적도면상의 각거리를 일컫는다.

② 위도(緯度: latitude: φ 또는 B)

양극의 중간에 적도가 있다. 적도로부터 북극 또는 남극방향으로 각도로 표현되는 각을 위도라 하며 적도에서 00°이고 극에서는 90°N 또는 90°S이다. 위도의 선은 동서방향으로 이어지는데 동일한 폭(거리)를 갖고 있기 때문에 평행선(parallels)이라고도 부른다. 즉, 지표면상 한 점에 세운 법선이 적도면과 이루는 각을 그 지점의 위도라고 하는데 천문좌표, 측지좌표에서 위치 결정할 때 이용된다.

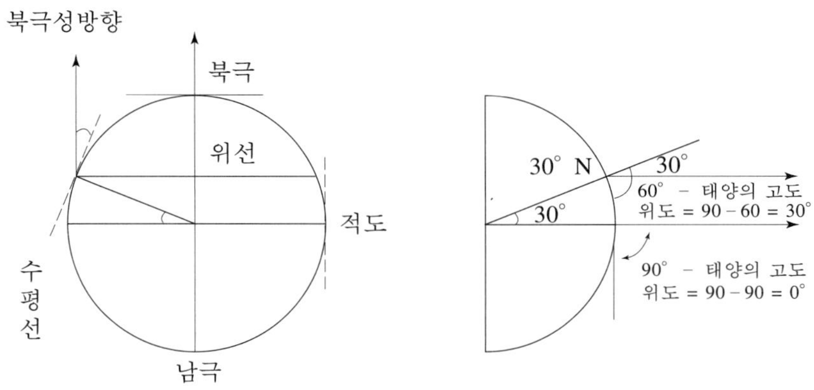

[그림 3-25] 위선의 결정

③ 방위각(azimuth)

지표상 1점 A에서 B점을 향하는 방향의 방위각은 A점에서 타원체의 법선(또는 연직선)을 포함하는 두 평면인 자오면과 AB면 사이의 각으로 정의되며 일반적으로 북방에서부터 시계방향으로 잰다. 위도 또는 경도를 표시하거나 방위각을 나타낼 때 각도(°)는 60개로 나뉘어 분(′)이 되고 다시 60개로 나누면 초(″)가 된다. 위도의 1도는 대략 111km(69마일) 정도 되고 1분은 1해리이고 1초는 약 100피트이다.

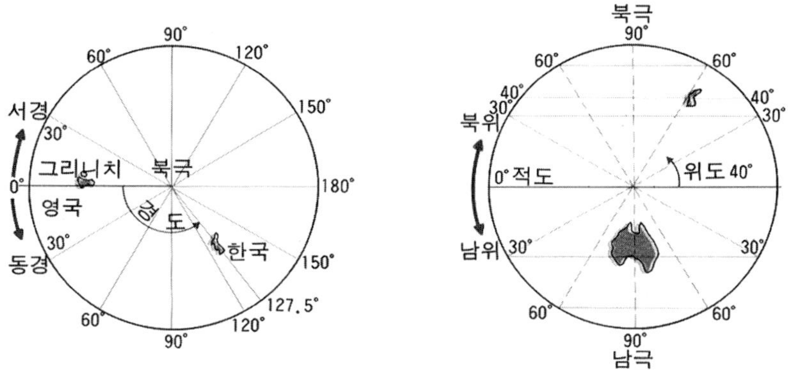

[그림 3-26] 방위각의 기준

2) 경위도원점

우리나라의 경우는 1910년 한일합방 후 일본에 의해 동경(東京)원점으로부터 값이 결정되었는데 이때 서울의 남산에 경위도원점을 설치하였다. 그러나 일본에서 인조해 온 남산원점이 많은 오차를 내포하고 있었기 때문에 실무에서는 사용되지 않았다. 1960년대 이후 정밀측지망 사업의 일환으로 1981년부터 1985년 12월 27일까지 천문측량을 실시하여 국토지리정보원 내에 설치한 후 위성측지기준점으로 재설치하였다.

위도(緯度: latitude): 37° 16′ 33.3659″ N

경도(經度: longitude): 127° 03′ 14.8913″ E

원 방위각(α): 170° 58′ 18.190″

3° 17′ 32.195″(원점으로부터 진북을 기준으로 우회로 측정한 서울산업대학교내 위성측지기준점 금속표 십자선 교점의 방위각)

[그림 3-27] 경위도원점(국토지리정보원 소재)

지도를 제작하려면 평면투영을 해야 되는데 이때 사용하기 위한 도상의 투영원점 세 곳(3좌표계)은 표 3-5에 나타나 있다. 이들 좌표의 위치가 남한의 북쪽에(38°) 너무 치우쳐 있어서 좌표원점에서 멀리 떨어진 남쪽지역에는 투영상 왜곡이 있을 수 있다. 이를 해소하기 위하여 위도 36° 지점에도 원점을 설치하여 불합리한 좌표체계를 바로잡는 문제가 거론되지만 쉬운 일은 아니다. 세 좌표계는 각각 평면직교 좌표(실용 좌표)인 X=0.00m, Y=0.00m으로 설정되어 있다.

〈표 3-6〉 평면직교 좌표(실용 좌표)의 원점

좌 표 계	위 도	경 도
서부원점	북위 38° 00′ 00″	동경 125° 00′ 00″
중부원점	북위 38° 00′ 00″	동경 127° 00′ 00″
동부원점	북위 38° 00′ 00″	동경 129° 00′ 00″

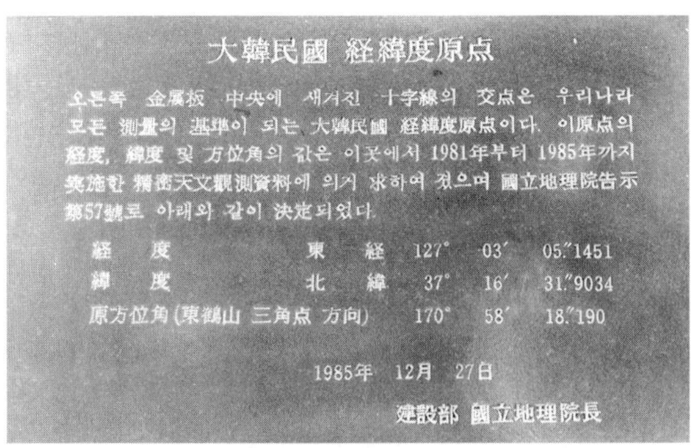

[그림 3-28] 경위도원점의 표석 (국토지리정보원)

【경위선】 경선의 경(經)자는 '피륙 따위에 새로 놓인 실' 또는 '날실'을 뜻하며 위선의 위(緯)자는 '피육의 가로 짠 실' 또는 '씨실'의 뜻으로 풀어 쓸 수 있다. 그러므로 경위선은 베틀에 '세로실'과 '가로실'을 올려놓은 상태를 말한다. 그러므로 지구 위에는 세로실과 '가로실'이 그어져 있는데 이때 '세로실'을 "자오선"이라 부르며 '가로실'을 "묘유선"이라 부른다. 이는 우리의 옛 조상들이 북쪽을 자(子), 동쪽을 묘(卯), 남쪽은 오(午), 서쪽은 유(酉)로 나타내는 12支를 이용하는 데서 유래하는데 이때 북남을 연결하면 자오(선)가 되며 동서를 연결하면 묘유(선)가 된다.

3) 경위도 좌표의 추출

지도상에 표기되어 있는 경위도 좌표를 이용하여 도상에 표시된 임의의 점에 대한 경위도 좌표를 획득할 수 있다. 경도 λ_1 및 λ_2인 두 경선의 경도차를 $\Delta\lambda$, 도상거리를 b, 위도 φ_1 및 φ_2인 두 위선의 위도차를 $\Delta\varphi$, 도상거리를 a라 할 때 $A(\lambda_1, \varphi_1)$ 점에서 도상거리 x, y만큼 떨어진 곳에 있는 한 점 $P(\lambda, \varphi)$의 경위도는 다음 식으로 구할 수 있다. 이 또한 직각좌표에서 예시한 것처럼 일반 눈금자와 계산기에 의해 좌표를 얻는 게 간편하다.

$$\varphi = \varphi_1 + \Delta\varphi \cdot x/a$$
$$\lambda = \lambda_1 + \Delta\lambda \cdot y/b$$

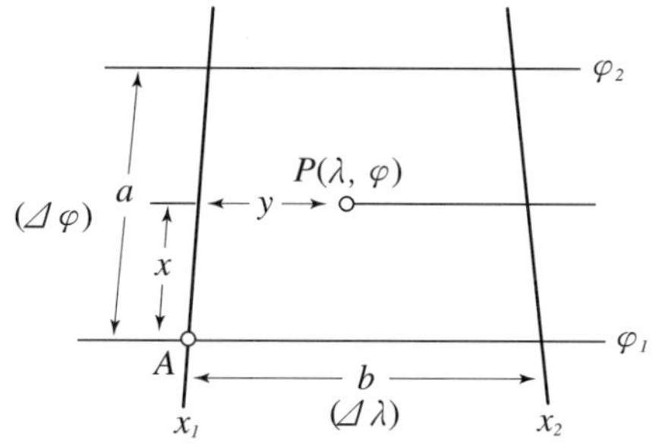

[그림 3-29] 지형도에 의한 경위도 결정과 해법

예를 들어 지형도상에서 눈금자(cm)를 이용하여 비례식으로 구한다면 그림 3-27에서 AB=BC=CD=DA의 길이는 같다. 지형도 1:25,000의 경위도 간격은 2′ 30″이고, 1:50,000의 간격은 5′, 1:10,000의 경우는 1′으로 구분되어 있다. 1:25,000의 지형도에서 구한다고 가정하면 구하는 점 P를 중심으로 EE′=FF′=2′ 30″이다. 일반눈금자를 이용하여 EP, PE′, FP, PF′의 간격을 측정하여 다음과 같이 계산한다.

경거(Δx)는 15.0 : 10 = 2′ 30″ : x $\quad x$ = 100″(1′ 40″)

위거(Δy)는 18.5 : 11 = 2′ 30″ : y $\quad y$ = 89″(1′ 29″)

이때 D점의 좌표가 경도 128°30′00″이고 위도가 35°45′00″라고 가정하면 앞에서 구한 경거(x)100″와 위거(y)89″를 가산해 주면 P점의 좌표를 쉽게 구할 수 있다.

$$128°30'00'' + 1'40'' = 128°31'40''$$
$$35°45'00'' + 1'29'' = 35°46'29''$$

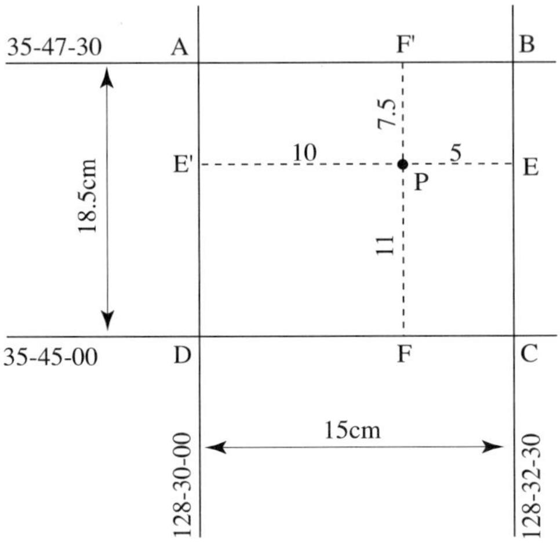

[그림 3-30] 지도에서의 경위도 좌표 추출법

이때 '분'을 '초'로 환산하여(2′30″ = 150″) 계산하면 쉬우며 답을 D좌표에 가산할 때도 (″)로 가감해서 (′)으로 환산한다. 이 방법은 정확을 요하는 측량 등에는 사용할 수 없지만 위치 확인용으로 알아볼 때는 별 무리가 없다고 판단된다. 만약 구하는 점이 1점이 아니고 다각형 모양일 때도 각각의 점을 위의 방법대로 구하고 면적을 산출하면 된다.

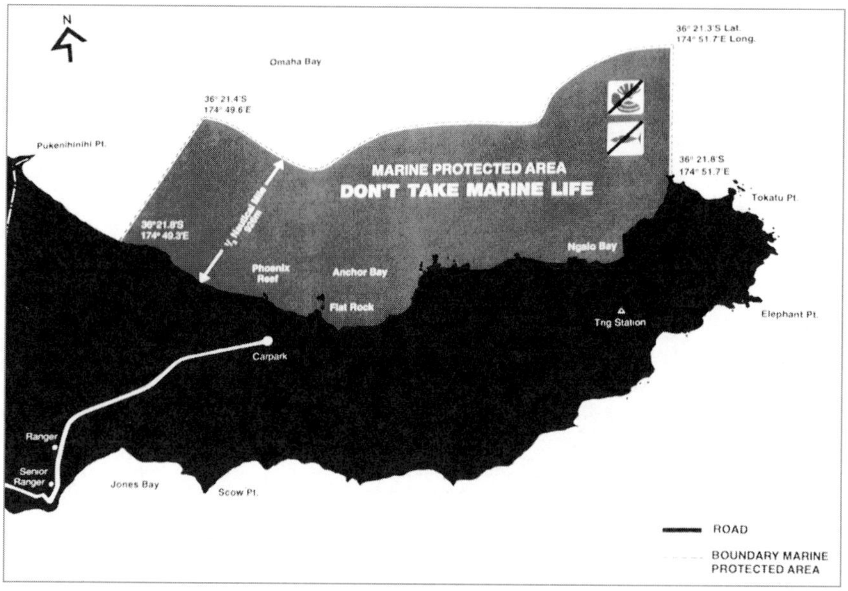

[그림 3-31] 경위도 좌표의 실용 (뉴질랜드 해안)

조개나 어류의 보존을 위해 구역을 설정하고 중요 지점에 경위도 좌표를 산출하여 만든 안내광고물로서 목표물이 없어 위치를 측정할 수 없는 바다의 경계표시에도 경위도 좌표를 이용하고 있다.

5. 범용 좌표

1) UTM 좌표계

국제 횡(橫) 메르카토르도법으로서 지구 전체를 원통으로 감싸는 형태의 좌표계로서 적도를 횡축, 자오선을 종축으로 한다. 지리좌표체계는 각 지점의 위치를 경 · 위도로 나타내는 데 비하여 UTM 좌표계는 구역(zone)의 고유번호와 가상적인 준거점으로부터 북과 동으로 각각 떨어진 거리(m)를 나타내는 좌표체계를 말한다. 이것은 1948년 8월 미 육군성(DMA: 현재 NIMA)이 군사적인 목적으로 지도를 제작하면서 고안한 좌표체계이다. 지리좌표체계가 극지방으로 갈수록 사변형의 모양이 감소되는 데 비하여 UTM(Universal Transverse Mercator) 좌표는 직사각형 모양 그대로 유지하면서 면적, 거리, 방향, 위치 등을 표현하는 데 편리하다. 원통에 지구가 접하는 부분을 경도 6° 의 폭으로 60개 구역으로 나누어 횡축에 등각투영한다. 북위 84° 와 남위 80° 사이의 지역을 나누되 각 구역을 0.5° 씩 중첩시킴으로써 각 구역의 경계 가까이 있는 지역들이 쉽게 접합되도록 하였다. 또 좌우로는 180° 를 기준으로 서쪽에서 동쪽으로 1부터 60까지 고유번호를 부여한다. 이때 적도의 남쪽이나 중앙자오선의 서쪽에 위치한 점들에는 '−' 값을 부여해야 하는데 이러한 불편을 없애기 위하여 각 구역 내의 모든 점이 '+' 값을 가지도록 기준선에 가수를 부여한다. 이때 동향 가수는 중앙자오선에 500,000m, 북향 가수는 북반구에 0m, 남반구에 1,000,000m를 부여한다.

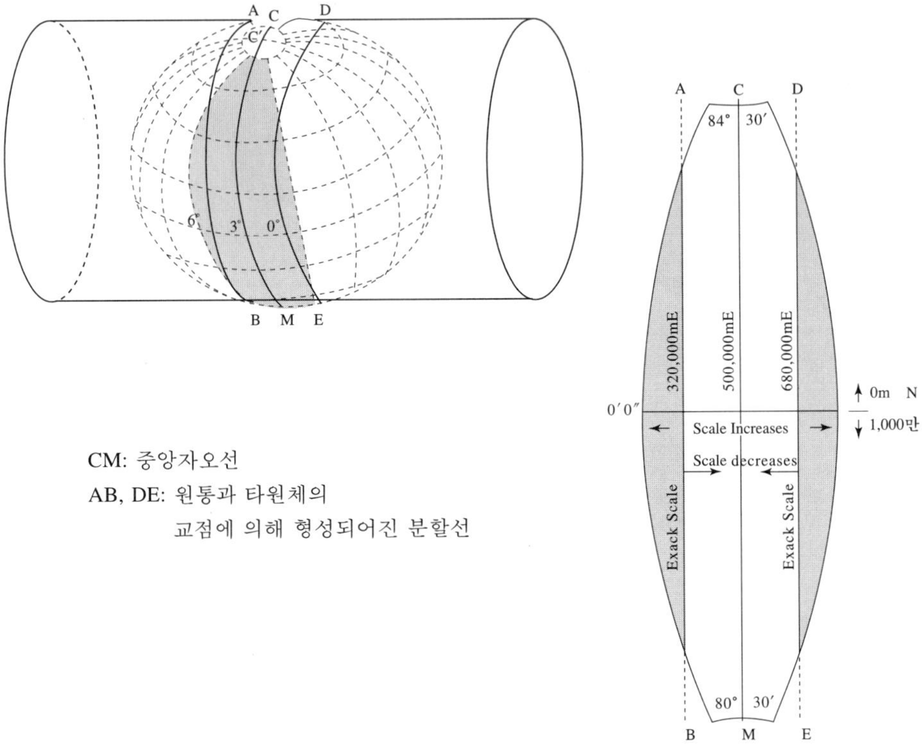

[그림 3-32] UTM 좌표체계의 구축

AB는 중앙자오선으로부터 서쪽으로 1,800m 떨어져 있고 DE는 동쪽으로 1,800m 떨어진 지점임을 알 수 있다.

지리좌표계는 경위도의 도 · 분 · 초로 표현하는 60진법을 사용하여 거리의 환산이 어려운 데 비하여, 이 좌표계는 10진법을 사용하여 거리의 환산을 간편하게 할 수 있다. 또한 좌표상에서 산출한 각이 참값에 근사하고, 거리의 수정량이 방향에 관계없이 동일하다. 이러한 이유로 측량계산, 현지답사는 물론 군사적으로 이용할 때는 많은 장점을 갖고 있다. 또한 UTM 좌표계는 서경 177°를 기준으로 동쪽으로 매 6°씩 이동하면서 중앙자오선을 정하고, 그 중앙자오선과 적도의 교점을 원점으로 정하여 가우스-크뤼거투영법을 적용한다. 우리나라에서는 해방 후부터 1974년까지 미군에 의존할 수밖에 없는 상황이었기 때문에 일제가 제작한 1:50,000 지형도를 UTM 투영법으로 수정하여 사용해왔다.

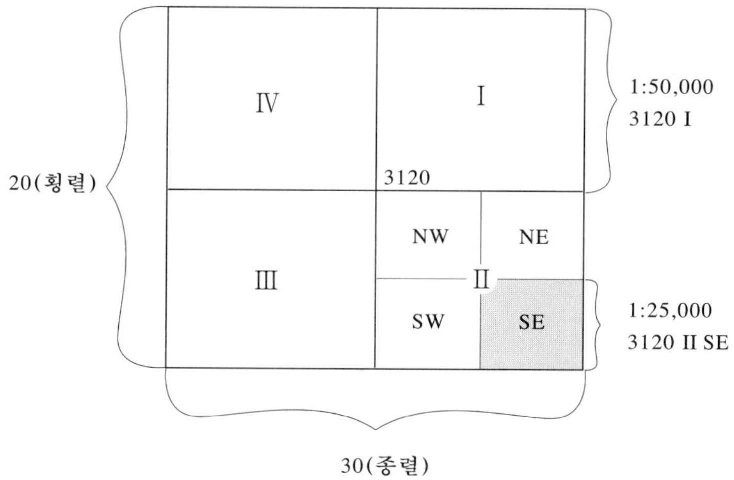

[그림 3-33] 대축척지도의 도엽 구성

군사좌표체계(military grid reference system)는 특정 지점에 대한 정보보다는 각 구역에 대한 세부적이고 정확한 위치적 정보를 얻는 데 그 목적이 있으며 UTM 좌표와 UPS 좌표를 사용하기 위하여 고안되었다. 좌표의 구역은 UTM 좌표에서 나눈 것과 같이 경도는 1에서 60까지 번호를 매긴다. 위도는 8° 간격으로 나누는데 적도를 기준으로 남쪽으로는 남위 80° 까지 10개 구역, 북쪽은 북위 72° 까지 9개 구역으로 나누고 마지막 X구역은 12°(72°~84°)를 1개 구역으로 도합 20구역으로 나눈다. 그러므로 경도 및 위도는 6° × 8° 의 직사각형 구역으로 구분된다. 이때 A, B는 남극, Y, Z는 북극의 UPS 좌표대에 속하게 하고 I와 O는 1과 0의 숫자와 비슷하여 제외하였으며 C(80° S~72° S)에서부터 X(72° N~84° N)까지 이름을 붙여 전세계를 1,600구역으로 구분한다. 분할구역 격자망은 그림 3-31과 같다.

이들 좌표의 단위는 m로 하는 평면직교 좌표로서 종좌표를 N, 횡좌표에는 E를 붙여 구분한다. 또 UTM 좌표대에서 제외된 UPS(國際極心立體座標: Universal Polar Stereographic Coordinates)는 남 · 북위 80° 이상의 양극을 원점으로 하는 평면직교 좌표를 사용하고 거리단위는 m로 한다. 이들 UTM, UPS 좌표체계는 일반인들이 접할 기회가 거의 없으며 군사용 목적(미사리 폭격이나 폭격기의 비행추적)이나 지도투영을 위한 계산을 할 때 사용되는 좌표체계이다.

그 외에 세계 지리좌표체계(World Geographic Reference: GEOREF)가 있는데 이는 위치보고에 이용되는 좌표체계로 군사용으로 이용하는 약정 기호체계이다.

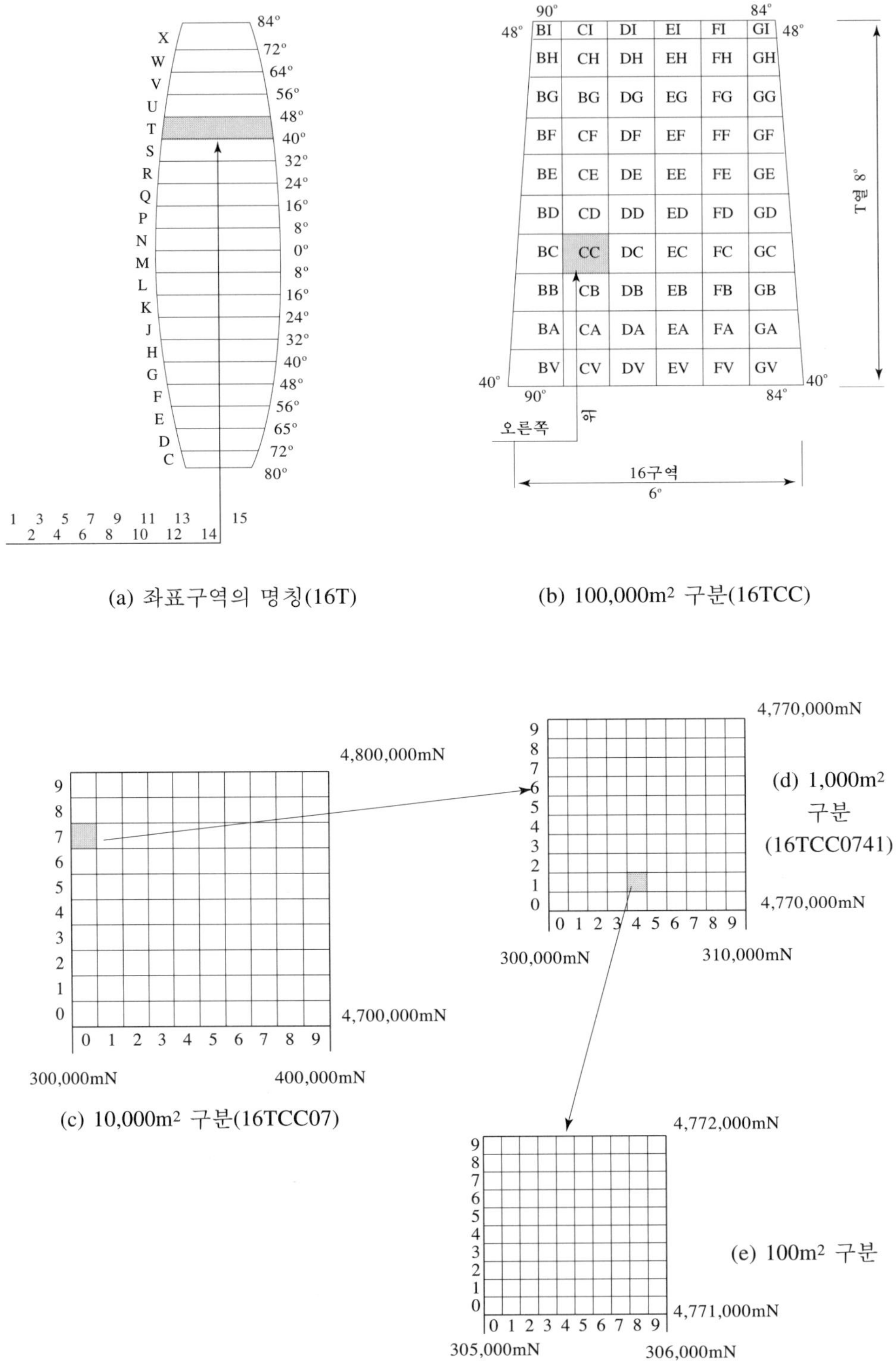

(a) 좌표구역의 명칭(16T)

(b) 100,000m2 구분(16TCC)

(c) 10,000m2 구분(16TCC07)

(d) 1,000m2 구분(16TCC0741)

(e) 100m2 구분

[그림 3-34] 군사좌표체계의 분할구역 구축

2) WGS 84 좌표계

지구타원체의 위치, 측선, 방향, 길이 등을 정확히 표현하기 위하여 반드시 단일 지심좌표체계가 필요하다. 또 지구의 각 지역이나 사용목적에 따라 적용하는 좌표체계가 상이하면 효과적인 수행을 할 수 없다. 뿐만 아니라 최근에는 각종 정보통신기술의 발달로 고정확도가 요구되며 특히 측량 및 지형공간정보 분야에서는 단일 지심좌표체계가 필수적이다. 다시 말하면 지구의 질량중심(지심)을 원점으로 한 좌표체계를 말한다.

우리나라의 경우도 육 · 해 · 공군이 서로 다른 지도(좌표)체계를 갖고 있기 때문에 연합작전시에는 혼란을 가져올 수 있다. 뿐만 아니라 우리나라 좌표체계는 일본 동경원점(東京原點)을 기준으로 한 Bessel 타원체를 사용해왔는데 당시에 제정된 타원체값은 기술력의 부족으로 오차를 내포하고 있다. 그러므로 각 국가별로 사용되는 국지적인 좌표체계는 여러 종류의 오차를 내포하고 있기 때문에 미 국가영상지도국(NIMA: National Imagery and Mapping Agency)에서 통일된 좌표체계를 개발하였다. 처음에는 WGS 60, WGS 66, WGS 72 등으로 불리었으나 계속 수정 · 보완을 통하여 지금은 WGS 84(World Geodetic System 84)에 이르렀다.

우리나라도 최근에는 GPS를 이용한 측량분야에서 WGS 84에 대한 연구가 되고 있으며 종래의 관측방법으로는 자료의 취득이 어려웠던 임의의 점의 파악이나 지오이드(geoid) 등에 관한 물리량을 직접 획득하는 데 실용하고 있다. 뿐만 아니라 선박이나 비행기의 항법장치를 비롯하여 통신과 군작전용으로도 응용범위가 넓어진 편이다. GPS는 WGS 84 타원체를 기준타원체로 하고 있기 때문에 우리나라에서도 GPS를 효과적으로 사용할뿐만 아니라 고정밀도의 측량에 이용의 폭이 넓어질 것이다.

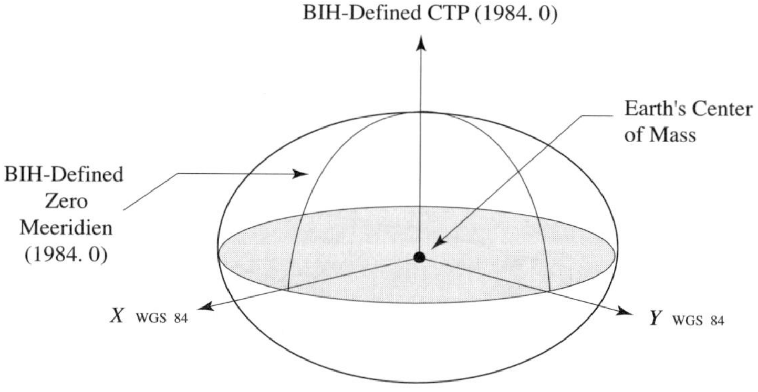

[그림 3-35] WGS 84 좌표기준계의 정의

3) GPS와 위치결정

지금까지 알아본 좌표도 위치결정이라는 최종목표를 획득하기 위함인데, 최근에는 이러한 위치결정에 GPS라는 신장비를 이용하여 보다 효과적으로 수행하고 있다. 얼마전까지만 해도 평판이나 트란싯 등 종래의 측량기로 위치결정을 해왔지만 지금은 GPS라는 최신 장비로 지구의 위치(좌표)을 파악하고 있다. 우주공간에는 무수히 많은 크고 작은 별들이 있는데, 그 중에 하나가 우리 인간이 살고 있는 지구(별)이고 지구별을 인간이 만든 인공위성(별)이 다시 관측을 하여 위치 좌표를 얻는다.

① GPS의 활용

범세계 위치결정체계(Global Positioning System)인 GPS는 지구주위를 돌고 있는 인공위성을 이용한 위치결정체계로서 위성에서 발사한 반송파를 수신하여(시간) 관측점의 위치를 구하는 체계이다. GPS는 고도 20.183km에 6개 궤도면에 4개씩 총 24개가 배치되어 있으며 약 12시간을 주기로 운행되고 있다. GPS의 구성, 위성신호의 원리, 응용 등 이론적인 내용은 너무나 복잡하기 때문에 생략하기로 한다. GPS 수신시스템은 인공위성이 지구주위를 돌면서 지상이나 바다의 배 또는 고속항공기에 신호를 보내 위치를 확인하는 것으로 외국에 갈 때 비행기 내의 TV화면을 보면 세계지도와 운항중인 비행기의 위치가 표시되는 것을 보았을 것이다. 또 몇 년 전에 일어난 걸프전쟁 때 적군의 진지를 명중한다든가 적군이 미사일로 공격해 올 때 방어용 미사일로 공중에서 파괴하는 것도 GPS의 위력이다. 뿐만 아니라 최근에는 막히지 않고 빨리 갈 수 있는 길을 안내하는 지도가 장착된 항법용

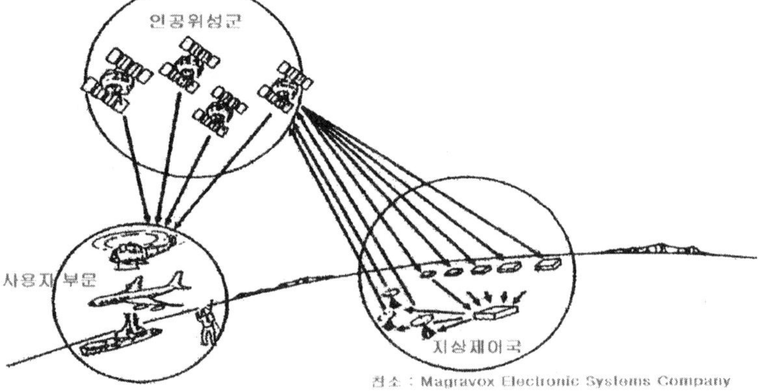

출소 : Magravox Electronic Systems Company

[그림 3-36] GPS의 구성요소

GPS 수신기로 위성의 신호를 받아 위치, 속도와 시간을 변환하여 비행기, 선박, 차량 등에 이용하고 있다.

GPS수신기가 장착된 자동차도 있고 중요 고속도로에 차량의 막힘과 주행 예정시간을 알려주는 교통제어시스템도 GPS의 자료를 받아 이용한다.

또한 멸종위기의 동물들의 이동경로나 소재파악을 위하여 동물의 몸에 소형 GPS 수신기를 장착한다든지, 극지탐험이나 오지연구원들의 안전한 활동을 위한 일에도 많이 이용되고 있다. 그러나 가장 많이 이용되고 있는 분야는 각종 건설사업에 필수적인 측지분야(surveying, mapping)라고 생각한다.

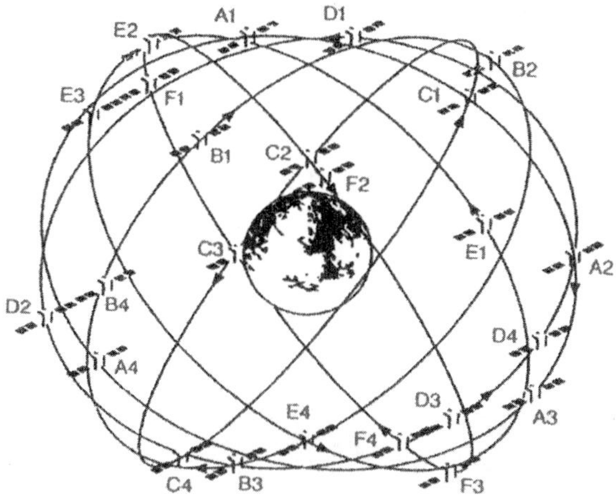

[그림 3-37] GPS 위성 배치도

24개의 위성이 6면 궤도에 배치되어 지구상 어느 지역에서나 5~8개의 위성자료를 수신할 수 있다.

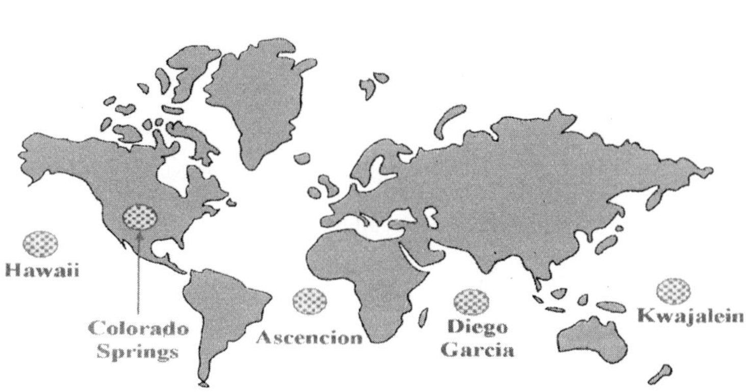

[그림 3-38] GPS 위성 통제센터

미국 콜로라도 스프링스의 Falcon 공군기지에 중앙관제소(MC: Master Controller)가 있으며 태평양(Hawaii), 대서양(Ascension), 인도양(Diego Garcia), 남태평양(Kwajalein)의 추적관제소에서 매일 위성의 건강상태를 체크하고 정보를 업데이트하고 있다.

② GPS 기술의 전망

GPS는 지구상 어느 곳에서도 교신이 가능하며 향후에도 무료로 민간의 사용이 허용되고 있어 독자적인 위성항법시스템이 없는 국내의 경우 적극적인 이용이 요구되는 실정이다. 이를 위해 국내에서도 수신기 하드웨어기술과 소프트웨어기술을 비롯한 다양한 항법시스템을 개발할 수 있는 응용기술의 개발이 요구되고 있다. 비행기나 선박의 위치확인 및 항법시스템뿐만 아니라 측량, 수치지도 제작, 정밀시각측정, 응급구조, 지리정보시스템(GIS)과 연계한 자원관리, 레저와 스포츠 등 많은 분야에서 이용될 것으로 사료된다. 특히 전자정보 통신기술의 빠른 발전에 따라 응용분야는 더욱 넓어질 것이며 이에 대비한 GPS 기술의 연구가 필요하다는 것이 전문가들의 일치된 견해이다. 이는 이 분야에 대한 관심과 연구를 측량학회, 지형공간정보학회 등 각종 학회와 국책연구기관에서 적극적인 뒷받침이 있어야 된다.

[그림 3-39] GPS 수신기(국토지리정보원 소재)

그러나 GPS를 사용할 때 장애가 없는 것은 아니다. 미 국방부는 GPS를 통한 데이터의 수신에 있어 SA(Selective Availability)방식을 채택, 특수 수신기를 가지고 있어야만 이를 사용할 수 있게 하는 등 간접적인 통제를 가하였으나 2000년 5월에 개방을 시킨 상태이다. 또 GPS와 같이 위성을 이용하는 전파항법시스템으로는 현재 러시아의 글로나스(GLONASS: Global Navigation Satellite System)가 있고 향후 인마샛(INMARSAT), 오르브콤(ORBCOMM), 스타시스, 이리듐(IRIDIUM), 글로벌스타(GLOBALSTAR), 오디세이(ODYSSEY) 등과 같은 저궤도위성을 이용한 항법시스템들이 개발될 예정이다. 특히 이 분야의 국내기술은 아직 초기단계여서 무엇보다도 GPS 관련 기술의 이해와 정보공유 및 확산의 필요성이 강조되며, 이는 기존의 차량항법 및 위치측정분야뿐만 아니라 폭넓게 활용하기 위하여 노력해야 될 줄 안다. 이 노력에는 하드웨어 및 이를 운용하기 위한 소프트웨어기술, 그리고 미국을 중심으로 한 외국 GPS기술 선진국의 정책 및 특허 관련 내용까지 망라되어야 한다. 또 국내에서는 실질적으로 이를 사용하고 있는 측량전문회사, 자동차회사, 선박회사 및 국가기관에서도 이 분야의 연구에 적극적인 참여가 있을 것으로 전망한다.

③ GPS 상시관측소

GPS 위성을 연속 관측할 수 있는 20개소의 GPS 상시관측소를 전국에 걸쳐 설치 · 운영 · 조정 · 통제하는 중앙국이 국토지리정보원 내에 설치되어 있다. 각 원격관측소의 관측데이터를 받아 정확한 좌표를 계산 · 결정하고, 이들 관측데이터를 공중통신망(PC, 전화, 인터넷)을 통하여 일반 사용자들에게 제공하고 있다. 이들 데이터는 각종 측량 · 토목 · 건설현장뿐만 아니라 등산, 요트, 레저 및 스포츠와 일상생활에서 즉시 사용할 수 있으며, 또한 항공, 선박, 자동차 등 각종 자동항법시스템을 지원하는 기준국으로도 이용되고 있다.

국토지리정보원에서는 1995년 3월 15일부터 수원 상시관측소를 운영하면서 한일 간 지각변동량을 일본국 국토지리원과 함께 연구하기 시작하였으며 또한 1997년 11월에는 국제 GPS 서비스(IGS)의 관측망에 참가하여 국제적인 지각변동 분야의 연구활동에 참가하는 등 상시관측소의 운영과 관측성과의 분석기술을 습득하고 있다.

상시관측소는 1997년도에 강릉, 광주, 대구, 전주를 시작으로 전국에 걸쳐 설치할 계획이며 1998년 하반기부터 서비스를 시작하고 있다. 또 GPS 위성추적에 의한

〈표 3-7〉 GPS 상시 관측소 현황

순위	설치 지역	설치 장소	설치 년도	순위	설치 지역	설치 장소	설치 년도
1	수원	국토지리정보원	1995	8	원주	원주기상대	1999
2	전주	전북대학교	1997	9	진주	상수도사업소	1999
3	광주	전남대학교	1997	10	울진	울진기상대	1999
4	대구	경일대학교	1997	11	서산	서산기상대	1999
5	강릉	강릉대학교	1997	12	태백	강원관광대학	2000
6	제주	제주기상대	1998	13	상주	상주대학교	2000
7	서울	서울산업대학교	1999	14	청주	충북대학교	2000

정밀한 위성궤도 정보 제공, 각종 측량을 위한 전자기준점 역할, 자동항법시스템을 위한 기준국 역할, 연속관측에 의한 정밀한 지각변동량 조사 등에 활용될 수 있을 것이다. 향후 국토지리정보원에서 설치 · 운영하는 국가 GPS 상시관측소를 기본으

〈표 3-8〉 국내 GPS 상시관측소 설치 현황 (단위: 설치대수)

계	국토 지리정보원	한국 천문연구원	해양 수산부	행정 자치부	한국지질 자원연구원	한국전력	대한지적 공사
83	14	9	17	30	6	5	2

로 타부처(과기처, 동자부, 행자부...)에서 운영하고 있는 관측소들을 연계하여 GPS 상시관측소의 데이터 공동이용을 추진하여 예산 및 자원을 절감해야 할 것이다.

④ GPS-Van(Mobile Mapping System)

GPS 수신기를 차량에 탑재하여 사진 영상을 해석하는 사진측량시스템(GPS-Van, photogrammetry systems)으로 시간과 인력, 비용을 획기적으로 줄일 수 있는 측량방법이다. 이 시스템은 차량 상단에 해석용 CCD 카메라와 관성항법장치(INS: inertial navigation system), 정밀측지용 GPS 수신기, 실용프로그램과 단말기로 구성되는데 측량을 실시하여 얻는 영상자료 뿐만 아니라 그 성과를 도면(지도)으로 출력할 수 있는 차세대 측량기법이다. 이것은 미국과 캐나다에서 도심지에 대한 데이터를 수집하는데 주로 사용되어온 것으로 수작업으로 하던 종래의 측량을 자동화하는 동시에 정확도를 높일 수 있는 것이 특징이다. 뿐만 아니라 도로시설물 관리나 통신망, 가스관, 지하시설물관리 등 국가기간시설물에 대한 지속적인 측량이 필요한 지역에 많이 이용될 전망이다. 이 시스템은 지도를 수치지도의 형태로 획득 · 생산할 수 있으므로 측량 선진화에 기여할 것으로 판단된다.

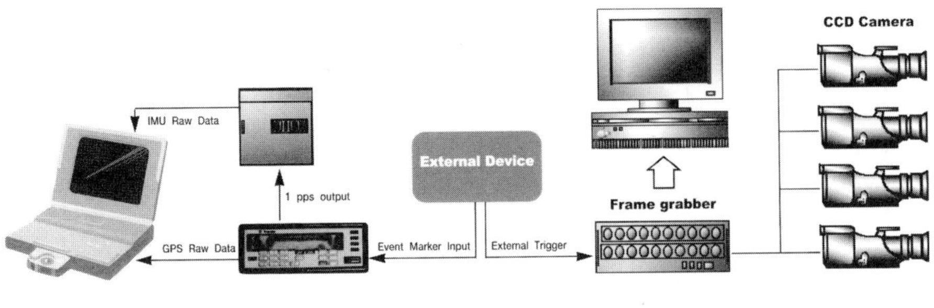

[그림 3-40] GPS-Van의 구성도 (자료 제공: GGS Eng)

아직 초보적인 단계이지만 적극적으로 운용이 된다면 전신주(500만개)의 DB화, 도로중앙선 및 주변 시설물의 DB화, 가스관로 및 시설물의 DB화, 도로 표시판 및 관련 시설 DB화, 철도선로 및 주변 시설물의 DB화, 각 지자체의 수치지도 수정 · 갱신, 도로시설물조사 및 현황 파악, 교통사고 조사 및 발생 약도제작, 불법시설의 감시 및 조사 · 계획, 기술용역업체의 환경 · 조경 · 도시계획 관련 업무 등 광범위하게 응용될 것이며, 특히 선형시설물의 유지, 보수, 관리, 감독 등에 유용하게 쓰일 것으로 판단된다.

제 2 절 영상지도와 GIS

1. 사진영상지도

1) 사진지도의 이해

비행기를 타고 밑을 내려다 보면 1:5,000 지도를 펴놓고 보고 있는 것과 같은 느낌을 받는다. 이렇게 사람의 눈으로 느끼는 시각적인 느낌을 사람의 눈과 같은 카메라로 사진을 찍어 편위수정을 거쳐 사진지도를 만든다. 즉 항공촬영된 사진을 지형도로 만들기 전에는 기복변위와 경사변위 때문에 곧바로 지도로 활용할 수 없다. 이러한 문제점을 제거하기 위하여 항공사진의 투영중심을 정사투영(正射投影)으로 변환시켜 일반 지도와 같은 사진으로 만들고 그 사진상에 등고선과 지명을 넣어 만든 것이 사진지도이다. 이것을 일명 집성사진도(集成寫眞圖: Photo Mosaic Map)라고 하며 종이로 만든 지도보다는 위치관계를 정확히 파악하기 어렵지만 지표면의 상태가 그대로 나타나므로 지형도에서 일일이 표현할 수 없는 세부지형과 윤곽을 뚜렷이 읽을 수 있는 특징이 있다.

사진지도는 촬영된 사진의 축척 및 대상물의 크기에 따라 다르나 지형도를 만드는 것보다 많은 과정이 생략되기 때문에 경제적이지만 이용측면에서는 제한적

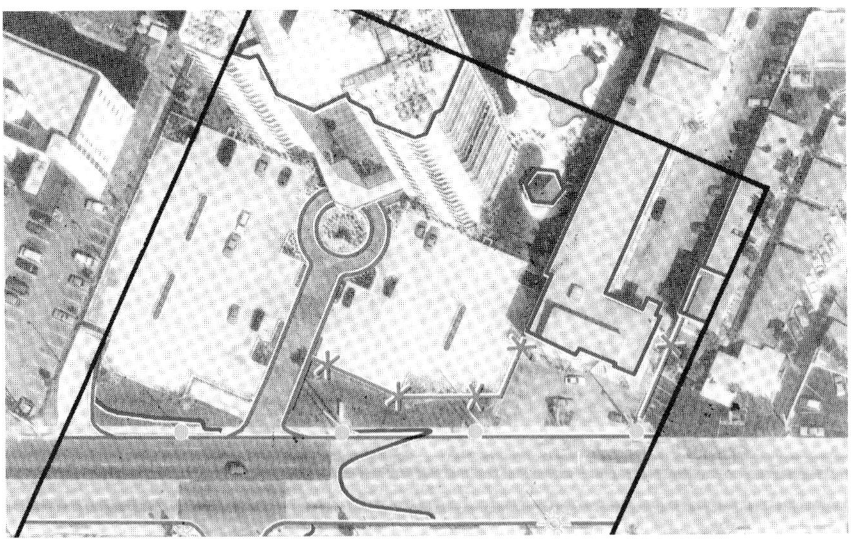

[그림 3-41] 사진상에 지형 · 지물의 경계를 표시한 사진지도

정사사진 위에 건물의 형태, 도로의 선형 등을 표시하여 지도화하는 과정을 읽을 수 있다.

이다.

사진을 지형도에 가장 먼저 이용한 사람은 1849년 프랑스의 로세다(Laussedat)였고, 1888년 이탈리아의 폴로(Porro) 교수와 독일의 콥페(Koppe) 교수는 광선을 역으로 보내면 렌즈수차가 제거되는 원리를 발견하였으며, 1892년 독일의 플프리히(Pulfrich)가 부점(floating mark) 이론을 바탕으로 입체도화기의 기본 이론을 세운 후부터 본격적으로 이용되기 시작하였다. 또 1905년에는 입체좌표 측정기와 도화장치가 개발되었으며 1920년 하이데(Hyde)에 의해 자동제도기가 개발됨으로써 오늘날에는 비약적인 발전이 있었다.

[그림 3-42] 사진상에 지명을 표시한 사진지도(1990, Jacaranda Social Studies Atlas for Aotearoa)

축척 1:7,500의 항공사진 위에 지명을 표시한 사진지도이다. 만약 지명(명칭)을 붙이지 않았다면 그림의 역할밖에 못한다. 공공건물을 표시한 지명과 숲, 가옥, 온실, 채소밭, 논, 호밀밭, 도로, 집, 하천 등의 지형 · 지물을 판독할 수 있는 사진지도이다.

2) 사진지도와 항공촬영

우리나라는 1966년 한화공동 항공사진 측량협정에 의거 1:25,000 지형도를 구축하기 위하여 항공사진 촬영이 시작되었다. 1976년 서울의 일부지역(100km^2)에 대한 1:5,000 사진지도를 처음 제작한 이래 각 대학연구소나 정부유관기관에서 목적별 사진지도를 제작하고 있으며 이들 사진지도의 장 · 단점은 다음과 같다.

① 장 점　ㄱ. 넓은 지역을 한눈에 알 수 있다.
　　　　ㄴ. 조사하는 데 편리하다.

ㄷ. 지표면에 있는 단속적인 징후도 경사로 되어 연속으로 보인다.

ㄹ. 지형, 지질이 다른 것을 사진상에서 추적할 수 있다.

② 단 점 ㄱ. 산지와 평지에서는 지형이 일치하지 않는다.

ㄴ. 운반하는 데 불편하다.

ㄷ. 사진의 색조가 다르므로 오판할 경우가 많다.

ㄹ. 산의 사면이 실제보다 깊게 찍혀 있다.

항공촬영으로 만든 사진(자료)과 사진지도는 지형의 해석, 하천이나 도로의 길이, 붕괴면적, 유역면적, 변동량, 침식(퇴적)량, 표면온도, 탁도 등 여러 형태로 이용할 수 있으며 이들을 2회 이상 촬영하여 진행추이나 변동상태를 비교 · 분석할 수도 있다. 이와 같이 항공사진은 지도제작을 비롯한 우리의 실생활에 깊숙이 자리하고 있는데 주로 다음과 같이 응용된다.

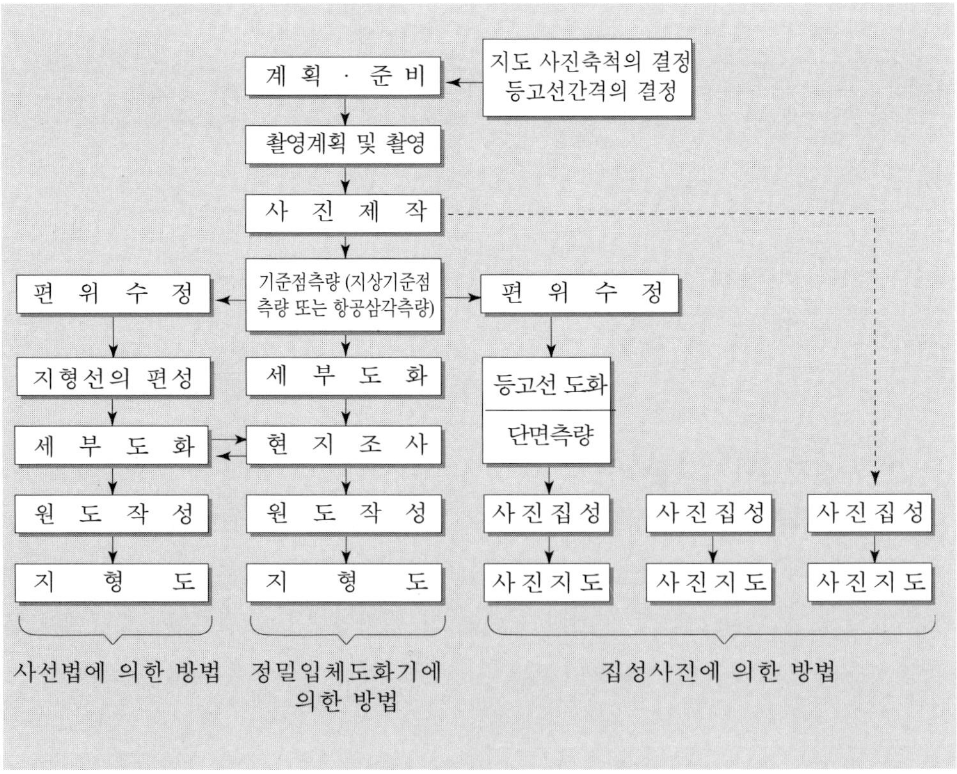

[그림 3-43] 항공사진에 의한 지도제작 공정

- 1:25,000, 1:5,000, 1:1,000 지형도의 제작과 수정(수치지도 포함)
- 사진지도 제작과 사진집성도의 제작(모자이크)
- 토지이용도 제작과 수정을 위한 조사용 자료로도 이용
- 우리나라의 국토형상과 도서의 조사
- 각종 도로공사의 예정지 조사와 설계용 도면으로 이용
- 항만시설, 댐공사, 대규모 농지개발에 따른 기본설계와 실시설계용 현황도
- 도시개발계획과 공업단지의 조성에 따른 구상용 도면

[그림 3-44] 항공사진을 촬영하는 모습

(a) 사진

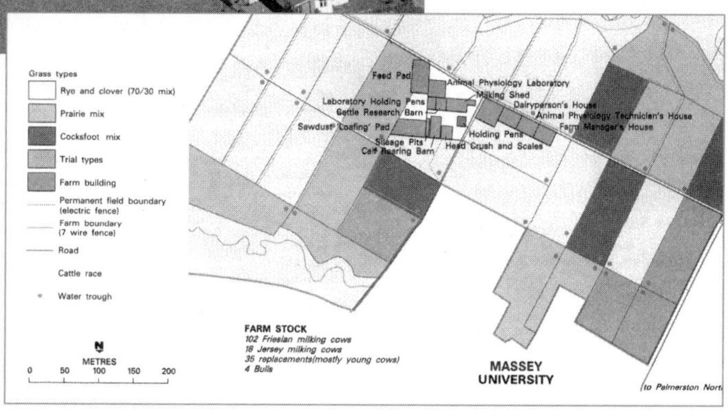

(b) 지도

[그림 3-45] 사진과 지도의 비교(1990, Jacaranda Social Studies Atlas for Aotearoa)

뉴질랜드 북섬에 있는 Massey 대학의 실습농장을 사진과 지도로 비교한 것으로 사진에는 초원(목초지)과 건물이 있다는 것밖에는 아무것도 나타나 있지 않다. 단순히 사진의 역할밖에 할 수 없다. 그러나 이것을 이용하여 만든 지도에는 목초지의 종류와 경계를 알 수 있으며 건물의 용도를 파악할 수 있는 명칭이 있기 때문에 실습장에 대한 사전정보를 파악할 수 있다.

비행기로 사진을 촬영하여 2가지의 성과물을 얻을 수 있는데 하나는 앞서 설명한 사진지도이고, 둘째는 지형도 제작을 들 수 있다. 전 국토에 대하여 4~5년 주기로 반복 촬영함으로써 기 제작된 각종 지도에 대하여 수정작업을 실시하여 지도의 정확도와 가치를 높이고 있다. 또 국토현황을 기록 · 보존하여 훗날 그 변혁과정 등 여러 가지 자료로서 이용할 수 있다. 이러한 항공사진을 찍을 때 사용하는 필름은 1966년부터 1998년까지는 펜크로(pencro) 흑백필름을 사용하여 지도제작 및 각종 조사사업을 실시하였으며 1985년~1988년까지 도서조사 목적으로 천연색 항공사진이 이용되었다. 지금은 1:1,000 수치지도 제작목적으로 전국 도시지역에는 대축척(1:5,000)으로 촬영되고 있으며, 앞으로 항공촬영(측량)에 의한 사진지도는 그 활용범위가 크게 증대될 것이다.

2. 위성영상지도

1950년대 후반부터 인공위성의 기술이 개발되면서 지구, 달, 혹성, 태양계에 대한 지식이 늘어나고 지구자원 탐사를 위한 위성이 본격적으로 개발되기 시작하였다. 이러한 위성에 부착된 감지기(感知機: sensor)에 의해 탐사된 지표면상의 각종 위성자료를 컴퓨터에 의해 분석하여 지도화하는 기술 즉, 원격탐측기법(遠隔探測技法)으로 제작된 지도를 위성영상지도라고 말한다.

[그림 3-46] 위성사진지도(1998. 12. National Geographic: Relief by Tibor Toth)

캐나다와 알래스카 접경지역인 Yukon 지역의 빙하연구를 위해 획득한 위성영상사진으로 빙하와 바위의 기복이 잘 나타나 있으며 중요 지명과 국경, 산의 위치와 높이 등의 자료를 합성하여 만든 위성사진지도이다.

1) 위성영상의 획득

① 위성영상자료의 이용

지구의 탐사(측량)에 이용되는 위성은 미국의 LANDSAT과 일본의 해양관측위성인 MOS 그리고 1986년에 처음 발사된 프랑스의 SPOT 등이 대표적이다. 이들 위성의 응용분야는 농업, 식물학, 지형학, 토목공학, 환경감시, 임학, 지리학, 지질학, 해양학, 측량학 등에 응용되는데, 특히 위성자료로 자원분석, 지형분석, 수자원분석 등 이루 헤아릴 수 없을 만큼 광범위하다.

미국의 국토지리정보원인 USGS(U.S. Geological Survey)에서는 1:250,000부터 1:1,000,000의 위성영상지도를 발행하였고, 미 국방성 지도제작국에서도 비행을 위한 영상자료와 얕은 바다에 대한 수로학적 목록제작에 LANDSAT 영상자료를 이용하고 있다. 이러한 영상을 해석하기 위해서 기계적인 처리에 의한 해석과 사람의 눈으로 해석(판독)하는 두 가지의 방법이 있다. 일반인들이 위성사진이나 위성영상을 이용하거나 접할 수 있는 기회는 그리 많지 않다. TV나 신문에서 지구모습이나 기상예보를 하기 위하여 비춰주는 기상사진이 전부일 것이다. 그러나 최근에는 위성영상 자료를 필요한 사람에게 수수료를 받고 팔고 있기 때문에 활용범위가 획기적으로 늘어날 것으로 전망한다.

② 위성영상과 지도제작

지구자원 탐색을 목적으로 우주궤도상에 올려진 인공위성이 보내오는 지구영상

(a) 1992년

(b) 1990년

[그림 3-47] 대전시의 위성영상 (1999. 2월, 청오G&G)

대전시 유성구 둔산지구의 지형변화를 분석한 위성영상사진으로 불과 2년만에 변화된 지형을 볼 수 있다.

을 공급받아 각종 용도에 맞게 분석 · 연구하여 지도를 만들고 있다. 이때 기존의 다른 방법보다는 경비가 저렴하며 광범위한 지역의 자료를 신속하게 얻을 수 있는 이점이 있다. 1976년부터 미국 NASA의 협조를 받아 과학기술처에서 LANDSAT 인공위성데이터에 의한 서울-아산지구에 1:25,000 토지이용도를 제작(매년 10,000km^2)하기 시작하여 1984년까지 전 국토(남한)를 제작 완료하였다. 또 1999년부터는 항공사진 촬영이 불가능하여 지형도를 제작하지 못한 지역을 대상으로 고해상 위성영상(해상력 1m급)을 이용한 지도제작 및 수정을 실시하고 있다.

항공사진 촬영으로 제작된 기존 지도들을 수정하기 위하여 다시 항공사진 촬영을 실시하는 경우는 가격이 비싸고 촬영시기가 일정치 않을 뿐만 아니라 지형변화에 대하여 지속적으로 대처하기에는 어려움이 따른다. 그래서 이를 좀더 빠른 시일

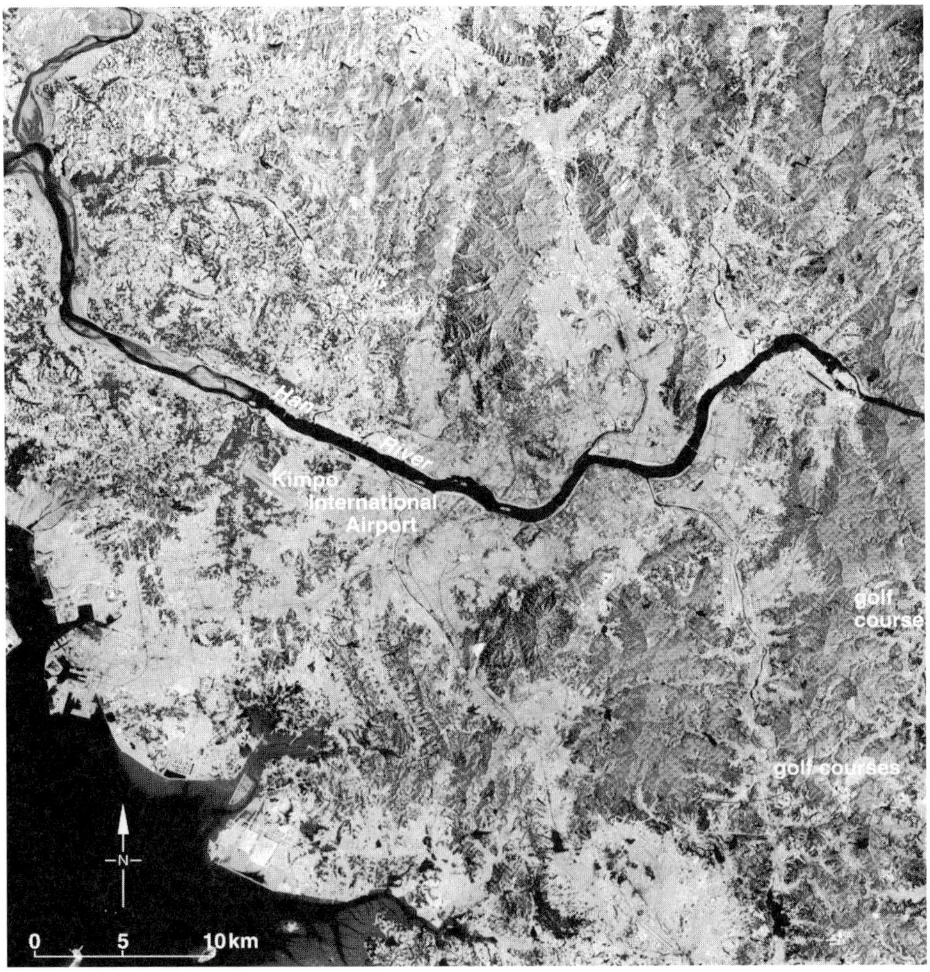

[그림 3-48] 서울시 위성사진지도(1998, The read ATLAS of NZ The world)

에 동일한 정확도를 가진 광범위한 자료로 획득하기 위하여 위성사진 자료를 이용한다. 예를 들면 프랑스의 SPOT IMAGE사에서 구입한 데이터를 받아 토지이용도의 분류, 도시개발에 따른 지형변화의 분석, 연안환경변화 추적, 농작물 및 산림현황 감시, 도시발전계획 수립 등에 활용하고 있다.

또 첩보위성 등에서 얻어지는 1m급 이하의 고해상도 영상자료를 이용하여 고정확도가 요구되는 지도제작에 이용이 가능하다. 특히 1997년에 들어서는 고해상도 자료에 대한 일반의 요구가 증가하면서 이들의 사업적 이용과 배포를 위한 새로운 위성의 발사움직임이 가시화되고 있다. 이와 같이 고해상도의 위성자료는 기존의 LANDSAT이나 SPOT 위성자료에 비해 정밀한 자료획득을 가능하게 함으로써 지도제작 분야의 응용에도 그 정확도의 향상에 크게 기여할 것으로 기대된다.

이와 같이 지도제작에 이용되는 고해상도(1m) 영상자료는 1:5,000 지형도의 수정제작이나 국토개발 및 관리를 위한 정확한 지형정보를 제공할 수 있다. 뿐만 아니라 광범위한 지역의 토지이용을 손쉽게 파악하여 국가정책 수립에 효율적으로 이용되며, 3차원 지형분석을 통하여 환경영향평가 등 대규모 건설사업에 활용이 가능하다. 또 저해상도(7~10m) 영상자료는 1:25,000~1:50,000 지형도의 수정 · 제작과 지형변형 모니터링을 통하여 국가기본도와 수치지도의 수정체계를 확립할 수 있다. 그 외에 점차 고해상도 위성들이 상업적, 군사적, 재산관리 등에 필요한 대축

[그림 3-49] 1996년 동강의 LANDSAT TM 영상(1999. 4월, 청오G&G)

척 지도제작 및 수치표고모형(DEM: Digital Elevation Model) 추출까지 다양한 분야에서 이용될 것으로 판단된다.

③ 수치표고모형

위성자료를 이용하는 수치표고모형의 작성은 지표면의 높이정보를 일정한 간격으로 나타내는 공간자료로서 지형을 입체적으로 분석할 수 있기 때문에 GIS 차원에서 구축하는 지도형태이다. 수치표고모형과 수치지형모형(DTM: Digital Terrain Model)은 같이 사용되기도 하며 적당한 밀도로 분포하는 각 점들의 위치 및 표고의 수치값을 자기테이프에 기록하고 그 수치값을 이용하여 지형을 수치적으로 해석하는 것이다.

수치표고모형은 지형, 지세를 파악하고 분석하는 데 기초적으로 활용하는 자료이다. 지형의 높고 낮음을 알 수 있는 고도를 파악할 수 있고, 지면의 기울어진 경사의 정도를 알 수 있으며 경사의 방향도 파악이 가능하다. 또 고도자료를 이용하여 햇볕이 비치는 방향에 따라 밝고 어두움이 나타나는 3차원 음영기복도를 얻을 수 있으며, 다른 위성으로 얻은 영상자료(지형 · 지물의 모습, 위치, 지형 등)를 병합하여 3차원 영상지도를 만들 수도 있다.

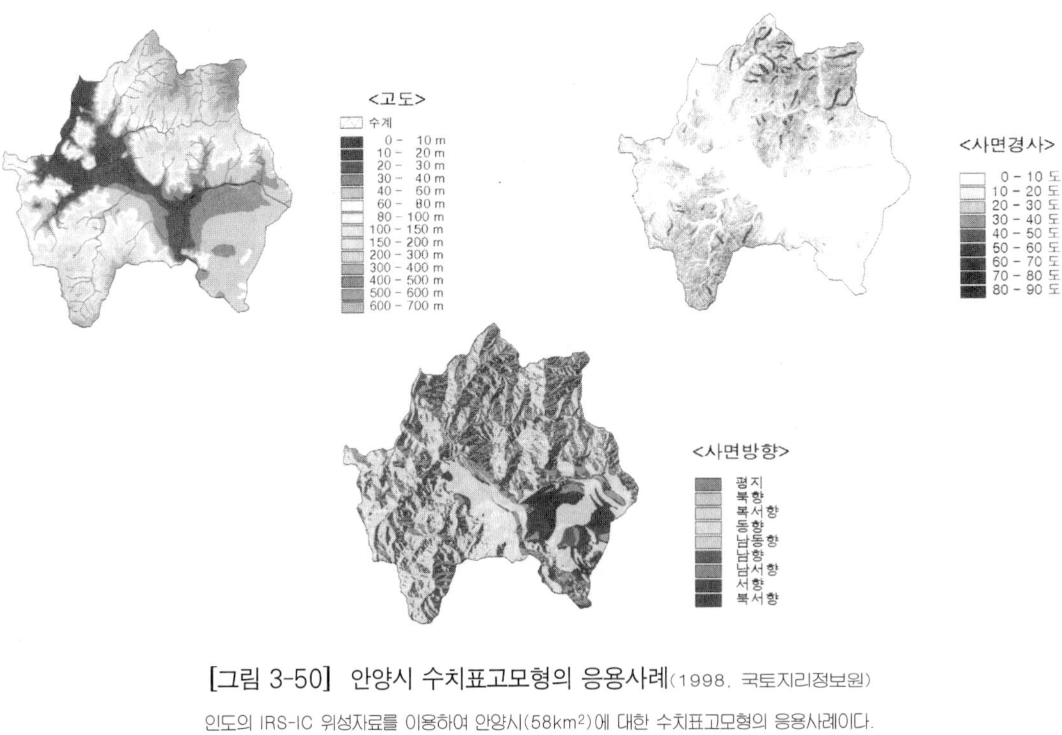

[그림 3-50] 안양시 수치표고모형의 응용사례(1998, 국토지리정보원)

인도의 IRS-IC 위성자료를 이용하여 안양시(58km^2)에 대한 수치표고모형의 응용사례이다.

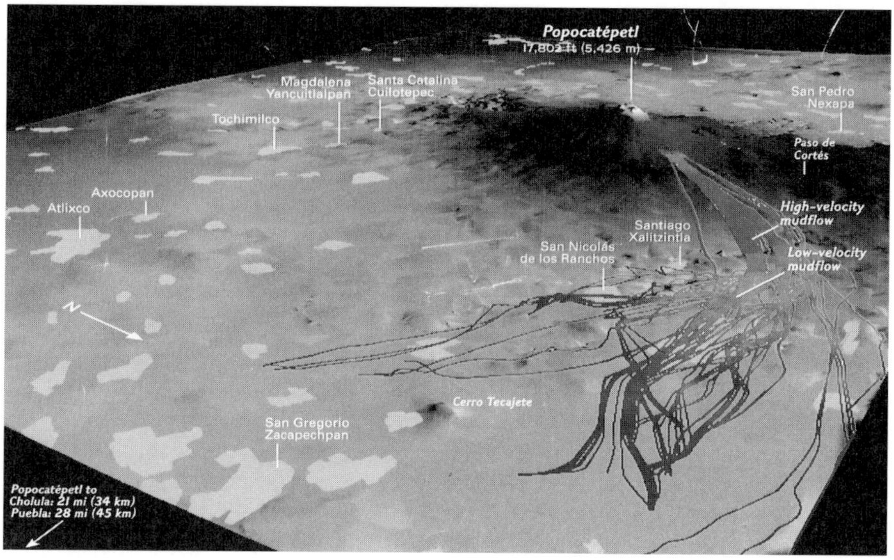

[그림 3-51] 수치표고모형(1999. 1. National Geographic)

멕시코의 Popocate'petl 산의 화산분출 모습을 그린 이 그림은 버팔로의 뉴욕 주립대학의 Michael Sheridan에 의해 만들어진 수치표고모형(DTM)이다.

2) 인공위성의 종류

인공위성에 대한 착상은 아이작 뉴턴이 자신의 저서 「자연철학의 수학적 원리」(1687년)에서 처음 제안하였다. 그는 산꼭대기에서 지평선과 평행하게 매우 빠른 속도로 발사된 포탄은 땅에 떨어지기 전에 지구주위를 돌 것이라고 예견했다. 이후 300년이 지난 1957년 10월 4일 소련은 세계 최초의 인공위성인 Sputnik1호를 쏘아올렸고 미국은 3개월 뒤인 1958년 1월 31일에 Explorer1호를 발사한 이후 현재는 적어도 20여 국가에서 약 500개 이상의 인공위성을 발사하였다.

① 지구자원 관측위성(Earth Observation Satellite)

카메라, 가시광 센서, 적외선 센서, 마이크로파 센서, 화상 레이더, 레이더 고도계 등 각종 센서를 탑재한 위성이 우주공간을 돌면서 지구의 표면을 관측하는 위성을 말하며 미국의 LANDSAT과 SEASAT, 프랑스의 SPOT, 소련의 COSMOS가 대표적이다.

② 기상위성

TIROS-1호는 미국 최초의 기상위성으로 1965년에 발사되었으며, 그 후 많은 기상위성이 발사되었다. 대기오염의 방지 및 감시의 임무를 갖고 있는 NIMBUS-7과 세계 기상감시를 위해 발사된 TIROS-N가 있으며, 또 TIROS보다 진보된 ESSA 위성과 NOAA 위성이 있는데 해상력이 많이 향상되어 있다.

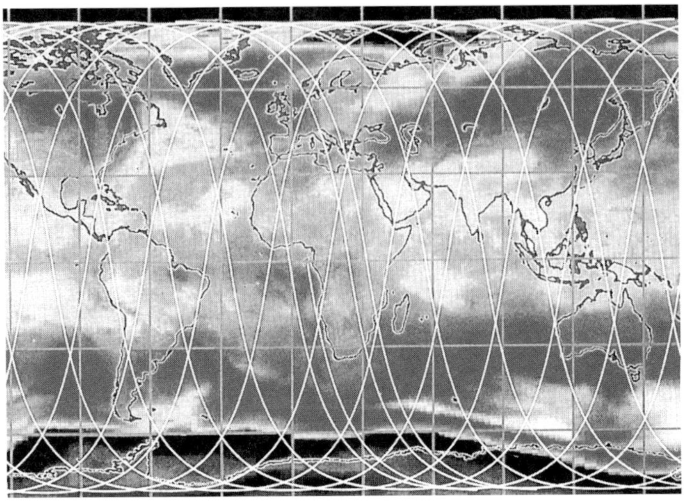

[그림 3-52] 위성 궤도(1998, Satellite Atlas of the World)

대기 위쪽에 있는 지구 오존(ozone) 분포와 함께 인공위성의 진행 방향(궤도)을 나타낸 지도이다.(ESA: European Space Agency)

③ 우주실험소(SKYLAB)와 월위성(APPOLO)

SKYLAB은 3인승 유인위성으로 우주기술, 우주의 실험 및 태양관측을 목적으로 1973년 5월 14일에 처음 발사되었다. SKYLAB에는 많은 센서를 설치하여 실험함으로써 후에 위성에 탑재할 센서의 기초가 되었으며, 고도 434km이고 적도면에 대해 경사각이 50°이다. APPOLO 위성은 달을 탐사하기 위하여 발사된 위성으로 각종 센서와 고정밀 사진기를 사용했으며, 우주행성에 대한 탐사의 시초가 된 위성이 있다.

④ 통신위성(Communications Satellite)

자동차, 항공기, 선박, 보행자 등 이동하는 물체와 고정된 지상국 또는 이동물체끼리 무선통신을 중계하는 정지위성을 말하며, 전파통신용 중계기를 탑재하여 마이크로파 통신으로 중계한다.

⑤ 방송위성(Broadcasting Satellite)

전파중계를 한다는 점에서 일종의 통신위성으로 일반 가정에서 소형 안테나로 수신이 가능한 것을 말하며 전파가 목적지역을 벗어나는 스필오버(spillover) 현상이 없도록 정밀한 제어능력이 필요하다.

⑥ 항행위성(Navigation Satellite)

선박이나 항공기의 위치확인은 물론 범지구적 위치측정(GPS)을 위한 위성으로 지구의 6면 궤도를 24개의 위성이 돌아가면서 관측에 이용되고 있다.

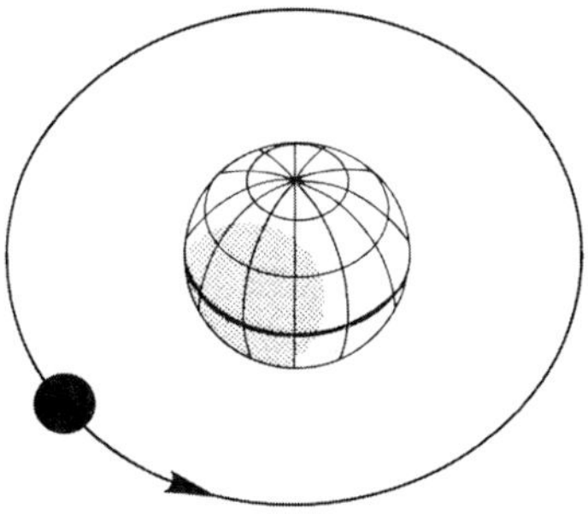

[그림 3-53] 지구자전 속도로 운행하는 정지궤도위성

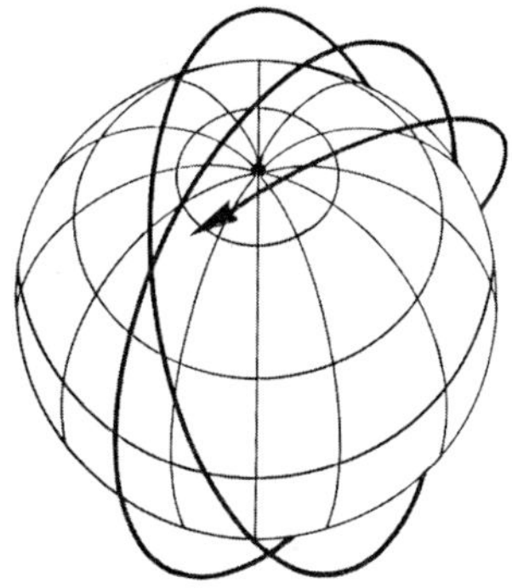

[그림 3-54] 극점에 가까운 궤도를 가진 Landsat-4 위성

〈표 3-9〉 최근에 발사된 위성의 종류

위성명	소유국	발사 연도	위성명	소유국	발사 연도
KVR-1000	러시아	---	IKONOS	미국	1999년
ALTERNATIVE	러시아	---	ORBVIEW	미국	1999~2000년
RESURS-DK	러시아	2000년	SPOT-5	프랑스	2001년
QUICK BIRD	미국	1999년			

우리나라의 위성역사는 그렇게 오래되지 않았다. 1992년 8월 11일 우리별1호(48.6kg)를 시작으로 2호(93. 9. 26.), 3호(99. 5. 26.)가 한국과학기술원(인공위성연구센터)에서 쏘아 올렸다. 처음에는 위성 제작기술의 습득, 위성 관련분야의 고급인력의 양성, 우주과학에 대한 국가적 관심증대 및 우주산업의 활성화, 청소년들의 우주에 대한 관심고양, 우주환경의 이해라는 목적을 두고 참여하였다. 1999년 12월 21일에는 항공우주연구소 주축으로 아리랑1호가 미국 캘리포니아주 덴버공군기지에서 발사되었는데 여기에는 고해상도 광학카메라(EOC)를 탑재하였다. 여기에서 얻어진 영상자료를 이용하여 3차원 수치표고모형 및 수치지도제작 기술에 대한 연구개발을 하고 있다. 해상도 6.6m인 이 영상자료는 공공기관에 배포를 하고 있는데, 2002년까지 전자지도제작, 해양관측, 우주환경관측 등 주요 임무를 수행하게 된다. 2002년에는 우리별 4호(과학위성1호)를, 2007년에는 아리랑 2호를 발사하였으며, 남해안의 외나로도에 우주발사대를 비롯한 우주 관련 센터를 건립하고 있다. 아리랑 2호는 한반도 주변에 대한 정밀영상정보를 획득하여 농경, 산림, 도시계획 등의 국토개발과 환경감시 및 지리정보시스템 등 공공복지에 크게 기여할 것으로 판단된다.

3. GIS와 NGIS

도형, 영상, 속성 및 위치정보의 종합적이고 체계적인 영상지도를 만들기 위하여 GIS는 없어서는 안 될 중요한 도구로 이용되고 있다. 얼마 전까지만 해도 종이 지도를 이용하여 국토계획, 지역계획, 자원개발계획, 공사계획 등을 입안 추진하였지만 지금은 컴퓨터를 이용한 영상지도가 널리 보급되어 있는 추세이다. 지형(地形: geo)은 일반적으로 토지의 지물이나 형태를 나타내는데 여기에다 속성정보(information)를 적절히 결합시켜 체계(體系: system)화시킨 것을 GIS지도(영상지도)라고 할 수 있다.

1) GIS의 개요

① GIS의 역사

GIS(Geographic Information System)는 1950년에 미국 워싱턴 대학의 지리학과에서 전산지도의 제작을 시작으로 발전하였으며 그 후 세계 각국에서는 토지조사 및 정리, 통계 등 세금과 관계 있는 속성자료와 지도를 결합시키면서 발전되어 왔다. 우리나라에서는 1970년대 후반부터 학회나 대학의 연구소로부터 소개되었으며, 1979년에는 서울시의 지적관리업무용 장비가 도입되었고, 1983년 한국전력공사에 영업배전 종합체계를 시작으로 관심을 갖기 시작했다. 1984년 8월에 쌍용컴퓨터에 mapping 전담부서가 설치된 후 여러 외국업체와 소프트웨어 기술제휴가 본격적으로 이루어졌고, 1986년 한국통신에서도 선로시설물관리업무에 전산체계 도입을 시작했다. 또 정부나, 공공기관, 지방 시군에서도 GIS를 이용한 행정전산망을 비롯하여 도시계획, 도로대장, 상수도관망관리 등 여러 분야에서 활용하고 있다. 이와 같이 많은 분야에서 활용되고 있는 GIS의 주요 원천은 '지도가 바탕에 깔린 자료'이다. 다시 말하면 GIS는 점, 선, 면 또는 입체 등 지형적 특성을 갖는 지도 자료를 다양한 목적과 형태로 분석 · 처리할 수 있는 정보체계를 말한다.

불과 얼마 전까지만 하더라도 GIS라는 용어는 전문가들의 영역으로만 여겨졌었다. 하지만 최근 들어 우리가 인식하지 못하는 사이에 GIS는 우리들의 일상생활을 조금씩 변화시켜가고 있다. 비록 국내에서는 이러한 변화가 가시적으로 나타나고 있지 않지만 선진외국의 경우 이러한 변화들이 피부로 느낄 수 있을 만큼 GIS가 생활 깊숙이 자리잡고 있다. 우리나라는 전세계에서 유래를 찾기 힘들 정도로 짧은 기간에 국가 GIS구축사업이 이루어져 왔는데 조급한 추진

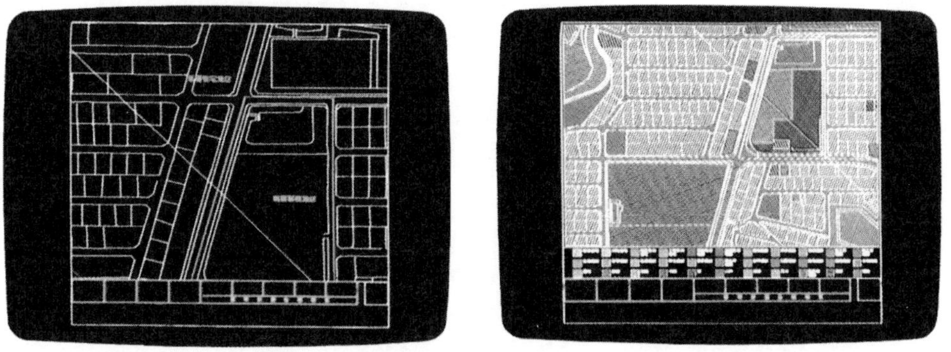

(a) 토지 이용도　　　　　(b) 개발 계획도

[그림 3-55] GIS를 이용하여 분석한 지도

으로 시행 착오도 없지 않았다.

② GIS 지도의 이용

GIS는 위치좌표를 갖는 지리적 정보의 데이터베이스화와 그 이용을 목적으로 하는 CAD(Computer Aided Design) 응용시스템으로서 대상과 목적에 따라 여러 가지 형태의 기능을 가지며 기본적인 구조는 다음과 같다.

- 지리적 정보를 수집해 디지털화하는 시스템
- 그 정보에 추가되는 관련 정보를 수집 취득하는 시스템
- 그 정보들을 조합해 분석 · 가공하는 시스템으로 구성된다.

이들 시스템은 빠르고 정확한 정보의 수집과 공간 단위로 집계정리를 하며, 데이터베이스로 저장 · 관리하여 통계적 및 공간적 분석을 하고, 이용자의 요구에 따라 쉽게 판독할 수 있는 형태(지도, 리스트)로 출력된다. 이와 같이 GIS의 데이터베이스는 디지타이저 또는 스캐너로 취득한 도형의 위치좌표(도로, 철도, 하천 등의 지형)를 도형정보(GIS 지도)로 저장하고 데이터베이스화하여 속성 통계데이터로 구성되는 구조를 갖고있다.

예를 들면 GIS 지도는 도시계획업무를 지원하는 「도시정보시스템」 도로, 철도 등 교통망을 관제하는 「교통관제시스템」, 차량의 도로운행을 위한 「카 네비게이션 시스템」, 경찰 · 소방용 「구급방재시스템」, 삼림 · 농지관리용 「농림정보시스템」, 토지 · 건물관리용 「토지정보시스템」, 전력, 가스, 전화, 상하수도 등의 「시설관리시스템」, 각 지점이나 판매점의 「고객관리시스템」등 우리의 생활 전반에 깊숙이

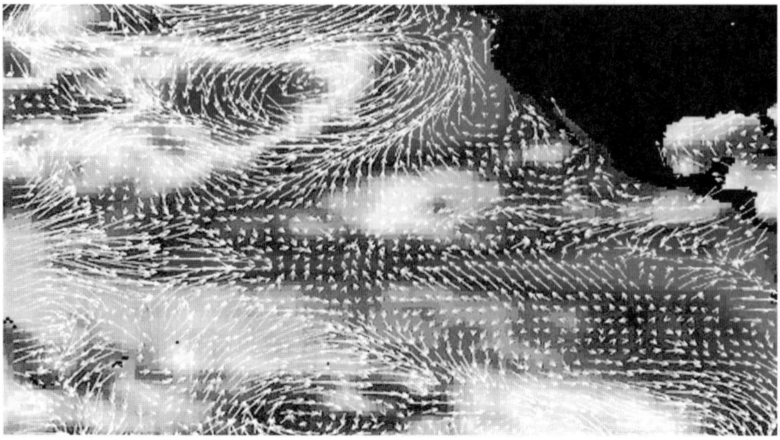

[그림 3-56] NASA의 제트 기류의 실험을 나타낸 지도(W Timothy Liu)

파고들고 있다. 그 외에 지리정보체계, 지도정보체계, 측량정보체계, 환경정보체계, 자원정보체계, 조경 및 경관정보체계, 재해정보체계, 해양정보체계, 기상정보체계, 국방정보체계, 어업정보체계, 원격감시체계, 영상감시체계, 위치추적체계 등 이루 헤아릴 수 없을 정도로 많은 분야에서 이용하고 있다.

2) NGIS 구축사업

90년대 초에 이르러 일부 수요기관에서 지형도 전산화 작업을 개별적으로 추진하기 시작하였으며 행정업무 및 산업활동에 이를 접목시키려는 노력 또한 점차 확대되기 시작하였다. 그러나 이러한 노력들이 체계적인 계획에 의해 이루어지지 못함에 따라 데이터의 중복제작에 따른 비효율성이 지적되기 시작하였고 각기 다른 형태로 제작된 데이터들을 각 수요기관에서 공동활용하는 데 어려움이 발생하였으며 GIS를 실제 업무에 활용하는 과정에서 부딪히는 각종 기술적 문제들을 해결하는 데 많은 시간과 노력이 필요하게 되었다. 또 지도의 축척에 따라 표현되는 내용이 서로 다르고 지형 · 지물의 규모가 틀리며 표현방식도 실제보다 과장되거나 잘못된 도식에 의해 제작되고 있었다. 제작 당시의 시급성, 기술력의 부족, 예산 및 장비의 부족 등으로 기 제작된 종이지도의 수정입력 정도의 수준에 머물렀다. 그러나 향후 각종 주제도제작을 위한 성과의 통일과 자료의 균질성을 확보해야 되는 문제로 국가적인 차원에서 구축해야 할 필요성이 요망되기 시작하였다.

국가지리정보시스템(국가 GIS, National Geographic Information System)은 GIS가 국가 경쟁력 강화 및 행정생산성 제고 등에 기반이 되는 사회간접자본이라는 전제하에 국가차원에서 GIS의 국가표준을 설정하고 기본 공간정보 데이터베이스를 구축함으로써 GIS 관련 기술개발을 지원하고 GIS 활용기반과 여건을 성숙시키기 위한 사업이다.

국가 GIS의 추진목표는 국가공간정보기반 확충을 통한 국토정보화의 기틀 마련, 전 국민을 대상으로 인터넷을 통한 지리정보의 유통 및 활용, GIS 관련 핵심기술개발과 산업육성, 표준화, 인력양성, 지원연구 등 기반환경의 지속적인 개선에 있다. 국가 GIS 사업을 위해 우리나라에서는 국가 GIS 추진위원회를 중심으로 국가 GIS 실무위원회, 전문기술지원기관, 민간자문위원회가 구성되어 있다. 국가 GIS 실무위원회는 기본지리정보분과위원회, 표준화분과위원회, 기술개발분과위원회, 활용유통분과위원회, 정책제도분과위원회로 구성되어 있다.

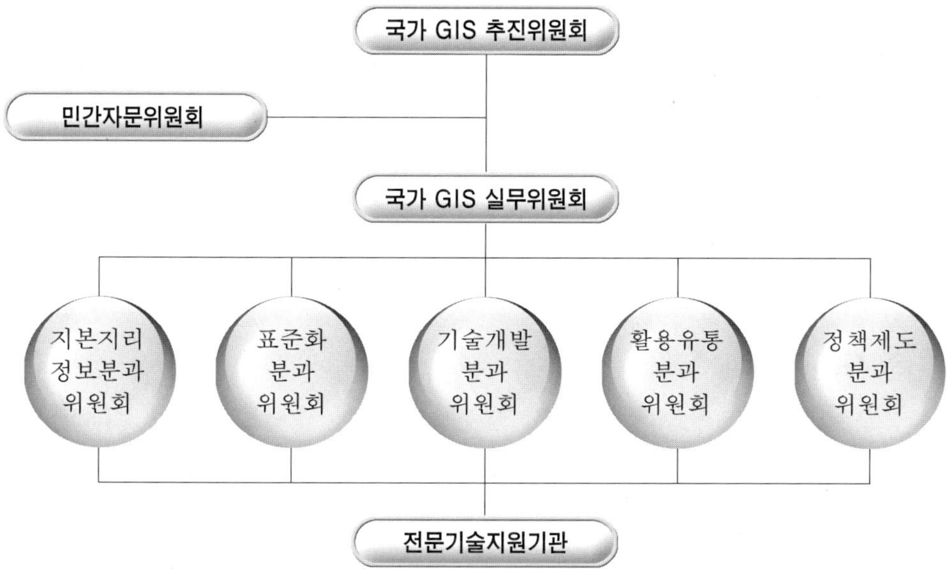

[그림 3-57] 국가 GIS 추진을 위한 조직도

국가 GIS 사업은 1995년부터 2000년까지의 1차 사업을 통해 지형도, 주제도 및 지적도면의 전산화 사업, GIS 관련 소프트웨어 개발 사업, GIS 전문인력 양성 사업, 각종 GIS 관련정보의 표준화 사업을 수행하였다. 그리고 2001년부터 2005년까지의 2차 사업을 통해 기준점 정비와 기본지리정보 구축 등을 통한 국가공간정보 인프라(infrastructure, 사회의 기본적 시설) 확충 사업, 전국적인 지리정보 유통망의 구축과 유통관리기구 설립 사업, 지리정보 수집 · 처리 · 유통 · 활용 전분야 핵심원천기술 개발지원 및 국가 기술정보망 구축 사업, GIS 인재 육성 및 장 · 단기 교육 프로그램 개발 사업을 수행하였다. 2006년부터 2010년까지 수행되는 3차 사업에서는 유비쿼터스 세상을 향한 지능형 사이버국토의 구축을 목표로 하여 지리정보 구축 확대 및 내실화 사업, GIS의 활용 극대화 사업, GIS 핵심기술 개발 사업, 국가 GIS 표준체계 확립 사업, GIS 정책의 선진화 사업을 수행하고 있다.

국가 GIS 사업이 진행되고 사회전반에 걸쳐 GIS가 활용되면서 비교적 큰 용량을 갖는 지리정보의 수요와 활용이 급속히 증가하고 있다. 이에 따라 지리정보의 체계적인 구축과 활용을 위하여 지리정보 공급자와 수요자를 원활히 연결할 수 있는 유통망의 활성화가 필요하게 되었고, 건설교통부에서는 지리정보의 원활한 유통과 활용을 위한 기술적, 제도적, 재정적인 방안을 마련하여 이를 토대로 국가지리정보유통망을 구축하였다.

국가지리정보유통망이란 국가지리정보시스템 기본 계획에 의거하여 구축된 지리정보유통망을 말한다. 정부기관 및 민간에서 구축한 공간데이터 정보를 제공하고 공유함으로써 중복구축에 의한 예산낭비를 방지하고 국가경쟁력을 강화하는 데 그 목적이 있다. 국가지리정보유통망은 지리정보 생산자(공급자), 관리자 및 사용자를 서로 연결하는 통신망을 의미하며, 다양한 생산자들에 의해 생산된 디지털 지리정보(수치지도)를 인터넷 기반의 전자상거래를 통해 소비자(수요자)에게 전달하고 있다. 다음 그림은 국가지리정보유통망의 구성요소 및 역할을 나타낸다.

3) GIS 지도와 주제도

국가 GIS 기본계획은 수치지도가 완료되는 1998년부터 정보의 공유가치가 높고 사용빈도가 많을 것으로 예상되는 주제도부터 제작하고 있다. 토지이용현황도, 도로망도, 국토이용계획도, 도시계획도, 행정구역도, 지번도 등을 우선적으로 제작하고, 2001년 이후는 수요기관별로 시행하도록 계획되어 있다. 1996년에 주제도 제작을 위한 공공기관에 대한 설문조사 결과 국토이용계획도, 토지이용계획도, 도시계획도, 지질도, 토양도, 산지이용도, 농업진흥지역도, 도로망도 등의 주제도가 제작되어 있거나 계획중임이 확인되었다. 또 1998년에는 갑작스런 IMF 구제금융으로 인한 실업자의 구제대책으로 정보화근로사업(공공근로)을 추진하여 토지이용현황도를 제작하였다. 가스, 통신, 전력, 상 · 하수도, 송유관, 지역난방 등 지하시설물을 효율적으로 관리하기 위하여 지하시설물도 작성 작업규칙을 완성하였으며, 97년말부터 본격적으로 지방자치단체 및 지하 시설물 관리기관이 주체가 되어 이미 제작된 1:1,000 수치지형도에 지하시설물들을 입력하는 등 각종 주제도 제작사업에 심혈을 기울이고 있다.

정부는 지금까지 각 지자체와 한전, 한국통신 등 시설물관리기관이 개별 추진

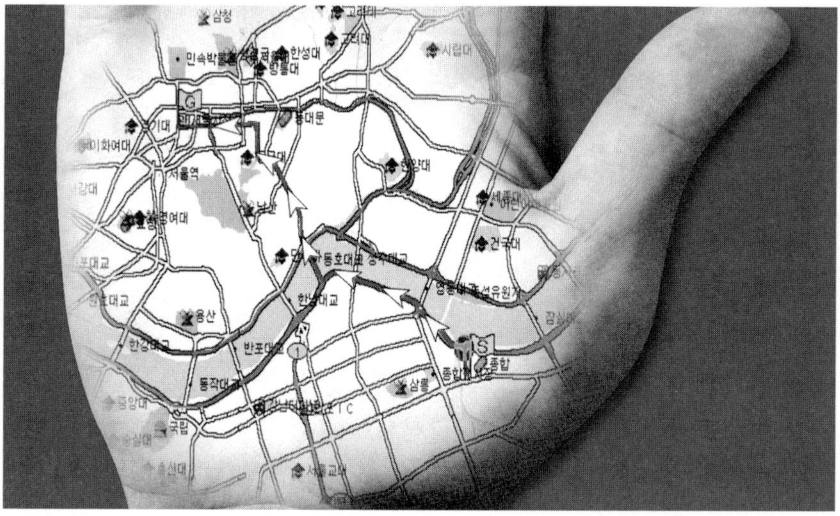

[그림 3-58] GIS를 이용한 카 네비게이션시스템의 지도

하면서 국민불편 및 예산낭비 문제로 지적되었던 전국도로, 지하 · 지상시설물 지도 전산화사업을 추진하면서 지자체가 중심이 되어 공동추진하는 방식으로 전환할 예정이다. 또 위성측시스템(GPS) 개인휴대단말기(PDA) 토탈스테이션 등 최신 장비로 측량 및 디지털 지도 입력관련 신기술을 적극 활용하여 지도의 정확도를 향상시키는 동시에 예산절감도 꽤할 계획이다. 2002년에는 포항을 비롯한 19개 거점도시부터 시작하여 전국의 80여개 도시로 사업이 확대되었다. 더불어 2009년부터는 전국의 군단위 도시의 GIS 사업이 구축될 전망이다.

GIS는 사회발전의 전 부분과 관련되어 있기 때문에 국민생활에 미치는 긍정적인 영향을 일일이 열거하기 어려울 정도로 많다. 국민들이 행정기관으로부터 민원서비스를 받고자 할 때 앞으로는 몇 번씩 왔다갔다 하면서 시간을 버리지 않아도 된다. 자기가 살고 있는 지역에 설치된 단말기 버튼을 누르면 원하는 민원서비스를 받을 수 있을 것이다. 여행을 갈 때도 목적지에 관한 정보를 손쉽게 찾아 볼 수 있고 범죄를 예방할 수 있으며 사건 발생시에도 컴퓨터 모니터를 통하여 범인의 소재를 신속하게 파악하여 쉽게 검거할 수 있게 된다. 그러므로 GIS에 의한 각종 주제도가 제작(구축)되면 국민들은 거의 모든 분야에서 생활의 질을 높일 수 있는 주제도를 받아볼 수 있게 된다.

4) GIS의 활용

GIS는 지하시설물, 도시계획, 토지정보, 교통, 문화관광, 생활, 환경, 방재, 농·축·수산 등의 분야에서 활용되고 있다. 실제 구축된 시스템으로는 지하시설물 통합관리시스템, 도시계획관리시스템, 토지정보관리시스템, 교통관리시스템, 문화관광관리시스템, 인터넷 생활지리정보시스템, 환경시설물관리시스템, 방재관리시스템, 농·축산 및 수산관리시스템 등이 있다.

① 지하시설물 분야에서의 활용은?

GIS를 이용하여 지하시설물인 상수, 하수, 전기, 통신, 난방, 송유, 가스의 지하시설물을 지형과 연계하여 입체적, 과학적으로 통합 관리, 활용할 수 있다. 지상과 지하에 복잡하게 얽혀 있는 각종 시설물에 대한 위치정보와 이와 관련된 속성정보(시공자, 관의 지름, 재질, 설계도면 등)를 연계하여 시설물 관리에 소요되는 비용과 인력을 절감하고 관리 부실로 인한 재난을 사전에 방지하는데, 주요 기능으로는 다음과 같은 것들이 있다.

- 7대 지하시설물에 대한 도면과 연계한 통합 관리
- 지하시설물 종합평면도 출력현황 분석
- 지하시설물 관리기관별 사용현황 분석
- 지하시설물 관거(管渠)의 유수방향 분석 기능
- 지하에 매설된 관로를 분석하는 횡단면도 조회
- 시설물도 속성정보 조회

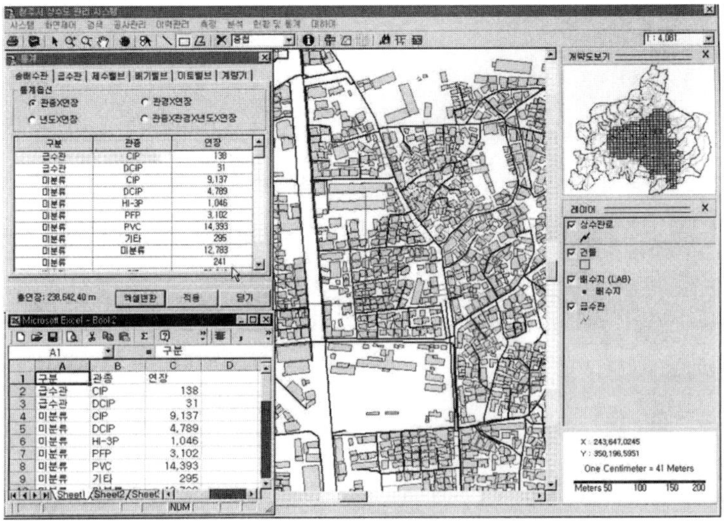

[그림 3-59] 상수도관리시스템(2007. 국토지리정보원)

- 다양한 출력양식으로 도면 출력, 이미지파일로 저장, 파워포인트 저장, 클립보드(clipboard) 저장
- 도형버퍼를 이용한 공간검색 등의 공간 분석 및 사용현황 분석

② 도시계획 분야에서의 활용은?

GIS는 도시의 토지이용, 교통, 위생, 환경, 산업, 보안, 국방, 문화 등의 각 분야에 널리 활용되고 있다. 이러한 목적으로 개발된 대표적인 컴퓨터 시스템이 도시계획관리시스템이다. 도시계획관리시스템이란 도시계획 관리, 변경사항에 대한 관리, 토지종합관리시스템과의 연계 등 도시 발전에 필요한 정보를 공동으로 활용할 수 있도록 하여 도시의 기본계획 및 재정비계획을 원활히 수립할 수 있도록 지원 및 관리해 주는 시스템을 말한다. 도시화 현상에 의해 발생하는 인구, 교통, 건물, 환경 등에 관한 정보를 구축하여 도시현황 파악, 도시계획 수립, 도시정비 및 도시기반시설물 관리에 활용한다. 주요기능으로는 다음과 같은 것들이 있다.

- 최신 도면과 자료의 통합관리로 업무 효율성 향상 및 신속한 민원처리를 도모
- 도시계획 시설물과 도시계획 수립에 필요한 기초 자료의 수집 분석을 통한 합리적인 의사결정을 지원
- 시스템을 통한 항공사진 관리로 효율적인 불법행위 단속 가능
- 신속, 정확한 도시통계작성과 도시계획현황 파악으로 정책효과 검증
- 자연 및 인문 환경을 고려한 도시계획 수립과 집행이 가능

③ 토지정보 분야에서의 활용은?

GIS를 토지정보 분야에 도입하여 토지와 관련된 도형, 속성, 법률자료 등을 데이터베이스로 구축하고 응용시스템을 개발하여 시민과 필요기관 등에 제공한다. 토지에 대한 실제이용현황과 소유자, 거래, 지가, 개발, 이용제한 등에 관한 각종 정보를 통합 데이터베이스화함으로써 공공기관의 토지관련 정책 수립에 필요한 정보를 정확하고 신속하게 제공하고, 각종 토지이용계획 수립 시에 다양한 시나리오를 검색할 수 있게 하며, 민원인에게 종합적인 토지정보를 서비스한다. 주요 기능으로는 다음과 같은 것들이 있다.

- 지적 관련 최신도면과 자료의 통합관리로 업무의 효율성을 증대
- 관할 필지에 대한 민원증명서 발급 등 신속한 민원처리를 도모
- 관련 있는 부서와의 긴밀한 협조체제가 이루어져 업무 능률 향상
- 자료의 중복 방지 및 자료의 일관성을 유지

④ 교통 분야에서의 활용은?

교통 분야에 GIS를 활용하여 다양한 교통정보의 검색 및 가공을 통해 신속하고 정확한 의사결정을 할 수 있도록 지원하고 시내버스 노선관리, 배차 및 물류관리, 대중교통관리, 최단노선 관리, 경로 설정 및 분석 업무를 통합하여 관리한다. 교통개선 계획, 도로유지 보수, 교통시설물 관리 등 종합적인 도로 관리 및 운영시스템을 비롯하여 지능형교통시스템(ITS: Intelligent Transport System)의 가장 중요한 부분인 교통정보 제공 분야에 활용된다. 주요 기능으로는 다음과 같은 것들이 있다.

- 교통: 시내버스 노선관리, 교통표지신호등 관리, 주차 관리, 교통사고다발지역 관리 등
- 관광: 관광안내도 관리, 관광편의시설 관리 등
- 기타: 물류 관리, 철도 관리, 공항 및 항해 관리, 항만 관리 등

⑤ 문화관광 분야에서의 활용은?

GIS를 문화관광 분야에 도입하여 관광개발 계획, 관광자원 유지 관리, 관광정보, 문화재 및 관광지구 운영, 관광시설 관리를 효율적으로 통합 처리한다. 대민서비스 향상과 관광문화재 홍보 및 효과적인 유지관리를 위한 행정지원 시스템으로서 시민의 역사문화, 정보욕구를 충족시키고 지식 주도형 정보산업 시대에 문화를 통한 국가 경쟁력 창출의 핵심기반 여건조성을 지원하는 시스템이다. 다음 그림은 대구광역시의 관광문화정보시스템을 나타낸다. 주요 기능으로는 다음과 같은 것들

[그림 3-60] 대구광역시 관광문화정보시스템

이 있다.

- 문화예술 관리: 노래연습장 및 유통업무, 문화사업 관리, 유교문화권 사업 관리
- 문화재 관리: 문화재지정 및 관리, 전통사찰 및 문화재 보수
- 관광개발 관리: 관광개발 및 계획 관리, 관광지 및 관광사업소 관리, 각종 시설물 공사추진 관리, 박물관 관리

⑥ 인터넷 분야에서의 활용은?

웹 GIS는 기존의 서버/클라이언트(server/client) 시스템이 갖는 공간적 한계를 벗어나 인터넷을 통하여 어디서든지 자유롭게 지리정보 및 각종 연관정보를 검색하고 활용할 수 있도록 지원한다. 인터넷 사용자들은 GIS 소프트웨어를 구입하지 않고서도 웹 브라우저 등을 통해 응용 프로그램을 사용할 수 있을 뿐만 아니라 전 세계의 지리정보를 제공받는다. 인터넷 생활지리정보시스템은 인터넷을 통하여 물류, 교통, 국방, 관광, 경영 등과 관련된 다양한 정보를 쉽게 검색하고 제공받음으로써 민원서비스를 개선하고 시민의 정보화에 대한 욕구를 충족시킬 수 있는 시스템이다.

⑦ 환경 분야에서의 활용은?

GIS를 환경 분야에 활용하여 환경시설물 관리, 자연자원 관리, 폐기물 관리 등 속성데이터와 지리데이터를 상호 연결하여 계획과 예측 모델링을 가능하게 한다. 또한 공공단체 및 상업기관이 환경과 자원을 효율적으로 관리하는 데 도움을 주며, 현장 실무자들이 효율적이고 안정적인 업무추진을 할 수 있도록 환경업무의 비용을 줄여준다. 주요 기능으로 다음과 같은 것들이 있다.

- 환경: 생태 관리, 오염원 추적, 하천망 관리, 환경미화 관리, 지하수 관리 등
- 농업: 농업용수 관리, 농업토양 관리, 농촌정보화시스템, 경작물정보서비스 등
- 산림: 산불 관리, 생태계 관리, 산림재해 관리, 산림정보 관리, 산림토양 관리 등
- 해양: 어장정보 관리, 연안오염 관리, 해양자원 관리, 수질오염 관리 등
- 광업: 광산 관리, 탐사 관리 등

⑧ 방재 분야에서의 활용은?

재난 발생 시 필요한 인적, 물적 자원을 신속하게 동원하여 대비할 수 있도록 해주는 시스템이다. 또, 시민의 안전을 위협하는 요인을 파악하여 위험요인을 해소할 수 있는 시설물을 설치하고, 주기적인 점검을 가능하게 해준다. 다음 그림은 밀

양시의 통합방재시스템을 나타낸다. 하천정보, 강우정보 등을 통한 홍수도달시간 예측, 지질정보 지진발생사례 정보 등을 통한 지진 예측 등에 활용되며 재난발생 시 긴급출동 및 피해 최소화 방안을 신속히 수립하는 데 활용된다. 주요 기능으로는 다음과 같은 것들이 있다.

- 재해강도와 사회 환경 분석으로 피해확산범위 예측 및 방재
- 정확한 위치정보를 바탕으로 재난 발생 시 신속한 대응
- 저지대 분석을 통한 재난, 재해 모의실험 및 대응책 수립

[그림 3-61] 밀양시 통합방재시스템(2007. 국토지리정보원)

⑨ 농 · 축산 및 수산 분야에서의 활용은?

농 · 축산 및 수산 분야의 관리시스템에는 농산물 관련 정보유통 및 종합정보시스템, 어장정보시스템 등이 있다. 농 · 축산 관리시스템은 농축산업인의 합리적인 생산, 출하 의사결정을 지원하는 정보를 제공하여 농가소득 안정과 부가가치를 제고하고 효율적인 농업관측사업의 자료수집, 가공, 분산업무의 효율적인 추진과 고부가가치 정보개발 및 향후 이들 정보를 타 정보시스템과 연계시켜 온라인상에서 정보를 제공할 수 있도록 하는 정보시스템을 말한다.

지표경사, 토양, 지질 및 재배기술에 관한 정보를 데이터베이스로 만든 후 토양특성에 가장 적합한 작목을 추천하고, 작물 재배 시 수확량을 예측하며 토양관리지침을 제공하는 등 과학적 영농을 지원한다. 실시간 어장정보시스템은 동해 연

안어장의 수심별 수온, 용존산소, pH 같은 연안어장의 물리·화학적 환경요인을 실시간으로 제공하는 정보시스템이다.

다음 그림은 충청남도 지식정보 생성유통시스템, 충주과수종합정보시스템 및 실시간 어장정보시스템을 나타낸다. 주요 기능으로는 다음과 같은 것들이 있다.

- 농업 관리: 농지전용 신고 및 허가, 농업진흥지역 관리, 농지이용실태 관리, 친환경 토양배양사업 및 객토 관리, 농업생산물 유통 관리
- 축산 관리: 축산재해 업무 관리, 초지조성 관리, 축산물생산 유통 관리
- 수산 관리: 연안의 물리·화학적 환경요인에 대한 유용한 정보를 실시간으로 제공, 데이터의 시뮬레이션에 의한 환경변화 예보, 동해연안의 가리비, 우렁이 및 해조류 어장의 적정 양식 수용력 모델링

[그림 3-62] 실시간 어장정보시스템

4. GIS의 이해

1) GIS 구성과 좌표계

GIS는 공간데이터를 입력, 기억, 관리, 검색, 편집, 분석, 모델링 및 출력을 하기 위하여 통합된 시스템을 의미한다. 또한 하드웨어, 소프트웨어, 데이터베이스, 인적자원을 포함하여 많은 구성요소를 가지고 있는데 이들 구성요소들이 다양

한 응용 프로그램 내에서 상호작용함으로써 지금까지 사용해온 어느 기술보다도 월등하다.

① GIS란?

GIS는 1989년 이래로 데이터베이스, 전문기술, 지속적인 자금지원 등과 함께 기술을 통합하는 조직적인 구조를 반영하는 제도이다. 특별한 목적을 위해 실세계로부터 공간정보를 변형하고 나타내면서 의도에 맞게 수집, 저장, 검색하기 위한 강력한 수단이 되고 있다. 즉 대부분의 데이터가 공간적으로 표시되고, 데이터베이스 내에서의 질의 및 데이터베이스 내에 있는 공간 요소들을 답하기 위해 실행되는 일련의 처리과정에 대한 시스템이다.

G(Geographic)는 우리가 실제공간과 가상공간에 대해 얘기하는 것과 질과 양이 공간상에서 분포된 것을 고려하는 것을 말한다. 이런 데이터가 지리적으로 의미있는 데이터가 되기 위하여 경위도체계, 동서남북, 또는 x, y좌표인 직각좌표체계에 등록되어야 한다.

I(Infomation)는 시스템 환경 내에서 어떤 데이터들을 가진다는 것을 말한다. 적어도 GIS 정보의 한 요소는 G와 관련되어야 한다. 다시 말해, 어떤 지리학적 정보들(예를 들어 지도좌표로 유도된 것)과 관련있어야 한다. 다른 정보는 속성 또는 위상기하학, 지형데이터, 속성데이터와 관련있다.

S(System)는 분리된 개체들을 하나로 연관시키는 것을 말한다. 이 개체들은 컴퓨터 하드웨어, 소프트웨어, 데이터, 사용자가 될 것이다. 이런 개체들이 결합 또는 연계되었을 때 그 개체들은 상호작용과 상호의존 관계를 형성한다.

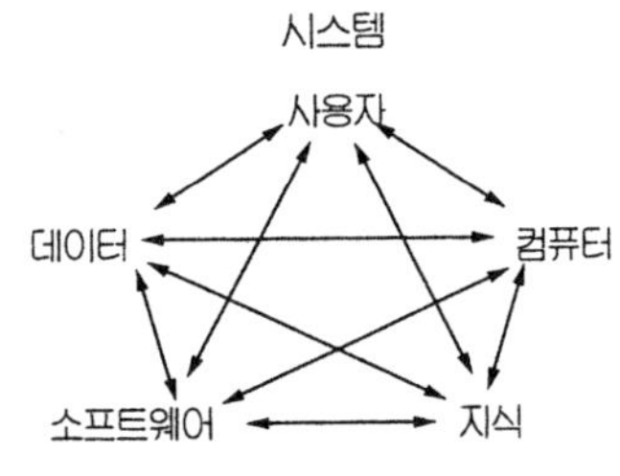

② GIS의 구성요소

GIS의 주요 구성요소는 소프트웨어, 하드웨어, 데이터베이스, 사용자 등으로 나눌 수 있다. GIS 소프트웨어는 컴퓨터 작동에 의해 프로그램을 기계어로 번역하는 명령들을 담고 있다. 명령의 한 예는 컴퓨터 스크린 상에 나타나는 GIS소프트웨어의 초기 표현인 '소프트웨어 프로그램을 시작하라' 일 것이다. GIS 소프트웨어는 가격, 성능, 컴퓨터, 사용자 환경에 따라 다양하고 많은 상품이 있다.

하드웨어는 소프트웨어를 작동시키는 실질적인 기계장치이다. 하드웨어는 개인용 컴퓨터로부터 출력장비, 좌표입력장치 및 대형컴퓨터까지 포함된다. 기본적인 하드웨어 시스템은 디스플레이장치(스크린, 모니터), 중앙처리장치와 디스크 드라이브(플로피 디스크, CD-ROM, 하드디스크)로 구성된다. 데이터는 소프트웨어에 의해 처리된다. 데이터는 일반적으로 소프트웨어 내에 별도로 저장된다. 예를 들어 데이터는 인구조사 범위(공간데이터)와 인구조사 데이터(속성 또는 비공간데이터)를 들 수 있다.

사용자(개인 또는 컴퓨터 종사자)는 개인, 부서, 조직을 대표하는데 모든 사용자는 결정과 행위를 조종하는 시스템의 일부분이다. GIS로부터 문제의 해답을 얻기 위해서 사용자는 GIS와 관심분야에 대해서 일정 수준의 지식이 있어야 할 것이다. 예를 들어, 계획과 인구통계의 배경지식을 가진 GIS 분석가는 도시계획을 하는데 이상적인 GIS 사용자가 될 수 있다.

③ 인공 좌표계

디지털 형태로 데이터를 취득하는 방법에서는 데이터의 지리적인 기준좌표계를 종종 무시하는 경우가 있다. 이러한 일이 발생하는 것은 서로 다른 GIS 제품들 간에 차이가 있기 때문이다. GIS 소프트웨어 제품 중에서 디지타이징 보드와 디지타이징 모듈을 사용할 때, 인공적인 직교좌표에서는 측점이 원점에서 떨어진 거리를 관측한다. 측점은 x축과 y축을 따라 두 가지 거리로 관측된다. 디지타이저 좌표축에서 눈금은 mm 또는 다른 단위가 될 수 있고, 일반적으로 디지타이저의 좌측하단을 원점으로 한다. 이러한 단위좌표계는 디지타이저 단위좌표계라고 한다.

④ 실세계 좌표계

인공적인 좌표계에서 실세계 좌표계로 데이터를 등록하기 위하여, 사용자는 표준 좌표계로 데이터를 변환하고, 표준 좌표계를 이용하여 데이터를 재배열시켜야 한다. 이와 같은 처리과정을 등록(registration) 또는 지리기준 설정이라 한다.

이와 같은 처리과정은 실세계와 디지털 데이터사이에서의 관계를 정립하는 것이다. 입력된 데이터와 실세계를 연결하기 위하여 기준점(control point)을 이용한다. 기준점은 실세계 좌표가 알려져 있고, 디지털 좌표로 쉽게 읽혀질 수 있다. 대부분의 소프트웨어에서는 데이터를 입력하기 전에 디지타이저상에서 사용자가 기준점을 퍽으로 클릭하여 입력하도록 한다. 디지타이저에서 기준점을 클릭하는 것은 기준점의 실세계 좌표계와 인공적 좌표계 사이에서 공간적으로 서로 관련된 위치를 인식시키는 과정이다.

기준점은 어떻게 선택되는가? 기준점들은 지도상에서나 디지털 데이터에서 확실히 구분되는 점이어야 한다. 일반적으로 도로교차점, 삼각형 모양의 장소, 지상에서 뚜렷하게 식별할 수 있는 지점 등이 선택된다.

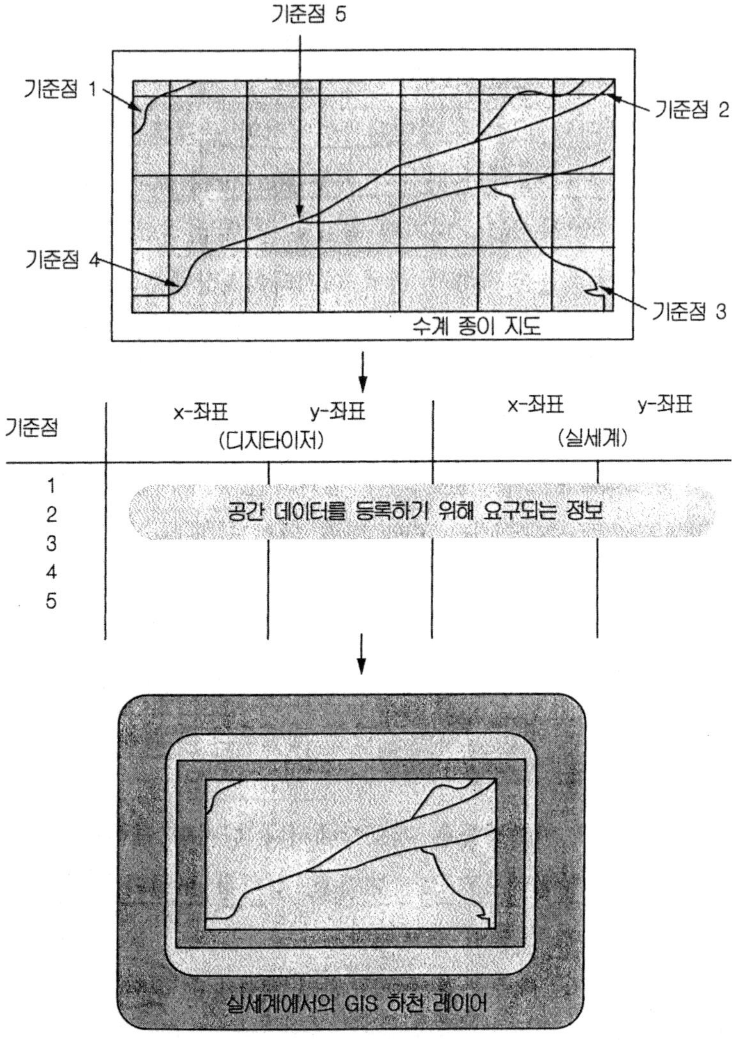

[그림 3-63] 데이터 등록(2004, 이재기 외)

얼마나 많은 기준점이 필요한가? 대부분의 소프트웨어 제품들은 적어도 4개의 기준점을 필요로 한다. 일반적으로, 더 많은 기준점을 이용하면 변환시 더 좋은 결과를 나타낸다(예를 들어, 왜곡이 적음). 그러나, 기준점이 폭넓게 분포된다면 4개의 기준점으로도 가능하다. 기준점은 사각형의 대상지역에서는 모서리쪽으로 위치하도록 하는 것이 일반적이고, 가능하다면 다섯 번째 기준점은 중앙에 위치하도록 한다.

왜 데이터를 등록하는가? 데이터가 실세계와 관련되도록 하는 것이 등록처리 과정이다. 데이터를 확인된 좌표계로 변환함으로써, 사용자는 중첩분석 등과 같은 기본적인 GIS 분석을 할 수 있다. 또한 데이터 등록은 사진복사 때문에 생기는 왜곡과 같이, 지도 원도가 본질적으로 가지고 있을 오류 보정을 고려하는 것이다.

2) 데이터 처리

① 데이터의 형태와 구조

데이터는 대개 GIS 프로젝트의 원동력이다. 즉, 공간데이터(대상물은 어디에 있는가?), 속성데이터(이 대상물은 무엇인가?)를 다루도록 설계되어 있다. 세 번째 요소인 위상 관계(이것은 무엇으로 둘러싸여 있는가?)는 공간 대상물들 사이에 연관성을 설명하기 위하여 구성된다. GIS에서 이 두 데이터 형태와 위상적 요소는 본질적으로 상호 관계에 있지만, 각각 분리되어 출력 또는 저장될 수도 있다. 그러나, 같은 환경에서 동시에 세 가지 요소를 가지는 능력은 GIS에서 분석 능력을 높여주고 GIS 사용자가 새로운 데이터를 생산할 수 있도록 데이터를 조정 · 처리해준다.

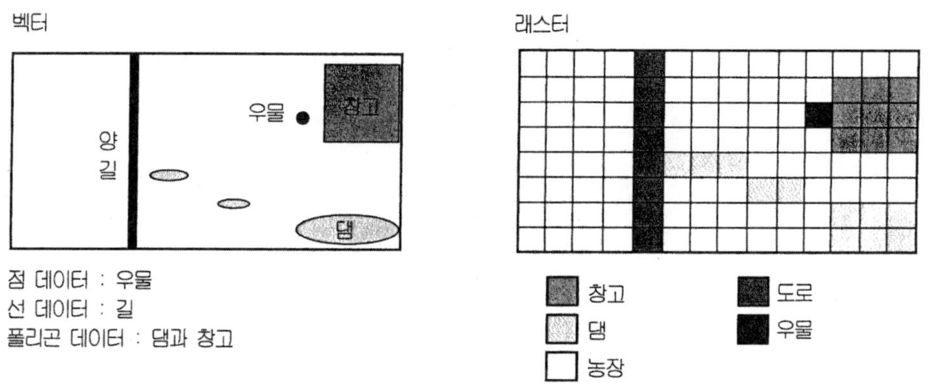

[그림 3-64] 데이터 구조

일반적으로 데이터는 두 개의 구조(벡터, 래스터) 중 하나로 저장된다. 사용되는 형태는 데이터의 저장 및 디스플레이뿐만 아니라 사용자가 수행할 수 있는 분석 및 처리의 형태에 영향을 미친다. GIS에 기초한 벡터데이터는 컴퓨터를 사용하지 않는 사용자들이 이해하기 쉬운 구조로서 우리가 지도상에서 벡터데이터를 볼 대 쉽게 알 수 있다. 개체는 폴리곤 또는 면(지방 정부 지역), 선(도로망), 점(우물의 위치)이 된다. 선은 절점(nodes)과 절점 사이의 변곡점으로 이루어져 있다. 폴리곤, 선, 점들은 GIS 레이어 내에서 공간정보의 가장 작은 단위를 표현하기 때문에 지리적 주요소(primitive)라고 불린다.

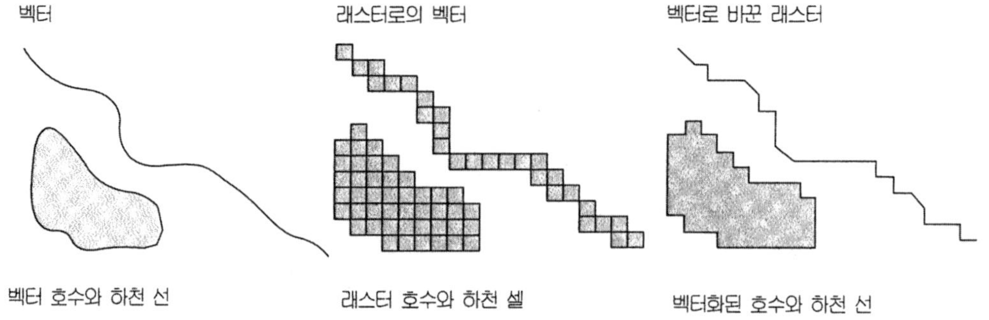

[그림 3-65] 데이터 구조의 변환(2004, 이재기 외)

② 데이터 입력

데이터를 디지털 형식(데이터 입력 처리)으로 변환하고 수집하는 것은 비용과 시간이 많이 소요된다. GIS가 두 종류의 데이터를 가지고 있고, 이런 데이터의 형태가 따로 기록되어야 한다는 점이 데이터 입력시 복잡한 요소이다.

- 디지타이징

  컴퓨터의 마우스와 비슷한 퍽을 사용하여 지도상에서 사용자가 선을 따라 도화하는 것이다. 선을 따라 도화하는 트레이싱은 디지타이저가 인식할 수 있는 전선망이 밑바닥에 깔린 디지타이저 윗면에서 이루어진다. 디지타이징 퍽의 버튼이 눌려질 때, 퍽이 놓여진 전선망 기억회로가 디지털 형식으로 그 위치를 저장한다. 따라서 종이 지도가 디지털 형식으로 작성된다.

- 키보드를 이용한 입력

  키보드를 이용한 입력은 속성데이터의 입력방법으로 가장 일반적이지만, 데이터가 많지 않은 지도에 대해서도 사용한다. 그러나 대부분의 사용자는 가능하면 키보드로 데이터를 입력하는 것을 피하려 한다. 왜냐하면 시간이 많이 소요될 뿐만 아니라 지루한 작업이기 때문이다. 또한 비 숙련자는 실수하기 쉽다.

- 스캐닝

  이 방식은 자동화된 디지타이징이라고도 불린다. 스캐닝 방법은 종이문서 위의 광전자 셀을 지나는 장치를 이용하고, 원 데이터에 있는 선, 점, 문자 및 표시들을 기록한다. 이와 같은 방식은 종이에서 디지털로의 사진

복사기와 매우 비슷한 작용을 한다. 스캐닝 기술의 성공적인 사용여부는 스캐너의 해상도와 벡터화를 위한 소프트웨어의 성능에 달려 있다.

- 가져오기(importing)

데이터를 가져오는 것은 데이터가 이미 디지털 형식으로 되어 있다는 것을 의미한다. 그것은 여러분의 GIS 소프트웨어와 하드웨어를 위해 수정된 형태이거나 그렇지 않을 수도 있다. 데이터를 가져오는 것은 데이터 형식 및 소프트웨어에 달려 있으므로 데이터를 입력하는 기술 중에서 대해 가장 용이하거나 혹은 가장 번거로운 기술일 수도 있다. 기타(GPS) 측량에 의한 좌표값을 직접 입력하는 방법 등이 있다.

[그림 3-66] 데이터 입력방법

③ 데이터 편집 오류

사용자가 얼마나 주의를 기울이고 장비가 얼마나 정밀한가와는 무관하게, 데이터 입력에서의 오류는 대부분 데이터를 이용할 수 없도록 한다. 데이터가 벡터 또는 래스터이거나, 공간 또는 속성 데이터이기 때문에, 다양한 데이터 입력방법 및 편집이 요구되는 다양한 오류들이 있다.

공간데이터의 오류는 벡터 또는 래스터 데이터 구조와 관련된 오류들로 분리할 수 있다. 벡터 GIS에서 점들은 타이핑의 실수나 부정확한 펵, 또는 부정확한 마우스의 위치로 인하여 불확실한 좌표를 가질 수 있다. 점들의 조합으로 이루어진 선들은 같은 이유로 인하여 절점 혹은 꼭지점에서 오류를 가질 수 있다.

폴리곤 오류는 현수선(기준선 초과 오류(overshoots), 기준선 미달 오류(undershoots))으로 인해 이상한 형태의 폴리곤(원데이터에서 분명하지 않은 곳에서도 폐합되지 않는 폴리곤), 중복부(전체 혹은 일부에서 폴리곤을 이중으로 디지타이징 함)을 포함한다. 래스터 GIS에서의 공간위치는 셀의 모서리나 셀의 중앙과 관련 있으므로, 부정확하게 지리좌표화된 셀이 공간 오류가 될 것이다.

속성 오류들은 공간데이터에 붙여진 부정확한 라벨 등이 원인이 된다. 속성오류는 사용자가 데이터 입력단계에서 일치되지 않도록 하였거나 데이터 정의를 위한 표준 규칙에 따르지 않았기 때문에 발생할 수 있다. GIS에서는 오류가 발생할 수 있는 원인이 많이 있다는 것을 이해하는 것이 중요하다. 각 단계에서 오류가 발생할 수 있는 위험요소가 있고, 사용자는 그 위험으로부터 항상 주의해야 한다. 더 놀라운 사실은 데이터 입력과 같은 첫 번째 단계에서의 작은 오류가 모델처리과정을 통해 점점 크고 중요해지며, 출력시에는 큰 오류로 발전된다.

④ 데이터 출력방법

데이터 입력과 마찬가지로 데이터 출력에는 다양한 방법이 있는데 그 중 주로 활용되는 방법은 다음과 같다.

- 화면으로 출력하기

  비용이 적게 들고 출력물을 갱신하기 쉽다. 사실, 관련기관이나 고용주들에게 컴퓨터 상에서 데이터와 소프트웨어를 어떻게 할 것인가 라는 질문은 공통적인 것이다. 그리고 주요 출력결과를 화면으로 고객들에게 보여준다. 고객은 지도가 디지털 출력물로 취급되기 전, 화면으로 변경된 출력물을 확인하기 원할 것이다.

- 종이 위에 인쇄하거나 도화하기

  종이지도는 여전히 많은 사람들에게 GIS를 사용하고 그 비용을 지출하도록 하는 생산품이다. 인쇄된 지도, 그래프, 표 또는 목록은 GIS 모델링과 분석 또는 간단한 데이터 입력을 나타내는 하드카피의 생산품이다. 지도작성법에 관한 지식은 고품질의 출력물을 생성하는데 있어서 반드시 필요하다.

- 파일로 데이터 내보내기(exporting)

  이것은 다른 GIS 소프트웨어에서 이용할 수 있도록 디지털 형식으로 데이터를 출력하는 것을 의미한다. 때론 데이터를 다른 컴퓨터 시스템에 있는 다른 종류의 소프트웨어 제품으로 옮기거나, GIS 작업 결과를 간단하게 저장하기 위해 실시된다. 이와 같은 작업은 그래프, 지도, 보고서를 만들기 위하여 다른 소프트웨어에 결과데이터를 보내어 처리한다.

[그림 3-67] 데이터 출력방법(2004, 이재기 외)

⑤ 데이터 관리

GIS 소프트웨어는 대부분 DBMS(Database Management System: 데이터베이스 관리시스템)를 사용하여 데이터와 데이터베이스를 관리할 수 있는 능력을 제공한다. 따라서 사용자가 데이터베이스에 저장하거나 DBMS 기술에 관하여 자세히 알지 못하더라도 데이터 계산구조에 대한 제어를 할 수 있다. GIS 데이터 관리 과정에서 사용자들이 알아야 할 것은 데이터 사전과 메타데이터의 생성 및 갱신이다. 다음 지침을 이해하면 따른 다른 데이터 신뢰도와 지리정보시스템에 쉽게 접근하게 될 것이다.

㉠ GIS 내에서의 데이터 조직화

데이터를 조직화하는 목적은 안정성, 일관성, 신뢰성을 지키고 GIS 데이터의 조작, 분석 및 모델링에서 데이터를 유연하게 유지시키는 것이다. 조직화라는 용어는 '레이어'라고 할 수 있다. 디지털 레이어는 데이터 형식 및 데이터 구조에 관한 하나의 요소를 포함하게 될 것이다. 벡터 GIS에서 레이어는 점, 선, 면으로 구성된다. 각 레이어는 공간에 흩어진 하나의 객체 혹은 객체의 형태를 나타낸다. 예를 들어, 지형도에서는 다음과 같은 레이어를 유도할 수 있다.

- 점 레이어: 우물, 점표고, 농장 건물
- 선 레이어: 등고선, 도로, 강, 전력선
- 면 레이어: 호수, 지방정부 영역, 토지이용도

데이터베이스를 만들 때 가장 단순한 형태로 데이터를 유지하는 것이 좋다. 레이어를 보다 복잡한 레이어로 융합하는 것은 빠르고 쉬운 GIS 처리과정이지만, 하나의 레이어를 두 개 이상의 기본적인 레이어로 분리하는 것은 많은 시간이 소요된다. 초기 데이터베이스를 만들 때의 목적은 처리, 분석 및 모델링을 위한 블록을 구축함으로써 각 레이어를 유지하는 것이다. 작은 블록을 만들어 작업하는 것은 데이터 사용을 유연하게 한다.

수학적 코드를 사용한 격자 셀 / 음영을 사용하여 표현된 레이어

[그림 3-68] 격자 셀 레이어

㉡ **데이터베이스**

데이터의 양이 방대해짐에 따라 데이터를 조직화하기 위한 필요성을 가지게 된다. 예를 들어, GIS 사용자는 공간적으로 수천km 떨어진 곳에 있는 지역에 대한 인구밀도를 비롯한 공간적인 구조(등고선)를 알 수 있다. 이때의 레이어는 '인구밀도 선'과 '등고선'이다. 어떻게 두 레이어 사이에 구별이 가능한가? 그 대답은 개별적인 데이터베이스를 사용하기 때문이다.

데이터베이스 구조의 가장 적합한 유형을 선택하기 위하여 데이터 지식, 데이터 내에서의 상호관계 및 선정된 GIS 소프트웨어에 의해 제공된 형태를 고려한다. 많은 기관에서 실행되는 GIS는 GIS 소프트웨어에서 쉽게 통합될 수 있도록 특별한 소프트웨어에서 구축된 데이터베이스를 가진다. 특별한 데이터베이스 소프트웨어를 사용하는 것은 관련기관이 이런 제품에서 제공하는 추가적인 기능을 개발하도록 하거나, GIS 부서를 설립하기 전에 다른 시스템에 저장되도록 한다. 이런 독립적인 데이터베이스를 유지하는 것은 데이터를 GIS 데이터 베이스로 전환하는 비용을 줄이고, 사용자가 GIS보다 다른 목적을 위해 데이터에 쉽게 접근하도록 하기 위해서이며, 데이터베이스의 일관성을 확보할 수 있다.

3) 기본적인 GIS 도구

① 기본 도구상자

GIS 사용자들이 수행하고자 하는 첫 번째 작업은 표로 작성된 데이터를 바르고 일관성 있게 나타내었는가를 점검하는 것이다. 이것은 공간 좌표, 연계된 속성, 또는 둘 다를 목록화하는 것을 의미한다. 또 데이터를 공간적으로 디스플레이하는 것은 GIS를 이용한 또 다른 활용이다. 사용자는 그래픽 디스플레이로 데이터를 그릴 수 있고, 그 데이터가 어떻게 나타날 것인가를 조절할 수 있다.

공간 데이터와 속성 데이터간의 연결은 사용자가 디스플레이를 하기 위해 적절한 채색묘사법을 이용할 수 있도록 한다. 도식은 속성값 또는 기호화된 어떤 다른 형태에 근거를 두고 있다. 예를 들어, 사용자는 pH 단위의 토양 단계를 이용하여 채색함으로써 토양의 산성지도를 생성할 수 있다. 채색은 빨간색(낮은 pH)에서 파란색(높은 pH)으로 변화시킬 수 있으며, 더 나아가 지도 위에 산성도와 관련된 숫자를 넣거나 기호를 만들 수 있다.

비록 디스플레이가 데이터 출력형태이지만 이것은 시각적인 해석을 할 수 있으므로, 데이터분석 도구로 사용될 것이다. 그리고 디스플레이의 대상은 지도에만 국한되는 것이 아니고 그래프와 목록도 화면 디스플레이라고 할 수 있다.

② 벡터 지형처리 도구

벡터 지형처리용 도구들은 속성 또는 공간적인 범위와 사용자 정의에 기반을 두고 데이터를 처리한다. 지형처리도구를 이용하여 처리된 결과는 새로운 레이어가 된다. 새로운 레이어는 일반적으로 새로운 데이터가 아니라, 원시 레이어 데이터로부터 얻어진 부 데이터 또는 편집된 데이터이다. 대부분의 GIS 소프트웨어 제품은 비록 도구들에 붙여진 이름이 제품들간에 서로 다를지라도 본 장에서 논의할 모든 도구들을 지원할 것이다. 지형처리 도구는 벡터 혹은 래스터 GIS 데이터를 사용하여 처리한다.

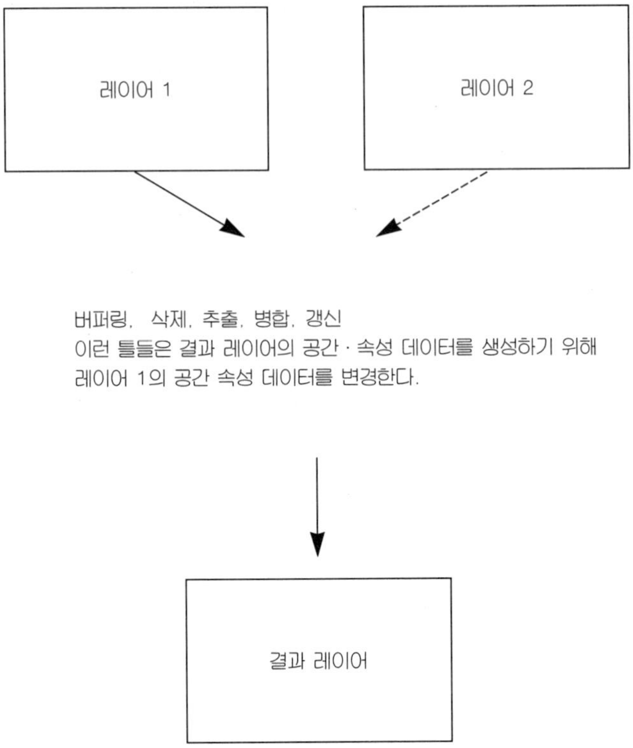

[그림 3-69] 지형처리 도구

㉠ 버퍼링

버퍼링은 대상물 주위에 폴리곤의 영역을 생성하는 과정으로 버퍼링 처리의 결과는 새로운 폴리곤 레이어가 된다. 버퍼 처리를 실행하기 위하여 GIS 사용자는 거리(예를 들어 100m)와 레이어(예를 들어 강)를 명시한다. '어떤 강의 100m 이내에 있는 모든 토지는 새로운 폴리곤 레이어에 포함한다' 는 예가 있다. 이러한 버퍼링은 강기슭의 식물보호구역을 설계하기 위해 사용된다.

㉡ 삭제

가장 간단한 삭제 방법은 단 한 개의 레이어 만을 삭제하는 것인데 예를 들어 국립공원 레이어가 있다면 계획 입안자는 '여행 노선에 대해 가능성 있는 지역을 선택하되 노선은 황무지 지역을 통과해서는 안 된다' 라고 단서를 붙이면 삭제 명령은 황무지라 일컫는 속성을 가진 모든 국립공원의 폴리곤을 찾게 된다.

㉢ 추출

삭제의 예와 마찬가지로 하나의 레이어에서 새로운 레이어를 생성하기 위해 데이터를 추출하는 데는 두 가지 방법이 있다.

첫 번째 방법은 현존하는 레이어로부터 추출하기 위한 데이터를 확인하는 작업이다. 만일 계획자가 한 도시에서 녹지만을 보여주는 지도를 제작하

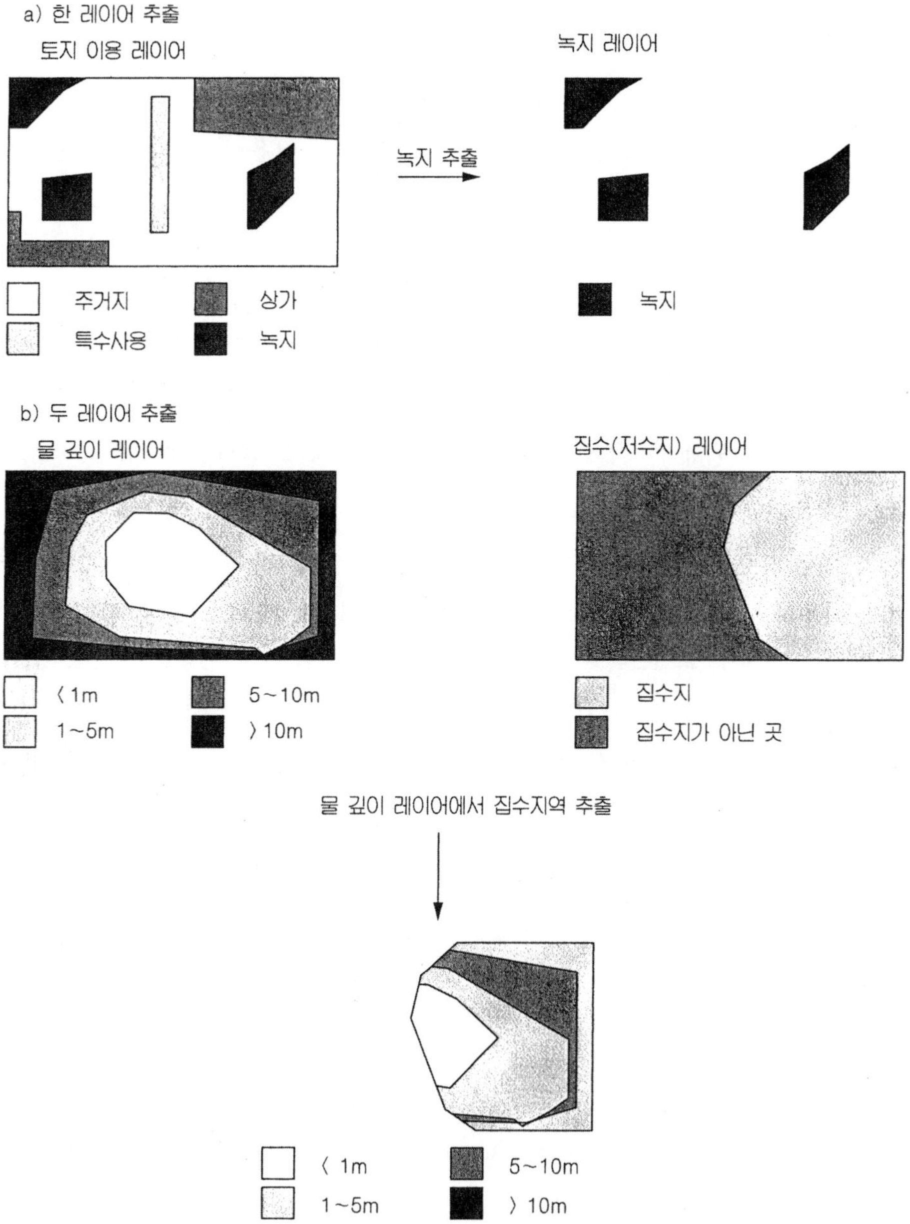

[그림 3-70] 추출(2004, 이재기 외)

고자 한다면 추출 지형처리 도구는 토지이용 레이어에서 해당 지역을 추출하고 새로운 레이어로 지정하는데 이용할 것이다. 추출명령은 '토지이용 레이어가 녹지인 모든 지역을 찾아라' 와 같은 형태일 것이다.

두 번째 레이어인 담수지역은 물과 관련된 지역을 의미한다. 그러므로 추출과정은 담수지역에 포함되어 있는 물관련 레이어에서 어떤 지역을 격리시키고, 그 결과를 새로운 레이어에 넣게 된다. 이때 사용자는 물관련 표에서 평균수심을 찾기 위해 기본적인 GIS 도구를 사용할 수 있다.

㉣ 병합

병합처리의 주요한 예는 인구조사 데이터를 이용하는 것이다. 어떤 한 도시에서는 많은 인구조사자료를 수집해 놓은 구역이 있다. 인구조사 구역 레이어는 각 구역의 공간적 경계를 보여준다. 이 레이어는 모든 인구조사 데이터를 포함하는 속성 테이블을 가지고 있을 것이다. 병합의 일반적인 사용은 조각난 폴리곤을 제거하는 것이다. 이것은 일반적으로 매우 작은 지역의 폴리곤에 대한 탐색을 통하여 실시된다. 조각난 폴리곤을 인접한 폴리곤과 병합하기 위해서, 작은 폴리곤 중에 가장 큰 변은 없어지게 된다.

㉤ 갱신

갱신의 한 예는 계획부서가 매주 갱신이 가능한 최신의 토지이용 레이어를 가지고 있다면, 이때 지방자치단체와 협의하여 매달 기본적으로 업데이트를 한다. 그러므로 지자체는 토지이용도에 첨부된 속성을 가지고 있으며, 계획 부서로부터 데이터를 취득한 후 입력하게 된다. 매달 협의에 의해 전체 레이어를 삭제하거나 모든 속성데이터를 재입력하기 전에 GIS 사용자는 갱신기능을 이용할 수 있다.

㉥ 벡터 중첩

중첩은 GIS 기법 중 가장 일반적으로 사용되는 기능이다. 중첩은 명칭에서 알 수 있듯이 레이어를 쌓거나 서로 포개는 것이며, 데이터에서의 관계성과 연관성을 조사할 목적으로 하나의 데이터 레이어 위에 다른 레이어를 올려놓는 것이다. 만일 새로운 데이터가 둘 또는 더 많은 데이터 레이어들의 병합으로부터 이루어졌다면, 이것은 진정한 의미의 GIS 중첩이다.

일반적으로 벡터 중첩은 지도제작자와 조경가, 지리학자, 및 공간데이터를 사용하는 많은 사용자들에 의해 이용된다. 벡터 중첩은 트레이싱 용지와 투시대를 사용하여 하나의 종이 지도에 두 장의 종이지도를 합치는 것을 의미한다. 이러한 기술은 익숙하지 않은 사람이 작업할 때 많은 시간을 소요하게 되고 부정확하다. 숙련자에게도 시간이 많이 소요되고 비교적 비용이 많이 든다. 이런 이유로 인해, 중첩처리는 GIS에서 수행하는 것이 기본이다.

③ 래스터 지형처리 도구들

래스터 지형처리는 점, 인접 혹은 구역분석으로 수행된다. 이런 처리들은 연속적인 데이터들을 분석하고 조작하기 위한 복잡한 도구들로 구성되어 있다. 래스터 지형처리로 분류된 많은 작업들은 경관 분석방식과 관련이 있고 본 장에서는 래스터 데이터에 대한 점, 인접 및 구역처리에 대해 소개한다.

㉠ 점 처리

점 처리는 셀 대 셀(cell by cell) 기반으로 래스터 격자 셀에 대한 새로운 값을 계산하는 작업이다. 개념상으로 가장 단순한 래스터 지형처리는 격자 레이어를 서로 직접 중첩하는 것이다. 이것은 격자 레이어에 있는 모든 행과 열이 정렬되어야 하고, 셀의 크기가 같아야 하며, 두 격자 레이어의 공간 범위가 같아야 한다.

물론 래스터 지형처리가 이런 요구조건 없이 수행될 수 있는 방법이 있다. 예를 들어, 격자 레이어는 큰 셀 크기로 일반화되거나, 혹은 좀더 작은 셀 크기로 재생성될 수 있다. 사용자는 전체 격자보다는 오히려 일반적인 지도 영역에서처럼 중첩하기 위해 각 격자의 특정한 지역을 정의한다. 래스터 중첩에 관한 원리들은 종종 격자 대수학(또는 지도 대수학) 혹은 부울 대수학(boolean algebra)이라고 표현한다.

㉡ 인접 처리

인접 처리는 인접 값과 같은 주변의 셀에 대해 새로운 데이터를 생성하는 작업을 말한다. 사용자는 인접점의 형상과 크기를 정의할 수 있다. 어떤 예는 인접점 래스터 지형처리를 위해 가장 크거나 작은 주변의 셀 값을 찾거나, 모든 값을 합하고 평균값을 결정하거나, 인접점 내에서 유일한 값(다양한)의 수를 찾는 작업을 활용하기도 한다. 기본적인 인접 지형처리는 데이터를 필터링하거나 평활화하는 것, 경관 모델을 구축하는 것, 그리고 지표에서의 흐름을 결정하는 것과 같이 높은 수준의 분석을 위해 사용될 수 있다.

㉢ 구역 처리

하나의 래스터 격자가 다른 격자 레이어의 지형처리에 대한 구역을 정의

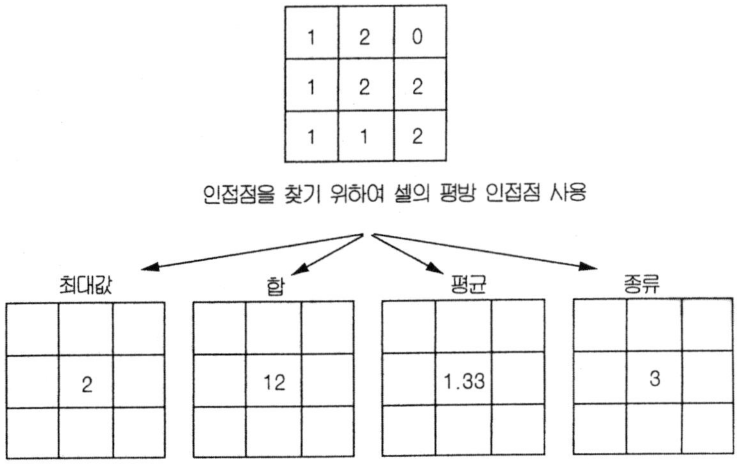

[그림 3-71] 인접점 분석 예

하기 위하여 구역처리가 필요하다. 구역의 형상, 크기 및 위치를 결정하기 위해 사용된 첫 번째 격자는 구역의 영역을 나타내는 셀 값을 가지게 되고 두 번째 격자는 관심있는 데이터를 담고 있다. 구역의 관계에서 이용 할 수 있는 처리는 인접점에 대해 그 위에 등록된 것들, 예를 들어 가장 큰 값 또는 가장 작은 값을 찾고, 어떤 구역 내에 있는 셀 값의 평균 및 합을 찾으며, 각 구역에 있는 값의 변화를 결정하는 것과 같다. 구역처리의 결과(값)는 구역의 각 셀에 놓이게 된다.

4) 분석과 모델링

① 발전된 분석

㉠ 근접성 분석

근접성 분석은 일반적으로 사용자가 정의의 지역(인접점)과, 측정 또는 계산을 통해 몇 가지 공간 검색을 수행한다. 근접성 분석은 벡터 인접점을 생성하거나, 래스터 인접점 및 인접점 내에 있는 모든 대상물을 판단하기 위한 버퍼 처리를 포함할 것이다. 근접성 질의의 예는 '얼마나 많은 안과가 안경점 1km내에 위치하는가?' 와 같은 것이다. 하나의 예로서 벡터 데이터를 사용할 때, 이것은 새로운 레이어를 생성하기 위해 1km까지의 안경점 위치를 버퍼링하는 것을 의미한다.

㉡ 네트워크

네트워크 GIS에서 선형은 어떤 대상물들의 흐름을 이동시키거나 인도할 수 있는 도로, 철도, 항해 노선이고 비용, 속도, 시간, 장애물, 방향, 도로 표면 상태 및 통행량과 같은 요소는 어떤 선형의 특정 부분에 속할 수 있다.

네트워크 전체를 통한 다른 경로의 비교는 특정한 두 지점 사이를 가장 빠르고, 저렴하고, 안전하고, 최단 또는 최상의 경로를 결정할 수 있도록 한다. 바꾸어 말하면, 이것은 접근 용이성의 분석 혹은 하나의 확인된 위치로부터 얼마나 많은 방법으로 '접근할 수 있는' 다른 위치들이 있는지 결정하도록 한다. 근접성 도구와 네트워크 도구의 연결은 보다 가치있는 GIS 도구 상자로 발전되어 왔는데, 특히 운송과 시설물 분야에서, 효율성, 안정성, 수익성에서 상당한 진전을 이끌어 왔다.

② 경관분석

㉠ 수치표고모형

수치표고모형(DEM: Digital Elevation Model)은 2차원보다 3차원에서 변하는 실세계 지형의 높낮이에 대한 GIS 재현이다. 수치표고모형은 지형분석의 기초로 또는 단순히 시각화 도구로서 사용될 수 있다. 가상 현실과 컴퓨터 시각화 기술들의 출현으로 GIS 세계를 3차원으로 보려는 요구가 날로 증대되고 있다. 사용자들은 스크린에 표현되는 세계를 마치 실세계에서 보는 것과 동일하게 보고 싶어한다. 이것은 하나의 x, y위치에 대해 하나 이상의 표고를 가진 지형, 지물들이 문제가 된다는 것을 의미한다.

㉡ 불규칙 삼각망

불규칙 삼각망(TIN: Triangular Irregular Network)은 삼격형 요소들의 표고면이다. 이것은 폴리곤과 매우 유사하게 생성된다. 불규칙 삼각망은 위상구조를 가지며 각각의 삼각형은 세 변으로 된 폴리곤으로 간주될 수 있다. 불규칙 삼각망은 각각의 삼각형 단면의 경사 및 경사방향과 같은 속성값을 이용하여 효율적으로 음영을 표현할 수 있다. 삼각형을 형성하는 가장 일반적인 방법은 델로니 삼각형이라 불리는 기법이다. 델로니 삼각형은 형성된 삼각형의 외접원이 그 내부의 다른 어떤 점도 포함하지 않을 경우에, 세 점을 이용하여 삼각형을 형성하는 것이다.

㉢ 격자 수치표고모형

격자 수치표고모형(DEM)은 각각의 셀 값들이 표고인 격자 셀 레이어이다. 격자 수치표고모형은 매우 효과적인 2.5차원 표현을 제공하기 위해 음영

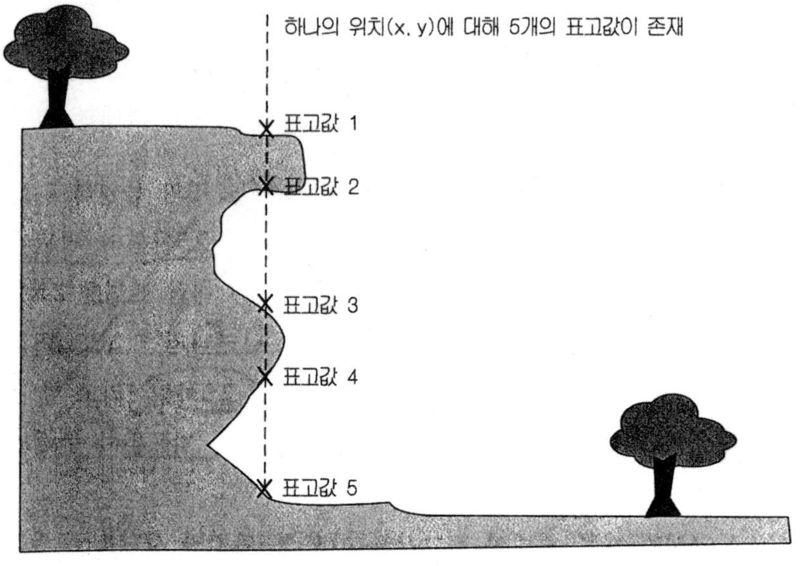

[그림 3-72] 하나의 공간위치에 대한 다중 표고

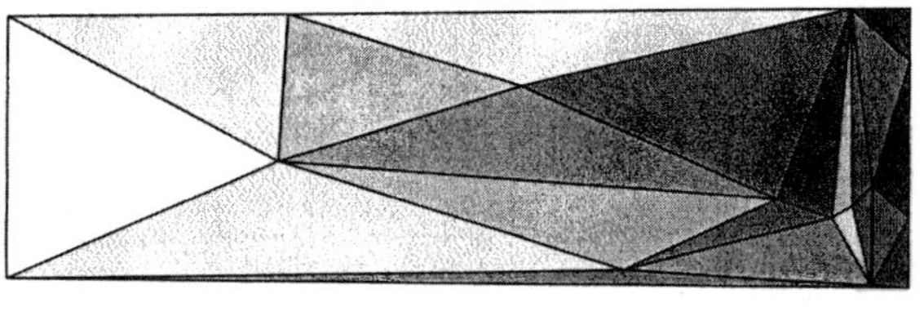

[그림 3-73] 음영을 표시한 불규칙 삼각망

으로 나타낼 수 있다. 많은 GIS 사용자들은 불규칙 삼각망보다 격자 수치표고모형을 선호하며, 이것은 다른 격자기반의 모델링과 분석과정으로 통합하는 것이 간단하기 때문이다. 격자 수치표고모형은 일반적으로 연속적인 표면을 생성하기 위해 기지값을 보간을 통해 하나의 점 레이어로부터 생성된다. 불규칙 삼각망의 삼각형 요소들이 크고 명백하므로, 보간을 통해 구축된 격자 수치표고모형은 데이터가 희박한 지역의 불규칙 삼각망보다 더 시각적이다. 불규칙 삼각망 요소는 데이터가 풍부하든 아니면 데이터가 부족하더라도 그 위치에서 크기를 변경할 수 있는 반면, 격자 셀 크기는 표면에 대해 항상 일정하다.

㉣ 래티스

보다 나은 수치표고모형 저장과 표현 방법은 래티스(lattices) 데이터이다. 래티스는 데이터가 셀 영역 안보다 행과 열이 교차하는 절점에 생긴다는 점을 제외하고는 격자 형태와 유사하다. 절점 사이의 빈 공간과 중요 데이터 절점의 연결은 래티스 데이터를 그물망과 유사하게 보이게 한다. 이런 그물망의 상대표고에서 그물망을 올리고 내림으로써 실세계를 시각적으로 재현한다.

ⓜ 수치지형모형

수치지형모형(DTM: Digital Terrian Model)은 종종 수치표고모형(DEM)과 동일하게 사용된다. DTM은 DEM으로부터 파생되었다는 것이 좀 더 엄밀한 개념이다. 이렇게 파생된 것으로는 경사도, 경사방향, 볼록함 또는 오목함, 가시권, 종단면, 체적평가 그리고 배수망과 하천유역 등이 있다. DTM을 완성하는 방법에는 여러 가지 다양한 방법이 있다.

ⓑ 경사도와 경사방향

경사도 측정은 토지가 경사진 정도에 관한 측정이다. 경사도는 삼각형 형태의 지형 또는 인근격자들에 대한 표고의 최대변화율이다. 경사방향은 최대 경사의 방향 또는 방향각을 말하며, 경사방향은 일반적으로 이 최대 변화율의 나침밤 방향으로 주어진다. 경사와 경사방향의 활용은 식물 및 동물의 집단 서식지를 연구하거나 건물의 위치를 결정하기 위해 경사와 방향이 적절한 평지를 찾는데 사용한다. 경사도 측정의 진전된 활용은 경관의 볼록과 오목지이다. 이런 것들은 토지의 경사지역을 평평하게 하는데 필요한 토공량 산출과 같은 체적 산정의 연구에 도움을 준다.

ⓢ 가시구역도 작성

가시구역(viewshed)은 사용자가 지정하는 점이나 지역으로부터 보여질 수 있는 지상의 범위를 구분짓는 것이다. 또 다른 비슷한 파생물은 일반적으로 사용자가 원점과 목표점을 지정하는 것을 포함하는 가시구역도이다. GIS를 이용하지 않고 가시권 분석을 하는 것은 시간이 많이 소요되며, 특히 기복이 있거나 경관이 복잡하면 더욱 그러하다. 이런 도구들의 사용은 전망대를 방문한 관광객이 숲에 있는 대지를 무너뜨리는 미래의 상황을 미리 본다든지, 기존의 구조물로부터 바라볼 때 새로운 건물의 조망에 대한 영향을 미리 알아보는 것과 같은 활용분야로 이용된다.

③ GIS 모델링

ⓖ 모델링의 특성

GIS에서 모델링은 GIS 도구상자에 있는 많은 모델링을 위한 도구들을 포함하고 있기 때문에, 복잡한 분석에도 응용된다. GIS 모형은 일반적으로 컴퓨터기반 환경에서 실세계 현상에 근접하도록 하거나 공간 및 비공간적인 구성요소들의 상호 작용에 대한 목적을 가지고 있다. 모형은 전체 또는 부분적으로 이해되는 처리과정을 모방하기 위해 시도되는 것이며, 자연적이나 문화적인 처리도 가능하다. 많은 지리적, 공간적 모델링 기법들은 GIS 도구 또는 GIS 운용에 적용되었다.

모형을 개발하기 위한 원동력은 "어떻게 각 요소들이 어떤 현상을 생성하기 위해 상호작용하고 있는가?" 또는 "우리가 현재 이 상호작용들에 대해 배웠던 것 그리고 과거나 미래의 시나리오를 예측할 수 있는가?"와 같이 발생할 수 있는 공간적 현상들을 설명하기 위해 노력하는 것이다.

가정(assumption)은 GIS 모형의 중요한 부분을 이룬다. 모형은 어떤 인자들이 불변하거나 상수(불변량)로 작용한다는 것을 가정해야 한다. 모형들은 오직 사실성에 근접할 수 있어야 한다. GIS에서, 자연 또는 인공적인 현상을 나타내는 모델링은 설명(What is ...)이 되거나, 예측(What if...)하거나, 통계적(compute the ...)이어야 한다. 어떤 복잡한 상황도 이런 세 가지 사항을 모두 포함하고 있어야 한다.

㉡ 설명적 모델링

설명적 모델링은 공간 및/또는 속성 데이터 패턴에서 명백한 것을 설명하기 위해 데이터들간의 관계를 이해하도록 하는 GIS 도구상자를 사용한다. 이것은 GIS 모델링의 가장 일반적인 사용이다. "내가 변수들(온도, 강수량, 토질, 육식동물 종의 분포 및 마르지 않는 물의 위치)로 개구리 종류의 분포를 설명할 수 있을까?" 라는 것이 하나의 예가 될 수 있다. 설명적 모델링은 예측 모형 및 통계적 모형의 첫 번째 단계이거나 이들 모형들과 상호작용할 것이다.

㉢ 예측 모델링

예측 모델링은 수많은 인자들에 근거를 두고 묘사되므로 명확하게 이해되는 상황이나 현상을 나타낸다. 모형 내에 있는 하나 또는 여러 개의 인자들은 보다 큰 시스템이 어떻게 반응할 것인가 즉, '만약의 문제'를 위해 변경된다. 이런 모형들은 데이터들간의 많은 상호관계에 기초를 둔 현재의 공간적 경향에 대한 설명이 있다는 것을 가정한다. "X인자가 변경될 경우 무슨 일이 발생하는가?" 라는 질문이 제시된다. 입력 데이터가 변경되고, 모형이 실행되어, GIS 전문가에 의해 대상지역에서의 결과가 분석된다.

㉣ 통계적 모형

통계적 모형은 일반적으로 많은 데이터 및 수식에 기초한다. 예를 들어, 우리는 지가에 대한 래스터 격자 셀 레이어와 제안된 새로운 항구의 위치를 가지고 있다면, 거리 감소 곡선을 이용하여 새로운 항구에 가깝게 위치한 집들의 이점에 근거하여, 주변 특성에 부가된 지가를 수학적으로 유도할 수 있다.

대부분 GIS 소프트웨어 제품들은 통계적으로 데이터를 설명하는 단순한 기능들을 제공한다. 이런 단순한 통계적 기능들은 일반적으로 평균, 중앙값, 최빈값, 분산, 표준편차, 범위, 최소 및 최대값을 포함한다. 많은 GIS 소프트웨어 제품들은 또한 데이터를 히스토그램, 막대 그래프, 산점도 및 상자그림과 같이 나타낼 수 있도록 기능을 제공한다. 어떤 GIS 소프트웨어 제품은 주성분 및 인자 분석, 군집 분석, 회귀 및 상관 분석을 할 수 있는 응용통계 기능들을 제공하고 있다.

㉤ 지도제작 모델링

참조(reference)는 앞에서 논의된 많은 도구 및 운용을 모델링 구조와 조합하는 처리과정이다. 주어진 방식으로 공간 의사결정 처리의 모의실험을 하기 위해 데이터를 실행할 때 주어진 방식으로 기술 및 운용의 조합은 지도제작의 모델링에 대한 구현이다. 지도제작 모델링은 각 단계 또는 작업이 하나의 목적을 가져야 한다. 이런 목적은 일반적으로 다음 단계로 넘어가기도 하는 새로운 결과물을 생성하는 것이다.

Tomlin(1990)은 설명적 및 규범적 모델링 기법과 같은 두 가지 형태의 지도제작 모델링 기법을 분류하였다. 설명적 모델링 기법은 데이터 패턴을 설명하고 심지어 관련성을 설명한다. 그것은 설명적 모형들과 상호작용하는 통계적 모형을 말한다. 규범적 모델링 기법은 설명적 모형보다 복잡하고, 문제의 제시, 결과 생성 및 결과 평가를 구체화한다.

만들기 위한 결정 : 이 지역에서 새로운 어린이 보호센터에 대한 알맞은 장소는?
알맞은 장소가 되기 위한 기준은 다음과 같다.

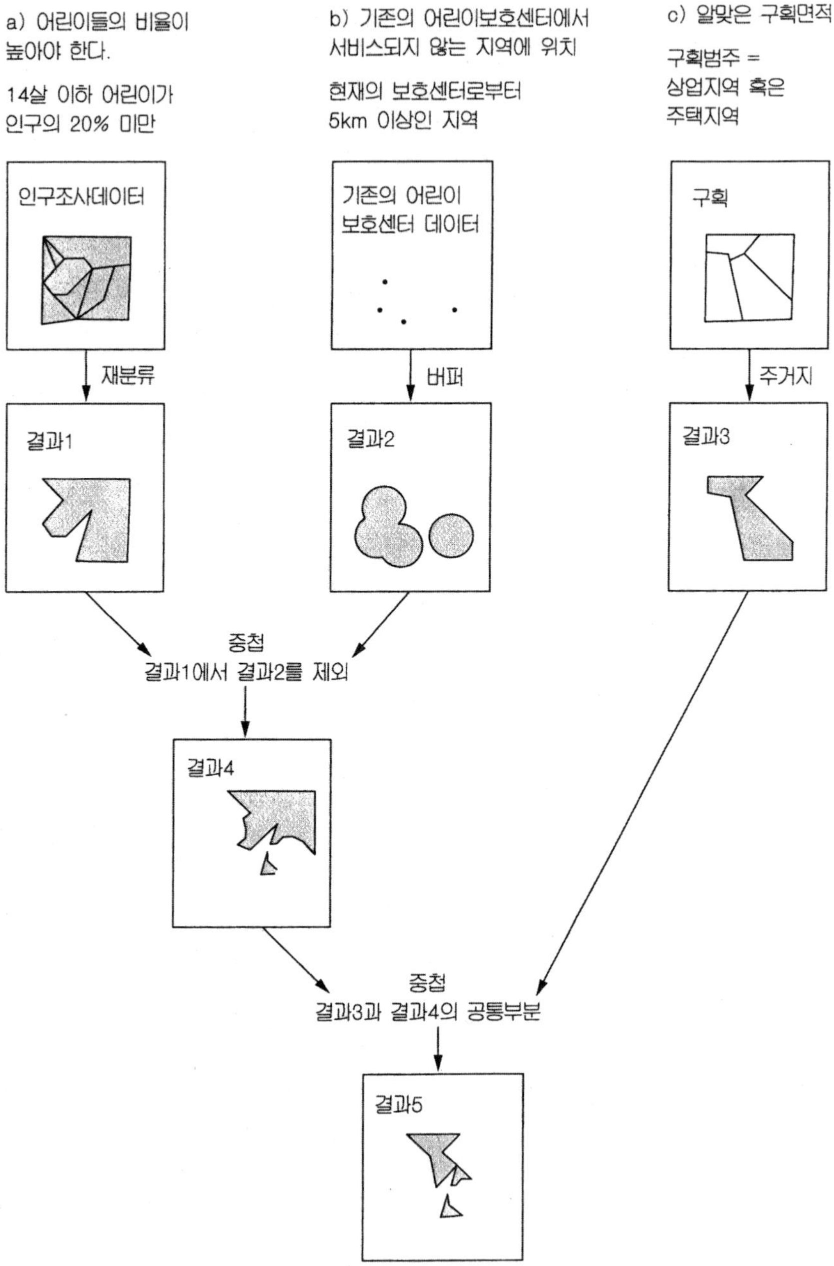

[그림 3-74] 지도제작 모델링 흐름도(2004, 이재기 외)

제 4 장

지형도의 개념과 도식기준

제 1 절 지형도의 개념

1. 지형도의 개요

지형도(topographic map)는 기능적으로 一般圖(general map), 主題圖(thematic map), 特殊圖(specific map)로 나눌 수 있지만 내용면에서는 지형의 기복, 교통로, 취락을 담고 있는 가장 기본적인 일반도이다. 지형도는 地物, 地貌에 대한 평면좌표뿐만 아니라 표고좌표(height)가 기록된 3차원 도면으로서 전 국토에 대해 동일 축척으로 제작되며 다른 목적으로 제작되는 주제도의 基圖로서 사용된다. 그렇기 때문에 지형도를 통칭 국가기본도(國家基本圖: national base map)라고 표현한다.

이러한 지형도는 국토의 개발 및 이용을 위한 기초자료로 이용되며 국가의 경제개발이 가속화되면서 그 수요가 증대되고 있다. 뿐만 아니라 지형도는 땅의 형태와 수평, 수직의 위치관계를 일정한 축척과 도식으로 표현한 것으로서 자연 · 인문 · 사회사상을 정확히 나타낸 다목적 지도라고 일컫을 수 있다.

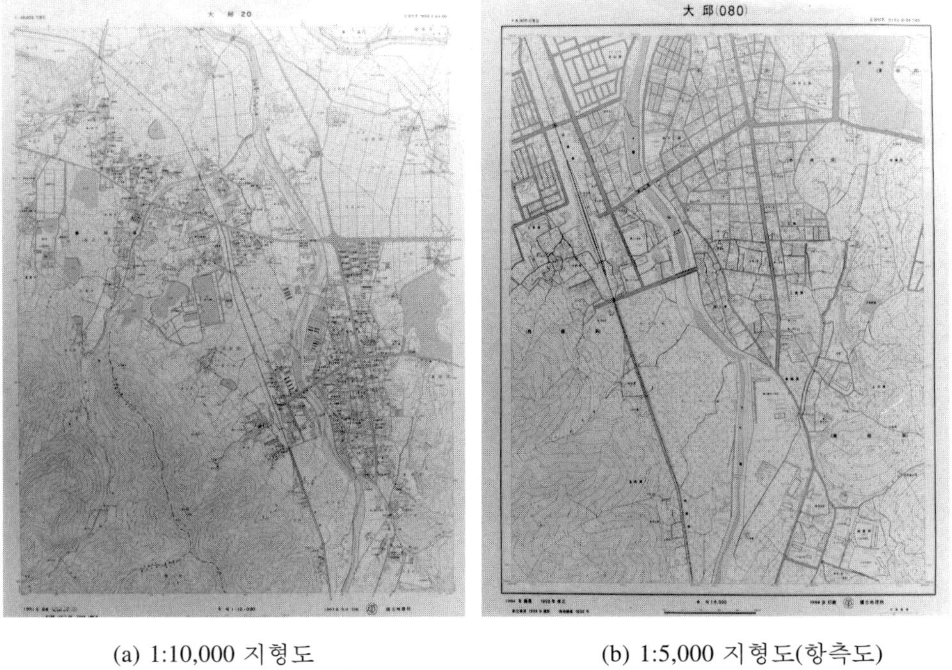

(a) 1:10,000 지형도 (b) 1:5,000 지형도(항측도)

[그림 4-1] 지형도의 실제 모습

1) 지형도의 구분

① 지형도의 종류

우리나라에서 발행되는 지형도의 종류는 1:5,000, 1:10,000, 1:25,000, 1:50,000, 1:250,000으로 나뉘며 1:5,000 지형도가 일반인들 사이에서는 '항측도'라고 불리는데 이것은 초기에 항공사진 측량(촬영)에 의해 제작되었기 때문이며, 특히 1:25,000 지형도를 국가기본도라고 부른다.

- 1:5,000 지형도
  국가기본도 중 축척이 가장 큰 지도로서 1975년부터 제작에 착수하여 2001년까지 17,000도엽 중 16,520도엽을 제작하였다.
- 1:10,000 지형도
  1:5,000 지형도를 기초로 하여 제작한 편집도로서 지역개발의 기초자료로 활용할 수 있도록 1990년에 착수하여 2001년 현재 282도엽이 제작되었다. 성남 부근 25, 청주 4, 공주 6, 대전 26, 전주 · 군산 · 이리 46, 정읍 4, 광주 부근 38, 대구 25, 부산 13, 창원 25도엽이 제작되어 있다.
- 1:25,000 지형도
  1967년부터 착수하여 2001년까지 총 792도엽을 제작하였으며 1975년부터 5~10년 주기로 항공사진 측량을 되풀이하여 2001년까지 2,967도엽을 수정하였고 30도엽을 재제작하였다.

〈표 4-1〉 국토지리정보원에서 제작하는 지형도의 구분

구분 / 축척별	1:5,000 대축척지형도	1:10,000 지형도	1:25,000 지형도	1:50,000 지형도	1:250,000 지세도
총 도엽수	17,000	5,531	792	239	22
제작 실적	16, 520	282	792	239	22
제작 기간	1975~	1990~	1967~	1973~	1963~
도면 규격 (경위도)	55× 44cm (1′ 30″ ×1′ 30″)	55×44cm (3′ ×3′)	55×44cm (7′ 30″ ×7′ 30″)	55×44cm (15′ ×15′)	62×44cm (1° 45′ ×1°)
도엽당 면적	약 6km²	약 24km²	약 150km²	약 600km²	약 13,000km²
지상 1km거리	20cm	10cm	4cm	2cm	0.25cm
등고선 간격	5m	5m	10m	20m	100m
색도	단색	5색	4색	4색	7색

- 1:50,000 지형도

1:25,000 지형도를 축소편집하여 1973~1974년 사이에 239도엽을 제작하였고, 1967~2001년까지 766도엽을 수정하였다.

- 1:25,000 연안해역도

1:25,000 지형도의 성과를 복제하여 만든 1:25,000 연안해역도는 서해안 북단의 강화에서부터 군산, 목포를 거쳐 부산의 동선까지 146도엽이 제작되어 있다.

기타 지도 : 1:1,000,000 대한전도(1도엽, 1965년 제작, 6색도)
1:600,000 도로망도(1도엽, 1983년 제작, 7색도)
1:3,000,000 동북아지도(1도엽, 1997년 제작, 6색도)
1:22,000,000 세계지도(1도엽, 1977년 제작)
1:1,000~1:2,500 (미착수)
1:1,000~1:5,000 토지특성도(1:1,000; 9.601도엽, 1:5,000; 6.788도엽)

- 수치지도화사업 추진

「국가기본지리정보계획(GIS 기본계획)」에 의거, 수치지도 제작사업을 본격적으로 착수하여, 2000년까지 1:1,000, 1:5,000, 1:25,000 축척의 지형도 수치지도를 제작 완료하였으며, 2001년부터는 수정 및 갱신작업을 추진하고 있다. 2001년말 기준 1:1,000 수치지도는 전국 81개 지자체 68개 시가 참여하여 12,753도엽, 1:5,000 수치지도는 전국을 대상으로 하여 16,236도엽, 1:25,000 수치지도는 754도엽이 제작되어 있다.

또한 가스, 통신, 전력, 상·하수도, 송유관, 지역난방 등 지하시설물을 효율적으로 관리하기 위해 지하시설물관리체계개발 시범사업을 통하여 지하시설물도 작성작업 규칙을 완성했으며, 1997년 말부터 지방자치단체 및 시설물 관리기관이 주체가 되어 이미 제작된 1:1,000 수치지도에 지하시설물들을 입력한 지하시설물도 등을 제작하고 있다. 이 외에도 국토이용계획도, 지형·지번도, 토지이용현황도, 도시계획도, 행정구역도, 도로망도 등 6개 주제도 제작사업을 추진하고 있다.

② 지형도의 규격

지형도의 규격은 인쇄종이의 규격, 도곽의 규격, 경위도 좌표의 간격 등으로 구분할 수 있지만 포함되는 땅의 크기가 축척에 따라 함축되어 그려지기 때문에 종이크기는 동일하다. 신문지를 편 상태인(반절지) 지형도는 인쇄에 필요한 여백과 아래쪽의 범례를 뺀 순수하게 지형을 표현한 내도곽의 규격이 실제 지형도 크기라고 할 수 있다. 표 4-2에서 보는 바와 같이 실제 지도에 포함되는 땅크기(실제 거리)는 축척에 따라 다르게 나타나지만 종이규격은 같다. 그러므로 지도를 구입하여 보관하거나 휴대할 때는 같은 크기로 접을 수 있다.

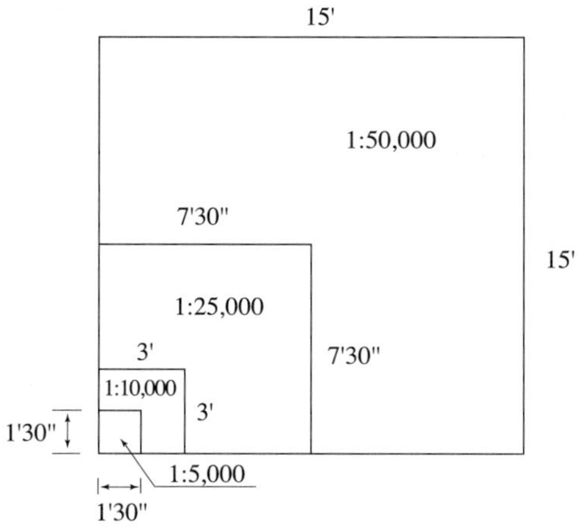

[그림 4-2] 축척에 따른 지형도의 경위도 규격

〈표 4-2〉 지형도의 축척별 규격

축척별	종이규격(cm)	내도곽의 규격	경위도의 간격	실제 거리(36° 지점)
1:250,000	79.0×53.5	62.5×44.0	경도 1° 45′ 00″ 위도 1° 00′ 00″	110.96×157.60km
1:50,000	53.5×79.0	45.2×55.5	15′ ×15′	22.53×27.74km
1:25,000	53.5×79.0	45.2×55.5	7′ 30″ ×7′ 30″	11.26×13.87km
1:10,000	53.5×79.0	45.2×55.5	3′ ×3′	4.50×5.55km
1:5,000	53.5×79.0	45.2×55.5	1′ 30″ ×1′ 30″	2.25×2.77km

2) 위도별 면적과 길이

① 위도별 지형도 규격

각 축척별로 지도상에 포함된 실제의 땅크기(가로×세로)는 얼마나 될까? 지구가 둥글기 때문에 위도의 위치에 따라 많이 차이가 나며 특히 경거의 간격에 큰 변화가 있다. 남북으로 나누어진 위거의 거리는 위도 1° 당 약 111km(110.574↔111.694)

정도 되지만 경거는 지구의 좌우길이로서 적도에서는 111.319km이지만 극지방으로 갈수록 점점 줄어들어 극점에서는 0이 된다. 위도 60° 에서의 경도길이 55,660km는 위도 0° 에서의 경도길이 111,319km의 절반인 55,660km이다.(왜냐하면 cos60° = 0.5이기 때문임)

또 지도가 포함하고 있는 길이를 이용하여 각 축척별 면적을 산출해 보면 위도에 따라 많이 차이남을 알 수 있다. 우리가 쉽게 구해볼 수 있는 남한지역의 1:50,000의 경우는 제주 인근이 640km²이고 서울 북쪽이 609km²로 약 5% 줄어들었다. 적도 부근이 약 782km² 정도 되니까 서울 부근의 면적이 약 18% 줄어들었음을 알 수 있다.

〈표 4-3〉 위도별 지형도 면적 (남북과 동서는 km, 면적은 km²)

위 도	1:50,000			1:25,000			1:5,000		
	남북	동서	면적	남북	동서	면적	남북	동서	면적
34°	27.73	23.08	640	13.87	11.54	160	2.77	2.31	6.4
35°	27.74	22.82	633	13.87	11.41	158	2.77	2.28	6.3
36°	27.74	22.53	625	13.87	11.26	156	2.77	2.25	6.2
37°	27.74	22.23	617	13.87	11.12	154	2.77	2.22	6.1
38°	27.75	21.94	609	13.87	10.97	152	2.77	2.19	6.1

〈표 4-4〉 축척별 지도의 남북길이(위거) (단위 : km)

위 도	위도1°의 길이	1:50,000	1:25,000	1:10,000	1:5,000	위 치
43°	111.093	27.77	13.89	5.55	2.78	온 성
42°	111.074	27.77	13.88	5.55	2.78	청진, 백두산
41°	111.054	27.76	13.88	5.55	2.78	길주, 만포
40°	111.035	27.76	13.88	5.55	2.78	함흥, 신의주
39°	111.016	27.75	13.88	5.55	2.78	원산, 평양
38°	110.997	27.75	13.87	5.55	2.77	양양, 해주
37°	110.979	27.74	13.87	5.55	2.77	울진, 평택
36°	110.960	27.74	13.87	5.55	2.77	포항, 군산
35°	110.941	27.74	13.87	5.55	2.77	부산, 순천
34°	110.923	27.73	13.87	5.55	2.77	제주해협
33°	110.905	27.73	13.86	5.55	2.77	제 주

※ 위도 1° 의 길이는 5° 씩 계산된 것을 등배분하여 산출하였음

지형도에는 실제의 땅규격(크기)이 나타나 있지 않다. 축척이나 위도의 변화 때문에 각 지도마다 경위거가 미세한 차이를 보이고 있으며 특히 경거(동서)의 경우는 위도가 높아질수록 많이 줄어들며 사용하는 지구타원체의 값에 따라 달라지기도 한다. 그래서 지도를 자주 접하지 않는 일반인들이 쉽게, 빨리 파악할 수 있도록 북한을 포함한 우리나라 전역(33°~43°)의 위도분포에 따른 경위거의 길이를 표 4-4와 표 4-5에 나타내었다.

〈표 4-5〉 축척별 지도의 동서길이(경거) (단위 : km)

위 도	경도1°의 길이	1:50,000	1:25,000	1:10,000	1:5,000	위 치
43°	81.466	20.37	10.18	4.07	2.04	온성
42°	82.775	20.69	10.35	4.14	2.07	청진, 백두산
41°	84.085	21.02	10.51	4.20	2.10	길주, 만포
40°	85.394	21.35	10.67	4.27	2.13	함흥, 신의주
39°	86.573	21.64	10.82	4.33	2.16	원산, 평양
38°	87.752	21.94	10.97	4.39	2.19	양양, 해주
37°	88.930	22.23	11.12	4.45	2.22	울진, 평택
36°	90.109	22.53	11.26	4.50	2.25	포항, 군산
35°	91.288	22.82	11.41	4.56	2.28	부산, 순천
34°	92.328	23.08	11.54	4.62	2.31	제주 해협
33°	93.367	23.34	11.67	4.67	2.33	제주

※ 경도 1°의 길이는 5°씩 계산된 것을 등배분하여 산출하였음

② 위도에 따른 경거의 길이

경거는 위도의 위치에 따라 많은 차이를 나타내는데 1:50,000의 경우 위도 33°~43°사이에 약 3km 차이가 난다. 이를 확인하기 위하여 1:50,000의 38°지역인 강원도 속초도엽의 경거를 실측해 본 결과 22.0km이고 33°지역인 제주도면의 실측길이(동-서)는 23.3km로 서귀도엽이 약 1.3km 더 길게 조사되었다.(속초도면의 경거는 177－157＋1.12＋0.88 = 22.0km이고 서귀도면의 경거는 168－146＋0.68＋0.62 = 23.3km로 실측되었다.)

또 중부원점(127°38°)과 동부원점(129°38°) 사이의 동경 128°지점에 대한 두 위도(38°, 36°)의 직각좌표의 변화추이를 보면 X좌표는 38°지점에서 남쪽으로 500,000m까지 큰 변화가 없지만 Y좌표는 많은 변화를 보인다. 그림 4-4와 그림 4-5의 두 그림에서 양구(287), 인제(113), 무풍(289), 가야(110)로 표기된 것은 Y좌표가

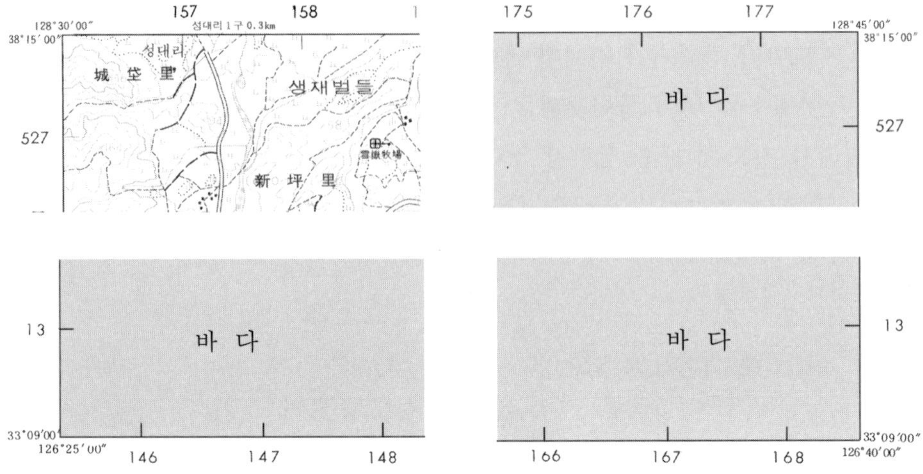

[그림 4-3] 위도별 경거의 차이

38° 지점의 속초도면(상)과 33° 지점의 서귀도면(하)의 거리를 비교하였는데 서귀도엽이 약 1.3km 길게 측정되었다.

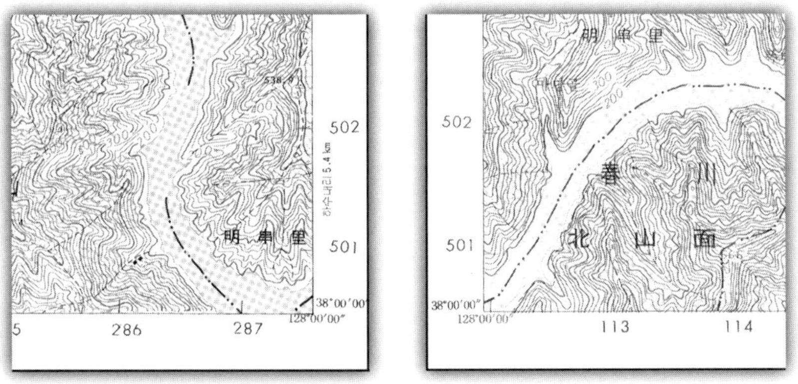

(a) 양구　　(b) 인제

[그림 4-4] 동경 128°와 북위 38°의 교차지점(1:50,000 양구, 인제)

일치되지 않음을 보여주고 있다.

- 양구 287+0.57 = 287.57−200.00 = 87.57km(∴ −0.182)
- 인제 112−0.06 = 111.94−200.00 = 88.06km(∴ +0.308)
- 무풍 289+0.90 = 289.90−200.00 = 89.90km(∴ −0.209)
- 가야 110−0.42 = 109.58−200.00 = 90.42km(∴ +0.311)

127°에서 128°까지 1°의 거리가 87.57km이고 129°에서 128°까지 1°의 거리는

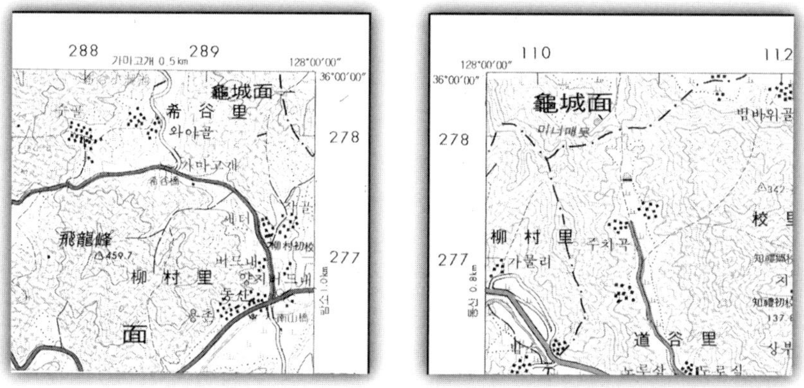

(a) 무풍 (b) 가야

[그림 4-5] 동경 128°와 북위 36°의 교차지점(1:50,000 무풍, 가야)

88.06km로 0.49km 차이가 나며, 36°지점에서는 0.52km 차이가 난다. 38°지점의 양구와 36°지점의 무풍 간의 1°의 차이는 아래쪽인 무풍이 2.33km 더 길며 38°지점의 인제와 36°지점의 가야 간의 1°차이도 아래쪽인 가야가 2.36km 더 길게 측정되었다.

2. 지형도의 제작

1) 제작현황

우리나라 국가기본도의 준거타원체는 Bessel 타원체를 채택하고 있으며 수평기준은 대한민국 경위도원점이며 수직기준점은 인천항의 평균해면으로 인하공업전문대학 구내에 있다. 그리고 투영법은 횡축 메르카토르도법이며 평면직각 좌표는 동부, 중부 및 서부원점을 기준하고 있다. 국가기본도에서 지형은 수평면에다 정사투영하며 지형의 표고는 등고선법으로 기록되어 있다. 이상은 국가기본도(지형도)를 제작하는데 꼭 결정해야 할 중요한 요소들이다. 또 1:5,000과 1:25,000 지형도는 항측에 의거하여 제작하고 있으며 1:50,000 지형도는 1:25,000 지형도를 축소하여 제작하고 1:250,000 지세도는 다시 1:50,000 지형도를 축소편집하여 제작하고 있다.

이러한 지형도는 매년 수정제작되고 있는데 이는 지표면에 있는 자연지물 및 인공지물의 평면위치와 수직위치가 수시로 변하기 때문이다. 지형도는 한 번 만들어 놓고 언제까지 쓸 수는 없다. 지형도는 모든 지도의 기초가 되는 지도(base map)

이기 때문에 항상 최신의 자료가 표기되어야 한다. 지금은 모든 지형도의 제작이 거의 완료되었기 때문에 시가지의 급격한 확산에 따른 행정구역의 변경, 국가 기간산업의 건설(공업단지, 고속도로, 고속전철, 항만, 댐)에 따른 변화를 수정하고 있다.

〈표 4-6〉 지형도 제작현황 및 제원(2005년)

축 척	도엽수	수정기간	도면의 크기	지상 1km의 도상거리(cm)
1:5,000	16,561	1985~계속	1′ 30″ × 1′ 30″	20
1:10,000	282	1990~1997	3′ × 3′	10
1:25,000	793	1975~계속	7′ 30″ × 7′ 30″	4
1:50,000	239	1975~계속	15′ × 15′	2
1:250,000	22	2000	1° 45′ × 1°	0.25
1:1,100,000	1	2000	6° × 12°	0.01
토지이용현황도	720	1982~1998	7′ 30″ × 7′ 30″	4

2) 제작과정

지형도의 제작은 지상측량에 의한 방법, 항공사진에 의한 방법, 지상사진에 의한 방법, 수치지형 모델에 의한 방법으로 나눌 수 있다. 이들 4가지 제작방법 중 국토지리정보원에서 가장 많이 활용하고 있는 것은 항측방법에 의하여 지형도를 제작하고 있다. 그림 4-6에서 보는 바와 같이 연도별로 지형도가 수정제작되는데 국토지리정보원의 항측과, 측지과, 지리정보과, 지도과 등 관련부서는 서로 유기적인 관계를 가지는데 최근에는 종이지도보다는 수치지도 파일이 많이 제작되고 있다.

- 측지기준점 측량

  정밀삼각측량 및 수준측량 방법에 의해 측지기준점의 평면위치(경도, 위도, 직각좌표, 표고)를 결정하며 전 국토의 삼각망은 약 3km~4km, 수준망은 약 2km 간격으로 측지망을 구성하며 촬영을 위한 대공표지를 설치한다. 이렇게 얻은 측량성과는 지도제작 및 국토개발을 위한 공공측량의 기준으로 사용한다.

- 항공사진 촬영

  필요한 지도의 축척, 사용목적, 제작지역 등을 고려하여 촬영계획을 수립하고 계획된 비행선을 따라 필요한 축척으로 촬영한다. 촬영은 입체시를 위하여 비행방향으로 60% 인접방향으로 30% 중복촬영한다.

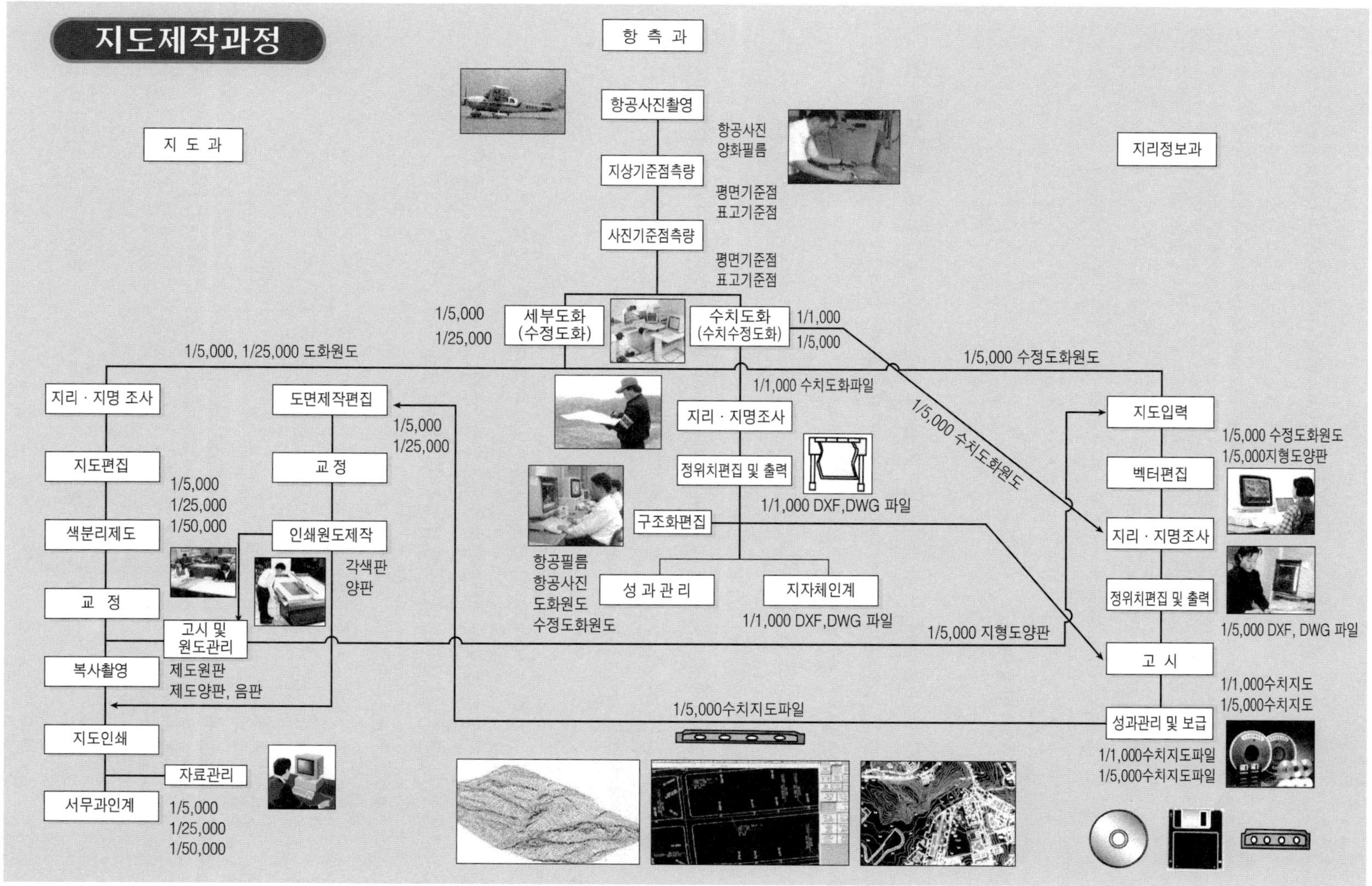

[그림 4-6] 지형도 제작과정의 흐름도(국토지리정보원)

● 항공사진 제작

항공사진 촬영성과인 음화필름(negative)에서 양화필름(positive) 및 밀착사진과 확대사진을 만든다.

● 지상기준점 측량

세부도화에 필요한 평면 및 표고기준점의 좌표를 현지에서 직접 관측하고 평면기준점(X, Y좌표)을 항공사진 모델당 4점을 선정하여 삼각측량 또는 다각측량 방법으로 실시하여 X, Y좌표를 산출한다. 표고기준점(Z좌표)은 항공사진 1모델당 6점을 선정하여 수준측량 방법으로 Z좌표를 산출한다.

● 세부도화

항공사진상에 나타난 지형 · 지물의 영상을 지상기준점 측량성과 및 도화기를 사용하여 평면도면으로 작성한다. 항공사진의 분석은 교량, 건물, 산림, 하천 등 항공사진상에서 분석할 수 있는 모든 사항을 분석한다. 좌표를 전개하고 지형 · 지물을 묘사하며 등고선도 묘사한다.

● 지리조사

현지 지리조사는 항공사진 분석사항의 확인 및 기타 지도제작에 필요한 모든 사항을 조사 · 기록한다. 지명의 조사, 지형과 인공물을 조사, 구역경계의 조사를 병행한다.

● 지도편집

도화원도와 항공사진과 지리조사 성과를 종합적으로 분석, 취합하여 지도편집도를 작성하고 지도도식 규정, 도곽의 구성, 기준점 투영, 난외 주기, 일반화, 상징화, 과장화를 결정한다.

● 지도원도의 제도

각 지형 · 지물표시의 색별은 다음과 같다.

먹색 판 : 도곽, 좌표, 인공지물, 지명 등

갈색 판 : 등고선, 표고수치, 제방 등

청색 판 : 수애선, 하천, 호수, 강명칭 등

적색 판 : 시가지, 포장도로 등

● 지도인쇄

색 분리 제도한 지도원도를 사용하여 색도별로 다음과 같은 순서로 인쇄한다.

판 연마 → 감광액 도포 → 건조(차광) → 빛 쪼임 → 현상 및 세척 → 제판 완성 → 색도별 인쇄

● 지도보급

정부 대행 지도판매업소를 통하여 소비자에게 지도를 보급한다.

3) 제작상의 오류

지형도 속에도 여러 가지 오류가 포함되어 있다. 국토지리정보원에서 여러 단계에 걸쳐 사실확인과 수정작업을 하고 있지만 제작상의 오류가 항상 내재되어 있다. 그러나 이러한 실수나 오기도 다른 일반 지도에 비해 적은 편이다. 그렇지만 항공촬영 시기가 오래되어 시간적 불일치로 실제와 맞지 않는 경우가 다소 있다. 1:25,000과 1:50,000 중 산악부가 많이 포함된 도엽의 경우는 1년에 소량이 판매되기 때문에 인쇄된 지 5년~10년 이상 된 것도 있다.

뿐만 아니라 군사시설 등 지도상에 노출하기 곤란한 중요 시설물은 고의적으로 은폐시키기 때문에 지도를 이용하는 독자들은 지도가 잘못(오류)된 것으로 인식하고 있다. 지형도에는 항공사진 촬영년도, 현지조사년도, 지도인쇄년도가 기록되어 있으나 대체적으로 지형의 변화에 따르지 못하고 있다. 왜냐하면 지도를 수정 · 보완하기 위하여 현지조사를 할 뿐이지 지도의 전체적인 자료는 이미 간행된 지도정보를 이용하여 편집하기 때문에 이미 시간적으로 변화가 많이 내재된 상태에서 편집되어 현지조사를 실시하기 때문이다.

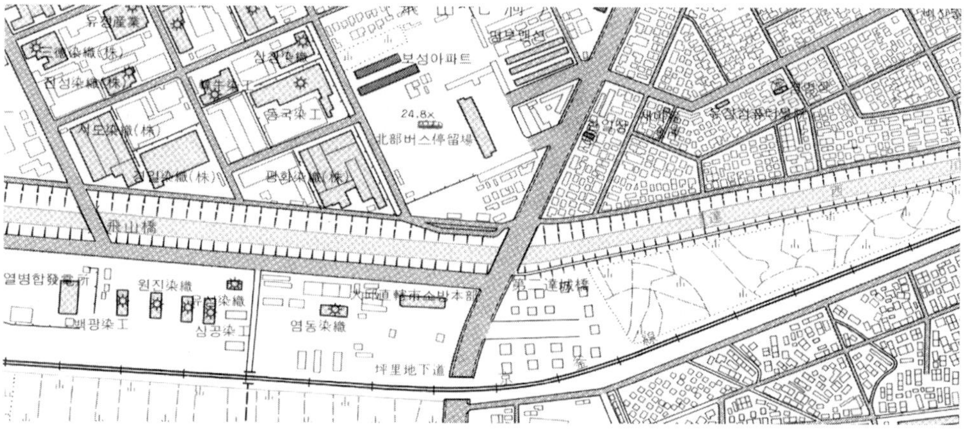

[그림 4-7] 푸른색의 달서천(1:10,000 대구12)

지형도의 도식규정에 하천은 청색이라는점 때문에 어쩔 수 없이 맑고 깨끗해 보이는 청색으로 표시하는게 보통이다. 그러나 대구의 달서천은 인근의 염색공단에서 흘러나온 폐수 때문에 실제의 하천 색깔이 검정색이다. 만약 이곳을 처음 여행하는 사람이라면 지도에 표시된 청색이 거짓말을 했다고 생각할까?

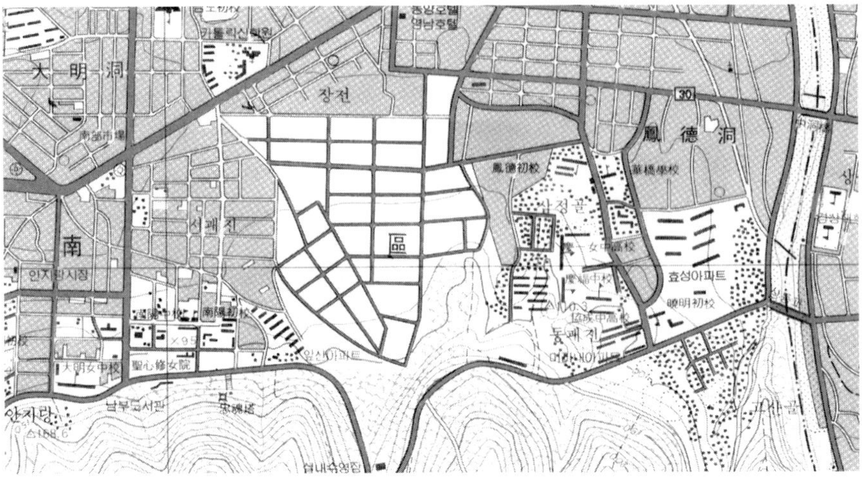

[그림 4-8] 고의적으로 은폐시킨 공간(1:25,000 대구)

지도의 중앙부 빈 공간에는 간선도로망만 형성되어 있고 인근의 다른 곳과는 차별화되어 있다. 흰색으로 남아있는 이 부분은 중요 시설물 때문에 어쩔 수 없이 다른 지류로 은폐된 곳이다.

또 지도의 가격이 자주 인상되지만 변경될 때마다 가격만 다시 인쇄할 수 없기 때문에 종전 가격이 인쇄된 상태로 지도를 판매하기도 한다. 또 시군 행정지명의 변경으로 지도의 도엽명칭이 변경되는 경우도 종종 있다. 1995년 도농 통합시가 만들어지면서 1:50,000 도엽명칭이 (구미→선산), (충무→통영), (이리→익산), (점촌→문경), (삼천포→사천)과 같이 도시명칭이 바뀌었지만 지도의 명칭은 옛 도시의 이름으로 한때 발매되었다. 이것을 지형도 제작상의 오류라고 할 수는 없지만 잘못된

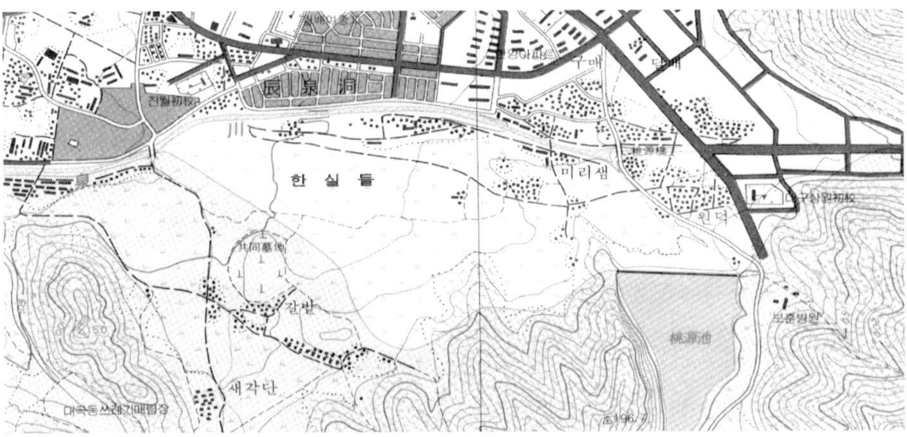

[그림 4-9] 시간적 불일치(1:25,000 대구)

이 지도의 「한신들」 부분은 이미 아파트가 들어선지 3~4년 정도 되었고 한신들과 기존 주택지 사이의 하천은 복개되어 지금은 8차선 도로로 활용되고 있다. 그러나 아파트나 도로신설의 표시는 없다. 이 지도는 1992년 항공촬영되었고, 1995년에 현지조사, 1998년 7월에 인쇄되었다. 국토지리정보원의 예산이나 계획 때문에 제때에 수정이 되지 못한 지도이다. 즉 시간적으로 불일치된 지도이다.

상태로 일반인에게 공급되기도 한다.

3. 지형도의 구입과 색인

1) 지형도의 보급

① 지형도 가격과 대리점

지형도의 구입은 정부(국토지리정보원)로부터 판매허가를 받은 중앙지도문화사와 한국항공의 지방대리점 등을 통하여 구입할 수 있다. 이들 대리점은 순수하게 지도만 전문으로 취급하는 지도센터와 다른 상품의 보조상품으로 지도를 구비해 두고 있는 곳으로 대별할 수 있다. 지형도를 제외한 일반지도(도로, 교통...)는 서점이나 대형 문구점에도 있지만 종류가 다양하지 못하며 구색을 갖추는 정도로 비치해 두고 있는 실정이다. 지형도를 구입할 때는 도엽번호보다는 지도의 명칭(지도이름)을 말해야 찾기 쉬우며 찾고자 하는 洞이나 面의 명칭만 알아도 지도센터에 비치된 색인도로 확인하면 쉽게 구입할 수 있다. 1969년 7월 1일 건설부 고시 제375호로 지도가격이 처음 책정된 이후 30년 동안 9차례의 지도가격이 인상되었다. 1:5,000의 경우는 1977년 2월 28일에 처음으로 100원에 판매되기 시작하여 2년 만인 79년 6월 1일(고시184호)에 700원으로 대폭 인상이 되어 지금은 4,000원에 판매되고 있다. 1:1,000,000 대한전도, 1:25,000 토지이용도, 1:25,000 연안해역도는 각각 3,100원으로 책정되어 있지만 거의 판매되지 않고 있다.

〈표 4-7〉 지형도 가격의 변천

축척 / 년도	1/5,000	1/10,000	1/25,000	1/50,000	1/250,000
69. 7. 1.	-	-	100	100	100
75. 9. 27.	-	-	150	150	150
79. 6. 1.	700	-	300	300	400
82. 8. 16.	800	-	350	350	450
92. 1. 15.	1,000	600	600	600	600
94. 8. 18.	1,200	800	800	800	700
97. 9. 30.	1,800	1,400	1,400	1,400	1,400
98. 9. 25.	2,000	1,600	1,600	1,600	1,600
00. 11. 15	3,000	2,400	2,400	2,400	2,400
04. 3. 20	4,000	3,100	3,100	3,100	3,100

〈표 4-8〉 정부지도 판매 대행소

지역	대리점명	전화번호	지역	대리점명	전화번호
지도판매 대행자	중앙지도문화사	02-730-9191	남양주	한국지도	031-593-7703
	한진지도(주)	02-588-5911~3	부 천	부천지도	032-611-1400
서 울	서울지도센타	02-749-6641		동아지도	032-225-7557
	성지지도센타	02-2277-4343	원 주	우리지도	033-732-3155
	한일지도판매(주)	02-862-3878	강 릉	모든CPS	033-644-1921~2
	새한지도	02-2633-5126	춘 천	국토건설기술공사	033-254-7708
	삼부지도문화사	02-558-4246		한국지도	033-242-3466
부 산	대경지적지도사	051-558-0360	동 해	동해문고	033-532-2051
	일광지도센터	051-247-4747	속 초	(주)대한지리정보	033-637-5544
	문우당	051-245-3844	강 릉	우리지도	033-652-3820,5
	부산지도센터	051-819-4200	충 주	베스트오피스	043-852-4824
인 천	인천지도센터	032-516-8113~4		보문당	043-848-3261
	양지사	032-772-2968	청 주	새한항업(주)	043-222-6792
대 구	(주)대경지에스엠	053-745-0500		보문당	043-256-2264
	대성서점종합문구	053-552-6249	천 안	삼성지도매장	041-557-1999
	경북지도센터	053-564-3340		한솔측기사	041-555-9947
	대경지도(월배점)	053-636-0560	공 주	(주)아세아지앤씨	041-858-0301
	대구지도센터	053-424-9452		삼성사무기상사	041-853-3856
대 전	한일지도센터	042-222-0905	보 령	드림문구사무기	041-935-3936
	창신상사	042-221-9906	논 산	학생백화점	041-735-1363
광 주	일진문화사	062-383-1882	서 산	우리지도	041-667-8815
	(주)광주지도	062-232-6460	전 주	삼성종합기계상사	063-284-7171
	삼복서점	062-222-0258		대성상사	063-632-5059
	동서지리정보	062-369-8589		우리지도	063-286-7774
울 산	대경지도	052-293-0156	정 읍	제일종합상사	063-533-4670
	울산지도센터	052-276-3434		싱싱비데	063-532-9945
성 남	대주항업(주)	031-737-8190	남 원	서남복사	063-632-5059
수 원	대양지도	031-252-5666		학생사	063-625-2092
파 주	강남측량설계사무소	031-943-2222	군 산	양지사	063-452-7452
	(주)성지문화사	031-795-9941	익 산	롯데캐논경인사무기	063-858-6651
의정부	의정부한일지도	031-829-7622	목 포	성민종합기획	061-243-8441
수 원	신화사	031-233-7373		동양지도문화사	061-284-2960
안 양	안양지도센터	031-441-4501		제일청사진인쇄	061-272-3537
구 리	지도센타	031-567-7622	순 천	우리지도	061-742-2151

〈표 4-8〉 정부지도 판매 대행소(계속)

지역	대리점명	전화번호	지역	대리점명	전화번호
여 수	대주측기사	062-684-2743	진 주	학생사	055-741-5491
경 주	법인당씨피에스	054-749-3593		문학사	055-746-7470~2
	신라상사	054-772-3293		한백지도	055-759-0020
상 주	상주문구센터	054-535-9818	창 원	중앙사	055-281-3555
안 동	경안정보기술	054-853-9600		경남지도	055-282-2044
포 항	포항지도센터	054-244-7729		대경지도	055-265-7005
구 미	한진지도센터	054-458-5400	제 주	오피스마트	064-721-4214
영 주	어린이문구사	054-635-8582		드림오피스	064-724-8812~3
영 천	서울청사진	054-334-4432		한양상사	064-722-2011
통 영	일광사	055-645-3605	서귀포	학생백화점	064-732-3441

② 지형도 자료의 보급

국토지리정보원이 각 대리점을 통하여 보급하고 있는 지도는 1:5,000, 1:10,000, 1:25,000, 1:50,000, 1:250,000 지세도를 비롯하여 1:25,000 토지이용도, 1:25,000 연안해역도, 1:1,000,000 대한전도 등 8종류이나 주로 5종류의 지형도가 각 지방대리점을 경유하여 전국의 소비자에게 공급된다. 또 국토지리정보원에 소장중인 어떤 종류의 지도나 문서도 지도제작의 역사, 지도제작 기법 등 연구목적을 위하여 복제받을 수 있는데, 특히 기본측량의 성과 중 지도, 도표, 측량성과, 기록문서 등도 측량법 제 24조에 의거하여 국토지리정보원장에게 신청하면 가능하다. 뿐만 아니라 과거의 지형과 현재의 지형을 대비해야 될 필요성이 있는 연구용역이나 그와 유사한 업무를 수행할 때도 국토지리정보원에 소장되어 있는 자료를 공급받을 수 있다.

③ 인쇄와 생산

측량법 제23조와 동법 시행규칙 제10조에 의하여 국토지리정보원장이 간행하여 발매 또는 배포하는 지도를 원활히 생산하고 공급하기 위하여, 국토지리정보원 내규 제81호(98. 4. 3.)에 정한대로 지도를 인쇄하여 생산 · 관리하고 있다. 지도의 재고관리를 위하여 최근 3년간 축척별, 도엽별 지도판매 실적을 전산관리하여 지도의 적정량 공급시기와 인쇄수량을 조정한다. 단, 행정구역의 개편이나 경지정리, 간척, 신도시 건설, 지형 · 지물의 현격한 변화 등이 있을 때는 인쇄량을 조정한다. 또 지도는 현재 품절된 것을 최우선으로 하며 1개월 이내 품절예상 도엽과 3개월 이내 품절예상 도엽으로 나누어 인쇄순위를 결정한다. 지형도는 국토 변천과정의 자료로 보관해야 하기 때문에 지형도의 신규제작이나 재제작 또는 관련법령이나 제도개선 등의 이유로 수시로 인쇄하므로 제작 또는 수정년도와 사용한 항공사진의 촬영년도를 반드시 기록하고 있다.

④ 지형도의 이용

지형도는 축척에 따라 표현되는 지형 · 지물의 내용과 정확도가 달라진다. 또한 지도제작의 목적에 따라 사용하는 지형도의 축척도 달라진다. 지형도의 축척별 이용현황은 다음과 같으며 사용자의 개인이나 단체에 따라 차이가 있을 수 있기 때문에 사용목적에 따라 적의 조정해야 한다. 우리나라는 1:5,000 지형도가 가장 큰 축척의 지형도로서 주로 국토계획의 입안용으로 많이 사용된다. 그러나 1:5,000 지형도보다 큰 축척의 지형도 중 측량에 의해 작성된 현황도는 지도라고 표현하기는 곤란하지만 주로 건설공사의 실시설계용으로 많이 활용된다.

- 1:500~1:600: 지적도, 건설공사의 실시설계도 및 도시계획용도면
- 1:1,000~1:1,200: 지적도, 철도, 도로, 하천 등의 공사설계용도면, 농지개량계획과 정비(경지정리), 도시계획 지적고시용도면
- 1:2,500~1:3,000: 임야도, 각종 건설공사의 기본계획용도면(도시, 철도, 도로, 하천, 댐계획, 농지계획, 수로계획, 통신, 항만, 전신전화, 해안조사)
- 1:5,000~1:10,000: 국토기본도, 도시계획입안, 건설공사의 개발계획수립과 입안자료용(국토종합계획, 도시계획, 철도계획, 도로계획, 농

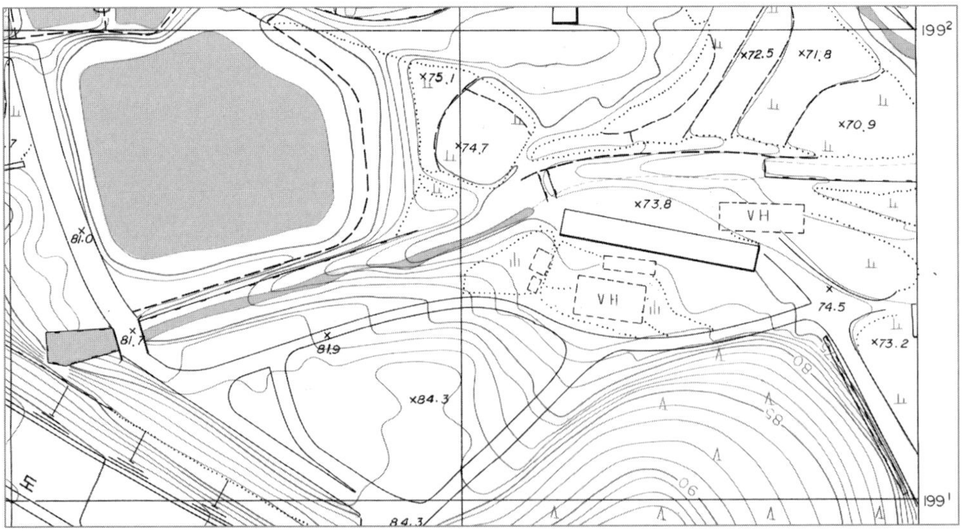

[그림 4-10] 1:1,200 부산시 항공사진 측량도

대축의 지형도는 대부분 실제 지형측량을 실시하여 얻어지는 것이 보통이나 최근에는 항측기술의 발달로 각 지방자치단체에서는 항공측량(촬영)에 의해 대축척의 지형도를 제작하여 업무용으로 활용하고 있다.

업용수계획, 상수도계획, 간척계획, 공업단지계획, 조림계획, 광산개발, 관광지개발, 지리조사, 지질조사, 지형조사, 토지이용조사)

- 1:25,000~1:50,000: 국토기본도, 국토종합개발, 하천계획, 도로계획, 도시계획, 산림개발, 토질조사, 관광개발, 등산, 위치확인, 각종 사업의 구상

그러나 최근에는 축소확대를 할 수 있는 기계가 많이 개발되어 지형도를 부분적으로 축소 혹은 확대하여 많이 사용하고 있기 때문에 굳이 어느 한 축척에 얽매일 필요는 없다. 지도를 가장 많이 이용하는 분야는 측량을 비롯한 국토건설 분야로서 주로 사업구상용(1:25,000~1:50,000), 개발계획용(1:5,000~1:10,00), 기본설계용(1:1,000~1:3,000), 실시설계용(1:500~1:600)으로 이용하고 있다.

2) 지형도의 색인

지형도를 찾기 위한 색인도는 크게 1:50,000과 1:25,000으로 나누어져 있으며 바탕에는 중요 국도, 고속도로, 철도, 강, 道경계가 표시되어 있고 갈색의 지도이름과 흑색의 지도번호가 같이 표기되어 있다. 1:5,000의 색인도는 워낙 복잡하여 도경계만 표시되어 있기 때문에 별도로 1:50,000 지형도에 100등분하여 색인도를 준비해야만 지도를 쉽게 찾을 수 있다.

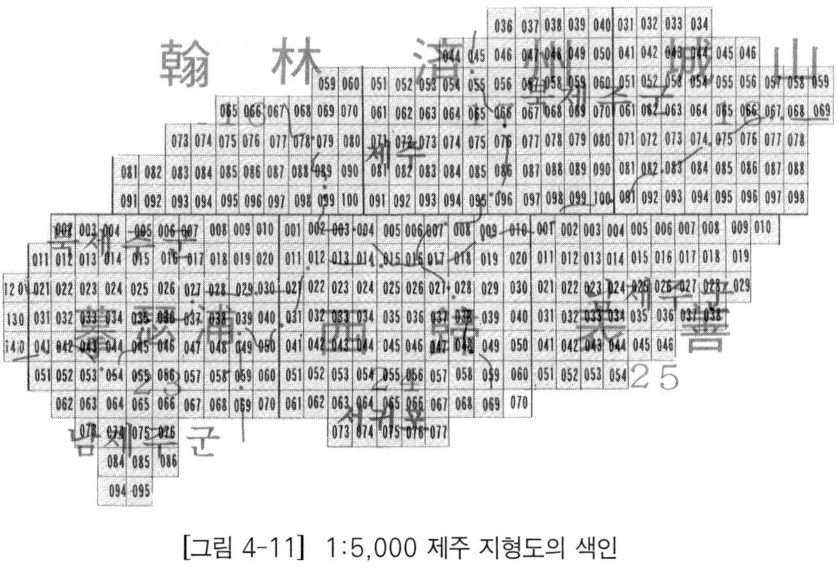

[그림 4-11] 1:5,000 제주 지형도의 색인

1:50,000 한 도엽을 가로세로 10등분하여 모두 100도엽이 좌상에서부터 우하단까지 (001~100)번호가 매겨져 있다.

〈표 4-9〉 도별 지도 매수

축척별	총 매수	경기	강원	충북	충남	전북	전남	경북	경남	제주
1:50,000	239	40	42	26	32	29	54	47	34	6
1:25,000	769	107	128	76	86	79	143	160	120	20

1:50,000 지형도의 총매수는 239매이나 각 도별로 구입한다면 일부 도엽이 중첩되기 때문에 310매가 되고 1:25,000의 경우는 총매수가 769매인데, 중첩을 감안하면 919매이다. 1:50,000 지도의 매수는 전남, 광주가 54매로 가장 많지만 좀더 세분된 1:25,000 지형도의 매수는 대구, 경북이 가장 많은 160매이다. 그러므로 경상북도가 땅의 면적이 가장 넓음을 알 수 있다. 1:250,000 지세도의 색인은 각 지도의 우측 상단에 표기되어 있고 1:10,000은 중요시(重要市)에만 제작된 관계로 별도의 색인도는 없다. 꼭 필요한 지도를 빨리, 쉽게 찾기는 그리 쉬운 일이 아니다. 산행이나 탐사를 목적으로 가장 많이 이용되고 있는 백두대간(27매)과 낙동강 유역(19매), 한강 유역(23매)에 대한 1:50,000 색인도를 그림 4-13에 표시하였으며 기타 중요한 산과 동굴, 관광지 등의 색인도는 표 4-10과 같다.

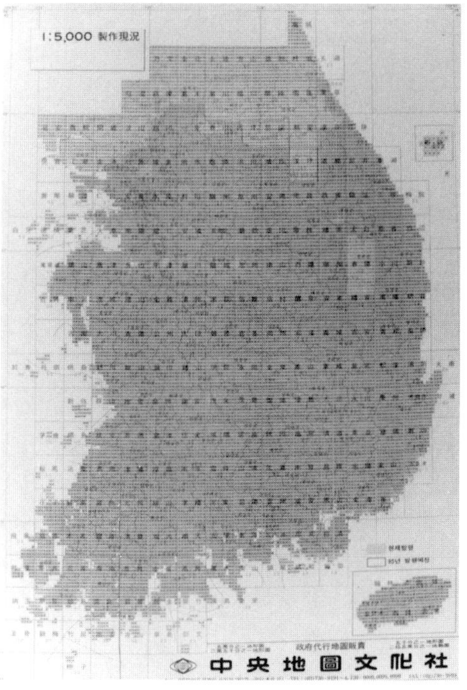

(a) 1:5,000 전국 색인도

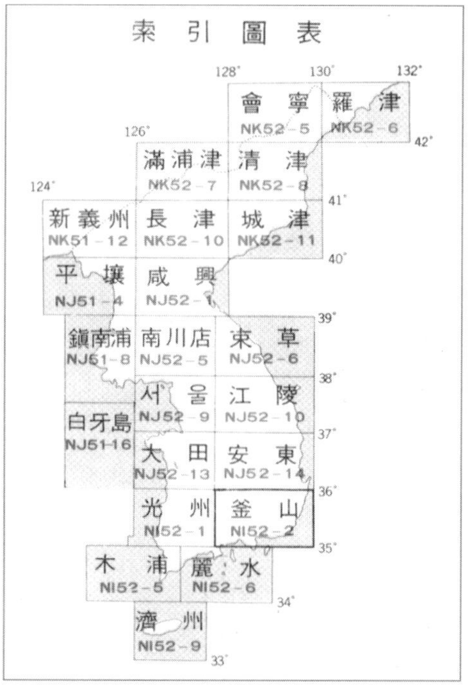

(b) 1:250,000 색인도

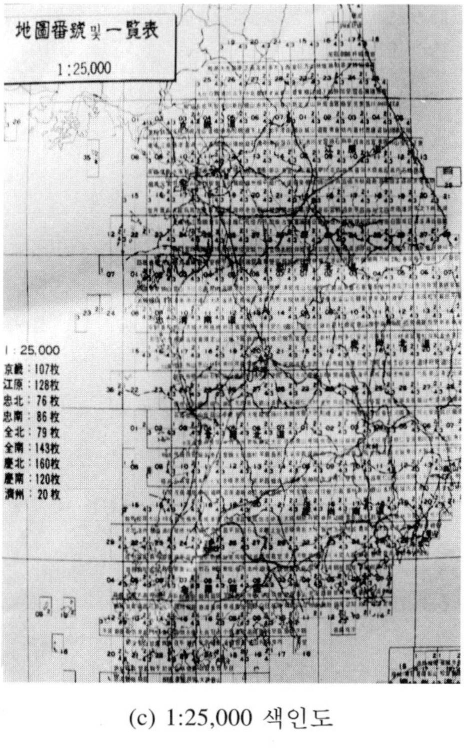

(c) 1:25,000 색인도

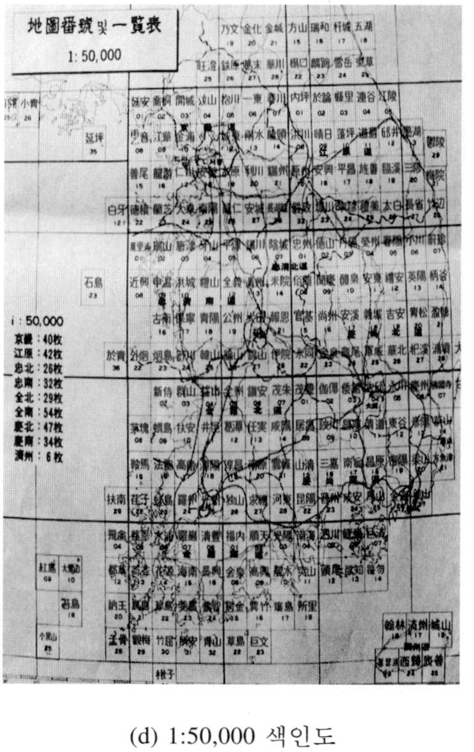

(d) 1:50,000 색인도

[그림 4-12] 지형도의 색인도

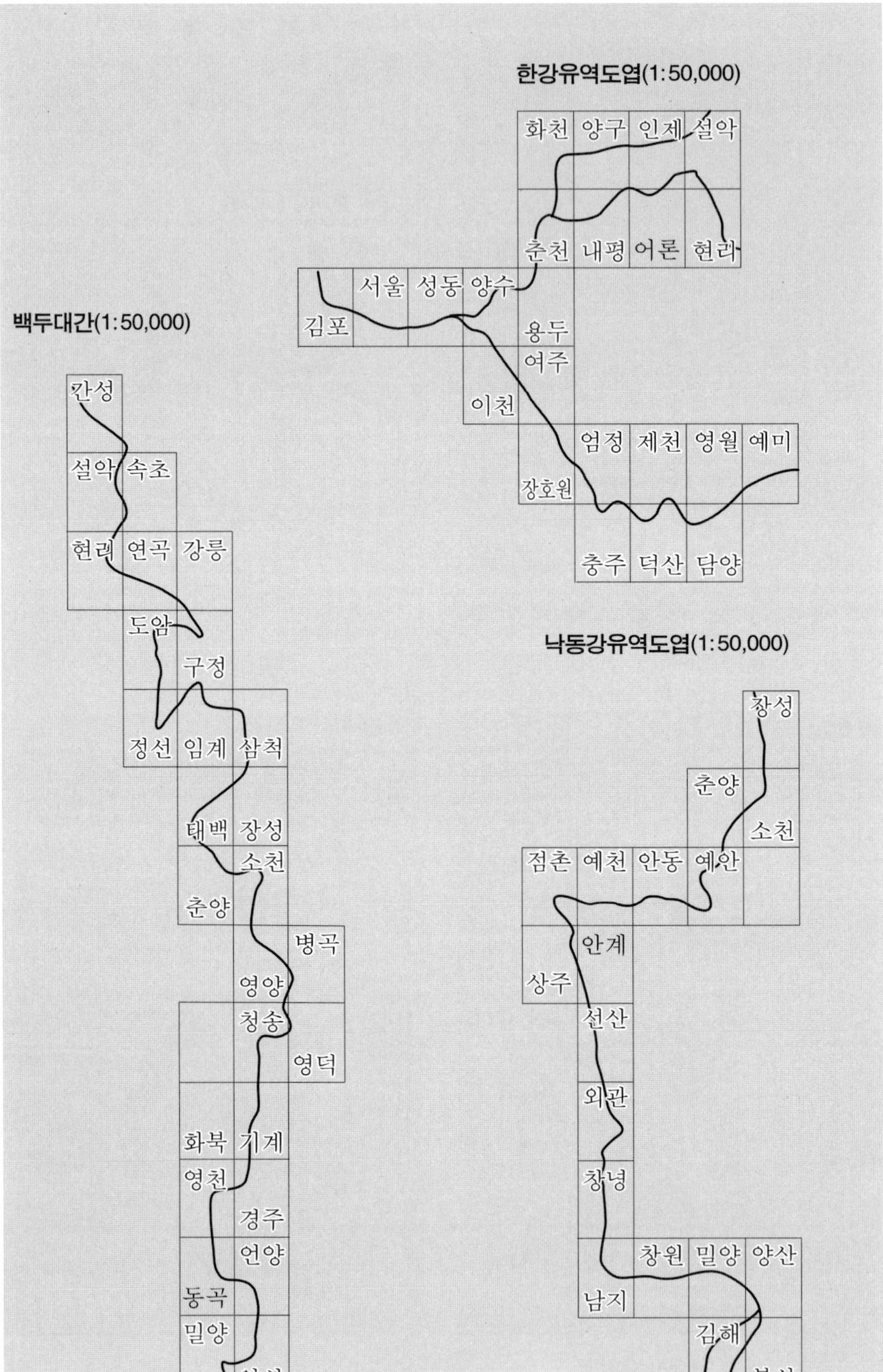

[그림 4-13] 백두대간, 한강, 낙동강 유역 색인도

〈표 4-10〉 중요 명산 색인

산 명	지도명칭(1:50,000)	산 명	지도명칭(1:50,000)	산 명	지도명칭(1:50,000)
가 리 봉	설악	경기백운산	갈말	천 마 산	양주, 성동
가리왕산	정선	전남백운산	하동	천 황 산	동곡
가 마 봉	어론	백 화 산	점촌	청 량 산	춘양
가 야 산	가야	벽 산	부안	청 계 산	양수
가 지 산	동곡, 언양	봉 화 산	춘천	청 옥 산	삼척, 임계
간 월 산	언양	북 배 산	춘천	취 서 산	언양
감 악 봉	제천	북 한 산	서울	치 악 산	안흥
계 룡 산	공주, 대전	비 슬 산	청도	칠 갑 산	청양
계 명 산	충주, 엄정	삼 악 산	춘천	축 령 산	양수, 일동
계 방 산	봉평	사 자 산	평창	태 백 산	태백
고 헌 산	언양	서 대 산	이원	태 기 산	봉평
곡 달 산	양수	서 운 산	진천	팔 영 산	고흥
공 작 산	홍천, 청일	석 병 산	구정	팔 공 산	군위
관 용 산	청도	설 악 산	설악, 속초	한 라 산	서귀
곽 악 산	안양	성 인 봉	울능	황 병 산	연곡, 도암
광 덕 산	갈말	소 백 산	단양, 영주	화 악 산	춘천, 일동
충남광덕산	전의	속 리 산	속리	화 야 산	양수
구 병 산	관기	수 도 산	무풍	황 학 산	영동
국 망 봉	갈말	신 불 산	언양	희 양 산	점촌, 속리
가 칠 봉	설악	신 선 봉	덕산	칠 보 산	병곡
군 자 산	속리	안 산	설악	화 악 산	청도
금 물 산	홍천	소금강산	연곡	고수동굴	단양
금 산	남해, 돌산	연 염 산	내평	고씨동굴	예비
금 주 산	일동	영 취 산	청도	금 녕 굴	성산
금 오 산	선산	오 대 산	연곡	만 장 굴	성산
기 백 산	거창	오 봉 산	내평, 양구	대이동굴	삼척
남 병 산	평창	오 서 산	대천	성 류 굴	울진
내 연 산	영덕	용 문 산	용두	초당동굴	삼척
내 장 산	담양	용 산	도암	협 재 굴	보습포
대 둔 산	금산	운 달 산	부산, 점촌	불영계곡	울진
덕 유 산	무주	운 길 산	양수	선유동구곡	속리
도 명 산	속리	운 문 산	동곡	화양구곡	속리
도 봉 산	성동	운 악 산	일동	덕구온천	죽변
두 륜 산	완도	운 장 산	진안	덕산온천	홍성
두 타 산	삼척, 임계	월 악 산	덕산	도고온천	아산
마 니 산	강화	월 출 산	영암	동래온천	부산
명 성 산	갈말	유 명 산	양수, 용두	마금산온천	창원
명 지 산	일동	응 봉 산	장성	백암온천	병곡
모 악 산	갈담	적 상 산	무주	부곡온천	창원
무 등 산	광주, 독산	점 봉 산	설악	상대온천	영천
미 륵 산	엄정	조 례 산	구례, 순천	수안보온천	덕산, 충주
민주지산	영동	조 경 산	덕산	오색온천	설악
무능계곡	삼척	주 왕 산	청송	온양온천	평택, 아산
발 왕 산	도암	주 흘 산	덕산	유성온천	대전
백 덕 산	평창	지 리 산	운봉	이천온천	이천
백 석 산	방산	지 장 봉	철원	척산온천	속초
울진백석산	병곡	지 억 산	임계	하순온천	독산
백 석 산	도암	진 락 산	금산		
백 운 산	엄정, 원주	천 관 산	장흥		

4. 수치지형도

언어가 발달되기 전에는 상대방을 이해시킬 수 있는 방법으로 그림을 그려 이해시키려고 했다. 지금도 말이 안 통하는 아프리카 오지에 간다면 우리는 손짓이나 그림(지도)으로 그들과 대화를 해야 할 것이다. 이럴 때 지도가 있다면 상대방의 의사를 이해하는데 많은 도움이 될 것이다. 그러나 이렇게 편리하게 사용되던 종이지도가 지금은 컴퓨터를 이용한 수치지도 또는 AMS(Automated Mapping System)시대를 맞았다. 우리나라도 '지도제작 전산화 기본계획 수립'을 계기로 본격적인 수치지도의 시대가 전개되고 있는 실정이다.

1) 개요와 용어

수치지도는 컴퓨터가 처리할 수 있는 자료, 즉 수치형태의 지도로서 그림과 문자로 혼합된 자료이다. 이를 컴퓨터에서 처리하기 위해서는 점으로 표현되는 격자형(raster) 또는 점, 선, 면과 같이 좌표와 기타 기하학적 요소의 형태로 표현되는 선추적형(vector)으로 변환하여야 한다. 따라서 일반적으로 수치지도 제작이라 함은 지도상에 표현되는 지형(지모, 지물)의 형태 및 속성 등 각종 정보를 컴퓨터에서 처리될 수 있는 자료형태로 제작 또는 변환하는 과정 및 기법이라 정의할 수 있다. 최근에 기술적 용어들이 정리되면서 수치지도 제작은 컴퓨터지도 제작과 구분되어 항공이나 인공위성에서 촬영된 한쌍의 입체사진을 입체해석도화기(stereo analytical plotter)를 이용하여 지형의 각종 정보를 지형공간정보체계나 기타 지도자료로 처리하는 기법으로 정의한다(유복모).

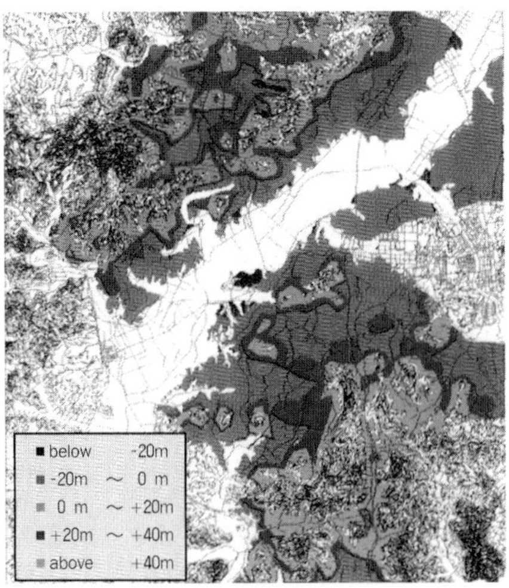

[그림 4-14] 토공량 산정을 위한 수치지도(국토지리정보원)

다가오는 미래는 수치사진 측량과 레이저 측량이 부각될 것으로 판단된다. 이는 자연대상물에 대한 geometric, radiometric 및 semantic정보를 수치영상으로 획득하는 정보기술로 장비(map machine) 현대화가 한몫 할 것으로 판단된다.

전산기를 이용하여 지도를 제작하는 연구는 1950년대 말부터 워싱턴 대학에서 시작되었으나,

1960년대 중반부터는 GIS와 더불어 수치지도의 필요성이 더욱 증가되었고, 1970년대 말에는 입체해석도화기의 출현으로 수치지도의 실용화를 가속시켰다. 1980년대 들어서 컴퓨터의 하드웨어와 소프트웨어의 급격한 발달로 수치지도 역시 급격한 발전을 하였고 최근에는 컴퓨터의 주변기기 및 응용프로그램의 보급으로 수치지도는 일반화되고 있는 추세이다.

㉠ 수치지도 작성

컴퓨터를 이용한 수치도화와 지도입력 등 지형 · 지물을 수치데이터로 취득하여 목적에 따라 편집하는 것

㉡ 수치도화

측량용 항공사진 또는 위성영상의 지형 · 지물을 해석도화기 등을 이용하여 수치데이터로 측정하고 이를 컴퓨터에 수록된 데이터를 이용하여 정위치 편집과 구조화 편집 또는 도면제작 편집을 실시하는 것을 말한다.

㉢ 지도입력

이미 제작된 지도 또는 측량도면을 수동독취기(디지타이저) 또는 자동독취기(스캐너)에 의하여 수치데이터로 취득하여 이를 컴퓨터에 수록하거나 수록된 데이터를 이용하여 정위치 편집, 구조화 편집 또는 도면제작 편집을 실시하는 것을 말한다.

㉣ 표준코드

수치지도를 구성하는 도엽코드, 레이어코드 및 지형코드로 구분되며 국토지형 데이터베이스의 구축을 용이하게 하고 자료의 호환성을 확보하기 위하여 일정한 형식으로 구성한 코드를 말한다.

㉤ 표준도식

수치지도를 구성하는 도형의 형태, 크기, 선호, 구조 및 방향을 정하여 도면의 통일을 기하기 위한 도식으로 국토지리정보원장이 정한다.

㉥ 정위치 편집

지리조사 및 현지보완 측량에서 얻어진 성과 및 자료를 이용하여 도화성과 또는 지도데이터 입력성과를 수정 · 보완하는 작업을 말한다.

㉦ 구조화 편집

각 데이터 간의 지리적 상관관계를 파악하기 위하여 정위치 편집된 지형 · 지물을 기하학적 형태로 구성하는 작업을 말한다.

⊙ 도면제작 편집

지도형식의 도면으로 출력하기 위하여 정위치 편집된 성과를 지도도식 규칙 및 표준도식에 의하여 편집하는 작업을 말한다.

㉧ 원도작성

정위치 편집 또는 도면제작 편집된 성과를 자동제도장치에 의하여 도면으로 출력하는 작업을 말한다.

2) 제작현황

각종 토지개발과 관련된 국토계획, 토지이용계획, 시설물관리 등에 필요한 지도도 종이지도에서 수치화되기 시작하였으며 이를 지리정보시스템(GIS: Geographic Information System)의 기법을 응용하여 다양한 형태로 만들어 쓰고 있다. 정부에서는 1993년부터 NGIS 사업을 시행중이며 2001년까지 각종 주제도를 비롯한 수치지도의 제작을 완료할 계획이다. 이러한 NGIS 시스템에 부응하기 위하여 그 기초가 되는 전산화된 지형도 즉, 수치지형도를 말하는데 국토지리정보원은 지형도의 전산화를 위해 1990년 12월에 장비를 도입 · 설치하고 1992년 2월에는 수치지도 작성작업규칙(건설부령 제500호)을 제정하고 작업방법, 코드 및 도식 표준화를 완료한 후 종이지도를 점차적으로 수치화 해왔다.

접경지역에는 Ikonos 영상을 활용하여 2004년 153도엽(김포 52, 포천 40, 인제 61), 2005년에 119도엽(인제 44, 고성 75), 2006년에 양구 103도엽 등 375도엽이 제작되었다. 또한 1:1,000 수치지형도의 경우는 1995년에 부산, 포항, 청주, 태백, 삼척을 필두로 2006년까지 신규 15,075도엽, 수정 8,890도엽, 종이도면수치화 609도엽 등 전국적으로 24,574도엽이 제작되었는데, 이 작업은 지자체와 국비를 매칭편

(a) 1:1,000 수치지도

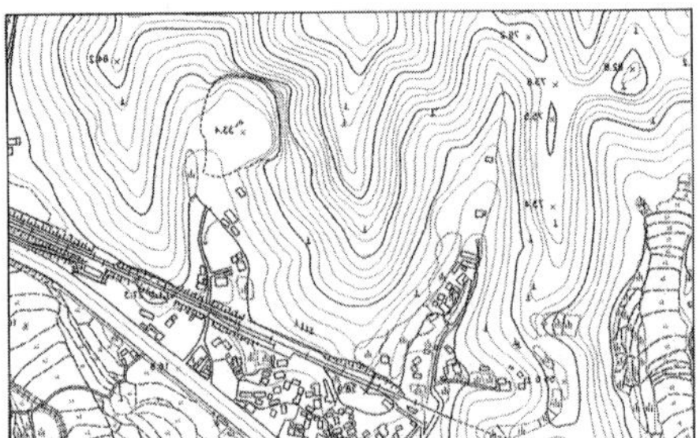

(b) 1:5,000 수치지도

[그림 4-15] 기 제작된 수치지도(국토지리정보원)

〈표 4-11〉 수치지도 제작현황 및 제원(2005년)

축 척	도엽수	수정기간	도면의 크기	지상 1km의 도상거리(cm)
1:1,000	12,753	1995~계속	18″×18″	100
1:5,000	16,236	1995~계속	1′30″×1′30″	20
1:25,000	786	1996~계속	7′30″×7′30″	4
1:250,000	13	2000	1°45′×1°	0.25
토지이용현황도	414	2000	7′30″×7′30″	4
토지특성도(1:1,000)	9,709	1999	18″×18″	100
토지특성도(5:1,000)	7,125	1999	1′30″×1′30″	20

드로 시행하였다.

이제 종이지도보다는 광디스크에 저장된 수치지도의 사용이 점점 늘어날 것이고 통신기술의 발달로 통신모뎀에 의한 수치지도정보의 서비스가 예상된다. 지금은 국토지리정보원에서도 1:50,000 지형도를 비롯한 수치지도를 일반인들에게 판매하고 있으며 서울의 교통상황지도와 우리나라 전역의 도로교통지도도 수치화되어 시중에서 판매되고 있다.

수치지도는 국토정보화의 기초가 되는 자료로 이용되며 지상, 지하의 모든 시설물과 토지이용 및 부존자원 등 각종 관련된 자료를 수치지도에 입력하여 지리정보시스템으로 구축하면 짧은 시간에 정확한 정보를 제공할 수 있는 국토 관련 대국민서비스에 긴요하게 이용된다. 우리나라에서의 수치지도는 육지와 해안, 연안, 연안해역(해안에서 수심 20km)은 국토지리정보원에서 제작·관리하며, 해도는 해양수산부에서, 지적도는 내무부 지적과에서, 군용 지도는 육군 지도창에서 각각 제작하고 있다.

3) 제작시스템과 이용

① 제작시스템

수치지도를 작성하기 위한 계획은 기존도면의 조사는 물론 항공사진 측량(촬영)을 가장 먼저 시행해야 된다. 항공사진을 촬영하기 전에 사진의 기준점 좌표값을 정해야 되는데 이때 지상기준점 측량을 실시하여 얻은 좌표값을 세부도화시 이용할 수 있다. 즉 사진상에서 수치데이터를 얻기 위하여 지상 및 사진상의 기점을 이용하여 항공사진상에 나타난 지형·지물을 해석도화기를 이용하여 지형데이터를 취득한다. 아무리 좋은 사진기로 촬영해도 항공사진상에 나타나지 않는 지명이나 경계선, 식별이 곤란한 식생 등은 확대인화한 사진을 갖고 다시 현지에서 직접 확인하는 작업을 해야 한다. 이러한 자료는 실내에서 추가 수정과 정위치 편집을 실시하고 디지타이저로 모두 입력한다. 지도로 사용하기 위하여 모든 데이터는 지도 도식 규칙에 의거, 다시 도면편집 작업을 실시한다. 그림 4-16에서는 수치지도를 제작하는 데 필요한 계획, 준비부터 지도 출력과정까지를 정리한 자료이다.

② 수치지도의 이용

수치지도(도형정보)는 여러 가지 속성정보를 넣어 각종 주제도를 만드는 데 이용되며 건물의 용도별 분류, 토지이용도의 제작, 연도별 도시계획이나 도시의 변천과정 파악을 위한 지도의 제작 등 각종 주제도제작에 이용된다. 다방면으로 만들어진 주제도를 이용하여 도시지역에 대한 다양한 정보를 3차원으로 관리함으로써 도시의 정책이나 도시계획 업무의 효율적이고 고도화를 위한 시스템을 구성할 수 있고 상하수도, 전기, 가스 등을 비롯한 지하시설물의 유지 · 관리업무에도 유용하게

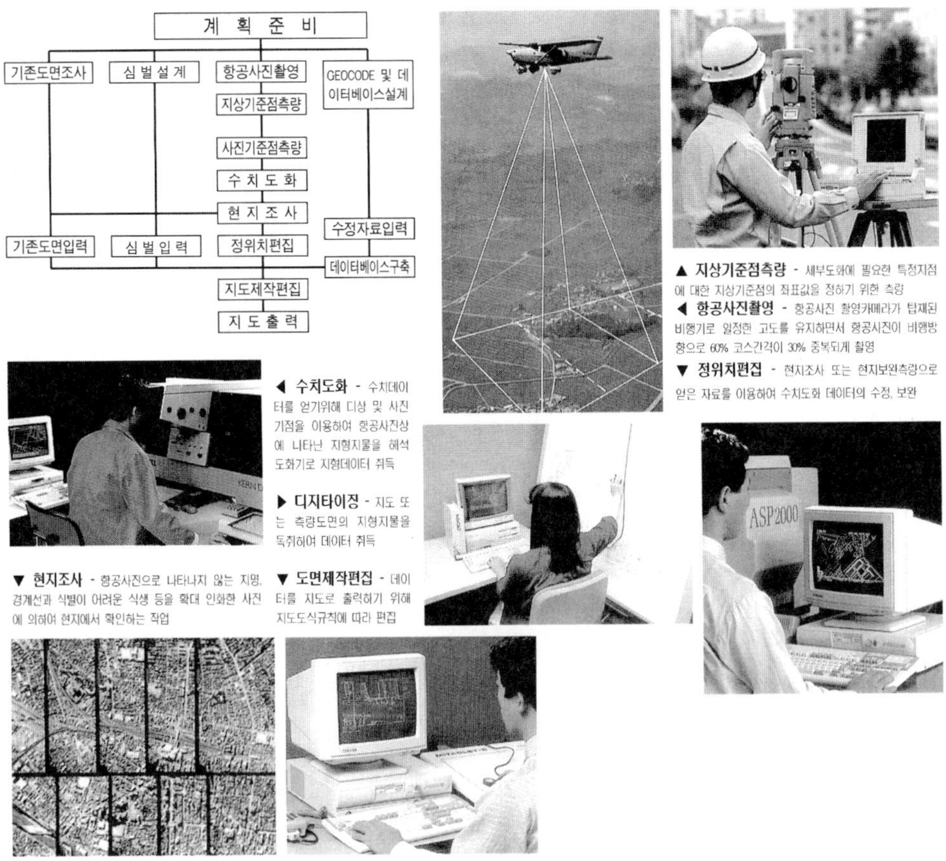

[그림 4-16] 수치지도의 제작시스템(국토지리정보원)

쓰인다. 그 외에 대단위 매립장의 선정이나 간척사업, 도로나 철도의 노선선정 등 각종 건설공사의 기본 계획이나 구상 등에도 이용되며 최근에는 컴퓨터시스템의 발달로 간단한 조작만으로도 자기가 원하는 곳의 위치나 교통량 거리 등을 파악하여 최적 노선을 알려주는 자동차 항법장치에도 이용되고 있다. 이러한 수치지도는 지리학, 통계학, 지도학, 컴퓨터과학, 원격탐사, 수학, 사진측량학 분야 등 통합된 지식으로 요구되는데, 이것은 컴퓨터의 하드웨어나 소프트웨어는 물론 기술인력의 조직이 잘 구비되어야만 한다.

③ 수치지도의 가격

1:1,000 수치지도의 경우 공급대상을 국가기관, 지방자치단체, 정부투자기관, 정부출연기관, 대학교, 지하시설물 관리기관에 한정하여 공급하며 그 외의 축척은 일반인들에게도 판매하고 있다. 그리고 국가기관 및 지방자치단체인 중앙부처(부 · 처 · 청), 광역지방자치단체, 기초자치단체(시 · 군 · 자치구)와 수치지도제작 재원

〈표 4-12〉 수치지도 판매가격 (2007년 현재)

구 분	축 적	도엽수	판매가격(원/도엽)	비고(구입방법)
지형도	1:1,000	16,345	18,000	대행업체판매 (off-line) CD가격 별도부담 (3,300원)
	1:5,000	16,812	23,000	
	1:25,000	786	27,000	
	1:250,000	22	24,000	
수치지도 Ver2.0	1:1,000	4,205	20,500	
	1:5,000	8,026	26,000	
기본지리정보	교통(도로) 수자원시설물	-	3(원/Kbyte)	
토지이용현황도	1:25,000	414	27,000	
토지특성도	1:1,000	9,709	16,000	
	1:5,000	7,065	18,000	
수치지도	1:1,000	16,345	16,200	인터넷판매 (on-line)
	1:5,000	16,812	21,300	
	1:25,000	786	25,300	
토지이용현황도	1:25,000	414	25,300	
토지특성도	1:1,000	9,709	14,700	
	1:5,000	7,065	16,800	

※ 기본지리정보 공급가격 산정방법
- 도엽단위로 구분하여 판매하되, 가격은 Kbyte 단위로 계산함
- 파일용량 1Kbyte 미만에 대해서는 절상하여 계산함
- 판매금액 10원 미만에 대해서는 절삭하여 계산하며, 판매금액이 700원 미만이 되는 경우 700원을 판매가격으로 산정함

분담 7개 정부투자기관인 한국전기통신공사, 한국전력공사, 한국가스공사, 대한주택공사, 한국수자원공사, 한국토지공사, 한국도로공사는 국토지리정보원에서 직접 공급하고 있다. 1:5,000 수치지형도의 경우는 일반지도와 같이 국토지리정보원에서 직접 판매하지 않고, 측량법 제23조에 정한 '정부 지도판매 대행업체'를 통하여 공급하고 있다.

4) 도엽과 지형코드

① 도엽의 부여

수치지도의 모든 자료는 좌표값을 가지기 때문에 위치자료를 전산기의 하드디스크나 플로피디스크에 저장하여 필요시 활용할 수 있는 이점이 있다. 이렇게 전산기에 저장하기 위해서는 각 도엽마다 코드번호를 부여하여 도엽을 구분해야 되며 1:50,000 지형도를 기준으로 1:25,000, 1:10,000, 1:5,000, 1:2,500, 1:1,000, 1:500의 도엽까지 번호를 붙여나간다.

〈표 4-13〉 축척별 도엽수와 코드번호

축 척	경위도 간격	분할되는 도엽수	코드번호(예)
1:50,000	15′×15′	1:50,000도엽을 16등분함	36715
1:25,000	7′30″×7′30″	〃 4 〃	36715-4
1:10,000	3′×3′	〃 25 〃	36715-23
1:5,000	1′30″×1′30″	〃 100 〃	36715-098
1:2,500	45″×45″	1:25,000도엽을 100 〃	36715-4-9H
1:1,000	18″×18″	1:10,000도엽을 100 〃	36715-23-98
1:500	9″×9″	1:1,000도엽을 4 〃	36715-23-98-4

<table>
<tr><th>축 척</th><th>색 인 도</th><th>비 고</th></tr>
<tr><td>1:50,000</td><td>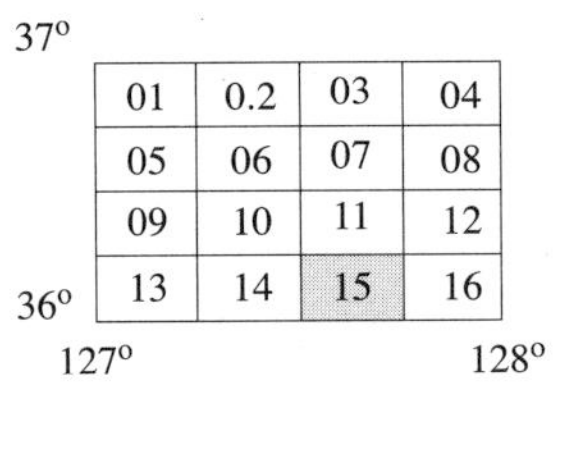

36715</td><td>경위도를 1° 간격으로 분할한 지역에 대하여 다시 15′씩 16등분하여 하단 위도 2자리 숫자와 좌측 경도의 끝자리 숫자를 합성한 뒤 해당 코드(도엽)를 추가하여 구성한다.

도곽의 크기 : 15′×15′</td></tr>
</table>

축 척	색 인 도	비 고
1:25,000	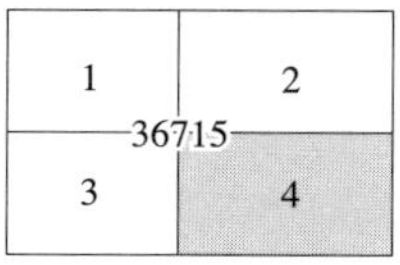 367154	1:50,000 도엽을 4등분하여 1:50,000 도엽코드 끝에 1자리 코드를 추가하여 구성한다. 도곽의 크기 : 7′ 30″ × 7′ 30″
1:10,000	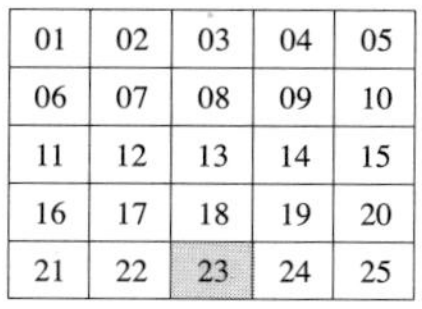 3671523	1:50,000 도엽을 25등분하여 1:50,000 도엽 끝에 2자리 코드를 추가하여 구성한다. 도곽의 크기 : 3′ × 3′
1:5,000	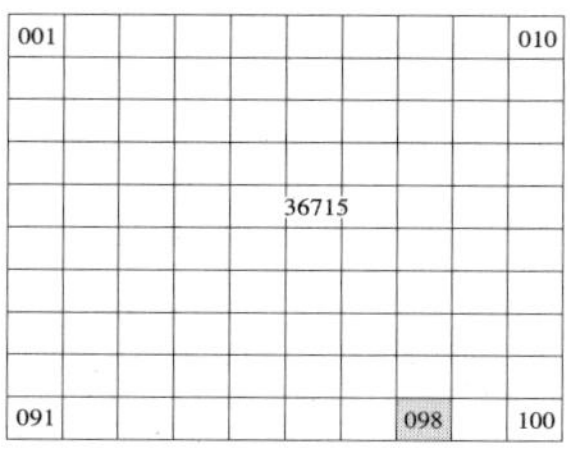 36715098	1:50,000 도엽을 100등분하여 1:50,000 코드 끝에 3자리 코드를 추가하여 구성한다. 도곽의 크기 : 1′ 30″ × 1′ 30″
1:2,500	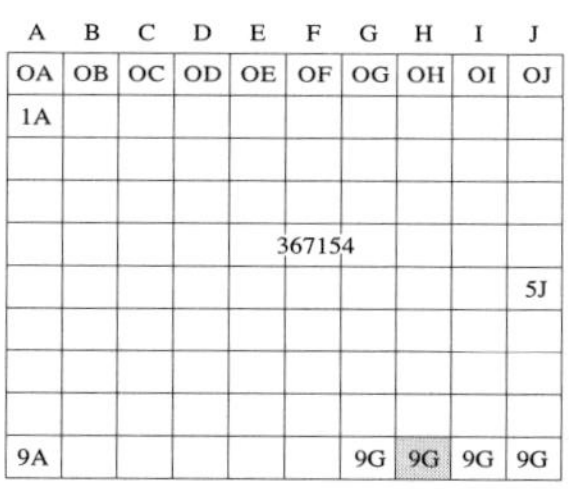 3671549G	1:25,000 도엽을 100등분하여 1:25,000 도엽코드 끝에 2자리 코드를 추가하여 구성한다. 도곽의 크기 : 45″ × 45″
1:1,000	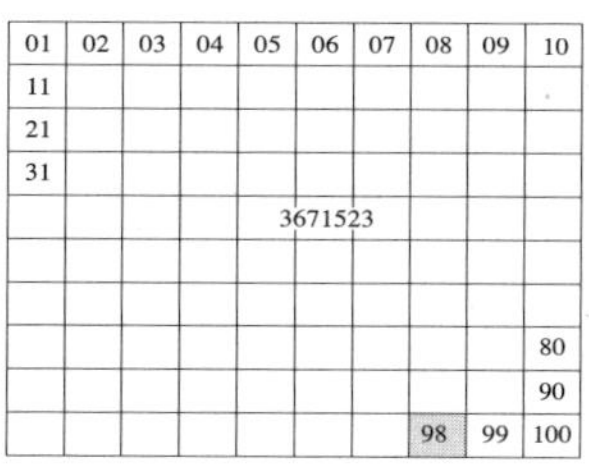 367152398	1:10,000 도엽을 100등분하여 1:10,000 코드 끝에 2자리 코드를 추가하여 구성한다. 도곽의 크기 : 18″ × 18″
1:500	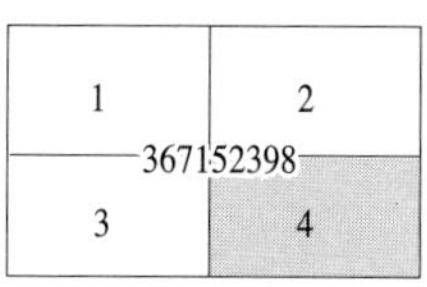 3671523984	1:1,000 도엽을 4등분하여 1:1,000 도엽코드 끝에 1자리 코드를 추가하여 구성한다. 도곽의 크기 : 9″ × 9″

② 지형코드의 분류

지형코드는 레이어코드의 부속코드로서 수치지도의 가장 기본적 구성요소이며 대분류, 중분류, 소분류 및 세분류의 계층구조로 이루어져 있으며 그 내용은 다음과 같다.

㉠ 대분류(1자리 숫자)

코드	내용	코드	내용	코드	내용
1	철도	4	건물	7	지형
2	하천	5	지류	8	행정 및 경계
3	도로	6	시설물	9	주기

㉡ 중분류(2자리 숫자)

코드	내용	코드	내용	코드	내용
1	철도	41	경계	63	목표물 Ⅱ
11	선로	42	행정기관	7	지형
12	철도시설	43	산업	71	등고선
2	하천	44	문화 · 교육	72	지형표현
21	수부	45	서비스	73	기준점
22	하천시설	46	의료 · 후생	8	행정 및 지역경계
23	수부지형	5	지류	81	행정경계
3	도로	51	경계	82	지역(구역)경계
31	도로경계	52	녹지기호	9	주기
32	도로중심	53	기타기호	91	지형 · 지물
33	도로시설	6	시설물	92	행정지물
34	표지 및 도로번호	61	경계		
4	건물	62	목표물 1		

㉢ 소분류(3자리 숫자)

코드	내용	코드	내용	코드	내용
1	철도	22	하천시설	3	도로
11	선로	221	제방	31	도로경계
111	실폭도로	222	방조제	311	기존도로
112	도면제작용 선로(철도)	223	방파제	312	부속도로
12	철도시설	224	수문	313	건설예정도로
121	철교	225	교통	314	건설중 도로
122	편의시설 및 기타	226	레저 · 스포츠	32	도로중심
2	하천	227	용수로	321	도로중심선
21	수부	23	수부지형	33	도로시설
211	하천	231	경계	331	배수시설
212	바다	232	기호	332	보행시설

※ 일부만 게재하였음

㉣ 세분류(4자리 숫자)

코 드	내 용	코 드	내 용	코 드	내 용
1	철도	1220	미분류	2211	콘크리트제방(상단)
11	선로	1221	플랫폼	2212	콘크리트제방(하단)
111	실폭도로	1222	플랫폼의 지붕	2213	흙제방(상단)
1110	미분류	1223	지하철 환기통	2214	흙제방(하단)
1111	보통철도	1224	지하철역 출입구	2215	기호제방
1112	특수철도	2	하천	2216	댐
1113	터널 안 철도	21	수부	222	방조제
1114	건설중 철도	211	하천	2220	미분류
1115	지하철(지하부)	2110	미분류	2221	콘크리트방조제(상단)
1116	지하철(지상부)	2111	실폭하천	2222	콘크리트방조제(하단)
1117	삭도	2112	세류	2223	흙방조제(상단)
112	도면제작용 선로(철도)	2113	건천	2224	흙방조제(하단)

※ 일부만 게재하였음

③ 수치지도의 범례

1:5,000 수치지도로 제작된 대구시의 도로대장 기본 현황도는 1:5,000 지형도를 기본 도면으로 사용하고 있지만 수치지도에 표기된 범례 중 상당수는 지형도에서는 볼 수 없는 것들로 지방 행정기관에서 업무수행상 꼭 필요한 것들이 많이 나

기호표시	설 명	기호표시	설 명	기호표시	설 명
대구광역시	특별시 · 직할시		과수원		부력옹벽
중구	시 · 군 · 구		온천		계단
동인동	읍 · 면 · 동		묘지		가드레일
	특별시 · 직할시		제방		가드펜스
	시 · 군 · 구		철도		지하도
	읍 · 면 · 동		성토 및 절토		과수원
	수선(해안선, 하천, 호수)		명승고적		뽕나무
	유수방향		보		대밭
	논		댐		초지
	밭		습지		잔디
	산림		계곡선		녹지
0−30−00	중로		지적삼각점		수위관측소
0−40−00	소로		삼각점		팬치
C	콘크리트		가로수	WC	공중변소
A	아스팔트		교량	P	주차장
G	사리도		육교	WC	공중변소
B	부력		도로의고가부		가스수취기
U	비포장		입체교차부		벨브
1	고속도로		옹벽(수직)		분수대
6	일반국도		옹벽(경사)		광고탑
123	지방도		석축(수직)		시민게시판
	지적도근점		석축(경사)		시계탑

타난다. 뿐만 아니라 시정집행이나 시민들이 알아두면 편리한 내용들도 상당수 포함되어 있는데, 그 중에는 버스노선 및 정류장, 게시판, 공중화장실, 옹벽의 종류, 담장의 종류, 광고탑, 건물의 구조, 가로등 등 시민들과 밀접한 관계가 있는 것은 거의 다 표기되어 있다. 특히 도시 내의 지하시설물인 전기, 전화, 가스, 하수도, 송유관, 상수관 등의 시설물은 규격, 위치, 재질까지 세밀히 나타나 있다.

기호표시	설명	기호표시	설명	기호표시	설명
#	우물		정문		분리대
	수문	0-10-00	광로		화단,녹지LINE
	하천	0-20-00	대로	AC OM SB GB	보도부럭
	전흙		시점 종점(LINE)	5.00	치수선 , 폭
	모래자갈		시점		안내
	주곡선		종점		규제
	간곡선		경과표시		지시
• 34.5	표고점	1 - 22 - 23	노선번호		주의
	기념비		지하철 · 지하상가	CM	반사거울
	입상(동상)		터널		가로등
	등대		지하철 환기통	S	신호등
	수도계량기		제어기		철탑
	굴뚝		차단기		전기 LINE
C	철근콘크리트		경보기		전신주
B	부력건물		버스정류장	T T	전신전화맨홀
W	목조건물		택시정류장	TB	공중전화
B	벽돌건물		보도 LINE		우체통
	무벽사		CENTER LINE		전신전화
	담장	NO.OO ⊕ ⊕ NO.OO	측점번호		전화 LINE
	울타리		한전주	W W	상수맨홀
	철조망	E E	전기맨홀		소화전
	철책	TR	분전함		급수탑
I I	공업용수맨홀	P.V.C	경질염화비닐관	S.S.P	스테인관
J B Y	기능별상수도맨홀	R.C.B	철근콘크리트박스	C.O.P	동관
	상수도LINE	C.I.P	주철관	D.C.I.P	닥파일주철관
	빗물받이	S.P	강관	L.P	연관
	배수관	G.S.P	아연도금강관	C.D	콘크리트지중선함
S S	하수맨홀	P.E	폴리에틸렌	F.P	후텍시불전선관
	오수받이		기타맨홀		
	하수관		공동구 LINE		
G G	가스맨홀		도로지적선		
	가스LINE		대지 · 기타지적선		
	송유관		점유지선		
D	깊이		가분할선		
L	길이		지번		
H.P	유관		지목		
C.P	콘크리트관		도시계획선		
E.P	도관		설치년도		

[그림 4-17] 수치지도의 범례(대구시 도로대장)

제 2 절 지형도의 기호와 도식

1. 기호의 표현

지도를 제작한다는 것은 지도를 그린다고 표현할 수 있다. 그렇다고 미술을 그리듯이 자유스럽게 그릴 수는 없다. 일정한 법칙과 규약에 따라 대상물을 도면에 효과적으로 표현해야 되며 지도를 보는 사람들의 의사가 쉽게 전달되어야만 한다. 그러므로 지도를 그린다는 것은 3차원의 지형 · 지물을 2차원으로 표현해야 되는 것이며 초기에는 연필이나 먹물로 칠하고 지도를 그렸으나 지금은 스크라이빙 방식(종이지도)의 제도와 컴퓨터(전산제도)로 제작하고 있다. 이때 지도의 도식에 관한 기준을 충분히 숙지하고 지형 · 지물에 관한 사상(事象)표시의 통일을 기해야 한다.

1) 기호의 표시와 편집

① 기호의 표시

기본측량과 공공측량 성과를 직 · 간접으로 이용하여 지도를 간행하는 경우는 각종 기호 및 정식(整飾)에 따라 표현해야 한다. 지물의 실제 현상이나 상징물은 기호로 표시하고 선의 종류나 굵기, 축척 등에 따라 별도로 정하여야 한다. 본서에서는 1:25,000 지형도(1:50,000 지형도는 비슷함)에 사용되는 기호들을 위주로 설명하고 1:5,000과 1:10,000의 정식 중 많이 차이나는 몇 가지를 덧붙여 설명하기로 한다.

지도상에 표시되는 기호 및 주기의 취사선택은 지형 · 지물의 표시방법과 각종 기호의 적용방법을 정한 것으로 국토의 이용과 개발에 필요한 기본 도면으로 제작되고 있다. 지형도에 표시되는 대상물은 영속성이 있는 현존물과 건설중인 것(1년 내에 완성예정인 것)이 원칙이지만 영속성이 없는 것이라도 용도상 특히 필요한 경우에는 표시할 수 있다. 또 표시 대상물의 중요도와 형태를 충분히 고려하여 중요도가 높은 것은 생략하지 않고 실체와 표현이 다른지 않도록 묘사한다. 주기, 건물기호, 각종 목표물, 특정지구, 하천 및 바다의 인공물, 식물기호 등은 서로 중복되지 않게 기호 주위 0.2mm 이내에 동색 기호를 표시해서는 안 된다. 서로 다른 색의 기호와 중복될 때에도 중복표시를 하되 대상물의 기호를 이동해야 될 경우는 도상 0.5mm(최대 1.2mm) 이내로 이동시킬 수 있다. 또 기호 및 주기를 묘화할 때에도 +0.2mm 이내의 오차는 허용하고 선호와 선의 굵기도 별도로 정한다.

② 지도편집

지상측량, 항공사진, 지상사진 및 수치표고모형 등에 의하여 작성된 원도를 그대로 사용하기에는 여러 가지 면에서 문제점이 있을 수 있으므로 사용목적에 적합하도록 수정하고 정리하는 편집과정을 거쳐서 최종 성과품인 지형도를 작성한다. 그러므로 측량원도를 소정의 도식과 규정에 따라 정리하고 수정 · 보완하는 작업을 지도편집이라고 하며, 보다 넓은 의미로는 필요한 축척과 투영법에 맞도록 도면을 축소 또는 확대하고 수정하며 문자, 숫자 등의 주기와 좌표, 범례 등 지형도에 기입될 제반사항을 준비하여 인쇄하는 전 과정을 지도편집이라고 한다.

지도편집 과정은 축척과 투영법에 맞도록 도곽과 좌표방안 및 기준점을 전개한 다음, 이를 기준으로 현지조사를 실시하는 등 각종 지도자료를 활용하여 작성한다. 지형 · 지물이 명확하게 나타나도록 선의 굵기 등을 조정하고, 판독이 용이하도록 사전 약속된 기호인 도식을 사용하여 하천, 도로, 철도, 집락, 식생, 경계, 등고선 등을 순차적으로 그려나가면서 편집원도를 작성하게 된다. 이때 도로자료, 주기색인표, 기준점자료, 식자자료 등도 아울러 작성한다.

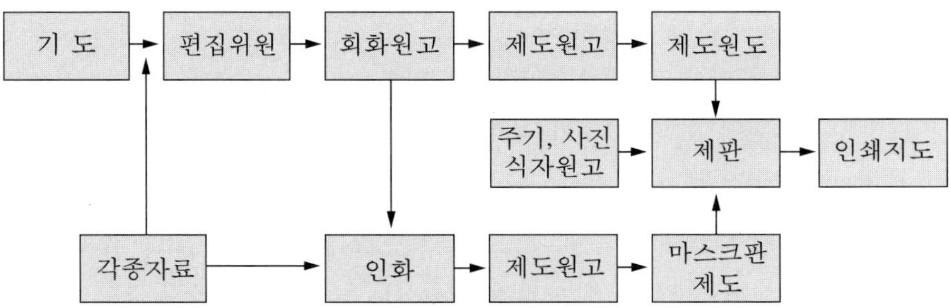

[그림 4-18] 지도편집의 공정

③ 기호의 일반화

지구를 지도로 변환하기에는 너무나 복잡하며 이를 사실화하여 이용자가 알기 쉽게 일반화하는 것이 중요하다. 지도는 축척에 따라 다르지만 대체로 도로나 철도의 폭은 실제보다 크게 나타난다. 이렇게 된다면 다른 부분들을 잠식하게 되고, 소축척인 경우는 건물이나 오솔길, 다른 목표물 등 중요 사상들을 옆으로 밀어내거나 아주 제거하기도 한다. 또 국경, 시 · 군경계선 등의 행정경계는 지상에서는 위치나 자리를 알 수 없지만 지도상에서는 아주 중요한 기호이기 때문에 다른 사상이나 목표물에 비해 우선적으로 표기된다. 이렇게 지도에서는 점, 선, 면의 서로

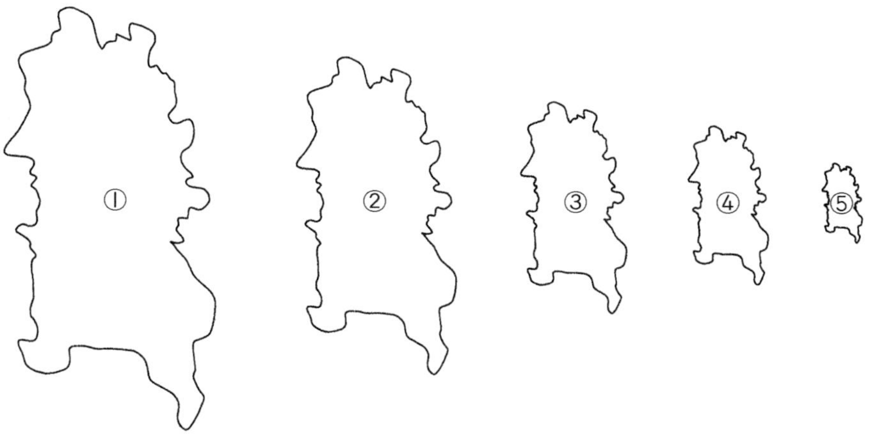

[그림 4-19] 축척에 따라 소거되는 선

1:50,000 지형도에 나타난 저수지모양으로 각각 50%씩 4단계로 축소한 모양이다. 1단계씩 줄어들 때마다 미세한 선들이 소거되었지만 전체적인 모양은 변하지 않음을 알 수 있다.

다른 종류의 기호들이 일반화(geometric line generalization)되는 것이 아주 중요하다. 이렇게 지도를 일반화하기 위한 중요한 요소는 선의 선택(linear selection), 단순화(simplification), 이동(displacement), 완곡화(smoothing), 세련화(enhancement) 등으로 분류할 수 있으며 특히 이들은 축척이나 지도의 제작목적에 따라 많은 차이를 보인다.

2) 지도의 도식기준

지형 · 지물의 판독을 용이하게 하고 필요한 제반정보를 알아보기 쉽게 하려면 사전 약속된 일정한 기호와 표현법에 의하여 지형도를 작성하는 것이 바람직하다. 지형도에 쓰이는 일정한 기호와 표현상의 약속을 지형도의 도식이라고 한다. 도식은 지형도의 사용목적, 축척, 지형 · 지물의 표현에 적합하도록 적절히 정하여야 한다. 특별한 경우를 제외하고는 도식규정에 정해진 도식을 사용해야 하며 도식기호, 주기, 난외 주기로 구분되며 넓은 의미에서는 지도투영법도 도식에 포함될 수 있다. 지형도의 도식은 일반적으로 다음과 같은 사항을 고려하여 정해진다.

㉠ 위치 : 수평위치는 지리학적 경위도(λ, φ)와 평면직교 좌표[X(N), Y(E)], 그리고 수직위치는 평균해수면으로부터의 높이를 미터단위 숫자로 표시한다.

㉡ 투영면 : 지형 · 지물은 평균해수면을 투영면으로 한 정사영으로 표시한다.

㉢ 도상표현 한도 : 도상식별 가능한 크기의 최소한도는 개별적인 지물(독립가옥 등)은 크기$(0.3mm)^2$, 간격 0.1mm, 설명기호는 크기$(1mm)^2$, 선상물체(線狀物體)는 선의 폭 0.05mm, 2조선의 간격 0.2mm, 개별적 지물의 밀도(집락 등)는

(0.5mm)²당 1개로 한다.

㉣ 중요 지물 : 축척화하여 그릴 수 없는 경우는 확대하여 그리거나(도로, 철도 등) 기호로 표시한다.

㉤ 내용보충 : 선이나 기호로 표현할 수 없는 내용은 문자나 숫자로 표시하며 중요도에 따라 글씨의 크기, 모양, 종류를 구분하여 사용한다.

㉥ 색도 : 가능한 판독효과를 높이기 위하여 다색지도로 하는 것이 바람직하다. 예를 들어 지물은 흑색, 등고선은 갈색, 수계는 청색, 식생은 녹색, 중요 도로 및 집락은 적색으로 한다. 단색지도의 경우는 실선과 파선을 적절히 사용하며 선의 굵기와 변화로 구분을 명확히 한다. 일반적으로 실선은 유형 지물과 등고선을 그을 때 사용하고 파선은 경계 등의 무형선과 지하부분의 묘사에 쓰인다.

㉦ 음영 : 지형의 입체감을 주기 위해서 일반적으로 서북방 고도 45° 방향의 광선에 대한 그림자를 묘사한다.

㉧ 설명사항 : 도곽 외 여백에 지도이용에 필요한 사항을 기입한다.

㉨ 지형 : 등고선으로 나타냄을 원칙으로 하며 절벽, 바위, 급사면 및 변형지형은 기호로 나타낸다.

골격지물 : 집락, 건축물, 교통시설, 경계, 하천, 수애선

지물기호 : 건물, 목표물, 기준점, 식생, 수부 등의 기호

㉩ 주기 : 도상에 기호로만 표시하기 힘든 내용은 문자, 숫자와 같은 주기로 표시한다. 인공물 및 자연물의 명칭, 산정의 표고, 등고선 수치, 수심 등은 주기로 나타낸다. 우리나라 지형도의 주기로는 한글, 한자, 영문자, 숫자 등이 주로 사용되며 글자의 크기, 형태, 종류 및 배열방법에 따라 중요한 순서를 나타낼 수 있도록 한다.

㉪ 난외 주기 : 지형도의 이용에 필요한 사항을 도곽 외부에 간결하게 기입하는 것을 난외 주기라 하며, 지형도의 표제, 인접도와의 관계, 설명사항(범례) 등이 포함된다. 난외 주기란 도곽의 표시와 독도에 필요한 여러 가지 사항(예, 범례)을 도곽주위(주로 아래쪽)에 표시한 것을 말하며 도엽명, 도엽번호, 내도곽, 외도곽, 경위도 주기, 철도, 도로의 행선지명, 색인도표, 행정구역 색인, 범례, 편집년도, 편집 · 인쇄자료, 저작권 소유(발행자), 축척, 경고문 등 기타 필요한 사항이 기재된다.

행정구역의 명칭은 빠짐없이 주기하고 주거지, 하천, 호수, 못(池), 바다, 만, 산, 섬, 도로 및 철도(역)의 명칭은 특별한 경우를 제외하고 모두 주기해야 하며 이

[그림 4-20] 여러 가지 기호가 표현된 지형도(1:50,000 영월, 단양)

들 인공물 및 자연물의 명칭은 필요성이나 표현의 난이도에 따라 취사선택할 수 있다. 주기는 지형도의 내용을 완전하게 하고 독도(讀圖)를 쉽게 하기 때문에 어떠한 선이나 기호와 중복되어서는 안 되며 선기호상에 주기를 해야 한다면 그 선기호를 중단시키고 주기를 우선적으로 해야 한다. 주기에 사용되는 글자의 종류는 한글, 한자, 영문, 숫자로 하며 한글과 한자는 명조체나 고딕체(gothic)로 사용하고 영문과 숫자는 고딕체로만 사용한다. 그 외에 글자의 모양, 글자의 크기와 간격, 글자의 배열, 글자체의 사용구분, 집단물체의 주기, 선상물체의 주기, 아라비아 숫자의 주기 등은 지도도식 규정의 주기부분에 자세히 설명되어 있다. (기호로 표시하기 곤란한 지역, 인공물 및 자연물의 고유명칭과 특정한 기호가 없는 것들을 문자, 표고, 숫자, 기호 등으로 표시하는 것을 말한다.) 현재 사용하고 있는 공식적인 명칭이 없거나 공식명칭보다 통상명칭이 더 잘 알려진 것은 통상명칭을 사용하고, 공식명칭보다 더 잘 알려져 있거나 공식명칭의 글자수가 많아 알아보기 힘든 경우에는 약칭을 쓸 수 있다.

3) 기호의 표현원칙

지형도상에 표현되는 것에는 지물(地物)과 지모(地貌)의 두 가지가 있는데 이 두 가지를 총칭하여 지형(地形)이라 한다. 지물은 지상에 인공으로 만들어진 도로, 하천, 철도, 시가지, 촌락 등을 말하며, 일정한 축척으로 표현되며 잘 나타나지 않는 작은 물체나 지물의 성질과 상태에 따라 기호화한 것도 이에 포함된다. 지모는 산정, 구릉, 계곡, 평야, 경지 등 토지의 기복을 말하며 등고선으로 표시된다. 이렇게 지형도에 수록되는 지물과 지모의 도식표현은 가능한 한 정확하고 정밀하게 표현하는 것이 바람직하지만 지도축척과 대상물의 중요도에 따라서 과장, 생략 또는 종합묘사의 방식을 취하며, 불가피한 경우에는 그 위치를 이동시켜 표현하기도 한다. 이렇게 지형도에 표현되는 기호의 일반 원칙은 다음과 같다.

㉠ 형상 : 지형 · 지물의 형상은 기준면에 대한 정사향으로 나타내며 상하로 중복된 경우 터널, 수로 등 중요물이 아닌 경우는 아래의 것을 표시하지 않는다.

㉡ 과장표시 : 실제 축척으로는 너무 작게 나타나거나, 뚜렷하게 나타나야 할 중요 대상물은 그 크기를 과장하여 표현한다. 예를 들어 1:50,000 지형도에서 폭 11m의 4차선 도로는 축척대로 하면 0.22mm 폭이 되지만, 지형도상에는 폭 1mm의 도식으로 표시되며, 독립가옥은 한 변이 0.4mm의 사각형으로 표시되므로 실제보다 과장되게 표현된다.

㉢ 생략 : 일시적인 가설물이나 중요하지 않은 것은 생략함을 원칙으로 한다. 또한 지형 · 지물의 중복표시가 힘든 곳에서는 상대적으로 덜 중요한 것을 생략한다. 예를 들어 건물이 밀집된 도심지역에서는 등고선을 생략하며, 산지인 경우에도 등고선의 굴곡을 너무 자세하게 묘사하면 지형 전체의 형태를 파악하기 곤란하므로 지성선이 잘 드러나도록 부드럽게 표현한다.

㉣ 종합묘사 : 가옥이나 건물이 밀집된 지역에서 개개의 건물을 일일이 나타내는 대신 골목이나 작은 부속물체는 생략하고 중요 가로나 건물이 잘 나타나도록 외곽선을 표시하고 그 내부는 사선이나 동색으로 처리하여 전체적인 배열상태가 잘 드러나도록 묘사한다.

㉤ 기호의 진위치 : 도로, 철도, 삼각점, 수준점 등 도식기호가 실제보다 크게 나타나는 경우에는 기호의 중심선 또는 중심점이 진위치와 일치하도록 표시한다. 또한 높은 탑이나 굴뚝 등 측면도형의 경우에는 그 하변중심이 진위치가 되도록 한다.

㉥ 전위 : 도형이나 기호가 중복되고 어느 한 쪽을 생략할 수 없는 경우에는 상대적으로 덜 중요한 쪽의 위치를 이동시키며 전위의 허용범위는 도상 최대

〈표 4-14〉 지형도에 쓰이는 각종 기호명칭

분 류		기호명칭
자연지형	지형	바위(너덜바위, 벼랑바위), 사태 또는 사태지역, 붕토부(1:5,000 지형도에 한함), 요지(凹地) 또는 오목지
	하천	건천, 폭포, 수문, 제방, 보, 댐, 용수로, 유수방향(1:5,000)
	교량 등	교량, 철교, 도보교, 나루
	호소	호수, 저수지, 못
	해안	진흙, 모래, 모래, 자갈, 염전, 바위(해안바위, 수중바위, 암초), 방파제(1:5,000, 1:250,000 지형도에 한함), 잔교, 호안공(1:5,000 지형도에 한함)
취 락	건물	시가지(건물지대, 고층건물지대), 독립가옥(지도상에 검은 점으로 표시), 건물(일반건물, 주기건물), 밀집건물 및 고층건물, 무벽사(無壁舍), 역의 플랫폼(시장 등 벽이 없는 건물로 외벽을 파선으로 표시)
	부속시설	울타리, 담, 철책
교 통	도로	도로분리대, 입체교차로, 고속국도, 일반국도, 지방도, 유료도로 및 요금징수소, 고가도로, 11m 이상 4차선 도로, 2차선 도로(포장, 비포장), 1차선 도로, 가로, 우마차로, 소로, 실폭도로, 소형차로, 건설중인 도로, 보도가 있는 도로, 도로의 고가부, 도로터널, 육교 및 지하도, 교회부, 계단, 도로의 성토 및 절토부
	철도	국유복선철도, 국유단선철도, 국유협궤도, 사유철도, 특수철도, 지하철, 노면상의 철도, 철도터널, 삭도(공중삭도), 철도의 성토 및 절토부
경계 및 지류	행정	국경, 도, 특별시, 광역시계, 군, 구계, 읍, 면, 동계
	지류	산림, 밭, 과수원, 대밭, 뽕나무밭, 논, 습지, 진흙(뻘)
	기타	개발제한구역, 콘크리트, 석축, 호안
목표물	건물	공장, 학교, 교회, 절, 특별시, 광역시, 도청, 시, 군청, 병원, 보건소, 소방서, 우체국, 측후소, 은행, 창고
	기준점	삼각점(triangulaion feature), 수준점(bench mark), 표고점(spot elevation), 험조장(수위관측소: tidalobservation station)
	기타	기념비(monument), 입상(立象, statue), 독립수(獨立樹), 굴뚝, 높은 탑, 등대(유간수, 무간수), 갱구(坑口), 동굴, 풍차, 수차, 샘(우물)
	지시기호	능묘 및 묘지, 성(城), 명승고적, 온천, 목장, 광산, 채석장, 해수욕장

1.2mm가 넘지 않도록 한다. 하천, 호수 등의 자연물과 도로, 철도, 제방 등의 인공물이 접할 때는 인공물을 전위시키고 하천, 도로 등의 유형선과 등고선, 경계 등 무형선이 접할 때는 무형선을 전위시킨다.

각종 기호들은 축척별로 표기의 종류가 동일하며 지형 · 지물, 지명의 크기의 대소 및 유명도에 따라 취사선택 표기되고 1:5,000 축척에서 도상 3.0mm 이하일 경우만 과장표기되며 1:25,000에서는 도상 25mm 이하일 경우만 과장 표기된다. 특히 등고선을 표현할 때는 다음과 같은 특수지형을 반드시 표시해야 한다.

- 등심선 : 기준해면은 각 해안의 최저간조시의 해수면으로 하여 등심선으로 표시하고 등심선의 간격은 연안 해저경사도의 완급을 고려하여 표시한다.
- 벼랑바위 : 바위의 붕괴로 인하여 생긴 급경사면과 인공적으로 생긴 것도 포함한다. 높이가 3.0m 이상일 때와 도상에서 2.0mm 이상의 것을 표시하고 1:5,000은 높이 1.5m 이상과 도상길이 1.0cm이고 그 지역의 상태를 알리기 위하여는 기준에 미달이더라도 표시할 수 있다.
- 바위 : 지표가 노출되었거나 산재되어 있는 암석덩어리를 말하며 그 크기가 도상 1.5mm×1.5mm 이상인 것을 표시한다.
- 사태(붕토) : 흙이나 바위가 흘러서 생긴 것으로 도상 3.0mm×3.0mm 이상만 표시한다. 1:5,000에서는 높이 1.5m 이상의 붕토와 도상길이 1.0cm 이상의 것을 표시한다

2. 지형도 도식

지도는 이용목적에 적합한 내용으로 표시해야만 정확한 독도(讀圖)를 할 수 있다. 지도를 독도(읽기)하기 위하여 지도 위에 약속하여 나타낸 것이 도식(圖式)이다. 즉 도식은 지도제작시 지도상에 묘사할 내용에 따라서 어떤 기호를 어느 정도로 어떻게 표현할 것인가를 미리 구체적으로 정하여 약정하는 것이다. 따라서 도식은 지형도 표현의 기초가 되는 것으로 지도의 사용목적에 따라 표현하는 내용을 규정하고 측량이나 제도시에 개인별 차이를 없애고 각 도엽에 대하여 통일을 확보하며 이용자가 혼란을 일으키지 않도록 하는 것이다. 따라서 도식은 사용목적, 축척, 지형의 형태, 제판 방법 등을 고려하여 규정하여야 한다. 그러므로 지도의 조제에 필요한 모든 사상의 표시를 위한 기호 및 지도의 정식(整節)에 관한 방식을 말한다.

- 도식
  - 선과 색
    - 선호: 1호선(0.05mm), 2호(0.075mm), 3호선(0.1mm) 4호선(0.2mm), 5호(0.3mm), 6호(0.4mm)
    - 파선: 장파선, 단파선, 1점쇄선, 2점쇄선, 3점쇄선, 특수 1점쇄선
    - 색조: 주기기호(흑), 수분(청), 등고선(갈 또는 녹), 상가, 포장도로(적), 지류, 산림(녹) 등
  - 지 물
    - 골격
      - 선상: 도로, 철도, 하천, 경계(무형)
      - 면상: 도시촌락
    - 기호
      - 건물기호: 건물의 특별한 기능: 종류를 표현하기 위하여 만들어진 것
      - 소물체기호: 용도목표물로서 목표가 되는 물체 또는 역사적 소물체를 기호화한 것
      - 특정구역: 특정의 장소를 표현하기 위하여 만들어진 것
  - 지 류
    - 산림: 산지의 수림
    - 초지: 목장 등
    - 농경지: 전, 답, 기타 작물 재배지
    - 배경작지: 지, 파지, 황무지 등 포함
  - 지 형
    - 등고선식
      - 주곡선: 지형을 표현하는 표준간격의 선
      - 계곡선: 주곡선 5개마다 굵은선
      - 간곡선: 완경사지에서 지형표현, 주곡선의 1/2간격의 선
      - 조곡선: 상동의 경우 간곡선의 1/2간격의 선
    - 색 조
      - 음영법(Shading)
      - 우모법(Hachuring)
      - 채단식
  - 주 기
    - 서 체
      - 수부: 고딕우경체(청색)
      - 산지: 고딕우경체(흑백)
      - 행정구역:
        - 도시군구: 고딕장체
        - 읍면: 고딕평체
        - 리동: 고딕정체
        - 부락: 명조정체
        - 기타: 고딕, 등선체
    - 물 체
      - 독립물체: 세고직근접
      - 집단물체: 집단형상에 따라
      - 선상물체: 선의 모양에 따라 배열
    - 표 면
      - 보통표면: 도식의 규정에 따라 배열
      - 특수표면: 도관에 유의하여 적절히 배열
  - 난외 주기 — 도곽, 도엽명, 도엽번호, 축척, 방위각 편차, 색인, 행정구역 약도, 편집설명, 범례, 기타

[그림 4-21] 지도의 도식체계도(1995. 국토지리정보원)

1) 선기호의 표현

지형도에서 선으로 표시되는 기호는 상당히 많은 편이다. 높이를 나타내는 등고선이 그렇고 도로, 하천, 철도, 경계 등 지도의 대부분을 차지한다고 해도 과언이 아니다. 이러한 선기호들은 상호간에 결합하여 형태를 나타내고 지도전체의 윤곽을 잡아주기도 한다. 선을 기호화하여 지도화할 수 있는 것은 크게 두 가지로 나눌 수 있는데 첫째는 도로, 하천, 철도와 같이 지역 간의 흐름이나 이동을 나타내는 것이며 둘째는 3차원의 지리공간상의 비율이나 척도에 의해 부피를 측정할 수 있는 자료인 등고선을 들 수 있다.

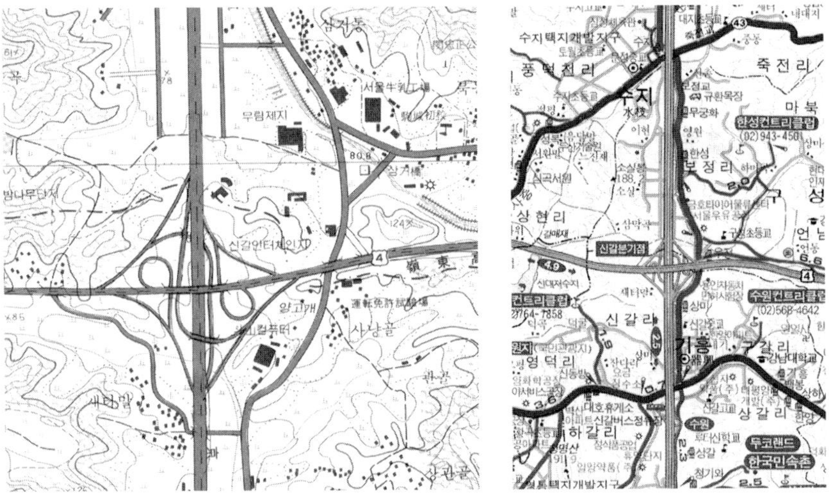

(a) 1:50,000 지형도　　(b) 1:100,000 도로지도

[그림 4-22] 선 기호로 표현된 동일 지역의 도로구성

동일 지역의 1:50,000 수원(a)과 1:100,000 도로교통지도(b)를 비교해 보면 축척이 반으로 준 탓도 있지만 주요 도로의 선기호(형상)만 일치하고 지도에 표현되는 사상들은 완전히 다르게 표현됨을 알 수 있다.

① 도 로

도로의 범주에는 교량과 터널의 시설이 포함되며 기호도로와 실폭도로로 구분하여 표시한다. 이들의 표시는 도로의 중심선 위치와 일치하게 표시하고 장애물이 있어 차량통행이 어려우면 말단부를 막아버린다. 도로의 구분은 최소폭 1.0mm를 표준으로 하고, 도상의 10mm 이내에 여러 개의 도로가 있어 구분이 곤란할 경우에는 폭원, 노면상태를 고려하여 최저급으로 표시한다. 도로의 표시는 고속국도, 일반국도, 시내도로, 우마차로 등 거의 모든 도로를 표시한다. 특히 부락 간의 연결도로, 자동차도로 간의 연결도로, 관광지, 공장, 광산 등지에 도달하는 도로와 산림, 습지 등을 통과하는 도로까지 전부 표시하는 것을 원칙으로 한다.

- 기호도로

㉠ 고속도로는 고속국도법에 적용되는 도로를 말한다.

㉡ 4차선 도로는 유효 폭이 11m 이상으로 대형차 4대가 주행할 수 있는 도로

㉢ 2차선 도로는 유효 폭이 5.5m~11.0m 사이로 대형차 2대가 주행할 수 있는 도로

㉣ 1차선 도로는 유효 폭이 3.0m~5.5m 사이로 대형차 1대가 주행할 수 있는 도로

㉤ 우마차로 폭은 1.6m~3.0m로 소형차와 우마차가 지날 수 있는 도로

㉥ 소로는 폭이 1.6m 이하로 손수레나 사람이 다니는 중요 도로

㉦ 유료도로는 별도의 요금징수소를 표시해야 한다.

- 실폭도로

실폭도로는 그 폭이 도상에서 1.0mm 이상 되는 도로로서 실제 2.5m 이상의 도로를 실제 폭으로 정사영한다.(1:5,000은 3.0m)

- 포장도로

도로의 포장은 적색으로 표시되며 도로의 중간에서부터 비포장된 부분은 채색없이 그냥 두고 건설중인 도로는 그 도로의 계획선을 표시하고 건설중(2000년도 완공 예정)이라고 주기한다.

- 가로 및 관통도로

건물 밀집구역 내의 도로 폭이 1.5m 이상일 때와 도상에서 5mm 이상의

[그림 4-23] 잘 정비된 도로(대구광역시)

길이로 표현되는 것을 가로라고 하며, 또 도심 밀집구역을 관통하여 또하나의 다른 밀집구역으로 통하는 1차선 이상의 도로를 관통도로라 칭한다.

- 소형차로

1:5,000 지도에서 폭 원이 1.6m~3.0m 이내의 도로를 말한다.(1.6m 미만은 소로라 칭한다.)

② 철 도

기차가 주행할 수 있도록 레일이 부설된 궤도를 말하며 국유철도, 지하철도, 특수철도, 삭도, 기차역시설 등을 구분표시한다. 철도와 철도, 철도와 도로가 평면교차할 때는 쌍방의 기호를 중복하여 표시한다. 철도, 터널 및 교량은 도상길이가 1cm 이상의 분명한 것만 표기하고 표기법은 크기에 따라 독립물체 및 선상물체 주기원칙에 따라 한다.

- 국유철도

우리나라는 사유철도가 없으며 철도청이 관리하는 국유철도는 국유철도 건설규정에 의해 부설된 철도를 말한다.

- 지하철도

복잡한 도시 내의 유동인구를 흡수하기 위하여 지하 혹은 지상에 부설된 도시철도를 말한다.

- 측 선

철도에 있어서 항상 열차가 운행하는 주요 궤도 이외의 궤도를 말한다.

- 특수철도

광산, 산림, 공장, 부두 등의 사업전용 철도를 말한다.

- 삭 도

공중 케이블카, 스키 리프트, 컨베이어 벨트 등을 말하며 지도사용상 중요하다고 인정되는 영구성이 있는 것만 표시한다. 1:5,000의 경우는 도상길이 2.0cm 이상의 것만 표시한다.

일제시대에 협궤철도가 부설되었는데 최근까지 그 형태가 남아있는 곳은 수원-인천구간인 수인선 일부이다. 그 철도의 폭은 76.3cm로 현재 표준궤도(143cm)의 1/2 정도 되며 자동차 교통의 발달로 이용객이 감소하여 적자운영끝에 현재는 폐쇄된 상태이다.

③ 교통과 관계있는 인공물

도로와 철도 등과 일체가 되어 그 효용을 돕고 있는 시설 또는 부속시설물을 말하며 특별히 정해진 것을 제외하고는 각각 정사영으로 표기한다.

- 도로분리대

  도로 내의 중앙분리대, 로터리를 비롯한 교통섬으로 자동차가 통행치 않는 지대를 말하며 4차선 이상의 도로에 표시하되 폭이 도상에서 0.3mm 이상일 경우에만 실폭으로 표시한다.(1:5,000은 0.4mm)

- 도로 또는 철도의 입체 교차부

  도로와 도로, 철도와 철도 혹은 도로와 철도가 서로 교차할 경우는 아래를 통과하는 교통시설을 자르고 위를 통과하는 것의 기호를 연결시킨다.

- 터 널

  터널은 도로철도의 지하도를 말하며 터널의 길이가 2.0mm 이하일 경우는 갱구에 기호만 표시한다.

- 교 량

  철도교, 육교, 도보교 등은 길이가 20m 이상의 것만 표시하고 단 20m가 못 되어도 유명하거나 독도상 꼭 필요하다고 인정될 때는 표시한다. 육교는 도로를 횡단하는 두 줄의 3호선으로 표기하고 도보교는 상판부를 한 줄의 4호선으로 표시한다.(1:5,000의 경우는 길이 4m, 폭 3.0 이상만 표시)

- 성토부 및 절토부

  성토부는 경사가 45° 이상, 높이 5m 이상, 도상길이 5mm 이상만 표시하고 하천의 양안에 있는 도로 등 특히 지역의 상태를 나타내기 위하여 필요하다고 인정되는 것은 표시한다. 1:5,000의 경우는 성 · 절토부의 높이가 1.5m 이상, 도상길이 1.0cm 이상의 것만 도식한다.

- 도선(나루) 및 항로

  하천, 호수, 만 또는 해협을 건너다니는 근거리의 두 지점 간을 정기적으로 운항하는 것과 배가 다니는 항로(길)를 말한다. 도선과 항로의 기호는 점선과 배모양으로 표시하되 배 끝이 상류로 향하게 하고 항로의 길이가 도상 5cm 이상일 경우는 양안에, 5cm 미만일 경우는 한가운데에 배모양을 표시한다. 또한 바다일 경우는 뱃머리를 동북간에서 육지와 평행하게 표시하고 항로는 도상 2cm만 표시하고 중간항로는 생략하나 착발지점이

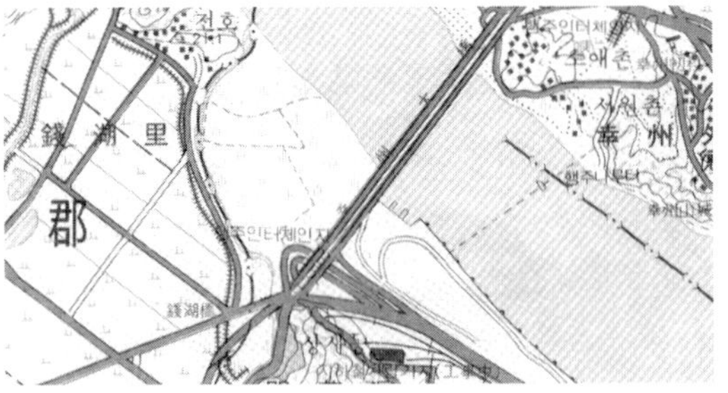

[그림 4-24] 행주대교와 행주나루(1:50,000 서울)

인접 도엽에 있을 경우는 도곽선과 항로의 교차점에 2cm로 항로를 표시한다. 끝으로 항로표시의 기호가 들어가지 않을 정도로 짧은 항로는 한 개의 배모양만 기호로써 표시한다.

● 육교

1:5,000 경우에는 도상 0.5mm 미만은 0.5mm로 표현하되 3호선으로 표기한다.

● 계단

도상길이가 1.0mm 미만은 1.0mm로 표기한다. 1:5,000의 경우 도상 2.0mm 이상의 것을 실폭으로 사영(射影)하고 도로기호를 자르고 계단기호를 표시한다.

④ 경계

행정구역 경계는 특별시, 광역시, 시, 군, 읍, 면의 구역계로 구분하여 표시한다. 경계는 그 경로가 불분명한 것을 제외하고는 생략하지 않으며 중복될 때에는 차상급 경계기호를 표시한다. 경계가 도상 1.5mm 이상의 도로, 하천, 수로 등의 내측에 존재할 경우에는 그 시설의 가운데에 표시하고 철도, 도로, 하천 등과 같이 한 줄로 된 것과 중복될 때는 이들 기호의 편리한 쪽에 0.2mm의 간격을 두고 표시하고 주기나 독립기호와 교차할 경우도 기호와의 사이에 0.2mm의 간격을 두고 표시한다. 해상의 경우는 해안선으로부터 도상 1cm 내에 표시하고 도서(섬)의 소속을 표시하는 해상경계선은 양 도서 사이의 적당한 위치에 도서의 소속이 구분될 수 있도록 표시한다.

세계에서 유일하게 우리나라에만 있는 3 · 8선은 1950년 전까지는 북위 38° 를

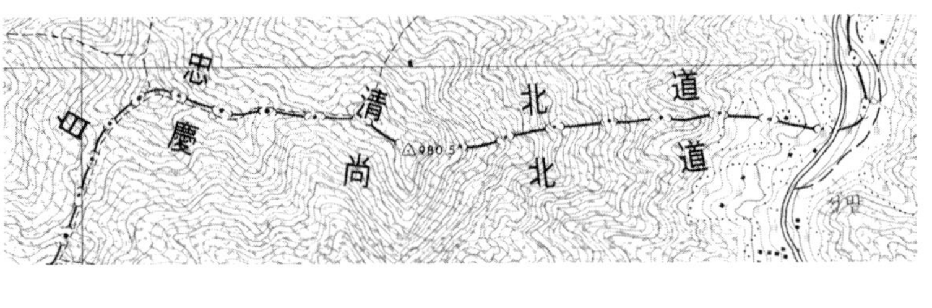

[그림 4-25] 지형도에 표시된 도(道)경계

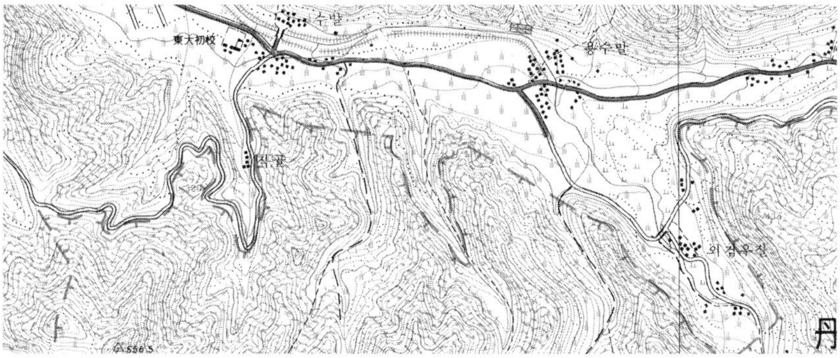

[그림 4-26] 국립공원의 경계표시(1:25,000 용진)

경계로 한 위도선(緯度線)이었지만 6 · 25전쟁 후 지금의 38° 은 위도선이 아니라 전쟁종료 후에 그어진 군사분계선으로 표기되어 있다. 그 외에 국 · 도립 공원의 경계표시, 그린벨트의 경계(초록색으로 표현된 일종의 면기호라고 할 수 있다) 등이 있다.

2) 면기호의 표현

면적자료를 기호화하여 나타내는 기호(모양, 색깔)는 여러 가지 지리적 자료들을 구축하여 서로 다른 색으로 구분하게 된다. 지형도에 표시된 면기호를 하나씩 분리하여 보면 일종의 점기호라고도 할 수 있지만 그 점 하나하나가 넓은 지역에 집결되어 있기 때문에 면기호로 분류된다. 이 면기호는 정보를 보다 빨리 전달할 뿐만 아니라 식별을 분명하게 구분할 수 있도록 표시하는 데 대표적으로 사용되는 기호이다.

① 시가지

도시 내의 시가지의 건물표현은 축척에 따라 다르다. 1:25,000과 1:50,000은 고층건물 지대를 붉은색으로 집단화하였고 1:250,000의 경우는 '시가지' 라는 표현으로 같은 색으로 나타내었다. 그러나 1:10,000과 1:5,000 지형도의 건물표현은 점기호로 표현되어 있으며 각 축척별 지도의 주거지명칭은 현재 사용되고(고시된 명칭) 있는 것을 주기하며 복잡한 지형에서는 인구가 적은 곳부터 주기를 생략할 수 있다.

② 지류(식물)

지류는 지표면에 식물이 자라고 있는 땅의 상태 또는 그 식물의 종류를 표현하고 지류계와 지류기호로 표한다. 지류기호는 답, 전, 과수원, 뽕나무밭, 대밭, 풀밭(목초지), 삼림, 황무지, 습지, 모래, 진흙(뻘) 등을 기호로 구분하고(5mm평방) 지도의 표현상 필요할 경우에는 5mm평방 미만인 것도 표시한다. 동일 종류의 식물이 인

[그림 4-27] 집단시가지의 표현(1:25,000 대구)

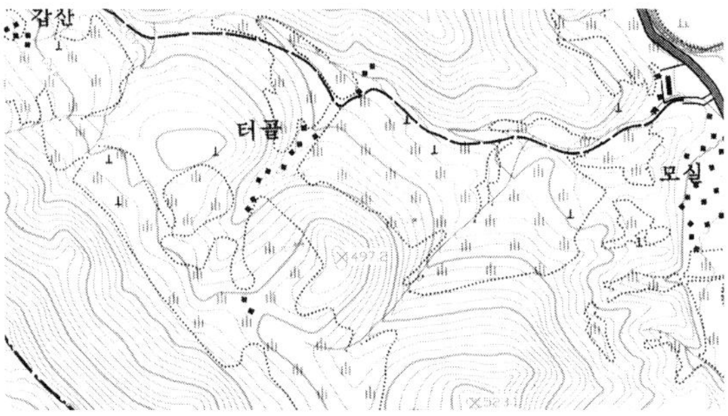

[그림 4-28] 산비탈에 개간된 지류(밭)(1:25,000 매포)

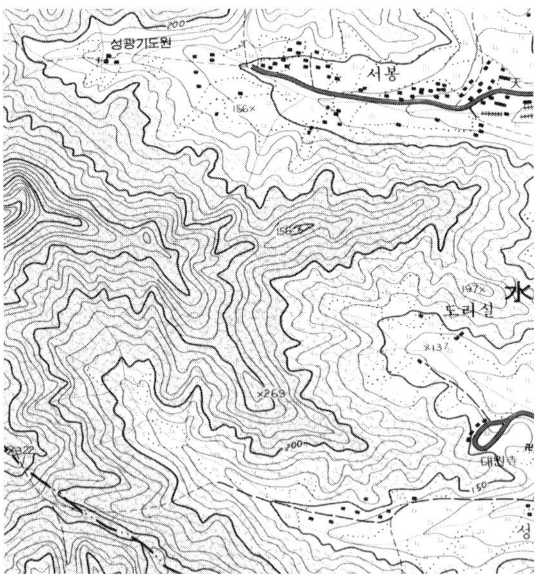

[그림 4-29] 200m 등고선을 따라 그어진 개발제한구역(1:50,000 수원)

근의 수 개 지역에 분포되어 있을 때는 이를 총괄하여 표시할 수 있다. 1:5,000은 도상 4.0mm² 이하는 표시하지 않는다.

③ 개발제한구역(Green-Belt)

전국의 13개 지역에 설정된 개발제한구역은 영속성 있는 표현이기 때문에 비록 도시계획법으로 지정된 용도구역이지만 지형도에 표현되고 있다. 진한 초록색 테두리로 경계를 그은 다음 바탕은 연한 초록으로 표시된 것으로 지형도상에서 가장 대표적인 면기호이다.

3) 점기호의 표현

점으로 나타낼 수 있는 기법은 100여 년 전부터 각종 지도에 이용되고 있으며 원, 사각형, 육면체, 기둥모양, 삼각형, ×字 등을 이용하여 그 크기와 색깔을 달리하여 나타낸다. 여러 가지 목표물에 따라 형상을 다르게 나타낼 수 있지만 이들 점기호의 모양만 보면 무엇을 의미하는지 금방 알 수 있도록 실물에 가깝도록 표현해야 한다.

① 목표물

지상에 있는 각종 인공물이나 기준점 등은 측량이나 지도를 만들 때 중요한 목표가 되기 때문에 가급적 진위치에 표기하여야 된다. 꼭 표시해야 될 목표물 중에 아직 기호가 정해지지 않은 것은 그 위치에 0.3mm의 검은색의 지시점으로 표시하고 종류나 명칭을 주기한다. 목표물은 원거리부터 식별이 용이한 것과 특별한 형태를 이루고 있는 것 그리고 학술상 또는 역사적으로 저명한 것을 표시하되 다수가 인근에 밀집되어 있는 것은 일부 기호를 생략할 수 있다. [삼각점][표고점][수준점][검조소]는 제 3장 제 1절 1, 2항을 참조하길 바란다.

- 높은 탑

  사찰의 탑, 교회의 종탑, 시계탑, 전망대, 송전철탑, 소방서 감시탑, 급수탑 등을 말하며 독도에 지장이 없도록 적정 표현한다.

- 송수신 탑

  TV나 라디오 무선전신용으로 설치된 탑 중 특히 규모가 큰 것은 독도에 지장이 없는 한 표기하며 최근 시가지에 무질서하게 설치된 휴대폰용 송수신 탑은 표시할 수가 없다. 특히, 군사용으로 중요한 시설물일 경우는 생략할 수 있다.

- 고압전선

  지표면에 나타난 20kV이상의 고압전선을 표시하되 철도 또는 도로와 나란하여 그 간격이 1.5mm 미만일 때는 생략한다.

- 기념비와 立像

  기념비석이나 세종로의 이순신 장군상 같이 유명한 것은 표시한다.

- 굴뚝

  특히 높고 좋은 목표물이 될 수 있는 것은

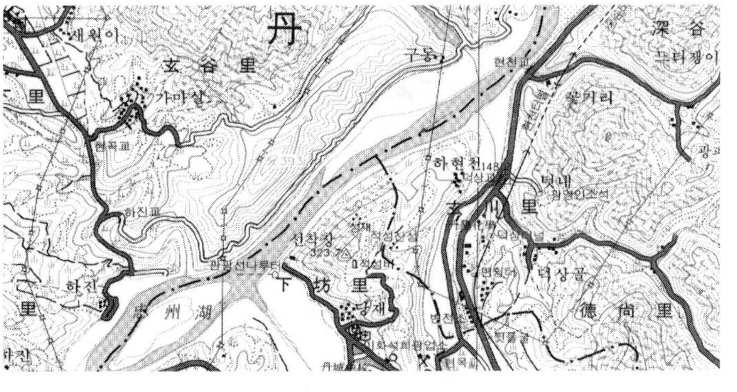

[그림 4-30] 높은 탑과 고압전선(1:50,000 단양)

표시하고 1:5,000의 경우는 하부직경이 도상 1.2mm 이상의 것만 표시한다.

- 등대

원칙으로 고정된 것을 말하며 관광대상이 되는 영일만의 대보등대같은 것은 명칭을 주기한다.

- 갱구

인공 또는 자연적으로 형성된 굴 중 저명한 것에 대하여는 명칭을 주기하고 그 입구를 표시한다.

- 탱크

저유탱크나 수조탱크를 말하며 1:5,000의 경우는 도상직경이 2.0mm 이상의 것만 표시하되 2.0mm 미만의 탱크라도 다수의 탱크가 밀집해 있으면 소기호로 표시한다.

- 벽돌담, 울타리, 철조망

연와, 돌, 벽돌, 부럭, 흙으로 만든 담이나, 울타리, 철조망, 철책, 휀스 등으로 친 반영구적인 시설로서 높이 약 2m, 도상길이 3.0mm 이상 것만 표시하고, 1:5,000의 경우는 높이 1.5m 도상길이 1.0cm 이상을 표시한다.

- 독립수

1:5,000 지도에서 천연기념물로 지정되었거나 오래된 거목으로서 용도목표물이 될 수 있는 것을 침엽수와 활엽수로 구분하여 표기한다.

- 기중기

대형 공장에 설치된 고정식 기중기(crane)나 궤도에 의해서 이동하는 기중기는 그 시설의 중앙에 표시한다.

- 우물

역사적으로 보존 가치가 있는 중요한 우물에 대해서만 표기한다.

- 송유관

지상, 지하, 공중에 있는 송유관은 인공물이 적은 지역에는 표시하되 보안을 유지해야 하는 송유관이나 밀집시가지에서는 생략할 수 있다.

② 특정 기호

지도를 읽을 때 다른 목표물과 구분할 필요가 있다고 생각되는 시설을 기호로 표시하고도 면적이 커서 알아보기 힘든 시설은 반드시 주기를 병기한다. 또 공원, 골프장, 경마장, 야구장, 축구장 등과 같이 기호가 없는 것은 해당지역 중앙부에 그 명칭을 표시하고, 출입금지 또는 위험지역의 표시나 학술적이거나 관광대상 시설은 반드시 기호 내지 명칭을 표기한다.

도상면적이 3.0mm×3.0mm이거나 또는 짧은 변이 1.0mm 미만은 생략할 수 있으나 명승고적, 천연기념물, 분화구, 온천, 채광지 등은 반드시 표시해야 한다.

● 능묘 및 묘지

도상면적 3.0mm×3.0mm 이상의 것은 한계선으로 구획하고 그 내부에 능묘의 기호를 표기하고 반드시 주기를 해야 한다.(1:5,000은 도상 2.0cm²)

● 비행장

비행장은 모두 표시하되 일반 여객기용 비행장은 그 명칭을 주기하고 보안상 필요한 경우는 생략할 수 있다.

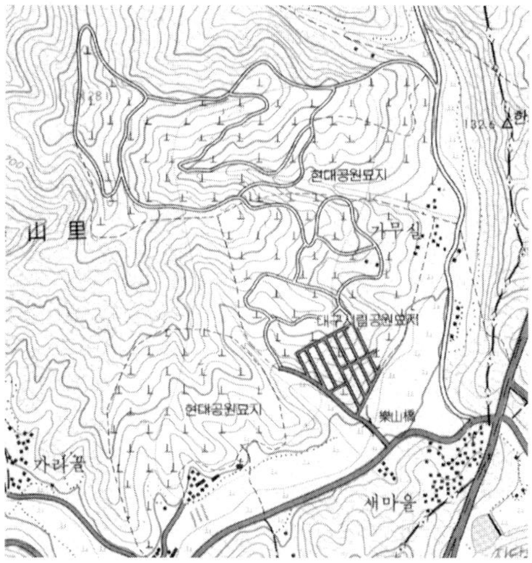

[그림 4-31] 공동묘지의 표현(1:25,000 칠곡)

● 목장

도상에서 5.0mm×5.0mm 이상의 것만 표시하고 규모가 크고 유명한 것은 그 명칭을 주기한다.

● 염전

실구역을 그대로 표시하되 중요한 것은 그 명칭을 주기한다.

● 고성성벽과 명승고적

고성, 성벽, 명승고적, 천연기념물, 관광대상이 되는 기념물 등은 모두 표시하고 특별한 것은 그 명칭을 주기한다.

[그림 4-32] 해안의 하구(갯벌)에 발달된 염전의 모습(1:50,000 대부)

● 온천

온천은 전부 표시하되 욕장과 거리가 멀리 떨어진 것은 각각 기호로써 표시하고 특히 유명한 것은 고유명사로 표시한다.

● 광산

현재 광물을 채취하고 있는 것 중 중요한 것만 표시하고 기호는 광산의 입구인 갱구에 표시하고 노천굴일 경우는 중앙부에 그 명칭을 기입한다.

● 채석장

토건용 돌을 채취하는 곳을 말하며 현재 채취중인 곳과 장기적으로 채취하고 있는 규모가 큰 것만 골라 표기한다.

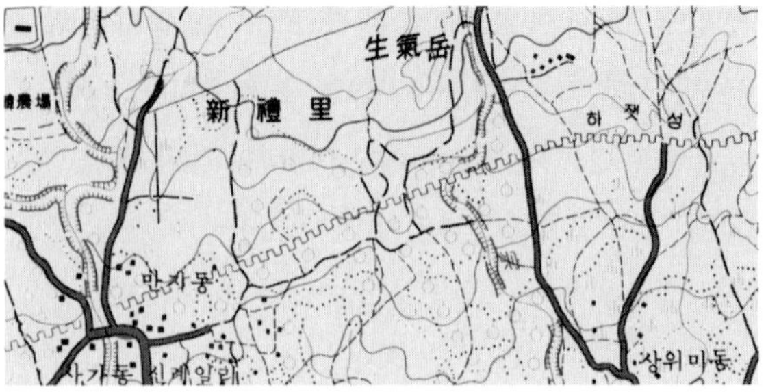

[그림 4-33] 제주 하잿성(1:50,000 서귀)

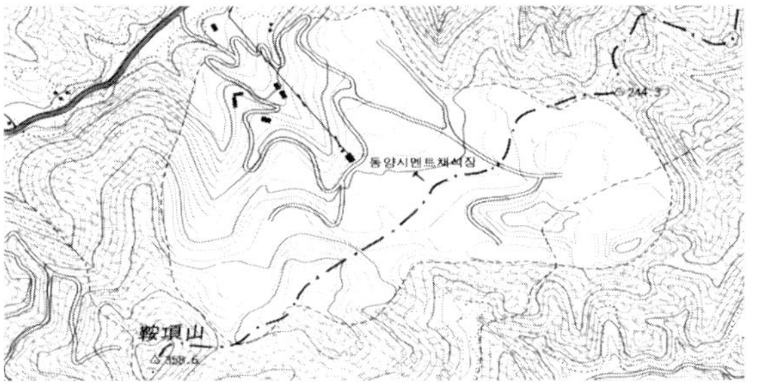

[그림 4-34] 시멘트 공장의 채석장(1:25,000 삼척)

● 항구

항만법상 정하여진 1종 지정항, 2종 지정항, 지방항으로 구분하여 항구의 중앙에 기호로 표시한다. 바다의 명칭인 태평양, 동해, 서해와 해협 및 만은 도상의 면적이 허용하는 범위 내에 적의 표현한다.

● 해수욕장 및 갑곶

해수욕을 할 수 있는 모든 해수욕장은 그 중앙부에 기호를 표기하고 명칭을 주기하며, 규모가 작지만 이름난 곳은 주기한다.

③ 건물기호

건물이란 사람이 살고 있거나 업무를 위하여 만들어 놓은 구조물로서 독립건물, 밀집건물 지대, 고층건물 지대 등으로 표시하고 공공성이 있는 건물은 특정 기호나 그 명칭을 표시한다. 밀집건물 지대의 전체 형태에 큰 변화가 없는 한 어느 정도의 굴곡은 생략할 수 있으며 그 속에 있는 중요한 독립건물인 시청, 도청, 군청, 읍 · 면사무소, 경찰서, 지서, 파출소 등의 건물은 반드시 표기해야 한다.

● 독립건물

개개의 건물을 구별하여 표시할 수 있거나 구별할 필요가 있는 건물을 말하며 형태에 큰 영향이 없는 돌출부 또는 작은 공간은 생략할 수 있다. 도상 크기가 0.5mm 미만은 0.5mm로 표시하고 5층 이상의 독립건물이 도상에서 단변의 길이가 1.0mm 이상인 것은 고층건물 지대의 기호로 표시한다. 1:5,000에서 벽이 없는 역의 플랫폼, 시장, 축사 등은 무벽사(無壁舍)라 하여 점선으로 표시한다.

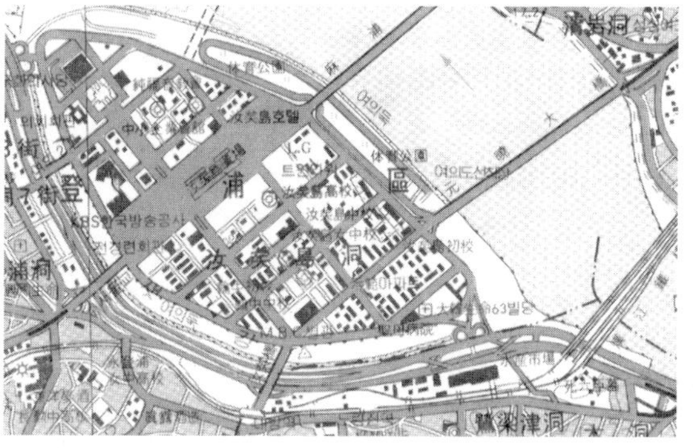

[그림 4-35] 서울 여의도의 독립건물 지대

(1:50,000 서울)

● 밀집건물 지대

개개의 건물을 구별하여 표시하기가 곤란한 지역(주택지)을 밀집표시하고 중요한 간선도로를 구획 · 표시하며 시가지의 상태를 그르치는 일이 없도록 유의해야 한다.

● 고층건물 지대

밀집건물 지대에 있어서 5층 이상의 대형건물이 밀집하여 있는 지역을 의미하며 도상 1.0mm 이상이어야 하고 지대 내의 공지는 밀집건물 지대와 동일히 표시한다.

● 특별시, 광역시, 도청, 시청, 군청

특별시, 광역시, 도청은 도(道)기호로 시청, 군청, 광역시의 구청은 군(郡)기호로 읍 · 면사무

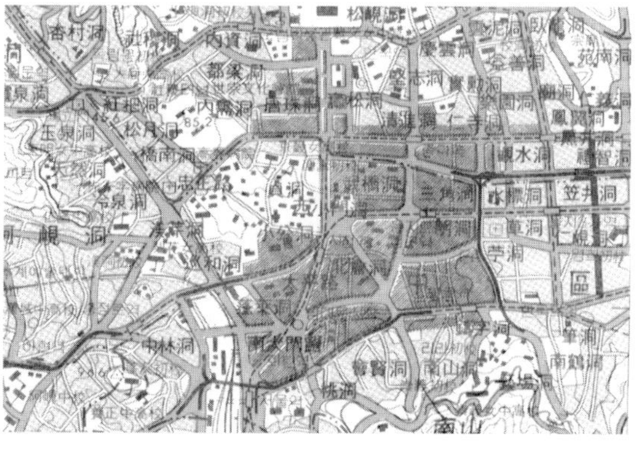

[그림 4-36] 서울 중심부의 고층건물 지대

(1:50,000 서울)

소와 일반 시의 구청은 면(面)기호로 표시한다.

- 경찰서, 지서, 파출소, 우체국, 전화국, 소방서, 법원, 검찰청, 교도소, 세관, 세무서, 전매청, 측후소, 영림서, 은행

  정해진 기호에 의하여 표시하고 각각 주기하고 시가지가 복잡하여 표시하기 곤란한 것은 생략할 수 있다.

- 학 교

  교육법에 의해 인가된 학교에 대해 표시하며 그 명칭을 전부 주기하기 곤란한 경우는 '중', '고' 와 같이 줄여서 표시하고 대학교의 명칭은 주기함을 원칙으로 한다.

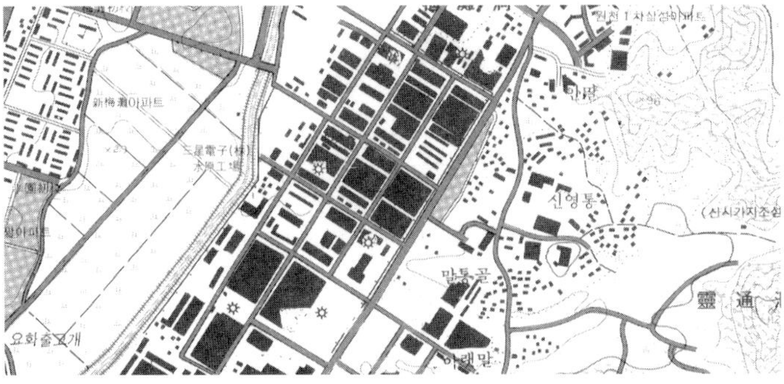

[그림 4-37] 검은색으로 표현된 공장지대(1:25,000 수원)

- 공 장

  뚜렷하게 공장이란 것을 알 수 있는 것만 표시하고 도상 3×3mm 이하는 생략할 수 있다. 중소공장이 밀집한 지역의 공장은 건물상태에 따라 건물기호로 표시하고 중요한 수 개의 공장만 표시한다.

- 발전소

  최대출력 500kW이상에 대해서만 표시하고 그 명칭을 주기한다.

- 변전소

  도상에 표시된 송전선에 연결되는 것과 특히 중요하다고 인정되는 곳만 표시한다.

- 병 원

  종합병원 및 요양소 등 규모가 크고 중요한 것은 그 명칭을 주기한다.

- 사찰 및 교회

  사찰 및 교회는 독도를 저해하지 않는 범위 내에서 전부 표시하고 그 명칭을 주기한다.

특히 건물기호와 도로기호가 접할 때는 도로기호의 선에 밀착표시하고 밀집가옥일 때는 건물의 가장자리가 도로를 겸하게 한다.

4) 수부의 표현

육지 내부에 있는 하천, 댐 등의 제시설과 바다의 해안선 및 이에 부속되는 각종 시설의 표시에 관한 것을 말한다. 지형도상에는 하천, 계곡, 호수, 댐, 바다, 교량, 암초, 염전, 나루터 등 물과 관계있는 기호로서 하천의 유수부, 용수로 및 건천과 호안, 수제, 기타 공작물을 포함한다. 이들은 육지 내의 다른 기호와는 별도로 구분되며 축척에 따라 표현기법도 차이난다.

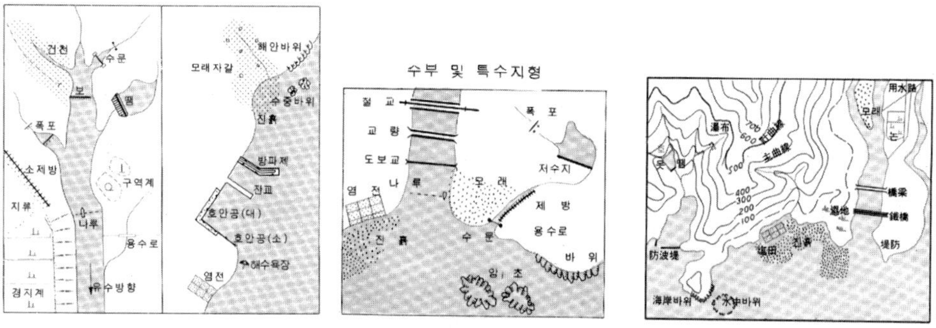

(1:5,000~1:10,000) (1:25,000~1:50,000) (1:250,000)

[그림 4-38] 지형도에 표현된 수부

- 수애선

  하천, 호수 등은 평상시의 수위를, 바다는 만조시의 수위를 정사영으로 표시하고 전체 형태에 영향이 없는 굴곡부는 생략할 수 있다.

- 간조계

  간조시의 해안선이 만조시의 해안선과 20mm 이상 차이가 있을 때는 이를 간조계로 표시한다.

- 바위, 암초

  바닷물이 만조시에 암초나 바위형태에 따라 표시하고 이런 경우 해안선은 생략한다. 수면에 노출되는 암초 등은 위치형태에 따라 표시하되 1.5mm×1.5mm 이하는 생략한다.

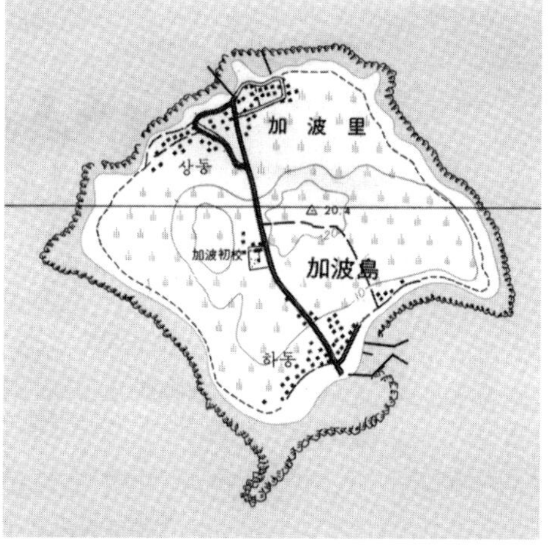

[그림 4-39] 해안바위로 둘러싸인 가파도

(1:25,000 모슬포)

● 하천

평소 물이 흐르고 있는 자연 또는 인공하천을 말하며 될 수 있는 한 빠짐없이 표시하고 하천 폭이 도상 0.2mm 이상은 두 줄로 표시하고 0.2mm 미만은 한 줄의 선으로 표시하고 상류로 갈수록 차차 가늘게 표기한다. 하천 및 인공수로는 도상길이 5cm 이상만 명칭을 주기하고 도곽이 분단되어 명칭을 주기할 수 없을 때는 규정에 관계없이 적정하게 주기할 수 있다.

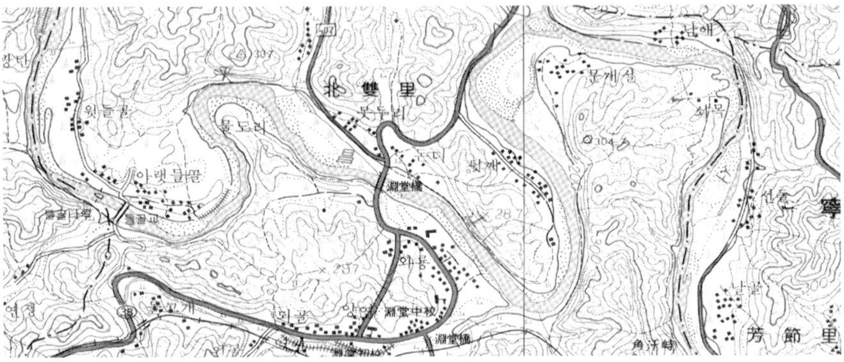

[그림 4-40] 자연하천의 형상(1:50,000 영월)

● 호수(못)

호수나 못의 수애선은 평상수위로 하고 크기는 1.0mm 이상의 것만 표시한다. 호수는 수면표고와 수심자료가 있으면 주기하고 습지에 인접한 작은 못은 그 중 중요하고 큰 것 몇 개만 선택표시한다. 호수, 못의 명칭은 지역적, 지방적, 전국적으로 알려진 것만 주기하되 도곽에 의해 분리되는 것은 글자크기를 줄여서 주기할 수 있다.

● 폭포

높이 5m 이상만 표시하고 여러 개가 겹쳐있을 경우는 낙차, 폭수량, 관광대상을 참고하여 취사선택한다.

● 댐

발전과 상수도 및 농 · 공업용수를 목적으로 만든 공작물로서 그 높이가 3m 이상이고 도상길이가 1.0mm 이상만 표시하되 댐 상부가 도로를 겸하고 있으면 도로기호를 생략할 수 있다. 단, 흙제방의 경우는 별도 표시방법으로 한다.

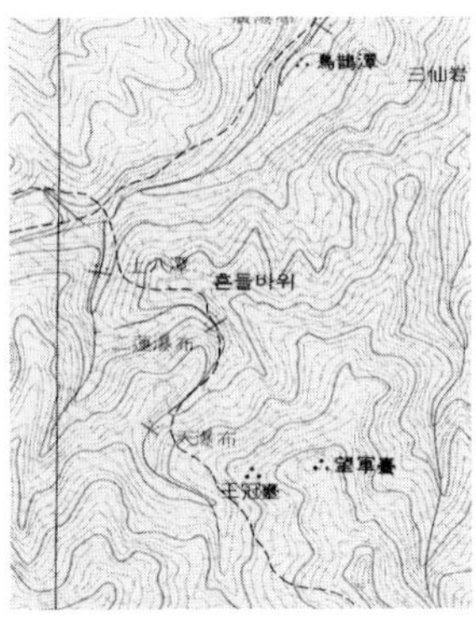

[그림 4-41] 계곡의 폭포

● 수문

용수(用水), 취입(取入), 배제구(排除口) 등에 역류방지를 위해 설치한 공락물로서 비교적 큰 것을 표시하되 댐에 붙어 있는 것은 수문기호를 생략한다.

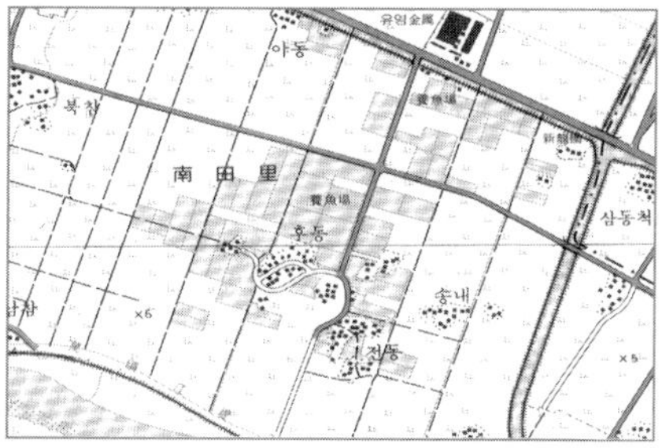

[그림 4-42] 양어장(1:25,000 익산)

● 지하수로

지하수로는 입구에 갱구기호로 표시하고 지하부분은 파선으로 표시한다.

● 유수방향

유수방향을 독도하기 어려운 경우에 표시하며 하폭이 좁을 경우는 외측에 하천선과 평행하게 근접하여 표시한다.

● 건천

평상시에는 물이 흐르지 않고 우기에만 흐르는 하천을 말하며 유로를 표시할 경우 파선으로 표시한다.

● 용수로

1:5,000 도상에서 0.4mm 이상은 하천 표시방법에 준하고 시가지 등 표시하기 곤란한 지역에는 기호를 적당한 장소에 유수방향으로 표시하되 수로와 도로의 구별을 명백히 해야 한다.

● 콘크리트 및 석출피복

일명 '호안공'이라고 말하며 하천, 제방 등의 경사면을 보호하기 위하여 만든 돌망태 등을 실제 높이 2m나 도상길이 3.0mm 이상일 경우만 표시한다.(1:5,000은 높이 1.5m 도상길이 1.0cm)

● 제방

실제 제방의 높이 2m 이상, 도상길이 5mm 이상의 것을 표시하고, 1:5,000의 경우는 높이 1.5m, 도상길이 1.0cm 이상

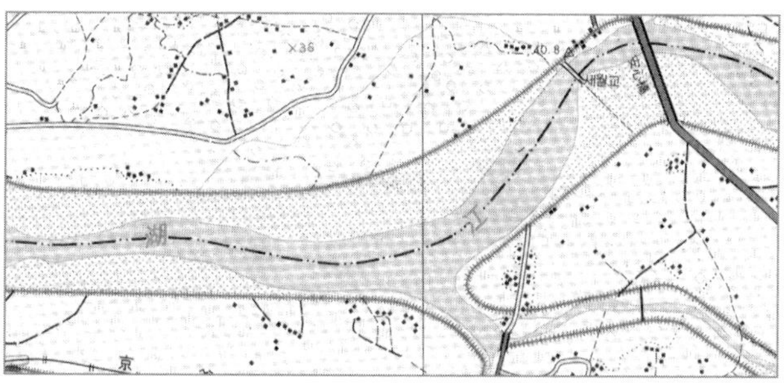

[그림 4-43] 잘 정비된 제방의 표현(1:25,000 경산)

의 것을 표시한다.

- 모래, 자갈, 진흙

해안 또는 하천에 있는 모래땅, 자갈땅, 진흙이 간조 때 노출되는 간조계와 해안선 사이에 기호로 표시한다.

- 방파제 및 수제공

바다의 파도나 하천의 급류를 제어하기 위하여 인공적으로 제작한 것으로 도상길이 1.0mm 이상만 표시하되 상부 폭이 1.0mm 미만은 단선으로, 1.0mm 이상은 쌍선기호로 표시한다. 또 하천 내에서 유수의 제어와 유로의 변경을 목적으로 설치하는 공작물은 그 길이가 도상 4.0mm 이상의 것만 표시한다.

- 잔교

선박이 정박하기 위한 부두(wharf) 또는 선박건조용 선거(船渠: dock)로서 도상길이 1.0mm 이상만 표시한다.

- 도선장

1:5,000 지도상에서 하천이나 호소(湖沼) 등에 사람이나 차량을 운반하기 위하여 상설되어 있는 나루터를 말한다.

- 습지

항상 물기가 있어 질고 우기에는 침수되는 저지대의 땅을 말하며 습지 내의 유수로와 구릉지를 가급적 자세히 표시해야 한다.

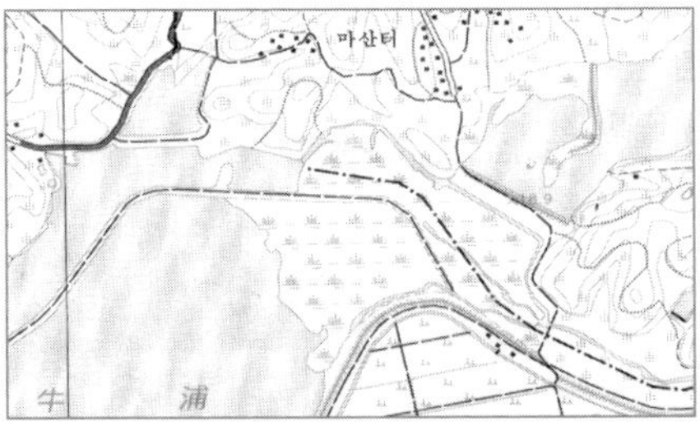

(a) 내륙의 우포습지(1:25,000 대합)

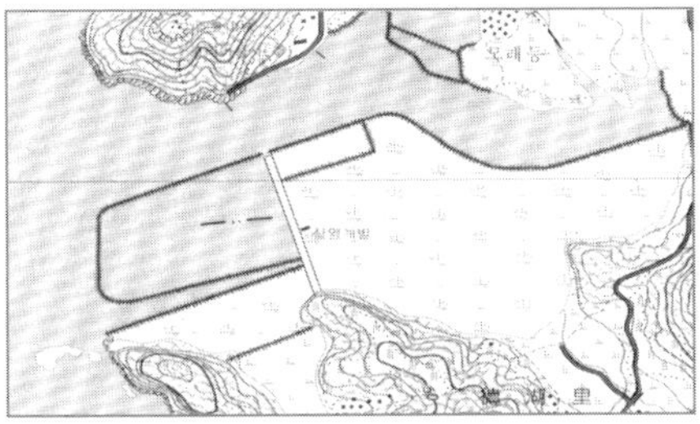

(b) 해안의 습지(1:25,000 삼천포)

[그림 4-44] 습지의 표현

- 보

취수, 수심유지, 하천유지수의 확보를 위하여 하천을 횡단으로 막아 설치한 공작물로서 규모가 큰 것만 도식한다.

제 5 장

지형도 읽기와 등고선

제 1 절 지형도 읽기

'지형도를 읽는다' 라는 개념은 소설책을 읽듯이 단순히 읽어내려가는 것이 아니라 그 속에 있는 의미를 이해해야 한다. 특히 책을 다독하듯이 많은 양을 빨리 읽을 수도 있지만 지형도 속에 표현된 여러 가지 내용이나 기호들을 정확히 이해해야 한다. 비록 지형도 위에 표현된 내용이 간단하더라도 그 속에는 여러 가지 내용이 함축되어 있기 때문에 세밀히 관찰해야 한다. 이와 같이 지형도에는 지형의 모양이나 위치, 이용방법 등 지도 속에 구성되어 있는 요소들을 정확히 판독해야만 정보를 획득하는 데 유리하다.

1. 도엽번호와 도곽선

1) 도엽번호의 부여방법

지형도에서 도엽번호는 사람의 호적이나 주민등록번호와 같이 아주 중요하며 지도를 제작할 때나 정리할 때 주로 이용된다. 도엽번호의 부여는 우리나라에서 발행되는 가장 소축척지도인 1:250,000 지도를 기준으로 하여 대축척인 1:5,000 지도까지 순차적으로 내려가면서 번호를 매긴다.

① 적도를 기준으로 남북으로 반을 나누어 북쪽을 N지역, 남쪽을 S지역으로 구분하면 우리나라는 북쪽인 N지역에 속한다. 지도의 도엽번호 맨 앞에 NI, NJ 라고 표현된 N은 여기에서 비롯되었다.

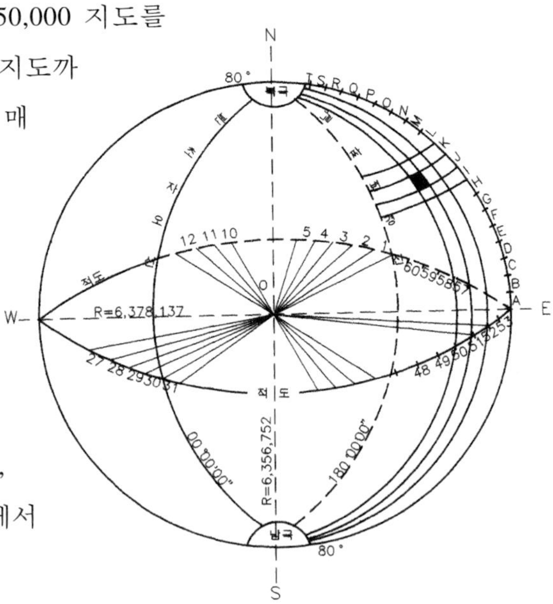

[그림 5-1] 도엽의 구성과 부여(윤병무, 1991년 재구성)

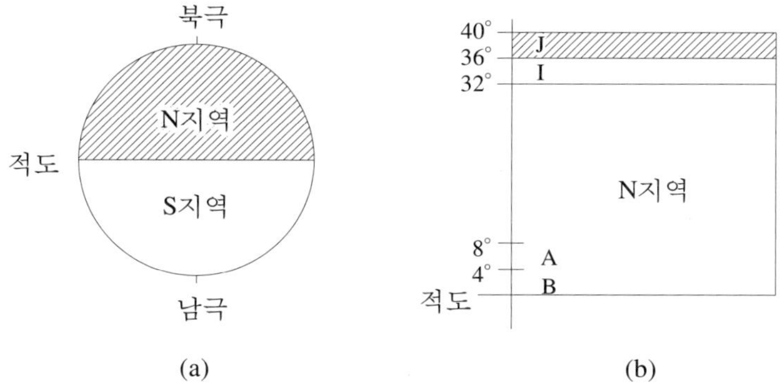

[그림 5-2] (a) 남 · 북반구의 구분 (b) 적도로부터 위도를 4°씩 나눔

② 다음은 적도에서부터 북쪽으로 올라가면서 4°씩 분할하여 A B C...의 기호를 붙이면 우리나라 부근이 I구역인 32°~36°와 J구역인 36°~40°가 된다. 그러므로 군산, 전주, 대구, 경주를 연결한 선(36°)의 남쪽이 I구역이 되고 그 이북은 J구역으로 나누어진다. 이때 도엽번호 NI, NJ가 결정된다.

③ 태평양 한가운데의 날짜변경선(180°00′00″)을 기준으로 지구의 자전방향(우리나라에서 미국방향)으로 가면서 6°씩 분할하면 우리나라 부근은 52번째 구역인 126°~132°의 UTM 좌표구역이 된다. [360°/6° =60개 구역] 지형도번호의 NI-52, NJ-52에서 52는 우리나라가 날짜변경선으로부터 52번째에 해당되는 구역임을 알 수 있다.

④ 남북으로 나누어진 위도의 간격 4°와 동서로 나누어진 경도의 간격 6°를 1개의 구역(6°×4°)에서 가로 1°30′, 세로 1°씩 각 4등분하면 16개 구역으로 나뉘는데 이것이 1:250,000 지세도 1도엽의 구역이 된다. 좌상부터 右下로 내려가면서 번호를 매기며 1:250,000 부산도면(NI-52-2)의 끝 번호 2는 16도

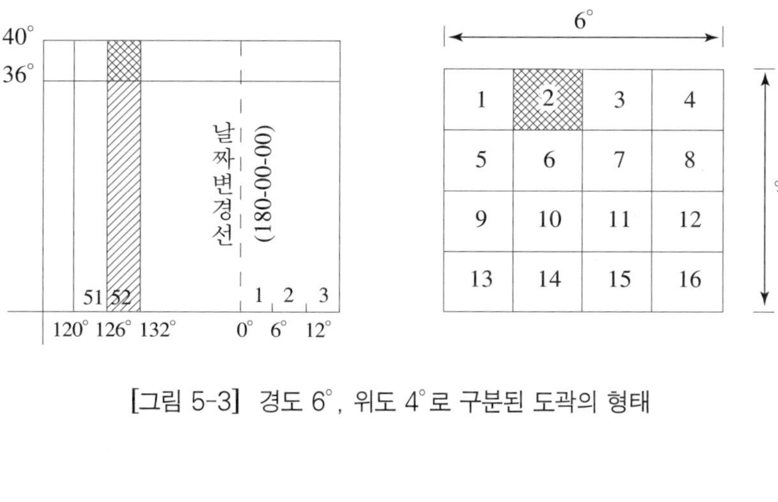

[그림 5-3] 경도 6°, 위도 4°로 구분된 도곽의 형태

엽 중 2번째 도엽이란 의미이다.

⑤ 위에서 경도의 간격이 1° 30′ 으로 나누어졌지만 우리나라는 지형적인 특성 때문에 경도의 간격이 1° 45′ 으로 구분되어 있다. 그러므로 1:250,000의 경위도 구역(1° 45′ ×1°)을 1:50,000의 경위도 규격인 15′ 으로 각각 나누면 가로가 7등분(1° 45′ ÷15′), 세로가 4등분(1° ÷15′) 되어 1:50,000 지형도 28도엽으로 나누어진다. 1:50,000 대구도엽(NI-52-2-01)의 끝번호 01은 28도엽 중 첫번째 도엽이란 뜻이다.

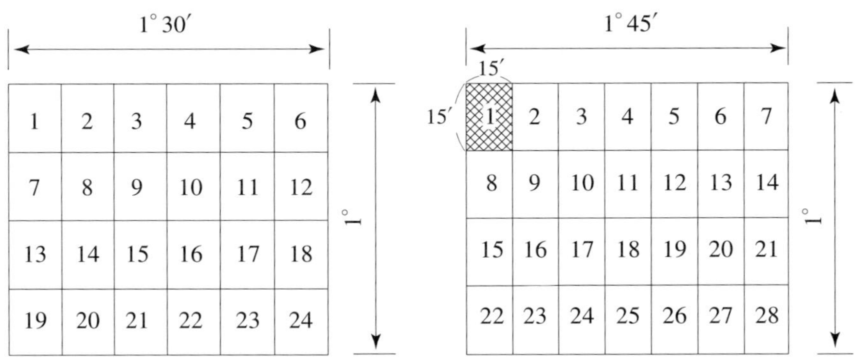

[그림 5-4] 1:250,000에서 1:50,000으로 나누어진 도엽의 형태

⑥ 다시 1:50,000의 경위도 구역(15′ ×15′)을 가로, 세로 7′ 30″씩 나누면 4등분 되어 1:25,000 지형도 4도엽이 된다. 1:25,000 대구(NI-52-2-04-1)의 끝번호 1은 4도엽 중 첫번째 도엽이란 의미이다.

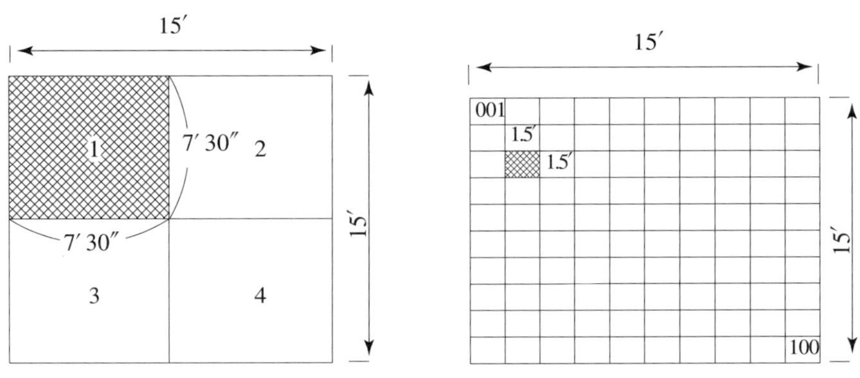

(a) (b)

[그림 5-5] (a) 1:25,000의 도엽 (b)1:5,000의 도엽

⑦ 계속해서 1:5,000 대구(NI-52-2-04-022)의 끝번호 022는 1:50,000 도엽을 가로, 세로 1′30″씩 나누면 총 100도엽이 되고 그 중에 22번째 도엽으로 그림 5-5(b)의 사선부분이다. 또 1:50,000 경위도 구역을 1:10,000 도엽규격인 가로, 세로 각 3′씩 나누면 25 도엽이 되어 1:10,000 대구(NI-52-2-04-16)의 끝번호 16번은 25도엽 중 16번째 도엽이란 의미이다. 이와 같은 방법으로 1:250,000부터 1:5,000까지 도엽을 나누어 이름을 붙인다.

〈표 5-1〉 지형도의 경위도 간격

지도의 축척	경도의 간격	위도의 간격
1:250,000	1°45′00″	1°00′00″
1:50,000	15′00″	15′00″
1:25,000	7′30″	7′30″
1:10,000	3′00″	3′00″
1:5,000	1′30″	1′30″

2) 도곽선 주변의 표시

지도의 내용을 담고(둘러싸고)있는 선을 도곽선이라 하는데 안쪽의 가는 선으로 된 내도곽과 바깥쪽의 2줄로 된 외도곽이 있으며, 이들 내도곽과 외도곽 사이의 공간에는 경위도 좌표, 직각좌표, 철도와 도로의 도달주기(km) 등이 있다. 경위도 좌표는 도곽의 네 모서리에 표시되어 있고 평면직각 좌표는 1km 간격마다 도곽선에 표시되어 있다. 철도와 도로의 도달주기는 도곽선에 tick 된 그 지점부터 목적지까지의 남은 km를 기록한 것이다.

① 도곽과 방위

지도의 외도곽은 내도곽의 바깥쪽으로 1.0cm 간격을 두고 내도곽과 평행하는 한 줄의 3호선과 바로 옆인 10mm 외곽에 그은 1.0mm의 굵은 선과 함께 이중으로 형성되는 게 보통이다. 또 지도의 정규도곽 외에 육지와 멀리 떨어져 있는 독립된 섬이나 정규도엽에 포함될 수 없는 자투리지형은 인접한 도엽의 빈 공간에 작은 도곽을 만들어 표기한다. 시중에 판매되고 있는 도로교통도나 축약지적도 등에는 행정구역 외곽지의 모서리

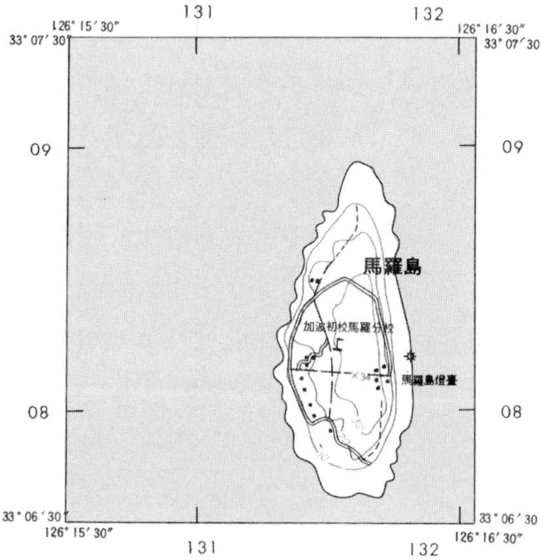

[그림 5-6] 섬의 표현(1:25,000 모슬포)

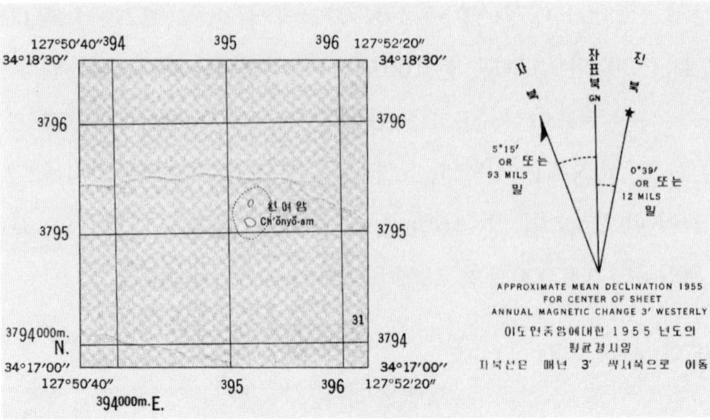

[그림 5-7] 1960년대의 섬의 표현

남해안 여수 남쪽의 천여암(돌출된 바위섬)을 당시의 1:50,000 「소리도」의 도엽 속에 별도로 도곽을 만들어 지도에 표현하고 편차각을 비롯한 지리사상을 전부 표현한 것으로 오늘날의 지도와 매우 비교되는 부분이다.

나 경계의 자투리땅은 도엽을 한 장 더 만들지 않기 위하여 인접한 다른 도엽의 빈 곳에 나타내는 경우가 흔하다.

지도를 구성하는 요소 중 방위(orientation)가 있다. 이것은 해가 뜨는(sunrise) 또는 동쪽(east)을 뜻하는 라틴어 'oriens'에서 유래된 말로 어떤 사물 또는 장소가 다른 사물 또는 장소로부터 어느 방향에 있는가를 표현할 때 이용된다. 지도상에 아무런 표시가 없더라도 지도의 위쪽이 북(N)방향이며 방위의 표시는 화살표 모양으로 표시하는게 보통이다.

② 도엽명칭과 번호

지형도의 경우 도엽명칭(지도이름 혹은 제목)은 한문으로 표기되어 있으며 지도의 중앙부 상단에 태고딕체 50급으로 표기하고 우측 상단에는 같은 체 15급으로 도엽번호와 명칭을 병기한다. 도엽명칭은 도곽 내의 큰 도시의 지명이나 옛부터 유래되어 온 지리적 명칭을 사용하며 1995년부터 시 · 군 통합(도농통합)으로 시의 명칭이 군의 명칭으로 변경된 경우가 있는데 도엽명칭도 새로운 군의 명칭으로 변경된 경우가 있다.(예: 구미→선산, 충무→통영 등) 일반 지도의 경우에도 반드시 지도의 명칭(제목)이 있기 마련인데, 이러한 명칭은 그 지도가 무엇을 나타내고 있는가를 지도이용자에게 알리는 역할을 한다.

지형도의 좌측 상단에는 우측의 도엽번호와는 별도로 지형도의 축척 옆에 No.227-2, No.2 등과 같이 번호가 기재되어 있는데 이것은 우리나라의 남쪽지역부터 북쪽으로 올라오면서 지도를 분류하기 위한 번호로서 축척 1:25,000, 1:50,000 지형도에만 부여되어 있다.

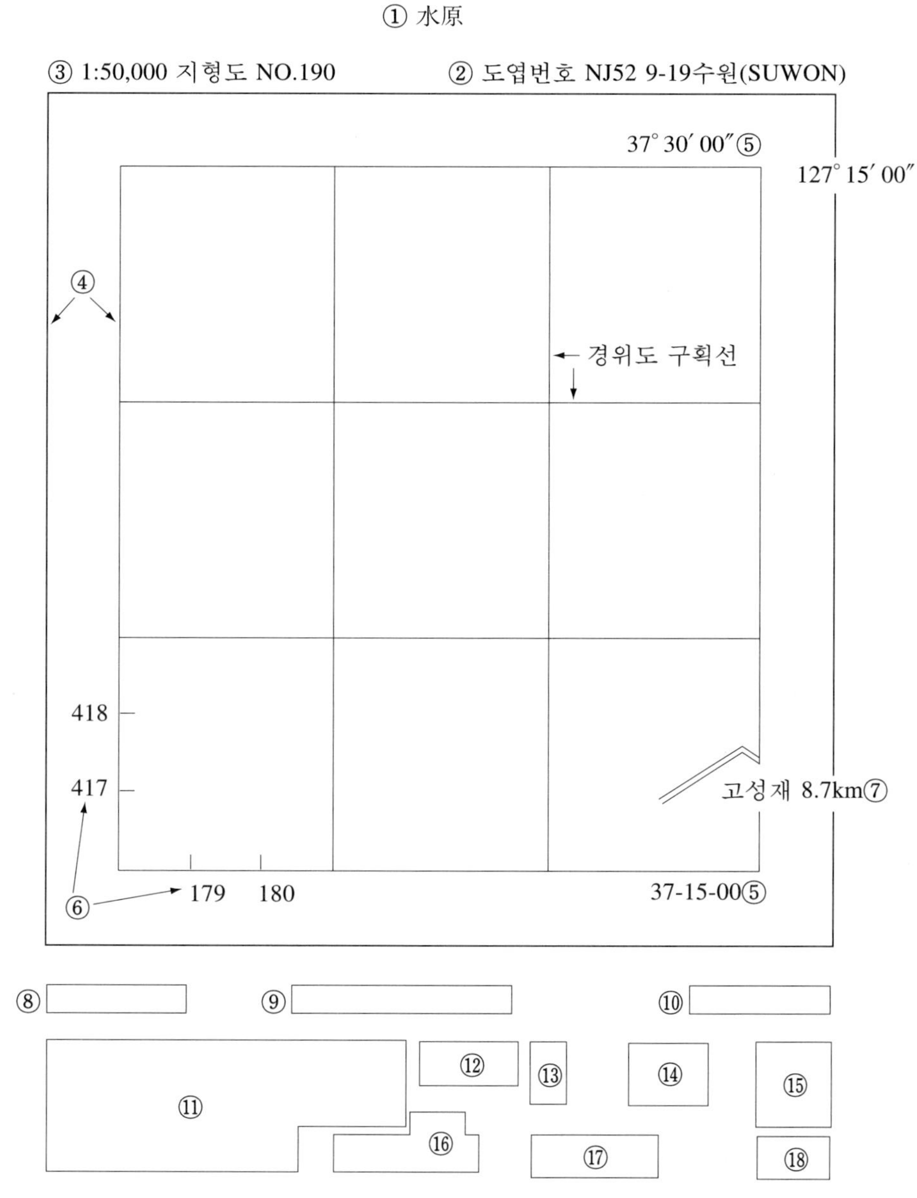

① 도엽명칭	⑦ 도로, 철도의 도달주기	⑬ 편차각도표
② 도엽번호	⑧ 편집 및 수정일자	⑭ 인접지역색인도
③ 축척과 일련번호	⑨ 축척	⑮ 행정구역색인도
④ 도곽(내, 외)	⑩ 인쇄일자 및 제작기관	⑯ 수부 및 특수지형
⑤ 지리좌표(경도:위도)	⑪ 범례	⑰ 경고문
⑥ 평면직각 좌표	⑫ 투영법과 등고선 정보	⑱ 가격

[그림 5-8] 지형도의 구성과 배치

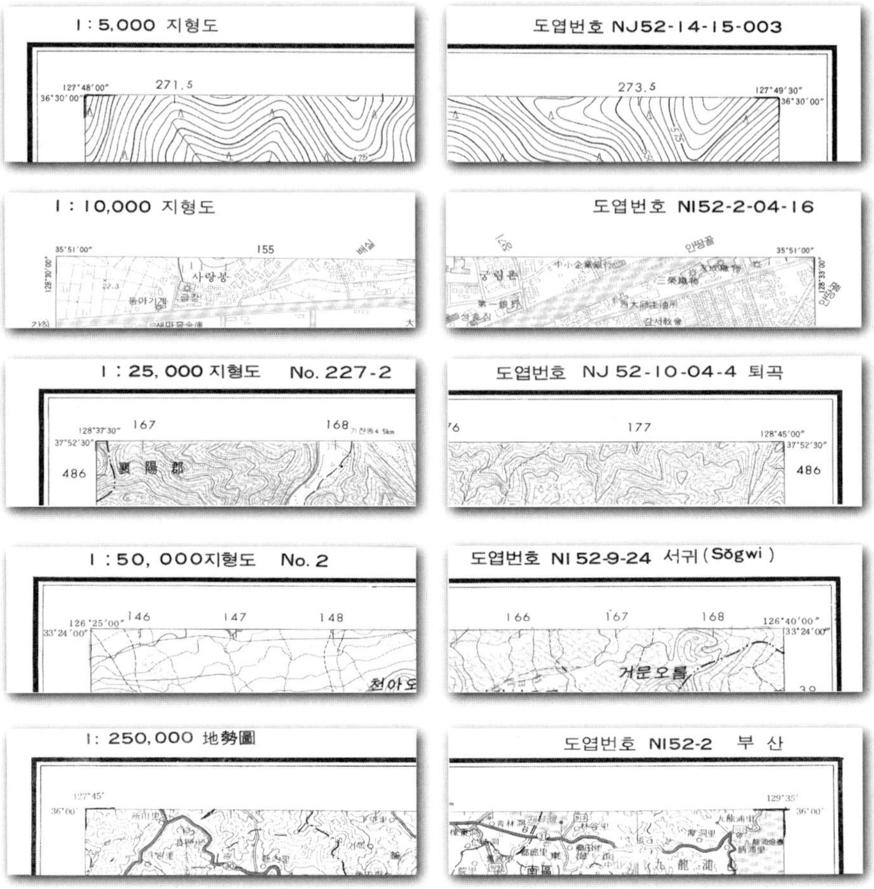

[그림 5-9] 축척별 도엽명칭과 번호

③ 경위도 구획선

지형도의 네 모서리에는 경위도 좌표가 기록되어 있다. 이를 기준으로 다시 각각 3등분씩 경위도 구획선이 표기되어 있는데 1:25,000은 2′30″씩, 1:50,000은 5′ 단위로 각각 9개 구역으로 세분되어 도곽 내에 가는 실선으로 그어져 있다. 1:10,000은 1′ 간격으로 도곽선 내에 표기되어 있으며 1:250,000 지도는 경위도가 각각 30′으로 나누어져 있지만 경도의 경우에는 간격이 1°45′이기 때문에 3등분을 하고도 15′이 남게 표시되어 있다. 1:5,000의 지도는 전체 크기가 1′30″ 밖에 되지 않기 때문에 지도 내의 경위도 구획선은 없다. 또 육지로부터 멀리 떨어진 섬들을 인접 도엽에 삽입할 경우에도 반드시 경위도 좌표와 평면직각 좌표가 기록되어 있다.

④ 실용 좌표의 표시

지형도 도곽선 바깥의 상하에는 198, 199, 200... 이란 숫자가 표기되어 있고 좌우에는 498, 500, 502... 등이 있다. 이것은 지형도상에만 있는 가상원점의 좌표로서 198은 198,000m를 줄여서 km로 표시한 것이며 이는 원점으로부터 떨어진 거리를 말한다. 예를 들어 좌우 도곽선에 표기된 498은 38°(위도원점)로부터 498km 떨어진 위거(거리)를 나타낸 것이다.

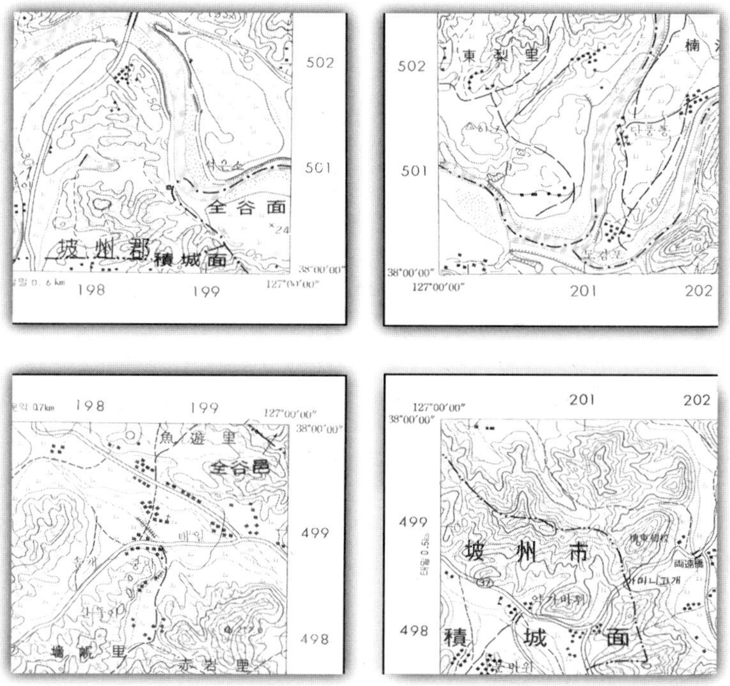

[그림 5-10] 중부원점(127°38°) 지역의 직각좌표

투영좌표계 3원점 중 동부원점은 동해바다에 있고 서부원점도 서해바다에 위치하고 있는데, 다행스러운 것은 중부원점이 그림 5-10에서 보는 바와 같이 내륙인 연천군 전곡읍(파주경계)에 나타나 있다. 이곳으로부터 위거는 남쪽으로 500,000m(제주 550,000m), 경거는 좌우로 200,000m까지 실용좌표(직각좌표)가 부여되어 있다. 위의 그림에서 38° 북위(북쪽)로는 500km보다 커지고 아래(남쪽)로는 500km보다 작아지며, 경거는 127°를 기준으로 우(동쪽)로는 200km보다 커지고 좌(서쪽)로는 200km보다 작아진다. 실제 측량시에는 남서쪽으로 작아지는 (−)부호를 없애기 위하여 500,000m와 200,000m를 가산하여 실용 좌표에 적용한다.

⑤ 철도, 도로의 도달주기

철도와 도로는 지형도에서 상당히 중요한 기준점이 된다. 도곽선에서 끊어지는 철도의 인접한 다음 도엽의 연결상태를 알리기 위하여 다음 역의 명칭과 km를 내도곽과 외도곽 사이에 표기한다. 도로의 경우나 인근의 도시(부락명칭)를 주로 표기하지만 간혹 산이나 고개 등을 주기할 때도 있다. 단, 도로가 다수 근접해 있을 경우는 1차선 이상의 도로 중 특히 중요하다고 판단되는 1개 노선을 골라 표기한다. 지형도는 항상 상하좌우(동서남북)로 연결되기 때문에 다음 도면의 도로와 철도의 연결상황을 미리 알려줌으로써 지도를 읽는 데 도움이 되게끔 배려한 것이다.

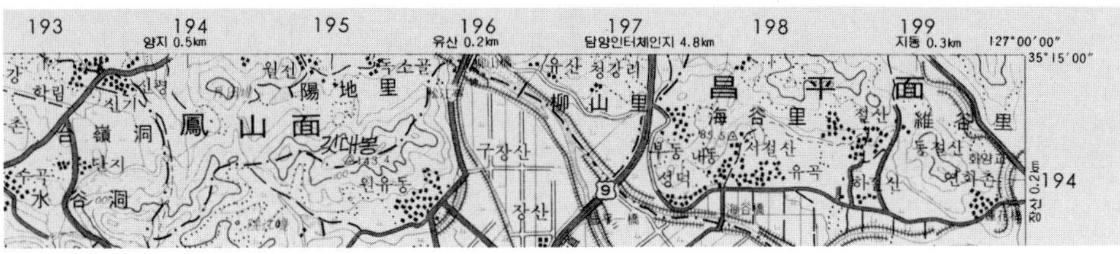

[그림 5-11] 철도와 도로의 도달주기(1:50,000 광주)

2. 지형도의 범례

1) 난외 사항

① 편집제작자료

지형도의 아래쪽 난외 주기 중에 왼쪽 상단부에 그 지도의 항공사진 촬영년도, 현지조사년도, 편집년도, 수정년도가 기록되어 있다. 이는 지도가 언제 제작 또는 편집되었는가를 이용자에게 알려주어 지도를 정확하게 판단할 수 있는 자료로 이용된다. 또 지형도의 우측 하단에는 지도의 제작기관인 건설교통부 국토지리정보원이 인쇄되어 있다. 이는 이 지도의 정보에 대한 신뢰도와 저작권의 소유에 관한 기록이다.

1996年 5月 印刷 國立地理院

1987年 編集 (1987年 1月14日 國立地理院 告示第1号) 1991年 修正 (1991年 4月 4日 國立地理院 告示第49号)

現地調査 : 1990年

[그림 5-12] 지형도의 편집제작자료

일반적으로 지도를 제작한 사람을 제작자(author)라고 하며 이는 지도이용자가 그 지도의 신뢰도를 평가하고 지도에서 잘못된 곳이나 의문사항을 문의할 때 사용된다. 그래서 모든 지도에는 지도의 하단 난외에 지도의 제작자 또는 제작사(발행사)를 명기하고 전화번호를 명기하여 지도에서 잘못을 발견했을 때 누구를 접촉해야 될지를 알려주는 정보로 활용하고 있다.

② 축척과 투영기준

지형도의 난외 주기 가장 중심위치에 그 지도의 축척이 표시되어 있다. 축척은 지표상의 어떤 두 점의 실제 거리와 지도상의 거리를 비율로 표시해 둔 것으로 항상 분자가 1로 되어 있다. 우리나라의 지형도는 막대식(graphic scale)과 비율식(ratio scale)으로 병기되어 있다.

1. 투영은 횡단 메르카토르도법
2. 높이의 기준은 인천만의 평균해면
3. 등고선 간격은 주곡선 20m 간곡선 10m

[그림 5-13] 축척과 투영기준

그리고 모든 지형도에는 지도를 제작할 때의 도법(투영법)이 표시되어 있는데 우리나라 지형도의 경우는 횡단 메르카토르도법을 적용하였으며 표고의 기준과 등고선(주곡선과 간곡선)의 간격을 표시하여 지도제작의 기본 틀을 알 수 있게 하였다. 육지높이의 기준은 인천만의 평균해면을 기준하였으며, 제주도에 한해서는 제주만의 평균해면(제주도 서부두에 있는 검조소의 자료)을 기준하였다고 표기되어 있다.

③ 편차각

북쪽이 하나뿐이라고 생각하고 있지만 지도학이나 측량학을 공부하다보면 3개의 북(北)이 있음을 알 수 있다. 대개의 경우 지구상의 실제 북쪽인 진북(眞北: meridian)만 알고 있다. 그러나 도북(圖北)과 자북(磁北)이 더 있다. 도북은 도면(지도)이 가리키는 북쪽을 말하며 자북은 나침반의 자침이 가리키는 북쪽 방향을 말한다. 이들 3개의 북 사이에는 각 지점(도면)마다 편차각이 있으며 도북과 자북의 차이인 도자각은 고위도쪽으로 올라갈수록 커지며 도북과 진북의 차이인 도편각은 동에서 서로 갈수록 많아진다. 3개의 북에 관한 자세한 설명은 88페이지를 참조하기 바란다.

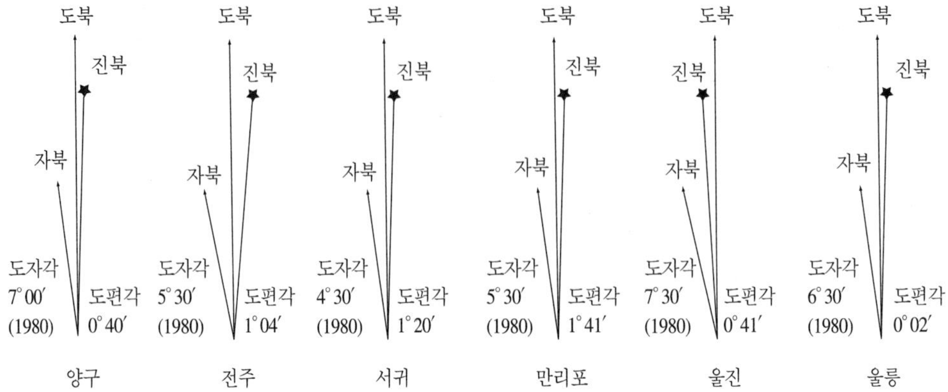

[그림 5-14] 편차각(1:50,000)

④ 인접 도엽의 색인

지형도에는 판독하고 있는 도면의 상하좌우를 빨리 찾아볼 수 있는(연결 또는 접합) 인접도엽의 색인(index)도가 나타나 있는데 여기에는 도엽명칭(지도이름)과 도엽번호가 표기되어 있다. 즉 가로 3도엽과 세로 3도엽을 동시에 확인할 수 있으며 도합 9도엽의 지도이름이 나열되어 있다. 그러나 1:250,000의 경우는 남한지역 전체가 13매에 불과하기 때문에 각 도면마다 전체의 색인이 표기되어 있다.

安 興	平 昌	旌 善
NJ 52-10-16	NJ 52-10-17	NJ 52-10-18
堤 川	寧 越	禮 美
NJ 52-10-23	NJ 52-10-24	NJ 52-10-25
德 山	丹 陽	榮 州
NJ 52-14-02	NJ 52-14-03	NJ 52-14-04

(1:25,000~1:50,000)

倭 舘	大 邱	大 邱
15	11	12
倭 舘	大 邱	大 邱
20	16	17
倭 舘	大 邱	大 邱
25	21	22

(1:10,000)

光 州	獨 山	獨 山
0 4 0	0 3 1	0 3 2
光 州	獨 山	獨 山
0 5 0	0 4 1	0 4 2
光 州	獨 山	獨 山
0 6 0	0 5 1	0 5 2

(1:5,000)

[그림 5-15] 인접 도엽의 색인도

⑤ 행정구역의 색인

해당 도엽 내의 행정구역을 표시한 색인도는 난외 주기 우측에 있다. 지형도에 표기된 여러 가지의 기호들 때문에 행정구역 경계선을 잘 알아볼 수 없다. 이를 확인하기 위하여 행정구역 경계선만을 별도로 표시해 놓은 색인도의 일종이다. 이의 규격은 4.0×4.5cm의 사각형 안에 행정경계선만 그어져 있고 그 아래에는 각 행정단위마다 번호를 매겨 찾기 쉽게 표기하였다. 단, 지도상에서의 해상경계선은 도서의 소속을 판별하기 위한 기호이지 바다의 경계가 아님을 알아야 한다.

(a)		(b)		(c)	
	강원도		강원도		인천광역시
양구군	1 방산면 2 양구읍	양구읍	1 방산면 2 동면	경기도	1. 옹진군 2. 안산시
	3 남면		3 양구읍 4 남면	화성군	3. 송산면 4. 마도면
화천군	4 화천읍 5???		5 亥앙면		5. 서신면 6. 남양면
	6 하남면	인제군	6 서화면 7 북면		7. 우정면
춘천시	7 사북면 8 신북읍		8 인제읍 9 남면	충청남도	8. 석문면 9. 송산면
	9 북산면	춘천시	10 북산문		

(a) 육지 내의 댐　　(b) 육지부　　(C) 바다접경지역

[그림 5-16] 1:50,000 행정구역의 색인

⑥ 경고문과 일련번호

지형도를 허가없이 국외로 반출하거나 무단으로 복제하여 다른 지도를 간행할 목적으로 사용할 경우에는 법적인 제재을 받는다는 내용의 경고문이 국문과 영문으로 표기되어 있다. 또 지도의 뒷면에 있는 일련번호는 지도를 구입한 사람의 주소, 이름, 주민번호, 용도를 기록하여 추후에 발생할지도 모를 불미스런 일에 대한 자료로 활용키 위하여 지도판매 대리점에서 기록하여 보존하였으나 최근에는 이 제도가 폐기되었다.

경 고 문

1. 본 지도는 측량법 제24조, 제25조 제1항 및 제27조에 의거 국토지리정보원장의 사전 승인없이는 복제, 국외반출 및 지도를 이용한 다른 지도의 간행을 금한다.
2. 위반자는 측량법 제64조 및 제65조에 의한 2년 또는 1년이하의 징역이나 500만원 또는 300만원 이하의 벌금형에 처한다.

WARNING

1. No one should duplicate, carry abroad, and publish the other map by this map without permission of the Director General of the National Geography Institute under the provision of Article 25 clause 1, Article 27 of the Survey Law.
2. A violator is subject to imprisonment less than two or one years or to a fine not exceeding five or three million won under the provision of Article 65, Article 64 of the Survey Law.

[그림 5-17] 경고문의 예

⑦ 기타

지금까지는 주로 1:25,000과 1:50,000에 대해 알아보았다. 이에 비해 1:250,000은 축척이 너무 작기 때문에 표기사항(범례)이 많이 생략되었다. 또 지도를 북쪽방향으로 바로 놓았을 때 종이의 모양이 다른 4종의 지도와는 다르게 가로가 넓게 인쇄되어 있다. 난외 주기는 도면 우측에 표현되어 있으며 특수지형의 표기법, 편차각, 경고문 등 다수의 범례가 생략되어 있고 적색 계통의 등고선 때문에 시각적으로 붉은색 계통의 지도라고 느낄 수 있다.

그리고 1:5,000과 1:10,000은 축척이 상대적으로 크기 때문에 표기방법상 좀더 세밀하고 그림이 확대된 것이 많으나 지도표기의 기본 형식은 1:25,000과 거의 유사하며 1:5,000 지형도는 흑백으로 된 단색지도이다. 1:5,000 지형도는 축척이 크다 보니까 건물의 윤곽에 음영이 표기되어 있고 수부 및 특수지형의 표기가 육지부와 해안부로 나뉘어 상세히 표기되어 있으나 편차각은 생략되어 있다.

(사태) (바위) (凹지)

(a) 1:5,000~1:10,000 (b) 1:25,000~1:50,000

[그림 5-18] 특수 지형의 표기

2) 축척별 범례

지도상에 사용된 기호의 의미를 알려주기 위하여 범례가 표시되는데 이때 기호가 표준화되어 있지 않으면 혼동할 우려가 있기 때문에 지도에는 항상 범례가 표시된다. 일반 지도에는 지도의 제작사나 제작목적, 지도종류, 축척에 따라 표현되는 기호가 많이 차이난다. 그러나 지형도의 경우는 지도도식 규정에서 정한 범

〈표 5-2〉 축척별 기호의 분류

축 척	선 기 호	면 기 호	점 기 호	수부및특수기호	계
1:250,000	19	2	14	14	49
1:25,000	35	12	30	20	97
1:10,000	32	12	36	27	107
1:5,000	32	12	27	27	98

위를 지키려는 의도 때문에 큰 차이는 없지만 축척의 변화로 기호가 생략되거나 과장되는 경우가 가끔 있다. 1:25,000 지형도와 1:50,000 지형도는 비록 축척이 다르지만 표현되는 범례(legend)와 기호(symbol)는 동일하다.

5종류의 지형도 중 기호가 가장 많이 표현된 지도는 의외로 1:10,000 지도이다. 이는 점기호 중 탑, 도서관, 호텔, 주유소, 회관, 농촌지도소 등 다른 지도에는 없지만 1:10,000 지형도에는 나타나 있기 때문이다. 그리고 물과 관련된 수부(특수지형 포함)의 기호도 일반 기호와는 구별되어 있다. 또 1:10,000과 1:5,000의 수부기호의 내용은 똑같으며 1:250,000의 경우는 논(畓)표시가 수부에 나타나 있다.

① 1:250,000 지세도

국토지리정보원에서 발매하는 지도 중에 가장 소축척인 1:250,000 지형도는 '지세도' 라고 불린다. 이 지도는 다른 지도에 비해 각종 기호가 많이 생략되어 있다. 선기호는 19개이고 면적기호는 시가지와 국립공원(경계)을 나타내는 2개 뿐이며 목표물을 나타내는 점기호도 14개이고 수부가 14개로 도합 49개의 기호가 나타나 있다. 특히 지도 내에는 도로의 교점을 기준으로 도시 간의 도달거리를 알 수 있게끔 km가 표기되어 있어 사용자의 편이를 도모하게 한 것이 특징이다.

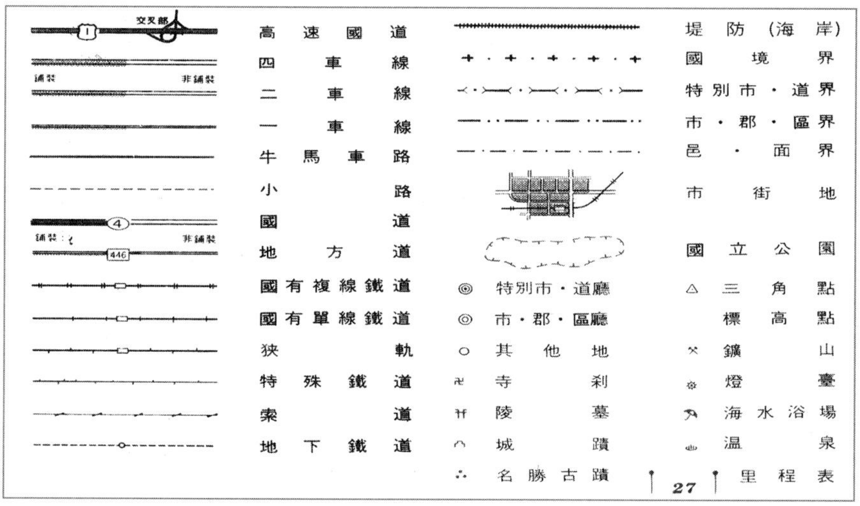

[그림 5-19] 1:250,000 범례

② 1:25,000(1:50,000) 지형도

지형도 중에 가장 널리 이용되는 1:25,000과 1:50,000의 선기호는 도로번호 3개를 포함하여 35종이며 면기호는 개발제한구역과 건물기호를 포함하여 12개이고 점기호는 30종이며 수부가 20으로 도합 97종류의 기호가 있다. 지류기호는 작

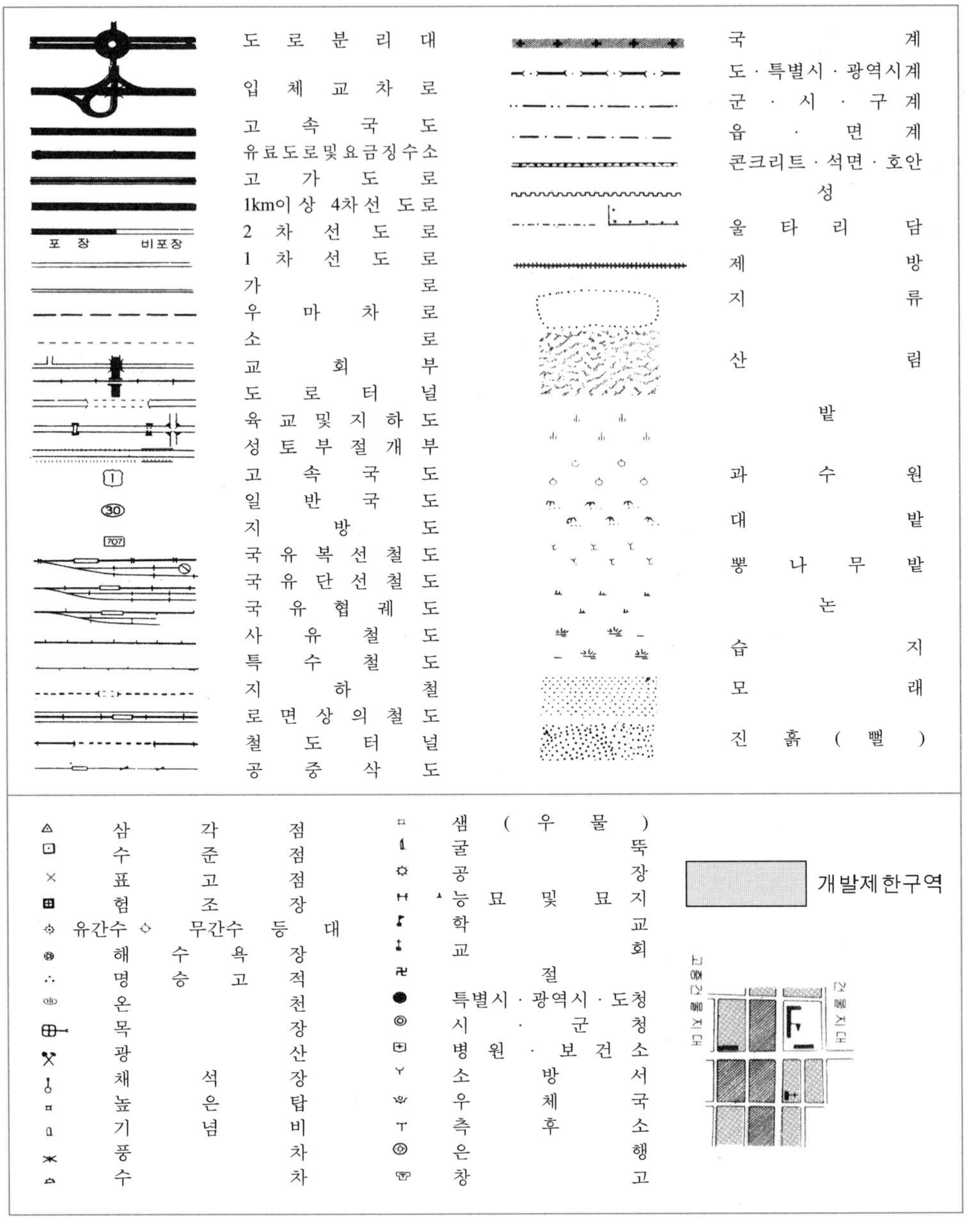

[그림 5-20] 1:25,000과 1:50,000의 범례

은 점선으로 이루어진 선기호이지만 면적을 측정할 수 있기 때문에 면기호로 분류할 수도 있다.

③ 1:5,000 지형도

지형도 중에서 대축척지도인 1:5,000 지형도는 축척이 큰 만큼 범례에 표시되는 기호도 큼직하고 선명하다. 도로, 철도를 비롯한 선기호는 29개이고, 담, 울타리, 성을 표현하는 선기호 3개를 합하여 32개이다. 면적을 표현할 수 있는 건물 기호가 4종이며 지류를 표현하는 기호가 8종으로 도합 12종이다. 그리고 각종 목표물을 나타내는 점기호는 27개이고 수부가 27개로 모두 98개이다. 1:10,000의 경우는 선기호가 32개이고 면기호가 12개, 점기호가 36개, 수부 27개 등 모두 107개이다.

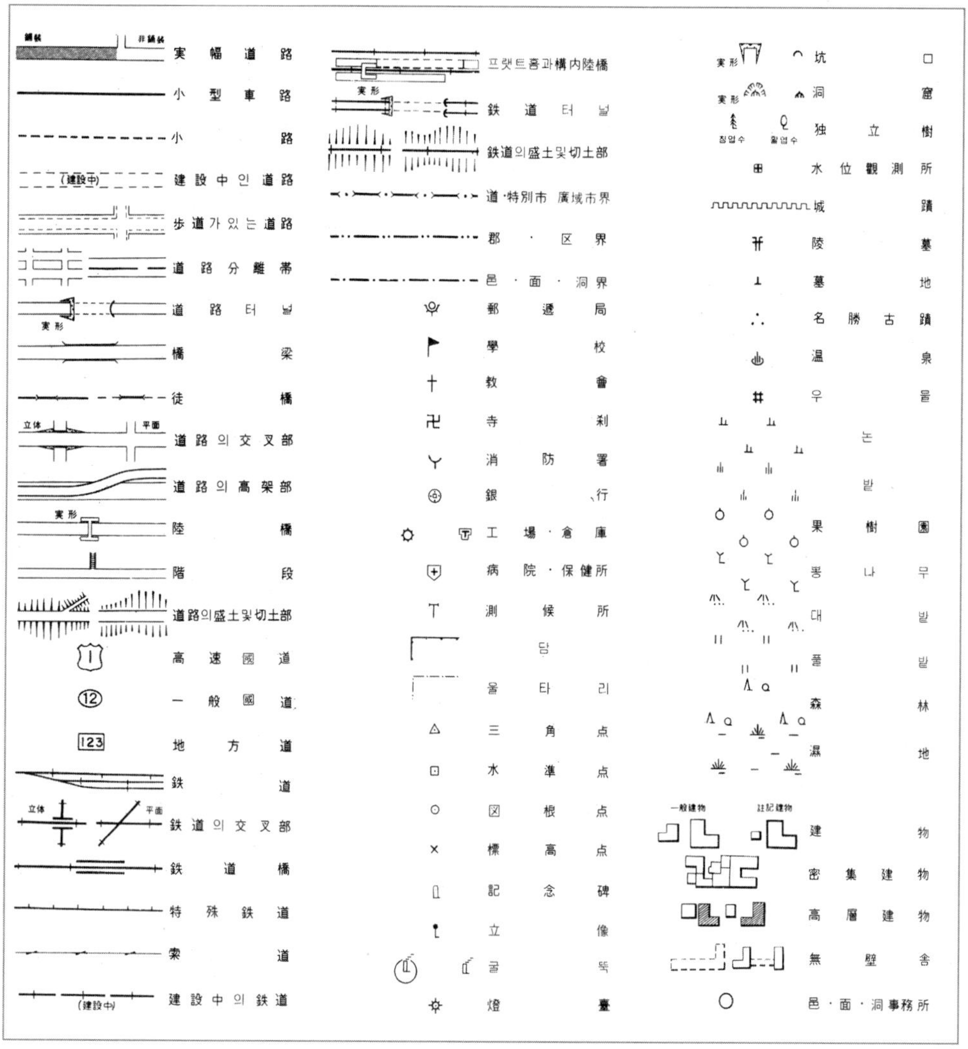

[그림 5-21] 1:5,000의 범례

④ 1:100,000 일반지도

S사에서 제작한 1:100,000 도로지도와 지형도를 비교해 보면 전체적으로 비슷하나 일반 소비자들이 필요로 하는 부분이 많이 포함되어 나타난다. 선기호인 도

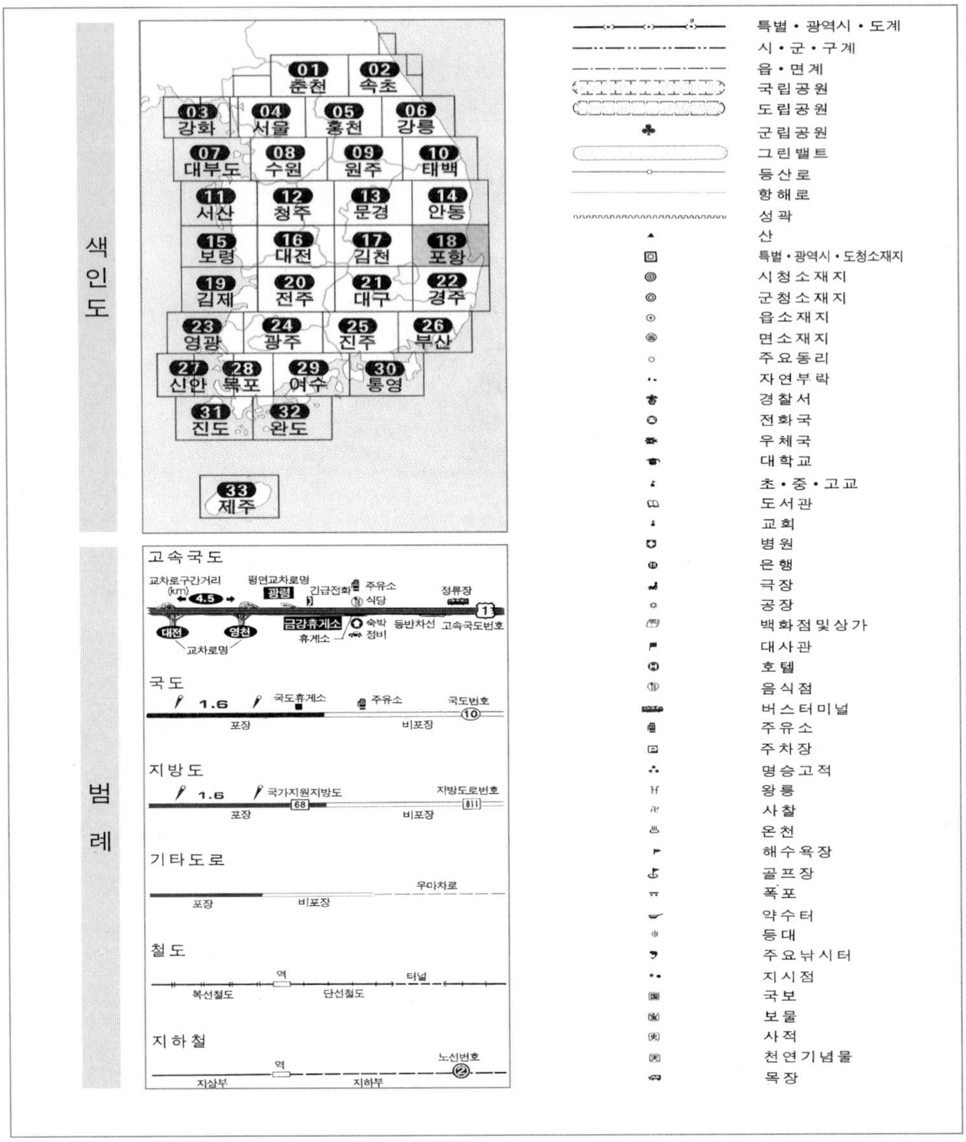

[그림 5-22] 1:100,000의 범례(성지문화사)

로에 휴게소, 주유소, 식당, 정비소, 정류장, 긴급전화 등을 표현하였으며 도로의 종류에 따라 색깔로 표현하여 시각적으로 효과를 나타낸 것이 특징이다. 면기호인 공원을 3개로 나누었으며 점기호는 43개로 소축척인데도 많은 편이다. 주로 일반인들이 일상생활에 필요한 내용과 여가를 즐길 때 필요한 목표물이 대부분이며 면기호인 지류표시가 없다.

제 2 절 등고선

지형의 기복을 가장 알기 쉽고 엄밀하게 표현할 수 있는 것은 각각의 높이가 동일한 점들을 연결한 '등고선'을 들 수 있다. 등고선은 지형을 나타내는 방법 중 가장 흔하게 사용되는 방법으로 주로 지형도에 표시된다. 그렇지만 등고선에 의한 지형의 기복을 판독하기에는 상당한 훈련과 판독기술이 필요하다. 그래야만 등고선 내에 포함된 정보를 추출해 낼 수 있을 뿐만 아니라 얻은 정보를 이용하여 각종 업무에 활용할 수 있다.

1. 지형의 표시방법

일반적으로 지형도에서 지형표현은 자연적 도법과 부호적 도법으로 나눌 수 있는데 자연적 도법은 태양광선이 지표면을 비칠 때 생긴 명암의 상태를 이용하여 지표면에 입체감을 나타내는 방법으로 영선법(影線法)과 음영법(陰影法)이 있다. 부호적 도법은 일정한 부호를 사용하여 지형을 세부적으로 나타내는 것으로 등고선법(等高線法), 단체법(段彩法), 점고법(點高法)으로 나눌 수 있다. 지표면의 기복 상태가 워낙 복잡하기 때문에 어느 방법이든지 지형을 완벽하게 표현하기란 쉽지 않다. 특히 벼랑, 바위, 절벽부 등 특수 지형은 등고선으로 표시하기가 곤란하기 때문에 기호로 표시하여 지형의 개황을 충분히 읽을 수 있도록 하고 있다.

1) 등고선 표현법

① 영선법(hatching)

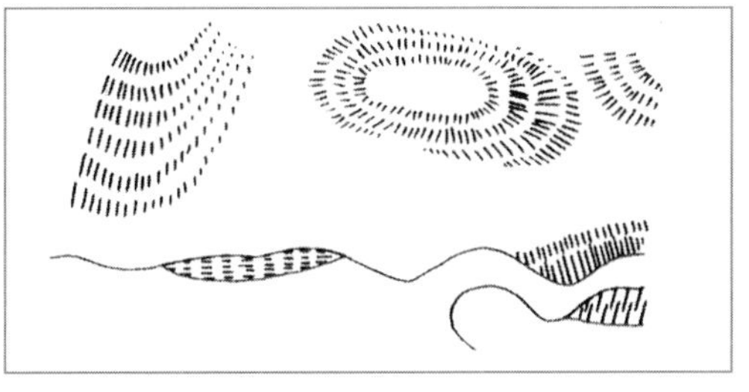

[그림 5-23] 영선법

이 방법은 그림과 같이 '게바'라는 단선상(短線狀)의 선으로 기복의 표시를 나타내는데 일명 게바법 또는 우모법(羽毛)이라고 한다. 게바의 사이, 굵기, 길이 등에 의해 표시되며 급경사는 굵고 짧게 완경사는 가늘고 길게 표시한다. 그러므로 지형의 기복은 잘 판별되나 제도방법이 복잡할 뿐만 아니라 고저(高低)가 숫자로 표기되지 않아 최근에는 거의 사용하지 않는다.

② 점고법(spot system)

선이나 색깔 또는 형태로 표시하지 않고 그 지점의 높이를 수치로 표기하는 방법(주기)으로 지형도의 하천, 호소, 항만의 깊이를 나타낼 때 주로 이용되며 해도에 수심깊이를 나타낼 때도 많이 사용한다.

③ 음영법(shading)

태양광선이 정북방향 또는 서북쪽에 있고 경사가 45° 각도로 비친다고 가정했을 때 생기는 그림자로 지표의 기복을 표시하는 방법이다. 따라서 서북사면은 가장 밝게, 동남사면은 가장 어둡게 나타내는데 지형의 입체감이 가장 잘 나타나는 방법이다. 간혹 명암을 표시할 때 2~3색 이상으로 채색하여 지형을 나타내는 경우도 있지만 주로 단색으로 입체감을 준다.

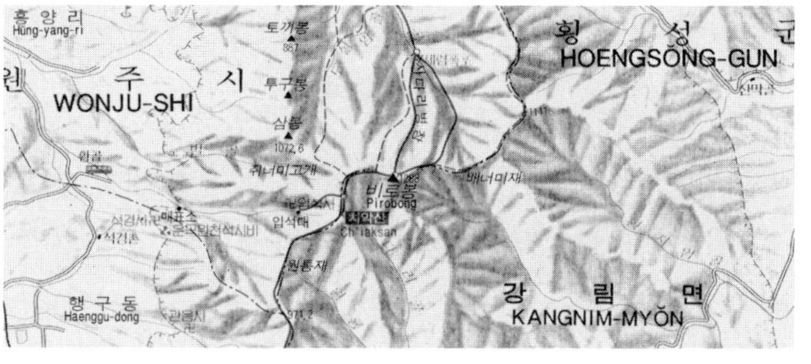

[그림 5-24] 음영법의 표현(치악산 등산관광 안내도)

④ 단채법(layer system)

등고선의 높이에 따라 다른 색깔로 채색을 하여 높이의 변화를 나타내는 시각적인 방법이다. 주로 학생들이 사용하는 지리부도나 등산용 지도에 많이 이용되지만 최근에는 세계지도(atlas)의 지형표현에 많이 쓰인다.

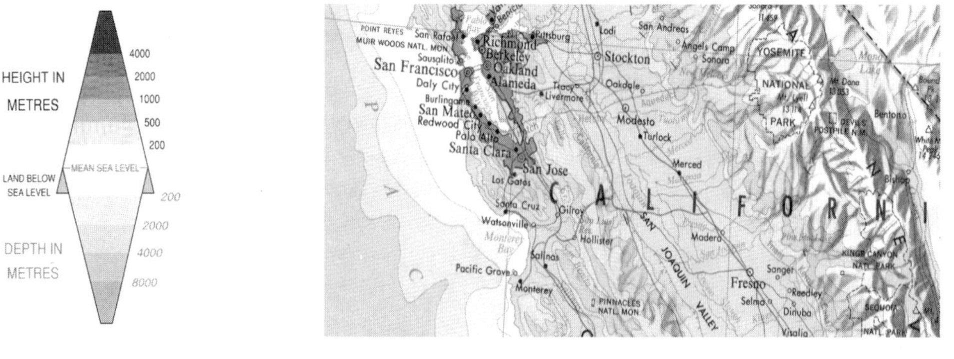

[그림 5-25] 10단계로 구분된 단채법 지도(1998, Answer Atlas, Rand Mc'Nally)

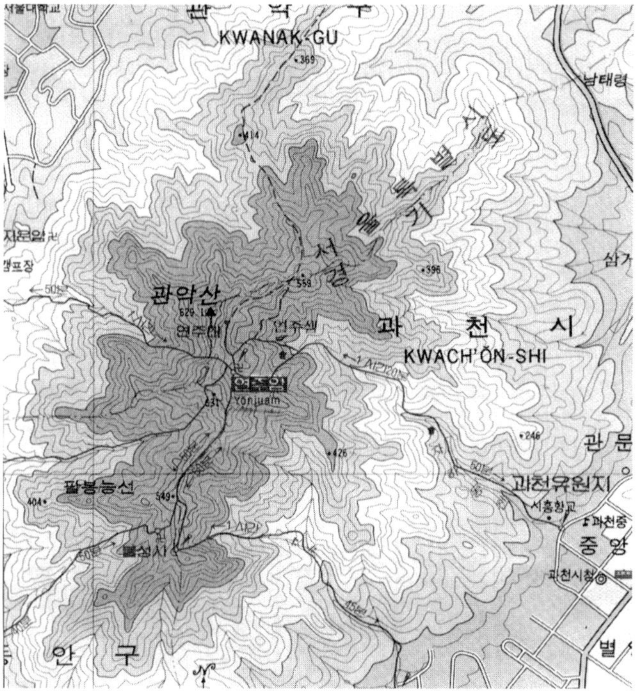

[그림 5-26] 단채식 등산지도(성지문화사)

단채법은 지형모형을 제작할 때 등고선의 높이에 따라 계단식으로 쌓아올려 기복을 표시하는 것과 같다. 그러므로 각 단계별(주로 계곡선)로 색을 칠하여 만든다고 이해하면 된다. 층층이 조각난 등고선만으로는 지형의 윤곽을 파악할 수 없기 때문에 색을 칠하여 보기 쉽도록 하는 것이 이 지도의 목적이다. 대축척지도를 소축척지도로 변환시켰을 경우에 유리하며 따라서 지도책(atlas)에 사용되는 소축척 지도에는 이 단채식 기법이 가장 많이 쓰이며 특히 등산용 지도에 고도의 높이를 구분할 때 많이 이용된다. 단체식 지도에는 평지부를 녹색으로 산지를 갈색으로 칠하며 고도가 증가함에 따라 진한 갈색을 사용한다.

⑤ 등고선법(contour system)

지표상의 동일한 높이를 연결한 곡선으로 표시하며 비교적 정확한 표현방법이다. 그림 5-27과 같이 지표면을 일정한 높이의 수평면으로 잘랐을 때 이 자른 면의 둘레의 선이다. 이 등고선을 투영면 상에 정사투영하여 지형의 기복을 표현하는 방법이다. 등고선법은 도상 임의 지점의 높이와 지면의 경사를 명확하게 알 수 있고 지형의 특성을 자세하게 묘사할 수 있으므로 정확성을 요하는 지도는 모두 등고선법으로 제작된다.

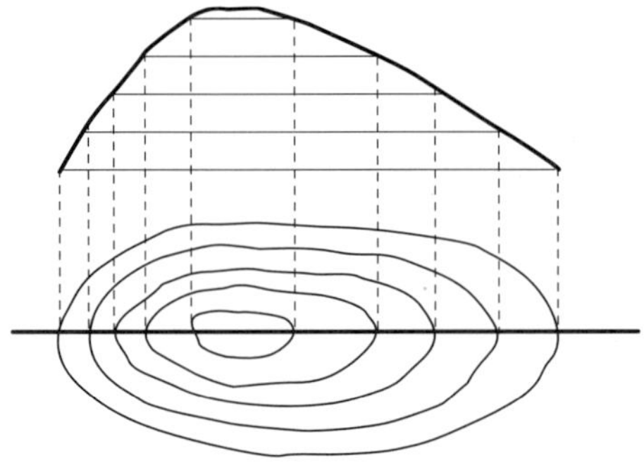

[그림 5-27] 지형을 수평으로 자른 상태

2) 등고선의 삽입

여러가지 방법으로 관측된 등고선을 기입할 때는 계산에 의한 방법, 작도에 의한 방법, 투사에 의한 방법, 목측에 의한 기입방법으로 나눌 수 있다. 또 등고선의 삽입에는 간접 관측법이 있는데, 방안법(사각형 분할법), 종단점법(방사절측법), 횡단점법 등이 있다.

방안법은 적당한 크기의 방안으로 나누어 방안 내의 최고점을 찾아 표시한다. 이때 각 방안 내의 위치와 높이를 기입하여 내삽법(內插法) 혹은 비례배분법에 의해 등고선을 그린다. 방안의 크기에 따라 등고선의 모양이 달라지므로 방안의 크기를 작게 하면 실제의 지형에 가깝게 되고 반대로 크게 하면 높은 산정(山頂)만을 취하게 되는 단점이 나타난다. 그렇기 때문에 방안의 크기는 그 지역의 기복상태나 발달정도를 고려하여 결정하는 것이 바람직하다.

또 종단점법은 현장에서 평판과 트랜실트에 의해 시거측량을 해서 성과를 얻는 것으로 능선과 계곡, 산정 등을 표시해 두고 단위등고선을 그려나간다. 예를 들어

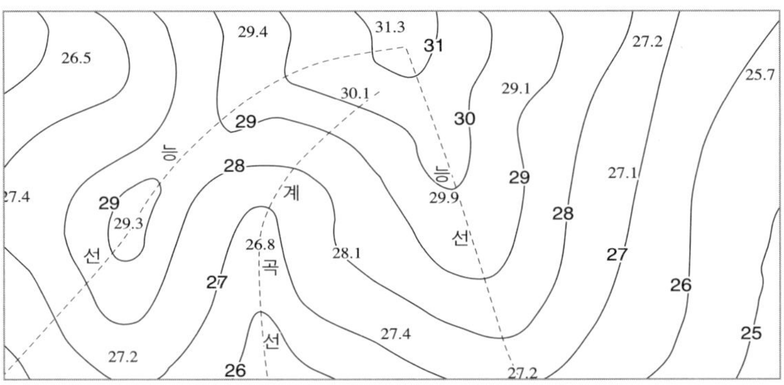

[그림 5-28] 등고선의 삽입

30m 높이의 등고선은 (31.3~27.2) (31.3~29.1) (31.3~29.9) (31.3~30.1) (31.3~29.4)와 같이 5개소의 고도를 참고삼아 비례배분법으로 30m 고도값을 가진 등고선을 찾을 수 있다. 이런 작업은 대부분이 경험에 의하는 게 보통이며 여러 곳의 높이를 알면 그만큼 실제 지형에 가깝게 등고선을 표현할 수 있다. 지면상 주요점들의 위치와 표고를 관측하여 이들을 기준으로 그 사이의 등고선을 목측에 의해 그리는 방법으로 이때 각 측점 사이의 지면은 등경사인 것으로 간주하며 등고선의 정확도는 주요점의 선택에 좌우된다. 이러한 방법은 주로 공사를 하기 위하여 실시설계시에 많이 이용되는데 축척은 1:500~1:2,000 이내가 대부분이다. 그리고 국토지리정보원에서 제작하는 지형도에 삽입되는 등고선은 정밀입체 도화기에 의해 자동작도가 되며, 횡단점법은 거의 사용되지 않는다.

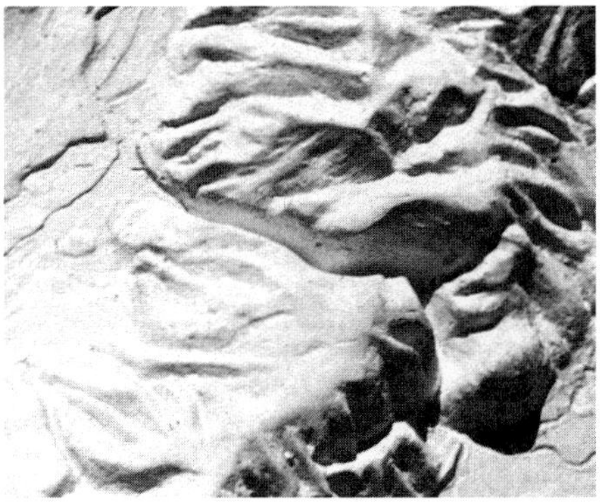

(a) 양각모델

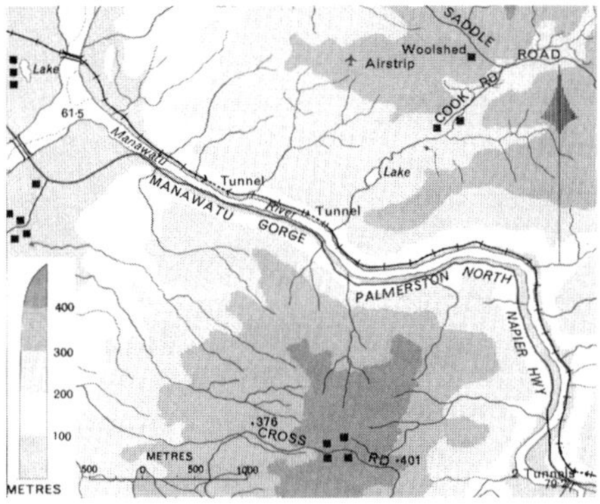

(b) 단채법의 표현

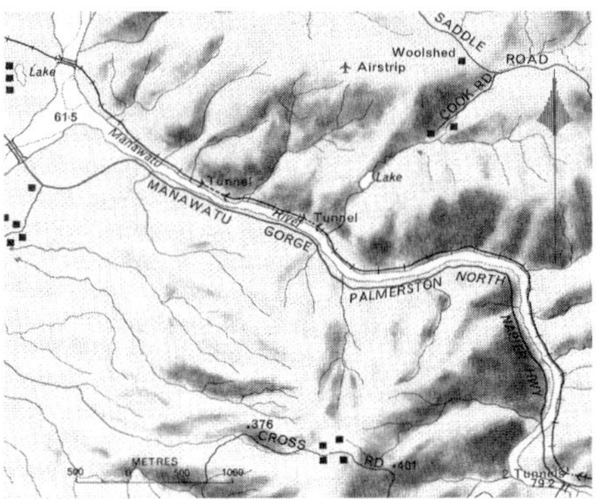

(c) 음영법의 표현

[그림 5-29] 동일 지역의 지형표현(1990, Jacaranda Social Studies Atlas for Aotearoa)

2. 등고선의 종류

등고선은 인천만의 평균해면(MSL)으로부터 인조된 측량성과에 의해 결정된다. 일반적으로 등고선에서 기준이 되는 선을 주곡선이라 하는데 실선으로 표시한다. 대축척(1:5,000)의 완만한 경사지에서는 등고선 간의 간격이 넓기 때문에 국부적으로 지형의 판독이 불분명하다. 이때는 등고선 간격의 1/2 또는 1/4의 간격으로 나누어 보조적인 등고선(간곡선, 조곡선)을 삽입한다. 또 등고선에는 읽기를 쉽게 하기 위하여 5개의 주곡선마다 굵게 표시하는데 이것을 계곡선이라 한다.

㉠ 계곡선(計曲線: index contour)

지형의 상태와 판독을 쉽게 하기 위하여 주곡선 5개마다 하나씩 굵은 실선으로 표시하는데 주곡선의 수를 판독하는 데 도움이 된다.

㉡ 주곡선(主曲線: intermediate contour)

등고선 중 가장 기본이 되는 곡선으로 가는 실선으로 표시하며 간격은 지형도 축척분모의 약 1:2,500~1:2,000 정도이다.

㉢ 간곡선(間曲線: half-interval contour)

완경사지에서 주곡선만으로는 판독이 불충분하든가 등고선의 간격이 넓을 때 사용되며 할선(割線)으로 표시하고 주곡선의 1/2 간격이다.

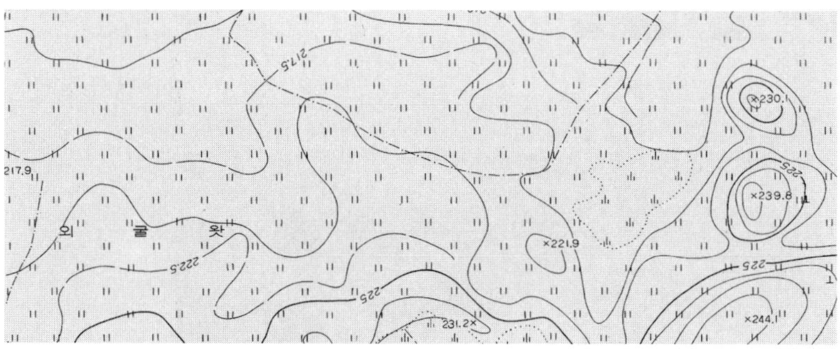

[그림 5-30] 간곡선의 표현(1:5,000 성산073)

주곡선의 간격이 5m인 1:5,000의 경우에 주곡선 사이의 폭이 넓은 부분에만 간곡선(222.5, 217.5, 212.5)이 표현되었으며 좁은 지역에 도달해서는 간곡선이 끊어져 있다.

㉣ 조곡선(助曲線: supplimentary contour)

지형이 더욱 완만하여 간곡선을 표시해도 세부지형 판독이 힘들 때 破線으로 표시하며 그 간격은 주곡선의 1/4이다.

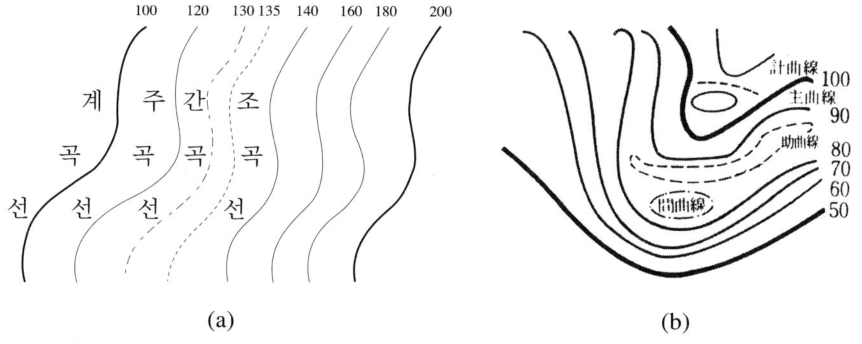

[그림 5-31] 등고선의 종류와 간격

등고선 간격은 이웃하는 등고선 사이의 높이차를 말하며 지형도 축척, 지형도의 사용목적, 지형상태, 표현하는 정도, 측량시간과 경비, 지도의 미관도 등을 종합적으로 판단하여 결정한다. 등고선 사이의 간격이 좁으면 급한 경사면이고 완만하면 완경사면 또는 평평한 모양으로 나타난다.

단, 바위나 절벽으로 급경사지형일 때, 인접 주곡선의 간격이 0.2mm 이하일 때, 山頂 부근의 계곡선, 계곡(골짜기)의 밑바닥부분 등에는 등고선을 생략할 수 있다. 1:5,000은 하천, 용수로, 쌍선 도로, 계단, 건물, 울타리, 담, 교량의 고가부와 호안, 변형지 등에는 등고선을 잘라서 표시할 수 있다.

〈표 5-3〉 축척별 등고선의 간격 (단위 : m)

축 척	계곡선(굵은 실선)	주곡선(가는 실선)	간곡선(가는 장파선)	조곡선(가는 파선)
1:5,000	25	5	2.5	1.25
1:10,000	25	5	2.5	1.25
1:25,000	50	10	5	2.5
1:50,000	100	20	10	5
1:250,000	500	100	-	-

〈표 5-4〉 도상 1cm와 실거리와의 관계

축 척	실 거 리	축 척	실 거 리
1:100	1m	1:10,000	100m
1:500	5m	1:25,000	250m
1:1,000	10m	1:50,000	500m
1:3,000	30m	1:100,000	1,000m
1:5,000	50m	1:250,000	2,500m

3. 등고선의 성질

1) 일반적인 성질

등고선에는 다른 기호와는 달리 특수한 성질이 있다. 이러한 등고선의 성질을 파악하면 등고선을 작도할 때나 등고선을 판독할 때 상당한 도움이 된다

㉠ 동일 등고선상에 있는 모든 점(×표)의 높이는 그림 5-32(a)와 같이 동일하다.

㉡ 등고선은 그림 5-32(b)와 같이 도면 내외에서 반드시 폐합하고 없어지는 경우는 없다.

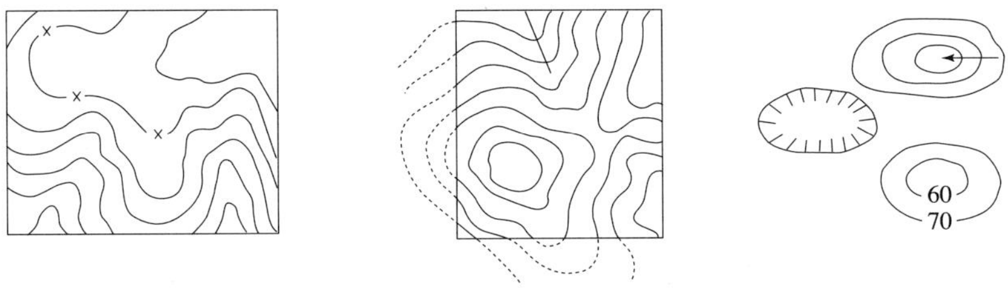

(a) (b) (c)

[그림 5-32] 등고선의 성질

㉢ 등고선이 도면 내에서 폐합하는 경우는 山頂이거나 오목지형이다. 특히 오목지형에는 물이 있는(沼池) 경우가 많으며 그림 5-32(c)와 같이 표시한다.

㉣ 그림 5-33(a)와 같이 2쌍의 등고선 중 1쌍의 등고선이 능선(볼록부)으로 마주하고 있을 때 다른 1쌍의 등고선은 바깥쪽(좌우로)으로 향하여 내려가며 이들 2쌍의 등고선의 대칭되는 꼭지점에 고개를 이룬다.

㉤ 등고선은 그림 5-33(c)와 같이 도중에 없어지거나(消失) 엇갈리거나(交叉) 합쳐지거나(合致) 갈라지지(分岐) 않는다. 단, 절벽, 낭떠러지, 동굴에는 그림 5-33(b)와 같이 합쳐진다.

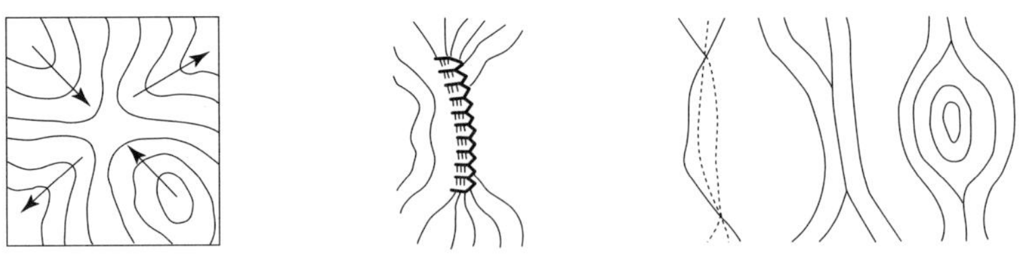

(a) (b) (c)

[그림 5-33] 등고선의 성질

ⓑ 동등한 경사의 수평거리는 그림 5-34(a), (b)와 같이 표현되며 평면을 이루는 지표의 등고선은 그림 5-34(b)와 같이 서로 평행한 직선이 된다.

ⓢ 등고선은 상류(水源)에 가까울수록 경사가 급하고 하류로 내려갈수록 등고선의 간격이 넓어진다. 그림 5-34(c)와 같이 계곡을 횡단할 경우는 한쪽을 따라 올라가서 또다시 한쪽(帶岸)을 따라 내려온다. 또 등고선이 계곡(溪谷: 流下線)을 횡단할 경우 횡단하는 그 지점에서 유선(流線)과 직각으로 만난다.

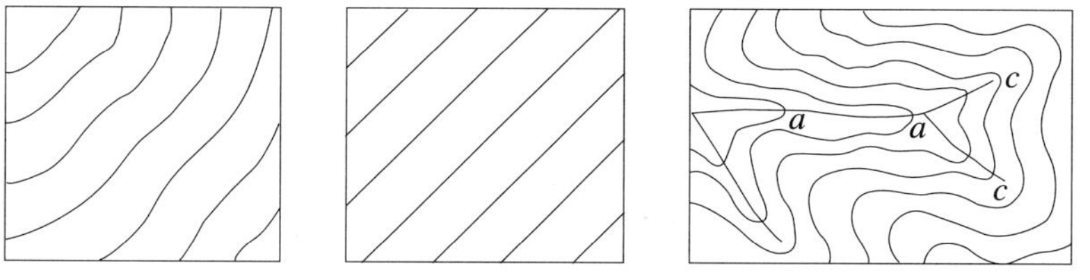

(a) (b) (c)

[그림 5-34] 등경사선

ⓞ 등고선의 최단거리는 최대경사방향이며 그림 5-35(a)와 같이 늘 최대경사선과 직각으로 만나고 능선(稜善: 分水線)과도 직각으로 만난다.

ⓩ 일반적으로 산꼭대기(山頂)와 산밑(山底)은 산중턱(山腹)보다는 완경사지이지만 중턱에서는 보통 등경사로 나타나며 그 간격은 일정하다. 등고선은 완경사지일 때 간격이 넓어진다.

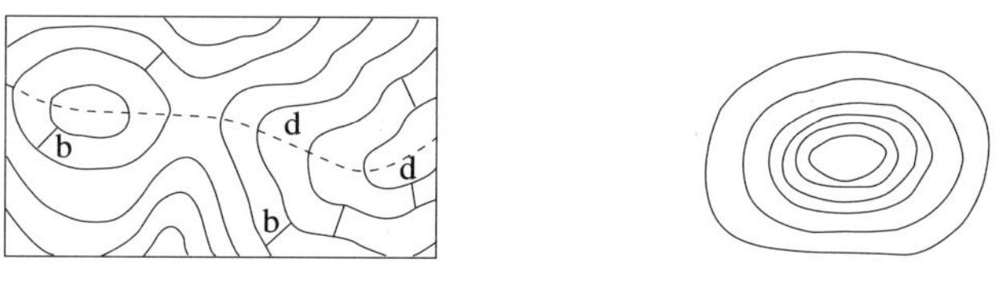

(a) (b)

[그림 5-35] 정상부의 완경사지

2) 지성선

등고선을 얼핏보면 복잡하여 지표면이 불규칙한 것처럼 보인다. 그러나 자세히 보면 능선, 계곡, 경사 변환선, 최대경사선 등으로 구성되어 있다. 이렇게 등고선의 특징을 나타내는 선을 지성선(地性線: topographical line)이라고 한다.

㉠ 凸線(일명, 요선)

가장 높은 곳끼리 연결한 선으로 빗물이 이것을 경계로 좌우로 흐르게 되므로 분수선(分水線) 또는 능선(稜線)으로 부르기도 한다.

㉡ 凹線(일명, 철선)

지표면의 가장 낮은 곳을 연결한 선으로 계곡선(溪谷線), 합수선(合水線) 또는 합곡선(合谷線)이라고 한다. 최대경사선을 따라 흐른 물은 모두 이 선을 향해 모이게 된다.

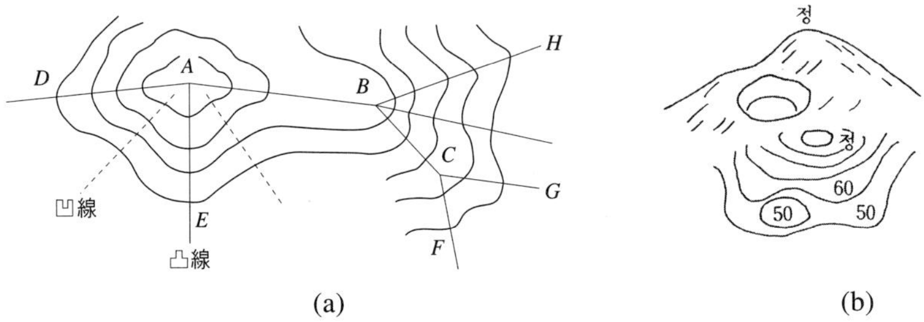

[그림 5-36] 요선과 철선

또 등경사면에서는 A에서 B까지의 기울기가 직선이고, 볼록한 경사면의 경우는 B부분에는 등고선이 붙어 있어 접근이 곤란하다. 그리고 오목경사의 경우는 A부분으로 갈수록 등고선이 붙어 있으며 B에서는 전 구간을 조망할 수 있다.

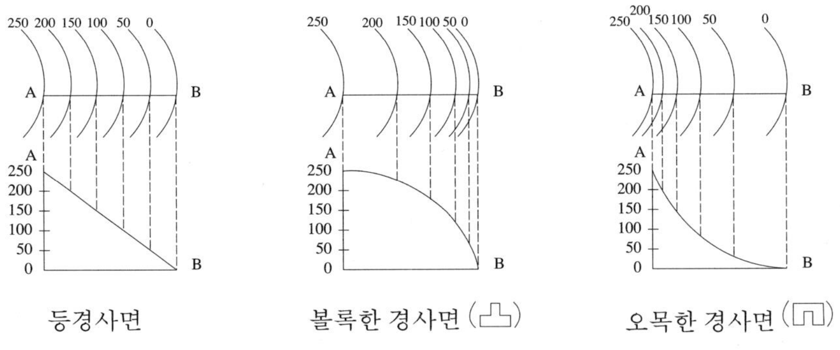

[그림 5-37] 등고선의 간격과 경사면의 형태

㉢ 경사 변환선(傾斜 變換線)

같은 방향의 경사면을 따라가다가 경사의 크기(급함과 완만함)가 갑자기 변하여 서로 다른 경사면이 만나는 교선(交線)을 말하는데 등고선의 수평간격이 뚜렷하게 달라지는 경계선을 말한다.

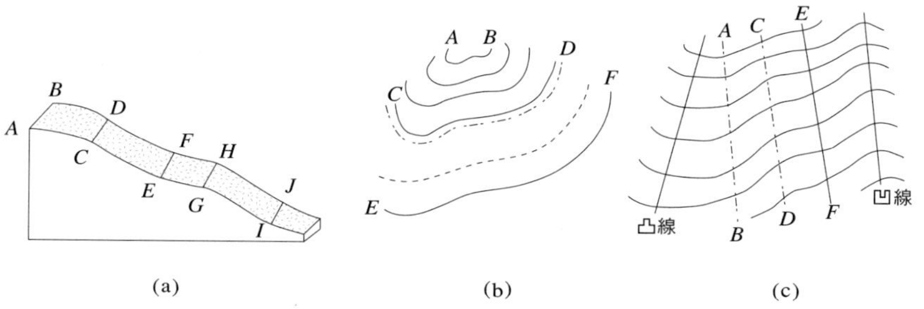

[그림 5-38] 경사 변환선

이러한 경사 변환선은 형태에 따라 원뿔형, 반원형, 변곡형으로 나눌 수 있으며 원뿔형(원추형)은 등고선의 간격이 동일하게 나타나며 반원형은 꼭대기 지점이 완만하다. 그리고 변곡형은 중간지점 어딘가에서 경사가 변환하는 형태로 나타나는데 등고선의 간격이 다르다.

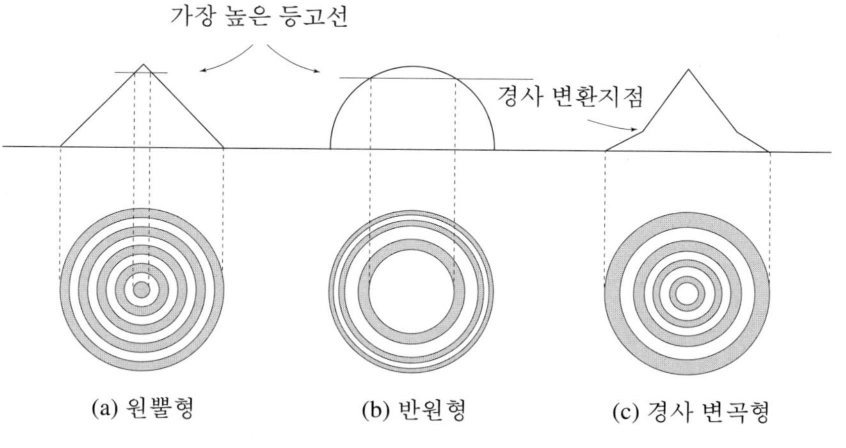

[그림 5-39] 등고선을 나타낸 종단면도

㉣ 최대경사선

지표상의 임의의 한 점에 있어서 그 경사가 최대로 되는 방향을 표시한 선을 말하며 등고선과 직각으로 교차한다.

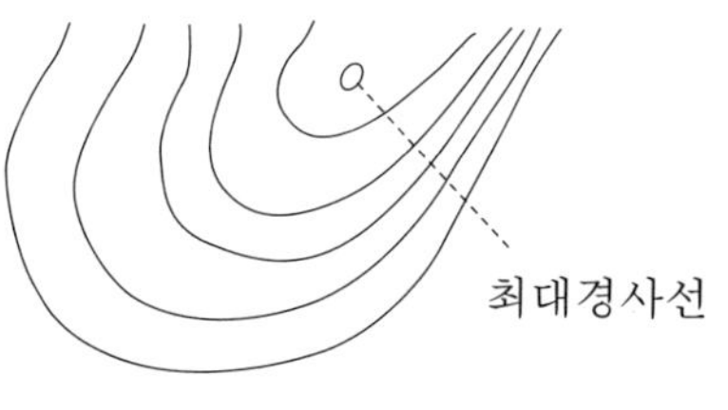

[그림 5-40] 최대경사방향

4. 등고선에 의한 지형판독

우리나라와 같이 국토의 2/3가 산인 지역의 지형도는 등고선이 상당히 복잡하므로 지형을 파악하기가 쉽지 않다. 그러나 앞에서 설명한 등고선의 성질과 지성선을 잘 이해하고 등고선의 특징을 알아두면 지형도를 용이하게 판독할 수 있다.

① 사면

㉠ 등경사면: 등고선 상호거리(간격)가 같은 경사면

㉡ 볼록사면: 산의 위쪽은 등고선 간의 거리가 넓고 아래쪽은 좁은 사면

㉢ 오목사면: 산의 위쪽은 등고선 간의 거리가 좁고 아래쪽은 넓은 사면

㉣ 볼록오목사면: 능선 전체를 볼 때 등고선이 넓었다 좁았다 반복하는 사면 (계단상사면과 성질이 비슷함)

㉤ 계단상사면: 그 형상이 계단과 같은 사면으로 하안단구(河岸段丘) 등에서 볼 수 있다.

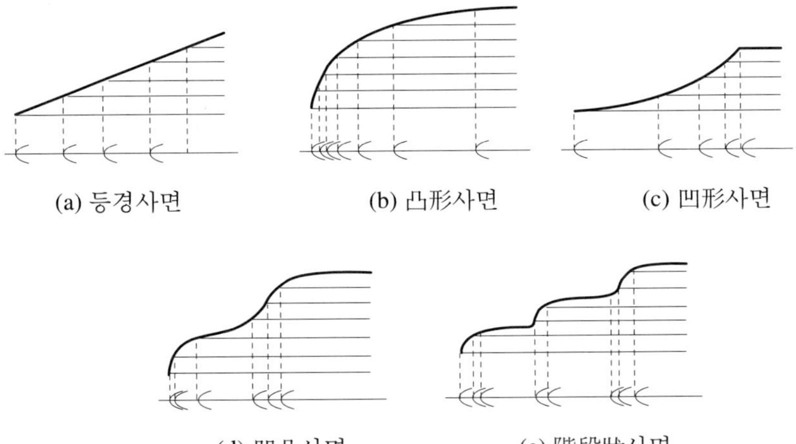

(a) 등경사면　(b) 凸形사면　(c) 凹形사면

(d) 凹凸사면　(e) 階段狀사면

[그림 5-41] 사면의 종류

② 산배(山背, 山稜)

산정에서 산기슭에 이르는 가장 핵심이 되는 선으로 아래에서 볼 때 산의 모양을 나타내는 선으로서 산등선에서 여러 갈래의 작은 능선으로 갈라지는데 이때 경사 및 방향이 변화하고 있다. 산꼭대기와 꼭대기 사이의 제일 높은 점을 이은 선을 미근(尾根)이라 하며 이때 경사 및 방향이 변화하고 분기(分岐)되어 있다. 그림 5-42(a)는 평평한 미근과 급한 미근의 표시이고 (b)는 능선의 끝부분의 형태로서 계

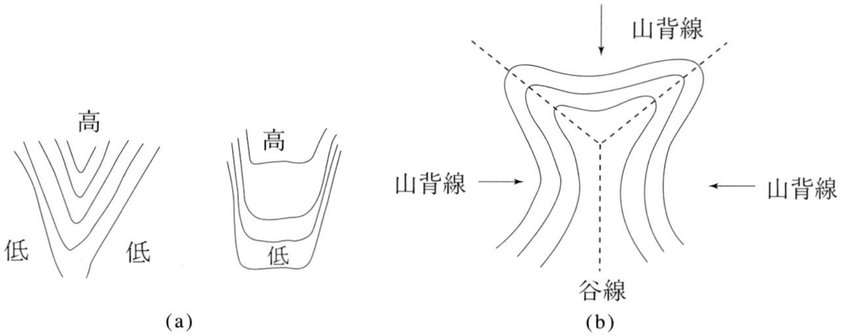

[그림 5-42] 능선의 구조

곡의 합류부에서 3방향으로 볼록부의 말단이 집합하여 있는 모양이다.

③ 고개(안부: 鞍部)

稜선과 谷선이 교차하는 곳, 즉 한 쌍의 등고선 군(볼록부)이 서로 마주볼 때 최저점으로 그곳에서 직각 방향으로 다른 한 쌍의 등고선 군(오목부)이 마주보는 곳이 고개이다. 그림 5-43(a)의 안부 *c*보다 높은 등고선은 *a*, *b*는 폐합(環狀形)되고 고개부분은 산 능선과 계곡선의 지성선이 교차하는 곳이다.

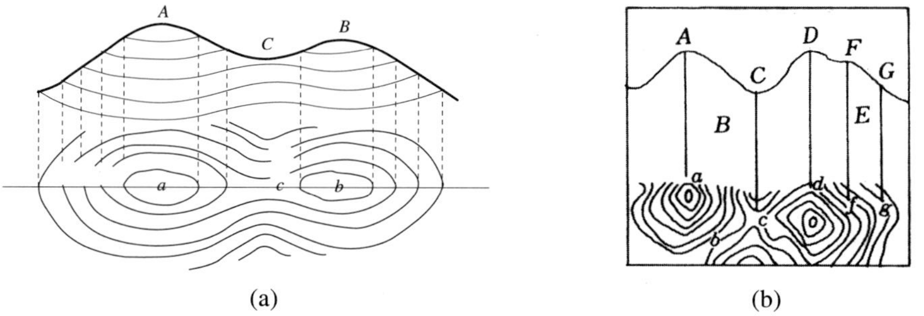

[그림 5-43] 고개의 형태

④ 계곡(溪谷)

계곡은 전체적으로 나뭇가지모양을 이루고 그 줄기에 상당하는 주계곡에 하천이 형성되어 있다. 그림 5-44(a)에서 보는 바와 같이 종단경사는 하류에서는 완만하고 상류로 올라갈수록 급해지므로 등고선 수평간격은 상류에서 좁아지는 특징을 갖고 있다.

⑤ 산정과 오목지

화산의 화구나 함몰지대(돌리네 또는 칼데라)의 등고선에는 특히 산정과 쉽게 구분하기 위하여 그림 5-45(a)의 왼쪽 그림과 같이 최대경사선의 방향을 따라 높은 쪽에서 낮은 쪽으로 짧은 tick로 표시한다.

(a) (b) 尖底谷 (c) 凹底谷 (d) 平底谷

[그림 5-44] 계곡의 종단경사와 횡단면형태

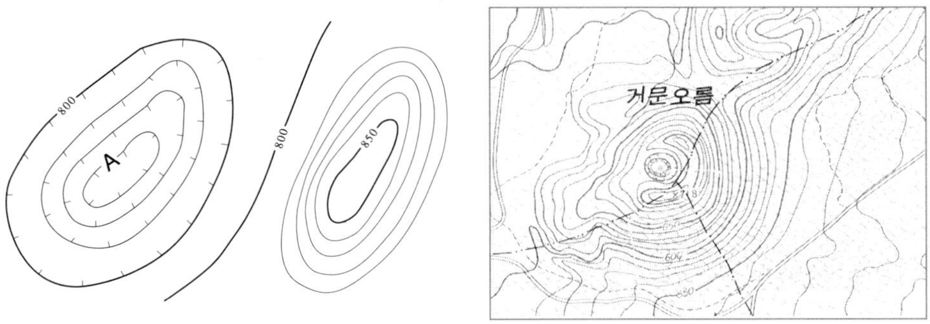

(a) 오목지와 산정 (b) 물이 고여있는 오목지

[그림 5-45] 산정과 오목지(1:25,000 와산)

⑥ 대지, 선상지, 단구

산꼭대기에는 평탄하여 등고선의 간격이 넓고 사면의 경사는 급하여 등고선의 간격이 좁게 나타나는 형상을 대지(臺地)라고 한다. 또 산간부의 계곡에서 흐른 하천이 평지에 나타나서 완만한 경사 때문에 부채꼴 모양의 퇴적물이 쌓여 생긴 것을 선상지(扇狀地)라고 한다. 단구는 계단상(階段狀)을 이룬 좁은 평지에서 등고선의 간격이 넓고 여러 단으로 되어 있는 것을 말하는데 급경사면과 구별된다.

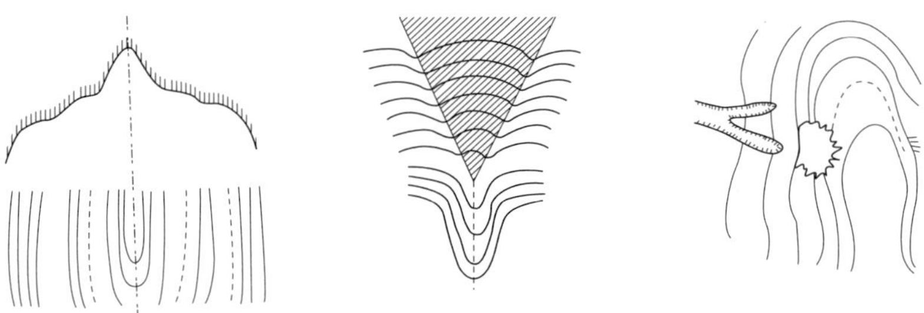

(a) (b) (c)

[그림 5-46] (a) 대지 (b) 산상지 (c)단구

제 3 절 등고선의 활용과 응용

지형도에서 등고선은 다양하게 쓰인다. 산의 높이를 확인한다거나 지형의 모양을 알 수 있는 중요한 자료이다. 등고선에는 각 점마다 수치가 나타나 있지 않지만 수치(높이)를 획득할 수 있는 인자가 있기 때문에 그 속에 숨어있는 자료를 찾아내어 필요로 하는 거리나 높이, 면적, 체적 등을 계산에 의해 유도해 낼 수 있다. 이와 같이 지도에는 그림에서 표현되지 않는 '등고선'이 있기 때문에 이를 적절히 이용하면 현지에 나가서 정밀조사나 측량을 해서 얻는 정보만큼 정확하지는 않아도 실내에서 요구하는 개략적인 정보를 얻을 수 있을 뿐만 아니라 간접적인 방법에 의해 자료를 취득할 수 있다.

㉠ 도로노선의 선정(도로, 철도, 관로 등의 구배와 곡선반경 등을 검토할 수 있다.)

㉡ 도로 등의 종단면도와 횡단면도(선형 시설물의 종횡 땅의 모양을 알 수 있다.)

㉢ 토량의 검토(흙을 깎거나 메울 때 그 양을 미리 추정할 수 있다.)

㉣ 성절토면의 범위파악(성절토했을 때 경사면의 구역과 높이를 알 수 있다.)

㉤ 집수면적과 유역면적 파악(저수지나 침수지, 매립지의 구역을 알 수 있다.)

㉥ 저수용량과 매립량의 추정(물이나 흙의 체적을 추정 · 계산할 수 있다.)

㉦ 지형의 상황파악(지형의 기복이나 개석의 정도를 추정할 수 있다.)

㉧ 산계도와 수계도의 작성(지형의 굴곡을 파악하여 계곡과 능선을 구분할 수 있다.)

뿐만 아니라 각 지점의 위치를 비롯하여 지점간의 거리, 방향, 대상지역의 면적산정 등 위치 관계의 확인에 널리 이용된다. 또 단면도의 작성, 면적의 측정, 체적의 측정, 기복량도의 작성, 산계도와 수계도의 작성, 투시도의 작성, 지형모형의 제작 등 다방면의 국토계획에 쓰인다. 이와 같이 실내에서 지도에 의해서 필요한 정보를 추정 산출할 수 있기 때문에 비용면에서 경제적이며 시간적으로도 절약될 뿐만 아니라 사업가능성에 대한 결단을 실내에서 조기에 판단할 수 있는 이점이 있다.

1. 단면도에 의한 측정

단면도는 경사의 변화, 침식면의 유무, 기복상태 등 지형의 특성 및 배치상황을 파악하는 데 중요하다. 단면의 방향은 조사목적에 따라 다르며 일반적으로 산, 하천, 해안선 등은 주방향에 대하여 평행한 경우와 직각인 경우로 구분할 수 있다. 단면도는 직선단면도, 곡선단면도, 평행투사면도로 구분되며 또 확대비율에 따라 일반단면도와 과장단면도로 나눌 수 있다. 과장단면도는 높이를 좀더 과장(과고:過高)하여 눈에 잘 띄게 작도한 것을 말한다.

1) 단면도의 작성

① 직선단면도

직선단면도는 임의의 등고선 위에 직선을 그은 다음 평면과 각 등고선의 교점을 투영한 것이다. 수직 및 수평비율을 결정하고 X축에는 거리를, Y축에는 높이를 표시하고 교점을 투시하여 그린다. 수직확대비율은 1:5,000은 9배, 1:10,000은 5배, 1:25,000은 4배, 1:50,000은 2배 정도 하는 게 보통이며 지표면을 수직으로 잘랐을 때 잘 나타날 수 있게 해야한다. 먼저 그림 5-47과 같이 등고선 위에 점선으로 AB선을 긋는다. 다음은 기선으로 A′B′선을 취하고 AB선과 등고선이 만나는 교점에서 A′B′기저에 수선을 내리고 등고선의 높이에 따라 A′B′선상에 취하면 단면도(斷面圖)가 완성된다.

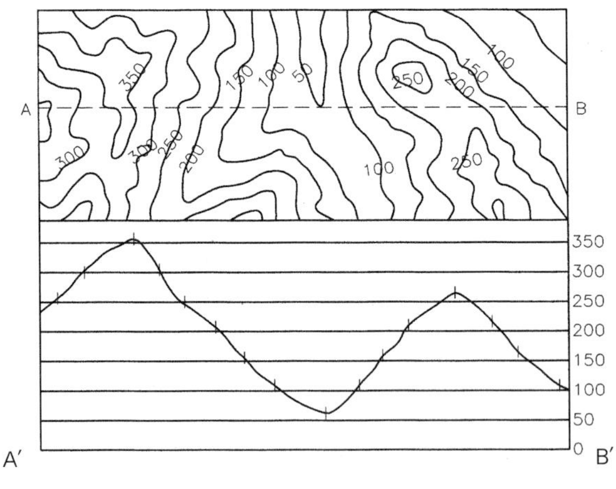

[그림 5-47] 직선단면도

이와 같은 방법으로 임의의 선에 대한 종단방향 및 횡단방향의 단면도를 구하는데 이때 등고선의 정확도가 좋은 도면을 이용해야 단면도의 성과도 좋아진다.

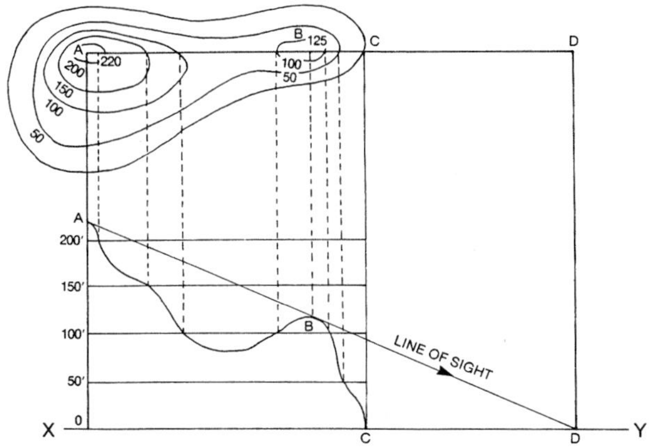

[그림 5-48] 가시가능 확인단면도

또 직선단면도를 이용하여 투영 가시(可視)지역을 확인할 수가 있다. 주로 측량이나 등산, 군사용 또는 고층건물을 지을 때 일정 지점에서 목표물이 보이는지 확인할 때 이용한다. 직선단면도를 그릴 때와 마찬가지로 작성하며 위 그림에서 산꼭대기인 A지점에서 D를 볼 수 있는지 아니면 아래쪽인 D지점에서 A지점이 보이는지를 확인하는 것으로 중간에 있는 산봉우리 B를 주시해야 한다.

② 곡선단면도

곡선단면도를 그리는 방법은 직선단면도와 같지만 등고선 위에 그은 선이 직선이 아니고 곡선으로 이루어져 있는 것이 다르다. 그러므로 도로, 하천, 철도, 산

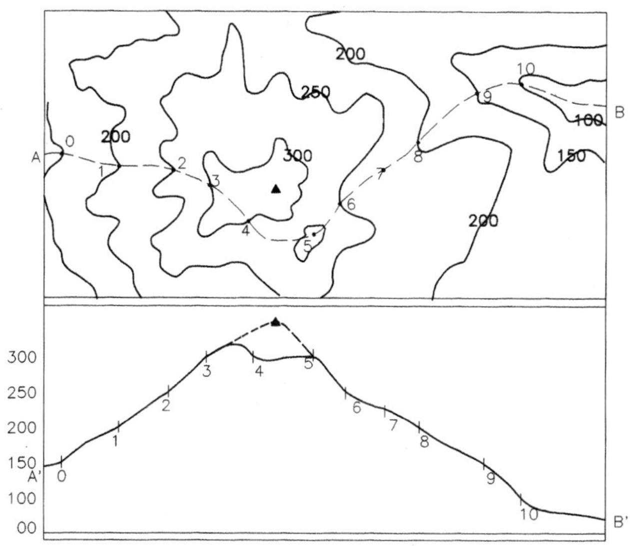

[그림 5-49] 곡선단면도

능선 등 곡선으로 이루어진 지형을 따라 그리는 단면도이다. 직선단면도와 마찬가지로 횡축에 수평거리, 종축에 수직거리(높이)를 기준으로 하며 각 등고선 사이의 길이를 순차적으로 횡축상에 표시한 다음, 이에 대응하는 등고선의 높이를 종축에 표시하고 이들 점을 연결하면 곡선단면도가 작성된다.

③ 평행투사단면도

지형도상에서 등고선만으로 산의 모양을 읽기가 불충분할 때가 있다. 이때 그림 5-50에서 ①과 같이 A지점에서 일정한 간격과 방향으로 직선을 그리고 각 선에서 얻은 횡단면도의 자료를 ②와 같이 동일 기저선상(基底線上)에 전개한다. 이때 5개의 단면 중 다른 단면에 가려져 보이지 않는 선을 삭제하면 ③과 같은 조망경관이 나타난다. 이는 지형의 소기복면 표현에는 적당하나 각 단면의 거리를 정확하게 표현하지 못하는 단점이 있다.

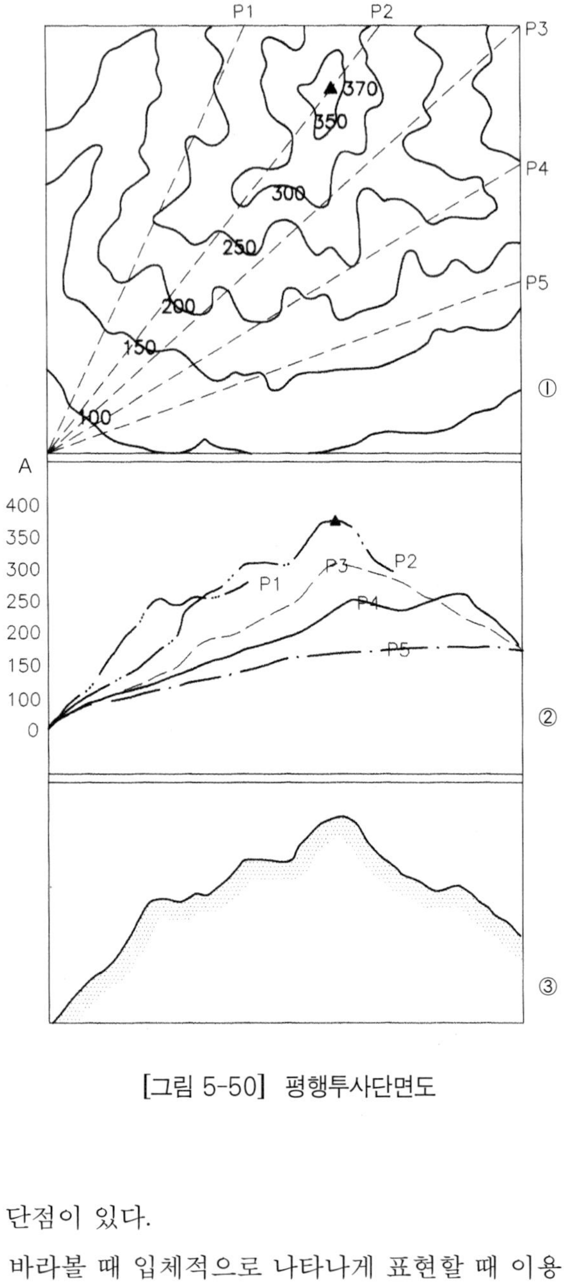

[그림 5-50] 평행투사단면도

또, 일정구역의 지형을 멀리서 바라볼 때 입체적으로 나타나게 표현할 때 이용되는 투영횡단면도가 있다. 일종의 투시도 원리이지만 투시도나 조감도와는 다르다. 기저에 등간격의 평행선을 긋고 그 위에 직선단면도를 다수 만들어 이들을 같은 기저선상에 중복시키지 않고 앞쪽의 단면부터 먼 곳으로 순차적으로 나란히 배치해 놓은 것이다. 이 경우에도 앞 단면에 의해 가려진 부분은 삭제한다. 그 외에 대하천의 종횡단면도가 있는데, 이것은 하구나 산정을 기점으로 하여 기점에서부터의 거리를 X축에, 하천의 유로와 등고선과의 교점의 해발고도(지반고)를 Y축에 기입하고 기점에서부터의 거리마다 높이를 표시하여 선을 이으면 된다.

2) 면적의 측정

① 등경사선의 측정

수평면에 대하여 일정한 경사를 가진 지표면상의 선을 등경사선(等傾斜線)이라 말한다. 지금 등고선 간격을 h, 필요한 등경사선의 경사를 i%, 수평거리를 L이라 하면 L = 100h/i가 성립된다. 따라서 그림 5-51과 같이 점 A에서 지형도 축척을 감안하여 수평거리(L)만큼 등고선과 만나는 점을 1개씩 1, 2, 3으로 표기하면 소정의 등경사선을 구할 수 있다.

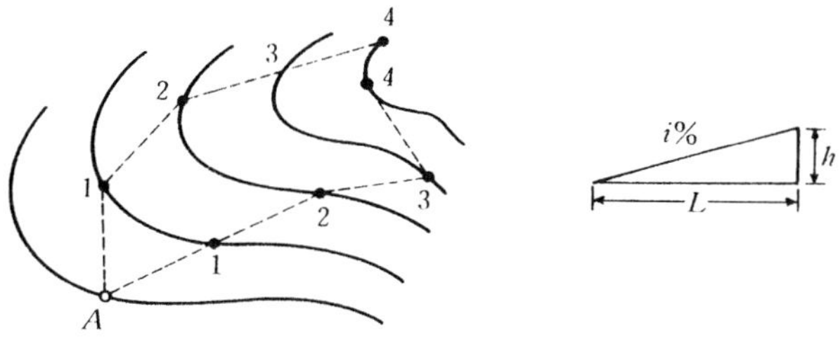

[그림 5-51] 경사선의 측정(1998, 유복모)

예제 축척 1:5,000, 등고선 간격 5.0m, 제한경사가 5%일 때 각 등고선 간의 수평거리 L을 구하여라.

$$L = 5.0 \times 100/5 = 100m(10,000cm)$$

축척 1:5,000이므로 도상거리는 10,000×1/5,000 = 2.0cm가 된다.

② 유역면적의 측정

댐에 대한 용수계획, 하천 및 제방계획 등 각종 수리계획을 세울 때 빗물이 떨어져서 모이는 곳의 유역면적을 미리 알아볼 필요가 있다. 그림 5-52에서 산 능선 AA′, BB′는 분수선으로 그 양측으로 빗물은 각각 다른 방향으로 흘러내린다. 유역면적은 점 P에서 등고선에 직각방향으로 PA, PB를 그리게 되면 점으로 표시된 부분이 유역면적이 된다. 즉, 점선으로 둘러싸인 구역 내에 떨어지는 빗물은 점 P로 모이며 면적은 구적기(planimeter)로 산출한다.

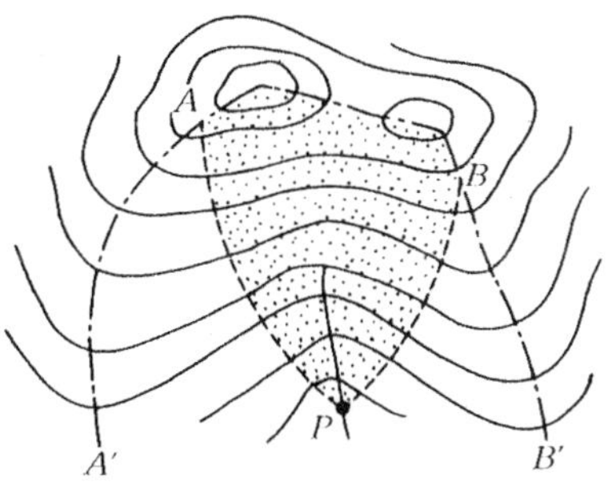

[그림 5-52] 유역면적의 측정

③ 성 · 절토의 범위측정

도로, 제방, 하천, 댐 등 각종 공사시 공사용지의 범위를 구하는 것은 토지의 보상이나 공사계획상 매우 중요한 일이다. 공사계획단면도를 이용하여 원지반(原地盤)이 나타나는 도면에 성토고 및 절토고에 의하여 공사완공 후의 지반등고선을 그리고 양자의 높이가 같은 등고선의 교점을 구하여 이으면 필요한 용지의 평면적을 구할 수 있다.

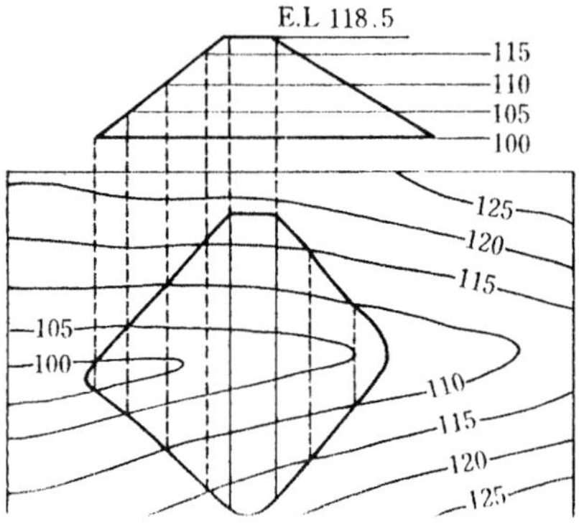

[그림 5-53] 성 · 절토의 범위측정

도로의 경우 중심 말뚝이 20m이고 종단경사가 5%라면 각 측점의 고저차는 20m×0.05 = 1m가 되어 각 측점에 1m씩 가산해 주면 계획고가 산출된다. 이때 도로의 법면이 절취부는 1:1.0, 성토부는 1:1.5라고 가정하고 노면이 평면이라면 각 측점의 계획양안점의 곡선을 연결하여 성절토의 범위를 측정할 수 있다.

3) 체적의 측정

① 등심선에 의한 방법

지형의 기복이 매우 불규칙한 지면의 성토량 또는 절토량을 구할 때 등심선(equal depth contour)을 이용하면 편리하다. 그림 5-54에서는 계곡에 대규모 성토를 한 후 발생되는 성토사면(법면)을 조성하는 예로서 가는 실선은 원지반의 등고선이고 점선은 계획등고선이며 굵은 실선은 등심선(等深線)이다. 원지반의 등고선과 계획등고선의 교점을 연결하면 등심선을 구할 수 있다. 예를 들어 100m의 계획등고선과 98m의 원지반등고선의 교점을 연결한 곡선은 2m 등심선이고 98m 계획등고선과 94m 원지반등고선의 교점을 연결한 것은 4m 등심선이다. 계획선 위쪽의 등심선은 성토 윗면이 수평면일 경우에 원지반등고선과 일치하게 되며 여기서는 그림을 알아보기 쉽도록 0m 등심선만 표시하였다. 이와 같이 등심선과 등심선 사이

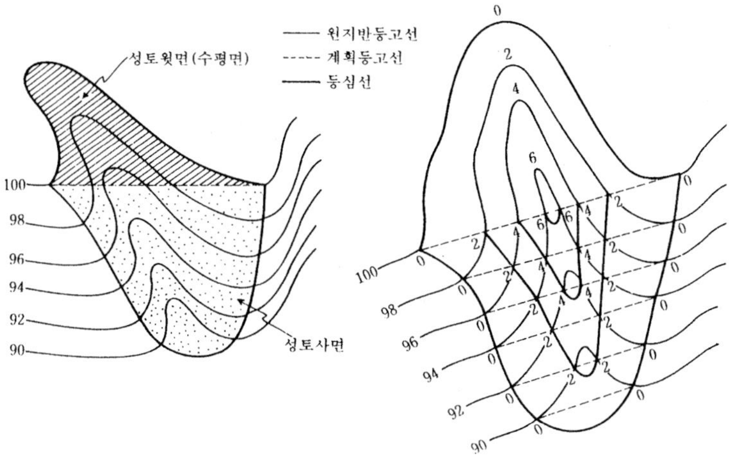

[그림 5-54] 등심선에 의한 방법

의 면적을 구적기로 측정하여 체적공식을 이용하면 토공량을 구할 수 있다.

② 등고선에 의한 방법

산을 개발하여 토석을 채취한다거나 쓰레기의 매립량을 추정할 때 또는 산을 막아 저수되는 물의 양을 측정할 필요가 있는 경우도 등고선에 의해 부피(체적)를 구할 수 있다. 또 건설공사 현장에 사용되는 흙을 토취하거나 현장에서 쓰고남은 흙을 버리기 위한 장소(사토장)의 용량을 측정할 때도 사용한다. 그러나 업무의 편의성 때문에 현장에서는 주로 대 횡단면도를 작성하여 산출하기도 한다.

어떤 산의 흙을 사용하기 위하여 해발 90m 이상의 산을 깎는다고 가정했을 때의 기본 공식은 다음과 같다. 이때 면적은 구적기로 산출하고 높이는 등고선 차이는 다음 공식으로 구할 수 있다.

$$V = a_1\left(\frac{h_2 - h_1}{2}\right) + a_2\left(\frac{h_3 - h_2}{2}\right) + \cdots\ a_n$$

면적 a1, a2, a3를 구적기에 의해서 200m², 150m², 100m²라고 가정하자. 이때 두 등고선의 차이 $(h_2 - h_1)$ = (95 − 90) = 5m, $(h_3 - h_2)$ = (100 − 95) = 5m, $(h_4 - h_3)$ = (100 − 100) = 0m라면 체적은 다음과 같이 구할 수 있다.

200(95 − 90/2) + 150(100 − 95/2) + 100(102 − 100/2) = 975m³

뿐만 아니라 계획면이 수평일 때는 등고선의 간격(h)과 등고선을 둘러싸고 있는 면적(a1, a2, a3, ...)으로 양단면 평균법에 의해 구할 수 있다. 또 계획면이 경사진 경우도 마찬가지이며 계획등고선과 지반등고선을 이용하여 등고선의 간격을

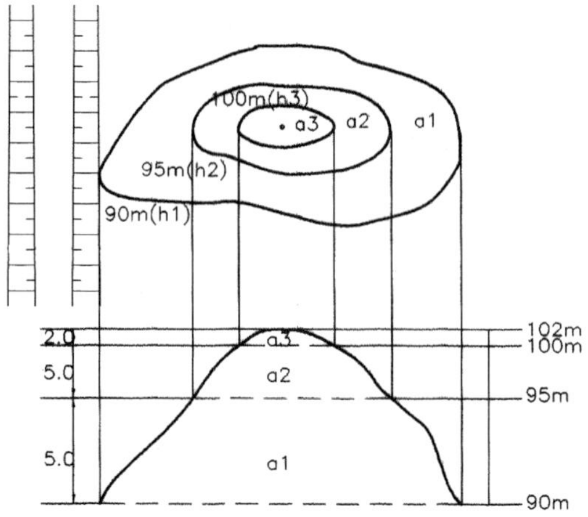

[그림 5-55] 체적과 단면도

곱해 주면($V = 1/3bh$) 된다.

③ 단면에 의한 방법(토적 계산)

도로, 철도 등 선형 시설물의 토적(土積)을 계산하거나 매립량의 추정 혹은 토취량을 구할 때 사용되는 방법으로 종단면과 횡단면의 단면을 그려 구하는 방법이다. 각 단면의 단면적을 구하고 구한 단면적에 높이(거리)를 곱하면 구하고자 하는 토적의 총량을 다음 공식에 의거 산출할 수 있다.

$$V = \frac{(a+b)}{2} \times h$$

V : 구하고자 하는 체적 h : 전후단면의 거리

a : 전단면의 면적 b : 후단면의 면적

예를 들어 No.15부터 No.20까지 20m 간격으로 종단점(높이)을 측정하여 표 5-5와 같이 토적을 계산한다면 종단점(20m마다 1점씩 표기)의 높이(지반고)를 읽은

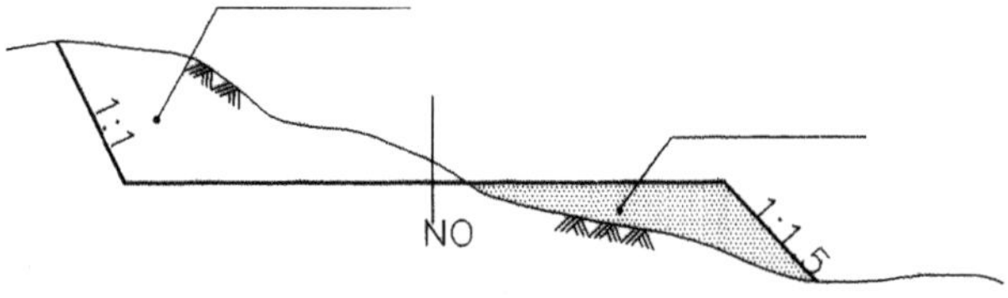

[그림 5-56] 표준횡단면도

〈표 5-5〉 토적계산서

측 점	거 리	단면적	평균단면	토 량(V)
NO.15	5.58	27.4	13.70	76.45
+5.56	14.42	12.3	19.85	286.24
NO.16	20.00	18.6	15.45	309.00
NO.17	20.00	16.5	17.55	351.00
NO.18	20.00	6.7	11.60	232.00
NO.19	20.00	5.8	6.25	125.00
+12.63	12.63	11.4	8.60	108.61
NO.20	7.37	16.7	14.05	103.35
계				계 1591.65m^3

후 좌우(직각)방향으로 땅의 횡단모양을 그린다. 이 횡단면에서 구적기나 삼사법에 의해 면적을 구한 것이 단면적이고 이것으로 다시 아래 · 위단면의 평균값을 구한 것이 평균단면이다. 이 평균단면값에 거리를 곱한 것이 토량으로 이를 합계한 것이 전체 토량(1,591.66m^3)이다. 또 이러한 선형 시설물의 토공이동을 경제적으로 하기 위하여 건설현장에서는 유토곡선(mass diagram)을 그려 이용한다.

2. 등고선의 응용

1) 기복량도와 절봉면도의 작성

① 기복량도의 작성

지형의 기복(起伏)은 지형의 개석(開析) 정도 및 경사의 크기를 표시하는 지표로 매우 중요하다. 이는 단위면적 내의 최고점과 최저점의 고도차를 나타내며 인접하고 있는 지형요소 간의 고도차를 뜻하기도 한다. 계곡과 능선이 발달한 산악지는 기복량이 큰 반면에 평야지역은 기복량이 작다. 지형도를 적당한 크기(주로: 1~2km)의 방안으로 나눈 후 각 방안 내의 최고점과 최저점 사이의 고도차를 구하여 기록한다. 이들 고도차에 따른 계급을 정하여 기복량도를 작성한다.

【 개석 】 풍화 및 침식작용으로 지표의 일부가 깎여 다른 지형을 나타내는 일

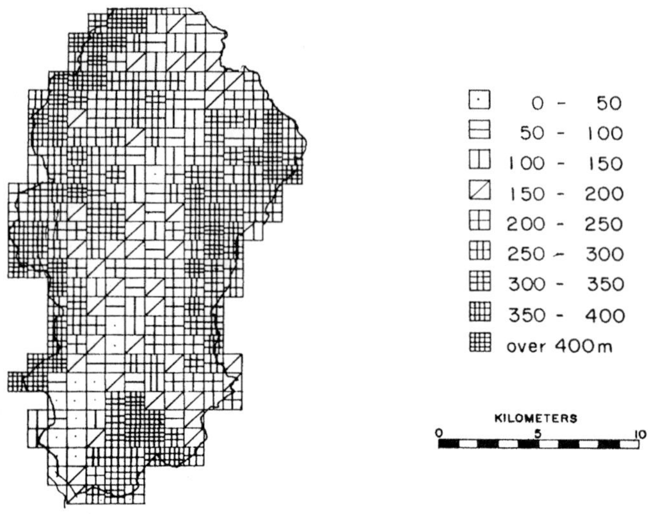

[그림 5-57] 기복량도의 예

② 절봉면도의 작성

절봉면(切峰面: summit level)은 어느 지역의 산정에 접하는 가상적인 곡면으로 현재의 지형이 침식되기 이전의 원지형면으로 복원시켜 이를 통하여 침식에 의한 산정의 낮아진 정도를 알 수 있다. 따라서 지형도에 나타난 등고선의 단면도와 절봉면도를 비교하면 지반운동의 성질이나 침식량 및 단층의 존재를 어느 정도 추정할 수 있다. 복잡한 산지지형을 개관(槪觀)하는 경우에도 이용되며 현재의 지형면을 토대로 원지형면에 가까운 지형면을 구하고자 할 때에도 이용되는데 이와 같은 것을 절봉면도라고 한다.

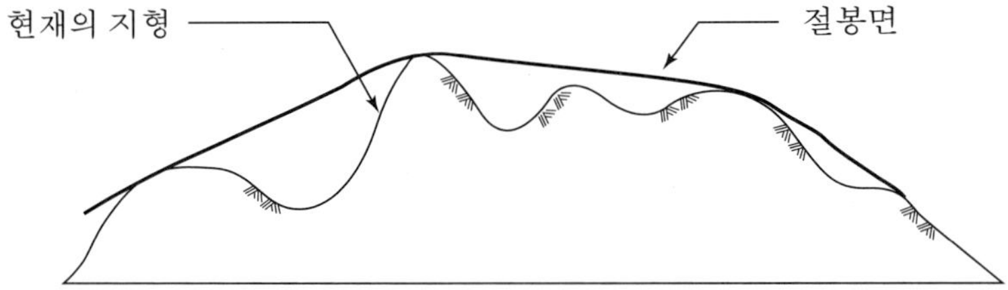

[그림 5-58] 절봉면과 실제 지형과의 관계

절봉면도의 작성방법 중 매적법(埋積法)은 지형도상의 각 등고선의 일정 폭 이상의 곡을 소거하거나 메워서 그리는 것으로 일명 곡매법(谷埋法)이라고도 한다. 이 방법에서는 어느 정도의 곡을 메우는가 하는 것이 중요하며 곡을 메워나갈 때는 고도가 높은 등고선부터 낮은 쪽으로 진행하는 것이 쉽다. 곡을 메울 때는 단순

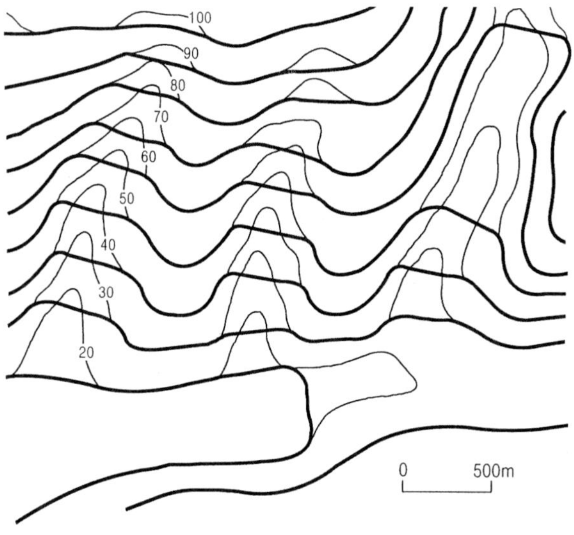

[그림 5-59] 매적법에 의한 절봉면도(1998, 권동희)

히 등고선을 직선으로 연결하기보다는 원래의 등고선과 조화를 이루도록 해야 하며 이 방법은 사면의 상태를 비교적 상세하게 표현할 수 있기 때문에 대지(臺地)나 침식면의 구릉지를 복원하는 데 유용하게 쓰인다.

2) 산계도와 수계도

산계란 산의 계(系: chain 혹은 system)를 의미한다. 그러나 특별히 산계라 부르지 않고 단순히 산맥(mountain range)이라 부르는 경우도 있다. 산계도는 지형도를 기초로 하여 능선만을 연결하여 표시한 것으로 지형도 위에 트레이싱 페이퍼를 고

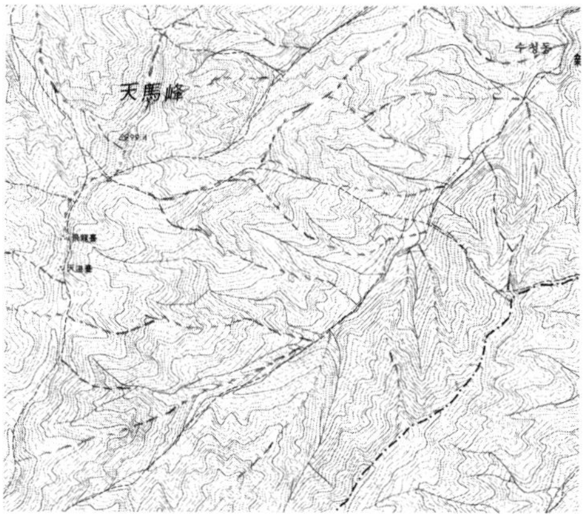

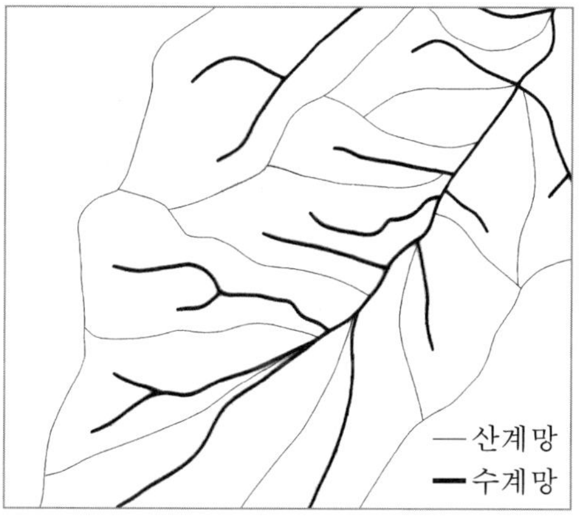

[그림 5-60] 산계망과 수계망

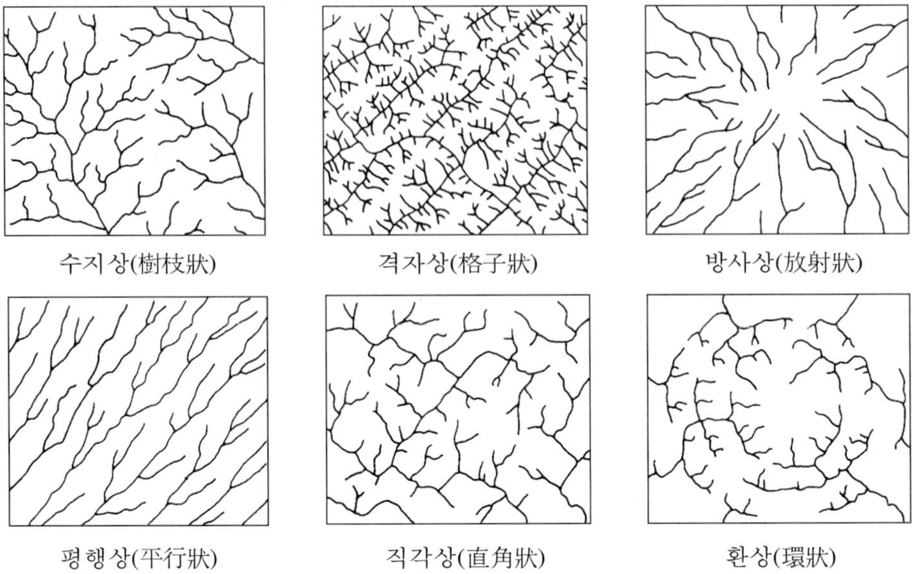

[그림 5-61] 수계망의 형상(1998, 박희두, p.191)

정시켜 놓고 적색 구리스연필로 산봉우리에서 능선을 따라 낮은 쪽으로 그려나가면 산계도가 작성된다. 또 수계도는 어느 한 하천의 계통도를 말하며 하천의 최상류부터 최하류까지 모든 지류를 포함하는 연결망(network)을 나타낸 하천지도를 일컫는다. 즉 물의 흐름을 나타낸 수리계통도이다. 수계도는 하계(河系)도 또는 하계망이라고 하며 하천의 본류와 지류를 포함하여 공통배출구를 가진 유로(流路)의 집합체를 의미한다. 지형도에서 하천 또는 수로(계곡)의 부분만을 추출하여 그 평면적 배치상태를 나타낸 것으로 하천과 계곡의 하류에서 상류까지 그리는 것이 보통이다. 수계도 산계도의 적색과 구분되게 청색 구리스연필을 이용한다.

수계망은 관측자가 유역 위에서 땅을 내려다볼 때 지형이나 산세의 구조에 따라 모양이 다르게 나타난다. 즉 우모상(羽毛狀), 격자상(格子狀), 수지상(樹枝狀), 직각상(直角狀), 방사상(放射狀), 평행상(平行狀), 환상(環狀), 예각상(銳角狀), 구심상(求心狀) 등으로 나눌 수 있다.

3) 투시도의 작성

① 투시도의 작성

초기의 사람들은 표현능력이 부족하여 평면적인 모양을 주로 그렸으나 물체가 겹쳐 보이거나 멀리 있는 것이 점점 작게 보인다는 것을 감각적으로는 인식하고부터는 이것을 어떻게 표현하면 좋을지 알지 못했다. 서양의 르네상스시대부터 사물을 그대로 재현시키는 원근법, 투시도법 등이 고안된 후로 고지도는 투시도법에 의해 그려진 것이 많은 편이며 지금도 지도를 재미있게 그리기 위하여 투시도법으로 제작하는 경우가 종종 있다.

당시의 화가들 사이에서는 투시도법(透視圖法)의 지식이 없으면 화가라고 할 수 없을 정도로 투시도법을 중요시 여겼으며 이것이 화가들의 눈이나 직관력을 중요시하는 계기가 되었다. 지금은 미술분야뿐만 아니라 건축, 공예디자인, 공업디자인, 광고, 만화, 지도제작 등 다양한 분야에서 이용되고 있으며 기술적으로는 컴퓨터에 의해 투시도(perspective drawing)를 그리는 데까지 진보되었다.

② 투시도의 원리와 종류

유리 너머로 밖의 경치를 보고 그 유리 위에 그대로 덧그리는 연습을 해보자. 그때 유리를 화면이라고 생각하고 유리(화면) 밖의 경치를 그대로 그린 것이 투시도이다. 즉 유리 너머로 멀리 떨어져 있는 경치를 볼 때 그 경치는 작아져서 유리에 비치는데 이때 유리에 비춰진 그림이 투시도법에 의해 표현된 그림이라 할 수 있다.

투시도는 보는 각도와 보는 높이에 따라 두 가지로 구분되는데, 이때 보는 각도와 보는 높이가 각각 짜맞춰져서 만들어진다.

· 보는 각도+사람의 눈높이로 보는 투시

· 보는 각도+새의 눈높이로 보는 투시(즉, 하늘에서 내려다 본 투시: 鳥瞰圖)

위의 두 가지 항목을 합치면 다양한 종류의 투시도가 가능하며 자신이 설계한 프로젝트의 투시도를 그릴 때 어떤 짜맞춤이 주변지형에 적합할지 잘 생각해서 보는 각도와 보는 높이를 결정해야 한다. 그리고 투시도를 작성할 때는 보는 각도별로

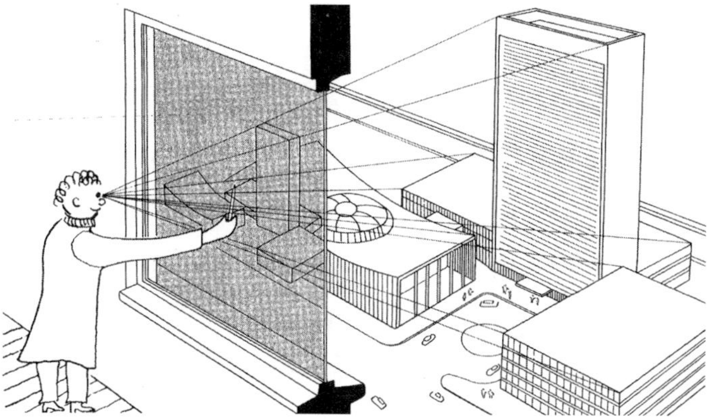

[그림 5-62] 투시도의 원리(1999, 김성호)

평행투시(일소점 투시), 유각투시(2소점 투시), 사투시(3소점 투시)로 나눌 수 있으며 높이별로는 앙시도(벌레의 시계), 조감도(새의 시계), 투시도(사람의 시계)로 구분할 수 있다.

[그림 5-63] 조감도(삼북토목Eng)

그리고 투시도는 사람이 지면에 서서 지면 위에 있는 목표물을 보고 있는 경우에 그려지는데 그 사람의 키높이에 따라 다소 달라진다. 어린 아이의 눈으로 볼 경우와 어른의 눈으로 볼 경우를 비교해 보면 확실해진다. 보통 사람의 눈높이는 일상적으로 자연스럽게 목표물을 응시하고 있는 상태이다. 그래서 완성된 투시도는 가장 눈에 익숙한 상태에서 그려진 것이라고 할 수 있다. 특히 조감도는 주로 건축에서 많이 이용된다. 어떤 대지 위에 건축물을 세울 때 하늘에서 새가 보는 듯한 눈높이로 그림을 그리는 것으로 단순히 화가가 그림을 그리는 것과는 달리 어떤 치수를 기준으로 그림을 그린다. 건물 주변 대지의 상태나 법면의 형태, 도로의 모양 등 완공 후의 모습을 예측하여 그림을 그린다.

4) 지형모형의 제작

인간은 공간을 창조하는 이치와 방법을 찾아낼 필요가 있다. 그래야만 상대적으로 '시간'을 단축시킬 수 있으며 현대적인 계획이나 설계를 할 때 지형모형을 만듦으로써 물리적인 시뮬레이션을 반복할 수 있고 시각적인 커뮤니케이션을 해나갈 수 있다. 그것이 즉 '시간'을 버는 일이라고 생각된다. 모형의 제작은 주로 건축분야에서 많이 활용되고 있다. 그러나 지형모형은 땅의 모양(생김)을 나타내는 것으로 건물과는 직접 관계가 없지만 지반이 완성되지 않으면 건물을 정착시킬 수 없기 때문에 건축모형에는 필수적일 뿐만 아니라 토목계획, 조경, 지리, 측량, 도시계획, 국토계획 등의 분야에서도 널리 이용되고 있다. 각종 대형 프로젝트 설계시에는 지형모형을 이용하여 사전에 충분한 검토와 확인이 필수적이다. 지형모형은 주변경관과 인접 대지가 충분히 나타나도록 해야 되며 특히 지형(산지)의 형상을 실제의 모습과 차이가 나지 않게 표현하는 것이 상당히 중요하다. 또 지형의 지반면이 경사진 지형은 기술적으로나 제작시간, 재료 등에 크게 좌우되기 때문에 어떻

[그림 5-64] 투시도(1999, 네셔널지오그래픽)

지중해의 도시인 스페인의 바르셀로나 항구를 투시도법으로 그린 그림지도이다.

게 지반의 높낮이를 표현하면 좋을지 계획내용을 검토하여 다양한 방법을 연구해야 된다. 이와 같이 지형모형은 평면의 지형도를 입체화한 것으로 지형의 이해나 지역의 대체적인 개념을 파악하는 데 많이 이용된다.

① 등고선의 형성

등고선은 같은 높이를 선으로 표현한 것이기 때문에 일정한 두께의 재료를 이용하여 높이대로 쌓아올린다. 이것을 단계모형(段階模型)이라고 하며 어느 정도의 높이와 몇 매의 종이두께로 할 것인가를 정해야 한다. 1:50,000은 0.8mm, 1:25,000은 0.5mm, 1:200,000~1:500,000은 1.0mm, 1:800,000~1,000,000은 1.5mm가 적당하다. 먼저 확대복사한 지형도나 현황도 위에 재료를 올려놓고 모형도의 축척과 정확도에 따라 5m 내지 10m의 단위의 등고선을 낮은 단부터 한 단씩 잘라낸다. 재료로는 일정한 두께를 얻을 수 있는 코르크시트, 스틸렌페이퍼, 스틸렌보드, 마분지 등으로 1~5mm의 두께를 주로 사용한다. 그 외에 모형의 제작에 필요한 재료는 모형판, 지형도, 강력풀, 핀, 투명지, 신문지, 화구, 가위, 칼, 망치, 삼각스케일, 자(尺) 등이다.

잘라낸 등고선의 크기가 넓기 때문에 접착제를 균일하게 도포하여야 되며 접착제는 묽게 해서 붓으로 바를 수 있는 것을 선택하는 것이 좋다. 주로 사용하는 수성본드는 물로 묽게 하여 사용하고 스티로폼풀은 알콜용액을 사용하여 묽게 한다. 밑

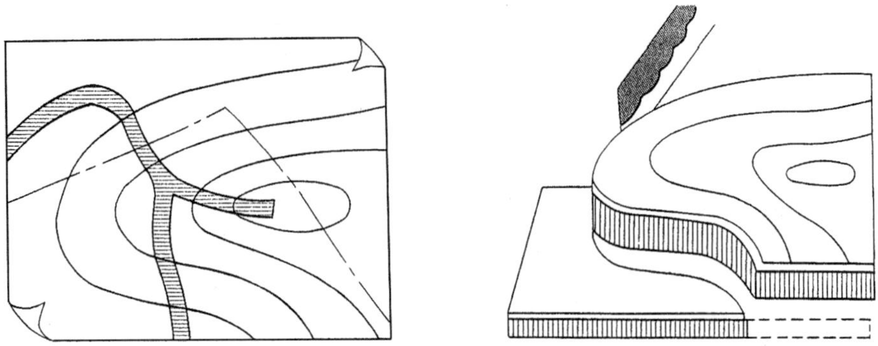

(a) 등고선을 확대 복사　　(b) 등고선을 잘라낸다

[그림 5-65] 등고선의 추출(1999, 김종영)

에서부터 한 단씩 쌓아가면서 붙이고 마른 후 큰 붓을 이용하여 바탕색을 칠한다.

도로나 경계선 등 그 외에 필요하다고 생각되는 선과 중요 포인트를 그려두면 나중 작업에 도움이 된다. 도로에 얇은 종이를 붙여 마무리하면 나중에 반드시 들떠 일어난다. 또 도로에 경사를 표시할 때도 얇은 종이보다는 두꺼운 보드를 끼워 넣어 해결하는 게 바람직하다. 색이 필요할 경우에도 붓이나 먹줄펜으로 그려 넣고 대지의 색이나 바탕색을 한 번 더 마무리한다.

등고선의 형태가 완성되면 완만한 경사면을 만들기 위하여 계단처럼 생긴 부분을 깎아내거나 메워서 매끈한 경사면을 만든다. 실제 치수로 1~5mm의 작은 고저차를 완만한 경사로 만드는 것은 어려울 뿐만 아니라 고생해서 만들어도 모형이 휘어져 보이는 경우가 있기 때문에 어떤 경우는 수평면으로 간주하는 편이 나을지도 모른다.

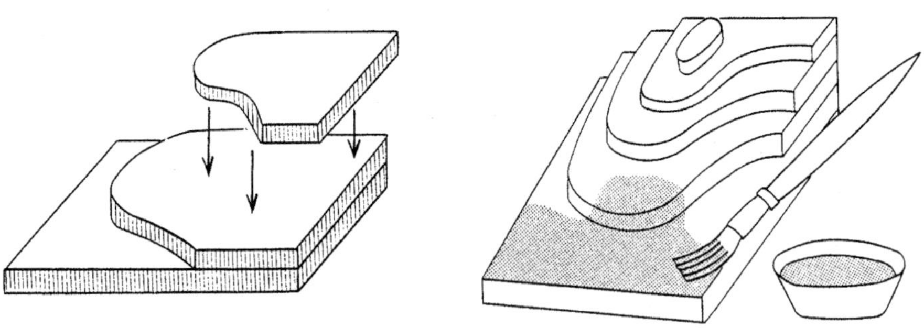

(a) 차례로 올려붙인다　　(b) 바탕색을 칠한다

[그림 5-66] 등고선의 형성(1999, 김종영)

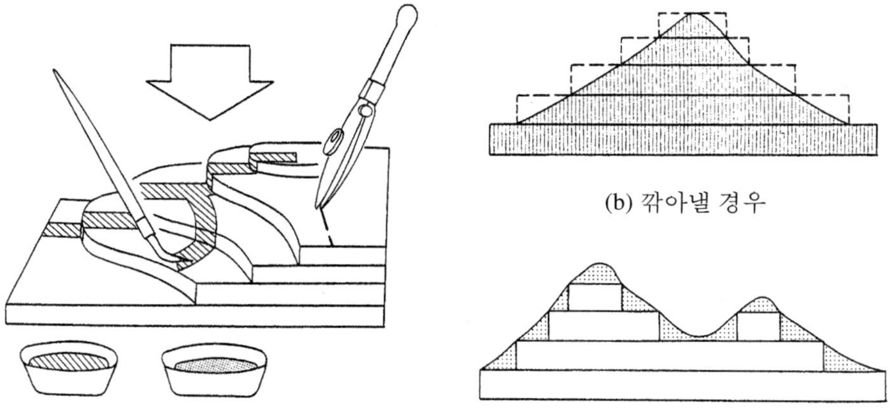

(a) 도로를 칠한다

(b) 깎아낼 경우

(c) 메울 경우

[그림 5-67] 경사면의 형성

② 지형의 형성

X, Y좌표가 나타나는 지형의 경우 모형을 만들고자 하는 구역을 격자로 나누어 각 지점의 높이를 추출한다. 그리고 X축과 Y축 좌표판을 비교적 부드러운 재료로 만들어 베이스 위에 그림 5-68의 (a)와 같이 짜맞춘다.

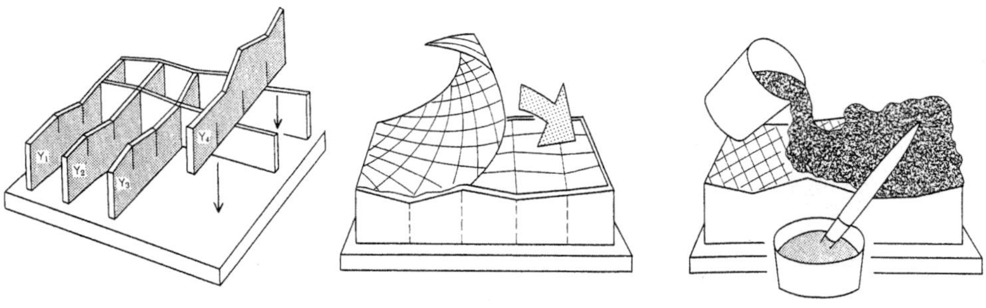

(a) 판의 형성

(b) 망의 접착

(c) 석고 또는 점토 부음

[그림 5-68] 지형의 형성(1999, 김종영)

그리고 두꺼운 스티로폼을 이용하여 지형을 만들기도 한다. 스티로폼을 베이스에 붙인 다음 지형도에서 획득한 높이만큼 막대자를 이용하여 차이만큼 지형을 깎아 낸다. 이때 샌드페이퍼를 보드에 부착시켜 사용하면 다루기 쉽다.

도로의 경우는 각 지점(A B C D E F)에 대한 높이를 지도상에서 구하고 도로의 형태(모양)를 그림 5-70(b)와 같이 두꺼운 보드에 그려 잘라낸다. 그리고 베이스에 도로의 각 포인트를 정확하게 그린 단(토대)을 세우고 그 단 위에 오려둔 보드를

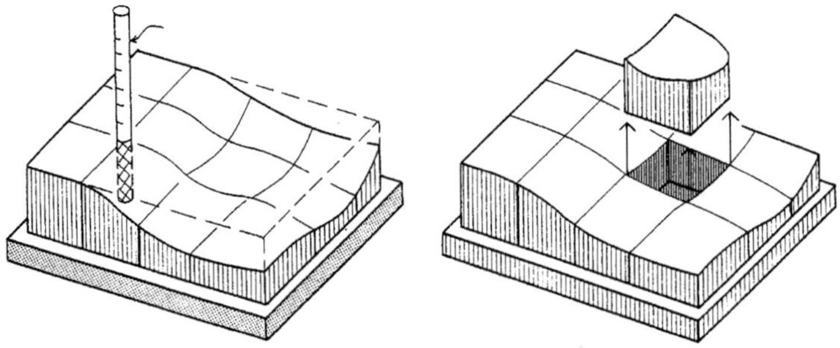

[그림 5-69] 스티로폼을 깎아 지형을 만든다.(1999, 김종영)

붙여서 정착한다. 도로의 주변에는 스티로폼이나 점토 등으로 지반을 메워 만든다.

이렇게 지형모형이 완성되면 이를 이용하여 지형 모의실험을 할 수 있을 뿐만 아니라 예상지형을 미리 파악할 수 있는 자료로도 활용한다.

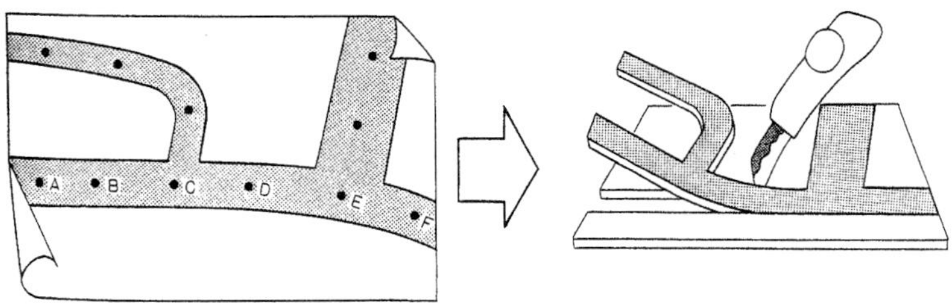

(a) 높이를 획득한다 (b) 도로를 오려낸다

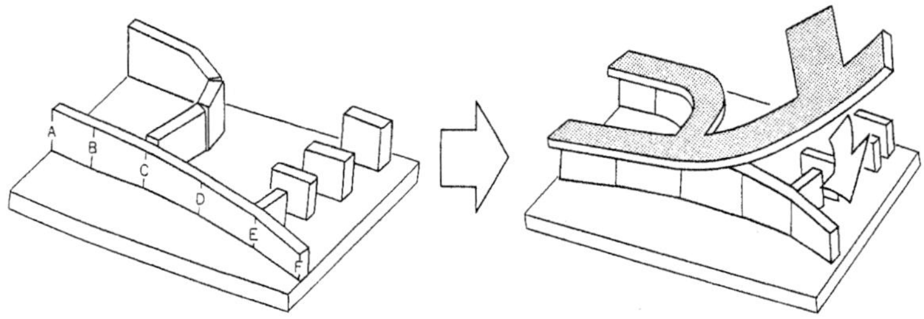

(c) 토대를 세운다 (d) 도로를 올려 붙인다

[그림 5-70] 모형의 형성(1999, 김종영)

【 지형모의 실험 】 지도를 이용하여 실제의 경험을 모의적으로 실험하는 것은 지도가 갖는 기능 중의 하나다. 댐을 시공하기 전에 수리모형을 만들어 댐 시공 후의 수리상태를 점검한다든지, 조종사들이 항공기의 이착륙상황을 컴퓨터 모의실험(simulation)으로 실제 상황을 여러 번 반복 연습하는 것도 특수한 지도를 제작하여 이용하고 있다. 이와 같이 지도를 이용한 모의실험은 실물을 사용하기 어려운 경우나 경비를 줄이기 위해서 뿐만 아니라 예측할 수 없는 위험성으로부터 대비책을 강구하여 사후 발생할지도 모를 문제점을 점검하기 위한 중요한 과정이다.

제 6 장

지형도에서의 측정

제 1 절 축척과 면적

1. 축척의 표현과 계산

1) 축척의 개요

지표면을 수평면에 정사투영하여 지표의 형태와 지물의 위치를 줄여서 나타내는 것을 축척이라 한다. 이때 수평 및 수직위치는 물론 지형의 기복도 줄어든다. 실제 거리 25m보다 작은 물체를 1:50,000 지형도상에 표현하거나 정확하게 판별하기는 어렵다. 왜냐하면 지도상에서 0.5mm(실제 거리 25m) 이하이면 육안 판별이 어렵기 때문이다. 그러나 축척이 아무리 작아도 반드시 표현되어야 할 만큼 중요한 물체는 크기에 관계없이 표현하여야 한다.

① 축척의 구분

축척(縮尺: scale)은 지도상의 거리와 실제의 지상거리와의 비(比)를 나타내는 것으로 항상 분자를 1로 하고 분모의 수가 작을수록 대축척이고 클(많은 수)수록 소축척이라 부른다. 우리가 흔히 지도를 서로 비교할 때 'A지도는 B지도보다 크다'라고 표현하면 일반인들은 축척분모가 많은 수를 의미하는지, 실제의 축척이 A보다 B가 크다는 것인지 알아듣기 곤란할 때가 있다. 왜냐하면 그들은 자기가 갖고 있는 지도보다 큰 지도(축척이 큰 지도)라고 말하면서 실제는 축척분모가 큰 지도(소축척)를 뜻하는 혼동을 일으키기 때문이다.

- 축척의 구분

  대축척: 1:1,200, 1:3,000, 1:5,000 이상의 지도(실시설계, 기본설계)

  중축척: 1:10,000~1:100,000(도시계획, 지역계획)

  소축척: 1:100,000 미만으로 1:500,000, 1:1,000,000 등의 지도(국토계획)

다양한 축척을 대·중·소축척으로 명확히 구분하기란 어렵다. 두 개의 축척을 비교하여 말할 때 비록 소축척지도일지라도 경우에 따라서는 대축척지도가 될 수 있기 때문이다. 왜냐하면 지도의 축척은 항상 상대적이기 때문이다. 예를 들면 1:50,000 지도를 통상 소축척지도라고 표현하지만 1:200,000 지도보다는 대축척지도이며, 1:25,000 지형도는 중축척 또는 소축척지도에 속하지만 1:200,000 지형도보다는 대축척의 범주에 속한다고 할 수 있기 때문이다.

② 축척의 표현

지도에 축척을 표현하는 방법은 다음과 같이 크게 3가지로 분류되는데 지도의 사용용도에 따라 다양한 형태로 표현할 수 있다. ㉠ 서술식 방법으로 1cm가 1km라는 글로 표현한다(일명 문자식). ㉡ 분수식 방법(Representative Fraction: RF)으로 1:50,000과 같이 표현한다(일명 비율식). ㉢ 그래프식방법(graphical scale)으로 지도상에 막대그래프 같은 것을 가로로 해서 자(尺: ruler)와 같이 눈금을 표시한 것을 말한다(일명 도표척도식). 그 외에 면적단위를 나타내는 면적축척이 있지만 일반 지도에서는 많이 사용되지 않으며 지리부도나 지도첩에 통계자료와 같이 이용된다. 우리나라에서 제작되는 지형도를 비롯한 대부분의 지도는 분수식과 그래프식이 병기되어 있기 때문에 삼각스케일이 없어도 이를 잘 활용하면 힘들이지 않고 거리나 면적을 쉽게 산출할 수 있다.

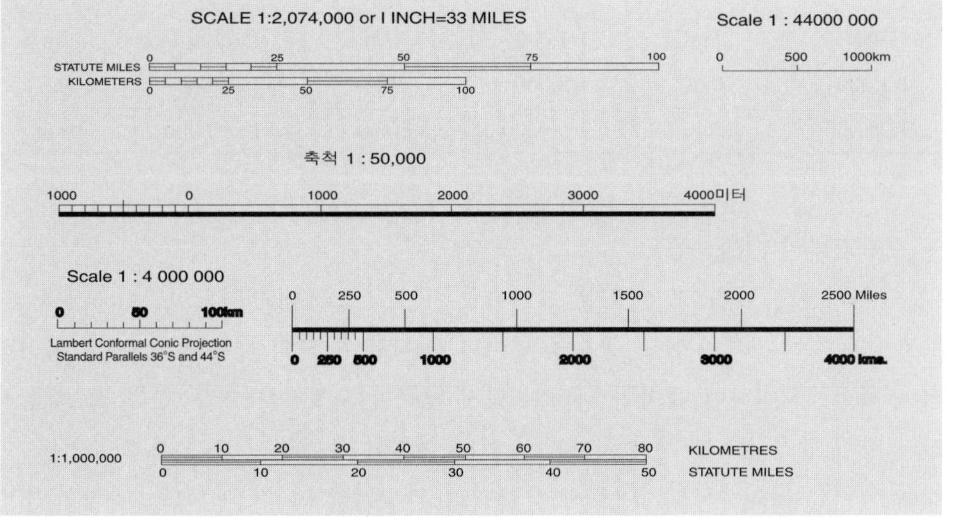

[그림 6-1] 축척의 표현방법

③ 축척의 계산

만약 지도를 구입하여 어떤 목표물까지의 거리나 그 목표물의 면적을 알아보려고 할 때 '무엇으로 어떻게 측정할까' 하고 걱정해 본 일이 있을 것이다. 주변에 지도의 길이를 잴 수 있는 삼각스케일이 있는 경우는 의외로 쉽게 측정해 볼 수 있지만 갑자기 삼각스케일을 구할 수도 없고 설사 있다고 해도 일반인들이 자주 접하지 않는 도구이기 때문에 사용방법이나 계산법을 알 리가 없다. 그럴 때는 주변에서 쉽게 구할 수 있는 cm 눈금이 있는 자를 이용하여 측정할 수 있다.

예를 들면 1:50,000 지도에서 1cm(0.01m)는 얼마나 될까?

$$\frac{1}{50,000} \times \frac{0.01}{X} = 500\text{m}$$

1cm가 500m라는 것은 누구나 다 알 수 있는 쉬운 계산법이다. 가감승제를 할 수 있는 초등학생이라도 산출이 가능한데, 만약 실제의 측정치가 3.5cm라고 가정하면 500×3.5 = 1,750m(1.75km)로 바로 답을 구할 수 있다. 또 이것을 축척을 이용하여 바로 계산하면 50,000×0.035 = 1,750m(1.75km)가 된다. 이와 같이 어떤 축척이라도 쉽게 계산이 가능하며 외국 지도에는 1cm가 얼마라는 문자식 표현방법을 많이 사용하기 때문에 금방 계산할 수 있다.

〈표 6-1〉 축척별 1cm의 길이

축 척	지도상의 1cm	축 척	지도상의 1cm	축 척	지도상의 1cm
1:500	5m	1:1,000	10m	1:1,200	12m
1:3,000	30m	1:5,000	50m	1:10,000	100m
1:25,000	250m	1:50,000	500m	1:100,000	1km

2) 축척의 변환

축척이 없는 지도가 있을까? 그렇다면 아마도 스케치한 약도이거나 단순한 지도모양의 그림이라고 해도 괜찮을 것이다. 때때로 지도의 일부분을 1:1로 복사하거나 축소·확대하여 축척이 나타나 있지 않은 지도를 접하기도 한다. 또 항공사진과 같이 사진상에 축척이 기재되어 있지 않아서 축척을 모르는 경우도 있다. 이때는 이미 주어진 지도를 이용하여 축척을 역 계산하여 간접적으로 계산할 수밖에 없다. 대상물의 크기를 알 수 있는 특징적인 대상물이 지도상에 나타나 있는가를 먼저 확인해야 되는데, 특히 축구장과 같이 규모가 큰 인공물이라야 측정하기가 좋다. 대축척지도일 경우는 전주(보통 50m)나 학교의 100m 코스 등으로 확인할 수 있지만 소축척의 경우는 대상물을 찾기가 그리 쉬운 일이 아니다. 예를 들어 실제 거리가 100m 정도 되는 경기장이 복사된 지도상에 나타나 있는 경우, 그 경기장의 규모가 cm 눈금자로 측정하여 2.1cm였다고 가정하면 이 지도의 축척은 얼마일까?

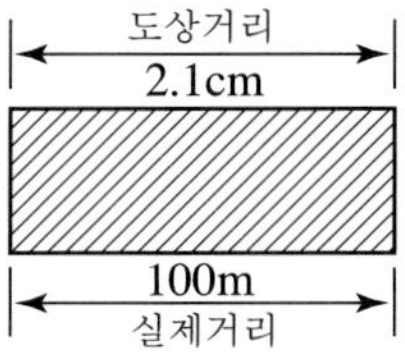

$$\frac{2.1\text{cm}}{100\text{m}} = \frac{1}{x}$$

$$x = \frac{100}{0.021} = 4,762$$

위에서 4,762로 계산되었지만 천(1,000)단위의 축척에서는 특별한 경우를 제외하고는 천 이하의 축척은 없기 때문에 이 지도의 축척은 반올림되어 1:5,000 지도일 것이라고 추정할 수 있다. 그리고 복사한 지도의 등고선 간격이 판독된다면 그 지도의 축척을 유추할 수 있으며 또는 복사한 지도에 경위도선이 나타난다면 이 선을 이용하여 축척을 쉽게 계산할 수도 있다. 그러나 복사한 지도의 성격상 도곽선 끝부분에 있는 경위도선이 복사되지 않을 수도 있기 때문에 이를 이용하여 축척을 해독하기란 쉽지 않다. 만약 복사해서 갖고 있는 지도에서 동일 지역이 나타나는 다른 축척의 지도에서 동일 대상물(주로 큰 건물이나 운동장 또는 위치가 정확한 두 지점)을 확인할 수 있다면 계산에 의해서 축척을 알 수 있다. 예를 들어 1:10,000 지도에서 두 점의 거리가 20cm이고 축척을 모르는 지도에서 동일 목표물이 cm 눈금자로 5cm로 측정되었다면 다음과 같이 계산된다.

$\left(\frac{20}{5} \times \frac{1}{10,000} = \frac{1}{25,000}\right)$ 그러므로 이 지도의 축척은 1:25,000이다. 이와 같이 지도를 효과적으로 사용하기 위해서는 지도상의 거리와 실제의 거리를 비교하고 축척을 변환할 수 있어야 한다.

예제 ❶ 1:25,000의 지도를 복사기로 40% 확대하였다면 그 도면의 축척은?

$\frac{1}{25,000} \times \frac{1}{0.4} = \frac{1}{10,000}$이 되고

반대로 40% 축소하였다면

$\frac{1}{25,000} \times \frac{0.4}{1.0} = \frac{0.4}{25,000} = \frac{1}{x}$에서 $\frac{1}{62,500}$이 된다.

예제 ❷ 1:25,000 지도를 1:40,000 축척으로 줄이려면 복사기에서 몇 %로 줄여야 할까?

$\frac{1}{25,000} \times \frac{x}{1} = \frac{1}{40,000}$ 그러므로 $x = \frac{25,000}{40,000} = 62.5\%$가 되고

반대로 1:25,000 지도를 1:10,000으로 확대한다면 몇 %일까?

$$\frac{1}{25,000} \times \frac{1}{x} = 10,000 \text{ 그러므로 } x = \frac{25,000}{10,000} = 2.5\text{배가 된다.}$$

예제 ❸ 지도의 크기가 가로세로 10cm의 1:25,000 지도를 가로세로 13cm의 공간에 늘려서 삽입하려면 축척은 얼마나 될까? 또 10cm에서 7cm로 줄였다면 축척은 얼마나 될까?

사각형 한 변의 길이가 10cm에서 13cm으로 30% 늘었고, 10cm에서 7cm로 30% 줄었으니까 계산은 1번 풀이와 같은 방법으로 하면 된다.

예제 ❹ 1:50,000 지도에서 두 점 간의 거리가 5cm이고, 축척을 모르는 지도상의 두 점 간의 거리가 10cm라면 이 지도의 축척은 얼마일까?

$50,000 : 0.05 = x : 0.10$이면

$5000 = 0.05x$가 되고

$x = \frac{5,000}{0.05} = 100,000$이다. 그러므로 이 지도의 축척은 1:100,000이다.

예제 ❺ 1:50,000 지도상에서 직경 3cm 정도의 원형 저수지가 있다면 실제의 저수지면적은 얼마일까? (반경이 1.5cm이니까 $1.5^2 = 2.25$이다.)

원면적 공식 πr^2에서

$3.14159 \times 2.25 = 7.06\text{cm}^2$

1:50,000 지도상에서 1cm는 500m이므로

$1\text{cm}^2 = 500 \times 500 = 250,000\text{m}^2 = 0.25\text{Km}^2$

$7.06 \times 0.25 = 1.765\text{km}^2$(533,912평)가 된다.

3) 축척과 지도상 면적

축척이 다른 지도에 동일한 구역(예: 학교)은 면적도 동일하다. 그러나 각각 다른 축척의 지도에 표기한 같은 크기의 면적은 엄청나게 차이가 난다. 왜냐하면 생긴 모양과 길이는 같지만 축척이 다르기 때문에 축척의 변수만큼 면적은 수 배로 차이가 난다. 지도의 축척이 대축척일수록 지도정보는 상세하나 지도에 포함되는 면적은 작으며, 반면에 소축척일수록 지도에 나타나는 면적은 넓으나 상대적으로 내용은 상세하지 못하다.

지도의 축척과 모양, 크기, 면적관계를 비교하기 위하여 같은 크기의 종이 위에 축척이 다른 4종류의 형상을 비교하면 축척이 배로 커지거나 작아지며 지도에 나타나는 가로, 세로의 길이도 반으로 줄거나 늘어남을 알 수 있다. 만약 같은 크기의 종이 위에 지도를 축소하여 편집한다면 면적이 1/4로 줄어들기 때문에 옆의 도엽 3장을 줄여서 지도를 만들어야 된다. 다음 그림에서 보는 바와 같이 1:40,000의 축척에는 1:10,000의 축척을 가진 지도 16매에 해당하는 면적이 포함되는 것을 알 수 있다.

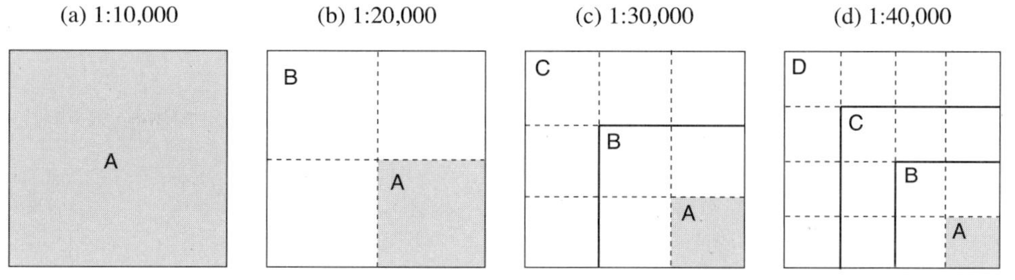

[그림 6-2] 축척별 포함되는 면적의 비교

예를 들어 1:50,000 지도 1장을 가로세로 반으로 나누어 같은 크기의 종이에 확대하면 축척 1:25,000 지도 4장이 되고, 5등분하면 1:10,000 지도 25장이 되며, 10등분하면 1:5,000 지도 100장으로 나누어진다. 지도를 확대할수록 보기는 편리하지만 그만큼 오차가 늘어난다. 그러므로 지도를 제작할 때는 작은 축척의 지도를 확대하여 제작하지 않고 큰 축척의 지도를 축소하면서 불필요한 내용은 삭제하고 그 축척에 맞는 내용을 추가삽입하여 제작한다. 예를 들면 1:5,000 항측도를 이용하여 1:10,000 지도를 편집 · 제작하고 1:25,000 지도를 이용하여 1:50,000 지형도를 제작한다.

또 그림 6-3과 같이 동일한 크기의 사각형 내에 축척이 다른 지도가 만들어진다면 면적이나 내용은 축척에 따라 엄청나게 많이 변한다. 축척이 크면 건물의 내부구조를 알아볼 수 있을 만큼 세밀한 표현도 할 수 있지만 축척이 작아질수록 세계지도와 같이 지구 전체가 그려지기도 한다. 그러므로 축척은 어느 용도에 사용하느냐에 따라 지도의 형태가 결정되며 목적하고자 하는 지도를 그릴 수 있다. 아무튼 축척은 지도에서 가장 중요하고 필요한 요소이다.

이러한 축척은 사용용도에 따라 늘리거나 줄일 경우가 있다. 즉, 방안법(方眼法), 방사법(放射法), 삼각구분법(三角區分法), 좌표법(座標法), 확대기(擴大器)에

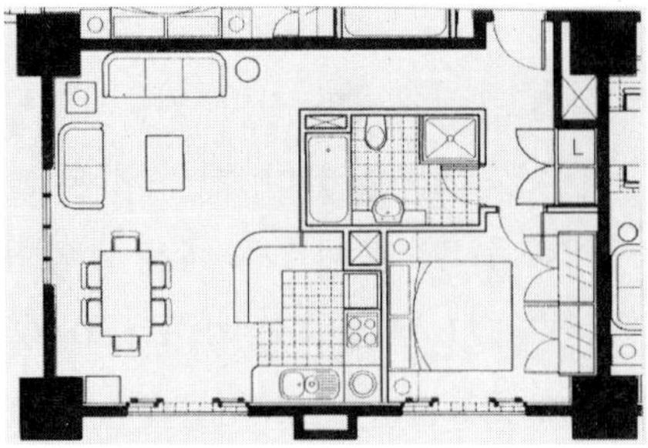

(a) 건물 내부 평면도(1:50~1:100)

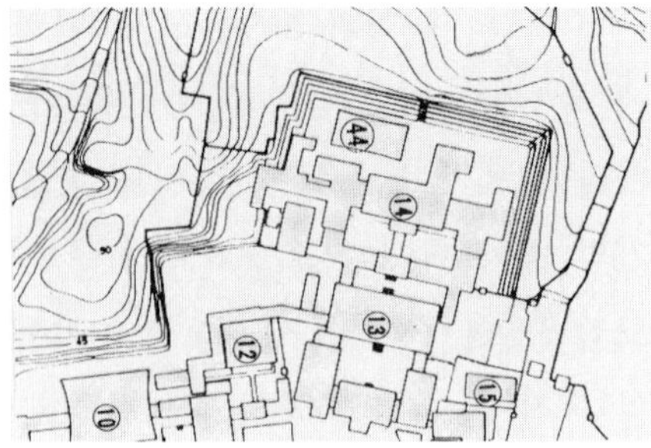

(b) 현황배치도(1:500~1:2,000)

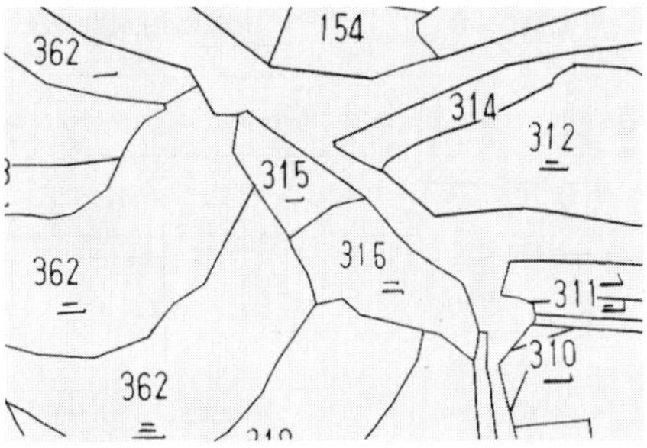

(c) 축소된 지적도(1:3,000~1:5,000)

(d) 시가지도(1:5,000~1:10,000)

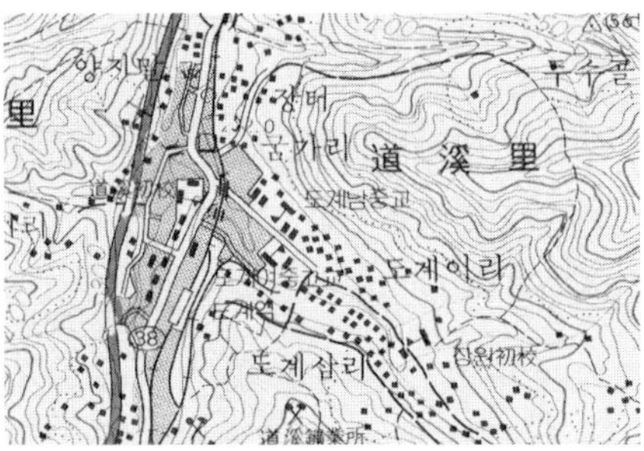

(e) 지형도(1:25,000~1:50,000)

(f) 지도책 및 전도(1:250,000~1:500,000)

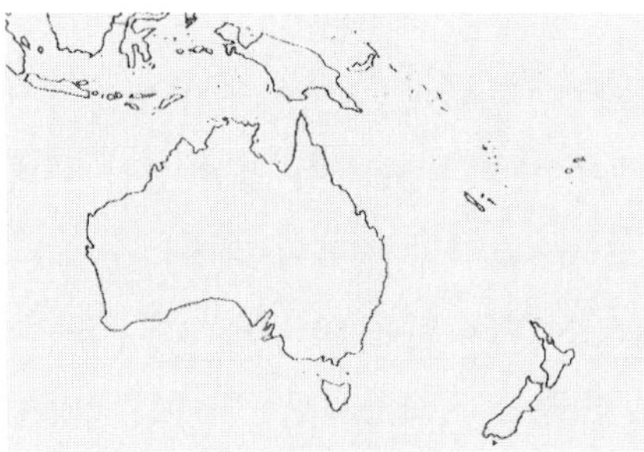

(g) 나라 및 대륙도(1:100만~1:1,000만)

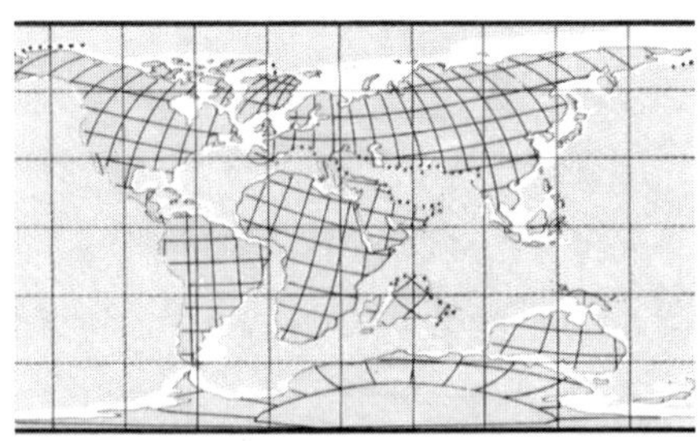

(h) 우표 및 로고지도(1:1,000만~무한대)

[그림 6-3] 축척의 크기에 따라 지도에 나타나는 형태

의한 방법, 사진법(寫眞法) 등으로 구분할 수 있지만 최근에는 복사기의 축소확대 기능을 이용하여 간편하게 축척을 변경하는 방법이 널리 이용되고 있다.

그림 6-4에 나타난 동일 지역의 축척별 변화를 보면 축척이 작아질수록 소거되거나 삭제되어 사상의 표현이 많이 줄어들었음을 알 수 있다. 1:5,000 지형도에는 등고선과 지표가 표현되어 공원 내의 지형형상을 비교적 자세히 판독할 수 있지만 1:25,000이나 1:50,000에서는 공원 내의 지형을 판독할 수 있는 등고선이 보이지 않는다. 그러므로 소축척으로 내려갈수록 위치파악 정도밖에 되지 않는다.

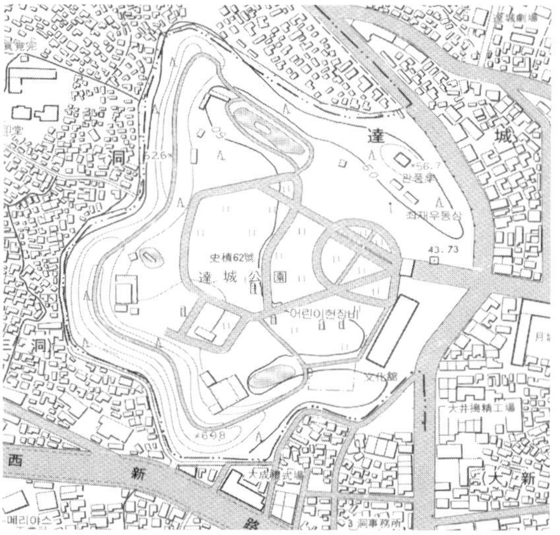

(a) 대구 달성공원의 1:5,000

(b) 1:10,000

(c) 1:25,000

(d) 1:50,000

[그림 6-4] 동일 지역의 축척별 비교

2. 도해 측정법

지형도상에 내포된 지리적 요소의 상관관계를 파악하면 현지에 나가지 않고도 면적을 구할 수 있으며, 이들을 이용하여 각종 국토개발사업이나 조사연구를 위한 자료로 활용할 수 있다. 즉 지형도상에서 면적을 계산할 경우는 여러 가지 방법이 이용되지만 주로 도형법(도해법)에 의하여 면적의 주고받음(give and take line)을 많이 사용한다.

그림 6-5(a)와 같이 내외를 하나씩 맞교환하는 것도 가능하지만 (b)와 같이 2:1로 교환하여 면적을 일치시키기도 한다. 또 (c)는 6개의 내부삼각형을 삼사법에 의해 계산하고 외곽선을 give and take 또는 동일 간격으로 수선을 내려 구하기도 한다.

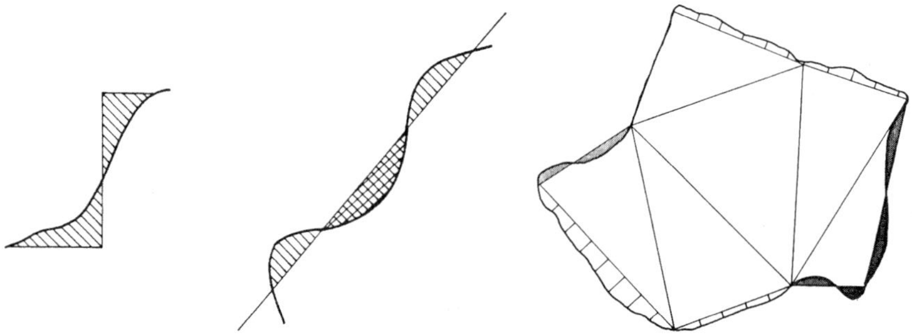

(a) (b) (c)

[그림 6-5] 면적의 주고받음

1) 도형법

① 방안법

지도상에 일정한 간격의 종횡선을 그리거나 또는 투명필름지 위에 일정 간격의 방안눈금을 만들어 지도 위에 겹쳐 놓은 다음 숫자를 헤아려 계산하면 된다. 이때 정사각형으로 된 완전한 방안을 1로 계산하는 것이 편리하며 이 그림에서는 21개이다. 그리고 불완전한 방안을 목측으로 측정하여 합산한 것이 12개의 완전한 방안이 되었다면 도합 33개가 된다. 이 그림이 사방 1cm로 축척이 1:5,000이라면 정사각형의 면적은 $50 \times 50 = 2,500m^2 = 0.0025km^2$가 되고 곡선으로 이루어진 선형 내의 면적은 다음과 같다.

$\therefore (21+12) \times 0.0025 = 0.08km^2$가 된다.

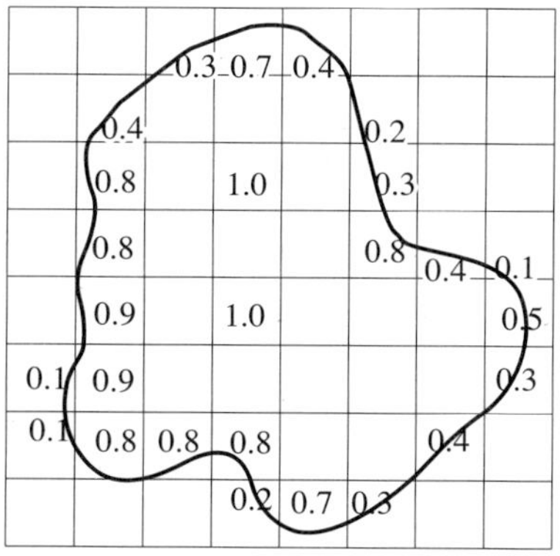

[그림 6-6] 방안법에 의한 면적 계산 1

위의 방법과 비슷하게 사각형을 헤아려 계산하는 방법이 하나 더 있는데, 여기서는 내외의 면적을 목측으로 계산하지 않고 곡선이 통과하는(사선이 그려진) 사각형을 둘로 나누어 가산해 주는 방법이다. 그림에서 완전한 사각형이 66개이고 곡선이 조금이라도 통과하는 사각형이 45개인데 22.5개는 내측에 나머지 22.5개는 외측에 존재하는 것으로 간주하면 66+22.5 = 88.5개가 된다. 축척이 1:50,000이고 사각형의 간격이 1cm라면 사각형 1개의 크기는 0.25km²가 되어 면적은 88.5×0.25 = 22.125km²가 된다.

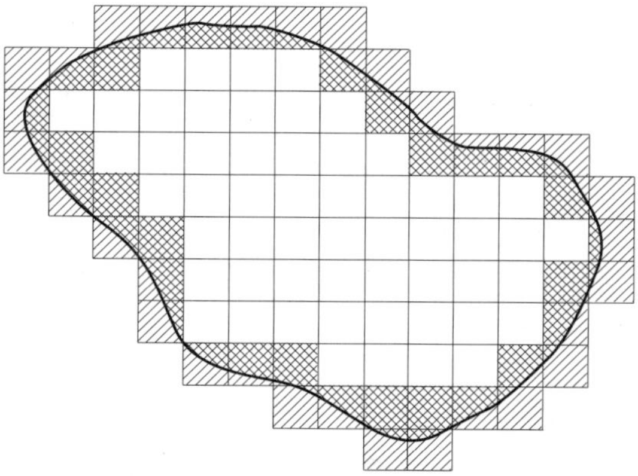

[그림 6-7] 방안법에 의한 면적 계산 2(1989, D.H.Maling)

위와 같은 사각방안을 이용한 계산법은 구적기가 많이 보급되지 않았던 70~80년대에 널리 이용되었는데 눈금이 그어진 투사용지를 만들어야 하는 번거로움이 있기 때문에 근래에는 자주 사용하지 않는다. 또 빠른 시간 내에 요구하는 면적을 구할 수 있지만 정확도 측면에서는 보장되지 않는 단점이 있다.

② 평행분할법

구하고자 하는 구역을 같은 폭으로 평행선을 그으면 직사각형 모양이 여러 개 생긴다. 직사각형으로 나누어진 양쪽 끝부분의 곡선경계를 따라 바깥과 안쪽의 면적이 동일(give and take line)해지도록 완전한 직사각형을 만든다. 이때 직사각형의 총연장을 구하여 폭(높이)을 곱하면 전체 면적을 구할 수 있다. 직사각형을 만들 때 부득이하게 사각형 형상이 되지 않는 맨 끝부분이 작은 포물선모양으로 남는데 이 경우에는 다음 식에 의거 면적을 구한 다음 합산한다.

$$A = \frac{1}{3}lh \times 2\text{개소} = \frac{2}{3}lh$$

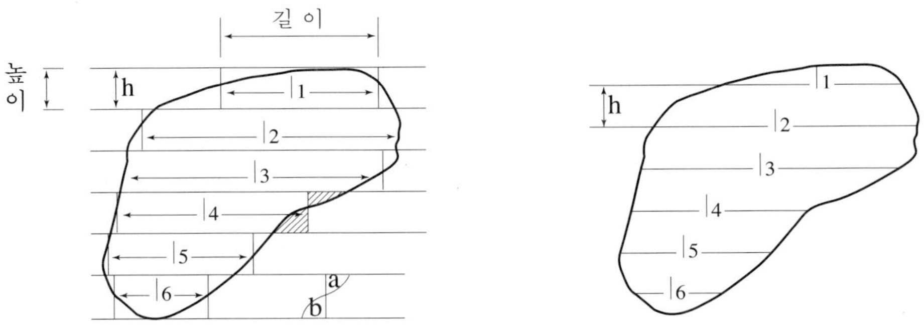

[그림 6-8] 평행분할법(1989, D.H.Maling p.61)

또 직사각형 형상의 도형으로 만들지 않고 오른쪽 그림과 같이 일정 높이의 평행한 선을 그은 다음 그 선이 곡선부와 만나는 길이(l)를 측정하여 합산하고 높이를 곱해{($l_1 + l_2 + l_3 + l_4 + l_5 + l_6$)×h}도 큰 차이가 나지 않기 때문에 간편법으로 이용해도 별 무리는 없다.

③ 동심원법

트레이싱 페이퍼나 필름지에 등간격의 동심원을 만든 다음 반경을 구하여 면적을 미리 계산해 둔다. 그런 다음 서로 주고받는(give and take line) 면적이 0에 가깝도록 구하고자 하는 목표물에 Overlap시키면서 맞춘다. 여러 개의 원 중에 가장 적합한 원 1개를 선택하면 바로 면적을 알 수 있는데 이미 각 원의 면적을 산출하여 놓았기 때문에 별도의 계산이 필요 없다. 불규칙하게 생긴 도형이 많을 경우에는 신속하게 측정할 수 있으나, 축척이 서로 다를 경우에는 축척에 따라 동심원을 많이 만들어야 되기 때문에 다소 불편한 점이 없지 않다.

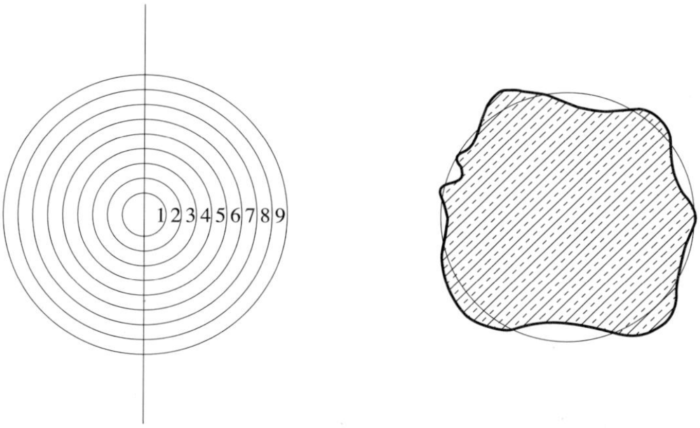

[그림 6-9] 동심원분할법(1989. D.H Malling p.56)

④ 점산법

점산법(點算法: point-counting)은 투명 트레이싱 페이퍼 위에 작은 간격(2mm~5mm)의 사각형 혹은 육각형의 방안을 만들어 지도상에 표시된 일정구역 위에 올려놓고 방안에 나타난 교점(units)수를 헤아리면 된다. 예를 들어 1:50,000 지형도상에서 1cm가 500m이기 때문에 0.2cm의 실제 길이는 100m가 되어 교점 하나의 면적이 10,000m^{2}가 된다. 또 1:25,000의 경우는 1cm가 250m이기 때문에 0.4cm가 100m이다. 이럴 경우 점 하나는 10,000m^{2}가 된다. 이와 같이 구역 내의 총 교점수를 헤아려 곱하면 면적이 바로 산출되며 일명 점묘도(dot-distribution)라고 한다.

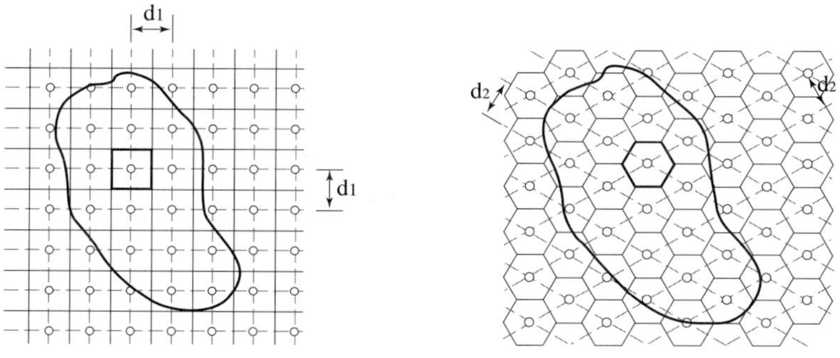

[그림 6-10] 점산법의 도형(1989. D.H Malling p.58)

위의 방법은 1회 측정(숫자를 헤아림)하여 간편하게 면적을 추출할 수 있다. 그러나 투명방안을 그림 6-11과 같이 좌우상하로 움직이면서 여러 각도로 모양을 변경시켜 산출하면 좀더 정확한 결과를 얻을 수 있다.

이것은 산정된 교점수를 n회로 나누어 평균을 내면 오차를 줄일 수 있는 방법으로 측정의 횟수를 늘려 정확도를 향상시킬 뿐만 아니라 만의 하나 발생할지도 모를 착오를 방지할 수 있는 이점이 있다.

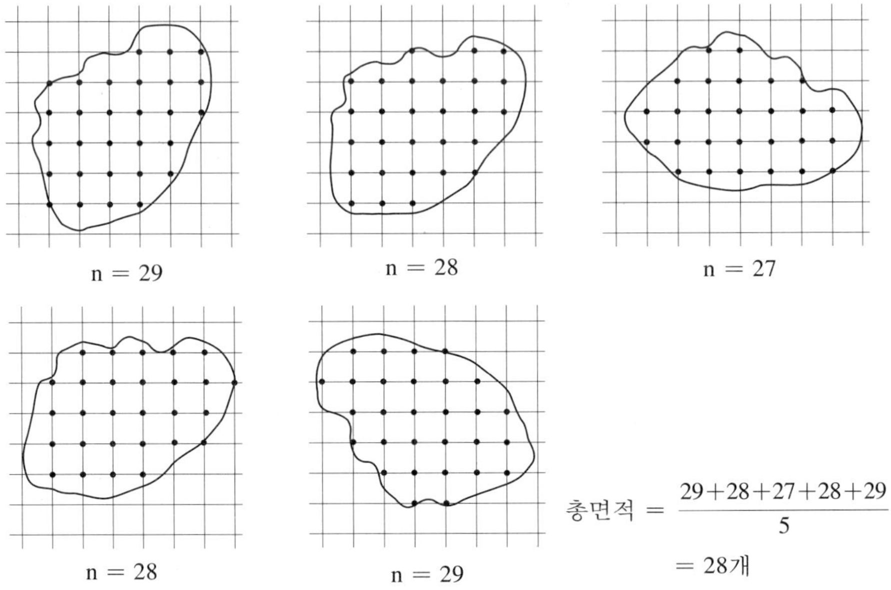

[그림 6-11] method of point counting의 도형

그 외에 축척이 작은 세계지도 위에서 면적을 구할 때도 give and take line을 표시하여 산출하는데 이때는 지도의 투영법에 따라 면적의 오차가 많이 발생하기 때문에 주의를 하지 않으면 안 된다.

【 guadrangle 】 경위도선이 그려져 있는 세계지도나 지구상에서 나라의 면적이나 대양, 사막 등 규모가 큰 면적을 알려고 할 때는 give and take line을 그어 계산할 수 있다. 지도상의 경위도선 격자망(graticule)의 동서길이(17~24km)와 남북길이(27km)의 한 구획을 guadrangle라고 하는데 이는 투영방법에 따라 격자(grid)모양이 다르기 때문에 면적의 측정에는 상당한 기술을 요한다.

2) 기계적인 방법

도형에 의한 방법 이외에 구적기(planimeter)라고 하는 기구에 의해 면적을 측정하는데 이는 도형의 둘레를 따라 일주하면 면적이 산출된다. 최근에는 디지털화된 기구가 널리 보급되어 면적뿐만 아니라 둘레의 길이, 각 측점의 좌표, 곡점의 거리 등 다양한 형태의 계산이 가능한 것이 소개되고 있다. 이렇게 구적기를 이용

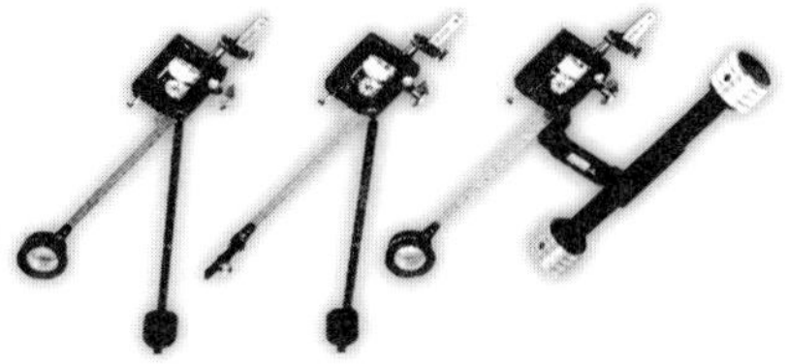

(a)

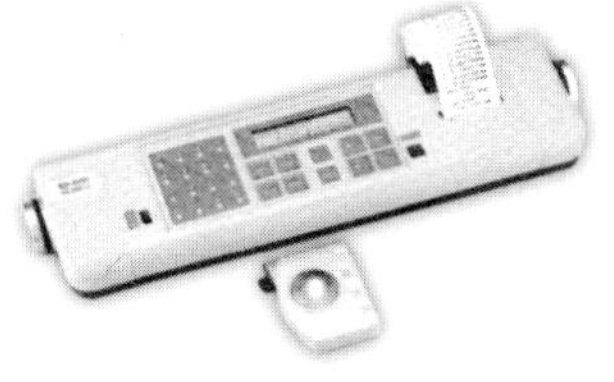

(b)

(c)

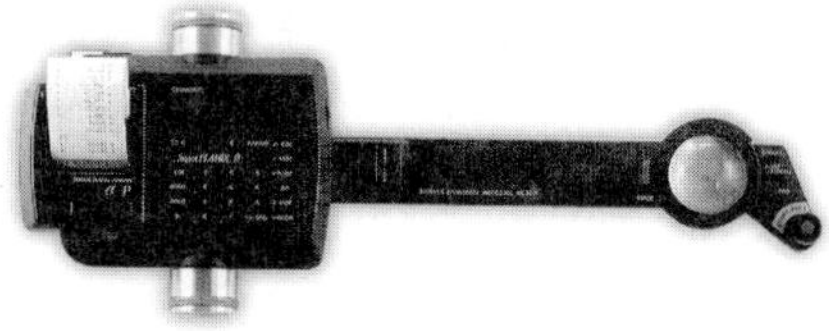

(d)

[그림 6-12] 여러 가지 구적기

(a) 구형 planimeter (b) sense 구적기 (c) 디지털 구적기 (d) 전자구적기 가장 최근에 개발된 (d)는 면적, 좌표, 연장, 구간장, 삼사법, 반경측정, 각도측정, 원길이 측정 등 다양한 종류를 측정할 수 있는 만능 기구이다.

하면 계산이 필요 없고 도형의 형태에 구애됨이 없으며 측정시간이 신속하고 대체로 정확도가 높은 편이다.

또 최근에는 컴퓨터시스템의 발달로 디지타이저(digitizer)에 의해 X, Y 위치는 물론 면적의 측정도 가능하다. 이는 태블릿(tablet) 위에 커서(cursor)가 움직일 때마다 좌표가 측정되어 (X, Y)로 나타나는 것으로 평면상에 데카르트 직교좌표체계(cartesian coordinates system)로 변환되어 출력된다. 이러한 직교좌표체계의 개념이 지도제작뿐만 아니라 각종 도형데이터를 입력하거나 그래픽을 수정하는데 이용되며, 이때 지도상에 어느 지점을 입력할 때는 디지타이저를 지형도나 기타 도면류에 밀착시켜 독취한다.

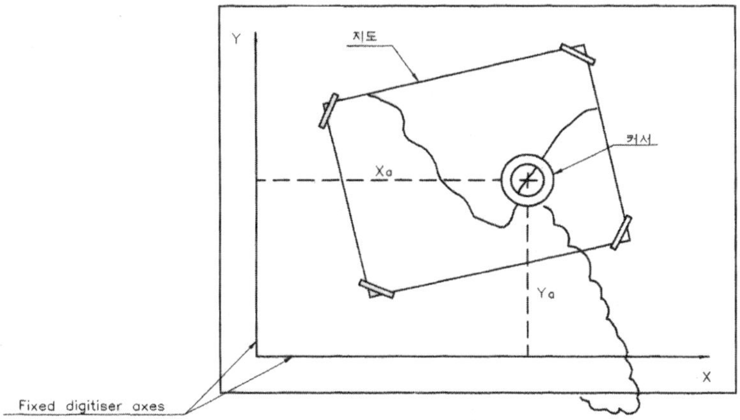

[그림 6-13] 디지타이저에 의한 독취

3. 수치계산법

1) 면적계산식

지금까지는 도형을 그려 측정한다든지 구적기라는 면적측정기에 의해 산출하였다. 그러나 이러한 계산은 궁극적으로 수학적인 뒷받침이 없기 때문에 정확도가 보장되지 않는다. 또 토지가 둘러싸고 있는 경계선은 다양한 모양으로 이루어져 있기 때문에 그에 맞는 도형의 형태나 측정(각 또는 거리) 자료를 확보하면 수학적인 공식에 의해 계산할 수 있다.

① 삼각형의 경우

● 삼사법

구하고자 하는 토지의 모양을 자투리가 생기지 않고 계산하기에 편리하도록 여러 개의 삼각형으로 나누어 저변(b)과 높이(h)를 구한 다음 계산하는 방법이다. 이 방법은 지도나 도면상에서 적용하기가 쉽기 때문에 가장 많이 이용되는 방법으로 3회 정도 측정하여 평균값을 구한다면 다른 어떤 방법보다도 정확도면에서 떨어지지 않는다. 그러므로 삼사법은 각을 모르고 두 변만 알 때 이용되는 가장 흔하고 기본적인 계산방법이다.

$$A = \frac{1}{2} b \cdot h$$

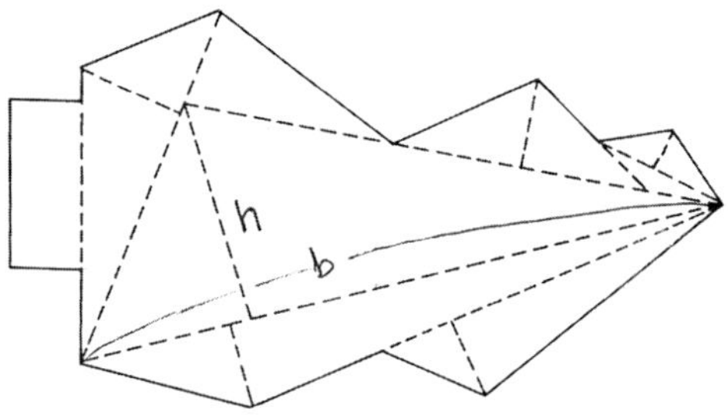

[그림 6-14] 삼사법의 구조

● 직각삼각형

$$c^2 = a^2 + b^2$$

$$a^2 = c \cdot c_1$$

$$b^2 = c \cdot c_2$$

$$h^2 = c_1 \cdot c_2$$

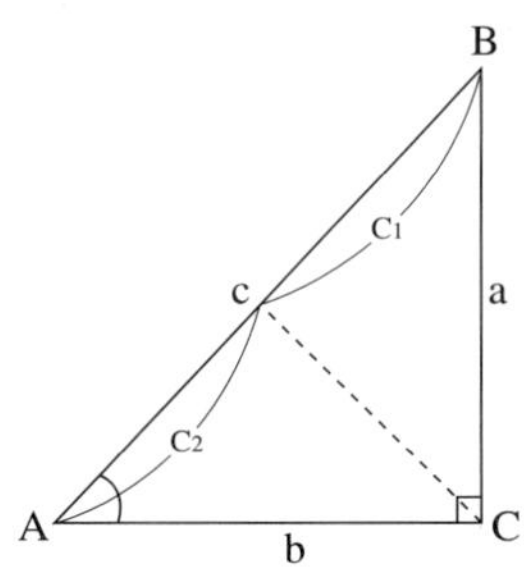

● 닮은삼각형

BC//DE일 때 Δ ABC ∽ Δ ADE

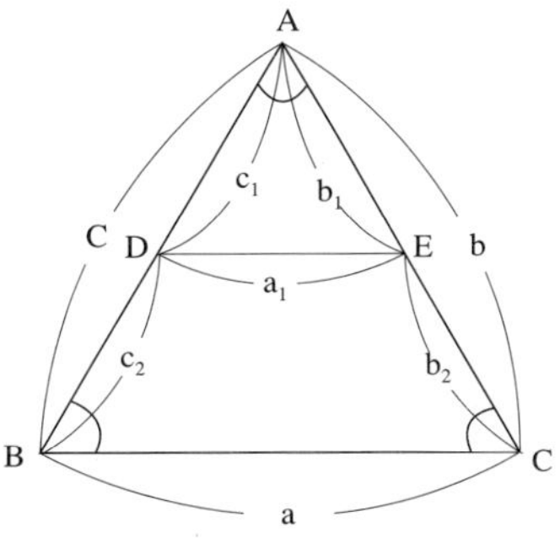

$$\frac{c_1}{c} = \frac{b_1}{b} = \frac{a_1}{a}$$

$$\frac{c_1}{c_2} = \frac{b_1}{b_2}, \frac{\Delta \text{ ADE의 면적}}{\Delta \text{ ABC의 면적}}$$

$$= \frac{{c_1}^2}{c^2} = \frac{{b_1}^2}{b^2} = \frac{{a_1}^2}{a^2}$$

● 일변양각법

한 변을 알고 두 내각을 알 때는 다음 공식에 의거 계산할 수 있다.

$$\text{A} = a^2 \cdot \frac{\sin B \cdot \sin C}{2\sin(B+C)}$$

$$\text{A} = b^2 \cdot \frac{\sin C \cdot \sin A}{2\sin(C+A)}$$

$$\text{A} = c^2 \cdot \frac{\sin A \cdot \sin B}{2\sin(A+B)}$$

● 이변협각법

두 변의 길이를 알고 그 사이에 끼인 협각을 알고 있을 때 다음 공식에 의거 계산할 수 있다.

$$\text{A} = \frac{1}{2ab \sin C} = \frac{1}{2ac \sin B} = \frac{1}{2bc \sin A}$$

● 삼변법

이 공식을 일명 '헤론의 공식'이라고 하며 3변만 알고 내각을 모를 때 다음 공식에 의거 면적을 구할 수 있다.

$$\text{A} = \sqrt{s(s-a)(s-b)(s-c)}\ ,\ \text{단}, s = \frac{1}{2(a+b+c)}$$

● 이등변삼각형의 저변과 대응협각을 알 때

$$\text{A} = \left(\frac{a}{2}\right)^2 \cos\frac{A}{2} \qquad \text{b} = \text{c} = \frac{a}{2\cos} \sec\frac{A}{2}$$

② 사각형의 경우

사변형에서 각을 모르고 변의 길이와 높이만 알 때와 각과 변을 동시에 알고 있을 때 등 여러 가지 조건에 따라 면적을 측정할 수 있다. 이때 지도상에서 변과 각을 구해 사용할 수도 있지만 현장에서 측량기로 구해 온다면 요구하는 정확도가 확보된다. 다음과 같이 사각형의 모양에 따라 적용공식도 달라진다.

- 평행사변형

$$A = a \cdot h$$

$$A = a \cdot b \cdot \sin B$$

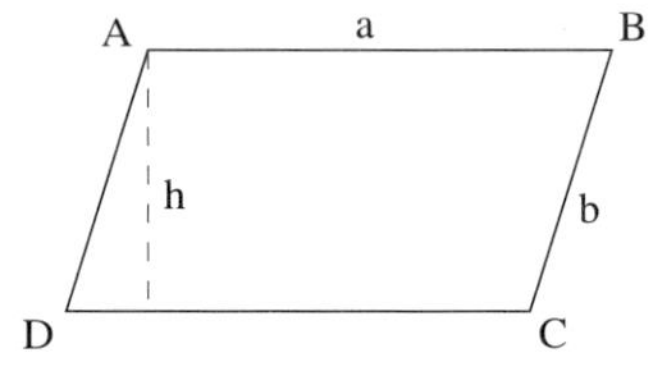

- 마름모꼴

$$A = 1/2(AC.BD)\sin B$$

$$A = a^2 \cdot \sin B$$

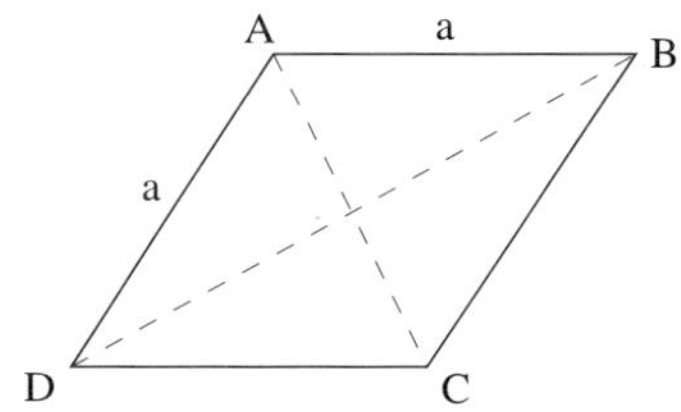

- 사다리꼴

$$A = 1/2 \cdot h(AB + CD)$$

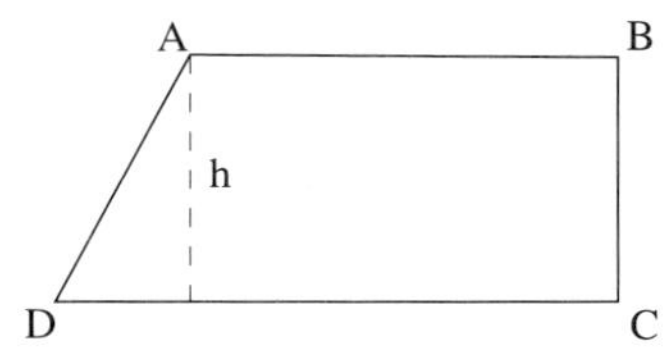

- 사변형

$$A = 1/2\ BD(h_1 + h_2)$$

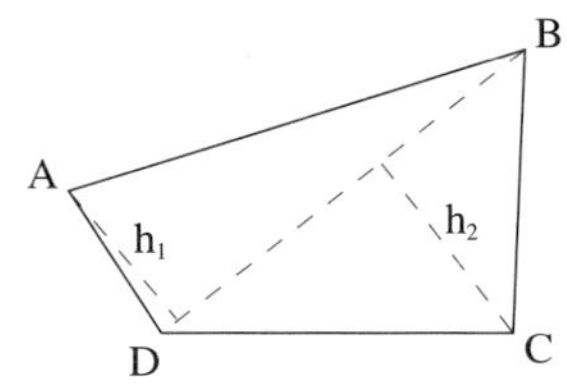

- 세 변 a, b, c와 인접각 β, γ를 알 때

$$\square\ ABCD = \Delta\ ABD' + \Delta\ CDA'$$

$$= \frac{1}{2(ab\sin\beta + bc\sin\gamma - ac\sin[\beta+\gamma])}$$

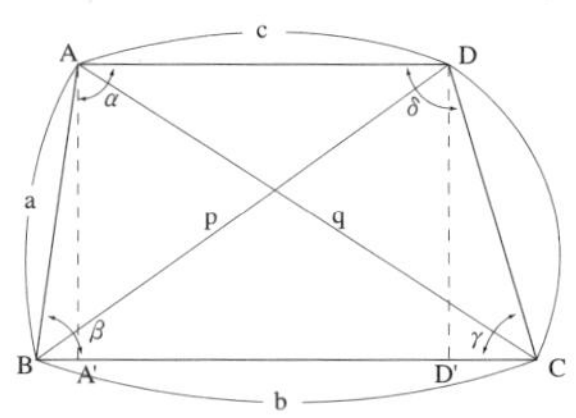

- 맞보는 두 변 a, c와 4각 α, β, γ, δ를 알 때

$$\square\ ABCD = \Delta\ ABD + \Delta\ BCD$$

$$= \frac{1}{2\{a^2/(\cot\alpha + \cot\beta) + (\cot\gamma + \cot\delta)\}}$$

● 인접한 두 변 a, b와 네 각을 알 때

$$\square\ \mathrm{ABCD} = \frac{1}{2\{(ab\sin\beta + (c).(d).\sin\delta)\}}$$

● 일반 사변형의 변장에 의한 면적 계산

$$\mathrm{A} = \frac{1}{2(P^2 \cdot q^2 - r^2)}$$

단, p, q는 사변형의 대각선길이

$$r = \frac{1}{2(a^2 - b^2 + c^2 - d^2)}$$

③ 기타 공식

삼각형과 사각형을 제외한 다각형의 공식에는 좌표법, 배횡거법, 행열식법, 심프슨 1, 2법칙 등 다양하게 있지만 일반 지도상에서 필요한 공식이 아니고 정밀한 측정을 할 때 이용되는 계산식이기 때문에 본서에서는 생략하고 다각형, 원, 부채꼴, 활꼴 등의 계산식만을 나열한다.

● 다각형

$$\mathrm{A} = \frac{1}{2}\Sigma(y_n + y_{n+1})(x_{n+1} - x_n)$$

$$= \frac{1}{2}\Sigma(x_n + x_{n+1})(y_{n+1} - y_n)$$

$$\mathrm{A} = \frac{1}{2}\Sigma\{(x(y_{n+1} - y_{n-1})\}$$

$$= \frac{1}{2}\Sigma\{y_n(x_{n+1} - x_{n-1})\}$$

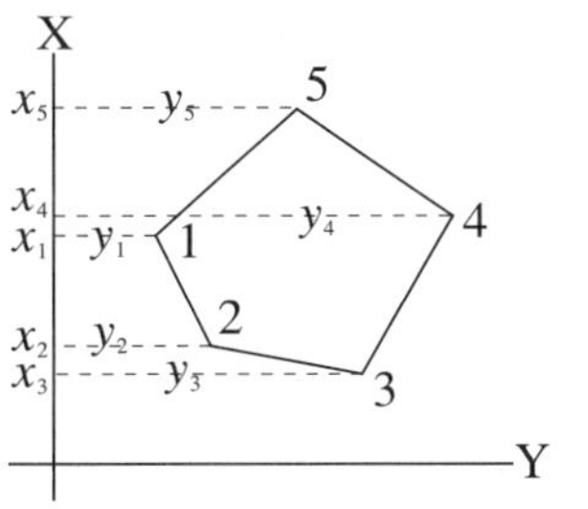

● 원

$$\mathrm{A} = \pi r^2 = \frac{\pi}{4}\mathrm{d}^2$$ (r: 반지름, d: 지름)

● 부채꼴

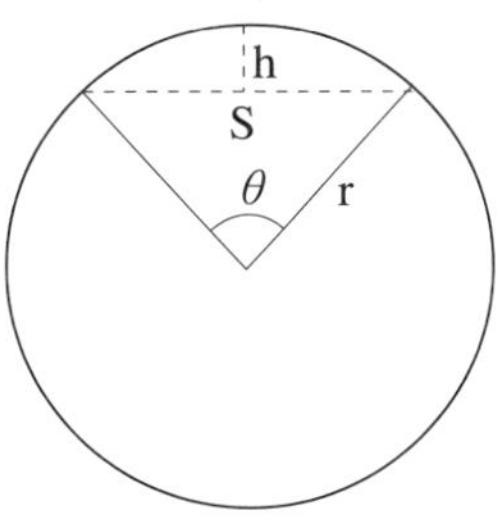

$$\mathrm{A} = \frac{\pi r^2 \theta^\circ}{360^\circ}$$

$$= \frac{1}{2}\theta\, r^2 = l \cdot \mathrm{r}$$

단, $l = \mathrm{r}.\ \theta$(θ: 라디안)

● 활꼴

$$A = \frac{1}{2}\{l\,r - S(r-h)\} = \frac{1}{2}r^2(\theta - \sin\theta)$$

$$단,\ h = r - \frac{1}{2}\sqrt{4r^2 - S^2} = R(1 - \cos\frac{\theta}{2})$$

$$s = 2\sqrt{h(2r-h)} = 2r \cdot \sin\frac{\theta}{2}$$

2) 체적계산식

지도상에서 자료를 추출하여 체적을 구한다는 것은 체적측량(體積測量)에 속하는 기법으로 단면법, 점고법, 등고선법으로 나눌 수 있다. 등고선을 이용한 체적의 측정은 303 페이지를 참고하기 바란다.

㉠ 양단면평균법

한 단면의 계산을 할 때 주로 이용한다.

$$V = \frac{l}{2(A_0 + A_2)}$$

㉡ 평균거리법

$$V = A_1 \times (l_1 + l_2)$$

㉢ 각주공식(prismoidal formulla)

$$V = \frac{l}{6}(A_0 + 4A_1 + A_2)$$

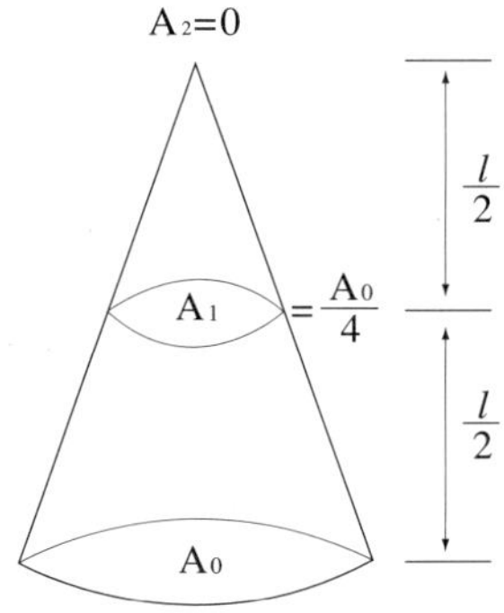

[그림 6-15] 각주

㉣ 추대법(비례중항법)

$$V = \frac{l}{3}(A_0 + A_2 + 2A_1 + \sqrt{A_0A_1} + \sqrt{A_1A_2} + \cdots\cdots$$

체적(부피)을 구하는 공식 중 어느 한 가지 방법(공식)으로만 계산할 수 없으며 여러 가지 방법이 혼용되는 경우도 허다하다. 예를 들면 등고선법에 의해 체적을 계산한다면 저변에는 각주공식(짝수 구간에만 적용 가능)이 이용되고 중간부분은 양단면 평균법이, 상부는 원뿔공식이 적용되는 경우가 있다.

㉤ 점고법

넓은 지역의 정지나 매립과 같은 경우의 토공량 산정에 많이 쓰이는 방법이다. 일정한 간격으로 측점을 설정하여 지반고를 획득한 다음, 각 측점을 정점으로 하는 사각형 또는 삼각형의 면적과 계획지반고로부터 높이차를 곱하여 토공량을 산정한다.

● 사각기둥의 체적

$$V = \frac{A}{4}(\Sigma h_1 + 2\Sigma h_2 + 3\Sigma h_3 + 4\Sigma h_4)$$

● 삼각기둥의 체적

$$V = \frac{A}{3}(\Sigma h_1 + 2\Sigma h_2 + 3\Sigma h_3 + 4\Sigma h_4 + 5\Sigma h_5 + 6\Sigma h_6 + 7\Sigma h_7 + 8\Sigma h_8)$$

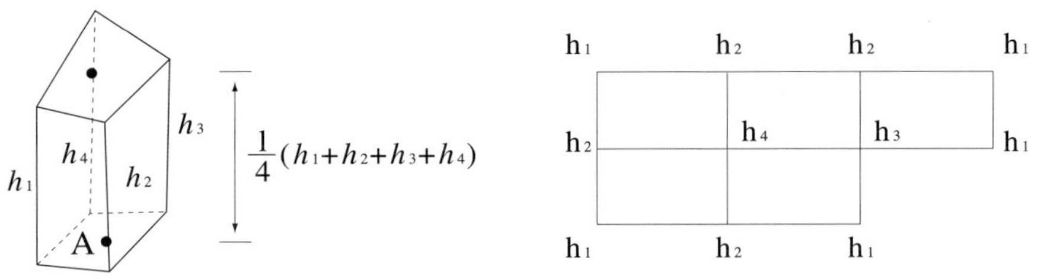

[그림 6-16] 사각주상체의 구조

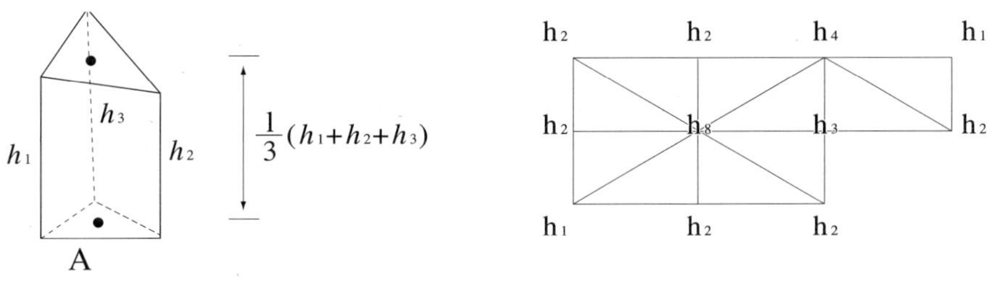

[그림 6-17] 삼각주상체의 구조

제 2 절 거리의 측정

길이 또는 거리는 하나의 직선(straight line) 혹은 곡선(curve) 내의 두 점의 위치 차이를 나타내는 양으로서 각과 함께 위치결정에 가장 기본이 되는 요소이다. 길이의 관측경로가 되는 선형은 평면선형, 곡면선형, 공간선형으로 나눌 수 있는데 여기서는 일반인들이 이해할 수 있는 평면선형(平面線形) 즉, 평면거리만 설명하기로 한다. 또 이러한 평면거리는 직선거리, 곡선거리, 사거리와 높이로 나눌 수 있으며 이는 목표하는 두 점 간의 관계를 알 수 있는 가장 기본적인 요소이다.

1. 직선거리의 측정

① 삼각스케일의 이용

지도상에서 거리(길이)를 재기 위한 가장 손쉬운 방법은 삼각스케일(三角尺)을 이용하는 것으로 빠른 시간 내에 어느 정도 정확한 값을 얻을 수 있다. 삼각스케일의 길이는 30cm이며 1:100, 1:200, 1:300, 1:400, 1:500, 1:600으로 구분되어 있어서 어떤 축척의 지도일지라도 환산하여 그 값을 구할 수 있다. 만약 1:1,000의 지도에서 거리를 재려면 삼각스케일의 1:100부분을 이용하여 값을 구한 다음 10을 곱해 주면 구하고자 하는 길이를 알 수 있다. 이와 같은 방법으로 1:50,000은 1:500로 측정하여 100을 곱해 주고 1:1,200은 1:600로 재서 2를 곱해 주면 된다. 그러므로 측정하려고 하는 지도의 축척과 스케일의 축척을 면밀히 검토하여 곱하고 나눌 때 정수로 맞아 떨어지는 스케일의 축척을 골라야 편리하다.

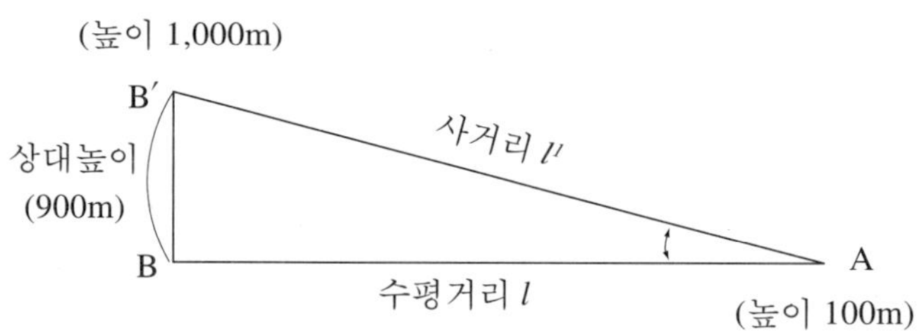

[그림 6-18] 거리와 높이의 관계

② 좌표에 의한 거리 계산

지도상에 표시된 어떤 목표물 간의 거리를 재려고 할 때 동일 지도상일 때는 삼각스케일이나 cm 눈금자로 쉽게 구할 수 있다. 그러나 두 점 간의 거리가 멀리 떨어져 있거나 서로 다른 도면에 있다면 스케일을 사용하기가 곤란하다. 이때는 지도의 도곽선에 표시된 평면직교 좌표를 이용하여 구할 수 있다. 지도 내에 격자(grid)를 그어 추출한 A, B점의 X, Y좌표를 이용해서 다음 식에 대입하면 꽤 정확한 값을 얻을 수 있다. 다만 20km 이상의 경우에는 구면상 검토가 필요하기 때문에 지구중심을 기준으로 한 호도법에 의하거나 경위도 좌표에 의해 계산을 해야 한다.

두 점 간의 길이(L) $= \sqrt{(x_2 - x_1)^2 + (y_2 - y_1)^2}$

A의 좌표 $x_1 = 421{,}500$, $y_1 = 225{,}800$

B의 좌표 $x_2 = 419{,}800$, $y_2 = 227{,}300$이라면

두 좌표 간의 차이는 $(x_2 - x_1) = -1{,}700\text{m}(\Delta x)$

$(y_2 - y_1) = +1{,}500\text{m}(\Delta y)$가 된다.

이것을 상기식에 대입하면

$\text{AB} = \sqrt{(1{,}700)^2 + (1{,}500)^2} = 2{,}267.156\text{m}$이다.

이때 Δx, Δy 의 부호는 거리에 영향을 미치지 않기 때문에 생략해도 된다.

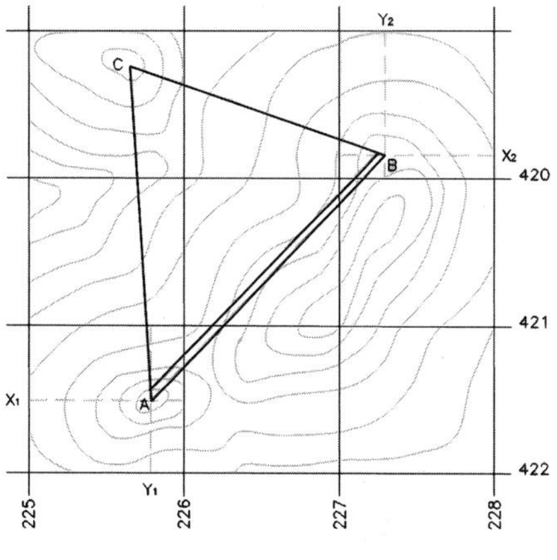

[그림 6-19] 좌표의 추출

2. 곡선거리의 측정

직선과 달리 곡선거리를 측정한다는 것은 조금은 신경 쓰이는 일이다. 구하고자 하는 선이 직선이나 곡선으로만 형성된 경우보다는 직선과 곡선이 혼합되어 있는 경우가 대부분이다. 이때는 직선과 곡선을 따로 구하여 합산해야 되며 측정의 방법이나 도구도 여러 가지를 혼용해야 한다.

1) 디바이더와 컴퍼스

① 디바이더

컴퍼스와 비슷하게 생긴 디바이더(divider)는 곡선거리를 따라 한 발씩 걸어가는 형상으로 계측하는데, 곡선의 굴곡이 심하면 다리 폭을 좁게 하고 곡선이 완만하면 다리 폭을 넓게 하여 측정한다. 단, 시작하기 전에 지도의 아랫부분에 있는 막대그래프형 축척이나 삼각스케일에 디바이더의 길이(간격)를 맞추어 한 발의 간격을 확인해 두면 편리하다. 그러나 곡선의 연장이 길지 않거나 직선과 혼합되어 있을 경우는 디바이더로 측정한 만큼 스케일에 맞대어 바로 읽어도 된다.

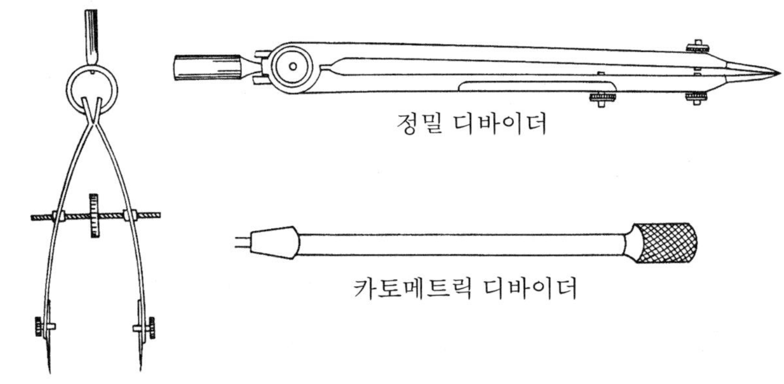

[그림 6-20] 디바이더의 종류

예를 들어, 1:50,000 축척의 지도에서 디바이더의 다리 폭이 1cm이고 측정횟수가 12회이고 남은 거리가 약 150m라면 다음과 같이 계산된다. 12회×500m+150m = 6,150(6.15km) 그리고 디바이더로 횟수를 측정한 후 남는 끝부분은 비록 곡선이더라도 거의 직선에 가깝기 때문에 삼각스케일이나 다른 방법으로 측정하여 더해 주어도 된다.

불규칙한 선을 측정할 때 그림 6-21(a)처럼 개략적으로 측정한 경우와 (b)의 방법처럼 디바이더로 11보(결음)로 측정한 값을 비교해 보면 많은 차이가 남을 알 수 있다. 그러므로 곡선의 형태에 따라 발걸음을 좁게 여러 번 측정하면 훨씬 정확한 성과를 얻을 수 있다.

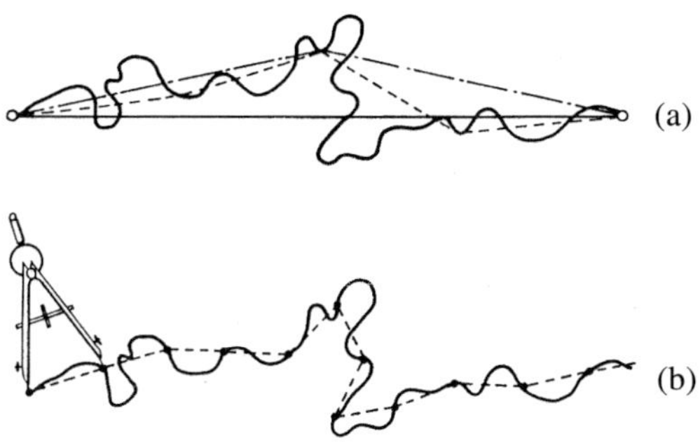

[그림 6-21] 디바이더의 보폭

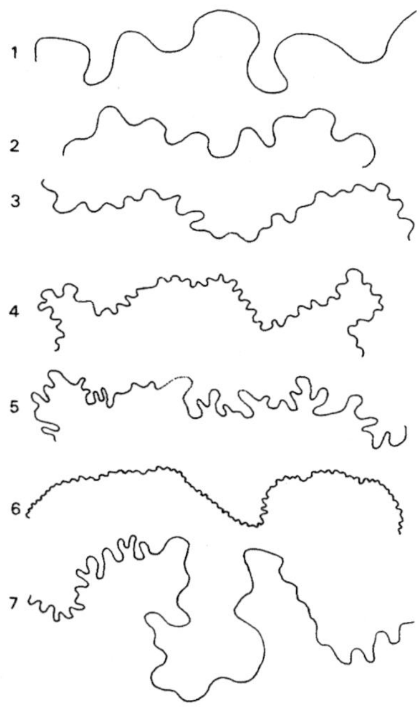

[그림 6-22] 여러 가지 형태의 곡선
(1989, D.H.Maling)

② 컴퍼스

디바이더와 용도가 비슷한 컴퍼스는 beam compass, half-set compass, knee-joint compass 등이 있으며 곡선거리를 잴 때 이용되기도 하지만 주로 원을 그리거나 원거리를 측정할 때 유용하게 쓰인다.

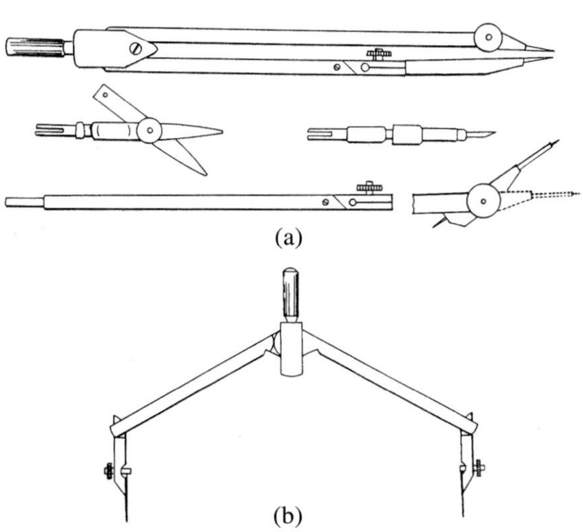

[그림 6-23] (a) half-set compass (b) Knee-joint compass

그림 6-23의 컴퍼스들은 다리의 폭이 한정되어 있기 때문에 넓은 면적이나 연장이 긴 거리를 측정할 때는 사용이 불편하다. 그러나 그림 6-24의 빔컴퍼스(beam compass)는 삼각스케일로 폭이나 길이를 측정한 다음 축척을 변환(확대)할 때 또는 길이가 긴 점을 다른 도면에 이기할 때 유용하게 사용할 수 있을 뿐만 아니라 큰 원을 그릴 때도 많이 이용된다.

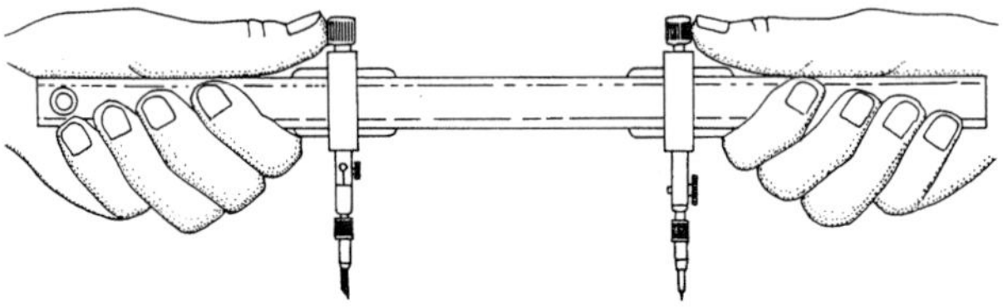

[그림 6-24] 빔컴퍼스

또 컴퍼스는 도로, 철도, 강과 같이 직선의 연장이 가능한 선형 시설물을 측정할 때 응용할 수 있으며 시설물의 형상이 완전히 곡선으로 이루어진 것은 불가능하지만 곡선과 직선이 혼재되어 있는 경우는 다음 그림에서 보는 바와 같이 A, B 사이의 길이를 측정할 수 있다.

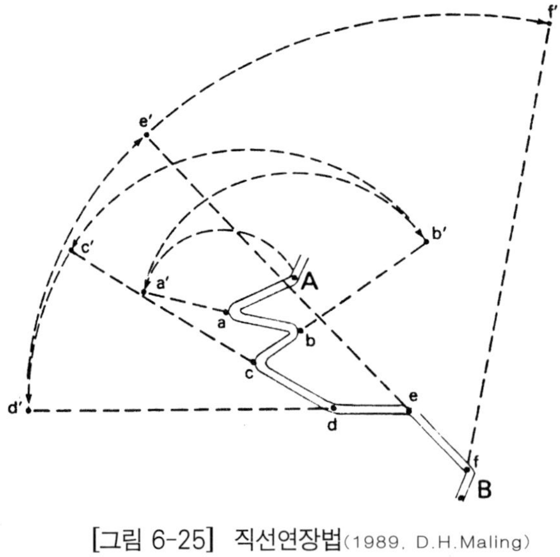

[그림 6-25] 직선연장법(1989, D.H.Maling)

㉠ a지점에서 a-A거리만큼 컴퍼스를 이용하여 a, b의 직선상까지 원을 그려 점 a′를 표기한다.

㉡ b지점에서 a′까지 거리를 맞춘 다음 b에서 bc방향 선상에 b′를 표기한다. 이러한 방법으로 순차적으로 c, d, e, f를 진행한다.

㉢ f지점에서 e′까지의 거리를 맞춘 다음 fB의 연장선상에 f′를 표기하면 f′B의 거리가 AB 간의 구하고자 하는 직선거리이다.

2) 도형에 의한 측정

곡선으로 이루어진 호수나 원형으로 생긴 지역의 경계를 측정하여 길이를 알려고 하면 사각형 도형이나 원도형을 만들어서 측정할 수 있다. 구하고자 하는 목표물 위에 원도형이나 사각형 도형을 만들어 Overlap시켜서 곡선이 통과하는 부분의 숫자를 헤아려 계산할 수 있다.

① 사각형 도형

곡선이 각 사각형을 통과하면서 생긴 교점의 수를 헤아려 측정하는 이 방법은 이미 알고 있는 사각형의 길이를 곱해 주면 된다. 그림 6-26에서처럼 사각형을 형성하는 선과 만나는 점수가 26개이면 26개소×0.5cm = 13cm가 된다. 이때 1:50,000의 축척의 1cm가 500m이므로 13×500 = 6,500m(6.5km)가 된다.

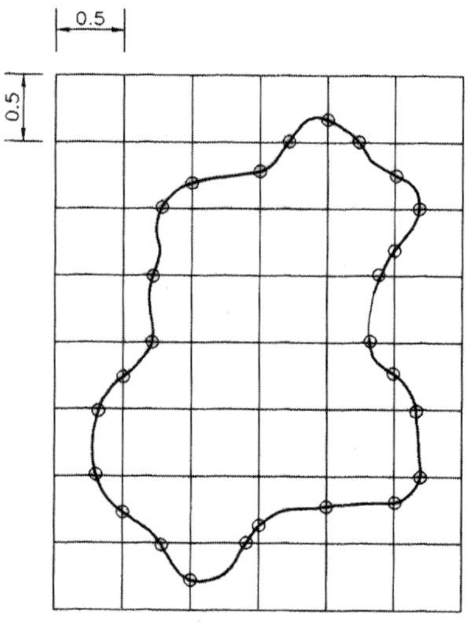

[그림 6-26] 사각형 도형

② 원 도형

도형을 그릴 때 사각형 패턴(pattern)으로 원을 그린 다음 원과 원의 중심거리를 a만큼 측정한 후 곡선이 지나는 원의 숫자를 헤아려 a만큼 곱해 주면 된다. 또 삼각형 패턴으로 원도형을 그린 다음 원과 원의 중심거리를 b만큼 측정한 후 곡선이 지나는 원의 숫자를 헤아려 b만큼 곱해 주면 된다.

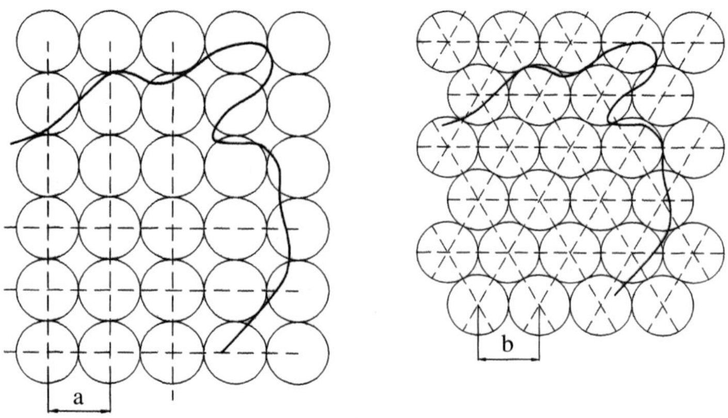

[그림 6-27] 원곡선 도형(1989, D.H.Maling)

3) 기타 기구의 이용

① 오피소미터

곡선거리를 측정할 때 자주 사용하는 기구 중의 하나인 오피소미터(opisometer)는 눈금을 0으로 맞춘 다음 구하고자 하는 곡선 위로 선을 긋듯이 지나가면 계수기에 숫자(km)가 나타난다. 이를 축척별로 곱해 주면 요구하는 답을 알 수 있으며 가장 빠른 시간에 측정할 수 있는 도구이다. 예를 들면 교통사고 현장에서 검증을 위하여 사고난 지점의 목표물에 대해 윤정계(輪定計: odometer)를 사용하는 것과 같은 이치로 측정한다.

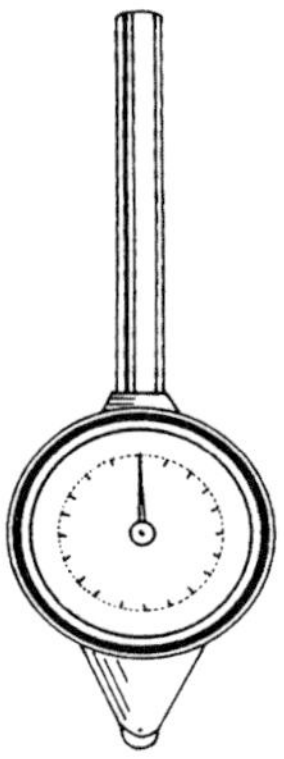

[그림 6-28] 곡선계

② 커브미터

커브미터(curve meter)는 지도상에서 곡선거리를 재기 위하여 만들어진 일종의 휘어진 자로서 비교적 정확한 값을 얻을 수 있다. 측정하고자 하는 지도의 곡선 위에 커브미터를 길게 일치시킨 후 그것을 cm눈금자 혹은 삼각스케일에 맞대어 눈금을 읽는다. 만약 cm눈금자에 맞대었다면 축척에 따라 환산해 주어야 실거리를 얻을 수 있다. 이것은 필요로 하는 곡선에 줄자를 길게 늘어뜨려 재는 것과 같은 이치이다.

③ 실과 철사

우리 주변에 흔히 있는 실이나 가는 철사를 이용하여 커브미터와 같은 원리로 재며 바늘이나 뾰족한 클립으로 끝부분을 묶은다음 처음 시작점에 꽂고 직선이나 곡선을 따라가면서 길이를 측정하고 측정한 길이를 지도의 아래쪽의 막대형 축척이나 삼각스케일에 맞대어 총연장을 확인할 수 있다.

3. 사거리와 높이

평면상태의 직선거리나 곡선거리와 달리 사거리나 높이는 지도상에서 자료를 획득한 다음 그 자료를 이용해서 계산에 의해 산출해야 한다. 측량기를 현장에 설치하여 산출하는 것보다 정확도는 떨어지지만 실내에서 지도에 의해 빠른 시간에 측정이 가능하기 때문에 설계의 검토를 위해 자주 이용되고 있다.

1) 기울기

수직값이 있는 땅에는 경사가 나타나는데 보통 이를 '기울기'라고 한다. 또 도로나 제방 등에서 횡단면으로 경사진 것을 구배(句配) 또는 물매라고 부르며 기울기와는 약간 차이나게 표현한다. 보통 1:10이나 1:20으로 사용되어질 때 1:10의 기울기(gradients)는 수평적인 단위가 10일 때 rises or falls이 '1'이 되는 것을 의미한다. 또 대부분의 사람들은 구배(물매)가 1:1인 것을 보고 거의 수직이라고 말하는 경우가 있는데 그것은 잘못된 말이다. 왜냐하면 1:0.5, 1:0.3, 1:0.1이 더 수직에 가깝기 때문이다. 1:05, 1:0.3, 1:0.1 등은 주로 수직적인 구조물(옹벽, 석축)에서 많이 이용되며 도로나 철도 등과 같은 수평적인 시설물에서는 사용되지 않는다. 그리고 1:1은 1:3이나 1:4보다는 급하다(또는 심하다)라는 표현을 쓴다. 왜냐하면 뒤에 오는 숫자(1, 3, 4)는 수평으로 나열되기 때문이다.

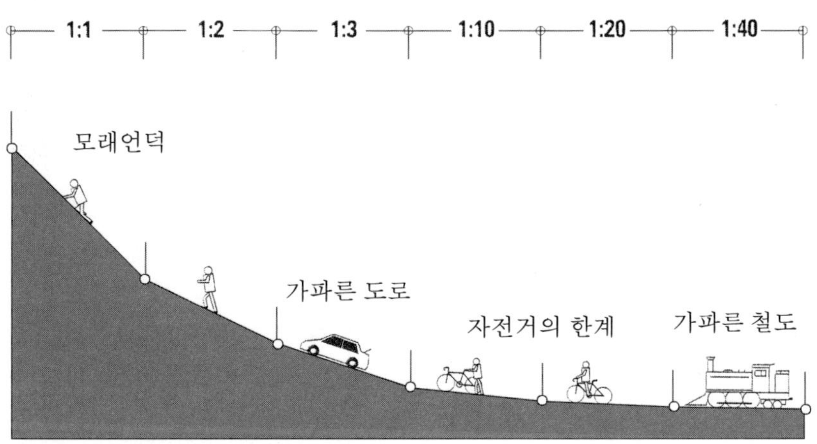

[그림 6-29] 기울기의 형태(1997, Map Reading Handbook)

기울기, 구배, 물매, 비탈, 경사는 용어가 거의 비슷하게 사용되는데 종단상의 경사를 기울기라고 표현하는 것이 적절하고 횡단상의 경사를 비탈 또는 물매라고 표현함이 타당하다. 다음은 동아 국어사전 제4판(2000. 2. 10.)에 나타난 용어의 해설로서 참고하기 바란다.

【 구배 】 물매로 순화 또는 기울기로 순화
【 기울기 】 수평선 또는 수평면에 대한 기울어짐의 정도, 비탈
【 물매 】 지붕이나 낟가리 따위의 비탈진 정도(낟가리: 낟알이 붙은 볏단이나 보릿단 따위를 쌓아올린 더미)
【 비탈 】 ① 산이나 언덕 따위의 비스듬히 기울어진 부위 ② 기울기
【 경사 】 ① 비스듬히 기울어짐 또는 그 정도나 상태 ② 지층면과 수평면이 어떤 각도를 이룸

어떤 특정한 목적을 갖고 기울기를 측정할 때는 그 목적에 맞는지 충분한 검토를 해야 한다.

2) 사거리와 높이 계산

등고선이 많이 없는 시가지나 평탄지에는 도상에서 표고를 구하기 힘들기 때문에 표고점이 나타나 있는 인근의 논바닥이나 학교 운동장을 참고할 수밖에 없다. 다행히도 구하고자 하는 지점에 표고점이 있다면 지도상에서 높이를 바로 읽을 수 있을 뿐만 아니라 그것을 이용하여 여러 가지 측정도 가능하다. 그러나 두 점 간의 사거리는 계산에 의할 수밖에 없다. 예를 들어 평면거리가 782m이고 산정의 표고차가 65m라면 두 지점의 사거리 S는 다음과 같이 산출된다.

$$S = \sqrt{782^2 + 65^2} = 784.70\text{m}$$

또 A지점에서 사람이 접근할 수 없는 B까지의 수직각을 측정하였다면 계산에 의해 높이를 구할 수 있는데 공장의 굴뚝이나 고층건물의 옥상 등 사람이 접근하기가 곤란한 곳의 수직각을 측정하면 높이를 계산할 수 있다. 뿐만 아니라 역으로 생각하여 평면거리와 높이를 알더라도 수직각을 구할 수 있다.

도상에서 구한 수평거리와 높이에 의해 수직각을 계산하면

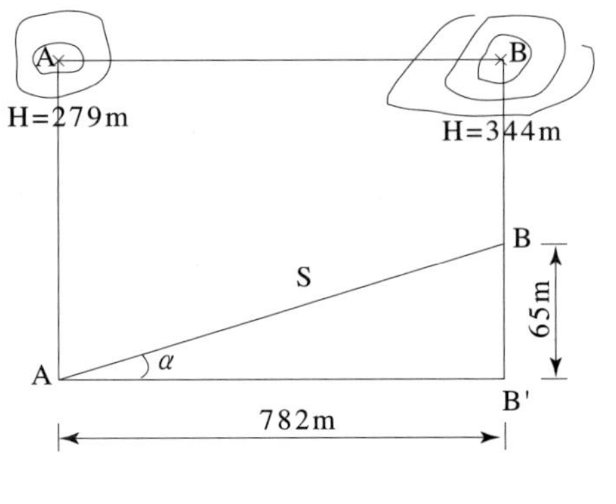

[그림 6-30] 경사거리와 높이의 관계

$\tan\alpha = h/l$에서 (h: 65.0m, l: 782.0m일 때)

$= 65.0/782.0$

$= 0.083120204 = 4°45'05''.45$

또 cos과 sin을 이용하여 검산해 봐도 동일한 값을 얻을 수 있다.

$\cos\alpha = 782/784.69675 = 0.99656332 = 4°45'05''.43$

$\sin\alpha = 65/784.69675 = 0.0828345 = 4°45'05''.45$

이와 같이 수평거리, 표고, 사거리, 수직각 중에 어떤 것이든 두 가지만 알 수 있다면 나머지는 계산에 의해 자유자재로 산출할 수 있다. 그러므로 지도에서 산출하기 쉬운 수평거리와 표고만 읽을 수 있다면 두 점 간의 관계를 정립할 수 있다.

또 지형도에는 일정한 규칙에 의해 표기된 등고선이 있는데 이들 각 등고선 사이에 있는 미지의 점을 구할 수 있다. 그러므로 임의의 지점에 대한 높이는 그 점을 끼고 있는 두 등고선의 자료를 취득하면 계산에 의해 산출이 가능하다.

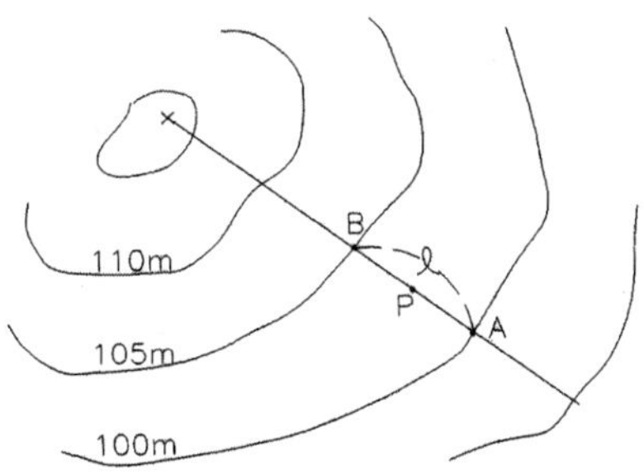

- 등고선의 경사각은 $\tan\alpha = \dfrac{h}{l}$
- h = 등고선의 고저차 (B−A = 5.0m)
- l = 등고선 간의 수평거리로서 도면에서 측정하는데 여기서는 20.0m로 함.
- 등고선 간의 경사각 $\tan\alpha = \dfrac{5}{20} = 0.25$
- 0.25를 각도로 계산하면 $14°02'10''.48$ 이 된다.

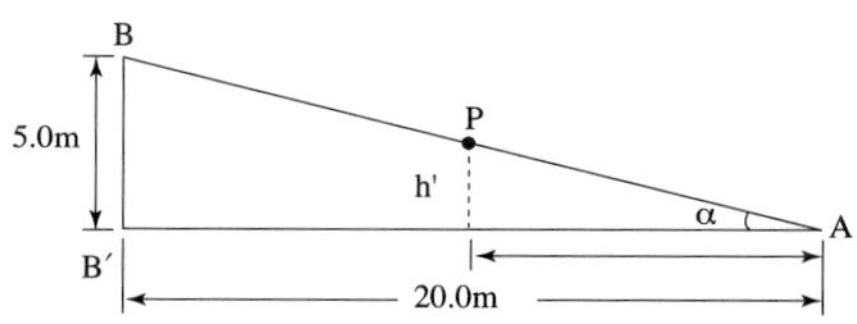

[그림 6-31] 등고선의 해법

A와 B 등고선 사이의 경사각이 구해졌기 때문에 A, B 선상에 있는 P점의 높이는 다음과 같이 구한다. 단, 이때 P점까지의 거리가 지도에서 9.0m로 측정되었다면,

20 : 5 = 9 : h′에서 h′ = 2.25m가 되어 점 P의 높이는 102.25m가 된다.

제 3 절 방향과 위치

1. 위치 찾기

산에 올라가서 여기가 어디일까? 하고 한참을 찾아본 일이 있을 것이다. 비록 지도가 있다고 한들 지도에 기초지식이 없는 사람은 지도상에 나타난 지형 · 지물의 기호 때문에 빠른 시간 내에 지형을 판독하기는 어려우며 설마 전문지식이 있다고 해도 나침반 등 보조장비가 없기 때문에 위치를 파악한다는 게 결코 쉬운 일이 아니다.

1) 후방교회법

평지에서는 독특한 지형 · 지물(시가지, 철도, 취락)이 있기 때문에 약간 높은 곳에 올라서면 지도상에서 판독하는 것은 그렇게 힘든 일이 아니지만 산 속에서는 그렇지 않다. 왜냐하면 등고선만 나타나 있기 때문에 계곡과 능선의 구분도 어렵고 사찰이나 독립가옥이 보인다고 해도 방향을 잡을 수 없기 때문이다. 그러므로 전문산악인이거나 독도법을 익힌 사람이 아니고서는 정확한 위치를 파악하기가 힘든 편이다. 이럴 때에는 전방이 잘 보이는 높은 장소나 능선으로 올라가 지도에 나타나 있는 먼 곳의 목표물 3~5개를 확인하여 후방교회법을 이용하여 위치를 찾아야 된다. 목표물로는 도로의 삼거리, 큰 건물, 저수지, 철탑, 산정 등 확실히 구분되는 곳을 골라야 되며 이들 목표물과 지도상의 기호로 표시(목표물)된 지형 · 지물을 일

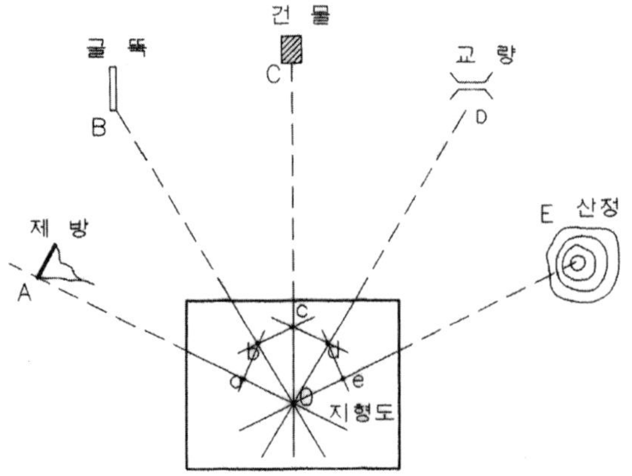

[그림 6-32] 후방교회법의 예시(보통 3개의 목표물을 선정함)

치시켜 미지의 점을 구하는 방법이다.

그림과 같이 지상의 목표물 A(제방), B(굴뚝), C(건물), D(교량), E(산정)와 지도상에 확인된 기호 a, b, c, d, e를 동일 선상으로 맞추어(시준하여) 길게 선을 연장하였을 때 만나는 O점(교점)이 구하고자 하는 미지의 점이다. 즉 A－a, B－b, C－c, D－d, E－e의 연장선을 찾아 표시한 O점이 내가 서있는 위치이며 이것은 평판측량의 후방교회법(평판, 측침, 앨리데이드가 있어야만 정확하게 위치를 찾을 수 있음)의 이론으로 산에서 개략의 위치를 확인할 수 있는 방법으로 이용된다.

만약 나침반이 있다면 점 O에서 북(N) 방위를 맞춘 다음 시계방향으로 65° 돌린 지점을 A라 하자. 다시 A지점으로 이동 후 북(N)을 기준으로 O방향으로(65° + 180°)돌리면 반대방향인 245°가 된다. 이때 OA선의 역방위는 245°가 되고 A지점에서도 방위각은 65°가 된다.

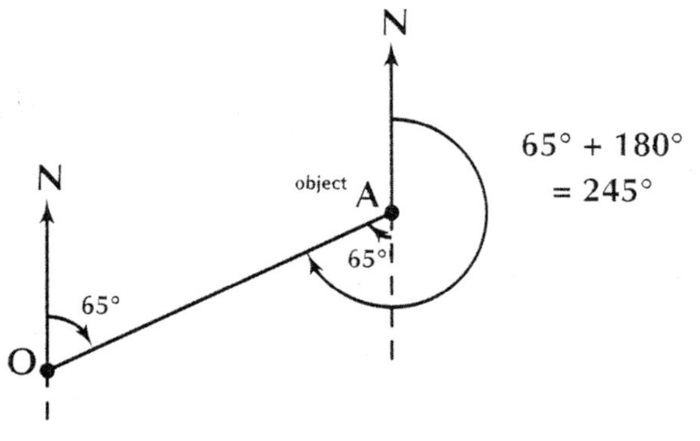

[그림 6-33] 역방위의 예시

2) 방향과 위치관계

두 점 간에는 반드시 방향과 거리가 있다. 이것은 1차원 좌표의 개념이지만 평면위치를 알면 2차원이 된다. 또 그 점에 대한 수직높이까지 알 수 있다면 3차원의 개념이 된다. 이와 같이 두 점 사이에 방향과 위치 그리고 고도(높이)는 서로가 뗄 수 없을 정도로 밀접한 관계를 가지고 있으며 덧붙여서 좌표까지 알 수 있다면 지도상에서 구하고자 하는 두 점 간의 관계를 확실히 정립할 수 있다.

그림 6-34에서 두 점 간의 수평거리, 사거리, 수직각, 높이 등의 관계를 살펴보자. 이때 A점에 대한 직각좌표를 알고 있다면 두 점 간의 방향(방위각)을 파악할 수 있을 뿐만 아니라 위치정보까지 알 수 있게 된다. 만약 A의 좌표 x = 3,150.00m, y = 1,290.00m이고, AB 사이의 측정값이 165° 05′ 30″라면 B지점의 좌표(X′, Y′)와 A B 상호간에는 다음과 같은 산술적인 관계가 성립된다.

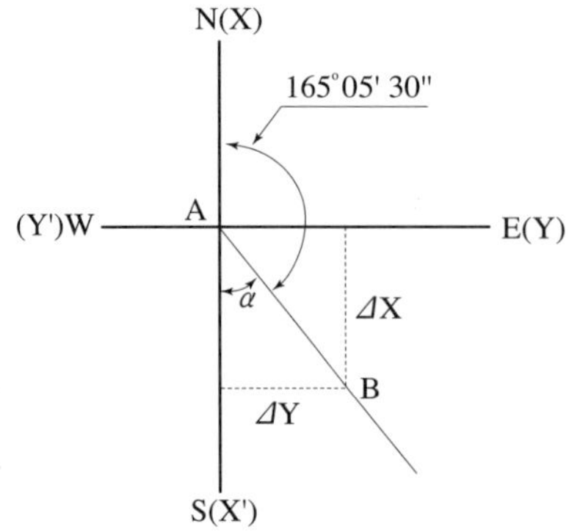

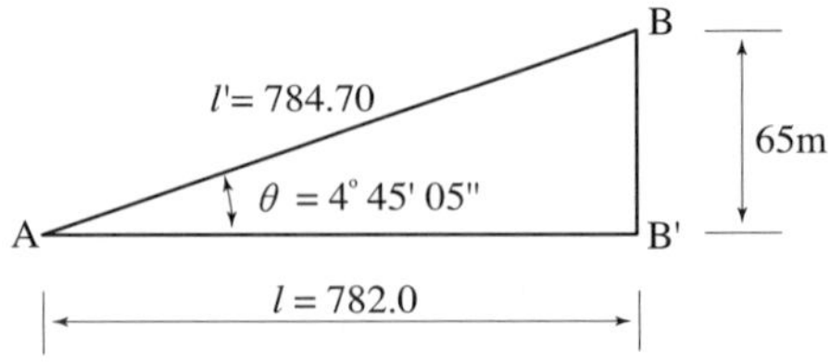

[그림 6-34] 두 점의 방향과 위치

위거(Δx) = AB cos α, 경거(Δy) = AB sin α 에서

Δx = 782.0×cos165° 05′ 30″ = −755.68+3,150.00 = 2,394.32m(B의 X좌표)

Δy = 782.0×sin165° 05′ 30″ = +201.19+1,290.00 = 1,491.19m(B의 Y좌표)

위의 계산에서 A~B 간의 거리, A에서 B까지 방향(또는 방위), A－B 두 지점의 높이, A와 B의 위치 좌표 등을 알았다. 복잡한 계산은 전문가에게 맡기고 위의 식을 응용하면 일반인들도 간단하게 두 점 상호간의 수평거리, 사거리, 수직거리, 방위, 위치좌표 등을 계산할 수 있다. 그러므로 두 점 간의 방향과 거리, 위치는 서로가 떨어질 수 없는 관계이다. 비록 어려운 수학공식을 동원하지 않더라도 간단한 가감승제를 이용하면 두 점의 관계가 정립된다. 또 몇자의 글자가 위치, 방향, 거리

[그림 6-35] 정동진역의 이정표(2000. 10. 동화사진)

정동진역의 위치는 경도 129° 02′ 06″이며 위도는 37° 41′ 19″이고 직각좌표는 경거(x)가 465,446.83m이며 위거(Y)는 202,831.87m이다. 서울의 광화문을 기준으로 계산해 보면 정동쪽은 현재의 정동진 북쪽 약 3.8km(정동진리와 안인진리의 경계 부근) 지점인 것으로 알려져 있다.

를 나타낸 옛문장을 하나 소개한다. 강릉정동거경육백리(江陵正東距京六百里)는 강릉(정동진)이 서울로부터 정동쪽방향 어촌(정동진)에 있다는 것을 암시하고 있는 용어이다. 또 서울서 강릉(정동진)까지는 약 600리 정도 된다는 것도 쉽게 알 수 있기 때문에 '강릉정동거경육백리' 라는 9글자는 위치(서울)와 방향(동쪽)과 거리(600리)를 동시에 알려주는 문장이라 할 수 있다.

3) 위치의 확인

1:50,000 모슬포지형도에 제주 본도와 부속 도서인 마라도와 가파도가 나타나 있다. 가파도가 본도로부터 2.2km 떨어져 있고 대정읍 소재지가 있는 항구로부터 약 5.4km란 것은 삼각스케일이나 지도 하단에 있는 막대스케일을 사용하여 측정할 수 있다. 그러나 마라도의 원위치는 모슬포 도곽에 나타나지 않고 외부에 벗어나 있는 것을 모슬포 도곽으로 옮겨 표시한 것이기 때문에 비록 동일 축척으로 모슬포 도곽 내에 있다 할지라도 모슬포로부터 떨어진 거리나 방향을 전혀 알 수 없다.

① 두 점의 위치

가파도(加波島)에 초등학교(본교)가 있으며 마라도(馬羅島)에는 가파초교 마라분교가 있는 것으로 볼 때 두 섬 간에는 하루에도 한 두 차례 정도의 정기 선박의 왕래가 있음을 알 수 있다. 가파도는 가로세로 약 1km로서 면적은 약 30만평 정도되며 최고봉의 해발고도가 20.4m(삼각점)되는 정사각형의 섬이다. 반면에 마라도는 남북의 길이가 약 1.4km, 동서의 길이가 0.5km 정도로 고구마같이 길쭉하게 생긴 섬이다.

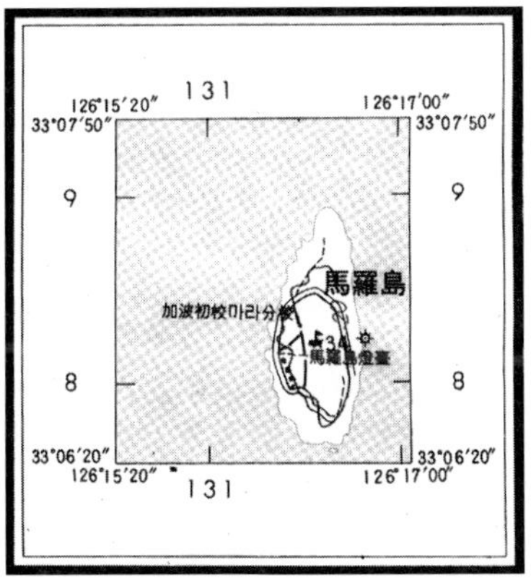

[그림 6-36] 마라도(1:50,000 모슬포)

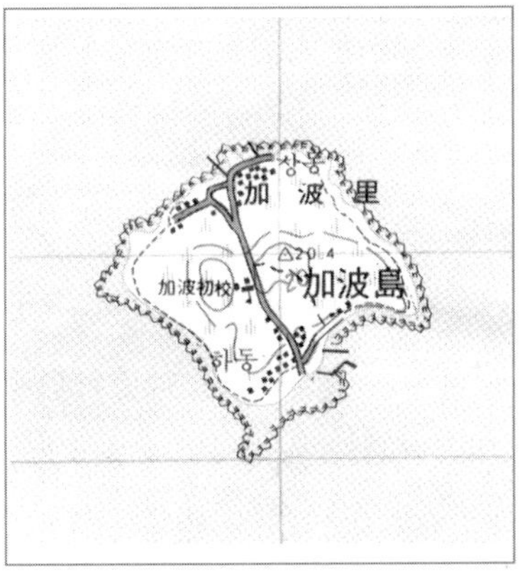

[그림 6-37] 가파도(1:50,000 모슬포)

이들 두 섬 간의 위치를 알아보면 가파도에는 국토지리정보원의 성과(삼각점)가 있지만 마라도에는 삼각점이 없기 때문에 두 섬 간의 계산은 지도에서 추출한 성과로 통일하여 계산하기로 한다. 또 이것은 측량 성과를 활용할 필요가 없는 일반인들이 쉽게 구할 수 있기 때문이다.

〈표 6-2〉 두 섬의 경위도 좌표 (1:50,000 지도에서 추출)

구 분	경 도	위 도
가파도(가파초교)	126° 16′ 32″	33° 09′ 55″(a)
마라도(마라분교)	126° 16′ 10″	33° 06′ 52″(b)
두 섬 간의 경도상의 차이	00° 00′ 22″(p)	

② 방위각과 거리의 계산

구하고자 하는 두 지점이 공학적(측량)으로 사용할 일이 아니면 두 지점의 좌표를 지도상에서 취득하는 것이 손쉬운 일이며 정확도면에서도 그렇게 나쁘지 않다고 생각된다.

〈표 6-3〉 두 섬의 직각좌표 (1:50,000 지도에서 추출)

구 분	경 거(X)	위 거 (Y)
가파도(가파초교)	13,870.00m	131,850.00m
마라도(마라분교)	8,230.00m	131,580.00m
차 이	(+) 5,640.00m (Δx)	(+) 270.00m (Δy)

두 섬 간의 방위각은 ($\tan \alpha$) $= \Delta y / \Delta x$ 에서

$= 270.00/5{,}640.00 = 0.0478723$

$= 2° 44′ 27″$(방위: Bearing)

경 · 위거의 부호가 (+,+)이기 때문에 1상한이며 이때는 방위가 바로 방위각이 된다. 즉 마라도에서 가파도를 바라보는 방위각은 2° 44′ 27″이고 가파도에서 마라도로 향하는 방위각은 역방위인 182° 44′ 27″이다. 위의 계산에서 보면 가파도에서 北(00° 00′ 00″)을 맞춘 다음 182° 44′ 27″를 우측방향으로 돌리면 마라도가 위치한다. 그리고 떨어진 거리는 경위도 좌표에 의해 산출이 가능하지만 여기서는 경위거차(x, y)를 이용해서 두 섬 간의 거리를 계산하면 다음과 같다.

$$D = \Delta x / \cos\alpha = 5{,}640.00 \;/\; 0.9988560 = 5.646.46\text{m}$$

$$D = \Delta y / \sin\alpha = 270.00 \;/\; 0.0478183 = 5{,}646.37\text{m}$$

$$D = \sqrt{\Delta x^2 + \Delta y^2} = \sqrt{5{,}640.00^2 + 270.00^2} = 5{,}646.46\text{m}$$

최근에 이러한 계산은 간단한 프로그램에 의해 쉽고 정확하게 계산된다. 그러나 지도를 자주 이용하는 많은 일반인들은 프로그램을 쉽게 구할 수 없을 뿐만 아니라 기술자들처럼 컴퓨터 프로그램에 의한 계산을 자주 사용하지 않기 때문에 본란에 기술하였다.

③ 위치정보의 제공

직각좌표로 계산한 거리(5,646m)는 지도상에서 추출한 자료이기 때문에 정확도는 떨어진다. 그러므로 지도상에서 얼마나 더 정확한 자료를 추출하느냐에 따라 실제의 거리에 가깝게 접근할 수 있다. 또는 각 섬에 있는 삼각점이나 수치지도에 나타나는 자료를 추출하여 계산에 응용하면 훨씬 더 정확한 값을 구할 수 있다. 결론적으로 두 섬 간의 거리는 가깝다. 그러므로 해수면의 만곡도(높이)가 약 50cm밖에 되지 않아 두 섬의 해안가에 서서 상대섬을 바라볼 수 있다. 1:50,000 모슬포 도곽 내에 있는 '마라도'는 모슬포 도곽과의 위치나 거리관계에 대한 정보가 아무것도 없으며 다만 장소만 제공받은 셈이다. 우리나라는 삼면이 바다이고 특히 서남해안에는 섬이 많은 편이다. 대정(모슬포)과 가파도 간의 위치파악은 지도 내에서 위치파악이 가능하기 때문에 두 점 간의 관계는 도시할 필요가 없다. 그러나 마라도와 같이 이웃 도곽에서 옮겨온 섬들은 본토로부터 떨어진 거리와 방향을 알 수 있도록 '가는 선'으로 표기해 준다면 지도를 사용하는 많은 사람들이 편리하게 이용할 것이다.

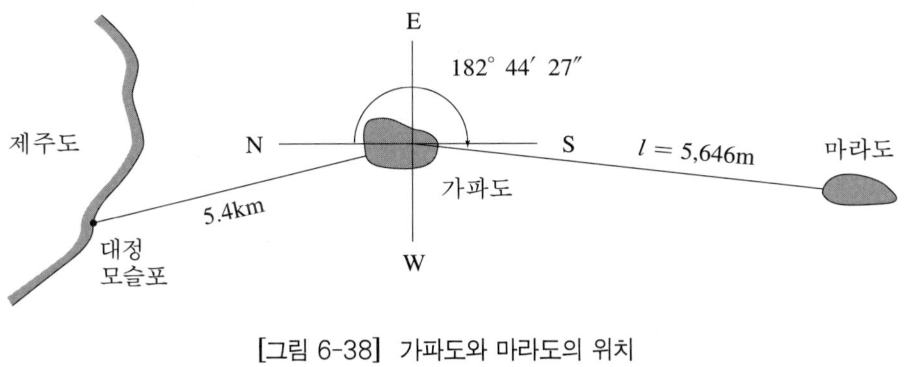

[그림 6-38] 가파도와 마라도의 위치

2. 방향과 각도

1) 각도와 호도

방향을 나타내는데 각도는 필수적이다. 이러한 각도에는 평면각(平面角: plane angle), 곡면각(曲面角: cuved surface angle), 입체각(立體角: solid angle) 등이 있으나 본서에서는 평면각 중 극히 일부에 대해서만 약술하기로 한다. 지도학이나 측량학에서는 주로 60진법(sexadesimal representation)과 호도법(弧度法: circular measure 혹은 radian)을 많이 사용하는데 원둘레를 360등분한 호(弧)에 대한 중심각을 도(°)로 표현하며 그 이하를 60진법에 의해 분(′), 초(″)로 표시한다.

$$\text{원둘레} = 360^\circ,\ 1\text{직각} = 90^\circ,\ 1^\circ = 60',\ 1' = 60''$$

한 원의 반지름과 같은 길이의 원호에 대한 중심각을 '1라디안(radian)' 이라고 부르며 이것을 단위로 하여 각의 크기를 결정하는 것을 '호도법' 이라고 한다.

$$\text{전원(全圓)} = 360^\circ = 2\pi\ \text{rad}(\pi = 3.14159)$$
$$1\text{rad} = 180^\circ/\pi = 57.2958^\circ = 206{,}265''(\varphi'')$$
$$1^\circ = 0.01745\text{rad},\ 1\text{직각} = \pi/2(\text{rad})$$

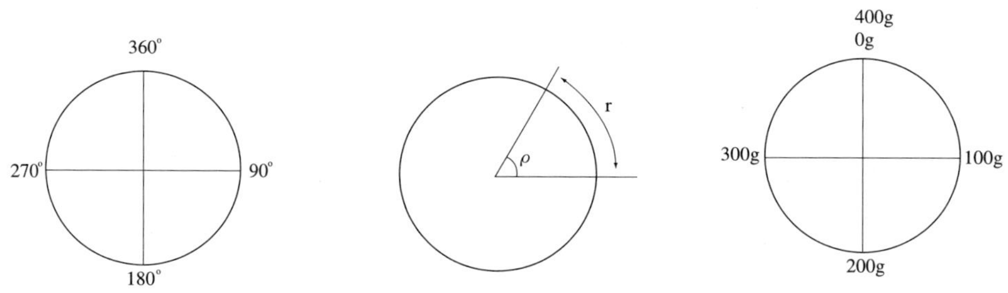

(도단위) (라디안단위) (그래이드단위)

[그림 6-39] 각도의 단위(1989, 김정호)

중심각 θ에 대응하는 원주상의 길이를 l라 하면 l과 θ는 비례하므로 θ 대신에 l/r을 사용하여 각을 표시할 수 있다.

r = 1인 경우 각도 θ°를 호도단위(1radian)로 표시하면 다음과 같다.

$$2\pi : 360^\circ = l : \theta^\circ \quad \therefore l = \gamma \frac{2\pi}{360}\theta^\circ = \gamma\theta\ rad$$

$$\frac{1(\text{라디안})}{\mathrm{r}} = \frac{360^\circ}{2\pi \mathrm{r}} = \frac{180^\circ}{\pi \mathrm{r}} = \frac{\rho^\circ}{\mathrm{r}} = \frac{\theta^\circ}{l}$$

$$\therefore \frac{\rho^\circ}{l} = \frac{\theta^\circ}{l}$$

각도	(라디안) $l = \mathrm{r} \cdot \theta$	(라디안) $\theta = \frac{l}{\mathrm{r}}$
θ°	$l = \mathrm{r} \cdot \frac{\theta^\circ}{\rho^\circ}$	$\theta^\circ = \frac{l}{\mathrm{r}} \cdot \rho^\circ$
θ'	$l = \mathrm{r} \cdot \frac{\theta'}{\rho'}$	$\theta' = \frac{l}{\mathrm{r}} \cdot \rho'$
θ''	$l = \mathrm{r} \cdot \frac{\theta''}{\rho''}$	$\theta'' = \frac{l}{\mathrm{r}} \cdot \rho''$

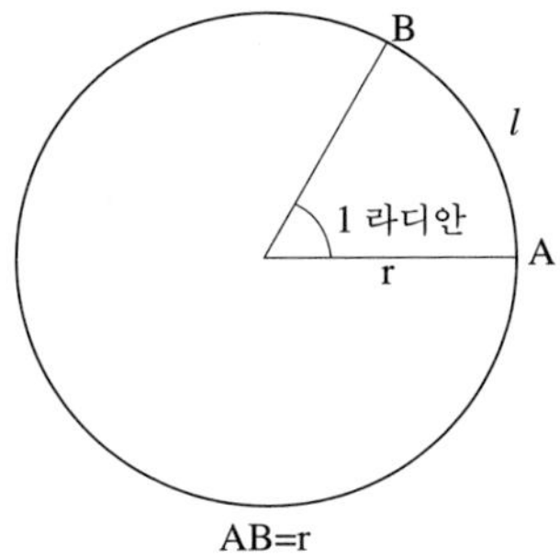

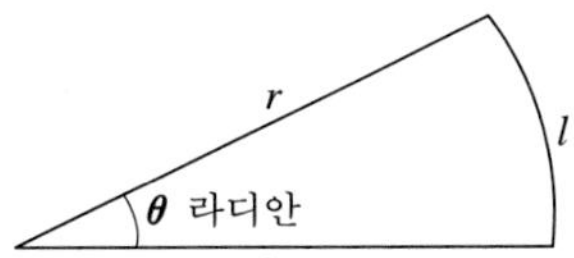

$$l = \mathrm{r} \cdot \theta \quad \mathrm{r} = \frac{\theta}{\rho}$$

즉, $\frac{\pi}{180} = \frac{1}{\rho^\circ}$이라 하면 $l = \frac{1}{\rho^\circ}\gamma\theta$ rad이 된다.

그리고 1rad을 1°, 1′, 1″로 표시하면 다음과 같다.

$\rho^\circ = 180^\circ/\pi = 57^\circ.29577951 \qquad 1^\circ = 0.017453293\text{rad} = 1/\rho^\circ$

$\rho' = 180\times 60'/\pi = 3437'746771 \qquad 1' = 0.000290888\text{rad} = 1/\rho'$

$\rho'' = 180\times60\times60''/\pi = 206264''.8062 \qquad 1'' = 0.000004848\text{rad} = 1/\rho''$

원주를 400등분한 호에 대한 중심각을 그레이드(g)로 정하고 그 이하를 100진법으로 나눈 센티그레이드(c), (cc)로 표시한다. 이러한 그레이드단위는 항공사진 측량과 유럽지역에서 주로 사용하고 있다.

원둘레 $= 400_g$, 1직각 $= 100_g$, $1_g = 100^C$, $1^C = 100^{CC}$

〈표 6-4〉 각도의 표시법

각 도	표 시	단 위	비 고
도(°)	DEG	$1^\circ = 60'$, $1' = 60''$	$\angle R = 90^\circ$
라디안(rad)	RAD		$\angle R = \frac{\pi}{2}$ rad
그레이드(g)	GRAD	$1_g = 100^{cc}$, $1^c = 100^{cc}$	$\angle R = 100^\circ$

2) 각도와 위치

지도를 펴놓고 방위나 방향을 구별할 때는 각도를 이용하는게 보통이다. 방향의 기준은 그림 6-40에서 보는 바와 같이 학교에서 배운 수학과는 달리 측량(지도)에서는 상한이 반대로 설정되어 있다. 방위를 표시한 그림 6-41을 보면 북을 기준으로 NS 선상에서 50°를 빼주면 130°가 되어 2번의 방위각이 된다. 이때의 방위표시는 S50°E로 나타내며 2번과 3번 사이의 내각은 50°와 30°를 합한 80°가 된다.

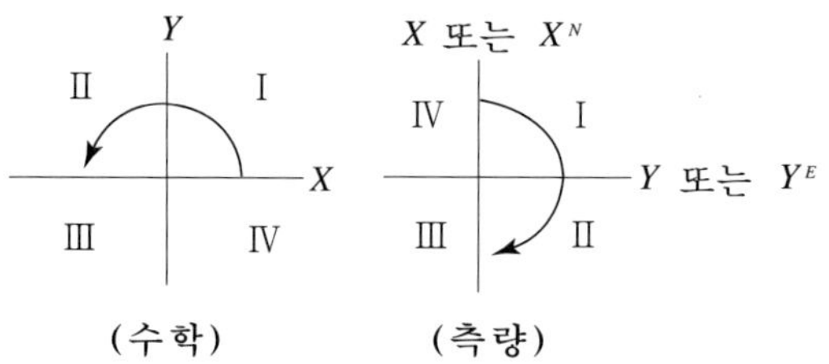

[그림 6-40] 수학과 측량의 상한

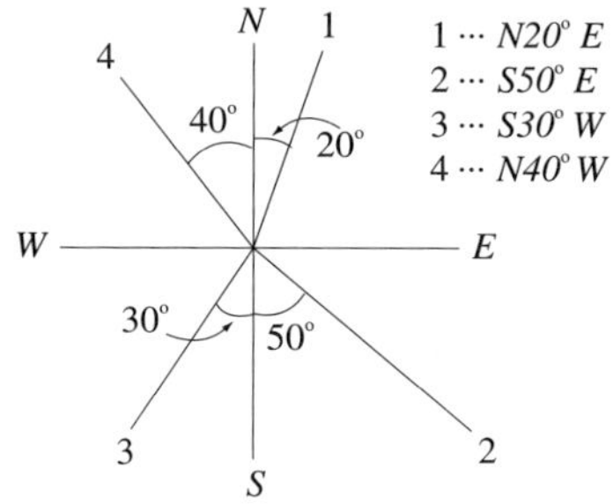

[그림 6-41] 방위의 상한

〈표 6-5〉 상한별 방향과 방위

구 분	1 상한	2 상한	3 상한	4 상한
방 향	NE	SE	SW	NW
방위계산법	방위각 = 방위	180° −방위각	방위각+180°	360° −방위각
방위각	20° 00′ 00″	130° 00′ 00″	210° 00′ 00″	320° 00′ 00″
방위	N20° E	S50° E	S30° W	N40° W

어떤 산정에 서서 나침반이나 측량기로 북(N)을 맞춘 (0° 00′ 00″)다음 목표하는 다른 점(A, B)의 방향으로 수평위치로 돌리면(각을 잰다고 함) 그때 얻어진 수평각이 곧 방향각이 된다. 이렇게 방향을 나타내는 동서남북 사이의 관계를 다음 그림 6-42와 같이 나타낼 수 있다.

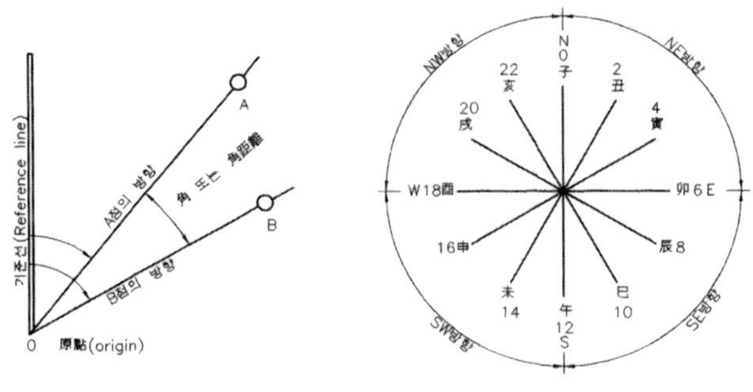

[그림 6-42] 방향각과 방향의 표시

3) 각도계산식

① 삼각형의 기초 해법

지도상에서 삼각형 모양의 어떤 3점에 대한 내각을 알기 위해서는 분도기에 의해 구할 수도 있겠지만 각 점의 길이를 스케일로 측정하여 계산에 의해 간접적으로 각을 구할 수 있다. 이때 내각 A, B, C를 이용하여 사인(sin), 코사인(cos), 탄젠트(tan) 법칙이 주로 이용된다.

- 삼각함수의 정의

$$\sin A = \frac{a}{c}$$

$$\cos A = \frac{b}{c}$$

$$\tan A = \frac{a}{b}$$

$$\cot A = \frac{b}{a}$$

$$\sec A = \frac{c}{b}$$

$$\text{coses } A = \frac{c}{a}$$

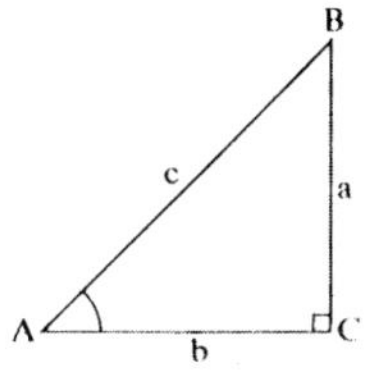

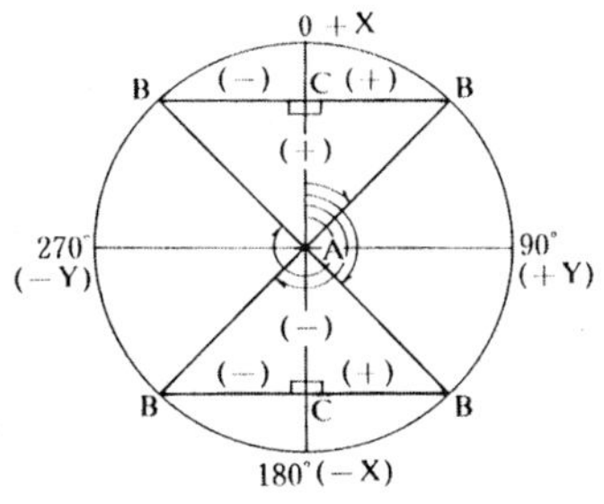

- 각 상한별 삼각함수의 부호

상 한	sin, cosec	cos, sec	tan, cot
Ⅰ	+	+	+
Ⅱ	+	−	−
Ⅲ	−	−	+
Ⅳ	−	+	−

△ABC에서 ∠A∠B∠C에 대응하는 변장을 a, b, c라고 하면 a/sin A = b/sin B = c/sin C이다. 이것을 사인 법칙 또는 사인비례식이라고 하며 각종 측정(측량)에 자주 이용된다. 또 △ABC의 외접원 중심을 0이라 하고 반지름 (r)CO의 연장과 외접원과의 교점을 A′ 라고 하면

$\angle CA'B = \angle A$

또, $\angle A'BC = 90^\circ$ 가 된다

$\therefore BC = CA \times \sin A$

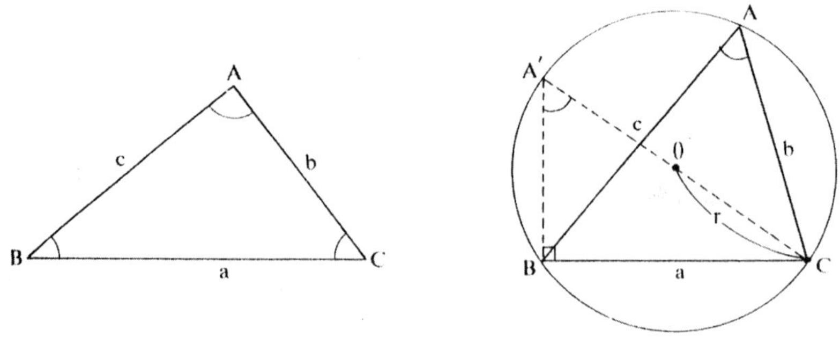

[그림 6-43] 삼각형의 해법

마찬가지로 하여

$$b = 2r \times \sin B$$

$$c = 2r \times \sin C$$

$a/\sin A = b/\sin B = c/\sin C = 2r$이 된다.

● 사인 법칙(정현 법칙)

$$\sin A = \frac{2}{bc} s(s-a)(s-b)(s-c)$$

$$\sin B = \frac{2}{Ac} s(s-a)(s-b)(s-c)$$

$$\sin C = \frac{2}{Ab} s(s-a)(s-b)(s-c)$$

● 코사인 법칙(여현 법칙)

사인 법칙으로부터 유도된 $a = 2r \sin A$, $b = 2r \sin B$, $c = 2r \sin C$를 이용하면

$$a = b \cos C + c \sin B$$

$$b = c \cos A + a \cos C$$

$$c = a \cos A + b \cos A$$

이 되는데 윗식을 코사인 제1법칙이라고 한다.

$$a^2 = b^2 + c^2 - 2bc \cos A$$

$$b^2 = c^2 + a^2 - 2ca \cos B$$

$$c^2 = a^2 + b^2 - 2ab \cos C$$

윗식을 코사인 제2법칙이라고 하며 또는 간단히 '코사인 법칙' 이라고 한다.

또, 세 변 a, b, c를 알면 다음 식이 성립한다.

$$\cos A = \frac{b^2+c^2-a^2}{2bc} \qquad A = \cos^{1}\left(\frac{b^2+c^2-a^2}{2bc}\right)$$

$$\cos B = \frac{c^2+a^2-b^2}{2ca} \qquad B = \cos^{1}\left(\frac{c^2+a^2-b^2}{2ca}\right)$$

$$\cos C = \frac{a^2+b^2-c^2}{2ab} \qquad C = \cos^{1}\left(\frac{a^2+b^2-c^2}{2ab}\right)$$

- 탄젠트 법칙(정접 법칙)

$$\tan\frac{A}{2} = \frac{(s-b)(s-c)}{s(s\text{-}a)}$$

$$\tan\frac{B}{2} = \frac{(s-a)(s-c)}{s(s\text{-}b)}$$

$$\tan\frac{C}{2} = \frac{(s-a)(s-b)}{s(s-c)}$$

② 특수각의 삼각함수

- ∠A = 30°일 때

꼭지점 B의 밑면 AC에 대칭점을 B′ 라고 하면 ΔABB′는 정삼각형으로 되므로 AB 길이의 비율을 2라고 하면 각 변의 길이는

$$AB = 2,\ BC = 1$$

$$\therefore AC = \sqrt{AB^2-BC^2} = \sqrt{2^2-1^2} = \sqrt{3} \text{ 이 된다}$$

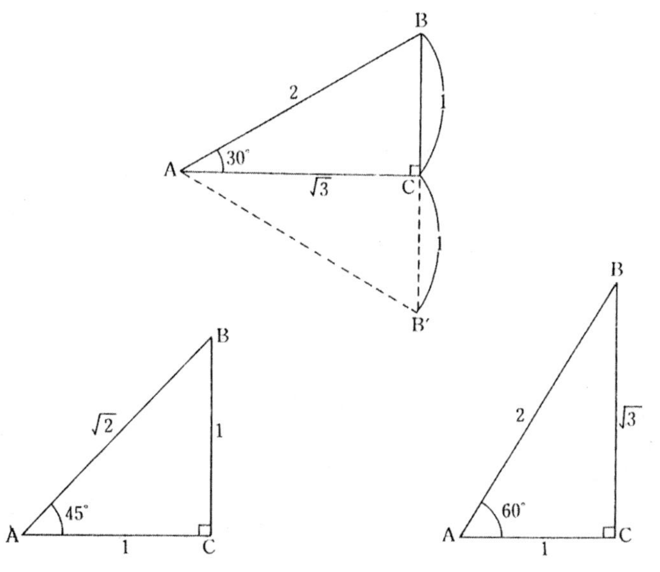

[그림 6-44] 30°, 45°, 60°의 변장비

- $\angle A = 45°$일 때

  $\angle ABC$은 직각이등변삼각형이므로 $AC = 1$이라고 하면

  $BC = 1$

  $AB = \sqrt{AC^2 + BC^2} = \sqrt{1^2 + 1^2} = \sqrt{2}$ 가 된다.

- $\angle A = 60°$일 때

  $AB = 2$라고 하면

  $AC = 1$

  $BC = \sqrt{AB^2 - AC^2} = \sqrt{2^2 - 1^2} = \sqrt{3}$ 이 된다.

이것들의 관계로부터 30°, 45°, 60° 등 특수각의 삼각함수값은 다음과 같다.

∠A / 삼각함수	0°	30°	45°	60°	90°	180°	270°	360°
sinA	0	1/2	$1/\sqrt{2}$	$\sqrt{3}/2$	1	0	−1	0
cosA	1	$\sqrt{3}/2$	$1/\sqrt{2}$	1/2	0	−1	0	1
tanA	0	$1\sqrt{3}$	1	$\sqrt{3}$	∞	0	∞	0
cotA	∞	$\sqrt{3}$	1	$1/\sqrt{3}$	0	∞	0	∞
secA	1	$2\sqrt{3}$	$\sqrt{2}$	2	∞	−1	∞	1
cosecA	∞	2	$\sqrt{2}$	$2/\sqrt{3}$	1	∞	−1	∞

참고: $\sqrt{2} = 1.41421$　$\sqrt{3} = 1.73205$　$2/\sqrt{3} = 1.15470$
$1/\sqrt{2} = 0.70711$　$1/\sqrt{3} = 0.57735$　$\sqrt{3/2} = 0.86603$

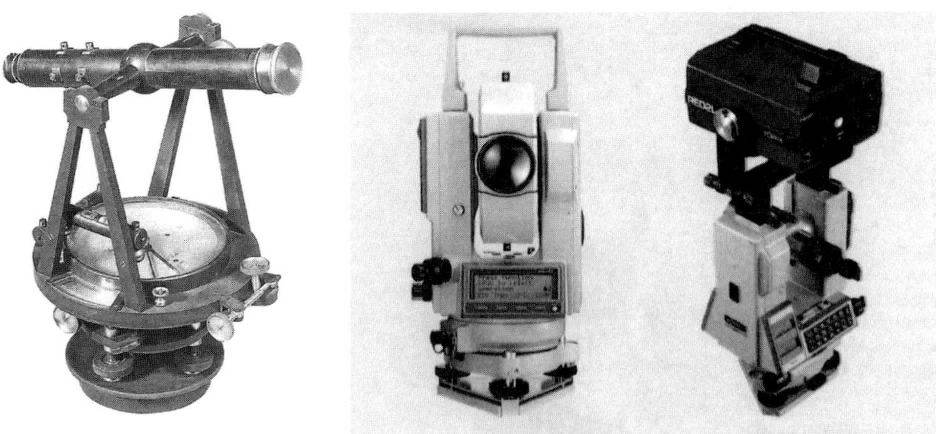

(a) 트란시트　(b) 데오드라이드　(c) EDM

[그림 6-45] 각도와 거리 측량기계

제 7 장

지형도에 나타난 지형특성

제 1 절 자연지형

1. 일반 지형

우리나라의 자연경관을 얘기할 때 흔히 금수강산(錦繡江山)이라는 말로 표현한다. 비단에 수를 놓은 듯이(錦: 비단금, 繡: 수를 놓다) 아름다운 산천(江山)을 뜻하는 말로 빼어난 자연의 경관을 일컫는 말이다. 그러나 지금은 도시화에 따른 지형의 파괴가 날로 심각하게 나타나서 금수강산이란 말이 어울리지 않는다.

전 국토의 약 70%가 산지로 형성된 우리나라는 1,000m 이상의 고지대는 대부분 북한에 편재되어 있고 남한의 평균고도는 500m 내외로 전세계 육지의 평균고도 875m보다 낮다. 지도에 나타난 우리나라 국토의 경사는 5% 미만의 평탄지가 약 23%에 불과하며 그마저도 서로 연결되지 않고 주요 산맥들에 의해 단절되어 그 규모가 작은 편이다. 서해안은 간석지를 인공적으로 매립한 간척평야가 많은 게 특징이며 동해안은 고산준봉 때문에 해안평야가 국지적으로 형성되어 있으며 남해안에는 국토면적에 비해 해안선의 길이가 길고 복잡한 리아스식 해안으로 이루어져 있는 것이 특징이다.

1) 산악지형

① 산과 산맥

한반도와 만주를 통틀어 백두산(2,744m)이 가장 높다. 한반도의 골격 역할을 하는 낭림산맥, 함경산맥, 태백산맥을 중심으로 뻗은 백두대간은 동해쪽으로는 좁고 급한 반면에 서쪽의 사면은 넓고 완만하다. 특히 북한지역에 높은 산과 산맥들이 많은데 강남산맥, 적유령산맥, 묘향산맥, 부전령산맥, 언진산맥, 멸악산맥, 마식령산맥 등이 있다.

해발 2,000m 이상의 산은 79개로 국토면적의 0.4% 불과하며, 2,000~1,500m는 264개, 1,500~1,000m까지의 산은 788개로 1,000m 이상이 총 1,131개소이다. 이 중 북한에 소재하고 있는 산이 87%인 984개이고 남한에는 147개뿐이다. 특히 함경남·북도에 위치한 산들이 전체의 40%인 454개이며 2,000m 이상의 산은 모두 이곳에 모여 있다. 한반도의 지붕이라고 하는 개마고원의 삼수갑산(三水甲山)은 우리나라에서 가장 후미진 산골짜기로 알려져 있는데 평균해발은 1,500m로 늦은 봄인

〈표 7-1〉 우리나라의 중요명산

위치	산이름(해발고도: m)
함경산맥	도정산(2,201), 관모봉(2,541), 궤상봉(2,333), 만탑산(2,205), 두류산(2,309), 검덕산(2,150), 희사봉(2,117), 옥련산(2,154)
마천령산맥 언진 및 멸악산맥	백두산(2,744), 남포태산(2,435), 관두봉(2136), 두류산(2399), 모도봉(1,833) 언진산(1,120), 물금산(1,110), 하람산(1,486), 멸악산(816)
낭림산맥, 강남 및 적유령산맥	희색봉(2,185), 맹부산(2,214), 소백산(2,184), 낭림산(2,014), 묘향산(1,909), 천마산(1,169), 비래봉(1,470), 비삼봉(1,833), 백암산(1,823), 피난덕산(1,316)
태백산맥(강원)	태백산(1,567), 금강산(1,638), 향로봉(1,293), 설악산(1,708), 옥녀봉(1,146) 오대산(1,563), 노인봉(1,338), 청옥산(1,404), 함백산(1,573), 육백산(1,244)
태백산맥(영남)	통고산(1,067), 백암산(1,004), 주왕산(721), 일월산(1,219), 보현산(1,124), 가지산(1,240), 천황산(1,189), 청량산(870), 금정산(802)
소백산맥	지리산(1,915), 소백산(1,439), 주흘산(1,106), 대덕산(1,290), 황학산(1,111), 속리산(1,058), 민주지산(1,242), 덕유산(1,614), 백운산(1,279), 가야산(1,430)
노령산맥	운장산(1,126), 서대산(904), 대둔산(878), 운장산(1,126), 모악산(794), 내장산(763), 방장산(734), 마이산(685), 태청산(593), 유달산(228)
차령산맥	계방산(1,577), 태기산(1,261), 치악산(1,288), 오갑산(609), 칠갑산(561), 칠현산(516), 서운산(547), 광덕산(699), 오서산(791), 성주산(680)
광주산맥	대성산(1,175), 광덕산(1,040), 명지산(1,267), 어은산(1,277), 적근산(1,073), 운악산(936), 천마산(812), 용마산(596), 청량산(480)
기 타	북한산(837), 관악산(632), 용문산(1,157), 계룡산(845), 한라산(1,950), 마니산(469), 무등산(1,187), 팔공산(1,193), 비슬산(1,084), 토함산(745), 남산(262)

5월에 눈이 완전히 녹고 7월에 다시 눈이 내린다고 전해진다.

또 우리나라는 예로부터 산을 신성시하여 오악(五嶽) 또는 사대명산(四大名山)같은 것을 정해 놓았으며 각 마을에는 진산(鎭山)으로부터 정기를 받는다는 미신적인 사상을 가진 산들이 있었다. '오악'은 삼각산(중악), 백두산(북악), 금강산(동악), 지리산(남악), 묘향산(서악)으로 불렸고 '四大名山'은 금강산, 지리산, 구월산, 묘향산을 일컫는다. 높은 산이나 유명산에는 백(白), 불(佛), 천(天), 황(皇), 왕(王), 용(龍), 비로(毘盧), 금강(金剛), 천황(天凰), 봉황(鳳凰)과 같이 불교와 관련된 산이름이 많은 편이다.

② 고개

옛날에는 고개가 인근 부락을 오가는 유일한 교통로였다. 고개가 뚫리기 전에도 사람들 간에도 왕래가 적어 말의 억양이 다르고 도시나 지방 간이 두절되기도 하였다. 그러나 지금은 장비와 기술의 발달로 새로운 도로가 개설되고 고개에 쉬어갈 수 있는 휴게소가 설치되는 등 고개에 대한 의미가 많이 달라졌다. 높은 고개도 대부분 북쪽에 분포하는데 남설령의 경우는 해발 2,150m나 되며 남쪽에서 가장 높은 고개는 강원도의 태백과 고한 사이의 싸리재로서 1,286m이다. 조령(새재: 642m)은 조선시대에 주요 교통로였으나 신작로가 이화령으로 넘어감에 따라 지금은 국토순례도로 이용되고 있다.

원산 부근의 마식령(788m)은 마식령산맥의 명칭을 있게 하였으며, 추가령(586m)은 추가령 구조곡의 명칭을 만들었다. 전북 고창의 노령(276m)은 노령산맥의 명칭을 만들었고, 조치원 부근의 차령(254m)도 차령산맥의 이름을 짓게 하였다. 또 제천의 박달령(457m)은 노래의 제목(울고넘는 박달재)이 되어 유명한 고개로 알려졌다. 또 추풍령의 높이는 비록 200m밖에 안되지만 우리나라에서 가장 먼저 고속도로 휴게소가 생기는 바람에 유명해진 고개이다. 서울과 과천 사이의 남태령(109m)도 작은 고개이지만 대도시 주변에 있기 때문에 이름이 알려진 고개이다.

〈표 7-2〉 우리나라의 고개

구간명	고개명	높이(m)	구간명	고개명	높이(m)
북청-풍산	후치령	1,335	양양-인제	한계령	920
신흥-풍산	금패령	1,676	주문진-진부	진부령	940
함흥-부전호	부전령	1,445	동해-정선	백복령	800
함흥-장진	황초령	1,200	태백-고한	싸리재	1,286
혜산-무산	허항령	1,401	울진-봉화	답운치	652
〃	최가령	1,572	영덕-안동	황장재	330
혜산-길주	남설령	2,150	안강-영천	시티재	190
단천-성진	마천령	873	단양-풍기	죽령	689
후창-장진	가릉령	1,441	충주-문경	이화령	543
강계-장진	아득령	1,479	영동-김천	추풍령	200
영원-정평	검산령	1,127	김천-무주	덕산재	640
원주-강릉	대관령	830	함양-장수	육십령	734
간성-인제	진부령	520	포천-화천	광덕현	664
속초-인제	미시령	767	인제-하진부	운두령	1,089

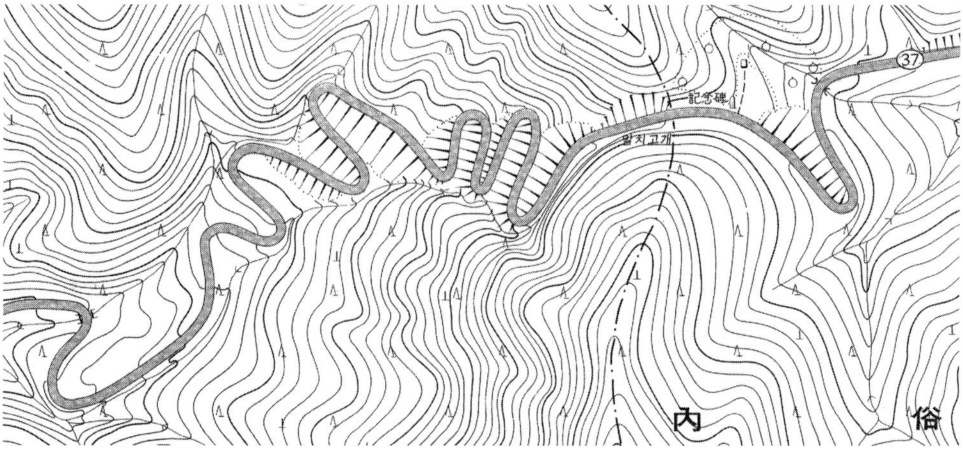

[그림 7-1] 국도37호의 내속리면 말티고개(1:5,000 관기002)

그 외에 강원도 금강산 부근의 단발령(824m), 회양군의 철령(685m), 함양에서 운봉 사이의 팔량치(513m) 등이 있다. 고개의 이름에서 가장 많은 영(嶺)은 '재' 또는 '산봉우리'의 뜻이며, 치(峙)는 '우뚝 솟다' 또는 '언덕'의 뜻이며, 재는 넘어 다니도록 길이 나있는 높은 '고개'의 뜻이므로 고개는 산 또는 언덕을 넘어다니게 하는 '비탈진 길'을 일컫는 말이다.

2) 평야지형

① 평야

전라남 · 북도지형도에 많이 나타나는 평야는 지형학적으로 규모에 관계없이 해발고도가 낮은 평탄한 지역을 일컬으나 비교적 넓은 면적에 약간의 기복과 경사를 가지며 주위지역에 비해 상대적으로 고도가 낮은 곳을 말한다. 또 평야는 사방 16km 범위에서 해발고도에 관계없이 국지적 기복이 150m 이내인 지역을 일컫기도 한다. 우리나라는 지형적으로 산지가 많아서 지평선이 사방으로 보일 정도의 넓은 평야는 없다. 평야는 주로 하천의 토사가 퇴적(堆積)되어 형성된 충적지(沖積地)로 된 충적평야가 많은 편인데 중요 평야로는 호남평야(김제, 만경평야), 논산평야, 예당평야, 평택평야, 김포평야, 나주평야, 김해평야 등이 있고 북한에도 평양평야, 재령평야, 안주평야, 용천평야 등이 있다. 이러한 평야를 현지 주민들은 '들' 또는 '벌'이라고 부르며 서해쪽에 발달한 대부분의 평야는 해발 5m에서 20m 내외의 낮은 평탄지형으로 이루어져 있다.

우리나라 최대의 호남평야는 동진강 하류의 김제평야와 만경강 하류의 만경평

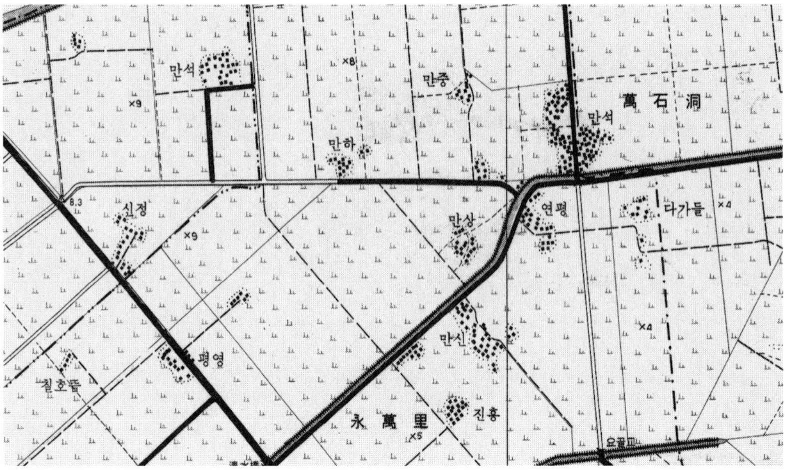

[그림 7-2] 호남평야의 일부(1:25,000 익산)

평야를 나타낸 지도의 일부로서 길(차도, 우마차로, 논뚝길)과 취락지(점기호)가 보이며 등고선은 표현되지 않았다. 대신에 논에는 높이를 나타내는 표고점이 있어서 부근의 해발고도를 파악할 수 있다.

야를 합쳐진 것인데 이 두 평야는 지형이 분리되어 있을 뿐만 아니라 논에 물을 대는 수리체계도 다르지만 호남평야라고 불린다.

김제평야는 김제, 정읍, 부안에 걸친 남한 제일의 평야로서 해발고도는 5m 내외로 동진강을 비롯한 정읍천, 고부천, 원평천 등이 평야의 가운데로 흐르는데, 만경평야는 만경강 상류의 대아저수지(大雅貯水池)가 1922년에 완공된 후 본격 개발되었다. 그 외에 낙동강 하류의 대산평야(大山平野)가 규모가 큰 편인데 이러한 평야들의 개발은 일제 강점기에 이루어졌다.

② 한반도의 하천(강)

지도에 가장 뚜렷이 표현되는 것 중에 하나가 하천이다. 하천은 강수에 의해 증발산량과 지하침투량을 제외한 순수한 지표수가 하도를 따라 흐르는 것을 말한다. 유수는 침식, 운반, 퇴적작용을 수행하면서 여러 가지 지형을 만들며 인간생활과도 밀접한 관련이 있다. 높은 산이 많으면 비례적으로 하천도 많다. 압록강, 두만강, 한강, 낙동강, 대동강, 금강은 유로의 길이가 400km 이상으로 우리나라의 6대 하천이다. 큰 강들은 발원지의 고도가 높기 때문에 구배가 급하며 그렇기 때문에 중상류의 좁은 골짜기는 감입곡류 부분이 많아서 유로연장도 긴 편이다. 우리나라의 하천법에 지정된 하천의 수는 직할하천이 62개, 지방하천이 55개, 준용하천이 3,807개로 총연장은 30,221km에 달한다.

한반도에서 가장 긴 압록강의 길이는 790km이며 남한에서는 낙동강으로 521km이다. 남한에서는 한강수계가 26,018km^{2}이며 낙동강 유역은 23,817km^{2}로 두

〈표 7-3〉 남한의 수계별 하천현황

수계별	유역면적(km²)	하천 총연장(km)							
		계		직할하천		지방하천		준용하천	
		개소	연장(km)	개소	연장(km)	개소	연장(km)	개소	연장(km)
한 강	26018.0	705	7256.67	15	813.50	12	552.80	678	5890.37
낙동강	23817.3	825	7460.16	10	829.50	10	190.50	805	6440.16
금 강	9810.4	503	3741.91	11	401.90	20	362.10	472	2977.91
영산강	3371.3	185	1472.22	5	197.10	2	46.20	178	1228.92
섬진강	4896.5	284	2071.37	3	237.30	1	22.00	280	1812.07
안성천	1699.6	103	622.20	4	87.60	-	-	99	534.60
만경강	1570.9	83	579.80	3	67.80	2	23.80	78	488.20
삽교천	1611.7	100	609.61	3	67.30	2	29.30	95	513.01
동진강	1000.4	87	446.20	4	69.80	1	18.90	82	357.50
형산강	1166.8	31	281.75	1	36.00	-	-	30	245.75
기 타	13784.6	1,058	5874.26	3	50.50	5	73.90	1,050	5749.86
계	88747.5	3,964	30416.15	62	2858.30	55	1319.50	3,847	26238.36

(자료: 건설부 수자원국)

강의 유역면적은 남한 총면적의 50%를 점하고 있으며 남한의 하천 총길이는 서울-부산길이의 10배 정도 된다. 그리고 북한에 있는 압록강의 유역은 31,739km²이고 대동강은 16,673km², 두만강은 10,513km²이며 그 이외의 강은 대부분이 5,000km² 미만으로 나타나 있다.

〈표 7-4〉 전국의 중요 하천의 유로연장 (단위: km)

하 천 명	연 장	하 천 명	연 장	하 천 명	연 장	하 천 명	연 장
압 록 강	790.4	청 천 강	212.8	성 천 강	98.6	길주남대천	98.5
두 만 강	520.5	섬 진 강	212.3	북청남대천	66.5	형 산 강	62.2
한 강	481.7	예 성 강	174.3	어 랑 천	103.4	안변남대천	82.0
낙 동 강	521.5	재 령 강	129.2	안 성 천	66.4	동 진 강	40.9
대 동 강	431.1	대 령 강	150.1	삽 교 천	61.0	수 성 천	67.4
금 강	395.9	영 산 강	136.0	만 경 강	74.1	용 흥 강	135.0
임 진 강	254.0	단천남대천	161.4	북 대 천	117.6		

(자료: 한국하천편람)

3) 특수 지형

① 선상지

선상지(扇狀地: alluvial fan)는 산간계곡을 흐르던 하천이 산록의 평지로 나올 때 운반력의 약화로 사력물질이 쌓여 이루어진 일종의 퇴적지형이다. 지형상의 현저한 특징은 등고선이 동심원상(同心圓狀)이면서 평면적으로는 부채를 펼친 형태이고 입체적으로는 밑부분이 넓고 높이가 낮은 원뿔모양이다. 그림 7-3(a)에서는 득곡저수지가 있는 계곡에서 흘러나온 사력물질이 득곡리, 주문리 일대를 부채꼴 평야로 형성한 선상지지형이다. 그 외에 경주 불국사, 관악산의 과천산록과 청계산, 구례 화엄사, 계룡산 신도내, 추가령계곡의 석왕사 등이 대표적이다.

일반적으로 퇴적지형보다 침식지형의 분포가 많으며 그 대표적인 형태가 산록완사면인 페디먼트(pediment)로서 건조지형이 사면에서 침식되어 완만한 경사 변환선이 나타나는데 배후에는 높고 급경사인 산록이 있고 그 아래쪽에 완만한 경사면이 넓게 형성된 지형으로 이루어져 있다.

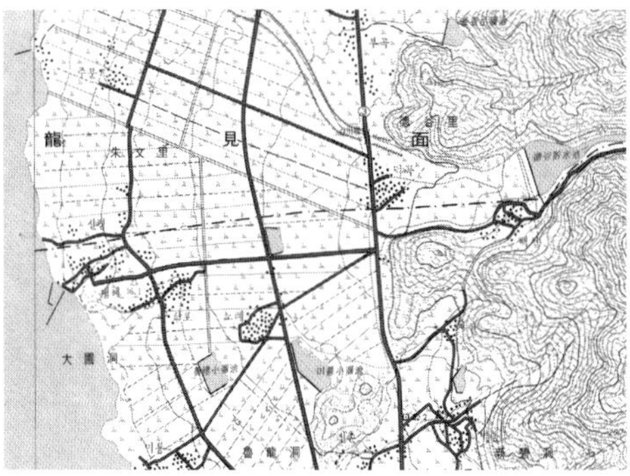

(a) 경남 사천

(b) 석왕사 부근

[그림 7-3] 부채꼴 모양의 선상지지형(1:25,000 삼천포와 지리부도)

② 고위평탄면

한반도는 전체적으로 태백산맥과 함경산맥을 중심으로 동쪽은 급경사면이 발달되어 있고 서쪽은 완만한 경사로 점차 낮아지면서 서해에 이른다. 태백산맥은 동해바다에서 보면 병풍을 두른 것처럼 가파르게 솟아 있다. 그러나 그 정상에는 기복이 작은 고원형의 지형이 곳곳에 나타난다. 특히 영동고속도로가 통과하는 대관령 부근의 횡계지역이 대표적이다. 그림 7-4에서 해발 1,173m의 매봉의 바로 아래인 횡계리에(해발 1,000m) 평지나 구릉지에서 볼 수 있는 목장과 복잡한 도로망

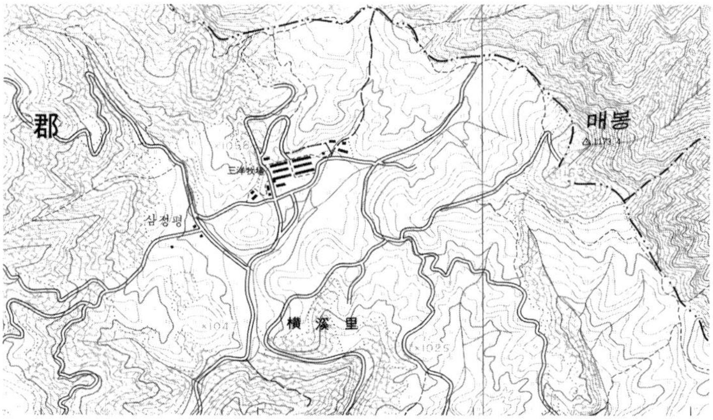

[그림 7-4] 고위평탄면(퇴곡 1:25,000 도엽)

을 확인할 수 있다. 이러한 지형이 오늘날 감자, 옥수수, 배추 등 고랭지농업지로 이용되며 대규모 목장으로도 개발되어 있다. 또 충주 부근에서는 해발 600~700m, 남한산성 부근에서는 해발 500m 내외에 고위평탄면이 나타나는데 남한산성은 고위평탄면에 쌓아올린 대표적인 성벽이다. 또 함경산맥의 북쪽에 있는 개마고원에는 아주 평평한 땅이 넓게 펼쳐지는데 대표적인 고위평탄면지형이다.

저위평탄면은 남한강 연변의 충주, 여주, 이천과 김포 등지에서 해발 50~100m 내외의 구릉성지형으로 이루어져 있고 강릉과 주문진 사이에 연속적으로 펼쳐지는 구릉성지형도 이에 해당된다. 서해안의 만경강과 동진강 사이의 해발 25m 내외의 김제지방에 형성된 지형도 준평원에 해당되는 저위평탄면이라고 할 수 있다.

【준평원】 원지형이 하천의 침식작용에 의해 저기복으로 평탄화된 종말지형을 준평원(準平原: peneplain)이라 하며 주로 온난습윤 지역에서 많이 볼 수 있다.

③ 카르스트지형

석회암이 녹아서 형성되는 카르스트(karst)지형은 산간지방에서 주로 볼 수 있다. 강원도의 영월, 평창, 삼척과 충북의 제천, 단양 등지에 발달되어 있다. 카르스트지형에는 여러 가지가 있으나 우리나라의 지표에는 움푹 패인 돌리네(doline)와 지하의 석회암동굴이 대표적이다. 돌리네지형은 단양, 영월, 삼척에 집중적으로 발달되어 있으며 대개는 밭으로 이용되는데 이를 단양에서는 못밭(池田), 삼척에서는 움밭(溝田)이라고 부른다. 그림 7-5에서 폐합된 등고선의 안쪽에 5mm 간격으로 1mm씩 tick된 곳이 돌리네지형의 표시이다. 그리고 단양군 어상천면의 무두리에는 희귀하게 '폴리에'가 나타나는데 이는 샘 카르스트(湧泉)로서 솟아나는 물이 작은

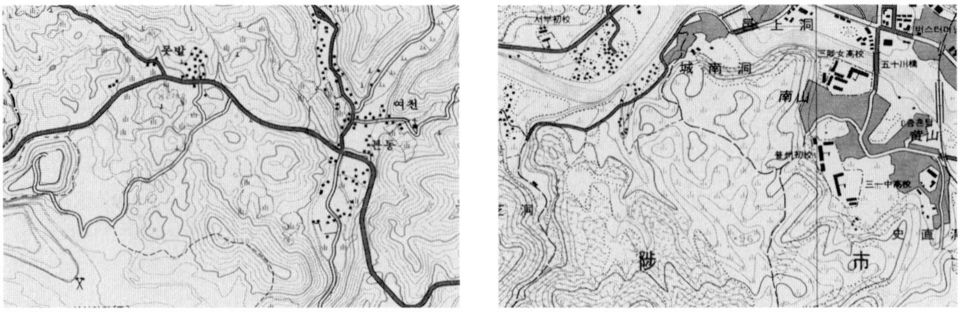

(a) 1:25,000 매포　　(b) 1:25,000 삼척

[그림 7-5] 돌리네지형

하천을 이루어 벼농사에 이용되며 그 물은 늪을 형성한 다음 동굴을 통해 바깥으로 빠져나간다.

【 폴리에 】 카르스트지형 중 비교적 넓고 길게 발달한 와디(wadi: 건조지역에서 호우시에만 일시적으로 발달하는 하천)를 말하며 일반적으로 수 개의 돌리네가 복합되어 형성되는 것으로 알려져 있다. 폴리에(polje)라는 용어는 유고슬라비아어로 밭(田)을 뜻하며 유고의 라반스키의 폴리에는 길이가 40km 폭이 6~8km나 된다.

④ 분지지형

화강암 분포지역의 또다른 특징으로는 분지를 들 수 있는데 경사가 완만한 지역에서 풍화작용에 의해 다른 암석보다 깊어지고 주변지역과는 차별된 침식양상을 보이는 지형을 말한다. 분지형 지형은 가조분지, 옥천분지, 청주분지, 나리분지 등이 대표적이다. 특히 가조분지는 면 전체가 이상봉(二上峰), 비계산(飛鷄山), 두로산(斗霧山), 오도산(吾道山), 숙성산(宿星山), 박유산(朴儒山) 등 해발 1,000m급의 높은 산으로 둘러싸여 있으며 평지가 해발 300m 정도 되는 전형적인 분지지형이다.

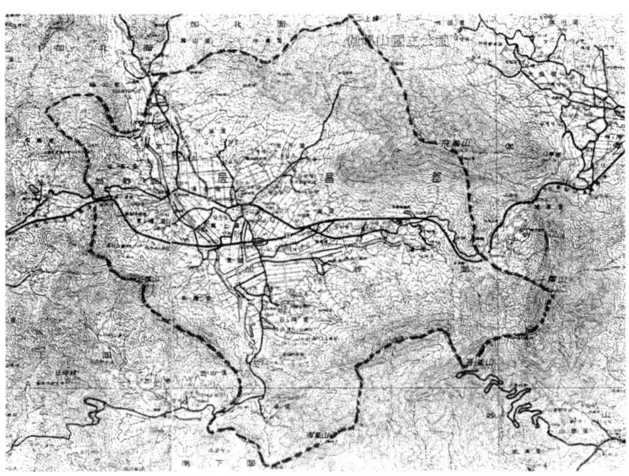

[그림 7-6] 가조지역의 분지지형

그 외에 집단적인 지류(논, 밭, 과수원)가 형성된 토지가 발견되는데 1:50,000 울진도엽을 보면 울진읍의 남쪽에 있는 왕피천으로부터 남쪽방향으로 신흥리와 득신리까지 약 9km 구간에는 폭 3~4km, 평균표고 150m의 대규모 구릉지가 약 천만 평 정도 나타난다. 동쪽으로는 동해바다와 접해 있고 북쪽은 왕피천, 남쪽과 서쪽은 해발 300~500m의 비교적 높은 산으로 둘러싸여 있는 집단적인 지류 지역이 나타나는데 지도를 판독하다 보면 등고선의 높이에 따른 시각효과로 금방 판독할 수 있다.

4) 하천지형

하천은 하도의 형태에 따라 직류(直流)하천, 곡류(曲流)하천, 망류(網流)하천으로 분류하며 곡류하천은 다시 자유곡류하천과 감입곡류하천으로 구분할 수 있다. 망류하천은 하천의 토사가 운반력에 비하여 많을 때 하상에 퇴적현상이 일어나면서 유로가 여러 갈래로 나뉘어 만들어진 것을 말한다. 하천에는 그 외에도 여러가지 퇴적지형이 만들어지는데 범람원, 천정천, 자연제방, 삼각주 등이 나타난다.

① 감입곡류

곡류(meander)현상은 대하천보다 대하천으로 합류하는 소하천에 잘 발달되어 있다. 기반암에 대해 침식이 잘 이루어지는 상류지역에서 하천을 깊게 파이게 하는 감입곡류(嵌入曲流: incised entrenched, inherited meander)는 뱀이 땅 위에서 기어가는 모습과 같이 구불구불한데 좁고 깊은 편이다. 삼척의 오십천, 안동의 반변천, 울진의 왕피천 등이 대표적이다. 감입곡류로 생긴 골짜기와 같은 선형으로 건설되는 도로는 경관은 좋을지 모르지만 도로의 연장이 길어지고 홍수시에 무너지기 쉬워서 유지 · 관리에 어려움이 따르는 단점이 있다.

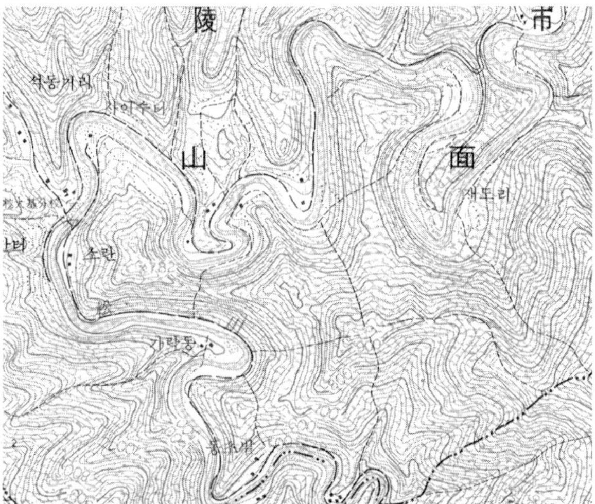

[그림 7-7] 감입곡류하천(1:50,000 도암)

② 삼각주

하천의 퇴적물(모래)이 해안의 파도나 조류에 의하여 바다로 흘러가지 못하고 하구에 누적되어 형성되는 것을 삼각주라고 하는데, 포항시의 남구 일부분은 삼각주(三角州: delta) 위에 형성된 대표적인 도시이다. 그렇기 때문에 죽도동(竹島洞), 해도동(海島洞), 대도동(大島洞), 상도동(上島洞), 송도동(松島洞)과 같이 섬(島)지명이 많다. 그 외에 울산의 태화강삼각주, 낙동강삼각주를 비롯한 전국의 강 하구에 크고 작은 삼각주(섬)가 많이 발달되어 있다.

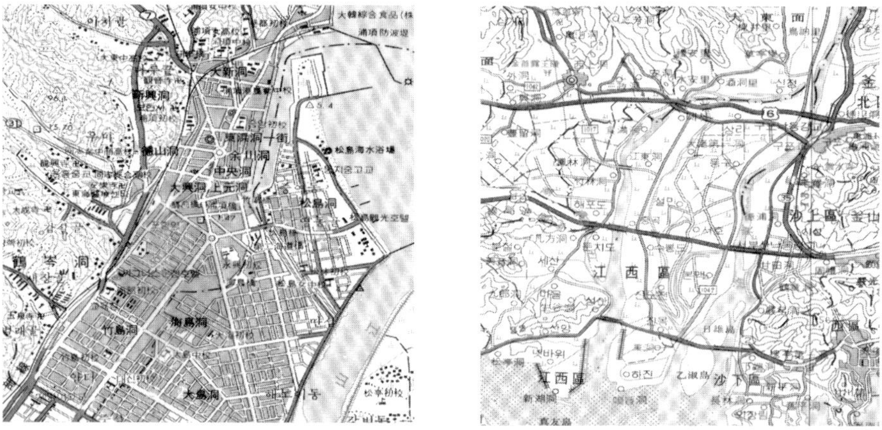

(a) 1:50,000 포항 (b) 1:250,000 부산

[그림 7-8] 삼각주

③ 구하도

수백 년 전부터 흘러오던 하천이 큰 홍수로 유로의 위치가 수백 m씩 옮겨지거나 유수의 급격한 감소로 유로의 변경이 일어난 것을 구하도(具河道: inherited channel)라고 한다. 또 굽이치는 하천에 인위적으로 직강공사를 함으로써 생기는

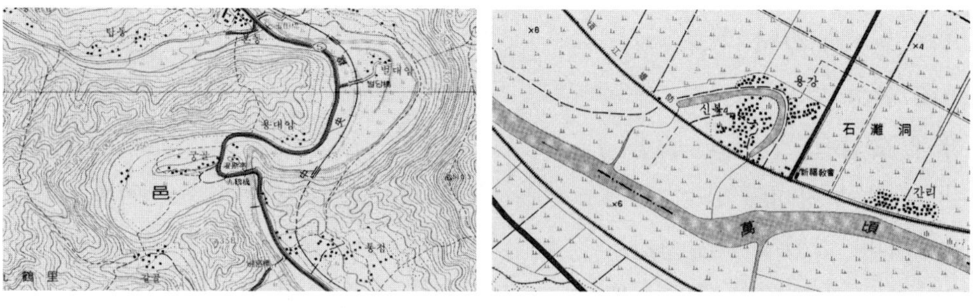

(a) 자연유하(1:25,000 신림) (b) 하천직강(1:25,000 익산)

[그림 7-9] 구하도

것도 일종의 구하도라고 할 수 있다. 그림 7-9(a)의 궁골마을은 예전에는 하천으로 둘러쌓인 지형이었지만 유로의 변경으로 지금은 농경지로 이용되고 있으며 (b)는 만경강 인근의 신복, 용강부락으로 예전에는 강이 마을 중간으로 흘렀으나 인위적으로 제방(직강공사)을 쌓는 바람에 지금은 하천의 본류가 아닌 샛강으로 전락되어 있는 모습이다.

④ 하안단구와 천정천

대하천 중상류에는 홍수시 하천의 범람수위보다 높아 피해를 보지 않는 계단 형태의 하안단구(河岸段丘: river terrace)가 발달되어 있다. 하안단구는 일반적으로 하천양안을 따라 나타나며 현재 하천이 아닌 곳에서도 볼 수 있다. 이러한 경우는 과거의 유로를 찾아볼 수 있는 좋은 증거가 된다. 하안단구는 하곡이 침식을 받아 넓어진 다음 소규모로 지반이 융기되어 생긴 지형으로 동해사면을 흘러내리는 하천 연안에 많이 나타난다. 이러한 땅은 대부분이 논으로 이용되며 한강, 금강 등 서해로 유입하는 대하천의 하류에서도 가끔 확인이 된다. 이들 하안단구는 고도가 낮은 데다가 넓게 발달되어 있어서 다른 지형과 식별이 쉽지 않으며 한강 하류의 미사리 맞은편의 하남시 신장동과 금강 하류의 부여읍 군수리에서도 확인된다.

천정천(天井川: raised bed river)은 하천의 퇴적작용에 의해 하상이 주변 평야보다 높아진 하천을 말하는데 천정천은 범람이 자주 일어나기 때문에 이를 방지하기 위하여 제방을 축조하게 되고 이는 다시 하천퇴적을 조장하여 천정천의 하상은 계속 높아진다. 우리나라에는 낮은 산이나 구릉지에서 흘러나오는 작은 하천(도랑)에서 많이 볼 수 있으며 중국의 황하하류는 주변보다 약 7m 이상 높아진 곳도 있다.

【 융기 】 지각이 넓은 범위에 걸쳐 수직방향으로 상승하는 것을 융기(隆起: elevation)라고 말하며, 융기의 반대(상대)되는 용어는 침강(沈降)이다. 이러한 융기로 육지가 넓어지기도 하고 좁아지기도 하며 우리나라에는 장항의 일부지역에서 융기가 확인된 바 있다

2. 화산지형

지난 500여 년 동안 지구에서는 화산폭발로 인하여 약 20만명 이상이 희생되었다. 이러한 화산폭발은 인류에게 피해를 주기도 하지만 열에너지 이용 측면에서는 도움을 주기도 한다. 특히 뉴질랜드에서는 지하의 열에너지(동력원)를 이용하여 지열발전소까지 운영하고 있으며 각 도시마다 질 좋은 온천수가 나오기 때문에 주

민들의 여가 이용측면에서도 긍정적이다. 또 화산재가 양질의 토양이 되는 경우도 있으며 화산쇄설물이 토목 · 건축용 자재로 이용되기도 한다. 지구 내부의 에너지는 끊임없이 지진이나 화산활동을 통해 지표 밖으로 나오는데 이렇게 분출되는 화산은 활화산(active volcano), 휴화산(dormant volcano), 사화산(extinct volcano)으로 구분된다. 우리나라의 지형도상에는 순상화산(楯狀火山), 종상화산(鐘狀火山), 마르, 칼데라, 용암(鎔巖)대지 등의 흔적을 찾을 수 있으며 그 외에 용암동굴(lava tunnel), 주상절리, 암설구지형(pyroclastic cone), 성층화산(strato volcano) 등도 화산으로 형성된 지형이다.

1) 용암과 용암대지

① 용암의 형성

화산이 분출할 때 화산가스(대부분은 수증기로 60~90% 됨), 용암, 고체상태의 화산쇄설물(화산암괴, 화산력, 화산회, 화산진), 부석, 암재, 분석, 화산탄 등이 동시에 분출되며 이들은 고체, 액체, 기체로 나눌 수 있다. 화산분출시 가스는 이산화탄소, 황화수소, 아황산가스, 염소, 수소, 산소 등으로 구성되어 있는 기체성분과 액체성분의 마그마(magma)가 지표에 흘러나오는데 이 물질을 용암(熔岩)이라고 한다. 용암의 온도는 가스의 함량에 따라 다르나 보통은 800~1200°C 정도 된다. 용암은 일반적으로 현무암과 같은 암석을 만들며 이들 현무암질 용암은 화산분출시 완만한 경사를 따라 먼 거리까지 흘러내려가 넓고 평탄한 대지(용암평원 혹은 용암대지)를 만들기도 한다.

현무암질 용암은 굳어지기 직전의 형태에 따라 괴상용암(block lava)과 새끼모양의 로피용암(ropy)으로 나눌 수 있다. 이들 명칭은 하와이의 아아용암(aa lava)과 파호에호에 용암(pahoehoe lava)에서 유래되었으며 파호에호에 용암은 바다나 호

[그림 7-10] 제주도 중문 해안의 주상절리(1997, 김용수)

수, 하천으로 흘러들어가면서 갑자기 식어 베게(pillow lava)모양의 용암이 된 것도 있다. 또한 용암이 흘러 들어갈 때 표면과 내부의 식는 속도가 다른데 내부는 빨리 응고(凝固)되지 않기 때문에 터널모양의 빈 공간이 만들어진다. 이것을 용암동굴(lava tunnel)이라 하며 제주도의 만장굴, 쌍용굴은 세계적으로 유명하다. 그 외에 제주의 중문 해안(대포동 지삿개바위)이나 한탄강 연안 등에는 용암으로 형성된 주상절리가 많이 발달되어 있으며 1997년에 발견된 달전리(포항시 남구 연일읍)의 주상절리는 높이가 20m, 폭이 100m 규모로 천연기념물 제415호로 지정되어 있다.

【 주상절리 】 암괴나 지층에 있어서 기둥모양의 절리가 지표에 대해 수직으로 형성되어 있는 형태를 말한다. 주상절리(柱狀節理)는 용암이 분출되어 굳어진 화산암지역에 생성되며 약 200~300만년 전인 신생대 때에 암석이 지각변동의 압력에 의해 돌기둥모양으로 변형되어 형성되었다. 주로 6각형의 형태로서 울릉도의 관음도(깍새섬), 서귀포 중문동, 포항시 달전리, 한탄강 연안 등에 발달되어 있으며 서귀포의 주상절리(columnar joint)는 유명한 관광지가 되어 있다.

② 용암대지

화산분출시 고온의 현무암질 용암은 지표 밖으로 분출된 후에도 높은 화산체로 형성되기보다는 넓은 지역으로 흘러서 경사가 완만한 용암평원(lava plain)이나 용암대지(熔岩臺地: lava plateau)를 형성한다. 백두산을 중심으로 개마고원과 만주까지 넓게 발달된 백두 용암대지의 평균 해발고도는 1,400m이고 동서가 240km, 남북이 400km에 달하며, 용암대지를 형성한 현무암층의 평균두께는 200~600m 정도 된다. 또 철원-평강 용암대지는 평강 남서쪽 약 4km 지점에 있는 오리산(452m)과 검불랑 북동쪽 약 5km 지점에 있는 해발 680m의 화산에서 흘러나온 것으로 추정된다. 이 용암은 임진강의 지류인 한탄강의 하곡을 메우면서 남서쪽으로 흘러 철원과 전곡을 지난 후 파주의 율곡리까지 흘러내려 넓은 용암대지를 이루어 놓았다. 그 외에 길이가 약 20km에 이르는 신계-곡산 용암대지도 같은 시기에 형성된 것으로 알려져 있다.

[그림 7-11] 평강군 일대의 용암대지

(1:250,000 남천점)

2) 화산지형

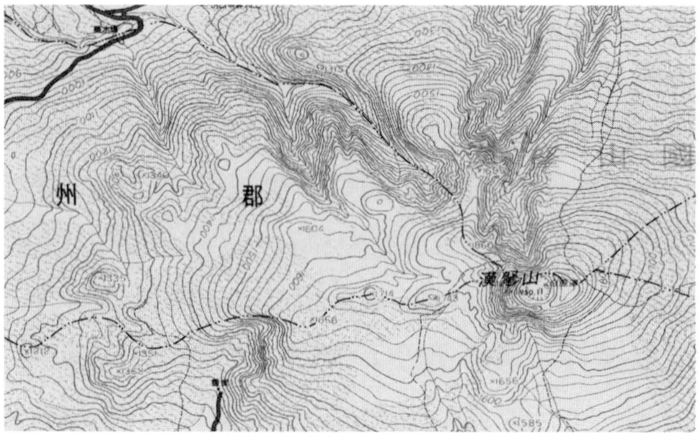

[그림 7-12] 한라산 정상 부근의 화산지형(1:50,000 서귀)

화산체는 1회의 화산 활동으로 형성되는 경우도 있으나 대부분은 수십만 년 동안 여러 번의 분출이 반복되면서 쌓여 형성된다. 예를 들면 제주도의 화산에는 약 100만년 이전부터 화산활동이 시작되어 수만 년 전까지 화산활동이 반복되어 이루어진 것이다. 그 사이에 많은 분화구에서 수백 회 이상의 활동이 반복되면서 많은 양의 용암과 화산쇄설물이 분출되어 제주도가 형성되었다.

① 순상화산

현무암질 용암은 점성이 작아 유동성이 매우 크다. 따라서 화구에서 흘러나온 용암은 멀리까지 흘러 10° 이하의 완만한 경사를 갖는 화산체를 만든다. 이러한 화산체를 방패모양으로 생겼다고 하여 순상화산(楯狀火山: shield volcano)이라고 하며 제주도의 한라산은 순상화산의 대표적인 예이다. 순상화산은 오랜 기간에 걸쳐서 수십 또는 수백 회 이상의 용암이 겹겹이 쌓여서 형성되기 때문에 한 번의 용암 두께는 보통 6~8m를 넘지 못한다.

② 종상화산

일명 용암원추구(lava cone)라고 하는 종상화산(tholoide)은 화산활동이 거의 끝날 무렵 화산 밑에 저장된 가스의 압력이 강력하게 폭발을 일으킬 힘은 없지만 화

[그림 7-13] 산방산의 모습(1999. 5. 동화사진)

도를 메우고 있는 점성이 큰 용암을 화구 위로 밀어올릴 수는 있다. 이때 화구에서 밀려나온 용암류가 화구로부터 멀리 흘러내리지 못하고 다시 화구를 메우던가 도움모양으로 화산체를 형성한다. 제주도 한라산은 전체적으로는 순상화산이지만 백록담 부근에는 최후에 돌출물이 분출하여 생긴 종상화산체를 이루었고 인근의 산방산도 전형적인 종상화산체라고 할 수 있다. 울릉도는 섬 전체가 용암원추구 형상의 종상화산체이다.

③ 기타 화산

화산의 폭발로 화구에서 분출된 화산쇄설물이 화구를 중심으로 쌓여 생긴 원추구(圓錐丘)를 암설구(pyroclastic cone)라고 한다. 암설구는 보통 200~300m 높이가 많으며 정상에는 깔대기모양의 화구(crater)가 있는 것이 많다. 또 암설구가 분석으로 되어 있으면 분석구(cinder cone)라고 한다. 제주도에는 기생화산(parasitic cone)이 많은 이들 중 어승생악(250m), 성판악(145m)과 같이 큰 것도 있지만 10m 정도에 불과한 것도 많다. 이들 대부분이 분석구(噴石丘)로서 정상은 원형으로 된 분화구로 이루어져 있으며 드물게는 물이 고여 있는 곳도 다수 발견된다.

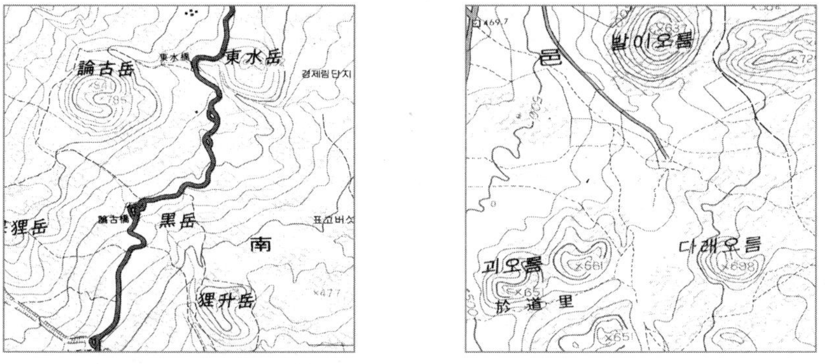

[그림 7-14] '악(岳)' 혹은 '오름'으로 표기된 기생화산들(1:50,000 서귀)

【분석구】화구로부터 분출되는 화산쇄설물 중 모양이 불규칙하고 직경이 4~32mm 사이의 적갈색 다공질 쇄설물(噴石)이 퇴적하여 형성된 소형 화산체이다.

화산이 활동할 때 나오는 분출물에서 용암과 쇄설물이 번갈아 나와 쌓이면서 점차 큰 화산체를 이루는 성층화산(成層火山)이 있다. 성층화산은 주로 외국의 규모가 큰 화산 중에 많으며 그 대표적인 예로 인도네시아 자바의 Merapi(2,949m), 필리핀의 Mayon(2,421m), 일본의 후지산(3,776m), 멕시코의 Popocateptl(5,452m), 에콰도르의 Cotopaxi(5,978m) 화산 등이 있다.

④ 마르(maar)

화산지대에 있는 큰 웅덩이로 화구주위는 낮고 밋밋한 언덕을 형성할 뿐 화산의 폭발흔적은 없다. 이것은 단지 용암 밑에 모여 있던 가스가 폭발하여 함몰된 것으로 추정하며 화산쇄설물이나 용암류의 분출은 거의 없었던 화산지형이다. 제주도의 산굼부리분화구(maar)는 그 대표적인 예로서 화구는 깊이에 비해 매우 넓다. 천연기념물 제263호인 산굼부리분화구는 해발 약 400m의 평지에 생긴 구멍(화구)으로 그 깊이는 약 100m 정도이며 밑바닥은 해발 308m이다. 화구 주위의 높이는 15~25m이며 화구의 지름이 600~650m이고 둘레는 약 2km 되는 전형적인 마르이다.

[그림 7-15] 산굼부리(사진과 지도)

⑤ 칼데라

화산체의 중심부 또는 화산이 폭발된 가까운 지역에 원형의 웅덩이처럼 함몰되어 평평한 지형을 나타낸 것을 칼데라(caldera)라고 하며, 내부쪽에는 수직 또는 급경사의 벽(높은 산)으로 둘러싸여 분화구에 비해 규모가 훨씬 크다. 분화구의 직경은 대개 1km를 넘지 않으나 칼데라는 수십 km에 달하는 것도 있다. 칼데라의 생성원인은 몇 가지 설이 있다. 즉 함몰설, 폭발설, 침식설 등이다. 그러나 대부분의 칼데라는 함몰칼데라(collapse caldera)이다. 이는 화산활동 후기에 화산 하부의 마그마가 빠져나간 자

[그림 7-16] 해안면 칼데라의 기복도
(자료: 성지문화사)

리(空間)에 대규모로 침하가 일어나 만들어진 것이라고 판단된다. 칼데라의 대표적인 지형인 강원도 양구군 해안면은 면 전체가 해발 1,000m 정도의 높은 산으로 둘러싸인 함몰칼데라로서 평지가 해발 500m이다. 또 울릉도의 성인봉 북쪽의 나리동에도 함몰칼데라가 나타난다.

3) 우리나라의 화산

한반도는 지각이 비교적 안정되어 화산지형이 극히 한정되어 있다. 대부분의 화산은 지판의 경계부분에 집중되어 있지만 유라시아 지판 내에 있는 중국 대륙과 우리나라는 열점(hot spots)의 개념으로 설명되고 있다. 백두산과 제주도는 화산활동에 의해 형성되었다는 역사적 기록이 있으며, 울릉도에서도 화산쇄설물이 분출된 증거가 발견되었으며 철원-전곡 일대에서도 화산의 징후가 발견되었으나 다른 곳에 비해서 미약한 것으로 알려져 있다.

① 백두산(천지)

백두산은 3C 말경 마천령산맥을 뚫고 분출한 한반도 최대의 화산지형으로 동남쪽의 대연지봉(2,360m), 소연지봉(2,114m)은 대표적인 기생화산이다. 산정(山頂)에는 백색을 띤 경석(pumice)이 많아 백두산이라 불렀고 천지(분화구)의 둘레는 14.4km, 면적은 약 9.2km², 최대수심 384m(평균수심 213m), 수면의 해발고도가 2,237m, 최대길이 4.64km의 함몰칼데라호(caldera lake)로 형성되어 있다. 백두산의 최고봉은 2,744m로 압록강과 송화강의 수원을 이루고 남북으로 약간 길게 펼쳐진 타원형으로 천지 밑바닥에는 여러 개의 분화구가 형성되어 있으며 천지의 수위변위는 1m 내외이고 총수량은 20억m³라고 전한다.

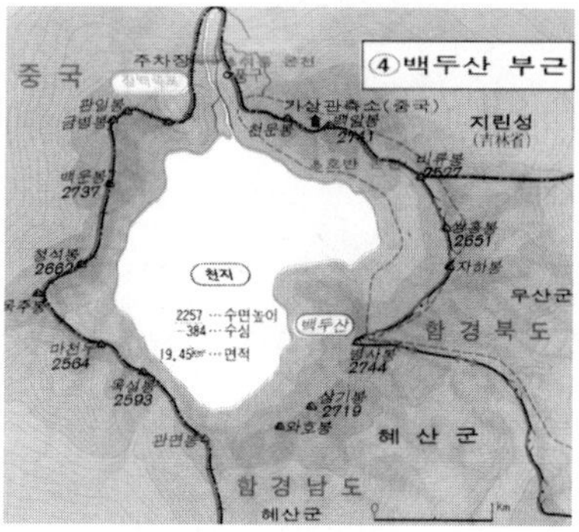

(a) 1996, 교학사

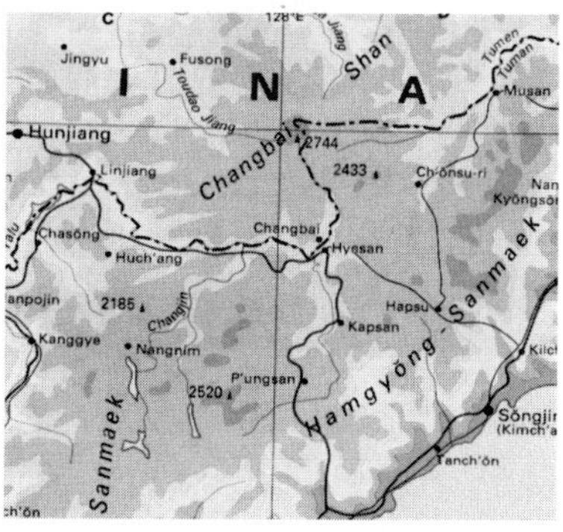

(b) 1994, OXFORD Atlas

[그림 7-17] 백두산과 천지

산의 이름이 외국 지도책에는 중국명칭인 장백산(Changbai shan)으로 표기되어 있다.

② 제주도(한라산)

제주도는 한반도의 최남단에 위치한 화산섬으로 목포로부터 146km, 부산에서는 269km에 위치한다. 면적은 약 1,820km²이며 동서의 길이는 73km이고 남북의 길이는 41km이며 섬일주길이는 약 253km 정도 된다. 현재 제주행정구역 내에는 2시 2군 7읍 5면 31동으로 구분되어 있다.

한라산은 3C 말에서 4C경에 화산활동에 의해 이루어졌고 전체면적의 90% 이상이 현무암으로 형성되어 있다. 신증동국여지승람에 의하면 고려 중엽인 목종5년(1002년)과 목종10년(1007년)에 국지적인 분화가 있었다는 기록이 있으며 조선왕조실록에도 1455년과 1570년에 화산폭발과 지진의 기록이 나타난다. 제주도의 화산은 시기를 달리하는 많은 횟수의 용암분출로 이루어졌는데 크게 5기로 나누어 형성되었고 정상에는 지름이 약 500m되는 분화구(백록담)가 있다. 또 화구에는 순상지(shield)지형이 형성되었으며 주변에는 400여 개의 기생화산(측화산, 오름)이 발달되어 있다. 제주도의 유명한 관광지인 성산 일출봉은 해저분화에 의해 형성된 것으로 높이는 약 100m에 불과하나 지름이 약 400m로 분화구 안에 화구원(火口原)이 형성되어 있다. 제주도에는 비가 많이 내리지만 현무암층의 틈으로 빗물이 잘 스며들기 때문에 하천의 발달이 빈약하고 물이 귀하다. 대부분의 하천은 비가 올 때만 물이 흐르는 건천(乾川)이며 지하로 스며든 물은 해안으로 솟아나 용천이나 폭포를 이룬다. 그 외에 제주에는 화산으로 형성된 만장, 김녕, 협재, 쌍용 등의 용암동굴이 잘 발달되어 관광자원으로서 큰 몫을 하고 있다.

[그림 7-18] 한라산 백록담(1997, 김용수)

③ 울릉도(성인봉)

울릉도는 수심 약 2,000m의 해저에서 솟아오른 거대한 화산도이다. 그러므로 해저에서 성인봉까지는 약 3,000m에 이르며 해면 위의 부분은 종상화산에 해당되나 수면 아래는 대체로 순상화산에 해당할 것이라고 추측한다. 종상화산체인 성인봉(984m)의 북부에는 2곳의 칼데라분지가 있으며 그 중 나리분지(해발 400m)는 사방 약 2km의 넓이로 울릉도에서 가장 넓은 평지이다. 나리분지 바로 옆에 있는 상당분지에는 알봉(538m)이라 불리는 중앙화구구(中央火口丘)가 형성되어 있고 해발고도 약 450m의 구릉지대를 이루고 있는 분지지형이다.

울릉도는 제주도와는 달리 전반적으로 침식이 많이 진전되어 지표의 기복이 심한 편이다. 또 섬의 대부분은 1~5m 두께의 화산쇄설물로 덮여 있는데 이는 현재의 기복이 만들어진 후에 쌓인 것으로 추정된다. 특히 나리 · 알봉분지에는 화산회(火山灰)가 두껍게 쌓여 있다. 그래서 나리분지에는 집중호우가 내려도 낮은 곳에 잠시 물이 고였다가 없어지는데 이 물이 지하로 침투하여 북쪽의 해안지대에서 솟아나 추산 소수력발전소(1,400kW)를 가동시킨다. 울릉도는 동서의 길이가 12km, 남북이 10km이고 둘레는 약 44km이며 면적은 약 73km²에 달하며 인근에 죽도, 관음도, 삼선암, 공도(구멍바위) 등의 작은 부속 섬이 있다.

【 화산회 】화산쇄설물의 일종으로 입경이 1/16~4mm인 것을 말하나 일반적으로 화산진(입경 1/16 이하)도 포함한다. 입자가 작기 때문에 화산분출시에는 수천km씩 날아가 쌓이며 보통 수십 cm 정도의 독립된 지층으로 형성되기도 하며 이것이 고결되어 이루어진 암석을 응회암(凝灰岩: tuff)이라고 한다.

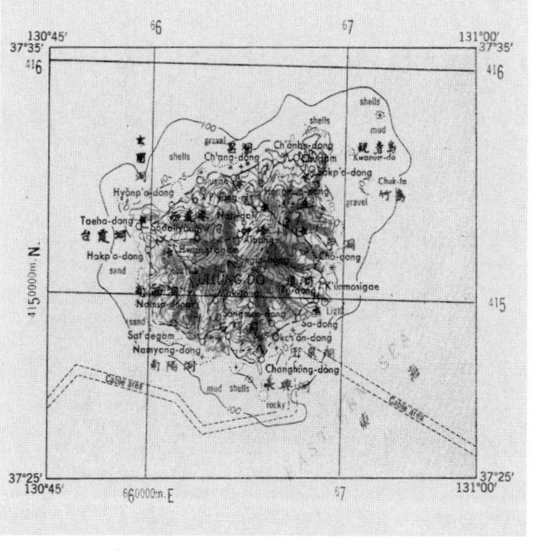

[그림 7-19] 울릉도

[그림 7-20] 나리분지(나리동)와 상당분지(알봉)

왼쪽 그림은 육군 측지부대에서 단기4294년에 복제한 것으로 미 육군 측지부대 4283년판 한국도 1:50,000과 미 극동공병 측지대대 4284년판 한국도 1:50,000 및 미 수로국 해도 4270년판을 편집하여 제작한 1:250,000 삼척도엽 내의 울릉도 모습이다.

3. 해안지형

1) 연안지형

서해안의 조차(潮差)는 세계적이다. 그렇기 때문에 서해로 유입되는 하천은 조석의 영향을 많이 받는다. 특히 한강은 인천만의 큰 조차(약 8.1m) 때문에 바닷물이 서빙고까지 올라왔으며 홍수 때는 빗물이 빠지지 않아 대규모 수해를 당하기도 하였다. 이러한 바닷물의 역류현상은 한때 간첩침투에 이용되기도 하였다. 지금은 수중보(水中洑)를 설치하여 밀물 때 역류하는 바닷물을 막고 썰물 때는 물을 막아 한강에 유람선을 띄우기도 한다.

① 리아스식 해안과 다도해

우리나라는 3면이 바다로 둘러싸인 관계로 육지면적에 비해 해안선이 매우 길다. 간척사업에 의해 지역에 따라 일부 해안선이 직선화된 곳도 있지만 남해안처럼 복잡한 해안선을 형성하고 있는 지형도 드물다. 특히 서남해안은 다도해지역으로서 수많은 도서(島嶼)와 만입(灣入), 반도(半島), headland 등이 발달하여 리아스식 해안(ria coast)의 세계적인 대표지역이며 해안에 밀착된 산지 때문에 사빈(砂濱: Sandy Beach)보다는 암석해안이 많은 편이다.

우리나라(남한) 연근해에 산재하고 있는 섬은 2001년 1월 1일 현재 총 3,165개로 부산 · 경남 466개, 인천 · 경기 219개, 강원 31개, 충남 261개, 전북 109개, 전남 1,969개, 경북 47개, 제주 63개소로 분포되어 있다(북한 518개). 이와 같이 우리나라에는 섬은 많은 편이지만 섬의 규모도 작을 뿐만 아니라 육지와의 거리도 1~2시간 내에 도달할 수 있을 정도로 가까운 편이다. 거제도, 진도, 완도, 강화도, 남해도와

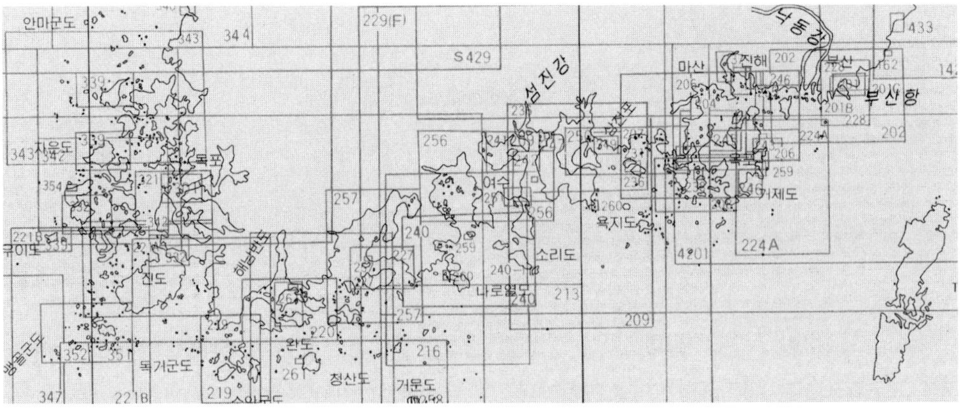

[그림 7-21] 남해안의 리아스식 해안(해도의 색인도)

〈표 7-5〉 중요 섬의 면적

섬 이름	면 적	섬 이름	면 적	섬 이름	면 적	섬 이름	면 적	섬 이름	면 적
제주도	1,809.9	안면도	105.4	영종도	45.3	한산도	15.6	연평도	6.1
거제도	374.9	완 도	85.3	보길도	33.0	용유도	13.6	추자도	5.0
진 도	353.8	울릉도	72.9	덕적도	20.6	대청도	12.6	마라도	0.3
강화도	300.0	돌산도	68.9	가덕도	20.8	장봉도	7.2	독 도	0.2
남해도	298.4	백령도	45.4	대흑산도	19.7	홍 도	6.5		

같은 섬들은 지금도 옛날에 부르던 섬의 이름으로 부르지만 연육교가 건설되어 육지와 이어진 섬이다.

② 만과 반도

해안선이 복잡한 우리나라는 섬 뿐만 아니라 만과 반도도 많은 편이다. 서해안에는 규모가 큰 서한만과 경기만 이외에 광량만, 대동만, 해주만, 남양만, 아산만, 가로림만, 천수만, 비인만, 줄포만, 함평만 등이 있고 만과 만 사이의 반도는 옹진반도, 태안반도, 변산반도, 무안반도를 비롯한 작은 반도가 많이 있다.

남해안에는 보성만, 순천만, 여수만, 광양만, 진주만, 진해만, 부산만과 화원반도, 해남반도, 고흥반도, 여수반도, 고성반도 등이 있고 방조제의 건설로 영암만은 없어졌으며 화원반도는 반도의 모양을 잃어버렸다. 동해안에는 동한만 외에 웅기만, 나진만, 청진만, 성진만, 영흥만, 영일만, 울산만 등이 있고 출입의 정도는 서남해안의 그것에 미치지 못한다. 또 육지가 바다로 뾰쪽하게 돌출한 부분을 곶(串) 혹은 단(端)이라 하는데 황해도의 장산곶(長山串)과 영일만의 장기곶(長機串), 함북의 무수단(舞水端)과 수진곶(輸津串) 등이 알려졌으며 여기에는 반드시 등대가 설치되어 있고 특히 영일만의 장기곶에는 우리나라에서 유일한 등대박물관이 설치되어 있다.

2) 퇴적지형

① 사빈과 해안사구

여름철에 해수욕장으로 이용되는 사빈(砂濱)은 파랑이 모래를 해안으로 밀어 올려 만들어 놓은 해안 퇴적지형이다. 퇴적물질이 연안으로 운반되어 발달되는 것 중에는 모래뿐만 아니라 왕자갈(cobble), 잔자갈(pebble), 실트(silt), 점토(clay) 등으로 구성된다. 특히 동해안의 주문진과 강릉 사이에 거의 연속적으로 발달되어 있다. 최근에는 바다에서 밀려오는 모래의 부족으로 사빈이 소멸되어 가고 있기 때문에 콘크리트 구조물(sea wall)을 설치하여 사빈의 후퇴를 막아 보호하고 있다. 사빈의 후면에는 모래가 바람에 날려 생긴 해안사구(海岸砂丘)가 발달되며 이는 간석지에 접해서 발달하는 게 일반적이다. 이들 사구 위에는 해송(海松) 또는 흑송(黑松)이 자생하여 방풍림 역할을 한다. 현재에도 계속 생성되고 있는 사구가 있는가 하면 과거에 생성되어 지금은 사구의 형태가 점점 소멸되어 가는 경우도 있다. 서해안의 경우는 모래공급이 부족한 상태에서 바람이나 파랑의 침식으로 해안사구(海岸砂丘: coastal dune)가 점점 소멸되는 추세이며 동해안에서는 비교적 퇴적물(모래)의 공급이 원활하여 안정화 경향을 보이고 있다. 충남 서산군 대산면의 독곶(獨串)사구, 원북면의 신두(新斗)사구, 안면면의 장곡(長谷)사구 및 전북 고창군 상하면의 장호(長湖), 용정(龍井)사구가 큰 규모에 속한다.

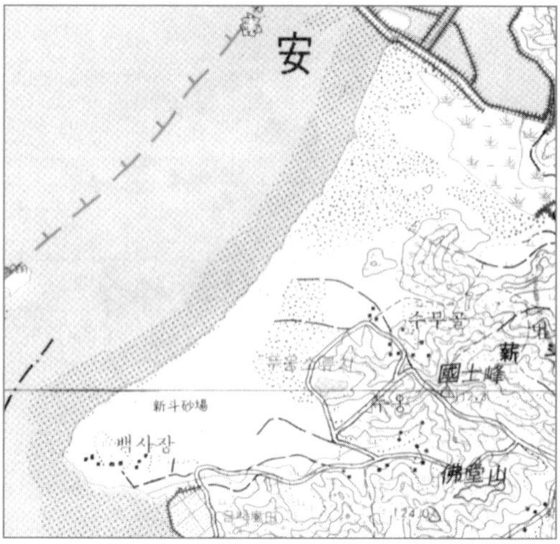

[그림 7-22] 해안사구(1:50,000 만리포)

② 육계사주와 석호

해안선의 한쪽 끝이 육지에 접속된 것을 사취(砂嘴: spit)라고 하며 이러한 사취의 성장이 계속되면 결국 만의 입구를 막아 버리는데 이를 '만구사주(灣口砂州: baymouth bar)' 라고 한다. 이렇게 만구사주 후면의 육지쪽으로는 호수처럼 된 석호(潟湖: lagoon)가 형성되는데 이때 석호로 유입되는 하천퇴적물의 유입량이 석호로부터 유출되는 양보다 많게 되면 결국 석호는 매립(퇴적)되어 충적지로 변하고 만다. 또 사취는 해안으로부터 바다쪽으로 점점 성장하여 육지와 섬을 연결하게 되는데 이를 육계사주(陸繫砂州: tombolo)라고 하며 이렇게 연결된 섬을 육계도라고 한다. 석호는 사빈과 사구가 발달하여 만이 바다와 분리되어 생성되며 동해안에서도 강원도 북쪽지역에 많이 분포되어 있다. 남한에는 화진포, 송지호, 영랑호, 청초호, 향호, 경포호 등의 석호가 있고 함경남도 정평의 광포(廣浦)석호는 그 둘레가 14km이며 우리나라에서 가장 큰 육계사주는 서산군 남면의 몽산포해수욕장 남단에 위치한 마검포이며 제주도의 성산 일출봉은 전형적인 육계도이며 부산 해운대의 동백섬도 육계도라고 할 수 있지만 지금은 그 형태를 알아볼 수 없다. 그 외에 태안반도와 안면도에 육계도가 많이 분포되어 있다.

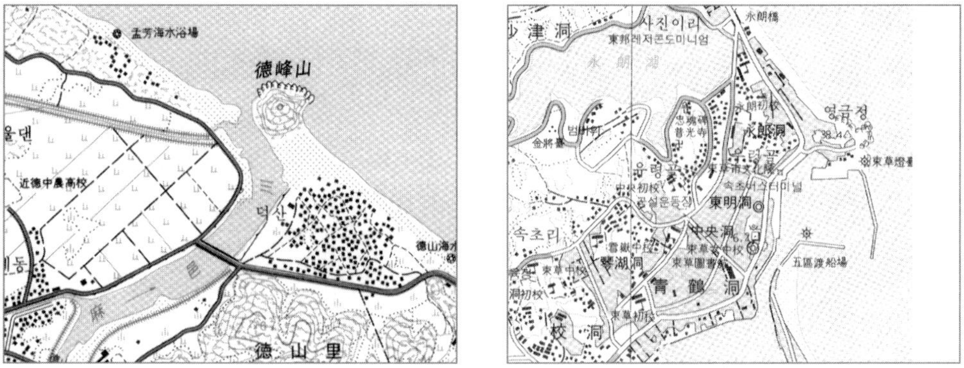

(a) 육계사주와 육계도(1:25,000 삼척)　　　(b) 석호(1:50,000 속초)

[그림 7-23] 육계사주와 석호

3) 간석지와 간척지

달과 태양의 인력에 의해 발생하는 해수운동을 '조석(潮汐)'이라 하고 이의 수직범위를 '조차'라 부른다. 서해안의 조차(潮差)는 세계적으로 크다. 황해는 태평양에 개방된 거대한 만과 유사한 바다이며, 인천항의 갑문(閘門)이나 군산 내항의 부교(浮橋) 등은 큰 조차를 극복하기 위한 항만시설이다. 서해안 중에서도 아산만이 8.5m로 가장 크고 이곳에서 북쪽과 남쪽으로 갈수록 감소하여 인천 8.1m, 남포 6.2m, 용암포 4.9m, 군산 4.4m, 목포 3.1m, 여수 2.5m, 부산 1.2m의 순으로 조차가 줄어든다. 이러한 조차 때문에 서해안에는 간석지(干潟地: tidal mud-flat)가 넓게 발달되어 있다. 간석지와 동의어로 쓰이는 말에는 개펄, 갯벌, 간사지, 해택 등이 있으나 주로 갯벌의 사용빈도가 많다. 우리나라 서남해안의 갯벌은 북해연안, 아마존강 유역, 미국 동부, 캐나다 동부 등과 함께 세계 5대 갯벌 중 하나이다. 이러한 갯벌의 기능과 가치는

첫째, 수산물의 보고로 어류의 산란 및 초기의 성장공간의 역할을 한다.

둘째, 오염물질의 정화기능을 담당한다.

셋째, 태풍 및 해일로 인한 피해를 방지하고 해안침식의 완화와 재해방지 및 자연보호 기능을 수행한다.

넷째, 관광적 기능과 자연탐구, 조류관찰, 학술연구의 가치가 높다.

다섯째, 다종의 생물상이 해양과 육지의 판이한 생태계를 구성하고 육지에서 유입되는 풍부한 영양염류 때문에 생물학적 생산성이 높이 평가된다.

〈표 7-6〉 갯벌의 행정구역별 분포(1998년)

구 분	면적(km2)	비율(%)	구 분	면적(km2)	비율(%)
합 계	2,390.0	100	충 남	304.2	13
전 남	1,054.1	44	전 북	113.6	5
경기, 인천	838.5	35	경남, 부산	82.6	3

우리나라 갯벌의 총면적은 2,393km2로 국토면적의 2.4%나 되며 이 중에 서해안의 갯벌면적은 1,980km2로 83%이고 남해안은 413km2로 17%이다. 갯벌은 1970년대 이전에는 주로 지역주민들의 생활터전이었으나 그 후 급속한 산업화로 국토면적의 확장과 식량증산이라는 전제하에 대단위 매립(간척)이 이루어졌으며 현재까지 약 422km2가 소실된 것으로 추정된다. 주로 점토, 실트, 모래 등으로 조성된 해안 퇴적지형의 일종으로 1차적으로 하천으로부터 퇴적물질이 공급된 다음 2차로 조류에 의해 운반 · 퇴적되어 형성된 극히 평탄한 지면으로 갯골(tidal channel)이 여러 군데 발달되어 있다. 갯벌이 가장 넓은 곳은 경기만이고 천수만, 금강, 동진강 일대의 해안과 영산강 일대에도 상당한 규모의 갯벌이 형성되어 있다. 갯벌(간석지)에 제방을 만들고 그 안의 물을 빼내어 육지의 경작지로 만든 땅으로 물이 빠지고 나면 갯벌이 수백만 평씩 노출된다. 이를 매립하여 농경지로 활용한다든가 공업용지로 사용하기 위하여 매립한 땅을 간척지(干拓地)라고 한다. 즉, 수면 아래 토지의 이용가치를 높이기 위한 수단으로 토목공사를 해서 육지화하여 새로운 국토를 조성하는 의미를 가진다. 갯벌은 한때 염전으로 많이 활용되었으나

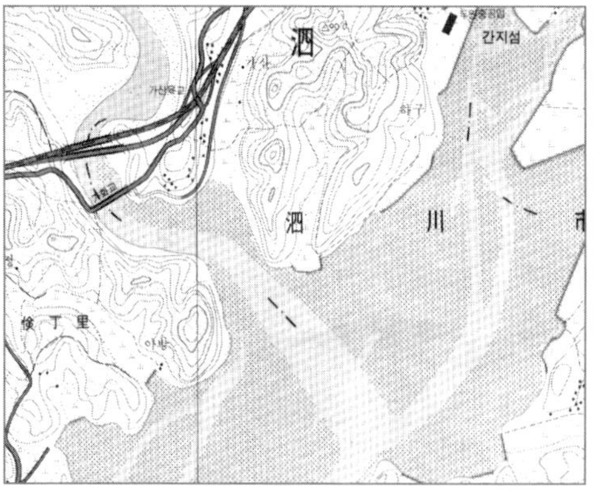

[그림 7-24] 강하구에 발달된 해안의 갯벌

(1:25,000 사천)

[그림 7-25] 군산만지역의 갯벌

(1997. 11월호. 한국지리정보)

군산만지역의 저조위시의 간석지 분포를 촬영(1996. 9. 1.)한 Landsat TM영상이다.

지금은 대규모 간척사업으로 상당히 줄어들었다.

4) 연근해의 해저지형

동해는 한반도와 일본열도 및 사할린섬으로 둘러싸인 태평양의 연해(緣海)로 면적이 약 100만km^2 정도 되며 평균수심이 약 1,700m에 이른다. 가장 깊은 곳은 4,000m가 넘으며 수심 200m 미만의 대륙붕이 좁게 분포되어 있다. 또 어업상 중요한 해저지형인 대화퇴(大和堆)는 수심이 300~500m로 대략 울릉도 북동쪽의 동해의 중앙부쯤 된다. 대화퇴는 서로 인접한 남북의 두 곳으로 나누어져 있으며 규모가 큰 남쪽의 것은 길이가 230km, 너비가 55km에 이른다. 이곳은 주위의 깊은 해저에서 바닷물이 솟아올라 영양염류가 풍부하며 남쪽에서 북상하는 난류와 북쪽 냉수해역의 경계지점이다. 그래서 겨울철에는 동해안에서 출어한 어선들이 약 한 달씩 조업하면서 명태, 대구, 청어 등 고급 어종을 잡아올리는 중요한 어장이다.

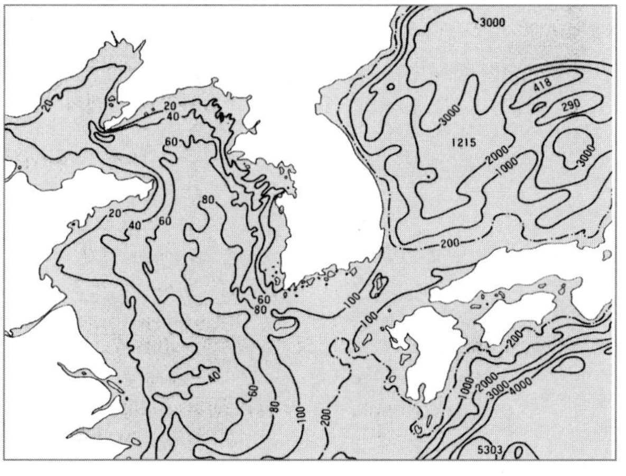

[그림 7-26] 우리나라의 연근해의 수심(단위: m)(1999, 한국지리, 권혁재)

반면에 서해와 남해는 평균수심이 50m~100m로 비교적 얕은 바다로 형성되어 있고, 지금보다 해면이 100m 이상 낮았던 최후 빙기 때에는 서해가 육지로 드러나고 제주도는 육지와 이어졌다고 한다.

【 최후 빙기 】 펭크와 브뤼크너에 의해 설정된 알프스 4빙기 중에서 마지막 빙기(glacial age: 빙하시대)를 말하며 현재는 비버, 도나우, 권츠, 민델, 리스에 이어 6번째 빙기로서 최후 빙기라고 하며 뮌헨 남부의 뷔름강 유역에서 제창한 것이라서 뷔름빙기라고 한다.

제 2 절 인공지형

1. 성 · 절토 인공물

지형은 수십 세기 동안 침식과 퇴적 그리고 풍화작용을 해오면서 오늘날과 같이 자연스럽게 형성되었다. 그러나 많은 사람이 살아가면서 그들이 필요로 하는 도시나 철도, 도로를 만들고 대규모 매립장이나 간척지를 조성하는 등 인공적으로 지형의 형태를 변형시키기도 하였는데 본장에서는 규모가 크거나 특이한 것만 골라 약술하기로 한다.

① 쓰레기 매립

하천변에 제방을 쌓은 다음 생긴 저지대나 산 속의 계곡지형 또는 오목한 지형으로 형성된 땅 등 규모가 큰 웅덩이 같은 토지에 수십 m씩 생활쓰레기를 매립하여 기존 지형의 형상을 완전히 뒤바뀌게 조성한 토지를 매립장이라 한다. 그림 7-27은 한강하구의 난지도에 서울시민이 버리는 생활쓰레기를 매립하여 생긴 토지로서 해발 26m 정도로 높게 쌓아올려져 있다.

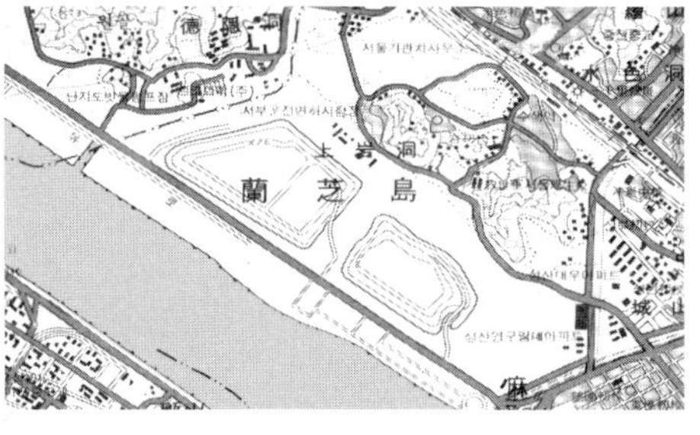

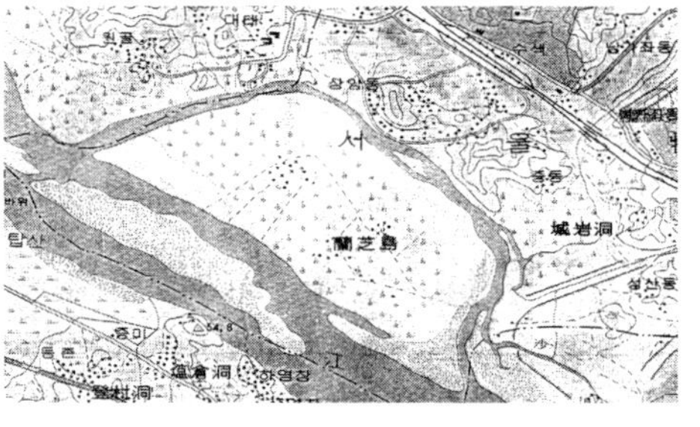

[그림 7-27] 서울 난지도 쓰레기 매립장(1:50,000 서울)

좌측 지도는 1998년에 인쇄된 최근의 지도로 쓰레기 매립(성토)으로 26m 등고선이 보이며 우측 지도는 1966년에 수정 · 편집된 1:25,000 기본도를 축소하여 1967년 10월에 항공사진 분석으로 재수정 및 편집을 하여 1969년 12월에 국립건설연구소에서 발행한 지도로 당시에는 난지도가 저습지섬으로 나타나 있다.

대구시에서 쓰레기 매립장으로 사용하고 있는 와룡산 매립장은 지형의 형상이 전형적으로 오목하게 생긴 토지이다. 지형의 형세는 폭이 약 1km 길이가 약 1.5km 정도로 길쭉하게 생겼으며 북쪽으로만 트여있는 상태이다. 오목부의 바닥은 해발 40~60m 정도이고 약 250m 이상의 산으로 둘러싸여 있기 때문에 평균깊이는 약 200m 정도 된다.

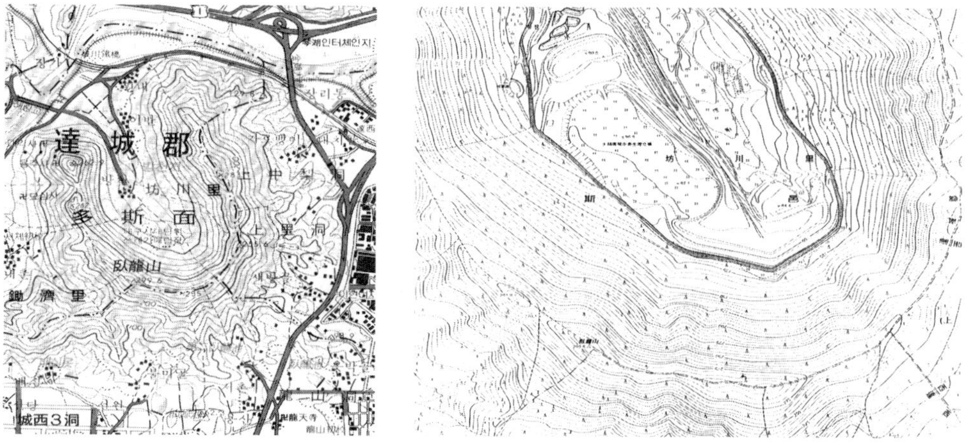

[그림 7-28] 대구시 쓰레기 매립장

좌측 지도는 매립장이 나타난 1:50,000 지도이고 우측 지도는 매립이 진행 중인 상태를 표시한 1:5,000 지도이다.

② 바다의 매립

바다를 메우는 간척사업도 매립에 포함되는데 최근에는 산업기지 건설을 위하여 그림과 같이 수심이 깊은 곳을 선택하기도 한다. 이와 같이 육지매립은 주로 못 쓰는 생활쓰레기 처리를 위하여 많이 이용되지만 바다의 매립은 농토 · 공업단지, 주택단지 등 국토확장과 국가기간산업 활동으로 인하여 지형(지도)을 변화시키고 있다.

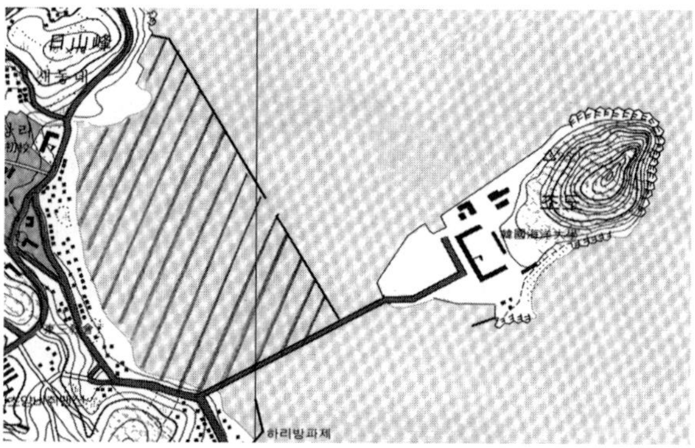

[그림 7-29] 부산항의 대규모 해안 매립장(1:25,000 부산)

부산항의 우측에 있는 영도섬과 한국해양대학이 있는 조도를 연결한 도로(방파제) 내에 매립(사선부분)된 토지가 조성되어 있다.

③ 도시의 팽창

좁은 국토에 많은 인구가 살아가는 우리나라는 점차적으로 농촌이 도시화로 팽창되고 있다. 토지를 개발하여 택지를 조성한다든가 또는 공업용지로 조성하는

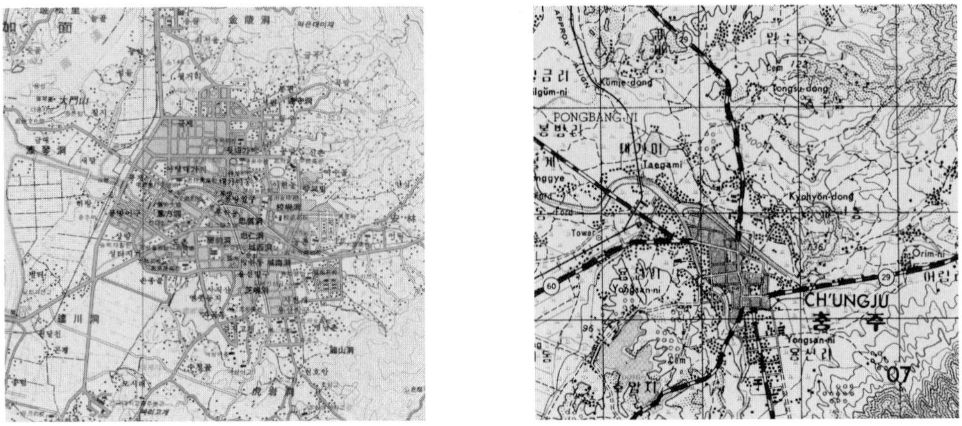

(a) 오늘날의 충주 (b) 1950년대의 충주

[그림 7-30] 도시의 팽창

우측 그림은 단기4291년 8월에 1901공병 측지대대에서 발행한 「충주」도엽 중 일부분이다.

데 기존의 자연지형을 평평하게 깎고 메워서 완전히 다른 모습의 땅으로 만든다. 이렇게 된다면 지도상에 표기된 야산이나 구릉지를 나타내는 등고선은 없어져버리고 높낮이가 거의 없는 도시나 평지로 변하고 마는데, 이렇게 인공적으로 도시화되어 변한 것도 넓게는 매립(성토, 절토)이라고 해석할 수 있다.

④ 댐

오늘날에는 하천의 홍수발생을 낮추고 상수원의 확보를 위하여 다목적 댐이 많이 건설되고 있다. 대규모 토목공사인 관계로 100~200m 정도의 높은 산같은 댐이 생기고 수백만 평이 물에 잠기어 공사 전에 살았던 주민들은 공사 후에 찾아와 변형된 옛날 지형을 몰라본다. 1970년에 진주의 남강댐을 비롯하여 1973년에는 소양댐, 1976년에는 안동댐, 1985년에 충주댐, 1989년에는 합천댐, 1991년에는 임하댐 등이 차례로 건설되었다. 수도권 상수원확보를 위해 건설한 팔당댐은 당초 건설목적과는 달리 지금은 한강의 하천유지수 조절용으로 바뀌었다. 그 후 섬진강댐, 주암댐, 대청댐 등이 건설되었고 지금도 다수의 대형댐이 건설중이어서 자연지형이 계속 변형되고 있으며, 특히 사력댐(흙댐)은 인공지형의 대표적인 시설이다. 이와 같이 자연지형을 완벽하게 변형시키는 것은 댐이 가장 뚜렷하다. 왜냐하면 수백만 평의 자연지형에 물이 차서 흔적을 찾아볼 수 없을 정도로 변하게 하여 예전에는 없던 큰 호수가 새로 생긴 듯한 느낌을 받기 때문이다. 또한 이러한 댐의 건설은 댐 주변의 등고선모양을 완전히 바뀌게 하며 댐에 묻힌 도로를 대신하여 새로운 도로나 주택단지를 부수적으로 개발하기 때문에 댐의 건설만큼

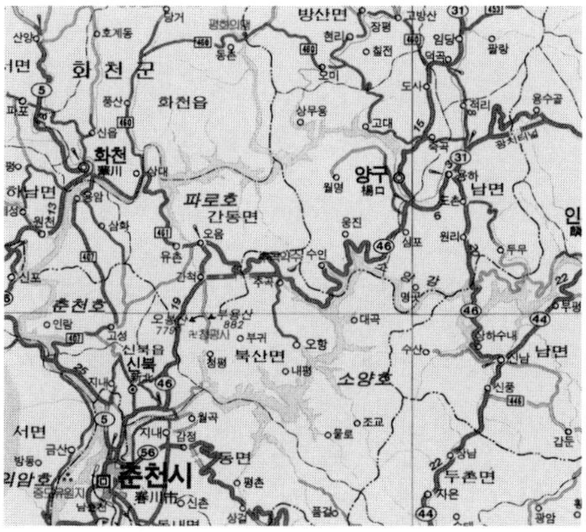

[그림 7-31] 춘천시 인근의 인공호수들(댐)

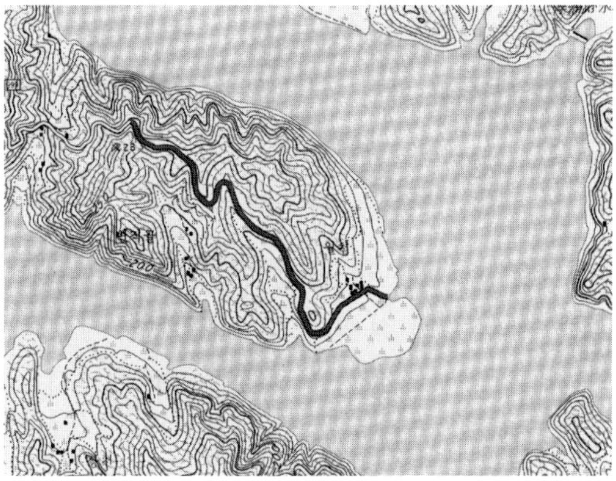

[그림 7-32] 댐 수몰로 기능을 잃어버린 도로 (1:25,000 예안)

자연지형을 많이 변형시키는 것은 없다.

⑤ 하구둑과 방조제

하천의 하류에는 용수확보와 바닷물의 역류를 막기 위하여 하구둑이 건설되어 있다. 1981년에는 영산강(목포), 1987년에는 낙동강(부산), 1990년에는 금강(군산)에 하구둑(언)이 완공되었다. 이는 일종의 바닷물을 막는 댐으로서 그 상부는 도로로 이용되고 있는 중요한 시설물이다. 1973년에 완공된 안성천 하구의 아산만방조제를 비롯하여 1979년에는 삽교천 그리고 만경강과 동진강에도 대규모의 방조제가 설치되어 바닷물을 막고 있다. 그러나 일부 하천의 하류에 하구둑과 방조제를 건설하여 흐르는 물을 막았기 때문에 상류의 공장폐수, 생활하수, 축산폐수 등의 더러운 물을 깨끗이 갈아주지 못하는 관계로 수질이 극도로 나빠지는 상황이 벌어지고 있다.

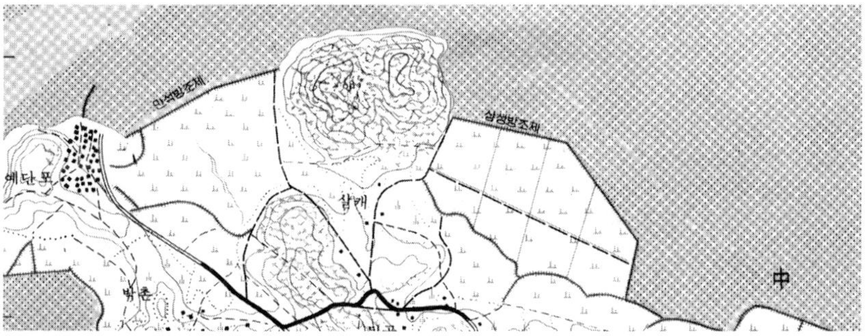

[그림 7-33] 매립으로 생긴 방조제와 농토(1:25,000 영종)

2. 선형시설물

1) 도로

① 직선지형을 이용한 도로

도로는 중요한 교통시설물로써 지형의 여건만 허락된다면 직선으로 개설하는 것이 공사비도 적게 들고 운전자나 이용자에게도 유리하다. 그러므로 도로를 개설할 때 인위적으로 수평커브를 만든다거나 오르막과 내리막을 만들지 않는다. 직선으로 길게 뻗은 골짜기 형태의 '구조곡'이나 '지구대'에 건설된 선형시설물(도로, 철도)은 경원선철도와 국도가 통과하는 추가령 구조곡(서울-원산)이 대표적이며 남한에서는 경주-양산 사이의 골짜기에 경부고속도로와 국도가 직선으로 통과하는 지질구조로 형성되어 있다.

【 추가령 구조곡 】 서울과 원산을 연결하는 곡지로서 원산 부근의 추가령(楸哥嶺)이란 고개 때문에 붙여진 명칭이다. 이 곡의 길이는 약 180km로서 우리나라에서 가장 긴 곡지(谷地)이다. 과거 일본의 학자들은 단층작용에 의해 생성된 지구대(地溝帶)라고 불렀지만 신빙성이 미약한 것으로 연구되었으며 지형적으로도 남북한의 경계지점이라는 중요한 의미를 가진다.

【 지구대 】 두 개의 단층 사이에 지괴(地塊)가 올라 있으면 지루(地壘)라고 하고 낮게 내려져 있으면 지구(地溝)라고 한다. 즉 지각의 일부는 융기하고 일부는 하강하여 중앙부의 지괴가 내려앉아 형성된 지형을 말한다. 우리나라는 북한의 길주-명천 지구대와 형산강 지구대가 있다.

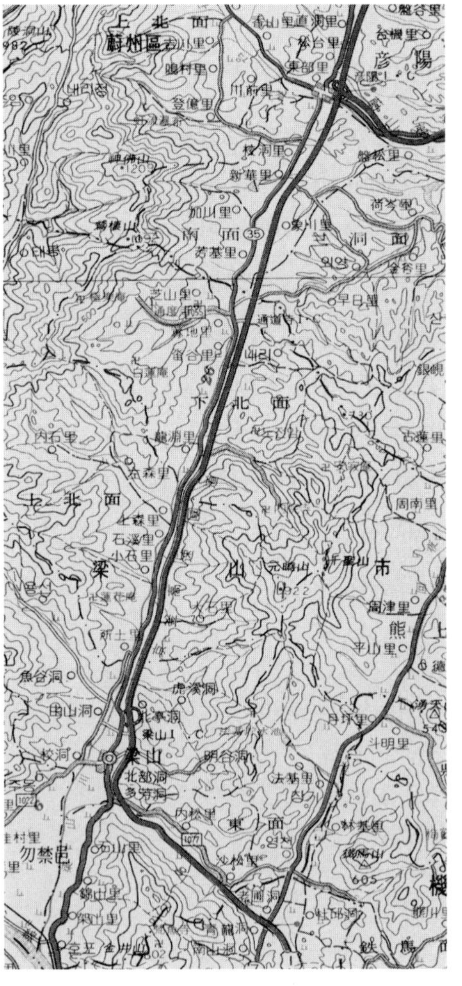

[그림 7-34] 경주-양산 사이의 지구대
(1:250,000 부산)

② 자연지형을 극복한 도로

도로는 자동차가 이용하기에 편리해야 하는 원칙이 있다. 우리나라는 산이 많기 때문에 자연지형을 최대한 활용하여 자동차가 올라갈 수 있도록 만든 구불구불한 곡선도로가 많다. 그림 7-35는 울릉도에 건설된 섬 일주 도로의 일부분으로 두 번을 회전(8字)하여 지형의 구배를 극복한 고가교이다. 울릉도 주민들은 이 다리(또는 육교)를 88대교라고 부른다.

직선도로로 개설할 수 없는 여건이든지 주변의 지형여건상 자연지형을 따라 건설되지 않으면 안 될 경우가 있다. 소양호는 인공으로 만든 호수이기 때문에 기존의 자연상태의 도로가 없어지고 호수 주변으로 도로가 개설(이설)되었는데, 이 도로는 주변에 지세가 험하고 도로를 개설할 만한 지형여건이 아니지만 다른 대안이 없었기 때문에 호수의 수애선을 따라 건설되었다. 그러나 지금은 오히려 호수를 조망하기 좋은 도로로 이용되고 있다.

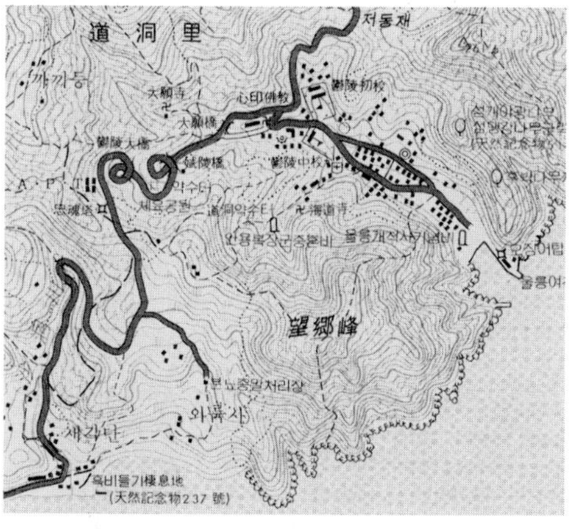

[그림 7-35] 루프식 도로(1:25,000 울릉)

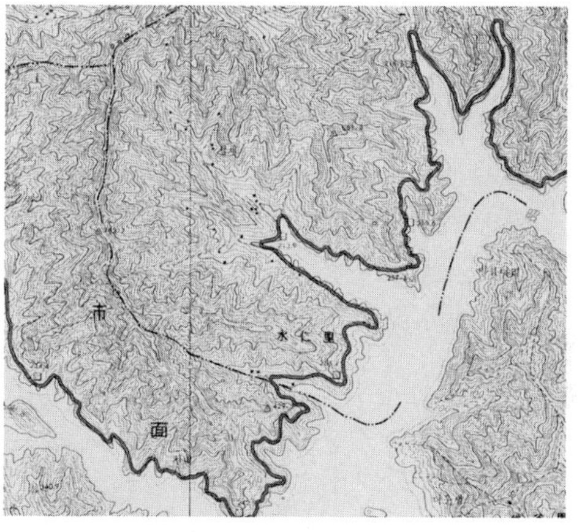

[그림 7-36] 소양호 주변의 도로(1:50,000 양구)

③ 자연지형을 무시한 도로

도로의 건설은 도로의 구배나 건설경비 등에 따라 지형을 최대한 활용하여 최적의 노선을 선정하는 게 바람직하다. 특히 고속도로와 국도의 경우는 안전하게 빨리 가야 하는 도로의 목적에 부응하기 위하여 자연지형을 무시하고 직선화하는 경우가 보편적이다. 또 몇 백년 전부터 도보나, 우마차도로로 이용되던 자연지형의 도로가 확포장 및 직선화 과정을 거치면서 자연상태의 지형은 무시되고 건설되었다. 현재까지 건설되었거나 공사중인 도로는 다음 표와 같으며 특히 고속도로의 경우는 지도를 가장 많이 변형시키는 인공물이다.

〈표 7-7〉 고속국도현황 (단위: km)

노선명	구간	연장	노선명	구간	연장
1. 경부선	부산~서울	417	55. 중앙선	부산~춘천	289
10.남해선	순천~부산	169	65.동해선	동해~속초	61
12.88올림픽선	고서~대구	183	100.서울 외곽 순환선	성남~성남	91
15.서해안선	무안~서울	341	102.마산외곽선	함안~창원	16
16.울산선	울산~울산	14	104.남해 제2지선	김해~부산	21
20.익산~포항선	익산~포항	71	110.제2경인선	인천~안양	27
25.호남선 (논산~천안선)	순천~천안	277	120.경인선	인천~서울	24
35.중부선 (대전~통영선)	통영~하남	286	130.인천국제 공항선	인천~고양	37
37.제2중부선	이천~하남	31	251.호남선지선	논산~대전	54
40.평택~충주선	평택~충주	26	300.대전남부 순환선	대전~대전	12
45.중부내륙선	마산~양평	204	451.구마선	현풍~대구	30
50.영동선	인천~강릉	234	551.중앙선지선	김해~양산	8

※ 고속국도 제25호(호남선)은 논산~천안간 고속국도 82.04km를 포함

※ 고속국도 제35호(중부선)은 대전~통영간 고속국도 168.55km를 포함

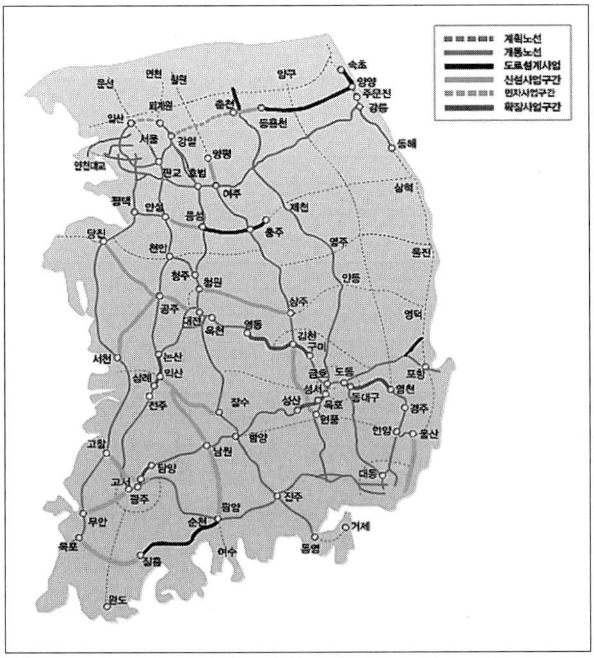

[그림 7-37] 고속국도현황

〈표 7-8〉 일반 국도현황

남북노선(30개 노선)			동서노선(26개 노선)		
번호	구간	연장	번호	구간	연장
계	30개노선	8,554	계	26개 노선	5,696
국도 1 호선	목포~신의주	496	국도 2 호선	신안~부산	481
국도 3 호선	남해~초산	550	국도 4 호선	군산~경주	351
국도 5 호선	마산~중강진	516	국도 6 호선	인천~강릉	271
국도 7 호선	부산~온성	513	국도12호선	제주 제1우회	176
국도11호선	서귀포~제주	41	국도14호선	거제~포항	292
국도13호선	완도~금산	316	국도16호선	제주 제2우회	173
국도15호선	고흥~담양	152	국도18호선	진도~구례	236
국도17호선	여수~용인	409	국도20호선	산청~포항	242
국도19호선	남해~홍천	462	국도22호선	정읍~순천	184
국도21호선	남원~이천	328	국도24호선	신안~울산	388
국도23호선	강진~천안	372	국도26호선	군산~대구	175
국도25호선	진해~청주	267	국도28호선	영주~포항	197
국도27호선	고흥~군산	171	국도30호선	부안~대구	316
국도29호선	보성~서산	303	국도32호선	서산~대전	175
국도31호선	부산~신고산	628	국도34호선	당진~영덕	268
국도33호선	고성~구미	187	국도36호선	보령~울진	290
국도35호선	부산~강릉	326	국도38호선	서산~동해	320
국도37호선	거창~파주	416	국도40호선	예산~공주	109
국도39호선	부여~의정부	214	국도42호선	인천~동해	308
국도43호선	연기~고성	237	국도44호선	양평~양양	134
국도45호선	서산~가평	145	국도46호선	인천~고성	227
국도47호선	안산~철원	112	국도48호선	강화~서울	64
국도59호선	광양~양영	416	국도56호선	철원~양양	187
국도67호선	칠곡~구미	23	국도58호선	진해~청도	84
국도75호선	가평~화천	78	국도82호선	평택~화성	11
국도77호선	부산~인천	651	국도88호선	양양~울진	37
국도79호선	의령~창녕	90			
국도87호선	포천~철원	71			
국도95호선	남제주~북제주	29			
국도99호선	서귀포~제주	35			

※ 출처: 건설교통통계연보(건설교통부 2003)

2) 특별 선형의 철도

① 루프식 철도

국내의 철도는 대부분이 일제시대에 부설된 후 부분적으로 선형이 수정되었다. 지형이 험한 중앙선의 희방사-단양 구간에는 소백산맥을 통과해야 하는 곳으로 희방사에서 약 4.5km의 직선터널을 지나서 죽령역에 도착하며 잠시 후 반경 약 400m 길이 약 2.5km의 원을 만들며 기차가 통과하는 루프식(loop)식 선형 구간(나 선형)이 있는데 이를 일명 또아리굴(죽령터널)이라고 한다. 또 강원도의 치악역에서 원주 사이에도 반경 약 350m의 루프식 터널이 있는데 이 지역에서는 똬리굴(금대 2터널)이라 한다.

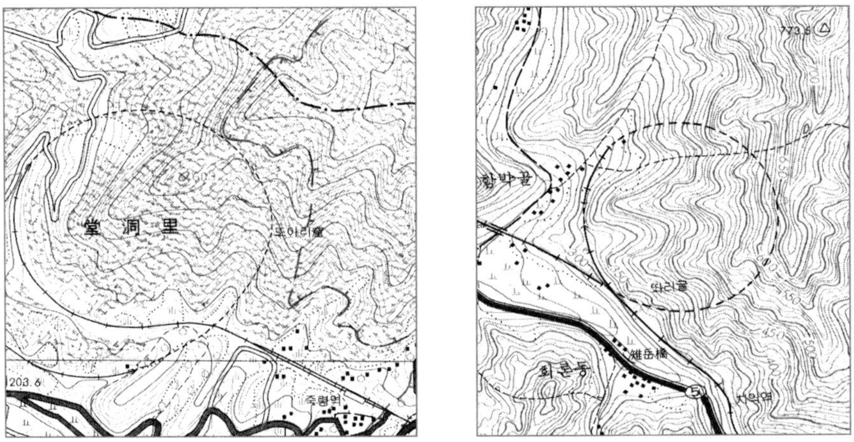

(a) 죽령터널(1:25,000)　　(b) 금대2터널(1:25,000)

[그림 7-38] 루프식 선형철도

② 스위치백 철도

영동선의 철암역에서 도계역까지의 철도도 험한 지형과 구배를 극복하기 위한 특별 선형의 철도이다. 도계를 출발한 기차는 해발 320m의 나한정역까지 올라온 다음 기차의 진행방향이 반대로 바뀌어 다음 역인 흥전역까지 올라간다. 그 후 다시 원래의 진행방향으로 향하는 지그재그식으로 올라가는데 일명 스위치백(switchback)식 철도라고 하며 이는 짧은 구간에 높은 고도를 올라가야 하는 구배 조정이 필요할 때 이용된다. 흥전역을 출발한 기차는 여러 번의 S자 곡선을 만들며 올라가는데 이때 14개의 터널을 포함하여 험한 산악을 약 14km 통과하여 해발 660m 고지에 있는 통리역에 도착한다. 이러한 철도구간은 우리나라는 물론 세

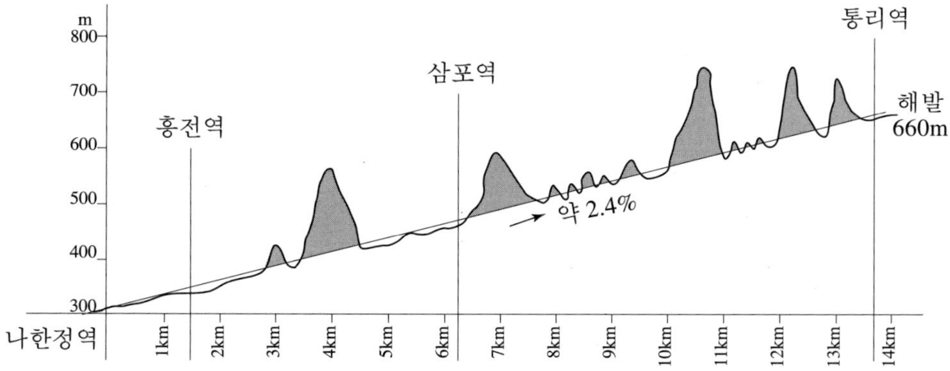

[그림 7-39] 도계-철암 구간의 종단면도

계적으로도 드문 선형이며, 아마도 요즈음 이 구간에 철도공사를 한다면 터널을 개설할 것이다.

③ 철도망(미국)

미국은 땅이 넓기 때문에 철도의 연장도 길고 각 지역마다 네트워크가 잘 짜여져 있다. 미국의 수도인 워싱턴과 남쪽으로 약 200km 떨어진 리치먼드 구간에는 두 도시의 뒤편에 수많은 도시와 연결된 철도가 있다. 워싱턴쪽에는 세인트 루이스, 미네아폴리스, 시카고, 디트로이트, 토론토, 보스턴 등의 대도시가 연결되어 있고 리치먼드쪽에는 멤피스, 뉴올리언스, 피츠버그, 마이애미, 올드포인트 등의 도시들이 연결되어 있다.

[그림 7-40] 스위치백 및 S자 선형 철도
(1:50,000 장성)

3. 풍수지리와 터

풍수지리의 발상은 외부(중국)에서 유입되었다는 설과 자체에서 발생했다는 2가지 설이 있으나 중국(서북지방의 황토고원)에서 들어왔다는 설이 유력하다. 풍수지리란 도읍(都邑: 도시, 취락), 궁택(宮宅: 집터), 능묘(陵墓: 묘터), 사찰(寺刹: 절터)의 터를 평가하는 일종의 지상학(地相學)으로 동양철학의 주사상(主思想)인 음양오행설에 그 근원을 두고 있다. 풍수(Fungsui 또는 Geomancy)란 중국사람 곽박(郭璞: 276~324)이 쓴 장경(葬經)에 나오는 장풍득수(藏風得水)의 준말로 땅 밑으로 흐르는 생기를 잘 보존하고 이용하기 위한 술법을 이르는 말이다. 아울러 풍토(風土)라는 말은 토지의 상태(기후와 지질)로서 토지의 기후상태, 풍기(風氣)와 수토(水土), 풍속(風俗) 등의 의미가 있으며 이는 풍수와는 다른 성질을 갖고 있다.

1) 묘터

풍수라고 말할 때 주로 묘터를 잡는 것(민간에서는 장묘에 치중하는 술법)을 의식하고 얘기하므로 음택풍수(죽은 자의 영혼이 산 자에게 영향을 준다는 전제하에 묘지를 선정하는 일)라고 해도 된다. 고려 때 도선국사(道詵國師)가 당나라에 가서 장일행(張一行)이라는 선사(禪師)로부터 풍수지리학을 전수받아 고려 태조 왕건에게 많은 영향을 끼쳤다고 한다. 또 중국의 풍수사상이 통일신라시대인 8세기 말에 도입되었으며 태종 무열왕릉이나 김유신 묘까지도 풍수지리설의 영향을 많이 받았다고 전한다.

풍수는 오행설의 기초인 수(水), 화(火), 목(木), 금(金), 토(土)로 되어 있으며, 오행의 성격에 대하여 여러 가지 해석이 있으나 고대인의 생활소재, 즉 민용오재(民用五材)로부터 유래되었다는 설이 가장 유력하다. 이와 같이 오(다섯)를 근본으

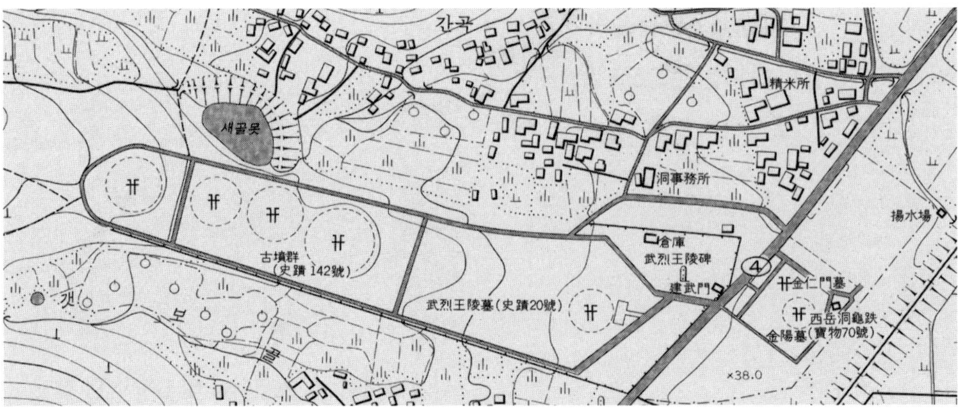

[그림 7-41] 태종 무열왕릉(1:5.000 경주)

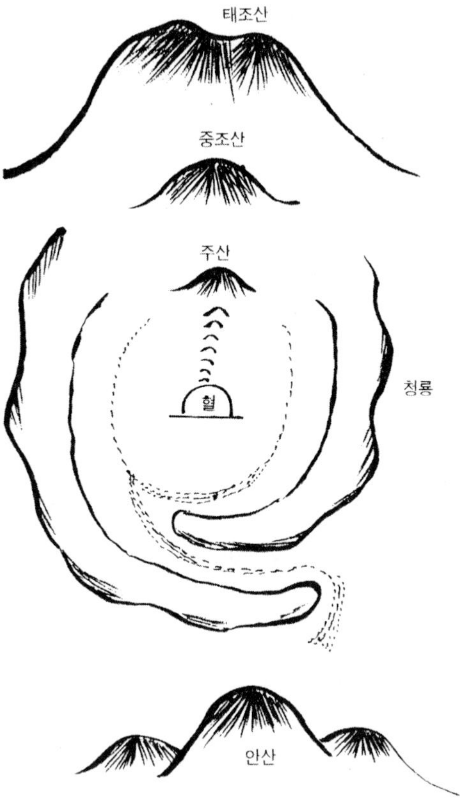

[그림 7-42] 음택명혈도(1996, 성필국)

로 하는 사상은 오행뿐 아니라 오색(青, 赤, 黄, 白, 黑), 오미(酸, 鹹, 辛, 甘, 苦) 또는 오성, 오음(角, 緻, 宮, 商, 羽) 등 사물을 생각하는 여러 방면에 이용되고 있다. 풍수에서 많이 사용되는 용어로는 혈(穴), 맥(脈)과 절(節), 사(砂), 현무정(玄武頂), 청룡(青龍), 백호(白虎), 인산(案山), 국(局)과 형국(形局), 좌향(坐向), 양택(陽宅), 음택(陰宅), 명당(明堂) 등이 있지만 그 중 우리들이 가장 많이 사용하는 용어는 아마도 '명당'일 것이다. 명당이란 본래 황제가 신하의 배하를 받은 땅을 뜻하는 용어로서 청룡과 백호 등으로 둘러싸인 혈전의 땅을 말하며, 혈 바로 앞의 평평한 지형을 내명당, 이보다 바깥쪽의 비교적 넓은 평지를 외명당이라 한다. 혈과 명당은 풍수에서 가장 중심이 되는 요소로서 전통건축과 비교하면 본 건물과 그에 부속된 전정(前庭)의 관계이다.

2) 집터

살아있는 사람이 사는 가옥, 마을, 성곽, 도시 등을 판별하는 것을 양택풍수(陽宅風水)라고 하며 이는 여러 가지 자연조건이 일치해야 한다. 그 중 바람과 물은 인간에게 가장 두렵고 소중한 존재로서 우선 냉혹한 폭풍이나 하천의 범람을 피하고 식수, 초목, 식량이 풍부하고 가축을 기르기에 좋은 온화한 기후를 갖춘 지형이어야 한다. 따라서 토지를 선정하는 필수 조건으로 풍수의 흐름을 관찰하는 관습이 생기게 되었고 생존시의 주거인 주택과 도읍뿐만 아니라 사후의 주거인 묘지에 있어서도 지형과 지세를 관찰하는 풍수지리의 관념이 생성 · 발전하게 되었다. 조선시대에는 이성계가 개국 당시 도읍을 정할 때 무학대사(無學大師)로부터 풍수설을 영향받았으며 한양에 도읍을 정한 이후부터 풍수지리가 성행하게 되었다. 이러한 풍수는 1000년이 지난 오늘날까지 신앙인지, 사상인지 아니면 미신인지 또는 과학인지 아직도 정립되지 못한 채 미완으로 남아 있다.

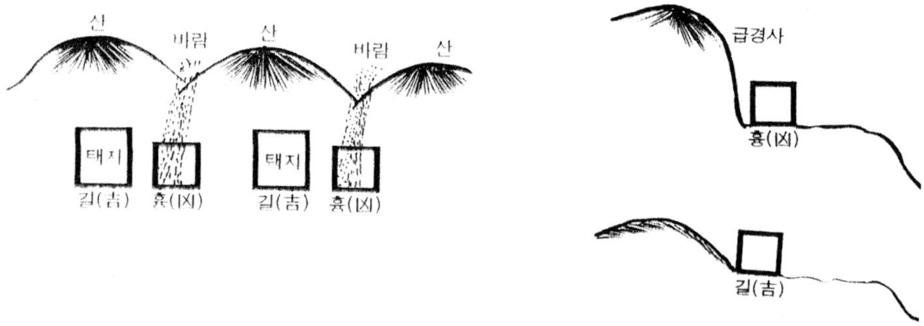

[그림 7-43] 전저후고와 배산구조(1996. 성필국)

음택풍수(묘터)와는 달리 양택풍수는 주로 대지(집터, 마을, 도시)와 건물로 구성된다. 주거를 위한 대지(도시)는 대부분 뒤편에 산이 있는 평지에 터를 잡고 있으며, 이때의 뒷산을 양기(陽基)의 진산(鎭山)이라고 한다. 이 진산은 신(神)의 상방에 존재한다는 개념으로 그 신에 의해 생활의 안거(安居)를 보호받고자 하는 신앙심의 일부라 할 수 있다. 땅에 생기가 흐르고 그 생기가 모이는 곳에서 생활의 행복을 누리고자 하는 풍수적인 곳을 찾는 것이 인간의 본능이라고 할 수 있다. 풍수지리적으로 집터와 도시가 들어설 기준으로 다음 6항목을 들 수 있다.

㉠ 하천의 입구가 넓고 벌어져 있으면 재산을 유지할 수 없고 소산(消散)하게 된다. 그러므로 하천의 입구가 바로 빠지지 않고 산에 막힌 듯이 산 사이로 흐르는 곳이 좋다.

㉡ 들판은 넓어야 좋고 하늘의 태양과 별과 달빛이 항상 비추어 주는 곳이 좋으며, 기후가 급격히 변하지 않는 곳이라야 한다. 만약 주위에 높은 산이 있으면 해가 솟음이 늦고 저녁에 해짐이 빠르다.

㉢ 땅의 색깔이 살아 있고 힘이 있어 보이면 인재가 많이 나고 반면에 찰흙 또는 자갈이 많은 땅에는 샘물이 좋지 않아 생활에 적합하지 않다.

㉣ 산에는 반드시 물이 있어야 생기(生氣)가 돈다. 이와 같이 생기가 있는 물이 있으면 재산이 따르게 되어 물가에는 부후(富厚)한 집들이 서게 되고 산중에서도 시냇물을 끼고 있는 동리가 살기 좋다.

㉤ 주변 산이 단정치 못하고 모양이 어지럽거나 놀라서 날뛰는 듯한 곳은 주거할 곳이 못 되며 소천소계(小川小溪)는 뒤에 있는 것이 좋으나 대천대강(大川大江)은 그렇지 않다.

㉥ 산의 형태(形態)는 수려 · 단정하고 청명하여야 좋으며 용(龍)이 생기있게 활동하는 듯하고 둘러쳐진 산들은 멀리 물러서서 감싸고 있어야 한다.

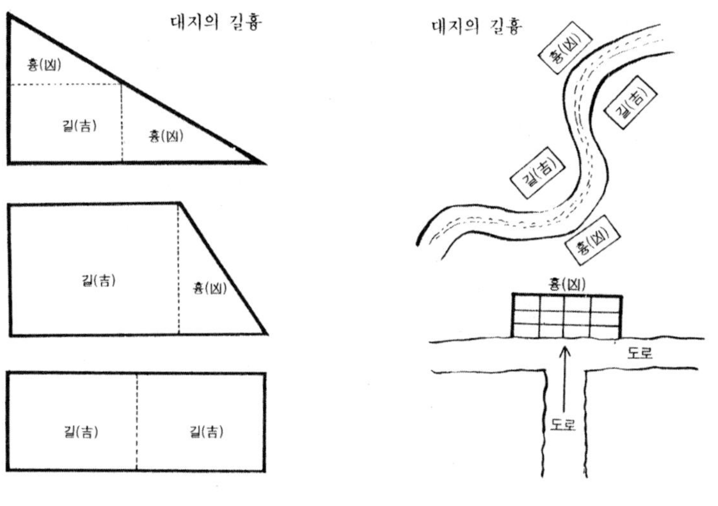

[그림 7-44] 대지의 길흉도(1996. 성필국)

그리고 대지의 형태는 사각형이 가장 좋으며 삼각모양이 있는 대지는 부적격하므로 반드시 피해야 한다. 또 건물이나 정원의 배치, 대문의 위치, 단층 혹은 2층 등에 따라 길흉이 좌우되기 때문에 4정방위(正方位)나 4우방위(隅方位)의 속성을 살려서 집터를 구해야 한다.

3) 절터

절터도 집터와 마찬가지로 일종의 양택풍수이다. 고려와 조선시대의 풍수사(風水史)를 보면 유교계에서는 정도전(鄭道傳), 남사고(南師古), 이지함(李芝函), 맹사성(孟思誠), 채성우(蔡成禹), 성거사(成居士), 이의신(李懿信), 하륜(河崙), 안정복(安鼎福) 등 유명한 학자와 명신들이 많았으며, 불교계에서는 도선국사(道詵國師), 무학대사(無學大師), 사명대사(泗溟大師), 서산대사(西山大師), 일지대사(一指大師), 일이대사(一耳大師), 성지대사(性智大師), 성원대사(性圓大師), 진묵대사(眞默大師) 등 유명한 스님들이 많았다.

조선시대는 계급사회로서 천민은 글을 배울 수 없었으므로 풍수도 배울 기회가 없었다. 그래서 명문가와 명신(名臣) 중에서 풍수를 공부한 명사가 많이 나왔으며 불교계에서는 입산수도하는 고승이 풍수에 통달하여 덕을 쌓은 지인에게 혈을 찾아주었다는 덕담이 많이 전해져 오고 있다. 풍수로 인하여 민간에서는 산송(山訟)도 많이 발생했지만 탐욕이 없는 명사와 불교계의 고승이 풍수학을 통달 전승시킨 것은 전통 풍수의 맥을 이었다고 생각한다.

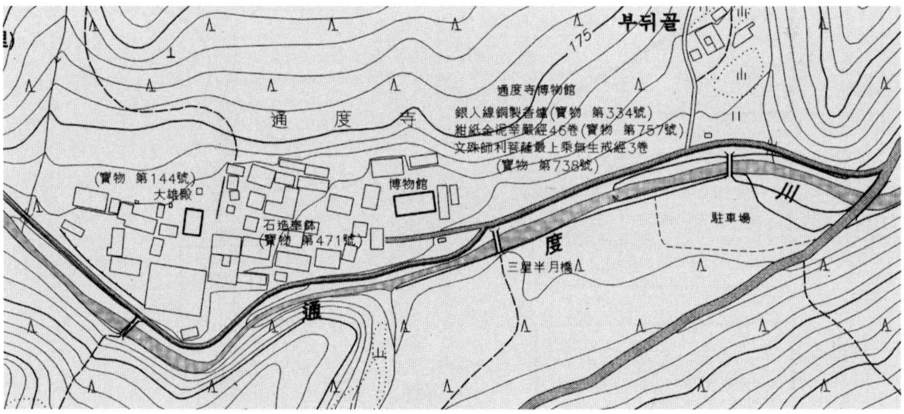

[그림 7-45] 양산 통도사의 절터(1:5,000 양산003)

오랜 불교문화의 뿌리로 한반도에는 대찰(大刹)이 많은 편이다. 산이 많은 우리나라의 지형구조로 볼 때 산 속 깊숙이 속세를 떠나 절을 많이 건립하였으며, 당시의 유명한 스님들이 대부분 풍수에는 일가견이 있는 대사들이었기 때문에 절이 앉아 있는 절터는 당연히 명당이 아닐 수 없다. 우리나라 사람들은 놀이나 휴식 또는 운동을 위하여 산이나 절을 찾는 경우가 많은 편이다. 그러나 대부분의 사람들은 절터가 자리하고 있는 지정학적 위치에 대해 심각하게 생각해 보지는 않는다. 왜냐하면 지상학적인 지식, 즉 풍수에 대한 지식이 없기 때문이기도 하지만 풍수는 묘터를 정할 때만 필요한 것으로 알고 있는 사회통념 때문일 것이다.

● 해인사 장경각

가야산(우두산)의 산자락에 있는 해인사의 팔만대장경이 보관되어 있는 장경각은 풍수학으로도 설명할 수 없을 정도로 완벽한 집터이자 절터이다. 장경각은 태조7년(1398)에 창건되었으며 3차례의 중수를 거쳤다. 온도, 습도, 통풍, 방습 등이 자연적으로 조절되게 과학적으로 설계된 건물로 국보 제52호이다. 나라의 보물인 팔만대장경을 보관해 두고 있는 2동의 건물로 일종의 서고(書庫)이다. 장경각은 임진왜란 때에도 병화를 모면했으며 7차례의 해인사 화재에도 한 번도 화를 입지 않았으며 서고에는 지금까지 거미줄도 없고 새들도 둥지를 틀지 않을 뿐만 아니라 그 위로 새가 날아가지도 않는다고 전해진다.

[그림 7-46] 장경각의 모습

이러한 장경각이 오늘날까지 무사히 보존된 데에는 많은 전설과 구화(口話)가 전해지고 있으며 현대의 시각으로 판단해 보면 ① 가야산, 가산, 매화산, 단지봉, 갓대봉, 두리봉 6개의 봉우리로 둘러싸인 핵인 혈(穴)에 위치하고 있으며 ② 북서쪽의 산은 높고 동남쪽의 산이 낮아 서북풍을 완벽히 막아 주고 남동쪽의 햇빛을 받아 적정한 온도를 유지시키는 역할을 한다. ③ 6각형을 둘러싸인 높은 산의 비탈면을 따라 반사광선이 집결하여 균일한 음광(陰光)이 유지된다. ④ 주변의 각 봉우리의 높낮이와 깊은 계곡 때문에 통풍의 자연조절과 기류의 영향이 있음을 알 수 있다. 이와 같이 장경각은 자연의 이치를 존중하고 자연을 최대로 이용한 명당으로 우리 선조들의 지혜가 돋보이는 집터이자 절터이다.

4) 터잡기

터잡기란 입지선정을 뜻한다. 입지선정이란 도시계획 용어로 공공시설물이나 부지를 선정할 때 주로 사용하는 말로서 여러 가지 자연적 조건과 경제적 조건이 합당한지를 검토한 후에 결정하는 게 보통이다. 만약 옛 사람이 오늘에 나타나 입지를 선정(터를 잡는다)한다면 풍수지리를 감안하여 공장부지나 구조물을 선정할지도 모른다. 요즈음 사람들 중에도 묘터나 집터가 아니더라도 풍수지리 측면을 고려하여 공장이나 구조물을 건축하는 사람도 있다. 아무튼 입지선정(터잡기)은 입지주체나 입지장소에 따라 요구되는 조건이 다르다. 이러한 입지조건은 지형, 지질, 기후(바람,온도), 용수 등과 같은 자연조건과 교통, 시장, 노동력, 용지상태, 원료공급, 전력 등과 같은 사회 · 경제적 조건이 맞아야 한다. 우리는 도시를 세울 때 공업지역은 어디로 할 것인지, 주거지역은 어디로 할 것인지, 또 상업지역은 어디로 할 것인지, 좀더 세부적으로 주택의 위치나 방향이나 경찰서, 소방서, 병원, 시청, 학교, 공원 등과 같은 공공시설물은 어디에 입지시킬 것인지 심각하게 검토해야 된다. 또 도청 이전문제가 대두되고 있는 곳에서는 어느 도시에 자리잡아야 할지 걱정해야 되며 좁게는 도시 내에서 시청이나 터미널을 이전하려고 할 때 여러 가지 입지조건이 딱 들어맞는다고 해도 지역 이기주의같은 문제가 해결되지 않으면 안 된다.

그렇기 때문에 산업사회에 사는 오늘날 입지 선호시설과 혐오시설 때문에 주민들 간의 마찰로 인한 갈등을 해소하는 문제가 더욱 중요하다. 입지 선호시설인 종합병원(영안실은 혐오시설로 분류), 학교, 경찰서, 시청, 공원, 백화점, 호텔 등과 같은 시설은 자기집 앞마당에 설치하려고 하는 핌피(PIMFY: please in my front yard)현상이 확대되는 반면에 쓰레기 매립장 및 소각장, 핵폐기물 처리장, 영안실과 화장장, 공해공장, 채석장 등 혐오시설은 서로 자기집 앞마당(인근)에 둘 수 없다는 님비(NIMBY: never in my back yard)현상이 고조되고 있다. 또 도시개발의 규제가 심한 녹지, 개발제한구역, 공원구역 등의 도시계획시설도 개발에 따른 이익환수가 되지 않기 때문에 님비현상과 같은 범주에 속한다고 할 수 있다. 따라서 입지 선호시설과 혐오시설을 둘러싼 주민들 간의 마찰을 최소화하기 위하여 시설물의 위치가 결정되기 전에 미리 객관적인 관점에서 입지기준을 설정하여 제시하고 그 기준에 따라 선정함으로써 주민들 간 갈등을 최소화해야 한다.

제 8 장

주제도의 분류별 특성

제 1 절 주제도의 특성

1. 대민용 주제도

지도의 제작은 땅을 축소하여 종이 위에 표현하는 작업이기 때문에 토지와 밀접한 관계가 있다. 이들 지도는 관청이 주도가 되어 대민용으로 제작되는 경우가 대부분인데 그 중 대표적인 것은 토지이용현황도, 지하시설물도, 도시계획도, 국토이용계획도, 도로망도, 행정구역도 등을 들 수 있다. 이들 주제도는 주로 정부에서 국토를 관리하기 위하여 대민용으로 제작되지만 일반인들이 쉽게 접근하기가 곤란하며 주로 특정 목적에 사용된다.

1) 지하시설물도

지하에 매설되어 있는 전기, 통신, 상수도, 가스 등 우리가 도시생활을 영위하는 데 필수적인 지하시설물은 매우 복잡한 형태로 불규칙하게 매설되어 있다. 또 그 종류가 다양하고 매설상태가 획일화되어 있지 않으며 복잡한 형태로 지하에 묻혀 있기 때문에 외관상으로 확인, 점검 등 안전관리가 미흡할 뿐만 아니라 적절한 시기에 매설물들을 교체, 보수하기가 곤란하고 예기치 못한 인적, 물적인 큰 손실을 가져올 수 있다. 또한 자료공유 및 통합관리가 이루어지지 않아 도로의 한 지점에서 여러 차례의 굴착에 따른 보수공사로 불필요한 교통체증과 중복공사가 이루어지며 대국민 서비스의 결여 및 경제적인 손실을 초래하고 있다. 따라서 효율적인 통합관리를 위해서는 정확한 지하시설물 탐사가 이루어지고 그에 따른 지도(자료)의 관리가 철저해야 된다.

① 지하시설물 탐사 현황

1994년 12월에 발생한 서울 마포구 아현동 가스폭발사고와 1995년 4월에 발생한 대구 지하철공사의 가스사고와 같이 어처구니 없는 사고의 발생은 많은 인명과 재산의 피해를 가져왔다. 이때 지하시설물 관리의 중요성에 대한 경종을 울려주는 계기가 되었다. 선진국에서는 1980년대부터 지하시설물 관리에 GIS기법을 도입하여 상하수도, 가스, 통신망 등을 데이터베이스화하여 체계적이고 효율적으로 관리하고 있다. 우리나라에서도 지하시설물 관리의 중요성을 인식하고 특별시, 광역시를 비롯한 전국의 80개 시급에 도로와 지하시설물(GIS 응용기술)을 구축하였다. 그러나 아직 예산의 부족과 단체장들의 의식 부재 탓으로 초보적인 단계에 머물러 있

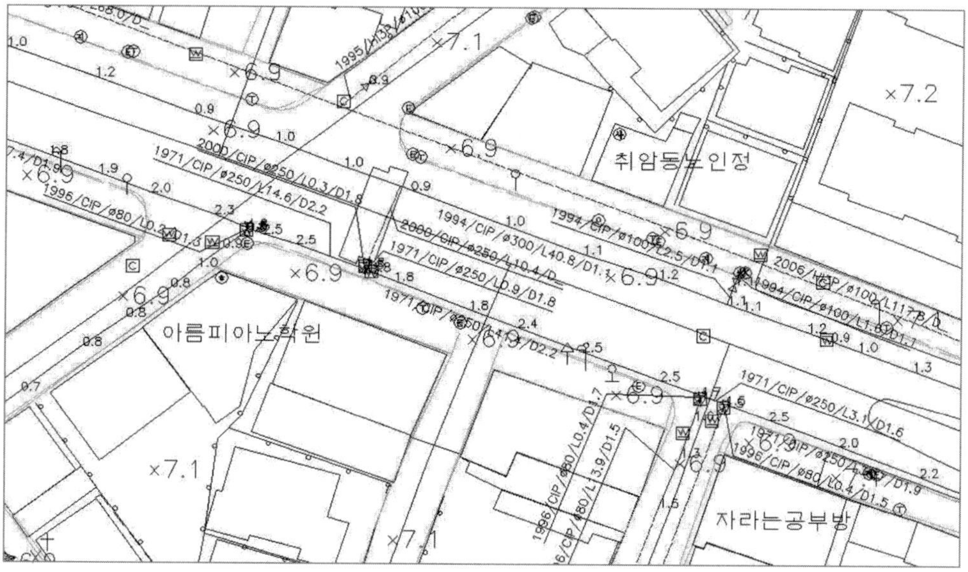

[그림 8-1] 지하시설물도의 일부분(GGS 엔지니어링)

는 실정이다. 2009년부터 정부에서는 군급 도시에 지하시설물 공동구축사업을 실시하려고 한다.

② 용어의 정의

㉠ **지하시설물도**

지하시설물을 효율적이고 체계적으로 유지·관리하기 위하여 수치지도를 기초로 하여 지하시설물을 일정한 기호와 축척으로 표시한 도면(수치화된 도면을 포함)을 말한다.

㉡ **지하시설물 기도(基圖)**

지하시설물도의 작성이 용이하도록 편집된 축척 1천분의 1의 수치지도(1천분의 1의 수치지도가 없는 경우에는 축척이 가장 큰 수치지도)를 말한다.

㉢ **지하시설물 원도(原圖)**

입력이 용이하도록 지하시설물에 대한 탐사의 성과를 지하시설물 기도(현장용)에 정리한 도면을 말한다.

㉣ **현지보완 측량**

지하시설물 기도에 필요한 정확도를 유지할 수 없는 지역에 대하여 현지에서 측량을 실시하여 지하시설물 기도를 보완하는 작업을 말한다.

㉤ **지하시설물에 대한 탐사**

측량기기를 사용하여 지하시설물의 위치, 깊이와 서로 떨어진 거리 등을 측량하는 작업을 말한다.

ⓗ 표준코드

지하시설물도의 작성을 용이하게 하고 자료의 호환성을 확보하기 위하여 일정한 형식으로 구성한 코드를 말한다.

ⓢ 정위치 편집

지하시설물 원도의 성과와 표준코드 등을 이용하여 지하시설물도 입력기준에 따라 입력하여 편집하거나 지하시설물에 대한 탐사의 성과를 이용하여 지하시설물도를 수정 · 보완하는 작업을 말한다.

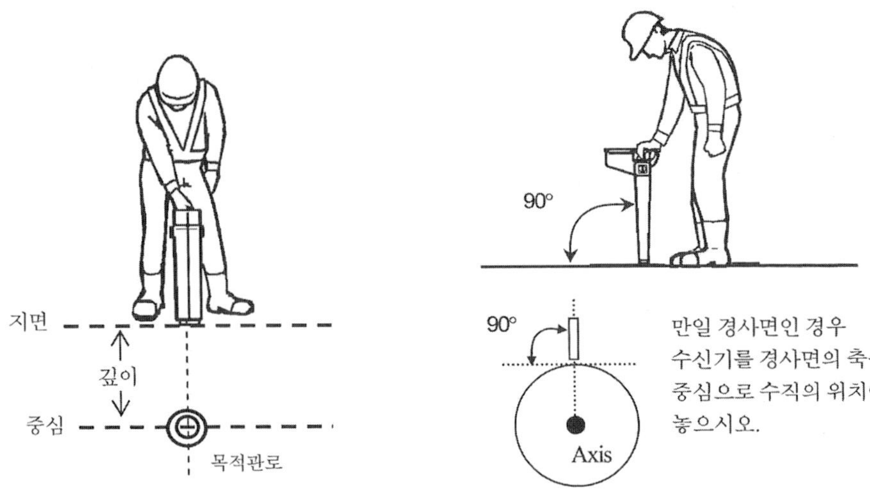

[그림 8-2] 지하시설물 탐사구조

ⓞ 구조화 편집

데이터 간의 상관관계를 파악하기 위하여 정위치 편집된 지하시설물을 기하하적인 형태로 구성하는 작업을 말한다.

③ 입력과 탐사기준

지하시설물도는 1:1,000 수치지도를 기본 도면으로 하며 지하시설물의 위치, 깊이 등 서로 떨어진 거리를 탐사하고 현지보완조사(측량)를 실시해야 한다. 그 후 일정한 형식에 의한 표준코드에 의해 입력하고 입력기준에 따른 정위치 편집을 하고 데이터 상호간의 구조화 편집을 실시하여야 한다. 그리고 지하에 매설된 각 항목의 시설물과 이와 관련된 시설물을 도면에 표시할 때는 다음과 같은 색으로 구분한다.

㉠ 상수도시설 – (청색) ㉡ 하수도시설 – (보라색)

㉢ 가스시설 – (황색) ㉣ 통신시설 – (녹색)

㉤ 전기시설 – (적색) ㉥ 송유관시설 – (갈색)

㉦ 난방 열관시설 – (주황색)

㉧ 기타 국토지리정보원장이 정하는 다음 시설

- 신호등 및 가로등과 관련된 지하시설
- 지하철 및 ITS(Intelligent Transfortation System) 관련 지하시설
- 지하에 매설된 케이블TV 및 유선선로
- 공동구, 지하도 및 지하상가시설
- 기타 지하시설물과 관련이 있는 시설

지하시설물도는 수치지도 작성규칙과 지도도식 규칙에 따라 시설물의 종류를 구분하고 금속관로, 비금속관로, 케이블 등 재질에 따라 탐사방법을 달리해야 한다. 또 탐사간격은 20m로 하되 다음의 각 호에 해당하는 것은 간격에 관계없이 반드시 탐사하여 도면에 기재해야 한다.

- 지하시설물의 지름 또는 재질이 변경되는 경우
- 지하시설물이 교차 · 분기하거나 상태가 바뀌는 경우
- 지하시설물이 곡선구간인 경우
- 지하시설물에 각종 제어장치 또는 밸브가 있는 경우
- 지하시설물 경사변화의 수직 폭이 별도의 탐사오차의 허용범위 중 깊이기

[그림 8-3] 지하시설물 측량작업(GGS 엔지니어링: 논산시)

준을 초과하는 경우

• 기타 국토지리정보원장이 탐사가 필요하다고 인정하는 경우

지하시설물도는 건설부령 제134호(98. 5. 25)로 제정된 지하시설물도 작성작업 규칙과 국토지리정보원 고시 제1998-269(98. 12. 8)로 제정된 지하시설물 작성 세부지침에 따라 입력 · 작성한다.

④ 지하시설물도의 작성

도시의 기반시설을 표기하는 지하시설물도는 시설물의 종류와 특성에 따른 위치정보와 속성정보를 연계하여 통합 구축하는 것이 중요하다. 도면의 작성은 도엽코드, 지형코드, 지하시설물 레이어코드 및 속성코드로 구성하여 관계법령이 정한 기준에 따라 작성해야 되며 도엽단위별로 표준 코드 및 기호를 사용하여 정위치 편집을 한다. 특히 전산입력과정에서 발생할지도 모를 입력 오류 및 누락, 오기, 관로노드생성, 레이어코드 분류의 적정성, 인접 도엽간 시설물의 연결상태와 제원표기의 정확성을 중점적으로 검토해야 한다.

D/B구축에서 제시된 일련의 작업과정과 지하시설물도 작성작업규칙 및 지하시설물도 작성세부지침 등을 적용하여 국가표준화 형식에 다른 체계적인 전산화 구축을 보다 효율적으로 수행할 수 있도록 해야 한다. 그리고 완성된 지하시설물도와 실제 지형과 일치시키기 위하여 절대좌표에 의한 위치측정이 필요하다. 그래야만 추후 유지 관리 뿐만 아니라 통합된 도시정보관리시스템에서 그 활용도가 높아진다. 기존의 수치지도가 완벽하지 않기 때문에 발생하는 오차를 줄이기 위하여 다른 기관에서 작성한 지하시설물도 도면과 서로 호환하여 사용하기 위하여 반드시 절대좌표에 의해 측량한 자료를 입력할 필요가 있다.

2) 토지관련 현황도

① 토지이용현황도

토지이용현황도(1:25,000)는 국토이용관리법에 의거 국토지리정보원에서 1972년부터 1981년까지 1:37,500 항공사진을 이용하여 720 도엽이 제작되었다. 토지이용현황도(土地利用現況圖)는 국가 공간정보를 구성하는 주요 요소로서 국토이용계획시에 없어서는 안 될 필수 자료이다. 1970년대의 경제개발과 더불어 도시의 급격한 팽창과 산업기지의 개발, 고속도로의 건설, 도시계획 등 국토종합개발계획의 기초 자료로 제공되었다. 그러나 종이지도로 제작된 토지이용현황도는 다양한 분야에서의 요구를 충족시키지 못하였다. 그 후 1995년 국가지리정보체계가 수립되면서 수치지형도가 제작되고 국내 GIS 산업이 활성화되면서 토지이용현황도에 대한

연구 및 구축 계획이 수립되어 수치토지이용현황도가 제작되고 있다.

현재 국토지리정보원에서는 기존의 토지이용현황도를 매년 일정 지역별로 갱신을 하고 있지만 지역에 따라 5년 또는 10년의 주기를 가지므로 전국이 동일한 정확도와 최신성을 갖추지는 못하고 있는 실정이다. 향후 국내에서도 토지이용현황도의 활용성을 더욱 증진시키기 위하여 대축척의 토지이용현황도의 제작방안과 고해상도 위성영상을 이용하는 방안에 대해 연구가 지속적으로 이루어질 것으로 판단된다.

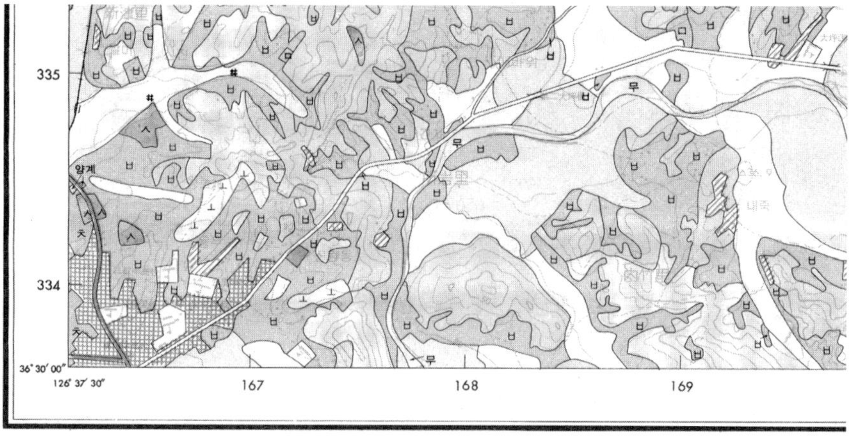

[그림 8-4] 토지이용현황도(1:25,000 홍성)

이 지도는 1967년 10월에 항공사진 촬영을 하고 1974년 9월에 현지조사를 실시하여 그 해 10월에 건설부 국립건설연구소에서 발행한 토지이용현황도(Land Use Map)의 일부분이다.

② 토지피복도

토지이용현황을 나타내는 다른 하나의 지도는 토지피복도(土地被服圖)로서 이는 환경부에서는 환경관리에 필요한 기초자료를 생성하기 위하여 제작하는 지도이다. 인공위성자료를 활용한 지역별 토지피복도 제작 사업을 추진중인데, 일반적인 토지관리와는 달리 환경 생태관리에 필요한 토지의 피복상태 파악에 주안점을 두고 있다. 장기적으로는 고해상도 영상자료를 이용할 계획으로 일차년도(1999년)에는 구입 가능한 Landsat TM자료를 이용하여 전국을 대상으로 토지피복도를 제작하고 있으며, 향후에는 단계적으로 위성자료의 구입을 확대하여 좀 더 세부적인 분류가 가능한 토지피복도를 제작할 예정이다. 국토지리정보원의 1:50,000을 기준으로 지역을 분할하여 구축할 예정인데, 주요 사용 대상 분야는 자연환경분야의 생물서식공간의 추정과 수질분야의 비점오염원 산정, 대기분야의 대기오염 모델링

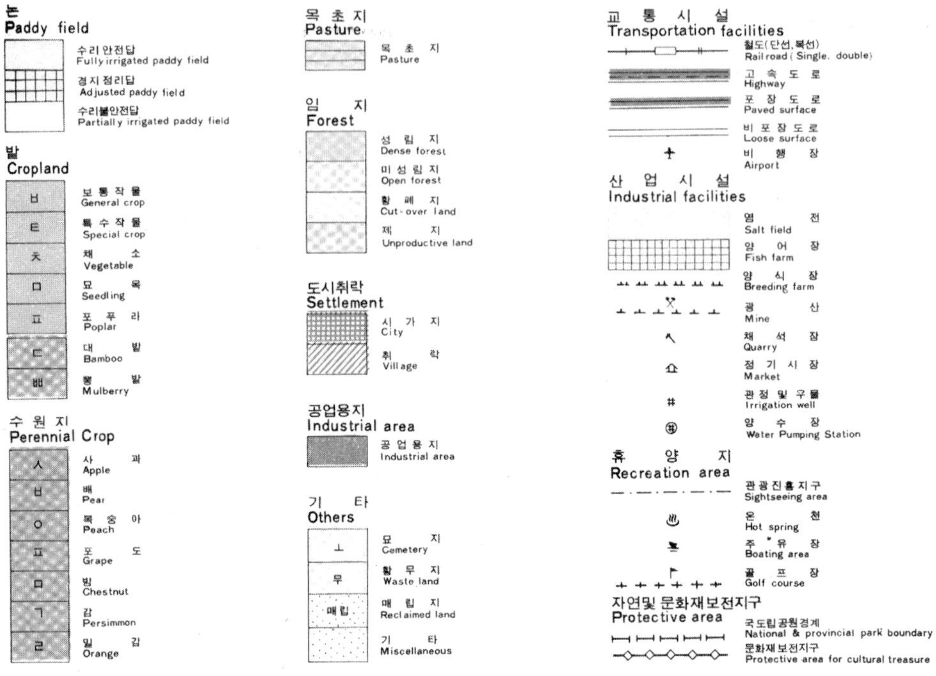

[그림 8-5] 토지이용현황도의 보기(1:25,000)

〈표 8-1〉 토지이용현황의 묘사기준

구 분	항 목	적 용 범 위
논	수리안전답	관개시설에 의한 물의 공급을 받는 논(한발피해 없는 논)
	경지정리답	논두렁의 정리가 바둑판같이 되어 있는 논
	수리불안전답	관개시설이 없거나 물의 공급이 불충분한 천수답
밭	밭	보통작물: 보리, 밀, 콩, 낙화생, 조, 옥수수, 기장, 감자, 고구마 등 채소작물: 무우, 배추, 파, 고추, 도마도, 당근 등 일반채소류 특용작물: 인삼, 박하, 목화, 모시, 아마, 담배 등 묘포 및 포플러: 과수묘목, 산림묘목, 관상수묘목 또는 화초
수원지	과원	사과, 배, 복숭아, 포도, 밤, 감, 밀감 등의 재배지역
	뽕밭과 대밭	뽕밭과 대밭
목초지	목초지	인공초지, 자연초지 및 목장, 골프장 내부
임지	성림지	천연림 또는 인공조림지로서 임목도 30% 이상 지역
	미입목지	입목도 30% 미만의 임지
	황폐지	토양침식이 심하여 사방이 필요한 지역
	제지	암석노출로 투자 및 개발가치가 없는 곳
시가지 및 취락	시가지	도시(시, 읍) 내에 연결된 시가지 형성지역
	취락	농촌(면, 리, 동, 부락)의 취락 형성지역
공업지	공업용지	공장용지
기타	묘지	공동묘지 및 사설묘지
	황무지	하천, 해안의 사지로 투자가치가 없는 지역

등에 이용될 것으로 전망된다.

③ 공통주제도

국가지리정보체계구축 기본계획에 의하여 1998년부터 2000년까지 약 270억원의 예산을 투자하여 사용빈도가 높은 주제도 즉, 토지이용현황도, 도로망도, 지형 · 지번도, 행정구역도, 국토이용계획도, 도시계획도 등 6개 공통주제도를 수치지도화 대상으로 선정하여 우선적으로 제작하고 있다. 그 중 도로망도(道路網圖)는 모든 도로에 대한 도로중심선과 노드, 도로번호, 차선수, 도로포장재질, 도로 교차점 등 각종 도로시설물에 대한 위치 정보가 나타난다. 이러한 수치도로망도에 도형자료 뿐만 아니라 그에 대한 속성자료를 연계하여 다목적으로 활용할 수 있는 수치 도로망도를 구축하는 것이 바람직하다.

또 지형 · 지번도는 행정업무에서 가장 수요가 많은 주제도로 토지거래나 부동산과세 택지개발과 주택계획, 건축행정 등 다양한 분야에서 사용되고 있다. 도로시설물이나 상수도, 하수도, 가스관망도 등의 지하시설물 관리체계에서도 유용하게 사용되어 왔다. 그러나 공공기관의 행정업무처리와 계획수립시에 지표면의 현황에서 해당 필지에 대한 위치를 식별해야 하는 경우가 많이 발생한다. 이러한 지형도와 지적도의 상호보완적인 관계로 인해 두 지도가 함께 사용되는 경우가 많지만, 지적도가 소유권과 관련된 자료이기 때문에 활용에 제약이 많고 또한 지형도와 지적도를 중첩시켰을 때 일치하지 않는 부분이 있어 불편을 겪고 있다. 따라서 지형도와 지적도를 중첩하여 사용할 수 있도록 지형도의 주요 지형지물에 지적선을 맞추어 편집한 지형 · 지번도를 제작하여 토지소유권과 상관없는 행정업무와 민간부문에서 활용 할 계획이다.

④ 연안해역기본도

우리나라는 3면이 바다로 둘러싸여 있는 반도로서 해안선과 그 부속 도서가 상당히 복잡한 편이다. 특히 해저의 기반상태를 나타내는 기반등심선과 수심을 나타내는 등심선이 같이 표현된 지도이다. 이 지도는 선박의 통행이나 어장의 설치에 참고하기 위하여 육지로부터 20km까지 제작한 특수 목적의 연안지형도이다. 지도의 육지부는 1:25,000 기본도를 바탕으로 하였으며 바다부는 연안해역 측량성과를 이용하여 제작되었다. 지도에는 저질분류표(해저의 토질의 형태)와 음파탐사에 의한 충적층의 구성물질이 나타나 있으며 조석(潮汐)에 관한 자료도 자세히 표현되어 있다.

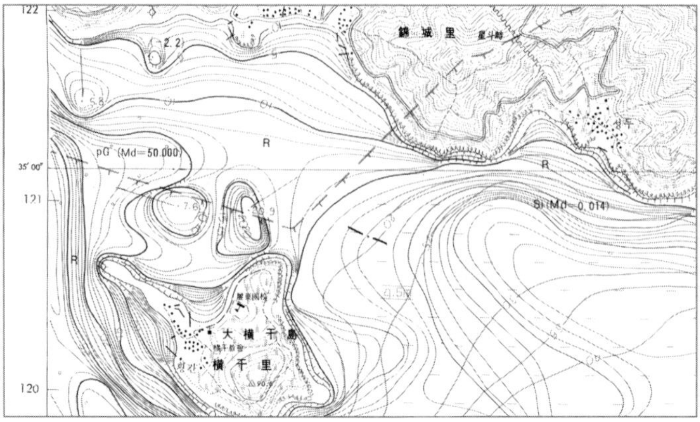

[그림 8-6] 연안해역 기본도(1 : 25,000 우학의 일부)

이 지도의 육지 부분은 1987년 12월 12일 국토지리정보원 고시 제84호의 성과를 복제하였으며 1988년, 1989년의 연안해안 지형 측량성과에 의해 편집된 우학(NI52-6-11-3)도엽의 일부분임

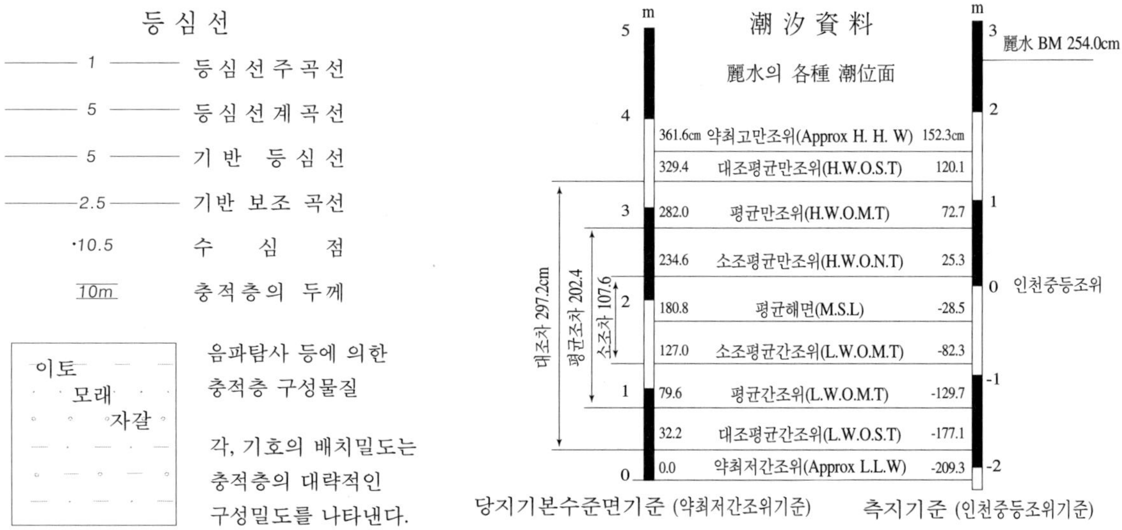

[그림 8-7] 등심선과 조석자료(1 : 25,000)

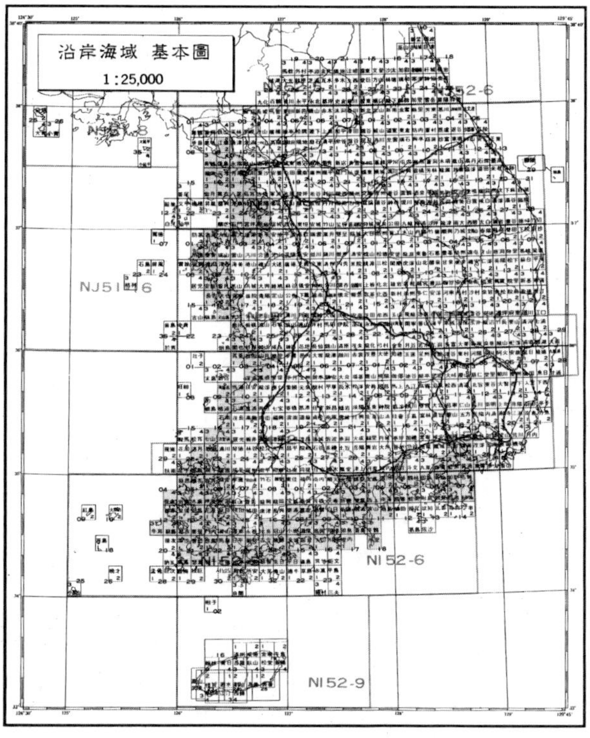

[그림 8-8] 연안해역기본도의 색인도(대구지도센터)

⑤ 산림이용현황도

토지 이외에 산림의 효율적인 관리를 위해 산림청 임업연구원에서 1:25,000 지형도를 기초로 한 산림이용계획도를 제작하여 산림 및 토양 관련 기관에 배포하여 업무에 이용하고 있는 지도를 말한다. 이 지도의 규격은 1:25,000 지형도와 동일하며 바탕은 회색, 강과 바다는 검정색 음영으로 처리하였으며 계획내용은 주로 초록색으로 표현하였다. 산지의 원활한 활용을 위하여 보전임지, 공원, 요존국유림, 보안림, 문화재 및 사찰림, 관광지, 채종림, 시험림, 기타 용재목적임지, 준보전임지, 타용도 전환대상, 농용목적임지와 도시계획구역이 표현되어 있다. 또 조림지는 유실수, 연료림, 용재림으로 다시 구분되어 있으며 농경지와 주택지는 제외되어 있다. 특히 도시계획구역 내에 있는 산지는 주로 준보전임지가 많으며 도시개발에 부응하기 위하여 타용도 전환대상 산지가 많이 분포되어 있다. 이와 같이 산지의 용도를 구분하는 것은 산림자원을 진단하여 합리적이고 고도화된 산림이용을 계획적으로 보전 또는 개발하기 위함이다.

⑥ 임상도

산림청 임업연구원에서 작성한 임상도는 국토지리정보원 발행 1:25,000 지형도를 기도(基圖)로 제작하였으며 임상현황은 1:15,000 항공사진을 촬영하여 조사하였다. 산림에 있는 수목의 종류와 경작상태, 크기, 등급 등을 파악하여 산림자원의 수급과 국토개발에 따른 산림의 피해를 최소화할 뿐만 아니라 계획, 조림을 위한 자료로 활용하고자 제작된 지도이다.

〈표 8-2〉 임상도 보기

임 상		임 상		치 수	0
침엽수림	C	소나무림	D	소 경 목	1
활엽수림	H	참나무림	O	중 경 목	2
침활혼효림	M	죽 림	B	대 경 목	3
소나무인공림	PD	미임목지	O	1 영 급	Ⅰ
잣나무림	PK	황폐지	E	2 영 급	Ⅱ
낙엽송림	PL	경작지	L	3 영 급	Ⅲ
리기다소나무림	PR	제 지	R	4 영 급	Ⅳ
참나무인공림	PO	임간나지	ⓓ	5 영 급	Ⅴ
포플러림	PQ	소밀도(소중대)	…	6 영 급	Ⅵ

※ 영문자는 임상도에 표기된 기호(약어)임

⑦ 토지특성도

국토연구원에서 정보화근로사업으로 제작한 토지특성도(土地特性圖)는 공간을 나타내는 도형지도로서 필지(지적)경계선을 표시하고 어떤 필지인지를 파악할 수 있는 속성정보(지번, 행정구역 코드, 지목, 면적, 실제 이용상황)를 넣어 만든 지도이다. 종이지도가 아니라 언제든지 쉽게 수정, 변형, 출력, 분석할 수 있는 전산화된 지도로서 각종 행정업무 전산화에 기초가 되고 공공과 민간부문에서 활용도가 높을 것으로 판단되며 또 개별공시지가 산정, 필지별 소유권 이동현황 파악, 상수원보호구역 등 각종 법령에 의한 용도지역지구의 지정 · 변경 및 관리를 위한 기본자료 활용 등 행정분야 전반에 걸쳐 응용이 가능하다. 또 각종 통계 · 계획 · 국토공간구조의 실태파악 및 변화전망, 환경관리, 각종 재해업무 지원 등에 응용되어 국토의 효율적인 관리에 기여할 수 있는 기초자료로 만들어졌다. 이 지도는 주로 도시 시가지 부분에 한정하여 제작된 관계로 선택의 폭은 그리 넓지 않다. 2000년 11월부터 국토지리정보원 고시 제 2000-239호(2000. 11. 15.)에 의거 정부 지도판매 대행업체를 통하여 지도를 공급하고 있다. 공급금액은 1:1,000이 14,000원, 1:5,000이 16,000

원이며 단, 1:1,000의 토지특성도는 공급대상을 국가기관, 지방자치단체, 정부투자기관, 정부출연기관, 대학교, 지하시설물 관리기관으로 한정하고 있다.

3) 토지관련 계획도

① 도시계획도

도시의 합리적 발전과 능률적 관리를 위하여 도시 내의 토지이용 형태를 도시 기능에 맞추어 세분화한 것을 도시계획도라고 한다. 도시계획도는 그 도시 내의 개발예정계획을 표시한 지도로서 대체로 5년에 한 번씩 계획, 내용을 수정하는 게 보통이다. 즉 토지를 어떻게 이용할 것인지 미리 그 예정표를 짜놓는 것과 같은 맥락이다. 도시계획으로 정한 토지의 용도는 구역, 지구, 지역 등으로 구분되며 용도지역은 주거지역, 상업지역, 녹지지역, 공업지역으로 나눌 수 있다.

〈표 8-3〉 도시계획 용도지역의 구분

용 도 지 역		용 도 지 구	구 역
주거지역	일반 주거지역	풍치지구	시가화 조정구역
	전용 주거지역	미관지구(제1종~5종)	특정시설 제한구역
	준 주거지역	방화지구	개발 제한구역
상업지역	근린상업지역	교육 및 연구지구	도시개발 예정구역
	일반 상업지역	공지지구(제1종~3종)	
	중심 상업지역	고도지구	
공업지역	전용 공업지역	임항지구	
	일반 공업지역	업무지구	
	준공업지역	보존지구	
녹지지역	자연녹지지역	주차장 정비지구	
	생산녹지지역	공항지구	
	보전녹지지역	특정가구 정비지구	
		아파트지구	

〈표 8-4〉 도시계획도로의 규격

구 분	광 로	대 로	중 로	소 로
1 류	100~50 m	35 m	20 m	10 m
2 류	40~50 m	30 m	15 m	8 m
3 류	40 m	25 m	12 m	6 m

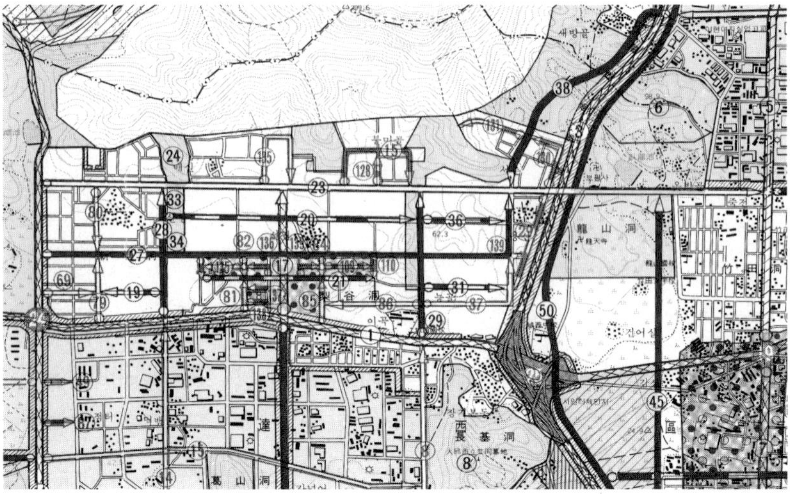

[그림 8-9] 도시계획도의 일부(대구시 1:25,000)

도시계획도상에 나타난 숫자는 그 도로의 번호로서 도로의 이름과 같은 역할을 한다. 또 각 도로에는 동그라미(도로의 시점)와 화살표(도로의 종점)가 표기되어 있다.

기호	명칭	기호	명칭
	道・廣域市界		中路 1 類 (20M)
	市・郡・區 界		中路 2 類 (15M)
	邑・面 界		中路 3 類 (12M)
	高速國道		廣場
	一般國道		一般住居地域
	地方道		準住居地域
	道路街路		專用住居地域
	牛馬車・小路		一般商業地域
	鐵道		中心商業地域
	家屋		近隣商業地域
	地下鐵		流通商業地域
	市廳・區廳		一般工業地域
	登高線		準工業地域
	田・畓・地類		保全綠地地域
	河川・貯水池		自然綠地地域
	都市計劃區域界		生產綠地地域
	廣路 1 類 (70M)		風致地區
	廣路 2 類 (50M)		綠地
	廣路 3 類 (45M 40M)		公園
	大路 1 類 (35M)		遊園地
	大路 2 類 (30M)		開發制限區域
	大路 3 類 (25M)		

[그림 8-10] 도시계획총괄도의 범례

또 도시계획도에서 가장 중요한 것 중에 하나인 도로계획은 도로의 크기에 따라 표 8-4와 같이 분류할 수 있으며 도로와 도로가 교차하는 광장(일반 교차로는 제외)도 도시계획으로 결정되어 있다.

도시계획도에는 용도지역과 중로(中路) 이상의 도로가 표기되며 도로에는 고유번호와 그 도로의 시점과 종점이 표시된다. 또 광장과 공원도 번호로 구분하며 도시계획으로 결정된 모든 집단시설들이 표기된다. 도시계획도는 도시의 규모(크기)에 따라 축척이 다르게 제작된다. 종이의 표준규격이 전지이기 때문에 '전지 1장' 혹은 '전지 2

장' 으로 제작되는 것이 가장 많으며 광역시급의 규모에는 1:50,000 축척의 경우 전지 1장, 1:25,000 축척은 반절지 6장으로 제작되는 게 보통이다. 일반 시급의 도시는 1:25,000 축척에 전지 1장으로 제작되며, 군 내의 읍, 면 도시계획도는 반절지의 규격에 1:10,000~1:20,000의 축척이 가장 많다.

② 국토이용계획도

국토건설을 효율적으로 추진하고 계획적인 토지이용으로 국토이용질서를 확립하기 위하여 1972년 12월 30일 '국토이용관리법' 을 제정하여 1975년부터 1990년까지 6차례의 국토이용계획(토지이용계획)을 수립하였다. 당초에는 6개의 용도지역과 11개의 용도지구로 세분하였으나 1982년 12월 31일 법개정으로 10개의 용도지역으로 일원화하였으며 다시 1993년 8월 5일 5개의 용도지역으로 단순화하여 당초의 보존 위주의 관리원칙을 보전과 개발의 조화로 전환, 개발가능한 용도지역을 대폭 확대하였다.

1982년(구법)에 제정된 도시지역과 공업지역이 도시지역으로 통합되었으며 취락지역, 관광휴양지역, 개발 촉진지역 중 택지 개발지구, 시설용지지구, 집단묘지지구가 통합되어 준도시지역으로 되었다. 또 개발 촉진지역의 개간 촉진지구, 경지지역의 비농업 진흥지구, 산림 보전지역의 준보전임지가 준농림지역으로 통합되었으며 경지지역의 농업 진흥지구와 산림 보전지역의 보전임지는 농림지역으로 합해졌다. 끝으로 자연환경 보전지역과 수산자원 보전지역이 자연환경 보전지역으로 통합되고 유보지역은 폐지되어 현재 5개 지역으로 나누어 관리되고 있다. 그러나 정부에서는 난 개발의 주범인 현재의 용도지역 분류는 폐기하고 국토의 효율적인 보전을 위하여 새로운 용도지역을 구상하고 있다.

③ 국토종합개발계획도

국가의 장래 개발계획을 수립한 국토종합계획도는 건설교통부의 주관으로 작성되어 왔다. 제1차 국토계획(1972~1981), 제2차 국토계획(1982~1991), 제3차 국토계획(1992~2001)까지는 개발을 위주로 하였기 때문에 국토종합개발계획이라고 불렀지만 제4차 국토계획(2000~2020)에서는 개발보다는 생태계 보전에 더 중점을 두었기 때문에 국토개발계획 대신에 '국토종합계획' 이라고 표현하고 있다. 정부의 국토종합계획(안)을 민간 지도제작업자들이 건설교통부의 감수를 받아 제작 · 판매하는데 국민들이 정부의 방침을 파악하는 중요한 자료로 활용하게 된다.

이들 국토종합개발계획도는 1:500,000(전지 1매) 또는 1:350,000(전지 2매)로 제작되는 게 보통이다. 도면의 바탕에는 시 · 군 · 읍 · 면의 행정경계를 비롯하여 기

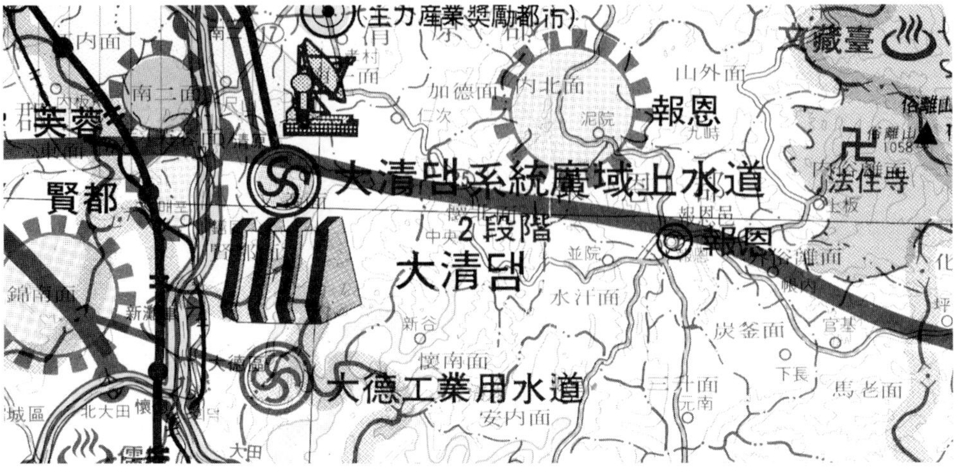

[그림 8-11] 제3차 국토종합개발계획도의 일부(1:350,000)

존의 중요 도로와 중요 동리가 표현되어 개발계획의 상황을 알 수 있게 제작된다. 또, 국토종합계획도에 표현되는 중요 시설물인 고속도로계획, 철도계획, 공항계획, 광역 상수도망, 중요 관광지, 국 · 도립공원, 대단위 농업 개발지역, 수자원 보전지역, 항만, 공업단지, 다목적 댐, 하구둑 및 간척지, 정보통신계획 등을 多色圖로 편집 · 제작한다.

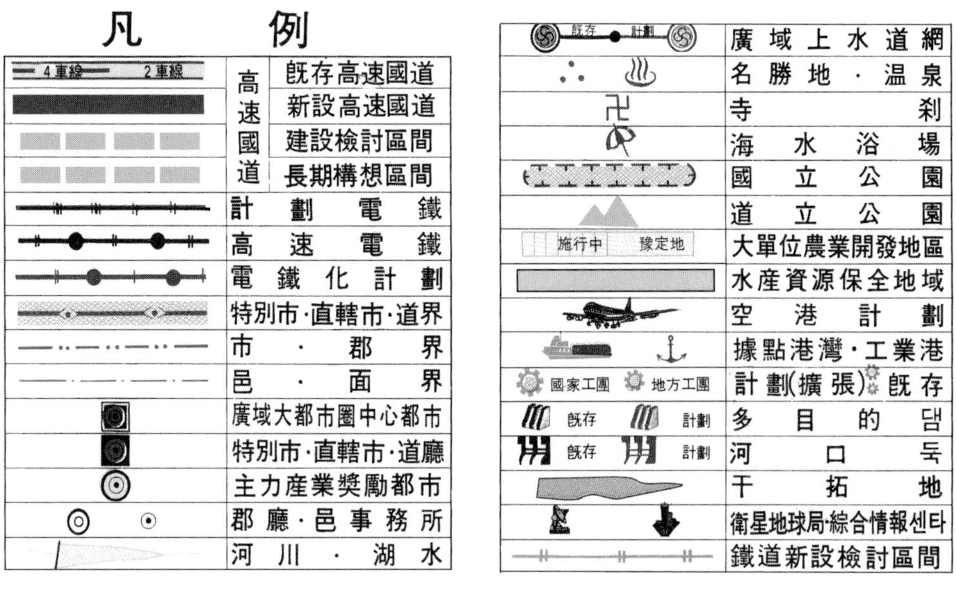

[그림 8-12] 제3차 국토종합계획도의 범례

④ 제4차 국토종합계획도

새 천년을 여는 21세기에 국가융성과 국민의 삶의 질을 확보하기 위하여 새로운 국토비전과 전략방향을 계획하여 세계화, 지방화, 지식화 등 시대적 변화에 대응할 수 있는 향후 발전계획을 수립하기 위하여 제 4차 국토종합계획안에 따라 국토종합계획도가 작성되었다. 계획이 지향하는 4대 목표는 '더불어 잘 사는 균형국토 · 자연 속의 녹색국토 · 경쟁력 있는 개방국토 · 역동적인 통일국토'와 7대 전략을 설정하고 국토 계획도를 작성하였다.

〈표 8-5〉 장래 인구 전망

구 분	1995년	2000년	2010년	2020년
인 구 수	44,609천명	47,275천명	50,618천명	52,358천명
인구증가율	0.95%	0.77%	0.42%	0.13%

〈표 8-6〉 자동차 보유 전망

구 분	1997년	2002년	2012년	2020년	평균증가율
보유대수(천대)	10,143	12,493	18,174	21,922	3.4%

제4차 국토종합계획 기간에는 인구증가율이 뚝 떨어져 2020년에는 0.13%로 줄어든다. 국토의 효율적인 관리를 위해 적정규모의 인구가 요구되겠지만 이런 추세라면 인구가 줄어들지 않을까(?) 걱정된다. 좁은 국토에 다행히 인구증가율은 줄어들었지만 자동차는 지금의 2배나 늘어나기 때문에 풍요로운 생활의 기틀이 마련될런지(?) 이 또한 걱정이 앞선다. 제4차 국토종합계획이 확정되어 2000년 8월부터 계획도가 시중에서 판매되고 있다.

[그림 8-13] 제4차 국토종합계획의 골격

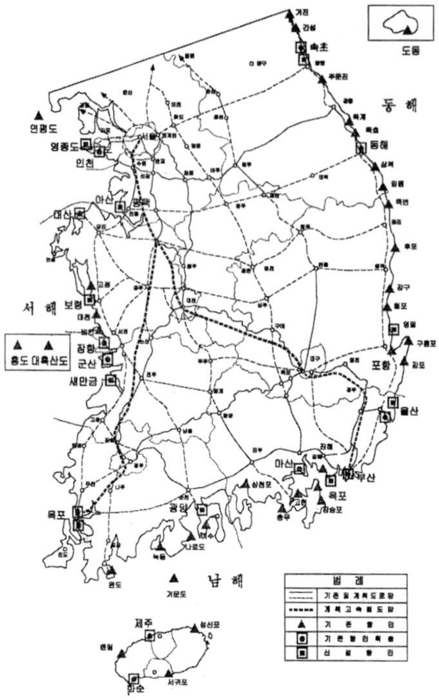

(a) 항만시설계획(2000~2019)

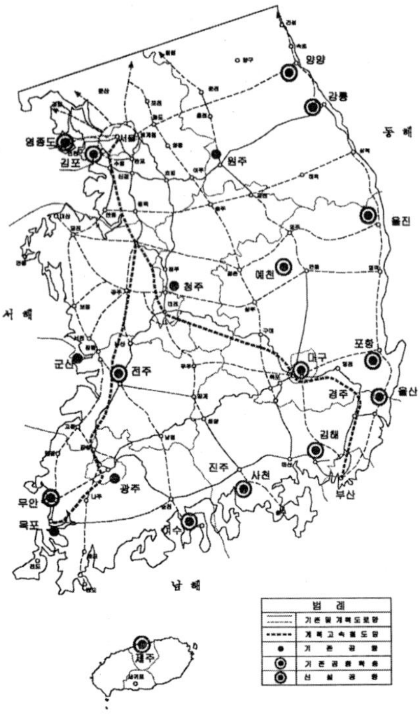

(b) 공항시설계획(2000~2019)

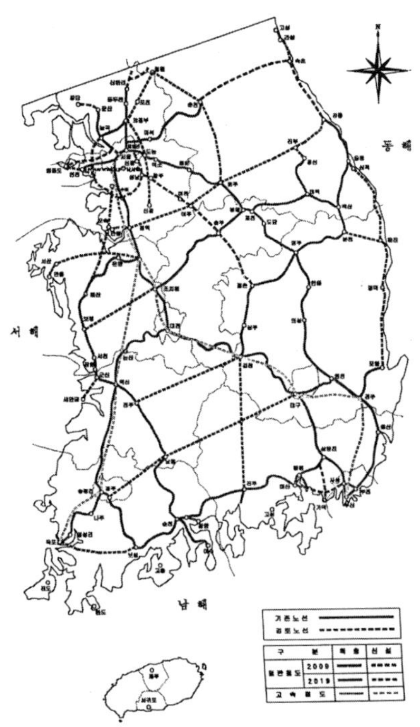

(c) 간선철도망계획(2000~2019)

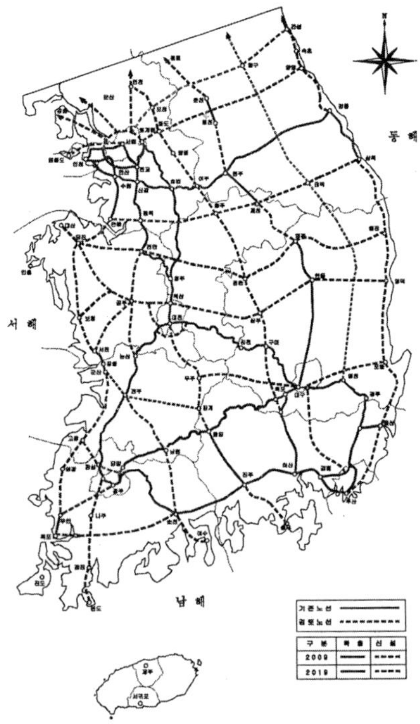

(d) 간선도로망계획(2000~2019)

[그림 8-14] 제4차 국토기본계획도의 구상

⑤ 기타

도로망과 행정구역은 모든 지도에서 가장 기본이 되는 자료이다. 그러므로 도로망과 행정구역을 별개로 나누어 지도를 만들 수도 있지만 기능상 같이 표기되어야만 지도의 역할을 하는 데 유용하다. 각 시 · 군청에서는 관내의 도로망을 작성하여 도로의 정비계획, 포장계획, 신설계획 등 업무용으로 제작하기도 한다. 또 관내의 행정구역별로 집계한 통계자료를 지도와 함께 작성하여 업무용으로 이용하기도 한다. 그러나 관청에서 제작하는 지도는 업무용이기 때문에 민원인이나 주민이 쉽게 구입하여 사용하기가 어려우므로 민간회사에서 제작하는 도로망도와 행정구역도를 주로 이용하는 편이다. 이들 지도는 제작회사에 따라 표기기준이 조금씩 다르지만 대체로 시 · 군 · 읍 · 면의 경계, 고속국도, 국 · 지방도로, 철도가 기본적으로 바탕에 깔린다. 또 각 도별로 경계부분을 색깔로 표시하여 쉽게 눈에 띄게 하며 국립공원이나 중요 관광지의 명칭과 강, 호수, 중요 동리의 명칭을 병기하여 찾아보기 쉽게 제작되어 있다. 그리고 고속도로의 계획노선이 점선으로 표기되기도 하며 각 도로에는 도로번호와 구간거리가 기재된다.

개인회사에서 발행하는 도로망도나 행정구역도는 주로 1:500,000(전지 1매)으로 제작되는 게 보통이지만 1:350,000(전지 2매)로 확대제작되는 것도 있다. 또 이들 지도는 지도의 이용기능에 따라 지도의 이름이 여러 가지로 분류되는데 '한국도로망도', '한국행정 · 도로망도', '행정교통관광도', '최신행정구역도', '행정도로망도' 등으로 이름이 붙여지지만 내용면에서는 대부분의 지도가 비슷하다.

2. 해 도

서양에서는 마르코폴로의 동방견문록이 소개되면서 1300년경 Portolano에 의해 처음으로 해도(海圖)가 제작되었다. 우리나라 근해는 1787년 프랑스 탐험대인 라페루즈(comte de lapérouse)가 측심한 것을 필두로 1880년까지 영국, 미국, 러시아 등 열강들이 우리의 항구와 섬, 만, 강 하구의 수로에 이르기까지 수심측량을 실시하여 120여 종의 해도를 간행한 것으로 알려져 있다. 일본은 1869년경부터 우리나라 연안을 빈번히 왕래하며 1873년에 처음으로 조선전도(해도)를 만들었다. 그 후 조선침공과 대륙으로의 진출을 모색하기 위하여 1897년부터 약 10년간 우리나라 해안 전역에 걸쳐 조사를 실시하여 해도를 만들었으며 1910년 한일합방 후에는 일본 수로부에서 84종의 우리나라 해도를 작성하였다.

해도를 만들고 있는 국립해양조사원은 1949년 11월 1일 해군본부작전국 수로

과로 창설되어 1963년 10월 10일 교통부 수로국으로 이관되었으며 1996년 8월 8일 국내의 여러 해양기관이 통합되어 국립해양조사원으로 신설되었다. 현재는 해양정보 제공, 관할해역 조사, 해양조사, 해양과학기술 개발, 국제협력 등의 기능을 수행하고 있으며 지도와 관련하여 해도를 제작하고 있다.

수심, 수중장애물, 해안선, 암초, 저질 등 바다의 모든 형상을 조사 · 측량하여 해도를 간행하고 있고 해양관할권 확보와 해양의 이용 및 개발을 위하여 해저지형 측량, 해상중력 측량, 해상지자기 측량, 해저표층 탐사 등을 실시하여 국가해양기본도(해도)를 제작하고 있다. 그 외에 바다에서 일어나는 물리화학적인 현상인 조류, 조석, 해류 등의 조사는 물론 수온, 염분, 용존산소, 수소이온농도, 투명도, 수색, 해빙 등을 입체적으로 조사하여 조석, 조류예보와 조류도 및 해양환경도 등을 간행한다. 또한 국제 간 해양조사의 상호협력, 기술발전 및 자료의 통일화 등을 위하여 1957년 국제수로기구(IHO: International Hydrographic Organization)에 가입하였으며 지역기구인 동부아시아수로위원회(EACH)의 회원국으로 활동하고 있다. 그리고 미국과 일본과는 해양자료의 교환, 기술협력체제의 유지 및 상호 기술발전을 위하여 매년 기술회의를 개최하고 있다. 현재 우리나라는 1400톤급 온누리호를 비롯한 8척의 측량조사선이 GPS 측위기를 비롯한 최신 장비를 이용하여 근해의 해양조사, 연안조사, 항만조사, 해양관측 등을 실시하여 해도를 수정 · 간행하고 있다.

1) 해도의 제작현황

① 종이해도

해도(nautical chart)란 항해중인 선박의 안전한 항해를 위해 수심, 암초와 다양한 수중장애물, 섬의 모양, 항만시설, 각종 등부표, 해안의 여러 가지 목표물, 바다에서 일어나는 조석, 조류, 해류 등이 표시되어 있는 바다의 안내도로서 종이 해도를 일컫는다. 그러므로 해도의 단어 의미는 바다의 지도를 뜻한다. 1700~1800년대의 대륙의 발견시대에는 탐험용으로 제작되었지만, 점차 군사적 목적으로 변질되어 다른 나라를 침공하기 위한 중요한 정보로 이용되었으며 오늘날에는 선박의 안전운항이 주목적으로 이용되고 있다. 현재 우리나라에는 278종의 종이해도가 제작되어 있으며 날로 해도의 수요가 늘어 현재는 1년에 약 80종의 해도가 제작되고 있다. 새로운 항만의 건설, 간척지의 개발, 해안 수심변동 등으로 지속적으로 변동이 있는 지역과 토사유입으로 자주 수심이 변하는 지역을 중심으로 수정한다. 변경이 잦은 지역은 2년에 한 번씩 주기적으로 수정하고 변동이 거의 없는 지역은 10년에 한 번씩 수심을 측량한다. 해도에 표기되는 국제도식은 누구나 쉽게 해석이 가능하도록 국제수로국의 기준에 따라 통일되어 있다. 종전의 수작업과정이 1994년 장비의 도입과 더불어 전산화되었고 지금은 종이해도의 제작과 전자해도의 제작이 병행되고 있다.

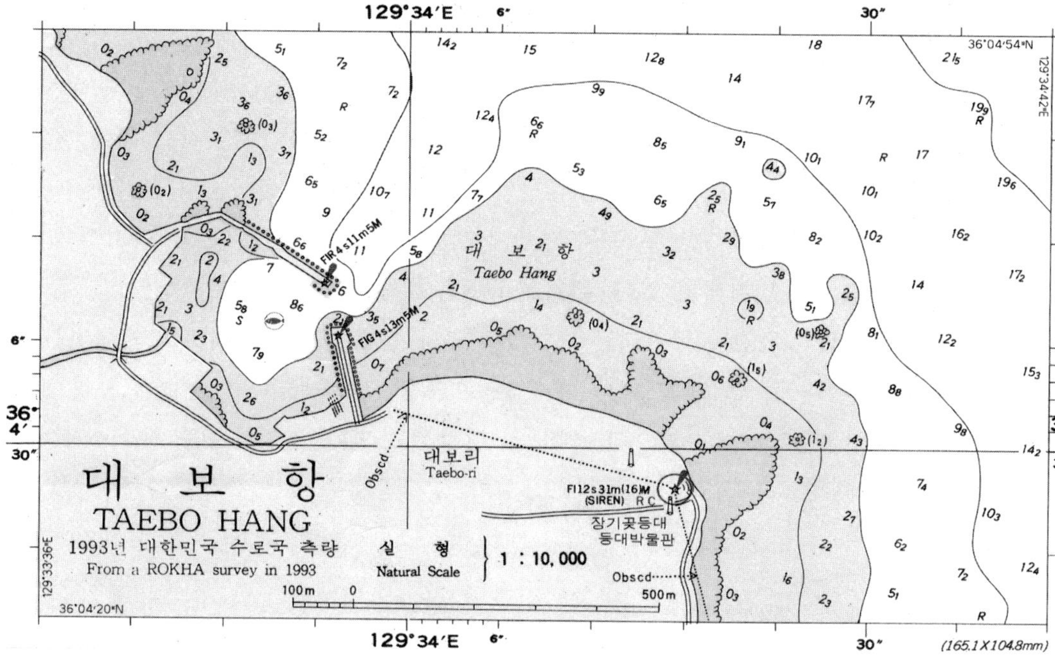

[그림 8-15] 종이해도(포항도엽)

② 전자해도

현재까지 사용하던 종이해도는 내용수록에 한계가 있기 때문에 해난사고를 방지하기에는 역부족이다. 최근에는 선박의 대형화로 사고발생시 커다란 재산상의 피해를 가져오기 때문에 전자해도(ENC: Electronic Navigational Chart)의 중요성이 더욱 증가할 뿐만 아니라 컴퓨터의 보급과 위성영상의 이용범위가 확대되어 전자해도는 필수적이다. 전자해도는 기본적으로 종이상태의 해도를 컴퓨터상에 옮겨놓은 것이지만 내용면이나 기능면에서 비교할 수 없을 만큼 편리하다. 위성으로 받은 영상자료는 해상도는 떨어지지만 선박의 위치를 찾을 때는 유용하게 쓰인다. 전자해도는 여러 나라에서 공통된 기준에 맞추어 제작되며 현재 우리나라를 비롯한 싱가포르, 일본, 영국, 독일, 노르웨이, 호주, 미국, 캐나다, 러시아 등에서 제작되고 있다. 국제수로기구 내에 전자해도위원회를 설립하여 전자해도 실용화를 위한 기술검토, 시험운용, 국제기준 제정 등 각국의 연구결과를 토대로 1996년에 표준규격(S-57)을 완성하여 공표함으로써 각국이 전자해도 개발에 활기를 띠게 되었다.

전자해도는 사용자가 원하는 기능을 선별적으로 보여주는 기능뿐만 아니라 선박의 이동경로를 지정해 주면 항로이탈시 경보음이 울리고 상대 선박이나 암초 등 위험요소에 대한 사전인식이 가능하다. 뿐만 아니라 GPS의 탑재로 자기 선박의 위치파악이 용이하기 때문에 종이해도를 사용하던 선박들이 빠른 시간 내에 전자해도로 대체되고 있다. 해도제작은 공신력문제 때문에 어느 나라든지 국가에서 주관하며 주로 국방부나 교통부 등에 편재되어 있는데 미국의 경우는 해양기상대기청 내의 수로국에 편재되어 있다. 바다의 GIS라고 불리는 전자해도의 완성은 우리나라의 해양산업 발전과 국가기본 도제작에 크나큰 영향을 미칠 것으로 기대된다.

우리 나라도 국립해양조사원에서 1995년부터 전자해도를 만들고 있으며, 우리나라 연안의 약 200여 종의 전자해도를 계획하고 있다. 전자해도도 항해목적에 따라 총도, 항양도, 해안도, 항만접근도, 항박도, 항박계류도 등으로 제작되고 있다.

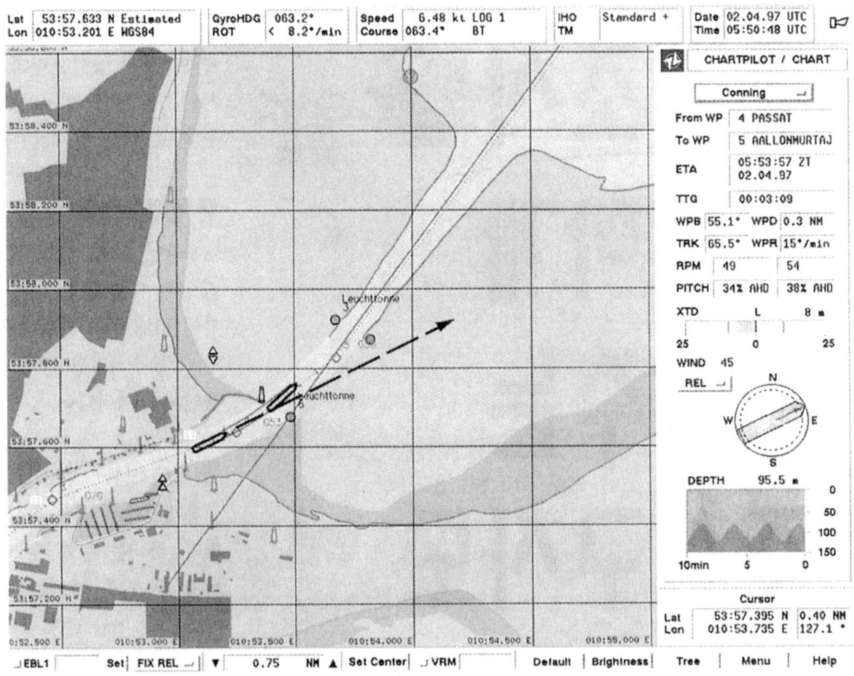

[그림 8-16] 전자해도의 일부(1997. 12. 한국지리정보)

2) 해도의 종류

해도(marine chart)는 바다를 주제로 한 지도로서 육지의 지도와 마찬가지로 그 대상지역 및 사용목적에 따라 다양한 종류가 있으나, 크게 보아서 바다의 기본도와 항해용 해도 및 특수지도로 구분할 수 있다. 해도에 사용되는 도법은 일반적으로 Mercator projection이 적용되며, 축척 1:300,000 항해도 23종, 축척 1:75,000~1:50,000 사이의 연안도 46종, 축척 1:20,000~1:10,000 사이의 항박도 95종 등 총 278종의 종이해도가 간행되어 있다.

해도는 항해자에게는 없어서는 안 될 기본헌장과 같은 것이며, 해상시설물 건설 및 정비, 해양자원 개발, 어업, 해상교통, 관광, 기타 해운 운용면에도 꼭 필요한 자료이며 최대축척의 해도상에 기재된 저조선(低潮線)은 국제해양법상 영해(領海)의 폭원(幅員)을 정하는 중요한 기준이 되기도 한다. 바다와 무관한 일을 하는 사람들은 일생동안 해도를 접할 기회가 거의 없지만 판독에 필요한 기호를 이해하고 해도에 대한 식견을 넓히는 계기가 될 것으로 판단된다.

① 국가해양 기본도(basic map of the sea)

해양에 관한 정보를 총체적으로 수록한 도면으로서 해저지형도, 해저지질구조도(천부지층분포도), 지자기전자력도, 중력이상도 등 4종류가 있으며 축척에 따라서 1:200,000, 1:50,000, 1:10,000의 3종류로 구분된다.

- 1:200,000 기본도

  경제수역 200해리까지를 대상으로 하며, 각종 해양개발계획의 예찰도(豫察圖)로서 적합하다. 우리나라 건설교통부 수로국에서는 한국연안 주변 200해리까지의 대륙붕 및 대륙붕사면 하부까지 전 해역을 42개로 구분하여 본격적인 기본도를 작성하기 위해 추진중이다.

- 1:50,000 기본도

  해양개발계획을 위한 개략도로서 1979년부터 영해 12해리까지 총 178,000해리를 70해역으로 구분하여 지도를 작성하였다.

- 1:10,000 기본도

  자원채굴에서 실시계획, 항만계획, 해안방재계획, 해양구조물 실시계획 등으로써 1:10,000 기본도는 우리나라 영해의 폭을 결정하는 기준이 되며, 해저자원 확보와 밀접한 관계가 있는 대륙붕 분할 등의 기선으로서도 중요하다.

그 외에 국립해양조사원에서 조사 · 측량하여 제작한 바다안내도가 있는데 이는 연안항해용으로 우리나라 관할 해역의 해도를 바탕으로 재편집하여 1994년 9월부터 1997년 6월 사이에 만들었다. 축척은 1:250,000 죽변항에서 부산항, 수원단에서 죽변항, 거문도에서 대흑산군도 및 제주도, 부산항에서 거문도, 대흑산도에서 격열비열도, 격열비열도에서 대청군도, 또 1:300,000 제주도에서 고토열도의 해도를 사용하여 편집한 것으로 보다 자세한 사항은 관련 항만의 대축척해도를 참고해야 한다.

② 항해용 해도(nautical or navigational chart)

항해의 안전을 목적으로 항로, 해저수심, 장애물, 목표물, 연안지형 · 지물, 좌표, 방위, 거리 등 항해상 필요한 제반사항을 정확하고 이용하기 쉽게 표현한 도면으로서, 일반적으로 '해도'라 함은 이 항해용 해도를 가리키는 경우가 많다. 항해용 해도는 수로측량의 성과를 기초로 하여 간행되며, 간행된 후에 기재내용이 변동될 경우에는 즉시 항로고시에 의하여 변동사항을 항해자에게 통보함으로써 안전항해를 보장한다.

항해용 해도는 항만, 박지(泊地) 등 대축척으로 표현되는 항박도로부터 광대한 지역을 소축척으로 표현하는 총도에 이르기까지 여러 가지가 사용되며, 일반적으로 축척에 따라 다음과 같이 구분된다.

- 총도(general chart)

  지구상 매우 광대한 해역을 일괄하여 볼 수 있도록 만든 해도로서 원양항해나 항해계획 수립용으로 사용된다. 일반적으로, 축척은 1:4,000,000 이하로 되어 있다.

- 항양도(sailing chart)

  원거리 항해시 주로 사용되며 먼 바다의 수심, 주요 등대, 등부표 및 먼 바다에서도 볼 수 있는 육상의 목표물들이 도시되어 있다. 축척은 보통 1:1,000,000보다 소축척으로 제작되어 있다.

- 원양항해도(sailing chart)

  원양항해에 사용되는 해도로서 외해의 수심, 주요 등대, 등부표, 관측가능한 육상물표 등이 게재되며, 축척은 1:1,000,000 이하이다.

- 근해항해도(coast navigational chart)

  육지의 가시거리 내에서 항해할 때 사용되는 해도로서 선박위치를 육지의 제반물표(物標), 등대, 등부표 등에 의하여 결정할 수 있게 되어 있다. 축척은 1:300,000 이하로, 적당한 구역을 중복시켜 통일된 연속도(連續圖)로 되어 있다.

- 해안도(coast chart)

  연안항해에 사용되는 해도로서 연안의 제반 지형, 물표가 상세하게 표시되어 있다. 축척은 1:50,000 이하로 통일된 연속도로 함을 원칙으로 한다.

- 항박도(harbour plan)

  비교적 소구역을 대상으로 항만, 묘박지(錨泊地), 어항, 수로, 착안시설(着岸施設) 등을 상세하게 게재한 해도로서, 축척은 1:50,000 이상이며 항만, 임해공업단지의 규모나 중요도에 따라 1:5,000, 1:15,000 등의 축척으로 나눌 수 있다.

③ 특수해도(special chart)

기본도, 항해용 해도 이외의 여러 가지 항해참고용 해도를 말하며, 학술, 생산 및 자원개발 등에 이용하기 위한 해도이다.

- 해저지형도(bathymetric chart)

  해저지형을 정밀한 등심선(等深線)이나 음영법(陰影法)으로 표시하여 대륙붕이나 해산(海山), 해구(海溝) 등 해저지형 특성을 파악하기 쉽도록 제작된 도면으로 해저자원 조사 및 개발, 학술연구 등에 이용된다. UN 해양법에서 규정한 관할해역 및 인접국 간의 경계선을 획선하고 어장개발, 자원개발, 해저통신시설 부설, 침몰선 인양, 해양오염방제, 군작전 및 해양의 과학적 이용과 환경보존 등에 중요한 자료로 제공된다.

- 어업용도(fishery chart)

  연안어업에 편의를 제공하기 위하여 일반항해용 해도에 각종 어업에 관한 정보와 규제내용 등을 색별로 인쇄한 도면으로서 해도번호 앞에 'F' 字를 덧붙여 구분한다.

- 전파항법도(electronic positioning chart)

  일반항해용 해도에 loran, decca, hi-fix 등 일정한 해역 내에서 운용가능한 전파항법체계(system)의 위치선과 그 번호를 기입한 해도로서 loran 해도인 경우 해도번호 앞에 'L' 字를 덧붙인다.

- 해류도(海流圖, ocean current chart)

  연안수로에서 선박통행에 참고가 되도록 일정한 방향과 유속을 가진 해류의 흐름과 분포를 기재한 도면이다.

- 조류도(潮流圖, tidal current chart)

  조석현상에 따라 발생하는 해수의 수평적인 흐름인 조류의 상황을 도면으로 표시한 지도로서 창조류(물이 들 때의 조류), 낙조류(물이 빠질 때의 조류), 시간별 조류의 유향, 유속 등이 기록되어 있다.

- 해도도식(chart symbols and abbreviations)

  해도상에 기재된 건물, 항만시설, 등부표, 수중장애물, 조류, 해류, 안선의 형태, 등고선, 연안지형, 각종 한계 등의 기호 및 약어를 수록한 서지(書誌)이다.

- 기타 특수도(special chart)

  위치기입도, 영해도, 세계항로도 등이 있다.

- 로란해도(loran chart)

  일반항해용 해도에 로란 위치의 선을 인쇄한 것으로 로란항법에 이용되는 해도이며 해도의 번호 앞에 'L' 또는 'LC'를 기재한다.

【로란】이란 "long range navigation"의 'lo' 'ra' 'n'을 줄여 합성한 단어로서 선박이나 항공기가 2개의 무선국으로부터 받는 전파의 도착시각차를 측정하여 자신의 위치를 찾는 항법장치이다.

3) 해도도식

① 해도도식의 기준

국립해양조사원에서 간행한 해도도식(chart symbols and abbreviations)에 나타난 기호 및 약어의 기준은 다음과 같다.

㉠ 도식의 항목 배열은 국제수로국의 기호 및 약어기준표에 준하였다.

㉡ 해도에 표시된 입체숫자번호는 국제 수로국의 결정에 따른다.

㉢ 사체숫자번호는 국제수로국의 결정과 다르거나 아직 결정되지 않은 것도 있다.

㉣ 괄호 내의 문자는 국제수로국의 기호 · 약어기준에 따른 것이 아니다.

㉤ *표는 구 기호이거나 약어이다.

㉥ 도법: 메르카토르도법을 사용하였다.

㉦ 위도: 1:25,000 이하의 해도는 북위 36°를 기준하고 그 이상의 해도는 그 해도의 중간위도를 기준한다.

㉧ 경도: 영국 그리니치(Greenwich) 천문대의 본초자오선(경도 0°)을 기준한다.

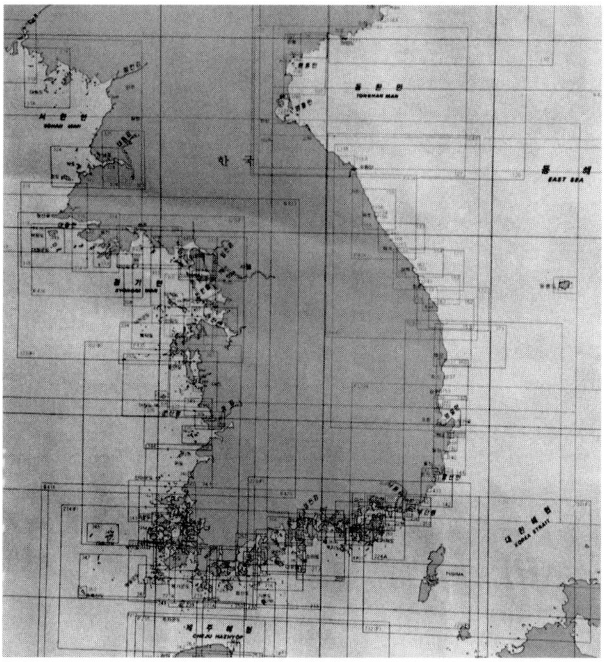

[그림 8-17] 우리나라 연안의 해도 색인도

㉧ 수심: 국립해양조사원의 측량에 의해 평균해면 이하의 면으로 한다. 20.9m까지는 소수 1위로 하고 21m 이상 31m까지는 0.5m 단위로 한다. 육지의 높이는 평균해면 이상의 높이로 하고 10m, 미만은 소수 1위로 한다.

㉨ 해안선: 약최저저조면(略最低低潮面)에 있어서 육지와 해면의 경계를 말한다. 간출과 특정 물체는 기본수준면부터 m로 표시하고 10m 미만은 소수 1위를 붙인다.

㉪ 해리: 1마일은 위도 1°의 길이에 준하고 국제적으로 1,852m를 사용한다.

㉫ 국제해도: INT와 국제해도번호를 마젠타식으로 표시한다.(예: INT 509)

㉬ IALA: 해상부식표시는 A, B지역이 있는데 한국은 B지역의 부식표를 사용한다.

② 해도도식의 종류

● 안선(A)

육지와 바다가 접하는 해안선(the coastline)의 형태와 해안의 경사, 토질, 식재 나무의 종류, 간축의 규모 등 약 23종의 해안형태가 기호로 표시되어 있다. 이들 해안선의 형태와 그 종별은 해안선 부근의 육지지형은 물론 작은 섬이나 육지에서 조금 떨어진 바위나 암초 등도 표시된다.

- 연안지형(B)

해안의 지형(coast features) 상태인 만, 해협, 강 하구, 항, 반도, 산맥, 암석 등 45종으로 구분이 용이하게 문자약어로 표기하였다.

- 육지의 지형(C)

바다와 인접한 육지(the land, natural features)의 모습은 선박이 항해하는 데 직접적인 연관은 없지만 육지의 지형 · 지물이 운항의 길잡이가 되며 육지로 긴급히 상륙해야 될 때 참고해야 할 내용들이 표시되어 있다. 산의 모양을 나타내는 등고선, 독립수목, 집단식림지, 호수 등 27종의 기호가 표기되어 있다.

- 기준점(D)

육지의 산정에 있는 삼각점을 비롯한 기준점(control point) 8종류가 표시되어 있다.

- 각종 단위(E)

해도에 나타난 단위(units, etc)는 시, 분을 비롯한 미터, 인치, 노트, 해리, 경위도 등 중요한 단위가 많다. 이를 약 30여 종으로 구분하여 해도를 정확히 판독할 수 있도록 정해 놓은 단위를 말한다.

- 형용사 및 부사(F)

각종 해도를 읽는 데 도움이 될 만한 중요한 형용사(Adjectives, etc)들로서 파괴된, 폭발성의, 현저한, 수몰된 등과 같이 특정한 형용사와 부사로 이루어진 약어를 말한다.

- 항만(G)

배가 정박하는 항구 즉 항만(ports and harbours)은 선박의 정박이나 태풍으로부터의 보호를 위한 피항에 필요한 방파제, 부두, 도크, 부속시설 등 약 40여 종의 기호로 표시되어 있다.

- 육지의 지물(H)

해도에 나타난 육지부분의 인공물을 그 해도에 표기하여 항해의 목표물이 되게 한 지형 · 지물(topography: artificial features)로서, 도로, 철도, 철탑, 교량, 댐 등 28종의 육지인공물이 기호로 나타나 있다.

- 건물(I)

해도에 나타난 육지 도시 내의 각종 건물인 교회(종탑), 기념비, 학교, 시가지, 공동묘지 등 특정 목표물 50여 종이 점기호로 구분되어 표기되어 있다.

- 공공기관(J)

항해에 필요한 사전준비와 입항 후의 여러 행정적인 도움을 받을 수 있는 각종 부서(miscellaneous stayions)를 18개로 나누어 나타내었다.

- 등대(K)

등대(light)는 위치, 빛의 종류, 회전주기, 색깔 등에 따라 구분하여 내외항의 모든 선박이 육지의 신호등처럼 이용할 수 있도록 약 60종으로 구분되어 있다.

- 해상부표 및 입표(L)

등대와 함께 선박운항의 길잡이 역할을 하는 부표와 입표(buoys and beacons)는 종류, 방위표시, 색깔, 특수표시 등 약 70여 종으로 구분되어 있다.

- 무선국 및 레이더(M)

선박과 육지의 각종 부서 간의 통신을 위한 무선국(radio and radar station) 표지가 20여 종으로 나뉘어 표시되어 있다.

- 안개신호(N)

바다에는 갑자기 안개가 자주 낀다. 그렇기 때문에 등대의 불빛이나 부표나 입표의 표식도 보이지 않고 인근 해안의 지형 · 지물도 보이지 않으면 안개신호 시설이 된 등대에서 발신하는 각종 음(音)을 듣고 위치를 확인한다. 이에 필요한 신호음의 종류나 신호의 주기를 표시한 안개신호(fog signals)를 16가지로 나누어 표기하였다.

- 각종 위험물(O)

바다의 물 밑에 있어서 눈으로 파악되지 않는 암초나 침몰선, 해저화산, 해저급조류 등 선박의 통행을 위협하는 위험물(dangers)이 약 50여 종 구분되어 있다.

- 각종 한계와 제한표시(P)

넓은 바다에는 선박이 출입할 수 없는 어업구역, 국경선, 해저관로구역 등 선박의 출입에 제한을 받는 한계구역(various limit, etc)이 있는데 40여 종으로 구분 · 표시되어 있다.

- 수심(Q)

육지의 산이나 들에도 높이가 있듯이 바다의 밑바닥에도 깊이가 있다. 내항에는 선박이 항상 운항할 수 있는 수심 유지를 위하여 항내에는 수시로

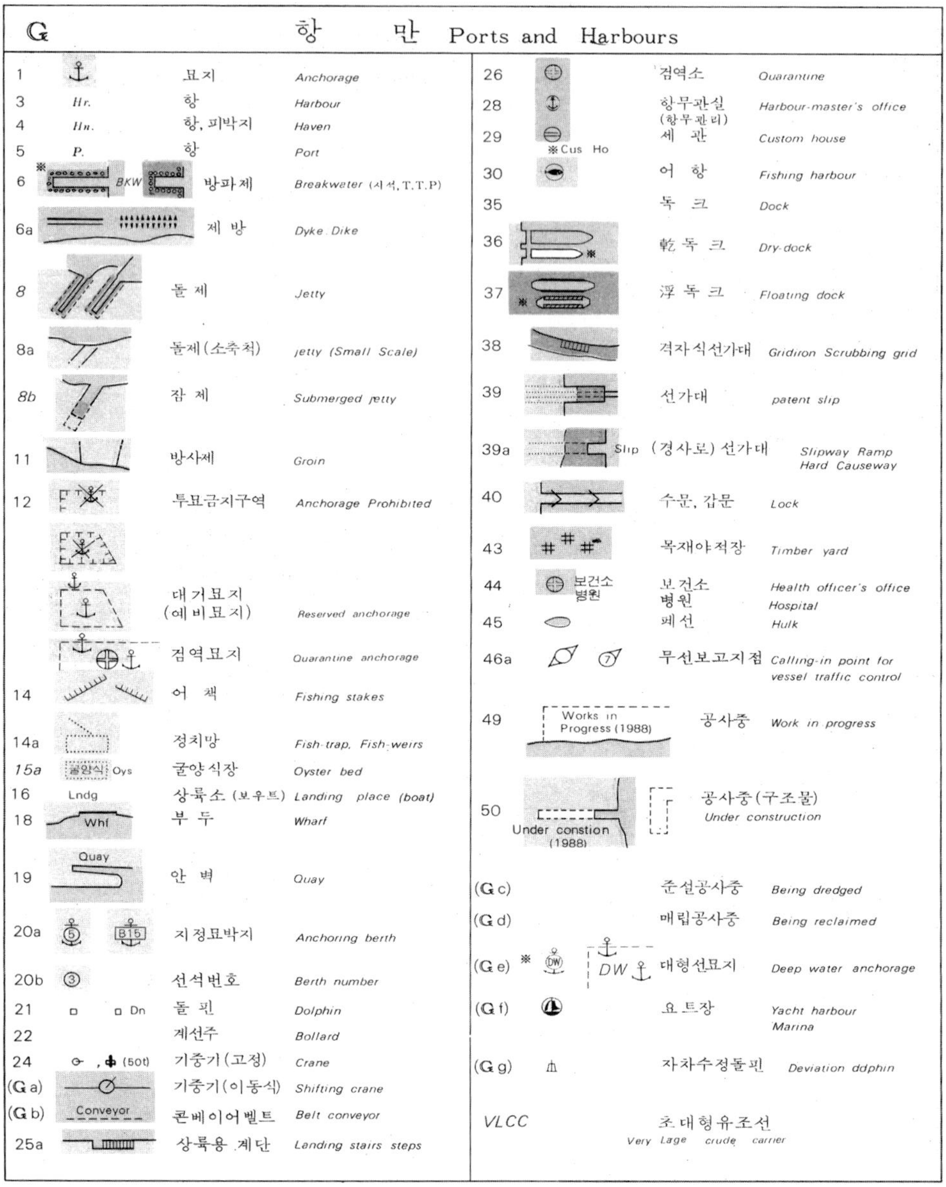

[그림 8-18] 항만(G)의 기호

준설을 하고 있으며 이러한 수심(soundings)은 보고된 수심, 암초의 높이, 준설구역의 표시 등 15종류의 수심 안내자료가 있다.

육지의 표고는 평균해수면으로부터의 높이임에 비하여 바다의 수심은 이보다 낮거나 높은 평균수면으로 정한다. 즉 해안선은 해면이 약최고고조면(略最高高潮面)에 달하였을 때의 육지와 해면의 경계로 표시한다.(수로업무법 제10조7항) 또 해저수심, 간출암의 높이, 저조선(低潮線)은 약

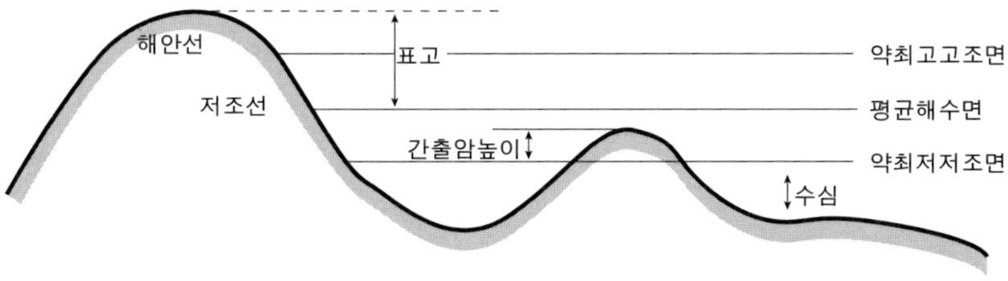

[그림 8-19] 해안선과 수심

최저저조면을 기준으로 한다.

- 등심선과 해도의 색깔(R)

 해도를 펼쳐보면 전체적으로는 황색(누른색)이고 바다는 청색이며 육지와 바다의 중간인 간출부분은 혼합색인 연두색 계통을 주로 사용한다. 해도의 등심선과 착색(depth contours and tints)은 2, 5, 10, 20, 50, 100, 200, 300, 500, 1,000m로 표기되어 있고 1,000m 이상은 1,000m 단위로 표기한다.

- 해저저질(S)

 바다 밑의 토질상태를 종류별로 구분하여 지질분석과 항해에 도움이 되도록 약 80여 종으로 해저지질(quality of the bottom)을 구분하였다.

- 조석과 해조류(T)

 바닷물의 조석간만 상태나 해조면(고조면, 저조면)을 표시하여 항해하는 선박에게 사전정보를 제공할 수 있도록 33종의 약어를 표시하였다.

- 나침판(U)

 해도에서 가장 중요한 표기 중의 하나인 나침반(compass)은 동서남북의 방향과 진북방위와 자침방위의 차이를 표기하여 항해에 도움이 되게 하였다.

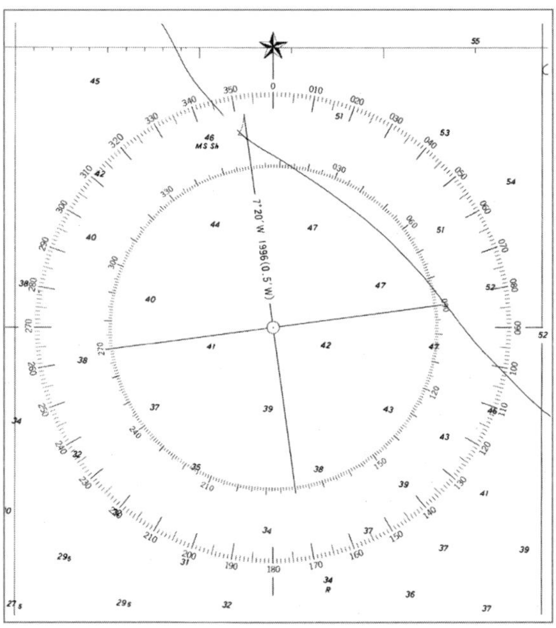

[그림 8-20] 종이 해도에 표시된 나침반

O		위 험 물 Dangers	
1	(3) ○ (3)	노출암	Rock which does not cover
2	(3) (3) ✱(3) ※ uncov 1_5m	간출암	Rock which covers and uncovers
3	✱	세 암(기본수준면에서 바닷물에 씻기는 바위)	Rock awash at the level of chart datum
4	+ ⊕	암 암	Sunken rock, dangerous to surface navigation
5	(3) R +(3) ⊕(12_1)	고립암상의 얕은 수심(수심0~20m까지)	Shoal sounding on isolated rock
6	21 R	암 암(항해에 위험하지 않은 것)	Sunken rock, not dangerous to surface navigation (수심 20m 이상)
6a	(20) R (17) R 15_1 ○ 15_1	소해로 밝혀진 수중위험물	Sunken danger with depth cleared by wiredrag
7		불명확한 넓은 암초	Reef of unknown extent
8	Vol	해저화산	Submarine volcano
8a	S Mt	해 산	Seamount
9	○ 변색수 Discol Water	변색수	Discoloured water
10	✱ Co	산호초	Coral reef
11	Wk ※	선체의 일부가 노출된 침선	Wreck showing any portion of hull or superstructure
12	Mast Mast Wk	마스트만 노출된 침선	Wreck of which the masts only are visible
(Oa)	15 Wk	수심이 불확실한 미측침선 (표시된 수심은 안전함)	Unsurveyed wreck over which the exact depth is unknown but which is considered to have a safe clearance at the depth shown
14	Wk	항해에 위험한 침선 (침선상의 수심은 20m 보다 얕다)	Sunken wreck dangerous to surface navigation
15	(15) Wk	측심에 의해 수심이 확실한 침선	Wreck over which depth is known by sounding
15a	(12) Wk	침선상의 수심을 소해로서 확인함	Depth on wreck confirmed by wire drag
	15_1	소해한 침선	Wreck with depth cleared by wire drag
16		위험하지 않은 침선 (20m 이상의 수심)	Sunken wreck not dangerous to surface navigation
17	# Foul	험악지	Foul ground
18		급류, 파문	Overfalls, Tide-rips
19		와 류	Eddies
20		해 초	Kelp, Sea-weed
21	Bk.	퇴(堆)	Bank
22	Sh.	여 울	Shoal
23	Rf	초(礁)	Reef
24	Le.	암 붕	Legde
25		파 랑	Breakers
27	○ Obstn ※Obst Obstn (46)	장해물	Obstruction
27a	□	석유개발대	Oil Exploitation platform
(Ob)	• pile	파 일	Pile
28	Wk ※Wrk	침 선	Wreek
(Oc)	6_8 (3_7)	어 초 (알고있는 최소수심)	Fish haven (With least depth where known)
		어초(개위, 수심 불명)	(P.A. Unsurveyed fish haven)
	※○ 어초	어초	Fish haven
30	○ pile	침수된 파일	Submerged piling
30a		침수된 나무	Snags: Supmerged stump
32	dr	간출된	Dries
33	cov	수몰된	Covers
34	uncov	노출된	Uncovers
35	Rep ※Repd	보고된	Reported
36	Discol	변색된	Discoloured
38		위험한계선	Limiting danger line
41	PA ※(PA)	개위	Position approximate

[그림 8-21] 항내의 각종 위험물(O)의 기호

③ 수로도서지의 판매소

해도는 해양수산부 해양조사원에서 제작하여 각 항구의 선구점이나 해양수산과 관계 있는 대리점을 통하여 판매되고 있다. 북한을 포함한 연안해역해도, 일본 연안해도, 동아시아해도, 태평양해역도, 어업용 해도, 특수 해도, 국제해도, 기타 참고용 해도 등 여러 종류 해도와 관련 수로도서지도가 판매되고 있다.

〈표 8-7〉 수로도서지 구입처

지역		판매소	주 소	전 화	FAX
서울		한국해양개발 (서울사무소)	용산구 서계동 99-15 (태호B/D 501호)	(02) 701-9981~2	701-9861
부산		한국해양개발 (본사)	중구 중앙동 4가 25-4 (동방B/D 2층)	(051) 466-0760	465-9345
		오션루트	중구 중앙동 81-3	(051) 469-7234	469-7235
인천		해양사	중구 신흥동 1가 1-7	(032) 773-6794	773-6794
울산		현대상사	남구 매암동 372-2	(052) 265-9241	
충남	대산	수정산업	서산시 대산읍 대중리 679	(041) 681-6570	681-6569
	태안	삼성상회	태안군 태안읍 남문리 172-4	(041) 674-2048	
	장항	한홍선구상사	서천군 장항읍 창선동 1가 27	(041) 956-0583	
전북	군산	대창상사	군산시 장미동 9-1	(063) 445-2270	
전남	목포	세운공사	목포시 동명동 299	(061) 242-6742	242-4405
	완도	해남선구점	완도군 완도읍 군내리 822-145	(061) 554-2122	554-3301
	광양	(유)남부실업	광양시 광영동 768-1	(061) 793-0705	793-0704
	여수	영일철물점	여수시 교동 543	(061) 663-7656	663-7616
제주	제주	제주수협공판장	제주시 건입동 1439-4	(064) 753-1006	756-1011
경남	사천	삼광철물점	사천시 서동 311-15	(055) 833-2081	833-2081
	통영	일광사	통영시 무전동 375-26	(055) 645-3605	645-2903
	거제	거성해운	거제시 장승포동 689	(055) 681-6181	681-6874
경북	포항	포항해상	포항시 해동 2동 215-2	(053) 283-6969	283-6968
	울릉	최신상회	울릉군 울릉읍 도동 3동 100	(053) 791-2877	791-3905
강원	삼척	정라어촌계	삼척시 정하동 41-26(12/2)	(033) 573-2554	
	동해	동아철물점	동해시 발한동 3-7(3/3)	(033) 531-5824	533-7300
	속초	서울기계공구센터	속초시 교동 657-71	(033) 632-8460	632-8460
수치 및 전자해도 구입처		한국해양개발	부산 중구 중앙동 4가 25-4	(051) 466-0760	465-9345
		e-마린로직스	대전시 유성구 신성동 100	(042) 865-1880	865-1884

3. 특수 주제도

1) 토양도

① 토양의 조사

토양도(soil map)의 제작은 항공사진 분석과 현지 토양조사 및 토양분석을 통하여 실시된다. 그리고 국토종합개발계획법에 규정한 토양조사 작업준칙과 미국 농무성 토양조사 방법, 국제식량농업기구의 토양조사 방법 등을 참고하여 실시된다. 현지조사를 하기 위한 기본도는 1:10,000으로 촬영된 항공사진을 이용하는데 이는 토양생성과 밀접한 관련성을 갖고 있는 지형, 모재, 식생, 항공사진의 색조 등을 판독하여 토양의 경계선을 실내에서 작성함으로써, 현지조사 기간을 단축하고 있다 이렇게 판독된 토양경계선은 현지조사에 의하여 확정되는데 조사원은 항공사진을 휴대하고 토양의 형태적 특성인 토성, 토색, 경사, 토심, 침식정도, 자갈의 함량, 반층의 유무, 배수상태, 토양반응 등을 조사 · 분류하고 토양경계선을 확정한다.

② 토양분석과 토양도제작

토양조사의 결과를 토양단위별로 분류하여 지도화한 것을 토양도(土壤圖)라고 하는데 토양단위는 조사목적이나 지도의 축척에 따라 달라진다. 토양도는 작물의 추정과 관리, 토지개량, 토양침식, 농림재해, 농업정보 파악, 기타 토지개발이나 이들에 대한 정책결정에 필요한 자료로 활용된다.

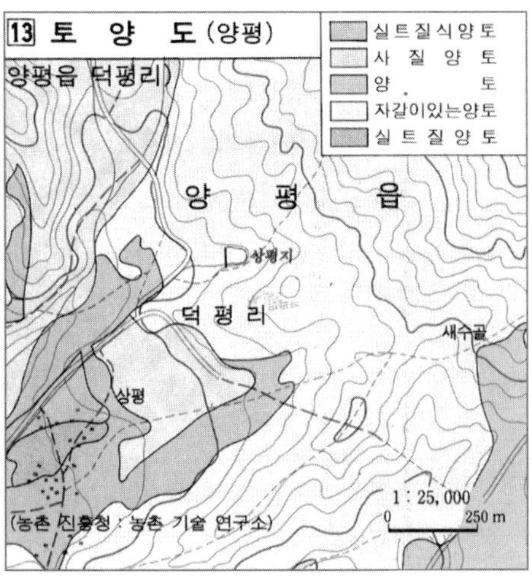

[그림 8-22] 토양도

항공사진을 기초로 야외에서 조사한 토양경계선은 조사자의 경험과 정성적인 근거에 의하기 때문에 때로는 정량적인 분석결과가 필요하게 된다. 또 현지답사와 조사시 그들이 아직 접하지 못한 새로운 토양을 발견하게 되는데 이들 토양의 이화학적인 분석이 필요하다. 이렇게 분석된 토양성과(토양분류)는 합리적 토지이용, 시비개선 또는 토양개량, 토양공학적으로도 중요한 지침서가 되고 있다. 토양조사시 주요 분석항목으로는 입도분석(토성), 보수력 측정, 토양산도, 치환성 염기, 유기물, 전질소, 염기치환용량, 치환성 산도, 유리산화철, 유효인산 등은 물론 물리 · 화학적 분석과 점토광물 분석도 실시하고 있다. 이렇게 조사 및 분석된 자료를 이용하여 토양도를 제작하는데 국토지리정보원의 1:25,000 지형도를 바탕으로 제작하되 특히 토양경계선, 토양단위, 토양부호 및 기타 특수 부호를 누락이 없이 기재해야 한다.

③ 토양도 읽기

토양정밀도는 국토지리정보원의 1:25,000 지형도 위에 토양경계선과 토양부호가 131개로 나뉘어 지도의 하단에 기재되어 있다. 토양의 명칭은 1종류의 토질로만 형성된 것도 있지만 2~3종류의 토질로 섞여 있는 경우가 많은 편이며 침식에 의한 경사도에 따라 분류되어 있고 또 각 토양부호에는 영문부호가 설정되어 있으며 그 명칭은 다음과 같다.

바위가 많은 사양토, 미사질 양토, 양질 세사토, 바위가 있는 미사질 사토(양질 조사토, 사양토, 양토), 잔 자갈이 있는 양질 조사토(사양토), 자갈이 있는 양토(미사질 양토), 미사질 양토, 양토, 돌이 있는 양토(둥근 바위가 있는 양토, 자갈이 있는 양토), 사양토, 토양, ... 등으로 세분되어 있으며 암석지, 하천 범람지(모래, 자갈) 등도 있다.

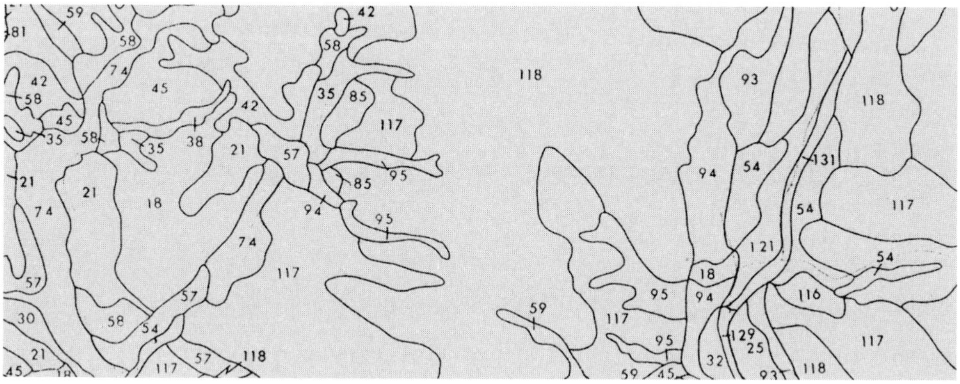

[그림 8-23] 1:25,000 정밀 토양도의 일부

④ 토양도의 전산화

국가 GIS 사업의 중복투자를 배제하고 국가기관에서 구축된 GIS 관련 DB 및 정보를 공유하는 원칙으로 토양도의 제작과 토양환경정보시스템의 구축이 추진되고 있다. 이는 농업과 관련된 정보자료를 수집 · 보급하고 이용체계를 확립하여 새로운 농업기술의 개발과 기술의 지도 보급사업의 효율성을 증대하기 위함이다. 토양조사와 연구사업으로 얻어진 모든 정보를 전산화하여 필지별 또는 들녘별로 시비관리, 토지이용, 토양개량 등을 농촌지도소나 농가에서 직접 활용하는 체계로 구

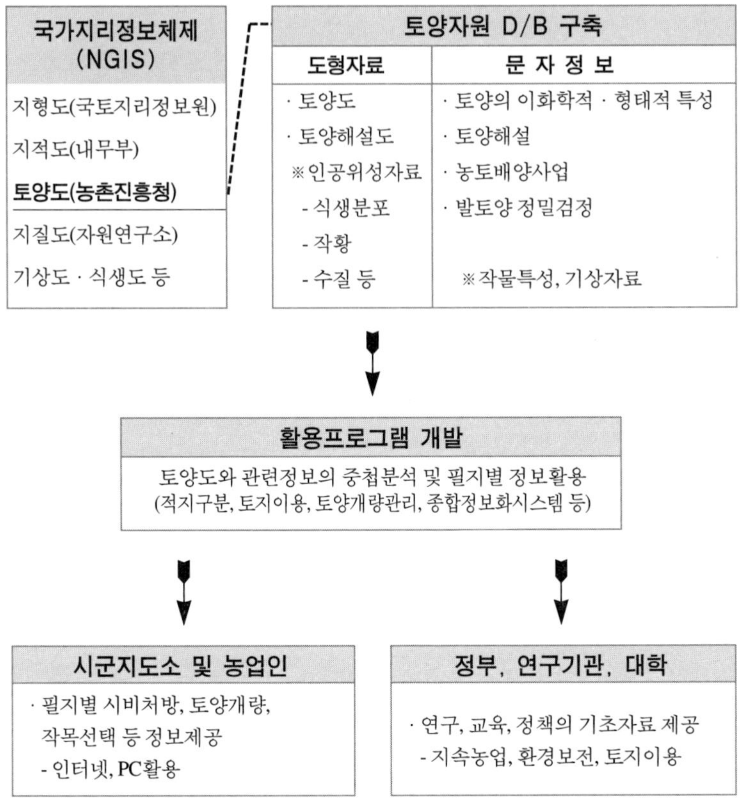

[그림 8-24] 토양환경정보체계 연구추진체계(1997. 12월호, 한국지리정보)

축하는 것이다. 이와 같이 토양도 발간을 전산망으로 대체함으로써 예산절감 및 활용이 증대될 것이고 연구기관 및 학교의 농업환경기술개발 연구의 기초자료 및 교육자료로 이용될 수 있을 것이다.

토양정보 DB 구축은 토양도의 수치지도화와 속성자료인 토양특성자료의 DB 구축이다. 토양도 전산화 사업계획에서 1:250,000 개략 토양도 4도엽이 1995년에 완료되었으며 1:25,000 정밀 토양도 1,559도엽은 1997년에 완료되었다. 1:50,000 개략 토양도 237도엽이 곧 입력완료될 예정이며 1:5,000 세부정밀토양도 15,700도엽을 DB화할 계획이다. 1단계는 주산단지 중심으로 이루어지며 2단계는 2001년부터 2009년까지 전 농경지를 대상으로 이루어질 것이라고 한다. 1:5,000 세부 토양도가 완성되면 논두렁과 밭두렁까지 표시되기 때문에 지적필지별 정보관리가 가능한 토양도가 발간될 것이다.

2) 수맥도

우리나라는 연평균 강우량이 1,274mm로서 연간 총수자원은 1,267억 m^3로 추정된다. 이 중 16%에 해당되는 약 205억톤이 지하로 스며들고 있으며 이들 중 약 70% 수준인 143억톤이 경제적으로 이용가능한 것으로 알려져 있다. 지하수의 개발은 초기에는 조해극복을 위한 농업용수로 개발되었으나 지금은 다목적용수로 이용되고 있다. 이러한 땅속의 지하수 분포를 알기 위하여 지하수층의 두께와 물의 양을 조사하여 지도로 표시한 것을 수맥지도라 한다. 지하수의 양을 정확히 파악하기 위하여 시추조사공을 뚫어 토질의 상태를 파악한 후 우물을 파기 위한 착정조사공(鑿井調査孔)을 개발하여 양수해야 될 물의 양을 결정한다. 우리나라는 1993년까지 소형관정 313,381공, 대형관정 11,545공과 대량취수시설 88개소 등이 개발되었으며 화산암 지대인 제주도는 1993년까지 369개소의 관정이 개발되어 하루에 343톤의 지하수가 다목적 용수로 공급되고 있다.

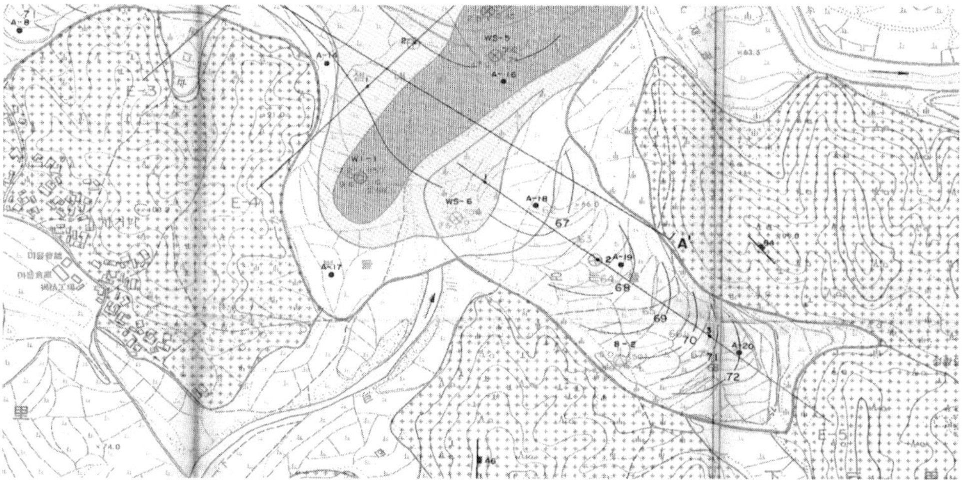

[그림 8-25] 대축척의 수맥도(경기도 여주군 하거지구)

이 지도는 충적층 지대, 화강암 지대, 기반암의 추정등고선, 시추조사공 등을 컬러로 표시된 지도이지만 본서에서는 구분이 어렵다. 또 취수가능량을 800m^3/일, 800-400m^3/일 , 400-150m^3/일, 150m^3/일로 구분한 대축척 수맥도이다.

수맥지도는 지하수의 분포를 파악할 수 있도록 암반등고선과 지하수위등고선이 나타나 있기 때문에 장기적인 물의 공급에 차질이 올 때 참고용으로 많이 활용한다. 또 수맥지도는 전국적으로 제작된 것이 아니고 농업기반 공사의 계획에 의거 필요한 곳을 선정하여 순차적으로 시행하기 때문에 불특정 지역에 대한 수맥자료는 구할 수 없다. 그리고 수맥지도는 지질도, 토지이용현황도, 임상도, 토양도와는 밀접한 관계가 있지만 이들 지도와는 제작 및 관리기관이 서로 다르기 때문에 업무의 호환이나 정보의 교환이 되지 않는 단점이 있다. 이를 보완하기 위하여 각 제작기관에서는 하루빨리 정보를 공유할 수 있는 국가 GIS와 연계하는 것이 필요할 것으로 판단된다.

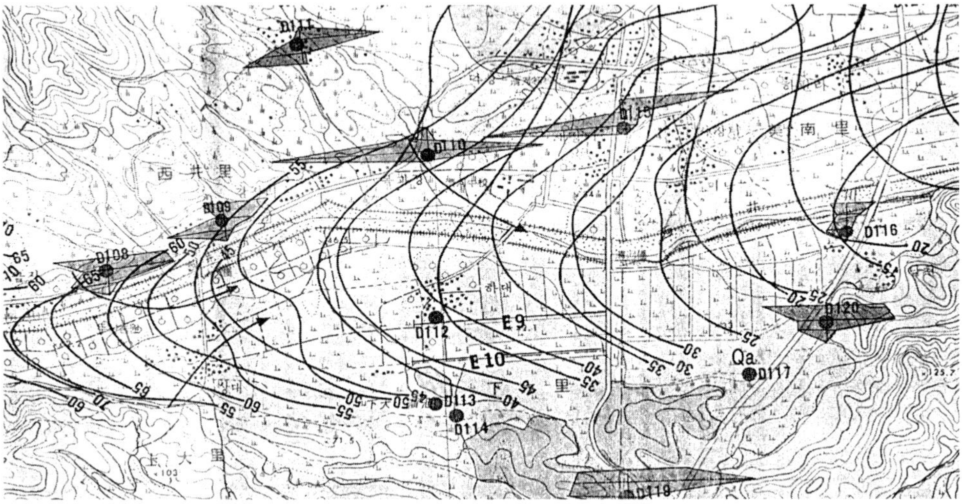

[그림 8-26] 소축척 수맥도(농업기반 공사)

지 하 수		지 질 구 조	
30 30	지하수위 등고선		단층
	지하수 유동방향		가상단층
●D1	암반관정(6″〈dia.〈14″)		지질경계선
○S1	충적관정(dia.〉16″)	30 30	기반암추정 등고선
•B1	시추조사공	25	층리의 주향과 경사
OD1	관측정(암반)	E1	엽리의 주향과 경사
OS1	관측정(충적)		물리탐사 측선
	하천	• • • • • • •	조사구역
		수 질	
	채수량 100톤/일 미만 지역		수질오염 예상지역
	채수량 100~200톤/일 지역		해수 침입지역
	채수량 200톤/일 이상 지역		

[그림 8-27] 소축척 수맥도의 범례

3) 지질도

국토 및 주변해역의 지질조사를 실시하여 국가기본지질도(1:25,000, 1:50,000), 지열분포도, 환경지질도, 수문지질도(1:25,000), 해저지질도(1:250,000) 등 각종 지질도가 간행되고 있다. 이를 이용하여 각종 자원의 탐사와 개발, 활용, 연구를 수행하며 그 성과를 국가정책에 반영함으로써 국민경제 향상뿐만 아니라 기간산업의 입지선정에 이용하고 있다.

① 지질도의 개요

지질도(geologic map)에는 암석의 분포(分布), 성인(成因), 시대(時代), 습곡(褶曲), 단층(斷層), 절리(節理) 등의 지질구조요소와 광석(鑛石), 화석(化石), 생산지 등의 지질정보를 기록한 것을 말한다. 이러한 지질도(地質圖)는 국가적으로 표준화된 도각(quadrangle)에 맞추어 제작되는데 다음과 같은 각종 지질정보를 기록하고

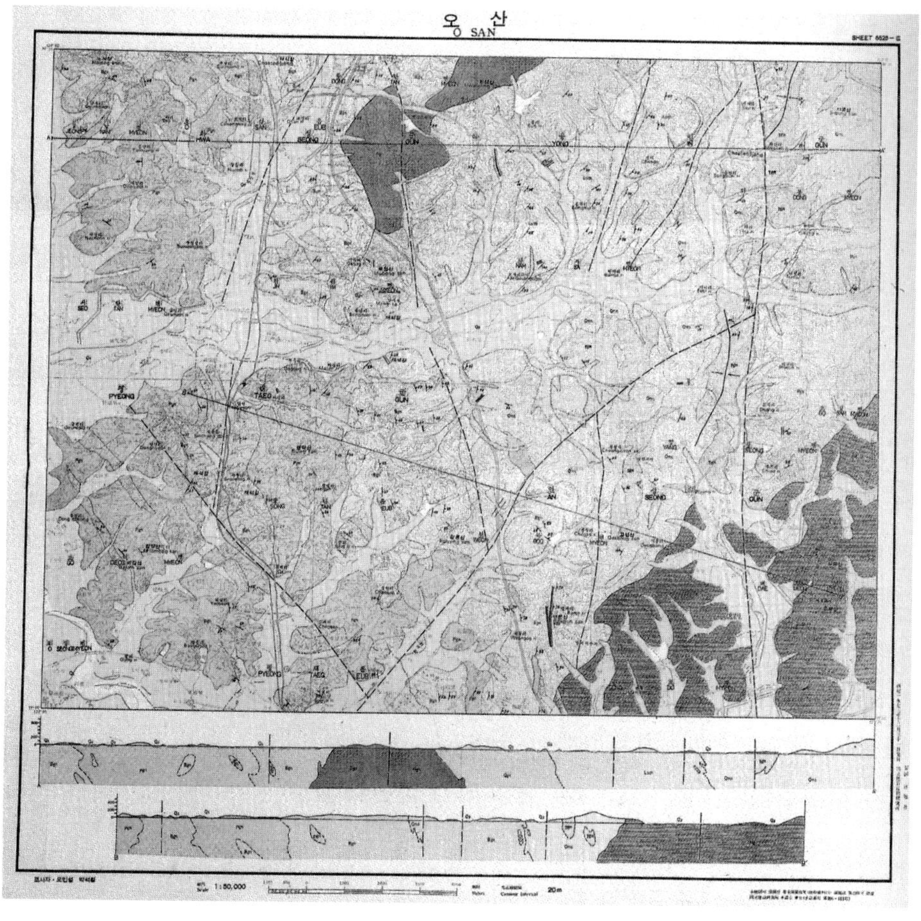

[그림 8-28] 지질도(한국의 지도, p.116)

있으며 일명 국가기본지질도라고 한다.

㉠ 지질분포

㉡ 지질구조

㉢ 각종 지층의 시대 및 성인

㉣ 광상(鑛床)발달

㉤ 응용지질학적인 특성

㉥ 지구화학

㉦ 지구물리

㉧ 지질재해요소

지질도를 작성하고 있는 한국자원연구소는 1918년 5월에 조선총독부 내에 지질조사소로 설치된 이후 1991년 11월 한국자원연구소로 기구조정될 때까지 모두 8차례의 변화가 있었다. 한국자원연구소는 국토 전반에 대한 지질구조를 파악하기 위하여 지질조사를 실시하는데 암석의 종류, 분포, 지질구조 등을 조사하여 지질의 현상(암석의 생성원인, 생성환경, 암석 및 지층의 분포, 상호관계, 지질시대)을 규명하는 학술적인 목적 이외에도 자원개발, 토목공사, 국토개발 등 다방면의 연구를 하고 있다.

【 습곡 】 횡압력에 의해 지층의 상부에 잡힌 주름으로 습곡곡(Fold Ralley), 습곡대, 습곡산맥으로 나타난다.

【 지질도 】 지질의 분포와 구조, 층서, 암석, 광상, 토양특성, 고생물 등의 자료를 표현한 주제도의 일종이다. 지질도(geological map)는 당초에는 광물자원의 개발에 주로 이용되었으나 최근에는 토목공사, 지하수탐사, 건축, 산림, 농업 등 폭넓게 이용되고 있으며 암석의 종류나 생성시기, 지질구조의 기호와 범례, 지질단면도, 지질주상도 등이 표현된다.

【 광상 】 유용한 광물이 땅속에 많이 묻혀 있는 부분, 생성된 원인에 따라 화성광상, 퇴적광상, 변성광상으로 나눈다.

② 지질도의 축척

지질도의 축척은 사용목적에 따라 기재내용이 다르며 다음과 같이 나눌 수 있는데 우리나라의 국가기본지질도의 축척은 1:50,000이다.

- 소축척지질도: 1:100,000, 1:250,000, 1:1,000,000
- 중축척지질도: 1:25,000, 1:50,000, 1:63,360
- 대축척지질도: 1:10,000, 1:10,560

〈표 8-8〉 축척별 지질도의 특성과 용도

축 척	특 성	용 도	비 고
1:50,000	지질분포, 층서지질구조, 광상분포, 화석산지, 골재현황, 토양특성자료	지하자원 탐사, 지하수 및 지열탐사, 광구등록, 산업자원, 산림 및 농업분야에 활용	① 층(formation)단위 기재 ② 도상1mm = 실제50m
1:25,000	상세한 지질정보 제공, 成層別 정밀분포, 정확한 층서 및 지질구조정보 제공	자원 및 지하수탐사, 지질재해요소의 조사	① 성층(bed)단위로 기재 ② 도상1mm = 실제25m
1:250,000	국가전체의 지역별 상세지질도, 1/5만 지질도폭을 편집	도로, 철도, 항만, 공항, 기간산업단지, 원전 등의 입지선정에 이용	1:1,000,000은 국가전체의 지질계통, 조구조운동 등 종합자료 제공

③ 지질도폭의 활용

우리나라의 광업법에 의거 구획된 도각(경도 15′, 위도 10′)에 맞추어 도시된 1:50,000 지형도를 도폭(圖幅)이라고 하며 여기에 각종 지질정보를 기록한 지질도를 지질도폭이라고 한다. 이러한 지질도폭은 150개 광구로 분할되며 광권등록, 광업권출원 등 지질도폭 내 분할된 광구단위로 업무가 이루어지고 있다. 그러나 1:50,000 지질도 이외에는 지질도폭이라고 부르지 않고 단순히 지질도라고 부른다. 지질도는 ㉠ 광업등록소에 광구등록용으로 이용되며 ㉡ 단층대, 파쇄대 등 연약지반대가 표시됨으로써 기초지반 조사를 필요로 하는 고속도로, 고속전철 및 대규모 구조물인 댐, 원자력, 항만 등의 건설용으로 이용된다. ㉢ 지질분포 및 지질구조가 표시됨으로 온천, 음용수, 지하수 개발 등 지하지질 및 지질구조의 규명자료로 활용되며 ㉣ 암석, 광물 등의 구성물질이 표시됨으로 석재, 골재 및 기타 유용 광물자원 개발에 이용되며 ㉤ 한반도 지질계통의 확립, 동아시아의 지층 및 지질구조 특성대비와 범세계적인 지층대비 및 지구과학 발전에 이용된다. 이렇게 다방면으로 활용되는 지질도는 산업계, 학계, 연구소뿐만 아니라 골재산업, 광업계, 환경산업, 건설토목, 농업임업, 지방자치단체 등의 종사자 등이 폭넓게 이용하는 편이다.

④ 광구구획도

광구를 표현한 광구구획도는 국가기본도인 1:50,000을 이용하여 가로 · 세로구획을 표시한 도면을 일컫는다. 광업법 제6조에 의거 경도선과 위도선으로 둘러싸인 4변형 내의 단위구역은 경도 1′, 위도 1′으로 하되 경도선에는 10.405초를 가산하여 15등분하고 위도선은 10등분(신도면은 15등분)하면 된다. 예를 들어 1:50,000

○ ○ 지 적

141	131	121	111	101	91	81	71	61	51	41	31	21	11	1
142	132	122	112	102	92	82	72	62	52	42	32	22	12	2
143	133	123	113	103	93	83	73	63	53	43	33	23	13	3
144	134	124	114	104	94	84	74	64	54	44	34	24	14	4
145	135	125	115	105	95	85	75	65	55	45	35	25	15	5
146	136	126	116	106	96	86	76	66	56	46	36	26	16	6
147	137	127	117	107	97	87	77	67	57	47	37	27	17	7
148	138	128	118	108	98	88	78	68	58	48	38	28	18	8
149	139	129	119	109	99	89	79	69	59	49	39	29	19	9
150	140	130	120	110	100	90	80	70	60	50	40	30	20	10

[그림 8-29] 광업지적 단위구역별 번호 예시

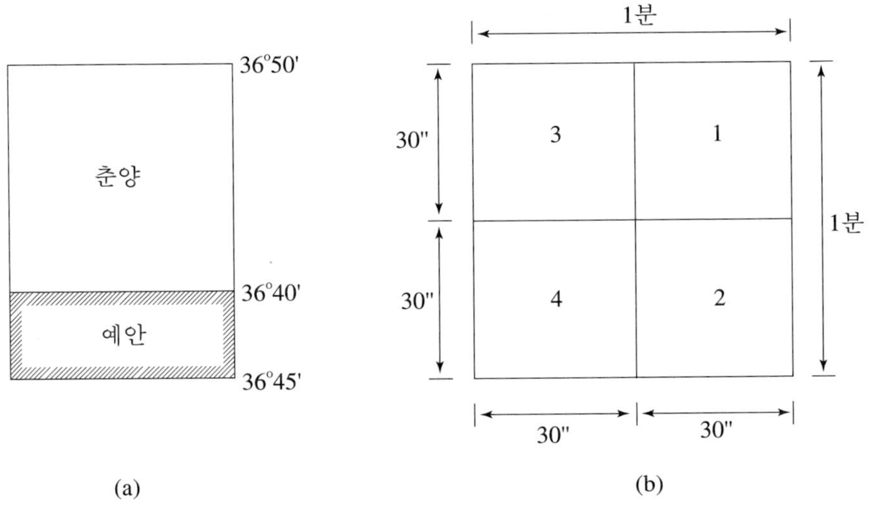

[그림 8-30] 신 · 구도면과 실용 광업지적의 관계

춘양의 경우 도면의 위(북쪽)에서부터 아래로 1분씩 나누면 15등분이 되고 도면의 우측에서부터 좌로 1분씩 15등분이 되게 나누면 직사각형이 모두 225개 되지만 아래쪽 5등분(75개 광구)은 다음 도면인 예안지적에 포함된다.

위도를 15등분으로 하지 않고 10등분으로 하는 것은 구도면과 신도면의 차이 때문이며 광구는 구도면을 기준으로 구획되어 있기 때문에 다소 불편하지만 현재의 신도면에는 실용 광업지적이 둘로 나뉘어 구획된다. 지금 발행되고 있는 1:50,000 지형도는 경위도가 각각 15′씩 분할되어 있지만 실용광업 지적의 단위구역은 10′으로 나누어져 있다. 그리고 지도상에서 1′은 작게 느껴질지 모르나 경도선의 실제 거리(위거)는 약 1,850m 정도 되며 경거는 위도에 따라 1,500~1,550m 정도 되기 때문에 그림 8-30(b)와 같이 다시 소단위구역으로 나누어 실무에 적용하고 있다.

4) 군용 지도

우리나라는 지구상에서 유일하게 분단된 현실 때문에 군사지도에 대해서는 자세하게 기술할 수 없다. 그러나 국토지리정보원에서 발행하는 지형도와 비슷하다. 그리고 남한지역과 북한지역의 지도제작 공정이 약간 다른데 특히 북한지역의 자료는 미국으로부터 정보를 제공받아 제작하고 있는 실정이다.

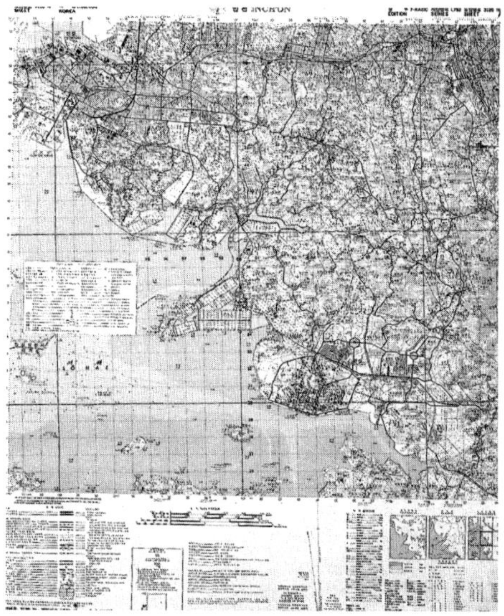

[그림 8-31] 군용지도
(한국의지도, p.115)

군사지도의 수평기준점은 지금까지 사용해 온 동경기준점(tokyo datum: 베셀타원체) 대신에 1996년 1월부터 한국측지계(Korea Geodetic System 1995: KGS 95)를 사용하는데 이는 기존의 WGS 84 좌표체계와 동일하다. 지도의 내곽의 표시기법은 지형도와 비슷하며 외곽의 계열번호, 판번호, 도엽명 등은 군사적으로 대외비에 속하기 때문에 생략하기로 한다.

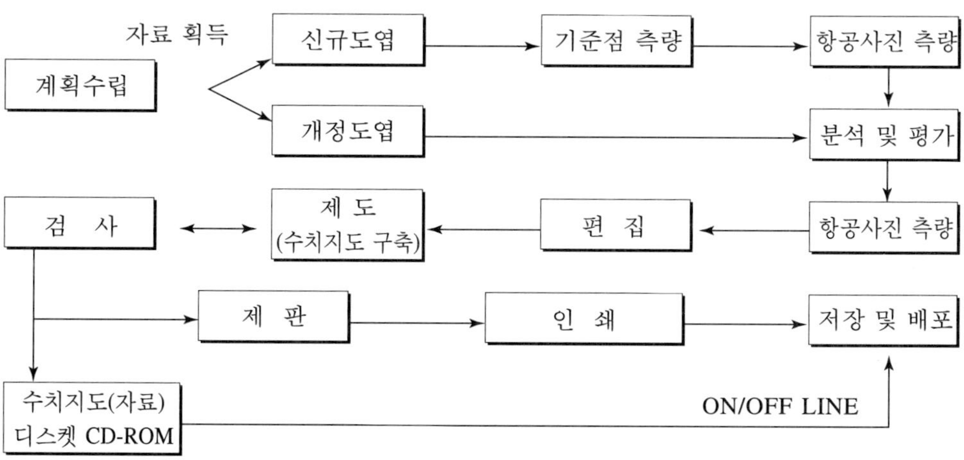

[그림 8-32] 군용 지도의 제작공정

제 2 절 주제도 자료의 기호화

1. 자료의 특성

1) 기호화의 원리와 변수

지도를 사용하는 사람들은 서로간의 의사소통을 쉽게 하기 위하여 그래픽의 기본 원리와 변수가 잘 전달되도록 해야 한다. 그래픽 변수들은 점적(點的), 선적(線的), 면적(面的)의 차원으로 생각할 수 있으며 크기, 모양, 명도, 색상, 채도, 패턴의 조직, 방향, 배열, 초점 등 9가지의 변수로 구성되어 있다.

① 크기

지표상에 표현되는 현상을 서열(순서나 양)로 구분하고자 할 때 기호의 크기를 달리하면 시각적인 효과를 얻을 수 있다. 예를 들어 강의 오염도를 표현하려고 할 때 원의 크기를 달리하면 범례가 없어도 큰 원은 오염도가 심하고 작은 원은 오염의 수치가 낮게 나타남을 쉽게 알 수 있다. 이와 같이 큰 기호가 작은 기호보다 더 두드러지게 시각적으로 보이기 때문에 서열척도의 현상을 표현하는 데 적합하며 수치적 정보를 겸하면 더욱 효과적이다.

② 모양

모양과 크기는 서로 다른 속성을 가지고 있다. 점의 기호로 나타내는 모양에는 어떠한 서열적 의미를 부여할 수 없다. 그렇기 때문에 모양은 명목척도에 의한 현상을 나타내는 데는 적합하다. 크기와는 달리 모양이 다르다고 해도 시각적으로는 확실하게 드러나지 않는 편이다. 따라서 모양이 작게 표현될 경우 첫눈에 식별하기 곤란하기 때문에 지도상에 모양으로 표현하고자 할 때는 단순히 보여지는 것이 아니라 그 모양의 뜻을 이해해야 된다.

③ 색의 명도

색채의 밝고 어두움을 나타내는 색의 명도(明渡)는 높은 수치일수록 밝고 낮은 수치일수록 어둡다는 것을 의미한다. 명도는 흰색에서부터 검은색까지 배열되며 지도가 흑백으로 인쇄되었다면 색의 농도는 0%에서 100% 사이의 수치로 표현된다. 인간이 시각으로 식별할 수 있는 명도의 차이는 인쇄된 지도에서 반사되어 나오는 '색조(色調)' 와 다르기 때문에 주의해야 한다.

【 색조 】 빛깔의 조화 또는 빛깔의 농담(濃淡), 강약(强弱), 명암(明暗)따위의 정도나 상태를 색조(色調)라고 하며 색상(色相)으로 부르기도 함

【 색상 】 빛깔의 3가지 속성의 하나로 어떤 빛깔을 다른 빛깔과 구별하는 데 근거가 되는 빛깔의 특질로 색조로 표현하기도 함

【 명도 】 색의 밝고 어두운 정도를 말함

【 채도 】 채도(彩度)는 빛깔의 세 가지 속성의 하나로 빛깔의 선명도를 나타내는 정도를 말함

④ 색상

빨강, 노랑, 파랑, 초록 등의 색상(色相)은 매우 민감하게 그 차이를 알 수 있다. 즉 색상은 시각적으로 아주 효과적인 반응을 일으키기 때문에 서로 다른 형상을 구별하여 나타내어야 할 명목척도인 경우에는 색상으로 나타내는 것이 적합하다.

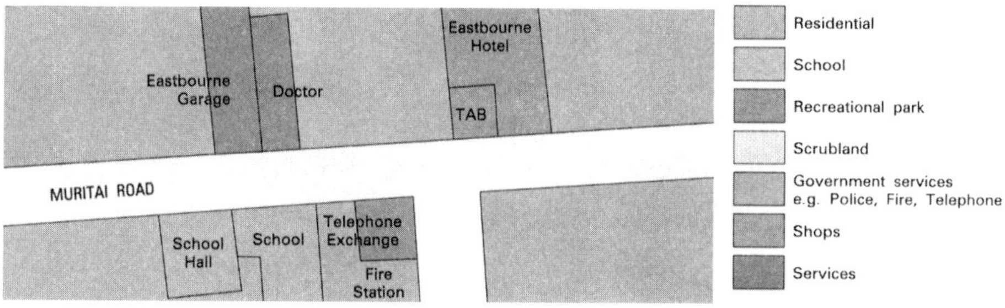

[그림 8-33] 필지별 색상구분도(1990. Jacaranda Social Studies Atlas for Aotearoa.)

⑤ 색의 채도

색의 채도 역시 색의 명도와 같이 시각적으로 볼 수 있는 서열이다. 채도(彩度)란 색상의 순도(purity)를 말하는 것으로 스펙트럼(spectrum: 광선이 프리즘에 의해 분산되었을 때 나타나는 선)상에서 파장이 좁은 범위 내에서 반사되면 쉽게 인식될 수 있는 색조를 띄게 되고, 넓은 범위 내에서 반사되면 순수하지 못한 색조로 나타난다. 일반적으로 색의 채도는 독자적으로 이용되기보다는 명도나 색상과 함께 사용되어 서로를 강조할 때 주로 쓰인다.

⑥ 패턴의 조직

조직이란 패턴(pattern)의 구성요소가 얼마나 자주 나타나는가의 빈도(頻度)를 말하는 것으로서 주로 넓은 지역을 나타낼 때 효과적이다. 조직은 아주 미세하게 짜여진 것에서부터 거칠게 짜여진 조직으로 서열화시킬 수 있기 때문에 서열척도의 자료를 표현하는 데 유용하게 쓰인다.

⑦ 패턴의 배열

배열(配列)은 조직과 마찬가지로 지역을 나타내는 기호화에 적합한 그래픽 변수이다. 면적상에 기호들이 어떻게 표현되어 있는지를 나타내는 것으로 규칙적인 배열에서부터 임의적인 배열까지로 구분할 수 있기 때문에 서열척도의 자료들을 나타내는 데는 효과적이지 못하다. 이럴 때는 기호들의 배열을 달리 함으로써 요구하는 형상을 나타낼 수 있다.

⑧ 패턴의 방향

방향의 차이는 눈에 잘 띄기 때문에 명목척도의 자료들을 차별화하는 데 유리하다. 인간의 두뇌는 서로 다른 방향에 대해 민감하기 때문에 방향은 효과적인 그래픽 변수라고 볼 수 있다. 방향의 차이로 나타내는 것이 크기의 차이로 나타내는 것보다 더 좋은 방법이라고 볼 수 있으며, 패턴의 배열이나 조직과 마찬가지로 패턴의 방향도 서열화된 자료를 나타내는 데는 극히 제한적으로 사용된다.

⑨ 초점

초점이란 기호가 상세하게 보이는 정도를 말한다. 초점은 아직까지는 그다지 관심을 끌지 못하지만 앞으로는 유용하게 쓰여질 것으로 판단된다.

2) 공간적 자료의 기호화

지도를 제작하는 과정에서 유 · 무형의 사물의 위치를 공간적 자료로 표현이 가능하다. 공간적 자료(data: 事象)에는 점적 표현, 선적 표현, 면적 표현과 양적으로도 표현이 가능하다. 그러나 이들이 표현하는 여러 사상들은 하나의 개념 속에 속하지 않으며 여러 성질을 동시에 가지고 있는 공간적 사상이라 할 수 있다. 예를 들어 소양강댐을 표현할 때 수몰된 넓이는 면적 사상이지만 위치를 나타낼 때는 점적 사상이고, 물이 흐르는 유수방향을 이야기 할 때는 선적 사상이며, 물의 양을 표현할 때

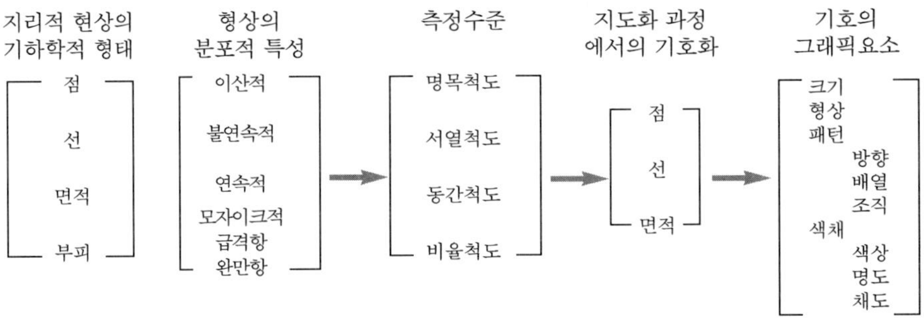

[그림 8-34] 지리적 현상과 측정수준과의 기호유형(1995. 국토지리정보원)

는 양적 사상인 것이다. 또 점적 표현을 하기 위하여 어느 지점(도시, 국가, 공원...)이 가지고 있는 위치나 장소를 표현하려고 할 때 그 지점이 가지고 있는 면적 사상도 내포하고 있지만 그 지점이 위치하고 있는 점적 사상이 더 효과적이고 중요하다.

지도는 실제의 세계를 축소화시켰거나 추상화시킨 것이기 때문에 본질적인 목적인 의사소통을 효과적으로 발휘하기 위하여 '기호화' 단계가 매우 중요하다. 기호의 유형으로는 점, 선, 면적으로 나눌 수 있는데 이들 유형의 기호를 명목척도, 서열척도, 등간척도, 비율척도(계측) 등 네 가지 유형의 지리자료로 범주화하여 각 자료의 특성에 맞는 기호를 선택하여 지도를 제작한다.

① 명목척도(名目尺度)

지도에 표현되는 지리적 사상들을 나타낼 때 그 사상의 고유성질만 나타내고 수량적 의미는 무시된다. 즉, 그 사상이 무엇을 의미하는지 개념 자체가 중요하며 수량적으로 얼마인가는 중요하지 않음을 뜻한다. 포항시를 나타낼 때 점데이터 혹은 면데이터로 나타나는 면적이나, 인구, 산업규모, 행정경계 등은 아무런 의미가 없으며 우리나라의 철강산업단지인 포항이라는 개념이 명목적으로 나타나야 한다. 또 도로, 하천은 선데이터로서 길이나 폭은 중요하지 않으며 공원, 목장 등도 위치나 면적이 중요하지 않다. 그러나 도로, 하천, 공원, 목장이라는 인식이 중요하며 글자의 뜻이 갖는 의미만으로 지리적 사상을 분류할 수 있다.

② 서열척도(序列尺度)

어떤 사물의 양적 기준에 근거를 두고 서열에 따라 순서를 구분하는 것으로 수량적 의미는 무시되며 서열만으로 척도를 구분하는 것이다. 세계 240개 국가 중 각 나라마다 수치적인 데이터는 생략하고 선진국, 중진국, 빈곤국 등으로 서열만 정하는 것이다. 또 각 나라마다 무역규모를 정할 때 무역량에 구애됨이 없이 대, 중, 소로 순서를 정하는 것과 같은 의미이다.

③ 등간척도(等間尺度)

명목척도와 서열척도에서는 사상들 간의 수량적 정보가 무시되었으나 이 경우는 일정한 기준을 정해 놓고 그 기준에 비해 어느 정도 되는지를 구분할 때 이용되는 계측법이다. 등고선을 표현할 때 바다의 평균해수면(0.00m)을 기준으로 표시하거나 도시규모를 표현할 때 인구의 기준단위를 정해 놓고 비교하는 경우와 또 항공로를 측정할 때 서울을 기점으로 기준단위를 정해 놓고 비교하는 것을 말한다.

④ 비율척도(比率尺度)

지도를 제작할 때 등간척도와 비율척도는 거의 같이 사용된다. 비율척도에서 사용되는 길이나 면적, 체적에 관한 수치적 데이터는 어떤 방법으로든 그 존재의 범위가 지도에 표현되기 때문이다. 지도에 표현되는 높이, 온도의 분포, 인구, 무역 거래량, 산업규모 등 여러 사상들을 비율척도로 나타낼 수 있다. 이러한 공간적 사상을 시각적으로 표현하여 제작하기 위하여 편집하고 기호화하는 과정에서 모양(shape), 크기(size), 색채(color), 명암(value), 패턴(pattern), 방향(direction) 등으로 구분되어 제작된다.

3) 질적 자료의 기호화

명목적으로 구분된 점데이터를 기호로 표현하는 방법은 형상적(形相的) 기호, 언어적(言語的) 기호, 추상적(抽象的) 기호로 구분할 수 있다.

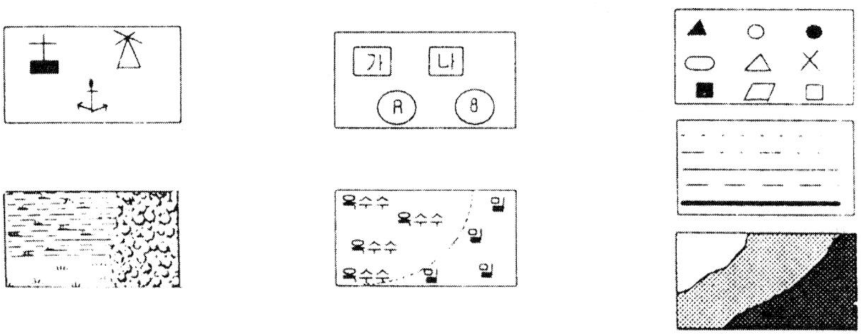

(a) 형상적 기호 (b) 언어적 기호 (c) 추상적 기호

[그림 8-35] 기호화의 범주(1995, 국토지리정보원)

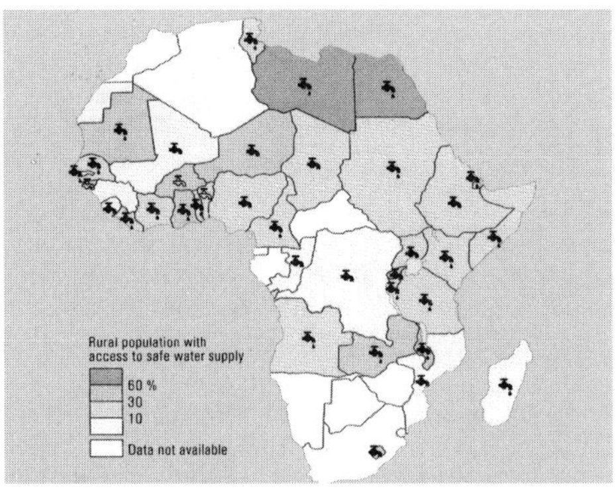

[그림 8-36] 형상적 기호로 표현된 지도

세계보건기구에서 1981년과 1990년 사이에 상수도 공급상태를 표현한 지도로서 도시지역은 형상적 기호인 수도꼭지로, 농촌지역은 색깔로 구분한 것이다. 수도꼭지와 물방울이 표현된 나라는 상수도 보급률이 60% 이상이고 수도꼭지만 표현된 곳은 11~60%이며 테두리만 있는 수도꼭지는 0~10%이다.

① 형상적 기호(그림기호)

표현하고자 하는 사물의 실제 모습을 그림으로 표현하는 것으로 그림기호라고 말하며 예를 들어 광산, 학교, 교회, 공장, 비행장 등을 표시할 때 범례의 설명 없이도 지도이용자들은 무엇을 뜻하는지 쉽게 인식할 수 있다. 형상적 기호는 주로 점으로 기호화되는 현상들을 나타내고자 할 때 효과적이며 경우에 따라서는 면적으로 나타나는 식생의 유형을 그림기호로 나타낼 수도 있다.

② 언어적 기호(문자기호)

문자 및 숫자를 사용하여 이용자에게 정보를 전달하는 형태로서 흔히 정보의 다양한 범주를 나타낼 때 문자체나 숫자의 크기를 다르게 하여 기호화한다. 또한 면적으로 나타나는 형상들도 언어적인 기호로 표현할 수 있는데 이 경우는 문자나 단어로 각각의 형상이 내포하고 있는 의미를 이해할 수 있도록 해야 한다.

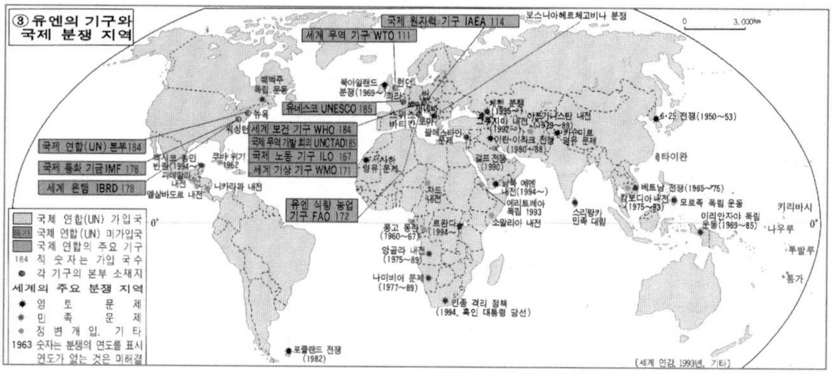

[그림 8-37] 언어적 기호로 표현된 지도(1996, 교학사지리부도)

유엔의 기구와 국제분쟁지역을 나타낸 지도로 분쟁지의 위치를 점기호로 표시하고 분쟁이나 전쟁의 이유와 연도를 언어적 기호로 표기하여 범례를 보지 않고도 지도가 전달하고자 하는 목적을 달성할 수 있다.

③ 추상적 기호(기하기호)

형상적 기호나 언어적 기호로 나타내기가 적합치 않은 경우에는 점, 원, 네모, 세모 등과 같은 기하학적인 형태로 표현한다. 따라서 추상적 기호는 지도상의 범례에서 정보를 알려주어야만 각 기호에 대한 의미를 알 수 있다. 실제로 지도를 제작하는 데도 추상적 기호가 가장 많이 활용되는데 이는 형상적 기호로 나타내는 것보다 공간을 작게 차지하고 한 장의 지도 안에 많은 정보를 담을 수 있기 때문이다. 그렇지만 추상적 기호는 그 정보(범례)를 이해하기까지 다소 시간이 걸리며 초보자인 경우 의미를 확실히 알기는 그리 쉽지 않은 단점이 있다.

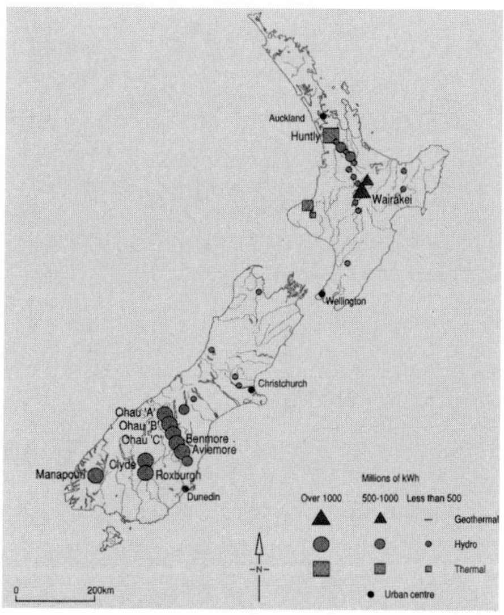

[그림 8-38] 추상적 기호로 표현된 지도
(1998, The Reed Atlas of NZ & World)

뉴질랜드의 전력생산을 표시한 일종의 점기호이자 기하기호인 삼각형, 원, 사각형을 이용하여 색상과 크기에 따라 규모를 표기하였다.

④ 화살표와 원기호

㉠ 화살표기호

화살표만큼 강력한 암시를 주는 기호는 없다. 기호에 대한 자세한 설명이 없더라도 방향성을 알려 주는 중요한 기호이다. 특히 전쟁상황을 표시하는 지도에서는 침공과 방어에 대한 설명이 없어도 화살표의 위치나 그려진 방향으로도 상황을 직감할 수 있다. 또 범인의 도주로나 차단 등 경계를 위한 계획을 수립할 때도 화살표는 암시적으로 상황을 설명해 준다. 이와 같이 화살표는 지도에서는 자주 이용되는 특수기호로서 하천의 흐름방향, 해류나 바람의 흐름, 태풍의 진로, 오목지형의 방향, 선형시설물의 진행방향, 물동량의 이동방향 등 각종 선적 데이터를 표시하여 지도의 판독을 용이하게 한다.

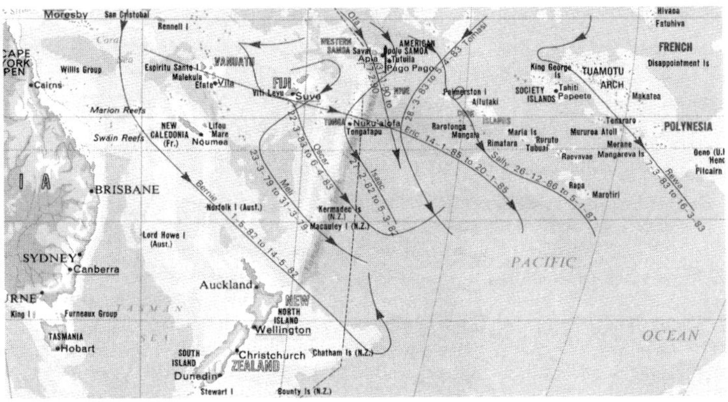

[그림 8-39] 방향성을 나타낸 화살표기호(1990, Jacaranda Socia Studies Atlas for Aotearoa)

1979년부터 10년간 발생한 사이클론(cyclone)의 진로를 표시한 지도로 화살표가 강력한 방향성을 제시해 준다. 지도의 축척은 1:65,000,0000이며 몰와이데의 등적투영법으로 제작된 지도이다.

㉡ 원기호

점기호 또는 기하기호에 해당되는 원기호도 크기나 배열에 따라 아주 유용하게 쓰인다. 특히 원기호는 지도 내에 작은 점(원)으로 표현되는 관청의 소재지를 표현할 때나 큰 원을 그려 계측자료를 나타낼 때 등 다양하게 이용된다. 이러한 원기호(圓記號)는 점자료가 근접하여 총량이 큰 경우, 어떤 합계량을 기호화할 경우, 광범위한 지역의 합계량을 표현할 때 주로 이용된다. 이것은 통계량을 표현하는 방법으로 1830년대에 최초로 지도에 이용되었으며 오늘날에도 사용빈도가 높은 표현방법이다.

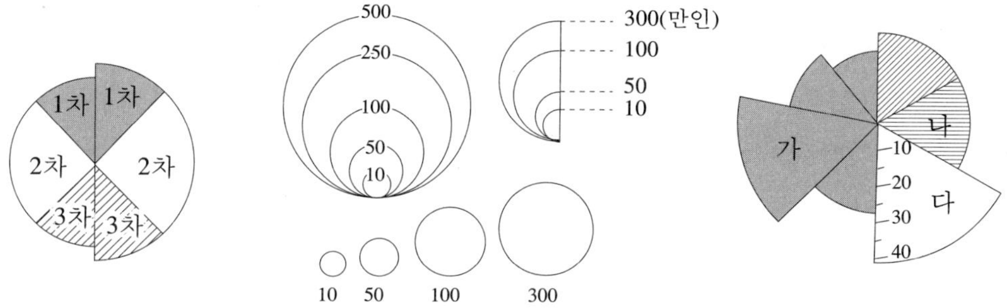

(a) (b) (c)

[그림 8-40] 원기호의 예

(a)는 연도별, 종류별로 대비할 때 주로 이용되며 (b)는 면적비례법에 의거 수치를 표현한 것으로 때로는 심리적인 효과를 배가시키기 위하여 수치가 커짐에 따라 원의 크기를 정상보다 더 크게 하는 경우도 있다. 그 아래 그림은 원을 하나씩 전개한 경우이다. (c)는 부채꼴(pie) 모양으로 분할하는 방법으로 (가)는 서로 성질이 다른 항목을 표시하는 경우에 쓰이며 (나)는 서로 유사한 항목을 동시에 표현할 경우이며 (다)는 어떤 자료를 비율의 척도로 표시할 때 이용된다.

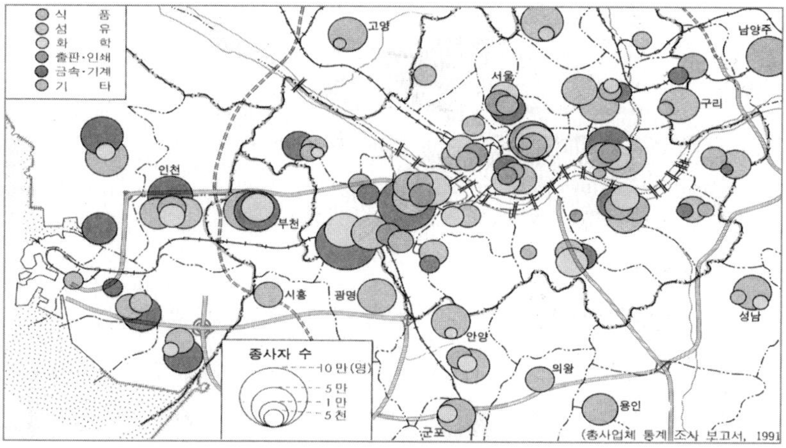

[그림 8-41] 원기호로 표현된 지도(1997, 금성교과서 지리부도)

경인지역의 공업분포를 나타낸 지도로 원이 그려진 위치는 점기호의 의미이고 원의 색상으로 업종을 구분하고 원의 크기는 용량을 나타낸다.

2. 통계자료의 기호화

1) 선자료의 기호화

점으로 나타내는 형상들과는 대조적으로 선으로 나타내는 형상의 자료는 위치뿐만 아니라 길이의 의미를 내포하고 있다. 선자료를 기호화하는 데는 크기, 모양, 명도, 조직, 방향, 색상 등 6가지의 그래픽 변수를 활용할 수 있는데 이들 변수들을 그 용도에 맞게 사용해야 한다. 또 선이 희미해지거나 점선이나 파선으로 기호화된 것은 국제적으로 통일된 표시로서 주로 건설중인 고속도로를 나타내거나 비포장도로 혹은 이용되지 않는 철도를 나타낼 때 사용한다. 또 행정구역의 경계선, 경위도의 좌표구획선, 해안선, 하천, 도로 등 여러 가지 선형 시설물들이 선기호로 표현된다. 선기호로 지도를 표현하고자 할 때는 그 지도의 제작목적에 맞추어 크기나 연속성, 밝기, 복잡성, 밀집도 등을 반영할 수 있도록 디자인해야 된다. 화살표도 선기호의 일종으로 주로 흐름이나 경로를 나타내는 유선도의 제작에 많이 이용된다.

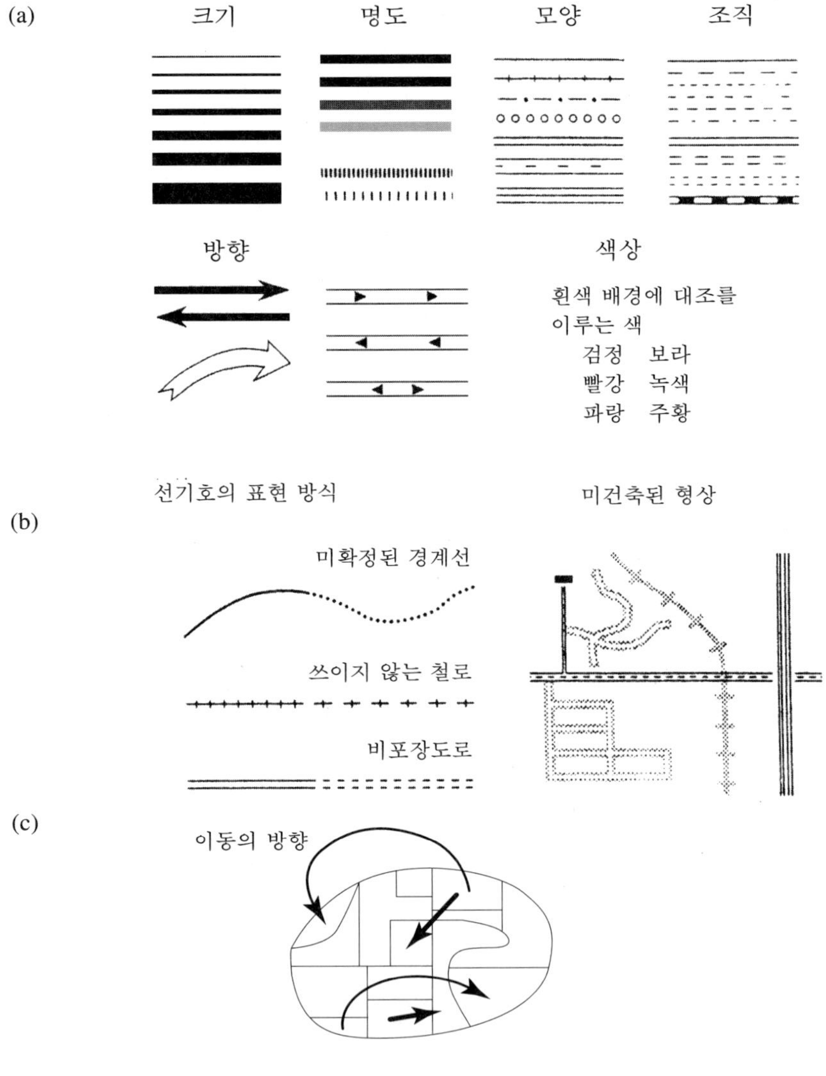

[그림 8-42] 선자료의 기호화(1995, 국토지리정보원)

① 등치선도

선기호를 이용하여 양적 데이터로 활용하는 등치선(isopleth)에는 등고선(contour line), 등심선(isobath), 등압선(isobar), 등한선(isocheim), 등진선(isoseismal), 등온선(isothermal) 등이 있다. 그리고 고도, 기압, 기온, 강수량, 대기 중의 오염물질의 농도 등 어느 지점에 존재하는 실제적인 데이터로부터 산출해 낸 유도치를 가지고 분포곡선을 나타내는 경우도 등치선도(等値線圖)를 이용한다. 지표상에 연속적으로 분포되어 각 장소마다 크기가 표현되고 3차원의 지형부피를 나타내는 대표적인 것이 지형도(등고선)이다. 그러나 지형도에 나타난 등고선으로는 강수량과 같은 것을 추출할 수 없다. 따라서 등치선도에서는 등고선과 같은 자료를 그대로 사용하는 것이 아니라 비율이나 퍼센트, 밀도로 변환시켜서 산출된 2차적인 자료로 활용해야 한다. 이러한 등치선도는 1584년부터 지도에 나타나기

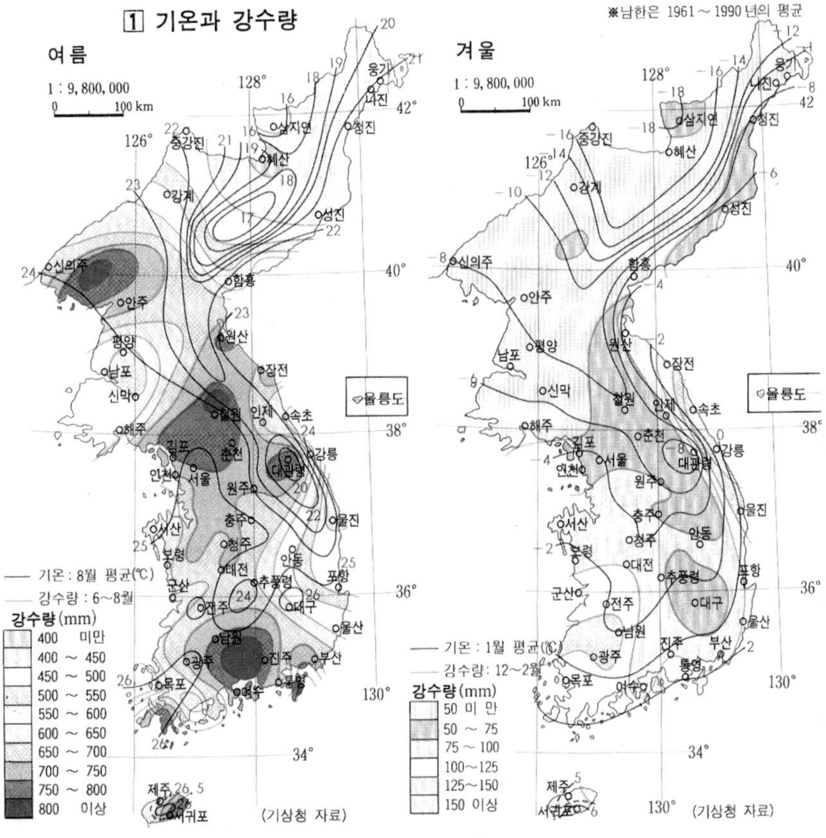

[그림 8-43] 등치선도로 표현된 지도(국세지도)

우리나라의 기온분포를 나타낸 등치선도로 행정구역의 경계나 도시의 위치를 무시하고 기온의 분포만 표현한 지도이다. 이 지도의 바탕에 도시의 위치를 표시한다면 그 도시에 대한 평균기온을 금방 파악할 수 있다. 강원도의 산악지역이 남한에서 가장 추운 지방임을 확인할 수 있다.

시작하였으며 최근에는 컴퓨터 프로그램의 개발로 자동화된 방법으로 등치선도를 구축하고 있다.

② 유선도(流線圖)

어느 지점을 연결하는 경로를 표현하는 지리적 사상인 선의 방향과 굵기를 이용하여 표현하는 방법으로 유선도(flow map)가 있다. 이는 어느 특정한 생산지에서 여러 장소(국가)로 제품이나 원료가 물류되는 상황을 표현하는 데 주로 이용된다. 또는 시장의 이용범위를 표현한다거나 기차나 비행기의 유동패턴을 그림으로 나타낼 때도 이용된다. 유선도는 1701년 영국의 홀리(Halley)가 등편각선도를 제작한 것이 효시로 알려져 있으며 경제와 관계 있는 물동량의 움직임을 표현하는 데 가장 많이 이용된다. 세계적으로 농산물, 광산물, 공산품 등의 교류를 나타낼 때, 인구의 이동경로, 동식물의 전파경로, 탐험경로, 태풍의 진로, 교통량의 흐름도, 항공기의 비행경로 등이 유선(flow line)으로 표현된다. 유선도의 표현에는 방사형 유선도(교통의 흐름도), 네트워크 유선도(두 지점 간의 연계성), 분포형 유선도(상품이나 이동의 흐름)로 나눌 수 있다.

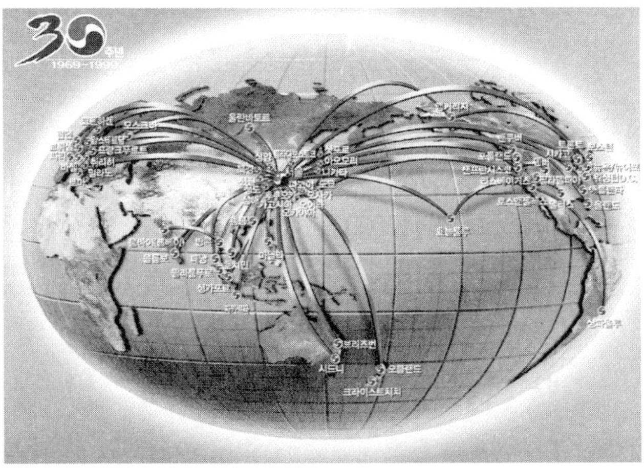

[그림 8-44] 유선도로 표현한 광고지도(대한항공 모닝캄)

둥근 지구 위에 항공기의 노선을 표현한 지도이다. 실제 비행기는 어느 두 구간을 직선으로 운항하지만 두 구간을 곡선화하여 표시한 것은 둥근 지구 때문이기도 하지만 직선이 주는 경직성보다도 항공기가 분주하게 움직이는 듯한 시각적인 효과를 높이고 좁은 지면 위에 직선으로 표현하려면 모든 항공노선들이 중첩되어 분간하기 어렵기 때문에 둥글게 표기하였다.

2) 점자료의 기호화

점자료를 이용하여 양적 데이터로 활용하는데 가장 단순하고 널리 이용하는 것이 동일한 크기의 점(dot)으로 표현하는 점묘도(dot map)이다. 이것은 사상의 형태를 하나의 점으로 표현하는 경우와 형태의 양을 점의 크기나 색깔로 표현하는 방법

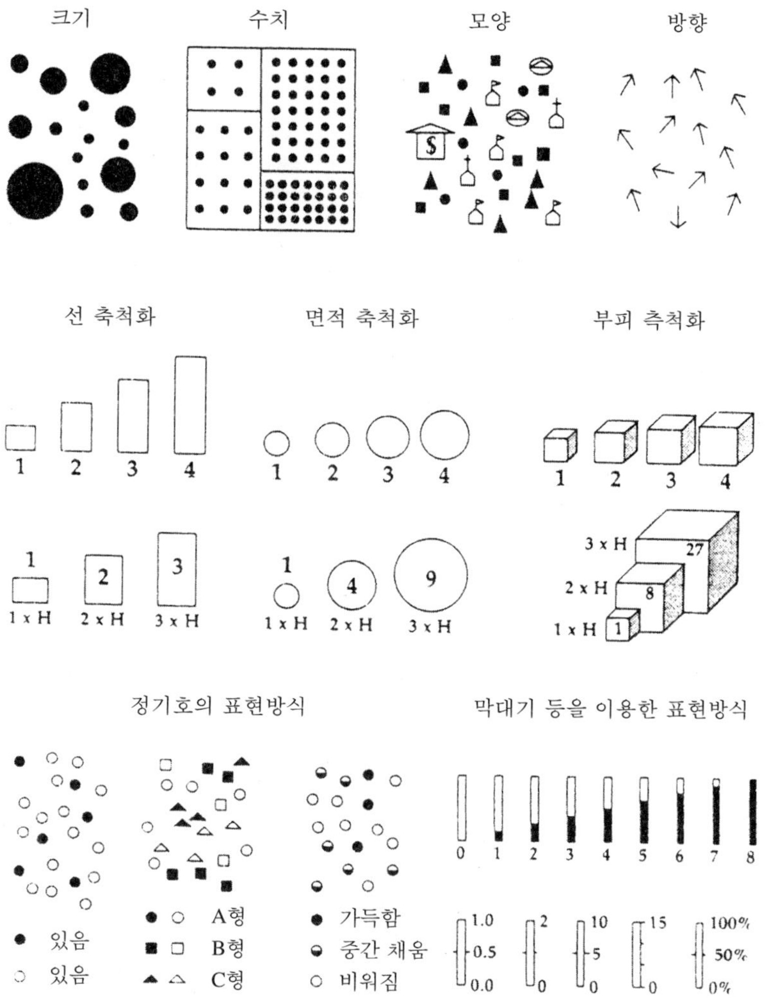

[그림 8-45] 점자료의 기호화(1995. 국토지리정보원)

이 있다. 이러한 점자료를 이용한 점지도는 분포영역을 쉽게 파악할 수 있을 뿐만 아니라 분포의 상대밀도도 쉽게 구분할 수 있다. 점자료를 이용하여 도형의 크기를 달리함으로써 특정 지점의 분포를 나타낼 때 많이 이용되고 있다.

① 점묘도

점묘도(點描圖)는 점의 위치, 점의 크기, 점의 단위치(單位值)가 중요하다. 점의 크기가 클 경우에 점의 밀도가 높은 곳에서는 점들이 붙어버리기 때문에 밀도가 지극히 높다고 생각하는 오류를 범할 수 있다. 또 점의 크기가 지나치게 작다면 분포나 밀도가 희박하고 형편없는 듯한 느낌을 주기 때문에 빈 공간에 아무것도 없는 듯한 느낌을 준다. 점의 단위치(unit value of the dot)는 시각적으로 큰 효과를

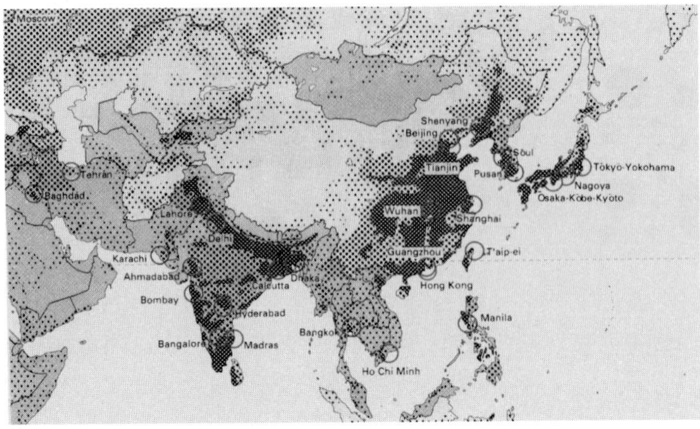

[그림 8-46] 점의 밀도로 표현한 점자료(1994. The OXFORD World Atlas)

인구의 분포를 표현한 점기호 자료로서 인구밀도가 높은 중국과 인도에는 점과 점 간의 간격이 조밀하게 표현되어 있고 우리나라의 경우도 수도권과 경상도에는 점의 밀도가 높게 표현되어 있지만 강원도에는 그러하지 않다.

주며 이는 다수의 사상들을 대표하는 1개의 점으로 분포밀도에 많은 영향을 준다. 그리고 점의 수량을 측정하여 전체 양을 구할 수 있지만 정확도면에서는 떨어지며 시각적인 효과를 얻는 데 만족해야 한다.

이렇게 점기호는 특정한 지점의 위치를 나타낼 뿐만 아니라 크기나 모양, 색상 또는 기하학적인 형상(원, 네모, 세모 등)에 따라 다양하게 이용되고 있다. 점기호의 경우 그 크기가 매우 작게 나타나게 된다면 모양을 달리하는 것이 색상을 달리하는 것보다 차별화하는 데 보다 효과적이며, 크기를 달리하여 나타내는 것이 색의 명도를 달리 하는 것보다 효과적이다. 그리고 목표물의 정보를 전달해야 하는 점기호는 길이, 면적, 부피로 다양하게 나타낼 수 있다. 예를 들어 1:25,000 혹은 1:50,000 지형도상에서는 하나의 점이 독립가옥으로 표현되어 있지만 대축척지도

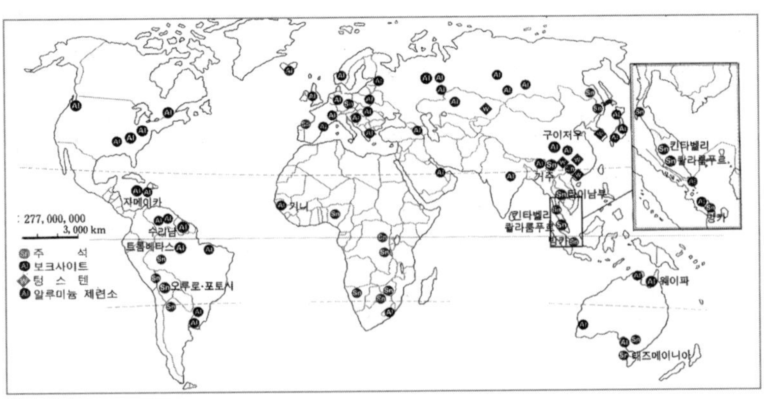

[그림 8-47] 점의 위치로 표현되는 점자료(1997. 금성교과서 지리부도)

인 1:5,000에서는 가옥을 점으로 표현할 수 없으며 1:250,000과 같이 지나치게 작은 소축척지도에서는 가옥을 점으로 표현할 수도 있고 그렇지 않을 수도 있다.

② 도형도

도형도(圖形圖)의 제작은 19세기 초부터 시작되었으며 이는 단계구분도와 달리 도형의 크기를 기호화한 지도를 말한다. 따라서 크기나 양을 셀 수 있는 인구수, 산업체 종업원수, 원인별 사망자수 등을 지도화하는 데 적합하다. 그러나 강도(intensity)를 나타내는 인구밀도, 소득의 규모, 유아의 사망률 등의 표현에는 부적합하다. 그러므로 어떤 지점에서 표현되는 상대적인 크기를 나타내려고 할 때 가장 적합하며 경제적인 자료를 지도화하는 경우가 가장 많다. 이러한 도형도를 이용하려고 할 때 자료의 크기나 면적에 비례하여 원, 세모, 사각형 등으로 표현하는 2차원 도형도와 부피에 비례하는 구(球), 육면체, 3차원 기둥 등 여러 가지 도형도로 구분할 수 있다. 이러한 도형도는 초 · 중 · 고등학교 학생들의 지리부도나 역사부도에 지도와 함께 많이 표현되는 편이다. 그리고 도형의 크기가 어떤 규칙(척도)에 의거 정하여졌더라도 반드시 범례가 표시되어야만 독도자들이 지도를 이해하는 데 도움이 된다. 최근에는 컴퓨터에 의해 도형도의 디자인과 제작을 할 수 있는데 이때 특히 지도의 색상을 고려해야 한다.

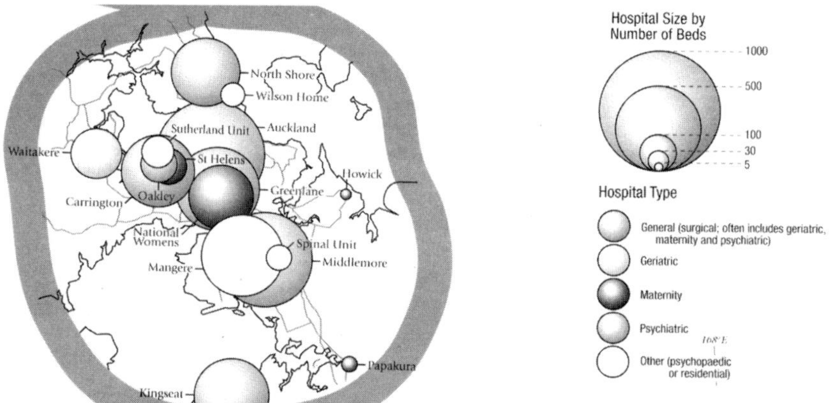

[그림 8-48] 도형도로 표현된 지도(1998. Heinemann Atlas)

원도형의 크기를 병원의 침상수로 표현한 도형도로서 병원의 규모와 병원의 진료 형태를 나타낸 지도이다.

3) 면적자료의 기호화

면적자료를 기호화하여 나타내는 경우 명도, 조직, 모양, 색채의 차이점을 통해서 표현할 수 있다. 일반적으로 넓은 면적을 기호화할 경우는 시각적으로 다소 흐트러지는 감을 주는데 이때는 명칭을 적어 넣거나 주변 경계가 보다 두드러지

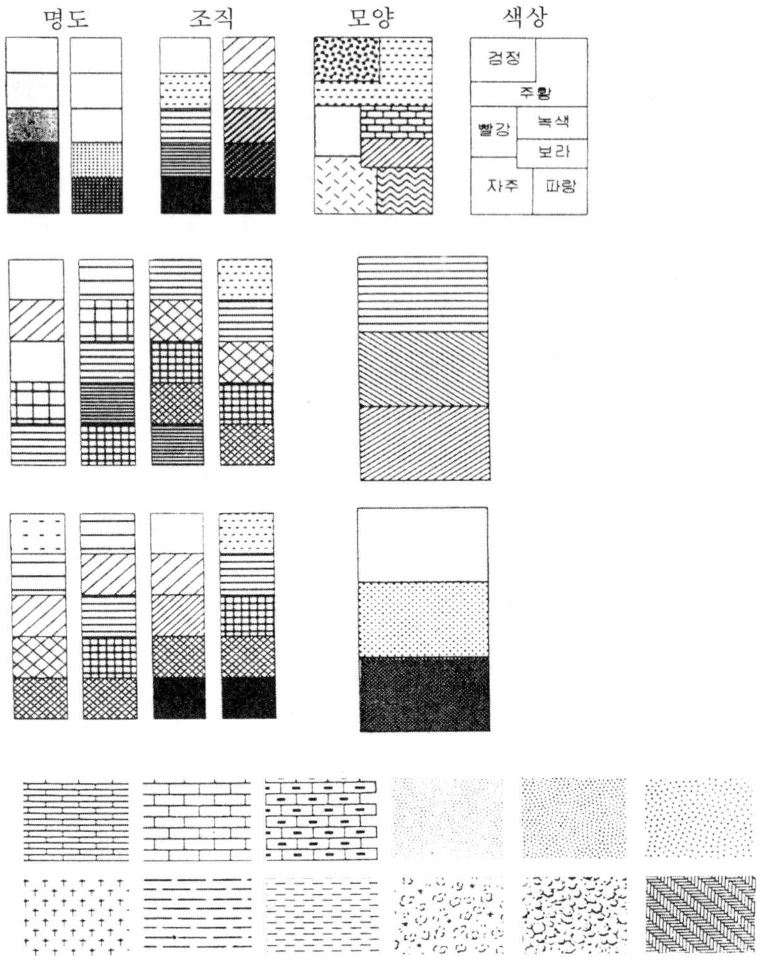

[그림 8-49] 면적자료의 기호화(1995, 국토지리정보원)

게 나타나도록 해야 되며 반면에 좁은 면적을 기호화할 경우는 인지하기 어려울 때가 있다. 이때도 부차적으로 이름을 기재하거나 상세하게 나타난 삽도를 추가하는 것이 바람직하다. 면적기호를 이용하여 양적 데이터를 표현할 때는 통계면이 생성되는 게 보통이다. 이것을 지도화할 경우에는 선기호를 이용한 등치선법이나 면적기호를 이용한 단계구분도 중 하나를 택하는 게 중요하다. 그러나 어떤 방법을 이용하든지 나타내고자 하는 지도의 성격이나 시각적인 효과를 염두에 두고 결정해야 되며 수량의 변화나 크기가 지리적인 사상을 소화해 낼 수 있는지 확인해야 한다.

① 단계구분도

19세기 초부터 발달되어 온 단계구분도(choropleth)는 지역 간의 분포 차이

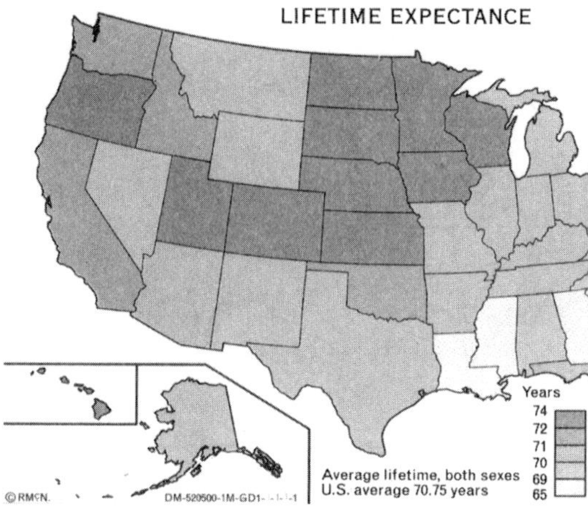

[그림 8-50] 단계구분도(정성적 면자료)의 표현(1998, Answer Atlas, Rand McNally)

주(州)의 면적과 관계 없이 각 주별로 예상 수명을 면자료로 표현한 단계구분도이다. 주 내에서도 도시나 지역에 따라 수명의 차이가 나겠지만 평균수명이라는 대표성에 중점을 두었기 때문에 수명이 짧은 지역이든 긴 지역이든간에 연속적인 자료가 되게 동일 주 내에는 같은 색깔로 표현하였다. 지도에서는 대체적으로 중 · 북부에 있는 주들이 장수 지역임을 알 수 있다.

를 색상이나 패턴으로 표현하며 행정구역별로 집계된 자료를 지도로 표현하는 데 많이 쓰인다. 단계구분도는 그리스어로 choro(장소)와 plethos(강도, 즉 크기 또는 수치)의 합성어로서 어떤 시 · 군의 통계구역에 나타나는 양이나 비율을 나타낼 때 이용하는 방법이다. 행정구역별로 집계되는 자료에도 통계구역 내의 총 인구수와 같은 것은 각 단위구역(행정구역)마다 면적이 일정치 않기 때문에 동질의 분포가 드러나지 않지만 단위면적당(1km^2) 인구밀도와 같은 것은 행정구역 전체 면적과는 무관한 자료이므로 척도화하는 데 용이하다. 산업별 인구구성비, 1인당 소득, 인구 1,000명당 주택보급률, 가구당 인원 등 각종 산업이나 교통, 인구, 국토개발, 사회분야에 걸쳐 단계구분도로 나타낼 수 있다. 또 집계된 자료가 비교적 균등하게 나타난다면 단계구분도로 표현해도 되지만 분포의 변이가 심하게 나타난다면 단위지역을 더 세분화하여 나타낼 수 있는 밀도구분도(dasymetric map)로 표현해야 한다.

이러한 단계구분도를 잘 표현하기 위해서는 계급구간을 어떻게 해야 정보를 잘 전달할 수 있는지에 대해 검토해야 한다. 일정한 간격으로 계급구간을 분류하는 것보다는 자료분포의 특성을 반영하면서 계급구간의 범위를 달리하는 것이 바람직하다. 또 단계구분도를 만들기 위하여 면기호는 패턴(점, 선 등), 조직(간격이 좁고 넓음), 방향(수직, 수평, 사선), 지도색상 등을 고려하여야 한다(1996. 이희연 재구성).

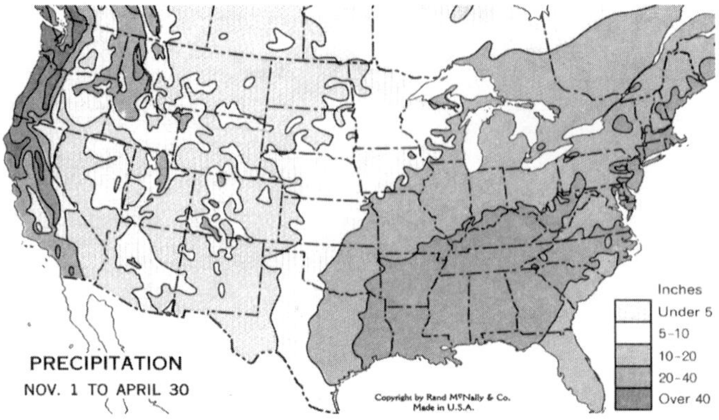

[그림 8-51] 단계구분도(정량적 면자료)의 표현(1998, Answer Atlas, Rand McNally)

주(州)의 경계를 무시하고 자료범위를 5개의 계급구간으로 나눈 단계구분도이다. 11/1일부터 익년 4/30일까지의 강우량을 나타낸 면기호로 동부지역은 평균 25~100cm 정도인데 반해 중부내륙은 건조한 지역임을 금방 알 수 있는 지도이다.

② 통계지도

대부분의 지도에서는 각 단위구역의 실제 면적(양적크기)을 기호화하는 데 비해 통계지도(cartogram)는 인구, 소득, 에너지 소비량, 경지면적, 부가가치 등과 같은 통계자료를 실제의 면적에 비례하여 나타내는 기법이다. 이는 지리적인 면적이나

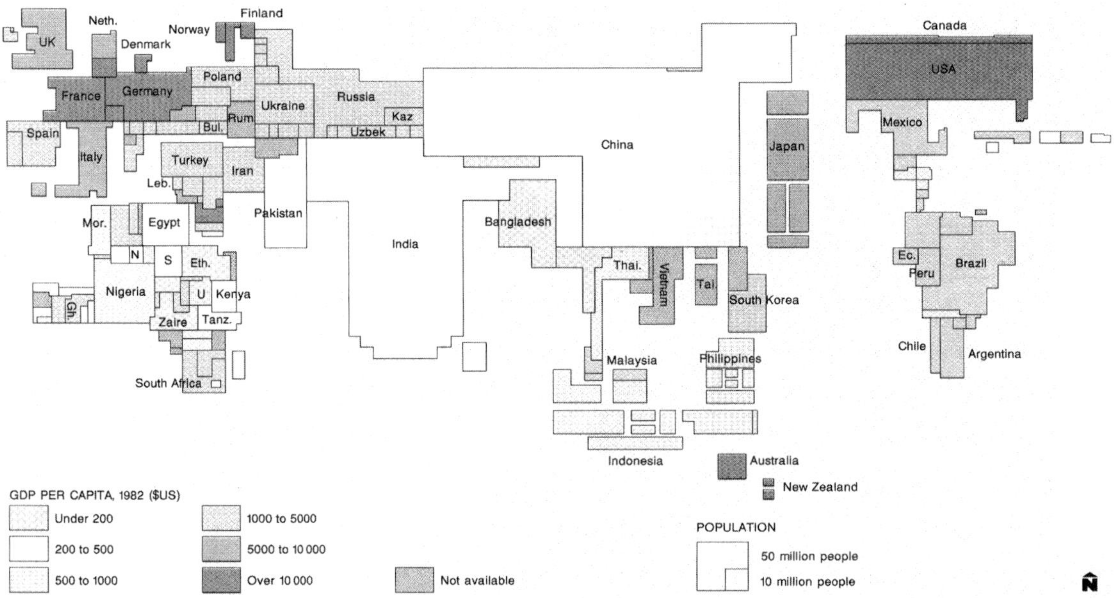

[그림 8-52] 통계지도의 표현(1990, Aotearoa Atlas)

나라의 실제 영토크기를 무시하고 인구의 규모로 나라의 크기를 표현하였으며 6가지 색깔로 국민 1인당 생산량을 표현한 통계지도이다. 이 지도에서 호주와 캐나다는 실제의 영토는 크지만 인구가 적기 때문에 나라의 크기가 작게 표현되었다. 또 색깔에 의해 선진국과 후진국을 표현하였다.

방향, 위치 등의 특성은 잃게 되지만 분포패턴을 쉽게 알 수 있는 특징이 있다. 이와 같이 수량을 면적(국가의 면적 또는 크기)으로 나타내는 통계지도는 1868년 Levasseur에 의해 최초로 제안되었으며 Atlas, 학생용 지리부도, 참고서적에 많이 등장하는 편이다. 이러한 지도는 일반 지도와 같이 지리적인 실체는 유지하고 있지만 행정구역이나 위치가 왜곡되어 있기 때문에 독도자들이 인식하는 데 어려움이 있다. 국가의 모양을 사각형으로 나타내는 경우와 다각형(나라의 모양과 비슷하게)으로 표현하는 경우가 주로 이용되며 어떤 경우는 나라의 모양이나 위치가 평소에 기억하던 형태가 아닌 전혀 다른 형태의 모양으로 표현되기도 한다. 또 구축된 통계지도에 도형도의 기법을 표현한다거나 단계구분도를 중첩시키면 두 가지 변수를 표현할 수 있어서 보다 더 효과적으로 표현이 가능하다.

4) 통계조사지도

통계는 한 나라의 중요한 지표이다. 우리나라는 1948년에 공보처에 통계국이 설립된 후 1991년에 기능이 확대되어 통계청으로 발전되었다. 1997년 10월 현재 우리나라는 101개의 통계작성기관이 있으며 이 중 정부기관이 40개이고 지정기관이 61개이다. 지정기관을 성격별로 분류해 보면 금융기관이 8개, 정부투자기관이 10개, 정부출연기관이 12개, 공공법인이 15개, 각종 단체가 16개이다. 통계청에서 사용하고 있는 지도는 크게 2가지로 분류되며 하나는 통계조사된 것을 분석하여 지도로 표현하는 통계지도이고 또다른 하나는 통계조사를 원활히 하기 위하여 사용하는 조사구(調査區)지도로 나눌 수 있다.

① 조사구지도

조사구지도의 전산화는 1995년 인구주택 총조사 때부터 시작되었다. 조사구지도를 제작하기 위해서는 시중에서 판매하는 일반 지도를 구입하여 각 도엽을 스케닝(전산입력)한다. 행정구역 단위별로 나누어 지도를 작성하며 낱장을 붙여서 전국의 행정지도를 만든다. 각 도면마다 접합을 확인하고 행정구역 경계 및 조사구 경계를 입력한 다음 행정구역별 지도와 조사요구도를 출력하여 사용한다. 최근에는 중요 시마다 1:5,000 또는 1:3,000의 축소된 지적약도를 많이 이용하지만 이런 지도가 없는 중소도시에서는 1:1,200 지적도를 스케닝한 래스터지도를 이용한다. 이때 여러 도곽을 접합하다 보면 비록 동일 지역이지만 축척이 다른 경우가 포함되기 때문에 확대나 축소를 해야 하는 어려움이 따른다. 따라서 현재 국토지리정보원에서 제작중인 대축척 수치지도가 완성되면 인구센서스에 이용할 계획이다. 그러나 아직까지 장비나 제반여건이 수치지도를 운용할 수 있는 준비가 되어 있지

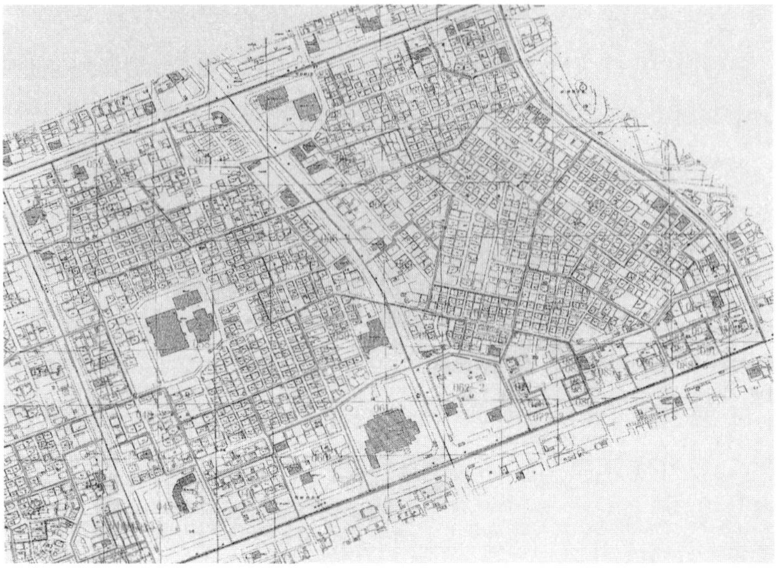

[그림 8-53] 조사구지도

않으며 지금 당장 수치지도를 이용할 수 있는 여건이 된다고 해도 대축척(1:1,000) 수치지도가 전국을 커버하지 못하기 때문에 당분간 기존의 방법을 병행해야 될 것으로 생각된다.

② 통계지도

조사구지도를 기본으로 자료를 조사하여 분석작업을 거치면 최종적으로 통계지도가 만들어진다. 그러므로 조사구지도는 통계지도와 전혀 관계가 없으며 조사목적으로 하다 보니 각 행정구역별로 따로 떨어져 있다. 통계지도는 한 단위구역을 전부 포함하는 전국을 대상으로 제작되는 게 보통이다. 통계지도는 시계열(時系列)에 따라 작성하여 계속적으로 유지해야 하지만 우리나라의 경우는 시계열이 행정구역 단위이기 때문에 그 형태를 유지하기가 어렵다. 조사구지도가 전산화되면 통계지도도 수치지도로 작성할 수 있으며 여러 가지 장점들이 예상된다. 축척이 다른 지도를 접합시킬 때 크기 조절이 가능하며, 사업체조사의 경우 상가, 공장 등 용도에 따라 색깔을 구분할 수 있으며, 주택의 경우는 일반주택, 다가구주택, 아파트 등 주택의 종류에 따라 구분이 가능하다. 이러한 통계지도를 GIS 기법을 응용하면 통계조사를 하는 사람들은 편리할지 모르나 국민의 사생활 보호라는 입장에서는 문제의 소지가 많으며 철저한 보안유지가 필요한 것으로 생각된다.

【 시계열 】 시간의 흐름에 따라 관측된 통계량을 벌여놓은 열(列)을 시계열이라 하며 자연현상이나 실험의 관측 등에 많이 쓰인다.

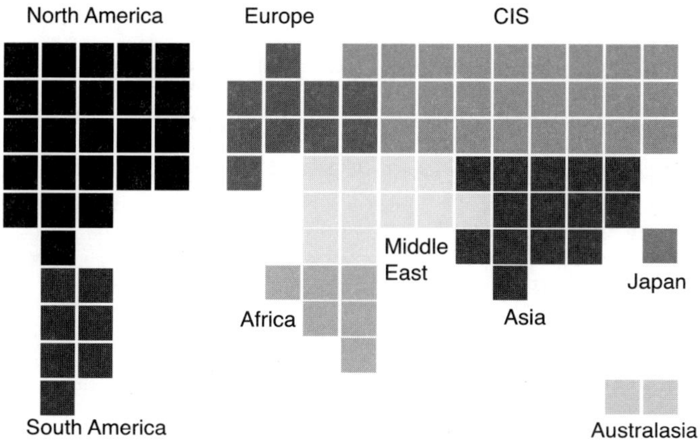

[그림 8-54] 통계지도(1999, Atlas of the World, George Philips Ltd)

세계의 대륙을 단위 사각형으로 표현한 일종의 통계지도이다. 대륙별 에너지 생산량을 나타낸 그림으로 사각형 하나가 1%를 나타내므로 숫자의 설명 없이도 대륙별 에너지를 파악할 수 있다.

③ 인구조사지도

사람의 수를 나타내는 지도는 다양하게 제작되는데 주로 어떤 목적에 의해 제작되며 나라 전체의 인구계획이나 경제계획을 위한 기초자료로 활용하는 경우가 많다. 인구분포도는 행정구역 내에 점(예: 1,000명)으로 표시하며 점들이 밀집되어 있으면 대도시이거나 밀집주거지를 나타낸다. 인구밀도는 보통 7~8단계의 색깔로

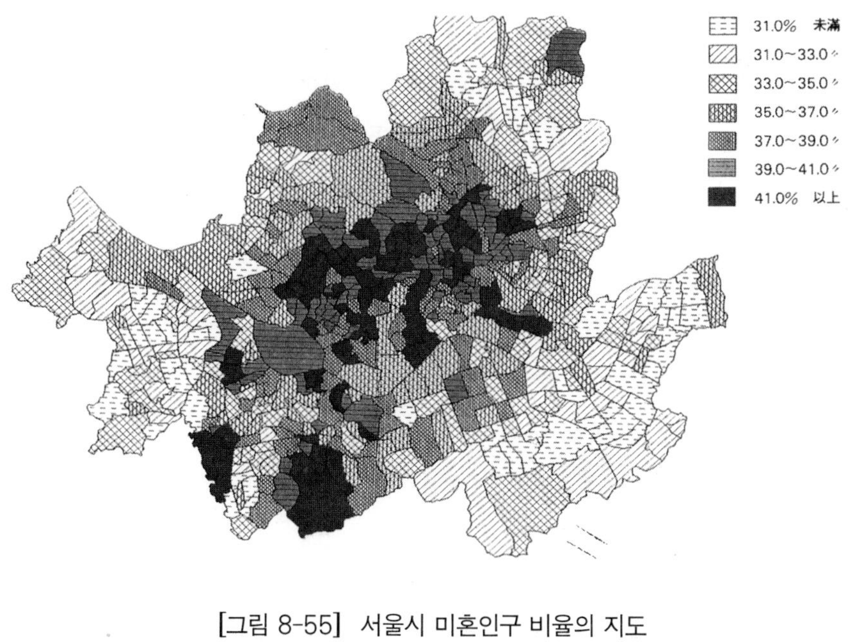

[그림 8-55] 서울시 미혼인구 비율의 지도

구분하며 인구가 밀집되어 있는 곳을 표기할 때 짙은 색깔을 사용하고 밀도가 낮은 농어촌을 표기할 때는 옅은 색깔을 이용한다. 인구지도에는 남녀의 구성비를 구분할 때나 연령별 인구비, 가구당 평균인원, 인구증감률, 인구의 자연증가율, 인구의 출생과 사망, 혼인과 이혼, 인구이동, 산업별 인구구성비 등 여러 종류의 인구자료를 지도화할 수 있다.

④ 센서스 자료의 표현

최근에는 컴퓨터 소프트웨어의 발달로 지도제작이 너무 쉬워졌다고 생각한다. 전문 지도제작자가 아니더라도 센서스 자료를 가지고 여러 종류의 지도를 쉽게 만들 수 있다. 공공정책이나 마케팅, 인문조사, 사회과학 등 통계적인 자료가 있다면 지도의 왜곡이 좀 심하더라도 유용한 정보를 제공해 준다는 사실 때문에 통계지도에 관한 관심이 증대되고 있다. 대부분의 정량적 자료는 읍면, 시군, 시도, 국가와 같은 단위로 수집된 자료이다. 이런 자료를 이용하여 통계지도나 그래프를 그려 그 척도를 분석할 수 있으며, 또 다른 자료를 통합하면 다른 유형의 지도로 나타낼 수도 있다. 이런 지도에는 분석가나 제작자가 설명이나 해설의 근거를 반드시 제시해야 한다. 예를 들어 각 군마다 TV 대수만 나타내는 경우와 가구수만 나타내는 경우가 있을 수 있으며 이를 통합하여 가구당 TV 대수를 수표(數表)로 표시하여 지도를 만들면 완전히 다르게 표현된다.

또 흔히 사용되는 가구당 평균소득을 생각해 보면 몇 명의 거부나 성공한 사람 때문에 어떤 작은 동리는 가구당 평균소득이 엄청나게 많이 불어나기도 한다. 따라서 대부분 소득이 낮은 영세사업자나 소작인 등 가난한 사람들이 살고 있다는 사실이 감춰질 수 있기 때문에 통계자료에 신빙성이 결여되는 모순이 있을 수 있다. 이러한 통합자료는 어떤 한 장소에 대한 평균치이지 개별 주민과는 아무런 관계가 없다. 그렇다면 통합자료는 믿을 수 없는가? 그러나 이러한 통합자료는 정부에서 예산을 배부한다든가 공공투자 및 기반시설의 건설 등 사회 전반의 척도를 판가름하는 데 유용하게 사용하고 있다. 그리고 통합자료를 가지고 어떤 유형의 명암지도(음영지도)를 만들려고 할 때 통계수치에 따라 음영이 순차적으로 표현되는데 그 음영의 단계는 6~7개가 적당하다. 이러한 지도는 개인용 컴퓨터를 이용해서 손쉽게 제작할 수 있기 때문에 어떤 지침이 마련되어야 한다.

3. 통계지도와 함께 이용되는 도표

각종 센서스를 통하여 얻어진 자료는 숫자로 표기되는 경우가 대부분이지만 읽는 사람의 이해를 돕기 위하여 지도와 함께 도표를 그려준다. 이러한 도표는 ① 선그래프(line graph) ② 막대그래프(bar graph) ③ 원그래프(pie graph) 등 크게 3종류로 나눌 수 있다. 그 외에 사물의 형상을 그대로 그래프에 이용하는 경우는 일일이 설명을 하지 않더라도 그림만 보아도 무슨 뜻인지 금방 알 수 있다. 지도와 함께 그려지는 도표를 자세히 분석해 보면 여러 가지 재미있는 사실을 도출해 낼 수 있는 저장고와 같다. 우리나라의 초 · 중 · 고 학생이 배우는 「지리부도」에도 지도와 함께 각종 그래프가 나타나 있어 지도와 관련된 자료를 이해하는 데 많은 도움이 된다.

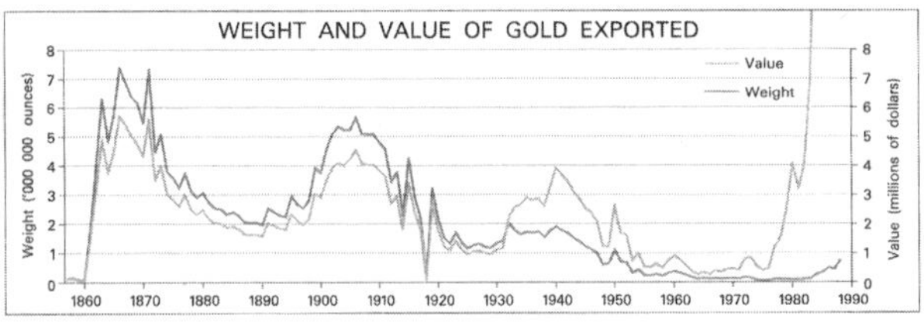

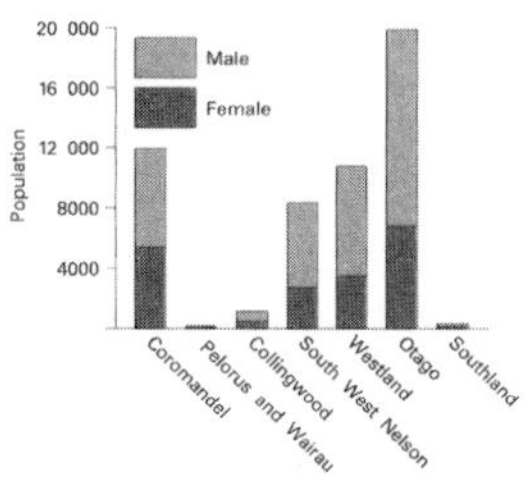

《도표1》 금의 수출량과 수출대금을 선그래프로 표현하였으며 1930년대 이후부터 금값이 많이 올라서 1940년대부터는 수출량은 줄어 수출대금이 늘어난 그림이다.

《도표2》1978년 한 해에 금광에 모인 사람을 남녀 구분하여 하나의 막대그래프에 표현한 도표이다.

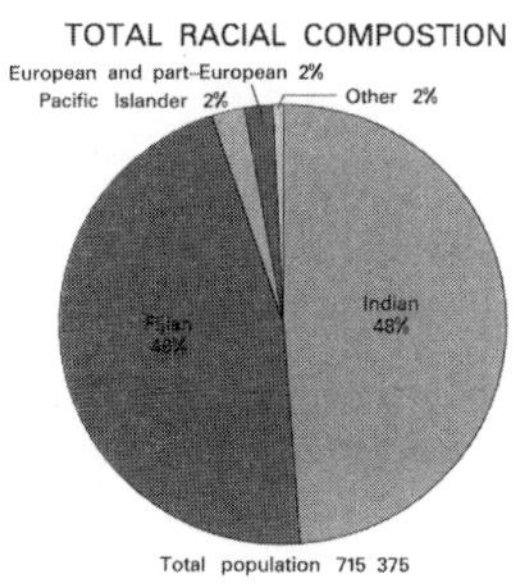

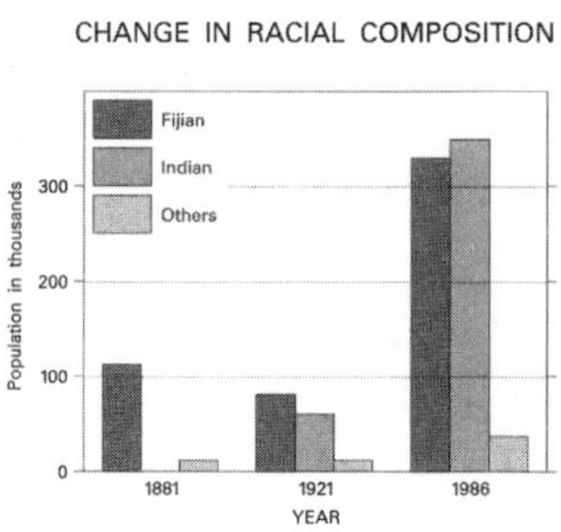

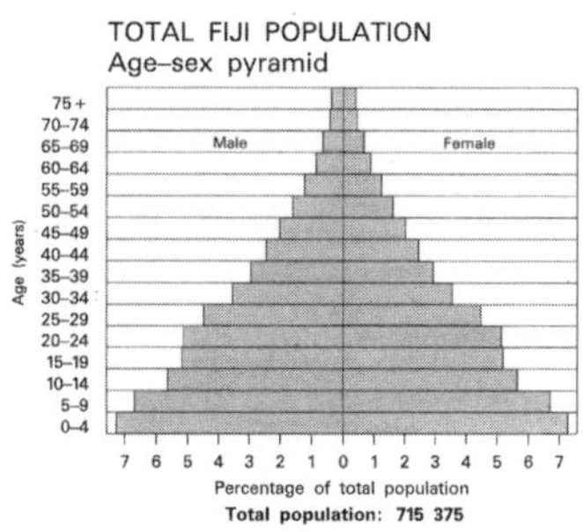

《도표3》 태평양의 섬나라 피지의 인구를 분석한 도표로 원그래프는 종족별 인구분포를 (%)로 나타낸 것이다.

《도표4》 약 100년 전의 인구와 현재의 인구를 비교함은 물론 인구의 증가도 함께 알 수 있는 그림이다.

《도표5》 전체 인구 715,375명을 성별, 연령별로 구분한 피라미드식의 인구분석 도표이다.

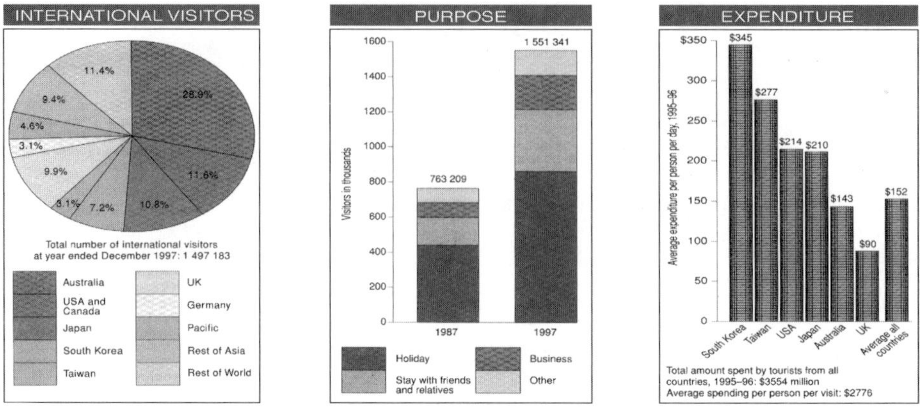

《도표6》 1997년 뉴질랜드를 방문한 사람의 국가별로 색깔을 지정하고 다시 동일색의 파이그래프를 이용하여 방문객을 분석하였으며

《도표7》 방문객의 방문목적을 하나의 그래프에 예시하고 또 10년 만에 방문객의 증가를 한눈에 알아 볼 수 있도록 그린 막대그래프이다.

《도표8》 방문객 1인이 쓰고 간 경비를 동전모양의 막대그래프를 이용하여 국가별로 나타낸 그림이다. 위의 도표에서 다음과 같은 분석을 할 수 있다.

『우리나라의 1인당 소비는 $345로 평균치($152)의 2배요, 우리보다 40,000명이나 많이 방문한 영국보다 소비는 3배나 더 지출하였으며 경제력이 막강한 일본이 약 54,000명 더 많이 관광을 왔지만 여행경비는 우리보다 적게 사용한 것으로 분석되었다.』 그러므로 분석해야 될 충분한 목적만 있다면 위의 도표에서 좀더 세밀하고 많은 양의 숨은 자료를 도출해 낼 수 있는 것이 통계도표이다.

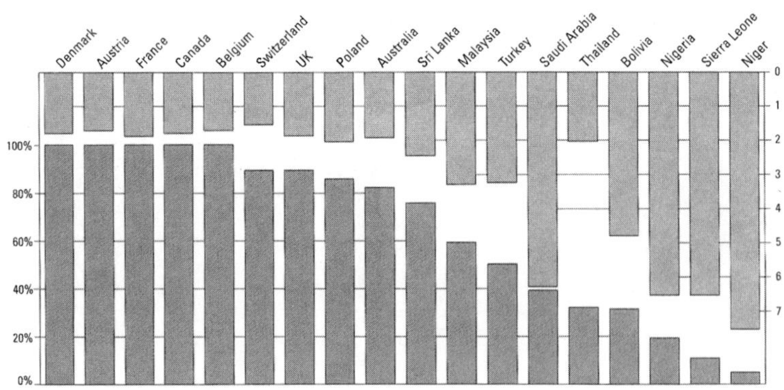

《도표9》 위에서 아래로 내려가는 막대그래프는 1992~1995년 사이에 여자들의 다산(多産)을 표현한 것이고 아래에서 위로 올라간 그래프는 12~17세 여자들의 중등교육 수준을 나타낸 그래프이다. 이 그래프에서 교육수준이 낮으면 출산을 많이 한다는 도표의 핵심을 간파할 수 있다.

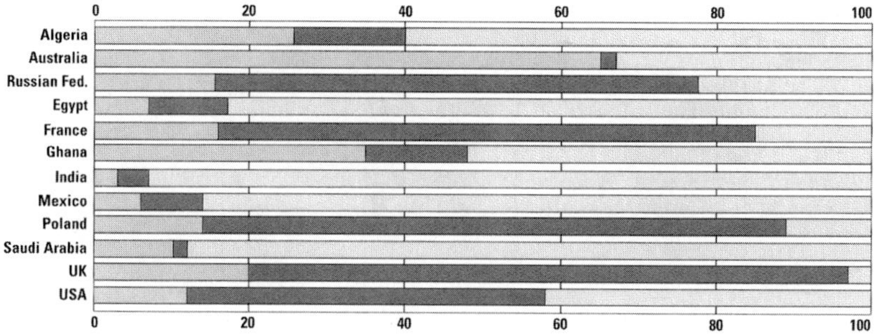

《도표10》 1996년 주요 국가의 물 사용분포를 그린 도표로서 물을 많이 생산하든 적게 생산하든 생산량을 100으로 보고 분석한 도표이다. 가정용(왼쪽), 산업용(가운데), 농업용(오른쪽)으로 구분하였으며 선진국일수록 산업용 물의 사용이 많음을 알 수 있으며 선진국인 호주의 경우는 예외로 나타났다.

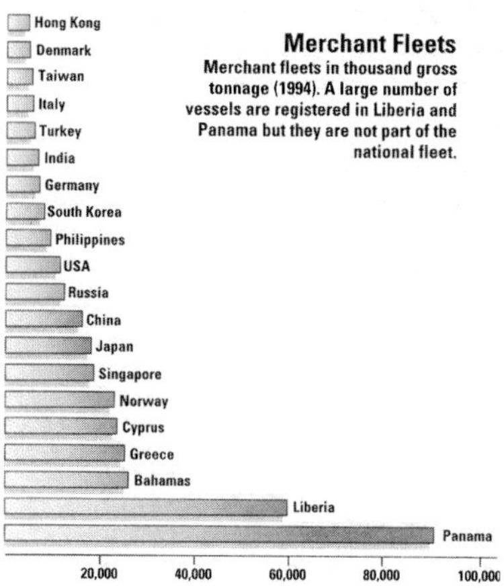

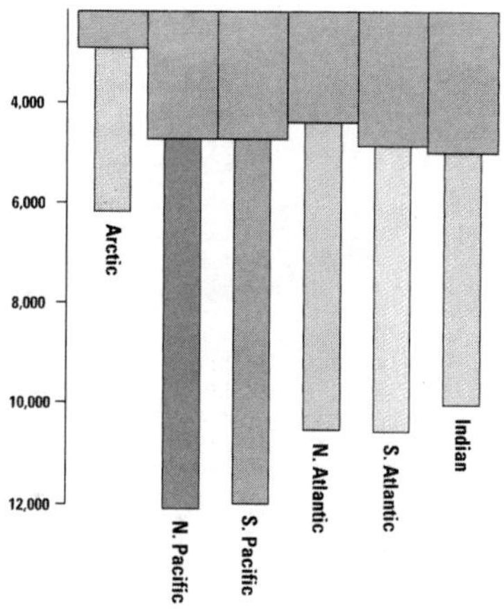

《도표11》 가로로 누운 그래프인 이 도표는 1994년의 상업용 배(상선)의 전체 선복량을 표현한 것으로 리베리아와 파나마가 크게 표현된 것은 자국의 상선이 아니고 자국에 등록된 상선의 총 선복량이 많기 때문이다.

《도표12》 아래로 내려간 막대그래프인 이 도표는 대양의 깊이를 사실적으로 표현하기 위하여 막대를 거꾸로 표현한 경우이다. 폭이 넓은 막대는 대양의 평균깊이를 표현한 것이고 좁은 막대는 최고수심을 표현한 것이다.

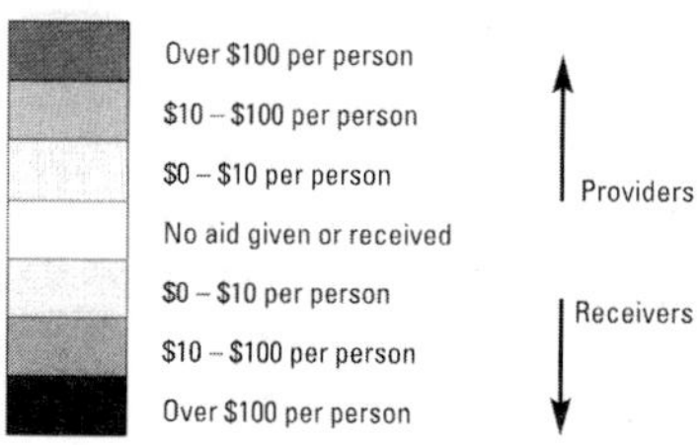

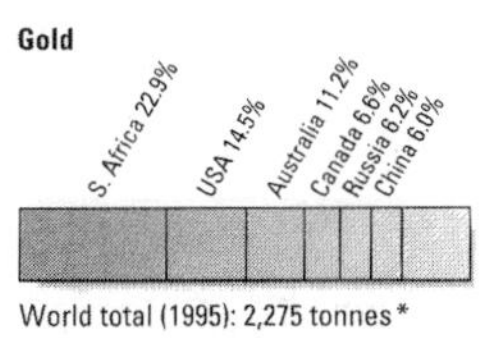

《도표13》 국제 원조를 나타내는 범례표시로 일종의 통계도표라고 할 수 있다. 원조를 제공하는 나라와 원조를 받는 나라를 화살표로 구분하고 색깔별로 1인당 금액을 나타낸 그림이다.

《도표14》 옆으로 누운 단순형 막대그래프로 막대의 크기로 광물의 양을 나타낸 그림이다.

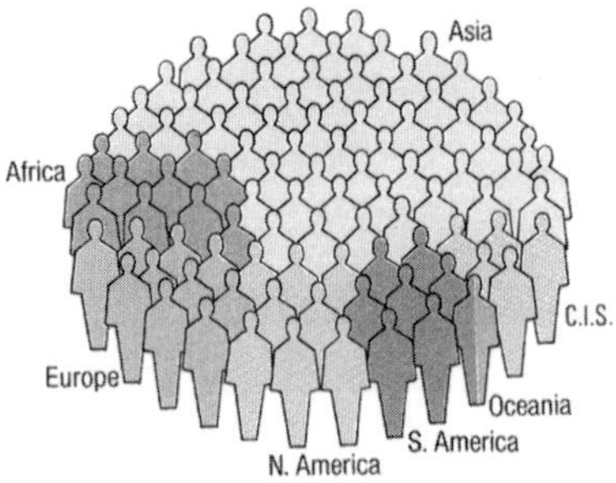

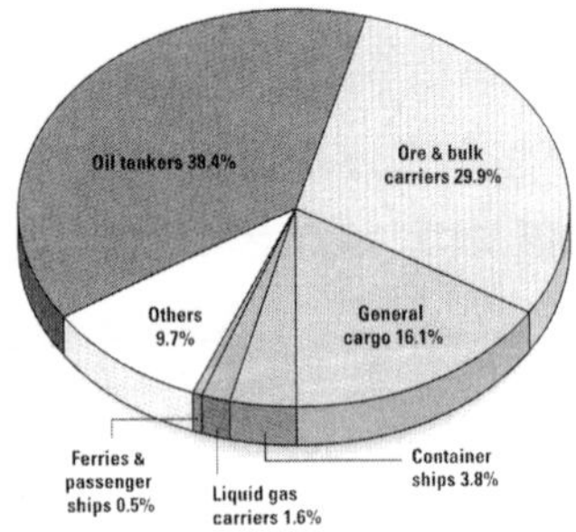

《도표15》 다른 설명이 없더라도 각 대륙별로 인구를 나타낸 도표란 것을 알 수 있다. 이런 경우 그림에 표시된 대륙별 색깔이 지도에도 동일 색으로 칠해진다.

《도표16》 선박으로 실어 나르는 화물의 종류를 입체화된 원(pie)모양으로 표현하였다.

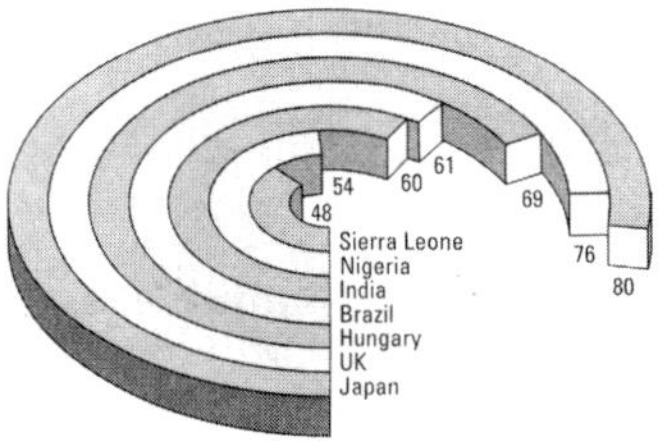

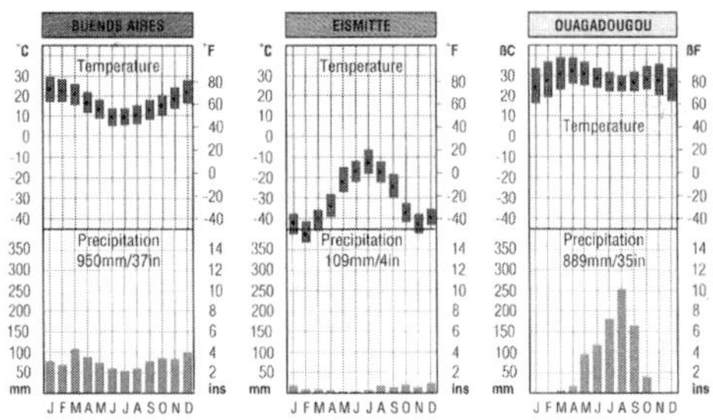

《도표17》 각 국가의 평균수명을 나타낸 도표로 부자 나라와 가난한 나라의 형태가 드라마틱하게 표현된 도표이다. 수명의 길이를 느낄 수 있는 상상력이 떠오르는 표현법이다.

《도표18》 지도와 함께 각종 기후자료를 나타낼 때 이용되는 도표로 상단의 (적색)그래프는 1년 중 최고온도와 최저온도를 나타내며 하단(청색)은 월별로 강수량을 표현한 것으로 이러한 도표를 클라이오그래프(climographs)라 한다.

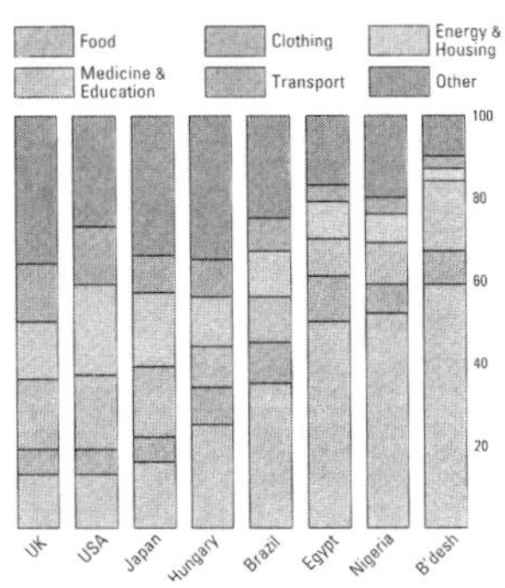

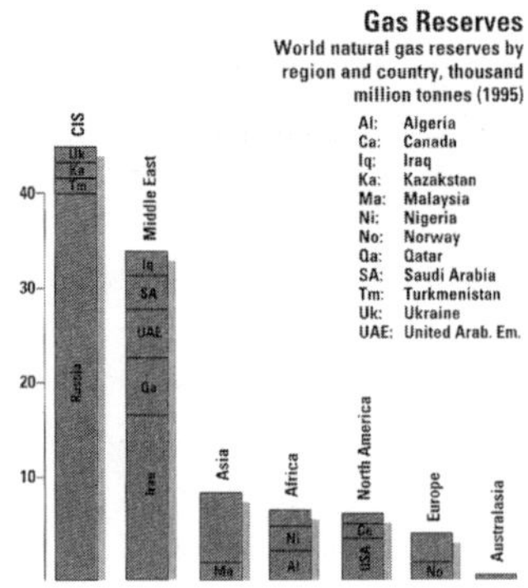

《도표19》 소비패턴을 나타낸 막대그래프로 빈부와 관계없이 총소비량을 100으로 기준으로 하여 각 소비성향을 백분율로 나타낸 도표이다. 잘 사는 나라일수록 여가를 즐길 수 있는 기타 잡비 지출이 많으며 못 사는 나라는 음식물 구입에 지출이 많음을 한눈에 알 수 있는 그래프이다.

《도표20》 천연가스의 보유를 나타낸 막대그래프로 각 대륙별로 하나의 막대로 표시하고 다시 그 속에 각 국가별로 세분류를 한 그래프이다.

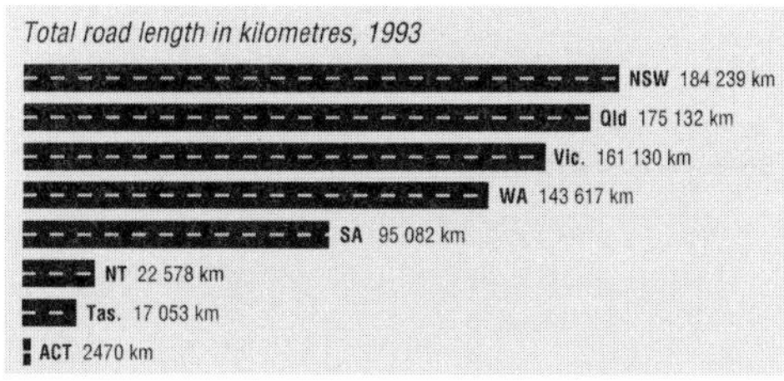

《도표21》 1993~1994년에 비행기를 이용하여 오스트레일리아에 도착한 승객을 나타낸 그래프의 일종으로 비행기의 크기로 승객의 규모를 표현하였다.

《도표22》 도로모양을 한 일종의 막대그래프로 1993년까지의 오스트레일리아의 각 주별로 도로길이를 표현한 도표이다.

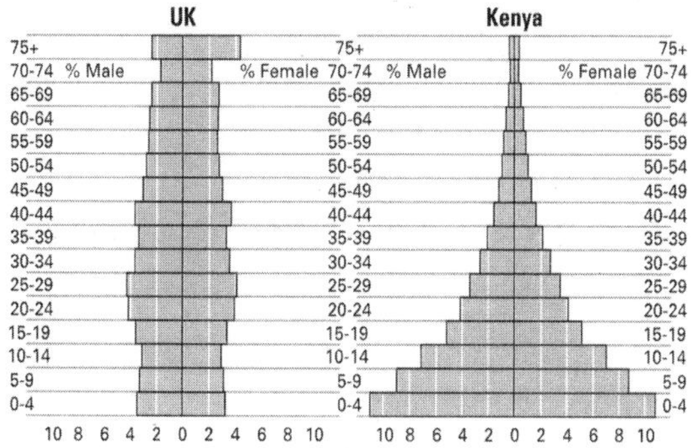

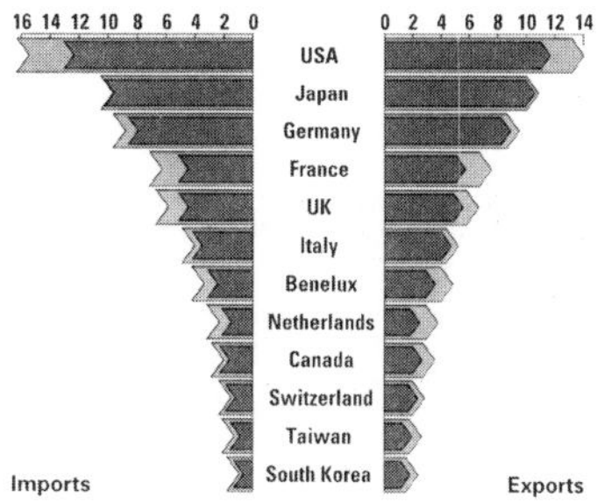

《도표23》 인구통계를 나타낸 데모그래픽(demographic) 도표는 그림만 보아도 잘 사는 나라와 못 사는 나라를 금방 알 수 있다. 영국은 태어나서부터 나이계급에 따라 인구분포가 비슷하지만 케냐의 경우는 그렇지 못함을 알 수 있는 도표이다.

《도표24》 중요 국가의 수출과 수입의 상황을 나타낸 도표로 수출입 금액이 많은 국가를 위에 배치하여 시각적인 효과를 거두고 막대에 화살표를 삽입하여 수출과 수입을 느끼게 한 도표이다.

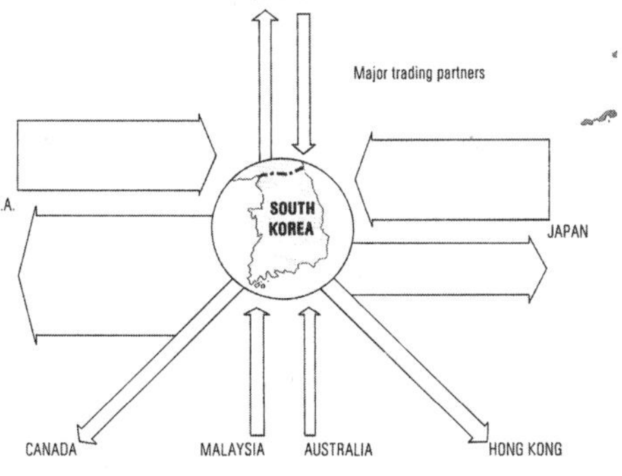

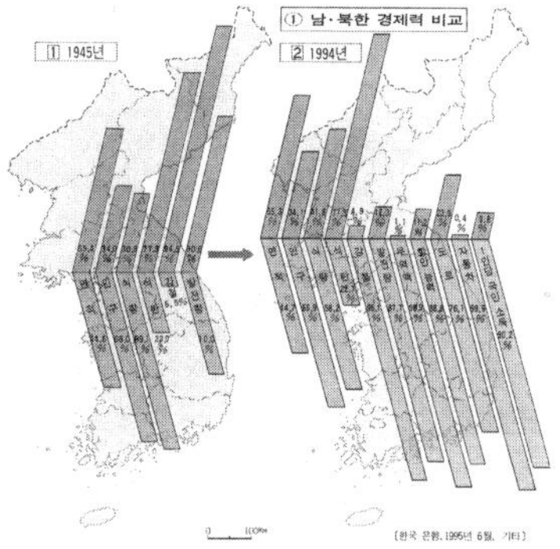

《도표25》 우리나라의 중요 수출입 대상 국가 간의 수출입량을 화살표기호로 표기하여 시각적인 효과를 나타낸 도표이다.

《도표26》 우리나라의 남북한 경제력을 비교한 막대그래프로 3 · 8선을 경계로 지도 위에 바로 그린 도표이다.

제 9 장

지적도와 기타 지도

제 1 절 지적도의 개념

1. 지적도의 개요

지적도(cadastral map)는 엄밀하게 '지도'라고 일컫지는 않지만 지적을 표현한 '주제도'이다. 지적도는 일상생활과 밀접한 관계가 있을뿐만 아니라 최근에는 지형지적도가 제작되어 더욱 폭넓게 이용되고 있다. 지적도에 대해 좀더 자세히 알기 위하여 도면의 종류나 규모 등 지적도 전반에 관한 내용을 기술하였다.

1) 지적의 정의와 어원

지적은 일필지(parcel)의 토지에 대한 정보를 총괄적으로 내포하고 있는 공적 등록부로서 하나의 획지(lot)를 말한다. 지적법에서 의미하는 지적의 정의는 "국토의 전반에 걸쳐 일정한 사항을 국가 또는 국가로부터 위임받은 기관이 등록을 하여 이를 국가 또는 국가가 지정하는 기관에 비치하는 기록"이라고 설명되어 있다.

이를 광의로 해석하면 "지적은 지표면이나 공간 또는 지하를 막론하고 재정적 가치가 있는 모든 부동산을 유지 · 관리하기 위한 국가가 집행하는 토지행정"이라고 할 수 있다. 즉 토지의 소재, 지번, 지목, 면적, 소유자의 주소, 성명, 토지의 등급 등 토지의 권리를 행정적 또는 사법적으로 등록하는 행위이다. 지적이라는 용어는 근세에 이르러 나폴레옹(Napoleon) 1세가 제정한 지적법(cadastral law)이 그 효시를 이루고 있으나 그 유래를 살펴보면 희랍어에서 장부(帳簿: notebook)를 의미하는 Katastikhon에서 유래되었다는 설과 라틴어에서 로마가 지배하는 영토에서 징수되는 과세대장을 의미하는 Capitastrum에서 유래되었다는 설이 있으나 전자가 통설로 받아들여지고 있으며 후자는 조작된 것이라는 이유로 옥스퍼드 영어사전에서 삭제되기까지 하였다.

한편 우리나라에서는 조선시대의 경국대전(經國大典)에서 전지(田地)를 6등급으로 구분하고 20년마다 측량하여 지적을 작성하고 호조(戶曹)와 도(道) 및 고을에 비치한다는 기록이 있다. 그 후 1895년 고종32년 3월 26일 칙령 제53호의 내부관제에서 판적국(版籍局)의 사무분장규정 제2항에 '지적에 관ᄒᆞᆫ 사항'이라고 명시하고 있으며 1895년 11월 3일 향회조규(鄕會條規) 제5조 제2항에서도 '호적 내지 지적에 관한 사항'으로 규정함으로써 본격적으로 지적이라는 용어가 법규에 나타나기 시작하였다. 1908년 1월 24일에 공포한 삼림법 제19조에 "......삼림, 산야의 지적 및 견취도(見取圖)를 ......" 등으로 쓰이다가 1912년 토지조사령에 의한 토지조사사업에서 토지대장과 지적도를 총칭하여 지적이라 불렀다.

지적도의 조제는 한일합방 후 토지조사사업(1910~1918)의 일환으로 토지의 외모조사와 함께 토지의 소유권과 가격조사까지 이루어졌다. 이때 실시한 세부측량(細部測量)은 지적도가 없는 상태에서 1필지씩 새로이 지적도(cadastral map)를 만들어 가는 과정이었기 때문에 일필지(一筆地) 측량이라고도 하였다. 당시의 각 토지대장에 등록된 면적은 도상에서 구적기를 3회 측정한 평균값이며 당시의 총 필지수는 19,107,502필지였다. 1916~1924년에는 임야조사사업이 추진되어 임야대장과 임야도가 토지와는 별도로 제작되었다. 현재 각 시 · 군청의 민원실 서고에 비치된 도면은 당시에 만든 지적도와 임야도가 대부분이다. 지금은 당시의 도면보다 신축이 심하기 때문에 정확한 면적의 측정이나 인접 도면과의 접합을 이룰 때는 상당한 애로가 야기되고 있다.

지적법(제25조)상 지적측량의 목적을 보면 "지적측량은 토지를 지적공부에 등록하거나 지적공부에 등록된 경계를 지표상에 복원할 목적으로 소관청이 직권 또는 이해관계인의 신청에 의하여 각 필지의 경계 또는 좌표와 면적을 구하는 측량을 말한다."라고 규정되어 있다.

2) 지적도의 축척별 규격

토지에 대한 형상과 위치를 그려 넣어 번호(지번)를 매긴 것을 지적도라 부르며 이들 중 대표적인 축척은 1:1,200이다. 밀집 시가지는 1:600, 전답은 1:1,200, 황무지 또는 구소삼각에 의해 측량된 경기 일부지역은 1:2,400로 제작되었고 임야(산)의 경우는 1:3,000(야산)과 1:6,000(험준한 산)로 구분되어 있다. 토지구획 정리 및 도시계획에 의한 신시가지 조성 때는 1:500의 수치지적부로 제작되며 농경지정리사업에 의한 농지의 축척은 1:1,000으로 제작하고 있다. 공업단지 조성으로 토지의 일필지 규모가 커서 1:1,200 지적도에 표기가 곤란한 토지는 1:3,000~1:6,000 축척으로 지적도를 만들어 표기하기도 한다.

지적도의 도상규격은 30×40cm이고 임야도는 40×50cm가 대부분이다. 그리고 축척에 따라 도면의 규격이 비슷하다고 할지라도 실제의 거리나 포함되고 있는 면적은 표 9-1에서 보는 바와 같이 축척에 따라 많은 변화가 있음을 알 수 있다. 1:6,000에 포함되는 면적은 1:500의 축척에 비해 240배나 넓은 면적이 포함되어 있으며 구한말에 작성된 구소삼각 원점구역의 지적도는 길이가 간(間)으로 표기된 것이 특징이다.

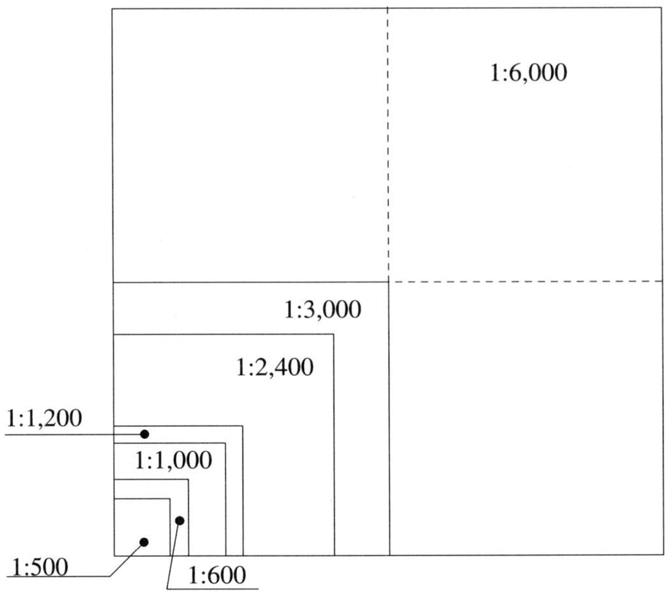

[그림 9-1] 지적도의 축척별 크기

〈표 9-1〉 지적도의 축척별 도곽선 크기

축척별	도상규격	지상거리(m)	면 적(m²)	기 타
1:500	30×40cm	150× 200	30,000.	9″×9″
1:600	1.1×1.375자	200×250	50,000.	11.25× 11.25
1:1,000	30×40cm	300×400	120,000.	18×18″
1:1,200	1.1×1.375자	400×500	200,000.	22.5×22″5
1:2,400	1.1×1.375자	800×1000	800,000.	
1:3,000	1.32×1.65자	1,200×1,500	1,800,000.	40×50cm
1:6,000	1.32×1.65자	2,400×3,000	7,200,000.	40×50cm
1:600	1×1.1자	100×125간	41,322.	구소삼각 원점
1:1,200	1×1.1자	200×250간	165,289.	〃
1:2,400	1×1.1자	400×500간	661,157.	〃
1:3,000	1.1×1.5자	600×750간	1,487,603.	〃
1:6,000	1.1×1.5자	1,200×1,500간	5,950,413.	〃

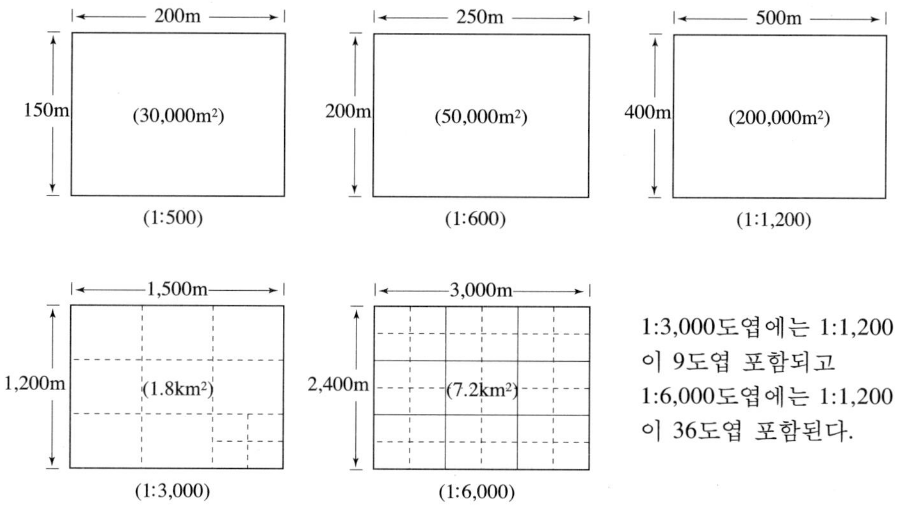

[그림 9-2] 축척별 도엽의 크기

3) 지적삼각점 현황

행정자치부 지적과(지적공사)에서 관리하는 지적삼각점은 1997년 현재 모두 6,424점으로 4년 전인 1993년보다 무려 53%(2,225점)나 증가하였다. 시 · 도별로 망실된 점을 재설치 또는 복구하거나 새로이 필요로 하는 곳에 신설한 것으로 95년(856점), 96년(582점), 97년(770점) 등 3년 동안에 집중적으로 설치하였다. 10년이 지난 2007년말 현재 지적삼각점과 보조삼각점을 합하면 15,951점으로 대폭 증가하였는데 우리나라 총면적 99,678km²를 기준한다면 평균 6.2km²마다 지적삼각점 1점씩 배치되어 있는 꼴이다. 우리나라에서 지적삼각점이 가장 많이 분포된 곳은 섬이 많은 전라남도로 3,097점이며 서울의 경우는 0.7km²마다 1점씩 배치되어 있다.

지적삼각점은 지적도와 임야도를 조제하기 위하여 실시하는 지적측량의 기준점이다. 이를 이용하여 토지의 등록단위인 일필지를 정량적으로 파악하여(일필지의 경계, 좌표, 면적) 통일적으로 기록(지번지역, 지번, 지목)함으로써, 토지자원의 효율적인 관리와 법적인 결정에 의해 소유권을 보호하기 위한 기술적인 장치라고 할 수 있다.

지적도를 조제할 때 사용되는 지적삼각점과 일반 건설공사에 이용되는 정밀 1, 2차 기준점(삼각점)은 서로간에 부르는 이름만 틀릴 뿐이지 대부분은 동일점이다. 이는 우리나라의 측량분야가 행정자치부 지적과(지적공사)와 건설교통부 국토지리정보원으로 이원화되어 있는 데에 따른 문제점이다.

또 지적의 관리와 운용을 위해 전문기술자를 양성하고 있는데 고등학교(5개교),

〈표 9-2〉 지적삼각점 현황 (면적단위 : km^2)

구 분	지적삼각점	보조삼각점	계	지적면적	점당 면적
합 계	4,500	11,451	15,951	99,678	6.2
서 울	299	494	793	605	0.7
부 산	190	277	467	765	1.6
대 구	56	72	128	884	6.9
인 천	64	343	407	1,002	2.5
광 주	38	39	77	501	6.5
대 전	38	105	143	540	3.8
울 산	66	19	85	1,057	12.4
경 기	505	927	1,432	10,132	7.1
강 원	1,150	860	2,010	16,613	8.3
충 북	132	154	286	7,432	26.0
충 남	352	1,235	1,587	8,600	5.4
전 북	237	2,027	2,264	8,055	3.6
전 남	462	2,635	3,097	12,095	3.9
경 북	410	1,430	1,840	19,026	10.3
경 남	429	802	1,231	10,522	8.5
제 주	72	32	104	1,849	17.8

(자료: 2007, 행정자치부 지적통계연보)

〈표 9-3〉 지적학과 관련 졸업생 배출현황

구 분	대학교	전문대학교	고등학교	계
년 입학정원	264	764	174	1,202
배출인원(누계)	2,156	11,842	1,794	15,792

(자료: 2007, 행정자치부 지적통계연보)

전문대학(10개교), 대학교(5개교) 등 전국적으로 20개교가 지적과를 개설중이다. 1976년에 명지전문대학과 신구전문대학을 필두로 1979년에는 청주대학교, '96, '97에는 일부 고등학교에도 지적학과가 설치되어 지적기술자들을 배출하고 있다.

4) 지적불부합과 전산화

① 지적불부합

지적재조사(renovation of cadastre)는 토지이용의 증진과 국민의 재산권 보호에 장애를 가져오는 지적불부합 지역 문제를 해소하고 토지의 경계복원 능력을 향상시켜 능률적인 지적관리체제로 개선하기 위하여 실시한다. 이러한 지적불부합의 발생원인은 다양하게 나타나는데,

첫째, 도면의 종류와 축척의 다양성(多樣性)으로 인하여 시가지, 구릉지, 산지 등에 따라 지적도(축척5종)와 임야도(축척2종)로 나누어지기 때문에 도곽의 접합에 어려움이 따른다. 예를 들어 임야도를 확대하여 지적도를 만들 때(측량 후) 동일 지역이 서로 다른 축척으로 등록되기 때문에 축척의 확대, 축소에 따른 문제점이 야기된다.

둘째, 좌표계의 상이(相異), 즉 평면직교 좌표계(실용 좌표), 구소삼각점계, 특별소삼각점계 등의 좌표계 간의 도곽선의 연결이 곤란하다.

셋째, 지적도(地籍圖) 관리의 부실을 들 수 있는데 열람자가 지적도의 가장자리를 꺾거나 낙서, 가필, 먹물이나 잉크를 쏟는 경우도 있으며 등사가 빈번한 토지의 경계선이 마멸되거나 도면 운반시 부주의로 훼손되는 경우도 있다. 또 지적도를 보관하는 서고가 부적합하거나 지적도에 관한 지식이 부족한 직원들의 관리소홀에 의한 오손이나 마모가 있다.

넷째, 지적도의 신축이 심하거나 오손 또는 마모되었거나 빈번한 토지의 이동으로 도면에서 경계, 지번, 지목의 판별이 곤란할 때 도면을 재작성하는데 이때 부정확한 작성으로 인한 경우가 있다.

다섯째, 토지이동의 부정확을 들 수 있는데 기존 지적도의 오류, 측량기준점의 미비 혹은 성과의 부정확, 이동측량의 부정확 등으로 지적도가 잘못 조재된 경우가 있다.

여섯째, 토지경계 관리의 불합리 또는 부정확한 기지점에 의한 성과의 오류나 지적불부합의 원인을 확인하기 어려운 경우를 들 수 있다.

② 지적도의 전산화

지적도면 전산화 사업은 2000년대 정보화 사회를 대비하여 추진하고 있는 정보인프라 기반을 구축하고 초고속통신망을 이용하는 대국민 서비스 차원에서 추진되고 있다. 이 사업의 목표는 지적도면을 수치화하고 토지대장과 지적도면을 통합하여 입체적인 민원 서비스의 실현과 지적사무의 전산화에 주안점을 두고 있다. 그리고 토지정보의 공동활용 측면에서 지적도면을 기본으로, 지상과 지하의 각종

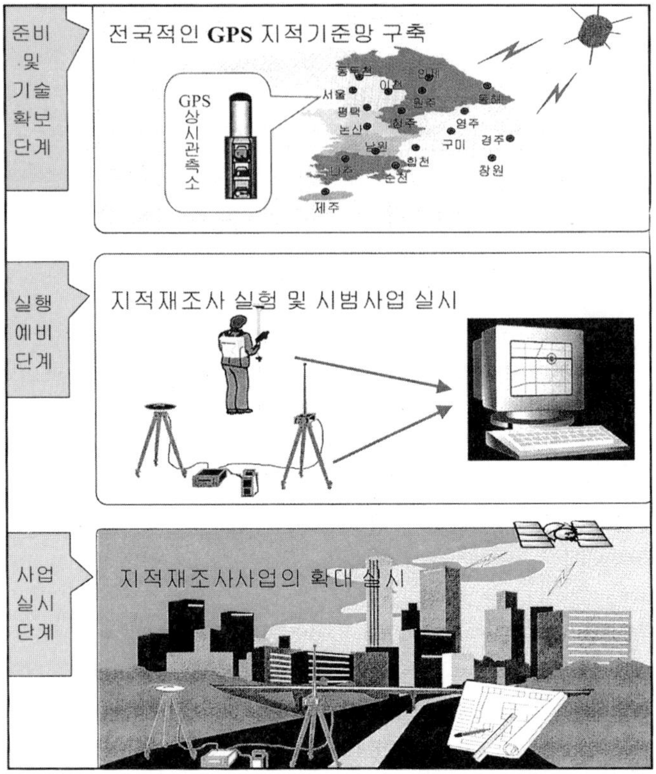

[그림 9-3] 지적재조사사업 기본계획(자료: 1997년 12월, 한국지리정보)

시설물 관리를 지원하고 토지정책 수립에 필요한 다양한 정책정보를 제공받을 수 있도록 구상하고 있다. 우리나라의 전국 지적도는 수치지적부, 일반 지적도, 임야도로 구분되어 있으며 약 72만매 정도 된다. 이렇게 방대한 지적도를 제조사하여 수치화하려면 많은 예산과 인력이 필요할 것이며 특히 우리나라는 토지를 자산가치로 인정하는 경향이 있기 때문에 민원의 소지를 줄이기 위해서는 고도의 정밀한 작업이 요구된다.

행정자치부에서는 1992년 6월 1일부터 1993년 12월 31일까지 한국전산원과 함께 지적전산화를 위한 사전 연구사업을 실시하였고 연구결과 필지중심 토지정보시스템(PBLIS: Parcel Based Land Information System)의 구축이 필요하다는 결론을 내렸다. 그 후 1994년 5월 1일부터 1995년 12월 31일까지 내무부 주관하에 한국전산원 및 대한지적공사와 함께 경상남도 창원시를 대상으로 지적재조사 시범사업을 실시하고 이를 좀더 확대 · 발전시키기 위하여 1996년 4월부터 대전광역시 유성구 전체를 대상으로 지적도면 전산화 사업을 실시하였으며 1999년부터 전국적으로 전산화 사업이 추진되었다.

2. 지적용어와 지적공부

일반 지도에 사용하는 용어와 지적(도)에서 사용하는 용어는 판이하게 다르다. 지적의 용어는 크게 용어의 해설과 토지의 이용목적에 따라 나누어지는 지목의 종류로 구분되어 있다. 이들을 파악함으로써 지적도를 익히는 데 많은 도움이 될 뿐만아니라 토지를 활용하고자 할 때 많은 참고가 될 것으로 판단된다.

1) 용어의 해설

필지는 하나의 지번으로 된 토지의 등록단위를 말하며, 지번은 토지에 붙이는 번호이다. 필지는 토지에 대한 법률적인 단위구역이므로 필지가 성립되기 위해서는 몇 가지 조건이 갖추어져야 한다. 지번지역이 동일하고, 지목이 같으며, 지적도 또는 임야도의 축척이 같아야 하며, 지반이 도로 · 하천 · 제방 등의 토지에 의해 단절되지 않고 연속되어야 한다. 그리고 소유자가 동일하고, 소유권 이외의 권리관계가 같으며 등기 여부가 같아야 한다. 그러므로 지적도에서 가장 중요한 것이 일필지이다. 그 외에 지적도와 관련된 용어는 다음과 같다.

- 일필지

  자연적인 지물, 지형적인 단위가 아닌 행정적 또는 사법적인 관리상 필요에 따라 인위적으로 만들어진 토지의 등록단위.

- 지번

  각종의 토지를 구분하기 위하여 붙이는 번호로서 번호를 붙이는 순서는 규정에 의거 북서에서 동남으로 1번부터 순차적으로 부여한다.

- 지번지역

  토지대장을 정리할 때 시, 읍, 면, 리와 같이 범위를 정하여 지번을 붙이는 데 이의 한 단위를 지번지역이라고 함.

- 지적

  지적측량에 의하여 토지대장이나 임야대장에 등재하는 토지의 수평면적을 말하며 당시에는 '평' 으로 되어 있었으나 지금은 평방미터(m^2)로 환산되어 있다.

- 분할과 합병

  일필지의 토지를 2개 이상의 필지로 나누어 지번을 다시 부여하는 것으로 인근 지번 중 지적공부에 없는 가장 낮은 지번을 부여하고 합병은 2개 이상의 필지를 1개의 필지로 합할 때 가장 낮은 번호의 순서대로 번호를 매긴다. 또는 원번호인 178번이 분할될 때 분번되었다가 다시 소생하여 합병된 번호의 대표지번이 되기도 한다.

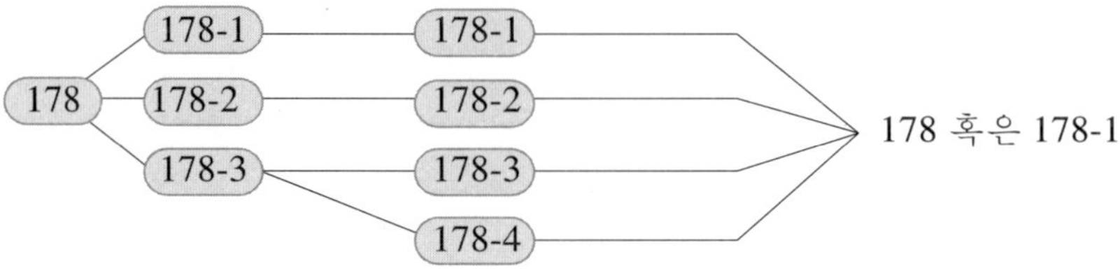

- 토지의 이동

토지를 새로 지적공부에 등록하는 것으로 신규등록할 토지가 생기거나, 기 등록지의 지번, 지목, 경계, 좌표 또는 면적 등 토지의 표시사항이 달라지는 것.

- 도해지적

도해지적(圖解地籍)은 지적도 또는 임야도에 토지의 경계를 도면화하여 등록하는 것. 평판측량이나 항공사진 측량 등으로 실시되는 도해지적은 수치지적에 비해 정확도가 낮지만, 토지의 경계가 도면으로 표시되어 있기 때문에 쉽게 볼 수 있고 이용하기에 편리하다.

- 수치지적

토지의 경계점은 도해적으로 표시하지 않고, 수학적인 좌표로 표시하는 것을 수치지적(數値地籍)이라 하는데 도해지적에 비해 정확도가 훨씬 높고 경계성이 높기 때문에 정확을 요하는 지역에서 이용된다. 그러나 수치지적부에는 좌표와 방위, 거리 등이 숫자로 표기되어 있고 지적의 형상을 알 수 있는 도면이 없기 때문에 시각적으로 확인이 되지 않아 일반인들이 사용하기는 불편하며 이를 해소할 목적으로 간이 안내도면을 별도로 설치하고 있다.

- 경계

지적도나 임야도 위에 지적측량에 의해 지번별로 획정하여 등록한 선 또는 수치지적부에 등록된 좌표의 연결

- 면적

지적측량에 의해 지적공부에 등록된 토지의 수평면적

- 신규등록

토지를 새로 지적공부에 등록하는 것.

- 등록전환

  임야대장 및 임야도에 등록된 토지를 토지대장 및 지적도에 옮겨 등록하는 것.

- 축척변경

  지적도나 임야도의 정밀도를 높이기 위하여 다른 축척으로 변경하는 것.

- 국유지

  국가의 명의로 등록된 토지

- 민유지

  개인 명의로 등록된 토지

2) 지목의 종류

각 필지의 토지현황이나 이용목적에 따라 정하는 토지의 용도별 분류로서 그 토지의 형질을 표시하나 이는 법률상 토지의 종목에 불과하지 과학적인 토지의 분류방법은 아니다. 지적법상 지목의 종류는 24가지가 있으며 그 내용은 다음과 같다.

- 전

  물을 대지 아니하고 곡물, 원예작물(과수류 제외), 약초, 관상수, 뽕나무, 닥나무, 묘목, 식용목적의 죽순 등을 재배하는 토지

- 답

  물을 직접 이용하여 벼, 연, 미나리, 왕골 등의 식물을 재배하는 토지

- 과수원

  일정한 구역을 정하여 과수류를 집단적으로 재배하는 토지와 이에 접속된 창고 등 부속 시설물의 부지(단, 주거용 건축물은 대지)

- 목장용지

  일정한 구역을 정하여 축산업 및 낙농업을 위한 가축을 사육하거나 사육하기 위하여 조성한 초지 또는 축사 등 그 부속 시설물을 포함

- 임야

  산림을 이루고 있는 수림지, 죽림지, 암석지, 자갈땅, 모래땅, 습지, 황무지와 간석지

● 광천지

지하에서 온천, 약수, 석유류 등이 용출되는 용출구와 유지를 위한 부지

● 염전

바닷물을 끌어들여 소금을 채취하는 토지와 이에 접속하는 제염장 등 부속 시설물

● 대

영구적 건축물 중 주거와 사무실, 점포, 박물관, 극장 등의 문화시설과 이에 부속된 시설물의 부지를 포함하고, 관계법령에 의거 도시계획사업이나 택지조성사업으로 공사가 준공된 토지를 포함한다.

● 공장용지

제조업을 목적으로 하는 공장시설물의 부지와 법령에 의거 조성된 토지

● 학교용지

일정한 구역 내의 학교 교사와 이에 부속된 시설물의 부지 및 체육시설

● 주차장

자동차 등의 주차에 필요한 독립적인 시설을 갖춘 부지와 주차전용 건축물 및 이에 접속된 부속시설물의 부지

● 주유소용지

석유, 석유제품 또는 액화석유가스 등의 판매를 위하여 일정한 설비를 갖춘 시설물의 부지와 저유소 및 원유저장소의 부지

● 창고용지

물건 등을 보관 또는 저장하기 위하여 독립적으로 설치된 보관시설물의 부지

● 도로

일반 공중의 교통운수를 목적으로 보행 또는 차량운행에 필요한 설비와 토지

● 철도용지

교통운수를 목적으로 일정한 궤도 등의 설비와 형태를 갖추어 이용되는 토지와 이에 접속된 역사, 차고, 발전시설, 공작창 등의 부속 시설물의 부지

● 하천

자연의 유수가 있거나 있을 것으로 예상되는 토지

〈표 9-4〉 전국 지목별 현황 (단위 : km²)

지 목	면 적	비 율	지 목	면 적	비 율
전	7,929	8.0	하 천	2,824	2.8
답	12,083	12.1	제 방	186	0.2
과수원	535	0.5	구 거	1,782	1.8
목장용지	578	0.6	유 지	1,131	1.1
임 야	64,731	64.9	양어장	14	-
광천지	4,906m²	-	수도용지	43	-
염 전	108	0.1	공 원	90	0.1
대 지	2,575	2.6	체육용지	187	0.2
공장용지	644	0.6	유원지	22	-
주차장	10	-	종교용지	37	-
주유소용지	13	-	사적지	11	-
창고용지	47	-	묘 지	279	0.3
학교용지	268	0.3	잡종지	804	0.8
도 로	2,626	2.6			0.3
철도용지	121	0.1	계	99,678	100.0

(자료: 행정자치부, 지적통계연보 2007년)

※ 전국의 토지지목 중 가장 많은 것은 임야로 64.9%이고 전답이 20.1%, 도로와 철도가 2.7%, 하천 등이 5.9%이고, 묘지는 0.3%로 얼마 되지 않지만 약 8천5백만평 정도 된다.

● 제방

조수, 홍수, 파도, 모래바람 등을 막기 위하여 축조된 방수제, 방조제, 방파제, 방사제

● 구거

용수, 배수를 목적으로 하여 일정한 형태를 갖춘 인공적인 수로와 시설물의 부지

● 유지

일정한 구역 내에 물이 고이거나 상시적으로 물을 저장하고 있는 댐, 저수지, 소류지, 호수, 양어장, 연못 등의 토지와 연, 왕골 등이 자생하는 습지 등

● 수도용지

물을 정수하여 공급하기 위한 취수 · 지수 · 도수 · 정수 · 송수 및 배수 시설의 부지 및 이에 접속된 부속시설물의 부지

● 양어장

육상에서 인공으로 조성된 수산생물의 번식 또는 양식을 위한 시설물을 갖춘 부지

● 공원

공중보건의 향상과 휴양을 목적으로 휴게시설을 설치한 토지와 도시계획법과 도시공원법에 의거 결정 · 고시된 공원을 포함

● 체육용지

일정한 구역 내에 체육활동을 목적으로 시설을 갖춘 종합운동장, 실내체육관, 야구장, 골프장, 스키장, 승마장, 자전거 경기장 등의 시설과 부지를 말하며, 단 영속성과 독립성이 미흡한 정구장, 골프 연습장, 실내 수영장, 체육도장, 요트장, 카누장, 야영장 등은 제외

● 유원지

위락, 휴양 등의 종합적인 시설을 갖춘 수영장, 유선장, 낚시터, 어린이 공원, 동물원, 식물원, 민속촌, 경마장 등의 토지와 그 부속 시설의 부지

● 종교용지

종교의식을 목적으로 예배, 법요, 설교, 제사 등을 하기 위한 교회, 사찰, 향교와 그 부속 시설

● 사적지

문화재로 지정된 유적, 고적, 기념물 등을 보존할 목적으로 구획된 토지

● 묘지

사람의 시체나 유골이 매장된 토지를 말하나 관리를 위한 건축물은 대지로 함

● 잡종지

갈대밭, 물건을 쌓아 두는 곳, 돌을 캐내는 곳, 흙을 파내는 곳, 야외시장, 비행장, 공동우물과 영구적 건축물 중 변전소, 송신소, 수신소, 주차시설, 납골당, 유류 저장시설, 송유시설, 주유소, 충전소, 도축장, 운전학원, 쓰레기 및 오물처리장 등을 비롯한 다른 지목에 속하지 않은 토지.

3) 지적공부

지적공부(cadastral records)는 소관청의 지적서고에 비치하고 영구히 보존하도록 되어 있는데 토지에 대하여 국가가 비치하는 유일한 공부이므로 그 보관에 특

별한 배려가 있어야 한다. 따라서 화재, 습기, 도난, 파손 등의 위험이 없도록 주의하고 주무부장관의 승인 없이는 어떠한 경우라도 서고의 출입과 반출이 허용되지 않는다. 지적공부(地籍公簿)는 지적도, 토지대장, 임야도, 임야대장을 통틀어 일컬으며 이들은 토지의 소재, 종류, 면적, 지번, 경계, 위치, 형상, 지목, 등급과 소유자를 기록한 땅의 호적이라고 말할 수 있다.

그러므로 토지를 측량하여 구획된 일필지를 등록하여 비치하는 장부로서 소유권 및 제반 법적 권리관계를 포함하고 토지정보를 유지관리하기 위한 공적인 장부이다. 따라서 지적공부는 법규에 의하여 그 형식과 유형 및 규격이 정해져 있으며 항상 일반 국민들에게 공개하고 제공하도록 되어 있다.

초기의 지적도는 토지 소유자끼리 토지문제로 다년간 분규가 있던 것을 해결하였을 뿐만 아니라 아울러 토지제도의 활성화로 조세의 기준을 마련하는 계기가 되었다. 시 · 군에 비치되어 있는 토지대장집계부, 임야대장집계부, 동 · 읍 · 면에 비치되는 토지대장부본, 지적약도, 임야대장부본 및 임야약도 등과 같이 지적업무에 쓰이는 장부 등은 지적공부라고 하지는 않는다.

전국 토지의 30.7%가 국가소유로 등록되어 있으며 69.3%가 개인이나 단체 혹은 법인명의인 민유지로 분류되어 있다. 또 토지대장에는 36.1%가 등록되어 있고 임야대장에는 63.9%가 등록되어 있다.

〈표 9-5〉 전국 토지의 등록현황 (단위 : km^2)

구 분	민유지	국유지	도유지	군유지	법인	비법인	기타	계
토지대장등록지	23,193	7,498	721	1,244	2,350	865	159	36,030
임야대장등록지	32,595	15,777	1,758	3,544	3,114	6,630	230	63,648
계	55,788	23,275	2,479	4,788	5,464	7,495	389	99,678
비율	56.0%	23.4%	2.5%	4.8%	5.4%	7.5%	0.4%	100%

① 토지대장

토지대장은 구 토지대장과 신 토지대장의 두 가지로 되어 있으며, 구 토지대장은 한자(漢字)위주의 제식으로 되어 있으며, 토지대장 본책과 함께 1개 洞 · 里마다 별책의 공유지연명부(共有地連名簿)가 있다. 신 토지대장은 1필 1매의 카드로 작성되어 있으며 토지의 소재, 지번, 지목, 면적, 소유자의 주소, 주민등록번호, 성명 또는 명칭, 고유번호, 지적도의 도호(圖號)와 해당 대장(臺帳)의 매순(枚順), 토지등급 또는 기준수확량등급 및 기타 참고사항이 기재되어 있다. 또한 구 토지대장에서는 숫자가 한자로 기록되어 있고 면적을 평(平)단위로 표기하는 데 비하여 신 토

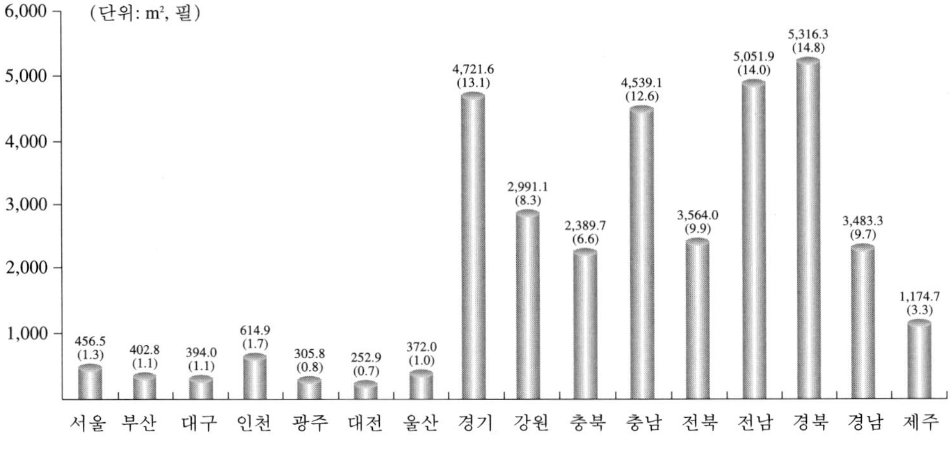

[그림 9-4] 전국의 토지대장등록지 현황(2007. 지적통계연보)

지대장에서는 아라비아숫자와 평방미터로 표시한다.

우리나라 토지의 총 필지수는 2007년 말 현재 36,983,327필이며 이 중 토지대장에 등록된 필지수는 전국대비 90.1(33,343,926)%이고 임야대장에 등록된 것은 약 10(3,639,401)%가 나머지 등록되어 있다. 그리고 토지대장에 등록된 1필지의 평균면적은 327평이고 임야는 5,290평으로 임야가 약 16배나 크다. 서울의 경우

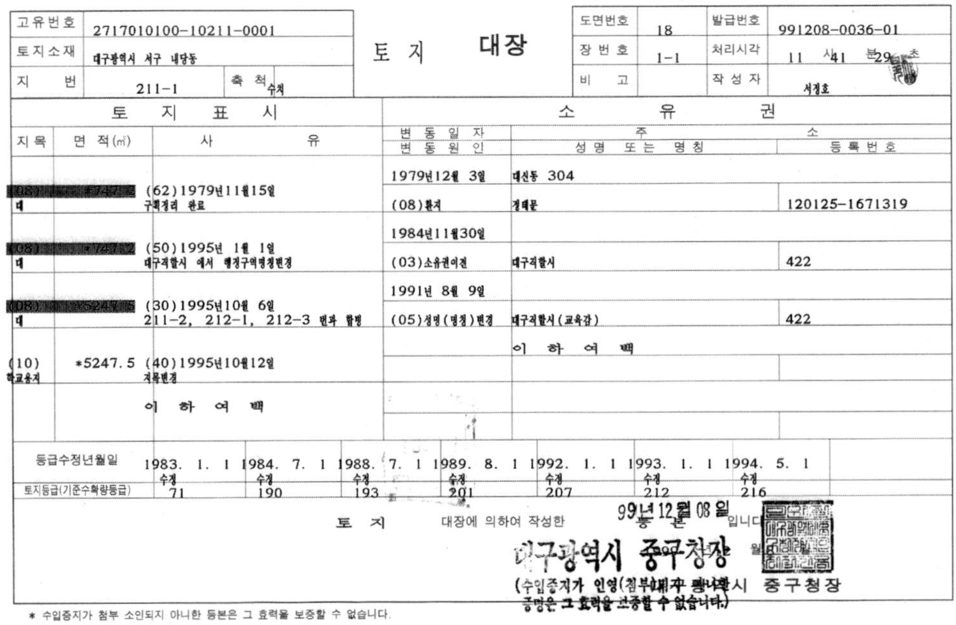

토지 대장

고유번호	2717010100-10211-0001	도면번호	18	발급번호	991208-0036-01
토지소재	대구광역시 서구 내당동	장번호	1-1	처리시각	11 시 41 분 29 초
지번	211-1 축척 수치	비고		작성자	서정호

지목	면적(㎡)	사유	변동일자 / 변동원인	주소 / 성명 또는 명칭	등록번호
(08) 대	*747.2	(62)1979년11월15일 구획정리 완료	1979년12월 3일 (08)환지	대신동 304 경태문	120125-1671319
(08) 대	*747.2	(50)1995년 1월 1일 대구직할시 에서 행정구역명칭변경	1984년11월30일 (03)소유권이전	대구직할시	422
(08) 대	*5247.5	(30)1995년10월 6일 211-2, 212-1, 212-3 번과 합병	1991년 8월 9일 (05)성명(명칭)변경	대구직할시(교육감)	422
(10) 학교용지	*5247.5	(40)1995년10월12일 지목변경		이 하 여 백	
		이 하 여 백			

등급수정년월일	1983. 1. 1 수정	1984. 7. 1 수정	1988. 7. 1 수정	1989. 8. 1 수정	1992. 1. 1 수정	1993. 1. 1 수정	1994. 5. 1 수정
토지등급(기준수확량등급)	71	190	193	201	207	212	216

토지 대장에 의하여 작성한 등본입니다. 99년 12월 08일

대구광역시 중구청장

(수입증지가 인영(첨부)되지 아니한 증명은 그 효력을 보증할 수 없습니다.)

* 수입증지가 첨부 소인되지 아니한 등본은 그 효력을 보증할 수 없습니다.

[그림 9-5] 토지대장의 샘플

토지가 차지하고 있는 비율은 전국의 0.6%(605.3km²)밖에 되지 않지만 필지수는 전국대비 2.8%나 되어 유일하게 면적비율보다 필지 점유비율이 많은 지역으로 나타났다.

② 지적도

초기의 지적도는 켄트지에 그린 상태로 소관청에 인계되었으나 빈번한 사용으로 파손이 생기므로 1917년에 지적도의 이면에 한지를 붙여서 사용하였다. 지적도는 토지대장에 등록된 토지의 경계를 밝히는 도면으로 토지소유권 확립상 중요한 자료이며 지적도에는 토지대장에 등록된 토지만을 등록하고 임야대장에 등록된 토지는 별도로 임야도에 등록한다. 지적도에는 토지의 소재, 지번, 지목, 경계, 색인표시, 제명 및 축척, 도곽선 좌표 등의 사항이 기재된다. 한편, 지적도에 등록되는 토지는 수평적인 경계선만 표시되고 등고선 등의 높이에 관한 사항은 표시되지 않는다. 또한 지적도의 경계선은 경계점을 잇는 다각형으로 표시되어 있어서 실제 지형과 거의 일치하는데 하천, 산지, 도로 등 선형으로 된 지적경계는 실제적인 형상을 나타내는 것이 아니라 그 토지의 법적인 등록단위를 확정한 경계선이라 말할 수 있다.

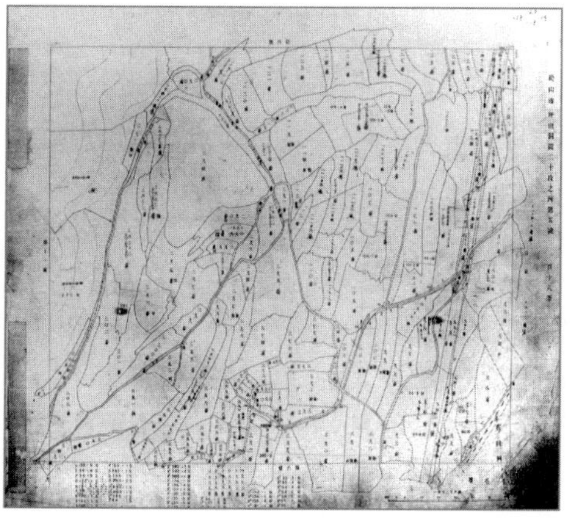

[그림 9-6] 1:12,000 지적도

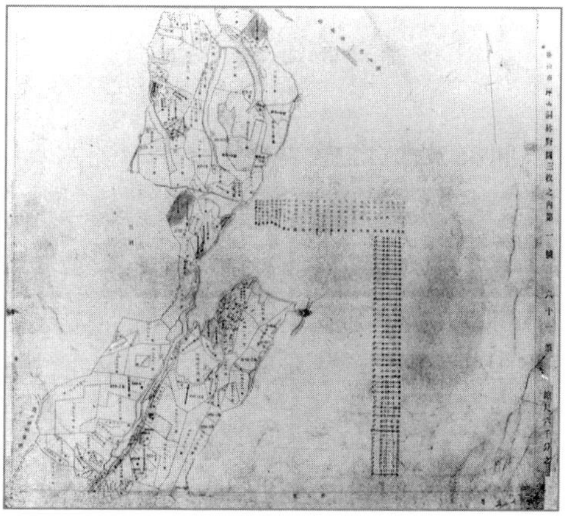

[그림 9-7] 1:6,000 임야도

지적도 역시 구 지적도와 신 지적도 2가지로 되어 있는데, 구 지적도는 한자 위주로 표시되어 있고 축척도 1:600, 1:1,200, 1:2,400, 1:3,000, 1:6,000 등으로 되어 있는 데 비하여 신 지적도는 한글과 아라비아숫자로 표시하며 축척도 사용하기에 편리하도록 1:500과 1:1,000이 추가되어 있다. 가장 보편적인 1:1,200 지적도 도곽의 크기는 남북으로 1척 1촌(33.33cm), 동서는 1척 3촌 7푼 5리(41.67cm)로 되어 있으며 각 축척에 따른 지적도 한 도곽의 크기는 표 9-1을 참고 바란다.

③ 임야대장

임야대장은 토지대장과 원칙적으로 동일한 기능을 갖는 지적공부의 일종으로서, 토지대장이 주로 평지를 대상으로 하는 데 비하여 임야대장은 산지를 대상으로 한다. 지금은 토지대장, 임야대장, 지적도, 임야도 등의 4종의 공부로 구분되어 관리상에 힘이들므로 가능한 토지대장과 임야대장 그리고 지적도와 임야도로 동일 체계로 통합되는 것이 바람직하다. 우리나라의 지적은 과세목적의 세지적(稅地籍)에서 출발하였기 때문에 처음에는 과세지(課稅地)만을 중점으로 토지대장에 등록하였지만 차츰 산지도 등록의 필요를 느끼게 됨에 따라 새로이 측량을 실시하여 임야대장에 등록하였다. 그렇기 때문에 2원적 체계가 존재하고 있다. 도면의 정확도는 임야도쪽이 5배 정도 낮으며 기존의 임야대장 등록지를 토지대장으로 등록 · 변환하고, 새로 등록하는 토지는 가능한 토지대장에 등록하여 점차적으로 임야대장을 폐기하는 것이 바람직하다.

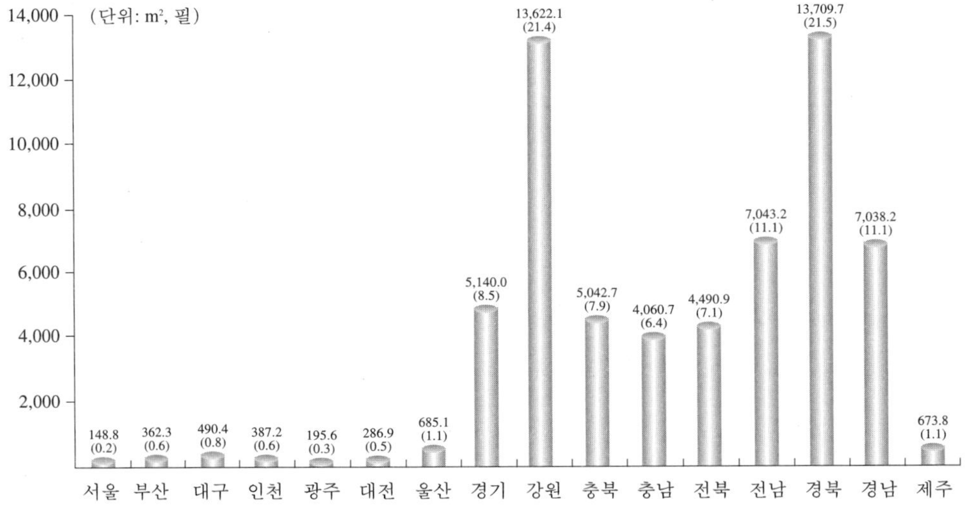

[그림 9-8] 전국의 임야대장등록지 현황(2007, 지적통계연보)

④ 임야도

임야도는 임야대장(林野臺帳)에 등록된 토지(산)의 소재, 지번, 지목, 경계 등이 표시된 도면으로서 그 등록사항은 지적도와 거의 같은 법적 근거에 의하여 국가가 만들어 보관하는 지적공부의 하나이다. 임야도의 크기는 남북이 1척 3촌 2리(40cm)이고 동서가 1척 6촌 5리(50cm)로서 임야도 내의 지적도 부분은 담홍색으로

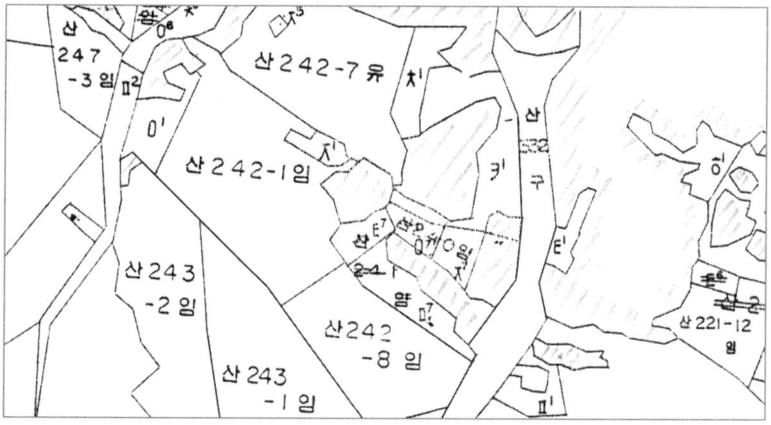

[그림 9-9] 임야도의 실제 모습(사선을 그은 부분은 토지임)

표시되었고 하천은 청색, 임야 내의 미등록 도로는 양홍색으로 묘화하였다. 앞으로 모든 지적공부를 미터법으로 전환해 가는 추세이나 지금은 임야도가 척관법 위주로 사용되고 있다.

⑤ 간주지적도와 간주임야도

토지조사령에 의한 토지조사는 우리나라 전체를 대상으로 하였지만 원칙적으로 산림지대(임야)는 조사에서 제외하였기 때문에 일반 지적도에는 깊은 산 속이나 멀리 떨어져 있는 지역의 토지는 등록되지 않았다. 그래서 토지조사령에 의한 조사지역 밖의 산림지대에도 지목이 전(田), 답(畓), 대(垈) 등 지적도에 올려야 할 토지가 있기 때문에 이를 신규측량한 후 지적도에 등록을 해야 했다. 그러나 이런 토지는 토지조사 시행지역에서 약 200間 이상 떨어진 곳에 위치하여 기존 지적도에는 등록할 수 없는 경우가 대부분이었다. 그렇다고 그 부분에 대한 새로운 증보도(增補圖)를 만들려면 많은 노력과 경비가 들고 도면의 매수도 늘어 취급이 불편하므로 산간벽지나 섬지방에서는 임야대장 규칙에 따라 이미 비치되어 있는 임야도를 지적도로 간주하여 그 임야도구역 안에 있는 것이 전, 답, 대 등 이른바 과세지라 하더라도 구태여 지적도에 신규등록하지 않고 지목만 수정하여 임야도에 그냥 존치토록 하였다. 다만, 그에 대한 대장은 일반적인 토지대장과는 별도로 작성하여 이를 별책토지대장(別冊土地臺帳) 또는 을호토지대장(乙號土地臺帳) 혹은 산토지대장(山土地臺帳) 등으로 불렀다. 이렇게 지적도로 간주하는 임야도를 간주지적도(看做地籍圖)라고 한다.

조선총독부가 1924년 4월 1일 임야도를 지적도에 간주한 지역을 고시하기 시작한 후 15차례에 걸쳐 고시를 하였는데 우리나라의 산간벽지와 도서지방은 대부분이 이 지역에 포함되었다. 지적도의 가로규격 200간(363m) 내에서 인식할 수 있

〈표 9-6〉 간주임야도 시행지역

지 역	필 수	면 적(m^2)	비 고
전북 무주군	33	150,780,541	덕유산
경북 영양군	8	44,537,553	일원산
경남 함양군	13	70,656,889	
경남 산청군	2	40,101,155	지리산
경남 하동군	12	83,515,944	
계	68	389,592,082	

는 분수령, 산로, 산계, 삼각점, 임야의 일필지경계 등의 부동지물 또는 행정구역계에 의하여 결정한 후 이를 임야도상에 표시하였는데 이 선은 흑색 0.1mm로 너비 1촌 이내의 녹색선으로 하였다. 다만 일필지 내에 선을 그릴 경우에는 점선으로 표시하였다. 이와 함께 임야(山)이지만 임야의 필지가 너무 커서 임야도로 조제하기 어려운 국유임야 등에 대해서는 1:50,000 지형도를 이용하여 간주임야도(看做林野圖)를 만들어 사용하기도 하였다(1996, 강태석).

4) 수치지적부

우리나라의 지적도는 도형으로 되어 있기 때문에 도곽의 신축이나 훼손으로 정확도 문제가 빈번히 발생하는 편이다. 그러나 도형정보를 수치화하기 위해서는 축척상의 문제, 투영방법이 지형도와 다른 문제, 좌표체계의 차이 등 여러 부분에서 어려움이 따른다. 1992년부터 행정자치부에서는 지적도 전산화를 위한 시범사업으로 대전시 유성구 일대를 지정하여 지적도 전산화에 따른 문제점을 연구 · 분석하였으며 이를 토대로 전 국토의 토지를 전산화(수치지적)하였다.

수치지적부는 1976년부터 시행된 새 지적법에 따라 우리나라 지적공부의 하나로 채택되었다. 수치지적부에는 토지경계 굴곡점의 좌표가 등록되는데 좌표만으로는 토지의 형상을 판단하기 힘들기 때문에 안내도 역할을 하는 지적도가 함께 비치되는데 이것을 '비치지적도' 라고 하며 경계의 결정과 지표상 복원을 위한 것이 아니기 때문에 위치도의 개념으로 비치되고 있다.

지적정보는 사회의 다른 정보와 연계되어 어떻게 이용되느냐에 따라 그 중요도나 활용가치를 논할 수 있다. 지적도를 수치화하는 주목적은 국가지리정보체계와 연계하여 국토의 효율적인 관리와 개발을 하기 위함이다. 뿐만 아니라 지리정보체계와 자료를 공유화해야 한다. 그러나 전산화된 수치지적부에는 많은 원인들

[그림 9-10] 수치지도와 수치지적의 중첩(1998, 국토지리정보원)

대전시 유성구 궁동 일원의 수치지적도면과 수치지도를 중첩하여 불일치 정도를 분석한 자료이다.

에 의해 경계지점의 불일치 문제가 발생되는데 이러한 불일치 원인들을 구체적으로 파악하여 이에 대한 근본적인 해결이 이루어져야만 한다.

수치지적도에 기재되는 사항은 토지의 소재, 지번, 지목, 토지의 경계, 면적, 소유자 및 권리자, 개별 공시지가, 용도지역 지구, 좌표(평면직교), 고유번호, 지적도 또는 임야도의 도호 및 해당 수치지적부의 매순, 축척, 부호도 등이 표현된다. 고유번호는 각 필지를 식별하기 위하여 행정구역을 표시하는 10자리와 대장구분번호 1자리(토지대장 1, 임야대장 2, 수치지적부 3), 지번을 표시하는 8자리 등 총 19자리의 숫자로 구성되어 있다.

〈표 9-7〉 지적도면 수치파일화 작성현황

년 도	일람도	색인도	1:500	1:600	1:1,000	1:1,200	1:3,000	1:6,000	계
1992	14	14	-	965	-	3,656	26	238	4,913
1993	17	6	111	697	36	5,792	41	193	6,893
1994	21	23	38	444	1	4,754	82	220	5,583
1995	2	12	347	519	106	4,026	91	422	5,525
1996	-	6	604	272	104	4,496	165	289	5,936
1997									
2007	5,645	4,987	42,140	46	53,535	63	526	39	106,981

(자료: 행정자치부, 지적통계연보, 1997, 단, 2007년은 최근자료임)

예: 서울특별시 종로구 세종로 77-1번지
1111011900 --------- 1 --------- 00770001 (19자리)
(행정구역) (대장구분번호) (지번)

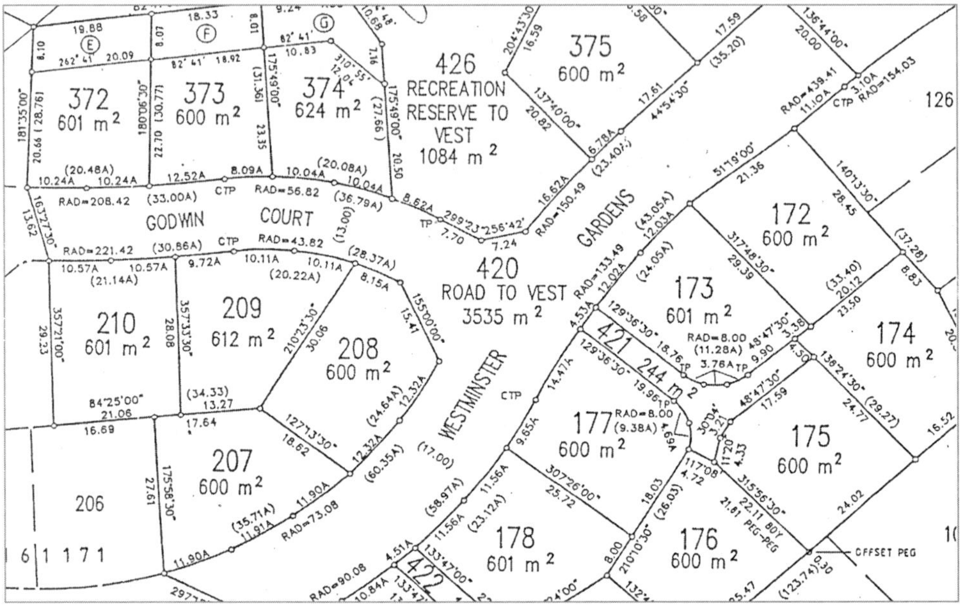

[그림 9-11] 외국의 수치지적도

일단의 토지를 개발하여 여러 필지로 분할하여 작성된 뉴질랜드의 수치지적도로 도면 내에는 택지의 번호(지번)와 면적, 곡점 간의 길이와 방위 등이 나타나 있다.

3. 지적도의 이용

지적도의 축척은 주로 1:500, 1:600, 1:1,200으로 구성되어 있고 임야도는 1:3,000과 1:6,000으로 되어 있다. 만약 밭과 산이 동일 지역에 이웃하고 있는 땅일지라도 지적도에는 산이 표시되지 않고 임야도에는 논, 밭의 표시가 없다. 이를 동일 축척으로 축소 또는 확대하여 서로 일치되게 Overlap시켜야 한눈에 볼 수 있다. 이런 불편 때문에 공공기관에 있는 지적도의 원본을 발급받아 상하좌우를 연결 또는 맞대어 보기는 쉬운 일이 아니다. 그래서 면적이 넓고 도면의 매수가 많아서 판독하기에 불편한 것을 동일 축척으로 편집하여 만들었는데 이를 지적약도라 한다.

1) 지적약도

① 도면편집

지적도는 위치나 용도에 따라 축척이 다르기 때문에 직접적인 접합은 기술적으로 불가능하다. 이를 서로 맞대어 보기 위하여는 '수치도곽에 의한 접합', '도곽선에 의한 접합', '필지경계선에 의한 접합' 등과 같이 간접 접합에 의할 수밖에 없다. 이들 중 측량소도 작성시 가장 많이 이용되고 있는 필지경계선 접합방법이 가장 합리적이며 바람직한 것으로 판단된다. 쉽게 말하면 지적도와 임야도를 서로 조합하여 동일 축척으로 만드는 작업이라 일컬을 수 있다. 다음 그림에서 1:6,000 임야도를 1:1,200로 확대한 것으로 1:1,200의 A, B지점과 일치시키면 동일 축척으로 토지와 임야를 맞춰볼 수 있다.

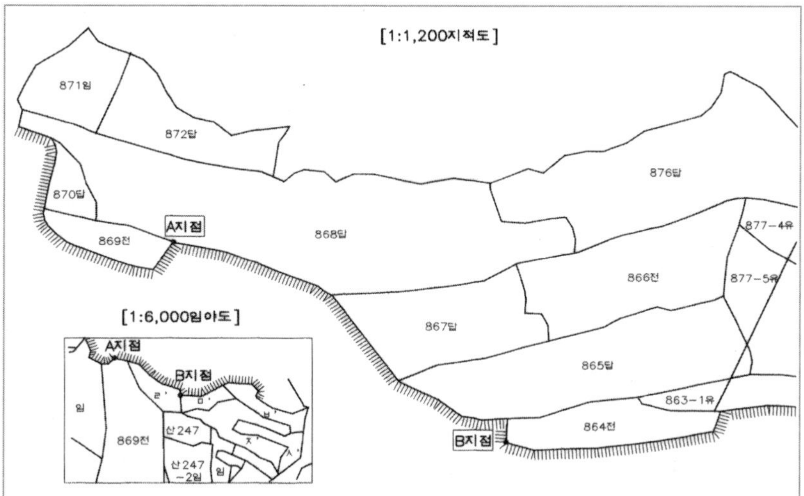

[그림 9-12] 임야도와 지적도의 중첩

예를 들어 1:1,200 지적도와 1:3,000 임야도가 있을 때 특별한 경우를 제외하고 1:3,000 임야도를 1:1,200로 확대하여 이들을 투사대에 올려놓고 지적도를 위주로 조합 · 편집한다. 또 중간축척인 1:2,000로 만들어야 될 경우에는 1:1,200 지적도를 축소하고 1:3,000 임야도를 확대하여 만들 수도 있겠지만 통상 처음 방법대로 만들어(1:1,200) 다시 1:2,000로 확대하는 게 작업방법상 오차를 최소화할 수 있는 기법이다.

요즈음은 축소 · 확대를 할 수 있는 기계의 발달로 요구하는 도면의 사이즈에 따라 축척을 자유자재로 변환하여 만들 수 있다. 그러나 지적도와 임야도를 조합

· 편집하여 동일 축척의 다른 지적도로 만들기 위해서는 경험이 많은 기술자여야만 오차를 최소화할 수 있다. 그렇지 않고 단지 축소 확대용 기계만을 다룰 줄 아는 사람들이 두 도면을 축소 · 확대하여 맞춘다면 자칫 큰 실수를 범할 수도 있다.

② 지적약도의 개요

지적도는 우리 생활에 꼭 필요한 도서이지만 일반인들이 보기에는 어렵고 힘든 부분이 있다. 그것은 다름 아닌 축척의 차이와 동별로 분리된 지적도의 구성체계 때문이라고 생각된다. 이를 다소나마 해결할 수 있는 것이 지적약도(축약지적도)로 일명 축약지번도라고 부르기도 한다. 지적약도는 주로 1:3,000과 1:5,000의 두 종류가 가장 많은데 중소도시는 1:3,000의 축척으로 제작하고 구역이 광활한 대도시는 1:5,000로 축약하여 제작하는 게 보통이다. 전국에는 서울, 부산, 대구를 비롯한 대도시와 주요 중소도시에 표 9-8과 같이 지적약도가 제작되어 있다.

도면의 규격은 지형도 크기와 동일하며 색깔은 주로 4색도로서 바탕은 노란색, 지번과 지적선은 검정색, 행정구역계는 적색, 수부(水部)는 청색으로 된 단순한 도면으로 기호나 약어는 거의 없으며 난외에 제작년도와 제작회사가 명기되어 있다. 그림 9-13은 서울시의 지적약도에 표기된 범례와 위치를 쉽게 찾을 수 있게 구획한 동별 색인표이다.

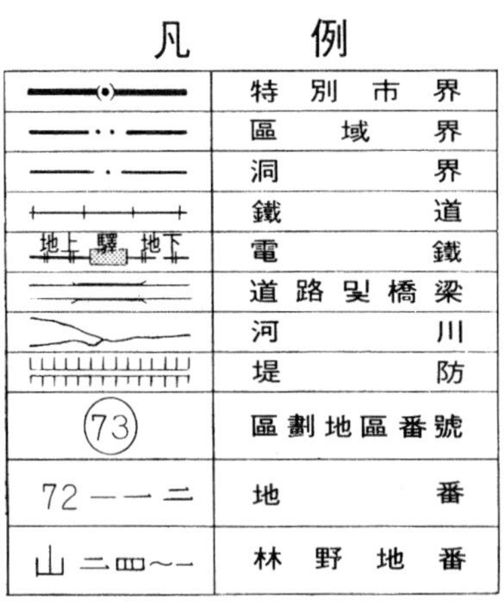

三角洞	42	城北區	
雙林洞	42	吉音洞	18, 25
西小門洞	42	敦岩洞	24, 25
小公洞	42	東仙洞一街	25
水標洞	42	東仙洞二街	25, 34
水下洞	42	東仙洞三街	25
巡和洞	42	東仙洞四街	25
新堂洞	42, 43, 52, 52	東仙洞五街	25
藝舘洞	42	東小門洞一街	24, 25, 33, 34
藝場洞	42	東小門洞二街	34
五壯洞	42	東小門洞三街	25, 34
乙支路一街	42	東小門洞四街	25, 34
乙支路二街	42	東小門洞五街	25
乙支路三街	42	東小門洞六街	25
乙支路四街	42	東小門洞七街	25
乙支路五街	42	普門洞一街	34
乙支路六街	42, 43	普門洞二街	34
乙支路七街	43	普門洞三街	34

[그림 9-13] 지적약도의 범례와 동별 색인

이러한 지적약도는 각종 사업의 구상이나 토지의 매입, 건물의 계획, 인근 토지의 판독, 부동산 중개, 금융사 등 다방면에서 이용되고 있으며, 다만 토지의 수시 이동(분할, 합병, 신규등록, 지목변경 등...)이 제때에 정리되지 못하고 제작과정에서 잘못

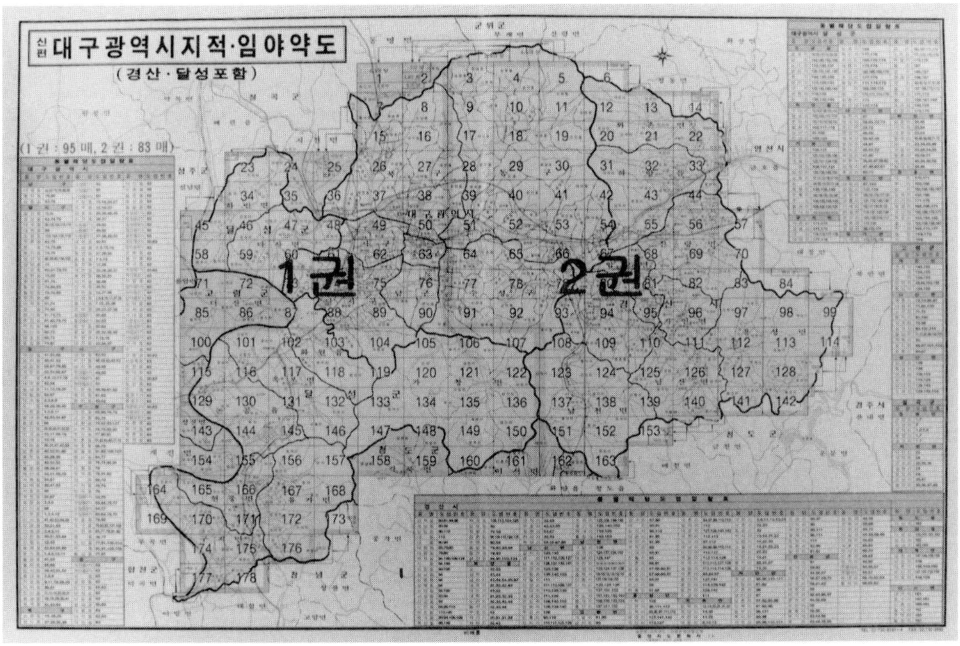

[그림 9-14] 지적약도의 색인도(자료: 대구지도센터)

표기된 부분이 있을 수 있기 때문에 사용자들은 정밀한 대조나 확인이 필요할 경우에는 반드시 시 · 군에 보관되어 있는 지적도의 원본을 발급받아 확인해야 하는 번거로움이 있다.

③ 지적약도의 제작

축척이 여러 종류인 지적 및 임야도를 1:3,000 혹은 1:5,000의 지적약도로 제작하기 위해서는 많은 매수의 지적도를 축소 혹은 확대해야 한다.

축소 · 확대 전의 지적도와 임야도 그리고 축소 · 확대 후의 지적약도의 도면크기가 각각 다르기 때문에 인쇄하고자 하는 종이규격(반절지)에 맞춘 후 역으로 지적도 및 임야도의 매수를 조사해야 한다. 그러므로 1매의 지역약도 내에는 동일 축척의 지적도나 임야도가 포함되는 것이 아니라 최소한 2~3종류의 지적도와 임야도가 복합적으로 포함되어 있기 때문에 제작하고자 하는 지역의 지형조건에 따라 포함되는 도면의 매수는 각양각색이다. 또 실제의 지적도와 임야도는 각 동(리)마다 분할제작되어 있어서 동일 도엽 속에 포함될 수 있는 구역이라도 동(리)경계 때문에 도곽이 분리되어 도면의 매수는 약 30~50% 증가한다.

표 9-10에 나타나는 지적도와 임야도의 매수는 축척을 세분하지 않았기 때문에 정확하다고 할 수 없다. 왜냐하면 여러 종류의 축척과 분포비율, 시가지의 규모

〈표 9-8〉 지적약도의 발행 현황

시 명	축 척	매수	시 명	축 척	매수	시 명	축 척	매수
서 울	1:5,000	90	포항(영일)	1:5,000	170	성 남	1:3,000	53
부 산	〃	109	선산군지역	〃	72	하 남	〃	36
대구,달성,경산	〃	178	김 해	1:3,000	63	춘 천	〃	24
인 천	〃	52	청 주	〃	58	안양, 의왕군	〃	50
대 전	〃	70	부 천	〃	24	구미시지역	〃	55
광 주	〃	70	울 산	〃	70	기 장 군	〃	147
마 산, 창 원	〃	30	수 원	〃	48			
양 산	〃	64	전 주	〃	75			

① 지적약도는 상기 이외에 전국 대부분의 행정단위별로 제작되어 있다.
② 제작회사나 축척에 따라 도면의 매수가 다르게 나타날 수 있다.

〈표 9-9〉 지적약도의 규격

구 분	종이규격	가로길이	세로길이	포함면적
1:3,000 지적약도	반절지	2.276km	1.446km	3.29km²
1:5,000 지적약도	반절지	3.508km	2.391km	8.39km²

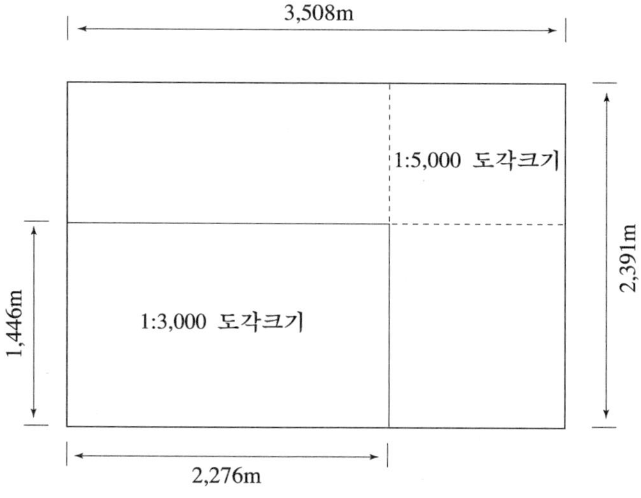

[그림 9-15] 지적약도의 규격

나 번잡도 등 여러 조건에 따라 각 지적약도마다 포함되는 지적도나 임야도의 매수는 엄청나게 많이 차이나기 때문에 정확한 매수를 산출한다는 것은 불가능한 일이다. 품셈용으로 활용하기 위하여는 여러가지 변수나 조건을 심도있게 검토하고 충분한 연구가 있어야 되겠지만 본서에서는 개략적으로 계산해 보기로 한다.

지적약도는 민간지도 제작업자들이 각 시 · 군의 지적도를 복사 공급받아서 축소 편집의 과정을 거쳐 제작하기 때문에 공공성이 있는 성과는 되지 못한다. 그리고 국토지리정보원에서 주제도 사업으로 추진하는 지형 · 지번도와는 다르다.

지적약도의 제작에 대한 역사적인 배경은 1976년경 대구광역시(도시과)에서 최초로 시도된 것으로 알려져 있다. 이때는 도시계획 지적고시(도로계획선 결정고시)를 하여 1:3,000 지적종합도(당시에는 모든 시에서 이런류의 도면을 활용)에 도로계획선을 넣어 관리하고 있었다. 넓은 도시계획 구역 내에 군데군데 분포되어 있는 계획도로(주로 주거지역, 상업지역 및 간선도로)를 1:3,000으로 축소된 지적종합도에 제각기 관리해 오다가 불편을 느낀 나머지 시권역 전체가 나오는 지적약도를 만들어 쓰게 되었다.

처음에는 순수하게 관수용으로만 공급하려 하였으나 막대한 제작비로 인해 제

〈표 9-10〉 지적약도 1매에 포함되는 지적 및 임야도의 매수

구 분	분포비율	1:3000 지적약도에 포함되는 지적 · 임야의 매수	1:5000 지적약도에 포함되는 지적 · 임야의 매수
산악지	임야100%	3매	6매
	지적10%, 임야90%	4	12
	지적20%, 임야80%	7	19
구릉지	지적30%, 임야70%	9	24
	지적40%, 임야60%	12	30
	지적50%, 임야50%	14	36
	지적60%, 임야40%	16	41
시가지 (평지)	지적70%, 임야30%	19(70)	46(180)
	지적80%, 임야20%	22(80)	52(200)
	지적90%, 임야10%	24(90)	59(230)
	지적100%	25(100)	63(250)
비 고	1. 지적도는 1:1,200, 임야도는 1:3,000 기준으로 산출하였으며 1:500(토지구획 정리지구), 1:600(대도시 중심부), 1:1,000(농경지 정리지구), 1:6,000(산악지) 등은 적의 할증하여 산출한다. 2. 동(리)의 경계와 도곽선에 의한 분리 때문에 지적도의 매수가 증가하는데 여기서는 약 50%를 가산하여 산출하였다. 3. ( )는 1:600 지적도가 분포되어 있다고 가정하여 산출한 값이다.		

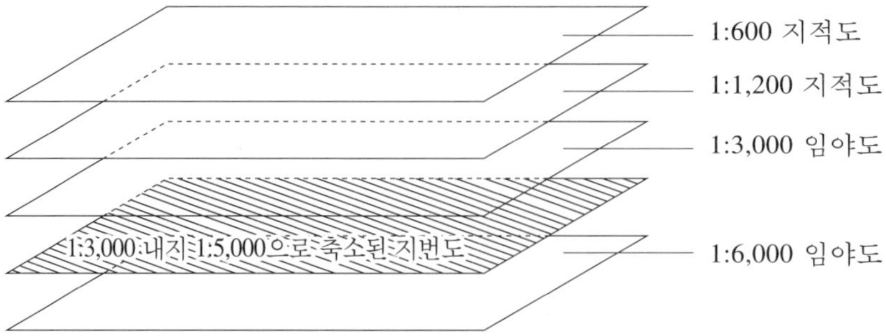

[그림 9-16] 지적약도의 편집구조

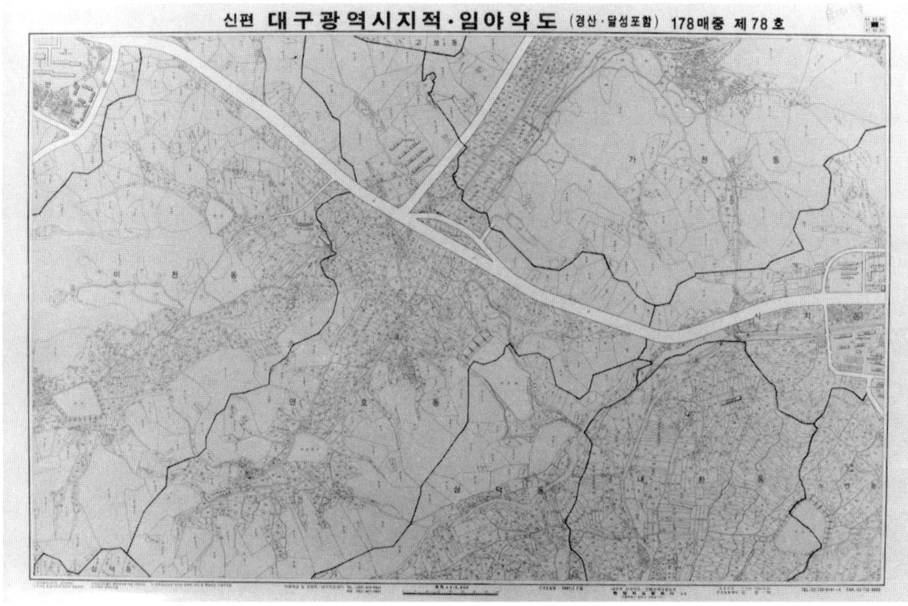

[그림 9-17] 1:5,000 축척의 지적약도(자료: 대구지도센터)

작비를 업자가 부담하는 조건으로 개인에게 판매하게 되었다. 1997년경부터는 전국적으로 우후죽순으로 생긴 제작업자들의 불성실한 제작으로 인하여 도로계획선 삽입의 잘못이 발견되는 등 민원의 소지가 대두되어 지금은 모든 민수용 지적약도에는 도로계획선 삽입이 법으로 금지되어 있다. 그러나 일부 제작업자들은 이를 무시하고 도시계획선뿐만 아니라 각종 용도지구지역까지 삽입하여 판매하고 있다.

2) 지적도의 이용

지적도의 이용분야는 정말 다양하다. 토지의 소재를 파악하고 세금을 측정하는 기준이 되고 전 국토를 다양한 지목으로 분류하여 토지의 이용가능 여부도 결

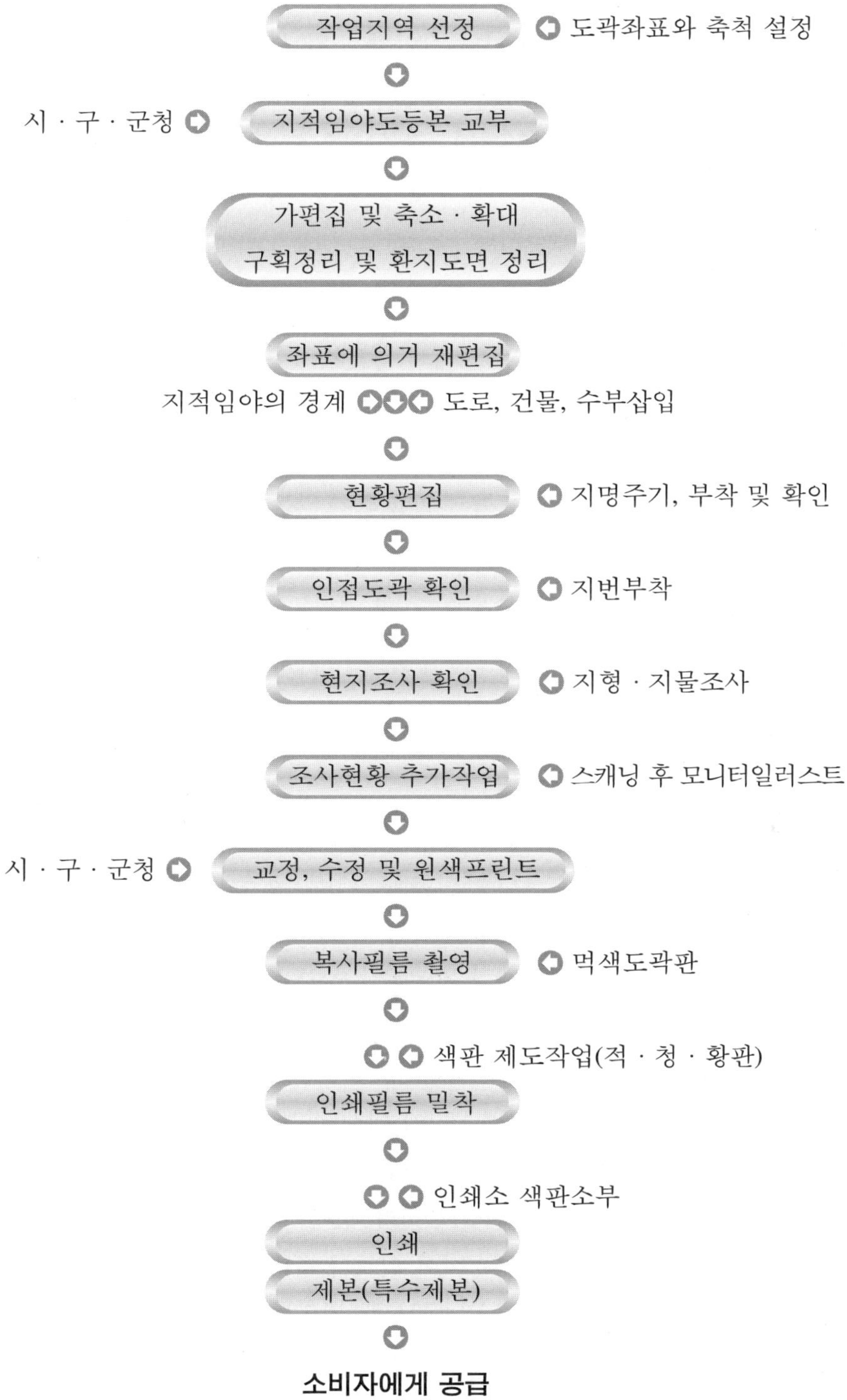

[그림 9-18] 지적약도 제작흐름도(자료: 대구지도센타)

정해 준다. 자유민주주의 국가인 우리나라에서는 부의 가치기준을 따질 때도 얼마만한 토지가 어디에 있으며 얼마의 값어치가 있느냐를 지적도를 보고 확인할 수 있다. 이러한 지적도를 이용하기 위해서는 우선 관할 시 · 군 · 구청의 민원실의 지적업무를 보는 창구에서 수수료를 첨부하면 얼마든지 발급받을 수 있다. 그러나 면적이 큰 지역을 발급받을 때는 대기시간이 오래 걸리거나 기술적인 어려움이 있을 수 있기 때문에 관공서에 근무하는 지적기술자에게 문의하면 쉽게 해결될 수 있다. 우리는 가끔

- 우리집이 차지하고 있는 대지의 경계가 맞는지?
- 내 땅의 면적이 토지대장의 면적과 일치하는지?
- 내 토지에 도시계획선이 지나가는지? 편입은 얼마나 되는지?
- 도시계획상 용도구역이 무엇으로 되어 있는지?
- 우리 할아버지(선조)의 산소가 지적도상에 어디쯤 위치하는지?
- 집을 지으려고 할 때 지적도상에서 배치는 어떻게 하면 좋을지?

궁금한 게 한 두 가지가 아니다. 모두 다 우리의 가정생활과 밀접한 관계가 있다. 특히 선조로부터 물려받은 토지나 산소의 위치를 찾기 위하여 지적도나 임야도는 귀중한 자료로 쓰인다.

① 토지의 경계와 면적

토지를 구분하는 지목은 24종류이지만 우리의 생활과 밀접한 관계가 있는 지목은 그리 많지 않다. 즉 대지, 답(논), 전(밭), 과수원, 임야, 목장 및 묘지 등 개인의 재산과 유관한 지목들이고 그 외에는 대부분이 공공성이 있는 지목들이다. 대지는 도시 내에 있는 주거용 지목이기 때문에 대부분의 대지에는 주택이 들어서 있다. 비록 공지라 하더라도 도시 내의 공지(나 대지)는 담장이나 울타리 등으로 경계가 구분되어 있다. 답의 경우는 대부분이 논두렁에 의해 경계가 확실히 구분되며 간혹 한 지번 내에 여러 필지로 나누어진 곳이 있지만 지적도를 들고 현지에 나가서 확인하면 기술이 없는 사람일지라도 판독이 가능하다. 전과 과수원은 둘 다 물이 없는 경작지로서 논두렁과 같이 밭두렁이 형성되어 있거나 울타리가 있어서 판독이 가능하다. 다만 밭이나 과수원의 경우는 산을 개간하여 일구는 특성상 인근 임야를 허가없이 개간하는 경우가 종종 발생하기 때문에 밭과 붙어있는 임야와는 경계가 불분명하여 분쟁의 불씨가 되곤 한다. 임야와 목장, 묘지는 주로 산에 있는 지목이다. 목장은 가축들이 달아나지 못하게 울타리를 하기 때문에 대략의 경계는 알 수 있다. 그러나 일반 임야와 묘지의 경계를 눈으로 확인할 수 있는 길은 없다. 그러나 임야의 경우

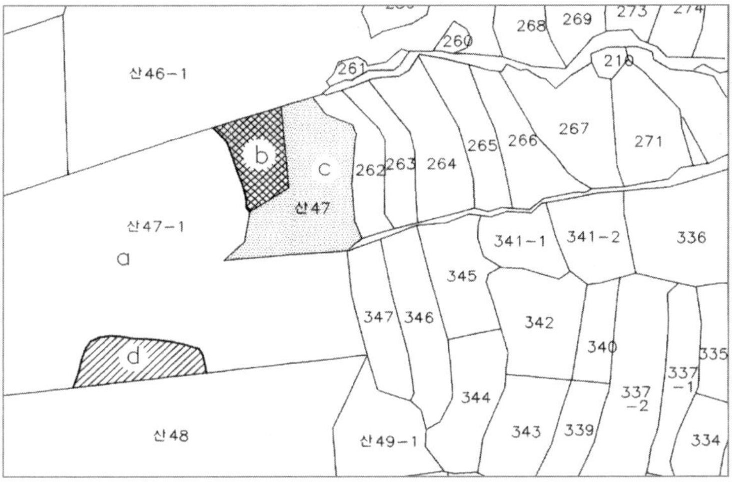

[그림 9-19] 경계가 불분명한 경우

지적도와 임야도를 같이 그려 놓은 도면에서 a의 소유주는 b토지가 자기 소유의 임야이지만 c의 소유주가 산47과 같이 붙어 있는 위치적 여건을 이용하여 a의 허락도 받지 않고 경작하고 있는 경우이며 d는 a가 경작하고 있는 경우일 수도 있지만 인근의 다른 제3자가 a의 허락을 받지 않고 경작하고 있는 경우이다.

는 대부분이 능선이나 계곡을 경계로 삼은 경우가 많기 때문에 면적이 그리 작지 않고 원지번(예: 234, 124 등)으로 이루어진 경우는 능선이나 계곡이 경계인 것이 대부분이다. 그렇지 않고 지번에 분번(234-1. 124-3)된 것은 당초 임야도 작성 이후에 분할된 것이기 때문에 확인이 어렵다. 우리나라는 서양과 달리 산에 울타리를 한다거나 경계를 하는 경우가 많지 않다. 이러한 연유로 하루에도 전국적으로 수백 건씩의 토지분쟁이 일어나서 이웃간에 반목과 불신이 생겨 마침내 국민 전체가 서로를 못 믿는 사회가 되고 있다. 그렇다고 우리나라의 정서상 산에 철조망을 치고 사람들의 출입을 막는다면 이웃과 같은 우리의 휴식공간(산)이 국민을 구속하여 평화로움을 앗아갈지도 모른다. 비록 내가 갖고 있는 토지일지라도 그 토지의 경계와 면적을 어렴풋이 알 수 있지만 확실한 경계나 위치는 측량에 의해서만 가능하다. 그러므로 실제의 땅크기와 지적도나 임야도상의 크기(면적), 그리고 토지대장(임야대장)에 기록되어 있는 면적이 삼위일체가 되어야만 면적과 위치가 올바르게 되었다고 할 수 있다.

② 토지 찾기

토지나 임야의 지번은 알고 있지만 땅의 위치나 모양을 모른다거나 현지에서 위치는 어렴풋이 알 수 있지만 지형도상에서 정확한 위치를 모를 때 등 다양한 조건으로 토지나 산소의 위치를 알고 싶을 때가 있다. 그럴 때는 관청(시 · 군 · 구)에서 8절지나 16절지 크기의 지적도만 발급받아서는 도저히 알 길이 없다. 이때는 지적도나 임야도를 부분적으로 발급받지 말고 도엽 전체와 인근의 도면까지 발급받으면 판독하기에 유리하며 각 도면의 도곽선과 직각좌표가 나타나도록 발급받으면 계산에 응용할 수 있다.

예를 들어 1:3,000 임야도에 나타나 있는 '산'의 위치가 지형도에서 어디인지 찾아보기로 하자. 이때 산의 위치를 대강 알 수 있는 임야도는 물론 지형판독을 위하여 인근의 1:1,200 지적도도 발급받는 것이 유리하다. 찾고자 하는 산의 크기가 작은 경우는 1:3,000 임야도를 1:1,200으로 확대하는 것이 쉬우며 산의 규모가 큰 것은 1:3,000이나 최대축척의 지형도인 1:5,000로 줄여서 확인하는 게 편리하다.

㉠ 만약 지번을 알고 있다면 1:25,000이나 1:50,000을 이용하여 읍, 면, 리를 확인하고 찾아갈 수 있는 길을 익혀 두고 시 · 군청 민원실에서 지적도와 임야도를 넓게 발급받는다.

㉡ 리(동)가 확인된 부분의 1:5,000 지형도를 구입하여 리(里)가 주기되어 있는 부근을 찾아서 가로 500m, 세로 400m의 도곽선을 격자형으로 긋는다. 선을 그을 때 1:1,200 지적도 도곽의 가로길이가 500m이고 세로길이가 400m이기 때문에 세로간격(위거)은 400으로 나누어지는 숫자(km)를 찾아 긋는다.
즉, 276/4 = 69.0 275/4 = 68.75 274/4 = 68.5 273/4 = 68.25
272/4 = 68.0 271/4 = 67.75 270/4 = 67.5 269/4 = 67.25
위의 계산 중에 소수점이 생기지 않고 나누어지는 276km(276,000m)나 272km(272,000m)를 기준으로 위아래로 400m씩 도곽선(위거)을 긋고 경거는 km가 표시된 아무 곳에서나 500m씩 나누어 그으면 격자형의 직사각형 도곽이 생긴다.

㉢ 1:1,200의 지적도와 임야도(1:3,000~1:6,000)를 편집하여 동일 축척으로 통일한 후 도곽 코너에 있는 직각좌표을 이용하여 가로(경거) 500m, 세로(위거) 400m씩 도곽선을 표시한다.

㉣ 직각좌표에 의해 도곽선을 그은 1:5,000 지형도를 확대하든지 아니면 ㉡을 축소하든지, 두 도면을 Overlap하여 서로가 일치되는 부분을 찾는다.

㉤ 이때 투사대나 유리로 된 창문에 비춰보면 비슷한 지형이나 경계선(일치)을 찾을 수 있다. 그런 다음 두 도면에 있는 지형 · 지물이나 토지의 경계선 등을 서로 상대방 도면에 이기하여 표기하면 된다.

인천, 수원 그리고 대구 인근의 구소삼각 지역은 지적도의 좌표가 지형도의 좌표체계와 맞지 않기 때문에 앞에 설명한 방법대로 하기 어려우므로 별도의 환산과정을 거치든가 1:5,000 지형도에 구소삼각점의 좌표를 전개하여 그 좌표의 도곽선을 다시 설정하여 계산해야 한다. 이때는 일반인들이 접근하기는 어렵기 때문

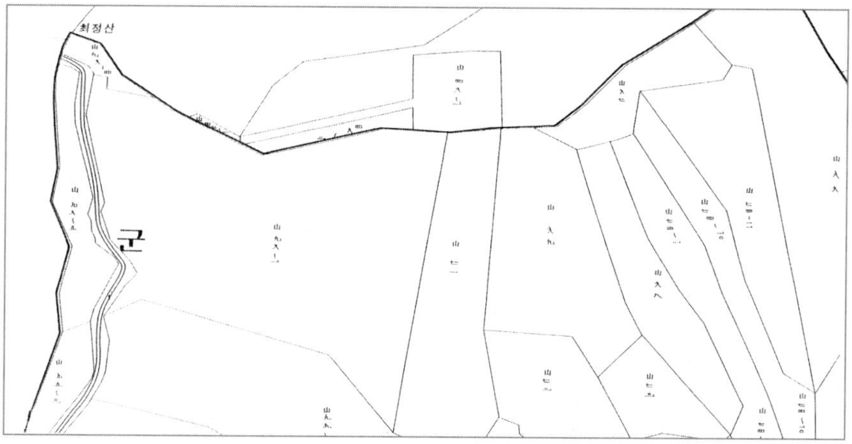

[그림 9-20] 임야도의 일부분(자료: 삼북토목엔지니어링)

임야도에서 좌측과 상부에 있는 굵은 선은 행정경계와 능선 그리고 지적경계가 서로 겹치는 부분이다.

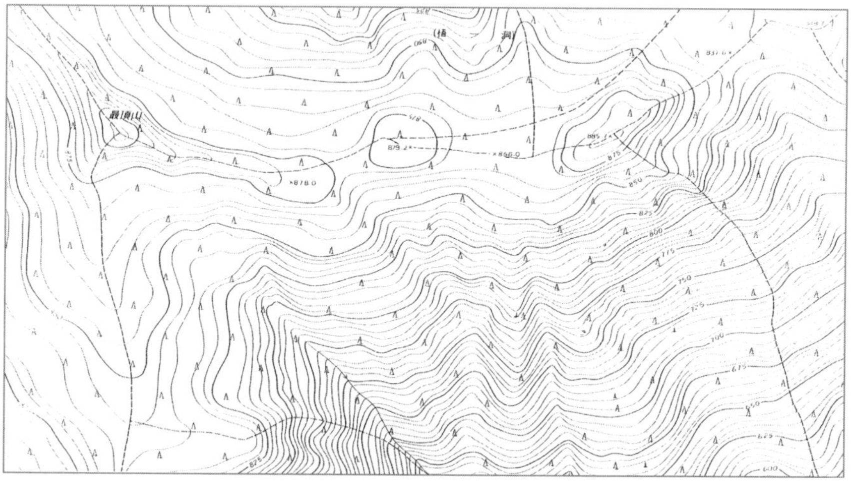

[그림 9-21] 지형도의 일부분(1:5,000)

좌측과 상부에 능선의 형태가 그림 9-20과 비슷한 모양임을 알 수 있다. 이들 두 도면을 유리면이나 투사대 위에 올려놓고 Overlap시키면 임야도에서 찾고자 하는 토지의 대강의 위치를 확인할 수 있다.

에 기술자에게 의뢰를 하거나 문의를 해야 한다.

3) 지적선과 시설의 배치

① 용도지구와 도로계획선

토지를 갖고 있는 대부분의 사람들은 그 토지의 사용용도가 도시계획법상이나 국토이용관리법상에 무엇으로 묶여(고시)있는지 알고 있지만 무관심하여 모르고 있는 사람들도 상당수 있을 것이라고 판단된다. 도시계획구역(행정구역과 다른 경우도 있음) 내에 있는 토지는 도시계획법에 의거 용도지역과 용도지구가 명확히 구분되어 있으며 도시계획구역 외의 경우는 국토이용관리법에 의거 용도지역과 용도구역이 설정되어 있다. 운이 없는 경우는 일필지의 토지가 두 가지 법으로 나누어져 결정고시된 곳도 있으며, 동일 구역이라 할지라도 지역지구가 두 종류로 나누어진 경우도 가끔 있다. 이러한 용도지역, 지구, 구역을 알아보기 위해서는 각 시 · 군 · 구청의 민원실의 도시계획담당 코너에서 확인이 가능하다. 만약 내토지에 공공시설물이 들어선다면 거기에 포함되는 면적은 얼마가 될지 궁금하지 않을 수 없다. 즉, 편입되는 면적을 말하는데 공사가 시작될 무렵이면 관계기관에서 면적을 산정하여 토지보상을 실시하지만 도시계획으로 지적고시만 된 상태에서 면적 확인은 본인 스스로 할 수밖에 없다. 특히 평수가 넓은 산지(임야)에는 그린벨트(개발제한구역)선이나 공원의 경계가 한 필지의 토지 가운데로 지나가는 경우가 허다하다. 지정 당초에 지적선이나 임야선을 경계로 그은 경우는 별 문제가 되지 않지만 일필지의 중간쯤에 선이 지나간다면 토지의 가격에 상당히 차이가 나기 때문에 면적의 측정이 중요하지 않을 수 없다. 이와 같이 지적도는 지형도에서 알 수 없는 토지의 경계나 면적을 측정할 수 있는 자료가 숨어 있기 때문에 개인의 재산권 행사에 중요하게 이용된다.

도시계획선(도로)을 그을 때 지형 · 지물을 포함한 현황을 참고하고, 또 동선의 원활함을 기할 수 있도록 가로망의 형태를 보고 계획하기 때문에 도로계획선을 지적 경계에 맞출 수는 없다. 그림 9-21에서 산43-1은 도로계획선이 토지의 가운데로 지나가기 때문에 이 땅의 이용 측면에서는 좋지 못하지만 인근 계획도로와의 관계

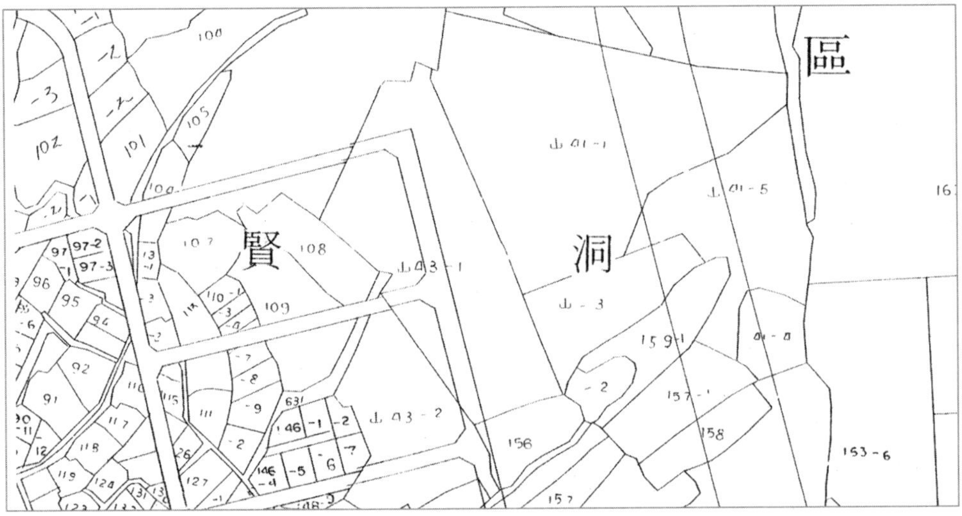

[그림 9-22] 도시계획선의 표현 (자료: 삼북토목엔지니어링)

를 고려할 때 달리 방법이 없다. 만약 이 지역에 토지구획정리사업을 실시한다면 사각형 토지를 환지받을 수 있지만 그렇지 않고 지적고시된 상태에서 도로만 개설된다면 토지의 이용상 매우 불리한 3조각으로 나눠진 형태로 남게 된다. 뿐만 아니라 남은 토지의 모양도 건물을 짓기는 불가능하고 그렇다고 달리 이용할 수 있는 방법이 보이지 않는다. 물론 3조각으로 나누어진 형태는 좋은 가격으로 팔기도 어렵다. 그러므로 토지에서는 도시계획도로와 용도지구가 그 땅의 생명선이나 다름없다고 해도 과언이 아니다.

② 지적선과 시설의 배치

만약 건물을 지을 수 있는 토지가 있다면 건물의 위치를 어떻게 배치할까? 라고 한 번쯤 생각해 보았을 것이다. 건축을 전공한 건축사나 설계를 해본 경험이 있는 사람들은 어떻게 하면 좀더 나은 배치를 할 것인지에 대해 생각해 볼 수 있는 여유가 있지만 전혀 지식이 없는 일반인들에게는 답답하지 않을 수 없다. 복잡한 건축법을 무시하고 단순히 배치만 한다면 누구든지 땅 모양을 따라 반듯하게 하겠지만 지적도 위에 형태를 그리는 정도에서 그칠 것이 뻔하다. 그러나 측량이나 도시계획, 조경, 토목을 전공한 사람들은 지적도를 접해본 경험이 있기 때문에 도면을 확대한다거나 북쪽이 어디인지 높고 낮음 정도와 도면에서의 길이를 판단할 수 있는 능력이 있기 때문에 상당한 수준의 배치를 할 수 있다. 건축을 설계하는 건축사들 중에도 지적도를 편집 · 확대하여 건물을 가배치할 때 가끔은 엄청난 착오를 일으켜 건물을 다시 배치하는 경우도 생긴다. 왜 이런 문제가 발생될까? 그것은 지적도의 기능을 잘 모르고 축척의 개념을 중요시하지 않기 때문이라고 생각된다. 지적도와 임야도는 서로 축척이 다르며 이 경우 축척이 다른 둘 내지 셋을 동일 축척으로 만드는 것은 건축사가 할 수 있는 기술이 아니기 때문에 그런 문제가 야기된다고 생각된다. 그러므로 숙련된 측량기술자가 축적된 경험에 의해 도면을 편집해야만 한치의 오차라도 줄일 수 있다고 판단된다.

아무튼 지적도 위에서 건물을 배치해 본다는 것은 퍽 재미 있는 일이다. 가장 좋은 방법은 현황(지형, 지물)이 표시된 지적도상에서 건물을 배치하는 것이 바람직하지만 지적도의 기능이나 성질을 알고 현지의 지형을 어느정도 안다면 문제될 것이 없다.

미술가가 백지의 상태에서 그림을 그리는 것도 힘들지만 기술자들이 지적도(백지) 위에 시설물을 배치(그림)하는 것도 결코 쉽지만 않다. 그러므로 한정된 구역 내에 요구하는 시설물을 기능에 맞게 배치해야 한다는 것은 기술적인 능력이 뒷받침되어야 한다. 비록 건축법상의 문제가 아니더라도 인근과의 조화가 맞는지 남에게 피해를 주지 않는지 충분한 검토가 이루어져야 한다.

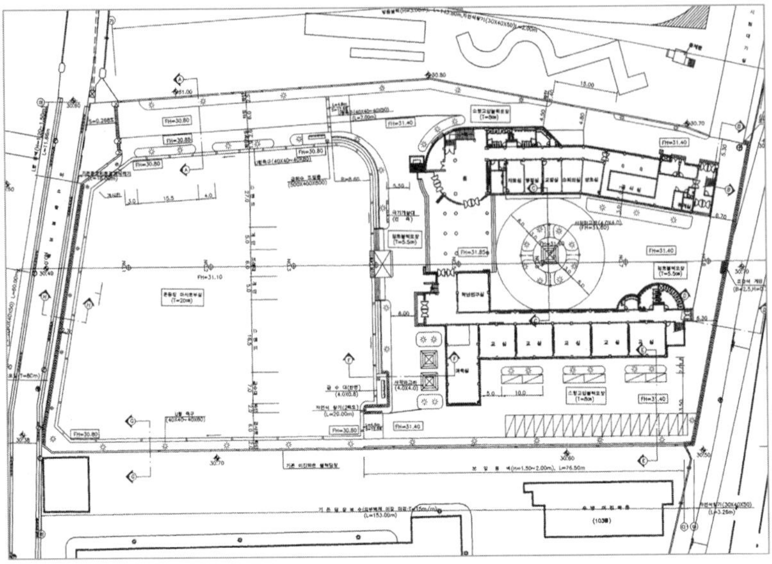

[그림 9-23] 시설물 배치도(삼북토목 ENG)

● 지적박물관

1999년에 개관한 충북제천에 위치한 지적박물관은 지적(地籍) 전문자료관으로서 한국지적사(史)를 한눈에 알 수 있는 토지문서, 측량기계 등을 소장하고 있다. 이곳에는 고대부터 현대까지 지적측량의 모습이 담긴 사진을 통하여 지적의 역사를 알리고 있다. 한반도 측량시발점의 사진과 본점 망도를 전시하여 20세기 초 일제에 의해 측량된 한국의 측량역사를 설명할 뿐만 아니라, 관람객에게 지적과 측량을 알리는 홍보역할을 톡톡히 해내고 있다.

전시의 시대범위는 고대 단군시대부터 현재까지라고 할 수 있다. 즉 기록에 나와 있는 측정기구부터 시작하여 현재 널리 사용하고 있는 레이저를 이용한 측정 기구까지이며 이 중에서 지적측량의 시각에서 의미가 있거나 역사적으로 가치가 있는 기구들을 중심으로 전시되어 있다. 지적자료는 관장인 학촌(鶴村) 리진호가 36년간 수집한 책, 서장(書狀), 기기(機器) 741점이 전시되어 있고, 상명산법 필사본(1978), 어윤중의 교지(1879), 김성규의 양무감리 임명장(1899), 대한제국전답관계(1901) 등 50여점의 유일본이 있다. 또한 원로들이 기증한 책이나 서장 등은 그 당시 지적인들의 체취가 묻은 것으로 이는 우리나라 지적의 역사를 설명해주는 중요한 자료이다.

제 2 절 기타 지도의 특성

1. 교재용 학습지도

지도는 사용하기에 따라 다방면으로 분류할 수 있다. 학습목적으로 제작되지 않은 지형도나 주제도라도 학생들이 학습용 교재지도로 활용할 수 있다는 말이다. 초등학교 4~5학년이 되면 지도의 축척이나 우리 고장에 대해서 공부하면서 지형도 등을 처음 접해 보고 초 · 중 · 고등학교에 진학해서는 학습효과를 배가하기 위하여 특별히 제작된 교재지도를 사용한다. 학습지도는 지도의 정확성보다는 지도 속에 포함된 내용을 쉽게 전달할 수 있도록 제작되어 있으며 시각적인 효과를 위하여 다색도(7~9색도)로 제작되는 게 보통이다. 이들 학습용 지도의 종류는 크게 3가지로 분류되며 이는 다시 세분되어 약 100여 종의 지도로 제작되어 있다.

1) 흑판지도와 백지도

교실에 붙어있는 흑판에 복잡한 지도의 수애선(해안선)이나 국경, 시도경계 등을 일일이 그린다는 것은 시간낭비일 뿐만 아니라 정확도면에서도 질이 떨어진다. 이를 해소하기 위하여 전지(95cm×72cm)크기의 흑판에다 미리 지도의 경위도선과 수애선 등을 그려 넣은 흑판지도는 여러 번 반복해서 사용할 수 있는 이점이 있다.

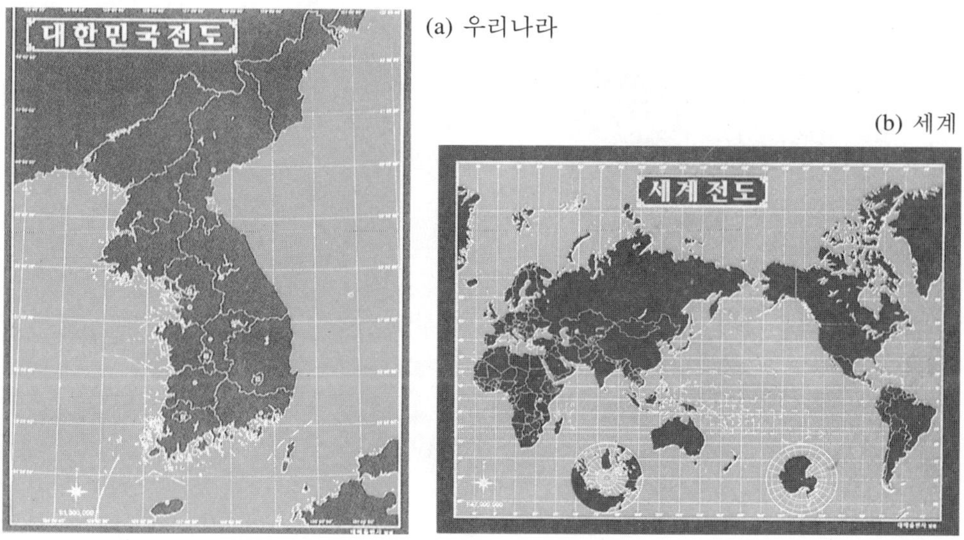

(a) 우리나라

(b) 세계

[그림 9-24] 흑판지도(대해출판사)

〈표 9-11〉 흑판지도의 종류

교재명	축척	교재명	축척
대한민국전도	1:1,300,000	세계전도	1:47,000,000
남한행정지도	1:600,000	세계6대 주별 지도	넓이에 따라 다름
북부지방지도	1:900,000	동부아시아	1:6,600,000
중부지방지도	1:550,000	동남, 남부아시아	1:7,500,000
남부지방지도	1:550,000	유럽 주요부	1:3,430,000
우리나라 근해도	1:2,380,000	남극권, 북극권	1:23,000,000
고장지도(6시, 9도)	넓이에 따라 다름	태평양 연안	1:20,200,000

※ 위에 표기된 축척은 제작회사에 따라 다소 차이가 나며 우리나라의 고장지도와 세계의 대륙별 지도는 땅의 넓이에 따라 축척이 다르게 나타남

백지도는 흑판과 같은 용도로 사용할 수 있도록 경위도선과 수애선 등 중요한 자료를 그려 넣어 비닐로 코팅처리하여 흑판과 같이 여러 번 반복하여 사용할 수 있도록 제작된 지도를 말한다.

또 지구본도 둥근 모양만 있고 아무것도 표시되지 않은 것과 지구의 대륙경계와 큰 하천 그리고 경위도선을 나타낸 두 종류의 지구본이 제작되어 있다. 이들도 흑판지도나 백지도와 같이 지우고 다시 사용할 수 있도록 제작되어 있다.

(a) (b)

[그림 9-25] (a) 흑판용 지구의 (b) 수애선만 표시된 흑판용 지구의

2) 우리나라 지도편

우리나라전도를 비롯하여 지방별, 산업별, 지리, 역사 등으로 구분되어 있으며 규격은 주로 109×195cm가 대부분이며 각 지도마다 특색 있게 제작되어 있다. 대한민국전도와 지방별 지도는 국토지리정보원에 측량성과 사용승인을 받아 제작되며 그 외의 지도는 교실의 환경정리를 위한 소축척 지도들이기 때문에 측량성과 사용승인 없이 제작되는게 보통이다.

- 대한민국지도

  1:600,000~1:1,050,000(대, 중, 소) 등이 지세도와 행정도로 구분되어 있고, 등고선에 따른 채단색 표현, 행정, 교통, 관광지 수록

- 한국지방별 지도

  1:350,000를 북부, 중부, 남부로 3등분하여 좀더 세밀히 표현한 지도

- 우리나라지형도

  1:700,000 등고선에 따른 채단색과 산맥, 평야, 분지를 표현

- 3부 지방별 지형도

  1:420,000~1:550,000 등고선에 의한 채단색 표현으로 고 · 저의 구분과 산맥, 평야, 분지, 반도, 화산, 구조곡, 지구대의 표현

- 우리나라지질도

  1:700,000 토지의 이용, 한국의 암석, 남한의 경지 등을 색상으로 구분

- 6 · 25 격전지지도

  1:700,000 당시의 전투상황, 격전지, 전선의 이동과 진로, 전력 및 장비

- 한국산업지도

  10종류, 109×156cm(각 전지 2매 접결) 9색도

  - 교통도 : 철도의 발달, 고속도로, 항공로, 항해로, 무역항, 수송량의 변천 등
  - 공업도 : 공업구조의 변천, 지역별 공업의 특색, 공업지역의 분포 등
  - 국토개발과 환경보전 : 국토개발계획도, 환경보전, 수자원개발 등
  - 관광도 : 지역별 관광객의 유입수, 국도립공원, 명승지, 온천, 교통 등
  - 농업도 : 농업의 분포, 토지이용도, 경지규모별 농가, 식량작물의 자급도 등
  - 무역도 : 지역별 무역, 무역대상국, 무역액의 증가, 상품별 무역 등
  - 수산분포도: 어종분포, 주요어항, 어획량, 공동규제수역, 전관수역 표기 등
  - 인구분포도 : 인구분포현황, 도시와 농촌인구, 인구의 증가율, 평균수명 등

- 산업분포도 : 농업, 공업, 지하자원 등의 분포, 농업구조와 경지면적의 변화
- 지하자원 : 우리나라 지하자원의 분포와 생산량

● 우리나라의 기후도

2종류, 156×109cm(각 전지 2매 접결) 9색도

- 여름, 겨울의 기온과 강수량 : 등온선 표기, 강수량에 따른 지역구분, 측후소 등
- 기온과 강수량(전년) : 기후구분도, 계절풍, 기압도, 지역별 강수량과 등온선 등

● 표준지도 보기

- 5종류, 109×156cm(각 전지 2매 접결) 7색도
- 지도의 종류 : 보통지도, 지형도, 관광지도, 산업지도
- 지도의 기호 : 우리나라의 기호, 다른 나라의 기호, 기호의 종류와 사진 삽입
- 지도의 축척 : 1:20,000, 1:50,000, 1:90,000, 1:230,000 지형도
- 지도의 높이와 깊이 : 실제의 지형, 등고선식 지도, 음영식 지도, 높이와 깊이 등

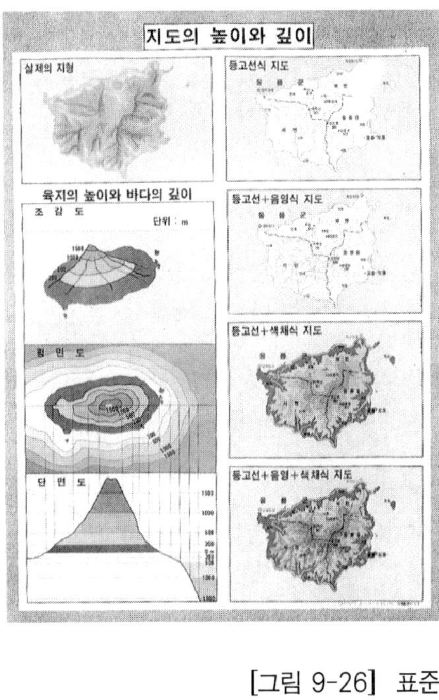

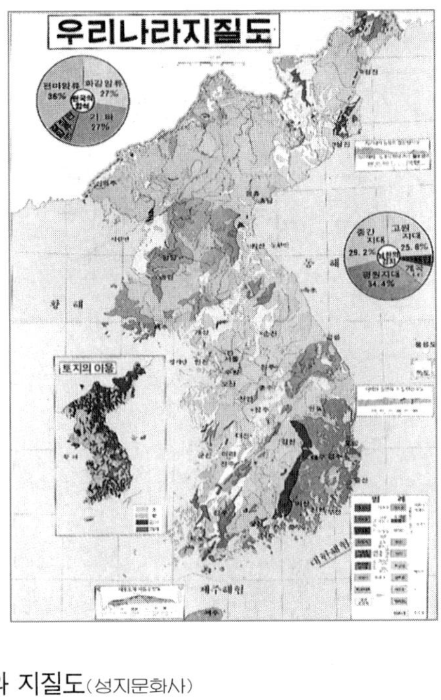

[그림 9-26] 표준지도 보기와 지질도(성지문화사)

- 표준국사연대표

고조선(BC200~)부터 우리나라의 역사연표와 주요사항 기록

- 표준국사지도

5종류, 109×156cm(각 전지 2매 접결)

• 몽고의 침입과 삼별초의 항전, 10세기 동아시아의 형세, 고려의 5도양계

• 통일신라와 발해(신라의 9주 5소경과 발해의 5경), 후삼국의 시대,

• 고구려의 전성기와 신라 · 백제의 세력확장, 신라의 발전, 백제의 변천

• 부족국가의 변천, 고구려와 남북의 여러 부족국가의 분포

• 조선시대의 8도, 우리나라의 개국 초기의 대사건과 통상조약

- 한국역사지도

11종류, 109×156cm(각 전지 2매 접결)

• 진흥왕시대의 3국 형세도 : 나당 전쟁도, 당의 고구려 침입도, 수의 고구려 침입도

• 고구려 전성 당시의 국제관계 : 삼국의 성립과 고구려, 오의 교통, 가야연맹

• 신라의 9주 5소경 10정 : 신라의 관등표, 신라와 발해의 해외 발전

• 고려의 5도 양계 : 후삼국의 형세도, 고려 10도와 거란과의 싸움

• 몽고의 침입과 삼별초의 항쟁도 : 민란, 고려, 송, 요, 금의 관계, 무인정권 변천도

• 조선의 행정구역 : 국토의 확장, 각 도의 지방관청, 동북 6진, 서북 4군

• 임진왜란 당시의 의병궐기도 : 정묘, 병자호란, 남해의 해전경로

• 동학혁명과 청일전쟁, 홍경래의 난과 민란 : 직전결부표, 인구의 변천

• 최근세 조선의 외국세력 침투 : 병인 · 신미양요 때의 강화도, 외국과의 조약연표

• 3 · 1운동의 봉기도 : 일제에 대한 겨레의 항쟁, 6 · 25사변

• 간도개척과 민족의 해외이주도 : 의병궐기도, 일제의 경제적 침략 대조표

- 전국행정지도

남한의 행정구역 및 교통, 명승지, 국도립공원, 관광지 수록

- 제4차 국토종합개발계획도

2000년대를 위한 국토의 장기 발전계획이 수록된 지도

- 국토보전과 환경보전도

국토의 재해와 대책, 한강유역의 수자원개발 내용

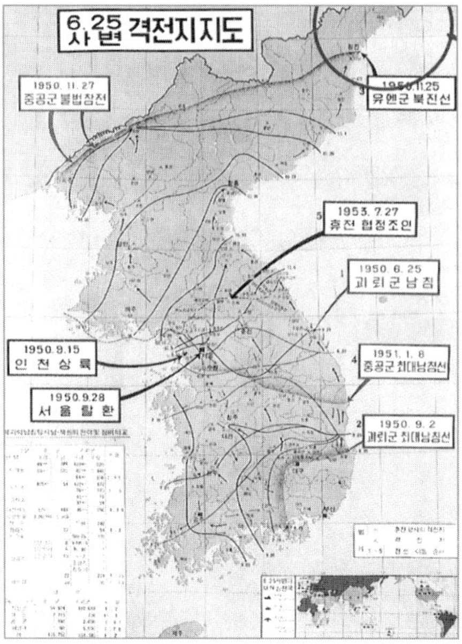

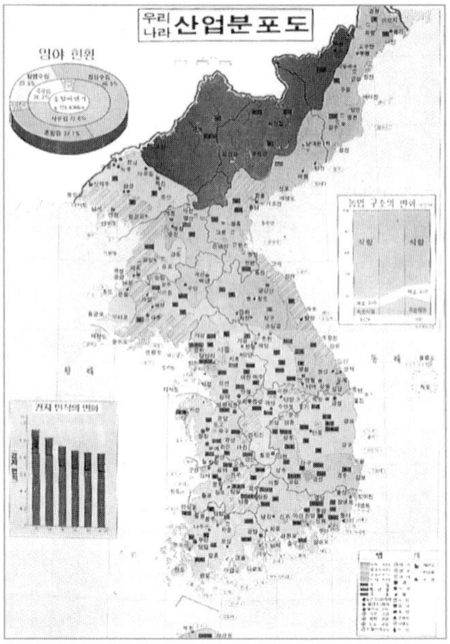

[그림 9-27] 6 · 25 격전지도와 산업지도(대해지도)

- 문화재분포도

  행정구역에 따른 국보, 보물, 사적지의 명칭 소재와 지정번호

- 한국관광안내도

  행정교통관광지의 내용과 삽화, 관광안내

3) 세계지도편

우리나라 지도편과 더불어 세계의 모습도 한눈에 알아볼 수 있도록 여러가지 학습용 지도가 제작되어 있는데 주로 지세도와 행정도로 구분되어 있다. 세계의 지형, 기후, 산업, 역사 등 초 · 중 · 고등학생들의 학습효과를 배가시킬 수 있는 내용이 수록되어 있으며 일반 지도에 잘 나타나지 않는 북극과 남극에 관한 지도도 제작되어 있다.

- 세계전도

  대 · 중 · 소로 구분되어 세계의 지형을 알아볼 수 있도록 등고선과 수심에는 단채색으로 표현한 지세도와 또 각 나라별로 알아볼 수 있도록 국가별로 색을 구분한 정치행정구분도로 나누어 제작

- 세계해저지형도

  대양의 해저모양을 알 수 있게 해령, 단열대, 해분, 해구를 표현

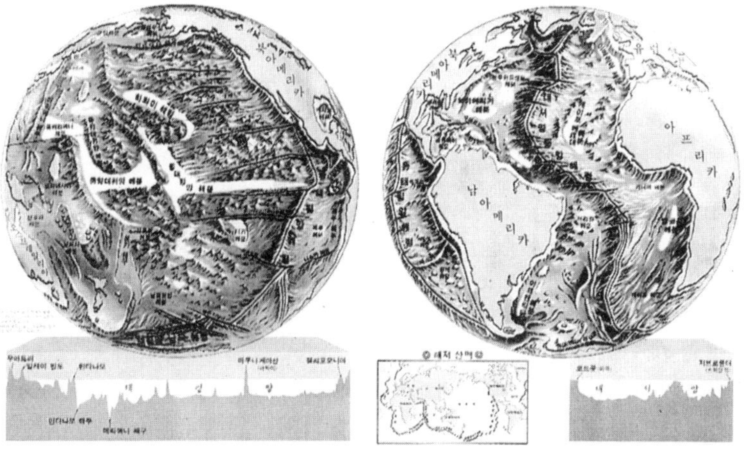

[그림 9-28] 세계의 해저지형도

● 세계지형도

세계 고저의 표현, 산맥, 고원, 해구, 활화산 등 세계의 지형을 표현

● 세계 6대 주별 지도

각 주별로 제작된 지세도로서 각 주의 특색과 중요 지명

● 세계기후도 5종류, 8색도

- 세계의 기후(1월, 7월) : 강수량 및 등온선, 기온의 수직적 변화와 계절적 변화
- 세계의 기압과 풍향(1월, 7월) : 풍향, 밀리바, 풍계와 직사 및 사사
- 세계의 기후, 열대성, 온대성 저기압의 진로 : 저기압의 지역, 진로, 발달과정
- 세계의 기후구와 해류도 : 지역별 특징 구분, 한류, 난류
- 세계의 기후도 : 대기의 순환, 기압, 풍력, 강수량, 식물경관, 해연풍, 육연풍

● 세계의 산업지도 11종류, 8색도

- 세계의 항로와 무역 : 수출상대국, 각국의 식료와 원료, 가공제품의 생산비율
- 세계의 경제지역 곡물생산 : 세계의 산업, 쌀, 밀, 옥수수의 생산지 및 이동항로
- 세계의 농업 : 면화, 커피, 차, 카카오의 산지와 이동경로
- 세계의 임업, 수산업, 목축업 : 임 · 목축업의 분포, 주요 어장, 원양어업기지, 어획량
- 세계의 광공업 : 철, 동, 중석의 산지 및 생산량, 주요 공업지역의 분포

- 세계의 에너지자원 : 석탄, 원유, 동력, 원자력, 탄전, 유전의 해상수송 발전량
- 세계의 기후 : 연강수량, 저기압의 한파, 대기순환, 위도에 따른 강수분포
- 세계의 식생 · 동물 : 식생과 동물의 분포, 기후의 구분, 한류, 난류, 강수량, 등고선
- 세계의 인구밀도 : 인구분포, 자연증가율, 지역별 인구의 증가추세
- 세계 속의 한국 : 수교국, 교민수, 대사관, 영사관, 대표부, 무역부, 어업기지
- 세계의 지체구조, 화산, 지진대 : 육지와 해저의 지체구조, 지진활동지역, 지진대

● 세계해류도

세계기후의 지역별 특징, 한류 · 난류대의 표시

● 세계사연대표

우리나라와 세계의 역사연표 및 역사적 사건을 대비한 지도

● 세계역사지도

선사시대부터 현대까지 역사의 주요 사항을 총 집약한 21종류의 학습자료를 각 전지 2매를 접결한 궤도로서 9색도로 제작된 역사지도임

- 기원전 2000년과 1000년경의 세계, 선사시대의 주요 유적
- 기원전 4C후반의 세계, 전 3~4C경의 중국, 전 2C말의 진나라의 통일
- 로마제국의 발전, 그리스도교의 발전
- 게르만 민족의 대이동, 2C 서아시아와 인도의 불교전파
- 5~6C의 아시아, 동부아시아의 여러 민족의 활동
- 7~8C의 세계, 노르만의 활약, 프랑크왕국의 분열
- 11C의 동부아시아, 12C의 동부아시아, 십자군의 진로
- 13C 후반의 세계(몽고제국), 중세 후기의 유럽의 통상로
- 15C경의 세계, 르네상스시대의 이탈리아
- 지리상 대발견시대의 세계(15~16C), 마틴비하임의 지구의, 서인도제도
- 16C 중엽의 유럽(1559), 독일의 종교개혁도, 러시아의 영토확장
- 18C 중엽의 유럽, 폴란드의 분할, 베스트팔리아조약 후의 중앙유럽
- 나폴레옹 1세의 전성시대(1810~1812), 프랑스 혁명, 빈회의와 유럽
- 독립 전의 남미, 미국의 발견, 남북전쟁, 중미의 독립
- 독일의 통일, 이탈리아의 통일, 터키영토의 축소

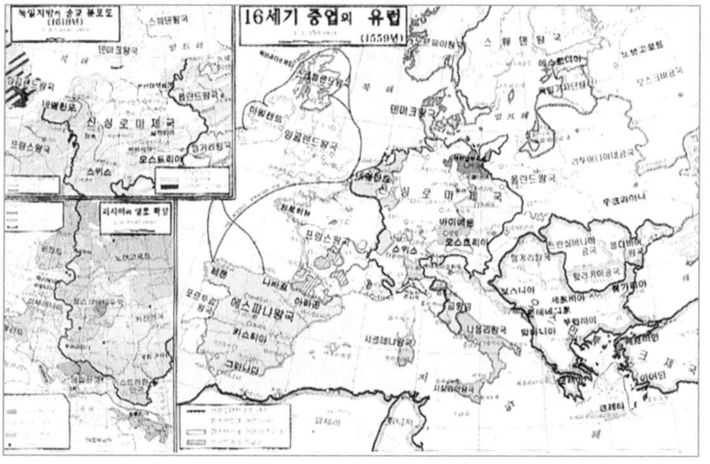

[그림 9-29] 세계의 역사지도

- 19C경의 아시아, 19C 중엽의 중국(신해혁명: 1850~1864)
- 아프리카의 분할, 태평양의 분할
- 제1차 세계대전(1914~1918), 1878년의 발칸반도, 1913년의 발칸반도
- 베르사이유체제하의 유럽
- 제1차 세계대전 후의 아시아(1918~1937)
- 제2차 세계대전중의 유럽(1939~1945)

4) 환경정리용 지도

① 우리나라전도

대한민국은 불행하게도 세계에서 유일하게 나라의 지도가 두 종류이다. 즉, 대한민국전도와 남한전도이다. 이들 지도는 크게 행정도와 지세도로 나뉘며 그 중 행정도는 각 도별로 쉽게 판독이 가능하도록 도별로 색깔을 달리한 지도이고 지세도는 국토의 형태가 나타나도록 산맥, 평야, 도시 등을 채단식 기법을 이용하여 제작한 지도이다. 지도의 크기는 전지(110×79)가 가장 많이 보급되어 있으며, 반절지(신문지 크기) 또는 전지 2장 혹은 전지 2장 반을 접결하여 제작된 것도 있다. 이렇게 인쇄된 지도를 원지라고 부르며 원지를 액자 또는 판넬에 넣기도 하고 족자(두루마리)의 형태로 제작하기도 한다. 지도에 나타나는 내용은 지도의 축척이나 크기 또는 제작회사에 따라 차이 나지만 가장 보편적으로 이용되는 전지크기의 남한전도는 시군 행정경계와 각종 도로(고속도로, 국도, 지방도)를 기본 바탕으로 시 · 군 · 읍 · 면의 명칭과 중요 리(里)가 표시된다. 지도의 축척은 전지의 경우는 전국도가

1:1,000,000만이고 남한지도는 1:500,000만이 대부분이다.

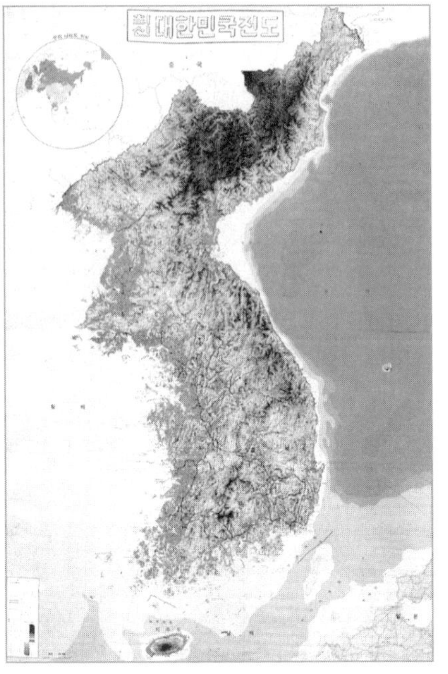

[그림 9-30] 대한민국전도

② 세계전도

둥근 지구를 펴서 세계전도를 만드는 과정에는 여러 가지 투영법이 있다. 각 투영법에 따라 지도의 모양이 다르지만 주로 메르카토르도법을 이용한 지도가 가장 많다. 세계지도도 각 나라마다 색깔을 달리하는 정치구분도와 땅의 지모를 나타내는 지세구분도로 대별할 수 있다. 이들 지도에는 축척이 작기 때문에 큰 강이나 사막, 산맥 등 규모가 큰 것만 표현되고 나라의 이름, 수도명, 국경 등이 표현되는 게 보통이다. 세계지도에는 국내에서 제작하는 국산이 있는가 하면 외국에서 제작된 수입산 세계지도로 나눌 수 있다. 지도의 크기는 우리나라지도와 마찬가지로 전지크기가 가장 보편적으로 많이 이용되며 전지 1매, 전지 2매 접결 또는 전지 4매

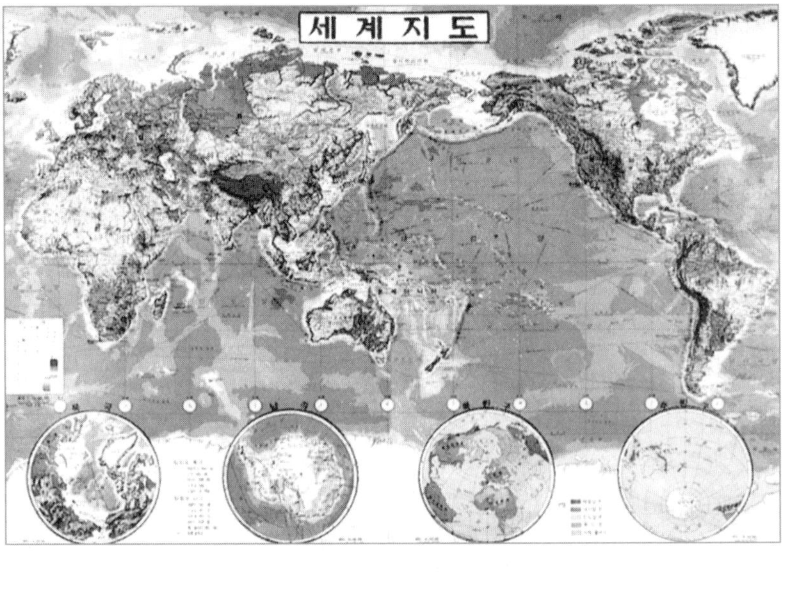

[그림 9-31] 지세구분도

(가로 220cm×세로 160cm) 접결된 큰 지도도 있다.

③ 도별 지도와 시가도

지역지도인 각 도별 지도와 시가지도는 해당 시 · 도의 크기에 따라 축척이 다르게 제작된다. 왜냐하면 종이의 크기는 주로 전지(全紙)를 기준하기 때문에 한정된 지면에 넓은 지역은 축척을 줄여서 만들며 좁은 지역은 축척을 확대하여 제작한다. 그렇기 때문에 도별 지도의 경우는 축척이 다르기 때문에 이웃끼리 붙여 사용할 수 없으며, 특히 시가지도의 경우는 중심지를 크게 보이게 하기 위하여 변두리의 산악부나 농촌지역은 지도에서 제외하는 경우가 가끔 있다. 또 특별시나 광역시의 경우는 구(區)를 쉽게 파악하기 위하여 각 구별로 제작되며 이러한 지도들은 주로 흰색 또는 노란색으로 바탕을 표시하고 시 · 도 경계부분을 강조하기 위하여 경계선에 굵은 띠모양으로 채색하는 게 일반적인 표현방법이다.

2. 기타 지도류

1) 레저용 지도

모든 지도에는 도로가 가장 기초적인 자료로 이용된다. 비록 지도의 이름에 도로교통이란 말이 들어가지 않더라도 반드시 표기되는 게 도로이다. 도로교통관광도와 비슷한 용어는 행정교통도, 관광교통도, 도로지도, 도로교통도 등 유사한 이름의 지도가 많이 있지만 거의 대부분의 내용은 비슷하다. 이런 종류의 지도에는 도로와 철도 그리고 행정경계는 기본으로 깔리고 각종 관광지(사찰, 명승지, 온천, 왕릉, 해수욕장)가 붉은색 글자로 주기되며 중요 시 · 군 간의 거리표시와 도로의 번호도 기입된다. 또 중요 산과 강, 댐 및 큰 저수지, 고개, 계획 고속도로, 국 · 도립공원, 여객선항로, 시 · 군 · 읍 · 면소재지, 골프장과 스키장 등이 표시된다. 지도의 규격은 전지가 대부분이며 축척은 주로 1:500,000이다. 그리고 레저용 지도는 1장으로 된 것이 대부분이지만 휴대하면서 볼 수 있는 지도책(Atlas)으로 많이 개발되어 있다. 최근에는 각 테마별로 특징을 수록한 지도첩이 많이 애용되는 추세이다.

① 교통관광도

전국의 관광지를 나타낸 지도로 바탕에 도로가 세밀하게 그려져 있으며 1장으로 된 전지지도와 책으로 묶은 Atlas 지도로 대별할 수 있다. 지도 중에 가장 많이 보급되어 있는 지도이며 제작회사에 따라 다양하지만 내용은 거의 비슷하다. 지도의 축척은 1:120,000~200,000 정도이고 1장으로 된 남한 관광도는 1:500,000으로

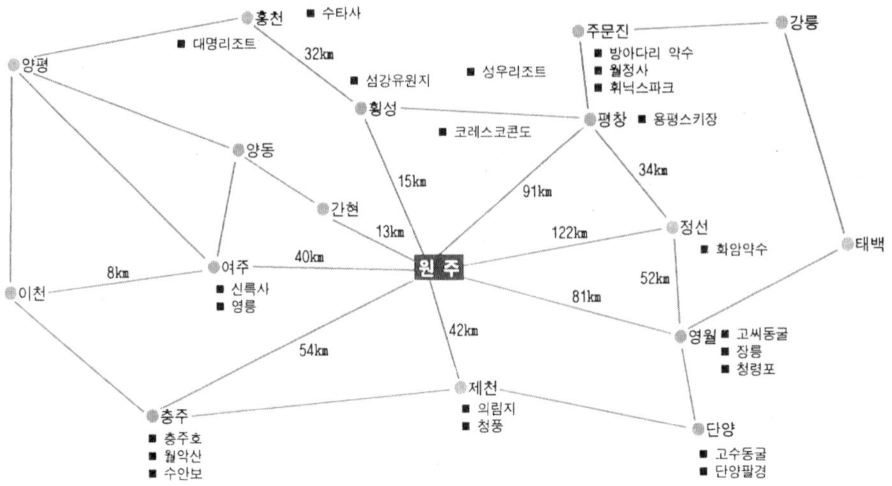

[그림 9-32] 이정표(원주권 관광안내)

제작하는 게 보통이다. 관광지를 찾아가기 위해서는 도로가 가장 중요하기 때문에 고속도로와 국도가 자세히 표기되어 있고 중요 지점 간의 거리를 나타내어 소요시간을 예측할 수 있게 하였다. 그리고 지도의 바탕에는 등고선이 희미하게 표시되어 지형을 판독할 수 있게 하였으며 주요 동리와 옛 지명, 산과 고개명 등 비교적 자세히 제작된 대표적인 지도이다.

② 등산지도

등산을 할 때에는 떨어질 수 없는 동반자가 하나 있다. 모든 것을 다 잊어버려도 지도를 잊고 등산을 한다면 목표하는 지점을 정복할 수 없을 뿐만 아니라 최악의 경우 길을 잃고 헤매게 될지도 모른다. 물론 산악회에서 주관하는 등산의 경우는 전문가이드의 뒤를 따라 다니면 지도가 필요 없다. 이때도 지도를 갖고 따라가면서 산행경로를 표시해 두면 지리확인에 도움이 될 것이고 다음에 안내자 없이 혼자 갈 때도 훨씬 수월하게 산행을 할 수 있다.

산행을 목적으로 하는 지도는 1:25,000과 1:50,000 지형도를 주로 애용한다. 또 우리나라의 유명한 산 중 100개 또는 200개의 명산을 모아서 책으로 묶어 만든 등산지도책이 있다. 또 인근의 3~4개의 산을 1장의 낱장지도에 나타내어 휴대하기 편하도록 제작된 것도 널리 이용된다. 등산의 특성상 물에 젖거나 찢어지는 것을 방지하기 위하여 특수종이로 제작된 것도 있으며 가재식으로 1장씩 철해진 것도 있다. 이러한 등산용 지도는 대부분이 거리(km)와 소요시간이 기록되어 있으며 등고선의 높이에 따라 채색을 하는 채단식으로 제작된 것이 가장 보편적이다.

[그림 9-33] 채단식 등산지도(성지문화사)

③ 낚시지도

낚시 애호가들이 이용할 수 있는 낚시지도는 내륙의 저수지나 댐을 찾아갈 수 있는 길의 안내와 저수지와 댐의 낚시 포인트를 표시하여 초보자도 쉽게 이해할 수 있도록 구성되어 있다. 이러한 지도책의 구성은 1:250,000 지세도에 중요 낚시터의 위치만 표시하고 저수지는 별도로 크기에 따라 1:5,000~1:10,000 축척으로 확대 표기하는 게 보통이다. 또 강은 길이가 길기 때문에 1:20,000~1:50,000의 중축척으로 표현한다. 세부적으로는 강이나 저수지 내의 상황이 소개되어 있는데 수심의 낮고 깊음, 수초지역, 매점 및 휴게소, 급경사지, 나무나 숲, 버스정류장, 낚시좌대, 입장료, 어종, 위치와 주소, 전화번호, 양식장 여부, 관리사무소 등 비교적 세밀히 표시되어 초보자나 초행길인 사람도 쉽게 접근할 수 있게 제작되어 있다.

④ 골프지도

골프을 즐기는 골퍼는 물론 지리를 확인할 때 골프장은 중요한 목표물이 된다. 골프지도는 골프장을 찾기 쉽게 고속도로와 국도, 철도를 중심으로 골프장까지 나타난 지도를 예시하고 다시 줌(zoom)을 이용하여 인근을 확대표기하는 게 보통이다. 또 골프장 홀의 모양을 사실 그대로 표현하여 이용자가 미리 그 골프장의 상황을 눈에 익힐 수 있도록 배려하였다. 골프장 안내지도에는 소유회사, 주소, 개장일,

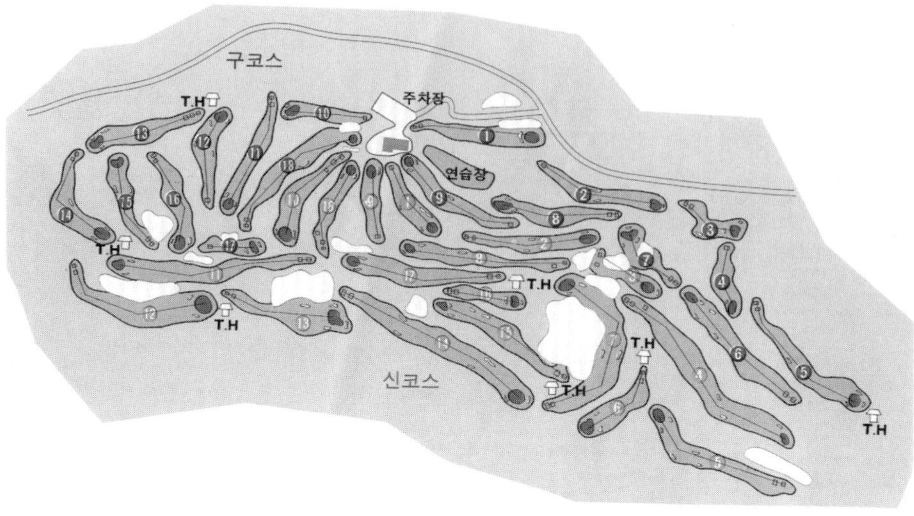

[그림 9-34] 골프장 코스지도(삼부지도문화사)

골프장의 홀모양과 홀의 번호를 표기하고 각 홀마다 teeing-ground, pond, green, bunker, tea-house 등이 자세하게 나타나 있다.

부킹전화와 부킹안내, 홀의 규모, 코스배치도, 찾아갈 수 있는 위치도 등이 비교적 세밀히 나타나 있다. 전국에 약 145개 골프장이 개장되어 있다.

2) 국세지도와 분포도

① 국세현황도

국세지도는 우리나라의 자연, 경제, 사회, 문화, 국토개발 등에 관한 국가의 통계자료를 도표화한 지도첩이다. 국토지리정보원에서 관련 부서의 자료를 취합하여 책으로 묶어 발행한 지도첩이다. 이 지도첩은 정부기관이나 도서관에 무료로 배부되기 때문에 일반 시중에서는 구할 수 없지만 각급 도서관에 가면 열람할 수 있으며 다음과 같이 세분되어 있다.

- 자연 : 지형, 지질, 기상, 해상
- 경제 : 상업, 산업, 금융, 무역, 재정
- 사회 : 인구, 주택, 보험
- 문화 : 교육, 국보, 체신, 교통
- 국토개발 : 토지, 건설, 도로, 항만

● 전국(3종)

대한민국과 그 주변, 대한민국전도, 행정구역도

- 자연(8종)

지체구조, 지질, 중력이상, 하천, 조류, 해류, 해수온도 및 염분농도(하기와 동기), 지진분포

- 기후(18종)

평균기온, 기온의 일교차, 강수량, 맑은 날 일수, 흐린 날 일수, 일조시간, 증발량, 평균상대습도, 해면기압, 태풍의 경로, 강수변동량, 강수량 1mm 이상 일수, 대표적인 기상도, 눈의 첫날과 눈의 마지막 날(적설일수와 최심적설), 서리의 첫날과 서리의 마지막 날, 안개일수, 천둥 및 번개일수, 최고기온 0° 이하 일수, (최고기온 25° 이상 일수, 최저기온 0° 이상 일수, 최고기온 30° 이상 일수), 개나리와 진달래 개화일(제비와 기러기를 처음 본 날, 강수량과 온도의 클라이모그래프)

- 인구(12종)

인구밀도, 인구분포, 남녀인구비, 연령별 인구비, 산업별 인구구성, 인구증감률, 30년간 인구증감률, 인구의 자연증가율, 인구이동(전출입), 인구동태(출생, 사망, 혼인, 이혼), 산업별, 지역별 종사자수, 가구당 평균인원

- 농 · 임 · 어업(8종)

농산물 생산량과 호당 재배면적, 농업기계 보유대수, 경지율과 농업종사자, 경영경지규모별 농가구조, 임야면적과 축적량, 목재생산량, 근해어장과 양식장, 어항과 어업종사자

- 상업, 금융(8종)

금융기관 예금현황, 도매업과 소매업, 도매업 상점의 비율, 도매업 1점당 판매액, 소매업 1점당 판매액, 인구 1000인당 소매업 상점수, 음식점의 비율, 은행의 분포

- 사회(15종)

발전소별 설비, 전력소비, 주택보유율 및 주택점유형태별 가구, 상수도 보급률과 하수처리율, 의료기관, 사회복지시설, 소방서(소방관수, 소방장비), 교통사고 발생과 도로교통 위반상황, 산업별 노동조합원수, 노동자 1가구당 수입과 지출, 형법범의 발생건수와 검거건수, 화재에 의한 손해상황과 건물소실 면적, 의료보험비, 생활보호율, 국민의료보험 가입률

- 개발, 보전(7종)

토지이용(지목), 도시계획용도지역, 개발제한구역 지정현황, 도시공원, 풍

수피해 상황, 풍수해 복구, 하천 및 해안의 관리

- 건설(5종)

  건설공사 발주, 주택건설, 건축허가, 공공공사 착공액, 난방시설별 주택수

- 무역(3종)

  품목별 수출입액, 품목별 수출입량, 원료의 해외의존율

- 교통(12종)

  교통망, 도로보급률과 자동차 보유대수, 도로포장률과 자동차 교통량, 철도여객 수송량, 철도화물 수송량, 철도에 의한 도달시간, 국제항공로 및 외항선박항로, 국제선박 화물수송량, 항공여객 수송량, 철도노선 발달상황, 연안선박 수송량, 공로품목별 수송

- 체신(7종)

  우체국의 분포, 전화국의 분포와 전화보급 상황, 전화통화량, 국제우편과 국제전화, 우편물발착량, 전보발신량, 국제가입전신 및 국제전보

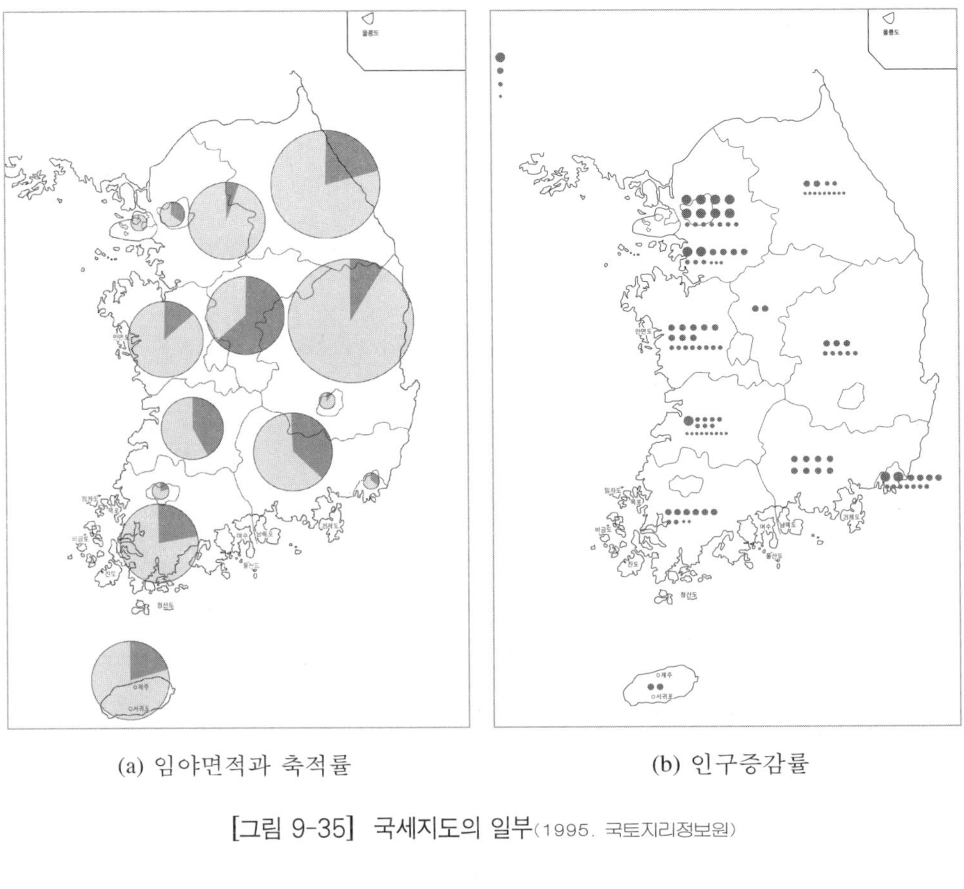

(a) 임야면적과 축적률　　　　(b) 인구증감률

[그림 9-35] 국세지도의 일부(1995. 국토지리정보원)

- 교육, 문화(7종)

  초급교육(유치원, 초등, 중등, 고등), 고급교육(대학, 전문대학, 대학원), 국보와 보물, 사적과 명승(천연기념물), 자연공원, 컬러TV의 수신계약률, 도서관 및 박물관의 분포

- 재정(2종)

  중앙 및 지방재정의 세입과 세출

- 지방도(15종)

  서울특별시, 부산광역시, 대구광역시, 인천광역시, 광주광역시, 대전광역시, 경기도, 강원도, 충청북도, 충청남도, 전라북도, 전라남도, 경상북도, 경상남도, 제주도

국토의 각종 여건과 경제사회 등 주요지표를 체계적으로 조사 분석하여 이를 일목요연하게 지도 도표화함으로써 국세현황을 용이하게 파악할 수 있도록 하고 정책입안, 교육홍보, 계획행정 등의 참고자료로 활용하며, 후세에까지 역사적 자료로 보존하기 위하여 제작하는 지도이다. 국토지리정보원에서는 국세지도를 1989년도 및 1995년도에 발행하였으며 향후 10년 주기로 증보완 발간할 예정이다.

② 기후도와 일기도

일기도는 기상위성사진이 곁들여진 신문과 TV에서 하루에 한두 번은 꼭 접한다. 골프나 낚시를 할 계획이든가 집수리나 이사를 갈 때도 미리 확인해야 되며 장사를 하는 사람들에게도 일기는 중요한 부분을 차지한다. 이와 같이 우리생활에 밀접한 일기의 상태를 나타내는 일기도는 어떤 시점의 대기권 상태를 나타내는 역사적 기록물이나 마찬가지다. 일기도에서 제공되는 정보는 비록 관측소 주변의 기상정보이지만 실제의 관측자료이기 때문에 중요하다.

관측소에서 온도값을 측정할 때 각 관측소별로 측정한 값을 취합하여 등온선(等溫線)으로 나타내는데, 이때 연평균 기온, 연평균 최고기온, 연평균 최저기온 등으로 나눌 수 있다. 일평균값은 1일 8회(03, 06, 09, 12, 15, 18, 21, 24시) 관측값의 평균치이며 기온의 측정은 지상 약 1.5m 높이의 백엽상 안에서 관측한 값이다. 또 매일의 기온이나 강수, 흐림, 맑음 등을 나타낼 때도 인공위성 영상자료를 곁들여 지도 위에 표시한다.

일기도상에는 여러 가지 기호가 등장한다. 가장 먼저 눈에 띄는 것이 고(H)와 저(L)로서 고기압과 저기압을 나타내는 말이다. 그 외에 관측지점이나 바람, 날씨 등도 표시되며 그 내용을 요약하면 다음과 같다.

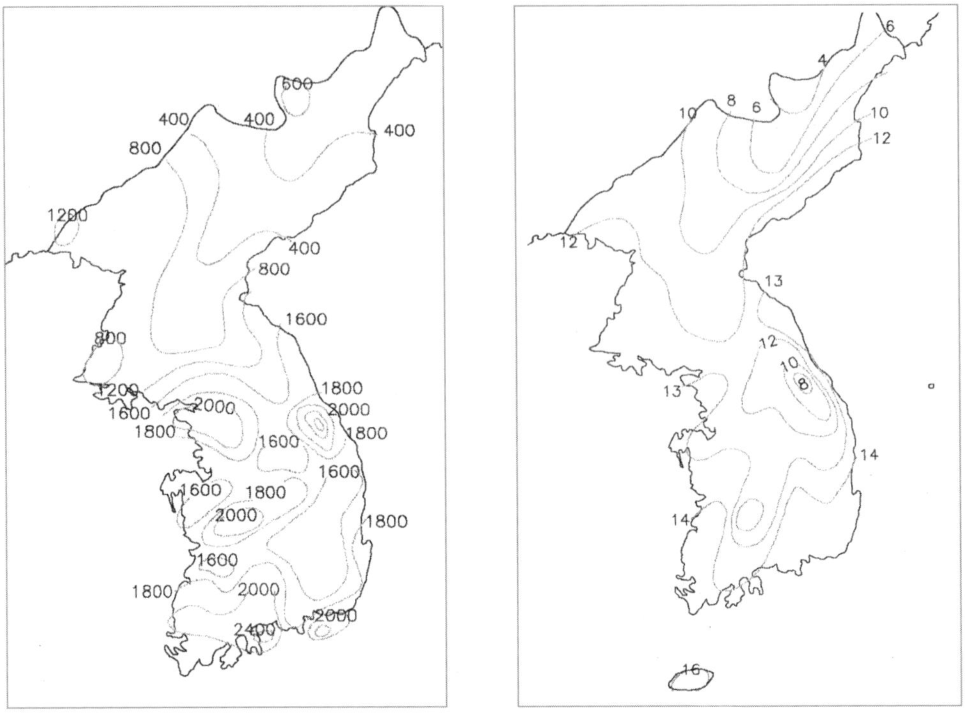

(a) 연강수량　　　　　(b) 연평균 기온

[그림 9-36] 기후도

㉠ 고기압권 내에서는 날씨가 맑고 저기압권 내에서는 날씨가 흐린 게 보통이다.

㉡ 고기압이 있는 부근에는 등압선의 간격이 느슨하고 저기압이 있는 곳에는 조밀하다.

㉢ 일기동진(日氣東進)의 법칙으로 날씨는 서쪽에서 동쪽으로 이동하는데 이 원칙은 봄가을에 잘 지켜진다.

㉣ 여름철에는 태평양 고기압 세력이 밀고 올라오기 때문에 연일 무더운 날씨가 계속된다.

㉤ 겨울철에는 시베리아 고기압 세력이 우리나

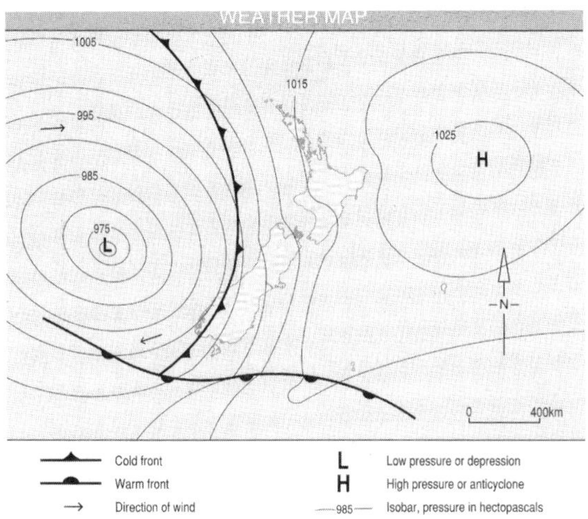

[그림 9-37] 일기도

라로 확장해 온다.

ⓑ 장마철에는 오호츠크해에서 온 고기압과 태평양 고기압 사이에 장마전선이 형성된다.

ⓢ 고기압이나 저기압 혹은 전선은 대개 30~50km 속도로 이동한다.(빠를 경우: 80~100km)

ⓞ 일기도상에는 반원모양의 온난전선이 적색으로 표시되고 한랭전선은 청색으로 톱니모양으로 그려진다.

ⓙ 전선을 경계로 기상요소가 급변(비, 돌풍)하는데 저기압과 통틀어 기압골이라 부른다.

이상과 같은 상식을 갖고 일기도를 보면 날씨를 판정하는 데 많은 도움이 될 것으로 생각된다.

③ 개화도 및 철새도

지구상에는 수만 종의 꽃이 핀다. 우리나라에도 많은 꽃이 피고 지지만 특히 봄철에 우리의 강산을 아름답게 수놓는 진달래와 개나리는 사람들에게 은근히 기다림을 주는 꽃이다. 진달래는 주로 우리의 산야에서 피지만 개나리와 벚꽃은 도시 내의 가로수로 많이 활용되기 때문에 시민들의 눈에 가장 먼저 띠는 봄꽃이다. 또 새들 중에는 추운 겨울에 따뜻한 남쪽으로 갔다가 봄에 우리나라에 오는 제비와 시베리아의 추운 겨울을 피해 우리나라에서 월동을 하기 위하여 오는 기러기를 처음 본 날을 표시한 지도도 있다. 이들 철새들은 매년 오는 시기가 조금씩 다르지만 거의 비슷하다. 이와 같이 꽃의 개화와 새의 이동을 알기 쉽게 지도로 표현한 것이 그림 9-37이다.

④ 문화재분포도

국보나 보물을 지도 위에 나타낸 것을 말하며, 이는 문화재의 종류에 따라 석조문화재, 목조문화재, 서적 및 회화, 조각 및 공예품으로 나누어 표기된다. 이들은 다시 선사시대, 삼국시대, 통일신라시대, 고려시대, 조선시대, 연대미상으로 구분할 수 있으며 색깔과 그림모양을 형상화하여 지도 위에 표기한다. 그 외에 사적, 명승, 천연기념물(동물, 식물, 광물) 등도 함께 나타낸 지도도 있으며, 고지도 중에는 그릴 당시(주로 조선시대)에는 일반적인 배치도에 불과하였으나 지금은 그 지도가 문화재의 분포상태를 알리는 중요한 자료로 활용되고 있다. 특히 고지도에 표기된 과거의 지명이나 지형 중 최근 지도에 나타나지 않는 것들은 국보나 보물보다 못하지 않다고 생각한다. 왜냐하면 그것들은 우리의 역사를 규명해 주고 잊혀진 과거를

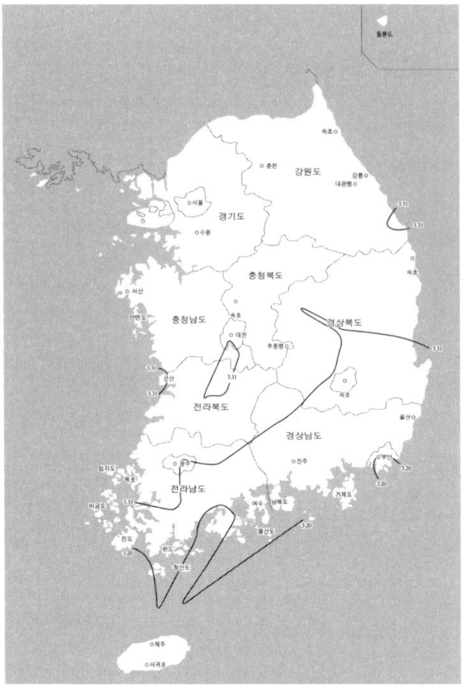

(a) 개나리 개화일

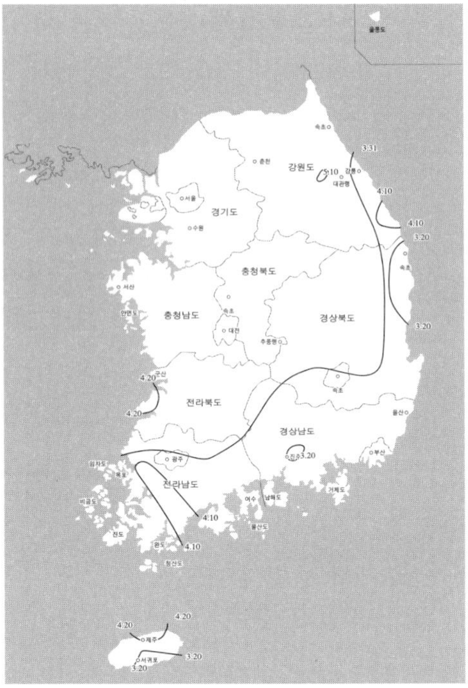

(b) 진달래 개화일

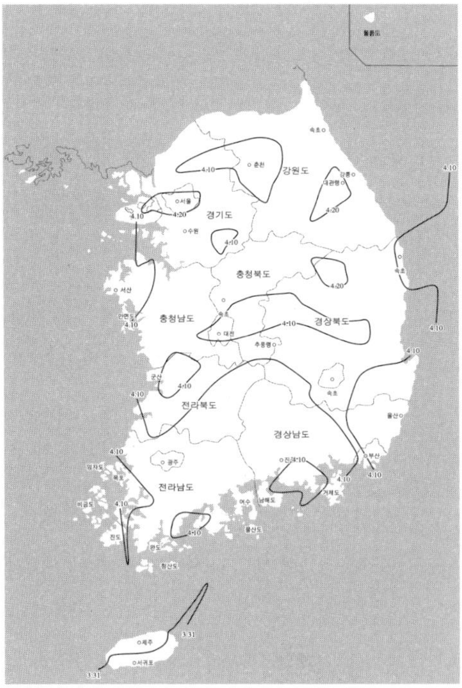

(c) 제비 처음 본 날

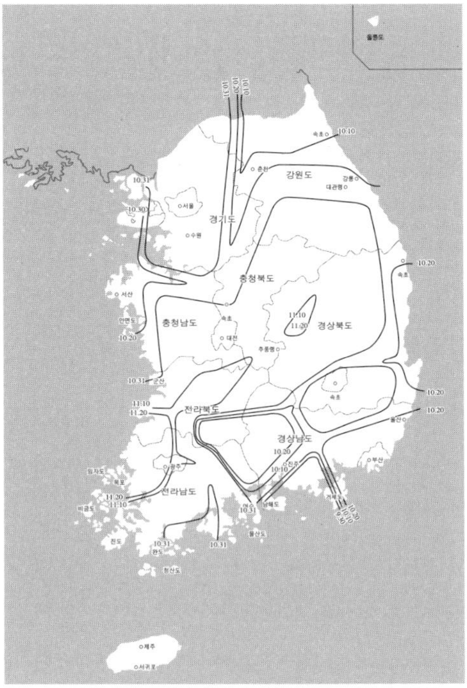

(d) 기러기 처음 본 날

[그림 9-38] 꽃과 새 처음 본 날(95. 국토지리정보원)

알려주는 중요한 역사서나 마찬가지이기 때문이다.

⑤ 지진분포도

우리나라는 대체적으로 지진이 적은 편이지만 그렇다고 안전지대는 아니다. 삼국사기에 의하면 779년에 경주에서 일어난 지진으로 약 100여 명의 사상자가 발생했다고 한다. 1905년 인천에 지진계가 처음 설치되었지만 그 동안의 자료는 미미하다. 1936년 7월 4일 지리산 쌍계사(진도5)의 지진과 1978년 10월 7일 충남 홍성(진도5)에서 발생한 지진이 비교적 규모가 컸으며 1981년 4월 15일에 포항에서 발생한 지진도 큰 편에 속한다. 1988년부터 1991년까지 사이에는 비교적 안정된 상태였으나 1992년부터 다시 활동성을 보이고 있다.

그후 1992년 15회, 1993년 22회, 1994년 25회, 1995년 34회 발생하였으며 지역적으로는 주로 포항 인근의 동해와 대전 및 중부지방, 아산만 등 서해안에서 지진이 많이 발생한다. 이와 같이 지진이 발생하였다. 이렇게 지진이 발생한 자료를 지도에 표시해 두는 것은 중요한 역사 기록이나 마찬가지이다. 이것을 '지진분포도'라 하는데 진도의 크기를 원으로 표기하여 그 규모를 표시하고 발생일자와 위치를 표현하는 게 보통이다.

3) 구역도와 지정도

① 개발제한구역도

도시의 무질서한 확산을 방지하고 도시 주변의 자연환경을 보전하기 위하여 1971년 수도권을 필두로 1977년 여수권까지 총 8차에 걸쳐 전국의 14개 도시권에 개발제한구역을 설정하여 운용중이다. 개발제한구역의 지정면적은 5,397km^2(16억평)으로 그 중 임야가 61.6%, 농지가 24.0%, 대지 1.6%, 기타 22.8%이며 건축물은 부속 건물을 포함하여 총 45만 棟이나 된다. 또 거주인구는 1998년 현재 74만 2천명(전국 인구의 1.6%)으로 구역지정 이후에 전입해 온 인구가 58만 9천명(거주인구의 79%)으로 대부분이 법이 완화될 때마다 이주해 왔고 현재 거주인구의 66%가 세입자이며 가구수는 24만 5천이다.

또 개발제한구역(Green-Belt)의 면적은 전국토의 5.4%에 해당되며 국토이용관리법에 의해 보존 · 지정된 토지(녹지)가 60%나 되어(농림지역 47.8%, 자연환경 보전지역 11.3%, 도시계획법에 의한 생산녹지지역이 1.0%) 각종 관련법에 의거 보전되는 녹지가 약 65.5%나 된다. 개발제한구역은 1:1,200 현황도에 지적 · 고시되어 관리중이며 1:50,000과 1:25,000 지형도에 초록색으로 표시하여 일반인들이 쉽게 판독할 수 있도록 나타나 있다.

[그림 9-39] 개발이냐(?) 보전이냐(?)

② 학교환경정화구역도

학교보건법시행령에 의거 초 · 중 · 고등학생들의 학교환경 위생 정화구역을 설정하는 것을 말하며 절대정화구역과 상대정화구역으로 나눌 수 있다. 절대정화구역은 학교 출입문으로부터 직선거리 50m까지이며 상대정화구역은 학교 경계선으로부터 직선거리로 200m까지 중 절대정화구역을 제외한 지역으로 한다. 학교정화구역 내의 금지조항은 학교보건법 제6조에 14개 항이 나타나 있으며 특히 주류를 판매하면서 손님이 노래를 부르는 행위가 허용되는 업소와 유흥 종사자를 두거나 유흥시설을 설치할 수 있고 춤을 추는 행위가 예상되는 업소 및 호텔, 여관 등 숙박업소의 설치는 엄격히 규제된다. 이러한 도면은 주로 지적도(지적약도)에 표시되는데 지도라고 구분하기는 곤란하지만 넓게는 규제를 위한 지도의 역할을 하고 있다.

③ 상수도보호구역도

상수원 관리규칙에 의거 상수원 보호구역의 지정, 관리 및 원수의 수질관리를 위하여 수도법에 의해 규정된 것을 말한다. 하천수 및 복류수의 경우는 유하거리 4km를 표준으로 하되 수질오염 상태, 취수비율, 주변지역의 잠재개발력 등을 고려하여 가감할 수 있다. 호소수의 경우는 상수원전용 댐이거나 1일 취수량 10만톤 이상의 경우에는 호소의 만수위선으로 하되 만수위구역 내에서 유하거리가 10km를 초과하고 집수구역 면적이 150km^{2}를 초과할 때는 취수지점에서부터 유하거리 10km를 초과하는 지역에 대해서 그 폭을 따로 정할 수 있다. 이와 같은 내용을 도면에 표시하는데 주로 1:50,000 내지 1:25,000 지형도를 사용한다. 지하수의 경우는 취수지점을 기점으로 심도, 수질, 취수량, 인접지역의 토지이용 상태, 토양의 투수계수, 지층의 구조, 지하수맥 등을 고려하여 지정한다. 학교정화구역도나 상수원보호구역도와 같이 일반 대중들이 사용하지 않고 특정인이 국지적으로 사용하는 것을 엄밀히 지도라고 표현할 수는 없으나 관련법에 의거 지도 위에 표시하는 구역도나 지정도의 일종으로 구분할 수 있다.

4) 기타 지도

① 지리부도

초 · 중 · 고등학교의 학습용 교재인 지리부도는 지도에 의해 표현할 수 있는 각종 교육자료를 우리나라편과 세계편으로 나누어 도식화한 교과서(부교재)이다. 그러므로 교재용 지도(괘도)와는 다르다. 우리나라와 세계에 대한 지도정보를 쉽게 이해할 수 있을 뿐만 아니라 이용시 알아두어야 할 사항도 수록되어 있다. 우리나라편은 국토의 이해, 자연환경, 생활공간, 경제구조, 산업현황, 국토분단, 국제화 시대, 각 지방의 생활 등으로 나누어 알기 쉽게 지도로 표현하였다. 또 세계편은 세계의 자연환경과 인문환경, 세계의 미래, 각 대륙별 지형, 자원, 종교, 산업, 기후, 언어 등을 이해하기 쉽게 도식화하여 표현한 지도책이다. 그리고 부록에는 우리나라와 세계의 각종 지리통계표가 나타나 있어 학생들뿐만 아니라 일반인들도 지리부도(또는 역사부도, 사회과부도)를 이용하면 많은 참고가 되는 책이다.

② 종교지도

- 기독교

성경(책)의 뒷부분에 그려지는 성서지도는 주로 성경에 나타나는 여러 가지 사건을 위주로 성경을 이해하는 데 도움이 될 수 있도록 지도를 이용하여 도

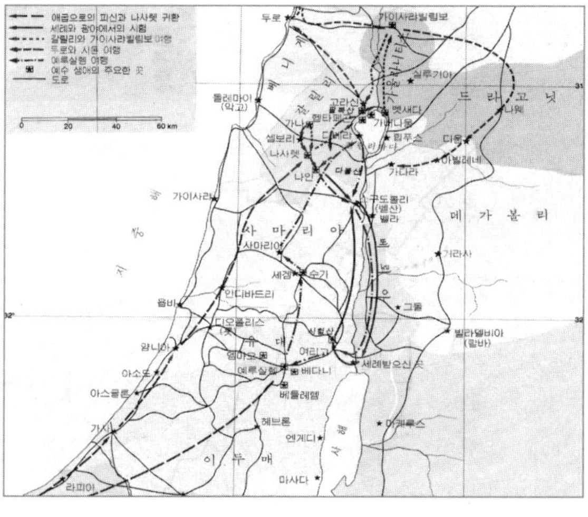

[그림 9-40] 예수의 생애와 사역(1986. 김영진. 뉴톰슨 주석성경)

식화한 것이다. 기원전 18세기경의 족장시대의 영토나 아브라함의 여정, 가나안의 정복과 분할, 이스라엘왕국, 팔레스타인시대, 앗수르제국, 바벨론제국의 영토 등이 지도로 제작되어 있다. 또 예루살렘의 평면도, 성전의 모습, 예수의 생애 및 여정, 바울의 전도여행, 신약시대의 로마제국, 성지 일대의 지형도 등이 지도로 만들어져 기독교인들이 성경을 읽고 이해하는 데 꼭 필요한 것을 지도로 제작하여 보급하고 있다.

● 불교

불교에 관한 지도자료는 기독교만큼 대중화되어 있지 않다. 대부분의 불교서적에는 불교의 발상지(석가모니의 출생지)에 관한 내용이나 석가의 고행경로를 지도로 표현하기보다는 서술로만 나타내고 있기 때문이다. 고대인도의 여러 왕조의 출현과 몰락이 불교와 관련이 많은 편이기 때문에 대부분의 지도자료는 각 왕조의 번성과 관련된 영토영역의 자료가 대부분이다. 석가모니(釋迦牟尼)는 히말라야의 소국인 사캬(Saksa: 釋迦)족의 왕자로 룸비니(Lumbini) 동산에서 태어났으며 고타마 붓다(Gotama Buddha) 또는 석존(釋尊)으로 불린다.

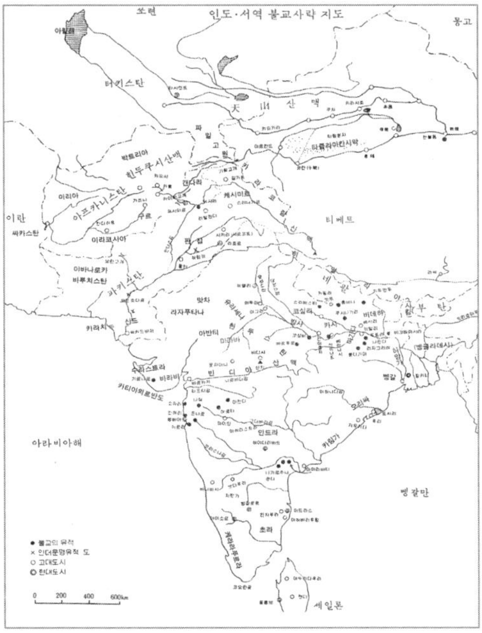

[그림 9-41] 불교의 발상지인 고대 인도의 지도
(1995, 권오민, 인도불교사)

③ 거꾸로 된 지도

모든 지도는 북방향을 기준하여 제작한다. 대부분의 중요 국가가 북반구에 있기도 하지만 지도의 투영법도 북을 기준하여 설계되었고 지구상에서는 북쪽이 모든 방향의 기준이 되게 설정되어 있다. 물론 남쪽으로 제작하지 말라는 법은 없다. 우리의 습관도 지도의 위쪽이 북이라는 고정관념 때문에 지도가 거꾸로 남쪽을 기준하여 제작된 것을 보면 우선 시각적으로 익숙치 못하여 혼란이 올 수도 있다. 그림 9-41은 회사를 홍보하기 위하여 제작된 남한 지도로서 땅 모양을 거꾸로 나타낸 지도이며 그림 9-43은 호주에서 관광객을 위하여 제작된 세계지도로 호주와 뉴질랜드를 지도의 중심상부에 놓아 그린 세계지도이다.

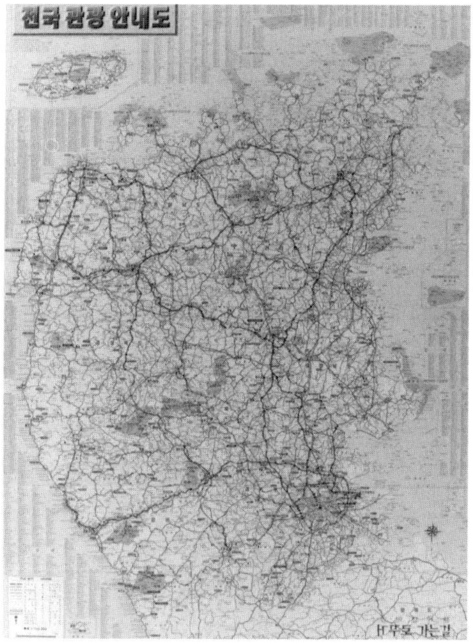

[그림 9-42] 거꾸로 된 우리나라전도

옛날 우리의 선조나 탐험시대의 기술자들이 지도를 그릴 때 남쪽을 기준으로 그렸거나 투영법을 개발한 지도학자들이 남극(점)을 기준으로 투영법을 개발하였다면 아마도 이 지도들이 비정상인 것 같은 느낌이 들지 않을 것이다. 세계지도를 그릴 때 우리나라를 아래 그림과 같이 반대로 그렸다면 해양으로 진출하고자 하는 의지가 일찍 태동하였을지 모른다. 아무튼 거꾸로 된 지도를 다른 시각에서 바라볼 필요는 없고 한 장의 흥미있는 그림으로 이해하자.

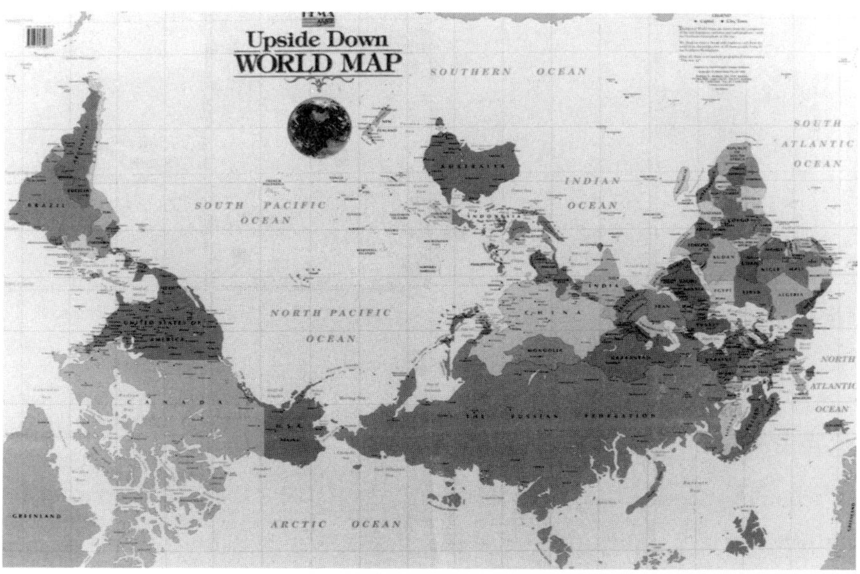

[그림 9-43] 거꾸로 된 세계지도(자료: 대구지도센타)

④ 우표지도

우표에 그려진 지도는 국가의 영역과 국가의 상징물로서 효과를 지니며 간접적으로 영토를 주장하는 중요한 수단이다. 우리나라의 독도는 일본과 영토분쟁이 끊이지 않는 곳으로 우리의 영토라는 것을 알리는 수단으로 독도를 우표에 그려 넣기도 한다. 또 우표에 표현되는 지도는 다양하게 나타나는데 지구의(地球儀)모양과 세계지도가 가장 많으며 나라전체의 지도를 표현하는 경우와 특별한 이슈가 있을 때는 부분적으로 표현하기도 한다.

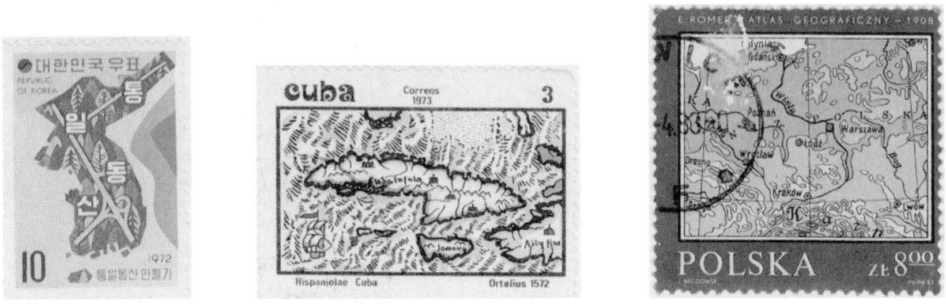

(a) (b) (c)

[그림 9-44] 우표에 표현된 지도

(a)는 1972년에 제작된 우리나라의 기념우표로 통일을 염원하는 뜻으로 고속도로망을 구성한 대한전도이다. (b) 1572년 Ortelius가 제작한 서인도제도의 큐바섬으로 바다부분을 우모식으로 나타내었으며 밑부분의 작은 섬은 지금의 자메이카이다. (c) 1908년에 만들어진 Polska(폴란드의 옛 이름)의 지도로 수도인 바르샤바(Warszawa)가 뚜렷이 나타나는 비교적 정밀한 지도이다.

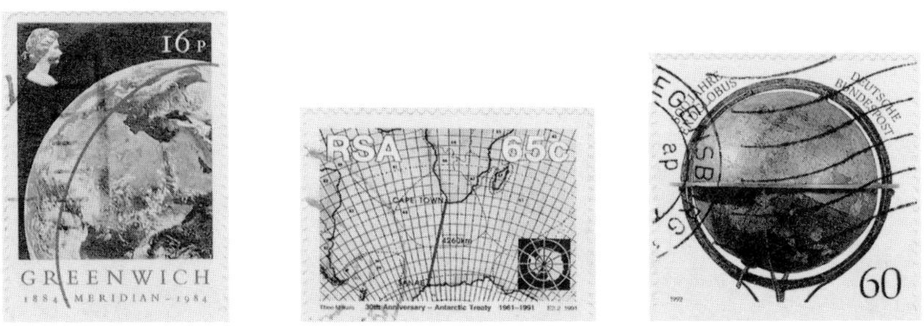

(d) (e) (f)

[그림 9-45] 우표에 표현된 지도

(d) 1884년에 영국의 그리니치(Greenwich) 천문대를 지나는 본초자오선이 제정된 100주년을 기념하여 1984년에 발행한 우표지도이다. (e) Theo Marais의 남극조약 30주년 기념으로 1991년에 발행한 우표로 남아프리카의 케이프타운에서부터 남극의 기지인 Sanae까지의 거리 4,260km를 표시하였음 (f) 1992년에 발행된 고지구본(古地球本)이 담긴 우표이다.

⑤ 로고지도

지도를 어떤 상품의 브랜드나 마크 또는 광고효과를 얻기 위한 수단으로 이용하기도 한다. 세계의 대륙 윤곽만 나타낸 세계지도는 상품을 선전하는 데 자주 이용하며 특히 지구 모양을 본 뜬 지구본이 자주 이용되는 편이다. 예를 든다면 손바

닥 위에 지구본를 올려놓고 회사를 광고하는 그림은 지구상의 모든 일이 자기회사에서 가능하다는 것을 은근히 나타내는 표현법이다. 또 회사의 심벌마크를 지구본이나 세계지도를 바탕으로 이용하기도 한다. 특히 옛날부터 각국에서는 지구모양을 이용한 여러 가지 지구로고를 만들었으며 2000년 밀레니엄을 맞이하여 지구본은 중요한 로고 대상물로 이용되고 있다.

⑥ 수첩지도

업무용 수첩인 다이어리의 뒷면에 여러 가지 참고자료와 더불어 지도가 있다. 수첩의 제작회사나 수첩의 크기에 따라 지도의 내용도 많이 다르게 표현되지만 지도의 종류는 거의 비슷하다. 맨 앞장에 대한민국전도, 그 다음이 중부지방, 남부지방, 북부지방, 세계지도, 아시아, 유럽 등 대륙별 지도가 있으며, 우리나라의 서울을 비롯하여 6개의 광역시가지 지도가 나타나 있다. 그러나 지도의 축척이 작기 때문에 세밀한 정보를 획득하기는 곤란하며 대략의 위치만 확인할 수 있는 정도이다. 1987년에 간행한 영남대학교 다이어리에는 영남대학교 박물관에 소장중인 고지도 27종이 매월 끝부분에 컬러로 인쇄되어 있어 관심있는 사람이나 학생들에게 학교(고지도)를 홍보하는 역할을 한 것도 있었다.

⑦ 노선도

도로나 철도, 항공, 선박 등 각 교통기관별로 노선을 안내하는 노선지도와 운행하는 회사별로 만든 노선지도로 나눌 수 있다. 철도는 1개사(국유철도)이기 때문에 운행주체별로 노선도가 없으며 우리나라 전체를 나타낸 철도노선도가 남한지도를 바탕으로 나타나 있다. 또 항공과 선박도 운행주체가 얼마 되지 않기 때문에 1~2장의 지도로 표현되어 있다. 그러나 도로의 경우는 고속버스와 시외버스, 시내버스 등 각 회사별로 자사 차의 운행코스만을 별도로 표기한 노선도가 만들어져 있으며 각 시 · 군 등 지방자치단체에서 외지인들을 위한 종합교통노선도(안내도)를 만들어 배포하고 있다. 그러나 아직 복잡한 시내에서의 교통안내를 위한 종합적인 노선안내도가 제작되어 있지 않아 내국인은 물론 외국인들에게도 매우 불편을 주고 있다.

⑧ 안내도(약도)

처음 가는 곳에서 어떤 목표물을 찾고자 할 때 미리 안내도를 보고 간다면 쉽게 목표하는 곳에 도달할 수 있을 것이다. 안내도와 약도는 같은 의미로 사용되며 주로 회화적 요소가 가미된 지도로 표기되는 게 보통이다. 버스터미널, 공항, 기차역, 유명관광지, 등산로입구 등에 설치되는 안내도는 개략으로 표기되기 때문에 정확한 위치를 파악하기는 곤란하다. 또 서울을 비롯한 도심의 중요 가로에도 인근의

[그림 9-46] 안내도(99. 10. 동화사진)

화진포 호수의 위치를 알리는 안내도로서 채색된 내호와 외호(715,000평)의 구분이 선명하다.

상가를 찾을 때 이용할 수 있는 부근안내도가 설치된 곳이 있다. 또는 신문이나 잡지에 상품을 선전할 때 주소와 함께 그려지는 안내도도 있지만 실제의 위치(목표)와는 다르게 되므로 사실적이지 못한 부분이 상당수 표현된다.

⑨ 위치도

주소와 위치는 같은 역할을 하지만 주소만 가지고 어떤 목표물을 찾아가기란 여간 힘든 일이 아니다. 왜냐하면 자세하게 그림으로 나타내 주는 위치도가 없기 때문인데, 설마 어렵게 찾아간다고 해도 여러 차례 물어야만 가능하다. 그러므로

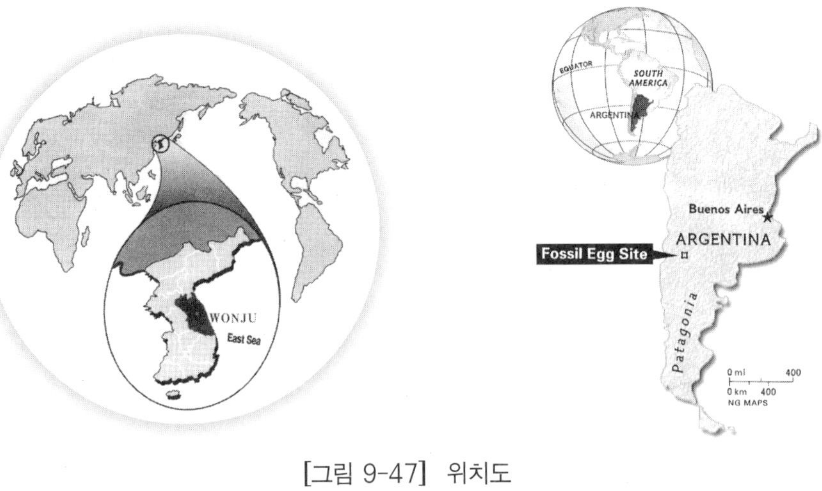

[그림 9-47] 위치도

좌측의 위치도는 세계 속에 우리나라를 표시하고 줌으로 우리나라를 확대하여 그 속에 위치한 강원도를 구분하고 강원도 내에 원주를 나타낸 위치도이다. 또 우측은 지구 속에 나타낸 남미와 아르헨티나를 나타내고 다시 아르헨티나를 크게 확대하여 지역이름(Fossil Egg Site)을 표현한 지도이다.

주소와 더불어 그림으로 나타내는 위치도가 있다면 인근의 사물을 쉽게 판독할 수 있기 때문에 빠른 시간 내에 그 지역의 위치를 기억할 수 있게 된다. 이와 같이 위치도는 어떤 목표물을 찾아가기 위한 수단으로 자주 이용되며 특히 상업적 광고효과를 낼 때 더욱 유용하게 쓰인다.

⑩ 삽도

비록 지도를 다루는 책이 아니더라도 책에는 반드시 지도가 한두 컷 정도는 들어간다. 얘기의 줄거리를 엮어갈 때 지도가 곁들여져 있으면 이해하기가 쉽고 흥미를 끌 수 있는 요인이 되기 때문이다. 신문이나 잡지도 마찬가지다. 어떤 사고나 사건현장을 자세히 글로만 표현하기 곤란한 경우에 지도를 그려 설명하면 간단하게 독자를 이해시킬 수 있을 뿐만 아니라 말이나 글로 표현하기 어려운 경우에도 지도는 무언으로 전달할 수 있는 기능을 갖고 있다. 또 지도는 시각적으로 눈에 금방 띄기 때문에 글로 표현하는 경우보다 한 컷의 삽도가 내용의 줄거리를 줄일 수 있기 때문에 훨씬 효과적이다.

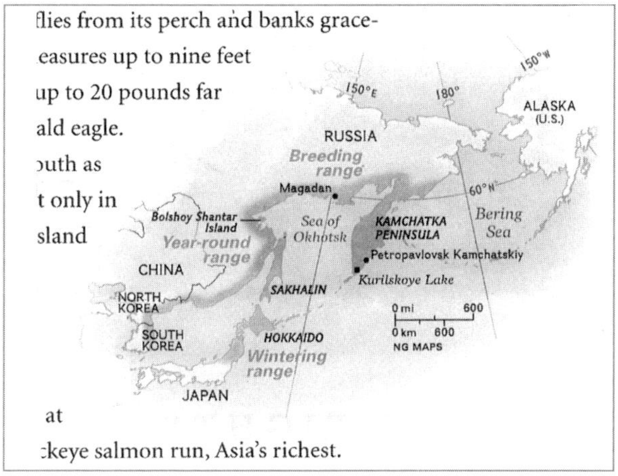

[그림 9-48] 책 속의 삽도

독수리의 이동경로를 나타낸 삽도로서 딱딱한 테두리를 없애고 본문과 함께 자연스러움을 표현한 지도이다.

⑪ 책받침지도

지도를 인쇄하여 책받침으로 사용할수 있도록 가공처리한 일종의 깔판으로서 우리나라전도, 행정교통도(남한), 세계전도, 서울시전도 등의 지도가 그려져 있다. 양면에 2종의 지도를 인쇄한 것도 있지만 한 면은 지도이고 다른 한 면에는 천자문이나 업무에 도움이 되는 문서서식을 넣어 제작하는 게 보통이다. 사무실에서는 책상의 깔판으로 많이 이용되며 거의 훼손이 되지 않기 때문에 학생들의 교재용으로도 많이 활용되는 지도이다.

제 10 장

지도의 이용과 허실

제 1 절 생활 속의 지도 이용

자동차를 가지고 지방으로 여행 갈 기회가 자주 있다. 낯선 거리나 처음 가는 도시에서는 동서남북을 판단하기도 힘든데 아무런 정보가 없다면 목적지를 찾기란 더욱 어렵다. 외국의 경우는 각 도로마다 도로의 이름이 있고 도로의 좌우에 짝홀수로 나뉘어 번지가 배치되어 있기 때문에 위치를 찾기가 수월하다. 그러나 우리나라에서는 큰 건물이나 공공기관을 보고 위치를 확인하든지 아니면 어느 골목의 ○○다방, ○○약국, ○○슈퍼 등을 목표삼아 최종 목적지를 찾아가는 게 보통이다. 이럴 때 전화로 위치를 알려준 사람이나 찾아가기 위하여 전화를 받는 사람이나 달리 방안이 없기 때문이다. 그렇다고 관청에 가서 지번도를 떼어보고 확인하기는 너무나 번거로운 일이다. 그러므로 반드시 차에 있는 지도를 목표물을 확인하고 출발하는 습관을 기르는 것이 중요히다.

1. 지도보기

1) 지도를 보자

출발점에서 어느 목적지까지 가는 데 어느 곳을 경유해서 어떻게 가면 빠르고 정확히 갈 수 있는지 판독하기 위해서는 지도를 보아야 한다. '지도를 본다' 는 것은 지도에 표시된 각종 기호와 색깔, 형태, 좌표 등을 파악해야 할 뿐만 아니라 지도를 이해할 줄 알아야 한다. 이때는 지도를 본다라는 의미보다 '지도를 읽는다' 라고 표현하는 게 바람직하다.

지도를 읽기 위해서는 지도에 표기된 기호들을 이해해야 되며, 이들 기호는 면기호, 선기호, 점기호로 나눌 수 있는데 각 지도에 '범례' (key to map) 혹은 '찾아보기' 란 말로 표시되어 있다. 지도를 잘 읽으려면 범례를 충분히 파악하고 지도 보는 습관을 길러야 한다. 지도는 우리에게 유익한 정보를 제공해 주는 매체이다. 최근에는 개인업체에서 여러 종류의 도로, 교통에 관한 안내지도를 제작하여 판매하고 있기 때문에 지도의 구입이나 자료의 획득은 어느 때보다도 손쉬운 편이다. 뿐만 아니라 정유회사, 보험회사 또는 잡지사에서도 지도를 무료로 나누어 주고 있다. 유료든 무료든 차를 소유하고 있는 대부분의 사람들은 홍수같이 쏟아지는 지도를 1권(1장) 이상은 가지고 있다.

[그림 10-1] 지도보기(이정표출판사)

길을 찾기 위하여 만들어진 지도는 크게 지도책(Atlas)과 원지지도(1장으로 된 낱장지도), CD 지도로 나눌 수 있다. 우리나라에서 가장 먼저 제작된 지도책(Atlas)인 「한국도로지도」를 비롯하여 약 20여 종 이상이 제작되어 있으며 전지 1장으로 된 낱장지도도 지도의 명칭만 약간 다를 뿐이지 유사한 이름의 지도가 많이 제작되어 있다. 이러한 지도를 1장(권)이라도 가지고 있다면 위치를 찾아가기 전에 반드시 미리 읽는 습관을 길러야 한다. 지도책(atlas)은 보관과 휴대가 편리한 대신 판독을 할 때 상하좌우의 페이지를 연결해 보아야 하기 때문에 판독이 까다로운 편이며 반면에 축척이 크기 때문에 지도의 내용이 세밀하고 시가지에는 '대표지번'이 기록되어 있어 찾고자 하는 목표물에 쉽게 접근이 가능하다. 그러나 1장으로 된 원지지도는 한눈에 전국 혹은 도별로 판독하기는 용이하나 접었다 폈다 하는 번거로움이 있어 지도가 빨리 손상될 뿐만 아니라 축척이 작기 때문에 중요한 사상이 많이 생략되어 있는 단점이 있다. 또 요즈음에는 컴퓨터의 대중화로 CD 지도와 인터넷으로 지도탐색이 가능하다. 이것은 목표물이나 지명, 시설명을 선택적으로 탐색하고 저장이 가능하며, 주행 예정경로를 따라 모의 주행시험을 할 수 있으며 지도상에서 거리의 측정은 물론 프린트로 출력도 할 수 있다. 이렇게 지도를 쉽게 구해 볼 수 있는 기회가 많기 때문에 목적지로 향하기 전에 반드시 한번쯤 지도를 확인하고 출발하는 습관을 기르는 것도 생활의 지혜라고 생각된다.

【 대표 지번 】 축척이 큰 시가지 도로교통지도의 경우에 지도의 사상들이나 목표물 또는 지명이 복잡하지 않은 빈 공간에 인근을 대표할 만한 지번을 군데군데 기록하여 이용자가 쉽게 목표물을 찾을 수 있도록 번지수(지번)를 기록한 것을 말한다.

2) 지도의 이용

열병합발전소를 건설한다고 해도 계획구상에 필요한 지도를 비롯하여 각종 인허가서류에 첨부되는 지도는 일일이 열거할 수 없을 정도로 많고 다양하다. 2002년에는 월드컵 경기가 열렸다. 운동시합을 하는데 왜 지도가 필요할까? 경기장을 안내하는 위치도를 비롯하여 숙소와 관광지, 부대시설의 안내를 위한 지도는 필수적이며 경호원들이 사용하는 경호용 지도, 세계 속의 한국을 알리는 홍보용 책자에도 지도(삽도)가 들어갈 것이며, 곳곳에 세워지는 시가지의 대형 안내판에도 지도가 필수적이다. 이렇게 지도는 다양한 모양으로 산업체 전반에 걸쳐 이용되고 있다. 특히 국가 간의 영해를 결정할 때나 배타적 경제수역 조정회의를 할 때는 지도가 그 회의의 중추적인 역할을 한다.

우리는 TV에서도 매일 지도를 한두 번 접한다. 일기예보를 들을 때나 다른 나라의 사건사고를 들을 때도 반드시 지도가 이용된다. 더구나 전쟁이 난 지역에서 지도는 전쟁물자나 소모품이 아니고 살상무기나 마찬가지이다. 왜냐하면 극비사항이 담긴 지도를 분실하여 전 병력이 몰살당하는 경우도 있으며 포로로부터 획득한 지도 한 장이 상대방의 진지를 파악할 수 있는 계기가 되기 때문이다. 이와 같이 지도는 어떤 사물을 설명하기 위한 보조자료로뿐만 아니라 회의의 주역이 되어 중요한 역할을 하기도 하고 상대방을 곤경에 빠뜨리기도 하는 등 우리의 일상생활 속에서 중추적인 역할을 하고 있다. 또 지도는 지구 속의 각 나라의 위치는 물론 내가 사는 동네의 위치까지 알려줄 뿐 아니라 여러 가지 방대한 자료들을 가지고 있다. 이렇게 지도 속에 포함된 자료를 읽어낼 수 있는 능력이 있다면 생활에 편리하게 이용할 수 있다. 이를 위하여 지도의 도식과 기호화된 자료를 보는 일을 귀찮게 생각해서는 안 된다. 서양 사람들은 지도를 가지고 다니면서 현지의 지형 · 지물과 비교하는 것이 습관화되어 있다. 또 지도는 지형 · 지물에 대한 인식이나 판독뿐만 아니라 학술조사나 연구를 할 때도 유용하게 활용되고 있다.

그러므로 지도는 '약방에 감초'와 마찬가지다. 감초(甘草)는 한방에서 다른 약제들의 약리작용을 순하게 하는 데 사용되는 약용식물로써 한약제에 들어가지 않는 곳이 없다. 지도도 마찬가지다. 지도는 주로 부동산이나 건설 관련 사업에 많이 이용되지만 우리의 일상생활에 걸쳐 이용되지 않는 곳이 없다. 또 애정물의 소설책이 아니고서는 지도가 한두 컷 들어가지 않는 책도 없다. 이는 지도가 어떤 형태로든 각종 서적에는 삽도로, 민원서류에는 위치도나 안내도로, 대규모 프로젝트에서는 계획도나 설계도로 이용되기 때문에 감초와 같은 역할을 한다고 생각한다.

3) 가치 있는 경험

지도의 역할 중 가장 중요한 것은 위치를 판독할 수 있는 정보를 제공해 주는 것이라고 할 수 있다. 이것은 지도이용자가 평소에 잘 알고 있는 장소는 물론, 낯선 장소를 찾아갈 때도 길잡이 역할을 해주기 때문이다. 뿐만 아니라 한 번도 가보지 못한 곳일지라도 지도를 펴놓고 보면 그 지역에 대해 간접적으로 경험을 할 수 있다. 어떤 지역으로 출발하기 전에 미리 그 지역의 지도를 펴놓고 확인한 후 출발한다면 그곳에 도착했을 때 거리에 붙어 있는 이정표나 도로안내표지판이 지도를 본 경험의 결과로 머리 속에 쉽게 기억날 것이다. 이와 같이 어떤 지역의 지리상황에 대하여 지도를 보고 미리 머릿속에 기억해 둔다면 가치 있는 경험으로 기억될 것이고 길을 헤메는 일들이 점점 줄어들 것이다. 그러나 어떤 이는 이런 경험을 쉽게 잊어버리며 전혀 기억을 못 한다던가 알송달송하다는 표현으로 경험의 기억을 되살리지 못하는 사람도 있다. 우리는 이런 사람을 '길눈이 어두운 사람'이라는 표현으로 웃어 넘긴다. 이런 사람일수록 지도를 읽는 법을 익히고 목적지로 출발하기 전에 미리 그 지역이 나타나는 지도로 지리를 기억해 둔다면 점점 나아질 것이다. 왜냐하면 머리 속에 기억을 한 다음 현지에 가서 확인한다면 찾는 위치가 지도를 본 경험으로 기억될 것이고 차츰 지도를 보는 눈이 좋아질 것이기 때문이다. 그렇게 된다면 길눈이 어두운 사람이라고 불리지 않을 것이고 지리를 익혀가는 데 자신감이 생길 것이고 가치 있는 경험으로 머릿속에 차차 남을 것이다.

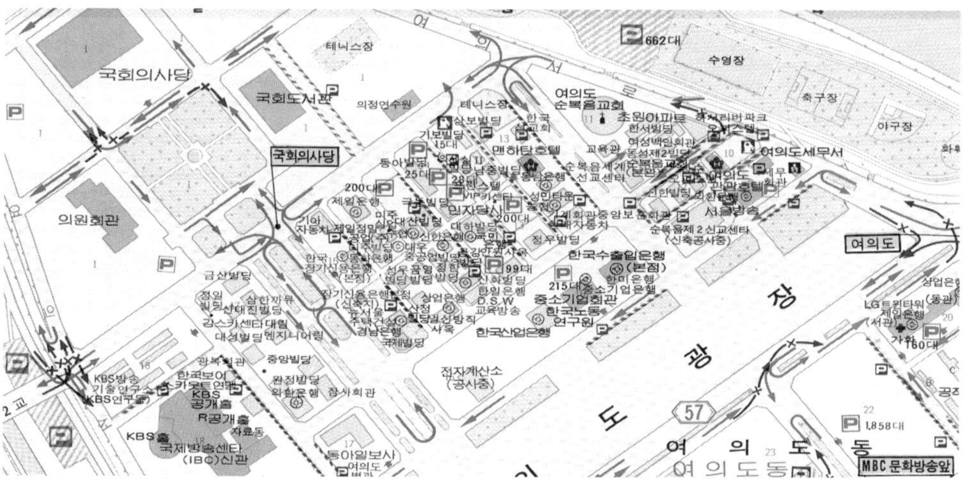

[그림 10-2] 시가지 도로교통안내도(자료: 대구지도센타)

2. 목적지 찾기

1) 지도의 색인

① 일반 지도의 색인

대부분의 도로교통지도나 세계지도첩(Atlas)에는 그 지도를 이해하고 위치를 찾는 데 도움이 될 만한 색인(index)이 있다. 특히 세계지도첩의 경우는 생소한 지명이 워낙 많기 때문에 색인의 분량이 지도보다 많은 경우도 있으며 우리나라의 경우는 가, 나, 다순으로 표기하며 외국의 경우는 A, B, C의 순으로 표기하는 게 보통이다. 아래 그림은 외국 지도책에 표기된 것으로 위치 찾는 방법을 예시한 것이다.

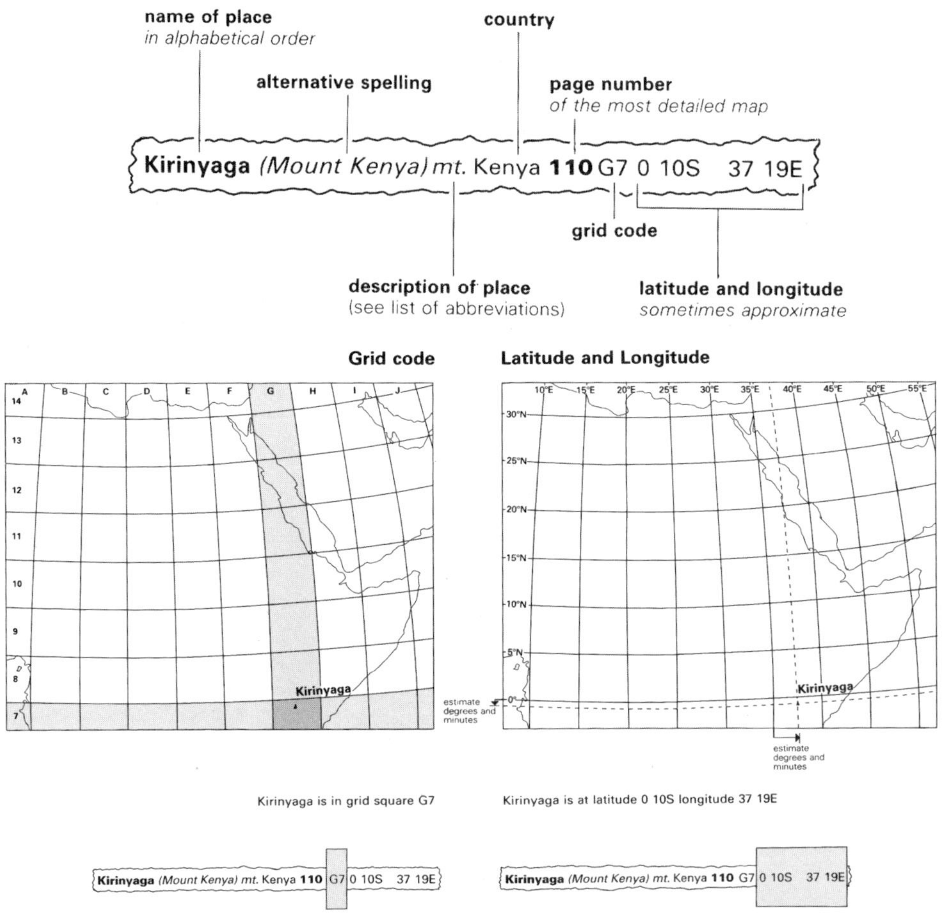

[그림 10-3] 색인 보는 방법

아프리카 케냐의 Kirinyaga의 지명을 찾기 위하여는 지도의 110 페이지를 편 다음 격자번호(grid code)인 「G」와 「7」으로 찾든가 경위도인 「0 10S」, 「37 19E」에 의해서 확인할 수 있다.

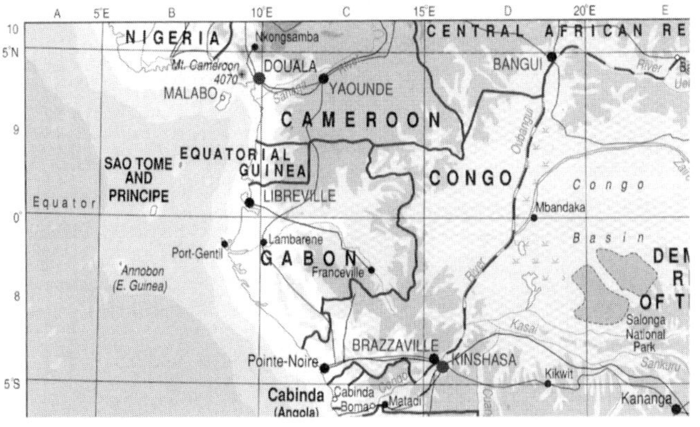

Kingston **5 C2** 45.20S 168.43E
Kingston, Jamaica **57 J5** 18.07N 76.41W
Kingston, St Vincent **61 I9** 13.16N 61.07W
Kingston-upon-Hull **39 D2** 53.45N 0.20W
Kingstown **57 M4** 13.12N 61.14W
Kinshasa **48 D8** 4.18S 15.18E
Kintamani **28 R14** 8.14S 115.20E
Kinyeti, Mt. **47 K2** 3.56N 32.52E
KIRIBATI **21 M6**
Kiritimati, island **21 N7**

G

Gabes **46 G8** 33.52N 10.06E
GABON **48 C8**
Gaborone **48 F4** 24.45S 25.55E
Galan, Mt. **61 H1** 26.00S 66.50W
Galapagos Islands, dependency **60 C7**
Galdhopiggen, Mt. **39 F4** 61.38N 8.19E
Galle **33 G1** 6.01N 80.13E
Galveston **56 F7** 29.16N 95.01W

[그림 10-4] 세계 지도첩의 색인(1998. Auckland Street Directory. Minimap Ltd)

만약 지도에서 가봉(Gabon)을 찾는다면 지도의 뒷부분에 있는 색인을 먼저 보라. 알파벳의 「G」부분에 나타난 가봉을 찾을 수 있을 것이다. 여기에서 고딕으로 된 「48」은 지도의 페이지를 나타내고 「C8」은 경위도선에 따라 구분된 격자의 구획을 표시한다. 그리고 도시이름인 킨샤사(Kinshasa)를 찾을 때도 마찬가지다. 색인에 나타난 킨샤사를 찾으면 「48」과 「D8」은 위와 마찬가지이고 「4.18S」는 남위 4° 18′의 뜻이고 「15. 18 E」는 동경 15° 18′ 이란 뜻으로 킨샤사의 경위도위치를 나타낸 것이다.

② 시가지도의 색인

시가지 도로지도의 경우는 보통 1km 간격으로 나누어진 격자(grid)를 기준하며 이들 격자의 표시는 상하좌우에 영문자 또는 아라비아숫자로 구분하는 게 보통이다. 이것도 세계지도첩에서 찾는 요령과 거의 비슷하지만 사각형 격자 내의 가운데를 기준으로 방향을 표시하는 것이 조금 다르다. 그러므로 세계지도첩에서는 찾고자 하는 도시나 목표물의 위치가 격자코드 또는 경위도로 표시되어 있지만 시가지 도로지도에서는 방향(동서남북)을 파악할 수 있도록 되어 있다. 만약 Howell이라는 도로를 찾는다고 가정하면 위의 방법대로 「49」페이지에서 「S」와 「18」을 찾은 다음 「NE」방향으로 보면 Howell이라는 도로를 발견할 수 있다. 지도에서 4가지 방향을 설정해 두었는데, 「NE」는 북쪽과 동쪽 사이를 말하며 「SE」는 남쪽과 동쪽 사이를 가리킨다. 「SW」는 남쪽과 서쪽을, 「NW」는 북쪽과 서쪽 사이를 가리키며 이러한 방향은 격자의 가운데 지점에 내가 서있다고 가정하고 방향을 생각하면 된다. 또 Waikowhai 중학교를 찾는다고 가정하면 지도책의 뒷부분에 있는 색인도에서 중 학교부분을 찾은 다음 위와 같은 방법으로 「페이지」와 「S」「19」의 격자 내에서

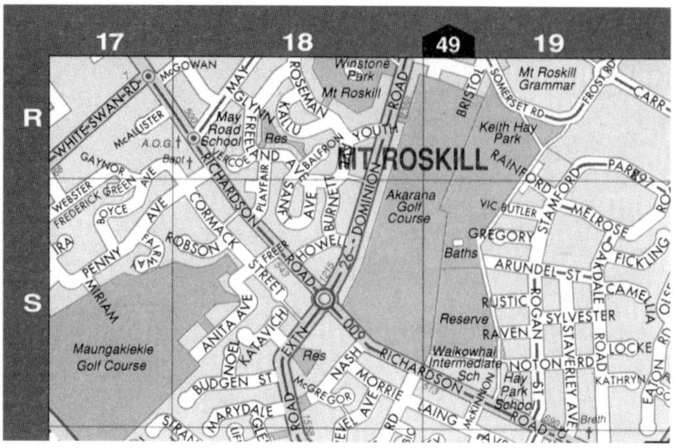

HOWDEN ST WAIUKU .... 77 E 2 SW
HOWE ST
  FREEMANS BAY .... 3 E 7 SE
  HOWICK .... 54 Q 35 NE
HOWELL CRES MT ROSKILL ...... 49 S 18 NE
HOWLETT ST WATERVIEW .... 48 M 15 NW
HOYA PL HENDERSON .... 38 L 9 SE
HOYLAKE PL WATTLE DOWNS ... 72 H 31 SW
HUAPAI ST ONEHUNGA .... 50 R 23 SW
HUBER ST CLENDON .... 71 G 29 SW

VAUXHALL SCHOOL .... 36 F 24 NE
VERRANS RD SCHOOL .... 34 D 16 NE
VICTORIA AVENUE SCHOOL .... 42 L 24 SW
VIEW RD SCHOOL .... 77 E 1 SE
VISCOUNT SCHOOL .... 66 X 23 SW
WAIKOWHAI
  INTERMEDIATE SCHOOL .... 59 S 19 SW
WAIKOWHAI SCHOOL .... 59 T 19 NW
WAIRAU
  INTERMEDIATE SCHOOL .... 30 Y 19 SE
WAITAKERE COLLEGE .... 38 L 8 NW
WAIUKU COLLEGE .... 77 E 1 SW
WAIUKU SCHOOL .... 77 F 2 SW

[그림 10-5] 시가지도로지도의 색인(1998, The Reed Atlas of the NZ & World)

남서(SW)방향으로 보면 학교를 찾을 수 있다. 학교, 강, 산, 공공기관, 병원, 대학 등 공공성이 있는 중요 목표물은 별도의 색인도로 나타나 있다.

2) 나침반의 이용

① 나침반의 역사

지금부터 약 4500년 전, 중국인들은 물에 떠있는 나무토막에 천연자석이 놓여 있을 때 항상 같은 방향으로 회전한다는 것을 발견하였다. 이 간단한 관찰로부터 자기(磁氣)를 띤 가늘고 긴 철조각이 어떠한 방향으로든 회전축 위에서 균형을 이루며 자유롭게 돈다는 것을 알게 되었다. 또한 다른 역사학자들은 천연자석의 독특한 특성에 대한 지식을 이미 그리스인들이 알고 있었다고 주장하기도 한다. BC1000년경에 아랍상인과 바이킹들은 그들의 범선에 자석이 딸린 나침반을 사용한 일이 있었다고 한다. 그러나 이러한 나침반이 모든 사람들에게 알려지기까지는 많은 시간이 필요하였다. 나침반은 중세의 수도사인 Alexander Nerckam의 저서에서 그 내용이 간략하게 기술되었지만, 13세기까지는 서구 문명사회에서 폭넓게 알려지지 않았다. 그 후 나침반은 신대륙의 발견 등 항해용으로 많이 이용되어 오다가 오늘날에는 렌즈식 나침반, 팔목나침반, 포병나침반, 실바나침반 등으로 발전되어 왔다. 그 중 실바나침반은 주로 산악용으로 많이 이용되는데 나침반 제조회사인 스웨덴의 Silva社에서 제작한 데서 그 이름이 유래되었다. 그래서 지금은 실바(Silva)사에서 제작하지 않은 이런 종류의 나침반 모두를 '실바나침반'이라고 부르고 있다.

② 일반 나침반의 이용

나침반(羅針盤: Compass)을 사용하여 방위 또는 방위각을 관측하고 측정하는 것은 측량기(transit)만큼 정확한 결과를 얻을 수는 없지만 국소인력(局所引力: local attraction)이 없는 곳에서는 상당히 신속하게 방향을 판단할 수 있다. 나반을 사용하여 측선 AB의 자방위를 관측할 때는 A(또는 AB선상의 어떤 점)에 나반을 세우고 이것을 수평으로 하여 자침을 풀어 첨축을 위에서 내리게 하면 양 시준판을 지나 측선의 하단이 지시하는 눈금을 읽어 방위를 얻을 수 있다.

자침은 항상 나반 부근에 있는 철, 강구조물, 어떤 종류의 철광석, 전류 등의 작용을 받기 때문에 주위를 잘 살펴야 한다. 이를 간단히 검사하려면 측선의 양단 또는 중간점의 두 장소에서 자방위를 관측해 본다. 만약 이들 양방위가 일치하면 그 부근에 지구자기 이외의 자력, 즉 국소인력이 없는 것이라 볼 수 있지만 일치하지 않으면 국소인력이 있기 때문에 그 원인이 존재하는 것을 발견하여 자방위에 보정을 하든지 영향이 없는 곳으로 장소를 옮겨야 할 필요가 있다. 위치 파악뿐만 아니라 토지의 면적이나 형상을 파악하기 위한 수단으로 정밀한 측량기를 이용하지 않고도 나반을 이용하면 정확도는 떨어지지만 간편하게 방향과 위치를 측정할 수 있다.

우리 선조들은 향(방위)을 정할 때 자(子: 0°, 360°), 축(丑: 30°), 인(寅: 60°), 묘(卯: 90°), 진(辰, 120°), 사(巳: 150°), 오(午: 180°), 미(未: 210°), 신(申: 240°), 유(酉: 270°), 술(戌: 300°), 해(亥: 330°) 등 12지(支)로 나타내었는데, 이때 나침

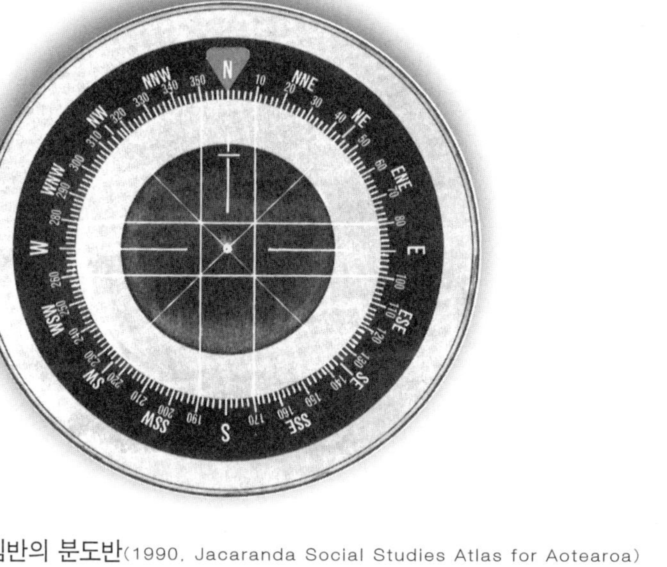

[그림 10-6] 나침반의 분도반(1990, Jacaranda Social Studies Atlas for Aotearoa)

반에서는 30° 씩의 간격을 의미한다.

③ 실바나침반의 이용

현대적인 실바나침반(silva compass)의 원형은 1928년 스웨덴의 오리엔티어인 '거나 틸란드(Gunnar Tillander)' 가 디자인한 것이 처음이었다. 그는 액체가 채워진 캡슐형태의 최초의 실바컴퍼스를 만들었는데 이때부터 방향찾기에 획기적인 전기가 마련되었다. 오늘날에는 사파이어(sapphire) 보석으로 장식된 축(軸) 받침에 고정된 강철바늘과 특수기름을 채운 형태의 개선된 나침반으로 변하였는데 이것은 100년 전에 비하면 탐험가들에게 많은 신뢰성과 정확성을 제공해 주는 계기가 되었다.

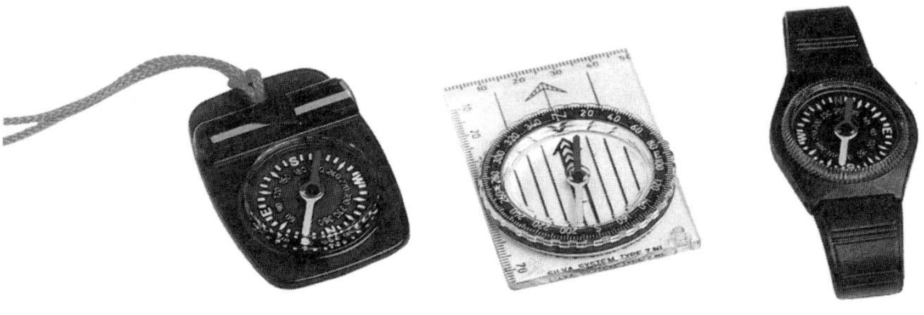

[그림 10-7] 실바나침반의 종류

만약 당신의 손에 지도가 없이 나침반만 있다면 원하는 방향을 찾아갈 수 있을까? ㉠ 먼저 여행하려는 루트를 따라 지표(landmark)를 선택하자. 지표는 멀리 있는 산정이나 독립수, 바위, 계곡 등 특징 있는 목표물을 이용하면 된다. 나침반을 손위에 수평으로 놓고 처음 선택한 지표를 향하여 travel arrow의 방향을 지정하자. ㉡ 적색바늘 끝이 N에 정치될 때까지 나침반의 분도반을 돌리자. 이때 분도반(인덱스)에서 확인한 각도를 읽고 방향을 익혀 두자. ㉢ 나침반의 바늘이 N에 정치된 상태로 처음 본(읽은 각도) 지표를 향하여 걸어가자. 그런 후 숲속이나 골짜기로 내려가더라도 처음 본 지표(목표물)에 도달할 것이다. 단 최종 목적지에 도달할 때까지 이 과정을 반복해야 한다.

만약 어떤 여행에서 각도만으로 방향이 주어졌다면, 그 각도만큼 방향을 돌려서 찾아갈 수 있다. ㉠ 먼저, 주어진 각도를 맞춘 다음 travel arrow의 방향으로 나침반의 적색바늘의 끝이 N에 정치할 때까지 몸을 돌려라. 그러면 목표하고 있는 여행방향에 서있게 될 것이다. ㉡ 그런 다음, 그 직선 방향에 나타난 특정한 지표를 인지하고 이동해야 한다. 목적지에 도착할 때까지 이 과정을 반복하면 처음 주어진 방향으로 가게 될 것이다. 예를 들어 설명하면 자북방위각이 50° 라면 분도반

[그림 10-8] 분도반과 몸을 돌린다

의 틀을 돌려 50°에 맞추고 진행화살표(travel arrow)가 가슴 앞쪽이 되게 선다. 몸을 서서히 돌려 자침의 북쪽과 나침반의 화살표가 가리키는 방향으로 전방의 목표물을 익히고 그 연장선상으로 진행하면 된다.

또 출발점으로 되돌아오기 위해서는 ㉠ 내가 서있는 쪽으로 travel arrow의 방향을 가리키게 하고 나침반의 적색바늘 끝을 N과 정치시켜 backtrack한다. ㉡ 나침반의 다이얼에서 N과 바늘을 재일치시키고 반대편의 새로운 지표를 선택하자. 처음 출발점으로 되돌아올 때까지 이 과정을 반복해야 한다. 이때도 진행한 각도가 50°라면 나침반과 몸 전체를 180° 돌려서 북방지시 화살표의 북쪽과 자침의 남쪽(흰바늘)을 겹치게 할 때 그 방향이 출발점의 방향이 된다.

[그림 10-9] 자북점과 자북선 긋기

④ 실바시스템 1-2-3

실바나침반을 이용할 때 지도가 함께 있다면 더욱 그 효과를 기대할 수 있다. 실바컴퍼스는 도보여행자나, 모험가, 탐험가들에게 가는 방향을 알기 위한 방법과 되돌아오는 방법을 알기 위하여 반세기 이상 사용되어 왔다. 그 중에 특히 '1-2-3단계의 실바시스템'이 세계적으로 폭넓게 사용되어 왔는데, 당초에는 군인들의 교육에서 처음 시도되었으나 그 조작방법이 간단하여 지금은 방향을 찾기 위한 방법으로 광범위하게 이용되고 있다. '실바시스템 1-2-3단계'는 ㉠ 출발하고자 하는 장소와 목표하고 있는 도착지(가고자 하는 곳)를 연결하는 선을 지도 위에 그은 다음 그 선에 평행하게 실바컴퍼스를 (a)와 같이 올려놓는다. ㉡ 지도상에서 N이 자북(MN)에 정렬될 때까지 나침반 다이얼을 돌려 방향을 맞춘다. ㉢ 일직선으로 된 travel arrow의 방향으로 몸을 돌려 지표(목표물)를 맞춘다. 이때 적색바늘의 끝을 N쪽으로 맞추고 화살표와 일직선으로 겹쳐질 때까지 몸을 돌려야 한다. 그러면 travel arrow의 방향이 가고자 하는 목적지를 향하여 정확하게 정치되어 있다. 이때 지표를 보고 이곳으로 걸어가는데 목적지에 도착할 때까지 이 과정을 반복해야 된다.

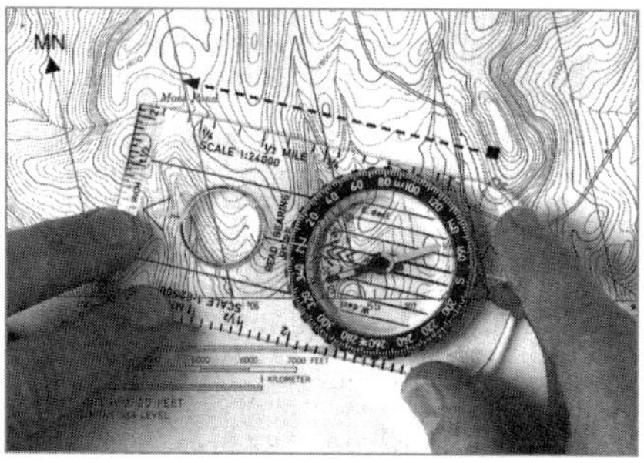

(a) 목적지 방향으로 나침반 정치

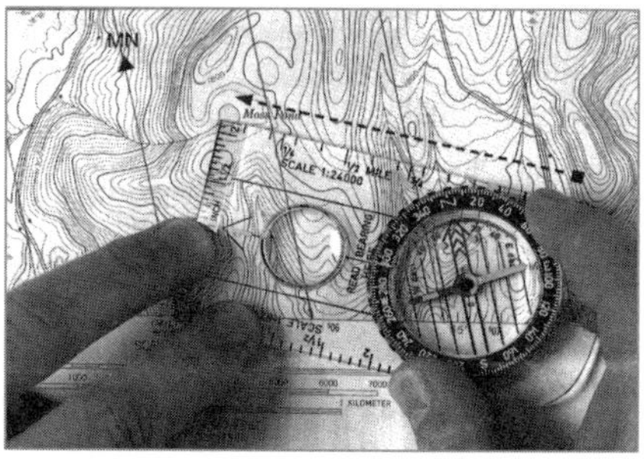

(b) N의 정치 후 분도반의 각도 파악

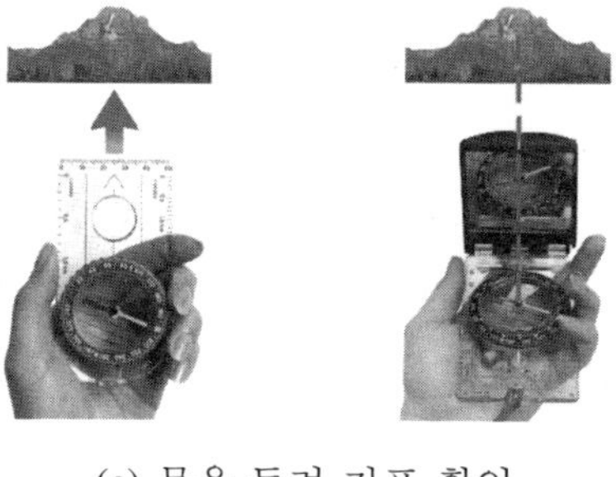

(c) 몸을 돌려 지표 확인

[그림 10-10] 실바시스템 1-2-3

⑤ 후방교회법

만약 숲속에서 길을 잃어 버렸다고 상상해 보자. 아무도 없는 숲속에서 점점 어두워지고 예상밖의 억수같은 비가 내리고 머리를 돌려 주위를 돌아봤을 때 사방에는 아무것도 보이지 않는다면 아마도 당신은 길을 잃어 버렸을 것이다. 이것은 언제 어디서나 쉽게 일어날 수 있는 일이다. 그렇다면 당신은 빠져나가는 길을 찾아야 한다. 어떻게 빠져나갈까? 나무에서 자라는 이끼를 찾을까? 어두워질 때까지 기다려서 빛나는 별을 관찰할까? 아니면 단순히 구조대를 기다릴까? 순간적으로 여러 가지 생각을 할 것이다.

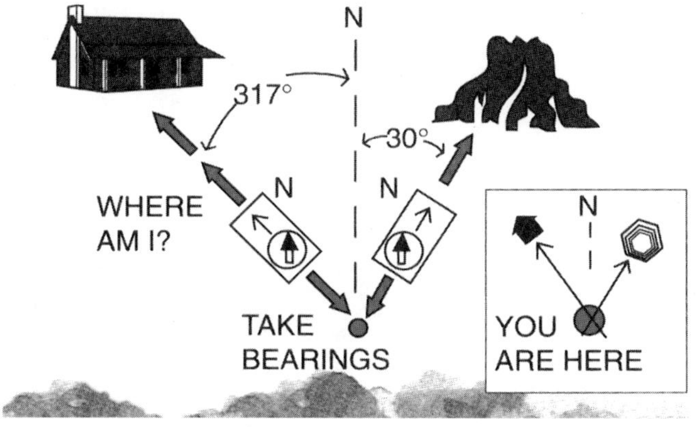

[그림 10-11] 나의 위치는?

당신은 분명 넓은 숲속의 한쪽에 머물러 있으며 그 장소가 어디인지 확신하지 못하고 있다. 이때는 후방교회법을 이용하면 내가 서있는 위치를 알 수 있다. ㉠ 먼저 두 개의 지표를 선택하고 지도에서 이들을 찾는다. ㉡ 각각의 지표를 향하여 travel arrow의 방향을 가리키게 하고 적색바늘의 끝이 다이얼상에서 N을 가리킬 때까지 나침반 다이얼을 회전시킨다. 그런 다음 나침반의 분도반(分度盤)에서 방위각을 읽자. ㉢ 지도 위의 목표물에 나침반의 긴 변 앞쪽을 대고 나침반을 돌려 자북선과 북방지시선이 평행하도록 맞춘 후 긴 변을 따라 선을 긋는다(이때 자침의 방향은 무시). 이때 두 선이 만나는 교차점이 지도상의 자기위치가 된다.

3) 오리엔티어링

등산이나 산악훈련을 해본 사람들은 어느 정도 지도를 읽는 습관이 몸에 배어 있다. 그러나 대부분의 보통 사람들은 지리를 잘 아는 가이드의 안내를 받아 산행을 하거나 단체로 산을 오르기 때문에 혼자서 지도를 보면서 목표물을 찾아가는 일이 거의 없다. 자기 혼자 지도와 나침반을 들고 산 속의 여러 지점을 통과하여 최종 목적지까지 정해진 시간 내에 찾아가는 것을 오리엔티어링(orienteering)이라 한다. 줄인 말로 OL이라고 하며 이것은 독일어의 Orientierungs Lauf에서 유래되었으며, 우리말로 표현하면 '방향 정하고 달리기' 또는 '목표 정하고 달리기' 라고 할 수 있으며 유럽에서는 인기 스포츠의 일종으로 확산되고 있다. 스웨덴의 장교전투 훈련 프로그램에서 비롯된 OL은 서구에서는 대중화된지 오래되며 특히 북유럽에선 초 · 중 · 고의 필수과목으로 채택되어 있다.

오리엔티어링은 지도와 나침반을 이용하여 목표지점까지 도달하는 매력적인

[그림 10-12] 오리엔티어링의 모습

스포츠이다. 지금은 세계적으로 인기를 얻고 있으며 세계적인 championship game이 매년 활발하게 개최되고 있다. 참가자들은 숲속에 표시된 황색과 백색깃발로 지정된 체크포인트를 찾아야 한다. 출발점에서부터 목표점까지 최적의 루트를 얻기 위하여 지도와 나침반(silvacompass)을 사용하는데 종종 더 빨리 달리는 다른 경쟁자와 치열한 경쟁을 띠기도 한다.

① 오리엔티어링 경기

모든 것을 혼자서 결정하여 목표물을 찾아가는 OL은 코스를 빨리 판단할 수 있는 머리와 강건한 체력이 뒷받침되어야 한다. 숲속에는 길이 없다. 지도를 보고 인근의 지형 · 지물과 식생상태를 빨리 파악해야 되며 무수히 많은 코스 중에 자기에게 가장 적합한 코스를 선택하는 것이 중요하다. 한정된 시간 내에 목표지점에 도달하기 위하여 시간을 단축할 수 있는 코스를 선택해야 한다. 시간을 단축할 수 있는 코스는 계곡과 능선을 가로지르는 불확실한 코스이지만 길을 잃지 않고 정확히 갈 수 있는 코스는 시간이 좀 많이 걸린다. 이럴 때 과연 어느 코스로 가야할 지 순간적으로 결정을 해야 되는 것이 얼마나 어려운가? 시간은 자꾸 가고 뒤에서는 자기보다 늦게 출발한 경기자가 따라와서 급히 추월해 가는데 혼자만 우두커니 서서 방향결정을 못 한다면 정말 난처하지 않을 수 없다. 숲속에서 통과지점을 잘못 찾아 엉뚱한 데를 헤매거나 힘들게 왔던 길을 되돌아가야 하는 경우가 허다하다. 시간은 가고, 가시나무에 찔리고, 덩굴에 발이 걸려 넘어지고, 진흙수렁에 발이 빠지고, 찾아가야 할 지점은 아득하고 걱정이 한두 가지가 아니다. 그러다가 나침반을 정치했을 때 엉뚱한 곳에 와 있다면 정말 난감하지 않을 수 없다. 가끔은 다른 참가자를 만나도 그들을 따라갈 수 없다. 그들도 길을 헤매고 있을지 모르며 행여나 따라간다면 시험치를 때 옆사람 것을 엿보다가 시험을 망칠 수 있는 것과 같기 때문이다.

그림 10-13에서 A지점에서 B지점으로 횡단하려고 할 때 3~5개 정도의 코스를 생각할 수 있다. A에서 직선코스인 B코스로 바로 가는 코스가 연장이 가장 짧다. 그러나 (1)코스로 갈 수도 있고 아니면 능선길인 (2)코스로 갈 수도 있다. 그러나 가장 안전한 코스는 능선을 따라 산길이 나 있는 (3)코스이다. 그렇지만 (3)코스는 돌아가기는 시간이 많이 걸리는 단점이 있으므로 시간이 생명인 오리엔티어링 경기에서 안전한 (3)코스만 고집할 수 없는 노릇이다. 그렇기 때문에 체력이나 판단력 등이 뛰어나다면 험하고 길이 없는 A-B 직선 코스나 또는 (1)코스나 (2)코스로 도전하기도 한다.

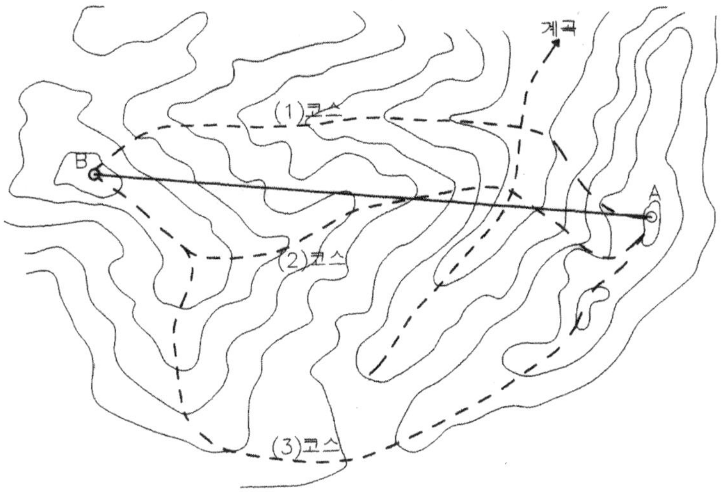

[그림 10-13] 오리엔티어링의 코스찾기

이와 같이 OL은 낯선 산악지형에서의 오리엔티어링 뿐만 아니라 수중 오리엔티어링과 스키 오리엔티어링, 도심 오리엔티어링, 장애인을 위한 휠체어 오리엔티어링 등도 개발되어 있다. 그러나 OL은 아직 보급되지 않은 곳이 많기 때문에 올림픽의 정식 종목으로는 채택되지 않았으며 머지않아 스키 오리엔티어링이 겨울 종목으로 채택될 것이라고 한다. OL은 경기에서 우승하는 데 목적을 두지 않는다. 피크닉이나 등산처럼 참가 그 자체가 즐거우며 맑은 공기를 마시고 중간에 잘 익은 산중과일을 따먹고 웃고 즐기는 마음으로 참가해야 한다. 현대 도시의 회색빛 콘크리트를 벗어나 녹음이 푸르른 자연으로 가까이 다가감으로써 우리의 머리를 맑게하고 육체도 더욱 강건하게 만든다. 그러므로 OL은 등산과는 완전히 다르다. 등산은 시간제한도 없고 중간에 반드시 통과해야 하는 지점도 없으며 힘이 들면 중간에 되돌아가도 되지만 OL은 그렇지 않다. 또 OL과 다르지만 빠른 걸음으로

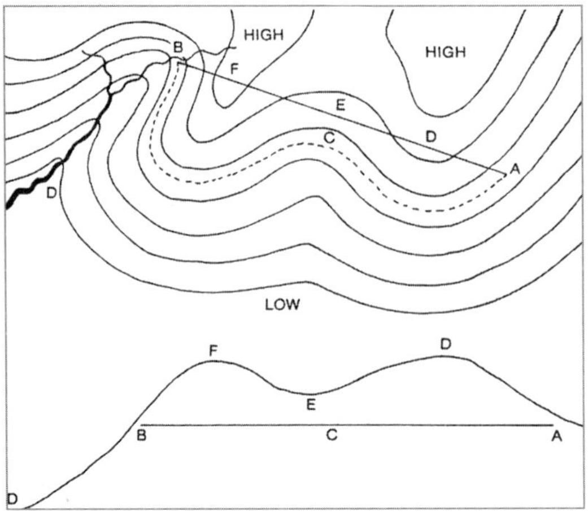

[그림 10-14] 등고(等高)코스와 직선코스(1987, Selwyn.Victor)

A-B지점의 직선코스는 능선 D와 F를 거치고 계곡 E를 지나는 험준한 코스이다. 반면에 같은 높이의 A-C-B는 비록 돌아가지만 힘들이지 않고 보행할 수 있는 안전한 코스이다.

걷는 경보(競步)도 육상경기의 일종으로 도로에서 종종 볼 수 있는 운동이다. 이렇게 유럽인들은 건강을 위한 운동인 등산, 산책(walking) 등에 규칙과 규정을 만들어 OL과 경보(walkathon)라는 훌륭한 스포츠로 발전시켰다. 오리엔티어링의 경기 규정과 진행방법, 경기참가 등은 한국오리엔티어링연맹(서울특별시 종로구 내자동 164-1 우신빌딩 3층 전화: 725-0567, Fax: 725-0568)이나 인터넷에 여러 가지 OL 사이트를 열어보면 된다.

② OL 지도

지금, 숲속으로 여행을 떠나는 상상을 해보자. 이때 당신은 지형도를 가지고 있다고 하자. 그렇다면 지형도를 어떻게 잘 읽을 수 있을까? 지형도에는 많은 기호가 표기되어 있기 때문에 그 속에 숨어 있는 내용을 전부 이해하기는 어렵다. 그러나 최소한 잃어버린 길을 찾을 수 있는 기본적인 내용은 알아두어야 한다. 지형도는 땅이 놓여 있는 상태를 당신에게 보여준다. 즉, 땅의 표면을 일정한 축척에 의해 여러 가지 기호나 선, 색깔 및 형태로 표시하여 종이 위에 그려 놓은 그림이다. 우리나라에서는 5종류의 지형도가 있지만 주로 1:25,000~1:50,000 축척의 지형도를 많이 이용하는 편이다. 일반 지형도에서 갈색은 등고선으로 어디가 언덕이고, 계곡, 정상, 협곡이 있는지 산의 형상과 위치를 알려준다. 녹색은 삼림의 종류와 개간지의 위치를 나타내고, 청색은 호수, 저수지, 강, 개울을 나타낸다. 흑색은 back-packing을 위한 길들과 건물, 목표물, 시군경계와 같은 특징을 나타내고 있다. 다른

symbol로는 천재지변으로 인한 황폐한 도시, 폐광, 황무지, 늪, 샘, 캠프장, 암초, 해변, 비탈길, 빙하, 터널, 교량, 동굴 등 여러 가지 흥미로운 특징들을 표현하고 있다. 그러므로 지형도의 범례는 이러한 심벌들을 알려주는 중요한 정보이다. 사실은 지형도를 잘 관찰함으로써 backpacking(배낭을 짊어지고 걷는 일), 카누타기, 낚시, 등산, 탐사, 채집, 탐험, 여행 등에 필요한 사전계획을 세울 수 있다. 특히 오리엔티어링이나 도보여행(tramping, tracking)에서는 최적의 루트를 작성하기 위하여 지도는 필수적이다.

㉠ 축척

실제와 같은 크기의 지도를 만든다는 것은 불가능하다. 그렇기 때문에 지도는 실제거리를 축소하여 비율에 따라 표시하는데 문자식, 그래프식, 분수식으로 나눌 수 있다. 또 두 지점 간의 실제거리와 도상거리를 비교하여 축척을 알 수 있으며 OL을 할 때는 미리 해당 축척을 파악하여 1cm가 실제거리 몇 m인지 확인해 두어야 한다.

㉡ 지형도에서의 위치

지도를 독도할 때 단순히 위치를 확인하든가 아니면 어떤 위치에 찾아가야 되는 경우가 있다. 우리는 지금 어디쯤 서 있을까? 또는 '○○암자'로 가려면 어디로 가야 되는지? 이러한 질문들에 대한 대답은 위치의 정확성을 나타내는 요소를 알아야 한다. 즉, 서울 관악산의 남쪽 혹은 서울 남쪽의 관악산과 같이 명목상으로 위치를 나타내는 경우가 있을 수 있다. 그리고 가장 중요한 것은 지형도상에서 내가 서있는 위치와 통과지점 그리고 최종 목적지의 주변상황을 정확히 기억하도록 노력해야 한다. 지도를 독도하기 위하여는 최소한 알아야 하는 기초지식이 있다. 위치는 경선(경거)과 위선(위거)의 교차로 표시하고, 또 어떤 기준점으로부터의 거리와 방향으로 표시한다. 위도는 지구의 반경이 적도면과 이루는 각이며 위선은 같은 위도의 지점을 연결한 선이다. 또 경선은 지구의 양극을 통과하는 대원(大圓)이며 본초자오선에서 각각 180°씩 나누어진다.

㉢ 등고선의 성질과 지형판독

지형의 기복은 어떤 지역의 땅의 생김새를 표현한 것으로 최고점과 최저점의 차이를 말한다. 이러한 지형의 표시방법으로 음영법, 영선법, 채단법, 점고법, 등고선법 등이 있으나 주로 많이 이용되는 것은 등고선법이다. 등고선은 독특한 성질을 가지고 있으므로 이를 잘 숙지하면 지도를 독도하는 데 많은 도움이 된다. 산정, 안부, 계곡, 능선, 절벽, 급경사지, 완경사지 등으로

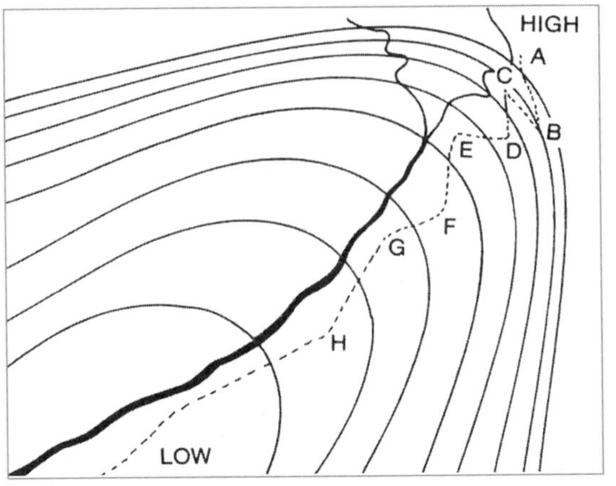

[그림 10-15] 경사각도와 Zig-zag Tracks(1987, Selwyn.Victor)

높은 지점인 A에서 계곡을 따라 내려가기 위하여는 등고선의 직각방향으로 내려갈 수 없다. 그러므로 A-B-C-D...와 같이 등구배의 경사로를 따라가는 지그재그식의 보행법이 가장 안전하고 피로를 적게 한다.

구분할 수 있는데 특히 등산이나 OL을 할 때 산계도와 수계도를 읽을 줄 알아야 한다. 산 속에 갇혀서 지도를 보고도 계곡인지 능선인지 분간을 할 수 없다면 큰 일이 아닐 수 없다. 이러한 산계도와 수계도를 작성하는 방법을 비롯하여 등고선을 이용한 여러 가지 응용기술을 알아야 한다.

㉣ 방위

일반적으로 지도의 방위는 위쪽이 북쪽이다. 경선은 남북방향으로 그어져 있고 위선은 동서방향으로 그어져 있다. 그리고 지구에서는 진북, 자북, 도북으로 구별된 3개의 북쪽이 있다. 나침반을 잘 정치하여 동서남북을 파악할 수 있는 기능을 익혀서 하늘이 보이지 않는 숲속에 들어가더라도 당황하지 말고 찾아나갈 수 있어야 한다.

㉤ 기호

지표면상의 현상은 정해진 기호로 나타내며 이는 지표면상의 여러 사상을 추상화한 것이다. 소축척지도에 사용된 기호는 실제의 크기보다 과장되어 있고 대축척의 지도일수록 기호는 자세히 표현되어 있다. 그리고 기호는 기본적인 기호를 제외하고는 지도의 축척이나 목적에 따라 달라진다. OL을 할 때 지도상에 표현된 각종 기호를 익혀서 코스 주변의 지형 · 지물을 파악할 수 있어야 한다. 멀리 볼 수 있는 산정이나 능선에 섰을 때 독립수나 특징이 있는 큰 바위 또는 군락을 이루고 있는 수목의 종류 또는 논밭의 규모와 생김새를 기억하면 도움이 된다.

ⓑ 경로의 결정

경로를 빨리 결정하는 순발력이 필요하며 가급적 남의 뒤를 따르지 않고 독자적으로 코스를 결정해야 한다. 앞에서 설명했듯이 orienteering은 등산과는 완전히 다르다. 목표한 지점을 향하여 경로를 결정해야 되는데 이때도 혼자서 결정해야 한다. 그러므로 짧은 시간에 진행 예정경로를 결정해야 하는 판단이 중요하다.

지형도에 표시된 내용을 읽고 목표하는 지점을 찾아갈 수 있는 기술을 독도법(讀圖法) 또는 지도읽기라고 한다. 이는 지도상에서 어떤 지점의 위치, 지점 간의 거리, 상대적 위치를 비롯하여 단순한 지리적 사실을 찾기 위한 행동을 말한다. 독도(map reading)를 할 때는 1:25,000이나 1:50,000 지도가 가장 적당하며 1:5,000 지도는 축척이 확대되어 크기 때문에 판독하기는 쉬울지 모르나 포함되는 면적이 워낙 좁아서 많은 매수의 지도가 필요한 단점이 있어 등산용이나 오리엔티어링용으로는 적합하지 않다. 한편 1975년 보스엔에서 개최된 제8회 국제 OL 연맹(IOF)총회에서 결정된 「국제오리엔티어링 지도작성규정」에 의거 지형도와는 달리 별도로 OL 지도가 제작되고 있다. OL 지도는 1950년대 핀란드에서 시작되었으며 지금은 각국에서 독자적으로 지도를 만들어 사용하고 있는데, 우리나라의 경우는 1:5,000 지형도를 줄여서 1:15,000 OL 지도를 만들어 사용하고 있다.

3. 부동산과 지도

지도는 토지의 얼굴이다. 토지를 빼고는 지도를 생각할 수도 없으며 토지가 있기 때문에 지도가 만들어진다. 지도에 나타나는 토지는 우리에게는 재산의 많고 적음의 기준이 되며 움직이지 않는 재산이라 하여 부동산(不動産)이라 부르고 있다. 이러한 부동산을 유지 · 관리 또는 개발 · 매매할 때도 지도가 있어야만 그 부동산이 내포하고 있는 사실을 알 수 있으며, 나아가서 그 부동산의 활용방안이나 재산적 가치도 파악할 수 있다. 그러나 이러한 부동산을 지형도만으로는 완벽하게 표현할 수 없기 때문에 지형도와 지적도를 같이 보면서 판독해야 한다. 또 부동산에 관련된 얘기를 할 때 얘기의 주제에 따라 부동산, 땅, 토지 등을 번갈아가며 대화를 한다. 아무렇게 불러도 사람들은 토지에 대한 얘기라고 이해를 한다. 그러나 부동산 소유권, 부동산 등기부와 같이 재산의 가치기준 또는 법적으로 부를 때는 부동산이라고 한다. 그러므로 땅 또는 토지라고 부르기 보다는 부동산이라고 부르는 것을 즐긴다. 이러한 부동산은 다시 임야와 토지로 구분된다. 부동산이 어떻게 지도와 불가분의 관계인지 알아볼 필요가 있다.

1) 유지 · 관리와 지도

대부분의 사람은 자기가 살고 있는 집이 전재산이다. 그러나 성공한 사람 중에는 많은 부동산을 소유하고 유지 · 관리에 머리를 싸매고 있는 경우도 있다. 가지고 있는 집이나 땅이 1필지뿐이라면 유지 · 관리에 특별히 신경쓸 일이 없으며 재산세만 잘 내면 된다. 그러나 일필지의 부동산을 가지고 있다고 할지라도 도시계획법에 의해 도로에 편입되면 재산권를 행사하지 못하는 불이익이 따른다. 또 건물이 오래 되어 신축이나 증축을 하려고 할 때도 건축법 저촉 여부도 검토해 봐야 한다. 또 토지구획 정리지구나 공업용지조성 사업지구에 편입되는 부동산은 정리 후의 감보면적이나 위치에 대해 심각하게 생각을 해야 한다. 그 외에 재개발지구나 불량주택지구 또는 재정비지구 내에 있는 부동산은 각 법에서 요구하는 행정규제 때문에 머리가 복잡해지는 경우도 있다. 더구나 그린벨트 내에 부동산이 1필지 있다면 가격 때문에 팔기도 어렵고 그렇다고 그곳에서 사업을 하기도 어렵다는 것

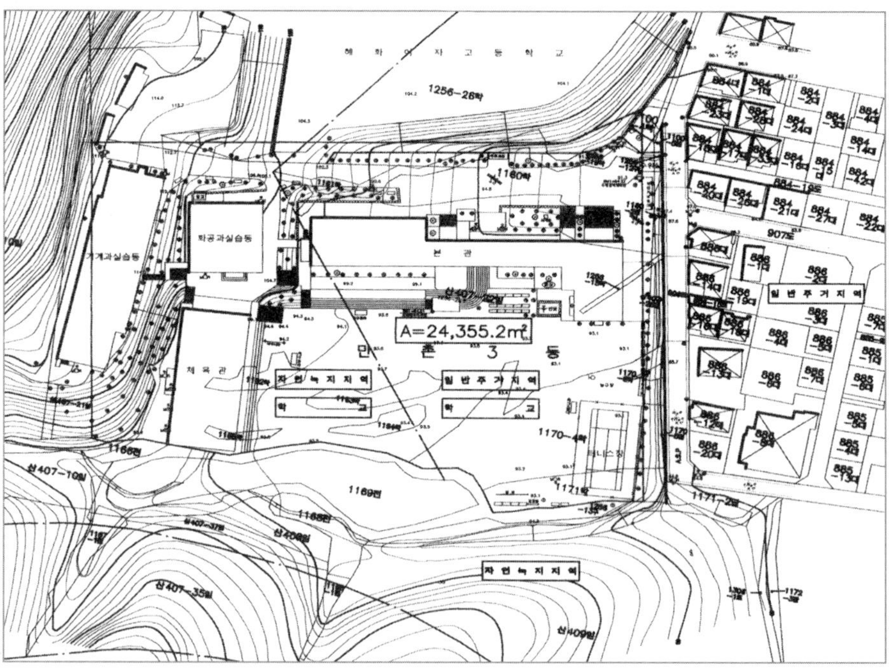

[그림 10-16] 지적도와 현황도가 Overlap된 건물배치도(삼북토목 Eng)

을 부동산 소유자들은 잘 알고 있다. 각종 부동산에는 반드시 지도가 첨부되어야만 그 부동산의 실체를 알 수 있으며 특히 부동산이 소유의 목적보다는 투자의 효과를 기대할 경우는 지도가 그 중추적인 역할을 한다.

부동산을 많이 가지고 있는 기업체나 단체, 공공기관, 학교, 골프장, 목장, 채석장, 유기장, 사설공원묘지 등의 경우는 전문적인 관리인이 있기 때문에 별 어려움이 없다. 그러나 개인적으로 보통 이상의 많은 부동산을 소유하고 있다면 필지별로 소재지도 틀리고 규모나 구입가격, 용도 등 일일이 자료를 정리할 것이 한두 가지가 아니다. 이때는 지적도를 비롯한 여러 가지 자료를 한눈에 볼 수 있도록 부동산 리스트를 만들어 놓으면 편리하다. 면적이 큰 부동산이 한 곳에 모여 있다면 유지 · 관리에는 큰 어려움이 없지만 여러 지방에 분산되어 있는 경우에는 각 필지마다 다음과 같은 서류와 지도를 첨부하여 비치하면 유지 · 관리에 도움이 될 것이다.

- 부동산 관리목록
  - ㉠ 1:25,000~1:50,000 지도를 구입해서 부동산을 찾아갈 수 있는 길과 부동산의 위치를 표시한다.
  - ㉡ 해당 부동산의 지적도(임야도)를 주변이 넓게 나오도록 발급받는다.
  - ㉢ 부동산이 도시계획법(도시계획확인원)이나 국토이용관리법(토지이용계획)상 어떤 지역에 저촉이 되는지의 여부를 도면으로 확인받고 편입면적을 계산해 놓는다. 보통 도시계획구역 외의 지역은 국토이용관리법을 적용받는다.
  - ㉣ 1:5,000 지형도에 부동산의 생김새(혹은 點)를 그려 넣는다.
  - ㉤ 건물이 있으면 건축물관리대장을 발급받고 건축법상 저촉여부를 알아본다.
  - ㉥ 토지대장(임야대장)을 발급받는다.
  - ㉦ 등기부등본(토지소유권 등기)을 발급받는다.
  - ㉧ 산(임야)일 경우 보존임지 혹은 사방지 여부를 확인하여 놓는다.
  - ㉨ 인근의 토지를 점유했는지 또는 내 토지가 인근의 다른 사람에게 점유당했는지 여부를 지적측량 등의 방법으로 확인해 본다.
  - ㉩ 그린벨트 여부를 확인하고 편입면적을 알아 놓는다.

물론 모든 토지를 위의 내용과 같이 정리할 필요는 없다. 자기한테 해당되는 부분만 골라서 준비를 하면 된다. 수백 필지가 한 곳에 모여 있는 부동산이 있다면 반드시 임야도와 지적도를 넓게 발급받아 동일 축척으로 조합 · 편집하여 종합도를 만들고 같은 지역의 1:5,000 지형도를 확대하여 동일 축척으로 만들어 두면 유지 · 관리에 편리하다.

2) 부동산의 개발

① 구입과 처분

부동산을 구입하거나 처분할 때는 공인중개사(복덕방)를 통해야 되지만 개인적으로 사고 팔 수도 있다. 공인중개사법의 목적에 의하면 "부동산 중개업을 건전하게 지도 · 육성하고 부동산 중개업무를 적절히 규율함으로써 부동산 중개업자의 공신력을 높이고 공정한 부동산 거래질서를 확립하여 국민의 재산권 보호에 기여함을 목적으로 한다"라고 되어 있다. 부동산 중개사는 누구보다도 지도를 많이 이해할 수 있어야 한다. 왜냐하면 부동산의 원매자나 처분자에게 지도를 펴놓고 충분히 설명을 할 수 있는 능력이 있어야 되기 때문이다. 지적도는 물론 지형도의 기호나 어려운 산술적 측정기술까지도 익혀야 되며 국토종합개발계획도나 도시계획도 또는 건물의 단면도나 입면도의 기초 정도는 이해해야만 한다. 지도를 접하고 이해하고 이용하는 기회가 가장 많은 공인중개사는 지도를 읽을 수 있는 기술이 일반인들 중에서 가장 나으며 지도를 가장 많이 이용하는 사람 중에 속한다.

그러므로 부동산의 구입이나 처분시에는 반드시 지도로 확인해야 된다. 부동산을 구입하여 유지 · 관리하기 위하여 앞에 설명한 10가지 관리목록을 참고하는 게 좋다. 특히 도시계획구역 밖일 경우에는 국토이용관리법상의 용도지역과 용도구역을 반드시 확인하여 사용하고자 하는 목적에 부합되는지 알아야 한다. 그리고 부동산 중개사는 토지 · 건설관련법을 많이 알고 있어야 한다. 즉 도시계획법, 건축법, 지적법, 주택건설촉진법, 국토이용관리법, 도시재개발법, 측량법, 농지이용과보전에 관한 법률, 산림법, 국유재산법, 주택건설촉진법, 토지구획정리법 등을 비롯하여 입찰관련법, 상속세관련법, 세재관련법, 토지거래허가관련법 등 수많은 법률을 익혀야 되지만 특히 토지관련법과 지도에 대한 이해가 깊어야 한다.

② 부동산의 개발

부동산을 개발하여 택지로 전환하는 방법에는 여러 가지가 있다. 부동산을 개발하기 위하여 우선 1:50,000~1:25,000 지도에서 위치를 선정하되 도시계획법상에 개발 가능지역인지 여부를 확인해야 한다. 즉 일단의 주택지 조성사업, 일단의 공업용지 조성사업, 시가지 조성사업, 재개발사업 등이 이에 해당된다. 개발구역이 확정되면 항공사진(지도)을 이용하든가 또는 1:1,200로 현황측량을 실시하고 1:1,200의 지적도를 만들어 구체적인 계획에 착수한다. 이와 같이 계획의 첫 단계부터 지도를 이용하는 부동산 개발사업(주로 택지개발)은 각종 테마별로 심층 분석하여 보고서를 만들어 개발효과나 투자효과 등을 검토해야 한다. 또 1:1,200 지적도를 이용하여 편입토지의 면적을 산출하여 토지보상가나 구입가를 결정하고 구역면적을 확정하며, 토지의 지목별, 소유자별, 국공유지 면적 등을 조사한다. 1:1,200 현황지도를 이용해서는 가로망의 계획, 배수계획, 토량이동계획, 택지의 계획, 공공용지의 배치, 행정구역의 조정, 조경계획, 종횡단도의 작성, 건물배치계획, 지질탐사계획(보링) 등 수없이 많은 지도(설계도)가 만들어진다. 이와 같이 부동산을 개발할 때에는 다양한 종류의 도면과 지도가 필요하다. 그러므로 지도가 없이는 부동산을 개발할 수도 없으며 지도는 부동산을 개발하는 데 중추적으로 이용된다.

대단위 단지 뿐만 아니라 개인적으로 1필지를 개발할 때도 마찬가지이다. 또 개발 후에도 예정대로 개발이 되었는지 개발에 따른 부정적인 면까지도 지도에 의해서만 판정이 가능하다.

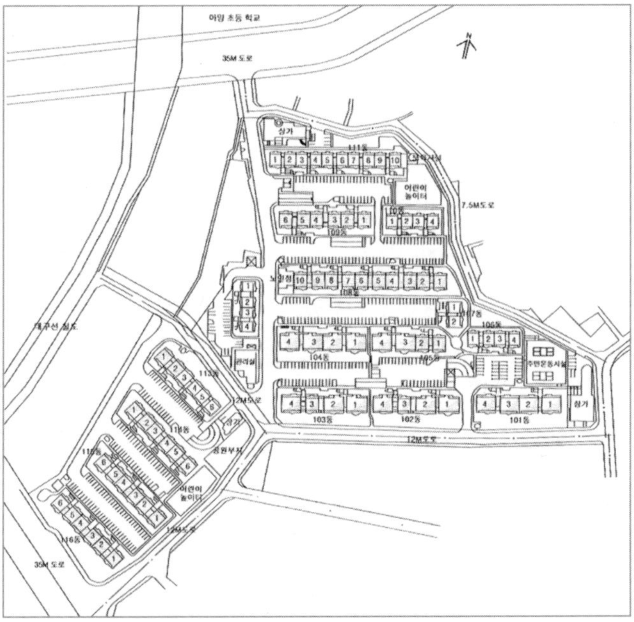

[그림 10-17] 택지의 개발계획도(삼북토목 Eng)

제 2 절 지도 이용상의 허실과 특성

1. 지도 속의 실수들

지도 속에는 여러 가지의 실수들이 내재되어 있다. 제작하는 과정에서 실수를 저지르는 경우도 있지만 다른 지도를 기초로 편집하는 경우에는 이미 실수가 포함되어 있기 때문에 어쩔 수 없다. 대부분의 지도제작자들은 여러 가지 사상들의 변화를 다른 회사의 지도에서 베끼는 것을 서로가 익히 알고 있다. 이런 행위를 무단으로 하다가 적발되면 법적으로 저작권 침해에 걸리는 수도 있다. 이를 방지하기 위하여 어떤 지도제작자는 지도의 한쪽 구석에 자신만 알수 있도록 일부러 함정을 표시하여 그려 넣는다. 이렇게 지도도 저작권의 보호를 받으며 자신이 만든 지도는 자신의 이름이 걸려 있는 얼굴이나 마찬가지이기 때문에 가급적 지도에서 실수나 부주의가 발견되지 않도록 철저한 검정과 확인을 거쳐 지도를 제작해야 한다.

1) 실수와 거짓말

① 실수와 오기

지도를 만드는 것은 화가들이 미술작품을 그리듯이 또는 작가가 글을 쓰듯이 저자들의 양심이 지도 속에 추구되어야 한다. 그러므로 지도의 제작에는 학문적인 근거와 다양한 종류의 자료가 뒷받침되어야 한다. 지도제작자의 부주의나 실수로 인해서 만들어진 지도가 사용되어서는 안 된다. 그러나 현실적으로는 그러하지 못하여 실수가 여러 가지 형태로 나타난다. 특히 분수식 축척과 그림 축척의 잘못 표기, 잘못된 기도(base map)에서의 복사, 잘못 표기된 지명, 변경된 지명이나 이전된 시설물의 존치, 조잡한 인쇄, 뒤바뀐 음영기호, 신설도로의 누락과 도로지명의 잘못 등 이루 헤아릴 수 없을 정도로 여러 부분에서 실수와 오기(誤記)를 발견할 수 있다.

지도제작자도 사람이기 때문에 실수를 한다. 실수 중 일부는 어쩔 수 없는 착오나 착각 때문이기도 하지만 대부분의 실수는 태만과 잘못된 편집, 제도상의 오기가 그 원인이다. 이러한 실수나 오기 등은 기술자들이 일을 서두르거나 고용주가 기술보다는 저임금을 더욱 중요하게 생각하고 작업을 철저히 점검하지 않기 때문에 발생하기도 한다. 그러므로 지도에 표기되는 사상이나 목표물들의 위치나 지명이 잘못 표기되는 것은 피할 수 없다. 일반 지도와는 달리 지형도에는 실수가 적은 편이다. 그렇지만 행정단위 명칭이 워낙 자주 바뀌기 때문에 변경되기 전의 지도를 그대로 판매하는 경우가 종종 있다. 이것도 지도의 실수이며 이용자에 대한 서비스가 결여된 부주의라고 할 수 있다.

일반 지도의 제작은 지도학적인 훈련이나 지리학적으로 이해가 부족한 제도사들이 여행지도나 신문, 잡지 등에 지도를 그리는 경우가 흔하다. 이런 경우 지도에 표기되는 내용들이 생략되거나 왜곡되어 만들어지기 때문에 지도 편집자의 뜻을 정확히 전달받았는지 알 수 없다. 이런 지도에는 실수나 오기가 많이 포함되어 있기 때문에 주의를 해야 한다. 만약 이런 지도가 다른 지도의 기도(基圖)가 되어 잘못된 정보가 여러 곳으로 전달된다면 큰 문제가 아닐 수 없다. 그러므로 지도에서의 실수나 오기는 엄청난 손해나 분쟁을 일으키기 때문에 항상 주의를 해야 한다.

자동차가 많은 요즈음 지도책을 보고 길을 찾아갈 때도 잘못 그려진 도로나 잘못 표기된 지명 때문에 위치 확인에 어려움을 느낀 일이 있을 것이다. 뿐만 아니라 지도에서 찾으려는 장소가 없다든지, 지명이 잘못 붙여졌거나 또는 오기되어 도로의 위치나 진입로 등이 제대로 그려져 있지 않은 경우도 경험했을 것이다. 우리를 더욱 화나게 하는 것은 지도에서 표기된 위치나 지명의 내용이 도로의 안내표지판에 없거나 잘못 안내된 표지판이 있을 때이다. 이와 같이 부주의로 인한 실수나 오기는 우리가 상상할 수 없는 곳에서 막대한 피해로 되돌아오기 때문에 지도제작자들은 2중, 3중으로 점검하여야 한다.

신문이나 잡지, 방송 등 매스컴 매체들은 나름대로의 지도학적인 결함을 지니고 있다. 이런 곳에서 근무하며 지도를 제공하는 사람들은 대부분이 지도학적인 소양과 지식이 풍부하지 못하며 마감시간에 쫓기는 급박한 환경 때문에 실수나 오기가 항상 내재되어 나타난다. 최근에는 언론용으로 이용되는 컴퓨터 그래픽지도의 등장으로 리포터나 편집자들이 그럴 듯하게 보이도록 지도의 내용이나 선형 등 일부를 변경시키거나 무의식적으로 중요한 사상들을 빼버리며 기호나 지명의 위치를 잘못 붙이는 경우가 허다하게 발견되고 있다.

또 상업적으로 회사를 홍보(PR)하기 위하여 조잡하게 만든 지도를 일반 대중에게 무료배포하는 것도 위험한 일이다. 대규모 석유회사, 보험회사, 잡지사 등에서 자비로 수십만 부씩 인쇄하여 자사의 고객에게 나누어 주는 지도도 제작경비의 절감과 배부타이밍을 맞추기 위하여 지도의 내용이 많이 삭제되거나 조잡한 광고용 종이로 전락하는 경우가 있다. 이는 지도를 읽는 능력이 부족한 고객들이나 이용자들을 속이는 행위이며 고객들은 무료로 배포된 지도이기 때문에 어느 정도 실수나 오기가 있어도 이해하고 넘어가는 마음씨 좋은 사람들이다.

물론 이러한 지도가 탄생되기까지 지도제작을 승인해 준 관계기관의 좀더 철저한 점검이 따라야 겠지만 과중한 업무에 시달리는 공무원들이 그렇지 못한 것이 안타까울 따름이다. 또 각 시 · 군의 토목측량이나 도시계획을 담당하는 부서에서는 변형된 지형 · 지물의 수정사항을 빠른 시일 내에 국토지리정보원에 보고하여 수시로 지형도를 수정하는 체계의 확립이 있어야겠다. 그리고 일반인들도 지도의 실수나 오기 등의 잘못을 발견하면 지도를 관장하는 기관에 자료를 보낼 수 있는 제도적 장치를 마련하여 계속 변하는 데이터베이스의 관리에 철저를 기해야 한다.

② 고의적인 은폐

아무리 잘 된 지도라 해도 어쩔 수 없이 이루어지는 작은 거짓말이 있을 수 있다. 또 충분히 표현할 수 있는 목표물이라도 고의적으로 은폐하는 경우가 지도에서는 자주 있는 편이다. 반면에 관련된 사람이 아니면 찾을 수 없도록 숨기는 경우도 있다.

지도에서는 고의적으로 은폐해야 하는 시설물들이 상당수 있다. 물론 고의적인 누락은 지도이용자에게 혼란을 야기시킬 수도 있고 목표물의 분실로 지도를 읽는 데 어려움을 느끼게 할 수도 있다. 그러나 독자들이 지도를 읽는 것보다 더욱 중요하다고 판단되는 경우에는 어쩔 수 없이 은폐하지 않을 수 없다. 우리나라에서 간행되는 대축척지도에도 군부대 및 군수산업, 중요 비행장, 국가 기간산업 시설, 특정 정부기관 등을 고의적으로 은폐하거나 다른 지표나 사상으로 숨겨 표시하기도 한다. 또 휴전선 일대에는 아예 지도를 판매하지 않는데(승인요) 이는 남북이 대치하고 있는 우리나라의 실정으로는 이해가 되지만 지도이용자들은 불편을 감수해야만 한다.

2) 시차와 현지조사

① 시간적 불일치

지도를 아무리 빨리 간행한다고 해도 현지조사한 시점과 발행일시를 일치시킬 수 없다. 그러므로 지도에 표기된 날짜 정보는 상하기 쉬운 음식과 같다. 그러므로 최근의 날짜를 적어 놓았다고 해도 그 날짜는 지도의 발행일이지 지도의 자료를 현지에서 조사한 날짜는 아니다. 또 지도에는 군데군데 오류가 숨어있지만 쉽게 발견되지 않으며 100% 정확하다고 하는 지도도 대부분의 지도이용자를 속이고 있다. 왜냐하면 자료조사의 날짜가 훨씬 지났음에도 불구하고 「최신판」 또는 「개정판」, 「새로 나온 지도」, 「2002년 판」이라는 미명 아래 소비자를 속이고 있으며 특히 시간적인 지속성이 결여되어 있음에도 지도에 나타난 정보가 올바른 듯이 속이는 수가 있다.

아무리 중요한 사항이라고 해도 지도에는 모두 포착되지 않는다. 왜냐하면 급격히 팽창 · 발전되는 도시지역의 지도는 빨리 조사를 하여 뒤따라 간다고 해도 지도를 수정하는 시간에 도시의 개발은 저만치 멀리 가있기 때문이다. 또 지도는 다른 지도를 편집해서 제작하는 경우가 많기 때문에 신판이나 개정판이 나오더라도 기도(基圖)가 1~2년 또는 4~5년 전에 만들어진 것이 많기 때문이다.

그리고 시간적으로 정확한 지도라고 해서 특정 날짜에 초점을 맞출 필요는 없다. 현재 존재하는 목표물에 대해서만 시간적으로 누락없이 기록하면 된다. 그렇지 않으면 시간적 불일치로 잘못 그려진 지도 때문에 손해를 보는 쪽은 바로 지도이용자이며 지도의 신뢰도를 떨어뜨리는 원인이 되기 때문이다. 최선을 다하여 조사를 하였는데도 시간적 불일치 때문에 지도의 오류가 발견되면 계속적인 데이터베이스를 보완하여 추후에 재편집 또는 수정간행해야 된다.

② 부정확한 현지조사

지도에서의 실수는 제도시에만 발생하는 것이 아니다. 지도가 편집되면 현지에 나가서 지리조사를 할 때도 많이 발생한다. 우리가 사는 동네는 항상 변하고 있으며 그 변화하는 사상들을 빠르고 정확하게 조사하여 지도제작시에 반영하여야만 좋고 최신의 지도가 간행된다. 지리조사는 자연지리 조사와 인문지리 조사로 크게 나눌 수 있다. 자연지리는 지구, 측량, 원격탐사, 지질, 기후, 토양, 식생 등 기술적인 조사이며 지지(地誌)의 내용에 속하는 인문지리 분야인 지명 및 각종 경계, 행정구역계 및 명칭, 목표물의 명칭, 과수원과 산림의 종류 등 인문사상 등으로 나눌 수 있다. 항공사진이나 다른 지도를 기도로 사용하여 지도를 제작할 경우에는 반드시 현지에 나가서 지리를 확인하고 잘못된 부분이나 새로이 추가될 부분에 대하여 기록을 하여야 한다. 그 중에 도로, 교량, 건물, 산림, 하천, 토지의 이용 등 실내에서 분석이 가능한 것은 모두 항공사진이나 다른 자료를 이용하여 분석을 한다. 그러나 실내에서 분석이 불가능한 사항이 더 많기 때문에 현지에서 직접 확인을 해야 하고 특히 사진이나 다른 지도에서 변형되어 발견되지 않았던 곳이 확인되면 현지에서 측량에 의해 자료를 보충한다. 이렇게 많은 양의 조사를 실수없이 하기에는 역부족이다. 왜냐하면 고의적으로 부정확하게 조사하지 않더라도 조사의 기간이 워낙 오래 걸리기 때문에 조사를 하고 돌아서면 다시 다른 목표물이 들어서거나 인문사상들이 변하기 때문이다. 그렇다고 사상이 변할 것이라고 예상하고 불특정 장소를 여러 번 중복조사를 한다는 것도 웃기는 일이다. 그러나 현지조사를 불성실하게 한다거나 중요 장소만 선택하여 조사를 실시하고 비교적 변두리나 인적이 드문 지역의 조사를 생략한다면 큰 실수를 저지르고 말 것이다. 그러므로 도시의 주변지역이라고 해서 중요 시설이 들어서지 않는다는 보장이 없기 때문에 하나의 실수라도 없애기 위하여 노력하는 정성이 더 중요하다.

2. 지도를 이용한 선전광고

지도는 우리생활에 없어서는 안 될 중요한 자리를 차지하고 있는 문화도서이다. 만약 지도가 없다면 도시계획이나 국토계획이 혼란에 빠지며 계획 자체를 할 수도 없다. 예를 들어 대규모 쇼핑센터(혹은 백화점)를 개발할 때 주변지역의 교통영향평가와 환경평가는 지도를 이용하여 실시되며 이때 개발업자는 재력이 풍부하기 때문에 쓰레기더미를 감추고 주차나 교통의 소통에 아무런 문제가 없을 것이라는 측면에서 지도(계획도 또는 조감도)를 만든다. 반면에 반대하는 입장에서는 주거지의 파괴, 교통혼잡, 소음공해, 주변의 쓰레기 등에 초점을 맞추어 지도를 작성할 것이다. 이와 같이 어느 측면에서 바라보는냐에 따라 지도의 모습이 달라지게 되며 이는 같은 장소를 그린다고 해도 지도를 의도적으로 과장하거나 왜곡하여 완전히 다른 목적으로 표현할 수 있다는 것을 의미한다.

1) 택지개발의 속임수

① 개발과 광고

미개발된 상태의 토지를 주택이나 공업용지로 쓸모 있게 개발하는 경우를 우리 주변에서 많이 볼 수 있다. 각종 도시계획사업인 토지구획 정리사업, 공업단지 조성사업, 택지개발사업, 재개발사업, 불량지구 개발사업 등 여러 종류의 방법으로 부지를 정지하여 택지로 개발하는 사업을 말한다.

이러한 사업에는 반드시 지도가 필요하며 개발의 규모, 토지이용계획, 도로 및 공공시설의 현황 등을 계획하는 기초적인 도면이 지도이다. 이들을 계획할 때는 보통 세 가지의 기본 지도가 만들어지는데, 그 첫째는 기존의 철도나 도로의 용지를 비롯하여 행정경계, 배수체계, 등고선, 공원 및 학교 등의 공공용지를 나타내는 계획용 백도이며, 둘째는 10~20년 동안 그 지역을 어떻게 개발할 것인가에 대한 개발계획도(master plan map)를 작성하고, 끝으로 토지의 이용을 나타내는 지도로

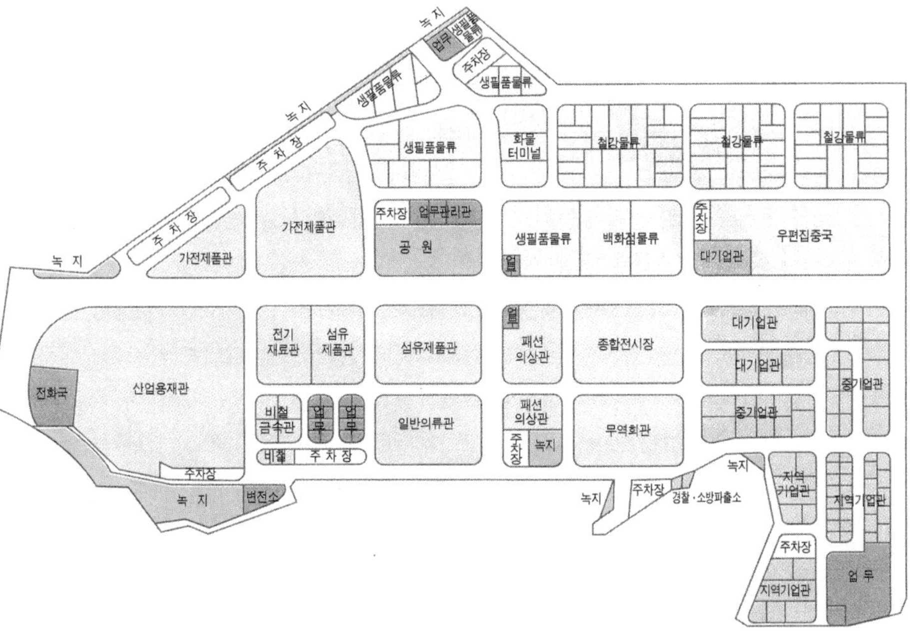

[그림 10-18] 개발된 후의 토지이용현황

서 도시계획법상의 용도지역과 용도지구에 맞게 제작된 토지이용계획도(zoning map)가 있어야 한다.

그 외에 도시의 기반시설(도로, 가스, 전기, 전화, 상수도, 하수도)을 나타내는 지도도 필요하며 택지개발의 수법에 따라 지도의 종류나 도면의 명칭이 다양하며 택지개발의 시작부터 완료될 때까지 필요한 준비물이 지도라고 생각하면 틀림없다. 이들 지도를 기초로 해서 광고를 만드는데 이때 지도를 이용하여 개발될 토지를 멋있게 포장하는 것이다. 그러므로 광고와 지도는 불가분의 관계라고 생각한다. 신문이나 잡지에 나오는 광고는 대부분이 주소와 더불어 위치를 나타내는 지도가 함께 그려진다. 광고와 지도(약도)는 둘 다 어떤 제한된 면만 보여주려는 의도가 깔려 있는데 이는 호소력 있는 표현만 나타내어도 개개의 목적을 이룰 수 있기 때문이다. 이와 같이 지도광고를 통해서 유사한 제품과 비교하고 경쟁상품과 차별화시키거나 기업 이미지를 쇄신하려는데 이용되고 있다.

② 개발지도의 작성원칙

토지를 개발하는 데는 반드시 나쁜 영향이 함께 따라온다. 이러한 악영향을 무마시키고 시각적인 이익을 강조하기 위하여 개발지도를 만들 때에는 몇 가지의 지침이 있다. 예를 들어 아파트를 분양할 때 시장과 학교를 비롯한 공공시설이 가까이 있다는 것을 지도에서 과장하여 표현하기도 하고 인근의 다른 아파트보다 돋보이게 하기 위하여 포장해야 한다. 뿐만 아니라 아파트를 분양하기 위한 광고지도에도 혼란이나 오해를 불러일으킬 만한 세밀한 부분은 생략해야 한다. 아파트의 위치나 장소와 관련이 있는 경우는 그래픽의 복잡함을 피해야 되며 시선을 끌 수 있도록 일반적인 지도가 되도록 예쁘게 포장해야 한다.

㉠ 고급스럽고 아름답게 하라

불쾌한 이미지를 자아내는 쓰레기통, 교통신호등, 소음을 일으키는 버스나 트럭 등 개발업자를 난처하게 만들 수 있는 사상들은 표시를 하지 말고 깨끗하게 차려입은 신사와 고급 승용차 등 이미지를 철저하게 미화하고 부자연스럽게 보이지 않도록 해야 된다.

㉡ 전략적인 속임수를 써라

스케치의 구도를 작성할 때 사람들이 싫어할 소지가 있는 매립장, 폐기물 처리장, 공장, 공동묘지 등은 개발지 인근에 있더라도 삭제하고, 공원이나 매력적인 시설물이 인근에 있다면 실제보다 가깝고 크게 표시하고 최근에 개발된 것과 같이 강조해서 그린다.

㉢ 좋은 면을 강조하라

개발 예정지 인근에 기존의 혐오시설물(변전소, 공해공장, 예식장 등)이 있다면 눈에 거슬리지 않게 기술적으로 제거시키며 사람들이 좋아할 만한 주제를 강조하여 표시한다.

㉣ 변명에 대비하라

개발지도의 특성상 실제의 모습보다 과장하여 그리는 경우가 많다. 그럴 경우 변명를 할 수 있게 대비하여야 한다. 즉, 잘못 입력한 컴퓨터자료 때문이라든지, 제도나 인쇄 과정에서 일어난 실수나 혹은 옛날 지도를 이용하였다든지 재치 있게 변명을 해야 한다.

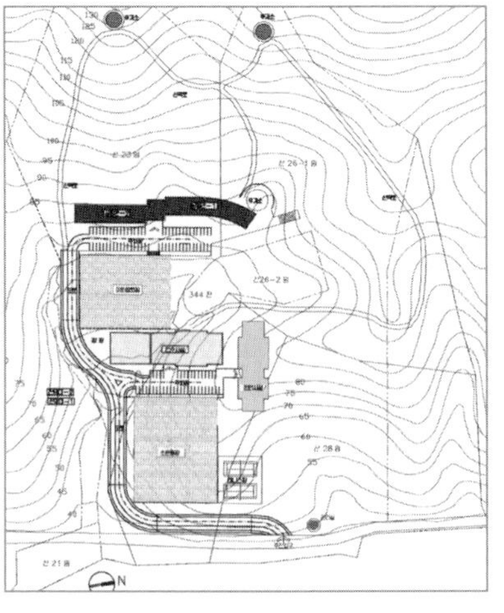

[그림 10-19] 개발현황도(시설배치도)

㉤ 부정적인 면을 최소화하라

지도상에 사람들이 싫어할 부정적인 면을 완전히 배제할 수 없다면 최소화하도록 노력해야 한다. 쇼핑센터나 역 부근에서 배회하는 모습의 택시는 사람들에게 관심을 끌지 못한다.

ⓑ 시각적으로 혼란스럽게 하라

지도를 자세하게 그리는 것은 원칙이다. 그러나 개발지도의 특성상 세밀하지 않아도 되지만 가급적 자세하게 기술적으로 표현하여 보는 사람의 눈을 산만하게 할 필요가 있다.

ⓢ 소품으로 위장하라

지도의 표현상 극도로 단순한 지도를 만들든가, 표시 내용들이 귀찮을 정도로 많아서 너무 자세하게 표현되는 지도에는 소화기, 전봇대, 우체통, 게시판 등을 이용하여 위장하고 은폐의 효과를 내는 것이 중요하다.

ⓞ 일반화하라

다른 지도나 사진을 이용하여 주위를 산만하게 만들어 관심을 다른 데로 쏠리게 해야 한다. 또 여러 가지 사상 중 선택적으로 생략하거나 등고선이나 토지의 경계를 약간 조작할 필요가 있다. 그렇지만 지도를 볼 때의 시각적인 효과에는 아무런 영향이 없다.

ⓩ 나무도장을 많이 찍어라

개발의 효과를 극대화하기 위하여 주변에 가상적인 나무를 많이 심어라. 즉 나무도장을 이용하여 무미건조한 계획에 호감이 가고 친숙하게 바뀌게 해야 하며 실제 심는 것보다 더 많이 나무도장을 찍고 울창한 수목처럼 보이게 하라.

[그림 10-20] 나무도장으로 포장한 계획도

㉫ 실패가 예상된다면 돈이라도 써야 한다

책상 밑에서 거래되는 뇌물이 아니다. 실업자를 위해 일자리를 마련한다든가, 건설노동자들에게 다른 곳보다 나은 임금을 지불한다든가, 지역을 위해 준조세에 해당하는 기금을 많이 낸다든가, 개발 토지 인근의 젊은 부부나 노인들을 위해 쾌적한 공간제공을 약속한다든지 대대적으로 홍보를 한다면 소기의 목적을 달성할 수 있을 것이다(1998. 손일 외 재구성).

2) 선전 광고지도

① 도로교통지도

도로나 철도, 지하철, 비행기, 선박 등의 교통시설은 그들 나름대로의 광고가 색다르다. 교통로가 실제는 구불구불하게 생겼지만 시각적인 효과를 위해 직선인 것처럼 표현하며 거리가 좀 멀리 떨어져 있는 철도역이나 공항, 터미널 등으로부터 도시의 중심이 가까이 있는 것 같이 지도를 과장하고 왜곡하여 표시한다. 그러나 만약에 순진한 이용자가 어떤 도시나 목적지가 도심에서 가까이 있는 것 같이 표시된 지도인지 모르고 계획을 세운다면 착각을 일으킬 수 있다. 반면에 경쟁업체의 노선이나 기착지 등을 희미하게 표현하거나 우회하는 듯한 그림으로 표현하여 이용자들을 속이는 횡포를 부리기도 한다.

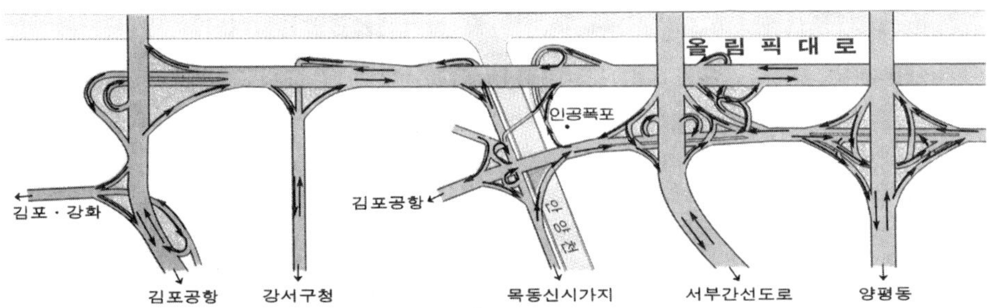

[그림 10-21] 방향성이 표현된 선자료지도

서울 강남의 올림픽대로의 일부분으로 도시 내의 일반 도로와의 연결을 과장해서 표현한 그림지도로 인터체인지의 진입방향을 화살표로 표현한 지도이다. 이 도로의 실제 모습은 구불구불 하게 생겼지만 이 지도에서는 안내가 주목적이기 때문에 도로의 형상은 그렇게 중요치 않다.

② 상업광고지도

신문의 상업광고는 소비자나 이용자를 유혹하거나 접근을 유도하는 중요한 안내정보이다. 각종 상점이나 사업체를 알리는 광고나 리조트, 호텔, 종합유기시설 등의 여행방향을 제시하는 광고는 지도가 수요를 촉진시키는 재화와 용역의 중요

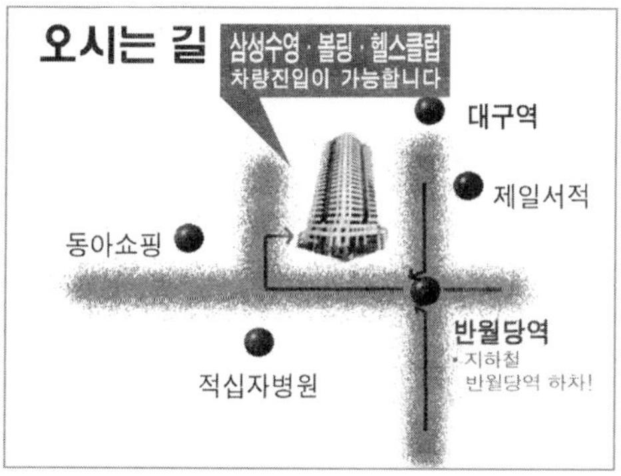

[그림 10-22] 광고용 위치도

신문이나 잡지 등에 표현되는 위치확인용 안내지도로서 주변의 경쟁업체보다 자기 건물(가게)을 돋보이게 하며 소비자를 유인하게 하는 촉매제 역할을 한다. 주변의 중요 상점을 점기호로 표현하여 위치를 알리는 효과를 가지고 있다.

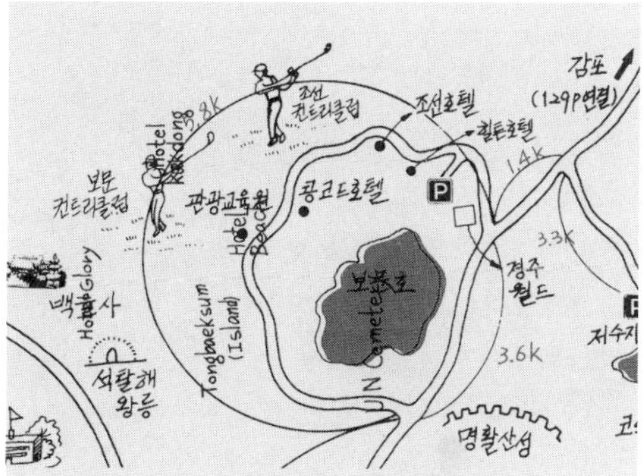

[그림 10-23] 관광지 광고지도

보문 호수 주변의 관광지를 나타낸 지도로서 정확한 위치보다는 다양한 시설을 그림으로 나열하여 이용자의 눈길을 끌게 하는 광고지도로서 지도라는 틀을 벗어난 형태의 스케치 지도이다.

한 역할을 한다. 만약 도로의 사정이 나쁘거나 주차장이 협소하다든지 또는 교통체증으로 여행이 고통스러울 때 구매자는 다른 여행상품이나 대용품을 찾아 나선다. 이때 다른 상점이나 업체를 알리는 지도에는 그곳까지 도달할 수 있는 노선이 직선으로 표기되어 있을 것이고 편리하게 접근이 가능하도록 지도가 왜곡되어 있을 것이다. 광고지도를 이렇게 왜곡되게 만드는 것은 지도의 정확성과 엄밀성이 광고의 일차적 목표가 될 수 없기 때문이다. 왜냐하면 필요한 물건을 급히 구입해야 된다면 지도를 보고 찾아갈 수 있도록 접근성이 중요한 요소가 되기 때문이다.

최근에 우리나라에서도 하나의 점포가 성공하면 여러 개의 체인점을 개설하는 게 유행처럼 되었다. 전국 체인망이나 도시 내의 여러 곳의 체인점포는 소비자들로 하여금 장사가 잘 되는 듯한 느낌을 주며 본점과 분점의 역할을 성공적으로 소개하여 광고의 효과를 배가시킨다. 이렇게 한 점포가 도시 내에 여러 곳에 분포되어 있는 것과 같이 세력을 과시하는 것도 지도의 역할이다.

③ 영향권 지도

잔잔한 수면 위에 돌을 던졌을 때 파도같이 퍼져나가는 형태의 영향권(세력권) 지도는 주로 공해지역, 폭탄투하지역, 지진여파 등을 나타낼 때 많이 이용 된다. 즉 동심원을 4~5개 표시하여 색깔로 구분한다든가 또는 원과 원 간의 간격을 조정(조밀하게 또는 넓게)하여 강력한 암시를 줄 수 있게 표현한다.

지진이나 화산이 발생했을 때 진원지로부터의 피해범위를 표현한 지도를 만들 때나 위험의 영향이 어느 정도인지를 표현할 때 많이 이용된다. 도시 내의 쓰레기

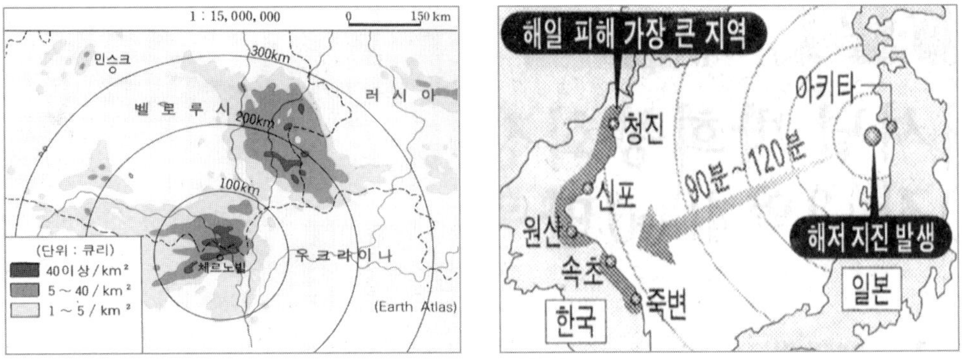

(a) (b)

[그림 10-24] 영향권을 나타낸 지도

(a) 체르노빌 원전사고 후에 나타나는 방사능의 피해예상 지역을 나타낸 그림으로 200km 떨어진 곳에서도 방사능의 세력이 뻗어 있음이 나타난 지도이다. (b) 일본열도의 7개 지역(아키타 등)에서 진도7 이상의 지진이 발생한다면 90~120분 만에 우리나라 동해안 일대에 해일피해가 예상됨을 나타내는 영향권 지도(안희수 교수)이다.

소각장이나 매립장, 위생처리장 등 오염원의 영향반경을 표현할 때도 효과적으로 사용할 수 있다.

3. 지도 이용상의 특성

1) 지도의 상징성

일반인들이 사용하는 지형도는 국토지리정보원에서 간행하여 일반 대리점을 통하여 구입할 수 있지만 기밀이 내포된 군사지도는 육군지도창에서 제작되어 군사용으로만 사용된다. 예전에는 지형도를 구입할 때 주민등록증을 제시하고 구입했지만, 지금은 이 제도가 없어졌다. 또 지형도를 국외로 반출하기 위해서는 측량법 제27조의 규정에 의거 국토지리정보원장의 승인을 받아야만 가능하다. 이와 같이 지형도는 국가안보와 직결되는 중요한 사항이기 때문에 우리나라뿐만 아니라 세계 도처의 나라에서도 지도를 국가안보의 차원에서 관리하고 있다.

① 국가의 상징

우리나라의 영토가 침공을 당하면 개인뿐만 아니라 국가의 상징이 손상된 것과 마찬가지이다. 왜냐하면 침공 후에 만든 지도는 예전의 모습과는 다르기 때문이다. 그러므로 영토를 표시하는 지도는 국가의 상징이나 마찬가지이다. 예를 들어 흰 종이 위에 도시와 도로, 기타 지형 · 지물을 그려 넣고 영토를 구획하는 경계(국경)를 표시하고 '○○공화국' 이라고 나라이름을 적어보자. 그리고는 주변의 다른

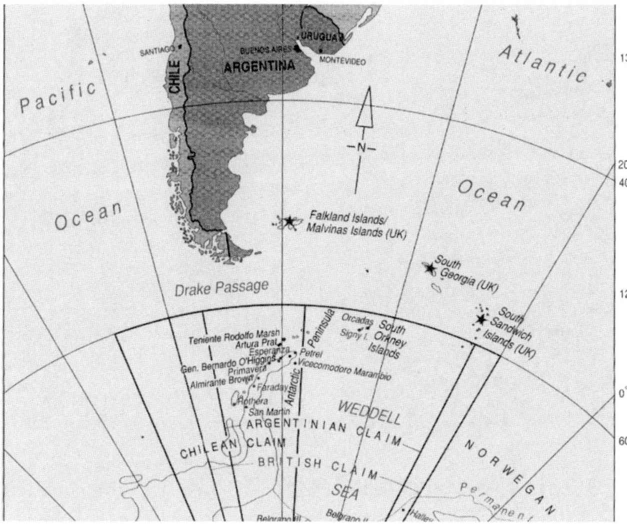

[그림 10-25] 영국의 자존심 포클랜드제도(1998, The Reed Atlas of NZ & World)

이 지도는 축척 6천만분의 1의 람베르트 정각원추도법(표준위선: 30°S, 60°S)으로 만들어졌으며 아르헨티나 동쪽 약 500km 지점에 있는 포클랜드(Falkland)제도를 눈에 띄게 별표로 표시하여 영국의 영토임을 강하게 나타내고 있다. 또 남극의 입구에 위치하는 지리적인 중요성은 물론 남극의 영유권 주장에도 중요한 역할을 한다.

사람에게 내가 새로운 국가를 탄생시켰다고 하면 의아해하면서 한편으로는 궁금해할 것이다. 물론 우스개 소리다. 그렇지만 종이 대신 지도 위에 그린 것을 보여주며 새로운 나라가 탄생된 곳이 여기라고 말하면 백지에 그렸을 때보다는 훨씬 효과적이며 더 재미있어 할 것이다.

지도는 서구 열강들(영국, 프랑스, 네덜란드, 독일, 이탈리아, 포르투갈, 스페인...)에 의해 대륙이 탐험되면서 국가의 권위와 막강한 힘을 과시하기 위하여 다양하게 만들어져 왔다. 이들 강대국가들은 17~18세기의 탐험의 시대부터 지도를 국가의 상징으로 여겨 왔으며 지금도 자존심이 강한 프랑스는 특정 지도를 만들 때 영국의 그리니치를 지나는 본초자오선을 사용하지 않고 있다고 한다. 2차대전 후에는 아프리카를 비롯한 신흥 독립국가들이 독립의 상징으로 자기나라의 국경이 뚜렷이 나타난 지도책을 만들었으며, 19세기 후반부터 유럽과 북미에서는 정부 지원하에 국가 상징물인 지도책을 펴내기도 하였다. 이러한 지도책은 자국의 경제발전과 정치적 주체성을 나타내는 도구로써뿐만 아니라 국가적 과업의 성과품으로서 역할을 수행하기도 한다. 영토에 관한 한 지도보다 더 국가적인 상징물은 없다. 왜냐하면 국가 간의 주권을 논쟁할 때는 지도를 펴놓고 토론하며 다른 국가를 침공하여 자국의 영토로 편입시킨 경우에도 새로운 지도에 자국의 방식대로 신 지명을 부기하여 점령을 합리화시키기 때문이다. 예를 들어 인도, 파키스탄, 중국 사이에 있는 잠무

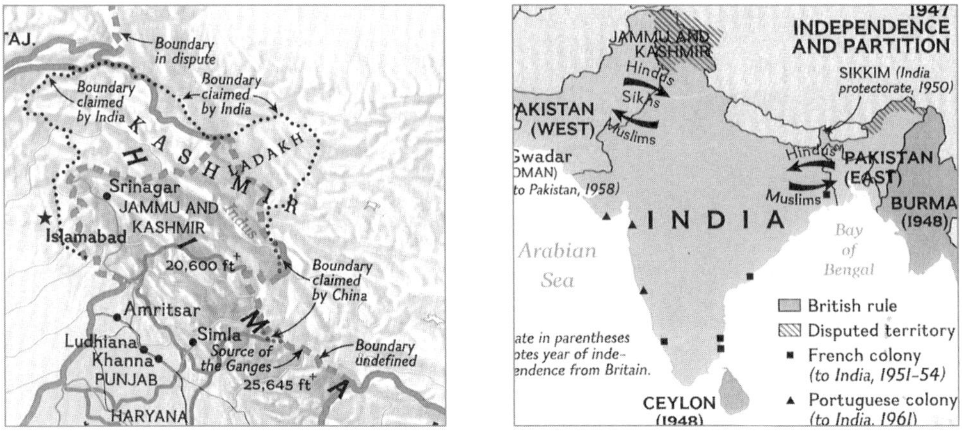

[그림 10-26] 잠무와 카슈미르의 분쟁지역(1999. 1, National Geographic)

영국이 지배하던 인도 대륙 일대가 독립과 분할이 이루어지는 과정에서 펀자브(punjab) 지역과 벵골(bangal) 지역에서 인종과 종교적으로 심한 갈등이 있어 왔다. 특히 펀자브 지역인 잠무와 카슈미르는 지금도 국경분쟁이 끊이지 않는 곳 중의 하나다. 약 1천 5백만명의 힌두교, 시크교교, 모슬람교도들이 생존을 위해 옮겼으며, 특히 카슈미르 지역에서 이동하던 사람들 중 약 백만 명 정도가 대량학살 당하기도 하였다.

(jammu)와 카슈미르(kashmir) 지역의 국경분쟁 지역에는 세 나라가 주권을 주장하며 점령하고 있는 지역이 서로 다르기 때문에 지도를 만드는 출판사는 영토에 관한 내용을 기술하기가 매우 곤란하다. 우리나라의 독도가 영토주장을 위해 우표에 등장하는 것처럼 아르헨티나의 우표에도 영국과 분쟁의 불씨가 남아 있는 포클랜드제도에 스페인식 이름을 붙이고 영국의 점유에 대한 강한 거부감을 표시하기도 한다. 이와 같이 지도는 단순히 장식이 아닌 국가의 상징물로 강한 국가를 표현하는 자존심이라 생각할 수 있다.

② 투영법과 국가 홍보

지도는 투영법에 따라 어떤 국가는 크고 중요하게 보이도록 하고 어떤 나라는 작고 협소하게 보이게 할 수 있다. 중동의 중심위치에 있는 이스라엘은 주변의 거대한 아랍권에 비하면 다윗과 골리앗의 양상처럼 보인다. 그러나 지도에 나타난 영토의 면적이 비록 작지만 이스라엘의 선진 기술이나 첨단의 군사장비, 미국을 비롯한 서방 국가와의 군사동맹 등은 지도에서 표현할 수 없다. 이와 같이 지도에 표현되지 않는 영향력을 이용하여 이스라엘을 중동의 중심에 놓고 영토의 규모를 크고 넓게 보이게 할 수도 있다. 반면에 지도에는 넓고 큰 영토를 가진 나라일지라도 지도의 투영법상 작고 왜소하게 보이게 할 수도 있다. 이와 같이 지도는 투영법에 따라 영토를 크게 할 수도 있고 작게 할 수도 있지만 자기네 나라의 영토를 의도적으로 작게 보이게 하는 나라는 없다. 그러므로 나라의 영토를 크게 보이게 하는 방법이 주로 이용되었는데 그 중 메르카토르투영법이 가장 많이 이용되어 왔다. 즉 극지방으로 올라갈수록 작은 나라는 크게 보이고 큰 나라는 더 크게 표현되는 메르카토르투영법은 면적을 왜곡시키는 대표적인 지도투영법이라 할 수 있다. 구소련은 이 투영법으로 자국의 영토가 비록 크지만 더욱 크게 나타내는 것을 오랫동안 즐겼으며 당시에는 중국(중국공산당)과 소련을 붉게 칠한 세계지도를 장식하여 공산주의의 우월성을 은근히 나타내는 데 자주 이용하였다. 이러한 메르카토르도법을 이용하여 만든 세계지도는 20세기에 들어와서 교실의 벽걸이용이나, 회견장의 배경, TV 뉴스 때 배경장면 등으로 꾸준히 이용되어 왔다. 또 비교적 북쪽에 위치한 캐나다, 미국, 시베리아, 북유럽 등의 강대국들은 열대지역에 위치한 나라들의 중요성을 축소시키려는 의도로 이용하였으며, 특히 영국의 경우는 세계 육지의 26%를 정복한 대영제국의 위용을 과시하기 위하여 메르카토르도법의 지도를 이용하여 다양하게 국가홍보(정치적 선전)에 이용한 일이 있었다.

2) 지도의 안전성

① 지도는 안전한가?

지도는 지적인 무기이다. 공공성이 있는 지도에 진실이라고 생각할 만한 거짓 정보를 담아서 흘린다면 적을 교란시켜 전쟁에서 승리할 수 있는 계기가 될 수 있다. 그렇기 때문에 총알 없는 무기나 마찬가지이며 이러한 허위정보를 어떻게 흘려야만 적군이 믿을 수 있을지 지도의 배포에도 신경을 써야 한다. 허위정보가 담긴 지도를 믿게 하려면 때로는 약간의 정확한 정보도 같이 제공해야 되기 때문에 군사적 방첩활동과 은밀한 외교노력을 함께 해야 한다. 지도는 중요한 정보로서 반드시 보호되어야 할 가치가 있다는 것은 의심의 여지가 없다. 지도를 통해 여러분의 사업계획이 누설된다면 이는 치명적이지 않을 수 없다. 왜냐하면 중요한 프로젝트는 비밀리에 진행되는 경우가 많으며 만약 이것이 누설되었다면 진행하던 사업을 포기할 수밖에 없기 때문이다. 이와 같이 개인이나 사업체는 물론 각 국가에서도 중요한 계획을 누설시키지 않으려고 노력한다. 그러므로 낡은 지도 한 장이라도 남의 수중에 들어가지 않게 하려고 무던히 애를 쓴다. 아마도 우리나라의 지도 중에 우리가 모르고 있는 중요한 고지도가 대영제국의 박물관이나 프랑스의 박물관에 많이 보관되어 있다(그림 10-28 참조). 전쟁 중 지도가 적을 혼동에 빠뜨리기 위해서나 적이 공격하지 않도록 유도하기 위해 그려진 기만책이 아닌 이상 적에게 자세한 지도를 제공한다는 것은 반역 행위임에 틀림없다. 지도의 내용은 그 자체가 바로 기밀사항이다. 왜냐하면 특수 목적으로 지도를 제작할 때 자신들의 계획을 숨기기 위해 단절된 곳에서 지도를 편집하거나 제작하며 심지어는 같은 동료에게도 비밀에 부쳐야 할 경우가 있기 때문이다.

요즈음은 컴퓨터 데이터베이스에 저장된 전자지도가 종이에 그려진 지도를 대신하고 있으며 이는 쉽게 자료를 끄집어낼 수 있는 이점이 있지만 컴퓨터 해커라는 핵무기같은 공격에는 취약하다. 국가의 기밀사항이 있는 지도나 적으로부터 보호되어야 할 군용 지도 등은 안보적인 차원에서 악의에 찬 호기심으로부터 격리되어야 한다. 남북이 대치된 우리나라에서는 최신의 정보가 담긴 지도(지형도)가 북쪽으로 넘어간다면 아마도 그들이 계획을 짜는 데 중요하게 이용할 수 있을 것이다. 물론 조금 오래되고 아주 보편적인 내용이 들어 있는 지도는 그들도 소유하고 있겠지만 최신 자료가 들어 있는 지도라면 좀더 신중을 기해야 될 줄 안다.

② 허위정보지도

내가 갖고 있는 지도와 똑같은 지도가 다른 사람의 수중에 들어가지 못하게 한다는 것은 불가능하다. 왜냐하면 오늘날에는 전자복사와 컴퓨터로 인하여 손쉽게 지도정보를 공유할 수 있기 때문이다. 또 내가 만든 지도를 나 혼자만 가지고 철저한 보안유지를 한다는 것도 불가능한 일이다. 특히 지도속에 숨겨야 할 내용 중 다른 사람이 알면 불리한 사항이 수록되거나 수록된 내용을 허위로 퍼트릴 목적으로 기록한다면 그것이 곧 허위정보지도라고 할 수 있다. 냉전시대에 그려진 소련의 허위정보지도는 널리 알려진 사실이다. 물론 다른 나라들도 자신들의 지도를 왜곡시켜 지리학적인 위치를 속이는 행위가 있었지만 일부분에 지나지 않는다. 소련의 비밀경찰이나 정보부가 지도를 통제하던 1930년대 후반부터 대중용 지도책에 나와 있는 마을, 해안선, 하천, 고속도로, 철도, 건물, 경계 등 지도상에 나타나 있는 모든 사상들의 위치나 형태를 고의적으로 왜곡시켰다. 미국과 영국 등 서방 국가들을 당황하게 만든 이들 허위정보지도는 미소가 스파이위성을 이용한 이후부터는 더욱 가속화되었으며 그 결과 소련의 적들은 소련지도의 좌표를 읽고는 미사일을 유도하는 전자지도를 만들지 못했다.

심지어 도시지역의 관광지도에도 허위정보를 수록한 일이 있었다. 즉 주요 도로를 확인할 수 없도록 누락시키며 축척이 생략되어 있어 거리를 측정하기가 곤란하게 만든다. 이와 같은 허위정보지도는 제작비용이 많이 들고 경제발전에 도움이 되지 않기 때문에 최근에는 더이상 날조하지 않는다. 왜냐하면 새로운 거짓정보를 지속적으로 갱신하는 데는 많은 시간과 비용 그리고 인력이 필요했기 때문이다. 또 스파이위성 덕분에 1960년 이전에 조작된 지도는 별 가치가 없었기 때문에 제작이 중지되었다. 그렇다면 서방 선진국은 지도의 정보를 허위로 기록한다든지 다른 목표물로 은폐하는 경우는 없는가? 소련보다는 덜하지만 국가마다 조금씩 차이는 있다. 세계의 어떤 나라든지 100% 공개적이지는 못하다.

또 정치적으로 성공하기 위해서도 허위지도를 이용한 선전이 효과적일 때가 있다. 정치선전가도 광고주나 부동산 개발업자와 마찬가지로 지도를 허위로 조작하여 여론을 끌어내기도 한다. 그러나 정치선전가의 궁극적인 목표는 광고주나 부동산 개발업자와는 전혀 다르다. 유능한 정치가는 지도를 이용하여 국토개발의 방향을 제시한다든가 영토의 주장, 국적과 애국심, 국경과 전략적 요충지, 정복 및 침공, 군사의 이동과 국토수호, 지역 간의 불균형 철폐 등 지도를 이용하여 선전할 수 있는 것을 많이 만든다. 그러나 정치선전가는 항상 반대자를 만나게 되는데 지역민의 갈등이나 이웃나라의 반대이념을 수용해야 하기 때문에 지도를 고의적으로 허위로 만들기도 한다(1998. 손일 외 재구성).

3) 지도의 역사성

지도도 어떤 의미에서 역사적인 중요한 자료이다. 왜냐하면 고서점에서 구한 한 장의 지도가 수백 년 전의 비밀을 캘 수 있는 힘이 되기 때문이다. 과거의 지도와 오늘날의 지도를 비교해 보면 국경이나 나라의 이름이 바뀐 것이 있는가 하면 도시나 취락이름이 과거에는 있었지만 오늘날의 지도에는 사라진 것이 발견된다. 그러므로 옛 지도를 가지고 오늘날의 역사연대를 추정할 수 있을 뿐만 아니라 학술적인 연구의 대상이 되기도 한다. 그러므로 지도는 단순히 소설책과 같은 저작

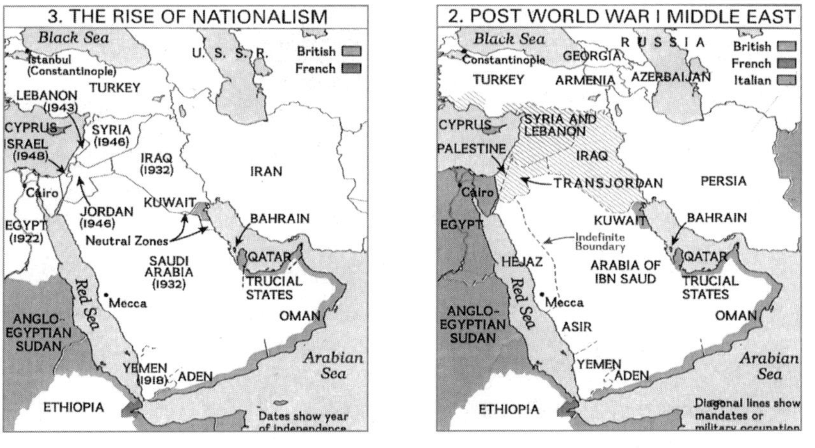

[그림 10-27] 지도의 변천

지도가 없이는 과거와 오늘을 쉽게 비교할 수 없다. 치열했던 제1차 중동전쟁 당시에는 지도에 이스라엘이라는 국가명은 없었지만 오늘날의 지도에 나타나 있는 것을 알 수 있다.(팔레스타인→이스라엘)

물이 아니다. 한 시대의 상황을 유추하여 해석할 수 있으며 미래에 대한 계획을 세울 수 있기 때문이다.

최근 미국 남가주대에는 18세기(90점), 19세기(30점)에 그려진 동아시아지도가 대량 소개되었으며, 이는 한일 간에 쟁점이 되는 독도의 문제와도 전혀 무관하지 않다. 얼마나 오래되고 역사성이 있는 지도를 발견하느냐에 따라 양국의 희비가 엇갈리기 때문에 고지도는 역사를 바로잡기 위한 좋은 물증이 되곤 한다.

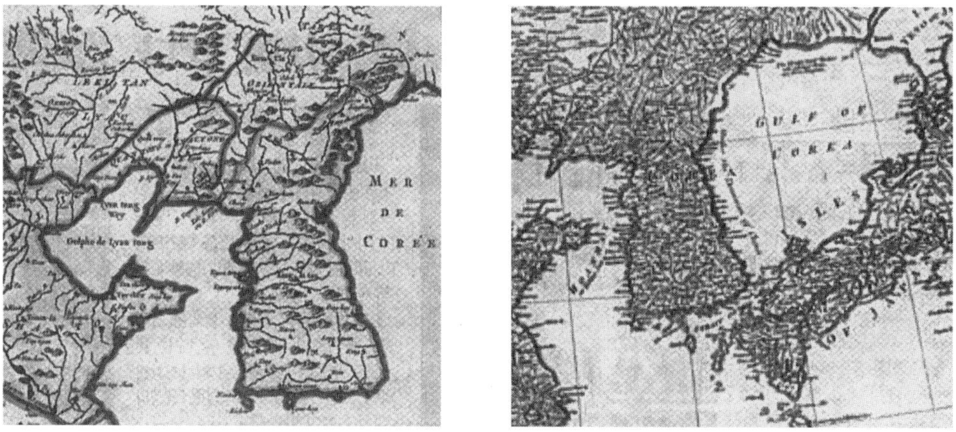

(a) 프랑스지도 (b) 영국지도

[그림 10-28] 지도의 역사성(자료: 중앙일보 2000. 11. 23)

최근에 프랑스와 영국에서 발견된 우리나라의 고지도에서 동해가 한국해(Mer de Corée) 또는 한국만(Gulf of Corea)으로 표기된 것이 발견되었다. 이런 점이 지도의 역사성을 알려주는 중요한 역할이다. 그러므로 하잘 것 없는 1장의 지도가 엄청난 역사적 오류를 바로잡는 근거로 이용되며 국제적인 이슈의 해결을 위한 실마리로 사용된다.

4) 지도의 표현성

① 지도의 표현성

지금의 화가들은 단순한 2차원의 그림을 그리는 것이 보통이지만 예전에는 투시력이라는 감각을 이용하여 그들이 사는 도시의 모양이나 길거리의 풍경이 담긴 그림을 투시도법(원근투시법)을 이용하여 3차원으로 많이 그렸다. 그러나 요즈음 화가들은 투시도법을 이용하여 지도를 그리기보다는 투시도법의 기법을 이용하여 좀 더 사실적으로 그림을 그리려고 노력할 뿐이다. 그래서 최근에는 평면에 그려지는 그림이나 지도일지라도 미술가들이 그리는 경우와 지도제작자들이 그리는 그림(지도)은 많이 차이가 난다고 할 수 있다. 왜냐하면 미술가들이 그린 그림에 표현되는 여러 가지 요소(거리, 위치, 방향)들은 3차원의 정보를 추출할 수 없지만, 지도제작자가 그린 지도는 비록 단순하게 보이지만 그 속을 들여다보면 많은 양의 정보를 얻을 수 있기 때문이다.

또 지도는 글로서 나타낼 수 없는 부분도 표현할 수 있다. 아무리 이해하기 좋은 문장을 동원하여 글을 쓴다고 해도 지도가 없이는 글쓴이의 뜻을 그대로 전달하기는 어려운 경우가 많다. 특히 우리들이 자주 접하는 일기예보나 세계적인 관심사를 얘기할 때는 더욱 지도가 빛을 발휘한다. 그러므로 지도는 그림이나 글에서 표현할 수 없는 여러 가지 중요한 정보를 표현할 수 있는 특수한 성질이 있으며, 여기에 각종 도표를 비롯한 속성 정보를 추가하면 무궁무진한 정보를 나타낼 수 있다.

② 지도의 판독성

사람마다 그림을 보거나 소설을 읽고 느끼는 감정은 모두가 다르다. 그림이나 소설을 평가할 줄 아는 전문가들은 몰라도 일반인들은 그림이나 소설에 대한 이해도가 떨어지기 때문에 한 종류의 그림이나 소설을 두고 '멋있다' '그렇지 않다' 라고 서로가 상반된 얘기를 할 때가 있다. 그러나 지도는 이해하거나 읽는 능력이 서로가 다르더라도 비슷하게 판독된다. 왜냐하면 지도에서 거리나 높이, 면적, 방향을 구하고자 할 때 추출하는 방법에 따라 정확도가 떨어질 수 있지만 서로가 다르게 반대의 대답은 나오지 않는다. 또 지도를 판독할 때 도식의 기준에 따라 정해놓은 범례를 보고 판독하면 되기 때문에 엉뚱한 해석은 드물다. 그러므로 지도를 판독할 때 그림을 보듯이 또는 소설책을 읽듯이 해서는 안 된다. 그 속에 숨어있는 내용이 무엇인가를 캐낼 수 있어야만 지도를 판독할 줄 안다고 할 수 있다.

③ 지도의 제한성

지도제작자들은 자기가 표현하고자 하는 모든 것을 지도에 나타낼 수 없다. 목표물이 군락으로 밀집되어 있을 때는 생략하고 한 두개만 표시한다든지 목표물이 중첩되어 있다면 중요도가 떨어지는 것은 생략하기도 한다. 또 군사시설이나 중요한 산업시설은 표시하는데 제한을 받는다. 물론 반대로 과장하여 표시하는 것도 있지만 국익에 관계없는 사항은 지도에 함부로 표시할 수가 없다. 그러므로 지도는 사실 그대로 표현해야 되는 의무는 있지만 불가피하게 표시에 제한을 받는 불이익을 당하기도 한다.

④ 지도의 왜곡성

지도에서 자료를 추출한다는 것은 지도를 충분히 읽을 수 있는 능력이나 안목이 필요하다. 왜냐하면 지도는 제작할 때 많은 왜곡이 포함되어 있기 때문이다. 둥근 지도를 평면의 지도로 표현하는 과정에서 지도의 투영법이나 도식기준에 따라 완벽하게 표현할 수 없기 때문에 항상 지도의 왜곡에 대해 신중하게 생각해야 한다. 그러므로 어떤 형태로 제작된 지도라도 완전하지 못하다는 것을 알아야 한다. 이때 속임수나 거짓이 내포되었다고 얘기 할 수는 없지만 지도의 표현방법상 어쩔 수 없는 거짓이 포함되었다고 할 수 있다.

육지에서의 실제 길이를 지도에서는 근사한 값으로 나타낼 수는 있지만 100% 동일하게 나타낼 수가 없다. 엄격히 말하면 이것이 지도 왜곡이라 할 수 있다. 즉 등각성, 등적성, 등거성, 정방위성이 일치하지 않는다는 말이다. 왜곡은 넓은 지역뿐만 아니라 좁고 국지적인 지도를 만들 때도 나타난다. 그러나 실제적으로 지도를 사용하는 사람들이 불편을 못 느끼기 때문에 그냥 넘어 갈 뿐이다. 그렇지만 우리는 지도를 사용할 때 항상 왜곡이 내표되어 있다는 것을 알고 있어야 한다.

부록

부록 1 측량법 중 지도관련 규정

【측량법 제2조 16항: 지도】

16. '지도'라 함은 지표면 · 지하 · 수중 및 공간의 위치와 지형 · 지물 및 지명 등의 각종 지형공간정보를 일정한 축척에 의하여 기호나 문자 등으로 표시한 것을 말한다. 이 경우 다음 각목의 1에 해당하는 것을 포함하되, 지적법에 의한 지적도 등의 도면과 수로업무법에 의한 항해용도 등의 해도를 제외한다.

가. 전산시스템을 이용하여 이를 분석 · 편집 및 입 · 출력할 수 있도록 제작된 수치지형도(항공기나 인공위성 등에서 취득한 영상정보를 이용하여 제작하는 정사영상지도를 포함한다. 이하 나목에서 같다)

나. 가목의 규정에 의한 수치지형도를 이용하여 특정한 주제에 관하여 제작된 지하시설물도 · 토지이용현황도 등 대통령령이 정하는 수치주제도

【측량법 시행규칙 제10조: 지도의 축척】

법 제23조 제1항의 규정에 의하여 국토지리정보원장이 간행하는 지도의 축척은 1천분의 1, 2천 500분의 1, 5천분의 1, 1만분의 1, 2만 5천분의 1, 5만분의 1, 10만분의 1, 25만분의 1, 50만분의 1 및 100만분의 1로 한다.

【측량법 시행령 제11조: 지도 등의 판매가격】

가. 건설교통부장관은 법 제23조 제4항의 규정에 의하여 지도 등의 판매가격을 정할 때에는 이를 관보에 고시하여야 한다.

나. 제1항의 규정에 의한 고시에는 다음의 사항이 포함되어야 한다.

1. 명 칭
2. 축 척
3. 규 격
4. 단 위
5. 판매가격
6. 기타 필요한 사항

【측량법 시행규칙 제10조 2항: 수치지도의 판매가격】

건설교통부장관은 법 제23조 제4항의 규정에 의하여 수치지도의 판매가격을

정하고자 할 때에는 다음 각 호의 기준에 의하여야 한다.

1. 도엽당 또는 계층구조별로 판매가격을 정할 것
2. 수치지도의 복사에 필요한 재료비 등 가공비용이 포함되도록 할 것

【측량법 시행규칙 제17조 2항: 수치지도의 보완】

공공측량계획기관은 당해 기관이 제작한 수치지형도 및 수치주제도(지하시설물도를 포함한다)에 대하여 다음 각 호의 구분에 따라 주기적으로 이를 보완하여야 한다.

1. 수치지형도 : 2년마다 1회 이상
2. 수치주제도 : 3년마다 1회 이상

【측량법 시행규칙 제11조: 기본도의 지정】

법 제23조 제5항의 규정에 의하여 기본도로 지정할 지도는 전국을 대상으로 하여 제작된 지형도 중 규격이 일정하고 정확도가 통일된 것으로서 축척이 최대인 것이어야 한다.

【측량법 시행규칙 제13조: 지도 등의 간행심사】

법 제25조 제1항의 규정에 의하여 지도 기타 필요한 간행물(이하 '지도 등'이라 한다)을 간행 또는 재간행하기 위하여 심사를 받고자 하는 자는 별지 제10호 서식의 지도 등(간행 · 재간행) 심사신청서에 다음 각 호의 서류를 첨부하여 국토지리정보원장에게 제출하여야 한다.

1. 표준작업 방법서 1부
2. 성과심사용 간행물 2부

【측량법 시행규칙 제14조: 지도 등의 심사사항】

법 제25조 제1항의 규정에 의하여 국토지리정보원장이 행하는 지도 등의 심사는 다음 사항의 적정여부에 관하여 행한다.

1. 도곽 설정 · 축척 및 투영
2. 지형 · 지물 및 지명의 표시
3. 주기 및 기호표시
4. 난외표시
5. 표준 작업방법
6. 기타 표시사항

(앞 쪽)

<table>
<tr><td colspan="5">지도 등(간행 · 재간행) 심사신청서</td><td>처리기간
14 일</td></tr>
<tr><td rowspan="2">신 청 인</td><td>성명</td><td colspan="2"></td><td>주민등록번호</td><td></td></tr>
<tr><td>주소</td><td colspan="4">(전화:)</td></tr>
<tr><td colspan="2">사용측량성과</td><td>축 척</td><td></td><td>도 엽 명</td><td></td></tr>
<tr><td colspan="2">간 행 목 적</td><td colspan="4">(지도 주제의 특성이 나타날 것)</td></tr>
<tr><td colspan="2">간 행 성 과 물</td><td>명 칭</td><td></td><td>축 척</td><td></td></tr>
<tr><td colspan="2">간 행 부 수</td><td colspan="2"></td><td>간행예정일</td><td></td></tr>
<tr><td colspan="2">작 업 방 법</td><td colspan="4">붙임(작업범위 · 색도 및 인쇄사항 등을 구체적으로 명시함)</td></tr>
<tr><td colspan="2">복제승인일자</td><td colspan="4">년 월 일 (승인번호:)</td></tr>
<tr><td colspan="6">측량법 시행규칙 제13조의 규정에 의하여 지도 등을
(간행 · 재간행)
하고자 심사를 신청합니다.

년 월 일

신청인 (서명 또는 인)

귀하</td></tr>
<tr><td colspan="5">구비서류 : 1. 표준작업방법서 1부
2. 성과심사용 간행물 2부</td><td>수 수 료
측량법 시행규칙 별표 4에서 정한 바에 따름</td></tr>
</table>

측량성과복제승인신청서

<table>
<tr><td colspan="5" rowspan="2">측량성과복제승인신청서</td><td>처리기간</td></tr>
<tr><td>2 일</td></tr>
<tr><td rowspan="2">신청서</td><td>성 명</td><td colspan="2"></td><td>주민등록번호</td><td></td></tr>
<tr><td>주 소</td><td colspan="4">(전화:)</td></tr>
<tr><td colspan="2">축 척</td><td>도엽번호
(기선번호)</td><td>도엽명
(사진번호)</td><td>판 명</td><td>복제부수</td><td>비 고</td></tr>
<tr><td colspan="2"></td><td></td><td></td><td></td><td></td><td></td></tr>
<tr><td colspan="2">복 제 목 적</td><td></td><td></td><td></td><td></td><td></td></tr>
<tr><td colspan="2">복 제 일</td><td></td><td></td><td></td><td></td><td></td></tr>
</table>

측량법 제24조 제1항의 규정에 의하여 측량성과의 복제승인을 신청합니다.

년 월 일

신청인 (서명 또는 인)

귀하

구비서류 : 없음	수 수 료
	규칙 별표 4에 정한 바에 따름

부록 2 지도제작에 따른 성과심사

지도의 제작은 사용하는 목적에 따라 규정된 작업방법 및 도식에 의해 편집, 제도 등을 실시하여 지도(종이지도)를 만드는 것이며, 수치지도의 제작은 지형, 지물, 지명 등의 각종 지형정보, 기타 이와 관련된 사항을 수치화한 후 전산시스템을 이용하여 이를 분석 · 편집 및 입 · 출력할 수 있도록 제작된 수치지형도 및 수치주제도를 말한다. 측량법 제25조 제1항의 규정에 의하여 기본측량의 측량성과 및 측량기록, 또는 국토지리정보원장이 간행하여 발매한 지도 등을 사용하여 새로운 지도 등을 간행하거나 관광도, 도로망도, 등산도, 낚시지도, 여행지도 등의 주제도를 간행하여 이를 발매(판매) · 배포하고자 하는 자는 지도사용료 및 심사신청수수료를 납부하고 그 간행물에 대한 심사를 받아야 한다

지도를 제작하여 발매 · 배포하기 위해서는 측량법 제25조 제1항에 의거 성과심사를 대한측량협회장에게 받아야 하며, 지도 등의 성과심사업무 처리규정에 정한 용어의 정의는 다음과 같다.

'발매' 라 함은 주제도를 간행하여 대가를 받고 판매하는 경우를 말한다.
'배포' 라 함은 주제도를 간행하여 무상으로 배부하는 경우를 말한다.
'심사' 라 함은 지리원장이 간행한 지도 등과 신청자가 제출한 자료에 의하여 그 내용 및 정확도를 확인하는 행위를 말한다.

지도의 심사신청서는 반드시 표준작업방법서와 지도사용료를 함께 제출해야 되며 제출된 서류는 7일 이내에 심사를 완료하고 송부하여야 한다. 그리고 성과가 불량하여 지도의 발간이 합당치 않을 경우는 보완을 하거나 재심사를 청구할 수 있다.

- 사용기도 : 지도의 종류와 축척
- 주제 · 목적 및 자료의 부합여부 : 적정성, 특이성 및 다양성
- 도곽 설정의 적정성 : 사용 도엽수
- 축척의 적정성 : 정확성, 축척표기 등
- 지형위치의 표현 적정성 : 등고선, 하천, 도로 및 철도 등
- 지물위치의 표현 적정성 : 주기 건물의 정위치표기 등 확인

- 도식적용의 합리성 : 기본도식, 규정 외 사용도식, 범례표기 상태 등
- 제도상태 : 선호, 도로 폭 등
- 보안사항 : 군사보호시설, 군사용 공항표기, 휴전선표기, 기타 보안시설
- 지명 : 법정지명, 행정지명, 자연지명, 대외 관련 지명(동해 등)
- 기호 : 형태의 합리성, 크기의 적합성 등
- 난외사항 : 제작자 및 발행자 표기여부, 심사일자 표기여부, 사용자료의 출처
- 행정경계 : 사용기호의 도식과 다른 점, 경계의 신설, 변경, 폐지, 누락, 오기 등
- 도로의 표기상태 : 포장여부, 개통, 미개통, 공사중, 계획선표기, 역명이나 위치의 정확성
- 각종 목표물 : 목표물의 오기 및 누락
- 산높이 : 위치 및 높이
- 수부 및 해부 : 수애선, 물판 등
- 제작방법
- 기타 주기 : 서체의 적정성, 오기사항, 영문표기법(로마자), 건물명칭 등

표준작업방법서

<table>
<tr><td colspan="2">① 간행물(지도)명칭</td><td colspan="2"></td></tr>
<tr><td colspan="2">② 제작목적</td><td colspan="2">(판매용, 배부용, 업무참고용 등을 명시)</td></tr>
<tr><td colspan="2">③ 제작지역</td><td colspan="2"></td></tr>
<tr><td colspan="2">④ 제작기간</td><td colspan="2">2001. . ~ 2001. . (일간)</td></tr>
<tr><td colspan="2">⑤ 간행물의 형태</td><td colspan="2">(책자, 낱장 등을 명시)</td></tr>
<tr><td colspan="2">⑥ 간행물(지도)</td><td colspan="2">(가로cm×세로cm 또는 4×6배판, 4×6판, 국배판, 배판, 크라운판 등을 명시)</td></tr>
<tr><td colspan="2">⑦ 사용한 지도의 내역</td><td colspan="2">⑧ 제작한 간행물(지도)의 내역</td></tr>
<tr><td>축 척</td><td>도 엽 명</td><td>축 척</td><td>쪽번호(책자인 경우)</td></tr>
<tr><td>1:5,000</td><td></td><td></td><td></td></tr>
<tr><td>1:10,000</td><td></td><td></td><td></td></tr>
<tr><td>1:25,000</td><td></td><td></td><td></td></tr>
<tr><td>1:50,000</td><td></td><td></td><td></td></tr>
<tr><td>1:250,000</td><td></td><td></td><td></td></tr>
<tr><td colspan="4">※분량이 많을 경우 별첨</td></tr>
<tr><td colspan="4">⑨ 작업방법(지리조사, 스크라이브 편집, 제도 및 컴퓨터 작업과정 등을 흐름도 (flow chart)로 작성)</td></tr>
</table>

⑩ 사용장비 및 도구	
⑪ 색도별 표기내용 (먹, 적, 갈, 청, 적, 녹 등)	
⑫ 간행물(지도)의 특성	(지형도와 다른 주제도로서의 특성을 명시)
⑬ 지형도에 사용한 도식 및 기호	(사용한 도식이나 기호를 명시)
⑭ 지형도의 지형 지물의 표기내용	(고속국도, 지하철 예정선 등 발행자가 수집 · 조사한 것임을 명시하고 성과에 난외 주기로 표기)

<table>
<tr><td rowspan="2">⑮ 지도발행자 및 제작자</td><td>발 행 자</td><td>제 작 자</td></tr>
<tr><td>· 출판사(발행기관)명:
· 발행자 성명:</td><td>· 지도제작 등록업체명 : (개인은 성명)
· 등록(발급)번호 : (개인 및 등록업체)
· 자격종목 및 기술등급 : (개인인 경우)
· 자격증 및 경력증 발행처 : 〃</td></tr>
<tr><td>⑯ 성과물에 난외 주기로</td><td colspan="2">· 대한측량협회심사필 제 호(200 . .)
· 본 지도는 국토지리정보원 간행 1 : 지형도를 기도로 사용
· 제작자의 등록번호 및 성명(지도제작업자 포함)
· 원장이 간행한 지도와 상이한 부분의 해명사항</td></tr>
<tr><td>⑰ 기타 사항</td><td colspan="2">본 작업방법은 측량법에 위반되지 않는 범위 내에서 발행자가 이용자의 편의를 위하여 표준작업방법을 일부 변경하거나 기술상 또는 독창적으로 개발한 아이디어를 표기할 수 있다.</td></tr>
</table>

다음 각 호에 해당하는 경우는 지도 등의 심사를 할 수 없다.

가. 국토지리정보원장이 간행한 지도 중 축척이 1:250,000 이상의 상세도로서 일정한 크기의 도곽으로 분할하여 제작하려는 경우. 다만, 지도를 책자로 간행하고자 하는 경우는 그렇지 않다.

나. 원장이 제작한 지도를 단순히 색도나 도곽만을 변경하여 제작하고자 하는 경우. 다만, 공공측량을 실시하는 기관에 납품하는 경우는 그렇지 않다.

다. 원장이 간행한 지도를 확대 간행하는 경우.

라. 지도제작업을 등록하지 않은 자가 지도 등을 간행하고자 할 경우. 다만, 지도제작업자와 용역을 시행하거나 지도제작업 등록기준에 해당하는 측량

기술자로 하여금 지도를 제작하게 하는 경우는 그렇지 않다.

마. 주제도의 특성이 나타나지 아니한 경우.

또 성과심사를 받고 지도를 간행하였으나 다음 각 호에 해당하는 경우는 심사를 취소할 수 있다.

가. 당초 특수목적으로 간행된 지도를 다른 용도로 임의 변경한 경우.

나. 재심사를 받지 않고 성과의 내용을 변경하여 지도 등을 재간행한 경우.

다. 관련 법규정을 위반하였을 경우.

라. 기타 중대한 심사조건을 위반하였을 경우.

지도 등의 성과심사를 완료하여 지도를 간행하였을 경우는 지도 2부를 대한측량협회장에게 송부하여야 한다.

지도 등의 성과심사서

<table>
<tr><td rowspan="2">신청인
(발행인)</td><td>성 명</td><td colspan="2"></td><td>주민등록번호</td><td></td></tr>
<tr><td>주 소</td><td colspan="4">(전화:)</td></tr>
<tr><td colspan="2">간행물(지도)명칭</td><td colspan="4"></td></tr>
<tr><td colspan="2">심 사 번 호</td><td colspan="2">대량측량협회심사필 제 호</td><td></td><td></td></tr>
<tr><td colspan="2">제작회사 또는 제작자</td><td colspan="4"></td></tr>
<tr><td colspan="2">심 사 비</td><td>원</td><td>사용료</td><td colspan="2">원</td></tr>
<tr><td colspan="6">수수료 산출근거</td></tr>
<tr><td>축 척 별</td><td>도 엽 수</td><td>적용단가</td><td>적용률(%)</td><td colspan="2">금 액</td></tr>
<tr><td></td><td></td><td></td><td></td><td colspan="2"></td></tr>
<tr><td>계</td><td></td><td></td><td></td><td colspan="2"></td></tr>
<tr><td colspan="6">주요 심사 사항</td></tr>
<tr><td>심사항목</td><td>간행물 쪽번호</td><td colspan="2">틀린 표기</td><td colspan="2">바른 표기</td></tr>
<tr><td></td><td></td><td colspan="2"></td><td colspan="2"></td></tr>
</table>

부록 3 지도도식규칙

개정 2002. 7. 24. 건설부령 제323호

제1조(목적)

이 규칙은 측량법 제23조제1항 및 제35조의2의 규정에 의한 측량성과를 이용하여 간행하는 지도의 도식에 관한 기준을 정하여 지형 · 지물 및 지명 등을 나타내는 기호나 문자 등의 표시방법의 통일을 기함으로써 지도의 정확하고 쉬운 판독에 이바지함을 목적으로 한다. <개정 2002.7.24>

제2조(적용범위)

① 이 규칙은 다음 각 호의 1에 해당하는 경우에 이를 적용한다. 다만, 군사용의 지도와 그 간행물에 대하여는 적용하지 아니할 수 있다.

1. 기본측량 및 공공측량의 성과로서 지도를 간행하는 경우 <개정 2002.7.24>
2. 기본측량 및 공공측량의 성과를 직접 또는 간접으로 이용하여 지도에 관한 간행물을 발간하는 경우

제3조(정의)

이 규칙에서 사용하는 용어의 정의는 다음과 같다.

1. '지도'라 함은 지표면 · 지하 · 수중 및 공간의 위치와 지형 · 지물 · 지명 및 행정구역경계 등의 각종 지형공간정보를 일정한 축척에 의하여 기호나 문자 등으로 표시한 도면을 말한다.
2. '도식'이라 함은 지도에 표기하는 지형 · 지물 및 지명 등을 나타내는 상징적인 기호나 문자 등의 크기 · 모양 · 색상 및 그 배열방식 등을 말한다.
3. '도곽'이라 함은 지도의 내용을 둘러싸고 있는 2중의 구획선을 말한다. <개정 2002.7.24>

제4조(기호 및 선의 종류)

① 지물의 실제 현상 또는 상징물의 표현은 선 또는 기호로 한다.

② 선은 실선과 파선으로 구분한다.

③ 기호 및 선의 굵기는 국토지리정보원장(이하 '지리원장'이라 한다)이 정한다.

제5조(등고선)

지모(地貌)의 표현은 등고선에 의하며 등고선은 주곡선, 간곡선, 조곡선 및 계곡선으로 구분하여 표시한다.

제6조(도곽)

지도의 도곽은 외도곽과 내도곽으로 구분한다.

제7조(주기)

① 주기에 사용되는 문자는 한글, 한자, 영자 및 아라비아숫자로 하고 자획이 복잡한 한자에 있어서는 알기 쉬운 약자로 표시할 수 있다.

② 주기에 사용되는 문자의 서체는 한자와 한글에 있어서는 명조체와 등선체로 하고 아라비아 숫자와 영자에 있어서는 로마체와 등선체로 하고 자체(字體)는 직립체와 경사체로 한다.

③ 주기에 사용되는 문자의 크기(식자, 급수), 문자와 문자의 간격 및 문자의 배열요령은 지도의 종류에 따라 지리원장이 정한다.

제8조(지도의 표시방법)

지도의 내도곽 안쪽에는 지형 · 지물 · 지명 및 행정구역경계 등과 그에 관한 주기를 표시하고, 외도곽 바깥쪽에는 도엽명 · 도엽번호 · 인접지역색인 · 행정구역색인 · 범례 · 발행자 · 편집년도 · 수정년도 · 인쇄년도 및 축척 등을 표시한다. <개정 2002.7.24>

제9조(도식의 세부기준)

① 이 규칙에 규정된 사항 외에 도식에 관하여 필요한 세부적인 기준은 지도의 종류별로 지리원장이 정한다. 다만, 세부기준에서 정하지 아니한 기호에 관하여는 간행자가 이를 정할 수 있다. <개정 2002.7.24>

② 지리원장은 제1항의 규정에 의하여 도식에 관한 세부기준을 정하였을 때에는 이를 지체없이 관보에 고시하여야 한다.

부 칙

① (시행일) 이 규칙은 공포한 날로부터 시행한다.

② (경과조치) 이 규칙 시행당시 대축척도 도식기준은 이 규칙에 의하여 지리원장이 정할 때까지 종전의 규정에 의한다.

부 칙 < 2002.7.24>

이 규칙은 공포한 날부터 시행한다.

이 외에 「수치지도작성 작업규칙」, 「지하시설물도 작업규칙」, 「국가지리정보체계의 구축 및 활용 등에 관한 법률」, 「중앙지명위원회 운영규정」, 「1:5,000 지형도도식 적용규정」, 「1:10,000 지형도도식 적용규정」, 「1:25,000 지형도도식 적용규정」, 「1:50,000 지형도도식 적용규정」, 「1:250,000 지형도도식 적용규정」, 「1:1,000,000 지형도도식 적용규정」, 「수치지도작성 작업내규」, 「지도생산 · 관리 및 공급지침」, 「지도 등의 성과심사업무 처리규정」 등의 법률 사항을 참고하여야 한다.

부록 4 지도 등의 성과심사 업무처리규정

국토지리정보원 내규 제82호 (97.4.6)

제1조(목적)

이 규정은 측량법(이하 '법' 이라 한다) 제25조, 제62조 제5호 및 등법 시행령(이하 '영' 이라 한다) 제50조 제1항 제1호 및 제2항 제1호 규정에 의거 국토지리정보원장(이하 '원장' 이라 한다)이 간행한 지도를 사용하여 지도등(이하 '지도등' 이라 한다)을 간행하여 이를 발매 또는 배포하기 위하여 측량협회장(이하 '협회장' 이라 한다)에게 지도 등의 성과심사(이하 '심사' 라 한다)를 받고자 하는 경우 그 심사 대상과 절차 및 심사비의 산정기준 등을 정함을 목적으로 한다.

제2조(정의)

이 규정에서 사용하는 용어의 정의는 다음과 같다.

1. '발매' 라 함은 주제도를 간행하여 대가를 받고 판매하는 경우를 말한다.
2. '배포' 라 함은 주제도를 간행하여 무상으로 배부하는 경우를 말한다.
3. '심사' 라 함은 원장이 간행한 지도등과 신청자가 제출한 자료에 의하여 그 내용 및 정확도를 확인하는 행위를 말한다.
4. '주제도' 라 함은 도로, 교통, 관광 등의 특정한 주제를 강조하여 표현한 지도를 말한다.

제3조(적용범위)

이 규칙은 법 제25조 규정에 의하여 지도 등을 간행하고 이를 발매 또는 배포하고자 하는자의 신청에 의하여 협회장이 이를 심사(이하 '재심사' 를 포함한다)하는데 적용한다.

제4조(심사신청)

1. 법 제25조의 규정에 의하여 심사를 받고자 하는자가 법 시행규칙(이하 '규칙' 이라 한다) 제13조 별지 10호 서식에 의한 심사 신청서를 제출할 때에는 별표 1의 표준작업방법서를 제출토록 하여야 하며 원장이 간행한 지도등과 상이한 내용이 포함되어 있을 경우에도 그 입증자료를 첨부토록 하여야 한다.

2. 법 제62조 제5호 규정에 의한 심사 신청 수수료(이하 '수수료'라 한다)는 협회장에게 현금(자기앞 수표를 포함한다)으로, 영 제11조2의 규정에 의한 사용료는 해당 금액을 정부수입인지로 납부토록 하여 협회장이 소인한다.

제5조(심사사항)

법 제25조 및 규칙 제14조의 규정에 의한 지도 등의 성과 심사 사항은 별표 2와 같다.

제6조(심사자의 자격)

심사는 법 제2조 제15호 및 영 제2조의2의 규정에 의한 지도제작분야의 측량 기술자 또는 그 이상의 자격요건을 갖춘자가 하여야 한다.

제7조(심사 기한등)

1. 협회장은 심사 신청서를 접수한 날로부터 7일 이내에 심사를 완료하여야 하며, 그 심사내용을 표기한 별표 3의 지도 등의 성과심사서와 교정된 성과1부를 신청인에게 송부하여야 한다.
2. 제1항의 규정에 의한 기간 내에 심사를 완료할 수 없는 경우에는 그 사유와 완료 예정일을 신청인에게 통보하여야 한다.
3. 제1항의 심사는 전 도엽을 실내 도면 심사를 원칙으로 하되 필요한 경우에는 현지심사를 할 수 있다.

제8조(자료의 보완등)

성과 심사결과 성과불량으로 지도 등을 발간하는 것이 합당하지 아니하다고 인정될 때에는 그 사유를 첨부하여 이를 반려하거나 기간을 정하여 보완 요청할 수 있다.

제9조(재심사 대상)

1. 이미 심사를 받은 성과의 내용을 수정, 변경 또는 추가하는 재간행의 경우에는 그 해당부분에 대하여 재심사를 받아야 한다.
2. 이미 심사를 받은 성과 내용과 동일성이 인정되는 지도 등을 합본 또는 분할하여 간행할 경우에는 7일 이내에 그 내용을 신고토록 하여야 한다.

제10조(심사 제외대상)

다음 각호의 1에 해당하는 경우에는 지도 등의 심사를 할 수 없다.

1. 법 제23조 제5항 및 규칙 제10조 내지 제11조의 규정에 의하여 원장이 간행하는 지도의 축척 중 1:250,000 이하의 상세도로써 일정한 크기의 도곽으로 분할 제작하고자 하는 경우(부분 제작에 의한 연계작업을 포함한다). 다만, 지도를 책자로 간행하고자 하는 경우에는 그러하지 아니하다.
2. 원장이 간행한 지도를 단순히 색도나 도곽만을 변경하여 제작하고자 하는 경우. 다만, 공공측량을 실시할 수 있는 기관에 납품하는 경우는 그러하지 아니하다.
3. 원장이 간행한 지도를 확대 간행하는 경우
4. 지도제작업으로 등록을 하지 않은 자가 지도 등을 간행하고자 할 경우. 다만, 제도제작업자와 용역 시행하거나 지도제작업 등록기준에 해당하는 측량기술자로 하여금 제작토록 하는 경우에는 그러하지 아니하다.
5. 주제도의 특성이 나타나지 아니한 경우

제11조(심사취소)

다음 각호의 1에 해당될 때에는 성과심사를 취소하고 지도 등의 간행물을 회수 폐기 조치하여야 한다.

1. 당초 특수목적으로 간행된 지도를 다른 용도의 목적으로 임의 변경한 경우
2. 재심사를 받지 아니하고 성과의 내용을 변경하여 지도 등을 재간행하였을 경우
3. 관련 법 규정을 위반하였을 경우
4. 기타 중대한 심사조건을 위반하였을 경우

제12조(수수료의 산정기준)

1. 규칙 제31조의 규정에 의한 심사 신청 수수료 책정 대상 도엽이 일부분일 경우에는 다음 기준에 의하여 산정한다.
2. 규칙 제31조의 규정에 의한 수수료 총액중 백원 미만의 금액은 절사한다.

구 분	수수료	적용률
도곽 면적의 10% 미만 5%		
도곽 면적의 10%~30% 미만 20%		
도곽 면적의 10%~50% 미만 40%		
도곽 면적의 10%~80% 미만 70%		
도곽 면적의 80% 이상 100%		

제13조(수수료의 징수)

1. 수수료는 심사 신청서의 표준작업방법서에 기재한 금액을 별표 4의 납부 고지서에 의거 징수한다.
2. 제1항의 규정에 의한 수수료의 변동이 있을 경우 사후 정산하여야 한다.
3. 10조의 규정에 해당하는 경우에는 심사 신청시 제출한 심사용 성과와 수수료를 신청자에게 반환하여야 한다. 이 경우 이자가 발생한 경우에는 그 이자 상당액을 포함한다.

제14조(수수료 관리등)

협회장은 제4조의 규정에 의한 신청내용과 제13조의 규정에 의하여 납부한 수수료를 별표 5에 의한 심사대장에 의거 관리하여야 하며, 기타사항은 공공측량 성과 심사비 관리에 준한다.

제15조(수수료 수지 결산보고)

협회장은 수수료에 대한 수입, 지출 결과를 6월, 12월말 기준으로 다음날 15일까지 원장에게 보고하여야 한다.

제16조(성과 제출)

1. 지도 등의 심사를 완료하였을 경우 최종 간행된 성과 2부를 협회장에게 제출토록 하여야 한다.
2. 제1항의 규정에 의한 성과중 1부를 협회에서 보관하여, 1부는 원장에게 송부하여야 한다.

제17조(성과의 관리)

비밀 또는 대외비의 성과품에 대여는 국토지리정보원 보안업무처리규정에 준하여 보관 관리하여야 한다.

제18조(비밀유지의 의무)

협회장은 국토지리정보원, 측량계획기관 또는 지도제작업체의 승낙없이 인수한 측량성과를 외부에 공포, 대여, 누설 또는 사용하여서는 아니된다.

제19조(업무협의)

이 규정에 정한 애용 이외에 필요한 사항이 있을 경우 측량계획기관 또는 제작업체와 협회장이 상호 협의하여 결정하고 협의가 성립되지 아니할 때에는 원장에게 그 재결을 신청할 수 있다.

제20조(업무세칙의 제정)

협회장은 이 규정에 정하지 않은 사항에 대하여 필요한 경우 원장의 승인을 받아 업무세칙을 정할 수 있다.

부 칙

1. (시행일) 이 규칙은 1998년 4월 1일부터 시행한다.
2. (경과조치) 이 규칙 시행일 이전에 원장에게 성과 심사등을 신청한 경우에는 이 규정을 적용하지 아니한다.

부록 5 지도생산 · 관리 및 공급지침

국립지리원 내규 제 1995-69호 1995. 3. 20 제정
제 1996-74호 1996. 4. 1 제정
제 1998-81호 1998. 4. 3 제정
제 2000-89호 2000. 4. 1 제정
제 2002-100호 2002. 6. 14 제정
제 2003-47호 2003. 5. 19 제정
국토지리정보원 내규 제 2004-705호 2004. 12. 24 제정
제 2006-142호 2006. 4. 14 제정
제 2006-143호 2006. 6. 12 제정

제1조(목적)

이 내규는 측량법 제23조 및 동법시행규칙 제10조의 규정에 의한 지도를 원활히 생산하고 공급하기 위하여 제반 규정을 정함을 목적으로 한다.

제2조(정의)

이 규정에서 사용하는 용어는 다음과 같다.

1. '지도'(수치지형도 및 수치주제도를 포함한다)라 함은 국토지리정보원장이 간행하여 발매 또는 배포하는 간행물을 말한다.
2. '원판화일'이라 함은 지도를 수정 · 제작하여 인쇄 또는 출력할 수 있도록 제작된 최종성과물로써 전산으로 제작된 도면제작 편집화일을 포함한다.
3. '구판지도'라 함은 지도가 수정인쇄되는 경우 그 이전에 인쇄된 지도를 말한다.
4. '정부지도판매대행자'(이하 '대행자'라 한다)라 함은 측량법 제23조 제2항의 규정에 의하여 국토지리정보원장과 정부지도판매대행계약을 체결하고 대행자로 지정한 자를 말한다.
5. '불법지도'(불법복제지도를 포함한다)라 함은 측량법 제25조 제1항의 규정에 의한 성과심사를 받지 아니한 지도를 말한다.
6. '위탁사업자'라 함은 지도 수시수정 · 인쇄 및 보관의 사무를 위탁받아 그 업무를 수행하는 자를 말한다.
7. '전자상거래'라 함은 수요자가 대행자의 홈페이지에 접속하여 지도를 구

입요청하면 택배 또는 우편 등으로 배송하는 것을 말한다.

제3조(지도인쇄를 위한 수요량 측정)

① 제2호 내지 제5호의 지도는 옵셋방식에 의하여 인쇄하며, 제1호의 지도는 고속출력기에 의하여 수시로 인쇄한다.

1. 1:5,000일반지도
2. 1:10,000일반지도
3. 1:25,000일반지도
4. 1:50,000일반지도
5. 1:250,000일반지도

② 옵셋인쇄에 의하여 인쇄하는 지도를 적시 공급하고 적정량의 재고를 유지하기 위하여 다음 각 호와 같이 인쇄 수요량을 측정한다.

1. 도엽당 인쇄 수요량의 측정은 최근 3년간의 판매량에 가중치를 두어 구한 연평균 판매량을 기준으로 품절이 발생하지 않도록 안전율을 계상하여 1년간의 수요량을 인쇄하는 것을 원칙으로 한다. 다만, 주기수정 및 수시수정 도엽은 수정고시 완료일까지의 잔여기간에 해당되는 수요량만 인쇄한다.
2. 행정구역개편에 따른 경계의 변경, 대단위의 단지조성, 농경지의 정리 및 간척, 신도시건설 등 지형 · 지물 · 경계 등 변경 예정지역에 대하여는 인쇄량을 조정할 수 있다.
3. 도엽당 인쇄 수요량의 산정은 다음 공식에 의하여 산출한다.

   가. 인쇄량＝(수요량×안전율)×C－재고량
   ＝[{(3년간 판매량×가중치) ÷ 6}×안전율]×C－재고량

   나. 수요량:3년간 판매량×가중치
   ＝(3년간 판매량×1)＋(2년전 판매량×2)＋(1년전 판매량×3)

   다. 안전율:100%

   라. C:수정고시 잔여월수 ÷ 12

4. 지도의 품절을 방지하기 위하여 재고량이 인쇄량의 10% 이하에 도달하는 때에는 잔여기간이 3개월 이상인 경우에는 잔여기간에 해당하는 수요량을 인쇄하고, 3개월 미만인 경우에는 수요추이와 잔여기간을 면밀히 검토하여 인쇄여부를 결정한다.

제4조(원판화일수정 및 인쇄)

① 기 발행된 지도중 도로의 포장 · 지명 및 경계의 변경 등 즉시 수정이 가능한 도엽에 대하여는 지체없이 원판화일을 수정하여야 한다.

② 제1항의 규정에 의하여 원판화일의 수정이 완료된 지도에 대하여는 고려하여 인쇄우선순위를 결정하고 인쇄하여야 한다.

제5조(지도성과데이터의 관리)

① 지도를 제작한 부서에서는 성과고시내역을 신속히 전산입력하여 지도공급에 차질이 없도록 하여야 한다.

② 지리정보시스템 운영 · 관리부서에서는 지도를 제작한 부서에서 제출한 사업성과물을 전산시스템에 저장 · 관리하여야 한다

제6조(지도재고의 전산관리)

수요와 공급의 균형을 유지하고 지도의 재고관리에 철저를 기하기 위하여 전산시스템에 지도공급내역을 입력하여 관리하여야 한다.

제7조(구판지도의 교체 · 교환)

① 최신 수정된 지도를 생산하는 경우 구판지도는 신판지도로 교체하여야 하며 교체된 구판지도는 폐지로 처분하여야 한다. 다만, 「초 · 중등학교법」 또는 「고등교육법」의 적용을 받는 교육기관에서 교육용교재로 활용하고자 공급요청을 하는 경우 구판지도 보유량, 용도 표시, 우송비용등 제반사항을 고려하여 이를 공급할 수 있다.

② 대행자가 구판지도를 신판지도로 교환요청이 있을 경우 처리절차는 다음 각 호와 같다.

1. 대행자 등이 보유하고 있는 지도의 재고조사를 바탕으로 신판지도 인쇄계획을 수립하여 시행하되, 인쇄가 완료된 후 적절한 시일 내에 구판지도 교환이 완료될 수 있도록 한다.
2. 동일축척간은 1:1 교환을 원칙으로 한다.
3. 동일축척간 교환이 아닌 경우, 교환하고자 하는 구판지도의 판매원가 금액에 상당하는 신판지도로만 교환한다.
4. 제3호의 규정에 의한 교환시, 신판지도 1도엽의 판매원가에 미달하는 잔여금액에 대해서는 대행자가 추가 세입처리하여 교환한다.

③ 국토지리정보원장은 구판지도와 신판지도의 교환에 관한 사항을 대행자 계약서에 명시하여 운영하여야 한다.

제8조(구판지도의 처분)

제7조 제1항의 규정에 의한 구판 지도의 처분절차와 방법은 다음 각 호와 같다.

1. 교체대상인 구판지도는 위탁사업자에게 출고지시하여야 하며, 대행자가 교환신청한 구판지도는 직원이 입회하여 인계인수서를 작성하여야 한다.
2. 구판지도를 처분할 경우에는 지도가 시중에 유통되지 못하도록 지도를 분쇄할 수 있는 업체에게 매각하여야 하며, 지도보안관리를 위하여 분쇄과정을 직원이 입회하여야 한다.
3. 지도공급부서는 구판지도가 처분될 수 있도록 서무담당부서에 매각요청하여야 한다.

제9조(지도성과의 기록유지)

① 지도의 신규제작 · 재 제작, 정기적인 수정작업과 관련 법령 및 제도 개선 등으로 수정된 지도는 국토변천에 대한 자료용으로 보관 · 관리하여야 한다.

② 자료의 관리방법은 다음 각 호와 같다.

1. 인쇄된 지도는 1장씩 자료실에 보관관리해야 하며, 필요한 경우에는 스케닝하여 전산시스템에 저장 · 관리할 수 있다.
2. 수치지도는 지리정보시스템 운영 · 관리부서에서 전산시스템에 저장 · 관리한다.

제10조(지도마케팅계획 수립)

① 지도판매의 활성화를 위하여 지도 마케팅 계획을 수립해야 한다.

② 지도판매 마케팅 계획을 수립하는 경우에는 다음 내용이 포함되어야 한다.

1. 지도의 공급량 분석
2. 지도의 공급방법개선에 관한 사항
3. 지도의 가격결정(신상품 개발 또는 가격 조정시 반영한다)
4. 전자상거래의 구축 및 활성화
5. 불법복제방지대책에 관한 사항
6. 지도판매대행자의 관리
7. 기타 수익증대를 위한 사항

제11조(지도가격의 결정)

① 국토지리정보원장은 물가인상 등 부득이한 가격변경사항이 발생한 경우 수시로 지도판매가격을 변경할 수 있다.

② 제1항의 규정에 의거 가격을 변경하고자 할 경우 지도가격 결정을 위한 기초자료로 활용하기 위하여 지도가격 연구용역을 전문기관에 의뢰할 수 있다.

③ 지도가격은 판매원가와 대행자에게 지급하는 수수료로 구성된다.

④ 가격을 변경할 경우에는 가격 고시전에 지도재고량을 파악하여 변경가격스티커 또는 변경가격이 표시된 스탬프를 위탁사업자에게 인계하여 변경된 가격이 표시되도록 하여야 한다.

⑤ 대행자는 변경전 가격이 표시된 지도의 재고량을 확인하여 국토지리정보원장에게 보고하여야 하며, 변경가격스티커나 변경가격이 표시된 스탬프를 이용하여 해당 축척별로 변경된 가격을 표시하여 판매하여야 한다.

⑥ 수요자가 별도 부담하는 저장매체(CD)는 대행자가 제작 및 판매해야 하며, 판매가격에는 CD원가 및 제반비용이 포함되어야 한다.

제12조(지도의 공급)

생산된 지도는 대행자 또는 국가지리정보유통망을 통하여 일반에게 공급할 수 있다.

제13조(대행자의 지정)

① 국토지리정보원장은 지도판매 활성화를 위하여 2년마다 대행자를 공개지정하여야 하며, 기존 대행자 계약기간 만료일 이전에 홈페이지 등에 공개지정 절차를 공고하여야 한다.

② 대행자로 지정받고자 하는 자는 별지1호 서식에 의한 신청서를 국토지리정보원장에게 제출하여야 한다.

③ 국토지리정보원장은 제14조에 의한 기준에 적합한 신청자에 대하여 측량법 제23조 제2항의 규정에 의거 건설교통부장관의 승인을 받아야 한다.

④ 국토지리정보원장은 대행자 지정 승인을 득한 자에게는 대행자지정승인 내용, 대리점 확보 및 정보지도판매대행계약의 체결을 요청하여야 한다.

⑤ 국토지리정보원장은 대행자가 제출한 대리점 확보에 관한 사항을 확인하고 정부지도판매대행계약을 체결하여야 한다.

⑥ 국토지리정보원장은 대행자지정 승인통보를 받은 자가 정부지도판매대행

계약을 체결한 경우 대행자로 지정하고 별지 제2호 서식에 의한 대행자 지정서를 교부하여야 하며, 대행자지정 명단을 홈페이지에 공고하여야 한다.

제14조(대행자의 지정 기준)

측량법 제23조 제2항의 규정에 의하여 대행자의 지정 요건은 다음 각 호와 같다.

1. 서울특별시 · 광역시 또는 도청소재지에 일반수요자 접객이 용이하도록 교통이 편리한 곳에 위치한 판매점포 1개 이상을 소유 또는 임대할 수 있는 능력이 있는 자
2. 각 시 · 도에 1개소 이상 지방판매대리점을 확보할 수 있는 능력이 있는 자
3. 판매점포내에 지도류 1,000종 이상을 진열할 수 있는 진열장시설을 구비할 능력이 있는 자. 다만, 국토지리정보원내에 대행자 직원 1인 이상을 상주시키는 경우에는 판매점포내에 지도류 500종 이상을 진열할 수 있는 진열장시설을 구비할 능력이 있어야 한다.
4. 신원조사 및 보안측정을 필한 자 인지 여부
5. 인원, 시설 및 지도 등의 판매대상품에 대한 자체 보안대책을 적합하게 수립하여 운영할 능력이 있는지 여부
6. 전자상거래구축이 가능한 자

제15조(대행자의 전자상거래구축)

① 대행자는 일반지도 및 수치지도(CD공급분)에 대하여 전자상거래시스템을 구축하여 판매해야 한다.

② 대행자는 전자상거래가 원활히 이루어질 수 있도록 국토지리정보원의 홈페이지와 대행자의 홈페이지가 상호 연계될 수 있도록 조치하여야 한다.

③ 지도공급부서는 홈페이지가 상호 연계될 수 있도록 지리정보시스템 운영 · 관리부서에 협조요청하여야 한다.

제16조(일반지도의 불출절차)

① 지도공급부서는 대행자로부터 일반지도의 공급신청을 접수한 경우에는 재고현황을 확인 · 사정하고 출급이 결정된 내역에 대하여는 서무담당부서에 세입고지서를 발급 요청하여 대행자가 납부할 수 있도록 하여야 한다.

② 대행자로부터 세입납부영수증을 확인한 후 위탁사업자에게 출급지시하고 출급된 지도는 대행자에게 불출하여야 한다.

제17조(수치지도의 불출절차)

① 지도공급부서는 대행자로부터 수치지도의 공급신청을 접수한 경우에는 신청내역을 확인한 후 서무담당부서에 세입고지서 발급을 요청하여 대행자가 납부할 수 있도록 하여야 한다.

② 대행자로부터 세입납부영수증을 확인한 후 신청내역에 대한 CD 복사를 지시하여야 한다.

③ CD 복사가 완료된 수치지도에 대해서는 대행자에게 불출하여야 하며, 이때 CD공급인계인수서를 함께 송부하여야 한다.

제18조(불법복제방지대책)

① 공급된 수치지도의 불법복제를 방지하기 위하여 불법복제방지대책을 수립할 수 있다.

② 불법복제방지대책을 수립하는 경우에는 다음 사항을 포함하여야 한다.

1. 불법복제방지프로그램 개발등 예방대책 강구
2. 불법복제방지점검에 관한 사항
3. 기타 필요한 사항

③ 불법복제방지프로그램 개발등 예방대책을 강구하기 위해서는 지리정보시스템 운영 · 관리부서에 지원 요청하여야 한다.

④ 지도공급부서는 수치지도를 구입한 기관이나 개인을 대상으로 아래와 같은 사항을 점검할 수 있다.

1. 수치지도의 보관 및 관리상태
2. 동일사무실에서의 복제사용 여부
3. 자회사에 복제공급 여부
4. 구입한 수치지도로 지도간행물 발행 여부
5. 기타 필요한 사항

제19조(불법지도의 유통현황조사)

① 측량법 제25조 제1항의 규정에 의한 심사를 받지 아니하고 지도 등을 발매 · 배포하는 지의 여부를 확인하여 심사제도의 정착을 기하고자 불법지도 유통현황조사를 매년 1회이상 실시한다.

② 조사내용은 다음 각호와 같다.

1. 기존 발행지도 수정발매시 재심사 여부
2. 발행자, 발행일자 표기여부
3. 대한측량협회 심사여부
4. 그림지도 등의 적정 여부
5. 지도의 복제사용여부
6. 기타 관계 규정에 적합하지 아니한 지도 등의 유통 여부 등

③ 조사결과 불법지도를 발매 · 배포한 자에 대하여는 측량법에 의하여 처벌될 수 있도록 조치하여야 한다.

제20조(공공측량성과 등의 위탁판매)

국토지리정보원장은 측량법 제35조의2의 규정에 의하여 간행된 공공측량성과에 대해 공공측량계획기관에서 위탁판매요청이 있을 경우 판매방법, 판매가격, 위탁판매수수료 등을 상호 협의하여 대행자를 통해 판매할 수 있다.

부 칙

제1조(시행시기)

이 내규는 2002. 6. 14부터 시행한다.

제2조(관계규정폐지)

정부지도판매대행업자지정을 위한 심사기준설정('95.6.8)은 시행일로부터 이를 폐지한다.

부 칙

제1조(시행시기)

이 내규는 2003. 5. 19부터 시행한다.

제2조(대행자 지정에 대한 경과조치)

제13조 제1항 규정은 이 지침에 의하여 최초로 지정된 지도판매대행자부터 적용한다.

부 칙

제1조(시행시기)

이 내규는 고시한 날로부터 시행한다.

제2조(대행자 지정기준에 대한 경과조치)

제14조의 규정은 동 지침에 의하여 최초로 지정된 지도판매대행자부터 적용한다.

부 칙<2006. 4. 14 국토지리정보원 내규 2006-142호>

제1조(시행시기)

이 내규는 고시한 날로부터 시행한다.

부 칙<2006. 6. 12 국토지리정보원 내규 2006-143호>

1. (시행일) 이 지침은 2006. 6. 12로부터 시행한다.

【별지1호서식】

정부지도판매대행자 지정신청서

<table>
<tr><td rowspan="4">신
청</td><td>법인 또는
상 호 명</td><td colspan="3"></td></tr>
<tr><td>대표자 성명</td><td></td><td>주민등록번호</td><td></td></tr>
<tr><td>주된 영업
소 재 지</td><td></td><td>연 락 번 호</td><td>전화:
FAX:</td></tr>
<tr><td>신 청 종 류</td><td colspan="3">지도(수치지도 포함) 판매사업</td></tr>
</table>

측량법 제23조 제2항의 규정에 의하여 정부지도판매대행자로 지정받고자 구비서류를 첨부하여 신청합니다.

년　　　월　　　일

신청인　　　　　　　(서명 또는 인)

국토지리정보원장 귀하

구비서류

1. 사업자등록증 사본 1부.
2. 대표자 인감증명 1부.
3. 국세 · 지방세 완납증명서 각 1부.
4. 지도판매보안관리규정 1부.
5. 지도판매점포 위치도 및 평면도 각 1부.
6. 지도판매점포 진열장시설 현황 1부.
7. 지방판매대리점 설치현황(신규신청자인 경우 설치계획서) 1부.
8. 지방판매대리점 계약서사본, 사업자등록증사본, 대표자의 인감증명서, 납세완납증명서(국세 · 지방세), 대표자의 주민등록초본 각 1부.

비고: 제5호, 제6호, 제8호 서류는 대행자지정 승인통보후 40일 이내에 제출하여야 한다.

【별지2호서식】

정부지도판매대행자 지정서

<table>
<tr><td rowspan="4">신
청</td><td>법인 또는
상 호 명</td><td colspan="3"></td></tr>
<tr><td>대표자 성명</td><td></td><td>주민등록번호</td><td></td></tr>
<tr><td>주된 영업
소 재 지</td><td></td><td>연 락 번 호</td><td>전화:
FAX:</td></tr>
<tr><td>신 청 종 류</td><td colspan="3">지도(수치지도 포함) 판매사업</td></tr>
</table>

측량법 제23조 제2항의 규정에 의하여 정부지도판매대행자로 지정승인합니다.

년 월 일

국 토 지 리 정 보 원 장

부록 6 국토지리정보원과 대한측량협회의 기구와 업무

〔국토지리정보원〕

국토지리정보원의 전경(2000. 10 동화사진)

우리나라의 국토측량의 관리와 지형도 제작의 총 본산인 국토지리정보원은 경기도 수원에 소재하며 서무과, 측지과, 항측과, 지도과, 지리정보과, 측지연구담당관으로 나뉘어 약 100명의 직원이 근무하고 있으며 산하단체로는 대한측량협회와 한국측량학회가 있으며 업무의 내용은 다음과 같다.

① 국가 측지측량에 관한 정책의 수립 · 시행
② 측량관계법령의 운영 · 연구 및 제도개선
③ 국가측량기준의 설정 및 국가기준점의 유지관리
④ 항공사진의 측량 및 위성영상정보의 DB 구축
⑤ 항공사진의 세부도화
⑥ 위성영상 등을 이용한 항공사진측량의 연구 · 개발
⑦ 국토지리 및 지명의 조사 · 연구 및 정비
⑧ 지도의 전산편집 · 제작 · 관리 및 판매 · 보급
⑨ 국토지리정보의 수집 · 전산화 · 관리 및 보급
⑩ 국가지리정보시스템의 운용
⑪ 측량 및 GIS 기술력 제고를 위한 연구개발 및 국제협력

특히 '지도과'의 담당업무는 국토에 대한 조사, 지리 및 지명에 관한 조사, 지리의 편찬 및 발간, 지리자료의 수집 · 분석 및 관리, 지도의 편집제도 및 교정, 지도의 복제 및 복사촬영, 지도의 원판관리로 나눌 수 있으며 지도의 판매 · 보급은 서무과에서 담당한다.

국방부 산하의 지리연구소(54. 4. 19.)에서 출발한 국토지리정보원은 1994. 12. 23일 건설부와 교통부가 합병되어 지금은 건설교통부 산하 국토지리정보원으로 불리고 있으며 조직표와 변천과정은 다음과 같다.

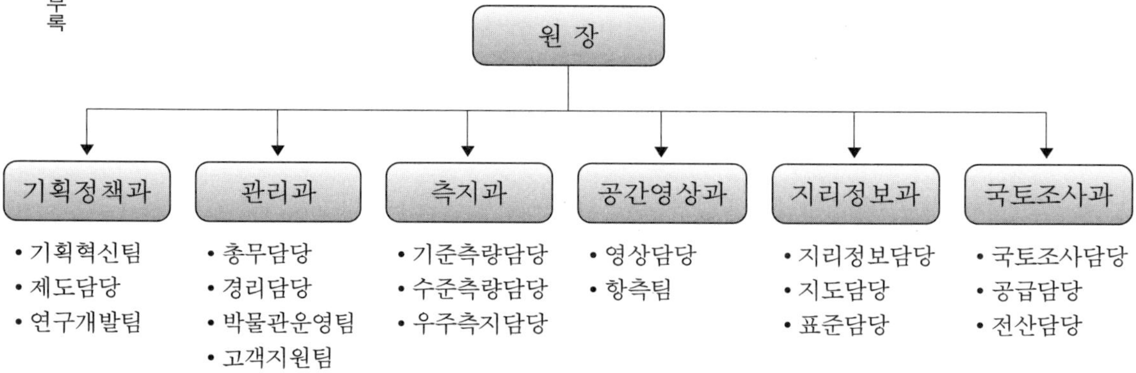

조직표(국토지리정보원)

국방부 지리연구소 (1958. 4. 18.) → 내무부 국립건설연구소 (1961. 2. 15.) → 국토건설청 국립건설연구소 (1961. 10. 2.) → 건설부 국립건설연구소(1962. 5. 29.) → 건설부 국토지리정보원(1974. 11. 1.) → 건설교통부 국토지리정보원(1994. 12. 23.) → 건설교통부 국토지리정보원(03. 7. 26.)

측지측량과 지도제작업무는 주로 세계적으로 통일된 기준계를 대상으로 하기 때문에 세계 각국과의 긴밀한 국제협력이 필요하다. 국제협력은 국제회의를 중심으로 한 여러 나라 간의 협력과 국가 간의 업무 및 기술협력의 형태로 이루어지고 있으며 그동안 국토지리정보원에서 추진한 국제 간의 협력은 다음과 같다.

- 국제측지학 및 지구물리학연맹(IUGG: 1960년 가입)
- 한화협동 항공사진 측량(지도)협정체결(1966년 체결)
- 국제측량사연맹(FIG: 1978년 가입)
- UN 지도제작자회의(UNRCC)
- UN 지명전문가회의(UNGEGN: 1980년 가입)
- UN 아시아 · 태평양 지도제작자회의(1980년 가입)
- UN 지명표준화회의(UNCSGN)
- 국제항공사진 측량 및 원격탐사학회(ISPRS: 1980년 가입)
- 국제지구지도제작운영위원회(ISCGM)
- 국제지도학협회(ICA: 1984년 가입)
- 한일 측지 · 지도협력회의(1974년부터)
- 한미 · 한영 지도교류협정 체결(1972년 체결)

국토지리정보원에서 실시하는 기준점 측량의 종류는 다음과 같다.

- 정밀 1, 2차 기준점(삼각점) 측량
- 1, 2등 수준측량
- 천문측량, 중력측량, 지자기 측량, GPS 위성측량

〔대한측량협회〕

공법인 대한측량협회(Korea Association of Surveying and Mapping)는 측량에 관한 기술향상과 측량제도의 건전한 발전에 기여하기 위하여 1972년 7월 7일(4월 20일 창립)에 법인으로 등록하였다. 협회의 사무실은 서울 영등포구 당산동 30-2 영등포 유통센터 741호에 소재하며 주요 업무는 다음과 같다.

- 측량회지 및 국내외 도서의 출판 · 보급
- 기술자의 보수교육과 신기술 세미나
- 일반 측량의 도서등록
- 측량에 관한 법령 및 제도개선방안 연구
- 공공측량성과심사의 대행(89. 3. 1.부터)
- 측량기술의 연구 · 조사 활동(품셈 개정, 공공측량 작업규정 등)
- 국제협력(한일 및 한중 간의 측량기술의 교류)
- 측량에 관한 통계자료 수집 및 조사 · 연구
- 측량업체 기술지도 및 자문

그 외에 측량정보산업기술의 체계적이고 종합적인 연구개발을 위하여 협회 내에 연구소(Research Institute)를 설립하여 지도 및 측량정보화에 초석을 마련하고자 한다.

〔행정자치부 지적과와 대한지적공사〕

행정자치부 내의 지적과는 우리나라 토지의 관리를 총괄하는 부서로서 지적법의 입안 · 운영 · 지적공사의 감독, 지적 재조사사업의 추진, 도로명과 건물번호 부여의 연구 등 국토의 토지 관련 통계와 토지정책 자료를 개발 · 지원하고 있다. 1977년 7월 1일 발족된 지적공사는 내무부 지적과 산하의 사단법인으로서 지적 측량업무의 대행, 지적도(임야도)의 조제, 지적기술자의 훈련 등을 실시하고 있으며 각 시군 구청에 지사와 출장소가 있다. 일제시대인 1938년 1월 24일에 재단법인 조선지적협회로 창설되어 지적기술자 양성과 지적측량 업무를 대행해 오다가 1977년 7월 1일 정관개정으로 대한지적공사로 명칭변경이 있었다.

부록 7 지도관련 학회와 회의

〔국제측지학 지구물리학연맹: IUGG〕

IUGG는 UNESCO 산하의 국제학술연맹(ICSU) 내의 9개 연맹 중 하나로 1922년 이탈리아의 로마에서 창립되어 1987년 현재 약 75개국이 가입되어 있다. IUGG(International Union of Geodesy and Geophysics)의 산하에는 국제측지학협회 등 측량, 지구물리, 지도와 관련된 학회, 협회, 단체가 가입되어 있고 우리나라는 IUGG 산하의 IAG(국제측지학협회)에 참여하기 위하여 1960년 제12차 총회에 참석 후 1969년 12월 IUGG 한국위원회를 창설하였다.

〔UN 지도제작자회의〕

UN의 산하기구인 UN 지도제작회의(UNDTCD)는 지역 간의 지도제작 기술의 상호교환을 통한 기술지원협력체로서 미주지역과 아태지역회의가 있다. 국토지리정보원은 1980년 9월 동 회의에 가입하여 4년마다 개최되는 회의에 참석하여 최신 지도제작 기술에 관한 정보를 수집하는 동시에 우리나라의 지도제작 현황(1/5,000 대축척지도, 연안해역기본도, 해도)을 소개하고 있다.

〔UN 지명표준회의〕

UN의 경제사회이사회(ECOSOC) 산하의 UN 지명전문가회의(UNGEGN)와 UN 지명표준화회의(UNCSGN)가 1965년 뉴욕의 유엔 본부에서 있었다. UNGEGN는 2년마다 개최되고 UNCSGN는 5년마다 개최되는데 우리나라는 1979년 동 회의에 가입하였다. 1982년 회의 때 국가명 토의시 중국의 지도에 남조선으로 표기된 것을 대한민국으로 정정건의하였고 1984년에는 84, 88올림픽에 대비한 로마자 표기법을 각국에 배포하였다. 또한 1992년에는 국제적으로 통용되는 sea of japan을 동해 혹은 East Sea로 통용시키도록 제의하였고 그 이후부터 국내의 일반 주제도에는 East Sea로 통일하였다.

〔국제항공사진측량 및 원격탐사학회: ISPRS〕

1910년에 창립된 ISPRS(International Society for Photogrammetry Remote Sensing)에는 1992년 총회가 미국 워싱턴에서 84개국이 참여한 가운데 개최되었고 우리나라는 1980년 9월 14일 Ⅱ그룹으로 가입하여 제14차 총회 이후 한국측지학회(한국측량학회로 개칭)를 대표로 관련업체와 관심있는 기술자들이 참석하고 있다.

〔국제지도학협회: ICA〕

국제지도학협회(International Cartographic Association)는 지도제작 관련 기술 및 지리조사에 관한 국제 간의 정보교류와 연구보고를 통한 기술발전을 도모하기 위하여 1959년 스위스 베른에 본부를 두고 창립하였다. 총회는 매 2년(홀수년)에 개최되고 국토지리정보원은 1984년 8월에 회원으로 가입하였으며 현재의 회원국은 45개 국가이다. 본 학회는 지도제작기술 분과, 국제지도제작 분과, 위성영상지도제작 분과로 나누어져 있다.

〔국제측량사연맹: FIG〕

국제측량사연맹(Federation Internationalle des Geometres), (International Federation of Surveyors)은 1878년 프랑스 파리에서 벨기에, 독일, 프랑스, 이탈리아, 스페인, 스위스, 영국 등이 참여하여 설립하였으며 1993년 현재 58개 회원국이 있다. 우리나라는 대한측량협회와 대한지적공사가 공동으로 조직한 한국측량사연맹(Korea Cofederation of Surveyors)이 1981년 스위스의 몽트르에서 개최된 제16차 총회에서 회원으로 가입하였다.

FIG , ISPRS , ICA , IAG 는 상호공동 관심사항을 논하는 국제측량 및 지도연맹(IUSM: International Union for Surveying and Mapping)의 회원으로 같은 목적을 추구하는 단체로 구성되어 있다.

〔지구지도회의〕

1992년 6월에 브라질에서 개최된 유엔환경개발회의에서, 인류가 지구 환경재해를 극복하고, 지구상의 다른 생물과 함께 번영을 계속해 가기 위해서 필요한 행동계획인 '아젠다21' 이 채택되었다. 이 아젠다21에는 지구환경 문제에 적절히 대처하기 위한 의사를 결정하기 위하여 지구지도정보가 매우 중요함을 기술하고 있다. 특히, 지구 환경의 현상과 변화를 파악할 수 있는 지리정보의 중요성을 강조하고 있다.

이 때문에 1992년에 국제협력하에서 전세계의 지리정보를 정비하는 '지구 지도 구상' 을 제창했다. 그 후 세계 각국의 동의를 얻어 현재는 14개국의 지도 작성 기관이 참여하는 지구지도 국제운영위원회를 중심으로 이 구상의 실현을 향한 노력이 계속되고 있다. 이러한 배경에서 출발한 지구지도란 지구 환경문제의 해석과 조화로운 개발, 자연재해의 경감에 도움이 되는 것을 목적으로 하고, 지구의 전역에 대해서 이 데이터는 컴퓨터로 취급할 수 있도록 디지털형식으로 지도의 축척은 100만분의 1의 지도에 상당하는 내용을 포함하고 있다.

구체적으로는 표고, 식생, 토지이용, 하천 · 해안선, 토지피복, 교통망, 행정계 등으로부터 되고, 지구 환경의 변화를 감시할 수 있도록 매 5년 주기로 갱신하는 것으로서 계획하고 있다. 1994년 북경에서 개최된 제13회 유엔 아시아태평양지역 지도회의에서 1km해상도의 지리정보의 교환 촉진을 결의하였으며, 1997년 뉴욕의 유엔환경특별총회에서 아젠다21의 실행을 도모하기 위한 프로그램을 채택하였다.

〔대한지리학회〕

지리학 및 지리교육의 발전과 회원 상호간의 친목을 기여함을 목적으로 하는 대한지리학회(The Korea Geographical Society)는 지리 관련 연구발표회 및 학술조사와 국내외 관련학회와의 교류 등 학회발전을 위한 활동을 하고 있다. 그외에 '한국경제지리학회', '한국도시지리학회', '한국문화역사지리학회', '한국지리교육학회' 등 유사학회도 많이 있다.

〔대한원격탐사학회〕

1984년 12월 8일에 창립되어 87년 9월 10일에 과학기술처에 법인등록한 원격탐사학회는 원격탐사기법의 연구와 보급에 기여하고 나아가 과학기술과 산업발전에 기여함을 목적으로 하고 있다. 대한원격탐사학회(Korea Society of Remote Sensing)는 학회지의 발간과 학술발표회 등 각종 연구세미나를 개최하고 있다.

[한일 측지 · 지도협력회의〕

1974년 10월 한일 측지지도협력회의가 발족되어 우리나라의 국토지리정보원과 일본의 국토지리원은 매년 상호 방문을 통하여 측지 및 지도제작의 기술협력과 정보교환을 하고 있으며 98년 6월 5일에 제25차 회의가 일본 쓰꾸바의 국토지리원에서 개최되었다. 대한측량협회와 일본측량협회 간에도 별도의 회의를 수시 논의하고 있다.

〔한중 측지 · 지도제작협력회의〕

1994년 11월에 대한측량협회와 중국의 국가측회국 사이에 체결된 한중 측지지도제작협력회의는 측량 및 지도제작 분야의 기술교류 및 협력방안에 대해 1년에 1회씩 상호교환, 방문하여 공동관심사에 대해 논의하는 회의이다.

〔한국측량학회(구: 한국측지학회)〕

1981년 7월 18일 국토지리정보원 회의실에서 발기인 총회를 거쳐 설립된 한국측지학회(The Korean Society of Surveying Geodesy, Photogrammetry and Cartography)는 83년 3월 31일에 첫 학회지를 창간하였으며 전국의 측량 및 지도의 학계, 업계, 관계의 구심점 역할을 하는 학술단체이다. 99년부터 측지학회에서 측량학회로 개명되었다.

〔한국지형공간 정보학회〕

1993년 4월 24일 연세대학교 알렌관에서 창립된 한국지형공간정보학회(The Korea Society for Geo-special Information System)는 우리나라의 지형정보체계(GIS)의 연구영역을 넓히고 토지, 자원, 도시, 환경, 건설, 교통, 농업, 해양, 군사 등 광범위한 활용기법을 연구하는 측량 및 지도관련 학술단체이다.

〔한국지도학회〕

2000년 7월 1일 서울대학교에서 창립총회를 열고 7월 29일자로 건설교통부에 사단법인으로 등록하여 적극적인 활동을 하고 있다.

〔대한토목학회내 축량 및 지형공간정보분과위원회〕

대한토목학회는 토목공학의 발전과 토목기술자의 상호 친목을 위하여 1951년 12월 23일에 창립한 우리나라 최대의 학회이다. 토목학회 내에는 전문분과위원회가 13개 있는데, 그 중에 측량 및 지형공간정보위원회는 지도, GIS, 측량분야에 연구를 하는 전문분과위원회로 활동하고 있다.

부록 8 관측단위표

길 이										
단위	cm	m	인치	피트	야드	마일	자	간	정	리
1cm	1	0.01	0.3937	0.0328	0.0109	…	0.033	0.0055	0.00009	…
1m	10.0	1	39.37	3.2808	1.0006	0.0006	3.3	0.55	0.0097	0.00025
1inch	2.54	0.0254	1	0.0823	0.0278	…	0.0838	0.0140	0.0002	…
1feet	30.48	0.3048	12	1	0.3333	0.00019	1.0058	0.1676	0.0028	…
1yard	91.438	0.9144	36	3	1	0.0006	3.0175	0.5029	0.0083	0.0002
1mile	160930	1609.3	63360	5280	1760	1	5310.8	855.12	14.752	0.4098
1尺	30.303	0.303	11.93	0.9942	0.3314	0.0002	1	0.1667	0.0028	0.00008
1間	181.818	1.818	71.582	5.965	1.9884	0.0011	6	1	0.0167	0.0005
1町	10909	109.091	4294.9	357.91	119.304	0.0678	360	60	1	0.0278
1里	392727	2927.27	154619	12885	4295	2.4403	12960	2160	36	1

* 1해리(nautical mile) = 1.852m
  1길(丈) = 10尺 = 100치(寸)

넓 이									
단위	평방자	평	단보	정보	m^2	a(아아르)	ft^2(피트)	yd^2(야드)	acre(에이커)
1평방자	1	0.02778	0.00009	0.000009	0.09182	0.00091	0.98841	0.10982	……
1평	36	1	0.00333	0.000033	3.3058	0.03305	35.583	3.9537	0.00081
1단보	10800	300	1	0.1	991.74	9.9174	10674.9	1186.1	0.24506
1정보	10800	3000	10	1	9917.4	99.174	106749	11861	2.4506
$1m^2$	10.89	3025	0.001008	0.0001	1	0.01	10.764	1.1958	0.00024
1a	1089	30.25	0.10083	0.01008	100	1	1076.4	119.58	0.02471
$1ft^2$	1.0117	0.0281	0.00009	0.000009	0.062903	0.000929	1	0.1111	0.000022
$1yd^2$	9.1055	0.25293	0.00084	0.00008	0.83613	0.00836	9	1	0.000207
1acre	44071.2	1224.2	4.0806	0.40806	4046.8	40.468	43560	4840	1

※ 길이, 넓이 이외에 부피, 국제단위(SI)접두어, 그리스문자(약어), 상수 및 그 대수가 있지만 지도와 직접 관련이 없기 때문에 생략하였다.

참고문헌

유복모, (1995), 측량학원론 I · II, 개문사.

박운용 외, (1996), 실용측량학, 형설출판사.

윤경철, (2001), 지도의 이해, 피어슨에듀케이션코리아.

이 찬, (1991), 한국의 고지도, 범우사.

정영동, (1998), 측량용어해설, 구미서관

한영우 외 2인, (2000), 우리 옛 지도와 그 아름다움, 효성출판사.

홍순완 외 5인, (2000), 신지리학 개설, 형설출판사.

한균형, (2000), 지도학원론, (주)민음사.

김주환 · 강영복, (1982), 지도학, 반도출판사.

이기부, (2000), 측량 및 지형공간 정보학, 피어슨 에듀케이션 코리아.

강준묵, (1999), 정사투영 영상지도를 이용한 지형 · 지적 정보의 중첩 정확도 분석

윤희천 외, (2004), 측량학, 보문당.

이재원 외, (2001), 디지털측량학, 창신대출판부.

이재기 외, (2004), 지리정보시스템, 동화기술.

이재하 외 3인, (1998), 지리학의 이해, 법문사.

한명덕 외 8인, (1999), 지형 및 기상, 양서각.

권동희, (1998), 지형도 읽기, 한울아카데미.

홍시환 외, (1997), 지리학사, 대왕사.

권식 외 5인, (1995), 지형분석, 교학연구사.

이희연, (2000), 지리학사, 법문사.

이희연, (1996), 지도학, 법문사.

박희두, (1998), 자연지리 조사법, 교학연구사.

강태석, (1996), 지적측량학, 형설출판사.

김정호, (1989), 측량수학, 신라출판사.

성필국, (1996), 명당과 풍수, 홍신 문화사.

권혁재, (1999), 한국지리, 법문사.

김우관, (2000), 지형학, 형설출판사.

손일 · 정인철, (1998), 지도와 거짓말, (주)푸른 길.

이진명, (1998), 독도 지리상의 재발견, 주(삼인).

장순근, (1993), 남극이야기, 수문 출판사.

김성호, (1999), 투시도교실, 도서출판 효성.

김주환 · 권동희, (1991), 지도의 제작과 이용, 신라출판사.

안재학, (1995), 탐험지도의 역사, 도서출판 새날.

이상태, (1999), 한국 고지도 발달사, 도서출판 혜안.

이병철, (1997), 위대한 탐험, 가람기획.

노웅희 · 박병석, (1997), 교실 밖 지리여행, (주)사계절.

황재기 외, (1996), 지리부도, (주)교학사.

서찬기 외, (1997), 지리부도, 금성교과서(주).

옥한석, (1999), 세계화시대의 세계지리 읽기, 도서출판 한울.

김광식 외 15인, (1992), 기상학사전, 향문사.

백산학회, (1998), 한국의 북방영토, 백산자료원.

한국지리연구회, (1998), 지리학의 본질 Ⅰ · Ⅱ, (주) 민음사.

자연지리학사전 편찬위원회, (1996), 자연지리학사전, 한울아카데미.

-------, (2007), 국토지리 정보 참고자료, 국토지리정보원.

-------, (2007), 알기 쉬운 지도이야기, 국토지리정보원.

-------, (2007), 알기 쉬운 측량 및 지도, 국토지리정보원.

-------, (1995), 국세지도, 국토지리정보원.

-------, (2007), 지적통계연감, 행정자치부.

-------, (2000), 한국의 고지도, 국토지리정보원, 대한지리학회.

-------, (1999), 개발제한구역 제도개선방안, 건설교통부.

-------, (1999), 제4차 국토종합계획안(2000-2020), 국토연구원.

-------, (1996), 특수지도 제작에 관한 연구, 국토지리정보원.

-------, (1995), 대축척 지형도의 도식규정에 관한 연구, 국토지리정보원.

-------, 국토지리정보원, 카탈로그 및 Homepage. (http://www.ngi.kr/frame-1.htm)

-------, (1998), 지형, 지적정보의 연계활용연구, 국토지리정보원.

-------, (1998), 기상연보, 기상청.

-------, (1998), 측량관계법령집, 대한측량협회.

-------, (1993), 한국의 측량지도, 대한측량협회.

-------, (1996), 지도도식규칙, 대한측량협회.

-------, (1997), (1998), 한국지리정보, 한국지리정보협동조합.

-------, (1998), 3 · 4월호 회지, 일본측량협회.

-------, (1996), 해도도식, 해양수산부 국립해양조사원.

-------, (1998), 신 한일 어업협정 발효에 따른 국내 어업 대책, 해양수산개발원.

-------, (1998), 한국의 옛 지도, 영남대학교 박물관.

-------, 지형도, 색인도 및 카탈로그, 대구지도센터.

-------, (주)서전지구의, 성지문화사, 대해 출판사, 카탈로그.

-------, (1997), 독도박물관 카탈로그.

-------, SBS TV 〈나일대기행〉, 〈몽골리안 루트를 가다〉, KBS TV 〈시베리아 대횡단〉.

-------, (1998. 1999), National Geographic 영문판.

-------, (2000), 이과연표, 일본천문대.

· Maling, D. H., (1989), Measurements from Maps: Principles and Methods of Cartometry, Oxford: Pergamon Press.

· Selwyn, Victor, (1987), Plan your Route: The new approach to map reading: including the electronic technology & Satellite navigation: Worcester for Dowid & Charles Publishers Plc.

· Monmonier, Mark and George A. Schnell, (1988), Map Appreciation, Englewood Cliffs, N.J.: Prentice-Hall.

· Lisle, Richard J., (1995), Geological Structures & Map: Practical: Butterworth-Heinemann Ltd.

· Keates, J. S., (1982), Understanding Maps, New York: John Wiley.

· Harvey, A., (1996), Mappa Mundi-the Hereford world Map: the Britsh Library.

· Clancy, Robert, (1995), The mapping of terra Australia: Universal press Pty Ltd.

· ----------, (1996), Map Reading Guide, Land Information Center(N.S.W in Australia).

· ----------, (1997), Map Reading Handbook, Land Information Service(Tasmania).

· ----------, (1996), Answer Atlas: Featuring maps from Goode' s World Atlas, by Rand McNally and Company.

· ----------, (1994), The Oxford world Atlas, Oxford University Press.

· Allen, Phillip, (1997), The Atlas of ATLASES, by Marshall Publishing Ltd.

· Whitfield, Peter, (1994), The Image of the World: 20 centuries of World Maps: Pomegranate Artbooks.

· Mead, William R., (1996), Geographical ATLAS of the world, CLB International, Godalming, Surrey.

· ----------, (1996), Atlas of the World, Geddes & Grosset Ltd, David Dale House, New Lanark, Scotland.

· ----------, (1993), The Early Middle Ages(history of the world), Cherrytree Press Ltd.

· ----------, (1990), Jacaranda Social Studies Atlas for AOTEAROA, by E.R.Bloomfield & C.A.Watson, Jacaranda Wiley Ltd.

· ----------, (1999), ATLAS of the World, by D.Brunsden, George Philip Ltd.

· ----------, (1998), Auckland Street Directory, Minimap LTD.

· ----------, (1999), Contemporary Atlas N Z, David Bateman LTD.

· Roderic Owen, (1979), Great Explores, Artus Publishing Compang Ltd, London.

· Joyce Pope, (1995), Atlas of Natural Wonders Quarto Children' s Books Ltd.

· Grahan Bateman & Victoria Egan. (1994), World Geography Reader' s Digent (Australia) Pty, Ltd.

· Warren Herrick, (1997), A year on lce, Shoal Bay Press Ltd, Box 2151, Christchurch, Newzealand.

· Heinemann Atlas(1998) NewZealand & The Word, Reed.

· Lee Bryant(1990), Countour and Weather Maps Jacaranda Wiley Ltd.

· ----------, (1999) Exploring the Nature, SISU Sport Books, Danagard Grafiska, Ödeshög, Sweden.

· Lynn Scott, Kevin Laws(1991), Mapping and Statistical Skills, The Jacaranda Press, Qld Aus.

· Jeff Harte(1994) Skills in Geography, Cambridge University Press.

· Grant Kleeman(1996) Topographic Mapping Skills for Secondary Students, Hodder Education.

찾아보기

윤경철

· 동아대학교(공학박사)
· 측량 및 지형공간정보 기술사
· 국무총리 및 대통령표창
· 현, (주)GGS엔지니어링 대표이사

· 실용측량학(1996. 형설출판사. 공저)
· 토목전산제도(1997. 형설출판사. 공저)
· 지도의 이해(2001. 피어슨에듀케이션)
· 대단한 지구여행(2006. 푸른길)

이재원

· 동아대학교 및 독일하노바대학교(공학박사)
· 측량 및 지형공간정보 기술사
· 전, 독일 항공우주연구소 초빙연구원
· 전, 대한측량협회 연구실장
· 현, 동아대학교 토목공학부 교수

· 디지털측량(2001. 창신대출판부. 공저)

유환희

· 연세대학교(공학박사)
· Ohio State Univ. (Post-Doc.)
· 측량 및 지형공간정보 기술사
· 현, 지형공간정보학회 부회장
· 현, 경상대학교 도시공학과 교수

윤희천

· 충남대학교(공학박사)
· 측량 및 지형공간정보 기술사
· 전, 안산공과대학 교수
· 현, 충남대학교 토목공학과 교수

· 측량사전(2003. 국토지리정보원. 공저)
· 측량학(2004. 보문당. 공저)
· 알기쉬운측량 및 지도(2007. 국토지리정보원. 공저)

지도학개론

지 은 이 : 윤경철, 이재원, 유환희, 윤희천
펴 낸 이 : 최봉조
펴 낸 곳 : 진샘미디어

초판 발행 : 2008년 4월 30일

주 소 : 서울시 은평구 역촌동 58-9
부호아파트 102동상가 5호
전 화 : (02)353-4421, 팩스: (02)353-4431
출판등록 : 제 311-2005-000025호

ISBN 978-89-92887-04-5

* 책값은 뒷표지에 있습니다.